Einführung in die Theorie der kognitiven Kommunikation

Werner Rupprecht

Einführung in die Theorie der kognitiven Kommunikation

Wie Sprache, Information, Energie, Internet, Gehirn und Geist zusammenhängen

Werner Rupprecht
Kaiserslautern, Deutschland

ISBN 978-3-658-05497-7 ISBN 978-3-658-05498-4 (eBook)
DOI 10.1007/978-3-658-05498-4

Die Deutsche Nationalbibliothek verzeichnet diese Publikation in der Deutschen Nationalbibliografie; detaillierte bibliografische Daten sind im Internet über http://dnb.d-nb.de abrufbar.

Springer Vieweg

Gedruckt auf säurefreiem und chlorfrei gebleichtem Papier

Springer Vieweg ist eine Marke von Springer DE. Springer DE ist Teil der Fachverlagsgruppe Springer Science+Business Media.
www.springer-vieweg.de

Hintergründe und Konzeption vorliegender Abhandlung

Die Theorie der kognitiven Kommunikation behandelt ein riesiges Feld. Es geht, wie im Untertitel angekündigt, um Sprache, Information, Internet, Gehirn und weitere Gegenstände und besonders auch darum, welche Beziehungen zwischen den betreffenden Gegenständen herrschen. Die vorliegende Abhandlung ist vergleichbar mit einem Physikbuch, worin die unterschiedlichen Themen Mechanik, Optik, Elektrizität und noch andere Themen sowie deren Beziehungen zueinander abgehandelt werden.

Der allgemeine Ablauf von Kommunikation ist simpel: Ein sendender Kommunikationspartner ordnet einem Sinngehalt, der er mitteilen will oder soll, ein Signal zu. Ein empfangender Kommunikationspartner nimmt das Signal wahr. Falls die Kommunikation fehlerfrei funktioniert, liefert die Interpretation des empfangenen Signals dem empfangenden Kommunikationspartner den Sinngehalt, den der sendende Kommunikationspartner mitteilen wollte oder sollte. Die Probleme und Schwierigkeiten liegen in den Details:

Was ist ein Sinngehalt? Wie entsteht ein Sinngehalt? Geht es dem Sender eines Signals immer darum, etwas mitzuteilen? Erwartet er stets eine Reaktion? Oder geht es bisweilen allein dem Empfänger darum, einen Sinngehalt in einem Signal zu entdecken, das ein Sender aus irgendwelchen Ursachen, hinter denen keine Absicht stecken muss, aussendet?

Was passiert, wenn das Signal, mit dem ein Sender etwas mitteilen will, beim Empfänger beschädigt ankommt? Was muss gegeben sein, damit der Empfänger das empfangene Signal im Sinne des Senders richtig interpretieren kann? Bringt ein mitgeteilter Sinngehalt einem Empfänger Information? Was ist überhaupt Information? Wie bewertet der Empfänger den mitgeteilten Sinngehalt? Begnügt er sich mit der Kenntnisnahme oder sieht er sich zu einer Reaktion in Form einer Antwort veranlasst? Entsteht ein Dialog in Form eines wechselseitigen Signalaustausches? Konvergiert der Dialog zu einem gemeinsamen Einverständnis? Eskaliert der Dialog? Diese und viele weitere Fragen gilt es zu untersuchen.

Wo Kommunikation stattfindet und welche Formen sie hat

Kommunikation gibt es nahezu überall: Bei Menschen, bei Tieren, bei Maschinen. Und innerhalb von Organismen und komplexeren Maschinen kommunizieren wiederum verschiedene Teilbereiche miteinander. Ohne Kommunikation würde es selbst unsere biotische Existenz gar nicht geben, weil auch die Evolution allen Lebens auf Kommunikation[0.1] beruht. Und die durch Weitergabe von Wissen erfolgte kulturelle Evolution der Menschheit würde es ohne Kommunikation erst recht nicht gegeben haben.

[0.1] Genetische Werkzeuge bauen die Architektur des eigenen Erbgutes mit Hilfe molekularer Kommunikation um (Bauer, J. 2008 und Dingel, J. Milenkovic, O. 2008).

Die Kommunikation von Maschinen ist relativ einfach, weil sie der Mensch konstruiert hat. Maschinen haben im Unterschied zum Menschen kein Bewusstsein und denken deshalb auch nicht über die Sinngehalte nach, die der Mensch den von Maschinen ausgetauschten Signalen zuordnet. Die Maschinenkommunikation beruht meist auf zweiwertiger Logik und benutzt (in der Regel) sogenannte „formale" Sprachen. Kommunizierende Maschinen stellen formal algorithmische Systeme dar, die „unvollständig" sind, wie der Mathematiker K. Gödel bewiesen hat. Es gibt Aussagen, die der Mensch als „wahr" erkennt, deren Wahrheit aber eine Maschine nicht beweisen (und im umgekehrten Fall auch nicht widerlegen) kann. Nichtsdestoweniger erbringen Maschinen großartige Leistungen, wie man z.B. an Übersetzungscomputern und Suchmaschinen im Internet sehen kann.

Die natürliche Umgangssprache von Menschen ist im Unterschied zur formalen Sprache von Maschinen durch „Unschärfe" gekennzeichnet. Dies dürfte mit der Funktionsweise des neuronalen Netzes in der Großhirnrinde zusammenhängen, bei dem die feuernden Neuronen „unscharfe Mengen" von Reizmustern kennzeichnen, die von den Sinnesorganen des Menschen wahrgenommen werden. Bemerkenswerterweise genügt die unscharfe Umgangssprache, die zahlreiche Mehrdeutigkeiten von Wörtern und Sätzen enthält und die sich oft wenig um eine angeblich wichtige Grammatik kümmert, den normalen Bedürfnissen der Menschen vollauf. Eine wichtige Hilfe mag dabei die besondere Gabe des Menschen sein, sich in die gedankliche Welt des menschlichen Kommunikationspartners hinein zu versetzen.

Der geschichtliche Ursprung von Kommunikation zwischen verschiedenen lebenden Individuen dürfte in der Symbiose erster Lebewesen liegen. Von einer Symbiose haben alle Beteiligten einen Vorteil. Damit eine Symbiose verschiedener Lebewesen zustande kommen kann, muss eine Kommunikation vorausgehen. Die Vorteile von Kommunikation lassen sich auch am Verhalten von sozialen Insekten[0.2] erkennen: Die einzelne Honigbiene hat ein winziges Gehirn. Die Kommunikation mit anderen Bienen im Bienenstock hat zum Resultat, dass das Bienenvolk sich insgesamt klüger verhält als die einzelne Biene. Vielleicht führen soziale Netzwerke im Internet (Facebook, Blogs, Twitter und weitere) irgendwann zu vergleichbar guten Ergebnissen.

Ambivalenz von Kommunikation und kognitive und emotionale Bedürfnisse

Je höher die Kommunikation entwickelt ist, desto stärker tritt ihre Ambivalenz zutage: Sie bringt nicht nur Vorteile, sondern manchmal auch Nachteile. Es ist bekannt, dass ein unbedacht geäußertes falsches Wort ein lang andauerndes Zerwürfnis zwischen zwei Menschen zur Folge haben kann. Von Massenmedien (Tageszeitungen, Fernsehen) werden Menschen nicht nur informiert, sondern manchmal auch verführt und manipuliert. Grenzenlose Kommunikation über das Internet verhindert einerseits, dass lokale Missstände verheimlicht werden, und führt andererseits die Gefahr herbei, dass Geheimdienste und andere Organisationen das Verhalten von Menschen ständig überwachen.

Allgemein lässt sich sagen, dass Kommunikation der Befriedigung von Bedürfnissen dient: Die direkte sprachliche Kommunikation zwischen Menschen von Angesicht zu Angesicht dient einerseits einem emotionalen Bedürfnis nach menschlicher Nähe, bei der es z.B. um Teilhabe an Freude oder Trauer geht oder auch nur um Zeitvertreib. Die sprachliche Kommunikation dient andererseits aber auch einem kognitiven Bedürfnis, bei dem es um

[0.2] Vergl. D. Fox (2012)

einen Zuwachs an Wissen geht. Dieser Wissenszuwachs entsteht durch Information[0.3] d.h. im Erfahren von Neuigkeiten[0.4]. Gleiches gilt für die nichtsprachliche Kommunikation mittels Gestik und Mimik.

Die Kommunikation zwischen höheren Tieren dient ebenfalls kognitiven und emotionalen Bedürfnissen. Der Bedarf an Information, wo z.B. Nahrung, Schutz, Hilfe usw. zu finden ist, bildet den Antrieb für Kommunikation. Die Kommunikation zwischen Maschinen besteht im Austausch von Befehlen und Statusmeldungen und hat allein kognitiven oder informationellen Charakter.

Emotionelle und kognitive Bedürfnisse lassen sich nicht immer scharf voneinander trennen, weil z.B. ein Misslingen von emotionaler Kontaktsuche auch eine kognitive Komponente hat. In allen Fällen ist also Information ein Wesenselement von Kommunikation.

Wenn man das öffentliche Leben und das Verhalten einzelner Menschen betrachtet, dann drängt sich der Eindruck auf, dass der emotionelle Anteil von Kommunikation eine stärkere Wirkung auf das aktuelle Geschehen und kurzfristig (im Zusammenhang mit Werbung, Einschaltquoten beim Fernsehen usw.) auch eine größere wirtschaftliche Bedeutung hat als der kognitive Anteil von Kommunikation. Das Verhalten des einzelnen Menschen wird oft mehr von seiner seelischen Verfassung gelenkt als von emotionslosen nüchternen Überlegungen.

In dieser Abhandlung steht jedoch der kognitive Aspekt von Kommunikation im Vordergrund. Der emotionale Anteil, um den sich in erster Linie Psychologen (und in nicht geringem Maß Werbefachleute) kümmern, wird nur am Rande berührt. Der kognitive Anteil hat langfristig eine lebenswichtige Bedeutung, zumal er bestimmend dafür ist, in welchem Maß die Menschheit ihr Wissen vermehrt und damit den Fortbestand und die Weiterentwicklung der Zivilisation sichert.

Kognitive Kommunikation betrifft alle Wissenschaften

Die Theorie der kognitiven Kommunikation ist eine Querschnittstheorie. Sie dient, benutzt und verbindet praktisch alle Wissenschaften[0.5]:

[0.3] In dieser Abhandlung wird der Begriff „Information", dessen Bedeutung in der Umgangssprache meist unscharf ist, im Sinne der Shannon'schen Informationstheorie benutzt, die im 2. Kapitel ausführlich beschrieben wird. Die Shannon'sche Informationstheorie hat zu großen Fortschritten in der Telekommunikationstechnologie und zu neuen Erkenntnissen in der Astrophysik geführt.

[0.4] Auch wenn man bei einer Unterhaltung „nichts Neues" erfahren hat, ist das bereits Information dann, wenn vor der Unterhaltung unsicher war, ob man „Neues" erfahren wird oder nicht.

[0.5] Die hier folgende Einteilung der Wissenschaften spiegelt die Sicht des Verfassers wider. Diese Einteilung basiert auf der Art der primären Fragestellungen und Aufgaben und lässt die vielfältigen Wechselbeziehungen zwischen den Wissenschaften unberücksichtigt. Eine etwas andere Einteilung, die mehr das Ausmaß an derzeitiger Kooperation der verschiedenen Einzelwissenschaften berücksichtigt, verwendet die Deutsche Forschungsgemeinschaft (DFG). Sie unterscheidet zwischen „*Geistes- und Sozialwissenschaften*", „*Lebenswissenschaften*", „*Naturwissenschaften*" und „*Ingenieurwissenschaften*". Bei der DFG zählt beispielsweise das Wissensgebiet Mathematik zu den Naturwissenschaften und nicht, wie hier, zu den Geisteswissenschaften. Die amerikanische National Science Foundation (NSF) unterscheidet gar sieben große Bereiche. Eine wiederum andere Sichtweise (v.Weizsäcker) unterscheidet nur zwei Wissenschaftsbereiche, die *Strukturwissenschaften* und die *Erfahrungswissenschaften*.

- die *Geisteswissenschaften*, welche als primäres Kerngebiet *abstrakte* Themen über Existenz, Sinn, Logik, Gerechtigkeit usw. behandeln und die Wissensgebiete Philosophie, Theologie, Mathematik, Jura, Sprach-, Sozial- und Kulturwissenschaft und weitere umfassen,
- die *Naturwissenschaften*, welche als primäres Kerngebiet die Analyse der *physisch* vorhandenen Natur und der darin geltenden Gesetzmäßigkeiten behandeln und die Wissensgebiete Physik, Chemie, Biologie, Medizin und weitere umfassen,
- die *Ingenieurwissenschaften*, welche als primäres Kerngebiet die *konkrete* Synthese künstlicher Objekte, die nicht in der Natur vorgefunden werden, behandeln und die Wissensgebiete Bauwesen, Maschinenwesen, Elektrotechnik und weitere umfassen.

Die Auflistung geschieht einerseits deswegen, weil die Details von Kommunikation ein kompliziertes Beziehungsgeflecht bilden, an dem alle diese Wissenschaften in der einen oder anderen Weise beteiligt sind, und andererseits deshalb, um gleich zu Beginn darzulegen, von welcher Wissenskultur heraus die Thematik in der vorliegenden Abhandlung angegangen wird: Die hier vorgestellte Beschreibung von Kommunikationsprozessen basiert auf einer ingenieurmäßig-technischen Sichtweise.

Die Ingenieurwissenschaften nutzen in großem Umfang Erkenntnisse der Natur- und Geisteswissenschaften und entwickeln, davon ausgehend, eigenständige Theorien und Sichtweisen, die umgekehrt nicht ohne Einfluss auf die anderen Wissenschaften bleiben. Eine ingenieurmäßig-technische Sichtweise hat schon mehrfach zu einem besseren Verständnis von Zusammenhängen in nichttechnischen Gebieten beigetragen. Nach S. Wendt (2008) liegt aber das eigentliche Kompetenzfeld von Ingenieuren in der Beherrschung komplexer technischer Systeme, bei denen viele verschiedene Dinge und Einflüsse zusammenspielen, wie das z.B. bei der Massenproduktion von Automobilen, bei der weltweiten Energieversorgung und beim Mobilfunk der Fall ist. Bei allen diesen Unternehmungen müssen nicht nur technologische, sondern auch wirtschaftliche, rechtliche, ökologische, soziale und weitere Bedingungen berücksichtigt werden. Dass sich Ingenieure dabei auch in Detailfragen verbohren, ist nicht zu vermeiden, denn der Teufel steckt bekanntermaßen meist im Detail.

Weil auch Kommunikation sich als ein System komplexer Zusammenhänge von vielen Dingen und Einflüssen erweist – was in dieser Abhandlung deutlich wird – fühlt sich der Verfasser als Ingenieur dazu berechtigt, das riesige Feld der Kommunikation in allen seinen Verästelungen bis in die Details zu durchleuchten. Der Verfasser hat sich ein Berufsleben lang mit der Technik der Telekommunikation befasst. Er betrachtet es deshalb nicht als abwegig, sich auch über Kommunikation ohne „Tele" zu äußern. Verschiedene Modellvorstellungen, die sich bei der Telekommunikation bewährt haben, lassen sich mit Modifikationen weitgehend auf die natürliche Kommunikation übertragen.

Eine kognitive Kommunikationstheorie, die möglichst alle elementaren Komponenten, die bei der Kommunikation eine Rolle spielen, in einheitlicher Weise darstellt und die zwischen den Komponenten herrschenden Zusammenhänge nach Möglichkeit auch quantitativ beschreibt, ist sicherlich wünschenswert, weil sich damit viele Vorgänge in der Natur und im sozialen Zusammenleben erklären lassen.

Beziehungen zwischen der geistig abstrakten und der physisch realen Welt

Sinngehalt und Information sind etwas Abstraktes, ein Signal dagegen ist etwas physisch Reales. Information bringt dem Empfänger nicht nur einen Zuwachs an Wissen, Information ist auch quantifizierbar. Der mit Hilfe der Wahrscheinlichkeitstheorie berechnete Erwartungswert der Informationshöhe wird als „Entropie" bezeichnet und durch eine mathematische Formel beschrieben, welche die gleiche Gestalt hat wie die Formel für die Entropie der statistischen Thermodynamik. Wegen dieses Sachverhalts darf man sich fragen, ob es Zusammenhänge und Wechselwirkungen zwischen der geistig abstrakten Welt des Philosophen Platon und der realen physikalisch materiellen Welt gibt, und falls ja, wie diese Zusammenhänge lauten. Das abstrakte Denken über Sinngehalte im menschlichen Gehirn und das damit verbundene Feuern materieller Neuronen legen ebenfalls diese Frage nahe.

Die Entstehung von Sinngehalten und Vorstellungen des Menschen ist ein sich allmählich entwickelnder Prozess, der (nach dem Philosophen I. Kant) aus zweierlei Quellen gespeist wird, nämlich zum einen aus dem, was der Mensch über seine Sinnesorgane wahrnimmt und zum anderen aus dem, was aus seinem eigenen Inneren herrührt oder was er sonst irgendwie außersinnlich erlebt. Beide Quellen müssen nicht gleichzeitig wirksam sein.

Es gibt gute Gründe für die Annahme, dass z.B. die von den Augen an das Gehirn gelieferten Reizmuster dort eine bestimmte Zeit lang gespeichert und durch Korrelation miteinander auf Gleichartigkeit oder Ähnlichkeit überprüft werden. Als Ergebnis bilden sich dabei gewisse Repräsentanten für ähnliche und gleichartige Muster heraus, die dann langfristig gespeichert bleiben und ein Wiedererkennen wiederholt wahrgenommener gleichartiger oder ähnlicher Muster ermöglichen[0.6]. Das Gleiche geschieht mit den Reizmustern, die von Ohren und anderen Sinnesorganen wahrgenommen werden. Diese Repräsentanten von visuellen, auditiven und sonstigen Reizmustern mit ihren zeitlichen Abläufen und Veränderungen lassen sich mit Namen versehen oder codieren und bilden auf diese Weise verschiedene Sinngehalte und Vorstellungen im Gehirn. Die so gewonnenen Vorstellungen lassen sich präzisieren durch Beobachtung von Reaktionen der Umwelt auf gezielte Aktionen der eigenen Artikulationsorgane und Gliedmaßen. Mit den Gliedmaßen (insbesondere den Händen) lassen sich Werkzeuge und Versuchsanordnungen herstellen, mit deren Hilfe sich die Natur befragen lässt, wie das in den Naturwissenschaften geschieht.

Von den Vorstellungen, die von inneren Gefühlen und Erlebnissen herrühren, lässt sich ein Teil ebenfalls biologisch/naturwissenschaftlich erklären, z.B. die Basisemotionen „Wohlgefühl" und „Unwohlsein", die meist mit dem Zustand der eigenen Körperfunktionen zusammenhängen. Anders scheint das bei Vorstellungen zu sein, die sich durch reines Nachdenken über abstrakte Gegenstände entwickeln. Beispiele dafür sind Entdeckungen mathematischer Phänomene und Zusammenhänge[0.7], künstlerische Ideen, philosophische Vorstellungen über Existenz, Ethik und verwandte Fragestellungen. Zu Vorstellungen, die aus

---

[0.6] Das menschliche Gehirn ist mit seinen ca. hundert Milliarden (10^{11}) Gehirnzellen (Neuronen) und etwa 1000 mal mehr Synapsen (das sind die Schaltstellen zwischen den Neuronen) nahezu beliebig aufnahmefähig. Auch heißt es, dass der Mensch zum Zeitpunkt der Geburt seine höchste Anzahl an Gehirnzellen besitzt.

[0.7] Ein einfaches Beispiel dafür liefert der Satz von Pythagoras für ein ebenes rechtwinkliges Dreieck. Dieser Satz gilt unabhängig davon, ob Menschen existieren oder nicht existieren. Genauso verhält es sich bei anderen mathematischen Sätzen wie z.B. den „Integralsätzen von Cauchy" in der Funktionentheorie komplexer Variabler. Solche Sätze werden von Menschen entdeckt und nicht erfunden, genauso wie die Naturgesetze der Physik entdeckt und nicht erfunden werden. Diese Phänomene weisen auf die reale Existenz einer platonischen Welt hin, siehe hierzu das Buch „Computerdenken" des Mathematikers R. Penrose (1991).

dem Inneren entstehen, gehören auch solche, die aufgrund plötzlicher Eingebungen oder Erleuchtungen, auf Meditation und auf spirituelle Erfahrungen gründen.

Der Verfasser dieser Abhandlung orientiert sich auch am *Höhlengleichnis* der antiken Philosophie und bekennt, dass er an die reale Existenz einer platonischen Welt glaubt und dass die Naturwissenschaften allein nicht alles erklären. Alle Beschreibungen der Naturwissenschaften basieren ja letztlich auf Wahrnehmungen der menschlichen Sinnesorgane, weil auch die Anzeigen künstlicher Mess-Apparaturen nur das liefern, wofür der Mensch die Apparaturen konstruiert hat und worüber er bereits gewisse Vorstellungen oder Ahnung besaß, die er in die Konstruktion der Versuchs- und Mess-Apparaturen eingebracht hat.

Die Beschränkung auf Wahrnehmungen der menschlichen Sinnesorgane wirft die Frage auf, ob das System der menschlichen Sensoren und Sinnesorgane *vollständig* ist, d.h. ob der Mensch mit diesem System in der Lage ist, die ihn umgebende Wirklichkeit in *Gänze* zu erkennen, oder ob ihm bestimmte Teile der ihn umgebenden Realität prinzipiell verborgen bleiben, weil ihm dazu gewisse Sinnesorgane fehlen. Der Verfasser hält Letzteres für hochwahrscheinlich. Was zwingt uns zur Postulierung einer Vollständigkeit? Naturwissenschaften bewegen sich in einem weitgehend abgeschlossenen eigenen Kosmos. Es ist ähnlich wie bei der Theorie mathematischer Gruppen. Eine solche Gruppe ist definiert durch ihre Elemente und die Operationen, die man mit diesen Elementen durchführen kann. Gleichgültig welche dieser Operationen man auf welche Elemente der Gruppe durchführt, das Ergebnis ist immer wieder ein Element der Gruppe. Es gibt da kein Herauskommen. Naturwissenschaftliche Hypothesen sind, weil sie sich auf Empirie stützen, streng an das Gebot der Falsifizierbarkeit gebunden. Geisteswissenschaftliche Hypothesen sind da freier: Ein Axiom der Mathematik muss nicht falsifizierbar sein und ist es in der Regel auch nicht. Eine quantitative Kommunikationstheorie, die das Ziel dieser Abhandlung ist, könnte (bei weiterem Ausbau) eines Tages vielleicht einen Weg aus dem Gefängnis der Naturwissenschaften aufzeigen und eine gangbare Brücke zu den Geisteswissenschaften bilden.

Zur Konzeption dieser Abhandlung

Die soweit skizzierten Gedanken führten, dem Muster der Erdölprospektion entsprechend, zur folgenden Konzeption dieser Abhandlung, bei der zuerst weiträumig nur die Oberfläche des Terrains erkundet wird, um dann später an bestimmten Stellen (wissenschaftlich) tiefer zu bohren:

Im 1. Kapitel wird einführend ein grober Überblick über die vielfältigen Aspekte und Phänomene von Kommunikation gegeben. Das 2. Kapitel ist dann ausführlicher dem Thema „Information" gewidmet. Dabei geht es in erster Linie um die quantitative Höhe von Information, aber auch um die Gewinnung von Informationen durch Interpretation auf verschiedenen Interpretationsebenen, auf Code-Ebene, Semantik-Ebene, Pragmatik-Ebene und Apobetik-Ebene. Inwieweit der Erwartungswert der Informationshöhe, also die Entropie, über verschiedene Wirkungsmechanismen mit physikalischer Energie zusammenhängt, wird im 3. Kapitel behandelt. Besonders das Modell des Maxwell'schen Dämon liefert einen Hinweis darauf, wie man sich das später im 6. Kapitel angesprochene Leib-Seele-Problem erklären kann. Im 4. Kapitel geht es dann um die Übertragung von Signalen und von Information. Dieses Kapitel ist das umfangreichste, weil auch die Übertragung über Kommunikationsnetze (insbesondere das Internet) und die Massenkommunikation über Medien (Rundfunk, Fernsehen) behandelt werden. Der Betrieb dieser Medien hängt in erster Linie von wirtschaftlichen Bedingungen ab. Das Internet kann als ein vereinfachtes technisches Gegenstück zum menschlichen Gehirn angesehen werden. Das Gehirn ist ein gigantisches Kommunikationsnetz, in welchem die weitaus meisten Kommunikationsprozesse unterbewusst ablaufen. Nur ein winziger Anteil davon gelangt ins Bewusstsein.

Genauso ist das beim Internet. Die Maschinenkommunikation zwischen den einzelnen Netzknoten ist in der Regel um ein Vielfaches umfangreicher als die Kommunikation, welche die Nutzer des Internets miteinander führen. Das 5. Kapitel ist den Beziehungen zwischen Wahrnehmung und Artikulation gewidmet. Maschinen haben keinen „freien Willen“. Bei ihnen herrscht zwischen Wahrnehmung und Artikulation ein deterministischer Zusammenhang, der sich mit der Automatentheorie beschreiben lässt. Weil manche Hirnforscher behaupten, dass auch der Mensch keinen freien Willen habe und deshalb eine Maschine sei, wird auf die unterschiedlichen Signalverarbeitungsmechanismen in Lebewesen und Maschinen eingegangen. Relativ ausführlich werden die Sinnesorgane des Menschen behandelt. Ihre zum Teil extrem hohe Empfindlichkeit, die bislang von keinen technischen Sensoren erreicht wird, erklärt sich durch die sehr geringen Energieabstände in Spektren von Molekülen, die sich aus zahlreichen Atomen zusammensetzen. Nach den detailreichen Zwischenbetrachtungen über die vielen Komponenten, die alle mit Kommunikation zu tun haben, bildet im 6. und letzten Kapitel die bereits im 1. Kapitel diskutierte Unschärfe der natürlichen Umgangssprache von Menschen den Hauptgegenstand. Vorgestellt wird die Theorie unscharfer Mengen und unscharfer Logik. Es wird anhand ausführlicher Betrachtungen am neuronalen Kohonen-Netz gezeigt, dass feuernde Neuronen unscharfe Mengen von Sinneseindrücken kennzeichnen. Damit verbunden ist beim Kleinkind die frühe Erkennung von Objekten der Außenwelt durch „unüberwachte“ Lernprozesse. Der spätere Spracherwerb beruht dann hauptsächlich auf einem überwachten Lernprozess. Im Unterschied zu formalen Computersprachen, die keine Grammatikfehler erlauben, tolerieren natürliche Sprachen auch grobe Grammatikfehler.

An wen sich diese Abhandlung wendet

Die vorliegende Abhandlung ist in erster Linie als ein Beitrag zur Kognitionswissenschaft gedacht, die auf ein wachsendes Interesse stößt. An mehreren Hochschulen Deutschlands wurde neuerdings ein eigener Studiengang „Kognitionswissenschaft“ eingerichtet. In zweiter Linie soll diese Abhandlung eine erste Hilfe bieten für junge Wissenschaftler, die Forschungen auf einem Grenzgebiet verschiedener klassischer Fachrichtungen beginnen und sich dazu erst in Teile des jeweils anderen Fachs einarbeiten müssen, die nicht zur eigenen Fachrichtung gehören, die aber in der vorliegenden Abhandlung dargestellt sind. Aus langjähriger Tätigkeit als gewählter DFG-Fachgutachter weiß der Verfasser, dass viele erfolgreiche Forschungsaktivitäten auf Grenzgebieten verschiedener klassischer Disziplinen stattfinden.

Das angesprochene Ziel, auch quantitative Aussagen zu machen, zwingt zur Anwendung verschiedener mathematischer Methoden, deren allgemeine Kenntnis nicht überall vorausgesetzt werden kann. Auf der anderen Seite ist es ein besonderes Anliegen des Verfassers, die nicht immer einfachen Zusammenhänge der Kommunikationstheorie einem möglichst großen Leserkreis, angefangen bei Schülern höherer Gymnasialklassen bis hin zu interessierten Wissenschaftlern in Mathematik-fernen Fächern, verständlich zu machen. Die Darstellung mathematischer Zusammenhänge beschränkt sich deshalb hier auf relativ einfache Methoden. Nicht allgemein bekannte oder längst vergessene Beziehungen werden, wo sie gebraucht werden, neu eingeführt oder in Erinnerung gebracht. Dazu gehören Logikoperationen, Mengenoperationen, Logarithmus, Kreisfunktionen und weitere Beziehungen. Bewusst verzichtet wird auf die Verwendung der Infinitesimalrechnung, insbesondere auf die Integralrechnung. Wo Letztere als absolut nötig erscheint, wie z.B. bei der Fourier-Transformation, werden die Zusammenhänge anhand simpler Flächenbetrachtungen veranschaulicht. Relativ ausführlich wird die mathematische Wahrscheinlichkeitstheorie eingeführt, weil der zentrale Begriff der Information mit Wahrscheinlichkeit zusammenhängt.

Obwohl sich der Verfasser um Didaktik[0.8] und um eine einfache Darstellung bemüht, kann diese Abhandlung nicht wie ein schöngeistiger Roman in einem Zug durchgelesen werden. Die behandelten Themen beinhalten über weite Strecken einen knochenharten Stoff, durch den sich der Leser durchbeißen muss, wenn er ans Mark des vollständigen Begreifens gelangen will. Zur ersten Orientierung kann aber mit dem Lesen durchaus bei den Zusammenfassungen begonnen werden, um dann gezielt zum ausführlicheren Text über interessierende Einzelheiten zu wechseln. Eine detaillierte Gliederung mit vielen Überschriften, Querverweisen sowie ein umfangreiches Sachregister sollen das erleichtern. Außer der Zusammenfassung am Ende eines jeden Kapitels enthalten manche Kapitel noch am Anfang eine Übersicht. Aussagen über bedeutsame Fakten und Zusammenhänge werden im Text durch seitliche Balken besonders herausgestellt. Der vollständige Inhalt erschließt sich dem Leser jedoch am besten dann, wenn alle Kapitel der Reihe nach gelesen werden, weil sich erst mit dem letzten Kapitel ein aus vielen Segmenten gebildeter großer Kreis schließt, der mit dem ersten Kapitel beschritten wird. Auf dem Weg vom ersten zum letzten Kapitel lässt sich am besten erkennen, wie sich die vielen Einzelheiten wie Puzzle-Scheiben passgenau zu einem Gesamtbild zusammenfügen.

Wenn ein vielbeschäftigter Interessent oder Rezensent, der wenig Zeit hat, danach fragt, wo denn die Besonderheiten dieser Abhandlung lägen, dann fühlt sich der Verfasser wie ein niederrangiger Labor-Chef, der vom hochrangigen Unternehmensvorstand aufgefordert wird, ihm in zwei Sätzen die technische Funktionsweise des neuen LTE-Mobilfunksystems zu erklären. Unter Weglassen von zig Aspekten lautet für die vorliegende Abhandlung eine (aus mehreren Optionen gewählte) verkürzte Antwort so:
1. Es wird gezeigt, dass trotz Bemühung aller Erkenntnisse der Naturwissenschaft und der Technologie bei der kognitiven Kommunikation sich die menschliche Kreativität derzeit nicht ohne Bezug auf die uralte Hypothese von der Existenz eines immateriellen Geistes vollständig erklären lässt.
2. Es wird eine Erklärung dafür geliefert, warum die von Menschen gesprochene Sprache von Natur aus unscharf ist, und gezeigt, dass menschliche Kommunikation und Erkenntnisfähigkeit paradoxerweise viel von unscharfer Sprache und unscharfer Logik profitieren.

Der Verfasser hofft auf eine wohlwollende Aufnahme beim Leserpublikum.

[0.8] Didaktik nach der Devise: Vom Einfachen und Evidenten zum Komplizierteren und Abstrakten

Inhaltsverzeichnis

1 Bezüge, Wirkungen und Arten von Kommunikation

Zu Beginn seien die Begriffe *Kommunikation, Nachricht, Signal, Information, Medium* und weitere Begriffe kurz beschrieben und in einen noch groben Zusammenhang gestellt.

1.1 Grundbegriffe und Relationen der Kommunikationstheorie

Kommunikation ist ein Vorgang, an dem mindestens zwei[1.1] Kommunikationspartner beteiligt sind. Kommunikationspartner können Menschen, Tiere, Maschinen und andere Individuen und Objekte sein. Kommunikation ist auf Engste mit „Nachricht", „Signal", „Information" und weiteren Begriffen verbunden. Zur Vermittlung eines ersten Überblicks werden die Zusammenhänge zunächst nur grob erläutert, ohne zu sehr ins Detail zu gehen.

1.1.1 Zur Kommunikation und den damit verbundenen Begriffen

Kommunikation besteht darin, dass zwei oder mehrere Kommunikationspartner einander *Nachrichten* übergeben oder austauschen. Nachrichten (Wortherkunft: von sich *nach* etwas *richten*) sind Bedeutungen[1.2] (d.h. Sinngehalte) von etwas Mitgeteiltem. Übergabe und Austausch von Nachrichten erfolgen mit Hilfe von *Signalen.* Signale sind also Träger von Nachrichten. Als Signale lassen sich die unterschiedlichsten physikalischen Erscheinungen verwenden. Näheres über Signale und Nachrichten folgt unten im Abschn. 1.1.2 und 1.1.3.

Die Übergabe einer Nachricht geschieht dadurch, dass ein Partner eine Nachricht mittels eines Signals *artikuliert* (sendet) und ein anderer Partner dieses Signal *wahrnimmt* (empfängt). Der Dialog ist eine wechselseitige Übergabe (Austausch), bei der zwei Partner für einander bestimmte Nachrichten artikulieren und wahrnehmen.

A: *Kommunikationseröffnung und Aufmerksamkeitskanal*

Jede Kommunikation zweier Kommunikationspartner beginnt damit, dass ein Kommunikationspartner aus irgendeiner Absicht heraus initiativ wird und mit Hilfe spezieller Wecksignale, die der Kommunikationseröffnung dienen, die Aufmerksamkeit des anderen Kom-

---

[1.1] Beim Selbstgespräch gibt es einen virtuellen (scheinbaren) zweiten Partner.

[1.2] In dieser Abhandlung werden die Wörter „Bedeutung, Signalbedeutung, Sinngehalt, gedankliche Vorstellung" im gleichen Zusammenhang verwendet. Eine scharfe Unterscheidung ist für eine erste Betrachtung nicht notwendig. Unter *Bedeutung* wird hier eher etwas Spezielleres oder schärfer Umrissenes und unter *Sinngehalt* eher etwas Allgemeineres oder weniger scharf Umrissenes verstanden. Vorstellungen umfassen noch das Potential an zusätzlich möglichen Sinngehalten, zu denen ein Individuum dank seiner Sinnesorgane und geistigen Fähigkeiten gelangen kann.

munikationspartners erregt (Gleiches gilt für die Kommunikation mehrerer Partner). Bei einer zustande kommenden Kommunikation empfängt ein Kommunikationspartner dann die Signale des jeweils anderen Kommunikationspartners über einen sogenannten Aufmerksamkeitskanal, der auf die empfangenen Signale abgestimmt ist. Das bedeutet, dass der empfangende Kommunikationspartner sich auf ein gewisses Ensemble von möglichen Signalen einstellt. Er ist aber vor dem Empfang eines neuen Signals unsicher, welches spezielle Signal des Ensembles kommen wird. Diese Unsicherheit wird dann mit dem Eintreffen des Signals beseitigt. Näheres über den Aufmerksamkeitskanal folgt im 2. Kapitel, Abschn. 2.2.2. Der Zeitraum zwischen Beginn und Ende eines Kommunikationsablaufs (z.B. Gespräch, Telefonat) wird in der Kommunikationstechnik als Sitzung (Session) bezeichnet.

B: *Wahrnehmung und Information*

Die Wahrnehmung (Empfang) eines zum Zweck der Kommunikation erzeugten Signals bringt dem empfangenden Kommunikationspartner *Information* (oder auch nicht). Die Höhe (oder der Umfang) dieser Information hängt nach C. E. Shannon ab von der Höhe der Unsicherheit, die beim empfangenden Kommunikationspartner mit dem Eintreffen des Signals beseitigt wird. War sich der empfangende Kommunikationspartner schon vor dem Eintreffen des Signals absolut sicher, welches Signal kommen wird, dann liefert ihm das Signal keine Information, weil vorher keine Unsicherheit bestanden hatte, die mit dem eintreffenden Signal hätte beseitigt werden können. Information ist also mit *Neuigkeit* verbunden. Der Grad an Neuigkeit, d.h. die Höhe der Information, die ein Signal liefert, hängt mit der *Wahrscheinlichkeit* zusammen, mit der das Signal erwartet wurde. Je geringer die Wahrscheinlichkeit, desto höher die Information. Die Informationstheorie von Shannon basiert ausschließlich auf Wahrscheinlichkeiten und liefert deshalb nur quantitative Aussagen über Information, d.h. Aussagen über die Informationshöhe. Eine ausführliche Beschreibung der Informationstheorie bringt Kapitel 2.

Das Wort *Information* leitet sich von den lateinischen Wörtern „informatio" und „informo" ab. Ersteres bedeutet „Vorstellung", Letzteres bedeutet „ich gestalte" und „ich unterrichte". „Information" ist „Veränderung", die ein Objekt erhält, und „Neuigkeit", die ein Informationsempfänger erfährt. Der Neuigkeitsaspekt von Information betrifft nicht den Gestalter, der beim Gestalten sich nicht verändert, und nicht den Unterrichter, der beim Senden selbst keine Neuigkeit erfährt. Ein Lehrer schöpft aus seinem bereits vorhandenen Wissen, eine Datenbank aus ihrem Datenbestand. Näheres folgt in Abschn. 1.1.3 und 1.3.3 und besonders im 2. Kapitel.

Wahrnehmungen erstrecken sich nicht nur auf Signale, die zwecks Kommunikation an Kommunikationspartner gerichtet sind. Jedes Individuum, das ein geeignetes Wahrnehmungsorgan besitzt, kann damit Signale wahrnehmen, die von Objekten, Vorgängen oder Erscheinungen in der Umgebung ausgehen. Auch solche Signale können dem Individuum Information liefern, wenn das Individuum seine Aufmerksamkeit bewusst auf die Umgebung gerichtet und dabei mögliche Neuigkeiten erwartet hat. Wer achtlos durch die Straßen einer Innenstadt schlendert und mit seinen Gedanken ganz woanders ist, registriert in seinem Gehirn keinerlei Information von der Umgebung. Das gilt auch dann, wenn er beim Schlendern weder vom Weg abkommt noch andere Leute anrempelt, was ja wiederum voraussetzt, dass die Umgebung in Wirklichkeit doch irgendwie wahrgenommen wird. Dieser scheinbare Widerspruch löst sich, wenn bei der Interpretation von Signalen verschiedene Ebenen unterschieden werden. Genaueres hierzu folgt ebenfalls in Kapitel 2. Die von Objekten stammenden Informationen beeinflussen z.B. auch die Weiterentwicklung natürlicher Sprachen, siehe dazu Kapitel 6.

C: *Information und Komplexität*

Eine andere Eigenschaft von Information ist ihre Komplexität. Diese kennzeichnet den mindest erforderlichen Aufwand bei der Erzeugung von Information und betrifft in erster Linie den Gestalter und Unterrichter. Einzelheiten hierzu liefert die sogenannte algorithmische Informationstheorie von G. J. Chaitin, auf die im Abschn. 2.6.2. des 2. Kapitels kurz eingegangen wird.

D: *Kommunikationspartner*

Ein Kommunikationspartner verfügt über mindestens eines der folgenden Organe:

- *Artikulationsorgan* zum Senden (Ausgang für Ausgabe oder Output)
- *Wahrnehmungsorgan* zum Empfangen (Eingang für Eingabe oder Input)

Ein Kommunikationspartner kann über mehrere gleichartige Organe (Ein- und Ausgänge) verfügen. In technischen Systemen werden Ein- und Ausgänge auch als *Ports* bezeichnet.

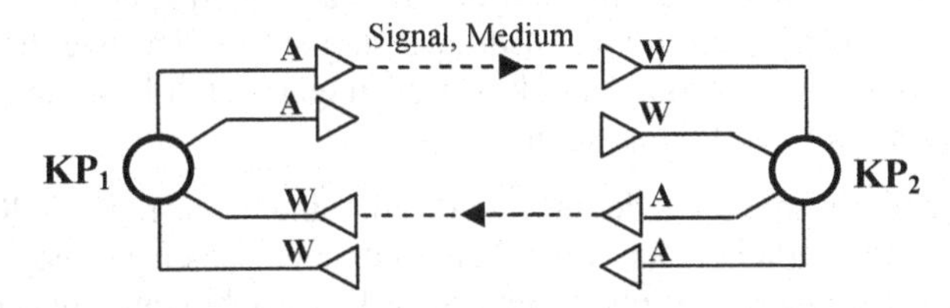

Abb.1.1: Kommunikation zwischen zwei Kommunikationspartnern KP_1 und KP_2
A = Artikulationsorgan, W = Wahrnehmungsorgan

In Abb.1.1 sind zwei Kommunikationspartner KP1 und KP2 schematisch dargestellt. Im gezeigten Beispiel verfügen beide Partner über je vier Ports, davon zwei Artikulationsorgane (Ausgänge) und zwei Wahrnehmungsorgane (Eingänge). Eine detailliertere Beschreibung von Wahrnehmungs- und Artikulationsorganen wird später im 5. Kapitel in Abschn. 5.5 gebracht.

An einem Kommunikationsprozess können auch mehr als zwei Kommunikationspartner beteiligt sein. Sie werden durch unterschiedliche *Namen* gekennzeichnet, in technischen Systemen oft durch unterschiedliche *Adressen.* Die Anzahl, ob zwei oder mehr als zwei Kommunikationspartner beteiligt sind, kennzeichnet zusammen mit anderen Merkmalen eine *technische* Kommunikations*art*, siehe 4. Kapitel. Neben technischen Kommunikationsarten werden noch verschiedene *semantische* Kommunikationsarten unterschieden.

1.1.2 Allgemeines über Signale: Arten, Kategorien und Daten

Kommunikationseröffnung, Übergabe und Austausch von Nachrichten sowie der Empfang sonstiger Informationen geschieht – wie eingangs gesagt – mit Hilfe von *Signalen.*

Als Signale dienen physikalisch beschreibbare *Vorgänge* und *Muster*, die zum Zweck der Kommunikation gebildet werden[1.3]. Bei Nachrichten hoher Komplexität setzen sich die Vorgänge (z.B. akustische Sprachlaute) und Muster (z.B. optische Schriftbilder) aus vielen einfacheren Bestandteilen zusammen. Zu diesen Bestandteilen gehören *Zeichen* (z.B. Buchstaben, Einzeltöne), die sich wiederum oft aus noch einfacheren *Symbolen* (z.B. Bildpunkten) zusammensetzen lassen. Bei Nachrichten geringer Komplexität genügen bereits einzelne Zeichen oder Symbole als Signale. Im Alltag begegnet man Zeichen[1.4] in Form von Verkehrszeichen und Piktogrammen, die einmal erzeugt und dann auf Dauer feststehen.

A: Signalarten

Unter den vielfältigen Arten von Signalen lassen sich unterscheiden:

a) akustische Signale
   Beispiele hierfür sind nicht nur Sprache, sondern auch Musik, Schreie, Klingeltöne, Lautäußerungen von Tieren

b) optische Signale
   Beispiele hierfür sind nicht nur Schriftbilder, sondern auch Blinklichter von Autos und Leuchttürmen, das Leuchten von Glühwürmchen, Farbänderungen bei Rifffischen, ferner Gestikulation (die eine mächtige Ausdrucksfähigkeit besitzt, wie die Gebärden- oder Taubstummensprache beweist), Mimik, Darbietungen durch Film und Fernsehen, feststehende Verkehrsschilder, Piktogramme.

c) chemische Signale (diese spielen in der belebten Natur eine herausragende Rolle)
   Beispiele hierfür sind Gerüche (der Mensch nimmt über seinen Geruchssinn unterschiedliche Meldungen wahr, z.B. ob in der Küche Fisch gebraten, Kuchen gebacken wird usw. Sehr viel ausgeprägter als beim Menschen ist der Geruchssinn des Hundes. Ein herumlaufender Hund erlebt über seine Nase eine Landschaft nahezu ähnlich wie ein optisches Gemälde), chemische Botenstoffe (die Kommunikation in organischen Systemen – z.B. an den Synapsen von Nervenzellen und im Protoplasma von Zellen – erfolgt mit Botenmolekülen, Näheres hierzu bringt Abschn. 1.7 und das 5. Kapitel in Abschn. 5.3.2B. Chemische Substanzen werden auch von Insekten als Signale benutzt, z.B. Ameisen verwenden sie als Zeichen, mit denen sie Wege markieren, an denen sich dann andere Ameisen orientieren können, andere Insekten signalisieren mit chemischen Substanzen, sog. Pheromone oder Lockstoffe, ihre Paarungsbereitschaft). Chemische Signale sind verwandt mit elektrischen Signalen, weil chemische Reaktionen mit dem Besetzungsgrad der Elektronenhüllen von Atomen zusammenhängen. Basenspaare der DNA (damit werden in organischen Zellen genetische Baupläne für die Proteinsynthese gespeichert und übertragen, siehe Abschn. 2.1.2).

d) mechanische (taktile) Signale
   Streicheln und Umarmung als Sympathiebekundung, Stoßen, Handdruck, Schwänzeltanz der Bienen (die Schwänzelbewegung der sendenden Biene wird von der empfangenden Biene ertastet), bei Maschinen das Drücken von Tasten, Pedalen usw.

[1.3] In zweiter Linie werden hier auch andere Vorgänge und Muster, die nicht zum Zweck der Kommunikation erzeugt wurden, als Signale angesehen. Sie sind aber nicht primärer Gegenstand der Kommunikationstheorie.

[1.4] Das Wort *Zeichen* wird hier – dem Sprachgebrauch der Telekommunikation entsprechend – in einer simpleren Bedeutung verwendet als in der Semiotik (= Zeichenlehre) des amerikanischen Logikers C.S. Peirce. Auf die Semiotik wird später in Abschn. 1.8 eingegangen.

e) elektrische Signale (diese spielen in der Technik eine zentrale Rolle)
Beispiele hierfür sind Funk, Telefonie, Datenübertragung. Die früher in der Technik stark verbreitete mechanische Signalübertragung über Hebel, Pedale usw. wird zunehmend von einer elektrischen Signalübertragung abgelöst. Auch in lebenden Organismen gibt es elektrische Signale, und zwar bei der Reizweiterleitung in Nerven, siehe hierzu Abschn. 5.3.2 im 5. Kapitel. Bei den elektrischen Signalen sind zwei Signalformen besonders wichtig. Dies sind die *analogen* Signale und die *digitalen* Signale. Details dazu folgen im Abschn. 1.3.1.

Bemerkung:
Die Art eines Signals ist abhängig von der Art der Wahrnehmung. Eine Umarmung wird vom Umarmten als mechanisches Signal wahrgenommen. Für einen dritten Beobachter ist es dagegen ein optisches Signal.

B: *Signalkategorien, digital und analog*

Bei Vorgängen und Mustern wird hinsichtlich ihrer Strukturen zwischen der Eigenschaft *diskret* (im Sinne von „abgegrenzt" und „getrennt") und der Eigenschaft *kontinuierlich* (im Sinne von „stetig" und „durchlaufend") unterschieden. Das führt bei Signalen auf die folgenden zwei Kategorien:

a) Signale (oder Signalteile) in Form von Folgen diskreter Einzelereignisse

b) Signale (oder Signalteile) in Form von kontinuierlichen Veränderungen

Beim akustischen Sprachsignal lassen sich Wörter als diskrete Einzelereignisse unterscheiden, wogegen der zeitliche Verlauf des Schalls oder Lauts im Wort sich fast immer kontinuierlich ändert. Digitale Signale zählen zur Kategorie a. und analoge Signale zur Kategorie b. Einzelheiten der Signaltheorie werden erst im 4. Kapitel in Abschn. 4.3 behandelt. Zunächst interessiert nur der Unterschied von analog und digital.

Weiter unten in Abschn. 1.3.1 wird gezeigt, dass jedes digitale Signal durch ein äquivalentes *binäres* digitales Signal ausgedrückt werden kann. Ein *binäres* digitales Signal besteht aus einer Folge von nur zwei verschiedenen Einzelereignissen, die mit 0 und L bezeichnet werden. Ein Beispiel eines binären Digitalsignals ist die Folge L00LLL0L00L0.

Binäre Digitalsignale spielen in der Technik eine herausragende Rolle, weil sie sich leicht speichern und verarbeiten lassen. Wie das im Einzelnen geschieht, wird weiter unten in Abschn. 1.4 und später im 5. Kapitel beschrieben, ein logisches Prinzip der Speicherung wird in Abschn. 1.6.1 erläutert.

C: *Signal und Information, Daten*

Digitalsignale können – wie jedes Signal – einem Empfänger Information liefern. Die Höhe der Information hängt dabei vom Vorwissen des Empfängers ab. Dasselbe Signal liefert deshalb dem einen Empfänger viel und dem anderen wenig Information oder vielleicht auch gar keine Information, weil er schon vorher wusste, welches Signal kommen wird.

Nicht jedes Signal muss Träger einer Nachricht sein oder irgendjemandem irgendeine Information liefern. Zufällig entstehende Störungen stellen ebenfalls Signale dar. Sie liefern in der Regel aber keine Mitteilungen oder Botschaften, außer dass sie vorhanden sind und eventuell noch die, dass irgendwo ein Fehler aufgetreten ist.

Für digitale Signale wird oft die neutrale Bezeichnung *Daten* verwendet, wenn es nicht von Belang ist, ob das Signal Information liefert oder nicht. Das gilt in der Regel bei der Speicherung und Verarbeitung im Computer. Man spricht in diesem Fall von *Datenspeicherung* und *Datenverarbeitung.* Die oft verwendeten Bezeichnungen *Informationsspeicherung* und *Informationsverarbeitung* haben meist wenig mit Information im Sinne der Shannon'schen Informationstheorie zu tun. Ihre Benutzung hat nicht selten mit Marketing zu tun, weil diese Dinge auch eine große wirtschaftliche Bedeutung haben.

D: *Medium*

Kommunikation erfolgt im Rahmen fest umgrenzter *Signalklassen.* Bei der Kommunikation zwischen Menschen werden diese Signalklassen von den Sinnesorganen und den Artikulationsmöglichkeiten des Menschen bestimmt. Solche Signalklassen werden *Medien* (Vermittler, Mittelglied) genannt. Beispiele für Medien sind:

- *Sprache* (Audio),
- *Bild* (Video),
- *Text, Schrift* (Daten)

Eine Kommunikation wird als *multimedial* bezeichnet, wenn mehrere Medien (Sprache, Bild, Text) beim selben Kommunikationsprozess verwendet werden.

Bemerkung:
Was landläufig als „Sprachkommunikation" bezeichnet wird, ist in Wirklichkeit oft eine multimediale Kommunikation, weil sie von Körpersprache (Körperhaltung, Gestik, Gesichtsausdruck, Augenkontakt) und weiteren nonverbalen Signalwirkungen begleitet wird (bei z.B. polizeilichem Verhör womöglich sogar auch durch Geruch aufgrund von Schweißausbruch). Hinzu kommt noch, dass allein die Sprachlaute durch Betonung und Kunstpausen zusätzliche Bedeutung erhalten. Nach A. Mehrabian (1971) beträgt bei einer Kommunikation der Anteil der Körpersprache nicht selten 58%, der Anteil der Wortbetonung 38% und der Anteil der Wortbedeutung nur 7%. Weitere Details hierzu folgen im 5. Kapitel in Abschn. 5.5.6B.

Bei der Kommunikation über großen Entfernungen (Telekommunikation) mittels technischer Hilfsmittel wird der Übertragungswegs (z.B. Kabel) für das (elektrische) Signal ebenfalls als Medium bezeichnet, siehe Abb. 1.1. Auf einem einzelnen solchen Übertragungsweg (z.B. Kabel) lassen sich mehrere *Kanäle* für die Übertragung verschiedener Signale unterbringen.

Bei der Kommunikation über ein Medium unterscheidet man ferner zwischen

- *Echtzeit* (direktes Medium oder live) und
- *Aufzeichnung* (oder Speichermedium)

Speichermedien sind Tonaufzeichnung, Film, Videokassette, DVD, Buch und weitere.

1.1.3 Die verschiedenen Facetten von Nachrichten

Zu Beginn von Abschn. 1.1.1 wurde gesagt, dass Nachrichten Bedeutungen (Sinngehalte) von etwas Mitgeteiltem sind, und dass die Übergabe und der Austausch von Nachrichten mit Hilfe von Signalen erfolgt. Auf Bedeutungen oder Sinngehalte wird unten in den Abschnitten 1.2.1, 1.5 und 1.7 eingegangen sowie später im 2. Kapitel und besonders noch im 6. Kapitel. Hier sei einstweilen konstatiert und festgehalten:

[1.1] Signale und Bedeutungen

Jedes Signal ist etwas physikalisch Konkretes und technisch messbar. Die jeweils zugehörige Bedeutung ist demgegenüber etwas Abstraktes[1.5] und drückt aus, was mit dem Signal gemeint ist.

Jede Nachricht beinhaltet aus *Sicht des Empfängers* zwei Komponenten, nämlich

- eine *objektive* Komponente und
- eine *subjektive* Komponente

Die *objektive* Komponente ist *unabhängig vom Empfänger*, d.h. sie ist für jeden Empfänger dieselbe und betrifft *nicht* die Informations*höhe*. Diese objektive Komponente besteht in der

- *reinen* (d.h. unbewerteten) *Aussage*

Die Aussage der Nachricht (z.B. der Text eines Zeitungsartikels) betrifft deren formalen Inhalt, d.h. den mitgeteilten Sachverhalt. [Ebenfalls unabhängig vom Empfänger ist die in Abschn. 1.1.1 erwähnte „Komplexität", die beim Sender den Aufwand für die Erzeugung einer Nachricht kennzeichnet. Auf diese Komplexität wird später im Abschn. 2.6 des 2. Kapitels näher eingegangen].

Die *subjektive* Komponente ist abhängig von der Bewertung, die der Empfänger vornimmt, und ist gekennzeichnet durch die mit der Nachricht übermittelten

- *Informationshöhe* (d.h. das Maß an *Neuigkeit*) und
- *Bedeutungsschwere*

Unter dem Begriff *Semantik* wird die Bedeutung (der Sinngehalt) eines Wortes oder einer Aussage verstanden, ohne dass eine Bewertung vorgenommen wird. Die *Informationshöhe*, die eine Nachricht einem Empfänger liefert, ist unabhängig von der Semantik und allein abhängig vom *Vorwissen* des Empfängers, siehe hierzu auch Abschn. 1.3.3. (Wie z.B. die Angabe des Gewichts von Obst unabhängig von der Obstsorte ist, d.h. die Sorte nicht kennzeichnet, so ist auch die Informationshöhe unabhängig von der Semantik der Nachricht). Eine Nachricht bringt einem Empfänger keine Neuigkeit, wenn er deren Aussage (oder deren Inhalt) bereits kannte. Wie schon in Abschn. 1.1.1 gesagt wurde, ist die Informationshöhe einer Nachricht (d.h. deren Neuigkeitsgehalt) groß, wenn der Empfänger die Nachricht, bevor er sie empfangen hat, für unwahrscheinlich gehalten hatte, und klein, wenn er sie für sehr wahrscheinlich gehalten hatte. Eine Nachricht kann auch keine Information enthalten, wenn sie schon vorher vollständig bekannt war. Dieselbe Nachricht kann einem Empfänger (A) eine große Informationshöhe liefern und einem anderen Empfänger (B) eine geringe Informationshöhe bringen, weil der Empfänger (A) über weniger Vorwissen als der andere Empfänger (B) verfügte. Dieser Umstand macht deutlich, dass die Informationshöhe zur subjektiven Komponente einer Nachricht gehört. Der Zusammenhang von Vorwissen und Informationshöhe wird in Abschn. 1.3.3 anhand einer technischen Einrichtung näher erläutert. Weitere ausführliche Einzelheiten bringt Kapitel 2.

[1.5] Andere oft gebrauchte Bezeichnungen für „physikalisch konkret" bzw. „abstrakt" sind „materiell-energetisch" bzw. „nichtphysikalisch", „geistig" oder „informationell", siehe z.B. Wendt (1989).

Bemerkung:
In der Umgangssprache werden die Begriffe „Nachricht“ und „Information“ oft als synonym betrachtet, was problematisch ist, weil eine Nachricht die Informationshöhe null haben kann, und die „Informationshöhe null“ gleichbedeutend mit „keine Information“ ist. „Keine Information“ ist aber nicht dasselbe wie „keine Nachricht“. Die Informationshöhe wird vielerorts als „Informationsgehalt“ bezeichnet. In dieser Abhandlung wird aber der Begriff „Informationshöhe“ bevorzugt, weil „Informationsgehalt“ leicht als „Aussage von etwas Mitgeteilten“ missverstanden werden kann. Die Informationshöhe ist auch unabhängig von der unten näher beschriebenen Bedeutungsschwere, wiewohl beide zur subjektiven Komponente einer Nachricht gehören. Die mathematische Informationstheorie von Shannon befasst sich allein mit dem Maß an Neuigkeit von Nachrichten bzw. von Signalen, welche die betreffenden Nachrichten transportieren. Eine ausführliche Beschreibung der mathematischen Informationstheorie von Shannon folgt, wie mehrfach gesagt, im 2. Kapitel.

Die *Bedeutungschwere* drückt die Wichtigkeit aus, mit welcher der Empfänger die Nachricht bewertet. Die vom Empfänger empfundene Wichtigkeit ist (wie die Informationshöhe) Bestandteil der subjektiven Komponente der Nachricht aber (im Unterschied zur Informationshöhe) abhängig vom Sinngehalt der Nachricht.

Erläuterndes Beispiel:
Die beiden folgenden Nachrichten
a) *Der in Konditorei X servierte Kaffee ist lauwarm.*
b) *Die Erbtante Y ist gestorben.*
liefern zwei verschiedene Aussagen. Die Aussage der Nachricht (a) ist für jeden Empfänger dieselbe, d.h. sie liefert dieselbe objektive Komponente (den Sachverhalt oder reinen Inhalt), solange keine Bewertung vorgenommen wird. Dasselbe gilt für die Nachricht (b). Sobald aber eine individuelle Bewertung vorgenommen wird, die bei jedem Empfänger anders ausfallen kann, kommt die subjektive Komponente ins Spiel. Für einen individuellen Empfänger können beide Nachrichten (a) und (b) die gleiche Informationshöhe liefern, weil ihm beide Nachrichten gleich wahrscheinlich erschienen. Dagegen dürfte die Nachricht (b) schwergewichtiger sein als die Nachricht (a), wenn der Empfänger erbberechtigt ist.
Später im 2. Kapitel werden verschiedene sogenannte „Interpretationsebenen“ unterschieden. Eine dieser Interpretationsebenen ist die „Pragmatik-Ebene“. Auf dieser Pragmatik-Ebene findet die subjektive Bewertung einer Nachricht statt.

Bedeutungsschwere spielt auch in technischen Systemen eine gewisse Rolle. So haben z.B. für ein Telefonnetz der normale Verbindungswunsch eines Teilnehmers und der Notruf unterschiedliche Prioritäten (Bedeutungsschwere), was bei der Herstellung derartiger technischer Einrichtungen durchweg berücksichtigt wird.

1.2 Erläuterungen zur Kommunikation

Kommunikation ist, wie schon mehrfach gesagt, nicht auf Menschen beschränkt. Kommunikation existiert auch im Tierreich, zwischen Organen in Organismen und zwischen Daten verarbeitenden Maschinen. Letztere ordnen gewissen Signalen insoweit Bedeutungen zu als sie darauf mit spezifischen Reaktionen antworten (siehe Abschnitte 1.2.3 und 1.5).

Wichtige Beispiele für kommunizierende Partner sind:

Mensch – Mensch
Mensch – Tier
Tier – Tier
Mensch – Maschine
Maschine – Maschine

Auch in der Pflanzenwelt gibt es Kommunikation, und zwar sowohl zwischen verschiedenen Pflanzenzellen (was z.B. das Ausrichten der Blüte einer Sonnenblume nach dem Sonnenstand bewirkt) als auch innerhalb von Zellen. Die Wurzeln von Pflanzen kommunizieren mit im Boden befindlichen Bakterien, Pilzen und Insekten. Davon wird in Abschn. 1.7 noch die Rede sein.

1.2.1 Grundfunktionen der Kommunikation

Eine Kommunikation (Wortherkunft: von Gemeinsamkeit) funktioniert perfekt, wenn ein Kommunikationspartner einer Nachricht, die er mitteilen will, ein spezifisches Signal zuordnet und der andere Kommunikationspartner, für den die Nachricht bestimmt ist, diesem Signal dieselbe Nachricht entnimmt. Beim sendenden Kommunikationspartner wird die Zuordnung eines Signals zu einer Nachricht als *Signalzuordnung* oder auch *Codierung* bezeichnet. Beim empfangenden Kommunikationspartner wird die Entnahme der Nachricht aus einem Signal als *Bedeutungszuordnung* oder als *Decodierung* oder auch allgemeiner als *Interpretation* bezeichnet.

Wenn ein Kommunikationspartner die empfangenen Signale nicht interpretieren kann, dann kommt auch keine Kommunikation zustande. Insbesondere bei der Kommunikation mittels natürlicher Sprache gelingt eine Interpretation oft nur ungenau, weil viele Wörter keine genaue, sondern eher vage eine unscharfe allgemeine Bedeutung ausdrücken. Aber auch unscharfe allgemeine Sinngehalte genügen den normalen Kommunikationsbedürfnissen in der Regel vollauf.

Ein Kleinkind lernt seine Muttersprache nach Art einer Statistik. Unterschiedlich wahrgenommenen Sprachlauten wird anscheinend ein breit gefächerter Sinngehaltskomplex zugeordnet, und umgekehrt wird ein innerlich vorgestellter Sinngehalt von Mal zu Mal durch eine abgewandelte Lautfolge mitgeteilt. Erst nach und nach lernt ein Kind gedanklich schärfer zu differenzieren und dies auch sprachlich auszudrücken. Diese Entwicklung führt allmählich zur Umgangssprache und nur bei einer Minderheit von Menschen zur gewohnheitsmäßigen Verwendung einer präzisen Ausdrucksweise. Auf die Entstehung von Sprache und den Spracherwerb wird im 6. Kapitel näher eingegangen.

Die Kommunikation in gewöhnlicher Umgangssprache wird hier als *sinnallgemeine Kommunikation* bezeichnet. Für das Zustandekommen einer sinnallgemeinen Kommunikation müssen die nachfolgend genannten notwendigen Bedingungen erfüllt werden:

> **[1.2]** Notwendige Bedingungen für sinnallgemeine[1.6] Kommunikation:
>
> Das Zustandekommen einer sinnallgemeinen Kommunikation setzt voraus,
> a. dass bei den beteiligten Kommunikationspartnern eine *gemeinsame* oder *teilweise gemeinsame* Kenntnis (oder Vorstellung) von möglichen Sinngehalten vorhanden ist und
> b. dass die empfangsseitige Interpretation von Signalen *genau* oder *annähernd genau* den bei der sendeseitigen Signalzuordnung gemeinten Sinngehalt liefert.

[1.6] Eine nähere Diskussion über verschiedene semantische Kommunikationsarten folgt in Abschn. 1.5. Dort wird einerseits zwischen „sinngenauer" und „sinnallgemeiner" Kommunikation unterschieden und andererseits zwischen „offener" und „geschlossener" Kommunikation. Dabei bedeutet „geschlossen", dass eine fertige Liste mit nur endlich vielen zulässigen Signalen und Bedeutungen verwendet wird.

Einfache Beispiele zur vorläufigen Erläuterung:

1. Wenn ein deutscher Fernsprechteilnehmer, der kein Japanisch versteht, mit einem Fernsprechteilnehmer in Japan verbunden wird, der kein Deutsch versteht, dann kommt, auch wenn beide reden, keine Kommunikation zustande, weil die empfangenen Signale nicht richtig interpretiert werden können, obgleich beide Teilnehmer über gemeinsame Kenntnisse und Vorstellungen von möglichen Sinngehalten verfügen.

2. Eine z.B. Mensch-Hund-Kommunikation ist nur in dem Umfang möglich, wie Mensch und Hund über gemeinsame Vorstellungen von Sinngehalten verfügen. Solche gibt es in eingeschränktem Umfang im Bereich der Nahrungsaufnahme, der Jagd und in weiteren Bereichen. Derzeit kennt man nur eine sehr beschränkte Mensch-Hund-Kommunikation, siehe hierzu Abb. 1.2.

3. Bei der Mensch-Maschine-Kommunikation interpretiert die Maschine (z.B. Computer) die eingegebenen Signale und verarbeitet sie zu spezifischen Reaktionen in Form von ausgegebenen Signalen. Die zugeordneten Signalbedeutungen sind implizit in der von Menschen geschaffenen Auswerte-Elektronik und im intern abgespeicherten Programm enthalten.

4. Kostspielige Versuche, mit auf anderen Sternen möglicherweise vorhandenen intelligenten Wesen zu kommunizieren, können (selbst wenn es solche Wesen gibt) daran scheitern, dass weder gemeinsame Vorstellungen von möglichen Sinngehalten existieren noch gleiche Interpretationen von Signalen.

1.2.2 Zur Mensch-Tier-Kommunikation

Hier sei das oben genannte Beispiel der Mensch-Hund-Kommunikation weiter ausgeführt. Mit Abb. 1.2 sollen die Mengen an Sinngehalten verdeutlicht werden, die sich der Mensch und der Hund vorstellen können. Die dick gezeichnete Ellipse umrandet die Menge an Sinngehalten, die sich der Mensch vorstellen kann, die dünn umrandete Ellipse die Menge an Sinngehalten, die sich der Hund vorstellen kann. Die Überschneidung beider Mengen, die Schnittmenge, kennzeichnet die Menge an Sinngehalten, die beide, Mensch und Hund, sich vorstellen können. Solche gemeinsamen Vorstellungen dürfte es im Bereich der Nahrungsaufnahme, der Jagd, des Apportierens und noch möglicher anderer Sachverhalte geben. Sicherlich gibt es aber große Bereiche an Vorstellungen, die dem Hund prinzipiell verschlossen sind, z.B. Bereiche der Mathematik, der Weltgeschichte usw. Andererseits ist denkbar, dass der Hund wegen seines hoch differenzierten Geruchssinns Vorstellungen besitzt, die der Mensch nicht kennt. (Vom hoch differenzierten Geruchssinn des Hundes macht der Mensch bekanntlich Gebrauch, indem er ihn als Suchhund zum Aufspüren von z.B. Drogen und verschütteten Menschen einsetzt).

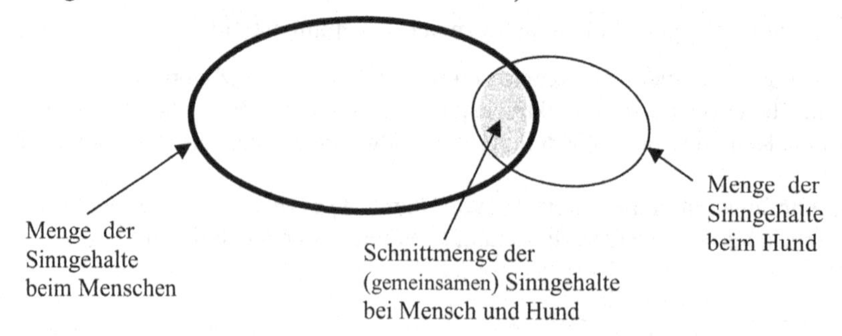

Abb. 1.2 Vorstellungen von Sinngehalten beim Menschen (dick umrandet) und beim Hund (dünn umrandet).

Kommunikation ist, wie gesagt, nur im Bereich der in Abb. 1.2 gezeigten Schnittmenge möglich. Das Vorhandensein einer solchen Schnittmenge ist eine *notwendige* Bedingung für eine Mensch-Hund-Kommunikation. Diese Bedingung ist aber noch keineswegs hinreichend, weil eine Kommunikation die Verwendung von Signalen erfordert, die richtig interpretiert werden. Die richtige Interpretation ist ein schwieriger Prozess. Damit der Hund die Signale des Menschen richtig interpretieren kann, muss er sich einer längeren Dressur unterziehen, zu der er auch bereit sein muss. Nicht jedes Tier lässt sich dressieren. Auf der anderen Seite muss der Mensch lernen, die Artikulationen des Hundes richtig zu deuten.

1.2.3 Zur Mensch-Maschine- und Maschine-Maschine-Kommunikation

Ein einfaches Beispiel für eine Mensch-Maschine-Kommunikation ist der Kauf einer Fahrkarte an einem Automaten mit Benutzerführung, bei der der Automat z.B. nach Eingabe des Fahrziels rückfragt, ob eine Fahrkarte 1. Klasse oder 2. Klasse gewünscht wird, für welche Zugart die Fahrkarte sein soll, ob für S-Bahn oder Fernzug usw. Jede derartige Kommunikation, bei der eine Maschine eine Dienstleistung (Service) für einen Benutzer erbringt, wird als *Client-Server-Kommunikation* bezeichnet. Der Benutzer ist dabei der Client, die Maschine ist der Server (Dienstleister). Die Signale sind sehr einfach, z.B. Eingaben mit einer Tastatur und Rückfragen mit optischen Anzeigen. Die zugeordneten Signalbedeutungen sind eine (winzige) Teilmenge von Vorstellungen, die der Mensch besitzt.

Die Benutzung einer informationsverarbeitenden Maschine, bei der keine Benutzerführung existiert, wird oft als *Master-Slave-Kommunikation* bezeichnet. Weil bei ihr keine Rückfragen stattfinden, ist eine solche Maschine eher ein Werkzeug als ein Kommunikationspartner.

Ein Beispiel für eine Maschine-Maschine-Kommunikation liefert der Dialog zwischen einem Personalcomputer (PC) und einem daran angeschlossenen Drucker. Weil die Arbeitsgeschwindigkeiten von Personalcomputer und Drucker sehr verschieden sind, ist der Drucker üblicherweise mit einem Pufferspeicher versehen. In diesen Pufferspeicher speist der Personalcomputer mit hoher Geschwindigkeit die zu druckenden Daten ein und beschäftigt sich anschließend sofort mit anderen Aufgaben, während der Drucker die Daten langsam ausdruckt. Der Dialog zwischen Personalcomputer (PC) und Drucker (DR) erfolgt (verkürzt und vereinfacht) in etwa so:

PC an DR: *Ist DR bereit? Habe Druckauftrag für Daten im Umfang von* 5 *Megabyte.*
DR an PC: *Bin bereit, mein Pufferspeicher fasst aber nur* 1 *Megabyte.*
PC an DR: *Sende Teilauftrag im Umfang von* 1 *Megabyte.*
Nach einer Weile DR an PC: *Teilauftrag erledigt. Erwarte nächsten Teilauftrag.* usw.

Diese Maschine-Maschine-Kommunikation kann nur dann zustande kommen, wenn beide Kommunikationspartner, Personalcomputer und Drucker, eine gemeinsame Schnittmenge an Bedeutungen „kennen" und wenn beide denselben Code zur Kennzeichnung der einzelnen Bedeutungen verwenden. Der Personalcomputer kann dabei, ähnlich wie bei Mensch und Hund, sehr wohl eine größere Menge an Bedeutungen „kennen" als der Drucker (z.B. auch Rechenoperationen, die der Drucker nicht kennt). Wenn Personalcomputer und Drucker trotz Vorhandensein einer gemeinsamen Schnittmenge an Bedeutungen jedoch unterschiedliche Codes verwenden, dann kommt eine Kommunikation ebenso wenig zustande, wie das bei nur Deutsch und nur Japanisch sprechenden Fernsprechpartnern der Fall ist.

1.3 Instanzen, Wandler und elektrische Signale

Eine Kommunikation zwischen einem deutschen Kommunikationspartner, der kein Japanisch versteht, und einem japanischen Kommunikationspartner, der kein Deutsch versteht (vergl. 1. Beispiel in Abschn. 1.2), kann dann zustande kommen, wenn ein Dolmetscher zwischengeschaltet wird. Dieser Dolmetscher wird als *Instanz* (oder *Zwischeninstanz*) bezeichnet.

[1.3] Instanzen:

Mit Hilfe geeigneter Instanzen (Zwischeninstanzen) lässt sich Kommunikation ermöglichen, die auf direkte Weise nicht möglich ist.

Ein anderes Beispiel, bei dem eine direkte Kommunikation zwischen zwei Menschen nicht möglich ist, liegt vor, wenn der eine in Europa und der andere in Amerika lebt. In diesem Fall wird Kommunikation möglich, wenn als Instanz z.B. die (gelbe) Briefpost zwischengeschaltet wird. Zwischeninstanzen ermöglichen neben der Überbrückung räumlicher Abstände auch die Überbrückung zeitlicher Abstände (speichernde Zwischeninstanzen sind z.B. Protokollführer und Aufzeichnungsgeräte). Die moderne Telekommunikation erfolgt über eine ganze Kette mehrerer technischer Instanzen. Näheres hierzu bringt Kapitel 4. Jede der Kommunikation dienende Zwischeninstanz benötigt wie der Dolmetscher mindestens ein Wahrnehmungsorgan und ein Artikulationsorgan.

Bei technischen Einrichtungen bezeichnet man die Wahrnehmungsorgane als *Sensoren* und die Artikulationsorgane als *Aktoren* (oder auch als *Effektoren*). Beispiele korrespondierender Sensoren und Aktoren sind:

Mikrophon – Lautsprecher
Videokamera – Bildschirm (Monitor, Display)
Belegleser – Drucker

Der technische Sammelbegriff für Sensoren und Aktoren heißt *Wandler*, weil Sensoren bzw. Aktoren Signale nicht nur aufnehmen bzw. abgeben, sondern zugleich auch wandeln. Das Mikrophon wandelt ein akustisches Signal in ein elektrisches Signal, der Lautsprecher wandelt umgekehrt ein elektrisches Signal in ein akustisches Signal. Auch die natürlichen menschlichen Sinnesorgane sind Wandler. Wie später im 5. Kapitel erläutert wird, wandelt z.B. das Auge ein auf die Netzhaut gelangendes optisches Bild mittels Stäbchen und Zapfen in Folgen elektrischer Impulse, die über Nervenbahnen ans Gehirn weitergeleitet werden.

1.3.1 Analoge und digitale Signale und deren Umwandlung

Wie in Abschn. 1.1.2 erwähnt wurde, spielen unter den elektrischen Signalen zwei Signalformen eine dominierende Rolle. Es sind dies

- *analoge* Signale und
- *digitale* Signale

In Abb. 1.3a ist ein möglicher Verlauf eines mit $s(t)$ bezeichneten analogen Signals s über der Zeitachse t dargestellt. Dieser Verlauf kennzeichnet z.B. den zeitabhängigen Wert des Schalldrucks in einem kurzen Zeitabschnitt eines Sprachsignals. Der zeitkontinuierliche und wertkontinuierliche Verlauf von $s(t)$ ist „analog“ zum tatsächlichen Verlauf des Schalldrucks eines Sprachsignals und tritt als elektrisches Signal z.B. am Ausgang eines Mikrophons auf.

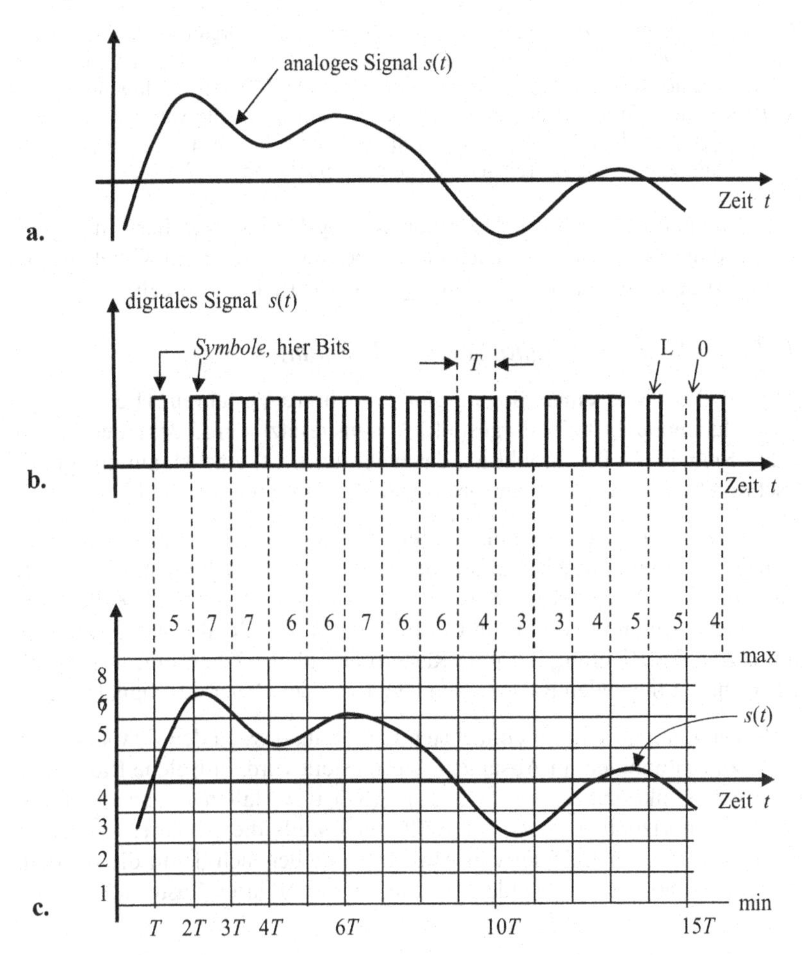

Abb. 1.3 Darstellung von elektrischen Signalen
a. Typischer Verlauf eines analogen Signals
b. Ein binäres digitales Signal
c. Prinzip der Analog-Digital-Wandlung (siehe Text)

Abb. 1.3b zeigt ein Beispiel eines digitalen Signals. Es setzt sich aus einer Folge von lauter rechteckigen Impulsen und Nicht-Impulsen zusammen, die *Symbole* heißen. Dabei haben jeweils 3 Symbole zusammen die Dauer *T*. Weil in Abb. 1.3b nur zwei verschiedene Symbole, nämlich Impuls und Nicht-Impuls, vorkommen, heißt das digitale Signal *binär*.

Die beiden Symbole werden deshalb als „**Bit**“ (eine verkürzte Zusammenfügung von „Binary digit“ = Binärschritt) bezeichnet. Es gibt auch digitale Signale, die mehr als zwei unterschiedliche Symbole verwenden. Die Anzahl der unterschiedlichen Symbole[1.7] ist beim digitalen Signal jedoch immer endlich hoch.

Bemerkung:
Aus gleichen Impulsen zusammengesetzte Signale spielen auch in lebenden Organismen eine zentrale Rolle. Die Übertragung von Signalen auf Nervenfasern geschieht durch Folgen diskreter Impulse entlang der Membran (Hülle) einer Nervenfaser, siehe Schmidt, Thews (1997). Alle wahrgenommenen analogen Signale werden in den Sinnesorganen in aufeinanderfolgenden Zeitintervallen ausgewertet. Der Wert des analogen Signals während eines Zeitintervalls bestimmt die Anzahl der Impulse, die während dieses Zeitintervalls erzeugt werden (Näheres dazu folgt im Abschn. 5.3.2 des 5. Kapitels).

Analoge Signale lassen sich technisch mit Hilfe von Analog-Digital-Wandlern in digitale Signale umwandeln und anschließend (z.B. nach einer Übertragung über ein Kabel) wieder mit Hilfe eines Digital-Analog-Wandlers in ein analoges Signal rückverwandeln.

A: *Analog-Digital-Wandlung und Digital-Analog-Wandlung*

Für die Analog-Digital-Wandlung eines Signals gibt es mehrere Verfahren. Hier wird mit Abb. 1.3c nur das allgemeine Prinzip dargestellt. Vorausgesetzt wird, dass der Wertebereich des analogen Signals $s(t)$ beschränkt ist, das heißt, dass $s(t)$ eine Maximumsgrenze „max" nicht überschreitet und eine Minimumsgrenze „min" nicht unterschreitet.

Zur Umwandlung „analog → digital" wird ein Rasternetz über den analogen Signalverlauf gelegt, das in vertikaler Richtung zwischen „min" und „max" nur endlich viele Rasterzellen besitzt. Im Beispiel von Abb. 1.3c sind das 8 Zellen. Die vertikalen Lagen der Zellen werden von unten nach oben durchnummeriert, im Beispiel von Abb. 1.3c also mit den Rasterhöhen 1 bis 8. In horizontaler Richtung wird die Rasterbreite gleich T gewählt. Die Anzahl der in horizontaler Richtung liegenden Rasterzellen hängt von der Dauer des Signals ab.

Die Analog-Digital-Wandlung besteht im einfachsten Fall darin, dass zu den Zeitpunkten T, $2T$, $3T$, ... usw. (d.h. zu Zeitpunkten im Abstand T) festgestellt wird, in welche Rasterhöhe die jeweils zugehörigen Funktionswerte $s(T)$, $s(2T)$, $s(3T)$ usw. fallen (wenn ein Funktionswert exakt auf eine horizontale Rasterlinie fällt, sei jeweils die Nummer der nächst niederen Rasterhöhe gewählt). Im Beispiel von Abb. 1.3c ergeben sich damit die oberhalb des Rasters eingetragenen und in der folgenden Tabelle 1.1 aufgeführten Raster-höhen:

Tabelle 1.1:

Zeitpunkt:	T	$2T$	$3T$	$4T$	$5T$	$6T$	$7T$	$8T$	$9T$	$10T$	$11T$	$12T$	$13T$	$14T$	$15T$
Rasterhöhe:	5	7	7	6	6	7	6	6	4	3	3	4	5	5	4

Ordnet man jeder Rasterhöhe ein eigenes Symbol zu, dann erhält man für dieses Beispiel ein *okternäres* Digitalsignal, weil ja im Prinzip 8 verschiedene Rasterhöhen vorkommen können. Einfache Symbolformen hierfür sind z.B. Rechteckimpulse gleicher Dauer T und den Höhen 1, 2, ... , 8. Die Aneinanderreihung dieser Impulse ergibt einen treppenartigen Signalverlauf mit Sprüngen an den Stellen T, $2T$, $3T$, ... , deren Höhen jeweils gleich der Differenz von nachfolgender Rasterhöhe und vorangegangener Rasterhöhe sind.

[1.7] Hier in diesem Abschn. 1.3 wird gemäß dem Sprachgebrauch in der Telekommunikationstechnik das Wort „Symbol" ebenfalls in einer einfacheren Bedeutung gebraucht als in der Semiotik, wo unter „Symbol", wie später in Abschn. 4.4, auch eine Kombination mehrerer Wörter verstanden werden kann, vergl. Fußnote 1.4.

Auf ein *binäres* Digitalsignal, wie es Abb. 1.3b zeigt, kommt man, wenn man in einem zusätzlichen Schritt jede der Rasterhöhen 1, 2, ... , 8 durch eine Kombination von 3 Bits codiert. Ein Beispiel hierzu ist Tabelle 1.2 dargestellt, in welcher die Bits wieder mit 0 und L bezeichnet werden:

Tabelle 1.2:

Rasterhöhe:	1	2	3	4	5	6	7	8
Bitkombination:	000	00L	0L0	0LL	L00	L0L	LL0	LLL

Mit der in Tab. 1.2 dargestellten Zuordnung und der weiteren Zuordnung

$$\begin{array}{ccl} 0 & \leftrightarrow & \text{Nicht-Impuls} \\ L & \leftrightarrow & \text{Impuls} \end{array} \qquad (1.1)$$

ergibt sich die für die Folge der Rasterhöhen in Tabelle 1.1 bzw. in Abb. 1.3c die Bitfolge in Abb. 1.3b. Weil jetzt 3 Bits in jede Rasterbreite T passen müssen, dürfen die Bits, also Impuls und Nichtimpuls, je nur die Dauer $\frac{1}{3}T$ haben. Die Kombinationen aus je 3 Bit werden auch als „3-Bit-Codewörter" bezeichnet.

Anmerkung:
In der Digitaltechnik wird statt 0 und L meist 0 und 1 geschrieben. Hier wird die Schreibweise 0 und L bevorzugt, um deutlich zu machen, dass es sich bei 0 und L nicht um Zahlen, sondern um Symbole (Signale) handelt.

Die Digital-Analog-Wandlung des binären Digitalsignals in Abb. 1.3b geht den umgekehrten Weg: Aus den 3-Bit-Codewörtern werden Rechteckimpulse der Rasterhöhen 1, 2, ..., 8 gebildet. Die dabei entstehende Treppenkurve wird anschließend geglättet, was sich bei einem elektrischen Signal relativ leicht mit einer Filterschaltung bewerkstelligen lässt. Das Ergebnis ist wieder ein analoges Signal, das dem ursprünglich analogen Signal sehr ähnlich ist.

Der Unterschied zwischen dem ursprünglichen analogen Signal (Originalsignal) und dem nach Analog-Digital-Wandlung und anschließender Digital-Analog-Wandlung rekonstruierten analogen Signal ist umso geringer, je feiner die Rasterung in Abb. 1.3c durchgeführt wird, d.h. je größer die Anzahl der Rasterhöhen (bei gegebener Maximumsgrenze „max" und Minimumsgrenze „min") und je kürzer die Rasterbreite T gewählt werden. Hinsichtlich der Rasterbreite gibt es eine theoretische untere Grenze T_A, deren Unterschreitung keine weitere Verbesserung mehr bringt. Dieser Abstand T_A ist ungefähr durch den kürzesten Abstand gegeben, der zwischen einem lokalen Maximum und einem lokalen Minimum des analogen Signals $s(t)$ auftritt. Die genauen Verhältnisse liefert das sogenannte *Abtasttheorem*, das in vielen Lehrbüchern beschrieben wird, z.B. bei Rupprecht (1993). Nähere Einzelheiten dazu folgen später im 4. Kapitel in Abschn. 4.3 dieser Abhandlung.

Bemerkung:
In Abschn. 1.1.2 wurden die Signalkategorien a. und b. unterschieden und gesagt, dass digitale Signale zur Kategorie a. gehören, d.h. Folgen diskreter Einzelereignisse darstellen. Umgekehrt bilden Folgen diskreter Einzelereignisse nicht immer digitale Signale, sondern nur dann, wenn die Anzahl der unterscheidbaren Einzelereignisse endlich ist, wie das beim binären und beim okternären Digitalsignal der Fall ist.

B: *Existierende Standards*

Ein noch heute gültiger ISDN-Standard für die Analog-Digital-Wandlung von Sprachsignalen in Fernsprechqualität verwendet 256 verschiedene Rasterhöhen bei einer Rasterbreite von $\frac{1}{8000}$ Sekunde (das sind 125 Mikrosekunden). 256 verschiedene Rasterhöhen lassen sich mit Bitkombinationen aus je 8 Bits (8-Bit-Codewörter) codieren. Jedes Zeitintervall der Rasterbreite T enthält jetzt 8 Bits (im Unterschied zu 3 Bits in Abb. 1.3b). Mit 8000 Zeitintervallen pro Sekunde ergibt sich bei 8 Bits je Zeitintervall eine Bitrate von 64000 Bits pro Sekunde.

Ein anderer heute gültiger Standard (CD-Audio-Standard) betrifft die Analog-Digital-Wandlung von Stereo-Musiksignalen in HiFi-Qualität. Die hierbei entstehende Bitrate beträgt 1411200 Bits pro Sekunde. Dabei werden 6556 verschieden Rasterhöhen berücksichtigt, die mit Kombinationen von 16 Bits (16-Bit-Codewörter) codiert werden. Jedes Zeitintervall der Rasterbreite T enthält jetzt also bei 16 Bits je Stereo-Kanal insgesamt 32 Bits (gegenüber 3 Bits in Abb. 1.3b) bei 44100 Zeitintervallen pro Sekunde.

1.3.2 Nachrichtentransport mit digitalen Signalen und Informationshöhe

Bei dem in Abb. 1.3b dargestellten binären digitalen Signal tragen auch alle Nichtimpulse (also die „Signalpausen“ oder physisch nicht vorhandene Signalanteile) voll zum Nachrichtentransport bei. Wenn sich sehr viele solche Nichtimpulse nahtlos aneinanderreihen, können Zweifel entstehen, ob überhaupt ein Signal vorhanden ist und eine Nachricht übertragen wird. Deshalb ist es in vielen Fällen wichtig, Anfang und Ende eines Digitalsignals besonders zu kennzeichnen. Das kann mit speziellen Bitkombinationen geschehen (die aber nicht zugleich für die Codierung einer Rasterhöhe verwendet werden dürfen) oder durch anders geartete Symbolformen. Im nächsten Abschn. 1.3.3 wird eine Methode der Nachrichtenübertragung beschrieben, bei welcher auch längere Zeitabschnitte, in denen kein Signal übertragen wird, einem Empfänger Information bringen. Das ist deshalb der Fall, weil dort mit jedem Bit „binär 0“ Information geliefert wird und „binär 0“ durch einen Nichtimpuls dargestellt wird.

Die Rate von 64000 Bits pro Sekunde beim oben genannten ISDN-Standard ist sehr viel höher als die aus informationstheoretischen Überlegungen resultierende Bitrate für die Codierung von Sprache. Das Ziel einer Reduzierung der Bitrate bei digitalisierter Sprache ist Gegenstand der *Quellencodierung*, siehe dazu den folgenden Abschn. 1.3.3 und auch den Abschn. 2.5.4 im 2. Kapitel. Dieses Ziel der Reduzierung der Bitrate lässt sich bei gleichbleibender Qualität nicht mit einem gröberen Raster erreichen, sondern erfordert andere Methoden, bei denen insbesondere die statistischen Abhängigkeiten der Signalverläufe in unterschiedlichen Zeitintervallen Berücksichtigung finden. Bei Mobilfunk-Telefonen wird oft eine Bitrate von nur noch 6500 Bits pro Sekunde verwendet.

Sicherlich wird es nie möglich sein, den Unterschied zwischen Originalsignal (d.h. dem ursprünglichen analogen Signal) und dem (nach Analog-Digital-Wandlung und anschließender Digital-Analog-Wandlung) rekonstruierten analogen Signal völlig zu beseitigen. Das ist aber auch gar nicht nötig, wenn das analoge Signal der Kommunikation zwischen Menschen dient. Jedes menschliche Sinnesorgan hat nämlich ein nur endliches Auflösungsvermögen (Gleiches gilt auch für die Sinnesorgane aller sonstigen Lebewesen). Ist das Raster engmaschiger als das Auflösungsvermögen des betreffenden menschlichen Sinnesorgans, dann bringt eine weitere Verfeinerung des Rasters keinen zusätzlichen Vorteil für die Kommunikation zwischen Menschen. (Es kommt aber durchaus vor, dass ein anderes Lebewesen ein Sinnesorgan, z.B. Ohr, mit einem feineren Auflösungsvermögen als das des Menschen besitzt und Unterschiede wahrnimmt, die der Mensch nicht wahrnehmen kann. Näheres über die Wahrnehmung von Signalen folgt im 5. Kapitel). Zum nur endlichen Auflösungsvermögen menschlicher Sinnesorgane kommt hinzu, dass auch „Vorstellungen“ und „Sinngehalte“, die der Mensch wahrgenommenen Signalen zuordnet, unscharf sind, wovon in Abschn. 1.5.3 und im 6. Kapitel noch die Rede sein wird.

1.3.3 Prädiktor-Korrektor-Verfahren und Vorwissen

Im vorigen Abschnitt wurde erwähnt, dass gemäß einem noch gültigen ISDN-Standard zur Übertragung von Sprache in Telefonqualität 64000 Bits pro Sekunde aufgewendet werden. Diese hohe Bitrate lässt sich in relativ einfacher Weise mit dem Prädiktor-Korrektor-Verfahren erheblich reduzieren. Die nachfolgende Beschreibung des Prädiktor-Korrektor-Prinzips erfolgt hier aber nicht allein deswegen, um eine Möglichkeit der Quellencodierung darzustellen, sondern auch deswegen, weil sich anhand dieses Verfahrens auch mehrere andere Begriffe wie *Vorwissen, Gedächtnis, Informationshöhe* an technischen Einrichtungen illustrieren lassen und weil darüber hinaus auch eine Anwendung von „logischen Verknüpfungen“ geliefert wird, auf die im nachfolgenden Abschn. 1.4 eingegangen wird.

A: *Prädiktorprinzip*

Ein Prädiktor ist eine Einrichtung, die eine Schätzung abgibt, wie ein künftiger Wert vermutlich ausfallen wird. Abb.1.4 zeigt einen binären Prädiktor.

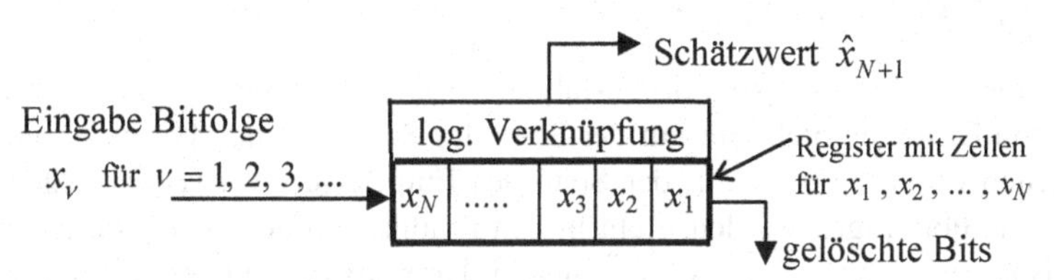

Abb. 1.4 Prinzip eines binären Prädiktors. Jedes Bit x_ν hat gemäß Zuordnung (1.1) entweder den Wert 0 oder den Wert L. [Löschung von Bits bedeutet, dass diese Bits nicht weiter verwendet werden]

In den Eingang des Prädiktors wird eine Folge von Bits x_ν für $\nu = 1, 2, 3, ...$ eingegeben.

Zuerst kommt x_1, danach x_2, dann x_3 usw. Nach N Taktschritten sind die ersten N Bits in den Zellen eines Registers (oder Gedächtnisses) des Prädiktors gespeichert, so wie das in Abb. 1.4 dargestellt ist. Anhand dieser N Bits bildet der Prädiktor einen Schätzwert $\hat{x}_{N+1}$ dafür, wie das nächste Bit x_{N+1} vermutlich sein wird, und zwar noch bevor das wahre Bit x_{N+1} in den Eingang des Prädiktors eingespeist wird.

Zwischenbemerkung:
Für die Art und Weise, wie der Schätzwert $\hat{x}_{N+1}$ anhand der im Gedächtnis des Prädiktors gespeicherten Bitfolge $x_N, ..., x_3, x_2, x_1$ gebildet wird, gibt es verschiedene Möglichkeiten, angefangen von der Auswertung einer Statistik früherer Bitfolgen bis hin zu komplizierten Verfahren der mathematischen Extrapolation. Abhängig von der gewählten Methode werden die verschiedenen Bits der gespeicherten Bitsequenz in spezifischer Weise miteinander logisch verknüpft, wodurch die statistischen Bindungen zwischen zeitlich auseinander liegenden Bits mit einfließen. Auf die genauen Zu-

sammenhänge sei hier noch nicht näher eingegangen; im nächsten Abschn. 1.4 wird aber sowohl allgemein als auch am Beispiel eines einfachen Prädiktors erläutert, auf welche Weise logische Verknüpfungen zwischen Bits hergestellt werden können.

In Abb. 1.4 wird mit dem (N+1)-ten Taktschritt die ganze Bitsequenz $x_N, \ldots, x_3, x_2, x_1$ um eine Position nach rechts verschoben, wobei x_{N+1} jetzt die Position einnimmt, wo vorher x_N gestanden hat, und x_2 jetzt die Position von x_1 einnimmt. x_1 wurde aus dem Register rechts herausgeschoben und gelöscht. Nach dem (N+1)-ten Taktschritt steht in den Zellen des Registers also die Bitsequenz $x_{N+1}, \ldots, x_4, x_3, x_2$, anhand welcher der Prädiktor einen nächsten Schätzwert $\hat{x}_{N+2}$ bildet, usw.

Bei üblichen Anwendungen kann ein derartiger Prädiktor über eine längere Zeitspanne mehr als 50% richtige Schätzwerte $\hat{x}_n = x_n$ liefern, was recht viel ist. Zwar kann man für ein *einzelnes* Bit, bei dem es ja nur die zwei Möglichkeiten 0 oder L gibt, durch Werfen einer Münze bereits eine zu 50% richtige Voraussage machen. Für die Voraussage einer Folge *mehrerer* Bits gelingt das aber rasch zunehmend immer weniger, je länger die vorherzusagende Folge und damit die Anzahl der verschiedenen möglichen Folgen ist. Übliche Anwendungen (wie z.B. die Extrapolation digitalisierter Sprachsignale) zeichnen sich jedoch dadurch aus, dass in der Bitfolge gewisse Regelmäßigkeiten in Form wiederkehrender statistischer Bindungen vorhanden sind, die vom Prädiktor berücksichtigt werden.

B: *Prädiktor-Korrektor-Verfahren*

Die Idee des Prädiktor-Korrektor-Verfahrens besteht nun darin, dass man bei der Übertragung von Bitfolgen nicht nur auf der Seite des Senders einen Prädiktor einsetzt, sondern den gleichen Prädiktor auch auf der Seite des Empfängers verwendet. Nach den ersten N Bits, die alle übertragen werden, steht in den Prädiktoren des Senders und Empfängers die gleiche Bitsequenz $x_N, \ldots, x_3, x_2, x_1$, anhand derer sowohl auf der Sendeseite als auch auf der Empfangsseite der gleiche Schätzwert $\hat{x}_{N+1}$ gebildet wird. Auf der Sendeseite prüft nun der Sender, ob das vorhergesagte Bit $\hat{x}_{N+1}$ mit dem tatsächlichen nächsten Bit x_{N+1} übereinstimmt. Wenn es übereinstimmt, also $\hat{x}_{N+1} = x_{N+1}$, dann wird kein Signal (d.h. nichts) übertragen, denn dann ist ja auch auf der Empfangsseite die Vorhersage richtig. Das auf der Empfangsseite richtig vorhergesagte Bit $\hat{x}_{N+1}$ wird an sein Bestimmungsziel (Nutzer) weitergeleitet und zugleich auch als nächstes Bit in den Eingang des empfangsseitigen Prädiktors eingespeist. Wenn jedoch auf der Sendeseite das vorhergesagte Bit $\hat{x}_{N+1}$ mit dem tatsächlichen nächsten Bit x_{N+1} nicht übereinstimmt, also wenn $\hat{x}_{N+1} \neq x_{N+1}$, dann sendet der Sender ein Korrekturbit x_{kor}. Wenn der Empfänger ein Korrekturbit x_{kor} empfängt, dann weiß er, dass auf seiner Seite das vorhergesagte Bit $\hat{x}_{N+1}$ falsch war. Er führt eine Korrektur durch, indem er auf seiner Seite das vorhergesagte Bit $\hat{x}_{N+1}$ negiert. Wurde dort z.B. L vorhergesagt, dann wird dieses L in 0 gewandelt (L→ 0). Im anderen Fall, dass 0 vorhergesagt wurde, wird diese 0 in L gewandelt (0 → L). Das so durch Negation korrigierte Bit wird dann an sein Bestimmungsziel (Nutzer) weitergeleitet und zugleich auch als nächstes Bit in den Eingang des empfangsseitigen Prädiktors eingespeist. Übertragen werden also nur entweder Korrekturbits oder keine Korrekturbits (also nichts). Das ganze Verfahren setzt natürlich voraus, dass Sender und Empfänger synchron laufende Taktgeneratoren besitzen.

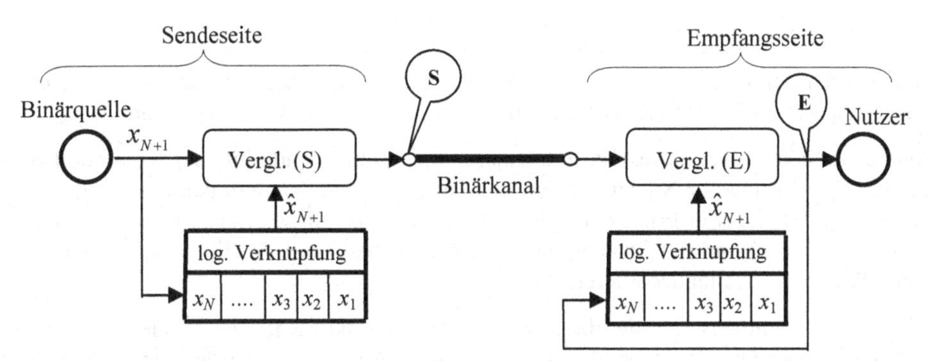

An **S**: nichts senden, wenn $\hat{x}_{N+1} = x_{N+1}$, aber Korrekturbit x_{kor} senden, wenn $\hat{x}_{N+1} \neq x_{N+1}$

An **E**: $\hat{x}_{N+1}$, wenn nichts empfangen, aber negiertes $\hat{x}_{N+1}$, wenn Korrekturbit x_{kor} empfangen

Abb. 1.5 Bit-Übertragung gemäß Prädiktor-Korrektor-Verfahren

Das Bild zeigt die Situation zum Taktzeitpunkt $\nu = N$. Für spätere Zeitpunkte $\nu > N$ ist der Registerinhalt zu aktualisieren und x_{N+1} durch $x_{\nu+1}$ und $\hat{x}_{N+1}$ durch $\hat{x}_{\nu+1}$ zu ersetzen.

Beim Prädiktor-Korrektor-Verfahren wird mit jedem vorhergesagten und auf Richtigkeit überprüften Bit ein neuer Anfang gesetzt, wodurch eine mit der Länge der Bitfolge zunehmende Minderung richtiger Voraussagen vermieden wird. Bei 70% richtigen Schätzungen reduziert sich die Anzahl der tatsächlich übertragenen Bits (das sind ausschließlich gleiche Korrekturbits) auf 30%.

In Abb. 1.5 dient der fett gezeichnete Binärkanal als Übertragungsmedium zwischen einem Sender und einem Empfänger. Auf der Sendeseite führt der mit „Vergl. (S)“ gekennzeichnete Kasten den Vergleich des vorhergesagten Bits $\hat{x}_{N+1}$ bzw. $\hat{x}_{\nu+1}$ mit dem tatsächlichen Bit x_{N+1} bzw. $x_{\nu+1}$ durch. Nur wenn beide *nicht* übereinstimmen, wird ein Korrekturbit x_{kor} gesendet. Im anderen Fall wird nichts gesendet. Auf der Empfangsseite wird im Kasten „Vergl. (E)“ geprüft, ob unmittelbar nach Bildung des vorhergesagten Bits $\hat{x}_{N+1}$ bzw. $\hat{x}_{\nu+1}$ über den Binärkanal eventuell ein Korrekturbit x_{kor} eintrifft oder nicht. Trifft dort kein Korrekturbit ein, dann wird $\hat{x}_{N+1}$ bzw. $\hat{x}_{\nu+1}$ an den Nutzer (Empfänger) und an den Eingang des empfangseigenen Prädiktors weitergeleitet. Trifft aber ein Korrekturbit dort ein, dann ist das vorhergesagte Bit $\hat{x}_{N+1}$ bzw. $\hat{x}_{\nu+1}$ falsch. Es wird erst negiert und danach an den Nutzer und den Eingang des empfangseigenen Prädiktors weitergegeben.

Bemerkung:
Damit auf der Empfangsseite der Fall „nichts“ oder „kein Korrekturbit“ von der Situation „Nachrichtenübertragung (Sitzung) beendet“ oder „Nachrichtenübertragung (Sitzung) findet nicht statt“ unterschieden werden kann, müssen besondere Symbole für die Initiierung und Beendigung einer Sitzung vereinbart werden. Auf der Empfangsseite läuft ein Prädiktor nämlich immer weiter, solange er empfangsseitig weiter getaktet wird. Die Folge der von ihm vorhergesagten Bits $\hat{x}_{\nu+1}$ wird sich irgendwann wiederholen und sich periodisch fortsetzen, weil sein Registerspeicher eine nur endlich große Anzahl N an Zellen hat. Mit N Bits lassen sich nur endlich viele verschiedene Registerinhalte bilden, sodass nach einer gewissen Zeit wieder ein früher vorhandener Registerinhalt erreicht wird, ab dem es wieder genauso weitergeht, wie das früher der Fall war.

C: *Vorwissen und Informationshöhe*

Hinsichtlich der Frage, welche Teile in Abb. 1.5 den in Abb. 1.1 dargestellten Kommunikationspartnern KP_1 und KP_2 entsprechen, gibt es verschiedene Sichtweisen:

Eine erste Sichtweise ist die, dass die Binärquelle auf der Sendeseite der Kommunikationspartner KP_1 ist und der Nutzer auf der Empfangsseite der Kommunikationspartner KP_2. In diesem Fall stellen die Einrichtung mit dem Prädiktor auf der Sendeseite einen Wandler (Quellencodierer) und die Einrichtung mit dem Prädiktor auf der Empfangsseite ebenfalls einen Wandler (Quellendecodierer) dar.

Eine zweite Sichtweise ist die, dass die gesamte Anordnung auf der Sendeseite den Kommunikationspartner KP_1 darstellt und die gesamte Anordnung auf der Empfangsseite den Kommunikationspartner KP_2. Diese zweite Sichtweise ist außerordentlich interpretationsfähig: Das Register (Gedächtnis) des empfangsseitigen Prädiktors repräsentiert dann ein „*Vorwissen*", von dem bereits in Abschn. 1.1.3 im Zusammenhang mit „Nachricht" und „Informationshöhe" die Rede war.

Dieses Vorwissen ist der Grund dafür, dass auch in eventuell längeren Zeitabschnitten, in denen kein Signal übertragen wird, ein Empfänger Nachrichtenanteile empfängt und damit auch ein Maß an Neuigkeit (Informationshöhe) erfährt.

Allerdings ist die Informationshöhe der ohne Signal empfangenen Nachrichtenanteile gering. Mit jedem neuen Taktschritt findet ja auf der Empfangsseite ein Ereignis statt, bei dem entschieden wird, ob das vorhergesagte Bit $\hat{x}_{\nu+1}$ richtig $[\hat{x}_{\nu+1} = x_{\nu+1}]$ oder falsch ist. (Es ist richtig, wenn direkt nach diesem Taktschritt *kein* Korrekturbit x_{kor} empfangen wird. Es ist falsch, wenn direkt nach diesem Taktschritt *ein* Korrekturbit x_{kor} empfangen wird). Bei einem guten Prädiktor ist die Wahrscheinlichkeit für das Auftreten eines Korrekturbits gering, was eine große Informationshöhe bedeutet, und die Wahrscheinlichkeit dafür, dass nichts empfangen wird, hoch, was einer geringen Informationshöhe entspricht (vergl. hierzu den Absatz „Wahrnehmung und Information" in Abschn. 1.1.1, ferner 2. Kapitel, Abschn. 2.2). Fortlaufend richtige Vorhersagen auf der Empfangsseite entsprechen einer hohen Wahrscheinlichkeit für „kein Korrekturbit" d.h. für „kein Signal", womit also „kein Signal" (fast) keinen Zuwachs an Informationshöhe bringt. Würde man bei diesem Vorwissen auch die richtig vorhergesagten Bits $\hat{x}_{N+1} = x_{N+1}$ bzw. $\hat{x}_{\nu+1} = x_{\nu+1}$ über den Binärkanal übertragen, dann brächten diese richtig vorhergesagten Bits dem Kommunikationspartner KP_2 wegen des Vorwissens (fast) keine Neuigkeit (d.h. keinen Zuwachs an Informationshöhe).

Das Prinzip des Prädiktor-Korrektor-Verfahrens lässt sich auf die natürliche Kommunikation von Menschen übertragen. Es liefert darüber hinaus einfache Modelle für den Gewinn von Erkenntnissen, für gute Lehre und für weitere Phänomene:

Bei der Kommunikation mittels Sprache kommt es oft vor, dass man ein Wort oder gar einen Satz bereits kennt noch bevor man das Wort oder den Satz vollständig gehört hat. Beim Hören wandert die zeitliche Folge der gehörten Laute ins Gedächtnis (entsprechend Registerspeicher). Die logische Verknüpfung von Elementen dieser Lautfolge (entsprechend Bits) liefert eine Extrapolation der Lautfolge entsprechend einer sinnvollen Wort-Bedeutung noch ehe (entsprechend Prädiktion) die komplette Lautfolge gehört und ins Gedächtnis gelangt ist. Eventuell wird diese extrapolierte Lautfolge durch nachfolgende wirklich gehörte Laute zu einer anderen, aber ähnlich klingenden Lautfolge entsprechend einer anderen sinnvollen Wort-Bedeutung korrigiert, ehe sie wieder ins Gedächtnis eingespeist wird. – In einer zweiten Stufe findet ein weiterer gleichartiger rückgekoppelter Prozess statt, bei dem eine Folge von Wort-Bedeutungen unter Berücksichtigung von Grammatik-Regeln entsprechend zu einer sinnvollen Satz-Bedeutung extrapoliert wird usw.

Auch für den Gewinn von Erkenntnissen liefert das Prädiktor-Korrektor-Prinzip ein nützliches Modell: Der Registerspeicher des Prädiktors ist mit dem Gedächtnis des menschlichen Gehirns (das natürlich immens viel mehr speichern kann, siehe 5. und 6. Kapitel) vergleichbar. Die logische Verknüpfung von Speicherinhalten beim Prädiktor entspricht dem Verknüpfen (Nachdenken) von im Gehirn gespeicherten Erinnerungsmustern. Das Ergebnis des Verknüpfens wird eventuell durch von außen kommende Sinneseindrücke (die im Allgemeinen natürlich sehr viel komplexer sind als ein einzelnes Korrekturbit) korrigiert oder modifiziert (oder auch nicht) und anschließend wieder ins Gedächtnis eingespeichert.

Die Art der logischen Verknüpfung von Gedächtnisinhalten ist beim Menschen nicht wie beim Prädiktor zeitlich konstant und festverdrahtet, sondern veränderlich, was durch Lernen geschieht. Der Erfolg von Lernprozessen hängt ebenfalls wesentlich vom Vorwissen ab. Unter mehreren Methoden erfolgreicher Lehrer und Redner besteht eine darin, einen Vortrag in der Weise zu formulieren, dass dabei in starkem Maß das Vorwissen der Zuhörer angesprochen und die Verknüpfung einzelner Vorwissenskomplexe angeregt wird.

Bemerkungen:
1. Die Anregung zur Verknüpfung von Vorwissenskomplexen kann auch durch geeignete Fragen geschehen. Diese Methode geht auf den antiken Philosophen Sokrates zurück und wird als Mäeutik bezeichnet. Durch Mäeutik werden ursprünglich grobe und wenig strukturierte Vorstellungen immer feiner und detailreicher strukturiert.
2. In der Neuroinformatik wird zwischen *überwachten* und *unüberwachten* Lernprozessen unterschieden. Erstere erfolgen unter Mitwirkung eines Lehrers, Letztere erfolgen ohne Mitwirkung eines Lehrers. Einzelheiten hierzu werden später im 6. Kapitel dieser Abhandlung eingehend erläutert.

1.4 Zur herausragenden Rolle digitaler Darstellungen

Nicht nur eindimensionale Signale wie in Abb. 1.3a lassen sich digital darstellen. Auch zweidimensionale Grafiken (Bilder, Schriftzeichen und dergleichen) und dreidimensionale Formen, sowie beliebige Farben und andere Eigenschaften, kurz alle Objekte und Erscheinungen, die wahrnehmbar oder beschreibbar sind, lassen sich digital, wenn auch nicht immer völlig exakt, so doch mit beliebiger Genauigkeit darstellen oder codieren.

Jede (mittels Raster oder Beschreibungstext gebildete) digitale Darstellung lässt sich wiederum durch eine Folge *binärer* Symbole, d.h. durch Bits, ausdrücken. Das gilt auch für Pausen und Abstände zwischen zwei Wörtern, für die Kennzeichnung von Anfang und Ende einer Folge und für die Darstellung und Abgrenzungen mehrerer Objekte von einander. Allerdings müssen dabei Pausen, Abgrenzungen sowie Anfang und Ende durch spezielle Bitkombinationen codiert werden, die nur dafür und nicht zur Kennzeichnung anderer Objekte dienen.

Anmerkung:
Bei bestimmten Computer-Algorithmen, die der Berechnung (Lösung) mathematischer Problemstellungen dienen und die ebenfalls durch Folgen binärer Symbole codiert werden, gibt es aus prinzipiellen Gründen keine Bitkombinationen zur Kennzeichnung des Endes einer Berechnung. Hier muss die Maschine (Computer) automatisch anhalten, sobald die Berechnung erfolgreich zu Ende geführt worden ist. Auf diese Problematik, die außerhalb der in diesem Abschn. 1.4 angestellten Überlegungen liegt, wird noch später im Abschn. 2.6.2 des 2. Kapitels und im Abschn. 5.2.4 des 5. Kapitels kurz eingegangen.

1.4.1 Logische Verknüpfungen

Besonders bedeutsam ist, dass sich mit einem digitalen Computer in beliebiger Weise einzelne Bits und Bitsequenzen logisch verknüpfen und verarbeiten lassen. Die Grundlagen dieser Verknüpfungen seien nun am einfachen Beispiel der im Register des Prädiktors in Abb. 1.4 gespeicherten Bitsequenz

$$x_N, \dots, x_3, x_2, x_1 \tag{1.2}$$

erläutert.

Mit N Bits sind

$$V_N = 2^N \tag{1.3}$$

verschiedene Bitkombinationen möglich. Für z.B. $N = 8$ ergibt das bereits $V_N = 256$ Kombinationen.

Um den Schreibaufwand gering zu halten, wird hier der Fall $N = 3$ näher betrachtet, der nur $V_N = 8$ Kombinationen liefert, die bereits in Tab. 1.2 aufgeführt wurden. Nach ν Taktschritten, wobei $\nu > 3$ sei, befinden sich im Register des Prädiktors die Bits $x_\nu, x_{\nu-1}, x_{\nu-2}$. Die folgende Tabelle 1.3 zeigt hierfür links der senkrechten Linie alle 8 möglichen Bitkombinationen und rechts der senkrechten Linie für jede dieser Bitkombinationen den (z.B. aufgrund der Auswertung einer Statistik) zugeordneten Schätzwert $\hat{x}_{\nu+1}$ des vorhergesagten Bits.

Tabelle 1.3

x_ν	$x_{\nu-1}$	$x_{\nu-2}$	$\hat{x}_{\nu+1}$	
0	0	0	L	Zeile 1
0	0	L	L	Zeile 2
0	L	0	L	Zeile 3
0	L	L	0	Zeile 4
L	0	0	L	Zeile 5
L	0	L	0	Zeile 6
L	L	0	L	Zeile 7
L	L	L	0	Zeile 8

Der gesamte Inhalt der Tabelle 1.3 lässt sich mit Hilfe binärer logischer Verknüpfungen durch eine *einzelne Formel* ausdrücken. Auf eine solche Formel kommt man durch Anwendung der binären logischen Operationen *Negation, Disjunktion* und *Konjunktion*[1.8], die nachfolgend erklärt werden:

[1.8] Im Abschn. 2.3.5 des 2. Kapitels wird dargelegt, dass die Operationen *Negation, Disjunktion* und *Konjunktion* degenerierte Sonderfälle von allgemeineren und mächtigeren Mengenoperationen sind.

Die *Negation* ist eine binäre Funktion y einer einzigen binären Variablen x. Sie ist dadurch definiert, dass y = L, wenn x = 0, und umgekehrt, dass y = 0, wenn x = L ist. Formelmäßig wird die Negation durch einen Querstrich über der zu negierenden Variablen ausgedrückt:

$$y = \overline{x} = \begin{cases} 0 & \text{wenn} \quad x = \mathrm{L} \\ \mathrm{L} & \text{wenn} \quad x = 0 \end{cases} \tag{1.4}$$

Die *Disjunktion* ist eine binäre Funktion zweier oder mehrerer (aber immer nur endlich vieler) binärer Variablen $x_1, x_2, \ldots, x_n$. Sie ist dadurch definiert, dass y nur dann den Wert $y = 0$ hat, wenn alle binären Variablen $x_1, x_2, \ldots, x_n$ den selben Wert $x_1 = x_2 = \ldots = x_n = 0$ haben, und dass y den Wert y = L in allen sonstigen Fällen hat, also wenn bereits eine einzige binäre Variable x_i = L ist. Die Disjunktion wird auch als „Oder-Funktion" bezeichnet und durch das Formelzeichen $\vee$ ausgedrückt:

$$y = x_1 \vee x_2 \vee \ldots \vee x_n = \begin{cases} 0 \ \text{wenn} \ x_1 = x_2 = \ldots = x_n = 0 \\ \mathrm{L} \ \text{in allen sonstigen Fällen} \end{cases} \tag{1.5}$$

Für zwei Variable x_1, x_2 gilt also: $0 \vee 0 = 0, \quad 0 \vee \mathrm{L} = \mathrm{L}, \quad \mathrm{L} \vee 0 = \mathrm{L}, \quad \mathrm{L} \vee \mathrm{L} = \mathrm{L}$ (1.5a)

Die *Konjunktion* ist ebenfalls eine binäre Funktion zweier oder mehrerer (aber immer nur endlich vieler) binärer Variablen $x_1, x_2, \ldots, x_n$. Sie ist dadurch definiert, dass y nur dann den Wert y = L hat, wenn alle binären Variablen $x_1, x_2, \ldots, x_n$ den Wert $x_1 = x_2 = \ldots = x_n = \mathrm{L}$ haben, und dass y den Wert y = 0 in allen sonstigen Fällen hat, also wenn bereits eine einzige binäre Variable x_i = 0 ist. Die Konjunktion wird auch als „Und-Funktion" bezeichnet und durch das Formelzeichen $\wedge$ ausgedrückt:

$$y = x_1 \wedge x_2 \wedge \ldots \wedge x_\mathrm{n} = \begin{cases} \mathrm{L} \ \text{wenn} \ x_1 = x_2 = \ldots = x_\mathrm{n} = \mathrm{L} \\ 0 \ \text{in allen sonstigen Fällen} \end{cases} \tag{1.6}$$

Für zwei Variable x_1, x_2 gilt also: $0 \wedge 0 = 0, \quad 0 \wedge \mathrm{L} = 0, \quad \mathrm{L} \wedge 0 = 0, \quad \mathrm{L} \wedge \mathrm{L} = \mathrm{L}$ (1.6a)

Mit *Negation, Disjunktion* und *Konjunktion*, die man auch als „Grundverknüpfungsarten" bezeichnet, lässt sich – wie oben angekündigt – der gesamte Inhalt der Tabelle 1.3 durch eine einzige Formel ausdrücken. Dazu wird in folgenden zwei Schritten vorgegangen:

1. Man betrachtet alle diejenigen Zeilen in Tabelle 1.3, bei denen $\hat{x}_{\nu+1}$ = L ist und bildet in jeder dieser Zeilen die Konjunktion der Variablen $x_\nu, x_{\nu-1}, x_{\nu-2}$ dergestalt, dass sich $\hat{x}_{\nu+1}$ = L ergibt. Wo also in einer Zeile eine Variable x den Wert 0 hat, nehme man die negierte Variable $\overline{x}$. Wo x den Wert L hat, nehme man x. Das ergibt für

   Zeile 1: $(\overline{x}_\nu \wedge \overline{x}_{\nu-1} \wedge \overline{x}_{\nu-2})$, Zeile 2: $(\overline{x}_\nu \wedge \overline{x}_{\nu-1} \wedge x_{\nu-2})$, Zeile 3: $(\overline{x}_\nu \wedge x_{\nu-1} \wedge \overline{x}_{\nu-2})$,

   Zeile 5: $x_\nu \wedge \overline{x}_{\nu-1} \wedge \overline{x}_{\nu-2}$ und für Zeile 7: $x_\nu \wedge x_{\nu-1} \wedge \overline{x}_{\nu-2}$. (1.7)

   Die übrigen Zeilen, bei denen $\hat{x}_{\nu+1} = 0$ ist, bleiben unberücksichtigt.

2. Die Disjunktion aller Konjunktionen in Schritt 1 liefert als Formel für $\hat{x}_{\nu+1}$:

$$\hat{x}_{\nu+1} = (\overline{x}_\nu \wedge \overline{x}_{\nu-1} \wedge \overline{x}_{\nu-2}) \vee (\overline{x}_\nu \wedge \overline{x}_{\nu-1} \wedge x_{\nu-2}) \vee (\overline{x}_\nu \wedge x_{\nu-1} \wedge \overline{x}_{\nu-2}) \vee (x_\nu \wedge \overline{x}_{\nu-1} \wedge \overline{x}_{\nu-2}) \vee (x_\nu \wedge x_{\nu-1} \wedge \overline{x}_{\nu-2}) \tag{1.8}$$

Wie in der gewöhnlichen Algebra sind zuerst die in Klammern (...) stehenden Konjunktionen zu bilden und danach die Disjunktionen der Klammerergebnisse.

Die Begründung für die obige Vorgehensweise mit den zwei Schritten ist relativ simpel:

Zu Schritt 1: Der für Zeile 7 der Tabelle 1.3 gebildete Ausdruck $x_\nu \wedge x_{\nu-1} \wedge \overline{x}_{\nu-2}$ liefert *dann und nur dann* das Resultat L, wenn $x_\nu = \mathrm{L}$ *und* $x_{\nu-1} = \mathrm{L}$ *und* $\overline{x}_{\nu-2} = 0$. Jeder andere Wertesatz der Variablen $x_\nu, x_{\nu-1}, x_{\nu-2}$ liefert nicht L. Die Aussage von Zeile 7 wird also bei Verwendung der Konjunktion (1.6) allein durch den Ausdruck $x_\nu \wedge x_{\nu-1} \wedge \overline{x}_{\nu-2}$ dargestellt. Entsprechendes gilt für die im 1. Schritt gebildeten Ausdrücke für die Zeilen 5, 3, 2 und 1.

Zu Schritt 2: Der Schätzwert $\hat{x}_{\nu+1}$ hat den Wert L , wenn die Bitkombination von Zeile 1 *oder* Zeile 2 *oder* Zeile 3 *oder* Zeile 5 *oder* Zeile 7 im Register des Prädiktors steht, d.h. für die Disjunktion der Ausdrücke der Zeilen 1, 2, 3, 5 und 7.

Das mit den obigen zwei Schritten durchgeführte Verfahren ist allgemein und lässt sich auf beliebig lange Bitkombinationen $x_N, \ldots, x_3, x_2, x_1$ anwenden, wobei jeder der möglichen Kombinationen (wie im Beispiel von Tabelle 1.3) in beliebiger Weise ein Wert $y = 0$ oder $y = \mathrm{L}$ zugeordnet sein kann (im Beispiel von Tabelle 1.3 ist $y = \hat{x}_{\nu+1}$).

Die Funktion der Formel (1.8) lässt sich stufenweise durch eine elektrische Schaltung verwirklichen, indem „Und-Schaltungen", „Oder-Schaltungen" und „Negationsschaltungen" mit Hilfe von Schaltern realisiert werden, siehe Abb. 1.6

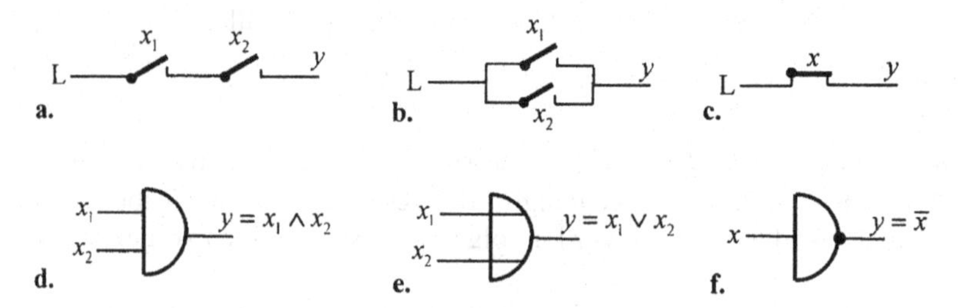

Abb. 1.6 Schaltbilder der logischen Grundverknüpfungsarten
a. Realisierung der Und-Verknüpfung mit Arbeitskontakt-Schaltern
b. Realisierung der Oder-Verknüpfung mit Arbeitskontakt-Schaltern
c. Realisierung der Negationsschaltung mit einem Ruhekontakt-Schalter
d. symbolisches Schaltbild der Und-Verknüpfung
e. symbolisches Schaltbild der Oder-Verknüpfung
f. symbolisches Schaltbild der Negation

Abb. 1.6a zeigt die Und-Schaltung. Der linke Schalter ist für $x_1 = 0$ offen und für $x_1 = L$ geschlossen. Der rechte Schalter ist entsprechend für $x_2 = 0$ offen und für $x_2 = L$ geschlossen. Nur im Fall, dass beide Schalter zugleich geschlossen sind, ist die Ausgangsgröße $y = L$. Wenn ein Schalter offen ist oder falls beide Schalter offen sind, sei die Ausgangsgröße $y = 0$. Durch Serienschaltung mehrerer Schalter lässt sich die Und-Verknüpfung für beliebig viele binäre Variable x_i bilden, was der Formel (1.6) entspricht.

Abb. 1.6b zeigt die Oder-Schaltung. Für die Schalterstellungen gelte das Gleiche wie in der Abb. 1.6a. Nur wenn beide Schalter geöffnet sind, d.h. für $x_1 = x_2 = 0$, ist die Ausgangsgröße $y = 0$. In allen anderen Fällen ist $y = L$. Durch Parallelschaltung mehrerer Schalter lässt sich die Oder-Verknüpfung für beliebig viele binäre Variable x_i bilden, was der Formel (1.5) entspricht.

Abb. 1.6c zeigt die Negationsschaltung. Dort ist der Schalter ein Ruhekontakt, d.h. er ist für $x = 0$ geschlossen. In diesem Fall ist $y = L$. Für $x = L$ ist der Schalter dagegen geöffnet und es ist dann $y = 0$, siehe hierzu Formel (1.4).

Unter den Abbildungen 1.6a, 1.6b und 1.6c sind mit den Abbildungen 1.6d, 1.6e und 1.6f die jeweils zugehörigen symbolischen Schaltbilder für „Und“, „Oder“ und „Nicht“ angegeben. Die symbolischen Schaltbilder für „Und“, „Oder“ können mit beliebig vielen Eingängen versehen werden. In elektronischen Logik-Schaltungen wird jeder Schalter durch einen einzelnen gesteuerten Transistor realisiert.

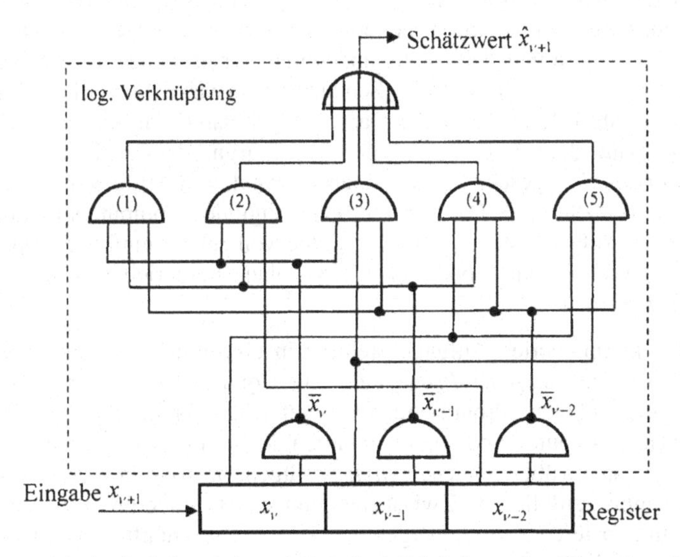

Abb. 1.7 Logisches Schaltnetz des mit Tabelle 1.3 definierten Prädiktors (vergl. Abb. 1.4) Aufeinandertreffende Leitungen sind nur dort miteinander verbunden, wo sich ein fetter Punkt • befindet.

Die Zusammenschaltung von mehreren symbolischen Schaltbildern in Abb. 1.6 d bis f bildet ein sogenanntes *Schaltnetz*. Abb. 1.7 zeigt innerhalb der gestrichelt gezeichneten Umrahmung das als „log. Verknüpfung“ bezeichnete Schaltnetz für den durch Tabelle 1.3 definierten Prädiktor. Im Register befinden sich die eingespeisten Bits x_ν, $x_{\nu-1}$ und $x_{\nu-2}$. Mit diesen und ihren negierten Werten $\overline{x}_\nu$, $\overline{x}_{\nu-1}$ und $\overline{x}_{\nu-2}$ werden in den Und-Verknüpfungen (1) bis (5) die Terme gemäß Schritt 1 gebildet, die dann mit Schritt 2 im Oder-Glied zusammengefasst werden. Das Schaltnetz in Abb. 1.7 verwirklicht damit die Funktion der Formel (1.8).

Wegen der Verallgemeinerbarkeit des mit dem Beispiel von Tabelle 1.3 illustrierten Verfahrens und wegen der stufenweisen Überführbarkeit des Ergebnisses in ein Schaltnetz gilt allgemein:

[1.4] Logische Verknüpfungen binärer Variabler (Bits):

Mit den Operationen *Negation*, *Disjunktion* und *Konjunktion* lassen beliebig viele binäre Variable (Bits) derart logisch verknüpfen, dass damit beliebige, eindeutig formulierte binäre Vorschriften erfüllt und durch ein elektronisches Schaltnetz realisiert werden.

Die Operationen *Negation*, *Disjunktion* und *Konjunktion* betreffen eine *zweiwertige Logik.* Neben der zweiwertigen Logik gibt es eine dreiwertige Logik und noch höherwertige Logiken. Von diesen wird später im 6. Kapitel die Rede sein.

1.4.2 Programm und Computer

Oben wurde ausgehend vom Beispiel in Tabelle 1.3 gezeigt, dass mit den Operationen *Negation*, *Disjunktion* und *Konjunktion* beliebig vorgegebene Zusammenhänge[1.9] von beliebig vielen binären Variablen dargestellt und unter Verwendung der Schaltbilder in Abb. 1.6 als (elektronisch realisierte) logische Schaltnetze verwirklicht werden können. Die elektronische Realisierung erfolgt durch die Darstellung binärer Variabler als elektrische Signale (z.B. „Strom" und „kein Strom") und die Durchführung der Operationen *Negation*, *Disjunktion* und *Konjunktion* geschieht, wie oben erwähnt, mit Hilfe von (elektronisch gesteuerten) Transistorschaltern. – Das Konzept eines digitalen Computers beruht darauf, dass eine komplizierte Aufgabenstellung in eine Folge von relativ einfachen Operationen zerlegt wird, und die einfachen Operationen, wie oben beschrieben, durch logische Schaltungen realisiert werden.

Die Zerlegung einer komplizierten Aufgabenstellung in eine Folge von relativ einfachen Operationen führt auf ein *Computer-Programm.* Ein Computer-Programm wird in der Regel von einem menschlichen Programmierer angefertigt. Damit ein fertig gestelltes Programm auf einem Computer von allein ablaufen kann, muss ein Computer neben logischen Schaltungen noch über *Speicherzellen* verfügen, wo das Programm und beim Ablauf des Programms anfallende Zwischenergebnisse (vorübergehend) gespeichert werden, um dann mit späteren Zwischenergebnissen erneut verknüpft zu werden. Für die Eingabedaten und Ausgabedaten (Endergebnisse) benötigt man ebenfalls Speicherzellen. Weiter unten in Abschn. 1.6.1 wird gezeigt, wie sich Speicherzellen durch *Rückkopplung* logischer Schaltungen realisieren lassen.

[1.9] Theoretisch lassen sich beliebige logische Zusammenhänge binärer Variabler bereits mit nur einer einzigen logischen Operation ausdrücken. Eine derartige Operation heißt Peirce'scher Pfeil. Diese Operation geht auf den in der Fußnote 1.4 bereits erwähnten Logiker C. S. Peirce zurück und wird oft als NOR-Operation bezeichnet, siehe z.B. Steinbuch/Rupprecht (1967). Die Anwendung von Negation, Disjunktion und Konjunktion ist aber einfacher.

Zu Beginn dieses Abschnittes 1.4 wurde gesagt, dass sich alle Signale, Zeichen, Objekte durch Folgen von Bits beliebig genau repräsentieren (codieren) lassen. Mit Hilfe eines hinreichend leistungsfähigen Computers und geeigneten Programmen können die Folgen von Bits (und damit die durch die Bitfolgen repräsentierten Signale, Zeichen, Objekte) in beliebiger Weise miteinander logisch verknüpft werden. Somit lässt sich nahezu jede denkbare logische Aufgabe, die sich auf die Bitfolgen (und damit auf die durch sie repräsentierten Signale, Zeichen, Objekte) bezieht, mittels Computer und einer endlich langen Folge von Operationsschritten lösen[1.10]. Bei der Würdigung der Leistungsfähigkeit digitaler Computer darf aber nicht übersehen werden, dass die Intelligenz oder der Geist in der Folge von Operationsschritten steckt, die von den Programmen bestimmt wird, die ihrerseits primär von Menschen erstellt worden sind.

Binäre Impulse spielen nicht nur als Bits im Computer eine herausragende Rolle. Wie in Abschn. 1.3.1 bereits angemerkt wurde, geschieht auch bei Menschen und Tieren die Weiterleitung von Reizen in Nerven mit Folgen elektrischer Impulse. Die Verknüpfung der Impulsfolgen geschieht an den Nervenenden in den sogenannten Synapsen, die als Schaltstellen dienen. Manche Vertreter der „Künstlichen Intelligenz" schließen daraus, dass ein Gehirn im Prinzip nicht mehr leisten kann als das, was auch ein Computer leisten kann, wenn Letzterer nur genügend groß ist. Gegen diese Meinung gibt es Einwände, die insbesondere auch der Mathematiker und Physiker Roger Penrose (1991) beschrieben hat. Im 5. Kapitel dieser Abhandlung wird die Thematik „Mensch, Maschine, Computer" erneut aufgegriffen und eingehend behandelt.

1.5 Semantiken der Kommunikation

Dieser Abschnitt knüpft an Abschn. 1.2.1 an und führt die dort begonnenen Überlegungen weiter aus. Es geht um zwei Zuordnungsvorgänge, nämlich

1. um die Zuordnung eines Signals s_1 zum Sinngehaltes S_1 einer Nachricht, die ein sendender Kommunikationspartner KP_1 mitteilen will, und
2. um den Sinngehalt S_2, den ein anderer Kommunikationspartner KP_2 , der das Signal s_1 empfängt, diesem Signal s_1 zuordnet.

Hierbei wird vorausgesetzt, dass der andere Kommunikationspartner KP_2 das Signal s_1 unverfälscht empfängt (was nicht immer gegeben ist – Einflüsse des Übertragungskanals auf Signale und Information werden später im 4. Kapitel behandelt).

Im Idealfall ordnet der andere (empfangende) Kommunikationspartner KP_2 dem Signal s_1 den gleichen Sinngehalt S_1 zu, den der sendende Kommunikationspartner KP_1 mitteilen will. Das geht aber nur, wenn

a) der empfangende Kommunikationspartner KP_2 den gleichen Sinngehalt S_1 in seinem Repertoire an Sinngehalten (in seiner Vorstellungswelt) überhaupt hat, und wenn er ihn hat, dass er
b) tatsächlich diesen Sinngehalt S_1 dem Signals s_1 zuordnet und nicht irgendeinen anderen Sinngehalt S_2 aus seinem Repertoire.

[1.10] Ausnahmen bilden lediglich mathematische Fragestellungen, die logisch nicht entscheidbar sind. Dass es solche Fragestellungen tatsächlich gibt, hat der Mathematiker K. Gödel entdeckt, siehe hierzu Abschn. 5.2.4 im 5. Kapitel und insbesondere Abschn. 6.8.4.B im 6. Kapitel.

Die beiden Zuordnungsvorgänge sollen nur die objektiven Komponenten von Nachrichten betreffen, d.h. nur die reinen unbewerteten Sinngehalte, nicht die Bewertungen [Neuigkeit (Informationshöhe) und Bedeutungsschwere] der Nachrichten durch den Empfänger, siehe die Erläuterungen in Abschn. 1.1.

Die nähere Betrachtung der Zuordnungsvorgänge, die weiter unter noch ausführlicher dargestellt wird, führt auf die Unterscheidung der folgenden beiden Kommunikationsarten:

- *sinngenaue* Kommunikation und
- *sinnallgemeine* Kommunikation

Eine <u>*sinngenaue*</u> Kommunikation ist dann gegeben, wenn der empfangende Kommunikationspartner KP_2 dem Signal s_1 exakt den gleichen Sinngehalt S_1 zuordnet, den der sendende Kommunikationspartner KP_1 mitteilen will, und wenn er das für *jeden* Sinngehalt S_{1i} , wobei $i = 1, 2, ...$, tut, den der sendende Kommunikationspartner KP_1 sonst noch mitteilt. Die Kommunikation zwischen Maschinen erfolgt bei vielen (aber nicht allen – siehe unten) Anwendungen sinngenau.

Eine <u>*sinnallgemeine*</u> Kommunikation ist gegeben, wenn der empfangende Kommunikationspartner KP_2 dem Signal s_1 einen Sinngehalt S_2 zuordnet, der dem Sinngehalt S_1 des sendenden Kommunikationspartners KP_1 gleich oder so *ähnlich* ist, dass der Sinngehalt S_2 in einem allgemeiner gefassten Sinn dem Sinngehalt S_1 entspricht. Was damit gemeint ist, verdeutlicht am besten ein Beispiel:

Beispiel 1:
Beim Satz „*Er lief zur Bank, um 100 Euro abzuheben*“ kann der sendende Kommunikationspartner KP_1 z.B. mit dem Wort *lief* gemeint haben, dass *zu Fuß und nicht mit dem Auto* die Bank aufgesucht wurde. Der empfangende Kommunikationspartner KP_2 kann dagegen unter dem Wort *lief* verstehen, dass *schnellen Schrittes und nicht langsam gehend* die Bank aufgesucht wurde. Umgangssprachlich werden solche Unsicherheiten über den genauen Sinngehalt toleriert, zumal solche Details meist nicht interessieren und im allgemeineren Sinn die Mitteilung klar ist.

Die in Abschn. 1.2 angegebene Aussage **[1.2]** betrifft die sinnallgemeine Kommunikation und gilt für die Kommunikation von Menschen mittels natürlicher Umgangssprache. Sie gilt darüber hinaus aber auch für bestimmte Fälle der Maschinenkommunikation, wie das folgende Beispiel zeigt:

Beispiel 2:
Ein maschineller Kommunikationspartner KP_1sendet von Zeit zu Zeit gerundete digitale Messwerte von Temperaturen und Drücken, die in einem Heizungskessel gerade herrschen. Das Repertoire an Sinngehalten auf der Sendeseite enthält lediglich diese verschiedenen möglichen Messwerte, z.B. hundert verschieden mögliche Messwerte, sonst nichts. Der ebenfalls maschinelle Kommunikationspartner KP_2 auf der Empfangsseite hat ein Repertoire von nur zwei Sinngehalten, „Gefahr“ und „keine Gefahr“, sonst nichts. Er interpretiert alle Signale mit Messwerten oberhalb eines Schwellwertes in gleicher Weise als „Gefahr“ und alle sonstigen Messwerte in gleicher Weise als „keine Gefahr“.
In diesem Beispiel ordnet der empfangende Kommunikationspartner KP_2 jedem Messwertsignal einen Sinngehalt zu, der aus Sicht des maschinellen Kommunikationspartners KP_1 in seinem Repertoire an Sinngehalten gar nicht enthalten ist. Dies verdeutlicht, dass man maschinelle Kommunikation nicht losgelöst vom Konstrukteur oder Benutzer der Maschinen betrachten kann. Der Konstrukteur verfügt über ein wesentlich größeres Repertoire an Sinngehalten als die betreffenden Maschinen. Für den Konstrukteur oder Benutzer sind zu hohe Messwerte Sonderfälle der allgemeineren Bedeutung „Gefahr“.

Feststellung:
Beispiel 1 zeigt, dass demselben Signal verschiedene Sinngehalte (Bedeutungen) zugeordnet werden können, es also in verschiedener Weise interpretiert werden kann. Beispiel 2 zeigt den umgekehrten Fall, nämlich dass verschiedenen Signalen dieselbe Bedeutung (derselbe Sinngehalt) zugeordnet werden kann.

Die soweit durchgeführte Unterscheidung bezieht sich auf unterschiedliche Möglichkeiten bei der gegenseitigen Zuordnung von Sinngehalt und Signal.

Eine andere, zweite Art der Unterscheidung bezieht sich auf den „Umfang eines Repertoires an Sinngehalten (oder Bedeutungen)" und den „Umfang an zugeordneten Signalen". Sie führt zur Unterscheidung der folgenden semantischen Kommunikationsarten

- *offene* Kommunikation und
- *geschlossene* Kommunikation

Die Kommunikation zwischen Menschen mittels natürlicher Umgangssprache ist eine offene Kommunikation, d.h. die dabei verwendeten Signale und die den Signalen zugeordneten Bedeutungen sind offen für Veränderungen und Erweiterungen. Offene Kommunikation toleriert weitgehend Signale, die fehlerhaft sind oder eine nicht definierte oder unbekannte Bedeutung haben. Offene Kommunikation toleriert auch unscharfe Signalbedeutungen.

Die Kommunikation zwischen Maschinen ist immer eine geschlossene Kommunikation. Die zugelassenen Signale mit ihren Bedeutungen und die mit den Signalen durchführbaren Operationen bilden eine geschlossene Gesellschaft. Signale mit nicht definierter Bedeutung werden nicht toleriert, ihr Auftreten bedeutet Störung und kann zu katastrophalen Fehlern und zum Zusammenbruch des Kommunikationsprozesses führen. Insbesondere die Anzahl verschiedener Bedeutungen ist bei geschlossener Kommunikation immer endlich, d.h. nicht potenziell unendlich groß.

1.5.1 Geschlossene sinngenaue Kommunikation

Dies ist die theoretisch einfachste Form einer Kommunikation. Sinngenaue Kommunikation ist dadurch definiert, dass jeder Bedeutung (Sinngehalt) genau ein spezifisches Signal umkehrbar eindeutig zugeordnet ist. Sie stellt einen typischen Fall von Kommunikation zwischen Maschinen dar. Die Anzahl verschiedener Bedeutungen ist meist relativ klein und durch den Zweck der Maschine vorgegeben.

Betrachtet wird der Fall, dass beide Kommunikationspartner KP_1 und KP_2 sowohl senden als auch empfangen können. Kommunikationspartner KP_1 verfüge über ein Repertoire von N Sinngehalten, die mit S_{11} , S_{12} , S_{13} , ... , S_{1N} bezeichnet seien. Diesen Sinngehalten sind umkehrbar eindeutig die Signale s_{11} , s_{12} , s_{13} , ... , s_{1N} zugeordnet:

$$\left.\begin{array}{c} \mathrm{S}_{11} \Leftrightarrow s_{11} \\ \mathrm{S}_{12} \Leftrightarrow s_{12} \\ \text{usw.} \\ \mathrm{S}_{1N} \Leftrightarrow s_{1N} \end{array}\right\} \qquad (1.9)$$

Kommunikationspartner KP_2 verfüge über ein Repertoire von M Sinngehalten, die mit S_{21}, S_{22} , S_{23} , ... , S_{2M} bezeichnet seien. Diesen Sinngehalten sind umkehrbar eindeutig die Signale s_{21} , s_{22} , s_{23} , ... , s_{1M} zugeordnet:

$$\left.\begin{array}{c} S_{21} \Leftrightarrow s_{21} \\ S_{22} \Leftrightarrow s_{22} \\ \text{usw.} \\ S_{2M} \Leftrightarrow s_{2M} \end{array}\right\} \tag{1.10}$$

Damit eine Kommunikation stattfinden kann, müssen beide Kommunikationspartner KP_1 und KP_2 über gemeinsame Sinngehalte verfügen, denen beide Kommunikationspartner das jeweils gleiche Signal zuordnen. Wenn die ersten K Sinngehalte mit $K < N$ und $K \leq M$ bei KP_1 und KP_2 gleich sind, dann gilt die Zuordnung:

$$\left.\begin{array}{c} S_{11} = S_{21} \Leftrightarrow s_{11} = s_{21} \\ S_{12} = S_{22} \Leftrightarrow s_{12} = s_{22} \\ \text{usw.} \\ S_{1K} = S_{2K} \Leftrightarrow s_{1K} = s_{2K} \end{array}\right\} \tag{1.11}$$

Die Kommunikation zwischen den Kommunikationspartnern KP_1 und KP_2 darf nur mit Hilfe dieser ersten K Signale erfolgen. Alle übrigen Signale sind für die Kommunikation zwischen KP_1 und KP_2 nicht zugelassen, weil sie nicht zu den K gemeinsamen Sinngehalten gehören. Die Kommunikation ist eine geschlossene Kommunikation.

Ein typisches Beispiel einer solchen geschlossenen sinngenauen Kommunikation ist die in Abschn. 1.2.3 beschriebene Kommunikation zwischen Personalcomputer und Drucker.

Wichtige Bemerkung:
Die Benutzung exakt gleicher Signalbedeutungen bei den Kommunikationspartnern KP_1 und KP_2 ist deshalb gegeben, weil alle Bedeutungen von einer *dritten Instanz* (Konstrukteur) festgelegt wurden. Bei sinnallgemeiner Kommunikation mittels natürlicher Sprache von Menschen ist die Frage, inwieweit dabei exakt gleiche Signalbedeutungen verwendet werden, keineswegs trivial. Diese Frage wird unten in Abschn. 1.6.2 und Abschn. 1.8 sowie später im 6. Kapitel im Zusammenhang mit der Entstehung von Bedeutungen und Sprache aufgegriffen.

1.5.2 Geschlossene sinnallgemeine Kommunikation

Diese Form der Kommunikation ist ähnlich einfach wie die geschlossene sinngenaue Kommunikation. „Geschlossen" bedeutet auch hier, dass nur endlich viele Signalbedeutungen zugelassen sind, die zudem alle scharf definiert sind. „Sinnallgemein" bedeutet, dass auch „nicht umkehrbar eindeutige Zuordnungen" zwischen Sinngehalt und Signal zugelassen sind.

Betrachtet wird hier aber nur der einfache Fall einer einseitig gerichteten Kommunikation, bei welcher Kommunikationspartner KP_1 dem Kommunikationspartner KP_2 Nachrichten sendet, aber KP_2 keine Nachrichten an KP_1 sendet. Auch sei angenommen, dass KP_2 wie im obigen Beispiel 2 nur zwei Sinngehalte S_{21} und S_{22} kennt, während KP_1 eine große Anzahl

$N \gg 2$ an Sinngehalten $S_{11}, S_{12}, S_{13}, \ldots, S_{1N}$ kennt, denen er die Signale $s_{11}, s_{12}, s_{13}, \ldots, s_{1N}$ so wie in (1.9) zuordnet. Eine sinnallgemeine Kommunikation ist hier gegeben, wenn KP_2 diese Signale $s_{11}, s_{12}, s_{13}, \ldots, s_{1N}$ akzeptiert und damit z.B. den ersten drei Signalen s_{11}, s_{12}, s_{13} den selben Sinngehalt S_{21} und den restlichen Signalen $s_{14}, \ldots, s_{1N}$ den selben Sinngehalt S_{22} zuordnet:

$$\left.\begin{array}{c} s_{11} \Rightarrow S_{21} \\ s_{12} \Rightarrow S_{21} \\ s_{13} \Rightarrow S_{21} \\ s_{14} \Rightarrow S_{22} \\ \text{usw.} \\ s_{1N} \Rightarrow S_{22} \end{array}\right\} \quad (1.12)$$

Die Zuordnung der empfangenden Signale $s_{11}, s_{12}, s_{13}, \ldots, s_{1N}$ zu den Sinngehalten S_{21} und S_{22} ist eindeutig aber nicht umkehrbar eindeutig, was mit dem einseitig gerichteten Pfeil $\Rightarrow$ ausgedrückt wird. Die Beziehungen (1.12) werden mit Abb. 1.8 durch Mengen und Teilmengen graphisch veranschaulicht. [Mehr über Mengen und Teilmengen folgt im 2. Kapitel. Hier genügt die Betrachtung von Abb. 1.8 vollauf].

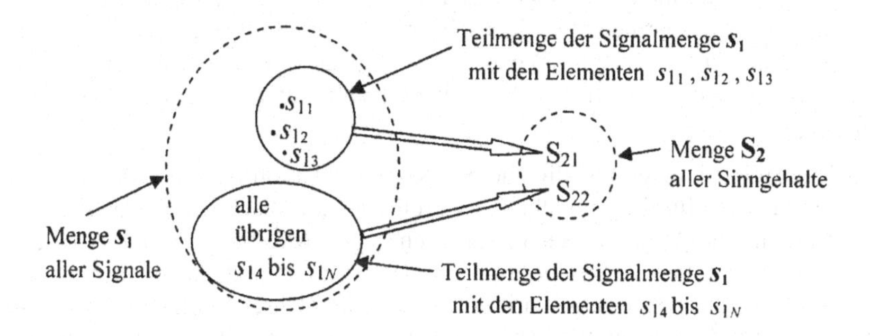

Abb. 1.8 Graphische Veranschaulichung der Zuordnungen (1.12) durch Mengen.
Die Signale $s_{11}, s_{12}, s_{13}, \ldots, s_{1N}$ sind die Elemente der Signalmenge $\boldsymbol{s}_1$.
Die Bedeutungen (Sinngehalte) S_{21} und S_{22} sind die Elemente der Sinngehaltmenge $\mathbf{S_2}$.

Die scharfe Festlegung der Signalbedeutungen bei beiden Kommunikationspartnern KP_1 und KP_2 ist auch hier deshalb gegeben, weil diese Bedeutungen von einer dritten Instanz (Konstrukteure) festgelegt wurden, wie das auch in Abschn. 1.5.1 der Fall ist.

1.5.3 Offene sinnallgemeine Kommunikation

Die offene sinnallgemeine Kommunikation mittels natürlicher Sprache ist durch *Unschärfe* gekennzeichnet. Mit dem oben im Beispiel 1 genannten Satz „*Er lief zur Bank, um 100 Euro abzuheben*“ wurde ein erster Aspekt erläutert, nämlich dass der sendende Kommunikationspartner KP_1 z.B. mit dem Wort *lief* nicht exakt dasselbe gemeint haben mag wie das, was der empfangende Kommunikationspartner KP_2 unter dem Wort *lief* versteht. Genannt wurden die Unterschiede *zu Fuß und nicht mit dem Auto* und *schnellen Schrittes und nicht langsam gehend.* Solche feinen Unterschiede werden in der Umgangssprache in der Regel toleriert, weil sie einerseits oft nicht näher interessieren und weil andererseits die Nichtbeachtung dieser Unterschiede die Kommunikation einfacher macht. (Das Problem, z.B. Vorschriften und Gesetze derart zu formulieren, dass sie möglichst keinen Spielraum für unterschiedliche Interpretationen bieten, was ja oft sehr schwierig ist, interessiert in diesem Abschnitt 1.5.3 nicht).

Die Unschärfe bei sinnallgemeiner Kommunikation zeigt sich aber noch in einem ganz anderen zweiten Aspekt: Die Alltagserfahrung zeigt, dass der Sinn einer Mitteilung durch Sprache (in der Regel) in der gleichen Weise verstanden wird, egal ob ein Satz von einem Kind oder einem Erwachsenen, von einem Mann oder einer Frau gesprochen wird und ob diese Personen heiser sind oder nicht. In allen Fällen klingt die Sprache anders, was anzeigt, dass die jeweiligen Signalverläufe nicht identisch sind, sondern mehr oder weniger große Verschiedenheiten voneinander aufweisen und dennoch exakt den selben Sinngehalt wiedergeben (können).

Bei der sinnallgemeinen Kommunikation werden also Nachrichten in einer Weise mitgeteilt, die einen gewissen Spielraum für unterschiedliche Interpretationen bietet. Das beginnt damit, dass der sendende Kommunikationspartner unscharfe verallgemeinernde Begriffe verwendet, die Sachverhalte nur grob kennzeichnen, und Sätze formuliert, die nicht immer glücklich sind und nicht immer genau das ausdrücken, was er gerade meint, sondern das Gemeinte nur ungefähr beschreiben. Die Nachrichtenübertragung endet oft damit, dass der empfangende Kommunikationspartner nicht jedes Wort auf die Goldwaage legt und sich mit allgemeinen Aussagen zufrieden gibt. Wenn er etwas genauer wissen will, kann er ja rückfragen. Diese Art der Kommunikation ist leicht beherrschbar und genügt im Alltag den meisten Bedürfnissen.

Ein wesentliches Kennzeichen einer sinnallgemeinen Kommunikation liegt also darin, dass *verschiedene* Formulierungen für die ungefähre Beschreibung eines Sachverhalts als gleichwertig akzeptiert werden. Die Anzahl dieser verschiedenen gleichwertigen Formulierungen ist umso größer, je umfangreicher die Beschreibung ist. Das heißt, dass dementsprechend es mehrere verschiedene Signale geben muss, mit denen ein „ungefährer Sinngehalt" gleichwertig übertragen werden kann. Umgekehrt lässt sich sagen, dass dieselbe ungefähre Beschreibung auf mehrere verschiedene, jeweils scharf definierte Sinngehalte zutrifft, wenn diese Sachverhalte ähnlich sind und man deren scharf definierte Sinngehalte verallgemeinert oder vergröbert.

In der oberen Hälfte von Abb. 1.9 werden auf der Seite eines sendenden Kommunikationspartners KP_1 mehrere ähnliche Sinngehalte $äS_{1i}$ betrachtet, die mit $i = 1, 2, 3, ...$ durchnummeriert sind, und die die Elemente einer Menge $\mathbf{M}_k(äS_{1i})$ darstellen. Der Index k soll darauf hinweisen, dass es sich bei $\mathbf{M}_k(äS_{1i})$ ihrerseits um eine Teilmenge der viel größeren Menge $\mathbf{M}(S_{1n})$ aller Sinngehalte S_{1n} handelt, die mit $n = 1, 2, 3, ...$ durchnummeriert werden. Jeder Sinngehalt $äS_{1i}$ ist identisch mit einem der Sinngehalte S_{1n} [die der einfachen Darstellung wegen anders nummeriert sind].

Der Kommunikationspartner KP_1 vergröbert alle ähnlichen Sinngehalte $äS_{1i}$ zu einem verallgemeinerten Sinngehalt $ä_kS_1$. Für die Übertragung ordnet KP_1 diesem Sinngehalt $ä_kS_1$ ein spezielles (Sprach-) Signal $ä_ks_{1m}$ (Wort oder Text) zu, das er aufgrund seiner Redegewohnheiten aus einer Menge $\mathbf{M}_k(ä_ks_{1j})$ an Signalen $ä_ks_{1j}$, $j = 1, 2, 3, ...$ wählt.

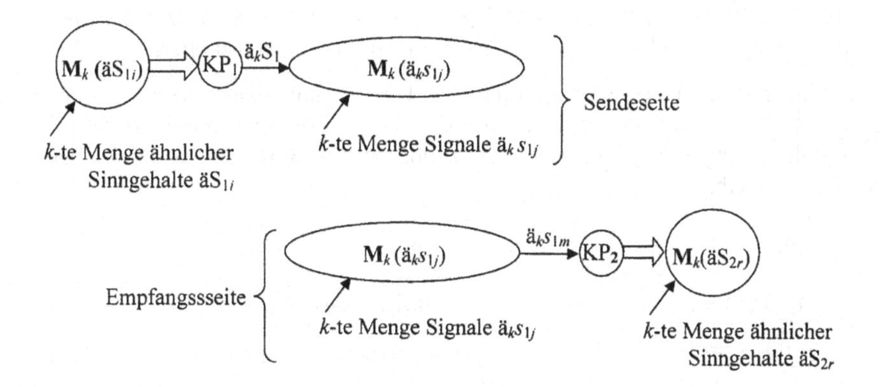

Abb.1.9 Übertragung eines einzelnen Sinngehaltskomplexes $\mathbf{M}_k(äS_{1i})$

Auf der Empfangsseite empfängt der Kommunikationspartner KP_2 das von KP_1 gewählte spezielle Signal $ä_ks_{1m}$ und beginnt mit der Interpretation dieses Signals. Dabei stellt er eine Mehrdeutigkeit fest und ordnet ihm infolgedessen eine Menge $\mathbf{M}_k(äS_{2r})$ an ähnlichen Sinngehalten $äS_{2r}$ zu, die mit $r = 1, 2, 3, \ldots$ durchnummeriert werden. Dieselbe Zuordnung würde KP_2 vornehmen, wenn KP_1 nicht das Signal $ä_ks_{1m}$ sondern irgendein anderes Signal $ä_k s_{1j}$ aus der Menge $\mathbf{M}_k(ä_ks_{1j})$ ausgewählt hätte. Jedem dieser Signale $ä_k s_{1j}$, $j = 1, 2, 3, \ldots$ ordnet er die Sinngehaltsmenge $\mathbf{M}_k(äS_{2r})$ zu und gibt sich mit der Mehrdeutigkeit (die ja üblicherweise nicht allzu groß ist) zufrieden.

Die Ende-zu-Ende Sinngehaltsmitteilung besteht bei der sinnallgemeinen Kommunikation also in der Mitteilung von *Sinngehaltskomplexen* $\mathbf{M}_k(äS_{1i})$, $k = 1, 2, 3, \ldots$, die bis zu einem gewissen Grad mehrdeutig sind. Die Übertragung dieser Sinngehaltskomplexe geschieht durch (willkürliche) Auswahl eines speziellen Signals $ä_ks_{1m}$ aus einem zugehörigen *Signalkomplex* $\mathbf{M}_k(ä_k s_{1j})$. Die Signalinterpretation liefert auf der Empfangsseite einen Sinngehaltskomplex $\mathbf{M}_k(äS_{2r})$, $r = 1, 2, 3, \ldots$. Letztendlich erfolgt eine Abbildung von $\mathbf{M}_k(äS_{1i})$ nach $\mathbf{M}_k(äS_{2r})$ [die vom gewählten Signal $ä_k s_{1m}$ abhängen kann]. Als Formel geschrieben:

$$\mathbf{M}_k(äS_{1i}) \Rightarrow \mathbf{M}_k(äS_{2r}) \ , k = 1, 2, 3, \ldots \qquad (1.13)$$

Diese Beziehung wird mit Abb. 1.10 graphisch dargestellt.

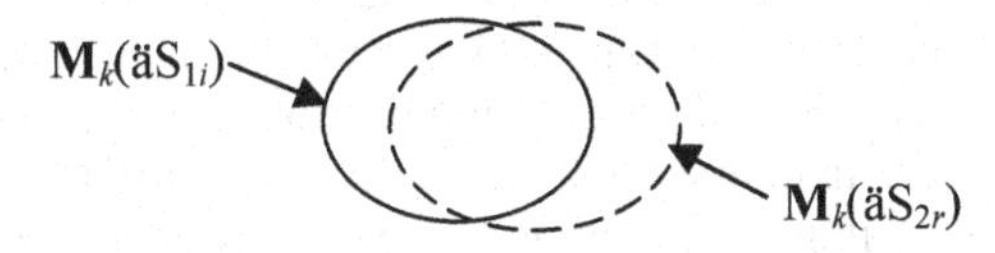

Abb. 1.10 Abbildung des Sinngehaltskomplexes (Menge) $\mathbf{M}_k$ ($äS_{1i}$) an ähnlichen Sinngehalten $äS_{1i}$, $i = 1, 2, 3, \ldots$ nach Sinngehaltskomplex (Menge) $\mathbf{M}_k$ ($äS_{2r}$) an ähnlichen Sinngehalten $äS_{2r}$, $r = 1, 2, 3, \ldots$

Die Sinngehaltskomplexe $\mathbf{M}_k(äS_{1i})$ nach $\mathbf{M}_k(äS_{2r})$ sind in nur seltenen Idealfällen völlig deckungsgleich. In der Realität weichen sie mehr oder weniger stark voneinander ab, wie das mit Abb. 1.10 ausgedrückt wird. *Der Bereich, in dem sich beide Komplexe überdecken, zeigt denjenigen Anteil der verallgemeinerten Sinngehalte* $\mathbf{M}_k(äS_{1i})$ *und* $\mathbf{M}_k(äS_{2r})$, *der bei beiden Kommunikationspartnern* KP_1 *und* KP_2 *gleich ist und in gleicher Weise verstanden wird.* Die Abweichungen und nähere Details werden in Abschn. 1.5.5 diskutiert.

Abb. 1.9 und Abb. 1.10 erläutern die Mitteilung und Übertragung eines einzelnen Sinngehaltskomplexes. Bei einer sinnallgemeinen Kommunikation werden zahlreiche derartige Sinngehaltskomplexe mitgeteilt (siehe Abb. 1.11a) und beim Dialog auch von der Gegenseite mitgeteilt (siehe Abb. 1.11b).

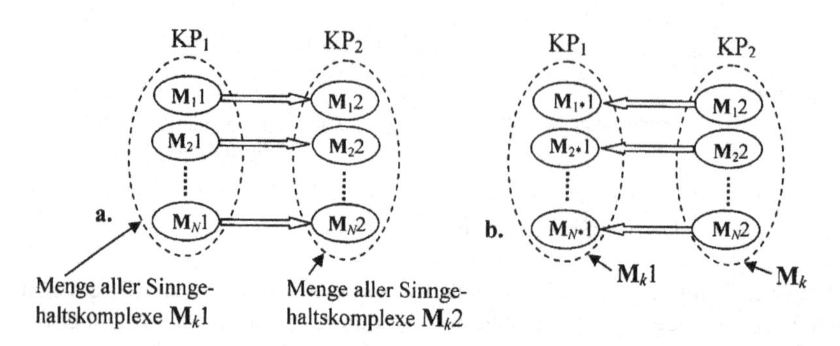

Abb. 1.11 Abbildung von Sinngehaltskomplexen bei sinnallgemeiner Kommunikation
a. für die Übertragungsrichtung $KP_1 \rightarrow KP_2$
b. für die Übertragungsrichtung $KP_2 \rightarrow KP_1$
Zur Abkürzung stehen: $\mathbf{M}_k1$ für $\mathbf{M}_k(\text{äS}_{1i})$; $\mathbf{M}_k2$ für $\mathbf{M}_k(\text{äS}_{2i})$, $k = 1, 2, \dots, N$

Die verschiedenen Sinngehaltskomplexe $\mathbf{M}_k1$ und $\mathbf{M}_k2$ wurden der Einfachheit halber als abzählbar vorausgesetzt. Ihre Anzahl N kann bei der Kommunikation zwischen Menschen immens hoch sein. Sie ist aber mit Sicherheit nicht unendlich groß. Die einzelnen Sinngehaltskomplexe müssen nicht alle disjunkte Mengen sein, wie das in Abb. 1.11 dargestellt ist, sondern können sich auch teilweise überlappen. Wenn die Abbildung z.B. des Sinngehaltskomplexes $\mathbf{M}_11$ den Sinngehaltskomplex $\mathbf{M}_12$ liefert, dann liefert ausgehend von $\mathbf{M}_12$ die Abbildung in Gegenrichtung in der Regel nicht wieder exakt den Sinngehaltskomplex $\mathbf{M}_11$, sondern einen etwas anderen Sinngehaltskomplex $\mathbf{M}_{1*}1$.

Ein einzelner Sinngehalt äS_{1i} oder äS_{2r} kann einen einzelnen Begriff oder einen gesprochenen Satz oder eine ganze Geschichte umfassen.

Die soweit dargestellten Zuordnungen von Bedeutungs- oder Sinngehaltsmengen und Signalmengen wurden vor dem Hintergrund der Kommunikation von Menschen mittels Umgangssprache behandelt. Die Darstellung ist aber nichtsdestoweniger allgemein: M. Tomasello (2009) beschreibt u.a. die Kommunikation nichtmenschlicher Primaten (Affen). Diese sind wegen ihrer Anatomie nicht in der Lage zur differenzierten Stimmbildung und kommunizieren deshalb mittels Gesten und Gebärden. Dabei verwenden sie dieselbe Geste (Signal) für verschiedene Zwecke (Bedeutungen) und auch umgekehrt verschiedene Gesten zum gleichen Zweck. Der (annähernd) richtige Sinn ergibt sich aus der jeweiligen Situation (Kontext).

Die in diesem Abschn. 1.5.3 durchgeführten Betrachtungen lassen sich wie folgt zusammenfassen:

[1.5] Sinnallgemeine Kommunikation höherer Lebewesen

Sinnallgemeine Kommunikation ist ein allgemeines Konzept höherer Lebewesen. Diese Kommunikationsart ist geprägt von unscharfen Mengen von Signalen und Signalbedeutungen. Die genaueren Bedeutungen von Mitteilungen und Botschaften ergeben sich in der Regel erst durch Rückfragen oder/und Berücksichtigung der jeweiligen Situation.

Sinnallgemeine Kommunikation kann geschlossen oder offen sein. Bei der sprachlichen Kommunikation von Menschen ist sie offen. Besonders Jugendliche erfinden immer wieder neue Wörter zur Kennzeichnung neuer Situationen. Bei niederen Tierarten ist dagegen die sinnallgemeine Kommunikation möglicherweise geschlossen, ähnlich wie bei Maschinen. Während der gesamten durchschnittlichen Lebensdauer eines Tieres ändert sich das Repertoire an Bedeutungen (z.B. Bedeutungen des Schwänzeltanzes bei Bienen) anscheinend nicht.

Bemerkungen und Ausblick:
Die obigen Betrachtungen machen deutlich, dass die Interpretation der natürlichen Sprache von Menschen kompliziert ist, was schon in der Antike [bei Platon und Aristoteles] die „Hermeneutik" [das ist Kunst der Interpretation] entstehen ließ, die noch heute akademischer Lehrgegenstand der Philosophie ist. Die in dieser Abhandlung behandelte Theorie der Kommunikation höherer Lebewesen ist eng verbunden mit der Betrachtung von Mengen und Mengenoperationen (das sind Verknüpfungen von Mengen). Auf die Theorie (scharfer) Mengen und ihren Zusammenhang mit den in Abschn. 1.4.1 beschriebenen Logik-Operationen wird im 2. Kapitel näher eingegangen. Im 6. Kapitel wird diese Theorie auf unscharfe Mengen und unscharfe Logik erweitert. Dort wird dann in Abschn. 6.3 weiter gezeigt, dass unscharfe Mengen ein Ergebnis der neuronalen Verarbeitung sinnlicher Wahrnehmungen sind.

1.5.4 Zusammengesetzte Kommunikationsprozesse

Bei den oben vorgestellten Kommunikationsarten handelt es sich um *Grundarten* der Kommunikation. Ein realer Kommunikationsprozess kann sich aus mehreren Grundarten zusammensetzen, was nachfolgend an Beispielen erläutert wird.

Eine Zusammensetzung von offener sinnallgemeiner Kommunikation und geschlossener sinngenauer Kommunikation liegt beim selben Kommunikationsprozess z.B. dann vor, wenn zwei Menschen über ein digitales Fernsprechnetz kommunizieren, bei dem die digital gewandelten Sprachsignale in Form von Datenpaketen übertragen werden. Das geschieht z.B. beim Telefonieren über das Internet und wird im nachfolgenden Unterabschnitt noch näher erläutert. In diesem Fall benutzt die offene Kommunikation eine geschlossene Kommunikation als Dienstleistung für den Nachrichten-Transport. Auch der umgekehrte Fall, dass eine geschlossene Kommunikation sich einer offenen Kommunikation als Dienstleistung bedient, ist möglich: Ein Flug von einem Flughafen A zu einem anderen Flughafen B per Autopilot ist mit einer umfangreichen geschlossenen Kommunikation zwischen Autopilot und anderen technischen Einrichtungen verbunden. Bei Störung eines Funkkanals wendet sich der Autopilot an den menschlichen Piloten, der eventuell nach kurzer Beratung mit seinem Kopiloten dem Autopiloten antwortet, welchen anderen Funkkanal er zu einer anderen Bodenstelle nehmen soll.

Derartige Zusammensetzungen sind aber nicht auf Anwendungen der künstlich geschaffenen Telekommunikation beschränkt. Auch im lebenden Organismus wird die Stimmbildung im Kehlkopf durch diskrete Nervenimpulse gesteuert, wobei über Rückkopplungen zum Gehirn eine laufende Überwachung und Kontrolle stattfindet.

Ein relativ einfaches Beispiel einer zusammengesetzten Kommunikation beschreiben die folgenden Ausführungen, die zugleich ein mögliches (wenn auch recht grobes) Modell für Bewusstsein und Unterbewusstsein liefern.

A: *Nutzung von geschlossener Kommunikation bei offener Kommunikation*

Ein solcher Fall sei hier am Beispiel eines Telefonats zweier Menschen über ein digitales Fernsprechnetz näher erläutert. Die Mensch-zu-Mensch-Kommunikation (sogenannte Ende-zu-Ende-Kommunikation) in natürlicher Sprache ist offen und sinnallgemein. Als Dienstleister dient ein digitaler Verbindungspfad durch das Fernsprechnetz, der für eine sichere Durchführung des Nachrichtentransports von einer geschlossenen sinngenauen Kommunikation Gebrauch macht. Einzelheiten hierzu zeigt Abb. 1.12.

In beiden Teilbildern a. und b. in Abb. 1.12 handelt es sich bei den Kommunikationspartnern KP_1 und KP_2 um36
Menschen, die mittels natürlicher Sprache eine offene Kommu-nikation führen[1.11]. Die Schallschwingungen des sendenden Kommunikationspartners KP_1 treffen auf ein Mikrophon M, das das akustische Signal in ein analoges elektrisches Signal umwandelt.

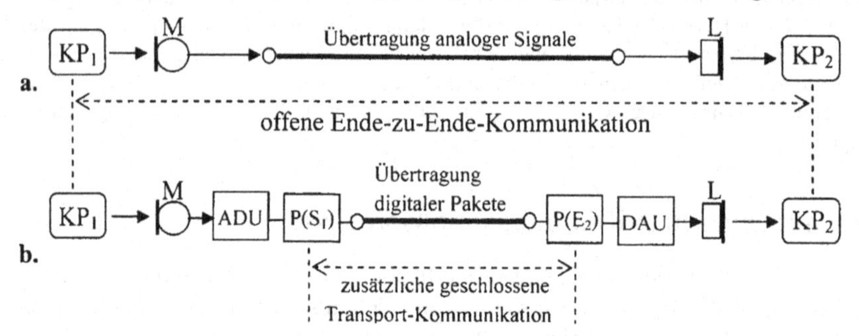

Abb. 1.12 Nachrichtenübertragung zwischen zwei Kommunikationspartnern KP_1 und KP_2 mittels elektrischer Signale (gezeigt ist die Übertragungsrichtung von KP_1 nach KP_2)
a. mit analogen Signalen: M = Mikrophon, L = Lautsprecher
b. mit digitalen Paketen: ADU = Analog-Digital-Wandler,
DAU = Digital-Analog-Wandler,
$P(S_1)$ = Paketbildung am Ort von KP_1, $P(E_2)$ = Paketauflösung am Ort von KP_2

Im oberen Teilbild a. wird das analoge elektrische Signal über den fett gezeichneten elektrischen Übertragungsweg (z.B. Kabel) zum Ort des empfangenden Kommunikationspartners KP_2 geleitet, wo im Lautsprecher L das elektrische Signal wieder in ein akustisches Signal gewandelt wird.

Im unteren Teilbild b. wird das am Ausgang des Mikrophons M erscheinende analoge elektrische Signal mit einem Analog-Digital-Wandler ADU in ein digitales Signal gewandelt, so wie das in Abb. 1.3c gezeigt wird. Bei Verwendung des ISDN-Standards (siehe Abschn. 1.3.1) entsteht entsprechend Abb. 1.3b ein Bitstrom von 64000 Bit pro Sekunde, der

[1.11] Dargestellt wird hier nur das zugrundeliegende Prinzip. In realen Systemen, deren Grobstruktur im 4. Kapitel beschrieben wird, sind die Einrichtungen wesentlich umfangreicher.

sich aus nahtlos aufeinanderfolgenden 8-Bit-Codewörtern zusammensetzt. In der Einrichtung $P(S_1)$ wird dieser Bitstrom in lauter Abschnitte unterteilt, z.B. in Abschnitte aus je 640 Bit entsprechend 80 Codewörtern. Jeder Abschnitt aus 640 Bit oder 80 Codewörtern wird mit einem gesonderten *Paket* weitergeschickt. Jedes dieser Pakete besteht aus zwei Teilen, nämlich aus einem *Rumpf* und einem *Kopf*. Der Rumpf enthält die 640 Bit, die vom Analog-Digital-Wandler ADU kommen (das sind die *Nutzbits*, auch *payload* genannt), der Kopf enthält zusätzliche Bits, die dem zielsicheren Transport des Pakets dienen (das sind die *Transportbits*). Zu den Transportbits gehören (neben weiteren Bits) sogenannte *Prüfbits*. Mit Hilfe dieser Prüfbits ist es auf der Empfangsseite möglich, Bitfehler, die bei der Übertragung entstehen können, festzustellen.

Mit Tabelle 1.4 wird ein simples Verfahren zur Bildung von Prüfbits beschrieben. Aus Platzgründen ist ein Abschnitt aus nur 5 Codewörtern zu je 8 Bit als Block dargestellt und zwar so, dass die jeweils ersten, zweiten, ... , usw. Bits übereinanderstehen. Die Prüfbits werden nun in der Weise gebildet, dass in jeder Spalte einschließlich Prüfbit die Anzahl der L geradzahlig ist. In der Spalte x_8 haben 3 Bits des Blocks den Wert L. Folglich muss in dieser Spalte das Prüfbit auch den Wert L haben, damit die Anzahl der L geradzahlig wird. In der Spalte x_7 haben dagegen 2 Blockbits den Wert L, weshalb in dieser Spalte das Prüfbit den Wert 0 haben muss, usw. So viel zur Bildung von Prüfbits. Diese ergeben ein zusätzliches Codewort, das Prüf-Codewort.

Tabelle 1.4

x_8	x_7	x_6	x_5	x_4	x_3	x_2	x_1	
0	L	L	0	0	L	L	L	Block aus 5 Codewörtern zu je 8 Bit
0	0	L	L	0	0	L	0	
L	0	0	L	L	L	0	0	
L	0	0	L	0	0	L	L	
L	L	0	0	0	L	0	L	
L	0	0	L	L	0	L	L	← zusätzliche Prüfbits (Prüf-Codewort)

Im oben betrachteten Fall von 80 Nutzbit-Codewörtern pro Paket setzt sich der Block nicht aus nur 5, sondern aus den 80 im Rumpf transportierten Codewörtern zusammen. Hinzu kommen noch das im Kopf enthaltene Prüf-Codewort und weitere im Kopf enthaltene Codewörter, die dem zielgerichteten Transport dienen und ebenfalls vom Prüf-Codewort berücksichtigt werden.

Durch das jeweilige Hinzufügen eines Kopfes an jeden Abschnitt (Rumpf) von 80 Codewörtern entsteht eine Folge von Paketen, die mehr Bits enthält als die vom Analog-Digital-Wandler ADU gelieferte Bitfolge. Damit in Abb. 1.12b am Empfangsort am Eingang des Digital-Analog-Wandlers DAU wieder der originale Bitstrom von 64000 Bit pro Sekunde entstehen kann, muss die Folge der Pakete mit einer höheren Bitrate als 64000 Bit pro Sekunde übertragen werden. (Bei realen technischen Systemen ist die Bitrate der Pakete meist sehr viel höher als die vom Analog-Digital-Wandler ADU gelieferte Bitrate. Dadurch entstehen zwischen den einzelnen Paketen größere Pausen, die für die Übertragung anderer Signale genutzt werden).

In der Einrichtung $P(E_2)$ in Abb. 1.12b wird geprüft, ob im empfangenen Paket Bitfehler aufgetreten sind. Wenn keine Fehler festgestellt werden, wird der Kopf entfernt. Die Bits des verbleibenden Rumpfs werden mit der Originalgeschwindigkeit von 64000 Bit pro Sekunde an den Digital-Analog-Wandler DAU weitergeleitet, wo der Bitstrom aus sich jetzt wieder nahtlos aufeinanderfolgenden Codewörtern in ein analoges Signal gewandelt wird. Dieses gelangt zum Lautsprecher L, der dem empfangenden Kommunikationspartner KP_2 das (praktisch) gleiche akustische Signal liefert, das der Kommunikationspartner KP_1 gesendet hat.

Wenn auf der Empfangsseite aber Fehler in einem Paket festgestellt werden, dann fordert die Einrichtung $P(E_2)$ eine erneute Übertragung des fehlerhaften Pakets von der Sendeseite an. Damit das möglich ist, muss eine Kopie des Pakets noch eine Zeitlang bei der Einheit $P(S_1)$ der Sendeseite gespeichert bleiben und es muss natürlich auch einen Rückkanal geben. In Abb. 1.12 ist nur die Übertragungsrichtung von KP_1 nach KP_2 dargestellt. Bei realen Fernsprechverbindungen gibt es selbstverständlich auch eine Übertragung in Gegenrichtung, über die nicht nur Nutzbits für die offene Kommunikation der Kommunikationspartner KP_1 und KP_2 übertragen werden, sondern auch die Anforderungen zur erneuten Übertragung fehlerhaft empfangener Pakete. Abb. 1.13 zeigt das ganze System für beide Richtungen. Es enthält die Übertragungseinrichtung von Abb. 1.12b doppelt, eines für die Richtung von KP_1 nach KP_2, das andere für die Richtung von KP_2 nach KP_1.

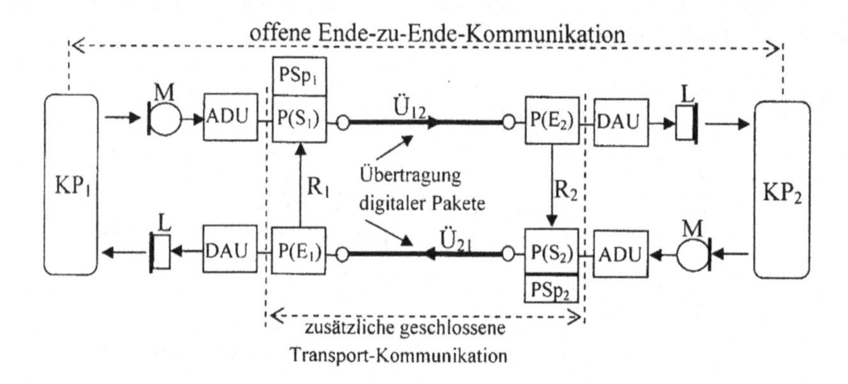

Abb. 1.13 Nachrichtenübertragung in beide Richtungen mittels digitaler Pakete, R_1 und R_2 sind Rückfrageverbindungen (sonstige Bezeichnungen wie in Abb. 1.12b)

Auf der Seite des Kommunikationspartners KP_1 ist der Paketbildungseinrichtung $P(S_1)$ noch ein Speicher PSp_1 beigeordnet, in dem ein gesendetes Paket für eine eventuelle Neuanforderung noch eine Weile gespeichert bleibt. Entsprechend ist auf der Seite des Kommunikationspartners KP_2 der Paketbildungseinrichtung $P(S_2)$ ein Speicher PSp_2 beigeordnet. Werden in der Einrichtung $P(E_2)$ bei einem empfangenen Paket Fehler festgestellt, dann wird über den Rückfragepfad R_2 - $Ü_{21}$ - R_1 eine erneute Übertragung des im Speicher PSp_1 noch vorhandenen Pakets angefordert. Werden in $P(E_1)$ bei einem empfangenen Paket Fehler festgestellt, dann erfolgt die Neuanforderung über den Rückfragepfad R_1 - $Ü_{12}$ - R_2. Eine mögliche Auswirkung von erkannten Bitfehlern bei diesem Verfahren wird im nächsten Abschnitt 1.5.5 unter „Endlos-Schleifenbildung“ beschrieben.

Die mit der offenen Kommunikation der Kommunikationspartner KP_1 und KP_2 verbundene Transport-Kommunikation ist eine geschlossene sinngenaue Kommunikation zwischen Maschinen. Sie verwendet nur wenige Signalbedeutungen, darunter neben der Rückfrage nach nochmaliger Sendung eines Pakets auch eine „Quittung“ für ein fehlerfrei empfangenes

Paket, für „Bereitschaft“ Pakete zu empfangen, die Mitteilung, dass „kein weiteres Paket“ mehr kommen wird und weitere digital codierte Signalbedeutungen. Um einiges umfangreicher wird die geschlossene Transport-Kommunikation, wenn die offene Kommunikation der Kommunikationspartner KP_1 und KP_2 über ein Kommunikationsnetz geführt wird, das von vielen Nutzern genutzt werden kann. Näheres über Kommunikationsnetze folgt in Kapitel 4.

B: *Vergleich mit Bewusstsein und Unterbewusstsein*

Die Kommunikationspartner KP_1 und KP_2 der offenen Kommunikation merken von der unterlagerten geschlossenen Transport-Kommunikation nichts, solange alles funktioniert. Diese Situation lässt sich vergleichen mit bewussten und unterbewussten Vorgängen im menschlichen Gehirn. Die Struktur des Gehirns entspricht einem gigantischen Kommunikationsnetz, an das zahlreiche Zentren (für Sprache, visuelle Eindrücke, Körperbewegungen usw. usw.) angeschlossen sind, die miteinander kommunizieren. Bewusstes Denken ist vergleichbar mit einer offenen Kommunikation zwischen verschiedenen Zentren, wobei Signale in Form von binären Nervenimpulsen (Impulspaketen) an die jeweils anderen Zentren geschickt werden. Damit das zielgerecht, effektiv und sicher geschieht, werden die Pakete auf dem Weg vermutlich zwischengelagert und kopiert, nach Zielen sortiert und auf Fehler geprüft. Von diesen unterbewussten Transportprozessen merkt das Bewusstsein nichts. Von Impulspaketen, die beim bewussten Denken erzeugt werden, bleiben Kopien über lange Zeit im unterbewussten Transportnetz gespeichert und können durch psychologische Techniken bisweilen wieder ins Bewusstsein geholt werden.

Der geschlossene Pfad $Ü_{12}$ - R_2 - $Ü_{21}$ - R_1 stellt eine Rückkoppelschleife dar. Die Funktion von Rückkoppelschleifen wird ausführlich in Abschn. 1.6 behandelt. [Rückkoppelschleifen mit Pfaden durch das menschliche Gehirn werden in den Abschnitten 1.6.2 und 5.3.3 diskutiert].

1.5.5 Fehlinterpretation (Missverständnis), Fehlerfortpflanzung

In Abschn. 1.2 wurden die Voraussetzungen genannt, unter denen eine Kommunikation überhaupt möglich ist. Sie ist nicht möglich, wenn der empfangende Kommunikationspartner die Signale überhaupt nicht interpretieren kann.

In Abschn. 1.5.3 wurde dann ausgeführt, dass bei der unscharfen sinnallgemeinen Kommunikation eine Menge $\mathbf{M}_k(äS_{1i})$ an ähnlichen Sinngehalten $äS_{1i}$, i = 1, 2, 3, ... eines sendenden Kommunikationspartners KP_1 sich nach (d.h. *hin zu*) einer Menge $\mathbf{M}_k(äS_{2r})$ an ähnlichen Sinngehalten $äS_{2r}$, r = 1, 2, 3, ... eines empfangenden Kommunikationspartners KP_2 abbildet, siehe (1.13), und dass die die beiden Mengen $\mathbf{M}_k(äS_{1i})$ und $\mathbf{M}_k(äS_{2r})$ auch bei fehlerfreier Signalübertragung nicht deckungsgleich sein müssen, wie das in Abb. 1.14 dargestellt ist. Die Fläche von $\mathbf{M}_k(äS_{1i})$ beschreibt einen mit Hilfe eines Signals von KP_1 mitgeteilten verallgemeinerten (gröberen) Sinngehalt. Die Fläche von $\mathbf{M}_k(äS_{2r})$ beschreibt einen verallgemeinerten (gröberen) Sinngehalt, den KP_2 dem empfangenen Signal entnimmt. Der Bereich, in dem sich beide Flächen überlappen, kennzeichnet den Anteil der verallgemeinerten Sinngehalte, der von KP1 und KP2 in gleicher Weise verstanden wird.

Bevor die in Abb. 1.14 markierten Stellen $\times$, $*$ und $\circ$ für genauer definierte Sinngehalte näher diskutiert werden, seien der Klarheit wegen vorab noch etwas ausführlichere Beschreibungen vorangestellt:

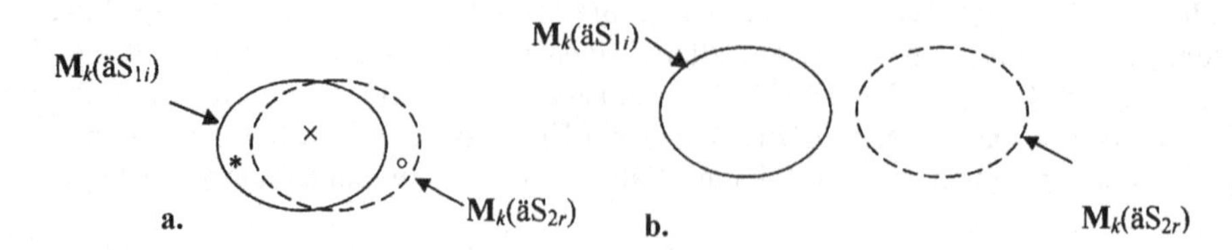

Abb. 1.14 Abbildung einer Menge $\mathbf{M}_k(\text{äS}_{1i})$ an ähnlichen Sinngehalten äS_{1i}, $i = 1, 2, 3, \ldots$ nach einer Menge $\mathbf{M}_k(\text{äS}_{2r})$ an ähnlichen Sinngehalten äS_{2r}, $r = 1, 2, 3, \ldots$
a. Sinngehaltskomplexe, die größtenteils gleich verstanden werden
b. Sinngehaltskomplexe, die nicht gleich verstanden werden

A: *Ein zusammenfassender Überblick mit ergänzenden Erläuterungen*

In Abb. 1.14 wird die Menge $\mathbf{M}_k(\text{äS}_{1i})$ durch die durchgezogene Linie eingegrenzt und die Menge $\mathbf{M}_k(\text{äS}_{2r})$ durch die gestrichelte Linie eingegrenzt. In äS_{1i} bedeutet der Index 1 „zu KP_1 gehörig" und in äS_{2r} bedeutet der Index 2 „zu KP_2 gehörig". Die Elemente äS_{1i} der Menge $\mathbf{M}_k(\text{äS}_{1i})$ kann man sich als Punkte (oder kleine Flächenelemente) vorstellen, die innerhalb der von der durchgezogenen Linie umgrenzten Fläche liegen. Jedes Element äS_{1i} stellt einen möglichen (genaueren) Sinngehalt dar, der in dem vom sendenden Kommunikationspartner KP_1 formulierten allgemeineren (gröberen) Sinngehalt steckt, der durch die Menge $\mathbf{M}_k(\text{äS}_{1i})$ ausgedrückt wird, und den KP_1 mit Hilfe eines Signals mitteilt.

Entsprechend kann man sich die Elemente äS_{2r} der Menge $\mathbf{M}_k(\text{äS}_{2r})$ als Punkte (oder kleine Flächenelemente) vorstellen, die innerhalb der von der gestrichelte Linie umgrenzten Fläche liegen. Jedes Element äS_{2r} stellt einen möglichen (genaueren) Sinngehalt dar, der in dem vom empfangenden Kommunikationspartner KP_2 interpretierten allgemeineren (gröberen) Sinngehalt steckt, der durch die Menge $\mathbf{M}_k(\text{äS}_{2r})$ ausgedrückt wird.

Real anhand eines Signals $\text{ä}_k s_{1m}$ erfassbar (vergl. Abb. 1.9) sind primär die allgemeineren (gröberen) Sinngehalte, die durch die Mengen $\mathbf{M}_k(\text{äS}_{1i})$ auf der Sendeseite und $\mathbf{M}_k(\text{äS}_{2r})$ auf der Empfangsseite ausgedrückt werden. Diese allgemeineren Sinngehalte entstehen auf der Sendeseite durch die Formulierung des sendenden Kommunikationspartners KP_1, die so allgemein gehalten ist, dass sie alle genaueren Sinngehalte äS_{1i} als Möglichkeiten mit einschließt. Entsprechendes gilt auf der Empfangsseite bei der Interpretation des empfangenen Signals, die der Kommunikationspartner KP_2 vornimmt, und die ebenfalls so allgemein ist, dass darin alle Möglichkeiten äS_{2r} mit eingeschlossen sind. Die möglichen Unterschiede der Sinngehalte äS_{1i} und äS_{2r} kommen dadurch zustande, dass KP_1 und KP_2 verschiedene Individuen sind und infolgedessen dasselbe Signal $\text{ä}_k s_{1m}$ unterschiedlich interpretieren können. Wenn das Signal auf der Empfangsseite aufgezeichnet und anschließend vom sendenden Kommunikationspartner KP_1 interpretiert wird, dann erkennt dieser bei fehlerfreier Übertragung keine Unterschiede zwischen den Sinngehalten äS_{1i} und äS_{2r}.

Die Abbildung der Menge $\mathbf{M}_k$ ($\text{äS}1_i$) hin zur Menge $\mathbf{M}_k$ ($\text{äS}2_n$) ist <u>nicht</u> eine Abbildung in dem Sinn, dass jedem speziellen Sinngehalt (Element) $\text{äS}1_i$ der Menge $\mathbf{M}_k$ ($\text{äS}1_i$) von vornherein ein und nur ein (gleicher oder ähnlicher) Sinngehalt $\text{äS}2_n$ (gemäß einer sogenannten Funktion) zugeordnet ist. Das ist deshalb nicht so, weil die Generierung der Elemente äS_{1i} und äS_{2r} von verschiedenen Individuen vorgenommen wird. Erst dann, wenn es eine bis ins letzte Detail gehende Vereinbarung zwischen KP_1 und KP_2 über alle existierenden Bedeutungen gibt, ließen sich feste Zuordnungen den Elementen äS_{1i} und äS_{2r}

herstellen. Die Zuordnung der (Teil-) Menge $\mathbf{M}_k$ (äS2_n) zur Menge $\mathbf{M}_k$ (äS1_i) ist nur deshalb (bis zu einem gewissen Grad) möglich, weil aufgrund gemeinsamer Sprachkenntnisse Vereinbarungen über (unscharfe) Bedeutungen vorhanden sind. Die Frage, wie überhaupt Vereinbarungen über Bedeutungen zustande kommen und ob sie beliebig präzise zustande kommen können, wird in Abschn. 1.6 angesprochen.

B: *Zu Fehlinterpretationen auf der Empfangsseite*

Eine Fehlinterpretation liegt dann vor, wenn der empfangende Kommunikationspartner einem Signal eine Bedeutung zuordnet, die *„völlig verschieden"* ist von dem, was der sendende Kommunikationspartner meint.

Bei der sinnallgemeinen Kommunikation liegt *keine* Fehlinterpretation vor, wenn der empfangende Kommunikationspartner Signale nur *„annähernd richtig"* interpretiert, d.h. wenn die von ihm zugeordnete Bedeutung innerhalb eines Interpretationsspielraumes (Toleranzbereich der Unschärfe von Begriffen und Satzkonstruktionen) von dem liegt, was der sendende Kommunikationspartner ausdrücken will.

Bei der sinngenauen Kommunikation gibt es keine „annähernd richtige" Interpretation, sondern nur eine *„richtige"* und eine *„falsche"* Interpretation, weil alle Begriffe und Satzkonstruktionen (zulässige Begriffskombinationen) scharf definiert sind. Dasselbe gilt für die maschinelle geschlossene sinnallgemeine Kommunikation.

Als Fehlinterpretation wird hier auch der Fall bezeichnet, dass der empfangende Kommunikationspartner überhaupt keine Interpretation vornimmt, weil er dazu aus irgendwelchen Gründen gar nicht in der Lage ist. Dann ordnet er nämlich dem Signal gar keine Bedeutung zu, was ebenfalls völlig verschieden ist von dem, was der sendende Kommunikationspartner meint.

Fehlinterpretation kann unterschiedliche Ursachen haben, nämlich

a. Signalverfälschung durch Störung oder Verzerrung oder auf Grund schlechten Signalempfangs

b. unglückliche Signalzuordnung (Wortwahl) oder unglückliche Konstruktion der Mitteilung beim Sender

c. falsche Bedeutungszuordnung beim Empfänger

Die Ursachen a. sind von physikalisch technischer Natur, die Ursachen b. und c. von semantischer Natur.

<u>zu a.</u>
Störungen treten meist in der Weise auf, dass sich Fremdsignale (z.B. Geräusche, Lärm) dem an den Empfänger gerichteten (Nutz-) Signal überlagern. Die Störungen können so groß sein, dass das (Nutz-) Signal fast nicht mehr erkannt wird und eine Interpretation nur fehlerhaft oder gar nicht möglich wird. Verzerrungen sind Veränderungen des Nutzsignals (beim Sprachsignal z.B. durch krankhafte Beeinträchtigung der Mund- und Nasenhöhle, durch Nachhall in Schall-reflektierenden Räumen und dergleichen), die ebenfalls so groß sein können, dass Fehlinterpretationen auftreten. Dasselbe gilt bei einem unpassenden Signalpegel, z.B. wenn ein Sprachsignal für das Ohr entweder zu leise oder zu laut ist. Bei technischen Einrichtungen (Maschinenkommunikation) und Systemen (Telekommunika-

tion) sind Störungen die Hauptursache für Fehlinterpretationen. Der Einfluss von Störungen wird im 4. Kapitel behandelt.

zu b. und c.
Diese Fälle, die eng verwandt und typisch für die sinnallgemeine Kommunikation sind, lassen sich anhand Abb. 1.14 erläutern. Die Mehrdeutigkeit des eingangs von Abschn. 1.5 im Beispiel 1 diskutierten Satzes wird noch größer, wenn man ihn wie folgt verkürzt und isoliert betrachtet: *„Er lief zur Bank“.* Hier bleibt auch unklar, ob mit *„Bank“* ein Geldinstitut oder eine Sitzgelegenheit gemeint ist. Wenn der sendende Kommunikationspartner das „Geldinstitut“ meint und der empfangende Kommunikationspartner die Bank als „Sitzgelegenheit“ interpretiert, dann liegt eine Fehlinterpretation vor. Diese Situation wird mit Abb. 1.14b ausgedrückt, denn in diesem Fall ist kein spezieller in der mit dem Ausdruck „Bank“ verbundenen Menge $\mathbf{M}_k(\text{äS}_{1i})$ an enthaltenden Sinngehalten (z.B. Vereinsbank, Stadtsparkasse, Kreissparkasse, Filialbank, ...) in der Menge $\mathbf{M}_k(\text{äS}_{2r})$ (z.B. Ofenbank, Gartenbank, Parkbank, ...) enthalten. Die Situation ändert sich, wenn ein geeigneter Kontext hinzukommt: *„Er lief zur Bank, um 100 Euro abzuheben“.* Wenn jetzt beide Kommunikationspartner mit dem Ausdruck „Bank“ die gleiche Menge an Sinngehalten (Vereinsbank, Stadtsparkasse, Kreissparkasse, Filialbank, ...) verbinden, dann liegt die Situation vor, die durch den überlappenden Bereich in Abb. 1.14a ausgedrückt wird, worin das Symbol × z.B. „Stadtsparkasse“ bedeutet. Es liegt jetzt auch dann keine Fehlinterpretation vor, wenn der eine Kommunikationspartner vorzugsweise an „Stadtsparkasse“ und der andere Kommunikationspartner vorzugsweise an „Kreissparkasse“ denkt aber beide diese als Elemente derselben Menge betrachten, die beide unter „Bank“ verstehen. Wenn aber der sendende Kommunikationspartner mit dem Ausdruck „Bank“ eine größere Menge an Stellen meint, wo man Geld abheben kann, also auch den „Geldautomaten“ mit einbezieht, den der empfangende Kommunikationspartner nicht mit dem Ausdruck „Bank“ verbindet, dann liegt eine Fehlinterpretation vor, wenn der sendende Kommunikationspartner tatsächlich den Geldautomaten meint (und der empfangende Kommunikationspartner sich womöglich wundert, weil es am Wohnort des sendenden Kommunikationspartners nichts gibt, was er unter „Bank“ versteht). Diese Situation ist in Abb. 1.14a durch das Symbol * gekennzeichnet, das einen speziellen Sinngehalt repräsentiert, der in $\mathbf{M}_k(\text{äS}_{1i})$ aber nicht in $\mathbf{M}_k(\text{äS}_{2r})$ enthalten ist. Der umgekehrte Fall, dass nur der empfangende Kommunikationspartner den Geldautomaten mit einbezieht (weil er nur dort Geld abhebt) ist in Abb. 1.14a durch das Symbol ∘ gekennzeichnet, das einen speziellen Sinngehalt repräsentiert, der in $\mathbf{M}_k(\text{äS}_{2r})$ aber nicht in $\mathbf{M}_k(\text{äS}_{1i})$ enthalten ist. Auch hier liegt eine Fehlinterpretation vor.

Die obige Diskussion zeigt, dass Fehlinterpretationen bei gleich oder ähnlich klingenden Wörtern durch mehr Kontext vermindert oder vermieden werden können. Durch eine redundante Sprechweise, mit welcher der Sinn einer Nachricht mehrfach ausgedrückt wird, lassen sich sogar falsche Teilaussagen aufgrund falscher Wortwahl in der selben Nachricht korrigieren.

Von Redundanz wird auch in der Technik bei der Übertragung digitaler Signale reichlich Gebrauch gemacht. In Abschn. 1.5.4 wurde anhand von Tabelle 1.4 gezeigt, wie sich mit Hilfe redundanter Prüfbits aufgetretene Bitfehler entdecken und korrigieren lassen. Wenngleich bei technischen Einrichtungen und Systemen, wie oben unter „zu a.“ ausgesagt wurde, Störungen die Hauptursache für Fehlinterpretationen sind, so können dort aber auch falsche Bedeutungszuordnungen bei richtig empfangenen Bits zu fortlaufenden Fehlfunktionen führen, wie nachfolgend gezeigt wird.

C: *Endlos-Schleifenbildung bei geschlossener Kommunikation*

Geschlossene maschinelle Kommunikation, wie sie mit dem mittleren Teil von Abb. 1.13 beschrieben wurde, kann bei Störungen zur sogenannten Endlos-Schleifenbildung führen.

Abb. 1.15 zeigt in Form eines Pfeil-Diagramms einen Kommunikationsablauf zwischen einen Kommunikationspartner KP_1 einen Kommunikationspartner KP_2. Senkrecht nach unten ist die Zeit t aufgetragen. Es handele sich um eine geschlossene Maschine-Maschine-Kommunikation, bei der die Maschine KP_1 eine Nachricht in Form eines aus einem z.B. 1000 Bit bestehenden Datenpakets an die Maschine KP_2 sendet. Die Nachricht sei mit einem redundanten Code, der eine Prüfung auf Übertragungsfehler erlaubt, codiert, sodass die Maschine KP_2 feststellen kann, ob Fehler bei der Übertragung aufgetreten sind.

Abb. 1.15a zeigt den Fall einer ungestörten und damit fehlerfreien Übertragung. Der fehlerfreie Empfang wird von KP_2 mit einem an KP_1 zurückgesandten Quittungssignal bestätigt.

In Abb. 1.15b ist der Fall dargestellt, dass das Datenpaket bei der Übertragung gestört wird und KP_2 mittels einer kurzen Rückfrage die erneute Übertragung des Pakets anfordert. Die wiederholte Übertragung sei diesmal fehlerfrei und wird, wie in Abb. 1.15a, durch ein Quittungssignal bestätigt. Dieses Verfahren der automatischen Anforderung zur erneuten Sendung bei fehlerhafter Übertragung wird übrigens mit ARQ (abgeleitet von „Automatic Repeat Request") bezeichnet.

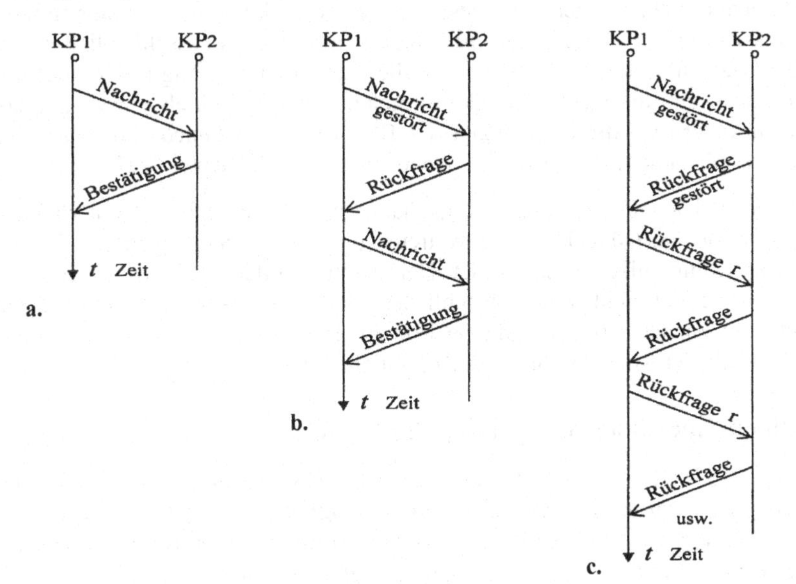

Abb. 1.15 Pfeil-Diagramme für Kommunikationsabläufe
a. störungsfrei b. mit Rückfrage bei Störung c. Endlos-Schleife bei gestörter Rückfrage

Ein kritischer Fall tritt ein, wenn auch die kurze Rückmeldung von KP_2 gestört wird. In dieser Situation, die Abb. 1.15c dargestellt ist, tätigt KP_1 die Rückfrage r, was KP_2 zuletzt gesendet hat, woraufhin KP_2 antwortet, dass die letzte Sendung von KP_1 wiederholt werden soll (das war aber die Rückfrage r). Das geht dann immer so weiter. Der Kommunikationsprozess mündet in eine sogenannte *Endlosschleife*.

Bei der offenen Mensch-Mensch-Kommunikation sind Endlosschleifen ein beliebtes Thema für Kabarettisten. Aber auch die ernste psychologische Kommunikationsforschung hat sich mit diesem Thema intensiv auseinandergesetzt, siehe z.B. Watzlawick (2007). Davon wird im 2. Kapitel in Abschn. 2.7.4 noch die Rede sein. Bei einer geschlossenen Maschine-Maschine-Kommunikation stellt eine Endlosschleife in jedem Fall ein reales ernstes Problem dar, das oft (z.B. bei der Kommunikation über das Internet, siehe Abschn. 4.5.3 im 4. Kapitel) dadurch erledigt wird, dass wiederholte Mitteilungen nummeriert und bei Erreichen einer vorgegebenen Maximalzahl an Wiederholungen gestoppt werden.

Das in Abb. 1.15 dargestellte ARQ-Verfahren wird auch als ARQ-*Protokoll* bezeichnet. Dabei soll das Wort „Protokoll" auf Diplomaten verweisen, zwischen denen die Kommunikation oft nach einem streng festgelegten Ritual erfolgt. Auch im Tierreich gibt es kommunikative Endlosschleifen, z.B. wenn eine Fliege immer wieder gegen eine Fensterscheibe fliegt.

1.6 Kommunikation und Rückkopplung

Die Endlos-Schleifenbildung in Abb. 1.15 ist - allgemein gesprochen - das Resultat eines rückgekoppelten Prozesses. Bei dem in Abschn. 1.3.3 beschriebenen Prädiktor-Korrektor-Verfahren spielte ebenfalls ein rückgekoppelter Prozess eine Rolle. Mit rückgekoppelten Prozessen hat man es bei zahlreichen Prozessen in der Technik und in der Natur zu tun. Ein großer Technik-Zweig, die *Regelungstechnik*, befasst sich nahezu ausschließlich mit rückgekoppelten Prozessen. Einfache Beispiele sind die Temperaturregelung im Zimmer mittels eines Thermostaten und die Geschwindigkeitsregelung im Auto mittels eines Tempomats. In der Medizin kennt man die Regelungen des Blutdrucks, der Glucosekonzentration im Blut und weiterer physiologischer Prozesse, siehe z.B. Schmidt,Thews (1997).

Kommunikation und Kommunikationstechnik haben außerordentlich viel mit rückgekoppelten Prozessen zu tun. (Manche Leute vertreten die strikte Meinung, dass ohne Rückkopplung keine Kommunikation stattfindet. Dem kann sich der Verfasser dieser Abhandlung aber aus mehreren Gründen nicht anschließen, siehe dazu Abschn. 4.2 im 4. Kapitel). Nachfolgend wird zunächst das allgemeine Prinzip der Rückkopplung erläutert und anschließend die Rolle der Rückkopplung bei Kommunikationsprozessen.

1.6.1 Allgemeines über rückgekoppelte Prozesse

Eine Rückkopplung ist eine Schleifenbildung, die darin besteht, dass bei einem System mit einem Eingang und einem Ausgang das Ausgangssignal ganz oder teilweise an den Eingang zurückgeführt wird und dort zusammen mit einem anderem (oder keinem anderen) Eingangssignal wieder in den Eingang des Systems eingespeist wird.

Es gibt einen grundsätzlichen Unterschied zwischen der Rückkopplung analoger Prozesse und der Rückkopplung binärer digitaler Prozesse. Die Wirkungsweise der Rückkopplung analoger Prozesse lässt sich am einfachsten am Beispiel eines rückgekoppelten Verstärkers für analoge Signale erläutern.

A: *Rückkopplung eines Verstärkers für analoge Signale*

Das in Abb. 1.16 dargestellte System besteht aus einem Verstärker für analoge Signale, bei dem das Ausgangssignal s_2 über eine Rückkoppelschaltung zum Eingang zurückgeführt wird. Dort wird es mit einem anderen Eingangssignal s_1 addiert und in den Verstärker wieder eingespeist.

Die Pfeilspitzen in Abb. 1.16 zeigen die Richtungen der verschiedenen Signale an. s_1 ist das Eingangssignal der gesamten Schaltung, und s_2 ist das verstärkte Ausgangssignal. Der durch den großen Kasten dargestellte eigentliche Verstärker hat den Verstärkungsfaktor V, das heißt, dass $s_2 = V s_e$ gilt, wobei s_e das Signal am Verstärkereingang ist. Der Verstärker wird über die Rückkoppelschaltung, wo das Ausgangssignal mit dem (negativen) Faktor $-K$ multipliziert wird, rückgekoppelt. Das Signal am Verstärkereingang ist damit

$$s_e = s_1 - K s_2 \tag{1.14}$$

Das Signal am Verstärkerausgang ist folglich

$$s_2 = V s_e = V[s_1 - K s_2] = V s_1 - V K s_2 \tag{1.15}$$

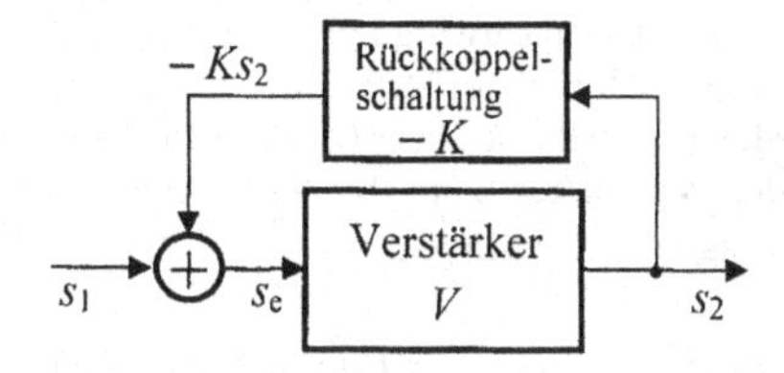

Abb. 1.16 System einer rückgekoppelten Verstärker-Schaltung

Eine einfache Umformung von (1.15) liefert für den Verstärkungsfaktor V^* der gesamten rückgekoppelten Verstärker-Schaltung in Abb. 1.16

$$V^* = \frac{s_2}{s_1} = \frac{V}{1 + KV} \tag{1.16}$$

Die Verstärkung V^* der gesamten rückgekoppelten Verstärker-Schaltung hängt von der der Größe des Faktors K ab. Wenn $KV > 0$, also positiv ist, dann wird V^* gegenüber V verkleinert. In diesem Fall stellt die Rückkopplung eine *Gegenkopplung* dar. Wenn dagegen KV negativ ist und zwischen -1 und 0 liegt, dann wird V^* gegenüber V vergrößert. In diesem Fall stellt die Rückkopplung eine *Mitkopplung* dar.

Bemerkung:
Die ersten Rundfunkempfänger der frühen Rundfunkzeit um 1930 hatten alle einen Stellknopf für die Rückkopplung K. Damit konnte man die Verstärkung erhöhen, womit es gelang, auch entferntere Sender zu empfangen. Dabei passierte es aber leicht, dass die ganze Schaltung instabil wurde und nur noch ein Pfeifton aus dem Lautsprecher kam. Später konnte man Verstärker sehr hoher Verstärkung bauen, die jedoch den Mangel hatten, dass der Verstärkungsfaktor V (u. A. mit der Temperatur) stark schwankte. Dem konnte man durch Gegenkopplung entgegenwirken. Genauere Analysen zeigten, dass sich die Schwankungen durch Gegenkopplung um den Faktor $1 + KV$ vermindern lassen, was zur Folge hatte, dass die um 1960 noch stark verbreiteten elektronischen Analogrechner alle stark gegengekoppelte Verstärker benutzten. Unter Berücksichtigung der Frequenzabhängigkeit des Faktors KV ließ sich dann bestimmen, wann genau Instabilität eintritt und wann Stabilität sichergestellt ist. Das alles ist in vielen Elektronik-Lehrbüchern detailliert beschrieben, auch bei Rupprecht (1982).

Verallgemeinert auf die Rückkopplung allgemeiner analoger Prozesse lässt sich das in der Aussage **[1.6]** formulierte Resümee ziehen:

[1.6] Rückkopplung, Gegenkopplung und Mitkopplung analoger Prozesse

Bei rückgekoppelten analogen Prozessen unterscheidet man zwischen Gegenkopplung und Mitkopplung. Gegenkopplung dämpft den Prozess, Mittkopplung verstärkt den Prozess.
Eine Elektroniker-Daumenregel besagt:
Gegenkopplung schafft Stabilität! Mitkopplung führt leicht zur Instabilität!

Mitkopplung ist dennoch oft nützlich und manchmal notwendig. Eine nützliche Anwendung ist z.B. die Realisierung von Ton-Generatoren für elektronische Musikinstrumente.

Die Erzeugung harmonischer Schwingungen für Töne geschieht oft dadurch, dass ein schwingungsfähiges elektrisches Gebilde angestoßen wird, das dann Eigenschwingungen durchführt. Diese Eigenschwingungen klingen aber normalerweise aufgrund unvermeidlicher Verluste rasch wieder ab. Die Mitkopplung ist eine Gegenmaßnahme, die ein Abklingen verhindert und die Eigenschwingungen aufrecht erhält. Sie besteht darin, dass das Eigenschwingungssignal einem Verstärker zugeführt wird und das verstärkte Eigenschwingungssignal rückgeführt und zur permanenten phasensynchronen weiteren Anregung des schwingungsfähigen Gebildes benutzt wird. In diesem Fall gehören beide, das schwingungsfähige Gebilde und der Verstärker zum System. Außer dem rückgeführten Ausgangssignal ist kein anderes Eingangssignal s_1 vorhanden.

B: *Bit-Speicher mit rückgekoppelten logischen Verknüpfungsgliedern*

In Abschn. 1.4.2 wurde bereits erwähnt, dass sich Speicherzellen für einzelne Bits durch Rückkopplung logischer Schaltungen bilden lassen, die sich aus den in Abb. 1.6 gezeigten Verknüpfungsgliedern zusammensetzen. Diese sehr nützliche Tatsache wird mit Abb. 1.17 näher erläutert.

Abb. 1.17a zeigt zwei in Serie geschaltete Negationsglieder gemäß Abb. 1.6f. Wenn am Eingang (A) der Signalwert x = L anliegt, dann ist nach (1.4) der Signalwert am Punkt (B) gleich 0 und am Punkt (C) wieder gleich L. Wenn dagegen am Eingang (A) der Signalwert x = 0 anliegt, dann ist nach (1.4) der Signalwert am Punkt (B) gleich L und am Punkt (C) wieder gleich 0. Der jeweilige Zustand bleibt eingefroren (gespeichert), wenn man die Punkte (A) und (C) über den gestrichelt gezeichneten Rückkoppelpfad miteinander verbindet.

Abb. 1.17b zeigt die in Serie geschalteten zwei Negationsglieder noch einmal, allerdings mit einem jeweils vorgeschalteten Oder-Glied von Abb. 1.6e und dem Rückkoppelpfad. Die beiden Eingänge seien (fast) immer R = 0 und S = 0. Es wird nur ab und zu mit einem kurzen Impuls entweder R = L (Rücksetzen) oder S = L (Setzen) gewählt.

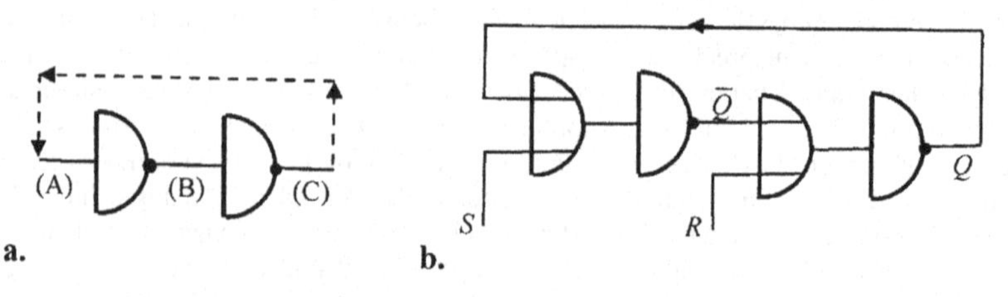

Abb. 1.17 Speicherung eines Bit durch Rückkopplung von Logik-Operationen
a. Zur Erläuterung des Speichereffekts
b. Rücksetzbares Flipflop
(Das Oder-Glied mit dem S-Eingang entspricht dem Addierglied in Abb. 1.16.)

Wenn am Ausgang des rechten Negationsglieds Q = L ist, dann wird mit einem kurzen Befehlsimpuls R = L der Wert am Ausgang des rechten Negationsglieds auf $Q = 0$ (rück)gesetzt. Der der mit dem Pfeil versehene Rückkoppelpfad sorgt dafür, dass dieser Wert $Q = 0$ erhalten bleibt, auch wenn kurze Zeit später schon wieder $R = 0$ ist. (Wenn der Rückkoppelpfad nicht vorhanden wäre, dann wäre mit $S = 0$ und damit $\overline{Q}$ = L der Zustand Q = L logisch gar nicht möglich. Erst der Rückkoppelpfad macht möglich, dass bei $S = 0$ auch $\overline{Q} = 0$ werden kann, und zwar über Q = L, was jetzt bei $R = 0$ logisch möglich wird).

Wenn in Abb. 1.17b am Ausgang des rechten Negationsglieds $Q = 0$ ist, dann wird mit einem kurzen Befehlsimpuls S = L der Wert am Ausgang des rechten Negationsglieds auf Q = L gesetzt. Der Rückkoppelpfad sorgt jetzt wieder dafür, dass dieser Wert Q = L erhalten bleibt, auch wenn kurze Zeit später schon wieder $S = 0$ ist. (Wenn der Rückkoppelpfad nicht vorhanden wäre, dann wäre mit S = L und damit $\overline{Q} = 0$ der Zustand $Q = 0$ bei $R = 0$ logisch gar nicht möglich). Es ist allein dem Rückkoppelpfad zu verdanken, dass mit kurzen Befehlsimpulsen an den Eingängen R und S der Zustand Q des Flipflops geändert werden kann.

In Abb. 1.17a ist z.B. ein Rückkoppelpfad in Form einer direkten Verbindung zwischen den Punkten (C) und (B) nicht möglich, weil das zu einer *logischen Unverträglichkeit* führt. Wohl hingegen ist zwischen den Punkten (C) und (A) ein Rückkoppelpfad in Form einer direkten Verbindung möglich, weil das einer *logischen Verträglichkeit* entspricht.

Aus dieser am Beispiel des extrem einfachen Schaltnetzes in Abb. 1.17a gewonnenen Erkenntnis von logischer Verträglichkeit und logischer Unverträglichkeit folgt, dass es in einem komplizierteren Schaltnetz (wie z.B. das innerhalb der gestrichelt gezeichneten Umrahmung in Abb. 1.7 gezeigte) nicht möglich ist, direkt verbindende Rückkopplungspfade zwischen beliebigen Punkten herzustellen. Das liegt daran, weil ein Schaltnetz im Prinzip eine Zusammenfügung vieler Schalter gemäß Abb. 1.6 ist, über die (binäre) Signale nur entweder gesperrt oder durchgelassen werden, aber nicht (wie in einer analogen Schaltung) gedämpft oder verstärkt werden können. Deshalb gibt es hier auch nicht den bei analogen Schaltungen möglichen Unterschied von Mitkopplung und Gegenkopplung.

Wenn man in einem Schaltnetz einen Rückkoppelpfad zwischen zwei Punkten (direkt oder über ein Oder-Glied) einbauen will, dann muss man zuvor prüfen, ob an den beiden Punkten für alle möglichen Situationen eine Verträglichkeit gegeben ist. Mit dem Einbau von Rückkoppelpfaden ergibt sich zugleich eine Speicherung von Binärwerten. Derartige Schaltungen mit Speichern von Binärwerten werden (im Unterschied zu *Schaltnetzen*, die keine Rückkoppelschleifen enthalten) als *Schaltwerke* bezeichnet. Festgehalten wird hier:

[1.7] Rückkopplung bei binären digitalen Prozessen

Bei einer Schleifenbildung binärer digitaler Prozesse unterscheidet man zwischen logisch *verträglicher* und logisch *unverträglicher* Rückkopplung. Mit logisch verträglicher Rückkopplung lassen sich binäre Zustände speichern. Vor einer Schleifenbildung muss eine Prüfung auf logische Verträglichkeit stattfinden. Eine Nichtverträglichkeit kann durch eine Alarm- oder Fehlermeldung angezeigt werden.

Mit serieller Anordnung mehrerer Flipflops gemäß Abb. 1.17b lässt sich das in Abb. 1.7 gezeigte Register für Bitsequenzen x_ν, $x_{\nu-1}$ und $x_{\nu-2}$ aufbauen. Bei dem so aufgebauten

Register liefert jede Speicherzelle mit $Q = x$ und $\overline{Q} = \overline{x}$ zugleich sowohl den Wert der Binärvariablen x wie auch deren negierten Wert $\overline{x}$. Deshalb können in Abb. 1.7 die des leichteren Verständnisses wegen extra gezeichneten Negationsglieder zur Bildung der negierten Werte $\overline{x}_\nu$, $\overline{x}_{\nu-1}$ und $\overline{x}_{\nu-2}$ entfallen, weil auch diese negierten Werte den Registerzellen direkt entnommen werden können.

In Abb. 1.5 ist auf der Empfangsseite mit dem Verbindungspfad von der „log. Verknüpfung" über „Vergl. (E)", die Stelle „**E**" und dem Pfeil zum Registereingang bei „x_N" eine geschlossene Rückkoppelschleife dargestellt. Weil zudem jede Registerzelle noch eine eigene Rückkoppelschleife gemäß Abb. 1.17b enthält, handelt sich bei Abb. 1.5 um ein rückgekoppeltes System, das wiederum selber mehrere rückgekoppelte Systeme enthält.

Wichtige Anmerkung:
Rückkopplung stellt eine Art von Selbstbezug dar. Die bei Rückkopplung binärer digitaler Prozesse mögliche logische Unverträglichkeit und der fehlende Unterschied von Mitkopplung und Gegenkopplung sind eng verwandt mit dem berühmten Unvollständigkeitssatz von K. Gödel. Selbstbezug und Gödel'scher Unvollständigkeitssatz werden besonders im 6. Kapitel in Abschn. 6.8.4 noch eingehender diskutiert.

1.6.2 Rückgekoppelte Kommunikationsprozesse

Wenn zwei oder mehrere Kommunikationspartner einander Fragen stellen und Fragen beantworten, dann hat man es mit rückgekoppelten Kommunikationsprozessen zu tun. Zunächst sei hier der einfachere Fall des zweiseitig gerichteten Kommunikationsprozesses näher betrachtet.

A: *Rückkopplung beim zweiseitig gerichteten Kommunikationsprozess*

Der zweiseitig gerichtete Kommunikationsprozess (Dialog) zweier Kommunikationspartner KP_1 und KP_2 wird in vereinfachter Form durch Abb. 1.18 beschrieben. Die Pfeilrichtungen verdeutlichen die Schleifenbildung.

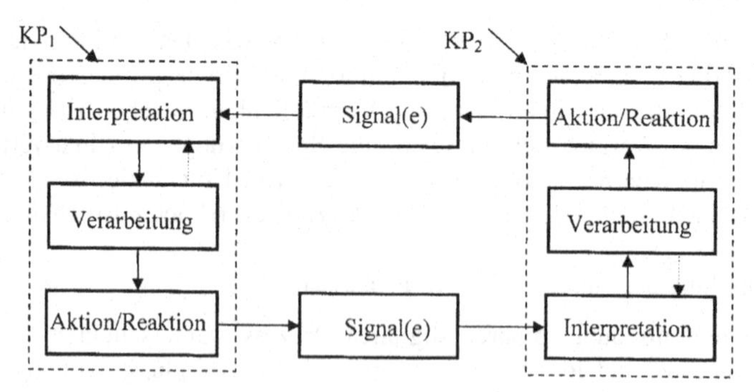

Abb. 1.18 Dialog zweier Kommunikationspartner KP_1 und KP_2 (vereinfachtes Prinzip)

In Abb. 1.18 beinhalten die gestrichelt gezeichneten rechteckigen Umrandungen in grob vereinfachter Form die wichtigsten mentalen Funktionen der beiden Kommunikationspartner KP_1 und KP_2. Der prinzipielle Ablauf eines Kommunikationsprozesses sei nun am Beispiel zweier menschlicher Kommunikationspartner KP_1 und KP_2 beschrieben.

Kommunikationspartner KP_1 plant auf Grund irgendeiner Absicht (Intention) in seinem Kopf eine Aktion (z.B. Frage, Anrede) zur Eröffnung einer Kommunikation mit KP_2. Der (gedachten) Aktion ordnet er ein physisches Signal (Sprachsignal evtl. begleitet von Gestik) zu, das vom Kommunikationspartner KP_2 empfangen und interpretiert wird. KP_2 denkt über die Bedeutung des von KP_1 gesendeten Signals nach. Das geschieht im Block „Verarbeitung", wobei aufgrund verschieden möglicher Interpretationen eines Sprachsignals (vergl. Abschn. 1.5) eine Wechselwirkung mit seinem Interpretationsvorgang stattfinden kann, was durch den nach unten gerichteten gestrichelten Pfeil ausgedrückt wird. Bei dieser Wechselwirkung spielen auch die am Ende von Abschn. 1.3.3 beschriebenen Prädiktor-Korrektor-Prozesse eine wichtige Rolle.

Abhängig vom Ergebnis seines Nachdenkens beschließt KP_2 dann eine Reaktion (z.B. eine Antwort auf eine Frage von KP_1) oder eine von seiner Seite gestartete Aktion (z.B. eine Gegenfrage oder z.B. eine Aufforderung *Lass mich in Ruhe*) oder keine Aktion/Reaktion. Im Fall einer beschlossenen Aktion/Reaktion ordnet KP_2 Letzterer ein Signal (eventuell ein Signalgemisch mit Mimik usw.) zu, das von KP_1 empfangen und interpretiert wird. Im Kopf von KP_1 erfolgt daraufhin ein Nachdenken im Block „Verarbeitung" in vergleichbarer Weise, wie das zuvor bei KP_2 geschehen war, usw.

In Abb. 1.18 stellt aus der Sicht von Kommunikationspartner KP_1 der obere nach links weisende Signalpfad einen Rückkoppelpfad dar, wohingegen aus der Sicht von Kommunikationspartner KP_2 der untere nach rechts weisende Signalpfad einen Rückkoppelpfad darstellt. Ein Dialog bildet damit einen (was die Signalrichtungen anbetrifft) symmetrischen[1.12] Kommunikationsprozess. Dieser große rückgekoppelte Kommunikationsprozess, der über die Außenwelt und den jeweils anderen Kommunikationspartner läuft, beinhaltet mehrere Komponenten und darüber hinaus noch zusätzliche rückgekoppelte Kommunikationsprozesse.

Zwei Typen solcher zusätzlichen rückgekoppelten Kommunikationsprozesse wurden bereits oben erwähnt, nämlich die verschieden möglichen Interpretationen von natürlicher Sprache und die Prädiktor-Korrektor-Prozesse. Beide wurden in Abb. 1.18 mit den gestrichelten Pfeilen zwischen den Blöcken „Verarbeitung" und „Interpretation" berücksichtigt. Ein weiterer zusätzlicher rückgekoppelter Kommunikationsprozess tritt bei einem in Sprache geführten Dialog dadurch auf, dass jeder Kommunikationspartner zugleich auch seine eigene Sprache mithört. Das veranlasst ihn oft, fortlaufend Tonfall und Lautstärke zu modifizieren. Diesen Effekt könnte man in Abb. 1.18 durch zusätzliche Rückkoppelpfade zwischen dem Ausgang des jeweils eigenen Blocks „Signal" und dem Eingang des eigenen Blocks „Interpretation" berücksichtigen, was hier aus Gründen der Einfachheit unterbleibt.

Die verschiedenen Komponenten des großen rückgekoppelten Kommunikationsprozesses, der über die Außenwelt und den jeweils anderen Kommunikationspartner läuft, ergeben sich dadurch, dass bei der Interpretation von wahrgenommenen Signalen sich verschiedene Ebenen unterscheiden lassen, die nachfolgend kurz erläutert werden.

Wie in Abschn. 1.1 bei der Erläuterung des Begriffs „Nachricht" ausgeführt wurde, unterscheidet ein menschlicher Empfänger bei einer Nachricht unter anderem zwischen dem mitgeteilten objektiven Sachverhalt und der Bedeutungsschwere, die er dem Sachverhalt beimisst. Dort wurde auch erwähnt, dass der reine Sachverhalt die sogenannte *Semantik*

[1.12] Von der auf Signalrichtungen bezogenen Symmetrie unterscheidet man bei Kommunikationsprozessen noch eine auf personale Beziehungen bezogene Symmetrie, siehe hierzu 2. Kapitel, Abschn. 2.7.3.

und die Bedeutungsschwere die sogenannte *Pragmatik* betrifft. Man spricht deshalb von der Interpretation auf der *Semantik*-Ebene und der Interpretation auf der *Pragmatik*-Ebene, die beide später im 2. Kapitel in Abschn. 2.7.2 noch weiter erläutert werden. Hier interessieren die durch Rückkopplung ausgelösten Effekte. Beim rückgekoppelten Kommunikationsprozess unterscheidet man entsprechend zwischen der Rückkopplung auf Semantik-Ebene und der Rückkopplung auf Pragmatik-Ebene. Beide bilden zwei verschiedene Komponenten des großen rückgekoppelten Kommunikationsprozesses, der über den jeweils anderen Kommunikationspartner läuft.

Die auf der *Pragmatik-Ebene* empfundene Bedeutungsschwere hängt mit Emotion zusammen und ist eine kontinuierlich veränderliche Größe. Sie ist damit eine analoge Prozessgröße. Der fortgesetzte Wortwechsel eines Dialogs folgt deshalb einer Rückkopplung entsprechend Aussage **[1.6]**. Die Wortwahl beim Dialog kann so sein, dass sich die Emotionen gegenseitig hochschaukeln. In diesem Fall liegt eine *Mitkopplung* vor. Die Wortwahl kann aber auch so sein, dass die Emotionen gedämpft werden und eine Beruhigung stattfindet. In diesem Fall liegt eine *Gegenkopplung* vor. Mitkopplung wie auch Gegenkopplung können auch auf Fehlinterpretationen beruhen. Im ersteren Fall bekommt jemand etwas in den berühmten „falschen Hals", im letzteren Fall versteht jemand z.B. nicht den „verborgenen Spott" einer Antwort. Mitkopplung auf Pragmatik-Ebene kann ursprünglich stabile Beziehungen zwischen zwei Kommunikationspartnern auf Dauer beschädigen. Sie kann aber auch durch ständig wachsende Harmonie eine ursprüngliche Gleichgültigkeit in Freundschaft verwandeln. Die in **[1.6]** erwähnte Elektroniker-Daumenregel ist auf die kommunikative Pragmatik-Ebene übertragbar: Gegenkopplung stabilisiert bestehende Verhältnisse, Mitkopplung führt zu Veränderungen.

Auf der *Semantik-Ebene* geht es emotionslos um reine Sachverhalte, d.h. um die Zuordnung von richtigen Bedeutungen. Bei der Zuordnung von Bedeutungen handelt es sich um logische Entscheidungen zwischen diskreten Aussagen, Objekten, Eigenschaften und Handlungen, z.B. ob *ja* oder *nein*, ob *Haus* oder *Maus*, ob *wahr* oder *falsch*, ob *tun* oder *lassen* usw. Zwischen diesen Bedeutungen gibt es bei scharfer Interpretation keine kontinuierlichen Übergänge. Die scharfe Interpretation[1.13] auf Semantik-Ebene betrifft also diskrete Prozessgrößen. Die Wirkung ihrer Rückkopplung entspricht deshalb der Aussage **[1.7]**. Dem Kommunikationspartner KP_1 liefert die Rückkopplung auf Semantik-Ebene eine Bedeutung, die entweder *logisch verträglich* ist mit der auf seiner Seite vorhandenen Vorstellung oder die damit *unverträglich* ist. Verträglichkeit und Unverträglichkeit können auch auf Fehlinterpretationen beruhen. Wie KP_1 mit einer logischen Unverträglichkeit umgeht, entscheidet er im Block „Verarbeitung". Er kann seine bisherigen Vorstellungen ändern, sodass Verträglichkeit entsteht, er kann mit Gegenargumenten reagieren oder die Unverträglichkeit auf sich beruhen lassen.

Dem anderen Kommunikationspartner KP_2 geht es genauso wie dem Kommunikationspartner KP_1. Auch ihm liefert die Rückkopplung auf Semantik-Ebene eine Bedeutung, die bei scharfer Interpretation entweder logisch verträglich oder logisch unverträglich ist mit der auf seiner Seite vorhandenen Vorstellung. Auch er kann daraufhin mit Gegenargumenten reagieren. Dabei kann es vorkommen, dass beide Seiten die jeweiligen Gegenargumente nur teilweise richtig interpretieren, was ein ständiges aneinander Vorbeireden erzeugt. Amüsante Beispiele für derartige Dialoge findet man in der Unterhaltungsliteratur, so z.B.

[1.13] Bei unscharfer Interpretation kann die die Situation anders ausfallen. Diskussionen dazu folgen im 6. Kapitel in Abschn. 6.8.4 und in Abschn. 6.8.5.

im Buch *Warum Männer lügen und Frauen immer Schuhe kaufen* von A&B Pease (2003). Die Effekte der bereits oben erwähnten Rückkoppelschleife zwischen den Blöcken „Verarbeitung“ und „Interpretation“ entsprechen ebenfalls der Aussage **[1.7]**, während die Effekte der Sprachkontrolle durch Mithören eher der Aussage **[1.6]** entsprechen.

Weitere zusätzliche rückgekoppelte Kommunikationsprozesse können in Abb. 1.18 innerhalb des Blocks „Verarbeitung“ stattfinden:

Am Ende von Abschn. 1.5.4 wurde gesagt, dass das menschliche Gehirn ein gigantisches Kommunikationsnetz darstellt, in dem man verschiedene Zentren unterscheiden kann. Die Kommunikation zwischen diesen Zentren geschieht mit Signalen in Form von Folgen diskreter Impulse (Impulspakete) entlang der Fasermembran von Nervenzellen. Denkbar ist, dass dieser Transport von Impulspaketen in ähnlicher Weise erfolgt wie das in Abb. 1.13 dargestellt ist, nämlich mit Zwischenlagerung zahlreicher Paketkopien im „Unterbewusstsein“. Diese Art der Übertragung von Impulspaketen enthält ebenfalls Rückkoppelschleifen, siehe in Abb. 1.13 den Pfad $Ü_{12}$ -R_2 -$Ü_{21}$-R_1. Abb. 1.18 liefert also nur eine grobe und vereinfachte Darstellung des hochkomplexen zweiseitig gerichteten Kommunikationsprozesses zweier menschlicher Kommunikationspartner KP_1 und KP_2.

Abschließend sei noch erwähnt, dass auch der bekannte Psychotherapeut und Kommunikationswissenschaftler P. Watzlawick den Begriff *Rückkopplung* bei der Beschreibung der Kommunikation von Menschen verwendet und dabei Vergleiche mit technischen Systemen zieht.

B: *Maschinendialog*

Die zweiseitig gerichtete Kommunikation zwischen Maschinen ist weit weniger komplex, lässt sich aber ebenfalls durch Abb. 1.18 darstellen. Maschinenkommunikation kennt keine Pragmatik-Ebene (wenn man von wenigen Fällen wie z.B. der Alarm-Meldung bei Computer-gesteuerten Prozessen in chemischen Anlagen und dem Notruf in Telefonnetzen absieht). Es handelt sich bei Maschinen um eine geschlossene sinngenaue Kommunikation mit endlich vielen Bedeutungen, wie das in Abschn. 1.5.1 beschrieben wurde. Im Unterschied zum Menschen starten Maschinen aber nicht von sich aus eine Aktion, sondern nur entweder aufgrund eines von außen kommenden Befehls oder Signals oder aufgrund eines festen Programms, das sich einer im Innern der Maschine befindlichen Uhr bedient. Auch die Verarbeitung von Interpretationsergebnissen erfolgt gemäß einem festen Programm. Bei der Interpretation und auch bei der Verarbeitung können als Folge von Störungen oder anderen Einflüssen Fehler auf der Semantik-Ebene entstehen, die von den Maschinen nicht erkannt werden, weil das Programm solche Störfälle nicht berücksichtigt hat. Ein Beispiel dafür lieferte die in Abb. 1.15c illustrierte Endlos-Schleife.

Das Internet ist eine riesige Anlage, in der ständig viele Maschinenkommunikationsprozesse ablaufen. Um sicher zu stellen, dass dabei nichts aus dem Ruder läuft, erfolgen diese Kommunikationsprozesse nach strengen Protokollen. Einige Angaben dazu folgen im Abschn. 4.5 des 4. Kapitels dieser Abhandlung.

C: *Selbstgespräch, Traum, Surrealismus*

Menschliche Denkvorgänge spielen sich im Kopf in Form von vorgestellten Bildern oder in Form von Selbstgesprächen ab, die mit einem virtuellen Partner geführt werden. Auch dabei spielen Rückkoppelprozesse eine wichtige Rolle [Der Chemiker F.A. Kekulé kam auf die Struktur des Benzolrings während eines Traums im Schlaf. Der Logiker C.S. Peirce (1986) beschreibt seine Erkenntnisse über „Fragen zur Realität“ als Ergebnis eines Dialogs mit einem virtuellen Kommunikationspartner]. Im Traum passiert es oft, dass vorgestellte Ereignisfolgen allein auf der emotionalen Ebene (pragmatisch) erlebt werden, die völlig unlogisch und absurd sind, weil sie nicht zuvor eine Semantik-Ebene durchlaufen haben, wo sie im Wachzustand auf logische Verträglichkeit kontrolliert werden, ehe sie die Pragmatik-Ebene erreichen. Derartige Traumerfahrungen haben eine als „Surrealismus" bezeichnete eigenständige Kunst- und Literaturgattung entstehen lassen. Aber auch in der politischen und wirtschaftlichen Realität kann es zu surrealistisch erscheinenden Ereignissen kommen, weil hochkomplexe logische Zusammenhänge vorher nicht erkannt oder ignoriert wurden.

D: *Ausblick auf mehrseitig gerichtete Kommunikationsprozesse mit Rückkopplung*

Mehrseitig gerichtete Kommunikationsprozesse können auftreten, wenn mehr als zwei oder gar viele Kommunikationspartner einander Nachrichten übergeben oder austauschen. Diese Situation ist in vielen technischen Einrichtungen gegeben. Beispiele dafür findet man in stark vermaschten Regelsystemen industrieller Anlagen. Auch das öffentliche Telefonnetz, das sich aus vielen Verbindungswegen und Vermittlungsknoten zusammensetzt, die miteinander kommunizieren, um für zwei Nutzer einen freien Verbindungspfad durch das Netz zu finden, ist ein Beispiel für das Auftreten von mehrseitig gerichteter Maschinenkommunikation. Einige Ausführungen dazu werden später in Kapitel 4 gebracht.

Mehrseitig gerichtete Kommunikationsprozesse zwischen Menschen können vielfältige Formen annehmen: Der einfachste Fall ist die Kaskade: Kommunikationspartner KP_1 liefert eine Nachricht an Kommunikationspartner KP_2. Dieser gibt die Nachricht weiter an Kommunikationspartner KP_3. Dieser gibt sie weiter an KP_4 usw. Wenn schließlich KP_N die Nachricht wieder an KP_1 liefert, kann es sein, dass KP_1 eine ganz andere Nachricht hört als die, die er selbst in die Welt gesetzt hatte. Eine geringe Fehlinterpretation jedes Partners kann durch Fehlerfortpflanzung zu einer völligen Verfälschung des Sinngehalts führen. Das ist nicht selten bei der Bildung von Gerüchten der Fall.

Komplizierter ist die Situation, wenn jeder Partner Nachrichten an mehrere Partner abgibt und umgekehrt von mehreren Partnern Nachrichten empfängt. Wenn dann noch hinzu kommt, dass diese Nachrichten emotionsbehaftet und deren Weitergabe mitkopplungsbehaftet sind, kann allgemeine Hysterie und Massenpanik entstehen. Mehrseitig gerichtete Kommunikationsprozesse zwischen mehreren Menschen laufen in der Regel nur dann stabil und kontrolliert ab, wenn sie einer *unsymmetrischen kommunikativen Beziehung* unterliegen. Unter einer „unsymmetrischen kommunikativen Beziehung" wird in Anlehnung an P. Watzlawick (2007) eine Art „kommunikative Vorgesetzter-Untergebener-Beziehung" verstanden. Beispiele dafür sind eine „Lehrer-Schüler-Beziehung" und eine „Diskussionsleiter-Diskussionsteilnehmer-Beziehung". Eine Gleichrangigkeit aller Kommunikationspartner erfordert bereits bei mehr als drei Kommunikationspartnern ein hohes Maß an Disziplin von allen Partnern, weil zur gleichen Zeit immer höchstens nur ein Partner sprechen sollte, wenn das Gesagte von allen anderen verstanden werden soll. Wenn mehrere Partner gleichzeitig reden, leidet die Verständigung erheblich.

Ähnliche Effekte wie bei der Hysterie und Massenpanik kann man bei Pressekampagnen beobachten. Eine erste Zeitung beginnt mit einer Meldung, die auf starkes Interesse stößt, was dann eine kommunikative Rückkopplung auslöst. Eine zweite Zeitung will nicht nachstehen und schlägt in die gleiche Kerbe. So tun das eine dritte und weitere Zeitungen, und das wiederholt in neuen Varianten. Auf diese Weise werden Stars von Film und Sport aufgebaut und Politiker glorifiziert oder verteufelt. Mehr über die Wirkung von Medien und über soziale Netzwerke bringt der Abschn. 4.6 des 4. Kapitels.

1.7 Über die Ursprünge von Kommunikation

Im Vergleich zur Kommunikation zwischen Lebewesen ist die Kommunikation zwischen Maschinen sehr jung. Es gibt sie erst seitdem der Mensch signalverarbeitende Maschinen erfunden und hergestellt hat. Viel älter ist die Kommunikation zwischen Menschen, die dazu heute hauptsächlich die Sprache benutzen. Durch die Benutzung von hoch entwickelten Sprachen unterscheidet sich die Kommunikation von Menschen wesentlich von der Kommunikation zwischen Tieren, die, wenn überhaupt, nur primitivste Sprachlaute in Form von Warnschreien, Lockrufen und dergleichen verwenden.

So wie der Mensch im Verlauf der Evolution aus einfacheren Lebewesen entstanden ist, so hat sich auch die menschliche Sprache im Verlauf der Zeit aus einfacheren Kommunikationsformen entwickelt. Aus umfangreichen Untersuchungen sowohl an Primaten (Menschenaffen) als auch an Säuglingen und Kleinkindern schließt M. Tomasello (2009), dass die Urprünge der menschlichen Kommunikation in der Gestik und in mimischen Ausdrucksformen liegen, die der Sprache vorausgegangen sind. Triebkraft für die Entwicklung von ausdrucksstarken und differenzierten Sprachen ist der Umstand, dass der Mensch einerseits über geeignetes Stimmbildungsorgan verfügt und andererseits ein hoch intelligentes und soziales Wesen ist, das erkannt hat, in welchem Ausmaß sich die Lebensqualität durch stark differenzierte Arbeitsteilung und die dazu erforderlichen hoch differenzierten Kommunikationsmöglichkeiten steigern lässt.

Die Ursprünge der Kommunikation in Fauna (Tierreich) und Flora (Pflanzenwelt), die es bereits gab als noch keine Menschen auf der Welt waren, und die sich noch immer auf einem wesentlich niedrigeren Niveau abspielt als dem der Menschen, basieren auf ähnlichen Prinzipien der Symbiose. Von der Symbiose zweier Lebewesen haben (im Unterschied zum Parasitentum) beide einen Vorteil. Eine vermutlich bereits vor 400 Millionen Jahren entstandene Symbiose gibt es z.B. zwischen Pflanzen und Pilzen. Das Pilzgeflecht im Erdreich bezieht aus den Wurzeln der Pflanze Nährstoffe, welche die Pflanze mit Hilfe der Fotosynthese in ihren Blättern erzeugt. Im Austausch dazu empfängt die Pflanze über den Pilz zusätzliche Nährstoffe, die der Pilz dem Erdreich entzieht. Deshalb wachsen Wälder viel schneller auf Böden, in denen sich Pilze befinden, als auf Böden, die keine Pilze enthalten. Dem körperlichen Kontakt zwischen Pflanze und Pilz geht eine Kommunikation mit Hilfe eines Austausches chemischer Signale in Form von Botenmolekülen voraus. Vom Pilz gesendete Botenmoleküle signalisieren den jungen Wurzeln das Vorhandensein von Pilzen und in Gegenrichtung signalisieren von Wurzeln ausgesendete Botenmoleküle den Pilzen das Vorhandensein junger Wurzeln. Die damit auf beiden Seiten gewonnene Information veranlasst Pilze und junge Wurzeln aufeinander zuzuwachsen bis der Kontakt hergestellt ist, über den dann Nährstoffe ausgetauscht werden [Kauss, H. (2012)].

Die ersten Lebewesen überhaupt entstanden vor etwa 3,5 Milliarden Jahren und waren einzellige Bakterien, die sich (im Unterschied zu den heute lebenden Menschen und Tieren) noch ausschließlich von Stoffen ernähren mussten, die nicht von anderen Lebewesen erzeugt worden sind. Aus einer Bakterie bildete sich durch Zellteilung (Fortpflanzung) bald eine Kolonie vieler Bakterien, die dann schon früh direkt miteinander kommunizierten, um leichter an Nahrungsquellen zu gelangen. Erst sehr viel später entstanden aus einzelligen

Lebewesen zweizellige und schließlich mehrzellige Lebewesen. Ein hochentwickeltes Lebewesen besteht aus unzählig vielen einzelnen Zellen, die unterschiedliche Funktionen haben und zwischen denen eine rege Kommunikation herrscht. Es gibt Hautzellen, Muskelzellen, Nervenzellen, Leberzellen und weitere Zellarten, die alle aus gleichen Stammzellen entstanden sind und sich spezialisiert haben, um ihre jeweilige Aufgabe zum Wohl und zum Vorteil des gesamten Organismus besser ausüben zu können. Eine Parallele zu Arbeitsteilung in der menschlichen Gesellschaft drängt sich hier auf.

Die Ursprünge von Kommunikation hängen also eng mit den Vorteilen zusammen, die aus einer Symbiose entstehen, was wie folgt festgehalten wird:

[1.8] Symbiose als Ursprung von Kommunikation

Die Symbiose zweier oder mehrerer lebender Individuen ist dadurch gekennzeichnet, dass sie (im Unterschied zum Parasitentum) Vorteile für alle beteiligten Individuen bringt. Dabei werden unterschiedliche Aufgaben von verschiedenen Individuen ausgeführt, wozu Kommunikation nötig ist.

Wenn beim Zusammenleben die Kommunikation vernachlässigt wird, dann hat das nicht selten Streit und ein Auseinanderbrechen des Zusammenlebens zur Folge.

1.8 Bezug zur Semiotik von Peirce

Die Semiotik[1.14] (Zeichenlehre) ist kein einheitliches Wissensgebiet, sondern eher eine Ansammlung zahlreicher Darstellungen, die oft nur wenig Bezug zueinander haben, was mit den unterschiedlichen Sichtweisen zusammenhängt, von denen aus verschiedene Wissenschaftler und Wissenschaftlergruppen den Themenkomplex „Zeichen“ behandeln. Einen eindrucksvollen Überblick über das gesamte Gebiet bringt das *Handbuch der Semiotik* von W. Nöth (1985). Dort findet man die folgende Definition: *Die Semiotik untersucht als Wissenschaft von den Zeichenprozessen alle Arten von Kommunikation und Informationsaustausch zwischen Menschen, zwischen nichtmenschlichen Organismen und innerhalb von Organismen.* Diese Definition deckt sich weitgehend mit der Zielsetzung der vorliegenden Abhandlung.

Die in dieser Abhandlung dargestellte Beschreibung von Kommunikation hat mehrfache Bezüge zur Semiotik des oben und in den Fußnoten 1.4 und 1.9 bereits erwähnten Logikers C.S. Peirce (1986), dessen Schriften sich durch besondere Stringenz auszeichnen. Bei der Kommunikation geht es letztlich darum, zu verstehen, was ein anderer Kommunikationspartner wirklich meint. Bei der Semiotik von Peirce geht es letztlich um Erkenntnis von Realität, d.h. um das Verstehen, wie die äußere Welt beschaffen ist.

Die Wahrnehmung der äußeren Welt geschieht beim Menschen mit den Sinnesorganen und erzeugt bestimmte Vorstellungen im Gehirn des Wahrnehmenden. In der Semiotik werden die Vermittler zwischen den Objekten der äußeren Welt und dem Wahrnehmenden *Zeichen* genannt. Das von Peirce benutzte englische Wort für Zeichen, nämlich *sign*, entspricht weitgehend dem hier in dieser Abhandlung verwendeten Wort *Signal*.

[1.14] Abgeleitet vom griechischen Wort semeion = Zeichen

Bei der Wahrnehmung handelt es sich in der Regel um die Wahrnehmung eines Objektkomplexes, der sich aus mehreren Teilen und deren Eigenschaften (z.B. Farbe) und deren Beziehungen zueinander zusammensetzt. Teile, Farbe und Beziehungen sind ihrerseits wiederum Objekte oder gar Objektkomplexe. Unter *Objekt* kann also sowohl ein „konkreter Gegenstand“ (z.B. ein Tisch) als auch ein „abstrakter Begriff“ (z.B. die Zahl drei) und bei Peirce sogar auch ein „komplexer Zusammenhang“ (z.B. Algebra) verstanden werden. Wesentlich ist lediglich, dass ein Objekt unterscheidbar ist von etwas Anderem. Alle diese Objekte werden hier als in der äußeren Welt real[1.15] vorhanden angesehen.

Peirce (1868) geht es um die Reduzierung der Komplexität wahrgenommener Objektkomplexe. Die Reduzierung eines Komplexes soll so weit gehen, dass ein Objekt übrig bleibt, das nicht mehr mit einem anderen Objekt verwechselt werden kann. (Er schreibt: ... *to reduce the manifold of sensuous impressions to unity, ...*). Der Objektkomplex und seine Reduzierung sind also vergleichbar mit dem in Abschn. 1.5.3 eingeführten Sinngehaltskomplex beim sendenden Kommunikationspartner und der Bestimmung der Elemente (unity) dieses Sinngehaltskomplexes.

Das Bemühen um Reduzierung des wahrgenommenen Objektkomplexes erfolgt in der Semiotik durch Interpretation der Zeichen. Diese Interpretation der Zeichen führt bei Peirce ein Interpretant durch, wobei der Interpretant eine Instanz im Gehirn des Wahrnehmenden ist. Durch die Interpretation werden den Zeichen Bedeutungen zugeordnet, die im Gehirn des Wahrnehmenden Vorstellungen in Form von Bildern, Bezeichnungen und abstrakten Begriffen erzeugen. Diese Vorstellungen stellen nach Peirce wiederum neue Zeichen dar, die einem nächsten Interpretationsschritt unterworfen werden können, wodurch einzelne Objekte eines Objektkomplexes feiner herausgeschält werden können.

Bei diesem fortgesetzten Interpretationsprozess werden dann drei Arten von Zeichen unterschieden, wobei die Art von der Enge des Bezugs abhängt, welche das Zeichen zum betreffenden Objekt hat. Diese drei Arten werden als *icon*, *index* und *symbol* bezeichnet (deutsch: Ikon, Index, Symbol). Dabei hat ein Ikon (das sich von „Kultbild“ herleitet) mindestens eine gemeinsame Eigenschaft mit dem zu kennzeichnenden Objekt. Zu den Ikonen gehören Bilder, Piktogramme, Hiroglyphen und dergleichen. Ein Index (das sich von „Verzeichnis“ herleitet) hat keine gemeinsame Eigenschaft mehr mit dem zu kennzeichnenden Objekt, bezeichnet aber ein spezifisches Objekt unverwechselbar wie z.B. ein Eigenname. Auch ein kausaler Zusammenhang ist ein Index, z.B. die Thermometersäule für die Temperatur und dergleichen. Ein Symbol (das sich von „Sinnbild“ herleitet) kennzeichnet ein Objekt erst über eine aufwändigere Interpretation. Ein Symbol kann ein einzelnes Wort sein oder auch eine Wortkombination. Selbst ganze Sätze und längere Texte können ein Symbol und damit ein Zeichen sein.

Peirce geht davon aus, dass alles Denken in „Zeichen“ (also in Symbolen, Wörtern, Texten, die ja alle nur Bedeutungsmodelle von Objekten sind) erfolgt. Er stellt klar, dass ein Interpretant über keinen unmittelbaren Bezug zum Objekt verfügt. Ob ein Interpretant durch Interpretation von Zeichen tatsächlich immer eine richtige Erkenntnis von Objekten der äußeren Welt gewinnt, bleibt damit fraglich.

[1.15] Bezüglich „real“ wird in der vorliegenden Abhandlung die Ansicht des griechischen Philosophen Platon vertreten, der unter anderem mathematische Zusammenhänge als etwas real Existierendes ansieht. Sie werden von Menschen nicht erfunden, sondern „entdeckt“, wie auch physikalische Naturgesetze entdeckt und nicht von Menschen erfunden werden. Diese Ansicht vertritt z.B. auch der in dieser Abhandlung mehrfacht zitierte Mathematiker R. Penrose (1991). Eine andere Ansicht bezüglich Platonismus und Mathematik vertreten neben vielen anderen Mathematikern z.B. auch H. Neunzert und B. Rosenberger (1991).

Die Erkenntnis von Realität ist nach Peirce stets gebunden an der Dreiheit (Tripel) von

$$\{\text{Objekt, Zeichen, Interpretant}\} \qquad (1.17)$$

Die Beziehungen zwischen Objekt, Zeichen und Interpretant bilden eine *dreistellige Relation*, die - wie Peirce erkannt hat - sich *nicht* generell auf *zweistellige* Relationen zurückführen lässt und infolgedessen als unteilbare Dreiheit betrachtet werden muss. Diese Erkenntnis von Peirce ist fundamental, weil sie besagt, dass zwischen Interpretant und realem Objekt im Allgemeinen keine alleinige Beziehung hergestellt werden kann.

Das Wesen einer dreistelligen Relation und die daran geknüpfte Aussage, dass zwischen Interpretant und realem Objekt im Allgemeinen keine alleinige Beziehung hergestellt werden kann, sei nun anhand eines geometrischen Beispiels verdeutlicht:

Betrachtet wird eine Ebene E in einem dreidimensionalen Raum. Auf dieser Ebene liegen drei parallele Geraden G_1, G_2 und G_3, siehe Abb. 1.19a. Weil diese drei Geraden auf der selben Ebene liegen, bezeichnet man das Geradentripel $\{G_1, G_2, G_3\}$ als koplanar. Im Fall von Abb. 1.19a sind ersichtlich auch die Geradenpaare $\{G_1, G_2\}$, $\{G_1, G_3\}$ und $\{G_2, G_3\}$ koplanar.

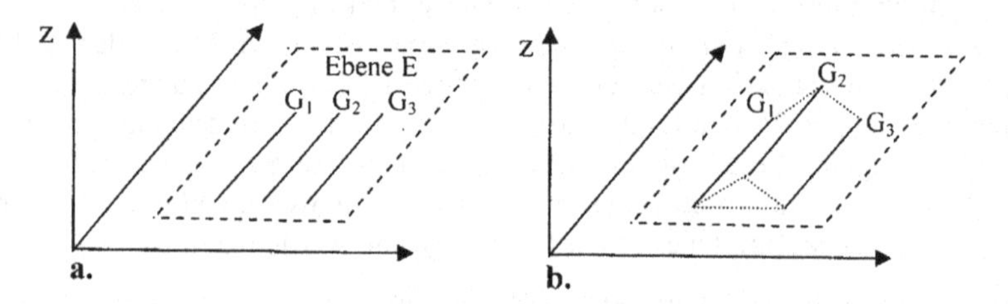

Abb. 1.19 Nichtrückführbarkeit einer dreistelligen Relation auf zweistellige Relationen
a. koplanares Geradentripel $\{G_1, G_2, G_3\}$
b. koplanare Geradenpaare $\{G_1, G_2\}$, $\{G_1, G_3\}$, $\{G_2, G_3\}$

Dass umgekehrt drei koplanare Geradenpaare $\{G_1, G_2\}$, $\{G_1, G_3\}$ und $\{G_2, G_3\}$ im Allgemeinen nicht auf ein koplanares Geradentripel $\{G_1, G_2, G_3\}$ schließen lassen, zeigt die Abb. 1.19b, in der die Gerade G_2 in Richtung der z-Achse nach oben verschoben wurde. Das koplanare Geradentripel $\{G_1, G_2, G_3\}$, das eine dreistellige Relation darstellt, drückt einen *zusätzlichen* Zusammenhang aus, der mit den drei koplanaren Geradenpaaren $\{G_1, G_2\}$, $\{G_1, G_3\}$ und $\{G_2, G_3\}$, die drei zweistellige Relationen darstellen, nicht ausgedrückt wird. (Interessanterweise sollen sich alle höherstelligen Relationen auf dreistellige Relationen zurückführen lassen).

Die Beziehung (Relation) zwischen Zeichen, Objekt und Interpretant wird oft durch ein Dreieck gemäß Abb. 1.20a illustriert. Die Zuordnung des Zeichens (Symbols) zum Objekt geschieht in der Semiotik aufgrund einer Konvention. Das Zeichen (zunächst nur ein Sinneseindruck, dann auch eine Vorstellung im Gehirn des Wahrnehmenden) wirkt unmittelbar auf den Interpretanten (der sich im Gehirn des Wahrnehmenden befindet). Das Ergebnis der Interpretation ist ein (möglicherweise nicht exaktes) Objektmodell, das sich auf das (tatsächliche) Objekt bezieht. Ein solches Dreieck lässt sich auch für die hier behandelte Kommunikationstheorie zeichnen.

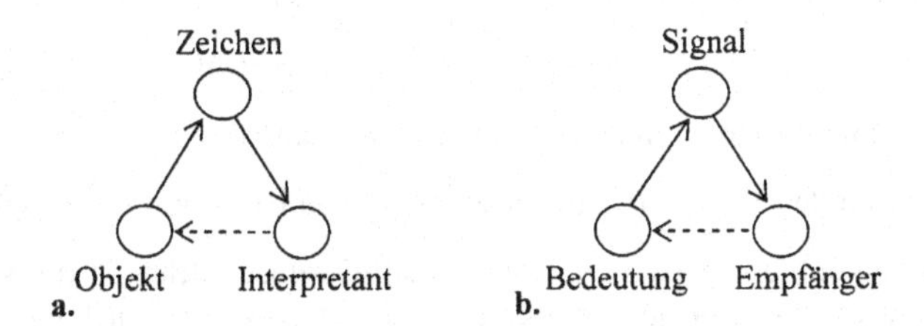

Abb. 1.20 Entsprechungen bei der Semiotik und der Kommunikationstheorie
a. Semiotik b. Kommunikationstheorie

Dem Objekt in der Semiotik entspricht in der Kommunikationstheorie ein Sinngehalt (Bedeutung), welchem der sendende Kommunikationspartner ein Signal (oder Zeichen) zuordnet, das der empfangende Kommunikationspartner (Empfänger) interpretiert, siehe Abb.1.20b. Das Ergebnis der Interpretation ist bei der sinnallgemeinen Kommunikation ein (vermuteter und möglicherweise nicht exakter[1.16]) Sinngehalt, der sich auf den (tatsächlichen) Sinngehalt (Bedeutung) des sendenden Kommunikationspartners bezieht.

Bei der sinnallgemeinen Kommunikation stellen die Beziehungen zwischen den Elementen des Tripels

$$\left\{ \underset{\text{Bedeutung,}}{\text{(gemeinte)}} \quad \underset{\text{Signal,}}{\text{(vom Sender zugeordnetes)}} \quad \underset{\text{Empfänger}}{\text{(interpretierender)}} \right\} \tag{1.18}$$

ebenfalls eine dreistellige Relation dar:

$$R(\text{Bedeutung, Signal, Empfänger}) \tag{1.19}$$

Durch Rückfragen beim Sender kann der Empfänger in einem iterativen Dialog (fortgesetzter Interpretationsprozess) immer genauer erfahren, was der Sender wirklich meint. Nur ganz sicher kann er sich letztlich und im Allgemeinen nicht darüber sein, was der Sender tatsächlich genau meint. Eine verbleibende Ungenauigkeit wird Gegenstand späterer Betrachtungen sein.

Bei der sinngenauen Kommunikation ist dank einer dritten Instanz (bei Maschinen ist das der Konstrukteur) das Tripel (1.18) durch die drei zweistelligen Relationen

$$\left.\begin{array}{l} R(\text{Bedeutung, Signal}) \\ R(\text{Signal, Interpretation}) \\ R(\text{Interpretation, Bedeutung}) \end{array}\right\} \tag{1.20}$$

zu ersetzen. Das macht die Maschinenkommunikation zwar sicher, schränkt aber deren Möglichkeiten stark ein. Es herrschen (wenn keine Störungen vorhanden sind) umkehrbar eindeutige Beziehungen zwischen

[1.16] Es wurde schon mehrfach darauf hingewiesen, dass Unschärfe die Kommunikation in natürlicher Sprache einfacher und anwendungsfreundlicher macht (siehe Abschn. 1.5.3). Entsprechendes dürfte wohl auch für die Erkenntnis von Wirklichkeit und Wahrheit gelten. Die scharfe Reflexion philosophischer Begriffe wie „Existenz, Sein, Substanz, Prädikat, Qualität" usw. bei jeder Unterhaltung, z.B. über die Frage „ob die Suppe versalzen ist oder nicht", würde den Alltag nur unnötig schwer machen. Selbst bei der Geschichtsschreibung wird bereits für Unschärfe [Kracauer (2009)] plädiert, weil sie neutral ist und weder die Position der Geschichtsphilosophie einnimmt, die versucht, aus dem Verlauf der Geschichte ein Ziel herzuleiten, noch die Position der Geschichtstheorie vertritt, die solche Versuche ablehnt.

a) (beim Sender) Bedeutung und zugeordnetem Signal
b) (beim Empfänger) zugeordnetem Signal und Interpretation des Signals

und damit wegen der umkehrbaren Eindeutigkeit auch zwischen

c) Interpretation des Signals (beim Empfänger) und Bedeutung (beim Sender)

Eine andersartige Zeichentheorie ist von dem Sprachwissenschaftler F. de Saussure entwickelt worden. Seine Zeichentheorie, die als Semiologie bezeichnet wird und auf die hier jetzt nicht weiter eingegangen wird, beschränkt sich auf die menschliche Sprache.

1.9 Zusammenfassung

Das 1. Kapitel liefert einen Überblick, aus welchen Komponenten und Teilprozessen sich Kommunikation zusammensetzt, in welchem Bezug sie zueinander stehen und wie Kommunikationsprozesse strukturiert sind.

Die Darstellung beginnt im ersten Abschnitt 1.1 aus einer Vogelperspektive: Zuerst wird erläutert, was Kommunikation ist und wie sie abläuft. Eine wesentliche Rolle spielen dabei Artikulation und Wahrnehmung von Signalen sowie Aufmerksamkeit, Sinngehalt und Information. Es folgt eine Übersicht über verschiedene Erscheinungsformen von Signalen, über allgemeine Signalkategorien (digital und analog), über Zusammenhänge von Signal und Information und über Daten und Medien. Ein weiterer Unterabschnitt befasst sich sodann mit den verschiedenen Facetten von Nachrichten, mit deren objektiven Komponenten, welche die Semantik betreffen, und deren subjektiven Komponenten, zu denen die Bedeutungsschwere und die Informationshöhe gehören. Die informationstheoretischen Bezüge von Kommunikation, Signal und Nachricht werden aus Sicht der von Shannon begründeten Informationstheorie betrachtet.

Im Abschnitt 1.2 werden sodann Kommunikationsprozesse anhand von Beispielen etwas näher beleuchtet. Betrachtet werden unter anderen die Mensch-Hund-Kommunikation, die Mensch-Maschine-Kommunikation und die Maschine-Maschine-Kommunikation. Es wird festgestellt, welche notwendigen Bedingungen erfüllt sein müssen, damit Kommunikation überhaupt zustande kommt. Dabei wird unterschieden zwischen einer sinnallgemeinen Kommunikation mit unscharfen Bedeutungen, die bei der natürlichen Sprache von Menschen vorhanden ist, und der sinngenauen Kommunikation mit scharf definierten Bedeutungen, die bei der Maschinensprache verwendet wird.

In Abschnitt 1.3 wird auf Instanzen, Wandler und elektrische Signale eingegangen, weil sich diese vorzüglich für die Erläuterung von Informationshöhe, Vorwissen, Gedächtnis und von weiteren Größen eignen, die bei jeder Art von Kommunikation eine wichtige Rolle spielen. Beschrieben werden analoge und digitale Signale und deren Umwandlung, sowie insbesondere das technische Prädiktor-Korrektor-Verfahren, für das es ein Gegenstück bei der Kommunikation in natürlicher Sprache gibt. Digitale Signale sind zudem verwandt mit den aus diskreten Impulsen zusammengesetzten Signalen in Nervenbahnen von Organismen. Die Erläuterungen des Prädiktors werden in Abschnitt 1.4 ergänzt und präzisiert mit einer Beschreibung logischer Verknüpfungen binärer Variabler. Es wird gezeigt, dass sich damit beliebige eindeutig formulierte logische Vorschriften mittels (z.B. elektrischer) Schaltungen erfüllen lassen, wovon bei Computern Gebrauch gemacht wird.

Die in Abschnitt 1.2 erwähnten Kommunikationsarten, die sinngenaue Kommunikation und die sinnallgemeine Kommunikation, werden in Abschnitt 1.5 vertieft und detailliert behandelt. Bei sinngenauer Kommunikation besteht zwischen Bedeutung (d.h. Sinngehalt) und Signal eine umkehrbar eindeutige Zuordnung. Das garantiert eine einfache und sichere Maschine-Maschine-Kommunikation. Hinzu kommt, dass diese Kommunikationsart eine geschlossene Kommunikation ist, bei der nur eine endlich große Anzahl an verschiedenen fest definierten Bedeutungen verwendet wird. Im Unterschied dazu werden bei der sinnallgemeinen Kommunikation Sinngehaltskomplexe verwendet, die durch Mengen beschreibbar sind. Solchen Sinngehaltskomplexen werden beim Kommunikationsvorgang einzelne Signale zugeordnet, die Elemente einer jeweils bestimmten Signalmenge sind. Die in den Vorstellungen verschiedener Kommunikationspartner vorhandenen Sinngehaltskomplexe sind in der Regel nicht deckungsgleich, was zu Fehlinterpretationen (Missverständnissen) führen kann. Beschrieben wird auch eine zusammengesetzte Kommunikation, die darin besteht, dass eine sinnallgemeine Kommunikation von einer sinngenauen Kommunikation Gebrauch macht, und die damit ein mögliches Modell für den Unterschied von Bewusstsein und Unterbewusstsein liefert.

Im Abschnitt 1.6 wird auf Rückkopplungsprozesse näher eingegangen. Bei jedem Dialog zweier Kommunikationspartner spielen Rückkopplungsprozesse eine maßgebende Rolle. Eingeleitet wird der Abschnitt mit einer Darstellung allgemeiner rückgekoppelter Prozesse. Es wird gezeigt, dass man bei der Rückkopplung analoger Signale zwischen Gegenkopplung und Mitkopplung unterscheidet. Erstere bewirkt eine Abschwächung, Letztere eine Verstärkung. Bei der Rückkopplung digitaler Signale unterscheidet man zwischen einer logischen Verträglichkeit und einer logischen Unverträglichkeit, die einen Bezug zum Unvollständigkeitssatz von Gödel liefert. Sodann wird der kommunikative Dialogprozess zweier Kommunikationspartner behandelt. Es werden die verschiedenen Rückkoppelschleifen diskutiert und gezeigt, dass z.B. bei der Interpretation auf der Pragmatik-Ebene, bei der Emotionen ins Spiel kommen, die Rückkopplung entsprechend einem analogen Signal verstärkend oder abschwächend wirkt, und bei der Interpretation auf Semantik-Ebene, bei der es emotionslos um reine Bedeutungen geht, die Rückkopplung entsprechend einem digitalen Signal wirkt, und entweder logisch verträglich oder logisch unverträglich ist. Der Abschnitt beleuchtet kurz Phänomene mangelhafter Semantik und schließt mit einem Ausblick auf Effekte, die bei mehrseitig gerichteter Rückkopplung vieler Kommunikationspartner auftreten und die z.B. zu Hysterie und Massenpanik führen können.

Die Ursprünge, die historisch zur Entstehung von Kommunikation geführt haben, werden in Abschn. 1.7 kurz beleuchtet. Es wird dargelegt, dass die Symbiose, von der alle beteiligten Lebewesen Vorteile haben, durch vorausgehende Kommunikation zustande kommt, und dass bei Menschen diese Symbiose in einer stark ausgeweiteten Arbeitsteilung besteht, die hohe Lebensqualität erlaubt und dazu hochentwickelte Kommunikationsmöglichkeiten erfordert. Kommunikation hat folglich ihren Ursprung in den Vorzügen der Symbiose. Umgekehrt können Kommunikationsdefizite einer Symbiose sehr abträglich sein.

Schließlich wird mit dem Abschnitt 1.8 ein eher philosophisches Problem angesprochen. Es geht um die Frage, ob bei einer in natürlicher Sprache geführten sinnallgemeinen Kommunikation zweier Menschen es immer möglich ist, dass der eine Kommunikationspartner genau versteht, was der andere Kommunikationspartner wirklich meint. Dazu wird ein Vergleich mit dem semiotischen Dreieck von Peirce vorgenommen. Peirce hat gezeigt, dass bei der Erkennung von Realität zwischen 1) „Objekt", 2) „Zeichen" und 3) „Interpretant" eine dreistellige Relation besteht, die sich im Allgemeinen nicht auf zweistellige Relationen zurückführen lässt, wodurch der Erkennung von Realität Grenzen gesetzt sind. Eine gleichartige dreistellige Relation lässt sich auch zwischen 1) „vom Sender gemeinte Bedeutung", 2) „Signal" und 3) „Signalinterpretation des Empfängers" aufstellen.

2 Information: Ereignis, Wahrscheinlichkeit, Entropie und Sinngehalt

In Kapitel 1 wurde im Abschn. 1.1 ausgeführt, dass Kommunikation in der Übergabe oder im Austausch von Nachrichten besteht und dass der Empfang von Nachrichten auf Wahrnehmung von Signalen beruht. Signale sind nur die Träger von Nachrichten. Um an die eigentliche Nachricht (d.h. an die Bedeutung oder den Sinngehalt) zu kommen, muss das Signal vom Empfänger des Signals interpretiert werden. „Interpretation" heißt „dem Signal eine Bedeutung (Sinngehalt) zuordnen". Der vom Empfänger zugeordnete Sinngehalt sollte mit dem vom Sender gemeinten Sinngehalt möglichst genau übereinstimmen. Wahrnehmung und Interpretation beschränken sich aber nicht nur auf solche Signale, die zum Zweck der Kommunikation erzeugt werden, sondern erstrecken sich auch auf andere Signale, die von sonstigen Ereignissen und Erscheinungen herrühren und ebenfalls oft Bedeutungen tragen. Dieser letztgenannte Punkt wird in Abschn. 2.2.2 kurz angesprochen.

Unterschiede zwischen dem vom Empfänger zugeordneten Sinngehalt und dem vom Sender gemeinten Sinngehalt können dadurch entstehen, dass das vom Sender gesendete Signal beim Empfänger beschädigt ankommt und deshalb vom Empfänger falsch interpretiert wird. Es kann aber auch sein, dass selbst ein Signal, das unverändert beim Empfänger ankommt, vom Empfänger falsch interpretiert wird, weil es sich beim Sender und Empfänger um verschiedene Individuen oder Einrichtungen handelt, die nicht identisch sind.

In diesem 2. Kapitel interessiert nur der Fall der *einseitig* gerichteten sinngenauen Kommunikation zweier Kommunikationspartner KP_1 und KP_2, bei der KP_1 nur sendet und KP_2 nur empfängt, und bei der das *Signal ungestört* und unverändert übertragen und von KP_2 richtig interpretiert wird. Zentraler Gegenstand dieses Kapitels ist die Bestimmung der *Höhe an Information*, die der Empfänger KP_2 dabei erhält. [Auf die Einflüsse von Störungen und Verzerrungen des übertragenen Signals wird im 4. Kapitel eingegangen. Die bei beidseitiger Nachrichtenübertragung zwischen zwei Partnern durch Rückkopplungen möglichen Effekte, die in Abschn. 1.6 behandelt wurden und auf die in späteren Kapiteln erneut eingegangen wird, werden in diesem 2. Kapitel ebenfalls nicht betrachtet].

2.1 Erste Erläuterungen und Übersicht

Mit seiner bahnbrechenden Publikation „A Mathematical Theory of Communication" hat C. E. Shannon (1948) die moderne Informationstheorie begründet, die heute in der elektrischen Nachrichtentechnik beim Entwurf moderner Codier- und Übertragungssysteme eine maßgebende Rolle spielt und sich dort sehr bewährt. Eines von mehreren grundlegenden Ergebnissen, die Shannon in seiner Arbeit hergeleitet hat, ist eine Formel für den wahrscheinlichkeitstheoretischen Erwartungswert der Informationshöhe, die eine Informationsquelle liefert. Weil diese Formel die gleiche Gestalt hat wie die Formel für die Entropie in der Quantenphysik, hat Shannon den Erwartungswert der Informationshöhe ebenfalls als Entropie bezeichnet. Die Informationshöhe gibt nur an, wie viel Information geliefert wird. Sie sagt nicht aus, wie wichtig die Information ist und auch nicht, welche Aussagen und welchen Sinngehalt die Information beinhaltet.

Da die quantenphysikalische Entropie aus der von Clausius eingeführten thermodynamischen Entropie von Gasen abgeleitet ist, und die thermodynamische Entropie wiederum angibt, in welchem Maß Wärme in mechanische Energie umgewandelt werden kann, kam es zu einer Fülle von Diskussionen darüber, was Information überhaupt ist, ob es eine geistig-immaterielle Größe oder eine energetisch-materielle Größe ist. Genannt seien hier (a) der Physiker L. Brillouin (1950), der anhand des sogenannten Maxwell'schen Dämons den Zusammenhang zwischen der informationstheoretischen Entropie von Shannon mit der Entropie in der Physik untersucht hat, (b) der Philosoph P. Janich (2006), der in seinem Buch „Was ist Information?" die Darstellung von Shannon wie auch übliche Interpretationen der Physik wegen mangelhafter Unterscheidungen scharf kritisiert, für teilweise unzutreffend hält und Vorschläge zur Reparatur der Informationstheorie macht (die aus Sicht der Nachrichtentechnik aber nicht praktikabel sind) und (c) der Informatiker W. Gitt (2002), der in seinem Buch „Am Anfang war die Information" darlegt, dass das, was Shannon beschreibt und quantifiziert, nicht immer Information sei, und selber Bedingungen für das Vorhandensein von Information formuliert.

Der Informationsbegriff ist also äußerst vielschichtig. Nicht von ungefähr schreibt J. Reischer (2006): „Wer über Information redet oder schreibt, sticht in ein Hornissennest und setzt sich anschließend darauf." Der Verfasser der vorliegenden Abhandlung denkt, dass ihm das nicht passiert. Er ist bemüht, verschiedene Standpunkte, die ja nicht in jeder Hinsicht abwegig sind, miteinander zu versöhnen und den Informationsbegriff zu entmystifizieren. Als Nachrichtentechniker ist er allerdings der Meinung, dass die Informationstheorie von Shannon, die zugleich die Grundlage für ein nützliches Einordnungsschema liefert, ein unverzichtbarer Bestandteil einer allgemeinen Theorie der Kommunikation sein muss.

Ein wesentliches Konzept der Shannon'schen Informationstheorie basiert auf einer Auffassung, die auch in der natürlichen Umgangssprache zum Ausdruck kommt: Wenn jemandem eine Begebenheit mitgeteilt wird, die er bereits kennt, dann sagt er, dass diese Mitteilung ihm keine Information bringe. Information muss also etwas *Neues* liefern. Etwas *Neues* allein reicht aber noch nicht aus. Man muss das Neue auch irgendwie einordnen können und verstehen. Das Neue muss also auch im eigenen Kopf latent (d.h. verborgen) vorhanden sein und durch die Mitteilung ins Bewusstsein geholt werden. Eine Mitteilung in einer völlig fremden Sprache, von der man auch nicht das Geringste versteht, bringt einem keine Information (wohl aber kann sie einem anderen, der die Sprache versteht, Information bringen). Auch dieser Aspekt, das etwas, das Information liefert, auf der Empfangsseite bereits latent vorhanden sein muss, bildet eine Basis der Shannon'schen Informationstheorie. Vor dem Empfang einer Mitteilung herrscht auf der Empfangsseite eine Unsicherheit über das, was kommen wird. Mit dem Eintreffen der Mitteilung wird diese Unsicherheit beseitigt. Das Maß an beseitigter Unsicherheit ist nach Shannon ein Maß für die Höhe der empfangenen Information (vergl. hierzu Abschn. 1.3.3 über Prädiktor-Korrektor-Verfahren).

Die vorstehend genannten Zusammenhänge gelten nicht nur für den menschlichen Empfänger von Information sondern auch für den maschinellen Empfänger von Information. Damit das Neue eingeordnet werden kann, muss es auch in der Maschine bereits latent vorhanden sein. Beim Empfang der Mitteilung wird das Neue zwar nicht ins Bewusstsein geholt, das eine Maschine[2.1] nach Ansicht des Verfassers nicht besitzt, sondern von der Maschine für die Durchführung einer selektiven Aktion benutzt. Diese selektive Aktion kann auch in der Ausgabe einer modifizierten Mitteilung an eine höhere Instanz bestehen. In der höheren Instanz ist eventuell ein Bewusstsein vorhanden.

Ein zusätzlicher Aspekt ist folgender: Wenn dieselbe Mitteilung zwei empfangende Kommunikationspartner KP_{2a} und KP_{2b} erreicht, von denen der eine den Inhalt bereits kennt, aber der andere noch nicht, dann erhält der eine Kommunikationspartner keine Information, während der andere dagegen sehr wohl Information erhält. Dies macht deutlich, dass Information vom individuellen Vorwissen abhängt und damit eine subjektive Größe ist. Diesen Aspekt hat Shannon in seiner oben genannten Publikation zwar nicht behandelt, er lässt sich aber unschwer in der Shannon'schen Informationstheorie berücksichtigen.

Nur in solchen Fällen, bei denen jeder empfangende Kommunikationspartner das gleiche Vorwissen besitzt, lässt sich Information als etwas Objektives darstellen, das für jeden empfangenden Kommunikationspartner gleich ist. Shannon hat seine Formel für die Entropie (von Information) am Beispiel der maschinellen Übertragung von Buchstaben hergeleitet. Gleiche maschinelle Empfänger besitzen bezüglich des Empfangs von Signalen, die Buchstaben bedeuten, das gleiche „Vorwissen". Die an diesem Beispiel entwickelte Formel für die Entropie von Information bezieht sich auf die Interpretationsebene der Maschine. Es handelt sich also um die *von der Maschine erfahrene* Entropie von Information.

Die von Shannon entwickelte Formel für die Entropie bestimmt nur ein quantitatives Maß. Aus der Formel geht nicht hervor, dass es sich um das Auftreten von Buchstaben handelt. Die Formel gilt allgemein für das Auftreten beliebiger Ereignisse. Was bei Shannon als „Information" bezeichnet wird, ist genau genommen die bereits genannte „Informationshöhe". Anhand welcher speziellen Art von Ereignissen die Informationshöhe berechnet wird, muss der jeweiligen Gegebenheit entnommen werden. Die von Shannon betrachteten Ereignisse bestehen im Auftreten einzelner Buchstaben.

Shannon weist in seiner eingangs genannten Publikation ausdrücklich darauf hin, dass eine Buchstabenfolge für den in einer höheren Ebene angesiedelten menschlichen Benutzer der Maschine normalerweise auch eine semantische Bedeutung hat, die aber für den maschinellen Empfang von Buchstaben in der tiefer gelegenen Ebene ohne Belang ist. Eine auf einer höheren Ebene durchgeführte Interpretation von solchen Signalen, die von einer tiefer gelegenen Ebene hochgereicht wurden, hat es im Normalfall mit einer Entropie zu tun, die verschieden ist von derjenigen in der darunter gelegenen Ebene. Festzuhalten ist daher

[2.1] Entropie, Interpretationsebene und Information:

Der in der Informationstheorie von Shannon benutzte Begriff „Entropie" (das ist der wahrscheinlichkeitstheoretische Erwartungswert der von einer Informationsquelle gelieferten „Informationshöhe") bezieht sich immer auf eine bestimmte Interpretationsebene. Die Formel für die Entropie liefert nur ein quantitatives Maß, unabhängig vom Sinngehalt, vergleichbar mit einer Waage, die nur ein Gewicht liefert unabhängig von dem, was (d.h. ob Sand oder Gold oder Wasser oder sonst etwas) gewogen wird. Zur vollständigen Angabe von Information gehört neben der Informationshöhe auch die Angabe des Sinngehalts.

[2.1] Der Philosoph Th. Metzinger (2009) ist der Ansicht, dass auch Maschinen ein Bewusstsein haben können. Das hält der Verfasser dieser Abhandlung für abwegig. Maschinen (auch Computer) sind nur Werkzeuge des Menschen, siehe Abschn. 1.4.2 sowie 5.2 und 5.3. Sie werden nie aus originär eigener Initiative aktiv.

Ein Anliegen dieser Abhandlung besteht darin, zu zeigen, dass die dieselbe Informationstheorie sich auf beliebige Interpretationsebenen anwenden lässt.

Versuche, den Begriff „Information" in einer solchen Weise zu definieren, dass Information etwas Objektives darstellt, das vom Vorwissen der (empfangenden) Beobachter unabhängig ist, oder dass Information nur dann vorliegt, wenn der Mensch einen Sinn im Signal entdeckt, stoßen entweder irgendwo auf Widerspruch oder erzwingen unangemessene Einschränkungen. Solche nicht angemessenen Einschränkungen machen z.B. Janich und Gitt.

So viel zu den ersten (noch groben) Erläuterungen! Nun zum Überblick über die weiteren Einzelheiten, die in diesem 2. Kapitel behandelt werden:

In den nachfolgenden Unterabschnitten dieses Abschnitts 2.1 werden an einem einfachen Beispiel für die Übertragung von Bedeutungen die Begriffe Informationshöhe, Entropie und weitere veranschaulicht und die Rolle von Interpretationsebenen kurz diskutiert. Genauere Erläuterungen zur Informationshöhe folgen in den Abschnitten 2.2 und 2.4. Dabei wird zwangsläufig von der Wahrscheinlichkeitstheorie und der Mengentheorie Gebrauch gemacht. Damit die Abschnitte 2.2 und 2.4 und die weiteren Abschnitte dieses 2. Kapitels auch von Lesern ohne Vorkenntnisse von Wahrscheinlichkeitsbeziehungen und Mengen in voller Länge gelesen werden können, werden im Abschnitt 2.3 die wichtigsten Zusammenhänge der Wahrscheinlichkeitstheorie ausführlich und in möglichst einfacher Weise eingeführt. In Abschn. 2.5 wird dann auf die Shannon'sche Formel für die Entropie, deren Herleitung, Eigenschaften und Anwendungen näher eingegangen. Nach einer Erläuterung der Komplexität von Information im Abschn. 2.6 folgen im Abschn. 2.7 eine Beschreibung der höheren Interpretationsebenen und einige allgemeinere Betrachtungen über Information. Dort wird sich zeigen, dass insbesondere die subjektive Bewertung von Information auf die eigenständigen Felder der Psychologie und Werbetechniken führen.

Die vielfältigen Bezüge zwischen informationstheoretischer Entropie und thermodynamischer Entropie und mechanischer Energie werden in einem eigenen 3. Kapitel behandelt. Dort wird auf die formal mathematischen Zusammenhänge dieser Größen detailliert eingegangen.

2.1.1 Zur Übertragung von Bedeutungen und zum Informationsbegriff

Das zentrale Ziel der eingangs genannten Publikation von Shannon war die Klärung der Frage, wie der sendende Kommunikationspartner KP_1 die Zuordnung des Signals zweckmäßiger Weise gestaltet, damit die Übertragung der Bedeutung und die Wiedergewinnung der Bedeutung durch Interpretation des Signals durch den Kommunikationspartner KP_2 auf der Empfangsseite möglichst effizient erfolgen.

Ausgangspunkt ist die Annahme (Voraussetzung), dass beide Kommunikationspartner über eine gleiche Liste von endlich vielen verschiedenen Bedeutungen S_i mit $i = 1, 2, \ldots, N$ verfügen [im Unterschied zu Abb. 1.2 besitzen jetzt beide Partner gleiche Vorstellungswelten]. Der sendende Kommunikationspartner KP_1 wählt aus dieser Liste eine bestimmte Bedeutung S_k aus, die er dem empfangenden Kommunikationspartner KP_2 mitteilen will, und ordnet dieser Bedeutung S_k ein Signal s_k zu, das er an den empfangenden Kommunikationspartner KP_2 sendet. Der empfangende Kommunikationspartner KP_2 bestimmt anhand des empfangenen Signals s_k die in seiner Liste enthaltene zugehörige Bedeutung S_k .

Die empfangene Information besteht für den Kommunikationspartner KP_2 in dem *neu* erhaltenen Wissen darüber, welche Bedeutung auf der Sendeseite gemeint ist.

Ein umfangreicherer Kommunikationsprozess besteht in der Regel darin, dass der sendende Kommunikationspartner KP_1 nacheinander eine ganze Folge von Bedeutungen S_i aus seiner Liste auswählt und eine entsprechende Folge von Signalen s_i an den empfangenden Kommunikationspartner KP_2 sendet. Die Natur üblicher Kommunikationsprozesse bringt es dabei mit sich, dass gewisse Bedeutungen häufiger ausgewählt werden und andere weniger. Eine Untersuchung darüber, wie die Auswahl zweckmäßiger Weise zu gestalten ist, erweist sich als sehr aufschlussreich. Sie liefert zugleich auch Auskunft über die Höhe von Information. Es zeigt sich, dass die Übertragung von Bedeutungen dann am effizientesten ist, wenn für beliebige Folgen von Bedeutungen die Auswahl der Bedeutungen auf der Sendeseite im Mittel mit dem geringsten Aufwand erfolgt. Was das im Einzelnen bedeutet, sei nun anhand von Abb. 2.1 näher erläutert.

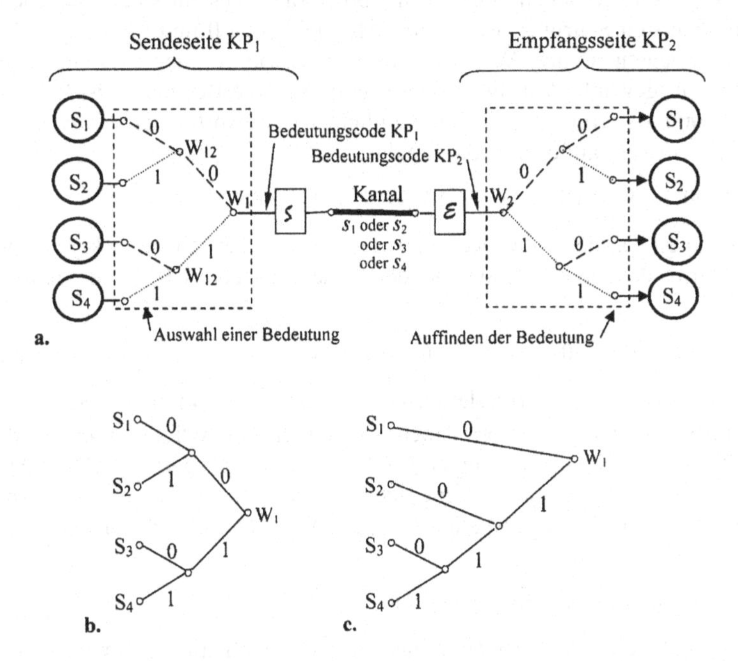

Abb. 2.1 Übertragung von nur vier möglichen Bedeutungen S_1, S_2, S_3 und S_4 über einen Kanal (oder Medium)

a. Auswahl einer Bedeutung S_i für i = 1, 2, 3, 4 mittels zweier Binärentscheidungen und Zuordnung des zugehörigen Signals s_i

b. Codebaum in Abb. a

c. Alternativer Codebaum

Abb. 2.1 zeigt den primitiven Fall, dass der sendende Kommunikationspartner KP_1 und der der empfangende Kommunikationspartner KP_2 dieselben nur vier verschiedenen (scharfen) Bedeutungen S_1, S_2, S_3 und S_4 kennen. Dies stellt eine erhebliche Vereinfachung im Vergleich zu den Betrachtungen in Abschn. 1.5.3 dar. Mit S_1 sei z.B. die Bedeutung *Habe Hunger*, mit S_2 die Bedeutung *Lass mich in Ruhe*, mit S_3 die Bedeutung *Möchte spielen* und mit S_4 die Bedeutung *Habe Schmerzen* gemeint. Mit S_1 bis S_4 können aber auch andere

Bedeutungen gemeint sein, z.B. vier verschiedene Buchstaben. Die nachfolgenden Betrachtungen gelten unabhängig von der Art der Bedeutungen (ob einzelner Buchstabe oder irgendein umfangreicher Sinngehalt). Die Bedeutungen sollen in willkürlicher Reihenfolge ausgewählt werden können, eine Grammatik über die Zulässigkeit von Reihenfolgen soll hier nicht vorhanden sein. Von Grammatiken und von der Art, wie Bedeutungen gespeichert werden, wird erst im 5. Kapitel und besonders im 6. Kapitel die Rede sein.

Zunächst zum sendenden Kommunikationspartner KP_1:

Wenn der sendende Kommunikationspartner KP_1, z.B. ein Hund, eine der oben genannten Bedeutungen akustisch ausdrückt, dann geschieht das mit einem zweiteiligen Vorgang.

Der erste Teil besteht in der *Auswahl* der zu artikulierenden Bedeutung aus der Liste der vier möglichen Bedeutungen. Dieser Auswahlvorgang erfolgt in zwei Schritten, die im gestrichelt eingerahmten Teil der linken Hälfte von Abb. 2.1a dargestellt sind. Ausgehend vom Punkt W_1 wird im ersten Schritt zwischen den Möglichkeiten 0 und 1 und anschließend vom jeweils erreichten Punkt W_{12} im zweiten Schritt wieder zwischen den Möglichkeiten 0 und 1 ausgewählt. Auf diese Weise wird z.B. die Bedeutung S_3 über die Auswahlfolge (Codewort) 10 erreicht. Die vier möglichen Codewörter bei der Auswahl stellen den Bedeutungscode KP_1 auf der Sendeseite dar:

$$00 \rightarrow S_1\,; \quad 01 \rightarrow S_2; \quad 10 \rightarrow S_3\,; \quad 11 \rightarrow S_4 \tag{2.1}$$

Der zweite Teil des Vorgangs, der gleichzeitig mit dem ersten Teil ablaufen kann (aber nicht muss) besteht darin, dass jedem Codewort des Bedeutungscodes KP_1 ein Signal s_i zugeordnet wird, z.B.

$$00 \rightarrow s_1\,; \quad 01 \rightarrow s_2; \quad 10 \rightarrow s_3\,; \quad 11 \rightarrow s_4 \tag{2.2}$$

Diese Signalzuordnung geschieht im Artikulationsorgan $\mathcal{S}$. Die vier möglichen Signale s_1 bis s_4 in können im Prinzip beliebige Formen haben, sie müssen sich lediglich voneinander unterscheiden, damit sie von einem empfangenden Kommunikationspartner KP_2 richtig interpretiert werden können. Weiter unten wird deutlich werden, dass nicht das Signal selbst, sondern der mit dem Signal festgelegte Auswahlvorgang für die Höhe einer Information entscheidend ist.

Nun zum empfangenden Kommunikationspartner KP_2:

In Abb. 2.1a wird vorausgesetzt, dass der empfangende Kommunikationspartner KP_2 das Signal s_i über einen idealen Kanal (Medium) unverfälscht erhält. Der Interpretationsvorgang auf der Empfangsseite setzt sich ebenfalls aus zwei Teilen zusammen.

Der erste Teil besteht darin, dass im Empfangsorgan $\mathcal{E}$ jedem empfangenen Signal s_i ein Codewort des empfangsseitigen Bedeutungscodes KP_2 zugeordnet wird. Im einfachen Fall von Abb. 2.1a ist das die umgekehrte Zuordnung von (2.2)

$$s_1 \rightarrow 00\,; \quad s_2 \rightarrow 01\,; \quad s_3 \rightarrow 10\,; \quad s_4 \rightarrow 11 \tag{2.3}$$

Der zweite Teil besteht im Auffinden der jeweils zugehörigen Bedeutung. Das geschieht mit zwei binären Entscheidungsschritten, die im gestrichelt eingerahmten Teil der rechten Hälfte von Abb. 2.1a dargestellt sind. Die vier verschiedenen Codewörter oder Folgen von 0 und 1 bestimmen jeweils den Pfad zur zugehörigen Bedeutung.

A: *Einheit „bit" als Maß für die Anzahl binärer Auswahlschritte und Entscheidungen*

Für die weitere Diskussion ist die Einführung des Begriffs „bit" zweckmäßig. Sowohl ein binärer Auswahlschritt auf der Sendeseite als auch eine binäre Entscheidung auf der Empfangsseite werden kurz als bit (von binary digit) bezeichnet. Ein bit kann nur den Wert 0 oder 1 haben:

$$1\ \text{bit} = \begin{cases} 0 \\ \text{oder} \\ 1 \end{cases} \tag{2.4}$$

Die in den Beziehungen (2.1) bis (2.3) aufgetretenen Codewörter bestehen alle aus je 2 bit. Das (klein geschriebene Wort) bit ist eine abstrakte (gedankliche) Größe, die durch ein (groß geschriebenes Wort) Bit physikalisch dargestellt und übertragen werden kann, siehe dazu Abb. 1.3 im 1. Kapitel.

B: *Unterschiedliche Auswahl von Bedeutungen über verschiedene Codebäume*

Statt den Bedeutungen S_1 bis S_4 direkt entsprechende Signale s_1 bis s_4 umkehrbar zuzuordnen, wurden in Abb. 2.1a mit den gestrichelt eingerahmten Teilen die Bedeutungscodes KP_1 und KP_2 zwischengeschaltet, weil dies eine einfache Beschreibung des Auswahlvorgangs erlaubt. Darüber hinaus lassen sich anhand der Bedeutungscodes Aussagen über die Effizienz der Übertragung von Bedeutungen und auch zu deren Informationshöhe machen.

Die gestrichelt eingerahmten Teile in Abb. 2.1a werden *Codebäume* genannt. Der auf der Empfangsseite gezeichnete Codebaum ist die gespiegelte Version des Codebaums auf der Sendeseite. In Abb. 2.1b ist dieser Codebaum nochmal separat dargestellt. Für die Bildung von Codebäumen gibt es mehrere Möglichkeiten. Einen alternativen Codebaum für die Auswahl einer Bedeutung (bzw. deren Auffindung) zeigt Abb. 2.1c. Bei diesem erfolgt die Auswahl der Bedeutung S_1 in einem Schritt, die Auswahl der Bedeutung S_2 in zwei Schritten und die Auswahl der Bedeutungen S_3 und S_4 in jeweils drei Schritten. Statt des Bedeutungscodes (2.1) gilt jetzt

$$0 \to S_1\,; \quad 10 \to S_2\,; \quad 110 \to S_3\,; \quad 111 \to S_4 \tag{2.5}$$

1. Zwischenbemerkung:
Obwohl die einzelnen Codewörter aus unterschiedlich vielen bit bestehen, lässt sich aus jeder beliebigen Folge von bit eindeutig auf die Folge der Codewörter und der zugehörigen Bedeutungen schließen. Das liegt daran, dass es in (2.5) nur ein einziges Codewort gibt, das mit 0 beginnt und alle übrigen Codewörter mit 1 beginnen, und dass ein mit 1 beginnendes Codewort entweder mit einer 0 endet oder nach drei aufeinander folgenden 1.

$$\text{Beispiel:}\quad 011110110010 \to S_1S_4S_2S_3S_1S_2 \tag{2.6}$$

C: *Zur Effizienz der Übertragung von Bedeutungen*

Zur Beurteilung von Effizienz beim Senden wird jetzt der Fall betrachtet, dass bei mehreren aufeinanderfolgenden Kommunikationsprozessen oder bei einem einzelnen umfangreicheren Kommunikationsprozess unter z.B. 80 ausgewählten Bedeutungen 40 mal die Bedeutung S_1 und 20 mal die Bedeutung S_2 und je 10 mal die Bedeutungen S_3 und S_4 auftreten.

Legt man für die Auswahl den Codebaum in Abb. 2.1b zugrunde, dann ergibt das beim zugehörigen Bedeutungscode KP_1 eine Folge von 160 bit, weil jede Bedeutung mit zwei bit codiert wird. Legt man dagegen für die Auswahl den Codebaum in Abb. 2.1c zugrunde, dann erhält man beim zugehörigen Bedeutungscode KP_1 eine Folge von nur 140 bit, weil die 40 mal auftretende Bedeutung S_1 mit je nur einem bit, die 20 mal auftretende Bedeutung S_2 mit je zwei bit und die je nur 10 mal auftretenden Bedeutungen S_3 und S_4 mit je drei bit codiert werden. Der Codebaum in Abb. 2.1c ist für diesen Fall effizienter, weil damit die gleiche Anzahl von Bedeutungen mit weniger bit codiert und übertragen wird. Die im Mittel aufgewendete Anzahl von bit beträgt 2 bit pro Bedeutung beim Codebaum in Abb. 2.1b und nur $1\frac{3}{4}$ bit/Bedeutung beim Codebaum in Abb. 2.1c. Hierbei ist wichtig zu vermerken, dass die Werte 2 bit pro Bedeutung und $1\frac{3}{4}$ bit pro Bedeutung für die im vorigen Absatz genannten unterschiedlichen Häufigkeiten der einzelnen Bedeutungen gelten.

Anders ist das nämlich im Fall, dass bei einem umfangreicheren Kommunikationsprozess in unter z.B. 80 ausgewählten Bedeutungen die vier Bedeutungen S_1 bis S_4 gleich häufig, also je 20 mal, auftreten. Bei Zugrundelegung des Codebaums in Abb. 2.1b ergibt das beim zugehörigen Bedeutungscode KP_1 wieder eine Folge von 160 bit, beim Codebaum in Abb. 2.1c hingegen eine Folge von 180 bit, weil 20 mal ein bit, 20 mal zwei bit und 40 mal drei bit gebraucht werden. In diesem Fall, bei dem alle Bedeutungen mit gleicher Häufigkeit ausgewählt werden, ist also der Codebaum in Abb. 2.1b effizienter. Die pro Bedeutung im Mittel aufgewendete Anzahl von bit beträgt, wie vorher, 2 bit/Bedeutung beim Codebaum in Abb. 2.1b, jedoch $2\frac{1}{4}$ bit/Bedeutung beim Codebaum in Abb. 2.1c.

Wie später in Abschn. 2.5.4 noch näher ausgeführt wird, ist der Codebaum in Abb. 2.1b optimal, wenn die Auswahl aller vier Bedeutungen mit gleicher Wahrscheinlichkeit P erfolgt, wenn also $P(S_1) = P(S_2) = P(S_3) = P(S_4) = \frac{1}{4}$. Im Unterschied dazu ist der Codebaum in Abb. 2.1c optimal, wenn die Auswahl der Bedeutungen mit den Wahrscheinlichkeiten $P(S_1) = \frac{1}{2}$, $P(S_2) = \frac{1}{4}$, $P(S_3) = P(S_4) = \frac{1}{8}$ erfolgen. Optimal bedeutet, dass es keinen Codebaum gibt, bei dem die mittlere Anzahl der bit/Bedeutung geringer ist als bei den Codebäumen in Abb. 2.1b und Abb. 2.1c.

2. Zwischenbemerkung:
Der Begriff *Wahrscheinlichkeit* hat mit Zufälligkeit zu tun. Zufällig ist die Auswahl nur aus der Sicht des empfangenden Kommunikationspartners KP_2. Der sendende Kommunikationspartner KP_1 trifft die Auswahl in der Regel nicht zufällig, sondern aufgrund einer Absicht, die aber der empfangende Kommunikationspartners KP_2 zunächst nicht kennt. Die aus der beobachteten Häufigkeit abgeleitete Wahrscheinlichkeit wird als *a-posteriori*-Wahrscheinlichkeit bezeichnet.

Wie später in Abschn. 2.5 ferner gezeigt wird, liefern der oben berechnete minimale Wert von 2 bit/Bedeutung die von Shannon (1948) eingeführte *informationstheoretische Entropie* bei gleichwahrscheinlichen Bedeutungen und der minimale Wert von $1\frac{3}{4}$ bit pro Bedeutung die *informationstheoretische Entropie* für die Wahrscheinlichkeiten $\frac{1}{2}, \frac{1}{4}, \frac{1}{8}, \frac{1}{8}$. Die informationstheoretische Entropie spielt bei vielen Anwendungen eine zentrale Rolle.

Ein optimaler Codebaum, bei dem jeder Auswahlschritt zwischen 0 und 1 mit der Wahrscheinlichkeit $\frac{1}{2}$ erfolgt, zeigt in anschaulicher Form auch die *Höhe der Information* an, die dem empfangenden Kommunikationspartner KP_2 mit jeder vom sendenden Kommunikationspartner KP_1 ausgewählten einzelnen Bedeutung geliefert wird. Die Informationshöhe ist gleich der Anzahl der binären Auswahlschritte im optimalen Codebaum, die benötigt werden, um von der Wurzel (das ist der Punkt W_1) zur jeweiligen Bedeutung zu gelangen. Der Codebaum in Abb. 2.1c ist optimal für $P(S_1) = \frac{1}{2}$, $P(S_2) = \frac{1}{4}$, $P(S_3) = P(S_4) = \frac{1}{8}$. Dort haben also die Bedeutung S_1 die Informationshöhe 1 bit, die Bedeutung S_2 die Informationshöhe 2 bit und die die Bedeutungen S_3 und S_4 je die Informationshöhe 3 bit, was in Abschn. 2.2 noch näher begründet wird. Beim optimalen Codebaum wird der Bedeutungscode KP_1 auch als *Quellencode* bezeichnet. Die Ermittlung des Quellencodes heißt *Quellencodierung*.

Es gibt klassische allgemeine Verfahren für die Konstruktion des optimalen Codebaums, wenn die Anzahl der Bedeutungen und deren Auswahlwahrscheinlichkeiten gegeben sind. Diese Verfahren müssen hier nicht beschrieben werden, man kann sie in vielen Lehrbüchern nachlesen, auch z.B. bei Steinbuch/ Rupprecht (1973).

[2.2] Quellencodierung und Informationshöhe:

Die Quellencodierung besteht in der Ermittlung des optimalen Codebaums auf der Sendeseite (Informationsquelle). Dieser optimale Codebaum hängt nur von den a-posteriori-Wahrscheinlichkeiten ab, mit denen aus Sicht der Empfangsseite einzelne Bedeutungen auf der Sendeseite ausgewählt werden. Der optimale Codebaum liefert mit der Anzahl der Auswahlschritte (bit) zu einer Bedeutung zugleich auch deren auf der Empfangsseite erhaltene (a-posteriori-) Informationshöhe in bit.

2.1.2 Über weitere Rollen der Codebäume und Bedeutungscodes

Was ein Empfänger als Information erfährt, wird auf der Sendeseite erzeugt. Auf der Empfangsseite geschieht der Vorgang des Erfahrens oder Bewusstwerden von Information beim Endnutzer folgendermaßen: Die Decodierung des empfangenen Signals s_i liefert das zugehörige Codewort des Bedeutungscodes KP_2. Dieses Codewort kennzeichnet den Pfad von der Wurzel W_2 zur zugehörigen Bedeutung S_i, es lokalisiert also die zugehörige Bedeutung in der empfangsseitigen Bedeutungsliste. Für die in Abb. 2.1a dargestellte Situation liefert die Decodierung die Beziehungen (2.3).

Wenn der Codebaum in Abb. 2.1a sowohl auf der Sende- als auch auf der Empfangsseite durch den Codebaum in Abb. 2.1c ersetzt wird, dann gelten, wie bereits gesagt, statt (2.1) die Beziehungen (2.5). An die Stellen der Beziehungen (2.2) und (2.3) treten jetzt die folgenden:

$$\left.\begin{array}{ll} \text{Sendeseite:} & 0 \rightarrow s_1;\quad 10 \rightarrow s_2;\quad 110 \rightarrow s_3;\quad 111 \rightarrow s_4 \\ \text{Empfangsseite:} & s_1 \rightarrow 0;\quad s_2 \rightarrow 10;\quad s_3 \rightarrow 110;\quad s_4 \rightarrow 111 \end{array}\right\} \qquad (2.7)$$

Wird z.B. das Signal s_2 empfangen, dann liefert die Decodierung das Codewort 10 und dieses wiederum mit (2.5) die Bedeutung S_2. Diese Bedeutung S_2 wird mit zwei Entscheidungsschritten gefunden. Bei Empfang des Signals s_3 wird die zugehörige Bedeutung S_3 erst nach drei Entscheidungsschritten gefunden. Nach jeder Lokalisierung einer Bedeutung beginnt mit der Decodierung des nächsten Signals die Pfadbildung zur zugehörigen nächsten Bedeutung. Ergänzend hierzu seien noch zwei andersartige Fälle (A) und (B) diskutiert:

A: *Ungleiche Codebäume beim Sender und Empfänger*

Die bisher betrachtete Verwendung des gleichen Codebaums auf der Sendeseite und der Empfangsseite stellt einen Sonderfall dar, der dadurch gekennzeichnet ist, dass der Bedeutungscode KP_2 die genaue Umkehrung des Bedeutungscodes KP_1 darstellt, siehe (2.7). Es ist nämlich keineswegs notwendig, dass auf beiden Seiten der gleiche Codebaum vorhanden ist. In der Natur ist es vielmehr so, dass im Normalfall die Codebäume auf beiden Seiten verschieden sind. Diese Verschiedenheit zeigt sich auch darin, dass auf der Sende- und Empfangsseite in der Regel unterschiedlich große Listen an Bedeutungen vorhanden sind.

Bevor auf den Fall unterschiedlich großer Bedeutungslisten eingegangen wird, sei als Beispiel zuerst der einfache Fall betrachtet, dass auf der Sendeseite der in Abb. 2.1b gezeigte Codebaum und auf der Empfangsseite der in Abb. 2.1c gezeigte Codebaum vorhanden ist. In diesem Fall gilt der folgende Satz von Beziehungen:

$$\left.\begin{array}{lllllr} \text{Sendeseite:} & 00 \to S_1\,; & 01 \to S_2\,; & 10 \to S_3\,; & 11 \to S_4 & \text{(a)} \\ & 00 \to s_1\,; & 01 \to s_2\,; & 10 \to s_3\,; & 11 \to s_4 & \text{(b)} \\ \text{Empfangsseite:} & s_1 \to 0\,; & s_2 \to 10\,; & s_3 \to 110\,; & s_4 \to 111 & \text{(c)} \\ & 0 \to S_1\,; & 10 \to S_2\,; & 110 \to S_3\,; & 111 \to S_4 & \text{(d)} \end{array}\right\} \quad (2.8)$$

Will der sendende Kommunikationspartner KP_1 z.B. die Bedeutung S_3 mitteilen, dann wählt er das Codewort 10 und ordnet diesem das Signal s_3 zu. Dieses Signal s_3 gelangt zum empfangenden Kommunikationspartner KP_2 , der (bei richtiger Interpretation) dieses Signal s_3 als Codewort 110 decodiert und damit über den Codebaum in Abb. 2.1c die auf der Sendeseite gemeinte Bedeutung S_3 richtig findet. Dieses Beispiel macht deutlich, dass es auf die Form der Signale, die der sendende Kommunikationspartner KP_1 zuordnet, gar nicht besonders ankommt. Der empfangende Kommunikationspartner KP_2 muss die Signale nur *richtig interpretieren* können. Die Interpretation eines empfangenen Signals s_i, das sei hier nochmal gesagt, ist ein zweiteiliger Vorgang. Er besteht 1.) in der Decodierung des Signals s_i, die das zugehörige Codewort des Bedeutungscodes des KP_2 liefert, und 2.) in dem damit ermöglichten Auffinden der zugehörigen Bedeutung.

Eine Besonderheit im Beziehungssatz (2.8) liegt darin, dass die gleichen Bedeutungen S_i durch unterschiedlich viele bit auf der Sende- und Empfangsseite gekennzeichnet sind. Auf der Sendeseite kennzeichnet im Fall, dass dort der Codebaum optimal ist, die Anzahl der bit die a-posteriori-Wahrscheinlichkeit, mit der aus Sicht der Empfangsseite die betreffende Bedeutung auf der Sendeseite ausgewählt wird, siehe **[2.2]**. Kenntnis über die Höhe dieser a-posteriori-Wahrscheinlichkeiten kann der empfangende Kommunikationspartner KP_2 erst im Verlauf von wiederholten und längeren Kommunikationsprozessen gewinnen. Das ist bei der natürlichen Sprache der Fall, von der der Philosoph L. Wittgenstein sagt, dass sie durch den Gebrauch entstehe. Wenn der empfangende Kommunikationspartner KP_2 erstmals mit dem sendenden Kommunikationspartner KP_1 in Kontakt tritt, dann erwartet er von ihm die Auswahl einer bestimmten Bedeutung mit einer *a-priori*-Wahrscheinlichkeit. Diese a-priori-Wahrscheinlichkeit ist im Allgemeinen von der a-posteriori-Wahrscheinlichkeit verschieden und nur im Sonderfall der Erwartungstreue gleich. Die Höhe der a-priori-Wahrscheinlichkeit hängt mit der Anzahl der bit zusammen, mit der auf der Empfangsseite die einzelnen Bedeutungen S_i gekennzeichnet werden. Das folgt aus einer ähnlichen Überlegung, wie sie am Ende von Abschn. 2.1.1 angestellt wurde.

Ein natürlicher Fall ist auch dadurch gegeben, dass bei beiden Kommunikationspartnern KP_1 und KP_2 die Anzahl der Bedeutungen (Sinngehalte) verschieden groß ist. Problemlos ist die Situation, wenn die Liste der Bedeutungen auf der Sendeseite kleiner ist als die auf der Empfangsseite und dabei alle auf der Sendeseite auswählbaren Bedeutungen auch in der Bedeutungsliste auf der Empfangsseite enthalten sind. Dann ist es für den Kommunikationspartner KP_2 im Prinzip möglich, jede Nachricht, die der Kommunikationspartner KP_1 sendet, richtig zu empfangen und zu interpretieren. Wenn dagegen auf der Sendeseite die Bedeutungsliste umfangreicher ist als auf der Empfangsseite, dann kann es passieren, dass der sendende Kommunikationspartner KP_1 eine spezielle Bedeutung auswählt und mittels eines Signals sendet, die in der Bedeutungsliste auf der Empfangsseite nicht enthalten ist. Um mit dieser Situation fertig zu werden, muss es in der empfangsseitigen Bedeutungsliste einen zusätzlichen *leeren Platz* geben, der keine spezielle Bedeutung enthält. Alle Signale, die auf der Sendeseite solchen auf der Empfangsseite unbekannten Bedeutungen zugeordnet werden, führen bei der Interpretation auf denselben leeren Platz.

Die Liste auf der Sendeseite möge z.B. die N verschiedenen Bedeutungen $S_1, S_2, S_3, \ldots, S_N$ enthalten. Von diesen sind nur die ersten $M < N$ Bedeutungen $S_1, S_2, S_3, \ldots, S_M$ auch in der empfangsseitigen Bedeutungsliste vorhanden. Wenn auf der Sendeseite jeder Bedeutung S_i ein Signal s_i zugeordnet wird, dann gilt für die sinngenaue Kommunikation hier

$$\left.\begin{array}{ll} \text{Sendeseite:} & S_1 \to s_1\,;\; S_2 \to s_2\,;\; \ldots\ldots\,;\; S_N \to s_N \\ \text{Empfangsseite:} & s_1 \to S_1\,;\; s_2 \to S_2\,;\; \ldots\ldots\,;\; s_M \to S_M \\ & s_{M+1} \to \varnothing\,;\; s_{M+2} \to \varnothing\,;\; \ldots\ldots\,;\; s_N \to \varnothing \end{array}\right\} \tag{2.9}$$

In (2.9) sind die Zwischenschritte mit den Bedeutungscodes weggelassen. Das Symbol $\varnothing$ bedeutet “leerer Platz”.

Bei lernfähigen Kommunikationspartnern ist der leere Platz $\varnothing$ oft ein großes Feld mit vielen kleineren Parzellen, in denen neue Bedeutungen angesiedelt werden können. Die Ansiedlung neuer Bedeutungen erfordert eine Mitwirkung des empfangenden Kommunikationspartners.

Anmerkung:
Bei intelligenten Lebewesen wird die Liste der Bedeutungen infolge von Lernen immer umfangreicher und strukturierter mit Unterteilungen in Kategorien und Gattungen (allgemeine, spezielle Bedeutungen, Ober- und Unterbegriffe usw.). Der Codebaum dient nur zur Veranschaulichung der Theorie von Informationshöhe und Entropie, siehe auch Abschn. 2.5.1. Die physiologische Struktur des Gehirns höherer Lebewesen ist allerdings dahingehend andersartig, dass einzelne Bedeutungsinhalte nicht immer an einer Stelle gespeichert sind wie in Abb. 2.1, sondern sich über mehrere Regionen des Gehirns verteilen. Eingehendere Ausführungen dazu folgen im 5. Kapitel (Abschn. 5.3.3D und E) und besonders auch im 6. Kapitel (Abschn. 6.5.5 und 6.5.6).

B: *Redundante Bedeutungslisten, Nachricht und Information, Sinngehaltskomplexe*

Bisher wurde vorausgesetzt, dass jede Bedeutung nur ein einziges Mal in einer Liste vorkommt und dass die verschiedenen Bedeutungen sich klar unterscheiden und weder Gleichartiges darstellen noch gleichartige Anteile enthalten.

Es sei nun der Fall betrachtet, dass auf Grund irgendeiner Vorgeschichte eine spezielle Bedeutung doppelt (oder sogar mehrfach) in der sendeseitigen Bedeutungsliste vorhanden ist und dass die Auswahl dieser speziellen Bedeutung mal über einen längeren und mal über einen kürzeren Pfad erfolgen kann. Egal ob diese spezielle Bedeutung über den längeren (d.h. über mehr Binärentscheidungen) oder den kürzeren Pfad (d.h. über weniger Binärentscheidungen) ausgewählt wird, für den Empfänger ist die Nachricht wegen der gleichen Bedeutung beidemal gleich. Weil bei der Auswahl über den längeren Pfad aber mehr bit als nötig aufwendet werden, enthält in diesem Fall die Nachricht sogenannte *Redundanz*. In der Praxis stellt sich dieser Fall auch dann ein, wenn zwei oder mehr Bedeutungen, die für den Sender verschieden sind, dem Empfänger als gleich erscheinen, weil er sie nicht unterscheiden kann.

Weil dieselbe Information (Neuigkeit) sowohl aus einem weitschweifig als auch aus einem knapp formulierten Text bezogen werden kann, bestimmt sich die Informationshöhe genau genommen an der knappest möglichen (redundanzfreien) Form einer Nachricht. Im Beispiel von Abb. 2.1 bestehen Nachrichten in der Übertragung der Bedeutungen S_1 bis S_4. Wenn dabei der optimale sendeseitige Bedeutungscode verwendet wird, sind diese Nachrichten redundanzfrei. Wenn dagegen sendeseitig nicht der optimale Bedeutungscode verwendet wird, sind die Nachrichten redundanzbehaftet, weil (wie bei der Diskussion der Effizienz der Übertragung im vorigen Abschn. 2.1.1 gezeigt wurde) dabei mehr bit als nötig aufwendet werden. Redundanz entsteht also sowohl bei redundanten Bedeutungslisten wie auch bei Verwendung nicht optimaler Bedeutungscodes.

Nur kurz sei hier noch der Fall angesprochen, dass die Bedeutungslisten Sinngehaltskomplexe enthalten. Sinngehaltskomplexe wurden in Abschn. 1.5.3 behandelt. Mit solchen hat man es bei der Mensch-Mensch-Kommunikation üblicherweise zu tun. Verschiedene Sinngehaltskomplexe können sich teilweise überlappen, d.h. gewisse Elemente gemeinsam haben. Die einzelnen Sinngehaltskomplexe lassen sich ebenfalls über Bedeutungscodes auswählen. Bei Sinngehaltskomplexen ist es zudem naheliegend, über sogenannte Mengenoperationen weitere Sinngehaltskomplexe zu bilden, die je nach Operation über erweiterte oder verkürzte Bedeutungscodes ausgewählt werden können. Auf diesbezügliche Fragen wird erst im 6. Kapitel im Zusammenhang mit dem kindlichen Spracherwerb eingegangen.

2.1.3 Zur Anzahl von Bedeutungen und zu Interpretationsebenen

Das in Abb. 2.1a dargestellte Schema mit den Bedeutungslisten auf der Sende- und Empfangsseite geht auf Shannon zurück und ist sehr allgemein verwendbar. Wie zu Beginn bereits gesagt wurde, sind die anhand dieses Schemas durchgeführten allgemeinen Betrachtungen unabhängig von der Art der Bedeutungen. Diese Betrachtungen lassen sich immer nach dem gleichen Schema durchführen, egal ob es um die Bedeutungen einzelner Buchstaben oder die einzelner umfangreicher Sinngehalte, oder ob es sich um die Bedeutungen der Elemente dazwischen liegender Ebenen der Silben, Wörter, Sätze, Geschichten usw. handelt.

Natürlich ist die Anzahl verschiedener möglicher Sinngehalte mit ihren zugehörigen Wahrscheinlichkeiten schwer feststellbar. Vergleichsweise simpel ist dagegen die Angabe der Anzahl verschiedener Buchstaben und deren Wahrscheinlichkeiten in Texten. Letztere lässt sich sehr genau durch Abzählen ihres Auftretens in den Büchern einer Bibliothek abschätzen.

Shannon hat bei der Einführung seiner Informationstheorie das Schema in Abb. 2.1a für die Übertragung von Buchstaben eines Textes benutzt. Mit den nur relativ wenigen Buchstaben des lateinischen Alphabets (inklusive Satzzeichen und Wortzwischenräumen) lassen sich beliebig umfangreiche Texte formulieren und komplexe Sachverhalte darstellen, d.h.

codieren. Shannon war natürlich klar, dass er allein mit den Buchstaben nicht das gesamte Wesen von Kommunikation und Information erfasst. Er hat, wie bereits gesagt, ausdrücklich auf das Vorhandensein semantischer Aspekte von Texten hingewiesen, diese aber nicht weiter betrachtet, weil sie für das Funktionieren der technischen Apparatur irrelevant sind und nur für den menschlichen Nutzer der Apparatur wichtig sind.

In einem sinnvollen Text hängt die Wahrscheinlichkeit für das Auftreten bestimmter Buchstaben wesentlich davon ab, welche Buchstaben vorausgegangen sind. So ist z.B. die Wahrscheinlichkeit für das Auftreten des Buchstabens u in einem deutschen Text sehr viel höher, wenn ihm der Buchstabe q vorausgegangen ist, als wenn ihm ein anderer Buchstabe vorausgegangen ist. Diese Abhängigkeit wird durch eine (später in Abschn. 2.3.6 noch näher erläuterte) bedingte Wahrscheinlichkeit ausgedrückt. Allgemein wird die bedingte Wahrscheinlichkeit für das Auftreten des Buchstabens a unter der Voraussetzung, dass der Buchstabe x vorausgegangen ist, durch die Bezeichnung $P(\mathrm{a}\,|\,\mathrm{x})$ ausgedrückt. Entsprechend werden die bedingten Wahrscheinlichkeiten für das Auftreten des Buchstabens a unter der Voraussetzung, dass die Buchstabenfolge xy bzw. xyz vorausgegangen ist, durch $P(\mathrm{a}\,|\,\mathrm{x\,y})$ bzw. $P(\mathrm{a}\,|\,\mathrm{x\,y\,z})$ ausgedrückt. Wie die (nicht bedingten) Wahrscheinlichkeiten einzelner Buchstaben lassen sich auch deren bedingte Wahrscheinlichkeiten durch Abzählen (Statistik) recht genau schätzen. Die Informationstheorie von Shannon macht von bedingten Wahrscheinlichkeiten maßgebenden Gebrauch. Die Berücksichtigung bedingter Wahrscheinlichkeiten von Buchstaben ermöglicht in der elektrischen Nachrichtentechnik eine äußerst effiziente Übertragung von Texten.

Die Bildung einer Buchstabenfolge durch zufällige Auswahl von Buchstaben unter Berücksichtigung ihrer Wahrscheinlichkeiten und bedingten Wahrscheinlichkeiten liefert einen zufälligen Text, der manchmal streckenweise durchaus vernünftig klingt, obwohl er auf Grund seiner Erzeugung natürlich sinnlos ist. Dennoch kann die Betrachtung solcher Folgen hilfreich sein. Im Zusammenwirken mit dem in Abschn. 1.3.3 beschriebenen Prädiktor-Korrektor-Verfahren liefern nämlich solche unter Berücksichtigung von bedingten Wahrscheinlichkeiten erzeugte Folgen akustischer Laute einen nützlichen Beitrag zum Verständnis der Vorgänge beim Verstehen von wahrgenommener Sprache.

Über die Frage, wann eine empfangene Buchstabenfolge (oder allgemeiner eine Folge oder eine Anordnung z.B. optisch wahrgenommener Zeichen) einen Sinn liefert, und was Information überhaupt ist, haben schon viele Wissenschaftler (Philosophen, Sprachwissenschaftler, Informatiker und weitere) intensiv nachgedacht und dabei verschiedene Ebenen unterschieden, die unten noch genannt werden. Der allgemeine Fall mehrdimensional angeordneter Zeichen sei vorerst zurückgestellt. Hier sollen einstweilen nur empfangene (eindimensionale) Buchstabenfolgen interessieren.

Auf dem Weg von der empfangenen Buchstabenfolge einer Mitteilung zur abstrakten Bedeutung der Mitteilung lassen sich mehrere Interpretationsebenen unterscheiden: Ausgehend von den Bedeutungen der Buchstaben gelangt man stufenweise über die Bedeutungen der Wörter (das sind Buchstabenkombinationen), weiter über die Bedeutungen von Sätzen (das sind Wortkombinationen), wieder weiter über die Bedeutungen von Satzfolgen (das sind Kombinationen von Sätzen), schließlich zur eigentlichen Bedeutung der Mitteilung. Dabei gilt: Nicht jede Kombination von Buchstaben liefert ein (sinnvolles) Wort, nicht jede Kombination von Wörtern liefert einen (sinnvollen) Satz, nicht jede Kombination von Sätzen liefert eine (sinnvolle) Satzfolge. In jeder Stufe müssen bei der Bildung von Kombinationen Einschränkungen beachtet werden, damit der Empfänger einen letztlichen Sinn (ein Fazit) der gesamten Mitteilung entnehmen kann. Die Bedingungen und Regeln für die verschiedenen Einschränkungen werden in folgende drei Ebenen unterteilt:

1. Codierung
2. Syntax
3. Semantik

Wenn die Regeln dieser drei Ebenen erfüllt sind, dann kann der Empfänger einen Sinn der Mitteilung entnehmen. Aber auch eine verständliche Mitteilung, die einen Sinn enthält, ist für einen menschlichen Empfänger nicht immer interessant. Es kommt oft vor, dass empfangene Mitteilungen zwar verstanden werden aber ansonsten ohne Einfluss bleiben. Ob eine Mitteilung einen Einfluss auf den menschlichen Empfänger hat, hängt davon ab, wie der Mensch die Mitteilung bewertet. Diese Bewertung erfolgt in einer vierten Ebene:

4. Pragmatik

Der unterschiedliche Charakter von Semantik und Pragmatik wurde bereits im 1. Kapitel in Abschn. 1.6.2 erläutert. Der Informatiker W. Gitt (2002) und weitere Kommunikationswissenschaftler fügen diesen vier üblicherweise betrachteten Ebenen noch eine fünfte hinzu, nämlich die

5. Apobetik

In dieser Ebene analysiert der Mensch die empfangene Nachricht hinsichtlich möglicher Absichten des Absenders, was auf zusätzliche Erkenntnisse führt.

Auf die fünf Ebenen wird in Abschn. 2.7 und später im 6. Kapitel dieser Abhandlung weiter eingegangen.

In diesem 2. Kapitel steht jedoch der Begriff *Informationshöhe* im Vordergrund, also ein quantitatives Maß für Information. Ein quantitatives Maß für eine Größe ist manchmal viel einfacher zu erklären als die betreffende Größe selbst. [Ein Beispiel dazu ist der *Raum*. Ein quantitatives Maß für den Raum lässt sich leicht erklären, z.B. was ein Liter oder ein Kubikmeter ist. Schwieriger ist die Beschreibung, was ein Raum überhaupt ist. Eine lesenswerte Darstellung der unterschiedlichen Vorstellungen von Raum bei antiken Philosophen, bei Newton, Mach, Einstein und anderen Wissenschaftlern findet man z.B. bei B. Greene (2004)].

Abschließend sei noch kurz auf die schon erwähnte große Anzahl möglicher Sinngehalte zurückgekommen. Wie riesig diese Anzahl sein kann, illustriert die nachfolgend angegebene Formel (2.10). Die Anzahl V der verschiedenen Kombinationen (z.B. Wörter), die sich mit N Symbolen (z.B. Buchstaben) bilden lassen, welche einer Liste (z.B. Alphabet) aus M verschiedenen Symbolen (z.B. Buchstaben) entnommen werden, berechnet sich zu

$$V = M^N \tag{2.10}$$

Bei einem Alphabet aus z.B. $M = 25$ verschiedenen Buchstaben beträgt die Anzahl V der aus z.B. nur $N = 6$ Buchstaben bestehenden Wörter bereits $V = 244140625$, also mehr als 240 Millionen. Daneben gibt es Wörter mit weniger und Wörter mit mehr als $N = 6$ Buchstaben. Z.B. das Wort „Informationstheorie“ besteht aus $N = 19$ Buchstaben. Von der mit (2.10) bestimmten riesigen Anzahl V haben nur relativ wenige Kombinationen eine sinnvolle Bedeutung. Die deutsche Sprache kennt „nur“ etwa 100 000 verschiedene Wörter.

Für Codewörter mit den binären Symbolen 0 und 1 gilt $M = 2$, womit (2.10) sich zu

$$V = 2^N \tag{2.11}$$

reduziert. Aus (2.11) folgt, dass sich die etwa 100 000 verschiedenen Wörter der deutschen Sprache mit $N = 17$ stelligen binären Codewörtern codieren lassen (gängige Prozessoren preiswerter Computer verarbeiten in einer Operation $N = 64$ Bit, mit denen sich etwa $1{,}8 \cdot 10^{19}$ verschiedene Kombinationen darstellen lassen).

2.2 Informationshöhe als quantitatives Maß für Neuigkeit

Im vorigen Abschn. 2.1 wurde zu Beginn ausgeführt, dass Information etwas Neues liefern muss. Das Ausmaß an gelieferter Neuigkeit von etwas Wahrgenommenen wird durch die Informationshöhe gekennzeichnet. Neuigkeit ist etwas, was man vor einer Wahrnehmung nicht sicher wusste sondern nur vermuten konnte, und was man erst nach einer Wahrnehmung sicher weiß. Wahrnehmung und die damit erfahrene Neuigkeit oder Information und ihre Höhe betrifft immer nur den Empfänger, nicht den Sender. Dem Sender ist nämlich normalerweise bekannt, was er senden wird.

In der Shannon´schen Informationstheorie entspricht der Akt einer Wahrnehmung dem Eintreffen eines zufälligen Ereignisses. Ein „zufälliges Ereignis" ist ein Begriff der Wahrscheinlichkeitstheorie. Das Eintreffen eines zufälligen Ereignisses geschieht mit einer gewissen Wahrscheinlichkeit[2.2]. Die Höhe der Wahrscheinlichkeit wird gekennzeichnet durch eine Größe P, die Zahlenwerte zwischen 0 und 1 haben kann. Es gelten

$$\left.\begin{array}{l} 0 \le P \le 1 \\ P = 0 \text{ gilt für „unmögliches Ereignis"} \\ P = 1 \text{ gilt für „sicheres Ereignis"} \end{array}\right\} \tag{2.12}$$

Die letzte Zeile heißt ausführlich gesprochen: Ein mit Sicherheit eintreffendes Ereignis hat die Wahrscheinlichkeit $P = 1$. Ist hingegen z.B. $P = \frac{1}{2}$, dann heißt das „es ist gleichwahrscheinlich, dass das betreffende Ereignis eintrifft oder nicht eintrifft".

Nun zur Höhe der Information, die mit dem Eintreffen eines Ereignisses geliefert wird: Ein mit hoher Wahrscheinlichkeit (P nahe bei 1) eintreffendes Ereignis ist wenig überraschend. Es liefert deshalb fast keine Neuigkeit, sein Informationsgehalt ist somit gering. Dagegen ist es viel überraschender, wenn ein Ereignis von geringer Wahrscheinlichkeit (P nahe bei 0) eintrifft. Die damit gelieferte Neuigkeit oder Informationshöhe ist also hoch. Charakteristisch für ein Maß für die Höhe der Information ist folglich der Reziprokwert $\frac{1}{P}$. Dabei bleibt das unmögliche Ereignis $P = 0$ vorerst ausgespart, weil eine Division durch exakt Null mathematisch nicht erlaubt ist. Die im späteren Abschn. 2.5 eingeführte Entropie ermöglicht auch die Berücksichtigung unmöglicher Ereignisse mit $P = 0$.

Für $0 < P \le 1$ nimmt $\frac{1}{P}$ Zahlenwerte an, die sich von 1 bis nach unendlich erstrecken, was nicht sehr praktisch ist. Viel zweckmäßiger ist es, den Logarithmus[2.3] von $\frac{1}{P}$ als Maß für

---

[2.2] Detaillierte Ausführungen über Wahrscheinlichkeiten und Ereignisse folgen im nächsten Abschnitt 2.3.

[2.3] Näheres über Logarithmen folgt unten im anschließenden Abschnitt 2.2.1

die Höhe der Information eines Ereignisses zu wählen. Deshalb wird folgende Definition[2.4] eingeführt:

Die Informationshöhe eines einzelnen Ereignisses ist $H_e = \log\frac{1}{P}$ für $0 < P \le 1$ (2.13)

Die Definition (2.13) ist aus zweierlei Gründen sehr sinnvoll. Es gilt nämlich:

1.) Für Werte von P zwischen 0 und 1 nimmt H_e Werte zwischen 0 und unendlich an. Für $P = 1$ ist $\log\frac{1}{P} = \log 1 = 0$, siehe hierzu Abb. 2.2, wo der Verlauf des natürlichen Logarithmus $\ln x = \log_e x$ über einer Variablen $x = \frac{1}{P}$ dargestellt ist. Das sichere Ereignis $P = 1$ liefert also eine Informationshöhe $H_e = \ln\frac{1}{1} = \ln 1 = 0$, d.h. keine Neuigkeit. Für sehr kleine Werte von P wird $\log\frac{1}{P}$, also die Informationshöhe H_e, dagegen sehr groß.

2.) Mit der Definition (2.13) wird erreicht, dass sich die Informationshöhen mehrerer voneinander unabhängiger Einzelereignisse addieren. Im Fall zweier unabhängiger Ereignisse der Wahrscheinlichkeiten P_1 und P_2, die je für sich allein die Informationshöhen H_1 und H_2 haben, gilt für das kombinierte Eintreffen beider Ereignisse das Produkt beider Wahrscheinlichkeiten P_1 mal P_2 (die Begründung hierfür folgt in Abschn. 2.3.4). Die Informationshöhe H_{12} dieses kombinierten Ereignisses ist dann

$$H_{12} = \log\frac{1}{P_1 P_2} = \log\frac{1}{P_1} + \log\frac{1}{P_2} = H_1 + H_2\,, \qquad (2.14)$$

also gleich der Summe der Informationshöhen H_1 und H_2 der beiden Einzelereignisse. Entsprechend ergibt sich im Fall dreier voneinander unabhängiger Ereignisse die Informationshöhe für deren kombiniertes Eintreffen aus der Summe der Informationshöhen der drei Einzelereignisse usw.

Anmerkung:
Die Definition (2.13) soll unabhängig davon gelten, welche Wahrscheinlichkeit (ob *a-priori* oder *a-posteriori*) benutzt wird und wie die Wahrscheinlichkeit bestimmt wird. Mit der a-priori-Wahrscheinlichkeit erhält man die a-priori-Informationshöhe, mit der a-posteriori-Wahrscheinlichkeit erhält man die a-posteriori-Informationshöhe.

2.2.1 Zum Logarithmus und zur Einheit der Informationshöhe

Zunächst sei daran erinnert, dass die Bildung des Logarithmus die Umkehrung von der Bildung der Potenz ist: Wenn $a = b^c$, dann ist umgekehrt $c = \log_b a$. Hierbei wird die Zahl b als Basis bezeichnet. In den Beziehungen (2.13) und (2.14) ist die Wahl der Basis offen gelassen.

[2.4] Shannon hat in seiner Originalpublikation die Höhe von Information nicht wie hier am einzelnen Ereignis eingeführt, sondern, wie eingangs gesagt, über den Erwartungswert der Information(shöhe), die eine Informationsquelle liefert. Aus der Formel für den Erwartungswert, den er Entropie nannte, lässt sich die Beziehung (2.13) für die Informationshöhe eines einzelnen Ereignisses rückschließen, die einen einfacheren Zugang zur Informationstheorie liefert.

Beim natürlichen Logarithmus ist die Basis gleich der Eulerschen Zahl e. Diese resultiert aus der Theorie des natürlichen Wachstums zu

$$e = \lim_{n\to\infty} \left(1+\tfrac{1}{n}\right)^n = 2{,}718... \tag{2.15}$$

Wenn man in der Klammer nacheinander $n = 1$, $n = 2$, $n = 3$ usw., einsetzt, dann erhält man die Zahlenfolge 2; 2,25; 2,37; ... . Diese Folge strebt im Grenzfall für $n \to \infty$ gegen die transzendente Zahl $e = 2{,}718\ldots$ (Das ist eine Zahl mit unendlich vielen Stellen hinter dem Komma).

Setzt man $b = e$ in die Umkehrfunktion $c = \log_b a$ ein, dann erhält man den natürlichen Logarithmus der Zahl *a*. Für diesen gilt die Schreibweise $c = \log_e a = \ln a$.

Abb. 2.2 zeigt den Verlauf von $\ln x$ für $x \geq 1$. Die Werte für $\ln x$ liefern fast alle Taschenrechner[2.5]. Weil bei der Multiplikation $b^{c_1} \cdot b^{c_2} = b^{c_1+c_2}$ die Exponenten c_1 und c_2 sich addieren, addieren sich auch die Logarithmen in (2.14). Mehr über Logarithmen wird hier nicht benötigt.

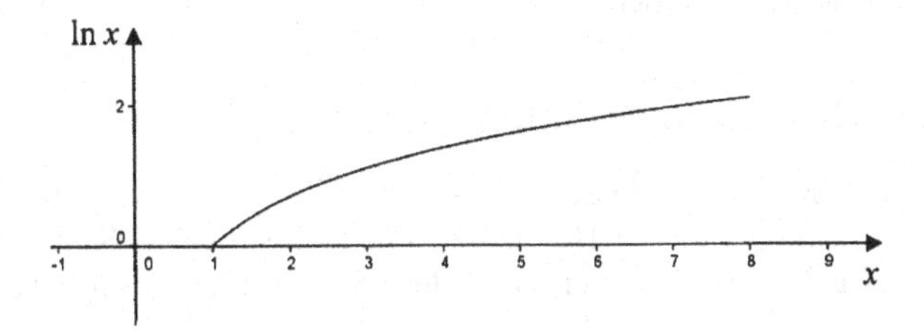

Abb. 2.2 Verlauf des natürlichen Logarithmus $\ln x = \log_e x$ in Abhängigkeit von einer Variablen *x*. Gezeigt wird der Verlauf nur für den hier interessierenden Bereich $\frac{1}{P} = x \geq 1$. Alle logarithmischen Funktionen sind zueinander proportional

In der Informationstheorie wird als Basis des Logarithmus meist der Wert $b = 2$ gewählt und für den Logarithmus $c = \log_2 a = \mathrm{ld}\, a$ geschrieben. Das führt zur folgenden

[2.3] Einheit der Informationshöhe:

Bei Wahl des Logarithmus zur Basis $b = 2$ wird die Einheit der Informationshöhe (oder des Informationsgehalts) als „bit" bezeichnet. Ein mit Wahrscheinlichkeit *P* eintretendes Ereignis liefert eine Information in Höhe von

$$H = \mathrm{ld}\,\frac{1}{P}\ \text{bit} \tag{2.16}$$

Ist die Wahrscheinlichkeit eines Ereignisses z.B. $P = \frac{1}{8}$, dann liefert dieses Ereignis eine Informationshöhe $H = \mathrm{ld}\ 8 = 3$ bit, denn $2^3 = 8$. Ist die Wahrscheinlichkeit $P = \frac{1}{4}$ bzw. $P = \frac{1}{2}$, dann liefert das Ereignis entsprechend die Informationshöhe $H = \mathrm{ld}\ 4 = 2$ bit bzw. $H = \mathrm{ld}\ 2 = 1$ bit. Damit werden

---

[2.5] Im Taschenrechner erfolgt die Berechnung von ln *x* mittels einer Reihenentwicklung, die nur von den vier Grundrechenarten Addition, Subtraktion, Multiplikation und Division Gebrauch macht. Dabei lassen sich Multiplikation bzw. Division wiederum auf wiederholte Addition bzw. Subtraktion zurückführen. Die letztgenannten Operationen leistet eine relativ einfache elektronische Schaltung.

nachträglich die für den Codebaum in Abb. 2.1c gemachten Angaben begründet, siehe den Text vor Aussage **[2.2]**.

Zwischenbemerkung:
Ganzzahlige Werte für die Informationshöhe H und damit für die Anzahl der Auswahlschritte im optimalen Codebaum ergeben sich nur für Wahrscheinlichkeiten mit Werten $\left(\frac{1}{2}\right)^n$, wobei auch n = ganzzahlig sein muss. Ist das nicht der Fall, dann hilft oft die Betrachtung von Kombinationen mehrerer Bedeutungen weiter.

Der Logarithmus zur Basis 2 wird auch *dyadischer* Logarithmus genannt. Weil Taschenrechner üblicherweise nur den natürlichen Logarithmus ln liefern, sei hier noch die Formel für die Umrechnung in den dyadischen Logarithmus ld angegeben:

$$\operatorname{ld} x = \frac{\ln x}{\ln 2} \approx 1,4427 \cdot \ln x \tag{2.17}$$

Zwischen der informationstheoretischen Einheit „bit“ und dem in Abschn. 1.3.1 beschriebenen Binärsymbol „Bit“ besteht, wie bereits gesagt, ein enger Zusammenhang. Im Idealfall lässt sich nämlich ein Informationsgehalt von N bit durch ein aus N Bit bestehendes Digitalsignal vollständig darstellen.

2.2.2 Weitere Diskussion des Informationsbegriffs

Wie bereits gesagt, hält der Verfasser dieser Abhandlung die Shannon'sche Informationstheorie für einen unverzichtbaren Bestandteil einer allgemeinen Kommunikationstheorie, und zwar auch deshalb, weil sie ein großes Potenzial an Erklärungsmöglichkeiten liefert.

Zu Beginn dieses Abschnitts 2.2 wurde mit (2.13) die Informationshöhe eines Ereignisses über seine Auftrittswahrscheinlichkeit P definiert. Diese Definition impliziert einen *Zeitbezug*. Es wird unterschieden zwischen der Zeit *vor* dem Eintreffen des Ereignisses, während der eine Unsicherheit herrscht und nur eine Wahrscheinlichkeit bekannt ist, und der Zeit *nach* dem Eintreffen des Ereignisses, während der die Unsicherheit beseitigt ist.

Einen Grenzfall stellt das „sichere Ereignis“ dar. Beim sicheren Ereignis gibt es keine Unsicherheit. Das sichere Ereignis hat die Wahrscheinlichkeit $P = 1$, für die sich die Informationshöhe $H = 0$ ergibt. Bei der Wahrnehmung (Empfang) eines sicheren Ereignisses gibt es keine möglichen Alternativen. Man kann sich nun fragen, ob Information überhaupt vorliegt, wenn deren Höhe null ist. In diesem Fall ist man geneigt anzunehmen, dass gar keine Information vorliegt. Bei einem unscharf formulierten Text kann das jedoch anders sein. Liest man den Text erneut, dann liefert die Interpretation auf Code-Ebene die Information null. Die Interpretation auf Semantik-Ebene kann beim erneuten Lesen des unscharf formulierten Textes aber Neues ergeben und damit Information liefern.

Die Interpretation eines Information tragenden Signals weist im nachfolgenden Codebaum den Pfad zur zugehörigen Bedeutung. In Fällen, in denen die Bedeutung nur wenig differenziert (d.h. sehr allgemein) ist, kann der betreffenden Bedeutung ein sekundäres Signal zugeordnet werden, das dann in einer höher gelegenen Interpretationsebene erneut interpretiert wird, was dann den Pfad über einen sekundären Codebaum zu einer differenzierteren höheren Bedeutung führt. Dieses Schema lässt sich auf alle höheren Interpretationsebenen erweitern. Zur näheren Illustration obiger Ausführungen vier Beispiele:

1. Die Umgangssprache benutzt den Begriff „Information“ häufig im Sinne von „Wissen“. Wenn es z.B. heißt „Herr X verfügt über die Information, die andere Leute nicht in gleichem Umfang haben“, dann weiß Herr X mehr als die anderen Leute. Wenn Herr X dieses Wissen den verschiedenen anderen Leuten mitteilt, dann erhält jeder dieser anderen Leute Information, deren Höhe vom jeweils vorhandenen Vorwissen der betreffenden Leute abhängt. Bei geringem Vorwissen ist die Höhe der erhaltenen Information hoch, bei hohem Vorwissen ist die Höhe der erhaltenen Information niedrig. Für Herrn X hat das, was er den anderen Leuten mitteilt, im Sinne der Definition (2.13) eine Information der Höhe null, denn er weiß ja schon vorher, was er sagt. Er muss im Unterschied zu den anderen Leuten nichts interpretieren. Allerdings hat er bei der Auswahl dessen, was er sagen will, einen gewissen Aufwand zu leisten. Dieser besteht in der Anzahl an binären Auswahlschritten (bit), die er in seinem Codebaum aufwenden muss. Beim ideal angepassten Empfänger, der den gleichen Codebaum für seine Interpretation benutzt, vergl. die Codebäume in Abb. 2.1a, entspricht die Anzahl an Binärentscheidungen, die er bei seiner Interpretation treffen muss und die ihm die Informations-höhe liefert, genau der aufgewendeten Anzahl der binären Auswahlschritte auf der Sendeseite. Der Mitteilende produziert reale Information, auch wenn sie für ihn die Höhe null hat. In Abschn. 2.6.1 wird gezeigt, dass für den Aufwand gleichartige Formeln gelten wie für die Informationshöhen.

2. In der Techniksprache wird statt „Daten“ (vergl. Abschn. 1.1.2) häufig „Information“ gesagt. Es heißt z.B. oft, dass Information gespeichert, übertragen, verarbeitet wird, obwohl das, was da gespeichert oder übertragen oder verarbeitet wird, demjenigen, der damit umgeht, in vielen Fällen vollständig bekannt ist, also im Sinne der Definition (2.13) eine Informationshöhe null hat. Für denjenigen dagegen, der die Daten zunächst nicht kennt, und der die Daten erstmals registriert, liefern die Daten eine Information bestimmter Höhe, vorausgesetzt, er kann sie richtig interpretieren. Welchen Wert genau diese Informationshöhe hat, hängt von der speziellen Struktur seines subjekti-ven Codebaums ab.

3. Gleiches wie in der Techniksprache gilt beim Schrifttum der Molekularbiologie, wo oft von „genetischer Information“ die Rede ist. Mit dieser genetischen Information sind die Daten von Bauanweisungen für die Synthese von Proteinen gemeint. Diese Baupläne sind durch eine Folge aus vier verschiedenen, mit A (Adenin), C (Cytosin), G (Guanin), T (Thymin), und bezeichneten DNA-Basen verschlüsselt. Information liefern diese verschlüsselten Bauanweisungen in Form einer Master-Slave-Kommunikation (siehe Abschn. 1.2.3) an nachgeordnete chemische Prozessoren, wo abhängig von der Folge der DNA-Basen die Protein-Synthese gesteuert wird. Welchen Wert genau diese Informationshöhe für den chemischen Prozessor hat, hängt von der Zahl der Alternativen ab, die der Prozessor für die Synthese verschiedener Proteine hat, und wie hoch deren Nutzungshäufigkeiten sind. Dem Molekularbiologen liefert die Folge der DNA-Basen Information dann, sobald er die Folge erstmals entschlüsselt und ihre Bedeutungen verstanden hat. Der Wert der Informationshöhe hängt in seinem Fall davon ab, über wie viele Interpretationsebenen mit welchen Codebäumen er zum endgültigen und hinreichendem Verständnis gelangt ist.

Anmerkungen:

DNA ist die Abkürzung von Desoxyribonukleinsäure. In ihr treten aus chemischen Gründen A, C, G, T immer nur als geordnete Basenpaare AT, TA, CG und GC auf. Für die Proteinsynthese spaltet sich die DNA mit ihren Basenpaaren der Länge nach auf und bildet so die RNA (Ribonukleinsäure) mit nur einer Hälfte eines jeden Basenpaares. Dabei wird noch T durch U (Uracil) ersetzt. Von Bedeutung für die Proteinsynthese sind in der RNA sogenannte Triplets aus Folgen von je drei der vier Basen A, C, G, U. Es gibt $4^3 = 64$ verschiedene Triplets. Beim biologischen Prozess erfolgt der Transfer von Information von der DNA zur RNA und von der RNA zur Proteinsynthese. Nähere Einzelheiten darüber findet man z.B. bei M. Weber (2011).

4. Wenn es von einem Datenspeicher heißt, dass er N bit speichern kann (z.B. $N = 10^9$), was z.B. mit Hilfe von Binärimpulsen, den Bits (vergl. Abb. 1.3b), geschieht, dann liefert der volle Speicher beim Auslesen die Informationshöhe N bit, sofern die ausgelesene Bit-Folge Bit für Bit interpretiert wird. Die Entropie (das ist, wie in Abschn. 2.1.1 gesagt, die durchschnittliche Informationshöhe pro Ereignis d.h. hier pro Bit) beträgt dann 1 bit pro Bit, egal was mit der Gesamtheit aller gespeicherten Bit auch immer codiert sein mag. Wenn dagegen die ausgelesene Bit-Folge nicht Bit für Bit interpretiert wird, sondern immer Kombinationen aus 5 Bit als jeweils Ganzes (d.h. als ein Ereignis) interpretiert werden, weil die (lateinischen) Buchstaben eines deutschsprachigen Textes mit je 5 Bit pro Buchstabe codiert und gespeichert wurden, dann beträgt beim Auslesen die Entropie weniger als 1 bit pro Bit. Das liegt daran, weil bei deutschsprachigen Texten die verschiedenen Buchstaben nicht mit gleicher, sondern mit unterschiedlichen Wahrscheinlichkeiten auftreten und somit eine Codierung nach Art des Codebaums in Abb. 2.1c effizienter ist als eine gleichmäßige Codierung mit je 5 Bit nach Art des Codebaums in Abb. 2.1b. Für eine optimale Codierung der in deutschsprachigen Texten auftretenden Buchstaben werden im Mittel nur etwa 4,11 bit pro Buchstabe benötigt, was man z.B. bei Steinbuch/Rupprecht (1973) nachlesen kann. Die Entropie beträgt deshalb nur etwa (4,11/5) bit pro Bit = 0,822 bit pro Bit. Dies verdeutlicht die Abhängigkeit der (mittleren) Informationshöhe von der Wahl der Interpretationsebene.

Bemerkungen zur Wahrscheinlichkeit

Wenn man von einem bekannten Text eines Buches manche Details vergessen hat oder über diese im Unsicheren ist, dann liefert das Nachlesen in gleichem Umfang Information, wie durch das Nachlesen Unsicherheit beseitigt wird. Die quantitative Höhe dieser Information bestimmt sich nach (2.13) aus der Wahrscheinlichkeit, mit der man das Gelesene vorher erwartet hatte. Gibt es aus Sicht des Lesers viele Möglichkeiten für das, was ihm das Nachlesen liefern kann, dann ist in der Regel die Wahrscheinlichkeit gering für das, was er beim Nachlesen erfährt, und damit die Information des Gelesenen hoch. Die (subjektiv empfundene) Höhe dieser Information hängt nicht vom Inhalt (ob Bus-Fahrplan, Kochrezept oder Zeitungsnotiz) des Gelesenen ab, sondern nur von der (subjektiv vorhandenen oder empfundenen) Höhe der a-priori-Wahrscheinlichkeit.

Der Umgang mit Wahrscheinlichkeiten betrifft zwei verschiedene Felder:

1. Das Rechnen mit gegebenen Wahrscheinlichkeitswerten verschiedener Ereignisse (Wahrscheinlichkeitstheorie) und

2. Die Bestimmung der Zahlenwerte von Wahrscheinlichkeiten

Die Informationstheorie von Shannon ist eine angewandte Wahrscheinlichkeitstheorie. Die Wahrscheinlichkeitstheorie ist ihrerseits eine axiomatische Theorie (Näheres hierzu folgt in Abschn. 2.3.3), die auf einem festen logischen Fundament aufgebaut ist.

Für die Bestimmung der Zahlenwerte von Wahrscheinlichkeiten gibt es abhängig von der jeweils gegebenen Situation verschiedene Wege oder Methoden:

a.) Die exakte Bestimmung bei Vorliegen idealer und fest umrissener Verhältnisse. Ideale und fest umrissene Verhältnisse liegen z.B. beim idealen Würfelwurf vor.

b.) Die experimentelle Bestimmung anhand von Messwerten mittels Statistik und mathematischen Schätztheorien. Die Schätztheorie liefert Wahrscheinlichkeitswerte und auch Vertrauensintervalle für diese Werte, wobei die Vertrauensintervalle ihrerseits ebenfalls nur Wahrscheinlichkeitsaussagen sind.

c.) Die auf Grund eines subjektiven Gefühls vorgenommene Schätzung. Die dabei zustande kommenden Wahrscheinlichkeitswerte hängen vom Vorwissen und von der Abstimmung des unten noch zu erklärenden „Aufmerksamkeitskanals“ ab.

Von den Wegen a.), b.) und c.) liefert allein der Weg a.) stets objektiv richtige Wahrscheinlichkeitswerte. „Objektiv“ bedeutet, dass die Wahrscheinlichkeitswerte nicht von der Person abhängen, sofern die Person die Methode richtig anwendet.

Der Weg b.) liefert ebenfalls objektive Werte. Im Unterschied zum Weg a.) kann der Weg b.) aber zu beliebig großen Fehlern bei realen Anwendungen führen, wenn bei Bestimmung der Wahrscheinlichkeitswerte solche Messdaten verwendet werden, die nicht hinreichend repräsentativ für den tatsächlichen Zufallsprozess sind. (Solche Fälle haben manche Leute zu der Aussage veranlasst, dass die Statistik die schlimmste aller Lügen sei).

Der Weg c.) liefert von Person zu Person im Allgemeinen unterschiedliche Werte, die zudem nur sehr grob sind.

2.2.3 Aufmerksamkeitskanal und Wahrscheinlichkeitsraum

Was ein Aufmerksamkeitskanal ist, haben besonders Schulpädagogen bemerkt, die diesen Begriff wohl auch geprägt haben. Es gibt Schüler, die von einer vorgetragenen Thematik absolut nichts mitbekommen, obwohl sie das Vorgetragene gut hören und sie zudem auch nicht unbegabt sind. Die Ursache dieser Erscheinung liegt darin, dass ein solcher Schüler seine Aufmerksamkeit voll auf andere Dinge richtet, z.B. auf den Nebenmann, auf die Kleidung des Lehrers oder auf sonst etwas, nur nicht auf das, was vorgetragen wird. Abhilfe schafft da nur ein starkes Signal, das die Aufmerksamkeit in eine neue Richtung lenkt.

Aufmerksamkeit lenkende oder erregende Signale sind eine allgemeine Erscheinung bei jeder Art von Kommunikation. M. Tomasello (2009) hat z.B. beobachtet, dass Primaten (Affen) durch ein besonderes Signal (Schrei) zuerst die Aufmerksamkeit beim Adressaten erregen, um danach mittels Gesten ihr Anliegen mitzuteilen. Bei der Telekommunikation wird, wie bereits in Abschn. 1.1 beschrieben, der Beginn einer Sitzung (das ist die Zeitspanne während z.B. eines Telefonats) durch ein Wecksignal (z.B. Klingelton) in Gang gebracht wird.

In Abschn. 2.1.3 wurde bereits ausgeführt, dass die Anzahl möglicher Bedeutungen, die der Mensch unterscheiden kann, immens ist, wie die Formeln (2.10) und (2.11) verdeutlichen. Eine gleichzeitige Präsenz aller möglichen Bedeutungen im aktuellen Bewusstsein würde eine nicht mehr zu bewältigende Situation heraufbeschwören. Das illustrieren bereits einfache Vergleiche aus dem technischen Alltagsleben:

a.) Der Massenspeicher (Festplatte) eines gewöhnlichen Personal-Computers (PC) hat eine Speicherkapazität von 1 TByte und mehr (Ein Byte entspricht 8 Bit, 1 TByte sind 10^{12} Byte). Der Arbeitsspeicher des PC hat dagegen eine Speicherkapazität, die meist mehr als zehntausendmal geringer ist als die Speicherkapazität des Massenspeichers. Im Arbeitsspeicher befinden sich jeweils nur diejenigen Daten, mit denen der Prozessor aktuell beschäftigt ist. Wenn der Prozessor bei jedem Rechenschritt immer auf den Massenspeicher zugreifen müsste, dann würden die Berechnungen sehr viel Zeit benötigen, weil die Zugriffszeit umso größer wird, je größer die Speicherkapazität ist.

b.) In der Ladenkasse eines Geschäfts befindet sich nie mehr Geld, als tagesaktuell gebraucht und eingenommen wird. Größere Geldmengen, die für die Zulieferungen des Großhändlers oder Herstellers sowie für die Ladenmiete usw. gebraucht werden, liegen auf einem Bankkonto. Würde das gesamte Geldvermögen in der Ladenkasse aufbewahrt, dann brächte das manche Schwierigkeiten mit sich.

Damit beim Menschen die Kommunikation rasch und erträglich ablaufen kann, ist es zweckmäßig, wenn er nur diejenigen Bedeutungen in seinem Bewusstsein bereit hält, die er für die Thematik der gerade aktuell laufenden Kommunikation benötigt. Entsprechendes gilt für sein Nachdenken. Er konzentriert sich dabei auf ein beschränktes Gebiet oder spezielles Problem, für dessen Behandlung nur eine vergleichsweise geringe Anzahl von Bedeutungen und Begriffen erforderlich ist. Diese geringe Anzahl von Bedeutungen und Begriffen bildet eine *Teilmenge* der Menge aller Bedeutungen und Begriffe, die der Mensch unterscheiden kann.

Ein *Aufmerksamkeitskanal mündet in* diejenige *Teilmenge* von Bedeutungen, mit der sich die betreffende Person gerade befasst. Der Aufmerksamkeitskanal kann so selektiv sein, dass die Person geradezu taub und blind für andere Geschehnisse und Fakten ist, deren Bedeutungen nicht zur Teilmenge gehören, mit der sich aktuell das Bewusstsein der Person befasst. [Selektive Aufmerksamkeitskanäle kann man auch im Tierreich beobachten, z.B. bei Insekten während der Paarung. Deren Aufmerksamkeit ist so stark auf den Sexualpartner gerichtet, dass sie äußere Gefahren überhaupt nicht mehr registrieren und sich leicht fangen lassen].

Ein *Wahrscheinlichkeitsraum* enthält die Wahrscheinlichkeiten einer fest umgrenzten und definierten Menge von Ereignissen. Diese fest umgrenzte und definierte Menge kann ihrerseits eine Teilmenge (auch Untermenge genannt) einer größeren, d.h. mehr Elemente enthaltenden Menge sein. (Eine genaue Erklärung, was Elemente, Ereignisse und Wahrscheinlichkeitsraum sind, folgt unten im nachfolgenden Abschn. 2.3).

Nochmal:
Jeder Aufmerksamkeitskanal führt in einen zugeordneten eigenen Wahrscheinlichkeitsraum, der nur eine Teilmenge der Menge aller unterscheidbaren Bedeutungen erfasst.

Je weniger Bedeutungen unterschieden werden, desto größer werden im Mittel die Wahrscheinlichkeiten dieser Bedeutungen und damit umso geringer deren Informationshöhen. Das bringt auch einen kleineren Codebaum mit sich, was die empfangsseitigen Entscheidungsprozesse einfacher und schneller macht.

Im Verlauf eines Kommunikationsprozesses kann Verschiedenes passieren. Dazu gehören:

a. Anpassung des Codebaums eines Wahrscheinlichkeitsraums auf der Empfangsseite durch genauer werdende Schätzung der Wahrscheinlichkeiten, mit denen auf der Sendeseite die einzelnen Bedeutungen ausgewählt werden. Aus a-priori-Wahrscheinlichkeiten werden (weniger subjektive) a-posteriori-Wahrscheinlichkeiten.

b. Erweiterung des Wahrscheinlichkeitsraums und des Codebaums, weil sich die Kommunikation zunehmend auf weitere Bedeutungen bezieht (auch der umgekehrte Fall einer Reduzierung kann eintreten). Erweiterung bedeutet auch eine Kaskadierung von Codebäumen, d.h. dass dort, wo ein Codebaum in eine Bedeutung endet, die Wurzel eines nächsten Codebaums beginnt. Bei Shannon war das bei der Herleitung der Formel für die Entropie eine zu erfüllende Bedingung, siehe Abschn. 2.5.1.

c. Wechsel in einen völlig anderen Wahrscheinlichkeitsraum, weil bei der Kommunikation das Thema gewechselt wird.

Die geschilderten Zusammenhänge werden in der folgenden Aussage **[2.4]** festgehalten:

[2.4] Informationstheorie und Wahrscheinlichkeitstheorie

Informationstheorie ist eine angewandte Wahrscheinlichkeitstheorie. Die Informationstheorie steht mit der Wahrscheinlichkeitstheorie auf einem festen logischen Fundament, das unabhängig davon ist, auf welche Weise und wie genau die Zahlenwerte der verwendeten Wahrscheinlichkeiten bestimmt werden. Letztere beziehen sich in der Regel auf Ereignisse in abgegrenzten Wahrscheinlichkeitsräumen.

Vor der Behandlung weiterer Zusammenhänge der Informationstheorie folgt zunächst erst ein Exkurs zur Wahrscheinlichkeitstheorie.

2.3 Exkurs zur Wahrscheinlichkeitstheorie

Da die Höhe einer Information aufs Engste mit der Wahrscheinlichkeit ihres Empfangs verbunden ist, werden in diesem Abschnitt die wichtigsten Zusammenhänge der Wahrscheinlichkeitstheorie vorgestellt und an Beispielen erläutert.

2.3.1 Ereignisse, Mengen und Wahrscheinlichkeiten

Der Begriff „zufälliges Ereignis" sei nun am Beispiel eines Würfelwurfs näher erläutert. Beim Würfelwurf sind bekanntlich 6 verschiedene Ergebnisse $\varsigma_1, \varsigma_2, \varsigma_3, \varsigma_4, \varsigma_5$ und ς_6 möglich, weil der Würfel 6 Flächen hat. Üblicherweise drückt jedes dieser Ergebnisse eine Augenzahl aus, nämlich $\varsigma_1 = 1$, $\varsigma_2 = 2$, $\varsigma_3 = 3$, usw. $\varsigma_6 = 6$ Augen. (Möglich sind aber z.B. auch 6 verschiedene Farben, nämlich $\varsigma_1 =$ rot, $\varsigma_2 =$ grün, $\varsigma_3 =$ gelb usw. $\varsigma_6 =$ blau.)

Jedes dieser möglichen Ergebnisse stellt ein „elementares zufälliges Ereignis" dar und hat (wenn der Würfel ideal ist) die Wahrscheinlichkeit $P = \frac{1}{6}$. Ausführlich geschrieben heißt das

$$P(\varsigma_1) = P(\varsigma_2) = P(\varsigma_3) = P(\varsigma_4) = P(\varsigma_5) = P(\varsigma_6) = \tfrac{1}{6} \tag{2.18}$$

Die Gesamtheit aller möglichen Ergebnisse ς_i mit $i = 1, 2, \ldots, 6$ bildet die sogenannte Ergebnismenge

$$\mathbf{\Omega} = \{\varsigma_1, \varsigma_2, \varsigma_3, \varsigma_4, \varsigma_5, \varsigma_6\} \tag{2.19}$$

Die möglichen Ergebnisse ς_i werden auch als „Elemente" der Ergebnismenge $\mathbf{\Omega}$ bezeichnet. Mengen werden hier durch geschweifte Klammern { } gekennzeichnet. Jedes Element ς_i stellt zugleich auch eine Teilmenge $\{\varsigma_i\}$ von $\mathbf{\Omega}$ dar, weshalb statt $P(\varsigma_i)$ auch $P(\{\varsigma_i\})$ geschrieben werden kann und umgekehrt $P(\{\varsigma_i\})$ statt $P(\varsigma_i)$.

Wichtig ist nun, dass nicht nur jedes Element der Ergebnismenge $\mathbf{\Omega}$ (wie oben erwähnt) ein zufälliges Ereignis bildet, sondern dass darüber hinaus *auch jede andere Teilmenge* **A** der Ergebnismenge $\mathbf{\Omega}$ ein zufälliges Ereignis darstellt. So ist z.B. das Ereignis „gerade Augenzahl" gegeben durch die Teilmenge

$$\mathbf{A}_g = \{\varsigma_2, \varsigma_4, \varsigma_6\} \tag{2.20}$$

Dieses Ereignis „gerade Augenzahl" gilt als eingetroffen, wenn das Ergebnis des Würfelwurfs ein Element der Teilmenge $\mathbf{A}_g = \{\varsigma_2, \varsigma_4, \varsigma_6\}$ ist, wenn also das Ergebnis ς_2 oder ς_4 oder ς_6 lautet. Die Wahrscheinlichkeit des Ereignisses „gerade Augenzahl" ist

$$P(\mathbf{A}_g) = \tfrac{1}{2}\,. \tag{2.21}$$

Der Wert dieser Wahrscheinlichkeit $P(\mathbf{A}_g) = \tfrac{1}{2}$ ergibt sich daraus, dass 3 von 6 möglichen Ergebnissen das Ereignis „gerade Augenzahl" liefern, siehe unten **[2.5]**.

Anmerkung:
Gerade Augenzahl bedeutet auch, dass zwischen ς_2, ς_4 und ς_6 nicht unterschieden wird, sondern alle als gleich (ς_g) interpretiert werden, vergl. hierzu Abschn. 2.1.2 Punkt (b).

[2.5] Zur Bestimmung von Wahrscheinlichkeitswerten:

Bei einem idealen (d.h. nicht manipulierten) Würfel und in sonstigen ähnlich gelagerten Fällen ergibt sich die Wahrscheinlichkeit als Quotient aus „Anzahl der interessierenden Ergebnisse" dividiert durch „Anzahl der möglichen Ergebnisse".

In entsprechender Weise wie beim Ereignis „gerade Augenzahl" lassen sich andere Ereignisse formulieren und ihre Wahrscheinlichkeiten angeben. So gilt z.B. für das Ereignis „Augenzahl kleiner als 3" die Teilmenge

$$\mathbf{A}_{<3} = \{\varsigma_1, \varsigma_2\} \tag{2.22}$$

Das Ereignis „Augenzahl kleiner als 3" ist eingetroffen, wenn das Ergebnis des Würfelwurfs ς_1 oder ς_2 lautet. Die Wahrscheinlichkeit hierfür ist

$$P(\mathbf{A}_{<3}) = \tfrac{1}{3} \tag{2.23}$$

Das „sichere Ereignis" gilt als eingetroffen, wenn das Ergebnis ein beliebiges Element der Ergebnismenge $\mathbf{\Omega}$ ist. Die zugehörige Wahrscheinlichkeit ist

$$P(\mathbf{\Omega}) = 1 \tag{2.24}$$

Die mit $P(\mathbf{\Omega}) = 1$ gelieferte Informationshöhe ist null, denn man weiß ja auch schon vor dem Würfelwurf, dass eines der Ergebnisse (2.19) eintreffen wird.

2.3.2 Verknüpfung von Mengen, Ereignissen und Wahrscheinlichkeiten

Wie eingangs von Abschnitt 2.3.1 gesagt wurde, ist jede Teilmenge der Ergebnismenge eines Zufallsexperiments ein Ereignis. Beispiele von Teilmengen bzw. Ereignissen sind beim Würfelwurf die oben genannten Fälle „gerade Augenzahl" und „Augenzahl kleiner als 3".

Aus Mengen (auch Teilmengen) können durch Anwendung von *Mengenoperationen* neue Mengen gebildet werden und damit auch neue Fälle von möglichen Ereignissen. Die elementaren Mengenoperationen betreffen die Bildung von:

- Vereinigung
- Durchschnitt
- Komplement

A: *Zur Vereinigung*

Die Vereinigung der Menge $\mathbf{A} = \{a_1, a_2, a_3, \dots\}$ mit der Menge $\mathbf{B} = \{b_1, b_2, b_3, \dots\}$ ist dadurch definiert, dass die resultierende Menge **C** alle Elemente der Menge **A** und der Menge **B** enthält. Die Vereinigung wird durch das Formelzeichen $\cup$ ausgedrückt:

$$\mathbf{C} = \mathbf{A} \cup \mathbf{B} = \{a_1, a_2, a_3, \dots, b_1, b_2, b_3, \dots\} \tag{2.25}$$

So gilt beispielsweise für (2.20) $a_1 = \varsigma_2$, $a_2 = \varsigma_4$, $a_3 = \varsigma_6$ und für (2.22) $b_1 = \varsigma_1$, $b_2 = \varsigma_2$ und damit für die Vereinigung von $\mathbf{A}_g$ und $\mathbf{A}_{<3}$ (hierbei wird ein Element, das beide Mengen gemeinsam haben, im Resultat nur einmal aufgeführt)

$$\mathbf{C} = \mathbf{A}_g \cup \mathbf{A}_{<3} = \{\varsigma_2, \varsigma_4, \varsigma_6\} \cup \{\varsigma_1, \varsigma_2\} = \{\varsigma_1, \varsigma_2, \varsigma_4, \varsigma_6\} \tag{2.26}$$

Die Menge (2.26) entspricht beim Würfelwurf dem Ereignis „Augenzahl kleiner 3 *oder* geradzahlig". Das Wort *oder* ist hier inklusiv im Sinne von *sowohl dies wie alternativ auch jenes* zu verstehen. Das Ereignis „Augenzahl kleiner 3 *oder* geradzahlig" ist eingetroffen, wenn das Ergebnis ein Element der Menge (2.26) ist. Seine Wahrscheinlichkeit ist

$$P(\mathbf{A}_g \cup \mathbf{A}_{<3}) = \tfrac{4}{6} = \tfrac{2}{3} \tag{2.27}$$

Alle Teilmengen lassen sich mit Hilfe der Operation „Vereinigung" aus elementaren Mengen, die nur je ein einziges Element enthalten, zusammensetzen. So ergibt sich z.B. für „gerade Augenzahl"

$$\mathbf{A}_g = \{\varsigma_2, \varsigma_4, \varsigma_6\} = \{\varsigma_2\} \cup \{\varsigma_4\} \cup \{\varsigma_6\} \tag{2.28}$$

Für die zugehörigen Wahrscheinlichkeiten gilt

$$P(\mathbf{A}_g) = P(\{\varsigma_2, \varsigma_4, \varsigma_6\}) = \tfrac{1}{2} = P(\varsigma_2) + P(\varsigma_4) + P(\varsigma_6) = \tfrac{1}{6} + \tfrac{1}{6} + \tfrac{1}{6} = \tfrac{1}{2} \tag{2.29}$$

Bei der Vereinigung ergibt sich also hier die Wahrscheinlichkeit der resultierenden Menge $\mathbf{A}_g$ als Summe der Wahrscheinlichkeiten der in ihr enthaltenen Elemente. Dasselbe erhält man, wenn man die Menge $\mathbf{A}_{<3} = \{\varsigma_1, \varsigma_2\}$ durch Vereinigung ihrer Elemente $\{\varsigma_1\}$ und $\{\varsigma_2\}$ bildet.

Die Vereinigung aller elementaren Mengen $\{\varsigma_1\}$ liefert die Ergebnismenge $\mathbf{\Omega}$

$$\{\varsigma_1\} \cup \{\varsigma_2\} \cup \{\varsigma_3\} \cup \{\varsigma_4\} \cup \{\varsigma_5\} \cup \{\varsigma_6\} = \mathbf{\Omega} \tag{2.30}$$

Für die zugehörigen Wahrscheinlichkeiten gilt

$$P(\varsigma_1) + P(\varsigma_2) + P(\varsigma_3) + P(\varsigma_4) + P(\varsigma_5) + P(\varsigma_6) = P(\mathbf{\Omega}) = 1 \tag{2.31}$$

Es gilt aber nicht immer, dass bei der Vereinigung von Mengen, die Ereignisse darstellen, sich die zugehörigen Wahrscheinlichkeiten addieren. Dies illustriert der folgende Fall der Vereinigung der oben betrachteten Ereignisse $\mathbf{A}_g = \{\varsigma_2, \varsigma_4, \varsigma_6\}$ und $\mathbf{A}_{<3} = \{\varsigma_1, \varsigma_2\}$:

$$P(\mathbf{A}_g \cup \mathbf{A}_{<3}) = P(\{\varsigma_1, \varsigma_2, \varsigma_4, \varsigma_6\}) = \tfrac{2}{3} = \tfrac{4}{6} \tag{2.32}$$
$$\neq P(\mathbf{A}_g) + P(\mathbf{A}_{<3}) = P(\{\varsigma_2, \varsigma_4, \varsigma_6\}) + P(\{\varsigma_1, \varsigma_2\}) = \tfrac{1}{2} + \tfrac{1}{3} = \tfrac{5}{6}$$

Die Ungleichheit in (2.32) resultiert daraus, dass beide Mengen ein Element (hier ς_2) gemeinsam haben. Voraussetzung für die Addition von Wahrscheinlichkeiten ist, dass beide Mengen *keine* gemeinsamen Elemente haben.

Anmerkung:
Die Bedeutung des Formelzeichens $\cup$ lässt sich gut merken, wenn man es mit einem Topf vergleicht, in den die Elemente der zu verknüpfenden Mengen hinein geworfen werden und der Inhalt des Topfes die Ergebnismenge bildet.

B: *Zum Durchschnitt*

Der Durchschnitt einer Menge **A** und einer Menge **B** ist dadurch definiert, dass die resultierende Menge **C** nur diejenigen Elemente enthält, die so-wohl in **A** als auch in **B** enthalten sind. Der Durchschnitt wird durch das Formelzeichen $\cap$ ausgedrückt:

$$\mathbf{C} = \mathbf{A} \cap \mathbf{B} \tag{2.33}$$

So gilt beispielsweise für den Durchschnitt der Menge $\mathbf{A}_g = \{\varsigma_2, \varsigma_4, \varsigma_6\}$ in (2.20) und der Menge $\mathbf{A}_{<3} = \{\varsigma_1, \varsigma_2\}$ in (2.22)

$$\mathbf{C} = \mathbf{A}_g \cap \mathbf{A}_{<3} = \{\varsigma_2\} \tag{2.34}$$

Die Menge (2.34) entspricht beim Würfelwurf dem Ereignis „Augenzahl kleiner 3 *und* geradzahlig“. Das Wort *und* ist hier exklusiv im Sinne von *beides zugleich* zu verstehen.

Das Ereignis „Augenzahl kleiner 3 *und* geradzahlig“ ist eingetroffen, wenn das Ergebnis ein Element der Menge (2.34) ist. Seine Wahrscheinlichkeit ist

$$P(\mathbf{A}_g \cap \mathbf{A}_{<3}) = P(\varsigma_2) = \tfrac{1}{6} \tag{2.35}$$

Im Unterschied zur Bildung der Vereinigung kann man bei der Bildung des Durchschnitts von Teilmengen der Ergebnismenge $\mathbf{\Omega}$ des Würfelwurfs auf Situationen stoßen, die beim Würfelwurf gar nicht möglich sind. Ein Beispiel dafür liefert der Durchschnitt der Teilmengen $\mathbf{A}_g = \{\varsigma_2, \varsigma_4, \varsigma_6\}$ und $\mathbf{A}_{15} = \{\varsigma_1, \varsigma_5\}$. Diese beiden Teilmengen besitzen nicht ein einziges gemeinsames Element. Bildet man dennoch den Durchschnitt beider Teilmengen, dann liefert das formal die sogenannte „leere Menge“. Die leere Menge enthält kein Element und wird durch das Zeichen $\varnothing$ gekennzeichnet:

$$\mathbf{A}_g \cap \mathbf{A}_{15} = \{\varsigma_2, \varsigma_4, \varsigma_6\} \cap \{\varsigma_1, \varsigma_5\} = \varnothing = \{\} \tag{2.36}$$

Dieses Ergebnis entspricht beim Würfelwurf dem Ereignis „Augenzahl geradzahlig *und* zugleich entweder ς_1 oder ς_5“. Weil ein solches Ereignis unmöglich ist, wird ihm entsprechend (2.12) die Wahrscheinlichkeit null zugeordnet:

$$P(\varnothing) = 0 \tag{2.37}$$

Bei der Aufstellung der Ergebnismenge $\mathbf{\Omega} = \{\varsigma_1, \varsigma_2, \varsigma_3, \varsigma_4, \varsigma_5, \varsigma_6\}$ des Würfelwurfs war der Fall eines Ergebnisses oder Ereignisses $\varnothing$ gar nicht vorgesehen, weil er sinnlos erscheint. Denn wenn immer ein Würfelwurf stattfindet, kann sich nur ein Ergebnis einstellen, das ein Element von $\mathbf{\Omega}$ ist. Weil die Konzeption der Mengenlehre aber fordert, dass die Bildung eines Durchschnitts immer und uneingeschränkt möglich sein soll, folgt, *dass die leere Menge immer eine Teilmenge jeder beliebigen Menge sein muss.* Die nachträgliche Einbe-ziehung der leeren Menge $\varnothing$ ist ein Schritt von einer physisch realen in eine ideell abstrakte Sichtweise. Dieser Schritt, der keinen Einfluss auf die Ergebnisse in Abschn. 2.3.1 hat, wird sich weiter unten für viele Berechnungen als sehr praktisch erweisen.

Anmerkung:
Die Ergebnismenge bei der Durchschnitt-Operation wird auch als *Schnittmenge* bezeichnet. Eine Schnittmenge wurde bereits in Abb. 1.2 mit einer Graphik veranschaulicht. Wenn man sich dort die Umrandungen der graphisch dargestellten Mengen wie bei einer Stanze vorstellt, mit der z.B. Spekulatius aus einer dünnen Teigschicht heraus gestanzt wird, dann wird die Bedeutung des Formelzeichens $\cap$ anschaulich. Weiter unten in Abschn. 2.3.4 werden die drei Mengenoperationen Vereinigung, Durchschnitt und Komplement noch einmal graphisch mit sogenannten Venn-Diagrammen erläutert.

Wichtiger Hinweis:
Ab dem nachfolgenden Abschn. 2.3.3 wird stets vorausgesetzt, dass in jeder Menge immer auch die leere Menge $\varnothing = \{\ \}$ enthalten ist, wobei im Normalfall der leere Platz $\{\ \}$ nicht extra gekennzeichnet wird wie das z.B. in $\{\varsigma_1, \varsigma_2, \varsigma_3, \varsigma_4, \varsigma_5, \varsigma_6\}$ dargestellt ist. Um die Berücksichtigung der leeren Menge deutlich zu machen, wird ab Abschn. 2.3.3 statt von $\mathbf{\Omega}$ von stets einer „universalen Menge“ $\mathbf{U}$ die Rede sein, auch wenn $\mathbf{U}$ die Ergebnismenge eines Experiments darstellt, in welcher die leere Menge $\varnothing$ physisch gar nicht vorhanden sein kann[2.6].

[2.6] Die Einbeziehung der leeren Menge $\varnothing$ ist vergleichbar mit der Einbeziehung der Zahl 0 (Null) in die Menge der natürlichen Zahlen. Zum Zählen von Objekten genügen die natürlichen Zahlen 1, 2, 3, 4, … usw., die deshalb auch den Ursprung aller Mathematik bilden. Das römische Zahlensystem kannte noch keine Null, weil sie für das Zählen und Addieren nicht benötigt wird. Erst die Forderung, dass zusätzliche mathematische Operationen wie Subtrahieren, Dividieren, Wurzelziehen und weitere uneingeschränkt auf beliebige Zahlen anwendbar sein sollen (ausgenommen Division durch Null), führte zu erweiterten Zahlenmengen wie die Menge der natürlichen Zahlen einschließlich der Null $\mathbf{N} = \{0, 1, 2, 3, \ldots\}$, ferner die Menge der ganzen Zahlen, die auch negative Zahlen enthalten, die Menge der rationalen Zahlen, die Menge der komplexen Zahlen und weitere. Über die Geschichte der Zahl Null, die manche Mathematiker, z.B. A. Beutelspacher, als die wichtigste Zahl ansehen, findet man bei W. Görke (2002) detaillierte Angaben. Auch die Mengenlehre hat im Verlauf ihrer Entwicklung neben der Einbeziehung der leeren Menge $\varnothing$ noch zusätzliche Erweiterungen erfahren, auf die hier aber nicht eingegangen werden muss, weil sie für die hierbehandelte Wahrscheinlichkeitstheorie nicht benötigt werden. Ein leerer Platz ist auch in Bedeutungslisten wichtig, siehe (2.9).

Generell werden zwei Mengen, die keine gemeinsamen Elemente besitzen, als ***disjunkt*** bezeichnet. Der Durchschnitt zweier disjunkter Mengen liefert immer die „leere Menge“:

$$\mathbf{C} = \mathbf{A} \cap \mathbf{B} = \varnothing \text{, wenn } \mathbf{A} \text{ und } \mathbf{B} \text{ disjunkt} \tag{2.38}$$

Ereignisse, die disjunkte Mengen darstellen, bezeichnet man als *sich* ***gegenseitig ausschließende Ereignisse***.

Bei den Elementen (Ergebnissen) ς_i der Ergebnismenge eines Zufallsexperiments handelt es sich stets um sich gegenseitig ausschließende Ereignisse. Dies führte bei den Beispielen der geraden Augenzahl (2.28) und (2.29) sowie der Ergebnismenge (2.30) und (2.32) zum Ergebnis, dass sich die zugehörigen Wahrscheinlichkeiten addieren. Dieselbe Aussage über die Addition der Wahrscheinlichkeiten gilt aber auch für solche sich gegenseitig ausschließende Ereignisse, die durch Mengen beschrieben werden, die mehr als nur ein einziges Element enthalten. Das sei nun wieder am Beispiel der Mengen $\{\varsigma_2, \varsigma_4, \varsigma_6\}$ und $\{\varsigma_1, \varsigma_5\}$ illustriert. Diese Ereignisse haben die Wahrscheinlichkeiten

$$P(\{\varsigma_2, \varsigma_4, \varsigma_6\}) = \tfrac{3}{6} \quad \text{und} \quad P(\{\varsigma_1, \varsigma_5\}) = \tfrac{2}{6} \tag{2.39}$$

Die Vereinigung beider Mengen liefert

$$\{\varsigma_2, \varsigma_4, \varsigma_6\} \cup \{\varsigma_1, \varsigma_5\} = \{\varsigma_1, \varsigma_2, \varsigma_4, \varsigma_5, \varsigma_6\} \tag{2.40}$$

und für die Wahrscheinlichkeit des Ereignisses $\{\varsigma_1, \varsigma_2, \varsigma_4, \varsigma_5, \varsigma_6\}$ ergibt sich

$$P(\{\varsigma_1, \varsigma_2, \varsigma_4, \varsigma_5, \varsigma_6\}) = \tfrac{5}{6} = P(\{\varsigma_2, \varsigma_4, \varsigma_6\}) + P(\{\varsigma_1, \varsigma_5\}) \tag{2.41}$$

Die hier an Beispielen gewonnenen Ergebnisse erweisen sich als allgemeingültig für beliebige sich gegenseitig ausschließende Ereignisse und bilden deshalb einen grundlegenden Bestandteil der axiomatischen Wahrscheinlichkeitstheorie, siehe Abschn. 2.3.3.

Wegen ihrer Wichtigkeit sei folgende Aussage festgehalten:

> **[2.6]** Wahrscheinlichkeiten bei sich gegenseitig ausschließenden Ereignissen
>
> Die Wahrscheinlichkeiten von sich gegenseitig ausschließenden Ereignissen addieren sich.

Ebenfalls fundamental ist das oben in (2.31) dargestellte Ergebnis. Es lässt sich wie folgt verallgemeinern:

Generell gilt bei N Elementen ς_i, $i = 1, 2, \ldots, N$ (beim Würfel ist $N = 6$) mit $P(\varsigma_i) = P_i$

$$\sum_{i=1}^{N} P_i = 1 \tag{2.42}$$

Dieses Resultat kommt dadurch zustande, dass einerseits – wie mit den Ausführungen über die Vereinigung von Mengen gezeigt wurde – sich bei der Vereinigung von solchen Mengen, die je nur ein einziges Element enthalten, die zugehörigen Wahrscheinlichkeiten addieren, und dass andererseits bei Vereinigung aller derartiger Mengen (d.h. aller Elemente ς_i) die Ergebnismenge $\mathbf{\Omega}$ entsteht, für die gemäß (2.24) $P(\mathbf{\Omega}) = 1$ gilt.

C: *Zum Komplement*

Das Komplement einer Menge **A** wird mit $\overline{\mathbf{A}}$ bezeichnet. Bei einem Zufallsexperiment enthält $\overline{\mathbf{A}}$ alle diejenigen Elemente der Ergebnismenge $\mathbf{\Omega}$, die nicht in der Menge **A** enthalten sind. So gilt beispielsweise für das Komplement von $\mathbf{A}_{<3} = \{\varsigma_1, \varsigma_2\}$ mit (2.19) und (2.22)

$$\overline{\mathbf{A}}_{<3} = \{\varsigma_3, \varsigma_4, \varsigma_5, \varsigma_6\} \tag{2.43}$$

Die Menge (2.43) kennzeichnet das Ereignis „Augenzahl *nicht* kleiner als 3". Die zugehörige Wahrscheinlichkeit ist

$$P(\overline{\mathbf{A}}_{<3}) = \tfrac{4}{6} = \tfrac{2}{3} \tag{2.44}$$

Für jede beliebige[2.7] Menge **A** gilt, dass die Vereinigung mit ihrem Komplement $\overline{\mathbf{A}}$ die Ergebnismenge $\mathbf{\Omega}$ liefert:

$$\mathbf{A} \cup \overline{\mathbf{A}} = \mathbf{\Omega} \tag{2.45}$$

Da die durch **A** und $\overline{\mathbf{A}}$ gekennzeichneten Ereignisse sich gegenseitig ausschließen, addieren sich deren Wahrscheinlichkeiten. Mit Berücksichtigung von (2.12) ergibt sich also

$$P(\mathbf{A}) + P(\overline{\mathbf{A}}) = P(\mathbf{\Omega}) = 1 \tag{2.46}$$

Weil, wie im Anschluss an (2.37) ausgeführt wurde, aufgrund der Konzeption der Mengenlehre die leere Menge $\varnothing$ in jeder Menge enthalten ist, lässt sich auch das Komplement zur Ergebnismenge $\mathbf{\Omega}$ bilden. Das führt auf

$$\overline{\mathbf{\Omega}} = \varnothing \tag{2.47}$$

Ersetzt man in (2.46) die Menge **A** durch die leere Menge $\varnothing$, dann erhält man

$$P(\mathbf{\Omega}) + P(\overline{\mathbf{\Omega}}) = P(\mathbf{\Omega}) + P(\varnothing) = P(\mathbf{\Omega}) = 1, \tag{2.48}$$

woraus sich ebenfalls die in (2.37) gemachte Aussage $P(\varnothing) = 0$ ergibt

2.3.3 Axiome von Kolmogorov und Folgerungen

Die in den Abschnitten 2.3.1 und 2.3.2 anhand von Beispielen illustrierten Zusammenhänge liefern bereits die Basis der gesamten Wahrscheinlichkeitstheorie. Vom Mathematiker A. Kolmogorov stammen die folgenden

Axiome der Wahrscheinlichkeitstheorie:

I. $P(\mathbf{A}) \geq 0$
II. $P(\mathbf{U}) = 1$
III. $P(\mathbf{A} \cup \mathbf{B}) = P(\mathbf{A}) + P(\mathbf{B})$ wenn $\mathbf{A} \cap \mathbf{B} = \varnothing$ (disjunkt, sich gegenseitig ausschließend)

In diesen Axiomen sind **A** und **B** beliebige, durch Mengen dargestellte Ereignisse.

[2.7] Dazu gehören auch die leere Menge $\varnothing$ und die Ergebnismenge $\mathbf{\Omega}$.

Axiom I besagt, dass die Wahrscheinlichkeit eines beliebigen Ereignisses **A** niemals negativ sein kann. In Axiom II kennzeichnet **U** die "universale Menge", die alles umfasst, was in die Betrachtung einbezogen wird, auch die leere Menge $\varnothing$. Die universale Menge, die beliebig viele Elemente enthalten kann, entspricht dem sicheren Ereignis in (2.12). In Axiom III sind **A** und **B** beliebige Teilmengen von **U**. Die Mengenoperationen Vereinigung, Durchschnitt und Komplement können in **U** *uneingeschränkt* durchgeführt werden.

Die Ergebnismenge $\mathbf{\Omega}$ des Würfelwurfs, bei dem in Abschn. 2.3.1 nur die 6 Würfelflächen betrachtet wurden, ist ein Beispiel für eine universale Menge **U**, wenn man dort auch noch die leere Menge $\varnothing = \{\ \}$, also das unmögliche Ereignis, von vornherein mit einbezieht. Die Beziehung $P(\varnothing) = 0$ ist für Berechnungen im Bereich der Wahrscheinlichkeitstheorie sehr nützlich. Bei der Bestimmung der Informationshöhe bleibt der Fall $P = 0$ allerdings ausgeschlossen, er lässt sich erst bei der Berechnung der Entropie berücksichtigen.

Die Axiome sagen nichts darüber aus, wie man an die Zahlenwerte der Wahrscheinlichkeiten P kommt. Die Axiome bestimmen lediglich die Beziehungen zwischen den Wahrscheinlichkeiten. Die Zahlenwerte erhält man entweder a-priori gemäß Aussage **[2.5]** in Abschn. 2.3.1 oder a-posteriori mit Hilfe der Statistik oder durch subjektive (z.B. gefühlsmäßige) Einschätzung. Letztere liefert natürlich nur sehr grobe Zahlenwerte für die Wahrscheinlichkeit, sind aber für die subjektiv empfundene Information wesentlich. Die Axiome sind unabhängig davon, auf welche Weise und wie genau die Zahlenwerte für Wahrscheinlichkeiten bestimmt werden.

Die Axiome von Kolmogorov bilden die Ausgangspunkte, aus denen sich alle Zusammenhänge der Wahrscheinlichkeitstheorie herleiten lassen. So lässt sich allgemein z.B. zeigen, dass für sich *nicht* gegenseitig ausschließende Ereignisse folgende Beziehung gilt:

$$P(\mathbf{A} \cup \mathbf{B}) = P(\mathbf{A}) + P(\mathbf{B}) - P(\mathbf{A} \cap \mathbf{B}) \tag{2.49}$$

Diese Aussage (2.49) sei am Beispiel der Ereignisse (2.20) und (2.22) illustriert:

Für das Ereignis (2.20) „gerade Augenzahl" gelten $\mathbf{A}_g = \{\varsigma_2, \varsigma_4, \varsigma_6\}$ und $P(\mathbf{A}_g) = \frac{1}{2}$.

Für das Ereignis (2.22) „Augenzahl kleiner als 3" gelten $\mathbf{A}_{<3} = \{\varsigma_1, \varsigma_2\}$ und $P(\mathbf{A}_{<3}) = \frac{1}{3}$.

Für ihre Schnittmenge gelten nach (2.34) und (2.35) $\mathbf{A}_g \cap \mathbf{A}_{<3} = \{\varsigma_2\}$ und $P(\mathbf{A}_g \cap \mathbf{A}_{<3}) = \frac{1}{6}$.

Das Einsetzen dieser Beziehungen in (2.49) liefert

$$P(\mathbf{A}_g \cup \mathbf{A}_{<3}) = P(\mathbf{A}_g) + P(\mathbf{A}_{<3}) - P(\mathbf{A}_g \cap \mathbf{A}_{<3}) = \tfrac{1}{2} + \tfrac{1}{3} - \tfrac{1}{6} = \tfrac{2}{3},$$

also dasselbe Ergebnis, das schon in (2.27) auf andere Weise bestimmt wurde.

Wegen Axiom I gibt es keine negativen Wahrscheinlichkeiten und damit gemäß (2.13) sowie Abb. 2.2 auch keine negative Informationshöhe.

[2.7] Eigenschaften von Information:

Die mit einem sinnvollen Ereignis gelieferte *Informationshöhe* kann nur *positiv* und *endlich* oder *null* sein. Es gibt keine negative Information und auch keine unendlich hohe Information, wohl aber eine ansonsten beliebig hohe Information.

Bemerkungen:

1. Die Axiome von Kolmogorov gelten auch für Mengen mit unendlich vielen Elementen. Bei der hier betrachteten Informationstheorie werden aber nur Mengen mit endlich vielen Elementen betrachtet.
2. Wenn bei einem von einer 1. Person erwarteten Würfelwurf" das Ergebnis keine Augenzahl liefert, sondern die Seite einer Münze, weil die würfelnde 2. Person statt des Würfels eine Münze in der Hand hatte, was die 1. Person nicht wusste, dann bildet die eingetroffene Münzseite aus Sicht der 1. Person nicht ein Ereignis, das mit der Wahrscheinlichkeit $P = 0$ erwartet wurde, sondern ein Ereignis, das in der von ihr betrachteten Ergebnismenge $\boldsymbol{\Omega}$ bzw. in dem von ihr betrachteten Universum **U** nicht vorhanden ist und deshalb auch keine Wahrscheinlichkeit besitzt. „Keine Wahrscheinlichkeit" ist nicht dasselbe wie „Wahrscheinlichkeit null".
3. Will man die zusätzliche Möglichkeit des Eintreffens einer Münzseite in die Betrachtung mit einbeziehen, dann muss man die betrachtete universale Menge **U** dergestalt erweitern, dass **U** neben den Ergebnissen des Würfelwurfs auch noch die Ergebnisse des Münzwurfs mit enthält. Dies bedeutet eine Erweiterung des in Abschn. 2.2.2 erwähnten Wahrscheinlichkeitsraums. Wie man einen Wahrscheinlichkeitsraum erweitern kann, wird weiter unten in Abschn. 2.3.7 und 2.3.8 beschrieben.

An dieser Stelle sei näher erläutert, was genau man unter einem Wahrscheinlichkeitsraum zu verstehen hat:

Ein Wahrscheinlichkeitsraum umfasst sämtliche Ereignisse, die bei Betrachtung einer universalen Menge **U** möglich sind. Diese Gesamtheit aller möglichen Ereignisse wird als Ereignisfeld $\mathcal{F}$ bezeichnet und ist identisch mit der Gesamtheit aller Teilmengen, die man in **U** bilden kann. Zusammenfassend gilt die folgende Aussage:

[2.8] Wahrscheinlichkeitsraum:

Jede Wahrscheinlichkeitsbetrachtung bezieht sich immer auf einen *vorher* vereinbarten *Wahrscheinlichkeitsraum* $\{\mathbf{U}, \mathcal{F}, P\}$. Das Tripel $\{\mathbf{U}, \mathcal{F}, P\}$ enthält die universale Menge **U**, das Ereignisfeld $\mathcal{F}$, welches alle möglichen Ereignisse inklusive unmögliches Ereignis umfasst, und die zugehörigen Wahrscheinlichkeiten P.

2.3.4 Veranschaulichung der Mengenoperationen durch Venn-Diagramme

Bei der Beschreibung der Mengenoperationen, d.h. der Bildung von *Vereinigung*, *Durchschnitt* und *Komplement*, in Abschn. 2.3.2 wurde bereits angemerkt, dass sich diese Operationen graphisch durch Venn-Diagramme veranschaulichen lassen. Es wurde diesbezüglich auf Abb. 1.2 verwiesen, wo der Durchschnitt (oder die Schnittmenge) zweier Mengen dargestellt ist. Die Abb. 1.2 ist aber insofern unvollkommen, weil aus ihr die *universale Menge* **U** nicht hervorgeht, die nach Abschn. 2.3.3 eine unverzichtbare Rolle in der Wahrscheinlichkeitstheorie spielt. Mit Abb. 2.3 wird dieser Mangel der Abb. 1.2 behoben. Die fett gezeichnete eckige Umrandung grenzt die betrachtete universale Menge **U** ein und separiert sie von allem, was es sonst noch geben mag aber außerhalb von dem bleibt, was gerade interessiert. Jede Angabe einer Wahrscheinlichkeit bezieht sich auf einen Wahrscheinlichkeitsraum **[2.8]**, dem eine universale Menge **U** zugrundeliegt.

Die Venn-Diagramme sind weitgehend selbsterklärend: In Abb. 2.3a stellt die schraffierte kreisförmige Fläche die Menge **A** dar. Das Komplement $\overline{\mathbf{A}}$ dazu ist durch die restliche weiße Fläche innerhalb der eckig gezeichneten fetten Umrandung gegeben. In Abb. 2.3b stellt die horizontal schraffierte kreisförmige Fläche die Menge **A** dar. Die vertikal schraffierte kreisförmige Fläche stellt die Menge **B** dar. Im kariert schraffierten Teil überschneiden sich beide Flächen. Dieser kariert schraffierte Anteil beider Flächen kennzeichnet die Schnittmenge oder den Durchschnitt $\mathbf{A} \cap \mathbf{B}$ beider Mengen. In Abb. 2.3c bildet die linke kreisförmig umrandete Fläche die Menge **A** und die rechte kreisförmig umrandete Fläche die Menge **B**. Die gesamte, von beiden Mengen gebildete Fläche stellt die Vereinigung $\mathbf{A} \cup \mathbf{B}$ dar.

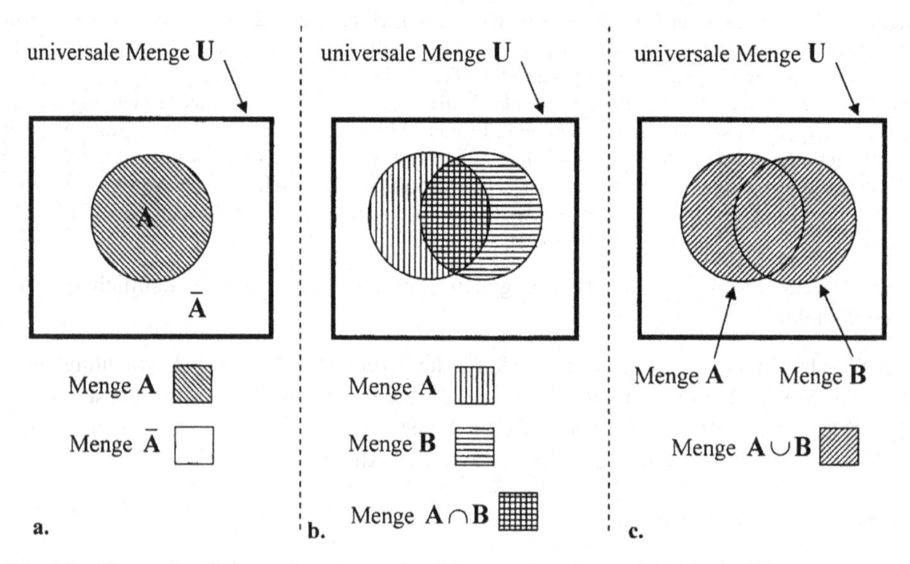

Abb. 2.3 Veranschaulichung der elementaren Mengenoperationen durch Venn-Diagramme

a. Bildung des Komplements $\overline{\mathbf{A}}$ einer Menge **A**
b. Bildung des Durchschnitts $\mathbf{A} \cap \mathbf{B}$ zweier Mengen **A** und **B**
c. Bildung der Vereinigung $\mathbf{A} \cup \mathbf{B}$ zweier Mengen **A** und **B**

Mit Hilfe der Venn-Diagramme lassen sich relativ leicht auch allgemeine mathematische Beziehungen herleiten. Das sei nachfolgend am Beispiel der Formel (2.49) vorgeführt. Das linke Bild in Abb. 2.4 zeigt die Ausgangssituation mit den **A**, **B** und **U**. Das mittlere Bild zeigt mit der schraffierten Fläche die Schnittmenge $(\mathbf{A} \cap \mathbf{B})$ wie sie mit Abb. 2.3b erläutert wurde, und mit der fett umrandeten halbmondförmigen Fläche die Schnittmenge $(\overline{\mathbf{A}} \cap \mathbf{B})$, wobei $\overline{\mathbf{A}}$ durch die weiße Fläche außerhalb von **A** repräsentiert wird (vergl. Abb. 2.3a). Damit stellt sich die Menge **B** im linken Bild als Vereinigung von $(\mathbf{A} \cap \mathbf{B})$ und $(\overline{\mathbf{A}} \cap \mathbf{B})$, dar:

$$\mathbf{B} = (\mathbf{A} \cap \mathbf{B}) \cup (\overline{\mathbf{A}} \cap \mathbf{B}), \tag{2.50}$$

Da die Mengen $(\mathbf{A} \cap \mathbf{B})$ und $(\overline{\mathbf{A}} \cap \mathbf{B})$, sich gegenseitig ausschließen, also disjunkt sind (denn ihre Flächen überschneiden sich ja nicht), addieren sich nach **[2.6]** deren Wahrscheinlichkeiten:

$$P(\mathbf{B}) = P(\mathbf{A} \cap \mathbf{B}) \cup P(\overline{\mathbf{A}} \cap \mathbf{B}) \tag{2.51}$$

Die in Abb. 2.3c dargestellte Vereinigung $\mathbf{A} \cup \mathbf{B}$ der Mengen **A** und **B** ergibt sich aus dem rechten Bild in Abb. 2.4 auch durch Vereinigung der Menge **A** mit der halbmondartig dargestellten Menge $(\overline{\mathbf{A}} \cap \mathbf{B})$:

$$\mathbf{A} \cup \mathbf{B} = \mathbf{A} \cup (\overline{\mathbf{A}} \cap \mathbf{B}) \tag{2.52}$$

Weil die Mengen **A** und $(\overline{\mathbf{A}} \cap \mathbf{B})$ sich ebenfalls gegenseitig ausschließen, addieren sich auch deren Wahrscheinlichkeiten:

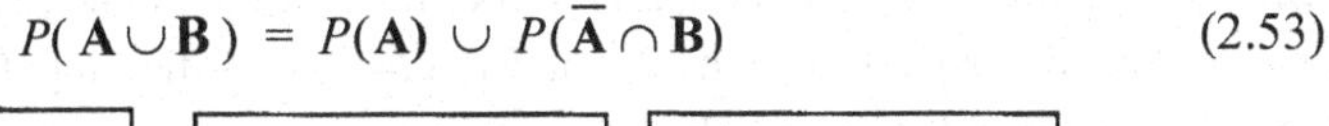

$$P(\mathbf{A} \cup \mathbf{B}) = P(\mathbf{A}) \cup P(\overline{\mathbf{A}} \cap \mathbf{B}) \tag{2.53}$$

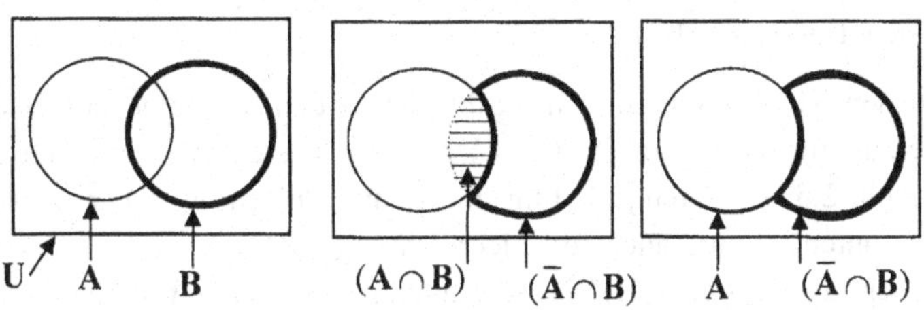

Abb. 2.4 Zur Herleitung der Beziehung $P(\mathbf{A} \cup \mathbf{B}) = P(\mathbf{A}) + P(\mathbf{B}) - P(\mathbf{A} \cap \mathbf{B})$ aus dem Venn-Diagramm

Eliminiert man $P(\overline{\mathbf{A}} \cap \mathbf{B})$ aus (2.51) und (2.53), dann erhält man die gleiche Beziehung wie in (2.49)

$$P(\mathbf{A} \cup \mathbf{B}) = P(\mathbf{A}) + P(\mathbf{B}) - P(\mathbf{A} \cap \mathbf{B}) \tag{2.54}$$

Zur Erläuterung von (2.54):
$P(\mathbf{A} \cup \mathbf{B})$ gibt die Wahrscheinlichkeit für das kombinierte Eintreffen zweier Ereignisse (= Mengen) **A** und **B** an, die sich *nicht* gegenseitig ausschließen, was durch die Überlappung der Flächen für **A** und **B** ausgedrückt wird. (Der Trick bei der Herleitung von (2.54) besteht darin, dass im linken Bild von Abb. 2.4 die Gesamtfläche der sich überlappenden Flächen für **A** und **B** durch Flächen ausgedrückt wird, die sich *nicht* überlappen. Das geschieht mit dem mittleren und dem rechten Bild in Abb. 2.4, welche die Mengenrelationen (2.50) und (2.52) liefern. Die sich nicht überlappenden Flächen entsprechen Ereignissen, die sich gegenseitig ausschließen und auf die dann **[2.6]** angewendet werden kann. Die Anwendung von **[2.6]** bildet Mengen auf Zahlen ab, die man addieren und subtrahieren kann, was man mit Mengen nicht kann).

Während die Beziehung (2.49) nur anhand eines speziellen Beispiels illustriert wurde, wurde die gleiche Beziehung (2.54) allgemein für beliebige Mengen hergeleitet. Dies zeigt die große Nützlichkeit der Darstellung von Ereignissen (Mengen) durch Venn-Diagramme.

2.3.5 Binäre Grundverknüpfungen als Sonderfall von Mengenoperationen

In Abschn. 1.4.1 wurde erläutert, wie mit einem digitalen Computer jede beliebige logische Verknüpfung von binären digitalen Signalen durchgeführt werden kann, indem auf die Bits der eingespeisten Signale die logischen Grundverknüpfungen *Negation, Konjunktion* und *Disjunktion* (in der Regel mehrfach) angewendet werden. Nachfolgend wird gezeigt, dass diese Grundverknüpfungen degenerierte Sonderfälle der allgemeineren elementaren Mengenoperationen sind, mit denen *Komplement, Durchschnitt* und *Vereinigung* gebildet werden.

Beim binären Signal in Abb. 1.3b werden die Bits durch „Impuls" und „Nicht-Impuls" dargestellt. Zwecks einfacher Handhabung wurde in (1.1) folgende Zuordnung vorgenommen

$$\left.\begin{array}{rcl} \text{Impuls} & \leftrightarrow & \text{L} \\ \text{Nicht-Impuls} & \leftrightarrow & 0 \end{array}\right\} \tag{2.55}$$

0 und L wurden in Abschn. 1.4.1 als Werte aufgefasst, die eine *binäre Variable* x annehmen kann. Mit den logischen Verknüpfungen *Konjunktion* und *Disjunktion* lassen sich mehrere binäre Variable x_i, $i = 1, 2, ..., n$ gemäß den Regeln (1.6) und (1.5) miteinander verknüpfen. Die *Negation* kann gemäß (1.4) immer nur auf eine einzige binäre Variable x angewendet werden. Die Negation von $x = \mathrm{L}$ ist $\overline{x} = 0$ und die Negation von $x = 0$ ist $\overline{x} = \mathrm{L}$. Deshalb gilt auch $\overline{\mathrm{L}} = 0$ und $\overline{0} = \mathrm{L}$.

Ein Bezug zu den Mengenoperationen ergibt sich, wenn man eine universale Menge **U** betrachtet, die aus nur einer einzigen (Teil-)Menge **L** besteht. Das zugehörige Venn-Diagramm zeigt Abb. 2.5. Die Menge **L** füllt die gesamte Fläche von **U** aus, weil **U** = **L**. In Klammern ist unten rechts auch die leere Menge $\varnothing$ vermerkt, die keine Fläche beansprucht, aber nach Abschn. 2.3.2 in jeder universalen Menge **U** enthalten ist.

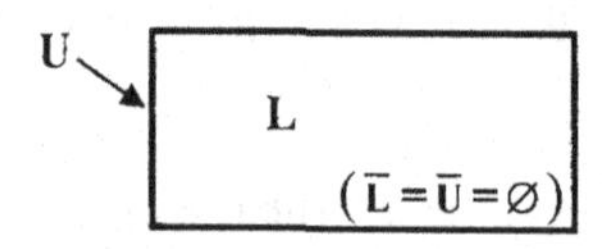

Abb. 2.5 Venn-Diagramm für eine einzige Menge **L** = **U**

Die Anwendung der elementaren Mengenoperationen auf die Menge **L** liefert nun:

Komplement: $\overline{\mathbf{L}} = \overline{\mathbf{U}} = \varnothing$, und $\overline{\varnothing} = \overline{\overline{\mathbf{L}}} = \mathbf{L} = \mathbf{U}$ (2.56)

Durchschnitt: $\mathbf{L} \cap \mathbf{L} = \mathbf{L} = \mathbf{U}$, $\mathbf{L} \cap \varnothing = \varnothing$, $\varnothing \cap \mathbf{L} = \varnothing$, $\varnothing \cap \varnothing = \varnothing$ (2.57)

Vereinigung: $\mathbf{L} \cup \mathbf{L} = \mathbf{L} = \mathbf{U}$, $\mathbf{L} \cup \varnothing = \mathbf{L}$, $\varnothing \cup \mathbf{L} = \mathbf{L}$, $\varnothing \cup \varnothing = \varnothing$ (2.58)

Die logische Verknüpfung der binären Werte 0 und L liefert mit (1.4), (1.5) und (1.6):

Negation: $\overline{\mathrm{L}} = 0$ und $\overline{0} = \mathrm{L}$ (2.59)

Konjunktion: $\mathrm{L} \wedge \mathrm{L} = \mathrm{L}$, $\mathrm{L} \wedge 0 = 0$, $0 \wedge \mathrm{L} = 0$, $0 \wedge 0 = 0$ (2.60)

Disjunktion: $\mathrm{L} \vee \mathrm{L} = \mathrm{L}$, $\mathrm{L} \vee 0 = \mathrm{L}$, $0 \vee \mathrm{L} = \mathrm{L}$, $0 \vee 0 = 0$ (2.61)

Der Vergleich von (2.59) mit (2.56), von (2.60) mit (2.57) und von (2.61) mit (2.58) zeigt die Gleichartigkeit der im Computer durchgeführten logischen Operationen mit binären Werten L und 0 und den korrespondierenden Mengenoperationen einer einzigen Menge **L** und der leeren Menge $\varnothing$. Nicht von ungefähr sind deshalb auch die Operationssymbole ähnlich. Das Symbol $\wedge$ für die die Konjunktion (Und-Verknüpfung) ist dem Symbol $\cap$ für die Bildung des Durchschnitts ähnlich, und das Symbol $\vee$ für die die Disjunktion (Oder-Verknüpfung) ist dem Symbol $\cup$ für die Bildung der Vereinigung ähnlich. Die binären logischen Verknüpfungen von Binärwerten können deshalb als eine degenerierte Version der Anwendungen von Mengenoperationen auf Mengen angesehen werden. Umgekehrt lassen sich als Gegenstücke zu Formeln binärer Variabler x_ν, wie z.B. Formel (1.8), mit Verwendung der Symbole $\cap$ und $\cup$ entsprechend gestaltete Formeln für Mengen $\mathbf{A}_\nu$ aufstellen, wobei der Index ν den Ort der jeweiligen Menge kennzeichnet. Das alles führt auf die folgende Perspektive **[2.9]**:

[2.9] Potenzial von Mengenoperationen

Wenn bereits mit den vergleichsweise einfacheren Operationen Negation, Konjunktion und Disjunktion jede beliebige logische Verknüpfung von binären digitalen Signalen durchgeführt werden kann, darf erwartet werden, dass mit den allgemeineren Mengenoperationen für die Bildung von Komplement, Durchschnitt und Vereinigung von Mengen, die in Abschn. 1.5.2 diskutierte Sinngehaltskomplexe darstellen, beliebige Sachverhalte strukturiert und ausgedrückt werden können.

Neben der Durchführung der Operationen *Negation, Konjunktion* und *Disjunktion* ist bei Computern die Möglichkeit der *Speicherung* von Bits von zentraler Bedeutung. Das zeigt bereits der Blick auf das binäre Signal in Abb. 1.3b. Will man z.B. die Konjunktion zweier aufeinander folgender Bits bilden, dann muss notwendigerweise das frühere Bit gespeichert werden bis das folgende Bit eingetroffen ist, damit die logische Verknüpfung beider durchgeführt werden kann. Damit ist *Speicherungsmöglichkeit eine notwendige Bedingung,* um beliebige logische Verknüpfungen durchführen zu können. Entsprechend lang muss notwendigerweise gespeichert werden, wenn zeitlich weit auseinander liegende Bits zu verknüpfen sind.

Bezogen auf Denkprozesse, auf die erst im 6. Kapitel dieser Abhandlung näher eingegangen wird, sei hier bereits vorweggenommen, dass die Speicherung und die Bildung von Mengenoperationen auf primär vorhandene Sinngehaltskomplexe folgende Fähigkeiten bestimmen:

- das Erinnern (Betrachtung eines Speicherinhalts)
- das Ausschließen (Verallgemeinerung der Negation)
- das Spezifizieren (Verallgemeinerung der Konjunktion)
- das Generalisieren (Verallgemeinerung der Disjunktion)

Mit dem Spezifizieren ist der Prozess des Übergangs vom Allgemeinen zum Speziellen gemeint und mit Generalisieren der umgekehrte Prozess des Übergangs vom Speziellen zum Allgemeinen.

Nach diesem Ausblick, der sich hier gerade anbot, wenden sich die nachfolgenden Abschnitte wieder dem engeren Thema „Information“ und den ihr zugrundeliegenden Wahrscheinlichkeiten zu.

2.3.6 Definition bedingter Ereignisse und bedingter Wahrscheinlichkeiten

Unter einem „bedingten Ereignis“ versteht man ein solches Ereignis, dessen Auftrittswahrscheinlichkeit von einer gegebenen Voraussetzung abhängt. (Die Wahrscheinlichkeit, dass es morgen schneit, hängt in Deutschland ja wesentlich davon ab, ob morgen der 1. Januar oder der 1. Mai ist). Die gegebene Voraussetzung kann auch ein anderes zufälliges Ereignis sein, das aber bereits eingetroffen und bekannt ist.

Zwei aufeinanderfolgende Ereignisse können voneinander *unabhängig* oder voneinander *abhängig* sein. Zwei aufeinanderfolgende Ereignisse sind voneinander unabhängig, wenn das Ergebnis des vorausgegangenen Ereignisses keinen Einfluss auf den Wahrscheinlichkeitsraum des nachfolgenden Ereignisses hat. Anderenfalls sind die Ereignisse voneinander abhängig.

In der Wahrscheinlichkeitstheorie wird das bedingte zufällige Ereignis allgemein wie folgt ausdrückt:

$\mathbf{A}|\mathbf{B}$ heißt: Ereignis **A** für den Fall, dass Ereignis **B** eingetroffen ist

Die bedingte Wahrscheinlichkeit für das Ereignis **A** unter der Voraussetzung von Ereignis **B** ist definiert durch

$$P(\mathbf{A}|\mathbf{B}) := \frac{P(\mathbf{A} \cap \mathbf{B})}{P(\mathbf{B})} \tag{2.62}$$

Der Einfachheit halber sei die Definition (2.62) des bedingten Ereignisses zunächst am Beispiel des Würfels erläutert. Gefragt sei die Wahrscheinlichkeit für „gerade Augenzahl":

$\mathbf{A} = \mathbf{A}_g = \{\varsigma_2, \varsigma_4, \varsigma_6\}$ vorausgesetzt, dass „Augenzahl kleiner als 3" $\mathbf{B} = \mathbf{A}_{<3} = \{\varsigma_1, \varsigma_2\}$.

Durch Einsetzen der Wahrscheinlichkeiten $P(\mathbf{A} \cap \mathbf{B}) = P(\mathbf{A}_g \cap \mathbf{A}_{<3}) = \frac{1}{6}$ (siehe (2.35)) und $P(\mathbf{B}) = P(\mathbf{A}_{<3}) = \frac{1}{3}$ [siehe (2.23)] in die Beziehung (2.62) folgt $P(\mathbf{A}|\mathbf{B}) = P(\mathbf{A}_g|\mathbf{A}_{<3}) = \frac{1}{2}$.

Dieses Beispiel lässt sich in der Praxis mit zwei Personen ausführen: Die eine Person führt unbeobachtet von der anderen Person den Würfelwurf aus und sagt ihr nur, dass „Augenzahl kleiner als 3" eingetroffen ist. Die andere Person weiß dann, dass nur 2 Fälle übrig bleiben, das Ergebnis $\varsigma_1 = 1$ einer ungeraden und das Ergebnis $\varsigma_2 = 2$ einer geraden Augenzahl. Da beide Fälle gleichwahrscheinlich sind, folgt $P(\mathbf{A}|\mathbf{B}) = \frac{1}{2}$. Der Wahrscheinlichkeitsraum ist für die andere Person durch die Mitteilung „Augenzahl kleiner als 3" kleiner geworden im Vergleich zum Fall, dass die Mitteilung nicht erfolgt wäre.

Ergänzend wird nun eine striktere Begründung für die Beziehung (2.62) geliefert. Ausgehend von **[2.5]** zur Bestimmung von Wahrscheinlichkeitswerten gelten:

$$P(\mathbf{A} \cap \mathbf{B}) = \frac{\text{Anzahl der Ergebnisse, die sowohl } \mathbf{A} \text{ als auch } \mathbf{B} \text{ enthalten}}{\text{Anzahl aller möglichen Ergebnisse}} \tag{2.63}$$

$$P(\mathbf{B}) = \frac{\text{Anzahl der Ergebnisse } \mathbf{B}}{\text{Anzahl aller möglichen Ergebnisse}} \tag{2.64}$$

Die Division von $P(\mathbf{A} \cap \mathbf{B})$ durch $P(\mathbf{B})$ liefert

$$P(\mathbf{A}|\mathbf{B}) = \frac{P(\mathbf{A} \cap \mathbf{B})}{P(\mathbf{B})} = \frac{\text{Anzahl der Ergebnisse, die sowohl } \mathbf{A} \text{ als auch } \mathbf{B} \text{ enthalten}}{\text{Anzahl der Ergebnisse } \mathbf{B}} \tag{2.65}$$

$P(\mathbf{A}|\mathbf{B})$ liefert also die Anzahl mit der **A** und **B** zusammen auftreten mit Bezug auf die (im Allgemeineren größere) Anzahl, mit der **B** überhaupt auftritt. Bei Voraussetzung, dass **B** eingetroffen ist, gibt $P(\mathbf{A}|\mathbf{B})$ die dann noch verbleibende Wahrscheinlichkeit für **A** an.

Die Wahrscheinlichkeit des sicheren Ereignisses **U** ist immer gleich eins, egal welches elementare Ereignis ς_j vorausgegangen ist.

$$P(\mathbf{U}|\varsigma_j)=1 \tag{2.66}$$

Die Wahrscheinlichkeit des sicheren Ereignisses **U** ist auch dann gleich eins, wenn ein nichtelementares Ereignis **B** vorausgegangen ist

$$P(\mathbf{U}|\mathbf{B})=1 \tag{2.67}$$

Wenn die universale Menge **U** sich aus N Elementen ς_i, i = 1, 2, ..., N zusammensetzt, dann gilt wie in (2.42)

$$\sum_{i=1}^{N} P(\varsigma_i|\varsigma_j) = 1 \quad \text{und ebenso} \quad \sum_{i=1}^{N} P(\varsigma_i|\mathbf{B}) = 1 \tag{2.68}$$

Die Definition (2.62) gilt natürlich auch für vertauschte Rollen von **A** und **B**:

$$P(\mathbf{B}|\mathbf{A}) := \frac{P(\mathbf{B}\cap\mathbf{A})}{P(\mathbf{A})} \tag{2.69}$$

Weil $P(\mathbf{B}\cap\mathbf{A}) = P(\mathbf{A}\cap\mathbf{B})$ ist, folgt durch Eliminieren von $P(\mathbf{A}\cap\mathbf{B})$ in (2.62) und (2.69) die als Bayes-Formel bezeichnete Beziehung

$$P(\mathbf{A}|\mathbf{B})P(\mathbf{B}) = P(\mathbf{B}|\mathbf{A})P(\mathbf{A}) \tag{2.70}$$

Zwei Ereignisse **A** und **B** sind *„unabhängig voneinander"*, wenn

$$P(\mathbf{A}|\mathbf{B}) = P(\mathbf{A}) \quad \text{und} \quad P(\mathbf{B}|\mathbf{A}) = P(\mathbf{B}) \;, \tag{2.71}$$

also wenn die Wahrscheinlichkeiten für **A** und **B** unabhängig vom jeweils anderen Ereignis sind. In diesem Fall folgt mit (2.71) aus (2.62)

$$P(\mathbf{A}\cap\mathbf{B}) = P(\mathbf{A})\cdot P(\mathbf{B}) \tag{2.72}$$

Die Beziehung (2.72 liefert die folgende wichtige Aussage:

> **[2.10]** Wahrscheinlichkeiten unabhängiger Ereignisse
>
> Beim kombinierten Eintreffen voneinander unabhängiger Ereignisse multiplizieren sich die zugehörigen Wahrscheinlichkeiten.

Die Bestimmung der Informationshöhe hängt davon ab, ob Ereignisse voneinander unabhängig oder voneinander abhängig sind, siehe Beziehung (2.14). Deshalb werden nachfolgend voneinander abhängige und voneinander unabhängige Ereignisse näher erläutert.

A: *Beispiele für voneinander abhängige und voneinander unabhängige Ereignisse*

Ob Ereignisse voneinander unabhängig oder voneinander abhängig sind, lässt sich damit klären, ob das Ergebnis der Beziehung (2.62) bzw. (2.69) die betreffende Bedingung (2.71) für $P(\mathbf{A}|\mathbf{B})$ bzw. $P(\mathbf{B}|\mathbf{A})$ erfüllt oder nicht erfüllt. Dies wird nachfolgend anhand von drei Beispielen näher erläutert:

1. Beispiel:

Einen ersten Fall für zwei voneinander abhängige Ereignisse bilden das Ereignis „gerade Augenzahl" $\mathbf{A} = \mathbf{A}_g = \{\varsigma_2, \varsigma_4, \varsigma_6\}$ und das Ereignis „ungerade Augenzahl" $\mathbf{B} = \mathbf{A}_u = \{\varsigma_1, \varsigma_3, \varsigma_5\}$. Beide Ereignisse haben die gleiche Wahrscheinlichkeit $P(\mathbf{A}_g) = P(\mathbf{A}_u) = \frac{1}{2}$. Ihre Schnittmenge ist jedoch leer $\mathbf{A}_g \cap \mathbf{A}_u = \varnothing$ und deshalb nach (2.37) deren Wahrscheinlichkeit $P(\mathbf{A}_g \cap \mathbf{A}_u) = 0$. Die Beziehung (2.62) liefert also $P(\mathbf{A}|\mathbf{B}) = P(\mathbf{A}_g|\mathbf{A}_u) = 0$. Dieses Ergebnis erfüllt nicht die betreffende Bedingung (2.71) nach der eine Unabhängigkeit $P(\mathbf{A}_g|\mathbf{A}_u) = P(\mathbf{A}_g) = \frac{1}{2}$ fordert. Das gleiche Ergebnis wie ausgehend von (2.62) folgt auch, wenn man von (2.69) ausgeht. Diese liefert wegen $P(\mathbf{A}_g \cap \mathbf{A}_u) = 0$ ebenfalls $P(\mathbf{B}|\mathbf{A}) = P(\mathbf{A}_u|\mathbf{A}_g) = 0$ während die Bedingung (2.71) für Unabhängigkeit $P(\mathrm{A}_u|\mathbf{A}_g) = P(\mathbf{A}_u) = \frac{1}{2}$ fordert. Die Ereignisse $\mathbf{A} = \mathbf{A}_g = \{\varsigma_2, \varsigma_4, \varsigma_6\}$ und $\mathbf{B} = \mathbf{A}_u = \{\varsigma_1, \varsigma_3, \varsigma_5\}$ sind also voneinander abhängig, was auch daran zu sehen ist, dass das eine Ereignis das Komplement des anderen Ereignisses ist: $\mathbf{B} = \overline{\mathbf{A}}$ und umgekehrt $\mathbf{A} = \overline{\mathbf{B}}$, vergl. Abschn. 2.3.2).

2. Beispiel:

Einen weiteren Fall für voneinander abhängige Ereignisse bilden das Ereignis „gerade Augenzahl" $\mathbf{A} = \mathbf{A}_g = \{\varsigma_2, \varsigma_4, \varsigma_6\}$ mit $P(\mathbf{A}_g) = \frac{1}{2}$ und das Ereignis $\mathbf{B} = \mathbf{A}_{24} = \{\varsigma_2, \varsigma_4\}$ mit $P(\mathbf{A}_{24}) = \frac{1}{3}$. In diesem Fall ist zwar die Schnittmenge $\mathbf{A}_g \cap \mathbf{A}_{24} = \{\varsigma_2, \varsigma_4\} = \mathbf{A}_{24}$ nicht leer, und es ist auch $P(\mathbf{A}_g \cap \mathbf{A}_{24}) = P(\mathbf{A}_{24}) = \frac{1}{3}$. Dennoch sind die Ereignisse ebenfalls nicht unabhängig voneinander, denn mit (2.62) und (2.69) ergeben sich

$$P(\mathbf{A}|\mathbf{B}) = P(\mathbf{A}_g|\mathbf{A}_{24}) = \frac{P(\mathbf{A}_g \cap \mathbf{A}_{24})}{P(\mathbf{A}_{24})} = 1 \quad \neq \quad P(\mathbf{A}_g) = \tfrac{1}{2} \tag{2.73}$$

und

$$P(\mathbf{B}|\mathbf{A}) = P(\mathbf{A}_{24}|\mathbf{A}_g) = \frac{P(\mathbf{A}_g \cap \mathbf{A}_{24})}{P(\mathbf{A}_g)} = \frac{\frac{1}{3}}{\frac{1}{2}} = \frac{2}{3} \quad \neq \quad P(\mathbf{A}_{24}) = \tfrac{1}{3}, \tag{2.74}$$

womit (2.71) beide Mal nicht erfüllt wird.

Bei voneinander abhängigen Ereignissen sagt das eine Ereignis etwas über das andere Ereignis aus. Im 1. Beispiel sind die Ereignis bildenden Mengen zueinander komplementär, im 2. Beispiel ist mit dem Ereignis $\mathbf{A}_{24}$ zugleich auch das Ereignis $\mathbf{A}_g$ eingetroffen.

Bei einem Würfelwurf gibt es aber auch voneinander unabhängige Ereignisse. Einen solchen Fall hierzu liefert das folgende

3. Beispiel:

Die unmittelbar im Anschluss zur Beziehung (2.62) betrachteten Ereignisse „gerade Augenzahl" $\mathbf{A} = \mathbf{A}_g = \{\varsigma_2, \varsigma_4, \varsigma_6\}$ mit $P(\mathbf{A}_g) = \frac{1}{2}$ und „Augenzahl kleiner als 3" $\mathbf{B} = \mathbf{A}_{<3} = \{\varsigma_1, \varsigma_2\}$ mit $P(\mathbf{A}_{<3}) = \frac{1}{3}$ bilden solch ein Beispiel für voneinander unabhängige Ereignisse.

Wie oben direkt nach der Beziehung (2.62) berechnet wurde, ist die bedingte Wahrscheinlichkeit $P(\mathbf{A}_g|\mathbf{A}_{<3}) = \frac{1}{2} = P(\mathbf{A}_g)$, also unabhängig von der Voraussetzung, dass $\mathbf{A}_{<3}$ eingetroffen ist. Ebenso ergibt sich mit (2.69) $P(\mathbf{A}_{<3}|\mathbf{A}_g) = \frac{1}{3} = P(\mathbf{A}_{<3})$, also eine Unabhängigkeit von A_g. Weil $P(\mathbf{A} \cap \mathbf{B}) = P(\mathbf{A}_g \cap \mathbf{A}_{<3}) = \frac{1}{6}$, wird jetzt auch die betreffende Bedingung (2.71) erfüllt.

Das Ereignis „Augenzahl kleiner als 3" im 3. Beispiel lässt nicht erkennen, ob auch das Ereignis „gerade Augenzahl" eingetroffen ist, und umgekehrt lässt das Ereignis „gerade Augenzahl" nicht erkennen, ob auch das Ereignis „Augenzahl kleiner als 3" eingetroffen ist.

Das Ereignis $\mathbf{A} \cap \mathbf{B}$ ist ein spezielleres Ereignis, das sowohl im Ereignis **A** als auch im Ereignis **B** enthalten sein kann oder auch nicht. Beim 3. Beispiel ist das speziellere Ereignis $\mathbf{A}_g \cap \mathbf{A}_{<3} = \{\varsigma_2\}$ sowohl in $\mathbf{A}_g$ als auch in $\mathbf{A}_{<3}$ enthalten. Beim 2. Beispiel ist das speziellere Ereignis gleich dem Ereignis $\mathbf{A}_{24}$ selbst, das auch $\mathbf{A}_g$ enthalten ist. Beim 1. Beispiel ist das speziellere Ereignis die leere Menge $\varnothing$, die ebenfalls in $\mathbf{A}_g$ und $\mathbf{A}_{<3}$ enthalten ist, was mit (2.37) begründet wurde.

Die Unabhängigkeit zweier Ereignisse lässt sich auch wie folgt ausdrücken:

[2.11] Unabhängige Ereignisse:

Zwei Ereignisse **A** und **B** sind voneinander unabhängig, wenn das Eintreffen des Ereignisses **A** keine Entscheidung ermöglicht, ob das Ereignis **B** eingetroffen ist, und umgekehrt das Eintreffen des Ereignisses **B** keine Entscheidung ermöglicht, ob das Ereignis **A** eingetroffen ist.

Bis hierher wurden Ereignisse betrachtet, die auf ein einzelnes Zufallsexperiment (hier ein einzelner Würfelwurf) zurückgehen. Solche Ereignisse können abhängig oder unabhängig voneinander sein.

In den folgenden Unterabschnitten von Abschn. 2.3 werden Ereignisse betrachtet, die auf zwei oder mehrere getrennt durchgeführte Zufallsexperimente zurückgehen. In diesen Fällen ist es zweckmäßig, zunächst die neuen Begriffe „Verbundereignis" und „Verbundwahrscheinlichkeit" zu erläutern, bevor auf „bedingte Ereignisse" und deren Wahrscheinlichkeiten eingegangen wird.

2.3.7 Verbundereignisse und Verbundwahrscheinlichkeit

Die gemeinsame Betrachtung von Ergebnissen getrennt durchgeführter Zufallsexperimente führt auf *Verbundereignisse* und *Verbundwahrscheinlichkeiten.* Beispiele für getrennt durchgeführte Zufallsexperimente sind

- das zweimalige Würfeln eines Würfels
- die Ergebnisse eines Würfelwurfs und eines Münzwurfs,
- die Lottozahlen von heute und von der Vorwoche.

Zwei zufällige Ereignisse, die je das Ergebnis eines getrennt durchgeführten Zufallsexperiments sind, können als ein einziges „Verbundereignis" angesehen werden. Dies entspricht einer Erweiterung des in Abschn. 2.3.3 eingeführten Wahrscheinlichkeitsraums $\{\mathbf{U}, \mathcal{F}, P\}$.

A: *Wurf von Würfel und Münze als einführendes Beispiel*

Die Einzelheiten werden nun am Beispiel des kombinierten Wurfs eines Würfels und einer Münze näher erläutert:

Ergebnismenge $\mathbf{U}_W$ und Wahrscheinlichkeitsraum beim Würfelwurf seien

$$\mathbf{U}_W = \{\varsigma_1, \varsigma_2, \varsigma_3, \varsigma_4, \varsigma_5, \varsigma_6\} \; ; \quad \{\mathbf{U}_W, \mathcal{F}_W, P_W\} \tag{2.75}$$

Ergebnismenge und Wahrscheinlichkeitsraum beim Wurf der Münze, die ja nur 2 Seiten hat, seien

$$\mathbf{U}_M = \{\varphi_1, \varphi_2\} \quad ; \qquad \{\, \mathbf{U}_M, \boldsymbol{\mathcal{F}}_M, P_M \,\} \tag{2.76}$$

In (2.76) kennzeichne φ_1 die Münzseite „Wappen" und φ_2 die Münzseite „Zahl".

Die kombinierte Betrachtung von Würfelwurf und Münzwurf führt auf den (erweiterten) Wahrscheinlichkeitsraum $\{\mathbf{U}, \boldsymbol{\mathcal{F}}, P\}$. Darin ergibt sich die universale Ergebnismenge $\mathbf{U}$ des kombinierten Wurfs von Würfel und Münze als sogenanntes *kartesisches Produkt* (auch Kreuzprodukt $\times$ genannt) der Mengen $\mathbf{U}_W$ und $\mathbf{U}_M$ zu

$$\mathbf{U} = \mathbf{U}_W \times \mathbf{U}_M = \{\varsigma_1\varphi_1, \varsigma_1\varphi_2, \varsigma_2\varphi_1, \varsigma_2\varphi_2, \; \dots \; , \varsigma_6\varphi_1, \varsigma_6\varphi_2\} \tag{2.77}$$

Die Menge $\mathbf{U}$ enthält als Elemente alle Kombinationen der ς_i mit $i = 1, 2, \dots, 6$ und φ_j mit $j = 1, 2$. Das sind insgesamt 12 Elemente $\varsigma_i\varphi_j$. Jedes Element dieser Ergebnismenge ist ein elementares Verbundereignis und hat bei idealen Verhältnissen die gleiche Wahrscheinlichkeit $P = \frac{1}{12}$. Aus der Konstruktion der Menge $\mathbf{U}$ geht direkt hervor, das die Wahrscheinlichkeiten der elementaren Verbundereignisse $\{\, \varsigma_i\varphi_j \,\}$ gleich dem Produkt der Wahrscheinlichkeiten der betreffenden Einzelereignisse $\{\, \varsigma_i \,\}$ und $\{\, \varphi_j \,\}$ sein müssen

$$P(\varsigma_i\varphi_j) = P(\varsigma_i) \cdot P(\varphi_j) \;\; \text{für} \;\; i = 1, 2, \dots, 6 \,; \; j = 1, 2 \tag{2.78}$$

Weiter unten ab Formel (2.83) wird gezeigt, dass sich (2.78) auch mit Hilfe der allgemeinen Beziehungen (2.62) und (2.69) herleiten lässt.

Da in (2.77) die universale Ergebnismenge $\mathbf{U}$ das sichere Ereignis darstellt, ist mit dem II. Axiom von Kolmogorov dessen Wahrscheinlichkeit $P(\mathbf{U}) = 1$. Weil alle Elemente $\varsigma_i\varphi_j$ sich gegenseitig ausschließen, gilt in Analogie zu (2.42) und (2.68)

$$\sum_{i=1}^{6} \sum_{j=1}^{2} \varsigma_i\varphi_j = 1 \tag{2.79}$$

B: *Nichtelementare Verbundereignisse beim Würfel- und Münzwurf*

In Abschn. 2.3.1 wurde dargelegt, dass jede Teilmenge einer Ergebnismenge Ω ein Ereignis bildet. In entsprechender Weise gilt auch hier, dass jede Teilmenge der kartesischen Produktmenge $\mathbf{U}$ ein Verbundereignis darstellt. So ist z.B. das Verbundereignis „gerade Augenzahl *und* Wappen" gegeben durch die Teilmenge

$$\mathbf{A}_{gw} = \{\varsigma_2\varphi_1, \varsigma_4\varphi_1, \varsigma_6\varphi_1\} \tag{2.80}$$

Das Verbundereignis $\mathbf{A}_{gw}$ gilt als eingetroffen, wenn das Ergebnis des kombinierten Wurfs von Würfel und Münze ein Element der Menge (2.80) ist. Die Wahrscheinlichkeit hierfür ist $P(\mathbf{A}_{gw}) = \frac{3}{12} = \frac{1}{4}$.

Das Verbundereignis „gerade Augenzahl *und* Wappen“ $\mathbf{A}_{gw}$ kann seinerseits auch ausgedrückt werden durch das Kreuzprodukt „gerade Augenzahl beim Würfelwurf“ $\mathbf{A}_g = \{\varsigma_2, \varsigma_4, \varsigma_6\}$ und „Wappen beim Münzwurf“ $\mathbf{A}_w = \{\varphi_1\}$

$$\mathbf{A}_{gw} = \{\varsigma_2\varphi_1, \varsigma_4\varphi_1, \varsigma_6\varphi_1\} = \{\varsigma_2, \varsigma_4, \varsigma_6\} \times \{\varphi_1\} = \mathbf{A}_g \times \mathbf{A}_w \tag{2.81}$$

Das Ereignis „gerade Augenzahl“ beim kombinierten Wurf von Würfel *und* Münze wird beschrieben durch diejenige Teilmenge von **U**, die alle Elemente $\varsigma_i\varphi_j$ umfasst, in denen ς_2 oder ς_4 oder ς_6 vorkommt:

$$\mathbf{A}_g = \{\varsigma_2\varphi_1, \varsigma_2\varphi_2, \varsigma_4\varphi_1, \varsigma_4\varphi_2, \varsigma_6\varphi_1, \varsigma_6\varphi_2\} \tag{2.82}$$

Die Wahrscheinlichkeit dieses Ereignisses $\mathbf{A}_g$ ist $P(\mathbf{A}_g) = \frac{6}{12} = \frac{1}{2}$.

C: *Formaler Nachweis von Unabhängigkeit, statistische Unabhängigkeit*

Das obige Ergebnis $P(\mathbf{A}_g) = \frac{1}{2}$ für die Wahrscheinlichkeit der Ereignisses „gerade Augenzahl“ beim kombinierten Wurf von Würfel und Münze ist genauso groß wie wenn nur der Würfel allein geworfen wird. Das hängt damit zusammen, dass Würfelwurf und Münzwurf unabhängig voneinander sind. Diese Tatsache lässt sich formal mit den Beziehungen (2.62) und (2.69) bis (2.71) nachweisen, die auch im Abschn. 2.3.6 zur Feststellung von Abhängigkeit bzw. Unabhängigkeit von Ereignissen benutzt wurden. Der einzige Unterschied zu Abschn. 2.3.6 besteht darin, dass jetzt in den Beziehungen (2.62) und (2.69) bis (2.71) Verbundwahrscheinlichkeiten einzusetzen sind.

Als Beispiel sei der Fall des Ereignisses $\{\varsigma_1\}$ beim Würfel und des Ereignisses $\{\varphi_2\}$ bei der Münze betrachtet. Dabei gilt das Ereignis $\{\varsigma_1\}$ als eingetroffen, wenn beim kombinierten Wurf von Würfel und Münze der Würfel ς_1 zeigt, egal was auch immer die Münze zeigt. Entsprechend gilt das Ereignis $\{\varphi_2\}$ als eingetroffen, wenn die Münze φ_2 zeigt, egal was der Würfel zeigt. Die zu den Ereignissen $\{\varsigma_1\}$ und $\{\varphi_2\}$ gehörigen Verbundereignisse und deren Schnittmenge lauten:

$$\mathbf{A} = \mathbf{A}_{\varsigma_1} = \{\varsigma_1\} = \{\varsigma_1\varphi_1, \varsigma_1\varphi_2\} = \{\varsigma_1\varphi_1\} \cup \{\varsigma_1\varphi_2\} \tag{2.83}$$

$$\mathbf{B} = \mathbf{B}_{\varphi_2} = \{\varphi_2\} = \{\varsigma_1\varphi_2, \varsigma_2\varphi_2, \varsigma_3\varphi_2, \varsigma_4\varphi_2, \varsigma_5\varphi_2, \varsigma_6\varphi_2\} \tag{2.84}$$

$$\mathbf{A} \cap \mathbf{B} = \{\varsigma_1\varphi_2\} \tag{2.85}$$

Die zugehörigen Wahrscheinlichkeiten sind:

$$P(\mathbf{A}) = \frac{2}{12} = \frac{1}{6} \tag{2.86}$$

$$P(\mathbf{B}) = \frac{6}{12} = \frac{1}{2} \tag{2.87}$$

$$P(\mathbf{A} \cap \mathbf{B}) = \frac{1}{12} \tag{2.88}$$

Durch Einsetzen der Wahrscheinlichkeitswerte (2.86) bis (2.88) in (2.62) erhält man

$$P(\mathbf{A}|\mathbf{B}) = \frac{P(\mathbf{A} \cap \mathbf{B})}{P(\mathbf{B})} = \frac{1/12}{1/2} = \frac{1}{6} = P(\mathbf{A}) \tag{2.89}$$

also Unabhängigkeit von **B**. Desgleichen wird auch die Beziehung (2.72) erfüllt:

$$P(\mathbf{A} \cap \mathbf{B}) = \tfrac{1}{12} = P(\mathbf{A}) \cdot P(\mathbf{B}) \tag{2.90}$$

Durch Einsetzen von (2.83), (2.84) und (2.85) in (2.69) oder (2.72) folgt auch die Gültigkeit der Formel (2.78) für $i = 1$ und $j = 2$:

$$P(\mathbf{A} \cap \mathbf{B}) = P(\varsigma_1 \varphi_2) = P(\mathbf{A}) \cdot P(\mathbf{B}) = P(\varsigma_1) \cdot P(\varphi_2) \tag{2.91}$$

Führt man die soeben für das Ereignis $\{\varsigma_1\}$ beim Würfelwurf und das Ereignis $\{\varphi_2\}$ beim Münzwurf vorgenommene Prüfung auf Unabhängigkeit für jedes Paar $\varsigma_i \varphi_j$; $i = 1, 2, \ldots, 6$; $j = 1, 2$ aus, dann zeigt sich einesteils die allgemeine Gültigkeit der Formel (2.78) und anderenteils, dass für jede beliebige Augenzahl ς_i die zugehörige bedingte Wahrscheinlichkeit $P_\varsigma(\varsigma_i | \varphi_j)$ unter der Voraussetzung des Münzwurfergebnisses φ_j immer unabhängig von dieser Voraussetzung ist:

$$P_\varsigma(\varsigma_i | \varphi_j) = P_\varsigma(\varsigma_i) \quad \text{für alle Paare } i, j \tag{2.92}$$

Das Entsprechende gilt umgekehrt auch für den Münzwurf:

$$P_\varphi(\varphi_j | \varsigma_i) = P_\varphi(\varphi_j) \quad \text{für alle Paare } i, j \tag{2.93}$$

Weil die Unabhängigkeit für alle Paare i, j gilt, sagt man dazu, dass alle Einzelergebnisse „*statistisch unabhängig*“ voneinander sind.

Die am Beispiel von Würfel- und Münzwurf gewonnenen Zusammenhänge werden nachfolgend verallgemeinert und ergänzt.

D: *Unabhängige Verbundereignisse und Verbundwahrscheinlichkeiten*

Ausgangspunkt der folgenden Betrachtungen sind zwei getrennte Zufallsexperimente E_ς und E_φ mit den universalen Ergebnismengen $\mathbf{U}\varsigma$ und $\mathbf{U}\varphi$

$$E_\varsigma: \quad \mathbf{U}\varsigma = \{\varsigma_1, \varsigma_2, \varsigma_3, \ldots, \varsigma_N\} \tag{2.94}$$

$$E_\varphi: \quad \mathbf{U}\varphi = \{\varphi_1, \varphi_2, \varphi_3, \ldots, \varphi_M\} \tag{2.95}$$

Beim Experiment E_ς gelte stets der gleiche Wahrscheinlichkeitsraum $\{\mathbf{U}_\varsigma, \mathcal{F}_\varsigma, P_\varsigma\}$, und zwar unabhängig davon, wie das Ergebnis eines zuvor stattgefundenen Experiments E_φ ausgefallen ist. Genauso gelte beim Experiment E_φ stets der gleiche Wahrscheinlichkeitsraum $\{\mathbf{U}_\varphi, \mathcal{F}_\varphi, P_\varphi\}$, egal welches Ergebnis ein zuvor durchgeführtes Experiment E_ς geliefert hat.

Beide Zufallsexperimente E_ς und E_φ können (wie beim kombinierten Wurf von Würfel und Münze) auch zusammen als ein einziges Verbundexperiment E mit der universalen Ergebnismenge **U** angesehen werden. Die universale Ergebnismenge **U** ergibt sich als Kreuzprodukt der Mengen $\mathbf{U}\varsigma$ und $\mathbf{U}\varphi$ und hat N mal M Elemente

$$\text{E}: \qquad \mathbf{U} = \mathbf{U}_\varsigma \times \mathbf{U}_\varphi = \{\varsigma_1\varphi_1, \varsigma_1\varphi_2, \ldots, \varsigma_1\varphi_M, \varsigma_2\varphi_1, \;\ldots\; , \varsigma_N\varphi_1, \ldots, \varsigma_N\varphi_M\} \tag{2.96}$$

Der hierzu gehörende Wahrscheinlichkeitsraum ist $\{\mathbf{U}, \mathcal{F}, P\}$.

Die elementaren Ereignisse $\{\varsigma_i\varphi_j\}$ d.h. die Elemente $\varsigma_i\varphi_j$ der Ergebnismenge **U** lassen sich in Form einer Matrix mit N Zeilen und M Spalten anordnen:

$$\begin{matrix} \varphi_1\varphi_1 & \varsigma_1\varphi_2 & \varsigma_1\varphi_3 & \cdots & \varsigma_1\varphi_M \\ \varsigma_2\varphi_1 & \varsigma_2\varphi_2 & \varsigma_2\varphi_3 & \cdots & \varsigma_2\varphi_M \\ \varsigma_3\varphi_1 & \varsigma_3\varphi_3 & \varsigma_3\varphi_3 & \cdots & \varsigma_3\varphi_M \\ \ldots & \ldots & \ldots & \cdots & \ldots \\ \varsigma_N\varphi_1 & \varsigma_N\varphi_2 & \varsigma_N\varphi_2 & \cdots & \varsigma_N\varphi_M \end{matrix} \tag{2.97}$$

In der Matrix (2.97) sind auch alle elementaren Ereignisse des Experiments E_ς und alle elementaren Ereignisse des Experiments E_φ enthalten.

Das spezielle Ereignis $\{\varsigma_i\}$ gilt als eingetroffen, wenn das Ergebnis des Verbundexperiments ς_i enthält, egal wie φ_j lautet. Das ist der Fall bei allen Elementen in der i-ten Zeile ($i = 1, 2, \ldots, N$) von (2.97). Die gesamte i-te Zeile bildet eine Teilmenge $\mathbf{A}_i$ von **U**, die das gleiche Ereignis beschreibt wie die Teilmenge $\{\varsigma_i\}$ von $\mathbf{U}\varsigma$

$$\mathbf{A}_i = \{\varsigma_i\varphi_1, \varsigma_i\varphi_2, \varsigma_i\varphi_3, \ldots, \varsigma_i\varphi_M\} = \{\varsigma_i\} \tag{2.98}$$

Da es sich bei $\mathbf{A}_i$ und $\{\varsigma_i\}$ um das gleiche Ereignis handelt, sind auch die Wahrscheinlichkeiten gleich.

$$P(\mathbf{A}_i) = P(\varsigma_i) \tag{2.99}$$

Das spezielle Ereignis $\{\varphi_j\}$ gilt als eingetroffen, wenn das Ergebnis des Verbundexperiments φ_j enthält, egal wie ς_i lautet. Das ist der Fall bei allen Elementen in der j-ten Spalte ($j = 1, 2, \ldots, M$) von (2.97). Die gesamte j-te Spalte bildet eine Teilmenge $\mathbf{B}_j$ von **U**, die das gleiche Ereignis beschreibt wie die Teilmenge $\{\varphi_j\}$ von $\mathbf{U}\varphi$

$$\mathbf{B}_j = \{\varsigma_1\varphi_j, \varsigma_2\varphi_j, \varsigma_3\varphi_j, \ldots, \varsigma_N\varphi_j\} = \{\varphi_j\} \tag{2.100}$$

Da es sich bei $\mathbf{B}_j$ und $\{\varphi_j\}$ um das gleiche Ereignis handelt, sind auch die Wahrscheinlichkeiten gleich.

$$P(\mathbf{B}_j) = P(\varphi_j) \tag{2.101}$$

Die Ergebnismenge **U** des Verbundexperiments stellt das sichere Ereignis dar, weshalb $P(\mathbf{U}) = 1$ ist. Wenn alle Zufallsergebnisse, d.h. die elementaren Ereignisse $\varsigma_i\varphi_j$, sich gegenseitig ausschließen, muss die Summe ihrer Wahrscheinlichkeiten $P(\varsigma_i\varphi_j)$ gleich Eins sein:

$$\sum_{i=1}^{N}\sum_{j=1}^{M} P(\varsigma_i\varphi_j) = 1 \tag{2.102}$$

Da sich alle elementaren Ereignisse $\varsigma_i\varphi_j$ gegenseitig ausschließen, erhält man in (2.99) die Wahrscheinlichkeit $P(\varsigma_i)$ des Ereignisses $\{\varsigma_i\}$dadurch, dass man in (2.98) die zu den elementaren Ereignissen $\{\varsigma_i\varphi_j\}$ gehörenden Wahrscheinlichkeiten $P(\varsigma_i\varphi_j)$ von $j = 1$ bis M aufaddiert. Das führt auf die Beziehung

$$\sum_{j=1}^{M} P(\varsigma_i\varphi_j) = P(\varsigma_i) \tag{2.103}$$

Entsprechend erhält man die Wahrscheinlichkeit $P(\varphi_j)$ des Ereignisses $\{\varphi_j\}$, wenn man in (2.100) alle zu den elementaren Ereignissen $\{\varsigma_i\varphi_j\}$ gehörigen Wahrscheinlichkeiten $P(\varsigma_i\varphi_j)$ von $i = 1$ bis N aufaddiert:

$$\sum_{i=1}^{N} P(\varsigma_i\varphi_j) = P(\varphi_j) \tag{2.104}$$

E: *Beziehung zwischen bedingter Wahrscheinlichkeit und Verbundwahrscheinlichkeit*

Setzt man in die Beziehung (2.62) für **A** und **B** die Ausdrücke $\mathbf{A}_i$ und $\mathbf{B}_j$ von (2.98) und (2.100) ein, dann erhält man nacheinander

$$P(\mathbf{A}|\mathbf{B}) = \frac{P(\mathbf{A}\cap\mathbf{B})}{P(\mathbf{B})} = P(\mathbf{A}_i|\mathbf{B}_j) = \frac{P(\mathbf{A}_i\cap\mathbf{B}_j)}{P(\mathbf{B}_j)} = P(\varsigma_i|\varphi_j) = \frac{P(\varsigma_i\varphi_j)}{P(\varphi_j)} \tag{2.105}$$

Im rechts außen stehenden Bruch ist berücksichtigt, dass $\mathbf{A}_i \cap \mathbf{B}_j = \{\varsigma_i\varphi_j\}$, weil $\varsigma_i\varphi_j$ das einzige Element ist, das sowohl in der Menge $\mathbf{A}_i$ als der Menge $\mathbf{B}_j$ enthalten ist.

Aus den beiden in (2.105) rechts außen stehenden Termen folgt

$$P(\varsigma_1\varphi_1) = P(\varsigma_1|\varphi_1)\cdot P(\varphi_1) \tag{2.106}$$

Durch Einsetzen von (2.98) und (2.100) in die Beziehung (2.69) erhält man, wenn man zwischen $\varsigma_i\varphi_j$ und $\varphi_j\varsigma_i$, die beide dasselbe Ergebnis des Verbundexperiments kennzeichnen, nicht unterscheidet

$$P(\varphi_j\varsigma_i) = P(\varsigma_i\varphi_j) = P(\varphi_j|\varsigma_i)\cdot P(\varsigma_i) \tag{2.107}$$

Die Verbundwahrscheinlichkeit $P(\varsigma_i\varphi_j)$ des Ergebnispaares $\varsigma_i\varphi_j$ ist gleich der bedingten Wahrscheinlichkeit $P(\varsigma_i|\varphi_j)$ des Ergebnisses ς_i bei eingetroffenem Ergebnis φ_j multipliziert mit der Wahrscheinlichkeit $P(\varphi_j)$ des eingetroffenen Ergebnisses φ_j.

2.3.8 Über weitere Ereignisklassen und Lostrommeln

Die im vorigen Abschn. 2.3.7 beschriebenen Verbundwahrscheinlichkeiten werden als „zweidimensional" bezeichnet, weil ihnen zwei Zufallsexperimente (z.B. Würfelwurf und Münzwurf) zugrunde liegen. Die bedingten Wahrscheinlichkeiten beschreiben dabei Abhängigkeiten von Einzelwahrscheinlichkeiten und liefern einen Zusammenhang zwischen den Verbundwahrscheinlichkeiten und den Einzelwahrscheinlichkeiten.

Verbundereignisse können ihrerseits einer Bedingung unterliegen wie die Einzelereignisse in Abschn. 2.3.6. Das führt auf bedingte Verbundwahrscheinlichkeiten wie z.B. $P(\varsigma_i\varphi_j|\mathbf{C})$, wobei **C** ein bereits eingetroffenes Ereignis darstellt, das eventuell ebenfalls ein Verbundereignis sein kann.

Die Theorie der Verbundereignisse und bedingten Ereignisse und der zugehörigen Wahrscheinlichkeiten lässt sich auf beliebig viele Dimensionen ausdehnen, ohne dass dafür grundsätzlich neue Gedanken benötigt werden. Dreidimensionale Verbundwahrscheinlichkeiten erhält man z.B. mit drei verschiedenen Würfeln, einem schwarzen, einem roten und einem grünen Würfel. Der gemeinsame Wurf der Würfel liefert ein Ergebnistripel in der Form „schwarze Augenzahl, rote Augenzahl, grüne Augenzahl". Jeder einzelne Würfelwurf verändert dabei nicht die Wahrscheinlichkeitsräume der beiden anderen Würfelwurfe. Die Ereignisse der einzelnen Würfelwurfe sind deshalb voneinander unabhängig.

Voneinander abhängige Ereignisse und voneinander abhängige Verbundereignisse beliebiger Dimension lassen sich sehr einfach mit Lostrommeln produzieren, wie man sie z.B. im Fernsehen bei der öffentlichen Ziehung der Lottozahlen beobachten kann.

A: *Näheres über Lostrommeln*

Ein sehr allgemeines Verfahren zur Erzeugung zufälliger Ereignisse verwendet eine Lostrommel, in der sich lauter Kugeln befinden. Nach Durchmischung der Kugeln wird eine Kugel blind herausgegriffen und geöffnet. Das, was man im Inneren der Kugel vorfindet, liefert ein zufälliges Ereignis. Das Ereignis kann ein Zettel sein mit einer Zahl, oder mit einem Bild, oder mit einem Wort oder auch mit einer ganzen Geschichte, die aus vielen Wörtern besteht, oder kann auch sonst irgendetwas sein. Auch kann die gleiche Zahl, das gleiche Bild usw. eventuell in mehreren Kugeln enthalten sein. Die unterschiedlichen Inhalte der Kugeln stellen die Elemente ς_i einer universalen Menge **U** dar. Die gesamte Lostrommel mit allen Kugeln bildet einen Wahrscheinlichkeitsraum $\{\mathbf{U}, \mathcal{F}, P\}$.

Um den Wahrscheinlichkeitsraum $\{\mathbf{U}, \mathcal{F}, P\}$ beschreiben zu können, muss man vorab wissen, wie sich die universale Menge **U** zusammensetzt, d.h. was die ς_i darstellen (Zahlen, Bilder, Wörter, Geschichten, ...), die sich in den Kugeln befinden, und welcher Prozentsatz der Kugeln z.B. das gleiche Element ς_k (die gleiche Zahl bzw. das gleiche Bild usw.) enthält, womit dann die zugehörige Wahrscheinlichkeit $P(\varsigma_k)$ gegeben ist. Das komplette Ereignisfeld $\mathcal{F}$ ergibt sich dann aus allen Teilmengen und deren Verknüpfungen gemäß Abschn. 2.3.2.

Verbundereignisse lassen sich durch mehrfaches Herausgreifen einer Kugel bilden[2.8], wobei vor dem zweiten Herausgreifen die zuvor herausgegriffene Kugel wieder zurückgelegt wird (in diesem Fall bleibt der Wahrscheinlichkeitsraum gleich) oder nicht zurückgelegt wird (in diesem Fall ändert sich der Wahrscheinlichkeitsraum).

Verbundereignisse lassen aber sich aber auch durch Verwendung zweier Lostrommeln bilden, die je für eine der universalen Mengen $\mathbf{U}_1$ und $\mathbf{U}_2$ stehen. Das (in Abschn. 2.3.7 beschriebene) kartesische Produkt beider Mengen lautet

$$\mathbf{U}=\mathbf{U}_1\times\mathbf{U}_2 \tag{2.108}$$

und enthält, wie mit (2.77) gezeigt, alle 2-stelligen Kombinationen der Elemente aus $\mathbf{U}_1$ und $\mathbf{U}_2$. Diese 2-stelligen Kombinationen bilden die Elemente der resultierenden Menge $\mathbf{U}$.

Die Elemente von $\mathbf{U}$ stellen zugleich die elementaren Verbundereignisse dar. Jede sonstige Teilmenge mit mehreren Elementen von $\mathbf{U}$ bildet ein nichtelementares Verbundereignis.

Ganz entsprechend lassen sich Verbundereignisse höherer Ordnung durch Verwendung mehrerer Lostrommeln bilden, die je für eine der universalen Mengen $\mathbf{U}_1$ mit den Elementen α_i, $\mathbf{U}_2$ mit den Elementen β_j, $\mathbf{U}_3$ mit den Elementen γ_k, ... , $\mathbf{U}_N$ mit den Elementen μ_n stehen. Das kartesische Produkt aller dieser universalen Mengen lautet

$$\mathbf{U}=\mathbf{U}_1\times\mathbf{U}_2\times\mathbf{U}_3\times\cdots\times\mathbf{U}_N \tag{2.109}$$

Die resultierende Menge $\mathbf{U}$ enthält alle N-stelligen Kombinationen $\alpha_i\ \beta_j\ \gamma_k \ldots \mu_n$ von Elementen aus den N Mengen $\mathbf{U}_1$ bis $\mathbf{U}_N$ entsprechend (2.96). Jede Teilmenge von $\mathbf{U}$ beschreibt jetzt ein Verbundereignis $\{\alpha_i\ \beta_j\ \gamma_k \ldots \mu_n\}$ von N Einzelereignissen $\{\alpha_i\}$, $\{\beta_j\}$, $\{\gamma_k\}$, ... $\{\mu_n\}$. Weil das Ziehen einer Kugel aus einer Lostrommel die Inhalte der anderen Lostrommeln nicht beeinflusst, sind alle Einzelereignisse von einer Trommel unabhängig von den Einzelereignissen aller anderen Trommeln, was zur Folge hat, dass die Verbundwahrscheinlichkeit $P(\alpha_i\ \beta_j\ \gamma_k \ldots \mu_n)$ gleich dem Produkt der Einzelwahrscheinlichkeiten ist:

$$P(\alpha_i\beta_j\gamma_k\cdots\mu_n)=P(\alpha_i)P(\beta_j)P(\gamma_k)\cdots P(\mu_n) \tag{2.110}$$

Die Bildung des kartesischen Produkts (2.109) ist unabhängig von der Reihenfolge der einzelnen Produktbildungen, ob zuerst z.B. das Teilprodukt $\mathbf{U}_1\times\mathbf{U}_2$ gebildet wird und dann dieses Teilprodukt kartesisch mit $\mathbf{U}_3$ multipliziert wird oder zuerst mit einem anderen Teilprodukt begonnen wird. Jedes Mal ergibt sich dasselbe Ergebnis. Desgleichen ist es egal, ob alle N Kugeln gleichzeitig oder hintereinander gezogen werden.

Lässt man einem ersten Zufallsexperiment des Ziehens von je einer Kugel aus jeder Lostrommel $\mathbf{U}_1$ bis $\mathbf{U}_N$ ein gleichartiges zweites Experiment folgen, ohne dass zuvor die gezogenen Kugeln wieder in ihre Lostrommeln zurückgelegt wurden, dann hängt das neue

[2.8] Nach diesem Verfahren werden z.B. auch die Paarungen bei Fußball-Weltmeisterschaften ausgelost.

Zufallsergebnis vom Ergebnis des vorangegangenen Zufallsexperiment ab, weil die in den Lostrommeln verbliebenen Kugeln nun veränderte Universalmengen $\mathbf{U}_1^*$ bis $\mathbf{U}_N^*$ bilden.

Das Ergebnis $\mathcal{E}_1$ des ersten Zufallsexperiments hat beim zweiten Zufallsexperiment eine bedingte Verbundwahrscheinlichkeit

$$P(\alpha_i \beta_j \gamma_k \cdots \mu_n | \mathcal{E}_1) \tag{2.111}$$

zur Folge.

Eine völlig andere Situation ergibt sich, wenn das Ziehen einer Kugel aus z.B. der ersten Lostrommel $\mathbf{U}_1$ neben einer Aussage (z.B. Zahl oder Bild oder ...) auch eine Aufforderung für eine nächste Aktion (z.B. die nächste Kugel aus Lostrommel $\mathbf{U}_3$ zu ziehen) enthält und solchen Forderungen immer Folge geleistet wird. Dann kann es passieren, dass Kugeln nur aus bestimmten Lostrommeln gezogen werden und aus anderen Lostrommeln keine Kugeln gezogen werden. Ein solcher Fall muss aber nicht eintreten. Bei alledem ist jedoch zu beachten, dass mit jedem Wechsel in einen neuen Wahrscheinlichkeitsraum ein neues Spiel beginnt. Das heißt beim eben betrachteten Fall des Wechsels zu $\mathbf{U}_3$, dass gemäß II. Axiom von Kolmogorov die Wahrscheinlichkeit $P(\mathbf{U}_3) = 1$ ist.

Nach dem bisher Gesagten, lassen sich hinsichtlich des Wahrscheinlichkeitsraums drei Situationen unterscheiden:

- Wahrscheinlichkeitsraum wird vergrößert (durch Kreuzprodukt mehrerer Mengen)
- Wahrscheinlichkeitsraum wird verkleinert (durch bedingte Ereignisse)
- Wahrscheinlichkeitsraum wird gewechselt (auf Grund eines Ereignisses verbunden mit der Aufforderung zu einer neuen Aktion)

Bei Kommunikationsprozessen kommt es oft zum Wechsel in einen neuen Wahrscheinlichkeitsraum, was schon in Abschn. 2.2.3 diskutiert wurde.

2.4 Informationshöhen von Ereignissen verschiedener Ereignisklassen

In Abschn. 2.2 wurde die Informationshöhe eines Ereignisses (egal von welcher Art) als Logarithmus aus der reziproken Wahrscheinlichkeit des Ereignisses definiert und diskutiert, siehe die Beziehungen (2.13), (2.14) und (2.16). Weil die Wahrscheinlichkeit die bestimmende Größe für die Informationshöhe ist, wurden im Abschn. 2.3 die grundlegenden Zusammenhänge der Wahrscheinlichkeitstheorie ausführlich behandelt und erläutert. Dabei ergab sich unter anderem, dass die Informationshöhe nie negativ sein kann, siehe **[2.7]**, und dass jede Wahrscheinlichkeitsangabe sich immer auf einen zugehörigen Wahrscheinlichkeitsraum bezieht, siehe **[2.8]**. Entsprechendes gilt damit auch für die Informationshöhe.

Jede Wahrscheinlichkeit P hat einen Zahlenwert zwischen 0 (null) und 1 (eins), egal ob es sich um die Wahrscheinlichkeit eines Einzelereignisses oder eines Verbundereignisses oder eines bedingten Ereignisses handelt. Die Definition (2.13)

$$\text{Informationshöhe} \quad H = \log\frac{1}{P} \tag{2.112}$$

gilt deshalb für jede Art von Ereignis.

In diesem Abschnitt werden die Informationshöhen von verschiedenen Ereignissen aus zwei Themenbereichen näher betrachtet, nämlich zunächst in Abschn. 2.4.1 aus dem Bereich der Zufallsexperimente, bei dem sich die quantitativen Zusammenhänge relativ leicht beschreiben lassen, und danach in Abschn. 2.4.2 aus der Bereich menschlicher Vorstellungen, auf den dann die zuvor beschriebenen Zusammenhänge übertragen werden.

2.4.1 Informationshöhen von Ereignissen bei Zufallsexperimenten

Zufallsexperimente haben den Vorzug, dass sich dort die Werte für die verschiedenen Wahrscheinlichkeiten in der Regel exakt bestimmen lassen. Das gilt gleichermaßen für die Wahrscheinlichkeiten von Einzelereignissen, von Verbundereignissen und von bedingten Ereignissen.

Der einfachste Fall eines Verbundereignisses wurde bereits anhand der Beziehung (2.14) diskutiert. Für den einfachsten Fall des bedingten Ereignisses **A**, wenn das Ereignis **B** eingetroffen ist, ergibt sich mit der bedingten Wahrscheinlichkeit $P(\mathbf{A}|\mathbf{B})$ die bedingte Informationshöhe $H_{\mathbf{A}|\mathbf{B}}$ zu

$$H_{\mathbf{A}|\mathbf{B}} = \log\frac{1}{P(\mathbf{A}|\mathbf{B})} \tag{2.113}$$

Mit $H_{\mathbf{A}|\mathbf{B}}$ wird diejenige Informationshöhe gekennzeichnet, die das Ereignis **A** dann noch liefert, wenn das Ereignis **B** bereits eingetroffen und bekannt ist. Diese bedingte Informationshöhe $H_{\mathbf{A}|\mathbf{B}}$ ist oft (aber keinesfalls immer) geringer als im Fall, wenn das Ereignis **B** nicht zuvor eingetroffen und damit auch nicht bekannt ist. Der geringeren Informationshöhe $H_{\mathbf{A}|\mathbf{B}}$ entspricht, dass die bedingte Wahrscheinlichkeit $P(\mathbf{A}|\mathbf{B})$ größer ist als die nicht bedingte Wahrscheinlichkeit $P(\mathbf{A})$.

Wie später noch näher ausgeführt werden wird, sind die meisten von einem Informationsempfänger wahrgenommenen Ereignisse bedingte Ereignisse.

Das in (2.80) angegebene nichtelementare Verbundereignis $\mathbf{A}_{gw}$ für „gerade Augenzahl und Wappen" beim kombinierten Wurf eines Würfels und einer Münze hat die Verbundwahrscheinlichkeit $P(\mathbf{A}_{gw})$. Die vom Verbundereignis $\mathbf{A}_{gw}$ gelieferte Verbundinformationshöhe ist nach (2.112) gegeben durch

$$H_{\mathbf{A}_{gw}} = \log\frac{1}{P(\mathbf{A}_{gw})} \tag{2.114}$$

Durch Einsetzen von $\mathbf{A}_{gw} = \{\varsigma_2\varphi_1, \varsigma_4\varphi_1, \varsigma_6\varphi_1\}$, siehe (2.80), und Berücksichtigung seiner Wahrscheinlichkeit $P(\mathbf{A}_{gw}) = \frac{1}{4}$ heißt das ausführlich

$$H_{\mathbf{A}_{gw}} = \log \frac{1}{P(\{\varsigma_2\varphi_1, \varsigma_4\varphi_1, \varsigma_6\varphi_1\})} = \log 4 \qquad (2.115)$$

Da die Einzelereignisse „gerade Augenzahl" beim Würfel $\{\varsigma_2, \varsigma_4, \varsigma_6\}$ und „Wappen" beim Münzwurf $\{\varphi_1\}$ unabhängig voneinander sind, muss die Wahrscheinlichkeit $P(\mathbf{A}_{gw})$ des Verbundereignisses $\mathbf{A}_{gw} = \{\varsigma_2\varphi_1, \varsigma_4\varphi_1, \varsigma_6\varphi_1\}$ gleich dem Produkt der Wahrscheinlichkeiten $P_\varsigma(\{\varsigma_2, \varsigma_4, \varsigma_6\}) \cdot P_\varphi(\{\varphi_1\})$ der Einzelereignisse $\{\varsigma_2, \varsigma_4, \varsigma_6\}$ und $\{\varphi_1\}$ sein. Da beide Wahrscheinlichkeiten den Wert $\frac{1}{2}$ haben, lässt sich statt (2.114) und (2.115) auch folgende Beziehung schreiben:

$$H_{\mathbf{A}_{gw}} = \log \frac{1}{P_\varsigma(\{\varsigma_2, \varsigma_4, \varsigma_6\}) \cdot P_\varphi(\{\varphi_1\})} = \log \frac{1}{\frac{1}{2} \cdot \frac{1}{2}} = \log 4 \qquad (2.116)$$

was natürlich dasselbe Ergebnis wie in (2.115) liefert.

Durch Anwendung von (2.14) lässt sich (2.116) auch wie folgt ausdrücken

$$H_{\mathbf{A}_{gw}} = \log \frac{1}{P_\varsigma(\{\varsigma_2, \varsigma_4, \varsigma_6\})} + \log \frac{1}{P_\varphi(\{\varphi_1\})} = \log \frac{1}{\frac{1}{2}} + \log \frac{1}{\frac{1}{2}} = \log 4 \qquad (2.117)$$

Der erste logarithmische Term stellt die vom Würfelwurf, der zweite logarithmische Term stellt die vom Münzwurf gelieferte Informationshöhe dar. Beide sind in diesem Fall gleich groß und addieren sich, weil beide, wie gesagt, voneinander unabhängige Ereignisse sind.

Wählt man gemäß (2.16) beim Logarithmus die Basis 2, dann liefern (2.115), (2.116) und (2.117) je die Informationshöhe $H_{\mathbf{A}_{gw}} = \text{ld}\, 4 = 2\,\text{bit}$.

Das in Abschn. 2.3.8 beschriebene Verbundereignis des Ziehens von je einer Kugel aus N verschiedenen Lostrommeln hat die in (2.110) angegebene Verbundwahrscheinlichkeit $P(\alpha_i\beta_j\gamma_k \cdots \mu_n) = P(\alpha_i)P(\beta_j)P(\gamma_k) \cdots P(\mu_n)$, wobei $P(\alpha_i), P(\beta_j), P(\gamma_k), \cdots, P(\mu_n)$ die Wahrscheinlichkeiten der Einzelereignisse $\{\alpha_i\}$, $\{\beta_j\}$, $\{\gamma_k\}$, ..., $\{\mu_n\}$ bei jeder einzelnen Lostrommel sind. Die Informationshöhe dieses Verbundereignisses ergibt sich mit (2.112) zu

$$H = \log \frac{1}{P(\alpha_i\beta_j\gamma_k \cdots \mu_n)} = \log \frac{1}{P(\alpha_i)} + \log \frac{1}{P(\beta_j)} + \log \frac{1}{P(\gamma_k)} + \cdots + \log \frac{1}{P(\mu_n)} \qquad (2.118)$$

Die gesamte Informationshöhe H setzt sich additiv aus den Informationshöhen zusammen, die von den einzelnen Lostrommeln geliefert werden, weil das Ziehen einer Kugel aus einer Lostrommel keinen Einfluss auf die Wahrscheinlichkeitsräume der anderen Lostrommeln hat.

2.4.2 Übertragung der Zusammenhänge auf menschliche Vorstellungen

Nicht alle zufälligen Ereignisse resultieren aus Zufallsexperimenten. Es gibt viele andersartige zufällige Ereignisse, die nicht wie der Wurf eines Würfels oder einer Münze oder der

Griff in eine Lostrommel von einem Experimentator getätigt werden. Auch solchen andersartigen Ereignissen kann eine Wahrscheinlichkeit zugeordnet werden.

Umgekehrt gilt, dass immer dann, wenn von Wahrscheinlichkeiten die Rede ist, der Betrachter das Eintreffen alternativer Ereignisse für möglich hält. Anderenfalls wäre er sich sicher, was eintreffen wird. Die Anzahl der in eine Betrachtung einbezogenen alternativen Ereignisse ist in der Regel beschränkt, d.h. nicht beliebig groß. Der Betrachter *konzentriert* sich auf eine bestimmte Menge an eventuell eintreffenden Ereignissen, für die er sich gerade interessiert. (Die Konzentration entspricht der Zuwendung auf eine bestimmte Lostrommel unter Nichtbeachtung mehrerer anderer vorhandener Lostrommeln). Er lässt damit alles beiseite, was nicht zum gerade interessierenden Thema gehört. Wenn er also an die Wahrscheinlichkeiten möglicher Wetterlagen des nächsten Tages denkt (die in einer Lostrommel stecken, aus der ein „Wettergott" am nächsten Tag eine Wetterlage zieht), dann interessiert ihn in diesem Kontext normalerweise nicht, wie z.B. am nächsten Wochenende die Lottozahlen ausfallen könnten oder ob ein angekündigter Besucher im Stau stecken bleibt. Solche Ereignisse gehören nicht zum Thema möglicher Wetterlagen (und befinden sich auch nicht in der betrachteten Lostrommel mit den möglichen Wetterlagen). Alle in eine Betrachtung einbezogenen möglichen Ereignisse bilden ein Ereignisfeld $\mathcal{F}$ und sind Elemente oder Teilmengen einer universalen Menge **U**, auf die allein sich der Betrachter konzentriert (oder eventuell $\mathbf{U}_i$, wenn er auch das noch im Hinterkopf behält, auf das er sich gerade nicht konzentriert). Diese universale Menge **U** und das Feld $\mathcal{F}$ der möglichen Ereignisse mit den zugeordneten Wahrscheinlichkeiten P bilden den Wahrscheinlichkeitsraum $\{\mathbf{U}, \mathcal{F}, P\}$, den der Betrachter vor Augen hat. (Diese Konzentration auf einen Wahrscheinlichkeitsraum entspricht der Ausrichtung des in Abschn. 2.2.2 vorgestellten Aufmerksamkeitskanals).

Die Situation ist am einfachsten, wenn alle in Betracht gezogenen Ereignisse sich gegenseitig ausschließen. Dabei spielt es keine Rolle, wie umfangreich oder komplex die einzelnen Ereignisse sind. Wie oben anhand einer Lostrommel beschrieben wurde, kann ein einzelnes Element einer betrachteten universalen Menge auch ein längerer Text sein (was ja bei einem Symbol der Semiotik ebenfalls der Fall sein kann, vergl. Abschn. 1.8). Wichtig für die einfachste Situation ist nur, dass sich die einzelnen Elemente unterscheiden und gegenseitig ausschließen.

Beispiel:
Eine alte Dame erzählt bei Kaffeekränzchen öfters mal eine von drei Geschichten, die alle anderen schon kennen aber dennoch anhören wie ein bekanntes Musikstück.

a. Die Geschichte vom ersten Enkelkind bildet das Ereignis **A** und kommt mit der Wahrscheinlichkeit $P_\mathbf{A} = 0{,}15$ dran
b. Die Geschichte vom Unfall ihres Mannes bildet das Ereignis **B** und kommt mit der Wahrscheinlichkeit $P_\mathbf{B} = 0{,}25$ dran
c. Die Geschichte von der Seereise bildet das Ereignis **C** und kommt mit der Wahrscheinlichkeit $P_\mathbf{C} = 0{,}1$ dran
d. Die Wahrscheinlichkeit, dass keine[2.9] der drei Geschichten drankommt, ist $P_\mathbf{D} = 0{,}5$. Dieser Fall bildet das Ereignis **D**.

2.9 „Keine der drei Geschichten" ist nicht zu verwechseln mit der in Abschn. 2.3.2 eingeführten „leeren Menge $\varnothing$ ". Das Ereignis „Keine der drei Geschichten" ist real und hat eine von null verschiedene Wahrscheinlichkeit. Die „leere Menge $\varnothing$ " ist eine abstrakte Rechengröße und hat die Wahrscheinlichkeit null.

Die Fälle a., b., c., d. beschreiben je ein Ereignis von vier möglichen und sich gegenseitig ausschließenden Ereignissen und seien mit **A**, **B**, **C** und **D** bezeichnet. Alle vier möglichen Ereignisse bilden zusammen eine universale Menge **U**, da hier kein sonstiger Fall in die Betrachtung einbezogen wird. Umgekehrt stellt jedes der vier Ereignisse **A**, **B**, **C** und **D** ein Element von **U** dar.

Aus Sicht der Zuhörer, die die Inhalte aller drei Geschichten bereits kennen, besteht die empfangene Informationshöhe darin, ob eine der drei Geschichten überhaupt dran kommt und wenn ja, welche.

Die größte Informationshöhe liefert der Fall c. mit $\log(1/P_{\mathbf{C}}) = \log 10$, die geringste der Fall d. mit $\log(1/P_{\mathbf{D}}) = \log 2$. In bit ausgedrückt ergibt sich: im Fall d. ld10 $\approx$ 3,22 bit, im Fall c. ld2 = 1 bit.

Die im Beispiel gelieferte Höhe an Information ist in allen vier Fällen ziemlich gering. Das liegt nicht nur daran, dass die Zuhörer alle Geschichten bereits kannten, sondern vor allem daran, dass sie nur darauf achteten, *welche* der Geschichten erzählt wurde und *nicht wie* eine Geschichte im Einzelnen erzählt wurde. Eine größere Höhe an Information erhält ein Zuhörer, wenn er darüber hinaus auch sein Augenmerk darauf richtet, wie eine Geschichte im Einzelnen erzählt wird. Dies wird nachfolgend illustriert.

Modifiziertes Beispiel:
Die im obigen Beispiel von der alten Dame erzählten Geschichten weisen von Mal zu Mal geringe Abwandlungen auf, die darin bestehen, dass Sätze anders formuliert werden und auch die Wortwahl variiert. Die unterschiedlichen Formulierungen, mit denen im Fall a. dieselbe Geschichte vom Enkelkind erzählt wird, seien als $\mathbf{a}_i$ bezeichnet, wobei mit i = 1, 2, 3, … , I die einzelnen Versionen der Geschichte gekennzeichnet werden. Die Anzahl I der möglichen Versionen kann abhängig von der Länge der Geschichte ziemlich groß sein. Entsprechendes gilt für die Geschichten im Fall b. und im Fall c. Die verschiedenen Formulierungen im Fall b. seien als $\mathbf{b}_j$, mit j = 1, 2, 3, …, J, und die verschiedenen Formulierungen im Fall c. seien als $\mathbf{c}_k$, mit k = 1, 2, 3, …, K bezeichnet. Die universale Menge **U** enthält nun als Elemente sämtliche möglichen Formulierungen $\mathbf{a}_i$, $\mathbf{b}_j$, $\mathbf{c}_k$ aller drei Geschichten und dazu noch das Element d, welches besagt, dass keine der drei Geschichten drankommt. Die universale Menge **U** enthält nun I+J+K+1 Elemente. Alle Elemente $\mathbf{a}_i$ mit i = 1, 2, 3, …, I bilden nun die Teilmenge **A**, welche alle Versionen der Geschichte vom Enkelkind umfasst. Entsprechend bilden alle Elemente $\mathbf{b}_j$, mit j = 1, 2, 3, …, J nun die Teilmenge **B**, welche alle Versionen der Geschichte vom Unfall des Mannes umfasst, und alle Elemente $\mathbf{c}_k$, mit k = 1, 2, 3, …, K die Teilmenge **C**, welche alle Versionen der Geschichte von der Seereise umfasst. Das Ereignis **D**, dass keine der drei Geschichten erzählt wird, ist eine Teilmenge, die nur ein einziges Element d enthält.
Angenommen, dass im Fall a. durch Einschränkungen seitens der Sprachgrammatik, die nicht alle Kombinationen an Wortfolgen zulässt, nur I = 100 verschiedene Erzählvarianten der Geschichte vom Enkelkind möglich sind, und angenommen, dass jede dieser Erzählvarianten gleichwahrscheinlich ist, also die Wahrscheinlichkeit $P_{\mathbf{A}i}$ = 0,15×0,01 = 0,0015 hat, liefert jede einzelne Erzählvariante die Informationshöhe $\log(1/P_{\mathbf{A}i}) = \log\frac{1}{0{,}0015} \approx \log 667$ d.h. ld 667 ≈ 9,38 bit. Das ist mehr, als die Informationshöhe, die mit der Enkelgeschichte ohne Beachtung einer speziellen Erzählvariante geliefert wird, wofür sich $\log(1/P_{\mathbf{A}}) = \log\frac{1}{0{,}15} \approx \log 6{,}67$ d.h. ld 6,67 ≈ 2,74 bit ergibt. Bei Beachtung auch der verschiedenen Erzählvarianten begeben sich die Zuhörer auf eine andere Interpretationsebene. Mit Unterscheidung von mehr Erzählvarianten steigt die Anzahl der bit an Information aber nur moderat an, was auch aus Abb. 2.2 erkannt werden kann. Bei 1000 Erzählvarianten der Enkelgeschichte beträgt die Höhe der Information etwa 12,70 bit.

Die mit dem modifizierten Beispiel gelieferte Informationshöhe setzt voraus, dass der Zuhörer sich aller 100 bzw. 1000 Erzählvarianten bewusst ist und nur darauf achtet, welche dieser Varianten eintrifft. Das ist bei einem menschlichen Zuhörer im Allgemeinen nicht der Fall, weshalb bei den obigen Beispielen die mit der bekannten Enkelgeschichte real empfangene Informationshöhe nicht allzu viel mehr als 3 bit betragen dürfte.

Die von der alten Dame beim Kaffeekränzchen erzählte Geschichte ist aber nur ein Ereignis von eventuell vielen Ereignissen, die bei einem Kaffeekränzchen stattfinden können. In dieser Situation gibt es zwei verschiedene Fälle, die auf unterschiedliche Betrachtungsweisen führen, nämlich:

a.) Der einfachste Fall liegt vor, wenn die einzelnen Ereignisse α_i, β_j, γ_k, ..., μ_n nichts miteinander zu tun haben, also unabhängig voneinander sind, und deshalb separat voneinander betrachtet werden können. Jedes dieser Ereignisse gehört dann einer anderen universalen Menge $\mathbf{U}_i$, $\mathbf{U}_j$, $\mathbf{U}_k$, ... $\mathbf{U}_n$ an. In diesem Fall multiplizieren sich die Wahrscheinlichkeiten $P_\alpha(\alpha_i)$, $P_\beta(\beta_j)$, $P_\gamma(\gamma_k)$, $\cdots$, $P_\mu(\mu_n)$ der einzelnen Ereignisse zur resultierenden Wahrscheinlichkeit $P = P_\alpha(\alpha_i)P_\beta(\beta_j)P_\gamma(\gamma_k)\cdots P_\mu(\mu_n)$ der gesamten Ereigniskette. Das hat mit (2.14) zur Folge, dass sich die von den einzelnen Ereignissen gelieferten Informationshöhen addieren, wie das mit den Beziehungen (2.110) und (2.118) gezeigt wurde. Alternativ zu diesem Weg kann man auch das Feld aller möglichen Ereignisketten betrachten. Diese Ereignisketten stellen je ein Verbundereignis dar, das mit einer bestimmten Verbundwahrscheinlichkeit $P(\alpha_i\beta_j\gamma_k\cdots\mu_n)$ auftritt. Die Informationshöhe eines speziellen Verbundereignisses, d.h. einer speziellen Ereigniskette, ergibt sich dann gemäß dem ersten logarithmischen Term in (2.118). Bei unabhängigen Ereignissen liefern beide Alternativen die gleiche Höhe für die Gesamtinformation.

b.) Ein komplizierterer Fall liegt vor, wenn die Wahrscheinlichkeit eines Ereignisses (z.B. einer Geschichte) **G** davon abhängt, welches andere Ereignis **V** zuvor eingetreten war. In diesem Fall berechnet sich die Informationshöhe gemäß (2.113) aus der bedingten Wahrscheinlichkeit $P(\mathbf{G}|\mathbf{V})$. Dieser Informationshöhe ist die Informa-tionshöhe hinzuzufügen, welche das Ereignis **V** zuvor geliefert hatte. Dabei kann es sein, dass auch dieses Ereignis **V** seinerseits durch ein noch früheres Ereignis $\mathbf{V}_1$ bedingt ist und seine Informationshöhe sich mit der bedingten Wahrscheinlichkeit $P(\mathbf{V}|\mathbf{V}_1)$ berechnet, usw.

Für die Berechnung der Höhe H der resultierenden Information muss bei den oben geschilderten Fällen a.) und b.) *nicht* vorausgesetzt werden, dass der Zuhörer *vor* jedem Eintritt eines Ereignisses einen Wahrscheinlichkeitsraum $\{\mathbf{U}, \mathcal{F}, P\}$ vor Augen hat, also sich vorher darauf präpariert, was kommen kann. Er kann genauso gut *nach* Eintritt eines Ereignisses dieses Ereignis einem ihm passenden Wahrscheinlichkeitsraum $\{\mathbf{U}, \mathcal{F}, P\}$ zuordnen und dann mit der zugehörigen (subjektiv empfundenen) Wahrscheinlichkeit im Nachhinein[2.10] die (subjektiv empfundene) Höhe H der ihm zugeflossenen Information einschätzen (oder berechnen). Die Konzentration auf abgegrenzte und beschränkte Wahrscheinlichkeitsräume

---

[2.10] Beim Würfeln mit einem Dodekaeder, dessen Flächen mit je einer von 8 verschiedenen Ziffern beschriftet sind, ist es ebenfalls egal, ob man die Wahrscheinlichkeit, mit der eine bestimmte Ziffer auf der Ebene der Tischplatte landet, vor dem Würfeln oder nach dem Würfeln bestimmt. Ein Dodekaeder ist ein räumlicher Körper, der sich aus 12 gleichseitigen Fünfecken zusammensetzt. Im hier betrachteten Fall von 8 verschiedenen Ziffern muss sich mindestens eine Ziffer auf mehr als einer Fläche befinden.

setzt eine strukturierte Vorstellungswelt beim Betrachter (Informa-tionsempfänger) voraus. Diese Vorstellungswelt ist subjektiv und kann sich im Laufe der Zeit aufgrund von Lernprozessen ändern [vergl. Bemerkung am Ende von Abschn. 1.3]. Die Strukturierung von Vorstellungen durch Lernprozesse wird im 6. Kapitel behandelt.

Die obigen Ausführungen illustrieren, dass die Höhe der von einem Ereignis gelieferten Information nicht davon abhängt, mit wie vielen Worten das Ereignis ausgedrückt wird. Wenige Worte können manchmal mehr Information bringen als viele. Der Fall, dass ein Ereignis, das einem Empfänger absolut keine Information liefert, obwohl es sich nur mit sehr großem Aufwand beschreiben lässt, kommt häufig vor. Ein Beispiel dafür ist das Erscheinen eines neuen Schulbuchs für Unterstufen-Mathematik. Ein Diplommathematiker, den nur die Theorie interessiert, erfährt bei der Lektüre keine neue Mathematik.

2.4.3 Venn-Diagramm für Geschichten beim Kaffeekränzchen

In diesem Abschnitt werden die Zusammenhänge des im vorigen Abschn. 2.4.2 angeführten modifizierten Beispiels vom Kaffeekränzchen durch ein Venn-Diagramm dargestellt. Venn-Diagramme wurden im Abschn. 2.3.4 eingehend beschrieben. Sie liefern eine anschauliche Übersicht über die betrachteten Teilmengen mit ihren Beziehungen zueinander und erlauben auf relativ einfache Weise die Aufstellung von mathematischen Formelausdrücken für diese Beziehungen.

Im modifizierten Beispiel wurden die verschiedenen Formulierungen der Geschichte vom Enkelkind mit $\mathbf{a}_i$ bezeichnet. Alle $\mathbf{a}_i$ mit $i = 1, 2, 3, \ldots, I$ sind Elemente einer Menge **A**, die ihrerseits nur diese Elemente enthält:

$$\mathbf{A} = \{\mathbf{a}_1, \mathbf{a}_2, \mathbf{a}_3, \ldots, \mathbf{a}_I\} \tag{2.119}$$

Entsprechendes gilt für die Geschichten vom Unfall $\mathbf{b}_j$ mit $j = 1, 2, 3, \ldots, J$, für die Geschichten von der Seereise $\mathbf{c}_k$ mit $k = 1, 2, 3, \ldots, K$ und für den Fall d, dass keine Geschichte erzählt wird:

$$\mathbf{B} = \{\mathbf{b}_1, \mathbf{b}_2, \mathbf{b}_3, \ldots, \mathbf{b}_J\}, \qquad \mathbf{C} = \{\mathbf{c}_1, \mathbf{c}_2, \mathbf{c}_3, \ldots, \mathbf{c}_K\}, \qquad \mathbf{D} = \{\mathrm{d}\} \tag{2.120}$$

Der Fettdruck der Elemente $\mathbf{a}_i$, $\mathbf{b}_j$, $\mathbf{c}_k$ soll zum Ausdruck bringen, dass es sich jeweils um ganze Geschichten handelt im Unterschied zum Normaldruck des Elements d, das nur besagt, dass keine Geschichte erzählt wurde. Dass jede dieser Mengen **A, B, C, D** eine Teilmenge der universalen Menge **U** ist, wird durch das Zeichen $\subset$ ausgedrückt:

$$\mathbf{A} \subset \mathbf{U}, \qquad \mathbf{B} \subset \mathbf{U}, \qquad \mathbf{C} \subset \mathbf{U}, \qquad \mathbf{D} \subset \mathbf{U} \tag{2.121}$$

Alle Elemente $\mathbf{a}_i$, $\mathbf{b}_j$, $\mathbf{c}_k$ und d bilden zusammen die universale Menge **U**

$$\mathbf{U} = \{\mathbf{a}_1, \mathbf{a}_2, \mathbf{a}_3, \ldots, \mathbf{b}_1, \mathbf{b}_2, \mathbf{b}_3, \ldots, \mathbf{c}_1, \mathbf{c}_2, \mathbf{c}_3, \ldots, \mathrm{d}\} \tag{2.122}$$

Dies ist, anders ausgedrückt, die Vereinigung (siehe hierzu die Definition (2.25) in Abschn. 2.3.2) der Mengen **A, B, C, D.**

Diese Zusammenhänge sind im Venn-Diagramm der Abb. 2.6 graphisch dargestellt. Die große Rechteckfläche mit der fett gezeichneten Umrandung umfasst alle Elemente der universalen Menge **U**. Diese große Rechteckfläche ist in vier Teilfelder unterteilt, die je die Elemente der Teilmengen **A, B, C, D** enthalten. Die Teilmenge **D** enthält nur ein einziges Element d.

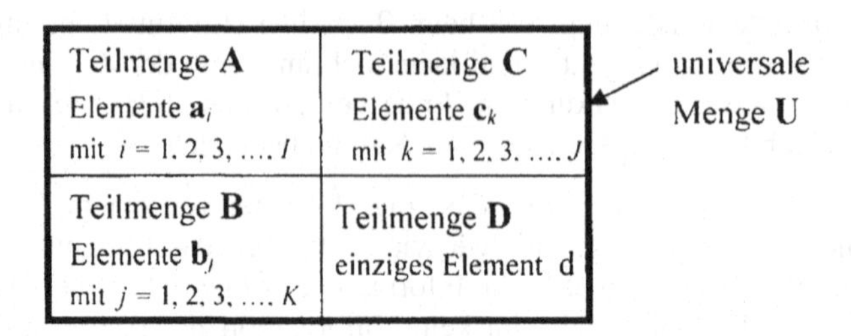

Abb. 2.6 Venn-Diagramm zur Darstellung der universalen Menge **U** mit ihren Teilmengen **A**, **B**, **C**, **D**

Im Unterschied zu Abb. 2.3b und Abb. 2.3c gibt es in Abb.2.6 keine Überlappung von Flächen. Dadurch wird ausgedrückt, dass es sich in Abb. 2.6 um disjunkte Mengen **A**, **B**, **C**, **D** handelt, d.h. dass die Ereignisse **A**, **B**, **C**, **D** gemäß (2.38) *sich gegenseitig ausschließen*:

$$\mathbf{A} \cap \mathbf{B} = \varnothing, \quad \mathbf{A} \cap \mathbf{C} = \varnothing, \quad \mathbf{A} \cap \mathbf{D} = \varnothing, \quad \mathbf{B} \cap \mathbf{C} = \varnothing, \mathbf{B} \cap \mathbf{D} = \varnothing, \quad \mathbf{C} \cap \mathbf{D} = \varnothing \qquad (2.123)$$

Weil einerseits die Mengen **A**, **B**, **C**, **D** disjunkt sind und andererseits ihre Vereinigung die universale Menge **U** liefert, ergibt sich mit den Axiomen II und III von Kolmogorov (siehe Abschn. 2.3.3) für die zugehörigen Wahrscheinlichkeiten

$$P(\mathbf{U}) = P(\mathbf{A} \cup \mathbf{B} \cup \mathbf{C} \cup \mathbf{D}) = P_{\mathbf{A}}(\mathbf{A}) + P_{\mathbf{B}}(\mathbf{B}) + P_{\mathbf{C}}(\mathbf{C}) + P_{\mathbf{D}}(\mathbf{D}) = 1 \qquad (2.124)$$

Dieses Beispiel vom Kaffeekränzchen liefert einen Anlass zur Erinnerung an schon früher gemachte Bemerkungen und an ergänzende neue Bemerkungen.

Bemerkungen:

1. Das Eintreffen eines Ereignisses muss nicht in einem kurzen Augenblick geschehen. Beim Beispiel des Kaffeekränzchens weiß man erst am Ende des Kränzchens, welches der Ereignisse **A**, **B**, **C**, **D** eingetroffen ist.

2. Die Höhe der Wahrscheinlichkeit eines Ereignisses lässt sich nicht immer (wie beim Würfel) durch logische Überlegungen bestimmen. In den meisten realen Fällen beruht die Bestimmung von Wahrscheinlichkeiten auf Erfahrung, Statistik und auch auf subjektiver Einschätzung. Dabei ist es unerheblich, ob die Höhe einer Wahrscheinlichkeit vor oder nach dem Eintreffen eines Ereignisses bestimmt wird (vergl. Fußnote 2.10).

3. Die Angabe von Wahrscheinlichkeiten setzt voraus, dass nur eine begrenzte universale Menge an alternativ möglichen Ereignissen in die Betrachtung einbezogen wird. Das Beispiel des Kaffeekränzchens beschränkte sich auf Geschichten der alten Dame. (Andere mögliche Ereignisse, z.B. die Lottozahlen und das Wetter am nächsten Wochenende, sind nicht Gegenstand der Betrachtung).

4. Beim Beispiel des Kaffeekränzchens werden die Ereignisse **A**, **B**, **C**, **D** je als *Ganzes* betrachtet, d.h. es wird allein darauf geachtet, ob die Geschichte vom Enkelkind (**A**) oder die vom Unfall (**B**) oder die von der Seereise (**C**) oder keine dieser Geschichten (**D**) drangekommen ist. Die unterschiedlichen Textvarianten $\mathbf{a}_i$ (bzw. $\mathbf{b}_j$ bzw. $\mathbf{c}_k$) interessieren im zuerst betrachteten Beispiel nicht weiter, genauso wie beim Ereignis „gerade Augenzahl" des Würfelwurfs es auch nicht weiter interessiert, ob das Ergebnis ς_2 oder ς_4 oder ς_6 lautet. Im modifizierten Beispiel wird jede Textvariante $\mathbf{a}_i$ (bzw. $\mathbf{b}_j$ bzw. $\mathbf{c}_k$) ihrerseits ebenfalls als Ganzes betrachtet, d.h. es interessieren

nicht die einzelnen Wörter und auch nicht deren Abfolgen, sondern nur die durch unterschiedliche Wörter und Wortfolgen gekennzeichnete Textvariante[2.11].

5. Da keine Variante der Geschichte a. (eine Variante ist ein Element $\mathbf{a}_i$ der Teilmenge, d.h. des Ereignisses **A**) mit irgendeiner Variante der übrigen Geschichten d.h. Fälle b., c., d. übereinstimmt und dasselbe für die Varianten aller Geschichten gilt, haben die Ereignisse **A**, **B**, **C**, **D** keine gemeinsamen Elemente. Alle Teilmengen **A**, **B**, **C**, **D** sind disjunkt, was nach Aussage **[2.6]** in Abschn. 2.3.2 bedeutet, dass die Ereignisse **A**, **B**, **C**, **D** sich gegenseitig ausschließen.

Zu den Bemerkungen 3 und 4:

a. Wenn die Zuhörer beim Kaffeekränzchen ihr Augenmerk nicht nur darauf lenken, welche der bekannten Geschichten dran kommt, sondern auch darauf in welcher Formulierung eine bekannte Geschichte dargeboten wird, dann enthält die betrachtete universale Menge viel mehr Ereignisse, denen zudem im Mittel geringere Wahrscheinlichkeiten zugeordnet sind und die damit mehr Information enthalten. Dies wurde am Ende des modifizierten Beispiels mit Zahlenangaben illustriert.

b. Für einen neu hinzukommenden Zuhörer, der noch keine der drei Geschichten kennt, liefert jede dieser Geschichten einen noch höheren Informationsgehalt.

2.5 Erwartungswert oder Entropie der Informationshöhe

In diesem Abschnitt wird der wahrscheinlichkeitstheoretische Erwartungswert der Informationshöhe erläutert, die ein Empfänger von einer Informationsquelle geliefert bekommt. Von diesem Erwartungswert, den Shannon als Entropie[2.12] bezeichnet hat, war bereits in Abschn. 2.1 die Rede, siehe auch **[2.1]**. Der Erwartungswert ist ein *Mittelwert*, hier also der Mittelwert aller möglichen Informationshöhen, die ein Empfänger zu einem festen Zeitpunkt (der beliebig wählbar ist) von der Quelle erhalten kann. In die Berechnung dieses Mittelwerts geht ein, dass ein von der Quelle mit hoher Wahrscheinlichkeit erzeugtes Ereignis zwar eine nur geringe Informationshöhe liefert aber dafür eher eintrifft als ein Ereignis von geringer Wahrscheinlichkeit, das dagegen aber eine große Informationshöhe hat. Bei der praktischen Berechnung des Erwartungswerts geht man wie folgt vor:

Man betrachtet eine sehr große Vielzahl (Ensemble oder Schar) von Informationsquellen, die Ereignisse aus dem gleichen Wahrscheinlichkeitsraum in der Weise erzeugen, das unter der Vielzahl der zum gleichen Zeitpunkt erzeugten Ereignisse jedes spezielle Ereignis so häufig vorhanden ist, wie das seiner Wahrscheinlichkeit entspricht. Der Mittelwert der Informationshöhen aller dieser vielen Ereignisse, den man auch als *Scharmittelwert* bezeichnet, ist der Erwartungswert.

[2.11] Zwei verschiedene Textvarianten derselben Geschichte sind vergleichbar mit zwei Häusern, die sich in verschiedenen Details unterscheiden. Die Betrachtung als Ganzes interessiert sich nicht für die unterschiedlichen Details, sondern nur darum, dass es sich beidemal um ein Haus handelt.

[2.12] Ergänzend zu den Ausführungen in Abschn. 2.1 sei erwähnt, dass der von R. Clausius geprägte Begriff „Entropie" 1865 in die Wärmelehre der Physik eingeführt wurde. Clausius hatte herausgefunden, dass es bei Gasen neben den bis dato bekannten makroskopischen Zustandsgrößen (Temperatur, Druck, ...) noch eine weitere makroskopische Zustandsgröße gibt, die er Entropie nannte und die maßgebend ist für die Umwandlung von Wärmeenergie in mechanische Energie. Näheres hierzu folgt im nächsten 3. Kapitel. Die mikroskopische Deutung der Entropie gelang L. Boltzmann mit der von ihm begründeten statistischen Thermodynamik, bei der die Bewegungen einzelner Gas-Atome betrachtet werden. Die hier behandelte „informationstheoretische Entropie" ist formal verwandt mit der „thermodynamischen Entropie" der statistischen Thermodynamik, wie sie J.W. Gibbs formuliert hat, siehe Abschn. 3.3.6 im 3. Kapitel.

Bei den sogenannten *ergodischen* Zufallsprozessen ist der Scharmittelwert gleich dem *Zeitmittelwert*, der sich ergibt, wenn man bei einer einzigen Quelle dieses Ensembles die Informationshöhen der vielen Ereignisse betrachtet, die diese Quelle über einen sehr langen Zeitraum produziert, und von diesen Informationshöhen den Mittelwert bildet. Wenn nur wenige Ereignisse zeitlich aufeinander folgen, was bei kurzen Fragen und Antworten der Fall ist, dann handelt es sich nicht um ergodische Prozesse.

2.5.1 Entropie einer Informationsquelle bei unabhängigen Ereignissen

Als Beispiel einer Informationsquelle diene wieder die alte Dame des in Abschn. 2.4.2 erwähnten regelmäßig stattfindenden Kaffeekränzchens. Dort liefert die alte Dame entweder mit Wahrscheinlichkeit $P_\mathbf{A} = 0{,}15$ das Ereignis **A** der Geschichte vom Enkelkind oder mit Wahrscheinlichkeit $P_\mathbf{B} = 0{,}25$ das Ereignis **B** der Geschichte vom Unfall oder mit Wahrscheinlichkeit $P_\mathbf{C} = 0{,}1$ das Ereignis **C** der Geschichte von der Seereise oder mit Wahrscheinlichkeit $P_\mathbf{D} = 0{,}5$ gar keine Geschichte.

Betrachtet man eine große Anzahl M (d.h. eine Schar) möglicher Kaffeekränzchen, dann trifft bei diesen M Kaffeekränzchen

M mal $P_\mathbf{A}$ das Ereignis **A** ein, das jedes Mal die Informationshöhe $\mathrm{ld}\frac{1}{P_\mathbf{A}}$ bit liefert.
und M mal $P_\mathbf{B}$ das Ereignis **B** ein, das jedes Mal die Informationshöhe $\mathrm{ld}\frac{1}{P_\mathbf{B}}$ bit liefert,
und M mal $P_\mathbf{C}$ das Ereignis **C** ein, das jedes Mal die Informationshöhe $\mathrm{ld}\frac{1}{P_\mathbf{C}}$ bit liefert,
und M mal $P_\mathbf{D}$ das Ereignis **D** ein, das jedes Mal die Informationshöhe $\mathrm{ld}\frac{1}{P_\mathbf{D}}$ bit liefert.

Weil die Ereignisse **A**, **B**, **C** und **D** sich gegenseitig ausschließen, beträgt damit die gesamte, in M möglichen Kaffeekränzchen gelieferte Informationshöhe

$$M\left(P_\mathbf{A}\,\mathrm{ld}\frac{1}{P_\mathbf{A}} + P_\mathbf{B}\,\mathrm{ld}\frac{1}{P_\mathbf{B}} + P_\mathbf{C}\,\mathrm{ld}\frac{1}{P_\mathbf{C}} + P_\mathbf{D}\,\mathrm{ld}\frac{1}{P_\mathbf{D}}\right)\text{bit} \qquad (2.125)$$

Hieraus erhält man die mittlere Informationshöhe $\langle H\rangle$, welche den Zuhörern von der Dame bei M möglichen Kaffeekränzchen liefert wird, indem man den Ausdruck (2.125) durch die Anzahl M der betrachteten Kaffeekränzchen dividiert:

$$\langle H\rangle = \left(P_\mathbf{A}\,\mathrm{ld}\frac{1}{P_\mathbf{A}} + P_\mathbf{B}\,\mathrm{ld}\frac{1}{P_\mathbf{B}} + P_\mathbf{C}\,\mathrm{ld}\frac{1}{P_\mathbf{C}} + P_\mathbf{D}\,\mathrm{ld}\frac{1}{P_\mathbf{D}}\right)\text{bit je Kaffeekränzchen} \qquad (2.126)$$

Diesen Mittelwert bezeichnet man, wie eingangs gesagt, als *Erwartungswert* der den Zuhörern gelieferten Informationshöhe oder auch als *Entropie*.

Der Formelausdruck (2.126) lässt sich leicht verallgemeinern: Wenn eine Informationsquelle M mögliche, sich gegenseitig ausschließende Ereignisse $\{x_i\}$ mit $i = 1, 2, \ldots, M$ erzeugt, die mit der jeweils zugehörigen Wahrscheinlichkeit $P_i(x_i)$ auftreten[2.13], dann

---

[2.13] Hinweis auf die unterschiedliche Bedeutung der Buchstaben x und x: In Abb. 1.4 und Abb. 1.6 bedeutet der Buchstabe x eine binäre Variable. Dagegen bedeutet hier der Buchstabe x ein allgemeines Ereignis, das z.B. ein Wort, ein Satz oder auch eine binäre Variable sein kann. Beim Ereignis $\{x_i\}$ kennzeichnet der Index i das mit der Wahrscheinlichkeit $P_i\,(x_i)$ auftretende i-te mögliche Ergebnis, vergl. Abschn. 2.3.1. Entsprechendes gilt für y und y.

berechnet sich der Erwartungswert der von der Informationsquelle gelieferten Informationshöhe, kurz Entropie, zu

$$\langle H \rangle = \sum_{i=1}^{M} P_i(x_i) \,\mathrm{ld} \frac{1}{P_i(x_i)} = \langle H(P_1, P_2, \ldots, P_M) \rangle \quad \text{bit je Ereignis} \tag{2.127}$$

Die Schreibweise $\langle H(P_1, P_2, \ldots, P_M) \rangle$ mit den Indices 1, 2, ... geht auf Shannon zurück. Sie bietet weiter unten mit Abb. 2.7 eine Beschreibung von Lernprozessen.

Im Unterschied zur Informationshöhe eines Einzelereignisses erlaubt die Entropie auch die Berücksichtigung unmöglicher Ereignisse mit $P_i = 0$. Eine Grenzwertbetrachtung zeigt nämlich, dass der betreffende Summand dann gegen null strebt und damit vernachlässigt werden kann:

$$\text{Für } P \rightarrow 0 \quad \text{geht} \quad P \,\mathrm{ld} \frac{1}{P} \rightarrow 0 . \tag{2.128}$$

Unmögliche Ereignisse liefern deshalb keinen Beitrag zur Entropie.

Im Beispiel des Kaffeekränzchen liefert die alte Dame an die Zuhörer die Entropie

$$\begin{aligned} \langle H \rangle &= \left(P_{\mathbf{A}} \,\mathrm{ld} \frac{1}{P_{\mathbf{A}}} + P_{\mathbf{B}} \,\mathrm{ld} \frac{1}{P_{\mathbf{B}}} + P_{\mathbf{C}} \,\mathrm{ld} \frac{1}{P_{\mathbf{C}}} + P_{\mathbf{D}} \,\mathrm{ld} \frac{1}{P_{\mathbf{D}}} \right) \\ &= 0{,}15 \cdot \mathrm{ld} \frac{1}{0{,}15} + 0{,}25 \cdot \mathrm{ld} \frac{1}{0{,}25} + 0{,}1 \cdot \mathrm{ld} \frac{1}{0{,}1} + 0{,}5 \cdot \mathrm{ld} \frac{1}{0{,}5} \\ &\approx 0{,}4105 + 0{,}5000 + 0{,}3322 + 0{,}5000 = 1{,}7425 \ \text{bit je Kaffeekränzchen} \end{aligned}$$

Im Fall, dass alle Ereignisse (Geschichten und keine Geschichte) gleichwahrscheinlich sind, also $P_{\mathbf{A}} = P_{\mathbf{B}} = P_{\mathbf{C}} = P_{\mathbf{D}} = 0{,}25$, würde die Dame die höhere Entropie $\langle H \rangle = 2$ bit je Kaffeekränzchen liefern. Diese Höhe von 2 bit je Kaffeekränzchen ist die maximal mögliche Entropie.

Weil in dieser Abhandlung von der Infinitesimalrechnung (Differenzialrechnung) kein Gebrauch gemacht wird, muss an dieser Stelle auf die Fachliteratur, z.B. Reza, F.M (1961), verwiesen werden, wo man den mathematischen Beweis für die Gültigkeit der folgenden allgemeinen Aussage findet:

[2.12] Maximale Entropie

Allgemein gilt, dass die Entropie H immer dann maximal wird, wenn die Wahrscheinlichkeiten aller möglichen M Ereignisse gleich hoch sind:

$$P_i(x_i) = \frac{1}{M} = W \quad \text{für alle } i = 1 \text{ bis } N \tag{2.129}$$

In diesem Fall gleich hoher Wahrscheinlichkeiten reduziert sich Formel (2.127) bei Berücksichtigung von Formeln (2.16) und (2.17) zu

$$\langle H \rangle = \mathrm{ld} \frac{1}{W} = -\,\mathrm{ld}\, W \approx -1{,}4427 \ln W \quad \text{bit je Ereignis} \tag{2.130}$$

Shannon hat, wie früher schon gesagt, die Formel für die Entropie (2.127) unter Vorgabe von drei recht allgemeinen Bedingungen direkt hergeleitet und nicht, wie hier, ausgehend von der Beziehung für den Informationsgehalt von Einzelereignissen (2.13). Die drei Bedingungen lauten:

(1) Die zu findende Größe $\langle H \rangle$ soll stetig von den P_i abhängen,

(2) bei gleichwahrscheinlichen $P_i = 1/M$ soll $\langle H \rangle$ eine monoton ansteigende Funktion von M sein und

(3) wenn ein Auswahlprozess, der die Größe $\langle H \rangle$ liefert, (z.B. auf Grund eines Lernprozesses) in zwei aufeinander folgende Auswahlprozesse unterteilt wird, dann soll die Größe $\langle H \rangle$ des ursprünglichen Auswahlprozesses als eine Summe der gewichteten Größen $\langle H_i \rangle$ der aufeinander folgenden Auswahlprozesse geschrieben werden können.

Shannon hat gezeigt, dass es nur eine einzige Größe $\langle H \rangle$ gibt, welche alle drei Bedingungen erfüllt, und dass diese einzige Größe $\langle H \rangle$ die Form von (2.127) besitzt.

Die Bedingung (3) ermöglicht die Modifikation eines Auswahlprozesses in mehrfacher Weise. So kann z.B. die Auswahl der Bedeutung *Habe Hunger* in die zweistufige Auswahl *Habe ein Bedürfnis* (*Wunsch*) und *Wunsch nach Nahrung* unterteilt werden. Bedingung (3) ermöglicht auch die nähere Spezifizierung einer allgemeinen Bedeutung, z.B. die Spezifizierung der allgemeineren Bedeutung *Möchte spielen* durch die schärferen Bedeutungen *Möchte mit einem Hund spielen* oder *Möchte mit einem Ball spielen.*

Shannon hat seine Bedingung (3) mit dem in Abb. 2.7 dargestellten Beispiel der Erweiterung eines Auswahlgraphen erläutert. Die Brüche an den Zweigen der Graphen zeigen die Wahrscheinlichkeiten an, mit denen die Bedeutungen **A**, **B** und **C** ausgewählt werden. Die Summe der Wahrscheinlichkeiten an den Zweigen, die von einem Knoten (W oder **Z**) ausgehen, muss immer gleich 1 sein. (Die Codebäume für die binären Bedeutungscodes in Abb. 2.1 unterliegen den zusätzlichen Einschränkungen, dass – im Unterschied zu hier – dort von einem Knoten W immer nur zwei Zweige ausgehen dürfen und die Wahrscheinlichkeiten für jeden Binärschritt dort immer den Wert $\frac{1}{2}$ haben muss, wenn die Anzahl der Binärschritte die Informationshöhe in bit liefern soll).

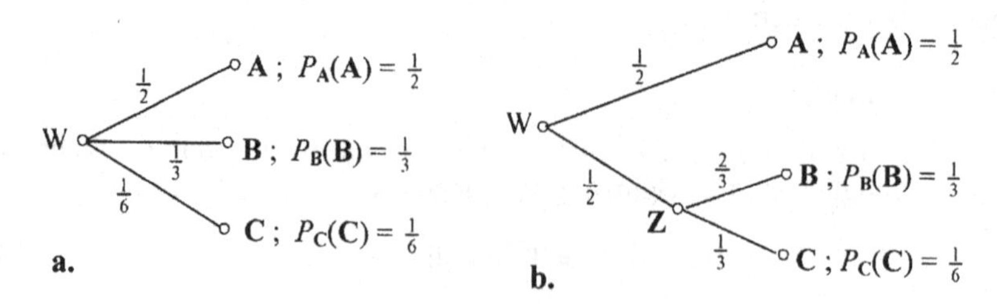

Abb. 2.7 Zerlegung einer Auswahl zwischen den Möglichkeiten **A**, **B** und **C**
a. einstufige Auswahl bei allen drei Möglichkeiten mit den Wahrscheinlichkeiten $P_A(\mathbf{A}) = \frac{1}{2}$, $P_B(\mathbf{B}) = \frac{1}{3}$ und $P_C(\mathbf{C}) = \frac{1}{6}$
b. einstufige Auswahl nur bei der Möglichkeit **A**, zweistufige Auswahl bei den Möglichkeiten **B** und **C** über die Zwischenstufe **Z**

Bei der ursprünglichen Auswahl in Abb. 2.7a ergibt sich mit (2.127) und mit den Wahrscheinlichkeiten $P_1(x_1) = P_\mathbf{A}(\mathbf{A}) = \frac{1}{2}$, $P_2(x_2) = P_\mathbf{B}(\mathbf{B}) = \frac{1}{3}$, $P_3(x_3) = P_\mathbf{C}(\mathbf{C}) = \frac{1}{6}$ die Entropie zu

$$\langle H \rangle = \sum_{i=1}^{3} P_i(x_i)\,\mathrm{ld}\frac{1}{P_i(x_i)} = \left\langle H\left(\tfrac{1}{2},\tfrac{1}{3},\tfrac{1}{6}\right)\right\rangle = \tfrac{1}{2}\,\mathrm{ld}\,2 + \tfrac{1}{3}\,\mathrm{ld}\,3 + \tfrac{1}{6}\,\mathrm{ld}\,6 \tag{2.131}$$

In Abb. 2.7b werden die Möglichkeiten **B** und **C** je in zwei Stufen über **Z** ausgewählt. Beginnend bei der Wurzel W wird in der ersten Stufe zwischen **A** und **Z** gewählt, wobei wieder $P_1(x_1) = P_\mathbf{A}(\mathbf{A}) = \frac{1}{2}$ gilt und somit $P_2(x_2) = P_\mathbf{Z}(\mathbf{Z}) = \frac{1}{2}$ folgt. Das beides liefert die Entropie

$$\langle H \rangle = \sum_{i=1}^{2} P_i(x_i)\,\mathrm{ld}\frac{1}{P_i(x_i)} = \left\langle H\left(\tfrac{1}{2},\tfrac{1}{2}\right)\right\rangle = \tfrac{1}{2}\,\mathrm{ld}\,2 + \tfrac{1}{2}\,\mathrm{ld}\,2 \tag{2.132}$$

In der zweiten Stufe wird dann von der Zwischenstufe **Z** zwischen **B** und **C** ausgewählt, und zwar **B** mit der Wahrscheinlichkeit $P_1(x_1) = P_\mathbf{B}(\mathbf{B}) = \frac{2}{3}$, was zusammen mit der Wahrscheinlichkeit $\frac{1}{2}$ der vorangegangenen Auswahl von **Z** eine resultierende Wahrscheinlichkeit $\frac{1}{2} \cdot \frac{2}{3} = \frac{1}{3}$ bedeutet, und **C** mit der Wahrscheinlichkeit $P_2(x_2) = P_\mathbf{B}(\mathbf{B}) = \frac{1}{3}$, was zusammen mit der Wahrscheinlichkeit $\frac{1}{2}$der vorangegangenen Auswahl von **Z** die Wahrscheinlichkeit $\frac{1}{2} \cdot \frac{1}{3} = \frac{1}{6}$ ergibt. Die Entropie hierfür lautet

$$\langle H \rangle = \sum_{i=1}^{2} P_i(x_i)\,\mathrm{ld}\frac{1}{P_i(x_i)} = \left\langle H\left(\tfrac{2}{3},\tfrac{1}{3}\right)\right\rangle = \tfrac{2}{3}\,\mathrm{ld}\,\tfrac{3}{2} + \tfrac{1}{3}\,\mathrm{ld}\,3 \tag{2.133}$$

Schreibt man, wie in Abschn. 2.2.1 erläutert, in (2.131) ld6 = ld2 + ld3 und in (2.133) ld(3/2) = ld3 – ld2, dann ergibt sich bei Zusammenfassung aller Terme mit ld2 und ld3 ohne die Werte von ld2 und ld3 bestimmen zu müssen, in der Tat

$$\left\langle H\left(\tfrac{1}{2},\tfrac{1}{3},\tfrac{1}{6}\right)\right\rangle = \left\langle H\left(\tfrac{1}{2},\tfrac{1}{2}\right)\right\rangle + \tfrac{1}{2}\left\langle H\left(\tfrac{2}{3},\tfrac{1}{3}\right)\right\rangle \tag{2.134}$$

Hier sieht man, dass sich die Entropie der ursprünglichen Auswahl (2.109) als gewichtete Summe der Entropien (2.132) und (2.133) darstellt, was ja Bedingung (3) forderte. Der Gewichtsfaktor $\frac{1}{2}$vor der Entropie $\left\langle H\left(\frac{2}{3},\frac{1}{3}\right)\right\rangle$ drückt aus, dass die Auswahl zwischen **B** und **C** nur zur Hälfte an allen Auswahlprozessen zwischen **A**, **B** und **C** beteiligt ist.

2.5.2 Bedingte Entropie und Verbundentropie

Zur Berücksichtigung von Bedingungen sei zunächst die Informationshöhe eines Ereignisses $\{x_i\}$ betrachtet, dessen Wahrscheinlichkeit $P(x_i | y_j)$ von einem vorausgegangenen Ereignis $\{y_j\}$ abhängt. Hierfür folgt gemäß (2.113)

$$H\left(x_i \middle| y_j\right) = \mathrm{ld}\frac{1}{P\left(x_i \middle| y_j\right)} \tag{2.135}$$

Bezeichnet man die Wahrscheinlichkeit für das Auftreten eines Ereignispaares $\{x_i\ y_j\}$ mit $P(x_i y_j)$, dann ergibt sich analog zu (2.127) als Mittelwert oder Erwartungswert für die bedingte Informationshöhe

$$\langle H(x|y)\rangle = \sum_{\text{alle } i} \sum_{\text{alle } j} P\left(x_i y_j\right) \operatorname{ld} \frac{1}{P\left(x_i \mid y_j\right)} \tag{2.136}$$

$\langle H(x|y)\rangle$ kennzeichnet die bedingte Entropie der Ereignisse $\{x_i\}$ bei bereits eingetroffenen und damit bekannten Ereignissen $\{y_j\}$.

Bei statistischer Unabhängigkeit der Ereignisse $\{x_i\}$ und $\{y_j\}$ gelten nach (2.92) und (2.93) $P(x_i|y_j) = P(x_i)$ für alle Paare *i, j* und nach (2.78) oder (2.110) für die Verbundwahrscheinlichkeiten $P(x_i y_j) = P_i(x_i) \cdot P_j(y_j)$. In diesem Fall folgt aus (2.136) und der Beziehung $\sum_{\text{alle } j} P_j(y_j) = 1$, dass die bedingte Entropie $\langle H(x|y)\rangle$ nicht mehr von der der Bedingung y_j abhängt:

$$\langle H(x|y)\rangle = \sum_{\text{alle } i} \sum_{\text{alle } j} P(x_i y_j) \operatorname{ld} \frac{1}{P(x_i|y_j)} = \sum_{\text{alle } i} \sum_{\text{alle } j} P_i(x_i) \cdot P_j(y_j) \operatorname{ld} \frac{1}{P_i(x_i)} =$$

$$= \sum_{\text{alle } i} P_i(x_i) \operatorname{ld} \frac{1}{P_i(x_i)} = \langle H(x)\rangle \tag{2.137}$$

Für die Entropie $\langle H(x\,y)\rangle$ von Verbundereignissen $\{x_i\,y_j\}$ gilt analog zu (2.127)

$$\langle H(x\,y)\rangle = \sum_{\text{alle } i} \sum_{\text{alle } j} P(x_i y_j) \operatorname{ld} \frac{1}{P(x_i y_j)} \tag{2.138}$$

Bei statistischer Unabhängigkeit der Ereignisse $\{x_i\}$ und $\{y_j\}$ folgt in ähnlicher Weise wie bei der bedingten Entropie, dass die Verbundentropie gleich der Summe der Einzelentropien ist:

$$\langle H(x\,y)\rangle = \sum_{\text{alle } i} \sum_{\text{alle } j} P(x_i y_j) \operatorname{ld} \frac{1}{P(x_i y_j)} = \sum_{\text{alle } i} \sum_{\text{alle } j} P_i(x_i) \cdot P_j(y_j) \operatorname{ld} \frac{1}{P_i(x_i) \cdot P_j(y_j)}$$

$$= \sum_{\text{alle } i} \sum_{\text{alle } j} P_i(x_i) \cdot P_j(y_j) \left[\operatorname{ld} \frac{1}{P_i(x_i)} + \operatorname{ld} \frac{1}{P_j(y_j)} \right] =$$

$$= \sum_{\text{alle } i} P_i(x_i) \operatorname{ld} \frac{1}{P_i(x_i)} + \sum_{\text{alle } j} P_j(y_j) \operatorname{ld} \frac{1}{P_j(y_j)} = \langle H(x)\rangle + \langle H(y)\rangle \tag{2.139}$$

Bei statistischer Abhängigkeit der Ereignisse $\{x_i\}$ und $\{y_j\}$ gilt nach (2.107) bzw. (2.108) für die Verbundwahrscheinlichkeit

$$P(x_i\, y_j) = P(x_i\,|y_j) \cdot P(y_j) = P(y_j\,|x_i) \cdot P(x_i) \tag{2.140}$$

Durch Einsetzen des rechts stehenden Ausdrucks von (2.140) in (2.138) erhält man

$$\langle H(x\,y)\rangle = \sum_{\text{alle } i}\sum_{\text{alle } j} P(y_j|x_i)\cdot P(x_i)\,\mathrm{ld}\frac{1}{P(y_j|x_i)\cdot P(x_i)}$$

$$= \sum_{\text{alle } i}\sum_{\text{alle } j} P(x_i)P(y_j|x_i)\,\mathrm{ld}\frac{1}{P(x_i)} + \sum_{\text{alle } i}\sum_{\text{alle } j} P(x_i)P(y_j|x_i)\,\mathrm{ld}\frac{1}{P(y_j|x_i)} \qquad (2.141)$$

Macht man im unteren rechten Term die Ersetzung mit (2.140) rückgängig und summiert man im unteren linken Term bei festgehaltenem Zählindex i über alle j, dann folgt gemäß (2.68)

$$\langle H(x\,y)\rangle = \sum_{\text{alle } i} P(x_i)\,\mathrm{ld}\frac{1}{P(x_i)} + \sum_{\text{alle } i}\sum_{\text{alle } j} P(y_j|x_i)\,\mathrm{ld}\frac{1}{P(y_j|x_i)} = \langle H(x)\rangle + \langle H(y|x)\rangle \qquad (2.142)$$

Die Entropie $\langle H(x\,y)\rangle$ von Verbundereignissen $\{x_i\, y_j\}$ setzt sich also zusammen aus der Entropie $\langle H(x)\rangle$ der Ereignisse $\{x_i\}$ und der Entropie $\langle H(y|x)\rangle$, welche die Ereignisse $\{y_j\}$ noch liefern, wenn die Ereignisse $\{x_i\}$ bereits eingetroffen und bekannt sind. Die Beziehungen (2.142) und (2.137) gelten auch bei vertauschten Rollen von $\{x_i\}$ und $\{y_j\}$:

Bei statistischer Abhängigkeit der $\{x_i\}$ und $\{y_j\}$:

$$\langle H(x\,y)\rangle = \langle H(y)\rangle + \langle H(x|y)\rangle \qquad (2.143)$$

Bei statistischer Unabhängigkeit der $\{x_i\}$ und $\{y_j\}$:

$$\langle H(y|x)\rangle = \langle H(y)\rangle \qquad (2.144)$$

Im Fall von (2.137) und (2.144) reduzieren sich (2.142) und (2.143) auf (2.139).

Zusammenfassend erhält man also nachfolgende Zusammenhänge:

[2.13] Bedingte Entropie und Verbundentropie von Ereignissen

a. Bei statistisch unabhängigen Ereignissen $\{x_i\}$ und $\{y_j\}$ gelten
für die bedingten Entropien: $\langle H(x|y)\rangle = \langle H(x)\rangle$ und $\langle H(y|x)\rangle = \langle H(y)\rangle$.
für die Verbundentropie: $\langle H(x\,y)\rangle = \langle H(x)\rangle + \langle H(y)\rangle$

b. Bei statistisch abhängigen Ereignissen $\{x_i\}$ und $\{y_j\}$ gilt für die
Verbundentropie: $\langle H(x\,y)\rangle = \langle H(x)\rangle + \langle H(y|x)\rangle = \langle H(y)\rangle + \langle H(x|y)\rangle$

Bei den statistisch unabhängigen oder statistisch abhängigen Ereignissen kann es sich um zeitlich oder örtlich nacheinander folgende Ereignisse einer Ereignisfolge handeln (z.B. um Wörter eines gesprochenen Satzes bzw. Buchstaben eines gedruckten Textes). Bei den statistisch unabhängigen oder statistisch abhängigen Ereignissen kann es sich aber auch um zeitlich parallel auftretende Ereignisse aus der selben Quelle (z.B. Ton und Bild beim Fernsehempfang) oder aus verschiedenen Quellen (z.B. Telefonanruf während einer Unterhaltung) handeln. Die Aussagen **[2.13]** sind auf alle diese Fälle anwendbar.

2.5.3 Etwas über Anwendungen des Entropie-Begriffs und Folgerungen

Der Begriff „Entropie" hat zu zahlreichen speziellen Untersuchungen und Anwendungen geführt, von denen hier einige genannt seien:

a. Die Auszählung der Häufigkeiten der verschiedenen Buchstaben (einschließlich Umlaute und Wortzwischenräume) deutschsprachiger Texte liefert, wenn man Häufigkeit gleich Wahrscheinlichkeit setzt, formal die Entropie $\langle H \rangle \approx 4{,}11$ bit je Buchstabe, ein Wert, der schon in Abschn. 2.2.2 beim 4. Beispiel verwendet wurde. Hierbei bleibt unberücksichtigt, dass bei einem sinnvollen Text die Wahrscheinlichkeit für das Auftreten eines nächsten Buchstabens davon abhängt, welche Buchstaben dem nächst folgenden Buchstaben vorausgegangen sind. Dieses Ergebnis besagt, dass ein Leser, der den Text nicht kennt und nur Buchstabe für Buchstabe interpretiert, Information der durchschnittlichen Höhe $\langle H \rangle \approx 4{,}11$ bit je Buchstabe geliefert bekommt.

b. Mit bedingten Wahrscheinlichkeiten für das Auftreten von Buchstaben unter Berücksichtigung von vorausgegangenen Buchstaben (Abschn. 2.3.6 und 2.5.2) ergibt sich nach K. Küpfmüller (1954) eine geringere Entropie $\langle H \rangle \approx 1{,}5$ bit je Buchstabe für deutsche Texte. Bei englischen Texten ist die Entropie noch etwas geringer. Nähere Angaben dazu findet man z.B. bei Hancock, J.C. (1961) oder auch bei Reza, F. M. (1961). Die Zahlen stimmen aber nicht sehr genau überein, was auf unterschiedliche Quellen schließen lässt.
Ein Leser, der den Text nicht kennt und nur Buchstabe für Buchstabe interpretiert, erhält also bei Berücksichtigung der bedingten Wahrscheinlichkeiten Information der durchschnittlichen Höhe $\langle H \rangle \approx 1{,}5$ bit je Buchstabe beim deutschen Text.

c. Neben der Häufigkeit von Buchstaben sind auch die Häufigkeiten ganzer Wörter deutschsprachiger (und anderssprachiger) Texte ausgezählt worden. Da die deutsche Sprache etwa hunderttausend Wörter umfasst, ergeben sich sehr viel geringere Wahrscheinlichkeiten für die einzelnen Wörter und damit formal eine sehr hohe Entropie, wenn man in einer Wortfolge Wort für Wort als jeweils einzelnes Ereignis interpretiert. Diese hohe Entropie $\langle H \rangle$ wird kleiner, wenn bedingte Wahrscheinlichkeiten, die von vorausgegangen Wörtern und von der Grammatik abhängen, berücksichtigt werden. Sie ist aber immer noch sehr hoch im Vergleich zum Fall, dass die Buchstaben als jeweils einzelnes Ereignis interpretiert werden. Dies lässt vermuten, dass bei der Interpretation von gesprochener Sprache die Interpretation einzelner Phoneme (Laute), von denen es viel weniger gibt, und deren bedingte Wahrscheinlichkeiten eine wichtige Rolle spielen. Die damit gelieferte relativ geringe Entropie wird noch kleiner, wenn eine Art Prädiktor-Korrektor-Methode, die in Abschn. 1.3.3 erläutert wurde, mit ins Spiel kommt, was in Abschn. 2.2.2 bereits angesprochen wurde. Experimentelle Untersuchungen haben ergeben, dass der Mensch nur etwa 20 bit pro Sekunde an Informationshöhe bewusst aufnehmen kann, siehe z.B. Marko, H. (1966) und Frank, H. (1959).

d. Die ermittelten Häufigkeiten von Buchstaben und Wörtern in Texten hängen stark von den Themen ab, die in den betreffenden Texten behandelt werden. Es ist klar, dass z.B. der Buchstabe x in Mathematikbüchern sehr viel häufiger auftritt als in Büchern der schöngeistigen Literatur. Die eingangs genannten Häufigkeiten von Buchstaben basieren auf einem repräsentativen Querschnitt von Büchern, die in einer typischen städtischen Leihbibliothek stehen. Aber wenn man Texte eines speziellen Autors untersucht, dann kann man Worthäufigkeiten und bedingte Worthäufigkeiten finden, die signifikant von den entsprechenden Häufigkeiten des Querschnitts abweichen. Solche Abweichungen werden benutzt, um einen nicht signierten Text, über dessen Verfasser man im Unklaren ist, einem vermuteten Verfasser zuzuordnen oder nicht zuzuordnen. Diese Zuordnung wird oft noch zuverlässiger, wenn nur zwischen zwei möglichen Verfassern zu entscheiden ist.

Eine vergleichende Untersuchung oder Auswertung liefert kompaktere Ergebnisse, wenn sie auf der Basis von Entropien beruht als wenn sie direkt von den Häufigkeiten vieler einzelner Buchstaben oder Wörter ausgeht. Dies gilt insbesondere auch für bedingte Häufigkeiten. Anhand bedingter Häufigkeiten lassen sich bedingte Wahrscheinlichkeiten abschätzen. Mit bedingten Wahrscheinlichkeiten lassen sich wiederum bedingte Entropien ableiten, auf die im nachfolgenden Abschnitt eingegangen wird.

2.5.4 Entropie und Quellencodierung

Die informationstheoretische Entropie hat eine immense Bedeutung für die Codierung von Nachrichten (Mitteilungen) und für deren Speicherung und Übertragung. Jede Wahrnehmung von Ereignissen erfolgt – wie im 1. Kapitel beschrieben – über die Wahrnehmung von Signalen. Jedes Signal lässt sich beliebig genau durch eine Folge von binären Symbolen, kurz Bits, darstellen (siehe Abb. 1.3), wozu in der Regel ein Analog-Digital-Wandler nötig ist. Die auf diese Weise produzierte Anzahl von Bits ist aber fast immer sehr viel höher als nötig. Dass hängt damit zusammen, dass zwischen den vom Analog-Digital-Wandler gelieferten Bits starke statistische Bindungen herrschen. Der Wert 0 oder L eines aktuellen Bits ist bereits weitgehend vorbestimmt durch die vorherigen Bits und bringt deshalb kaum noch einen Beitrag zur Informationshöhe, was in Abschn. 1.3.2 und 1.3.3 bereits erläutert wurde.

Weil die Speicherung und Übertragung eines Digitalsignals umso aufwändiger ist, je mehr Bits das Signal hat, besteht ein großes Interesse an einer Reduzierung der Anzahl der Bits eines Digitalsignals, ohne dass dabei Inhalt einer Nachricht verloren geht. Wie Shannon dargelegt hat, liefert die Entropie einer Informationsquelle die untere Grenze an Binärsymbolen (Bits), die ein Signal mindestens braucht, um die von der Informationsquelle gelieferte Nachricht darzustellen.

Den Vorgang der Reduzierung der Anzahl an Bits eines Digitalsignals auf ein Maß, das dem der Entropie möglichst nahe kommt, wird – wie gesagt – als *Quellencodierung* bezeichnet. Davon war in den Abschn. 1.3.2 und 1.3.3 sowie in Abschn. 2.1.1 bereits die Rede, siehe **[2.2]**. Da eine Informationsquelle mehrere verschiedene Ereignisse produzieren kann (wenn sie nur ein einziges Ereignis erzeugen könnte, würde sie keine Information liefern), müssen zur Codierung der unterschiedlichen Ereignisse auch unterschiedliche Kombinationen von Binärsymbolen (Bits) verwendet werden. Die im Sinne der Informationstheorie optimale Codierung läuft darauf hinaus, dass unterschiedliche Ereignisse nicht allein durch unterschiedliche Bit-Kombinationen codiert werden, sondern dass darüber hinaus Ereignisse geringerer Wahrscheinlichkeit (und damit höherer Information) mit Kombinationen aus mehr Bits dargestellt werden als Ereignisse höherer Wahrscheinlichkeit (und damit geringerer Information). Ein Beispiel dazu lieferte in Abschn. 2.1.1 die Diskussion zu den Codebäumen in Abb. 2.1b und 2.1c.

Von großer praktischer Bedeutung ist der folgende von Shannon stammende

[2.14] Quellencodierungssatz:

Für jede Informationsquelle, die Ereignisse der Entropie $\langle H \rangle$ bit je Ereignis erzeugt, lassen sich die Ereignisse durch Kombinationen von Binärsymbolen (Bits) so codieren, dass die im Mittel aufgewendete Anzahl $\overline{m}$ an Bits pro Bitkombination der Beziehung $\langle H \rangle \leq \overline{m} \leq \langle H \rangle + \varepsilon$ genügt. Hierbei ist ε eine beliebig klein vorgebare positive Zahl.

Der Quellencodierungssatz besagt also, dass einerseits der mittlere Aufwand $\overline{m}$ mindestens so groß sein muss wie die Entropie $\langle H \rangle$ und dass es aber andererseits möglich sein muss, den Aufwand so stark zu reduzieren, dass man beliebig nah an der Wert von $\langle H \rangle$ herankommt. Dies wurde bei den in Abschn. 2.1.1 diskutierten optimalen Codebäumen erreicht.

Die Frage, wie man im Einzelnen die Codierung so gestaltet, dass man mit $\overline{m}$ dicht an $\langle H \rangle$ herankommt, ist meist recht diffizil, wenn man von einfachen Situationen absieht, bei denen man keine bedingten Wahrscheinlichkeiten berücksichtigen muss. Es beginnt bei der Frage, wie man Ereignisse definiert und wie groß damit deren Wahrscheinlichkeiten sind. Im Fall von Sprache kann man als Ereignisse ganze Sätze oder einzelne Wörter oder einzelne Laute oder (wenn man sich Sprache als geschriebenen Text vorstellt) einzelne Buchstaben betrachten. In allen Fällen hat man unterschiedliche Wahrscheinlichkeiten und damit unterschiedliche Entropien.

Für ein Sprachsignal in Telefonqualität und einer Dauer von 10 sec (Sekunden) liefert ein gewöhnlicher 8-Bit-Analog-Digital-Wandler die hohe Anzahl von 640 000 Bits, siehe Abschn. 1.3.1. Durch eine aufwändigere Quellencodierung wird beim Mobilfunk diese Anzahl bis auf 65 000 Bits reduziert, also fast auf ein Zehntel. Aber 65 000 Bits sind immer noch sehr viel, wenn man weiß, dass die Entropie pro 10 sec Sprechdauer deutlich unterhalb von 1000 bit liegen dürfte. Diese niedrige Zahl ergibt sich bereits aus der folgenden primitiven Abschätzung:

Primitive Abschätzung:
Geht man bei gewöhnlicher Sprechweise von 20 Wörtern in 10 Sekunden aus, wobei jedes Wort (wenn man es schreibt) aus durchschnittlich 8 Buchstaben besteht, dann ergeben sich bei 1,5 bit je Buchstabe [siehe oben K. Küpfmüller] in 10 Sekunden insgesamt 240 bit, d.h. eine Bitrate von 24 bit/sec. Die bei dieser Betrachtung nicht berücksichtigte Sprachmelodie erhöht die Bitrate nur unwesentlich.

Die primitive Abschätzung zeigt, dass die Protokollierung von gesprochenen Reden durch schriftliche Aufzeichnungen eine effiziente (wenn auch noch nicht absolut optimale) Quellencodierung darstellt.

Anmerkung:
Die Protokollierung gesprochener Sprache in Form von geschriebenem Text (nicht in Form einer Ton-Aufzeichnung) besteht nicht nur in einer Quellencodierung, sondern zusätzlich auch noch in einer Spracherkennung. Verfahren für die Erkennung von Sprache durch Maschinen sind ebenfalls von großem Interesse, weil sie auch (und vor allem) für die Realisierung von Maschinen mit Spracheingabe benötigt werden. Derzeit gelingt die maschinelle Spracherkennung nur für einen relativ kleinen Wortschatz. Auch der umgekehrte Vorgang des maschinellen Umsetzens von Schrift in wohlklingende akustische Sprachlaute ist noch sehr unvollkommen.

Einfacher ist eine Quellencodierung, wenn die zu codierenden Nachrichten bereits in Form von längeren Folgen diskreter Symbole vorliegen, bei denen die Anzahl unterschiedlicher Symbole nicht extrem groß ist. Das ist z.B. der Fall bei Texten, die sich aus nur etwa 60 verschiedenen Symbolen (das sind die Groß- und Kleinbuchstaben sowie die Satzzeichen und Zwischenräume) zusammensetzen. Bei digitalisierten Farbbildern sind die Symbole Bildpunkte oder Pixel (wobei die Anzahl der unterschiedlichen Symbole allerdings sehr viel höher als 60 ist). Das Auftreten dieser Symbole stellen Ereignisse dar, deren Wahrscheinlichkeiten und bedingte Wahrscheinlichkeiten man durch Auszählung von Häufigkeiten und besondere Analysemethoden ermitteln kann. In der Literatur über Informationstheorie findet man eine ganze Reihe von Verfahren, wie man Folgen von Symbolen mit bekannten Wahrscheinlichkeiten effizient codieren kann.

Quellencodierung hängt eng mit der Komprimierung von Daten zusammen, ist aber nicht immer dasselbe. Bei der Datenkomprimierung geht es wie bei der Quellencodierung darum, den Aufwand für die Speicherung und die Übertragung digitaler Signale zu vermindern. Für die Wiedergabe werden die komprimierten Daten wieder dekomprimiert. Bei dem doppelten Vorgang der *Komprimierung* und *Dekomprimierung* unterscheidet man zwischen *verlustfreien* und *verlustbehafteten* Verfahren. Bei verlustfreien Verfahren liefert die Dekomprimierung wieder exakt den gleichen Datensatz, der vor der Komprimierung vorhanden war. Bei verlustbehafteten Verfahren ist das nicht der Fall. Im Unterschied zur Quellencodierung geht bei der Komprimierung oft Information verloren.

Verlustbehaftete Verfahren sind insbesondere bei Bild-Dateien gebräuchlich. Ein von einer gewöhnlichen Digitalkamera aufgenommenes Bild liefert eine Datei, deren Umfang größer ist als 4 MByte. Für die Übertragung (z.B. als E-Mail-Anhang) wird diese Datei unter Anwendung des verlustbehafteten JPG-Verfahrens auf einen Umfang von oft weniger als 200 kByte (also mehr als 20-fach) verkleinert. Bei der Wiedergabe des Bildes hat das jedoch einen Qualitätsverlust zur Folge, der aber in der Regel toleriert wird, weil das menschliche Auge bei üblicher Bildgröße kaum einen Unterschied erkennt. Das ebenfalls verbreitete TIF-Verfahren ermöglicht nicht diese große Verminderung des Umfangs von Bilddateien, ist aber dafür verlustfrei.

Große Internet-Konzerne betreiben riesige Datenbanken, die jegliche Art von Daten speichern: Texte, Statistiken, Graphiken, Bilder, Sprach-Sequenzen, Video-Sequenzen, Filme, Musik und Sonstiges. Die (effiziente) Quellencodierung alle dieser Dateien hat eine große wirtschaftliche Bedeutung, weil sie den erforderlichen technischen Aufwand für die Bereitstellung und den Betrieb der Datenspeicher und für die Übertragung der Daten bestimmt, siehe hierzu z.B. Hagenauer (2007).

2.6 Algorithmische Informationstheorie zur Bestimmung von Komplexität

Die im Wesentlichen von G. J. Chaitin (1975) und (1977) begründete algorithmische Informationstheorie geht von einem ganz andersartigen Ansatz aus als die von Shannon begründete klassische Informationstheorie. Dennoch liefern beide Theorien gleichartige Formeln für völlig verschiedene Dinge. Während die Shannon'sche Informationstheorie von den Wahrscheinlichkeiten der verschiedenen Information tragenden Ereignissen ausgeht, die eine Informationsquelle liefert, und insbesondere den Erwartungswert der möglichen Ereignisse (= Entropie) betrachtet (vergl. Abschn. 2.5), betrachtet die algorithmische Informationstheorie von Chaitin immer nur ein einziges (eingetroffenes oder sonstwie gegebenes) Ereignis und fragt nicht nach dessen Auftrittswahrscheinlichkeit, sondern nach dem Aufwand[2.14], der benötigt wird, um das Ereignis zu erzeugen. Deswegen spricht man in der

[2.14] Die von Chaitin zugrundegelegte Definition des „Aufwands" unterscheidet sich von der im 1. Beispiel des Abschn. 2.2.2 benutzten Definition. In Abschn. 2.2.2 ging es um den Aufwand bei der „Auswahl" eines Ereignisses aus einer gegebenen Liste. Bei Chaitin geht es um den Aufwand zur „Erzeugung" (Herstellung) eines Ereignisses. Ein gewisses Problem bei der Theorie von Chaitin kann dadurch entstehen, dass sich *nicht jedes* informationelle Objekt berechnen lässt. Auf diese „Unvollständigkeit" wird im 5. Kapitel und insbesondere im 6. Kapitel zurückgekommen.

algorithmischen Informationstheorie auch nicht vom „Ereignis“ sondern vom (vorhandenen) „Objekt“. Die Informationstheorie von Chaitin heißt „algorithmisch“, weil das betrachtete Objekt von einem Rechenprogramm auf dem Computer erzeugt wird. Als Maß für die Höhe des Aufwands bei der Erzeugung des Objekts dient die Länge des Programms für die Berechnung des Objekts.

So wie die Shannon'sche Informationstheorie nur die Informationshöhe eines Ereignisses und nicht dessen semantische Bedeutung behandelt, genauso behandelt die algorithmische Informationstheorie nur die Höhe des Aufwands bei der Erzeugung des Objekts und nicht die semantische Bedeutung, die das Objekt haben mag.

Dargestellt wird ein Objekt auf dem Computer durch eine endlich lange Folge von binären Symbolen, die mit 0 und 1 bezeichnet werden. [0 und 1 entsprechen den Symbolen 0 und L im 1. Kapitel. Mit Folgen von 0 und 1 (oder L) lassen sich beliebige Sachverhalte ausdrücken, siehe Abschnitte 1.3.1 und 1.4.1]. Obwohl die Objektberechnung enge Parallelen zur Quellencodierung [siehe vorigen Abschn. 2.5.4] aufweist, handelt es sich um sehr verschiedene Dinge.

2.6.1 Definitionen wichtiger Begriffe der algorithmischen Informationstheorie

Zu den wichtigsten Begriffen der algorithmischen Informationstheorie gehören:

- Informationsumfang (*Komplexität*) $I(X)$ eines gegebenen Objekts X
- Verbund-Informationsumfang $I(X,Y)$ zweier Objekte X und Y
- Bedingter Informationsumfang $I(X|Y)$ eines Objekts X bei gegebenem Informationsumfang Y
- Wechselseitiger Informationsumfang $I(X:Y)$ zweier Objekte X und Y

Diese Begriffe sind wie folgt definiert [Chaitin (1982)]:

Der algorithmische *Informationsumfang* $I(X)$ eines gegebenen Objekts X wird definiert durch die Größe des kleinsten (kürzesten) Programms zur Berechnung von X auf einem „universalen“ Computer. Dieser algorithmische Informationsumfang ist ein Kennzeichen für die Komplexität d.h. für die Größe der Schwierigkeit, das Objekt zu beschreiben.

Erläuterung:
Für die Lösung einer Rechenaufgabe gibt es bekanntlich oft mehrere verschiedene Lösungswege. Ein Algorithmus beschreibt einen ausgewählten Lösungsweg durch eine endlich lange Folge von logischen Operationen und Anweisungen (u.a. zur Speicherung von Zwischenergebnissen). Ein Programm führt die Operationen und Anweisungen des Algorithmus unter Benutzung der Programmiersprache des Computers aus. Da es in der Regel mehrere Lösungswege gibt, gibt es auch mehrere Algorithmen für die selbe Aufgabe, und da verschiedene Programmiersprachen unterschiedlich mächtige Befehle für Operationen und Anweisungen haben, gibt es in der Regel viele verschiedene Programme zur Erzeugung eines Objekts. Wegen der Abhängigkeit der Programmlänge von der Programmiersprache des benutzten Computers bezieht sich die Definition des algorithmischen Informationsumfangs (d.h. der Komplexität) auf den „universalen“ Computer als Referenz. Dieser universale Computer besteht in einer sogenannten *Turing-Maschine*. Eine grobe Beschreibung der Turing-Maschine folgt unten im nächsten Abschn. 2.6.2. Die sinnvolle Benutzung der Turing-Maschine setzt voraus, dass die Programme „selbstlimitierend“ sein müssen. Das heißt, dass sie nicht in eine Endlos-Schleife münden (vergl. Abb. 1.15). Selbstlimitierende Programme können nahtlos aneinander gereiht werden.

Der *Verbund-Informationsumfang* $I(X,Y)$ zweier Objekte X und Y wird definiert durch die Größe des kleinsten Programms zur gleichzeitigen Berechnung von X und Y auf einem „universalen“ Computer.

Der *bedingte Informationsumfang* $I(X|Y)$ eines Objekts X bei gegebenen Informationsumfang $I(Y)$ wird definiert durch die Größe des kleinsten Programms zur Berechnung von X ausgehend vom kleinsten Programm zur Berechnung von Y.

Wie Chaitin erläutert, kann der bedingte Informationsumfang $I(X|Y)$ niemals größer sein als der Informationsumfang $I(X)$. Das ist anschaulich, weil der Informationsumfang $I(Y)$, d.h. das kleinste Programm zur Berechnung von Y mithilft, das kleinste Programm zur Berechnung von X zu bestimmen. Wie Chaitin weiter erläutert, ist der Verbund-Informationsumfang $I(X|Y)$ d.h. die Länge des zur gleichzeitigen Berechnung von X und Y benötigten Programms, kleiner oder höchstens gleich der Summe der Längen der kürzesten Programme zur Berechnung von X und von Y. Das Ausmaß, um das die Summe der Längen der kürzesten Programme zur Berechnung von X und von Y kleiner ist als die Länge des kleinsten Programms zur gleichzeitigen Berechnung von X und Y wird als wechselseitiger Informationsumfang bezeichnet. Dieser kennzeichnet die Gemeinsamkeit der Objekte X und Y und wird wie nachfolgend ausgedrückt und definiert:

Der *wechselseitige Informationsumfang* $I(X:Y)$ zweier Objekte X und Y ist definiert durch das Ausmaß, mit dem das Objekt X dazu beiträgt, das Objekt Y zu berechnen und umgekehrt durch das Ausmaß, mit dem das Objekt Y dazu beiträgt, das Objekt X zu berechnen.

Zwischen den verschiedenen Informationsumfängen bestehen nach Chaitin folgende Beziehungen

$$I(X,Y) = I(X) + I(Y|X) = I(Y) + I(X|Y) \tag{2.145}$$

$$I(X:Y) = I(X) + I(Y) - I(X,Y) = I(X) - I(X|Y) \tag{2.146}$$

Die Formeln (2.145) und (2.146) haben das gleiche Aussehen wie die folgenden beiden Formeln der Shannon'schen Informationstheorie:

$$\langle H(xy)\rangle = \langle H(x)\rangle + \langle H(y|x\rangle = \langle H(y)\rangle + \langle H(x|y\rangle \tag{2.147}$$

$$\langle T\rangle = \langle H(x)\rangle + \langle H(y)\rangle - \langle H(x,y)\rangle = \langle H(x)\rangle - \langle H(x|y)\rangle \tag{2.148}$$

Die Formel (2.147), die das Gegenstück zu Formel (2.145) ist, beschreibt den Zusammenhang zwischen Verbundentropie und bedingter Entropie bei statistisch abhängigen Ereignissen, siehe (2.143) und Aussage **[2.13]**. Die Formel (2.146) hat als Gegenstück die Formel (2.148). Diese Formel (2.148) wird später im 4. Kapitel, wo die Übertragung von Information behandelt wird, ausführlich hergeleitet und anhand von Beispielen erläutert, siehe (4.136) in Abschn. 4.4. [Die Klammern $\langle ... \rangle$ in den Formeln (2.147) und (2.148) drücken aus, dass es sich um Erwartungswerte (Mittelwerte) handelt, weil x und y Zufallsgrößen sind. Die Größen X und Y sind hingegen vorgegebene Objekte und damit deterministisch].

Der Vergleich der Formeln zeigt, dass der Informationsumfang $I(X)$ der Entropie $\langle H(x)\rangle$ einer Informationsquelle entspricht, dass gleiche Entsprechungen für $I(Y)$ und $\langle H(y)\rangle$, für die Verbundgrößen $I(X,Y)$ und $\langle H(xy)\rangle$, für die bedingten Größen $I(X|Y)$ und $\langle H(x|y)\rangle$ und für die wechselseitigen Größen $I(X:Y)$ und $\langle T\rangle$ gelten. Bei $\langle T\rangle$ handelt es sich um die sogenannte „Transinformation". Diese beschreibt das Ausmaß, mit dem beim Transport von Information über einen Übertragungsweg die Entropie $\langle H(x)\rangle$ am Eingang des Übertragungswegs dazu beiträgt, die Entropie $\langle H(y)\rangle$, am Ausgang des Übertragungswegs zu berechnen. Die Gleichartigkeit der Formeln (2.145) bis (2.147) ist mit den Überlegungen im Beispiel 1 des Abschn. 2.2.2 nicht sehr überraschend.

Die algorithmische Informationstheorie kann als eine Ergänzung der Shannon'schen Informationstheorie angesehen werden. Vergleicht man „Information" mit einer „materiellen Substanz", dann bestimmt die Shannon'sche Informationstheorie – bildlich gesprochen – das „Gewicht" der Substanz und die algorithmische Information das „Volumen" der Substanz. Keine der beiden Theorien sagt etwas über die Substanz selbst aus (bei der materiellen Substanz z.B. Wasser, Stein, Holz, bei der Information deren semantische Bedeutung).

2.6.2 Grobe Beschreibung der Turing-Maschine als Referenz-Computer

Die Turing-Maschine ist kein realer technischer Apparat, den man wie einen Computer bedienen kann, sondern ein grundlegendes theoretisches Rechnermodell, das der Mathematiker A. Turing sich ausgedacht hat, um damit die Lösbarkeit (Berechenbarkeit) mathematischer Probleme zu klären. Was sich mit einer Turing-Maschine nicht berechnen lässt, gilt als „nicht berechenbar". Es gibt verschiedene Varianten der Turing-Maschine, die aber alle zueinander äquivalent sind d.h. die gleiche Aussagekraft besitzen.

Die von Chaitin (1975) zugrunde gelegte Turing-Maschine besitzt zwei Bänder, auf denen Daten eingetragen werden können. Das erste Band dient zur Eingabe des Programms, das zweite Band dient zur Verarbeitung von Daten und zur Ausgabe des Ergebnisses. Jedes Band ist in Längsrichtung in lauter nebeneinander liegende gleich große Quadrate (Zellen) unterteilt. In einem Quadrat kann entweder eine [0] oder eine [1] oder nichts [–] (sog. blank) eingetragen sein, siehe Abb.2.8.

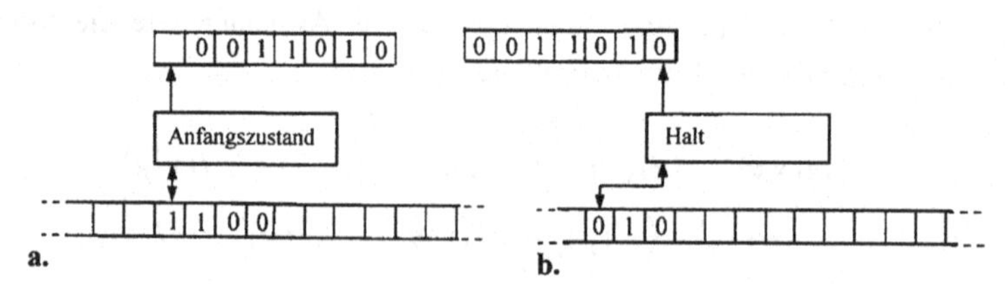

Abb. 2.8 Turing-Maschine mit Programmband (oben) und Verarbeitungsband (unten)
a. Start einer Berechnung b. Ende einer erfolgreichen Berechnung (Chaitin)

Auf dem Band für die Eingabe des Programms enthält jedes Quadrat entweder eine [0] oder eine [1] (und nur am Anfang ein blank [–]). Über dem Band befindet sich ein Lesekopf zum Ablesen von [–], [0] und [1]. Das Band kann nur in eine Richtung unter dem Lesekopf verschoben werden. Dabei wird jedes Bit des Programms einzeln (und nicht notwendiger Weise in gleichen Zeitabständen) nacheinander abgelesen. Das Band hat eine endliche Länge entsprechend der endlichen Anzahl der Bits des Programms.

Auf dem Band für die Verarbeitung kann jedes Quadrat entweder eine [0] oder eine [1] oder ein [–] enthalten. Über dem Band befindet sich ein (mit einem Pfeil gekennzeichneter) Kopf sowohl zum Ablesen als auch zum Schreiben von [0] oder [1] oder [–]. Das Verarbeitungsband ist beliebig lang und kann beliebig viele Daten speichern. Auch kann es in beide Richtungen verschoben werden, sodass zu jedem Arbeitsschritt der Inhalt eines Quadrats gelesen oder mit [0] oder [1] oder [–] überschrieben werden kann.

Der in Abb. 2.8 gezeigte Kasten mit dem Lesekopf zum Programmband und dem Lese- und Schreibkopf zum Verarbeitungsband enthält ein Register (Speicher) zur Speicherung des momentanen Zustands der Turing-Maschine und eine Tabelle, mit der abhängig vom momentanen Leseergebnis und dem momentanen Zustand der Maschine die Aktion im jeweils nächsten Schritt festgelegt wird. Die möglichen Aktionen sind:

„Lese den Inhalt des unter dem Lesekopf befindlichen Quadrats (Zelle) des Programmbands“, „Lese den Inhalt des unter dem Kopf befindlichen Quadrats (Zelle) des Verarbeitungsbands“, „Verschiebe Programmband um eine Position nach links“, „Verschiebe Verarbeitungsband um eine Position nach links“, „Verschiebe Verarbeitungsband um eine Position nach rechts“, „Überschreibe den Inhalt des unter dem Kopf befindlichen Quadrats (Zelle) des Verarbeitungsbands mit [0]“, „Überschreibe den Inhalt des unter dem Kopf befindlichen Quadrats (Zelle) des Verarbeitungsbands mit [1]“, „Überschreibe den Inhalt des unter dem Kopf befindlichen Quadrats (Zelle) des Verarbeitungsbands mit [–]“.

Zu Beginn befindet sich die Maschine im Anfangszustand. In Abb. 2.8a veranlasst das Lesen von [–] auf dem Programmband und von [1] auf dem Verarbeitungsband den Start der Berechnung. Dieser besteht in einer ersten Aktion der Verschiebung des Programmbands. Danach werden beide Bänder erneut abgelesen. Mit dem erneuten Leseergebnis erfolgt eine Änderung des im Register gespeicherten inneren Zustands der Maschine und/oder eine nächste Aktion. So geht das Schritt für Schritt weiter. Mit jedem neuen Schritt erfolgt abhängig von den aktuell abgelesenen Einträgen auf beiden Bändern und dem aktuellen inneren Zustand solange eine nächste Aktion und/oder eine Änderung des inneren Zustands bis der Halt-Zustand erreicht ist. In Abb. 2.8b tritt dieser beim Lesen von [0] auf dem Programmband und von [0] auf dem Verarbeitungsband ein. Bei Erreichen des Halt-Zustands stoppt die Maschine. Die Berechnung war dann erfolgreich und auf dem Verarbeitungsband steht das fertige Ergebnis der Berechnung. Der gesamte Ablauf der Berechnung hängt vom Anfangszustand, vom Programm auf dem Programmband, von den Folgezuständen und von den in der Tabelle festgelegten Aktionen ab. Wie man auf diese Weise einfache Rechenaufgaben, z.B. die Addition zweier Dezimalzahlen, durchführen kann, findet man u.a. bei R. Penrose (1991). Die von Chaitin (1975) beschriebenen umfangreichen Details zur Berechnung der Programmlänge sind hier nicht von Interesse, zumal diese Dinge für den Ablauf von Kommunikation bei weitem nicht die Bedeutung haben, die der Shannon'schen Informationstheorie zukommt.

Einzelheiten über eine schrittweise maschinelle Berechnung von Lösungen einer Aufgabe in Abhängigkeit von der momentanen Eingabe und dem momentanen inneren Zustand der Maschine werden später im 5. Kapitel am Beispiel eines einfacher zu verstehenden Taschenrechners beschrieben. Dort geht es um den prinzipiellen Unterschied von Mensch und Maschine. In diesem Zusammenhang wird später im 5. und 6. Kapitel auch von der Bedeutung und Aussagekraft, die Turing-Maschinen besitzen, noch die Rede sein.

Festgehalten wird an dieser Stelle lediglich die nachfolgende Aussage:

[2.15] Shannon'sche Informationstheorie und algorithmische Informationstheorie

Weder die Shannon'sche Informationstheorie noch die algorithmische Informationstheorie sagen etwas über die semantische Bedeutung von Information aus. Erstere betrifft nur die Höhe ihres Neuigkeitsgrads, Letztere den kleinsten zur Berechnung benötigten Aufwand (sofern Berechenbarkeit gegeben ist). Beide Theorien führen auf gleichartige mathematische Formeln.

2.7 Über Bedeutungen und über verschiedene Interpretationsebenen

In vielen Schriften, die von Nicht-Ingenieuren (Kommunikations- und Medienwissenschaftler, Sprachwissenschaftler, Philosophen) zum Themenkomplex „Information und Kommunikation" verfasst wurden, wird das in der Shannon'schen Informationstheorie steckende Erklärungspotential unterschätzt oder gar nicht erkannt. Ihre Anwendbarkeit bleibt dort beschränkt auf den von Shannon beschriebenen Fall der Codierung und Übertragung von Buchstaben eines Textes unter Berücksichtigung von Wahrscheinlichkeiten einschließlich bedingter Wahrscheinlichkeiten. Von der algorithmischen Informationstheorie ist nirgendwo die Rede. Nicht selten kann man lesen, dass die Theorie von Shannon nur bedingt oder überhaupt nicht geeignet sei, wesentliche Zusammenhänge von Information und Kommunikation zu erklären und zu verstehen.

Der Verfasser dieser Abhandlung sieht das anders und ist bemüht aufzuzeigen, welch vielfältige Erklärungsmöglichkeiten die Shannon'sche Informationstheorie in sich birgt. Ganz bewusst wurden deshalb gleich zu Beginn in Abb. 2.1 als Bedeutungen statt der üblichen Zeichen und Buchstaben komplexere Aussagen wie *Habe Hunger*, *Lass mich in Ruhe, ...* gewählt. Das der Informationstheorie zugrunde liegende Konzept des Eintreffens von Ereignissen, die sich durch Mengen beschreiben lassen, wobei die Mengen wiederum in elementarere Teilmengen unterteilbar sind, welche sich ihrerseits über Operationen und Relationen mit einander beliebig verknüpfen lassen, bietet ein weites Feld von Untersuchungen. Es geht in diesem Zusammenhang auch darum, die in Abschn. 1.5 diskutierten Sinngehaltskomplexe zweckmäßig zu strukturieren und zu systematisieren, so dass man Listen erhält, auf die sich der mit Abb. 2.1 erläuterte Schematismus der Informationstheorie anwenden lässt. Dazu gibt es verschiedene Ansätze, von denen man ausgehen kann.

2.7.1 Zur Systematisierung von Bedeutungen

Besonders versprechend ist ein Ansatz, der von allgemeinen Denkkategorien und Vorstellungen ausgeht, die auch bei neueren Untersuchungen von Anthropologen eine wichtige Rolle spielen und die z.B. M. Tomasello in seinen Büchern „Die kulturelle Entwicklung des menschlichen Denkens" (2006) und „Die Ursprünge der menschlichen Kommunikation" (2009) beschreibt. Verschiedene Denkkategorien bilden disjunkte Mengen, die keine Elemente gemeinsam haben. Unterteilt man die Mengen einzelner Denkkategorien in Teilmengen auf, dann sind die Teilmengen verschiedener Denkkategorien ebenfalls disjunkt, also klar voneinander zu unterscheiden. Andererseits lassen sich durch Vereinigung von Teilmengen unterschiedlicher Denkkategorien wiederum eine Fülle von neuen Vorstellungen bilden.

Zwischenbemerkung:
Die Vorteile von zweckmäßigen Systematisierungen kann nicht hoch genug eingeschätzt werden. Als Beispiel sei die Chemie genannt. In der Alchemie des Mittelalters und noch bis zur Mitte des 19. Jahrhunderts herrschte eine große Konfusion bei chemischen Begriffen und Bezeichnungen. Diese wurde erst beendet, als man klar unterscheiden konnte zwischen Substanzen, die aus nur einer Atomart bestehen, und Substanzen, die Verbindungen von verschiedenen Atomarten darstellen, und als der Chemiker Mendelejew (unter Mitwirkung von L. Meyer, der damals Professor der Chemie am Polytechnikum in Karlsruhe war) das nach Atomgewichten geordnete Periodensystem aufstellte. Heute weiß man, wie die chemischen Bindungskräfte zwischen verschiedenen Atomarten auf Grund der Anzahl der Elektronen in den jeweiligen Atomschalen und dem Spin dieser Elektronen zustande kommen, und welche Verbindungen dadurch möglich werden. Vorher war man auf wildes und meist erfolgloses Probieren und Herumexperimentieren angewiesen.
Kernphysiker haben durch Aufeinanderschießen von Atomkernen eine Fülle neuer Teilchen erzeugt. Man sprach von einem „Teilchenzoo", dessen Systematisierung erst mit dem Nachweis des sogenannten Higgs-Teilchens, welches vom Standardmodell gefordert wird, weitgehend abgeschlossen werden konnte.

Der eingangs skizzierte, von Denkkategorien ausgehende, Ansatz folgt, neudeutsch ausgedrückt, einer „top-down-Betrachtung", wohingegen die Systematisierung chemischer Verbindungen einer „bottom-up-Betrachtung" folgt. Es hat in der Tat Versuche gegeben, auch die menschliche Vorstellungswelt in Form einer „bottom-up-Betrachtung" zu systematisieren. Diese geht von elementarsten Vorstellungen aus, das sind Vorstellungen, die sich nicht weiter in noch elementarere Vorstellungen zerlegen lassen. Solche elementarsten Vorstellungen, die sozusagen die „Atome" des Denkens bilden, wurden als *Qualia* (Einzahl Quale) bezeichnet. Als ein Quale wird beispielsweise die „Röte" angesehen. Auch C.S. Peirce hat schon 1868 diesen Gedanken verfolgt, wenn er schreibt *... to reduce the manifold of sensuous impressions to unity ...* (vergl. Abschn. 1.7). Nach Kenntnis des Verfassers hat diese bottom-up-Systematisierung zu keinerlei bemerkenswerten Erfolgen geführt und wurde auch nie zu Ende gebracht.

Eine andere „bottom-up-Betrachtung", die nicht vom Begrifflichen, sondern von Zeichen (Signalen) ausgeht, deren Bedeutungen in einem mehrere Stufen, den *Interpretationsebenen*, umfassenden Prozess interpretiert werden, hat sich dagegen als praktischer erwiesen, weil sie die Einordnung neuer Erkenntnisse erlaubt. Zu diesen Interpretationsebenen zählen die im 1. Kapitel mehrfach erwähnte Semantik-Ebene und die Pragmatik-Ebene. Diese andere „bottom-up-Betrachtung" wird im nachfolgenden Abschn. 2.7.2 noch näher betrachtet.

Erfolgversprechender hinsichtlich der *Gewinnung* neuer Erkenntnisse erscheint die eingangs skizzierte „top-down-Betrachtung", die von allgemeinen Denkkategorien ausgeht. Umfangreiche Untersuchungen mit zum Teil jahrelang immer wieder durchgeführten ausgeklügelten Tests haben ergeben, dass gewisse Vorstellungen oder Denkmöglichkeiten, die eine eigenständige Kategorie bilden, über die (Autisten ausgenommen) alle Menschen verfügen, selbst bei den intelligentesten Tieren, den Primaten, nicht vorkommen, obwohl deren genetischer Code (beim Schimpansen) bis zu 98% mit dem des Menschen übereinstimmt (Näheres folgt am Ende des folgenden Abschn. 2.7.2). Basierend auf dieser Feststellung darf darüber spekuliert werden, ob beim Menschen einerseits die Liste der seinem Denken zur Verfügung stehenden Qualia und andererseits die Liste der seinem Denken zur Verfügung stehenden Denkkategorien ausreicht, d.h. ob er damit in der Lage ist, die ganze ihn umgebende Wirklichkeit vollständig zu erfassen und zu verstehen, oder ob die Listen nicht dazu ausreichen. Letzteres würde bedeuten, dass er die real vorhandene Wirklichkeit nie voll begreifen kann, weil ihm prinzipielle Grenzen beim Denken gesetzt sind. Entsprechendes gilt auch für die Sinnesorgane des Menschen, deren Leistungsfähigkeiten mitbestimmend für die Denkfähigkeit sind. Der Philosoph Th. Metzinger beschreibt in seinem Buch „Der Ego Tunnel“ (2010) diesen Gedanken sehr eindringlich. Bei Tieren sind prinzipielle Denkgrenzen, die unten noch genannt werden, nachweislich vorhanden.

2.7.2 Zur Hierarchie von Interpretationsebenen

In Abschn. 2.1.3 wurde bereits erwähnt, dass im Schrifttum über Kommunikation bei der Interpretation und Information oft zwischen fünf Ebenen unterschieden wird, die nachfolgend aufgezählt und beschrieben werden:

1. Code-Ebene (auch Statistik-Ebene, in der Semiotik als Sigmatik bezeichnet).
   Diese Ebene betrifft die Vereinbarung von Zeichen (z.B. Buchstaben) und stellt den von Shannon behandelten Bereich der Codierung von Buchstaben dar.

2. Syntax-Ebene
   Diese Ebene betrifft Regeln für erlaubte Zeichenfolgen, z.B. Buchstabenfolgen (mögliche Wörter, Rechtschreibung) und erlaubte Wortfolgen (Grammatik).

3. Semantik-Ebene
   Diese Ebene betrifft die Interpretation von Zeichenfolgen (z.B. von Wörtern, Sätzen, ganze Geschichten) durch den Menschen in Hinblick auf den ihm mitgeteilten Sinngehalt.

4. Pragmatik-Ebene
   In dieser Ebene gewichtet der Mensch, nachdem ihm der Sinngehalt klar ist, die empfangene Nachricht, ob sie ihn zu einer Reaktion veranlasst oder nicht. Diese Ebene ist Sitz von Emotionen und eines Werte-Kanons. Sie ist auch ein Ziel von Werbung und betrifft das Hauptarbeitsfeld von Psychiatern und Psychologen [z.B. Watzlawick, P. (2007)].

5. Apobetik-Ebene
   In dieser Ebene analysiert der Mensch die empfangene Nachricht hinsichtlich der damit verbundenen Absicht und den Zielen des Absenders. Die Fähigkeit zur Analyse auf Apobetik-Ebene ist nach Ansicht des Verfassers dieser Abhandlung eine notwendige Voraussetzung für die Entwicklung der höhe-ren Sprache von Menschen.

Die fünf Ebenen bauen aufeinander auf. Die Code-Ebene ist die niedrigste, die Apobetik-Ebene ist die höchste Ebene. Zwischen Pragmatik-Ebene und Apobetik-Ebene wird nicht immer ein Unterschied gemacht.

In allen Ebenen findet eine Interpretation statt, die jeweils eine auf die betreffende Ebene bezogene Bedeutung liefert (vergl. Aussage **[2.1]**), deren jeweilige Informationshöhe sich im Prinzip mit der Informationstheorie von Shannon quantitativ bestimmen lässt. Ein Mensch, der einen geschriebenen Text liest, interpretiert zuerst die einzelnen Buchstaben hinsichtlich ihrer Bedeutung, dann die Wörter und Sätze, dann den Sinngehalt der Nachricht, und schließlich die damit möglicherweise verbundenen Konsequenzen für ihn sowie vielleicht auch noch die Absichten des Textautors.

Die Interpretationen in den beiden untersten Ebenen können auch von Maschinen geleistet werden. Ein Fernschreiber interpretiert (auf seinem Niveau) elektrische Zeichen als Buchstaben. Mit Hilfe gespeicherter Wörter und Grammatik-Regeln prüft ein Computer einen Text auf Rechtschreib- und Grammatik-Fehler. Was in den höheren Ebenen geschieht, bleibt (wenn man sich in die Maschine hinein versetzt) der Maschine prinzipiell verborgen. Für die Maschine ist das „Transzendenz".

Bei den Ebenen 3, 4 und 5 ist ausdrücklich vom Menschen die Rede. Inwieweit Interpretationen in diesen höheren Ebenen auf Maschinen verlagert werden können, ist eine offene Frage. Es ist unklar, wie weit ein Sinn erfasst werden muss, um befriedigende Übersetzungsprogramme für Computer (z.B. deutsch – englisch) herzustellen. Oft wissen auch menschliche Simultanübersetzer nicht mehr, was der genaue Sinn ihrer Übersetzungen war. Bei großen chemischen Anlagen werden Prozesse von Computern überwacht, die aus bestimmten Daten-Lagen Konsequenzen ziehen und Alarm-Meldungen ausgeben und Aktionen in Form von Ventilbetätigungen ausführen. Bei alledem muss aber berücksichtigt werden, dass dies alles nicht originär aus der Maschine kommt, sondern vom Menschen in die Maschine hinein verlagert wurde.

Der Informatiker W. Gitt (2004) schränkt den hier benutzten Informationsbegriff dahingehend ein, dass er sagt, dass Information nur dann vorliege, wenn sowohl auf der Code-Ebene 1 wie auch auf der Syntax-Ebene 2 jeweils solche Bedeutungen zugeordnet werden, die nach Interpretation in der Semantik-Ebene 3 eine für den Menschen sinnvolle Bedeutung liefern. Wenn auf der Sendeseite Buchstaben mittels Würfelwurf zufällig generiert und codiert übertragen werden und dann am Empfangsort der Code von einer Maschine interpretiert wird und wieder die richtigen Buchstaben liefert, dann liegt nach Ansicht von Gitt bereits dort in der Code-Ebene 1 keine Information vor, weil die Weitergabe dieser Buchstaben über die nächst höheren Ebenen in der Semantik-Ebene keine für den Menschen sinnvolle Bedeutung ergeben. Das Gleiche passiert, wenn auf der Sendeseite Wortfolgen ausgewürfelt werden. Im Unterschied zu Gitt wird hier in dieser Abhandlung Information immer auf die jeweilige Interpretationsebene bezogen, siehe Aussage **[2.1]**. Für die Decodiermaschine tragen die zugeordneten Buchstaben Information, deren Höhe nach Shannon anhand ihrer Auftrittswahrscheinlichkeiten und deren Komplexität nach Chaitin über den erforderlichen Aufwand bei ihrer Erzeugung berechnet werden können. Was mit den Buchstaben auf den höheren Interpretationsebenen passiert, liegt für die Maschine jenseits der von ihr beobachtbaren Realität. Sie kann nicht unterscheiden, ob eine Buchstabenfolge auf einer höheren Ebene einen Sinn liefert oder nicht (vergl. hierzu Abschn. 2.1.3).

Die Funktionen der Ebenen 1 bis 5 wurden am Beispiel von geschriebenem Text erläutert. Das scheint zunächst sehr unnatürlich zu sein, weil die Ursprünge der Kommunikation nichts mit geschriebenem Text zu tun haben. Was mit den Ebenen 1 bis 5 beschrieben wurde, lässt sich aber auch auf Gestik, Mimik und Gebärdensprache sowie auf akustische Laute (Phoneme) und gesprochene Sprache sinngemäß übertragen. Anhand auditiver Wahrnehmungen lässt sich zudem verdeutlichen, dass es durchaus möglich ist, dass Signale einem Empfänger (Zuhörer) erst auf der Ebene 4 Information liefern, nicht aber auf den Ebenen 1 bis 3. Ein Beispiel dafür ist ein aufgezeichnetes Musikstück (z.B. von J. S. Bach), das bei erneutem Hören im Zuhörer neue emotionale Gefühle auslöst, obwohl er die Tonfolge des Musikstücks in- und auswendig kennt.

Im Unterschied zu Maschinen können viele Tiere, insbesondere Primaten (Affen), Interpretationen bis einschließlich der 4. Ebene leisten. Aufgrund umfangreicher Tests konnten

M. Tomasello und andere Wissenschaftler nachweisen, dass auch die intelligentesten Tiere aber nicht in der Lage sind, Interpretationen auf der 5. Apobetik-Ebene vorzunehmen. Das rechtfertigt die Trennung der Ebenen 4 und 5. Philosophieren lässt sich darüber, ob es jenseits der 5. Ebene noch weitere Ebenen gibt, die Bedeutungen liefern, die dem menschlichen Empfänger nicht oder nur vage bewusst werden und Bereiche betreffen, die jenseits irdischer Vorstellungen liegen. Dort ist viel Platz für Weltanschauungen und Religionen.

2.7.3 Über die Informationshöhen in verschiedenen Interpretationsebenen

Wie mehrfach ausgeführt wurde, lässt sich mit Hilfe der Informationstheorie von Shannon für jede der im vorangegangenen Abschn. 2.7.2 beschriebenen Interpretationsebenen eine zugehörige Informationshöhe bestimmen. Begonnen sei dabei auf der untersten Ebene, der Code-Ebene, danach auf der nächst höheren Ebene, der Syntax-Ebene, usw. und zuletzt auf der obersten Apobetik-Ebene.

In diesem Zusammenhang stellt sich Frage, ob die Interpretation auf einer höheren Ebene dem Empfänger noch Information liefern kann, wenn die Interpretation auf der niedrigsten Ebene dem Empfänger bereits die Informationshöhe null liefert, weil er den geschriebenen Text oder die Lautfolge eines Satzes bereits kannte. Die Antwort auf diese Frage lautet „Ja", wie oben am Beispiel des Musikstücks schon deutlich wurde. Ein anderes Beispiel dafür liefert die als „Exegese" bezeichnete Interpretation der Bibel. Die Bibel gehört zu den ältesten schriftlichen Aufzeichnungen. Sie umfasst mehrere Bücher, die im Verlauf von mehr als tausend Jahren von verschiedenen Autoren in unterschiedlichsten Situationen verfasst wurden, siehe z.B. G. Lohfink (1986). Die Exegeten kennen den Wortlaut der Bibel genau und entdecken dennoch neue Sinngehalte im Text. Ähnliches entdecken Normalmenschen, wenn sie über einen lang zurück liegenden Ausspruch z.B. eines Lehrers erneut nachdenken und dabei Überraschendes erkennen.

Die obigen Ausführungen machen deutlich, dass die verschiedenen Ebenen, auf denen ein Empfänger ein Signal interpretiert, mit einer „Matroschka" vergleichbar sind. Eine Matroschka ist eine aus mehreren Hüllen bestehende Steckpuppe. Unter der äußeren Hülle befindet sich eine kleinere Puppe. Unter der Hülle dieser kleineren Puppe befindet sich eine weitere noch kleinere Puppe usw. Die verschiedenen Hüllen entsprechen den verschiedenen Interpretationsebenen, die Informationshöhen der jeweils betrachteten Ebene liefern. Der auf höchster Ebene gelieferte Sinngehalt offenbart sich erst mit der innersten Puppe.

Einen formal mathematischen Zugang zum Übergang von einer Interpretationsebene zur nächsten, in der andere Ereignisse mit ihren (eventuell bedingten) Wahrscheinlichkeiten erwartet werden, bieten graphische Darstellungen der Art von Abb. 2.7b. Hier gibt es ein noch offenes Forschungsfeld.

2.7.4 Pragmatik-Ebene und Kommunikation

Die in der Pragmatik-Ebene stattfindende Bewertung von Information hat einen entscheidenden Einfluss auf das Zustandekommen und die Fortführung von zwischenmenschlicher Kommunikation. Der Psychotherapeut und Kommunikationswissenschaftler P. Watzlawick (2007) hat eine eigenständige Kommunikationstheorie begründet, die im Wesentlichen die Pragmatik-Ebene betreffen. Kernstück seiner Theorie sind fünf Axiome, aus denen sich alle Zusammenhänge der zwischenmenschlichen Kommunikation herleiten lassen (sollen), ähnlich wie sich alle Zusammenhänge der Wahrscheinlichkeitstheorie aus den Axiomen von Kolmogorov (vergl. Abschn. 2.3.3) und alle Zusammenhänge der ebenen Geometrie aus den Euklid zugeschriebenen Axiomen herleiten lassen.

Die Watzlawick'schen Axiome der zwischenmenschlichen Kommunikation lauten:

Axiom I: *Man kann nicht „nicht kommunizieren".*
Axiom II: *Jede Kommunikation besitzt einen Inhalts- und einen Beziehungsaspekt.*
Axiom III: *Die Beziehung ist durch die Interpunktionen der Kommunikationsabläufe geprägt.*
Axiom IV: *Kommunikation bedient sich digitaler und analoger Modalitäten.*
Axiom V: *Kommunikationsabläufe sind entweder symmetrisch oder komplementär.*

Die Formulierung dieser (stellenweise leicht verkürzt wiedergegebenen) Axiome geht von der Voraussetzung aus, dass Kommunikationspartner von Angesicht zu Angesicht (d.h. multimedial) kommunizieren können und dass ein zweiseitig gerichteter Kommunikationsprozess (Kommunikationspartner KP_1 $\leftrightarrow$ Kommunikationspartner KP_2) stattfindet, vergl. Abschn. 1.6 des 1. Kapitels. (In den vorangegangenen Abschnitten dieses 2. Kapitels wurde der Einfachheit halber immer nur ein einseitig gerichteter Kommunikationsprozess Sender $\rightarrow$ Empfänger betrachtet).

Das maßgebende Buch „Menschliche Kommunikation" von Watzlawick (und Co-Autoren) gilt als Standardwerk und hat weitgehende Verbreitung und Akzeptanz gefunden. Die darin beschriebenen Axiome haben gelegentlich aber auch Kritik hervorgerufen, weil die Voraussetzungen nicht immer explizit genannt und abgegrenzt werden. Wie auch bei anderen Theorien darf man Aussagen der Kommunikationstheorie von Watzlawick nicht beliebig verallgemeinern[2.15]. Das beginnt bereits bei Axiom I, bei dem mit *nicht „nicht kommunizieren"* gemeint ist, dass auch das Schweigen zweier sich gegenüberstehender Personen bereits einen Mitteilungscharakter hat. Die gleiche Aussage liefert das in Abschn. 1.3.3 beschriebene Prädiktor-Korrektor-Verfahren, bei dem die langen Pausen zwischen zwei Korrekturbits ja auch Information liefern, allerdings nur wenig. (Wenn dagegen bei einem verabredeten Telefonat das Telefon nicht funktioniert, dann kann man sehr wohl „nicht kommunizieren", obwohl man es gerne möchte).

Axiom II drückt aus, dass bei jeder Kommunikation neben dem Inhaltsaspekt (das ist die reine semantische Sachaussage) auch die Beziehung der Kommunikationspartner zueinander eine Rolle spielt. (Die Beziehung kann geprägt sein von Indifferenz, Zuneigung, Abneigung, Wertschätzung, Verachtung usw.). Die Beziehung präzisiert in Art einer Metasprache den Inhaltsaspekt (beeinflusst die Interpretation).

Mit Interpunktionen in Axiom III ist ein beständiges gegenseitiges Missverstehen beider Kommunikationspartner gemeint, das ähnlich wie in Abb. 1.15c in eine Endlos-Schleife mündet, und das auch in Abschn. 1.6.2 schon angesprochen wurde. Watzlawick erläutert diesen Fall am Beispiel einer Ehefrau, die ständig nörgelt, weil sich ihrer Ansicht nach ihr Mann bei Konfliktsituationen zurückzieht, wohingegen der Mann meint, sich zurückziehen zu müssen, weil die Frau sonst nörgelt.

Unter einer Kommunikation mit analogen Modalitäten wird eine Kommunikation verstanden, die keiner Syntax gehorcht aber eine Semantik besitzt und sich meist auf die Be-

---

[2.15] In der Physik darf man den zweiten Hauptsatz der Wärmelehre (von dem im nächsten 3. Kapitel noch ausführlich die Rede sein wird) nicht beliebig weit auslegen, was in früheren Jahren oft geschehen ist, als vom Wärmetod der Welt noch die Rede war.

ziehungsebene richtet, z.B. die Übergabe eines Geschenks, ein Lächeln und dergleichen. Unter einer Kommunikation mit digitalen Modalitäten wird dagegen eine Kommunikation verstanden, die einer Syntax gehorcht, sich also einer Sprache bedient und den Inhaltsaspekt betrifft, aber die Beziehungsebene nicht berühren muss.

Die in Axiom V genannten symmetrischen Kommunikationsabläufe finden bei gleichen Kommunikationspartnern statt, während komplementäre Kommunikationsabläufe bei Ungleichheit stattfinden. Beispiele für komplementäre Kommunikationsabläufe sind Lehrer-Schüler-Kommunikation und Arzt-Patient-Kommunikation.

Die mit den Axiomen angesprochenen Phänomene lassen sich nach Fragebogenart zumindest grob quantisieren, z.B. in *wenig – mittel – stark* oder *positiv – null – negativ* usw. Das würde zusammen mit der Informationshöhe möglicherweise nützliche Computersimulationen ermöglichen. In der Nachrichtentechnik sind Verständlichkeitsmessungen (Silbenverständlichkeit, Satzverständlichkeit) gängige Praxis. Von der Medizin sind Schmerz-Skalen bekannt und sogar Schmerzmessungen.

2.8 Zusammenfassung

Im 2. Kapitel wurde das Thema „Information" behandelt mitsamt dem, was sich um den Informationsbegriff herum rankt. Im Vordergrund stand die *Höhe* von Information.

Die Grundidee der Shannon'schen Informationstheorie wurde anhand eines einfachen Beispiels (Abb. 2.1) veranschaulicht. Wesentlich ist, dass auf der Sendeseite und auf der Empfangsseite Listen mit einzelnen Bedeutungen vorhanden sind und der Sender mittels eines Codes bzw. Signals dem Empfänger mitteilt, welche Bedeutung in seiner senderseitigen Liste gemeint ist, und der Empfänger durch Interpretation des Signals erfährt, wo er in seiner empfangsseitigen Liste die vom Sender gemeinte Bedeutung findet. Dieser Prozess kann über mehrere Zwischenstationen laufen. Ohne sich festlegen zu müssen, um welche Art von Bedeutungen es sich handelt, lassen sich für dieses Schema Folgen von binären (Auswahl-) Schritten (bits) konstruieren, die angeben, wie jede Bedeutung in den Listen gefunden wird. Abhängig von den Wahrscheinlichkeiten, mit denen der Sender die verschiedenen Bedeutungen mitteilt, lassen sich die Binärschritt-Folgen derart optimieren, dass die durchschnittliche Anzahl an auszuführenden Binärschritten (bits) minimal wird. Dieses Minimum der durchschnittlichen Anzahl an Binärschritten stellt die informationstheoretische Entropie in bits pro Bedeutung dar.

Zum gleichen Ergebnis für die informationstheoretische Entropie gelangt man, wenn man davon ausgeht, dass jede einzelne Bedeutung, die der Sender mitteilt, für den Empfänger ein zufälliges Ereignis darstellt. Der dyadische Logarithmus aus dem Kehrwert der Wahrscheinlichkeit, mit der das informationstragende Ereignis eintrifft, liefert dem Empfänger eine Zahl, welche die Höhe der Information der mitgeteilten Bedeutung in bit angibt. Je kleiner diese Wahrscheinlichkeit ist, desto größer ist die Informationshöhe. Der Mittelwert (oder Erwartungswert) der Informationshöhen aller Bedeutungen stellt wieder die informationstheoretische Entropie in bits pro Bedeutung dar. Dieser zweite Zugang macht deutlich, dass Information für den Empfänger eine „beseitigte Unsicherheit" ist, und die Höhe von Information durch das Ausmaß an Neuigkeit charakterisiert wird, welche die Information dem Empfänger liefert.

In der Wahrscheinlichkeitstheorie beziehen sich die Wahrscheinlichkeitswerte auf Ereignisse eines fest umrissenen Ereignisfeldes, das bei üblichen Anwendungen nur endlich viele unterschiedliche Ereignisse umfasst. Die „Inhalte“ dieser möglichen Ereignisse, die dem Beobachter bekannt sind, spielen nur für „Anwendungen“ der Wahrscheinlichkeitstheorie eine Rolle, nicht aber für die Wahrscheinlichkeitstheorie selbst. In der Informationstheorie wird dieses Ereignisfeld, vom Aufmerksamkeitskanal des Empfängers festgelegt. Die Inhalte der möglichen Ereignisse sind Bedeutungen, auf sich die Aufmerksamkeit des Empfängers richtet. Die Informationstheorie selbst lässt sich auf alle Arten von Bedeutungen und damit auf jede Ebene, auf der Signale interpretiert werden, in gleicher Weise anwenden.

Wegen des engen Bezugs zur Informationstheorie wurde im Abschn. 2.3 ausführlich auf die Begriffe und Zusammenhänge der Wahrscheinlichkeitstheorie eingegangen. Dabei wurde zugleich auch die den wahrscheinlichkeitstheoretischen Begriffen zugrunde liegende Mengentheorie mit ihren Mengenoperationen eingeführt und deren Bezug zur zweiwertigen Logik aufgezeigt. Mengenoperationen bestimmen zusammen mit der Speicherung zentrale Phänomene der Kommunikation und des „Lernens mittels Kommunikation“, nämlich das Erinnern, das Ausschließen, das Spezifizieren und das Generalisieren. Die im 1. Kapitel beschriebenen logischen Grundverknüpfungen von Bits, auf denen die gesamte Wirkungsweise digitaler Computer beruht, erweisen sich als degenerierter Sonderfall von Mengenoperationen.

Im Abschn. 2.4 wurden dann die Zusammenhänge der mathematischen Wahrscheinlichkeitstheorie auf die Ansätze der Informationstheorie übertragen. Es wurden die Begriffe der bedingten Informationshöhe und der Verbundinformationshöhe eingeführt und erläutert, welche Art von Unsicherheit beim Empfänger durch das Eintreffen eines entsprechenden Ereignisses beseitigt wird. Auch wurde anhand von Beispielen illustriert, wie hoch unter welchen Bedingungen die empfangene Information bei einer Kommunikation von Menschen ist.

Abschn. 2.5 wurde dann ausschließlich dem wahrscheinlichkeitstheoretischen Erwartungswert der Informationshöhe gewidmet. Diesen Erwartungswert hat Shannon als *Entropie* bezeichnet, weil er (von einem konstanten Vorfaktor abgesehen) durch die gleiche Formel ausgedrückt wird wie die Formel für die Entropie in der Quantenphysik. Erläutert wurden in Abschn. 2.5 die Herleitung, Eigenschaften und Anwendungen der Entropie, der bedingten Entropie und auch der Verbundentropie. Speziell eingegangen wurde dabei auf die Eigenschaft der Erweiterbarkeit von Auswahlgraphen (Abb. 2.7), die Lernprozesse berücksichtigt, und insbesondere auch auf den von Shannon stammenden Quellencodierungssatz, der besagt, dass die von einer Informationsquelle erzeugten Ereignisse sich mit Kombinationen von Bits so codieren lassen, dass die im Mittel aufgewendete Anzahl an Bits pro Bitkombination sich beliebig wenig von der Entropie der Informationsquelle unterscheidet.

Als Ergänzung wurde in Abschn. 2.6 noch die im Wesentlichen von G. Chaitin entwickelte „algorithmische“ Informationstheorie vorgestellt. Ausgangspunkt dieser Theorie sind nicht die Wahrscheinlichkeiten von Ereignissen, wie das bei Shannon der Fall ist, sondern die Komplexität eingetretener Ereignisse, die als „Objekte“ bezeichnet werden. Unter der Komplexität eines Objekts wird der minimale Programmieraufwand verstanden, der nötig ist, um das Objekt auf einem universellen Computer darzustellen. Interessanterweise führt diese Theorie auf mathematische Formeln, welche die gleiche Gestalt haben wie korrespondierende Formeln der Shannon'schen Informationstheorie. Die algorithmische Informationstheorie ist allerdings „unvollständig“, weil nicht jedes informationelle Objekt berechenbar ist.

Im letzten Abschn. 2.7 wurden die verschiedenen Interpretationsebenen, die man derzeit unterscheidet, näher beleuchtet. Daneben wurde ausgeführt, dass eine Systematik allgemeiner Denkkategorien, von denen Menschen Gebrauch machen, wünschenswert ist. Dadurch würden unmittelbare Anwendungen des Shannon'schen Schemas auf Listen von disjunkten Sinngehaltskomplexen möglich, was Kommunikationsprozesse durchschaubarer auch bezüglich Irrtümer und Missverständnisse macht, und es würden zudem Erkenntnisgrenzen leichter sichtbar. Schließlich wurde noch mit einer Skizzierung der Kommunikationstheorie von Watzlawick die zentrale Stellung der Pragmatik-Ebene bei der Kommunikation von Menschen herausgestellt und ausgeführt, dass sich auch die dort beschriebenen Phänomene im Prinzip quantifizieren lassen.

Die Höhe von Information lässt sich bestimmen, ohne dass gesagt werden muss, was genau Information ist. Die Ermittlung der Informationshöhe ist vergleichbar mit der Ermittlung des Gewichts einer Masse, bei der man auch nicht wissen muss, was sich auf der Waagschale befindet, ob Goldkörner oder Eisenschrott. So wie man bei Goldkörnern und Eisenschrott nicht nur Gewichte, sondern auch Werte zuordnen kann, so lässt sich auch einer Information ein pragmatischer Wert zuordnen. Information als Ganzes ist vergleichbar mit einer Matroschka. Das ist eine Steckpuppe, die aus ineinander geschachtelten Hüllen besteht. Unter der äußeren Hülle steckt eine kleinere Puppe, unter deren Hülle eine noch kleinere Puppe steckt usw. Die Hüllen entsprechen den Interpretationsebenen. Jede Hülle liefert aber nur die zugehörige Informationshöhe, die Inhalte liegen jedoch tiefer.

3 Zusammenhänge von Energie, Entropie und Informationshöhe

Zu Beginn von Abschn. 2.1 wurde erwähnt, dass die Verwendung der gleichen Bezeichnung „Entropie“ in der Informationstheorie und in der Physik sowie die Gleichartigkeit der Formeln für die informationstheoretische und für die thermodynamische Entropie intensive Diskussionen darüber ausgelöst haben, ob Information ein Teil der Physik und damit eine energetisch-materielle Größe sei. Ein eventueller Zusammenhang mit Energie könnte zum einen dadurch gegeben sein, dass die thermodynamische Entropie maßgebend für den Transport von Wärme und für die Umwandlung von Wärme in mechanische Energie ist, und zum anderen dadurch, dass Information immer mit Hilfe eines Signals transportiert wird, das zugleich auch Energie transportiert. Um die Probleme zu klären, werden hier im 3. Kapitel die physikalischen Zusammenhänge, die diese Fragen betreffen, beschrieben und deren Konsequenzen dargestellt.

Im Abschn. 3.1 wird erläutert, was Energie überhaupt ist. Behandelt werden ihre Definition, die verschiedenen Erscheinungsformen von Energie, die Umwandelbarkeit von einer Erscheinungsform der Energie in eine andere Erscheinungsform und der Energieerhaltungssatz. Herausgestellt werden die Besonderheiten der Wärmeenergie, die sich auf unserer Erde nur in beschränktem Umfang in mechanische Energie wandeln lässt, was Clausius dazu veranlasst hatte, den Begriff „Entropie“ in die Physik einzuführen. Im Abschn. 3.2 wird dann am Beispiel eines idealen Gases beschrieben, wie Wärme, Temperatur und Energie zusammenhängen. Es wird erläutert, welche Rolle die thermodynamische Entropie beim Wärmetransport, bei der Umwandlung von Wärme in mechanische Energie und bei weiteren thermischen Prozessen (Wärmepumpe, Kühlschrank) spielt. Ferner wird auch auf Hauptsätze der Wärmelehre eingegangen und anhand von Vergleichen versucht, den makroskopisch schwer fassbaren Begriff Entropie etwas zu veranschaulichen. Im Abschn. 3.3 folgen anschließend die auf Boltzmann, Planck und Gibbs zurückgehenden statistischen Beschreibungen von Entropie. Diese liefern über eine mikroskopische Betrachtung sowohl ein anschaulicheres Bild von Entropie als auch eine Begründung für den manchmal als mysteriös bezeichneten 2. Hauptsatz der Wärmelehre. Darüber hinaus liefern die statistischen Beschreibungen enge Bezüge zur informationstheoretischen Entropie von Shannon. Ausgehend von diesen Bezügen werden dann im nächsten Abschn. 3.4 Konsequenzen für die Informationstechnik behandelt, darunter für die mindestens erforderliche Energie und Zeit zur Darstellung eines Bits durch ein elektrisches Signal und für die Frage, ob abstrakte logische Operationen Energie benötigen und letztlich, ob Information eine energetisch-materielle Größe ist. Letzteres wäre der Fall, wenn bei Verminderung von Information Wärmeenergie abgegeben wird, was verschiedentlich behauptet wird. Damit eng verwandt ist die im Abschn. 3.5 behandelte umgekehrte Frage, ob es möglich ist, mit Hilfe (Zufuhr) von Information den zweiten Hauptsatz außer Kraft zu setzen. Wie sich zeigt, ist das nach derzeitigen Erkenntnissen nicht möglich. Die Problematik ist aber immer noch offen.

Hinter allem steht auch die Frage, ob ein immaterieller Geist elektrische Ströme im materiellen Gehirn auslösen kann. Die Darstellungen machen insgesamt deutlich, dass Information zwar immer an physikalische Vorgänge gebunden ist, dass Information aber dennoch ebenso wenig eine energetisch-materielle Größe ist wie das auch für Zahlen und abstrakte Aussagen der reinen Mathematik gilt.

3.1 Grundlegendes über Energie

„Energie und Entropie sind die großen Begriffe, die alle Naturvorgänge beherrschen". So beginnt der Klappentext des rund 400 Seiten starken Buches „Energie und Entropie" von G. Falk und W. Ruppel (1976).

Bevor auf den physikalischen Entropie-Begriff eingegangen wird, wird zunächst erläutert, was Energie überhaupt ist.

3.1.1 Über Arbeit und Energie

Energie ist eine physikalische Größe, die in verschiedenen Erscheinungsformen auftritt. Sie ist wie folgt definiert:

[3.1] Definition von Energie:

Energie ist die Fähigkeit eines physikalischen Systems, mechanische *Arbeit* zu verrichten.

Arbeit ist, wie unten noch erläutert wird, eine Prozessgröße, weil sie einen Vorgang betrifft. Energie ist eine Zustandsgröße, weil sie einen Inhalt eines Systems kennzeichnet. Ein System ist ein von seiner Umgebung abgetrenntes Gebiet, das isoliert betrachtet wird, vergl. Baehr (2002).

Zur Verrichtung der mechanischen Arbeit W_{mech} muss eine Energie E von gleicher Höhe aufgewendet werden $E = W_{mech}$. Die aufgewendete Energie E kann einem Speicher (System) entnommen werden.

Mechanische Arbeit ist definiert als Produkt von „Kraft F mal Weg x", wenn die Kraft und der Weg in die gleiche Richtung weisen und die Kraft längs des Weges konstant ist.

A: *Mechanische Arbeit im konstanten Schwerefeld*

Die Verrichtung von mechanischer Arbeit mit einer längs des Weges konstanten Kraft F liegt mit guter Näherung[3.1] beim Hochheben eines Objekts der Masse m bis zu nicht sehr großen Höhen x über der Erdoberfläche vor, siehe Abb. 3.1.

Auf ein auf dem Boden liegendes Objekt der Masse m wirkt aufgrund der Erdanziehung die Schwerkraft G. [Diese bestimmt sich aus der Masse m des Objekts und der Erdbeschleunigung g zu $G = m \cdot g$, wobei $g = 9.81$ m/s² (Meter pro Sekundequadrat) eine Konstante ist. Die Höhe der Masse m wird in kg (Kilogramm) und die Höhe der Kraft G in „Newton" (abgekürzt N) angegeben. 1N = 1kg m/s^2 (Kilogrammmeter pro Sekundequadrat)].

[3.1] Streng genommen nimmt die Schwerkraft gemäß dem Gravitationsgesetz von Newton mit wachsender Höhe ab. Diese Abnahme ist aber bis zu Höhen von mehreren Hundert Metern nur ziemlich gering.

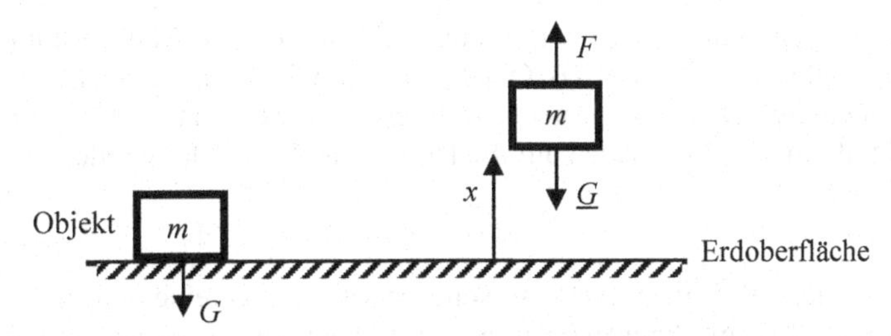

Abb. 3.1 Zur Illustration von verrichteter mechanischer Arbeit W_{mech} entgegen der nach unten gerichteten Schwerkaft G. Links liegt das Objekt der Masse m auf dem Erdboden. Rechts ist es mit der Kraft F um den Weg x nach oben gezogen.

Zum Hochheben des Objekts ist eine senkrecht nach oben wirkende Kraft F nötig, die mindestens so groß wie die Schwerkraft G ist. Hier wird im Folgenden

$$F = G \tag{3.1}$$

vorausgesetzt. Das Objekt wird in diesem Fall durch die Kraft F im Gleichgewicht mit der Schwerkraft G gehalten. Arbeit wird in diesem Fall durch die *Bewegung* des Objekts um ein Wegstück x in Richtung der Kraft F verrichtet. Die Höhe dieser Arbeit W_{mech} berechnet sich definitionsgemäß zu

$$W_{\mathrm{mech}} = F \cdot x = G \cdot x \tag{3.2}$$

Die Höhe der Arbeit wird in „Joule" (abgekürzt J) angegeben. $1\mathrm{J} = 1\mathrm{Nm} = 1\mathrm{kgm}^2/\mathrm{s}^2$ (Kilogrammmeterquadrat pro Sekundequadrat).

Die beim Hochziehen des Objekts auf die Höhe $x = x_h$ aufgewendete mechanische Arbeit ist als mechanische Energie $E_{\mathrm{mech}}(x_h) = W_{\mathrm{mech}} = F \cdot x_h$ im Objekt mit seiner neuen Lage x_h gespeichert. Man bezeichnet diese gespeicherte Energie auch als „potenzielle Energie". Die potenzielle Energie ist damit eine *Zustandsgröße* des aus der Masse m, der Höhe x_h und der Schwerkraft G bestehenden Systems. (Die Kraft F kann weggenommen werden, wenn das Objekt durch eine Stütze auf der Höhe x_h gehalten wird). Die verrichtete mechanische Arbeit ist dagegen eine *Prozessgröße*.

Wenn das Hochziehen angehalten wird, muss immer noch die gleiche Kraft F auf das Objekt wirken, um es am Herunterfallen zu hindern. Während des Anhaltens wird trotz aufgewendeter Kraft F keine Arbeit verrichtet. *Das Agens für die Verrichtung von Arbeit besteht also im Bewegen längs des Weges x mit einer konstanten Kraft.*

Der Vorgang des Hochhebens ist *reversibel*. Fällt das Objekt von oben wieder herunter, dann wird die in ihm gespeicherte potenzielle Energie kontinuierlich reduziert und in kinetische Energie E_{kin} (Bewegungsenergie) umgewandelt. Diese berechnet sich zu (siehe z.B. Gerthsen 1956)

$$E_{\mathrm{kin}} = \frac{1}{2} m \cdot u^2 \tag{3.3}$$

Hierbei bedeutet u die Fallgeschwindigkeit. Während des Fallens nimmt die Höhe x und damit die potentielle Energie $F \cdot x$ kontinuierlich ab, während die Fallgeschwindigkeit u

und damit die kinetische Energie kontinuierlich in dem Maße zunimmt wie die potentielle Energie abnimmt. Sowie das Objekt den Boden wieder erreicht, besitzt es die maximale Geschwindigkeit u_h. Die kinetische Energie $E_{\text{kin}}(u_h)$ hat dort dann den gleichen Wert erreicht, der beim Hochziehen auf die Höhe x_h aufgewendet wurde, also

$$E_{\text{kin}}(u_h) = E_{\text{mech}}(x_h) = F \cdot x_h \tag{3.4}$$

Energie geht also nicht verloren, sondern wird nur in eine andere Form umgewandelt. Die kinetische Energie kann wiederum zur Verrichtung einer anderen Arbeit verwendet werden, z.B. wie beim Fallhammer zur Verformung eines Materials in der Schmiede.

B: *Mechanische Arbeit bei nicht konstant bleibender Kraft*

Der oben betrachtete Fall, bei dem die Kraft F längs des Weges konstant ist, stellt einen Idealfall dar. Ein wichtiger anderer Fall, bei dem die Kraft F längs des Weges nicht konstant ist, sondern längs des Weges linear ansteigt, ist bei der Dehnung einer Spiralfeder gegeben. (Dieses Beispiel der Spiralfeder wird sich weiter unten als wichtig für das Verständnis von Wärmeenergie und der von Clausius eingeführten thermodynamischen Entropie erweisen).

Im Unterschied zur konstanten Schwerkraft G ist die Federkraft D, mit der sich eine ausgezogene Feder wieder zusammenzieht, von der Länge ihrer Dehnung d.h. von der Länge des Weges x abhängig, um den eine Kraft F die Feder gedehnt hat. Diese Abhängigkeit ist, wie gesagt, proportional zum Weg x und wird durch die Funktion $D(x)$ ausgedrückt:

$$D = D(x) = k_D \cdot x \tag{3.5}$$

Die Proportionalitätskonstante k_D heißt Federkonstante. Den Anstieg der Federkraft D in Abhängigkeit vom Weg x zeigt die fett gezeichnete Gerade $D(x)$ in Abb. 3.2a. Im Unterschied dazu ist bei der Schwerkraft die Kraft $F = G =$ konstant, wie das in Abb. 3.2b dargestellt ist.

Aus der Beziehung (3.5) folgt, dass beim Auseinanderziehen (Dehnung) der Feder mit der Kraft F sich die Feder um ein so großes Stück x dehnt, bis die Federkraft

$$D(x) = F \tag{3.6}$$

erreicht wird. Danach stoppt die Ausdehnung.

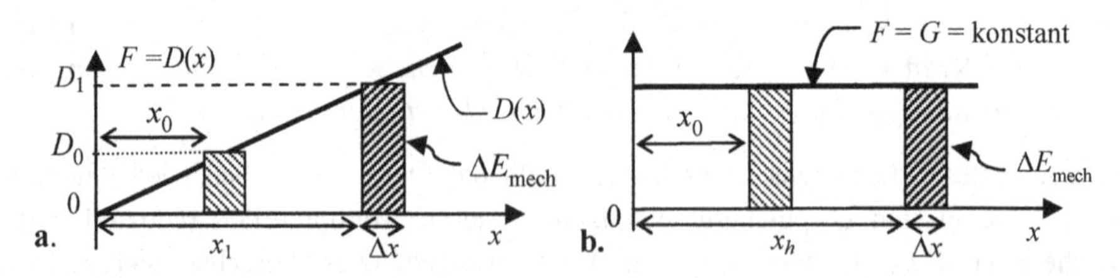

Abb. 3.2 Energiezuwachs ΔE_{mech} bei Wegzuwachs um Δx durch Aufwendung der
a. Kraft $F = D(x)$ bei einer Spiralfeder b. konstanten Kraft $F = G$ im Schwerefeld

Die Berechnung der mechanischen Energie E_{mech}, die für die Arbeit der Dehnung der Feder aufgewendet wird und danach in der gedehnten Feder gespeichert ist, ist wegen der Wegabhängigkeit der Federkraft $D(x)$ nicht so einfach wie bei der konstanten Schwerkraft

G mit (3.2). Für die Berechnung muss für jede Ausdehnung x der jeweils dort geltende Wert der Federkraft $D(x)$ berücksichtigt werden. Die Zusammenhänge zeigt Abb. 3.2.

Zur Erläuterung des Zusammenhangs bei der Spiralfeder in Abb. 3.2a wird der Einfachheit halber zunächst nochmal auf den Fall mit der konstanten Schwerkraft G in Abb. 3.2b zurückgegriffen. Die potentielle (oder gespeicherte) Energie E_{mech}, die beim Hochheben eines Objekts auf die Höhe x_h erreicht wird, berechnet sich zu $F \cdot x_h$. Wird das Objekt dann um ein kleines Wegstück Δx weiter angehoben, dann wächst die mechanische Energie um den Anteil

$$\Delta E_{\text{mech}} = F \cdot \Delta x \tag{3.7}$$

Dieser Anteil ist in Abb. 3.2b durch die rechts gezeichnete fett schraffierte Fläche dargestellt. Wenn statt von der Höhe x_h das Objekt von der Höhe x_0 aus um das gleiche Wegstück Δx weiter angehoben wird, dann wächst die mechanische Energie um den gleichen Anteil $\Delta E_{\text{mech}} = F \cdot \Delta x$, siehe die links gezeichnete mager schraffierte Fläche.

Nun zum Fall der Dehnung der Spiralfeder, der mit Abb. 3.2a beschrieben wird. Wenn ausgehend von der Dehnung $x = x_1$ die Feder um das kleine Wegstück Δx weiter gedehnt wird, dann ergibt das einen Energiezuwachs $\Delta E_{\text{mech}} = D_1 \cdot \Delta x$, wie das die rechts gezeichnete fett schraffierte Fläche zeigt. Wird dagegen ausgehend von der kleineren Ausdehnung $x = x_0$ die Feder um das gleiche kleine Wegstück Δx weiter gedehnt, dann ergibt das den kleineren Energiezuwachs $\Delta E_{\text{mech}} = D_0 \cdot \Delta x$, der mit der links gezeichneten mager schraffierten Fläche dargestellt ist.

Die Gesamtenergie E_{mech}, die beim Ausdehnen der Feder von $x = 0$ bis $x = x_1$ aufgewendet wird und im gespannten Zustand in der Feder gespeichert bleibt, ergibt sich dadurch, dass man in Abb. 3.2a die Fläche unter der Geraden $D(x)$ ausgehend von $x = 0$ bis $x = x_1$ in lauter kleine Rechteckflächen der möglichst schmalen Breite Δx unterteilt und dann die Summe aller dieser kleinen Rechteckflächen berechnet. Dies ist gleichbedeutend mit der Fläche des Dreiecks, das vom Weg x_1, dem Wert D_1 an der Stelle x_1 und der Geraden $D(x)$ gebildet wird. Auf diese Weise erhält man

$$E_{\text{mech}} = \tfrac{1}{2} D(x_1) \cdot x_1 = \tfrac{1}{2} k_D \cdot x_1 \cdot x_1 = \tfrac{1}{2} k_D \cdot x_1^2 \tag{3.8}$$

Für eine beliebige Dehnung der Spiralfeder um x beträgt damit die in der Feder gespeicherte (potenzielle) Energie allgemein

$$E_{\text{mech}}(x) = \tfrac{1}{2} k_D x^2 \tag{3.9}$$

Bemerkung:
Die Beziehung (3.8) hätte allgemeiner auch mit dem Integral

$$\int_{x=0}^{x_1} k_D x \, \mathrm{d}\, x \tag{3.10}$$

hergeleitet werden können. Dies wurde hier nicht getan, um auch Lesern, die sich nicht mehr an die Integralrechnung aus der Schulzeit erinnern, das Zustandekommen der Formel (3.9) zu verstehen. Weiter sei vermerkt, dass die Formel (3.9) die gleiche quadratische Abhängigkeit besitzt wie die kinetische Energie in (3.3). Wie das Hochheben eines Objekts der Masse m im Schwerefeld so ist auch der Vorgang des Auseinanderziehens (Dehnung) einer Spiralfeder reversibel. Beim Wiederzusammenziehen der Feder wird die gespeicherte Energie frei und kann z.B. zum Wegschleudern eines Geschosses verwendet werden.

C: *Elektrische Arbeit im homogenen elektrostatischen Feld*

Ein formal gleichartiger Fall, wie er beim Hochheben eines Objekts der Masse m entgegen der Schwerkraft G vorliegt, ist bei der Bewegung eines Objekts, das die elektrische Ladung Q_{el} trägt, entgegen der Richtung der elektrischen Feldstärke E_{el} gegeben. (Die Bezeichnung „homogen" besagt, dass die elektrische Feldstärke überall gleich ist, und die Bezeichnung „elektrostatisch", dass die elektrische Feldstärke sich zeitlich nicht ändert).

Auf das Objekt mit der elektrischen Ladung Q_{el} wirkt eine Kraft $E_{el} \cdot Q_{el}$ in Richtung der elektrischen Feldstärke E_{el}. Durch eine gleich hohe mechanische Kraft F, die der Kraft $E_{el} \cdot Q_{el}$ entgegen gerichtet ist, werde das Objekt an seinem Ort festgehalten. Dem Fall bei der Schwerkraft entsprechend wird auch hier Arbeit durch Bewegung des Objekts um ein Wegstück x in Richtung der Kraft F verrichtet. Die Höhe dieser Arbeit W_{mech} berechnet sich wie in (3.2) zu

$$W_{mech} = F \cdot x = Q_{el} \cdot E_{el} \cdot x \tag{3.11}$$

Die Höhe der Ladung Q_{el} wird in As (Amperesekunden) angegeben, wobei A (Ampere) die Einheit der elektrischen Stromstärke bedeutet. Die Höhe der elektrischen Feldstärke E_{el} wird in J/Asm (Joule pro Amperesekundenmeter) angegeben. Mit der Höhe des Weges x in m (Meter) ergibt sich auch die Höhe der elektrischen Arbeit in J (Joule).

Bemerkenswert ist, dass die elektrische Ladung Q_{el} eine quantisierte Größe ist. Die kleinste elektrische Ladung ist die des Elektrons und ist gegeben durch

$$Q_{el} = e_0 \approx 1{,}6020 \cdot 10^{-19}\,\text{As} \tag{3.12}$$

Das Elektron hat auch eine Masse. Wenn das Elektron sich nicht bewegt, hat es die Ruhemasse

$$m_0 \approx 9{,}1085 \cdot 10^{-31}\,\text{kg} \tag{3.13}$$

Ein Elektron lässt sich relativ leicht auf eine extrem hohe Geschwindigkeit bringen. Nach den Gesetzen der Relativitätstheorie steigt dann seine Masse (wie jede andere Masse auch) stark an.

D: *Auf Arbeit bezogene Größen*

Zwei mit dem energetischen Prozess der Arbeit zusammenhängende Größen sind die „Leistung" und die „Wirkung" [siehe z.B. Gerthsen (1956)].

Als *Leistung* P_L wird der Quotient aus Arbeit W und Zeitdauer T_W bezeichnet, in welcher die Arbeit verrichtet wird:

$$P_L = \frac{W}{T_W} \tag{3.14}$$

Die Höhe der Leistung wird in „Watt“ (abgekürzt W) angegeben 1W = 1 J/s (Joule pro Sekunde). Entsprechend wir Arbeit oft auch in „Wattsekunden“ (abgekürzt Ws)[3.2] angegeben.

Unter *Wirkung* W_T wird das Produkt aus Arbeit W und Zeitdauer T_D verstanden, die benötigt wird, um die Arbeit bzw. den damit verbundenen Prozess auszuführen:

$$W_T = W \cdot T_D \tag{3.15}$$

Interessanterweise ist die Wirkung keine kontinuierlich veränderliche, sondern wie die elektrische Ladung Q eine nur in diskreten Schritten veränderliche physikalische Größe. Wie M. Planck bei seinen Untersuchungen über die Strahlung des schwarzen Körpers herausgefunden hat, ist die kleinste Wirkung mit dem nach ihm benannten Planck'schen Wirkungsquantum h gegeben. Dieses Wirkungsquantum hat den Wert

$$h \approx 6{,}626 \cdot 10^{-34} \text{ Js (Joulesekunden)} \tag{3.16}$$

Das Untersuchungsergebnis von Planck markiert den Beginn der Quantentheorie, die heute zu den wichtigsten Grundlagen der Physik gehört.

3.1.2 Mehr über Energie: Speicherung, Umformung, Einheit, Erhaltung

Die obigen Betrachtungen über das Hochheben eines Objekts und des Auseinanderziehens einer Feder haben gezeigt, wie sich mechanische Energie unter Anwendung einer Kraft F transportieren und speichern lässt:

Im Schwerefeld der Erde lässt sich mechanische Energie dadurch speichern, dass man ein Objekt, das eine schwere Masse m besitzt, entgegen der Schwerkraft auf eine höher gelegene Position bringt und dort festhält (lagert). Hierzu muss nur die konstante Schwerkraft G überwunden werden. Die anzuwendende Kraft F hängt bei gleicher Masse m nicht von der *Höhe der zu speichernden Energie ab.* Will man mehr Energie speichern, dann muss man das Objekt bei gleicher Kraft nur entsprechend höher heben.

In einer dehnbaren Spiralfeder hängt anzuwendende Kraft F von der Höhe der bereits in der Feder gespeicherten Energie ab. Je höher die gespeicherte Energie ist, desto größer wird die Federkraft D und damit auch die anzuwendende Kraft F, um die Feder weiter zu dehnen.

Das System „im Schwerefeld gelagertes Objekt der Masse m“ und das System "gedehnte Spiralfeder“ erfordern also für die zur Speicherung von mechanischer Energie unterschiedliche Kräfteabhängigkeiten. Dieses Phänomen sei wie folgt festgehalten:

> **[3.2]** Zuführung von mechanischer Energie
>
> Hinsichtlich der Zuführung von mechanischer Energie unter Anwendung einer Kraft F lassen sich verschiedene Arten von Speicher unterscheiden. Zu diesen gehören:
> 1. Speicher, die bei gleich bleibender Kraft F mechanische Energie aufnehmen und speichern.
> 2. Speicher, die mechanische Energie nur dann aufnehmen, wenn die Kraft F größer ist als eine innere Kraft D des Speichers.

[3.2] Für Energie-Abrechnungen wird oft die Einheit „Kilowattstunde“ (abgekürzt kWh) zugrundegelegt. 1 kWh = 3,6 · 10^6 Ws.

Die Aussage **[3.1]** lässt sich sinngemäß auch auf andere Energieformen übertragen, wie sich weiter unten zeigen wird.

Mechanische Energie ist eine spezielle Form von Energie. Energie tritt, wie eingangs gesagt, in unterschiedlichsten Formen auf. Andere Energieformen sind „elektrische Energie", „thermische (oder Wärme-) Energie", „chemische Energie" und weitere. Alle diese Energieformen sind ineinander umformbar: Aus der in Steinkohle enthaltenen chemischen Energie kann durch Verbrennen Wärmeenergie gewonnen werden. Aus Wärmeenergie kann mit Hilfe einer Dampfmaschine mechanische Energie gewonnen werden. Mit mechanischer Energie kann ein Generator angetrieben werden, der elektrische Energie liefert, mit elektrischer Energie kann ein Heizofen betrieben werden, der Wärmeenergie abgibt. Elektrische Energie kann auch dazu benutzt werden, um ein Pumpspeicherwerk zu betreiben, bei dem Wasser von einem tiefer gelegenen See zu einem höher gelegenen See gepumpt wird, wodurch die potentielle Energie der Wassermasse (vergl. 3.2) erhöht wird, um bei Bedarf in einem Wasserkraftwerk über eine Turbine zunächst in mechanische und anschließend über einen Generator wieder in elektrische Energie zurückgewandelt zu werden. Eine weitere Form von Energie ist die Lichtenergie. Licht stellt je nach Beschreibung eine elektromagnetische Welle oder ein Strom von Lichtteilchen (Photonen) dar. Eine Besonderheit besteht darin, dass die Lichtteilchen keine Masse m_L besitzen, $m_L = 0$. Lichtenergie lässt sich mit Photozellen in elektrische Energie wandeln und Letztere mit Lampen wieder in Licht.

Egal, in welcher Form Energie auch vorliegt, die Höhe der Energie lässt sich stets in der Einheit „Joule" (oder in „Wattsekunde") ausdrücken.

Bei allen Umformungen von einer Energieform in eine gewünschte andere Energieform gibt es jedoch einen *Wirkungsgrad*. Dieser besagt, dass die Umformung von einer gegebenen Form in die gewünschte andere Energieform fast nie zu 100% gelingt, sondern nur teilweise, bei manchen Anwendungen nur zu 35%, bei anderen dagegen zu 90%. Die restlichen 65% bzw. 10% werden in eine unerwünschte Energieform gewandelt. Wie hoch auch immer der Wirkungsgrad ist, die Summe aller Energien bleibt bei der Umwandlung erhalten.

Für alle Energieformen gilt der auf Robert Mayer 1842 (Frankfurt a. M.) zurückgehende Energieerhaltungssatz :

[3.3] Energieerhaltungssatz

Energie kann weder erzeugt noch vernichtet werden. Energie kann nur in andere Formen umgewandelt werden. In einem abgeschlossenen System bleibt daher die Gesamtenergie konstant.
„abgeschlossen" bedeutet, dass die Vorgänge im System nicht von Vorgängen außerhalb des Systems beeinflusst werden und umgekehrt die Vorgänge im System keine Wirkung nach außen ausüben.
Die physikalische Einheit der Energie ist „Joule".

Der Energieerhaltungssatz stellt nach Ansicht der meisten Physiker ein auf Erfahrung beruhendes Prinzip[3.3] dar und besagt unter anderem, dass es kein „perpetuum mobile" geben

[3.3] Seit der Energieerhaltungssatz aufgestellt ist, gibt es immer wieder Diskussionen darüber ob a) der Satz immer und überall gilt und ob b) der Satz wirklich nur eine Erfahrungssache ist oder auch aus anderen Prinzipien hergeleitet werden kann.

kann. (Ein perpetuum mobile ist eine Maschine, die ohne Energiezufuhr permanent Arbeit verrichtet).

Veranlasst wurde R. Mayer zur Formulierung des Energieerhaltungssatzes durch Untersuchungen über das thermische Verhalten von Gasen. Die meisten mit Wärme verbundenen Prozesse sind nämlich besonders dadurch gekennzeichnet, dass sie *nicht reversibel* sind im Unterschied zum oben betrachteten Beispiel der reversiblen Umwandlung von potenzieller mechanischer Energie in kinetische mechanische Energie.

Während mechanische Energie vollständig in Wärmenergie und (nahezu) vollständig in elektrische Energie umgeformt werden kann, und Entsprechendes auch für die elektrische Energie gilt, lässt sich Wärmeenergie nur beschränkt in andere Energieformen wandeln. Das rührt daher, dass Wärme von einem Körper höherer Temperatur erfahrungsgemäß nur auf einen Körper niederer Temperatur fließt aber nicht umgekehrt. Dieses Phänomen hängt mit dem 2. Hauptsatz der Wärmelehre zusammen, der weiter unten in Abschn. 3.3 begründet wird. Der Wirkungsgrad von thermischen Kohlekraftwerken beträgt oft nur etwa 35%.

Überall dort, wo die Umwandlung von einer Energieform in eine gewünschte andere Energieform nicht vollständig, sondern nur teilweise gelingt, entsteht Wärme, die meist nicht genutzt werden kann und deshalb als „Verlustwärme“ bezeichnet wird, die an die Umgebung abfließt. Zur Klärung der Frage, in welchem Umfang sich Wärme in mechanische Energie umformen lässt, wurde von R. Clausius der Begriff „Entropie“ geprägt und in die Wärmelehre eingeführt. Nähere Einzelheiten hierzu folgen in den Abschn. 3.2.3 bis 3.2.5.

3.2 Über Wärme, Temperatur und thermodynamische Entropie

Wärme ist eine Energieform, die mittels kinetischer Energie der Teilchen eines Gases oder einer Substanz übertragen wird. Wärme bezieht sich immer auf den *Transport*, von Energie zwischen materiellen Objekten (Teilchen von Gasen oder Substanzen). Wenn sich ein Gegenstand warm anfühlt, dann bedeutet das, dass Wärme vom Gegenstand auf die fühlende Hand übertragen wird. Wärme ist deshalb keine Zustandsgröße sondern wie auch Arbeit eine Prozessgröße. Wärme bezieht sich *nicht* auf den Energieinhalt eines Gases oder einer Substanz. Die in einem Gas oder einer Substanz enthaltene Energie wird als *innere Energie* bezeichnet.

3.2.1 Innere Energie, Temperatur und 1. Hauptsatz der Thermodynamik

Betrachtet wird ein ideales Gas, das sich in einem Gefäß befindet. Das ideale Gas besteht aus vielen gleichen winzigen Gasteilchen. Diese Gasteilchen fliegen im Gefäß herum, stoßen dabei aufeinander und auf die Gefäßwand, wo sie reflektiert werden. Dadurch verursachen sie einen Druck p auf die Gefäßwand, der makroskopisch gemessen werden kann.

Die Messungen zeigen, dass bei konstantem Volumen des Gefäßes der Druck linear mit der Temperatur ansteigt. Dieser lineare Zusammenhang ergibt sich bei allen Gasen, siehe Abb. 3.3. Dabei zeigt sich, dass bei Verlängerung dieser Geraden in Richtung niedrigere Temperaturen sich alle diese Geraden bei $-273{,}16°\,\mathrm{C}$ schneiden. Das hat zur Einführung der der absoluten Temperatur T mit der Einheit „Kelvin“ (abgekürzt K) geführt, die um $273{,}16°\mathrm{C}$ höher ist als die Temperatur in Grad Celsius. Es gelten also z.B. $0°\mathrm{C} = 273{,}16\mathrm{K}$

und $0\text{K} = -273{,}16°\text{C}$. Bei den folgenden thermodynamischen Betrachtungen wird nur die absolute Temperatur T benutzt. Die Temperatur 0K ist die niedrigst mögliche Temperatur. Es gibt keine negative absolute Temperatur, siehe dazu weiter unten die Formel (3.20).

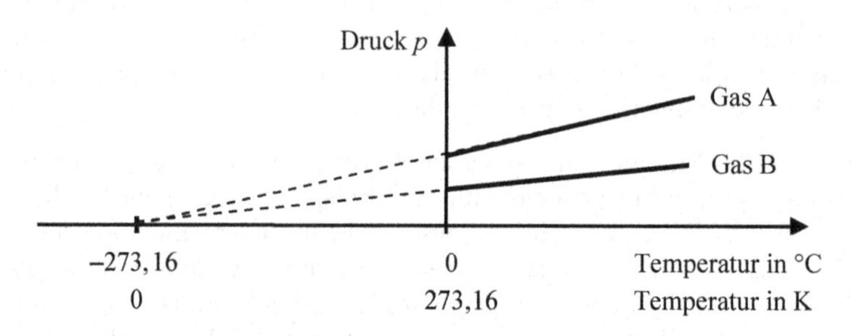

Abb. 3.3 Zur Einführung der absoluten Temperatur T
Anstieg des Drucks p von Gasen in Abhängigkeit von der Temperatur

Aus makroskopischen Messungen sind weitere Gesetzmäßigkeiten bei Gasen gefunden worden. Diese beschreiben Zusammenhänge zwischen Druck p, Volumen V, absolute Temperatur T, Wärmemenge Q und Art des Gases (d.h. ob es sich um Wasserstoff, Sauerstoff oder sonst ein Gas handelt). Diese Zusammenhänge werden hier nicht alle aufgeführt. Die vorliegende Abhandlung beschränkt sich auf solche Zusammenhänge, die mit Entropie von Gasen zu tun haben. Die Wärmemenge Q wird unten noch näher erklärt.

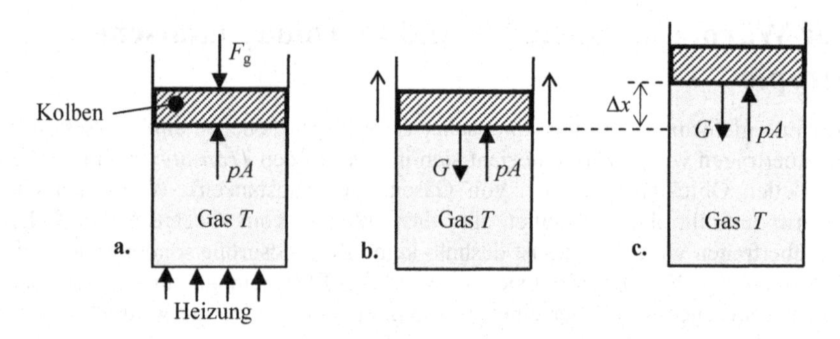

Abb. 3.4 Zusammenhang zwischen Temperatur T und Druck p eines Gases
a. Prinzip der Messung des Drucks p in Abhängigkeit von der Temperatur T
b. Zur Verrichtung von mechanischer Arbeit W mittels Gasdruck p
c. Kolbenposition nach Verrichtung der Arbeit $W_{\text{mech}} = pA \cdot \Delta x$

Ein Gasdruck p wirkt gleichmäßig in alle Richtungen und übt auf eine Fläche der Größe A eine Kraft der Höhe $p \cdot A$ aus. Abb. 3.4a zeigt, wie die Messung des Drucks p in Abhängigkeit von der Temperatur T durchgeführt werden kann. Ein Gefäß, in dem sich Gas befindet, ist oben mit einem beweglichen Kolben, der zum Gas die Fläche A hat, abgeschlossen. Wenn mit einer Heizung die Temperatur T erhöht wird steigt auch der Druck p und drückt mit der Kraft pA auf den Kolben. Damit der Kolben sich nicht bewegt und das Volumen des Gases konstant bleibt, muss eine Gegenkraft F_g von oben auf den Kolben wirken. Die

Messung dieser Gegenkraft[3.4] liefert zusammen mit der Kolbenfläche A den Wert für den Druck p. Die Gastemperatur T wird mit einem Thermometer gemessen.

Der Gasdruck p kann zur Verrichtung von mechanischer Arbeit W genutzt werden. Das soll mit Abb. 3.4b verdeutlicht werden. Die Heizung ist dort entfernt. Das Gas habe die konstante Temperatur T und den konstanten Druck p. Ferner sei angenommen, dass der Kolben das Gewicht G habe. Die Situation ist jetzt vergleichbar mit derjenigen in Abb. 3.2, wenn ein äußerer Luftdruck auf den Kolben vernachlässigt wird.

Wenn die vom Gasdruck bewirkte Kaft pA die Gewichtskraft G auch nur minimal übersteigt, wird der Kolben nach oben bewegt. Bei Anhebung um die die Strecke Δx wird nach Formel (3.11) die Arbeit $W_{\text{mech}} = pA \cdot \Delta x$ verrichtet, siehe Abb. 3.4c. Die zur Verrichtung erforderliche Energie $E_{\text{mech}} = W_{\text{mech}}$ entstammt dem Gas. Das heißt, dass das Gas zu Beginn der Arbeit eine *innere Energie E* besessen haben muss, die am Ende der Arbeit um E_{mech} verringert worden ist und dann die Größe $E - E_{\text{mech}}$ hat. Die weiteren Details hierzu werden im nächsten Abschn. 3.2.2 beschrieben

Hier wird zunächst die innere Energie E näher erläutert. Die innere Energie setzt sich zusammen aus den kinetischen Energien der herumfliegenden Gasteilchen.

Die kinetische Energie E_{kin} eines einzelnen Gasteilchens der Masse m und der Geschwindigkeit u berechnet sich entsprechend (3.3) zu

$$E_{\text{kin}} = \tfrac{1}{2} m u^2 \tag{3.17}$$

Im betrachteten Gefäß mögen sich N gleiche Gasteilchen befinden, die sich je mit der Geschwindigkeit u_i, $i = 1, 2, \ldots, N$ bewegen. Diese Geschwindigkeiten sind nicht gleich hoch, sondern variieren von Teilchen zu Teilchen. Die gesamte kinetische Energie aller Teilchen im Gefäß ergibt sich als Summe der kinetischen Energien aller einzelnen Teilchen. Eine wichtige Größe ist hierbei der durchschnittliche Wert (Mittelwert) des Quadrats der Geschwindigkeiten aller N Teilchen

$$\overline{u^2} = \frac{1}{N} \sum_{i=1}^{N} u_i^2 \tag{3.18}$$

Setzt man voraus, dass die Masse m bei allen Teilchen gleich ist, dann bestimmt die Größe $\overline{u^2}$ die durchschnittliche kinetische Energie aller Teilchen. Da sich die kinetischen Energien der N Teilchen addieren, ergibt sich die gesamte im Gas enthaltene kinetische Energie zu

$$E = \tfrac{1}{2} N m \cdot \overline{u^2} \tag{3.19}$$

Diese Energie E stellt die gesamte im Gas enthaltene innere Energie dar, wenn die Teilchen keine sonstige Energie (z.B. Rotationsenergie, chemische Energie, ...) enthalten, was nachfolgend vorausgesetzt wird.

Die Möglichkeit eines Gases, Arbeit zu verrichten, hängt, wie oben mit Abb. 3.4b und Abb. 3.4c demonstriert, von der Höhe des Gasdrucks p ab, der wiederum (bei konstantem

[3.4] Genau genommen müssen neben der Gegenkraft F_g auch das Gewicht des Kolbens und der Luftdruck der äußeren Umgebung mitberücksichtigt werden.

Volumen) linear mit der absoluten Temperatur T ansteigt. Je höher die Temperatur T, desto mehr kann mechanische Arbeit W_{mech} verrichtet werden, und umso höher muss deswegen die innere Energie E sein.

In der Tat erweist sich die Höhe der inneren Energie E als proportional zur absoluten Temperatur T. Unter Berücksichtigung weiterer makroskopisch gewonnener Zusammenhänge folgt, dass die Gleichung (3.19) für die „innere Energie" sich wie folgt ersetzen lässt (siehe z.B. C. Gerthsen 1956 oder W. Demtröder 2008):

$$E = N E_{\text{kin}} = \tfrac{1}{2} N m \cdot \overline{u^2} = \tfrac{3}{2} N k_{\text{B}} \cdot T \tag{3.20}$$

Die in (3.20) auftretende Größe k_{B} heißt Boltzmann-Konstante. Sie hat den Wert

$$k_{\text{B}} \approx 1{,}38054 \cdot 10^{-23}\,\text{J/K (Joule pro Kelvin)} \tag{3.21}$$

Die Beziehung (3.20) beschreibt eine Brücke zwischen der Temperatur T, die eine makroskopische Zustandsgröße ist, und dem mikroskopischen Zustand der von allen Gasteilchen gebildeten inneren Energie E. Sie begründet zudem, dass es keine negative absolute Temperatur T gibt. Bemerkenswert ist ferner, dass der rechte Term von (3.20) besagt, dass die innere Energie nur noch von zwei Variablen, der Teilchenzahl N und der absoluten Temperatur T, abhängt, während in (3.19) noch drei Variable N, m und $\overline{u^2}$ eine Rolle spielen. Der Term in (3.20) gilt allgemein für alle idealen Gase, egal ob es sich um Wasserstoff, Stickstoff oder um sonst einen Stoff handelt.

Der Mittelwert der kinetischen Energie E_{kin} eines einzelnen Teilchens ergibt sich aus (3.20) zu

$$E_{\text{kin}} = \tfrac{1}{2} m \cdot \overline{u^2} = \tfrac{3}{2} k_{\text{B}} \cdot T \tag{3.22}$$

Die absolute Temperatur T lässt sich mit verschiedenen Methoden gut messen. Aber auch über die Teilchenzahl N lassen sich Aussagen machen, nämlich:

1. In gleichen Volumina verschiedener idealer Gase sind bei gleichem Druck und bei gleicher Temperatur gleich viele Teilchen enthalten (Satz von Avogadro).
2. Bei der Temperatur $T = 273{,}16$ K und dem Druck $p = 1{,}01325$ N/m^2 sind im Molvolumen $V = 22{,}414$ Liter $= 0{,}022414$ m^3 eines idealen Gases $6{,}022 \cdot 10^{23}$ Teilchen enthalten.

Die Beziehungen (3.20) und (3.22) besagen, dass bei $T = 0$ K jedes Teilchen die kinetische Energie null hat. In diesem Fall kann auch kein Gasdruck mehr vorhanden sein.

In Abb. 3.4a wird die absolute Temperatur T und damit die innere Energie E eines Gases mit einer Heizung, d.h. durch Zufuhr einer Wärmemenge, erhöht. Aus dem Energieerhaltungssatz **[3.3]** folgt, dass die zugeführte Wärmemenge eine Energie sein muss. Wird durch die Heizung die innere Energie E um ΔE erhöht, dann folgt aus dem Energieerhaltungssatz ferner, dass diese Erhöhung ΔE gleich der zugeführten Wärmemenge ΔQ sein muss.

$$\Delta E = \Delta Q \tag{3.23}$$

(3.23) gilt für den Fall, dass die innere Energie allein durch Zufuhr von Wärme erfolgt. Die innere Energie E eines Gases kann aber auch mit mechanischer Arbeit W_{mech} erhöht werden. Wenn Beides stattfindet, erhöht sich die innere Energie um

$$\Delta E = \Delta Q + \Delta W_{\text{mech}} \tag{3.24}$$

Zusammengefasst ergibt sich der

[3.4] 1. Hauptsatz der Thermodynamik

Wärme ist eine Erscheinungsform von Energie.
Die Summe der einem System von außen zugeführten Wärme und der von außen zugeführten mechanischen Arbeit ist gleich der Zunahme der inneren Energie des Systems.

Wärme und mechanische Arbeit sind Prozessgrößen. Innere Energie ist eine Zustandsgröße.

3.2.2 Ideale Umwandlung von Wärme in mechanische Energie

Im vorangegangenen Abschn. 3.2.1 begann die Untersuchung des Zusammenhangs von Druck p und Temperatur T eines idealen Gases bei Zufuhr von Wärme ΔQ unter der Voraussetzung, dass dabei das Volumen V konstant gehalten wird. Es zeigte sich, dass mit Erhöhung der Temperatur T auch der Druck p und die innere Energie E des Gases erhöht werden.

In diesem Abschn. 3.2.2 wird jetzt der Fall betrachtet, dass dem idealen Gas eine Wärmemenge ΔQ zugeführt wird unter der Voraussetzung, dass dabei die Gastemperatur T konstant (!) bleibt. Weil nach Formel (3.20) innere Energie E und Temperatur T des Gases zueinander proportional sind, kann bei konstant bleibender Temperatur T die zugeführte Wärmemenge ΔQ die innere Energie E des Gases nicht erhöhen. Die Energie der zugeführten Wärmemenge wird in diesem Fall durch das Gas „durchgereicht" und verlässt das Gas wieder in einer eventuell anderen Erscheinungsform.

Nachfolgend werden die Einzelheiten für den Fall beschrieben, bei dem die in Form von Wärme zugeführte Energie das Gas in Form von mechanischer Arbeit wieder verlässt. Dazu werden nochmal Abb. 3.4b und Abb. 3.4c betrachtet. Eine Verrichtung der mechanischen Arbeit ΔW_{mech} geschieht dadurch, dass der Kolben entgegen der Gewichtskraft G um ein Stück Δx angehoben wird. Die Höhe der Arbeit ist nach (3.2) und (3.7)

$$\Delta W_{\text{mech}} = p\,A \cdot \Delta x \tag{3.25}$$

Der Kolben wird auf der um Δx vergrößerten Höhe gehalten, wenn die vom Druck p ausgeübte Kraft $p{\cdot}A$ weiterhin gleich der Gewichtskraft G ist

$$p{\cdot}A = G \tag{3.26}$$

Wie bei Abb. 3.4 geschildert rührt der Druck p von den herumfliegenden Gasteilchen her, die auf die Gefäßwand und die Kolbenfläche A prallen. Dieser Druck berechnet sich nach den mechanischen Gesetzen der Physik (siehe z.B. C. Gerthsen 1956) zu

$$p = \tfrac{1}{3}\left(\tfrac{N}{V}\right) \cdot m \cdot \overline{u^2} \tag{3.27}$$

Hierzu sei nochmal erwähnt, dass N die Anzahl der Gasteilchen im Gasvolumen V ist. Der Faktor $\frac{1}{3}$ hängt damit zusammen, dass wegen der 3 Raumdimensionen nur $\frac{1}{6}$ aller N Teilchen eine Bewegungskomponente in Richtung zur Kolbenfläche haben, wo sie aufgrund der vollständigen Reflexion doppelt zum Druck beitragen.

Eliminiert man in (3.27) das Produkt $m \cdot \overline{u^2}$ durch Anwendung der Beziehung (3.19), dann erhält man die einfache Formel

$$p = \tfrac{2}{3} \cdot \tfrac{E}{V} \tag{3.28}$$

Wird also durch Zuführung einer Wärmemenge ΔQ die innere Energie um ΔE erhöht, dann bleibt der Druck p konstant, wenn zugleich das Volumen um ein entsprechendes Maß ΔV erhöht wird.

$$p = \tfrac{2}{3} \cdot \tfrac{E}{V} = \tfrac{2}{3} \cdot \tfrac{E+\Delta E}{V+\Delta V} \tag{3.29}$$

Bei gleichbleibendem Druck p verursacht also eine Erhöhung der inneren Energie um ΔE eine Vergrößerung des Volumens um ΔV. Im Fall von Abb. 3.4b bewirkt die Vergrößerung des Volumens um ΔV ein Anheben des Kolbens um die Strecke Δx, wobei sich Δx, aus der Kolbenfläche A und der Beziehung $\Delta V = \Delta x \cdot A$ errechnet.

(3.29) stellt einer Beziehung zwischen Druck, Volumen und den Bewegungsenergien der im Volumen vorhandenen Gasteilchen dar.

Die zu Beginn dieses Abschnitts gestellte Forderung, dass die Zuführung der Wärmemenge ΔQ bei konstanter Temperatur T und damit bei konstanter innerer Energie E erfolgt, liefert hier den Idealfall der vollständigen Umwandlung von zugeführter Wärmemenge ΔQ in mechanische Arbeit ΔW_{mech}, die nach erfolgter Anhebung des Kolbens als potenzielle Energie $\Delta E_{\text{mech}} = Ap \cdot \Delta x$ gespeichert ist. In (3.29) äußert sich das darin, dass die von ΔQ bewirkte Erhöhung ΔE *vollständig* in den Zuwachs der potenziellen Lageenergie des Kolbens übergeht, sodass nichts von $\Delta E = \Delta Q$ im Gas verbleibt. Es ergibt sich hier die ideale Prozess-Schrittfolge

$$\Delta Q \Rightarrow \Delta E \quad \text{daraus} \quad \Delta E \Rightarrow Ap \cdot \Delta x = \Delta W_{\text{mech}} \tag{3.30}$$

Das Zeichen $\Rightarrow$ bedeutet hier „wird vollständig überführt“.

Wenn von ΔE nichts im Gas verbleibt, hat das Gas nach erfolgter Anhebung des Kolbens weiterhin die innere Energie E, die es zuvor hatte. Nach Aussage der Beziehung (3.29) verteilt sich nun die innere Energie E allerdings auf ein größer gewordenen Volumen $V + \Delta V$.

Die Beziehungen (3.30) beschreiben einen Idealfall. Im Regelfall wird bei Zuführung einer Wärmemenge ΔQ nicht deren gesamte Energie in mechanische Energie überführt, sondern nur ein Teil davon. Mit dem anderen Teil wird die innere Energie E des Gases erhöht. Im Regelfall gilt also

$$\Delta Q = \Delta W_{\text{mech}} + \Delta E \tag{3.31}$$

Mit der Erhöhung seiner inneren Energie um ΔE erhöht sich auch die Temperatur des Gases um einen Wert ΔT. Dieser lässt sich mit der Formel (3.20) berechnen.

3.2.3 Wärmetransport und thermodynamische Entropie

Alle in den vorangegangenen Abschnitten 3.2.1 und 3.2.2 durchgeführten Überlegungen gingen von der Voraussetzung aus, dass Wärmeenergie einem System oder einer Substanz (hier ideales Gas) *zugeführt* werden kann. Diese Zuführung gelingt aber nur in eine Richtung, nämlich von einer Substanz höherer Temperatur zu einer Substanz niederer Temperatur. Die Zuführung bei konstanter Temperatur im vorigen Abschn. 3.2.2 meint, dass bei der Substanz, welcher die Wärme zugeführt wird, sich die Temperatur nicht ändert. Das bedeutet nicht, dass bei diesem Wärmetransport auch bei der anderen Substanz, von der die Wärmemenge abgeführt wird, die Temperatur konstant bleibt.

Falk und Ruppel (1976) vergleichen die folgenden beiden Prozesse

a) Die Zuführung von mechanischer Arbeit ΔW_{mech}, mit welcher die potenzielle Energie E_{mech} einer Masse erhöht wird, vergl. Abb. 3.1 in Abschn. 3.1.1. Bei konstanter Kraft F ergibt sich die mechanische Arbeit ΔW_{mech} durch Vergrößerung des Weges um ein Wegstück Δx in Richtung der Kraft, vergl. (3.2)

$$\Delta W_{\text{mech}} = F \cdot \Delta x \tag{3.32}$$

b) Die Zuführung einer Wärmemenge ΔQ mit welcher die innere Energie E eines Gases erhöht wird. Bei konstant bleibender Temperatur T des Gases ergibt sich diese Wärmemenge ΔQ gemäß einer auf Clausius zurückgehenden Beziehung (die weiter unten noch näher diskutiert wird) zu

$$\Delta Q = T \cdot \Delta S \tag{3.33}$$

Mechanische Arbeit ΔW_{mech} und Wärmemenge ΔQ sind beide Prozessgrößen, die von *außen* zugeführt werden. Die konstante Kraft F wird verglichen mit der konstanten Temperatur T und die Vergrößerung des Weges x um ein Wegstück Δx mit der Vergrößerung einer Größe S um ΔS.

Bevor auf die Größen S und ΔS näher eingegangen wird, sei hier festgestellt, dass es sich bei der Temperatur T in (3.33) um eine *verursachende Temperatur* handelt, welche die Höhe der zugeführten Wärmemenge ΔQ bestimmt. Die Wärmemenge ΔQ wird von der heißeren Substanz geliefert. Die verursachende Temperatur hat mit der Höhe der Temperatur des Gases (d.h. mit dessen inneren Energie E), dem die Wärmemenge ΔQ (erst noch) zugeführt wird, so wenig zu tun wie die Kraft F mit der Höhe der (bereits gespeicherten) potenziellen mechanischen Energie E_{mech} der hoch gelegenen Masse zu tun hat.

Nun zur Größe S:

Die Größe S wurde von Clausius 1850 in die Wärmelehre der Physik eingeführt und als *Entropie* (oder *Verwandlungswert*) bezeichnet. Zur sprachlichen Unterscheidung von der informationstheoretischen Entropie $\langle H \rangle$ wird die Größe S hier auch „thermodynamische Entropie" genannt. Die einem System zugeführte Wärmemenge ΔQ ist eine Energie, die über Beziehung (3.33) einer Energiequelle oder Substanz höherer Temperatur entzogen wird. Bei diesem Entzug wird in der Energiequelle die als Entropie bezeichnete Zustandsgröße S_Q um ΔS verkleinert, während im System die als Entropie bezeichnete Zustandsgröße S um ΔS erhöht wird. Da die Höhe der Wärme als Energieform die Einheit „Joule" und die Temperatur die Einheit „Kelvin" hat, ergibt sich für die Entropie S die Einheit „Joule pro Kelvin". Das ist die gleiche Einheit, die auch die Boltzmann-Konstante in (3.21) hat. Die Entropie wird sich deshalb als Vielfaches der Boltzmann-Konstante erweisen.

Die thermodynamische Entropie S ist im Unterschied zu Druck, Volumen, Temperatur makroskopisch nicht direkt messbar. Makroskopisch lässt sich nur deren Änderung um ΔS messen. Die Entropie S lässt sich aber berechnen, was später im Abschn. 3.3 geschieht.

Das Phänomen, dass Wärme nur von einer Substanz höherer Temperatur zu einer Substanz niederer Temperatur fließt, ist der Ausgangspunkt für den 2. Hauptsatz der Thermodynamik. Auf diesen Satz, der auch mit der thermodynamischen Entropie zu tun hat, wird erst unten in Abschn. 3.2.6 eingegangen. Zunächst wird noch die Umwandlung von Wärmeenergie in mechanische Energie weiter behandelt.

3.2.4 Umwandlung von Wärme in mechanische Energie mit Wärmekraftmaschinen

Im Abschn. 3.2.2 wurde unter Bezug auf Abb. 3.4b und Abb. 3.4c gezeigt, dass die einem Gas zugeführte Wärmemenge ΔQ bei der im Idealfall konstant bleibenden Temperatur T des Gases vollständig in mechanische Energie ΔW_{mech} gewandelt wird. Will man das für beliebig große kontinuierlich anfallende Wärmemengen tun, dann braucht man dazu allerdings ein Gefäß, in dem sich ein Kolben um beliebig große Wegstrecken Δx heben oder verschieben lässt, was technisch nicht realisierbar ist.

Die klassische Form einer Wandlung von Wärmeenergie in mechanische Energie geschieht mit einer Wärmekraftmaschine, bei der sich ein Kolben zyklisch hin und her bewegt. Diese hin-und-her-Bewegung wird über eine Pleuel-Stange und einem Kurbelgetriebe in die Dreh-Bewegung eines Schwungrads umgesetzt. Mit dieser Dreh-Bewegung können dann Fahrzeuge und Werkzeugmaschinen angetrieben werden.

Zur Erläuterung der Details ist in Abb. 3.5 der Kolben mit dem Zylinder, in dem sich der Kolben zwischen den Positionen $\mathrm{P_a}$ und $\mathrm{P_e}$ hin und her bewegt, dargestellt. Ein Zyklus bestehend aus einer hin-und-her-Bewegung von $\mathrm{P_a}$ über $\mathrm{P_e}$ und zurück zu $\mathrm{P_a}$ entspricht einer Umdrehung des Schwungrads. Ansonsten handelt es sich im Prinzip um das gleiche Bild wie in Abb. 3.4b nur dass jetzt der Zylinder, der das Gefäß bildet, horizontal liegt, was bei vielen Maschinen der Fall ist. An Stelle der Gewichtskraft in Abb. 3.4 hat man es jetzt mit einem Außendruck p_{a} zu tun, der von der mechanischen Arbeit W_{mech} bestimmt wird, welche die Wärmekraftmaschine gerade verrichtet.

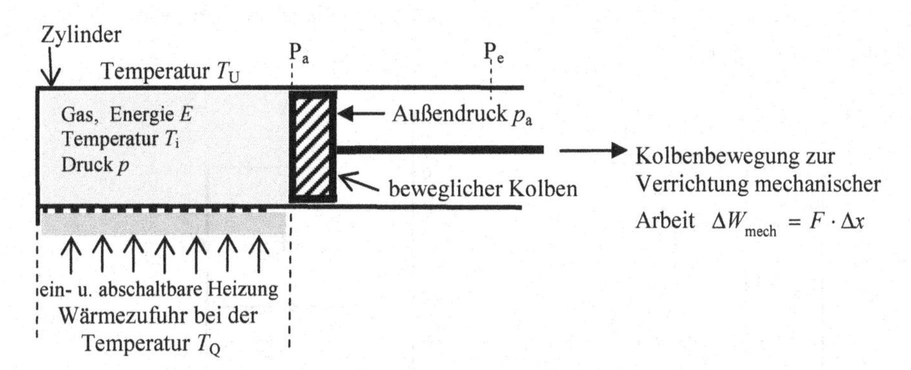

Abb. 3.5 Umformung von Wärmeenergie ΔQ in mechanische Energie mit einer Kolben-Wärmekraftmaschine (der Kolben bewegt sich zwischen den Positionen P_a und P_e hin und her)

Die Arbeitsweise wird im Folgenden nur für den idealen Fall beschrieben, dass die in jedem Zyklus mittels Heizung zugeführte Wärmengen ΔQ vollständig in mechanische Arbeit umgewandelt wird, wie das in Abschn. 3.2.2 beschrieben ist.

In Abb. 3.5 hat der Kolben die Anfangsposition P_a. Jeder Zyklus besteht aus einer hin-und-her-Bewegung. Bei dieser werden 4 Schritte unterschieden:

Vor dem 1. Schritt ist die Heizung (Wärmezufuhr) noch abgeschaltet. Das Gas im Zylinder hat die Temperatur T_i, die gleich der Umgebungstemperatur T_U sei. Wegen $T_i = T_U$ findet kein Wärmeaustausch zwischen dem Gas und der Umgebung statt. Der Kolben befindet sich in der Position P_a.

Im 1. Schritt wird die Heizung (Wärmezufuhr) eingeschaltet. Damit entsteht ein Temperaturunterschied zwischen der Gastemperatur T_i und der äußeren Heiz-Temperatur $T_Q > T_i$. Dieser Schritt ist im *TS*-Diagramm der Abb. 3.6a mit (1) markiert. Unmittelbar nach dem Einschalten im 1. Schritt beginnt der 2. Schritt.

Im 2. Schritt findet wegen der höheren Heiz-Temperatur $T_Q > T_i$ eine Zufuhr der Wärmemenge ΔQ_{zu} zum Gas im Zylinder statt (die eine gewisse Zeit benötigt). Die Höhe von ΔQ_{zu} beträgt gemäß (3.33)

$$\Delta Q_{zu} = T_Q \cdot \Delta S \tag{3.34}$$

Im hier vorausgesetzten Idealfall bleibt bei dieser Zufuhr der Wärmenge ΔQ_{zu} die Temperatur des Gases T_i konstant, sodass – wie in Abschn. 3.2.2 beschrieben – die gesamte Wärmemenge ΔQ_{zu} in mechanische Arbeit $\Delta W_{mech} = \Delta Q_{zu}$ überführt wird. Diese mechanische Arbeit besteht im Verschieben des Kolbens entgegen dem Außendruck p_a in Richtung auf die Position P_e. Im *TS*-Diagramm der Abb. 3.6a ist dieser Schritt mit (2) markiert. Die Höhe der Arbeit ΔW_{mech} wird durch die graue Fläche in Abb. 3.6a wiedergegeben.

Im 3. Schritt wird die Heizung (Wärmezufuhr) abgeschaltet. Das geschieht zum Zeitpunkt, an dem der Kolben die Position P_e erreicht hat. Zwischen Gas und äußerer Temperatur ist jetzt kein Unterschied mehr vorhanden $T_i = T_U$. Im *TS*-Diagramm der Abb. 3.6b ist dieser Schritt mit (3) markiert.

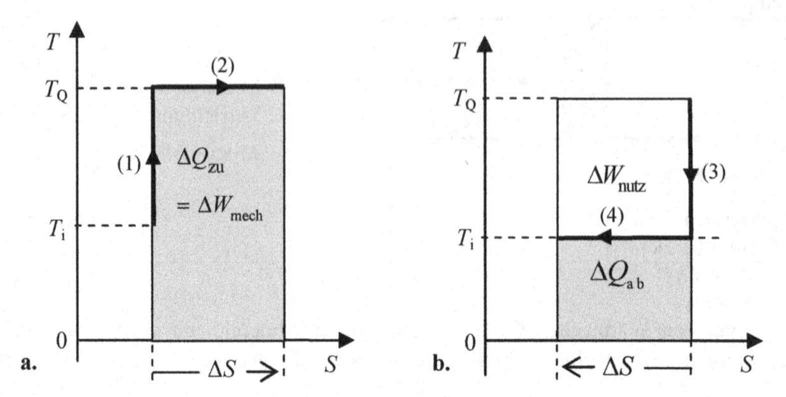

Abb. 3.6 *TS*-Diagramm zur Illustration desjenigen Anteils einer Wärmemenge ΔQ_{zu}, der sich in Arbeit ΔW_{nutz} (Nutzenergie) wandeln lässt
a. Schritte (1) und (2): Graue Fläche stellt die zugeführte Wärmemenge ΔQ_{zu} dar
b. Schritte (3) und (4): Graue Fläche stellt die Abwärme ΔQ_{ab} dar

Im 4. Schritt wird der Kolben wieder in die Anfangsposition P_a zurückgeschoben. Das ist notwendig, damit wie vorher im 1. und 2. Schritt eine weitere Menge an thermischer Energie in mechanische Arbeit gewandelt werden kann.

Das Zurückschieben des Kolbens entspricht dem umgekehrten Vorgang des Vorschiebens im 2. Schritt, allerdings nun bei der Temperatur T_i, die im hier vorausgesetzten Idealfall wie beim 2. Schritt beim Zurückschieben konstant bleibt. An die Stelle der Zufuhr von ΔQ_{zu} im 2. Schritt tritt jetzt eine Abfuhr von Wärmeenergie ΔQ_{ab}, die aus dem Gas herausfließt und an die Umgebung abgegeben wird. Weil bei diesem Vorgang die Gastemperatur T_i und damit die innere Energie E des Gases konstant bleiben, muss die abgeführte Wärme ΔQ_{ab} durch die Zufuhr einer gleich hohen mechanischen Arbeit $\Delta W_{ab} = \Delta Q_{ab}$ kompensiert werden. Das Zurückschieben des Kolbens erfordert also eine Arbeit ΔW_{ab}, die von der im 2. Schritt gewonnenen Arbeit ΔW_{mech} abzuziehen ist.

Nach dem Gesagten tritt beim 4. Schritt an die Stelle der Beziehung (3.34) beim 2. Schritt die Beziehung

$$-\Delta Q_{ab} = T_i \cdot (-\Delta S) \tag{3.35}$$

Mit den Minuszeichen wird die Abfuhr von Wärme ausgedrückt. Im *TS*-Diagramm der Abb. 3.6b ist dieser Schritt mit (4) markiert. Dort ist ΔS entsprechend umgekehrt gerichtet wie in Abb. 3.6a. Die graue Fläche gibt die Höhe der Abwärme ΔQ_{ab} an, die an die Umgebung abfließt und diese, theoretisch betrachtet, aufheizt. Weil die Umgebung aber riesig groß ist, ändert sich dabei die Umgebungstemperatur T_U praktisch nicht.

Wärmekraftmaschinen mit nur einem Zylinder sind in der Regel mit einem Schwungrad ausgerüstet. Dieses speichert die im 2. Schritt gelieferte Energie ΔW_{mech} und gibt davon die im 4. Schritt erforderliche Arbeit ΔW_{ab} wieder ab.

Als nutzbare mechanische Arbeit ΔW_{nutz} verbleibt somit die Differenz

$$\Delta W_{nutz} = \Delta W_{mech} - \Delta W_{ab} \tag{3.36}$$

In Abb. 3.6b wird diese Nutzarbeit ΔW_{nutz} durch die weiße Fläche wiedergegeben.

Das Verhältnis der weißen Fläche für ΔW_{nutz} in Abb. 3.6b zur grauen Fläche für ΔQ_{zu} in Abb. 3.6a bezeichnet man als thermodynamischen *Wirkungsgrad* η. Dieser lässt sich auch durch folgendes Verhältnis der Temperaturen ausdrücken

$$\eta = \frac{T_Q - T_i}{T_Q} \tag{3.37}$$

Der thermodynamische Wirkungsgrad (3.37) ist der theoretisch maximal mögliche Wirkungsgrad von Wärmekraftmaschinen. Die praktisch erreichbaren Wirkungsgrade von realen Wärmekraftmaschinen sind deutlich niedriger, was damit zusammenhängt, dass von der zugeführten Wärme ein Teil in die Erhöhung der inneren Energie E von Gasen fließt, vergl. die Beziehung (3.31), und deren Temperatur erhöht. $\eta = 1$ lässt sich theoretisch nur dann erreichen, wenn die Umgebungstemperatur null ist, d.h. wenn $T_i = T_U = 0$.

Da im vorliegenden 3. Kapitel dieser Abhandlung der Entropie-Begriff im Vordergrund steht, weil dieser Begriff auch in der Informationstheorie eine zentrale Rolle spielt, sei hier das qualitative Resultat der obigen Betrachtungen festgehalten:

[3.5] Umwandlung von Wärmeenergie in mechanische Arbeit:

Thermodynamische Entropieänderung ΔS und absolute Temperatur T bestimmen gemäß Abb. 3.6 mit der bei $T_i > 0$ unvermeidbaren Abwärme ΔQ_{ab}, in welchem Maß sich Wärmeenergie ΔQ in mechanische Arbeit ΔW_{nutz} wandeln lässt. Eine vollständige Umwandlung von Wärmeenergie in mechanische Energie mit einer Wärmekraftmaschine ist nur bei der absoluten Umgebungstemperatur $T_U = T_i = 0$ K möglich.

Bei realen Wärmekraftmaschinen bleibt dasselbe Gas nicht ständig im selben Kolben, wie das oben der Einfachheit halber dargestellt wurde. In der Regel wird dasselbe Gas, das durch Expansion den Kolben verschiebt, auch zum Transport von Wärmeenergie in den Kolben benutzt. Bei der Dampfmaschine wird über ein Ventil heißer Dampf in den Kolben geleitet, der dann dort expandiert. Das Öffnen des Ventils entspricht dem Einschalten der Wärmezufuhr in Abb. 3.5. Bei Verbrennungsmotoren erfolgt die Zufuhr von Energie in den Kolben durch Einspritzen von Kraftstoff, der dann im Kolben verbrannt und in heißes Gas überführt wird, welches dann den Kolben verschiebt. Auf diese und alle weiteren Arten von Wärmekraftmaschinen lassen sich die obigen Betrachtungen mit dem *TS*-Diagramm anwenden.

3.2.5 Veranschaulichung der Entropie anhand bewegter Gasteilchen

Die Entropie wurde in Abschn. 3.2.3 mit der Beziehung $\Delta Q = T \cdot \Delta S$ [vergl. (3.32) und (3.33)] auf rein formale Weise eingeführt. In diesem Abschnitt geht es darum, die Entropie ΔS und die damit verbundene Wärmemenge ΔQ sowie die Richtung des Flusses beider Größen anhand einer Betrachtung der herumfliegenden Gasteilchen anschaulicher zu machen. Hilfreich bei dieser Betrachtung sind die beiden Formeln (3.20) für die innere Energie E und (3.27) für den Druck p, die hier nochmal wiederholt werden:

(3.20): $$E = N E_{\text{kin}} = \tfrac{1}{2} Nm \cdot \overline{u^2} = \tfrac{3}{2} N k_{\text{B}} \cdot T \tag{3.38}$$

(3.27): $$p = \tfrac{1}{3}\left(\tfrac{N}{V}\right) \cdot m \cdot \overline{u^2} \tag{3.39}$$

A: *Vergleich der Temperaturerhöhung eines Gases mit der Federkraft*

Wie in Abschn. 3.1.1 beschrieben wurde, lässt sich eine Spiralfeder nur dann weiter dehnen, wenn die von außen angreifende Kraft F größer ist als die ihr entgegenwirkende innere Federkraft D. Nur dann lässt sich zusätzliche mechanische Energie in eine vorgespannte Feder speichern, siehe auch Aussage **[3.2]**.

Bei der Zufuhr von Wärmeenergie beobachtet man das gleiche Phänomen. Nur dann lässt sich durch Wärmezufuhr die Temperatur einer Substanz erhöhen, wenn die Temperatur der Wärmequelle höher ist als die der Substanz. Bei gleichbleibender Teilchenzahl N ist eine Erhöhung der Temperatur T nach (3.38) nur durch Erhöhung der inneren Energie E möglich, was durch Zufuhr der Wärmemenge ΔQ geschehen kann.

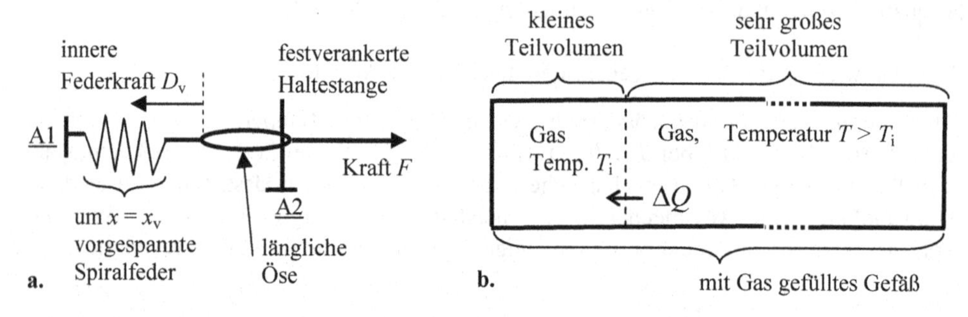

Abb. 3.7 Vergleich der Erhöhung von gespeicherten inneren Energien
a. Erhöhung der in der vorgespannten Spiralfeder gespeicherten mechanischen Energie um ΔE_{mech} mit der äußeren Kraft $F > D_v$
b. Erhöhung der im kleinen Teilvolumen gespeicherten Energie um ΔQ mit dem Gas, das sich im viel größeren Teilvolumen befindet und die höhere Temperatur $T > T_i$ hat

Abb. 3.7a zeigt eine um die Dehnung x_v vorgespannte Spiralfeder, die links am Anker A1 befestigt ist. Rechts ist sie mit einer länglichen Öse versehen, welche über eine Haltestange geschoben ist, die auf einem Anker A2 steht. Aufgrund der Vorspannung wirkt auf die Haltestange gemäß (3.6) eine Federkraft D_v . In der vorgespannten Feder ist eine innere mechanische Energie E_{mech} gespeichert, deren Höhe sich mit (3.9) berechnen lässt. Will man mit einer äußeren Kraft F die Feder um Δx weiter auseinander ziehen und damit die in der Feder gespeicherte Energie um $\Delta E_{\text{mech}} = \Delta W_{\text{mech}} = F \cdot \Delta x$ erhöhen, dann muss die Kraft $F > D_v$ sein.

Abb. 3.7b zeigt als Pendent ein mit Gas gefülltes Gefäß, das in zwei Teilvolumina von sehr unterschiedlicher Größe unterteilt ist. Die gestrichelt gezeichnete Trennwand zwischen beiden Teilvolumina kann herausgeschoben werden. Das Gas im kleinen Teilvolumen habe zu Beginn bei herein geschobener Trennwand die Temperatur T_i und speichert somit eine innere Energie E, wie das auch bei der vorgespannten Spiralfeder der Fall ist. Will man die innere Energie E im kleinen Teilvolumen nach Herausschieben der Trennwand durch Zufuhr der Wärmemenge ΔQ nach um $\Delta E = \Delta Q = T \cdot \Delta S$ erhöhen, dann muss im großen Teilvolumen die Temperatur $T > T_i$ sein.

Im Folgenden wird diskutiert, wie der Wärmetransport von den herumfliegenden Gasteilchen der gleichen Masse m bewerkstelligt wird.

Wenn, wie das in Abb. 3.7b angegeben ist, die Temperatur T im großen Teilvolumen höher ist als die Temperatur T_i im kleinen Teilvolumen, dann haben die Teilchen im großen Teilvolumen wegen $m \cdot \overline{u^2} = 3k_B T$ [siehe (3.38)] unabhängig von der Teilchenzahl ein höheres mittleres Geschwindigkeitsquadrat $\overline{u^2}$ als die Teilchen im kleinen Teilvolumen. Nach Herausschieben der Trennwand kommt es bei den herumfliegenden Gasteilchen auch zu Zusammenstößen von Teilchen aus dem großen Teilvolumen mit Teilchen aus dem kleinen Teilvolumen. Im statistischen Mittel werden dabei die Teilchen im kleinen Teilvolumen beschleunigt, weil es bei gleicher Teilchenzahldichte (N/V) viel mehr Teilchen gibt, die vom großen Teilvolumen stammen, als Teilchen, die vom kleinen Teilvolumen stammen. Dadurch wächst das mittlere Geschwindigkeitsquadrat $\overline{u^2}$ der Teilchen im kleinen Teilvolumen, was dort bei gleichbleibender Teilchendichte einen Anstieg der Temperatur T_i zur Folge hat und zugleich auch einen Anstieg der inneren Energie. Auf diese Weise besorgen die mit unterschiedlichen Geschwindigkeiten umherfliegenden Teilchen einen makroskopisch messbaren Wärmetransport vom großen zum kleinen Teilvolumen. Dieser makroskopisch messbare Wärmetransport endet, wenn die Temperaturen in beiden Teilvolumina gleich sind $T_i = T$.

Weil das Teilvolumen mit der höheren Temperatur als sehr viel größer angesetzt wurde als das Teilvolumen mit der anfangs niedrigeren Temperatur, wird bei diesem Ausgleich der mittleren Geschwindigkeitsquadrate die Temperatur im großen Teilvolumen praktisch unverändert bleiben. Die Höhe der transportierten Wärme kann deshalb mit der Beziehung (3.33) beschrieben werden, die für einen Wärmetransport $\Delta Q = T \cdot \Delta S$ gilt. Die Vergrößerung der Entropie um ΔS bedeutet in diesem Fall gleicher Teilchenzahldichte eine Vergrößerung des mittleren Geschwindigkeitsquadrats $\overline{u^2}$ im kleinen Teilvolumen. Gleiche Teilchenzahldichte (N/V) in beiden Teilvolumina bedeutet nach (3.39) zu Beginn auch einen geringeren Druck p im kleinen Teilvolumen. Die Vergrößerung der Entropie um ΔS bedeutet in diesem Fall auch eine Zunahme des Drucks p im kleinen Teilvolumen. Wenn am Ende des Wärmetransports die Temperaturen in beiden Teilvolumina gleich sind $T_i = T$, dann sind dort auch die Drücke gleich.

B: *Vergleich der Temperaturerhöhung mit dem Heben einer Masse*

Nach (3.38) wächst bei konstanter Temperatur T die innere Energie E eines Gases mit zunehmender Teilchenzahl N. Wenn die innere Energie des Gases im kleinen Teilvolumen bei konstanter bleibender Temperatur T durch Zufuhr der Wärmemenge ΔQ um $\Delta E = \Delta Q$ erhöht werden soll, dann geht das dort nur durch eine Erhöhung der Teilchenzahl N. In diesem Fall wandern also Gasteilchenmengen vom großen Teilvolumen zum kleinen Teilvolumen und verbleiben dort. Weil bei diesem Wanderungsprozess die Temperatur im kleinen Teilvolumen konstant bleiben soll, kann es sich bei den wandernden Gasteilchenmengen nur um Mengen von im Mittel langsameren Teilchen des großen Teilvolumens handeln.

Nach Formel (3.29) hat die Zunahme der Teilchenzahl im kleinen Volumen bei dort gleichbleibender Temperatur $T = (m \cdot \overline{u^2}) / (3k_B)$ eine Erhöhung des Drucks p zur Folge, was auch beim obigen ersten Vergleich der Fall war. Die Wanderung von Gasteilchenmengen stoppt, sobald der Druck im kleinen Teilvolumen den Druck im großen Teilvolumen erreicht hat.

Weil das Teilvolumen mit der höheren Temperatur als sehr viel größer angesetzt wurde als das Teilvolumen mit der anfangs niedrigeren Temperatur, wird sich der Abzug von Teilchen aus dem großen Teilvolumen dort prozentual nur unwesentlich auswirken. Deshalb bleibt auch in diesem Fall im großen Teilvolumen die Temperatur T praktisch unverändert. Die Höhe der transportierten Wärme ΔQ kann somit wieder mit $\Delta Q = T \cdot \Delta S$ beschrieben werden. Die Entropie ΔS beschreibt in diesem Fall einen Transport von Gasteilchen über eine mittlere Weglänge $\overline{\Delta x}$ vom großen Teilvolumen zum kleinen Teilvolumen. Hier ergibt sich also ein noch engerer Bezug zur Beziehung $\Delta W_{mech} = F \cdot \Delta x$ für die mechanische Arbeit. Da der Transport der Gasteilchen von der konstanten Temperatur T im großen Teilvolumen angetrieben wird, entspricht dieser Fall dem Zuwachs mechanischer Arbeit ΔW_{mech} bei konstanter Kraft F, wie er beim Anheben einer Masse im konstanten Schwerefeld gegeben ist, siehe Abb. 3.1 und Aussage **[3.2]**.

Bemerkung:
Die Erhöhung der inneren Energie eines empfangenden Systems bei gleichbleibender Temperatur des empfangenden Systems ist nach Abschn. 3.2.2 und Abschn. 3.2.4 ein Idealfall. Dieser Idealfall wird augenscheinlich beim Transport von Gasteilchen von einem Reservoir zu einem örtlich entfernt gelegenen anderen Reservoir erreicht, wenn dabei dort die Temperatur sich nicht ändert. Davon profitiert auch der Transport von Gas über weite Strecken (z.B. bei Erdgas von Sibirien nach Deutschland), der durch Druck auf der Absenderseite angetrieben wird. Der Transport von Energie mittels Erdgas ist wesentlich verlustärmer als der Transport von Energie mittels Elektrizität über Hochspannungsleitungen.

3.2.6 Ergänzende Anmerkungen zur Entropie

Dank des Begriffs „thermodynamische Entropie" ist es möglich, den Transport von Wärme quantitativ zu beschreiben. Das ist nützlich nicht nur für die in Abschn. 3.2.4 gelieferte Beantwortung der Frage, in welchem Maß sich Wärmeenergie in mechanische Energie wandeln lässt, sondern auch für die Lösung zahlreicher anderer Probleme.

Als Beispiele seien der Kühlschrank und die Wärmepumpe genannt. Bei der Kühlung geht es darum, einem System Wärme zu entnehmen und damit seine Temperatur abzusenken. Die Kühlung ist im Prinzip der umgekehrte Vorgang von Schritt (4) in Abb. 3.6b und besteht in der Expansion eines Gases (das zuvor unter Aufwendung mechanischer Arbeit komprimiert wurde). Bei der Wärmepumpe geht es darum, einem Wärmereservoir niederer Temperatur eine Wärmemenge zu entnehmen und diese in ein Wärmereservoir höherer Temperatur einzuspeisen. Auch dazu ist mechanische Arbeit nötig. Die Summe aus der ins Wärmereservoir eingespeisten Energie und der dafür erforderlichen mechanischen Arbeit ist aber geringer ist als wenn man die ins Wärmereservoir eingespeiste Energie allein aus mechanischer Energie bezieht. Der Prozess der Wärmepumpe hat deutliche Parallelen zum Prozess der Umwandlung von Wärme in mechanische Energie, wie er mit Abb. 3.6 beschrieben wird. Alle diese Prozesse unterliegen natürlich dem Energieerhaltungssatz **[3.3]**.

Der Begriff der Entropie wurde im Zusammenhang mit der Betrachtung idealer Gase in Abschn. 3.2.1 eingeführt. Beim idealen Gas setzt sich die innere Energie allein aus der Bewegungsenergie der Gasteilchen zusammen, siehe (3.19). Bei realen Gasen setzt sich die innere Energie aus noch weiteren Energieformen zusammen. Dazu zählen die Rotationsenergie der Teilchen, Energien von Schwingungen der Teilchen (die von der Gestalt der Teilchen abhängen), Energien, die auf Anziehungskräften der Teilchen beruhen, chemische Energie und weitere. Auf alle diese Energieformen kann eine zugeführte Entropie Einfluss nehmen.

In Kohlekraftwerken erfolgt die Umwandlung von chemischer Energie in elektrische Energie über den Zwischenschritt der thermischen Energie von Wasserdampf, wobei noch zwischen Trockendampf, Sattdampf und Nassdampf unterschieden wird. Durch Entzug von Energie entsteht Nassdampf aus Sattdampf und Sattdampf aus Trockendampf. Für die in den verschiedenen Phasen jeweils entzogenen Energien gibt es spezielle Dampfturbinen für die Umwandlung in mechanische Energie. Anhand von *TS*-Diagrammen lassen sich bei diesen Dämpfen der Transport von Wärmeenergie und deren Umwandlung klar beschreiben, siehe z.B. Schwab (2009).

Der Entropie-Begriff beherrscht nach Falk und Ruppel (1976) alle Naturvorgänge. Er ist nicht beschränkt auf Gase und Dämpfe. Er lässt sich gleichermaßen auch auf Flüssigkeiten und Festkörper anwenden. Auch manche biologische Vorgänge in Pflanzen und anderen Lebewesen lassen sich mit Hilfe von Entropie erklären. Sogar das Phänomen „Leben" wurde mit Hilfe des Entropie-Begriffs gedeutet. Sehr bekannt und von Einfluss war diesbezüglich das Buch *What is Life?* des Physikers E. Schrödinger (1944). Danach hängt das Leben mit einer Verminderung von Entropie zusammen. In diesem Zusammenhang spielt der 2. Hauptsatz der Thermodynamik eine große Rolle.

Der 2. Hauptsatz der Thermodynamik besagt – einfach ausgedrückt – dass Wärme nur von einer Substanz höherer Temperatur zu einer Substanz niederer Temperatur fließen kann aber nicht in die umgekehrte Richtung. Von diesem in der täglichen Erfahrung immer wieder bestätigten Satz wurde in den vorangegangenen Abschnitten schon mehrfach Gebrauch gemacht. Auch ein Vergleich mit der Federkraft wurde präsentiert. Eine tiefere Begründung für dieses Phänomen steht hier aber noch aus. Eine solche liefert eine statistische Betrachtung der Gasteilchenbewegungen und der möglichen Energiezustände. Mit dieser Thematik befasst sich der nachfolgende Abschnitt 3.3. P. Hänggi und F. Marchesoni (2009) vergleichen den 1. Hauptsatz der Thermodynamik mit dem Buchhalter und den 2. Hauptsatz mit dem Direktor einer Firma. Letzterer bestimmt die Richtung jeder Aktion.

3.3 Statistische Beschreibung von Entropie

Bei Umgebungstemperatur enthält ein Liter Gas größenordnungsmäßig $3 \cdot 10^{22}$ Gasteilchen, vergl. Abschn. 3.2.1. Es ist deshalb unmöglich, die Mechanik der vielen mikroskopischen Stoßprozesse im Detail zu verfolgen und die daraus resultierende makroskopische Gesamtwirkung zu berechnen. Als sehr nützlich und aufschlussreich hat sich dagegen eine auf Statistik beruhende Betrachtungsweise erwiesen. Mit Hilfe von Statistiken bestimmter mikroskopischer Zustände von Gasteilchen erhält man Werte für Wahrscheinlichkeiten von verschiedenen makroskopischen Zuständen von Gasen. Diese Wahrscheinlichkeitswerte liefern dann Angaben über die Höhe verschiedener makroskopischer Zustandsgrößen von Gasen, die mit makroskopischen Beobachtungen und Messungen völlig übereinstimmen. Die wichtigsten Einzelheiten dazu werden in diesem Abschn. 3.3 ausführlich behandelt.

Die statistische Mechanik der Thermodynamik wurde von L. Boltzmann um 1875 begründet und von M. Planck und J. W. Gibbs wesentlich weiter entwickelt. In der vorliegenden Abhandlung sind vor allem die aus statistischen Betrachtungen resultierenden Beziehungen für die Entropie eines Gases von besonderem Interesse. Die erste Beziehung, die auf Boltzmann und Planck zurückgeht, ist eine Formel zur Berechnung der thermodynamischen Entropie unter recht allgemeinen Voraussetzungen. Aus dieser Formel ergeben sich bereits mehrere Folgerungen, die mit Folgerungen der von Shannon aufgestellten Formel für die informationstheoretische Entropie übereinstimmen. Die zweite Beziehung, die auf Gibbs zurückgeht und speziell auf Energiezustände zugeschnitten ist, was für die physikalische Quantentheorie von Bedeutung ist, stimmt mit der Formel von Shannon völlig überein. Dieser Umstand hatte Shannon dazu veranlasst, die Bezeichnung „Entropie" zu verwenden.
Mit der Betrachtungsweise der klassischen Thermodynamik ist der Begriff „Entropie" schwer zu fassen und wenig anschaulich. (Nicht selten hört man von Studenten nach einer Thermodynamik-Vorlesung den Spruch: „Entropie verstehst du nie!"). Im Unterschied dazu vermittelt die auf Statistik beruhende Betrachtungsweise eine recht anschauliche Erklärung dafür, dass „Entropie" als „ein Maß für Ungeordnetheit" bezeichnet wird. Das ist beim Gas z.B. das Durcheinander der momentanen Positionen der einzelnen Teilchen. Je mehr die Positionen der Teilchen geordnet sind, desto geringer ist die Entropie [Feynman (1987)]. Die Erklärung mit Ungeordnetheit scheint von E. Schrödinger (1944) zu stammen.

3.3.1 Thermodynamische Entropie als Maß für Ungeordnetheit

Der Einfachheit halber werden in diesem Abschnitt „Ordnung" und Entropie anhand eines einfachen Beispiels erläutert. Allgemeineres folgt in Abschn. 3.3.3.

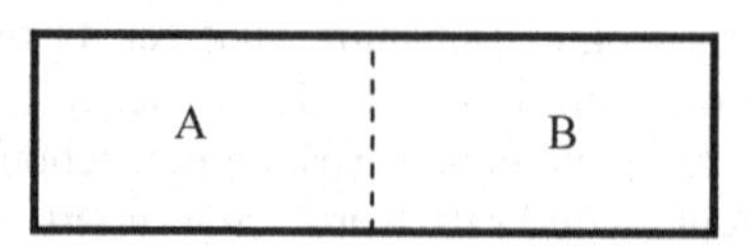

Abb. 3.8 Gefäß, das in zwei gleichgroße Zellen A und B unterteilt ist

Betrachtet wird ein Gefäß (Quader), das ein Volumen V hat, in dem sich Gasteilchen bewegen. Dieses Gefäß wird in zwei gleiche Hälften A und B unterteilt ist, die je das Teilvolumen $\frac{1}{2}V$ haben, siehe Abb. 3.8. Im Unterschied zur fett gezeichneten Umrandung, die

die Gefäßwand kennzeichnet, stellt die gestrichelte Linie keine Trennwand dar, sondern markiert lediglich die Grenze zwischen den beiden Hälften A und B, die als „Zellen“ bezeichnet werden. Die einzelnen Teilchen eines Gases werden durch die gestrichelte Linie nicht in ihrer Bewegung gehindert, sondern nur an der fett gezeichneten Gefäßwand reflektiert. Zu einem bestimmten Zeitpunkt kann sich ein einzelnes Teilchen entweder in Zelle A oder in Zelle B befinden. Die maximale Unordnung liegt dann vor, wenn sich alle Teilchen auf beide Zellen gleich verteilen. Wenn sich dagegen alle Teilchen nur in einer Zelle befinden und die andere Zelle leer ist (d.h. im „aufgeräumten“ Fall), dann herrscht maximale Ordnung. Zwischen diesen beiden Extremfällen gibt es verschiedene Grade von Unordnung.

Der Einfachheit halber sei zunächst angenommen, dass sich nur $N = 4$ gleiche, aber unterscheidbare Teilchen a, b, c, d in dem Gefäß frei bewegen. Für die momentanen Positionen der Gesamtheit aller Teilchen zu einem bestimmten Zeitpunkt lassen sich folgende 5 Fälle unterscheiden:

1. Fall: Kein Teilchen in Zelle A und 4 Teilchen in Zelle B (maximale Ordnung).
2. Fall: 1 Teilchen in Zelle A und 3 Teilchen in Zelle B.
   Dieser Fall lässt sich durch folgende 4 verschiedene Situationen realisieren: In Zelle A befindet sich entweder nur a oder b oder c oder d.
3. Fall: 2 Teilchen in Zelle A und 2 Teilchen in Zelle B (maximale Unordnung).
   Dieser Fall lässt sich durch folgende 6 verschiedene Situationen realisieren: In Zelle A befinden entweder (a und b) oder (a und c) oder (a und d) oder (b und c) oder (b und d) oder (c und d).
4. Fall: 3 Teilchen in Zelle A und 1 Teilchen in Zelle B.
   Dieser Fall lässt sich durch folgende 4 verschiedene Situationen realisieren: In Zelle A befinden sich entweder (b und c und d) oder (a und c und d) oder (a und b und d) oder (a und b und c). Dieser 4. Fall entspricht dem 2. Fall bei vertauschten Rollen von Zelle A und Zelle B.
5. Fall: 4 Teilchen in Zelle A und kein Teilchen in Zelle B.
   Dieser 5. Fall entspricht dem 1. Fall bei vertauschten Rollen von Zelle A und Zelle B (maximale Ordnung).

Das Gefäß mit den 2 Zellen A und B und den 4 Teilchen a, b, c, d bilden zusammen ein *System,* siehe Abschn. 3.1.1. Alle 5 Fälle liefern zusammen 16 verschiedene Situationen, die je einen sogenannten „Mikrozustand“ des Systems darstellen.

Falls ein Beobachter die einzelnen Teilchen nicht voneinander unterscheiden kann, wenn für ihn also alle Teilchen a = x, b = x, c = x, d = x gleich aussehen, dann kann er auch z.B. die 6 verschiedenen Situationen beim 3. Fall nicht unterscheiden. Jede dieser 6 Situationen bildet für ihn den gleichen sogenannten „Makrozustand“. Man sagt dazu, dass es für den Makrozustand des 3. Falls $\Omega_R = 6$ „Realisierungen“ (durch 6 verschiedene Mikrozustände) gibt.

Für die Makrozustände beim 1. und 5. Fall gibt es jeweils nur eine einzige Realisierung, die zugleich auch die maximale Ordnung liefern, weil in Abb. 3.8 sich alle Teilchen in nur einer Hälfte befinden. Der 3. Fall liefert dagegen die maximale Unordnung. Der 2. und 4. Fall umfasst je vier Mikrozustände, die alle eine gleich hohe Unordnung liefern, deren Wert zwischen der maximalen Ordnung und der maximalen Unordnung liegt. Die Makrozustände des Systems für die oben unterschiedenen 5 Fälle von $n = 0, 1, 2, 3, 4$ verschiedene Teilchen in Zelle A seien mit Z_0, Z_1, Z_2, Z_3, Z_4 bezeichnet. Setzt man voraus, dass jeder Mikrozustand gleichwahrscheinlich ist, dann folgt aus obiger Betrachtung, dass der Makrozustand Z_2 eine 6 mal so hohe Wahrscheinlichkeit hat wie der Makrozustand Z_0.

Da für das System aus 2 Zellen und 4 Teilchen, wie oben gezeigt, insgesamt 16 Mikrozustände unterschieden werden können, gilt für die Wahrscheinlichkeiten $P(Z_n)$ der fünf möglichen Makrozustände Z_n , $n = 0, 1, 2, 3, 4$

$$P(Z_0) = \tfrac{1}{16}, \quad P(Z_1) = \tfrac{4}{16}, \quad P(Z_2) = \tfrac{6}{16}, \quad P(Z_3) = \tfrac{4}{16}, \quad P(Z_4) = \tfrac{1}{16} \tag{3.40}$$

Die Summe aller Wahrscheinlichkeiten $P(Z_n)$ ergibt natürlich den Wert 1.

Nun zur Entropie:

Nach Boltzmann und Planck errechnet sich für einen gegebenen Makrozustand Z_i die zugehörige thermodynamische Entropie zu

$$S = k_{\mathrm{B}} \cdot \ln \Omega_{\mathrm{R}} \,. \tag{3.41}$$

k_{B} ist die in Abschn. 3.2.1 genannte „Boltzmann-Konstante“, siehe (3.21).

Wie oben beim 3. Fall erwähnt, bedeutet Ω_{R} diejenige Anzahl der möglichen Realisierungen oder Mikrozustände, die den gleichen Makrozustand Z_i ergeben. Ω_{R} wird deshalb auch als *Zustandssumme* bezeichnet. Ω_{R} ist abhängig vom Makrozustand des Systems, weshalb präziser z.B. $\Omega_{\mathrm{R}}(Z_n)$ zu schreiben wäre.

Im 1. Fall ist $\Omega_{\mathrm{R}}(Z_0) = 1$ und damit $\ln \Omega_{\mathrm{R}}(Z_0) = 0$. Das gleiche Resultat gilt im 5. Fall. Im 2. Fall ist $\Omega_{\mathrm{R}}(Z_1) = 4$ und damit $\ln \Omega_{\mathrm{R}}(Z_1) \approx 1{,}39$, also größer. Das gleiche Resultat gilt im 4. Fall. Im 3. Fall ist $\Omega_{\mathrm{R}}(Z_2) = 6$ und damit $\ln \Omega_{\mathrm{R}}(Z_2) \approx 1{,}79$, also noch größer. Je größer die Entropie ist, desto größer wird auch die Wahrscheinlichkeit des zugehörigen Makrozustands und desto größer ist die Unordnung.

Betrachtet man zwei Systeme, dann multiplizieren sich die Zahlen der möglichen Realisierungen, wenn man beide Systeme gemeinsam betrachtet. Weil sich in diesem Fall die thermodynamischen Entropien addieren sollen, was die makroskopische Wärmelehre fordert, wird in der Formel (3.41) der Logarithmus der Zahl Ω_{R} gebildet.

Da die Zustandssumme Ω_{R} eine natürliche Zahl (d.h. positive ganze Zahl) ist, ergibt sich die von null verschiedene kleinstmögliche Entropie zu

$$S_{\min} = k_{\mathrm{B}} \cdot \ln 2 \tag{3.42}$$

Dieser Fall liegt vor, wenn das Gefäß in Abb. 3.8 nur zwei Teilchen a und b enthält. Dann hat allein der Makrozustand maximaler Unordnung, bei dem sich eines der beiden Teilchen (a oder b) in Zelle A und das jeweils andere Teilchen in Zelle B befindet, $\Omega_{\mathrm{R}} = 2$ Realisierungen. Wenn das Gefäß nur ein einziges Teilchen enthält, kann nicht mehr zwischen Ordnung und Unordnung unterschieden werden.

Die mit (3.41) gebildete Entropie S beschreibt eine Zustandsgröße des Gases. Diese Zustandsgröße kann sich auf zweierlei Weise ändern, nämlich einerseits ohne Einwirkung von außen aufgrund der Teilchenbewegungen innerhalb des Systems und andererseits durch eine Einwirkung von außen.

Wichtige Zwischenbemerkung:
Die hier angegebene Darstellung der thermodynamischen Entropie ist stark vereinfacht und illustriert nur den allgemeinen Gedankengang. In der physikalischen Wirklichkeit spielt nicht nur der jeweilige Ort (Zelle) eines Teilchens eine Rolle, sondern auch die momentane Richtung und Geschwindigkeit der Bewegung des Teilchens durch das Gefäß und, abhängig von der Art des Teilchens, auch seine momentane Rotation um sich selbst (Richtung der Rotationsachse und Rotationsgeschwindigkeit). Alle diese Größen (und darüber hinaus noch weitere Größen) sind mitbestimmend für den momentanen Mikrozustand. Thermodynamisch ist mit einer Änderung der Entropie um ΔS über $\Delta Q = T \cdot \Delta S$, siehe (3.33), eine Wärmemenge ΔQ, d.h. eine Energieportion, verknüpft. Diese Verknüpfung wird durch die Boltzmann-Konstante k_B berücksichtigt, die eine Energie pro Temperatur ausdrückt und deren Wert makroskopisch mit Messungen gewonnen wird.

Der Einfachheit und der besseren Anschauung wegen beziehen sich die weiteren Betrachtungen vorerst allein auf den Ort der Teilchen.

A: *Unterschiede und Gemeinsamkeiten der Entropien*

Thermodynamische Entropie und informationstheoretische Entropie basieren auf völlig verschiedenen Ansätzen. Erstere leitet sich von der Anzahl Ω_R der Möglichkeiten von solchen inneren Anordnungen ab, die nach außen ein gleiches makroskopisches Bild abgeben, das nach Schrödinger und Feynman einem Maß an Unordnung entspricht. Letztere, die informationstheoretische Entropie, leitet sich gemäß Abschn. 2.5.1 aus einer Mittelwertbildung der Informationsgehalte möglicher Ereignisse ab. Trotz dieser unterschiedlichen Herkunft haben beide Entropien wichtige Gemeinsamkeiten:

Beim oben diskutierten System von Abb. 3.8 nimmt die thermodynamische Entropie ihren größten Wert im 3. Fall an, bei dem sechs mögliche Mikrozustände den gleichen Makrozustand Z_2 ergeben. Dieser Fall hat nach (3.40) mit $P(Z_2)$ zugleich die höchste Wahrscheinlichkeit und ist noch dadurch gekennzeichnet, dass sich die einzelnen Teilchen gleichmäßig auf alle Zellen aufteilen. Nach Aussage **[2.12]** wird die informationstheoretische Entropie maximal, wenn alle Ereignisse die gleiche Wahrscheinlichkeit haben, d.h. wenn ebenfalls eine Gleichverteilung vorliegt. In diesem Fall gilt mit (2.130)

$$\langle H \rangle = \operatorname{ld}\frac{1}{W} = -\operatorname{ld} W \approx -1{,}4427 \cdot \ln W \tag{3.43}$$

Die beiden Ausdrücke $k_B \cdot \ln \Omega_R$ und $-1{,}4427 \cdot \ln W$ haben (abgesehen vom Vorzeichen) das gleiche Aussehen.

Weiter unten in Abschn. 3.3.5 wird mit den Wahrscheinlichkeiten der Makrozustände in (3.40) der wahrscheinlichkeitstheoretische Erwartungswert $\langle S \rangle$ der Entropie in gleicher Weise berechnet wie das in (2.126) für die Informationshöhe geschah. Dabei zeigt sich, dass die Entropien $\langle S \rangle$ und $\langle H \rangle$ sich nur um einen konstanten Faktor mit negativem Vorzeichen und um eine additive Konstante unterscheiden. Wegen des negativen Vorzeichens wird die informationstheoretische Entropie aus Sicht der Thermodynamik oft als „*Negentropie*“ bezeichnet. Davon wird in Abschn. 3.5.2 noch die Rede sein.

3.3.2 Zur statistischen Berechnung der thermodynamischen Entropie

Das in Abb. 3.8 dargestellte Beispiel, bei dem nur $N = 4$ Teilchen betrachtet werden und das Gefäß in nur $M = 2$ Zellen unterteilt ist, ist extrem simpel und unrealistisch. Für ein realistisches Beispiel müssten sehr viel mehr Teilchen betrachtet und das Gefäß in viel mehr Zellen unterteilt werden, vergl. hierzu Abschn. 3.2.1. Um die Tendenz zu erkennen, reichen aber bereits wenig mehr Teilchen und Zellen. Erfreulicherweise haben die Mathematiker für diesbezügliche Berechnungen hilfreiche allgemeine Formeln aufgestellt [siehe z.B. H. Mangold, K.Knopp (1948) und G.A. Korn, T.M. Korn (1968)]:

a. Für die Anzahl v_N aller möglichen Mikrozustände bei N Teilchen und M Zellen gilt

$$v_N = M^N \tag{3.44}$$

Diese Beziehung (3.44) erinnert zwar an die Formel (2.10), beschreibt aber einen ganz anderen Zusammenhang. Während in (2.10) der gleiche Buchstabe in einer Buchstabenkombination (Wort) mehrfach auftreten darf (z.B. im Wort *massiv* tritt der Buchstabe *s* zweimal auf), tritt in (3.44) bei jedem Mikrozustand dasselbe Teilchen, z.B. a, immer nur einmal auf, egal wie sich die einzelnen Teilchen auf die verschiedenen Zellen verteilen und welche Kombinationen von Teilchen dabei in einer Zelle entstehen. Dabei dürfen einzelne Zellen aber auch leer bleiben.

b. Für die Anzahl v_{Nn} der Kombinationen von n Teilchen (ohne Wiederholung) bei insgesamt $N \geq n$ verschiedenen Teilchen gilt allgemein

$$v_{Nn} = \frac{N!}{n!(N-n)!} \tag{3.45}$$

Hierbei bedeutet $n! = 1 \cdot 2 \cdot 3 \cdot \cdots \cdot n$ die Fakultät der natürlichen Zahl n mit der zusätzlichen Definition $0! = 1$.

Die Beziehung (3.45) liefert mit $N = 4$ nacheinander für die Anzahl der Kombinationen v_{Nn} bei $n = 0, 1, 2, 3, 4$ verschiedenen Teilchen

$$v_{N0} = \frac{4!}{0!4!} = 1, \quad v_{N1} = \frac{4!}{1!3!} = 4, \quad v_{N2} = \frac{4!}{2!2!} = 6, \quad v_{N3} = \frac{4!}{3!1!} = 4, \quad v_{N4} = \frac{4!}{4!0!} = 1 \tag{3.46}$$

Erläuterung der Kombinationen ohne Wiederholung:
Werden die $N = 4$ Teilchen mit a, b, c, d bezeichnet, dann ergeben sich für $n = 2$ die folgende 6 Kombinationen ab, ac, ad, bc, bd, cd und für $n = 3$ die folgenden 4 Kombinationen abc, abd, acd, bcd. (Hier nicht betrachtete Kombinationen *mit* Wiederholung sind z.B. aa, bb und aac, abb).

Die Summe aller Kombinationen in (3.46) ergibt sich zu 1+4+6+4+1=16. Die gleiche Zahl 16 ergibt sich auch mit (3.44), wenn dort neben $N = 4$ noch $M = 2$ gesetzt wird. Dividiert man die in (3.46) berechneten Anzahlen durch die Gesamtanzahl 16, dann erhält man die gleichen Wahrscheinlichkeiten für die einzelnen Kombinationen wie in (3.40).

Dieses Ergebnis bestätigt, dass man die Betrachtung der verschiedenen Situationen in Abb. 3.8, die auf die 5 verschiedenen Fälle oder Makrozustände Z_0, Z_1, Z_2, Z_3, Z_4 führte, mit der Bildung von Kombinationen v_{Nn}, mit $n = 0, 1, 2, 3, 4$ Teilchen bei insgesamt $N = 4$

verschiedenen Teilchen verstehen kann. Es zeigt sich ferner, dass die Anzahl aller Kombinationen v_{Nn} für $n = 0, 1, 2, 3, 4$ Teilchen auch mit (3.44) bestimmt werden kann, wenn dort für die Zellenzahl $M = 2$ gesetzt wird. Die Beziehung (3.45) sagt nichts über eine Anzahl von Zellen aus. Sie liefert nur die Zahlen von möglichen Teilchenkombinationen in der Zelle, die gerade betrachtet wird.

Wenn nur $M = 2$ Zellen unterschieden werden, dann steht mit einer momentan vorhandenen speziellen Kombination von n Teilchen in der einen Zelle zugleich auch fest, welche restlichen $N - n$ Teilchen sich in der anderen Zelle befinden müssen, weil kein Teilchen zugleich in zwei Zellen sein kann. (Wenn im Beispiel von Abb. 3.8 die Teilchen a und c momentan in Zelle A sind, dann sind zum selben Zeitpunkt die Teilchen b und d in Zelle B). Zu jedem Zeitpunkt gibt es in jeder Zelle immer nur eine spezielle Kombination. Diejenigen Kombinationen, die ein Beobachter nicht unterscheiden kann, gehören zum gleichen Makrozustand Z_n , dessen Wahrscheinlichkeit $P(Z_n)$ proportional zur Anzahl der Kombinationen v_{Nn} in (3.46) ist. Hierzu ein

1. Beispiel:

Verteilungen von $N = 6$ Teilchen a, b, c, d, e, f auf $M = 2$ Zellen A und B:

Für $n = 0, 1, 2, \dots, 6$ Teilchen in Zelle A errechnen sich mit (3.45) die jeweiligen Anzahlen V_{Nn} von Teilchenkombinationen zu

$$v_{60} = \frac{6!}{0!6!} = 1 = v_{66}, \quad v_{61} = \frac{6!}{1!5!} = 6 = v_{65}, \quad v_{62} = \frac{6!}{2!4!} = 15 = v_{64}, \quad v_{63} = \frac{6!}{3!3!} = 20$$

Wenn $n = 0$ Teilchen sich in Zelle A befinden, dann befinden sich alle 6 Teilchen in Zelle B. Für $n = 0$ gibt es daher nur eine einzige Teilchenkombination $v_{60} = 1$. Dasselbe gilt umgekehrt für $n = 0$ Teilchen in Zelle B, d.h. 6 Teilchen in Zelle A, weshalb $v_{66} = 1$.

Wenn $n = 1$ Teilchen sich in Zelle A befindet, dann befinden sich 5 Teilchen in Zelle B. Weil in Zelle A sich eines der 6 Teilchen a, b, c, d, e, f befindet, gibt es also 6 Teilchenkombinationen $v_{61} = 6$. Dasselbe gilt umgekehrt für $n = 1$ Teilchen in Zelle B, d.h. 5 Teilchen in Zelle A, weshalb auch $v_{65} = 6$.

Wenn $n = 2$ Teilchen sich in Zelle A befinden, dann befinden sich 4 Teilchen in Zelle B. Für die $n = 2$ Teilchen in Zelle A gibt es 15 Kombinationen, nämlich ab, ac, ad, ae, af, bc, bd, be, bf, cd, ce, cf, de, df, ef. Es ist also $v_{62} = 15$. Die gleiche Anzahl 15 ergibt sich bei 2 Teilchen in Zelle B, d.h. 4 Teilchen in Zelle A, weshalb $v_{64} = 15$.

Wenn $n = 3$ Teilchen sich in Zelle A befinden, dann befinden sich auch 3 Teilchen in Zelle B, und es ist $v_{63} = 20$.

Insgesamt ergeben sich also in Übereinstimmung mit (2.109) $v_6 = 2^6 = 64$ Mikrozustände:

$$v_{60} + v_{61} + v_{62} + v_{63} + v_{64} + v_{65} + v_{66} = 1 + 6 + 15 + 20 + 15 + 6 + 1 = 64$$

Für $n = 3$ liefern $v_{63} = 20$ verschiedene Mikrozustände den gleichen Makrozustand Z_3. Dieser besitzt die höchste Wahrscheinlichkeit $P(Z_3) = \frac{20}{64} = 0,3125$ und zeichnet sich noch dadurch aus, dass die 6 Teilchen zu gleichen Teilen auf die Zellen A und B verteilt sind; hier gilt also $P(Z_3) = P(Z_{gleich})$. Für $n = 0$ und für $n = 6$ liefert jeweils nur ein einziger Mikrozustand den Makrozustand Z_0 bzw. Z_6. Beide Makrozustände treten zudem mit der kleinsten Wahrscheinlichkeit $P(Z_0) = P(Z_6) = \frac{1}{64} \approx 0,0156$ auf.

Ende des 1. Beispiels.

Wenn das Gefäß in Abb. 3.8 in mehr als 2 gleiche Zellen unterteilt wird, dann verteilen sich bei einer momentan vorhandenen speziellen Kombination von n Teilchen in der ersten Zelle die restlichen $N - n$ Teilchen auf die anderen Zellen. Für jede von einem Beobachter nicht unterscheidbare Kombination in der ersten Zelle verteilen sich die jeweils komplementären Teilchen auf die anderen Zellen. Betrachtet man *alle* zum gleichen Makrozustand gehörenden Kombinationen in der ersten Zelle, dann kommen, wenn man *alle* sich auf die anderen Zellen verteilenden komplementären Kombinationen von $N - n$ Teilchen betrachtet, darin weiterhin *alle* N verschiedenen Teilchen vor, allerdings nicht gleichzeitig. Hierzu ein nächstes

2. Beispiel:

Verteilungen von $N = 6$ Teilchen a, b, c, d, e, f auf $M = 3$ Zellen A, B und C:

Wenn $n = 0$ Teilchen sich in Zelle A befinden, dann verteilen sich alle 6 Teilchen auf die Zellen B und C. Dafür gibt es nach (3.4) $M^N = 2^6 = 64$ Mikrozustände, vergl. 1.Beispiel.

Wenn $n = 1$ Teilchen sich in Zelle A befindet, dann verteilen sich die restlichen 5 Teilchen auf die Zellen B und C. Für Letzteres gibt es nach (3.44) $M^N = 2^5 = 32$ Mikrozustände. Weil jedes der 6 Teilchen a, b, c, d, e, f einmal in Zelle A ist, gibt es für diesen Fall also zusammen $6 \cdot 32 = 192$ Teilchenkombinationen oder Mikrozustände.

Wenn $n = 2$ Teilchen sich in Zelle A befinden, dann verteilen sich die restlichen 4 Teilchen auf die Zellen B und C. Für Letzteres gibt es nach (3.44) $M^N = 2^4 = 16$ Mikrozustände. Weil es bei 6 Teilchen a, b, c, d, e, f nach (3.45) $v_{6\,2} = 15$ Kombinationen von 2 Teilchen in Zelle A gibt, ergeben sich für diesen Fall also zusammen $15 \cdot 16 = 240$ Teilchenkombinationen oder Mikrozustände.

Wenn $n = 3$ Teilchen sich in Zelle A befinden, dann verteilen sich die restlichen 3 Teilchen auf die Zellen B und C. Für Letzteres gibt es nach (3.44) $M^N = 2^3 = 8$ Mikrozustände. Weil es bei 6 Teilchen a, b, c, d, e, f nach (3.45) $v_{6\,3} = 20$ Kombinationen von 3 Teilchen in Zelle A gibt, ergeben sich für diesen Fall also zusammen $20 \cdot 8 = 160$ Teilchenkombinationen oder Mikrozustände.

Wenn $n = 4$ Teilchen sich in Zelle A befinden, dann verteilen sich die restlichen 2 Teilchen auf die Zellen B und C. Für Letzteres gibt es nach (3.44) $M^N = 2^2 = 4$ Mikrozustände. Weil es bei 6 Teilchen a, b, c, d, e, f nach (3.45) $v_{64} = 15$ Kombinationen von 4 Teilchen in Zelle A gibt, ergeben sich für diesen Fall also zusammen $15 \cdot 4 = 60$ Teilchenkombinationen oder Mikrozustände.

Wenn $n = 5$ Teilchen sich in Zelle A befinden, dann verteilt sich das restliche 1 Teilchen auf die Zellen B und C. Für Letzteres gibt es nach (3.44) $M^N = 2^1 = 2$ Mikrozustände. Weil es bei 6 Teilchen a, b, c, d, e, f nach (3.45) $v_{65} = 6$ Kombinationen von 5 Teilchen in Zelle A gibt, ergeben sich für diesen Fall also zusammen $6 \cdot 2 = 12$ Teilchenkombinationen oder Mikrozustände.

Wenn $n = 6$ Teilchen sich in Zelle A befinden, dann sind die Zellen B und C leer. Für Letzteres gibt es wie für Ersteres nur einen Mikrozustand. Zusammen also 1 Mikrozustand.

Die betrachteten 7 Fälle mit $n = 0, n = 1, n = 2, \ldots, n = 6$ liefern in Übereinstimmung mit (3.44) insgesamt $M^N = 3^6 = 729$ Mikrozustände: 64+192+240+160+60+12+1 = 729.

Weil für einen Beobachter alle Teilchen a, b, c, d, e, f gleich aussehen und als x erscheinen, kann er viele Mikrozustände nicht voneinander unterscheiden. Er kennt aber die Grenzen der Zellen und kann abzählen, wie viele Teilchen sich in den einzelnen Zellen befinden. Alle Mikrozustände, bei denen gleiche Teilchenzahlen in derselben Zelle vorkommen, und das bei jeder Zelle, bilden den gleichen für einen Beobachter unterscheidbaren Makrozustand. Zur Bestimmung der Gesamtzahl der vom Beobachter unterscheidbaren Makrozustände muss untersucht werden, auf wie viele unterscheidbare Zustände die jeweils restlichen Teilchen in jedem der obigen 7 Fälle führen. Das wird hier nur für den Fall der Gleichverteilung gemacht.

Im Fall der Gleichverteilung der 6 Teilchen auf die 3 Zellen A, B und C entfallen auf jede dieser Zellen 2 Teilchen. Für $n = 2$ ergaben sich oben 15 Mikrozustände für Zelle A und 16 mögliche Kombinationen für die restlichen 4 Teilchen in den Zellen B und C. Unter diesen 16 Kombinationen gibt es 6 Kombinationen für den Fall, dass von den 4 Teilchen je 2 Teilchen auf die Zellen B und C entfallen, was die anfängliche Diskussion von Abb. 3.8 gezeigt hatte. Daher gibt es $15 \cdot 6 = 90$ Mikrozustände bei Gleichverteilung. Der zugehörige Makrozustand Z_{gleich} hat die höchste Wahrscheinlichkeit $P(Z_{\text{gleich}}) = \frac{90}{729} \approx 0,1235$, weil es für alle anderen Verteilungen der 6 Teilchen auf die 3 Zellen A, B und C weniger Mikrozustände gibt. Für den Fall, dass sich alle 6 Teilchen in Zelle A befinden, liefert nur ein einziger Mikrozustand den Makrozustand Z_{alle}, der deshalb mit der kleinsten Wahrscheinlichkeit $P(Z_{\text{alle}}) = \frac{1}{729} \approx 0,0014$ auftritt.

Ende des 2. Beispiels.

Das mit dem 2. Beispiel illustrierte Verfahren lässt sich sinngemäß auf 4 und mehr gleiche Zellen erweitern. Man beginnt im 1. Schritt bei einer 1. Zelle und bestimmt mit (3.45) die Anzahl der Kombinationen von $n_1 \leq N$ Teilchen in dieser 1. Zelle. Für die restlichen Zellen verbleiben $N - n_1$ Teilchen. Sodann bestimmt man in einem 2. Schritt die Anzahl der Kombinationen von $n_2 \leq N - n_1$ Teilchen in dieser 2. Zelle, wobei in (3.44) N durch $N - n_1$ zu ersetzen ist. In (3.45) bleibt dagegen bei jedem Schritt N unverändert, weil den Kombinationen stets eine Liste von N verschiedenen Teilchen zugrunde liegt. Nach dem 2. Schritt verbleiben $N - n_1 - n_2$ Teilchen für restlichen Zellen, usw.

Zur Bestimmung einer allgemeinen Tendenz für die sich ergebenden Anzahlen von Mikrozuständen und den daraus resultierenden Wahrscheinlichkeiten von Makrozuständen, seien die Ergebnisse von noch zwei weiteren Beispielen a) und b) genannt:

a) Verteilungen von $N = 3$ Teilchen a, b, c auf $M = 3$ Zellen A, B und C:
Hierfür ergeben sich insgesamt 27 Mikrozustände. Für den Fall der Gleichverteilung von je 1 Teilchen auf die Zellen A, B und C gibt es 6 Mikrozustände. Das liefert die Wahrscheinlichkeit $P(Z_{\text{gleich}}) = \frac{6}{27} \approx 0,2222$. Für den Fall, dass sich alle 3 Teilchen in Zelle A befinden, gibt es auch hier nur einen einzigen Mikrozustand. Dieser liefert den Makrozustand $Z_{\text{alle}} = Z_4$, der ebenfalls mit der geringsten Wahrscheinlichkeit $P(Z_4) = \frac{1}{27} \approx 0,0370$ auftritt.

b) Verteilungen von $N = 8$ Teilchen a, b, c, d, e, f, g, h auf $M = 2$ Zellen A und B:
Hierfür ergeben sich insgesamt 256 Mikrozustände. Für den Fall der Gleichverteilung von je 4 Teilchen auf die Zellen A und B gibt es 70 Mikrozustände. Das liefert die Wahrscheinlichkeit $P(Z_{\text{gleich}}) = \frac{70}{256} \approx 0,2734$. Für den Fall, dass alle 8 Teilchen sich in Zelle A befinden, gibt es wieder nur einen einzigen Mikrozustand, der den Makrozustand Z_9 liefert, der wieder mit der geringsten Wahrscheinlichkeit $P(Z_9) = P(Z_{\text{alle}}) = \frac{1}{256} \approx 0,0004$ auftritt.

Bei den Verteilungen von 4 bzw. 6 bzw. 8 Teilchen auf 2 Zellen erhält man also für den Fall der Gleichverteilung, der die höchste Anzahl von Mikrozuständen erfasst,

$$P(Z_{\text{gleich}}) = \tfrac{6}{16} = 0{,}375 \text{ bzw. } P(Z_{\text{gleich}}) = \tfrac{20}{64} = 0{,}3125 \text{ bzw. } P(Z_{\text{gleich}}) = \tfrac{70}{256} \approx 0{,}2734$$

und für den Fall, dass sich alle 4 bzw. 6 bzw. 8 Teilchen in derselben Zelle befinden [$Z_{\text{alle}} = Z_0$], für den es nur einen einzigen Mikrozustand gibt

$$P(Z_0) = \tfrac{1}{16} \approx 0{,}0625 \text{ bzw. } P(Z_0) = \tfrac{1}{64} \approx 0{,}0156 \text{ bzw. } P(Z_0) = \tfrac{1}{256} \approx 0{,}0004$$

Bei den Verteilungen von 3 bzw. 6 Teilchen auf 3 Zellen erhält man für den Fall der Gleichverteilung, der die höchste Anzahl von Mikrozuständen erfasst

$$P(Z_{\text{gleich}}) = \tfrac{6}{27} \approx 0{,}2222 \text{ bzw. } P(Z_{\text{gleich}}) = \tfrac{90}{729} \approx 0{,}1235$$

und für den Fall, dass sich alle 3 bzw. 6 Teilchen in derselben Zelle befinden, für den es nur einen einzigen Mikrozustand gibt

$$P(Z_{\text{alle}}) = \tfrac{1}{27} \approx 0{,}0370 \text{ bzw. } P(Z_{\text{alle}}) = \tfrac{1}{729} \approx 0{,}0014$$

Die 5 obigen Beispiele liefern eine plausible Erklärung für die folgende Tendenz:

Mit wachsender Zellenzahl verkleinern sich naturgemäß alle Wahrscheinlichkeiten. Der Faktor, um den sich die Wahrscheinlichkeiten verkleinern, ist aber relativ gering bei Gleichverteilung und relativ groß im Fall, dass sich alle Teilchen in der selben Zelle befinden.

Es gelten deshalb folgende Zusammenhänge, auf deren allgemeinen Beweis hier aus Gründen des Umfangs nicht eingegangen wird:

[3.6] Gleichverteilung, Wahrscheinlichkeit und Entropie

Derjenige Makrozustand, bei dem sich alle N Teilchen auf M gleich große Zellen gleichmäßig verteilen, tritt immer mit maximaler Wahrscheinlichkeit $P_{\max}$ ein, weil es für diesen Fall der Gleichverteilung die höchste Anzahl Ω_R von Realisierungen durch verschiedene Mikrozustände gibt. Jede andere Verteilung der Teilchen auf die einzelnen Zellen besitzt eine geringere Wahrscheinlichkeit.
Die höchste Anzahl Ω_R von Realisierungen durch verschiedene Mikrozustände bei Gleichverteilung liefert mit (3.41) die maximale thermodynamische Entropie.

A: *Ergänzende Bemerkung zur Gleichverteilung*

Die oben gelieferte Plausibilität des Gleichverteilungssatzes **[3.6]** beruht auf der alleinigen Betrachtung des Ortes eines Teilchens. In Abschn. 3.3.1 wurde mit „Wichtige Zwischenbemerkung" darauf hingewiesen, dass für die thermodynamische Entropie eines Gases noch andere Größen eine Rolle spielen. Deshalb sei nachfolgend als weitere Größe noch das Geschwindigkeitsquadrat u^2 eines jeden Teilchens in die Betrachtung mit einbezogen.

Das einfachste System liegt vor, wenn wie mit Abb. 3.8 nur 2 Zellen A und B für den Ort gewählt werden und zusätzlich nur zwischen „hohes Geschwindigkeitsquadrat h" und „niedriges Geschwindigkeitsquadrat n" unterschieden wird. Jede der beiden Zellen in Abb. 3.8

erhält damit 2 Etagen, eine untere Etage für n und eine obere Etage für h. Damit gibt es für jedes Teilchen 4 Möglichkeiten, nämlich die momentanen Zustände An, Ah, Bn und Bh.

Bei dem mit Abb. 3.8 betrachteten System mit $N = 4$ Teilchen liegt Gleichverteilung vor, wenn jedes der 4 Teilchen sich in einem anderen der 4 Zustände An, Ah, Bn, Bh befindet. Weil jedes der 4 Teilchen den einen oder den anderen Zustand haben kann, gibt es insgesamt 24 verschiedene Situationen. Diese Anzahl ist größer, als wenn einer der 4 Zustände An, Ah, Bn, Bh von 2 Teilchen oder von mehr als 2 Teilchen eingenommen wird. Bei 8 Teilchen liegt Gleichverteilung vor, wenn je 2 Teilchen sich im gleichen Zustand befinden, usw. Vorausgesetzt werden hier neben gleich großen Zellen auch gleich große Etagen.

In ähnlicher Weise lassen sich neben Ort und Geschwindigkeitsquadrat noch weitere Größen in die Betrachtung einbeziehen, was dann zu entsprechend mehr möglichen Zuständen für jedes einzelne Teilchen führt. Bei nicht unterscheidbaren Teilchen gibt es die meisten Situationen bei Gleichverteilung. Für den hierzu gehörenden beobachtbaren Makrozustand gibt es deshalb die meisten Realisierungen Ω_R durch verschiedene Mikrozustände. Der Fall der Gleichverteilung auf gleich große Zellen besitzt also die höchste Wahrscheinlichkeit. Bei dieser Wahrscheinlichkeit handelt es sich, wie beim Würfelwurf, um eine objektive Größe, die nicht von der Einschätzung eines Beobachters abhängt, was in der Informationstheorie oft der Fall ist, siehe Bemerkungen zur Wahrscheinlichkeit in Abschn. 2.2.2.

3.3.3 Zweiter Hauptsatz der Thermodynamik und zu Statistiken

Mit der Aussage **[3.6]** lässt sich das Zustandekommen des nachfolgenden sogenannten zweiten Hauptsatzes der Thermodynamik erklären. Bei diesem 2. Hauptsatz der Thermodynamik handelt es sich um einen ursprünglich aus der Naturbeobachtung abgeleiteten Erfahrungssatz, der wie folgt lautet:

[3.7] 2. Hauptsatz der Thermodynamik

In einem abgeschlossenen System strebt die Entropie eines Gases immer einem Maximum zu. Dieser Fall maximaler Entropie wird als „Thermodynamisches Gleichgewicht“ bezeichnet.
Mikroskopisch erklärt sich das Streben nach maximaler Entropie damit, dass der makroskopische Zustand maximaler Entropie maximal viele Realisierungen besitzt und deshalb bei gleich großen Zellen und gleich großen Subzellen (Etagen) mit maximaler Wahrscheinlichkeit auftritt.

Der 2. Hauptsatz gilt sinngemäß auch für zahlreiche andere Prozesse in der Natur:
Wenn beispielsweise ein Tropfen blaue Tinte in ein Glas Wasser fällt, dann verteilen sich die Farbteilchen der Tinte allmählich im gesamten Glas und färben das Wasser gleichmäßig bläulich. Diese Gleichverteilung der Farbteilchen entspricht ihrer maximalen Entropie. Der umgekehrte Fall, dass sich alle Farbteilchen ausgehend von einer Gleichverteilung an einer Stelle sammeln und an den anderen Stellen das Wasser dadurch entfärbt wird, ist nie beobachtet worden.

Auch die Beobachtung, dass Wärme von einer Substanz höherer Temperatur in Richtung zur Substanz niederer Temperatur fließt, erklärt sich mit dem 2. Hauptsatz. Dieses Phänomen wird nachfolgend eingehender erläutert.

A: *Wärmefluss von wärmerer zur kälteren Substanz*

Betrachtet werden zwei Gefäße A und B, siehe Abb. 3.9. Im Gefäß A befindet sich Gas der Temperatur T_A, im Gefäß B befindet sich das gleiche Gas der höheren Temperatur $T_B > T_A$. Gas setzt sich aus einzelnen Gasteilchen zusammen, die mit unterschiedlichen Geschwindigkeiten u_i herumfliegen. Wie in Abschn. 3.2.1 erläutert wurde, bestimmt der Mittelwert der Geschwindigkeitsquadrate u_i^2 die Temperatur T des Gases, siehe (3.20) und (3.18).

In Abb. 3.9a ist der Bereich der Geschwindigkeitsquadrate u_i^2 von null bis zum Maximalwert in fünf gleich große Intervalle (1), (2), ... , (5) unterteilt. Intervall (1) erfasst die langsamsten, Intervall (5) die schnellsten Teilchen im Gefäß A. In Abb. 3.9b ist der Bereich der Geschwindigkeitsquadrate in sieben Intervalle unterteilt, weil das Gas im Gefäß B eine höhere Temperatur $T_B > T_A$ hat als das Gas im Gefäß A. Sowohl im Gefäß A als auch im Gefäß B sei die Entropie maximal. Ansonsten wird der Einfachheit halber davon ausgegangen, dass die einzelnen Intervalle in beiden Gefäßen jeweils so groß[3.5] gewählt werden, dass sie bei maximaler Entropie des Gases gleich viele Teilchen enthalten, also Gleichverteilung herrscht. Die Intervalle oder Etagen bilden damit gleich große Subzellen, in welche die Zellen in Abschn. 3.3.2 weiter unterteilt sind.

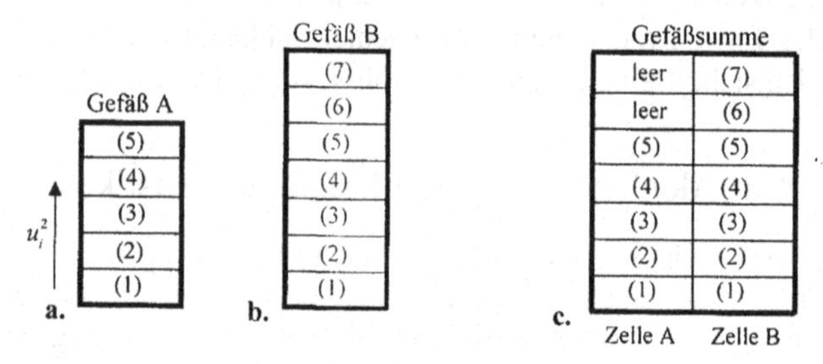

Abb. 3.9 Zur Erläuterung der Richtung des Wärmetransports
a. Gefäß mit Gas der Temperatur T_A,
b. Gefäß mit Gas der Temperatur T_B
c. Durch Zusammenfügung beider Gefäße gebildetes System

Wenn nun wie in Abb. 3.7b die beiden Gefäße zusammengefügt werden, so dass die Gasteilchen ungehindert von dem einen in das andere Gefäß fliegen können, siehe Abb. 3.9c, dann kann man die so entstandene Gefäßsumme als ein System mit zwei Zellen A und B ansehen. Im Unterschied zu Abb. 3.8 haben hier in Abb. 3.9b die beiden Zellen aber mehrere Etagen. Weil von Zelle B auch Teilchen aus der dortigen Etage (7) nach Zelle A gelangen, muss auch Zelle A jetzt sieben Etagen aufweisen, was vor der Zusammenfügung nicht der Fall war. Unmittelbar bevor die ersten schnellen Teilchen aus den Etagen (6) und (7) der Zelle B in die Zelle A gelangen, waren dort diese Etagen (6) und (7) leer, wie das in Abb. 3.9b dargestellt ist. Wenn leere Etagen vorhanden sind, liegt mit Sicherheit keine Gleichverteilung der Gasteilchen vor, d.h. dass am Anfang die Entropie in der Gefäßsumme nicht maximal ist. Aus dem Streben nach maximaler Entropie, das der 2. Hauptsatz fordert, folgt ein Transport von Wärme vom Gas der höheren Temperatur zum Gas der niederen Temperatur.

[3.5] Bei Gasen sind die Geschwindigkeitsquadrate der Teilchen im Unterschied zur örtlichen Teilchendichte nicht gleichmäßig verteilt, sondern genügen der sogenannten Maxwell-Boltzmann-Verteilung. Gleichverteilung der Gasteilchen bedingt unterschiedlich große Intervalle für die Geschwindigkeitsquadrate.

Der 2. Hauptsatz der Thermodynamik gilt nicht nur für ideale Gase, sondern auch für Flüssigkeiten (vergl. obiges Beispiel mit dem Topfen Tinte im Wasserglas) und Festkörper. Bei Festkörpern schwingen die Teilchen um eine feste Mittellage umso stärker, je höher die Temperatur des Festkörpers ist. Die Wärmeausbreitung bei Festkörpern besteht darin, dass die stärkeren Schwingungen des heißeren Teils die schwächeren Schwingungen von benachbarten kälteren Teile verstärken.

Zusatzbemerkungen zum 2. Hauptsatz:

1.) Der 2. Hauptsatz der Thermodynamik ist einer der mysteriösen Sätze der Physik, weil er im Unterschied zu vielen anderen physikalischen Gesetzen eine Zeit*richtung* enthält. Diese Zeitrichtung kehrt sich nicht von selbst um. Eine Reduzierung der Entropie, d.h. die Herstellung einer größeren Ordnung im System, ist nur durch eine von außerhalb des Systems kommende Einwirkung möglich. Über diesen Hauptsatz ist deshalb schon viel spekuliert worden.

2.) Die Anzahl der Realisierungen Ω_R eines Makrozustands hängt davon ab, wie grob oder fein die Quantisierung des Geschwindigkeitsquadrats in Abb. 3.9 durchgeführt wird. Je feiner die Quantisierung, d.h. je schmaler die Intervalle gewählt werden, desto größer wird die Anzahl der Realisierungen Ω_R und damit nach (3.41) die Entropie S. Gleiches gilt für die Quantisierung des Ortes eines Teilchens durch die Wahl der Zellengröße. Für dieses Problem, wie fein die Quantisierung von Ort und Geschwindigkeitsquadrat zu treiben ist, liefert die auf W. Heisenberg zurückgehende Unschärferelation der Quantenphysik eine Grenze, deren Unterschreitung keine Verbesserung der Genauigkeit ergibt. Die Heisenberg'sche Unschärferelation besagt, dass Ort x und Geschwindigkeit u eines bewegten Teilchens der Masse m nie zugleich beliebig genau bestimmbar sind. Je präziser der Ort gemessen wird, desto ungenauer wird die Messung der Geschwindigkeit an diesem Ort und umgekehrt, je präziser die Geschwindigkeit gemessen wird, desto ungenauer wird die Messung des Orts. Zwischen der Unsicherheit der Ortsangabe Δx und der Unsicherheit der Geschwindigkeitsgabe Δu gilt:

$$\Delta x \cdot \Delta u \geq \frac{h}{2\pi \cdot m} \tag{3.47}$$

Hierbei ist h das in (3.16) angegebene Planck'sche Wirkungsquantum. Bei Berücksichtigung von (3.47) lässt sich die Entropie S eines Gases aus dessen innere Energie E, dem Gasvolumen V, der Masse m eines Gasteilchens und der Anzahl N der Gasteilchen exakt berechnen. Eine fertige Formel dafür haben Sackur und Tetrode hergeleitet. Diese Formel samt Herleitung ist bei Wikipedia im Internet zu finden.

3.) Eine andere Frage betrifft die Funktion der Zellen. In der obigen Betrachtung wurde zugelassen, dass sich in einer Zelle beliebig viele gleiche Teilchen befinden können. Die von diesem Fall ausgehende Ermittlung von Wahrscheinlichkeiten wird als Bose-Einstein-Statistik bezeichnet. Bei einem anderen Konzept, der Fermi-Dirac-Statistik, wird vorausgesetzt, dass sich in jeder Zelle immer entweder nur ein oder kein Teilchen befinden darf, dass also niemals mehr als ein Teilchen in der selben Zelle sein darf. Von der Fermi-Dirac-Statistik wird später in Abschn. 3.5.2 die Rede sein. Diese und noch weitere Arten von Statistiken sind z.B. im Buch über statistische Physik von F. Reif (1985) ausführlich dargestellt. Alle Statistiken führen zum gleichen Ergebnis, dass der Zustand der Gleichverteilung mit der höchsten Wahrscheinlichkeit auftritt. Der 2. Hauptsatz der Thermodynamik bleibt damit gültig. Es werden nur unterschiedliche Zwischenzustände betrachtet.

4.) Bei allen obigen Betrachtungen, die zum 2. Hauptsatz der Thermodynamik führten, und auch bei der Bemerkung 2.) wird vorausgesetzt, dass zusammenstoßende Teilchen sich wie Billardkugeln verhalten und den Gesetzen des elastischen Stoßes folgen. Es gibt durchaus reale Fälle, bei denen dieses Verhalten nicht gilt, z.B. wenn zusammenstoßende Teilchen chemisch miteinander reagieren, wenn Nahkräfte wirksam werden, die zu einem Zusammenklumpen von Teilchen führen, wenn der Stoß derart heftig ist, dass Teilchen zerbersten und in weiteren Fällen.

3.3.4 Quantitativer Bezug zwischen thermodynamischer Entropie und Informationshöhe

In Abschn. 3.3.1 wurden anhand von Abb. 3.8 die Begriffe Mikrozustand und Makrozustand erläutert. Während es für jeden Mikrozustand nur eine einzige Realisierung gibt, kann wegen der Nichtunterscheidbarkeit von Teilchen der selbe Makrozustand durch verschiedene Mikrozustände realisiert werden. Bei N Teilchen und M Zellen berechnet sich die Anzahl der Mikrozustände v_N gemäß (3.44). Wenn jeder Mikrozustand gleichwahrscheinlich ist, was allgemein vorausgesetzt wird, dann hat jeder Mikrozustand die Wahrscheinlichkeit $1/v_N$. Wie mit (3.40) und (3.41) erläutert wurde, hat der Makrozustand Z_i bei $\Omega_R(Z_i)$ Realisierungen die Wahrscheinlichkeit $P(Z_i)$

$$P(Z_i) = \frac{\Omega_R(Z_i)}{v_N} \tag{3.48}$$

Damit und mit (2.13) berechnet sich die Höhe der Information, die das Ereignis des eingetroffenen Makrozustands Z_i liefert, zu

$$H_e(Z_i) = \operatorname{ld}\frac{1}{P(Z_i)} = \operatorname{ld}\frac{v_N}{\Omega_R(Z_i)} = \operatorname{ld} v_N - \operatorname{ld}\Omega_R(Z_i) \tag{3.49}$$

Der Ausdruck $\operatorname{ld} v_N$ gibt die Informationshöhe des Mikrozustandes an, welcher den Makrozustand Z_i realisiert, weil, wie oben gesagt, $1/v_N$ die Wahrscheinlichkeit des Mikrozustands ist. Der Ausdruck $\operatorname{ld}\Omega_R(Z_i)$ ist nach (3.41) proportional zur thermodynamischen Entropie S des realisierten Makrozustands Z_i. Mit der Umrechnung (2.17) und mit (3.41) erhält man nämlich für

$$\operatorname{ld}\Omega_R(Z_i) \approx 1{,}4427 \cdot \ln \Omega_R(Z_i) = 1{,}4427\frac{S}{k_B} \tag{3.50}$$

Mit (3.50) führt die Beziehung (3.49) also auf die folgende Aussage:

[3.8] Quantitativer Zusammenhang von thermodynamischer Entropie und Informationshöhe:

Die thermodynamische Entropie S des Makrozustands Z_i ist ein Maß dafür, um wieviel die (bei gegebener Teilchenzahl N bekannte) Informationshöhe des Mikrozustands verringert werden muss, um die Informationshöhe des Makrozustandes Z_i zu erhalten. Bei bekannter Teilchenzahl sind also Informationshöhe und thermodynamische Entropie eines eingetretenen Makozustandes ineinander umrechenbar.

Bei der Aussage **[3.8]** muss beachtet werden, dass es sich nur um die Höhen von Informationen handelt, die allein noch keine Aussage darüber liefern, welcher spezielle Mikrozustand eingetreten ist, der den betrachteten Makrozustand realisiert.

3.3.5 Erwartungswert von thermodynamischer Entropie und Informationshöhe

Zu Beginn der statistischen Beschreibung in Abschn. 3.3.1 wurde bereits gesagt, dass wegen der ständigen Bewegung der Gasteilchen die „beobachtbaren" Makrozustände Z_i zufällige Größen sind, die mit der Wahrscheinlichkeit $P(Z_i)$ auftreten, siehe (3.40). Damit kann auch die thermodynamische Entropie S als eine Zufallsgröße angesehen werden, weil sie über (3.41) zu einem momentan vorliegenden Makrozustand gehört.

Der Erwartungswert für eine Zufallsgröße berechnet sich nach den im 2. Kapitel vor Formel (2.92) durchgeführten Überlegungen allgemein in der Weise, dass jeder Wert, den die Zufallsgröße annehmen kann, mit der Wahrscheinlichkeit, mit der dieser Wert auftritt, multipliziert wird, und alle diese Produkte aufaddiert werden.

Wenn R verschiedene Makrozustände $Z_1, Z_2, Z_3, \dots, Z_R$ unterschieden werden können, dann gibt es mit (3.41) entsprechend auch R verschiedene Werte $S_1, S_2, S_3, \dots, S_R$ für die Entropie S. Die zugehörigen Wahrscheinlichkeiten seien mit $P(S_1)$, $P(S_2)$, $P(S_3)$, ... , $P(S_R)$, bezeichnet. Der Erwartungswert für die Entropie berechnet sich damit zu

$$\langle S \rangle = \sum_{n=1}^{R} P(S_n) \cdot S_n \tag{3.51}$$

Wegen des Energieerhaltungssatzes ist mit einer Änderung des Makrozustands Z keine Änderung der in (3.19) und (3.20) angegebenen inneren Energie E des Gases verbunden. Für alle Makrozustände eines Gases ist die innere Energie gleich hoch.

Interessant ist der Zusammenhang zwischen dem Erwartungswert $\langle S \rangle$ der thermodynamischen Entropie und der informationstheoretischen Entropie $\langle H \rangle$. Hierzu sei auf das einfache Beispiel in Abb. 3.8 zurückgegriffen. Dort wurde ein Gefäß betrachtet, in dem sich $N = 4$ Teilchen befinden. Bei Unterteilung des Gefäßes in $M = 2$ Zellen gibt es insgesamt $v_N = 16$ Mikrozustände. Unterscheidbar sind aber nur 5 mögliche Makrozustände Z_n, $n = 0, 1, 2, 3, 4$. Dieses Beispiel lieferte

- für die Anzahlen der Realisierungen $\Omega_\mathrm{R}(Z_n)$ der einzelnen Makrozustände:

$$\Omega_\mathrm{R}(Z_0) = 1, \quad \Omega_\mathrm{R}(Z_1) = 4, \quad \Omega_\mathrm{R}(Z_2) = 6, \quad \Omega_\mathrm{R}(Z_3) = 4, \quad \Omega_\mathrm{R}(Z_4) = 1 \tag{3.52}$$

- für deren Wahrscheinlichkeiten:

$$P(Z_0) = \tfrac{1}{16}, \quad P(Z_1) = \tfrac{4}{16}, \quad P(Z_2) = \tfrac{6}{16}, \quad P(Z_3) = \tfrac{4}{16}, \quad P(Z_4) = \tfrac{1}{16} \tag{3.53}$$

Damit ist für alle $n = 0, 1, 2, 3, 4$

$$\Omega_\mathrm{R}(Z_n) = 16 \cdot P(Z_n) = v_N \cdot P(Z_n) \tag{3.54}$$

und für die zugehörigen Entropien

$$S_n = k_\mathrm{B} \cdot \ln \Omega_\mathrm{R}(Z_n) = k_\mathrm{B} \cdot \ln\{16\, P(Z_n)\} = k_\mathrm{B} \cdot \ln\{v_N P(Z_n)\} \tag{3.55}$$

Mit den Regeln $\ln a \cdot b = \ln a + \ln b$ und $\ln a = -\ln \frac{1}{a}$ folgt

$$S_n = k_\mathrm{B} \cdot \ln \Omega_\mathrm{R}(Z_n) = k_\mathrm{B} \cdot \ln\{16\, P(Z_n)\} = k_\mathrm{B} \cdot \ln 16 - k_\mathrm{B} \cdot \ln \frac{1}{P(Z_n)} = k_\mathrm{B} \cdot \ln V_N - k_\mathrm{B} \cdot \ln \frac{1}{P(Z_n)} \tag{3.56}$$

In den Beziehungen (3.54) bis (3.56) ist neben dem speziellen Wert 16 auch der allgemeine Wert v_N für die Anzahl der Mikrozustände mit aufgeführt.

Die Wahrscheinlichkeiten für die verschiedenen Entropien $P(S_n)$ sind mit den Wahrscheinlichkeiten der zugehörigen Makrozustände $P(Z_n)$ identisch. Der Erwartungswert $\langle S \rangle$ der Entropie ergibt sich durch Einsetzen von (3.56) und $P(S_n) = P(Z_n)$ in Formel (3.51) allgemein zu

$$\begin{aligned} \langle S \rangle = \sum_{n=1}^{R} P(S_n) \cdot S_n &= \sum_{n=1}^{R} P(Z_n) \left[k_\mathrm{B} \ln v_N - k_\mathrm{B} \ln \frac{1}{P(Z_n)} \right] = \\ &= k_\mathrm{B} \ln v_N \sum_{n=1}^{R} P(Z_n) - k_\mathrm{B} \sum_{n=1}^{R} P(Z_n) \ln \frac{1}{P(Z_n)} \end{aligned} \tag{3.57}$$

Berücksichtigt man, dass die Summe der Wahrscheinlichkeiten aller Makrozustände den Wert Eins haben muss, siehe auch (3.53), $\sum_{n=1}^{R} P(Z_n) = 1$, und $\frac{1}{v_N} = P(Z_{(\mu)})$ gleich der Wahrscheinlichkeit eines jeden Mikrozustands $Z_{(\mu)}$ ist, dann erhält man aus (3.57) mit Einführung des dyadischen Logarithmus (2.17)

$$\langle S \rangle = k_\mathrm{B} \ln 2 \cdot \mathrm{ld} \frac{1}{P(Z_{(\mu)})} - k_\mathrm{B} \ln 2 \cdot \sum_{n=1}^{R} P(Z_n)\, \mathrm{ld} \frac{1}{P(Z_n)} = k_\mathrm{B} \ln 2 \cdot \left[H_e(Z_{(\mu)}) - \langle H \rangle \right] \tag{3.58}$$

Hierin ist $\mathrm{ld} \frac{1}{P(Z_{(\mu)})} = H_e$ nach (2.127) die Informationshöhe eines Mikrozustands. Jeder Mikrozustand ist gleichwahrscheinlich und hat die gleiche Informationshöhe.

$\sum_{n=1}^{R} P(Z_n)\, \mathrm{ld} \frac{1}{P(Z_n)}$ ist nach (2.127) die informationstheoretische Entropie $\langle H \rangle$ der Makrozustände. Damit ist der Erwartungswert der thermodynamischen Entropie $\langle S \rangle$ proportional zur Differenz $\left[H_e(Z_{(\mu)}) - \langle H \rangle \right]$ von Informationshöhe eines Mikrozustands und informationstheoretischer Entropie der Makrozustände.

Dieser Zusammenhang sei nun wie folgt festgehalten:

> **[3.9]** Erwartungswert von thermodynamischer Entropie und Informationshöhen
>
> Die Differenz zwischen der Informationshöhe H_e des Mikrozustands und der mittleren Informationshöhe der Makrozustände $\langle H \rangle$ liefert ein Maß für den Erwartungswert der thermodynamischen Entropie $\langle S \rangle$.

3.3.6 Entropie nach Gibbs und Shannon

Beim Thema „Thermodynamische Entropie“ werden derzeit drei Zugänge unterschieden. Der historisch erste Zugang von Clausius geht von einer makroskopischen Betrachtung des Wärmetransports mit dem Ansatz (3.33) aus. Der historisch zweite Zugang von Boltzmann geht von der Betrachtung des momentanen Ortes einzelner Gasteilchen und dem damit gebildeten Mikrozustand aus. Wegen der Nichtunterscheidbarkeit der einzelnen Teilchen bilden in den meisten Fällen unterschiedliche Mikrozustände den gleichen beobachtbaren Makrozustand. Die Anzahl der verschiedenen Mikrozustände, die den gleichen Makrozustand bilden, liefert die Entropie des Makrozustands, siehe Abb. 3.8 und Formel (3.41). Diese Entropie ist, wie in Abschn. 3.3.3 erläutert, für den Wärmetransport maßgebend.

Ein dritter Zugang zur Entropie, der von J. W. Gibbs stammt, geht von der momentanen Höhe der kinetischen Energie E_i der einzelnen Gasteilchen aus. Betrachtet wird ein System von N Gasteilchen in einem konstanten Volumen V. Vorausgesetzt wird, dass die Energie E_i eines Gasteilchens nur M verschiedene diskrete Werte der Energie $E_1, E_2, ..., E_i, ..., E_M$ annehmen kann. Aus der damit möglichen Vielzahl an Mikrozuständen werden nur diejenigen Mikrozustände betrachtet, für welche die Summe der kinetischen Energien aller N Gasteilchen gleich ist und gemäß (3.20) den Wert der inneren Energie E des Gases hat. Diese Mikrozustände bilden ein sogenanntes „mikrokanonisches Ensemble“. Die Wahrscheinlichkeit, mit der im Ensemble ein spezieller Wert E_i auftritt, sei mit $P_i(E_i)$ bezeichnet. Der Reziprokwert der Wahrscheinlichkeit $P_i(E_i)$ ist, wie auch die Formel (3.55) zeigt, ein Maß für die Anzahl $\Omega_R(E_i)$ an Realisierungen von E_i. Nach Gibbs berechnet sich in Anlehnung an (3.41) und (3.55) die Entropie $\langle S\rangle$ aus dem Erwartungswert für den Logarithmus der Wahrscheinlichkeit $P_i(E_i)$ für die Teilchen der Energie E_i zu

$$\langle S\rangle = k_B \sum_{\text{alle } i} P_i(E_i) \ln \frac{1}{P_i(E_i)} \tag{3.59}$$

Hierin bedeutet k_B wieder die Boltzmann-Konstante wie in (3.41). Die Summe über alle $P_i \ln(1/P_i)$ stellt den wahrscheinlichkeitstheoretischen Erwartungswert des Ausdrucks $\ln(1/P_i)$ dar. Mit $1/P_i(E_i)$ wird bei Gibbs also nur ein Maß für die Anzahl $\Omega_R(E_i)$ benutzt, nicht die Anzahl selbst.

Beispiel:
Betrachtet sei wie in Abb. 3.8 ein System mit vier zunächst unterscheidbaren Teilchen a, b, c, d. Die kinetische Energie E_i jedes dieser Teilchen soll nur einen der (normierten) diskreten Werte 1, 2, 3 annehmen können, wobei aber die Summe der Energien E_i stets den Wert der inneren Energie $E = 8$ haben soll. Das ist der Fall bei $E_a = 2$, $E_b = 2$, $E_c = 2$, $E_d = 2$ sowie bei $E_a = 1$, $E_b = 2$, $E_c = 2$, $E_d = 3$ und bei elf weiteren Fällen, die aus Platzgründen hier nicht aufgeführt werden. In den insgesamt 13 Fällen hat das Teilchen a siebenmal die Energie $E_a = 2$ und nur je dreimal die Werte $E_a = 1$ und $E_a = 3$. Das gleiche Ergebnis gilt für die Teilchen b, c, d. Wenn die Teilchen nicht unterschieden werden können, also a = b = c = d = x ist, dann hat das Teilchen x 28 mal den Wert 2 und nur je 12 mal den Wert 1 oder den Wert 3. Bei insgesamt $13 \cdot 4 = 52$ Werten ergeben sich damit die Wahrscheinlichkeiten zu

$$P_1(E_1 = 1) = \tfrac{12}{52} = \tfrac{3}{13},\; P_2(E_2 = 2) = \tfrac{28}{52} = \tfrac{7}{13},\; P_3(E_3 = 3) = \tfrac{12}{52} = \tfrac{3}{13}$$

Diese Wahrscheinlichkeiten werden auch als „Zustandsdichten“ der diskreten Energien E_i bezeichnet.

Der Umstand, dass die von Shannon aufgestellte Formel (2.127) für den Erwartungswert der Informationshöhe $\langle H \rangle$ bis auf einen Proportionalitätsfaktor k_B ln2 mit der Formel (3.59) für die Entropie übereinstimmt, hatte Shannon dazu veranlasst, ebenfalls die Bezeichnung „Entropie" zu verwenden:

$$\langle S \rangle = k_B \sum_{\text{alle } i} P_i \ln \frac{1}{P_i} = k_B \ln 2 \sum_{\text{alle } i} P_i \,\mathrm{ld} \frac{1}{P_i} = k_B \ln 2 \langle H \rangle \tag{3.60}$$

Die Aufstellung der Formel (3.59) basiert auf der Voraussetzung, dass nur eine diskrete Menge von Energiewerten vorkommt, d.h. dass es keine kontinuierliche Veränderung von Energiewerten gibt. Dies ist in der Quantenphysik in der Tat der Fall, weshalb dort durchweg die Beziehung (3.59) verwendet wird.

Die konkrete Bestimmung der Wahrscheinlichkeiten P_i für die einzelnen Mikrozustände geschieht in der Quantenphysik mit Hilfe einer auf Maxwell und Boltzmann zurückgehenden Beziehung für ein mikrokanonisches Ensemble, vergl. Fußnote 3.5.

3.4 Beziehungen zwischen Signal, Energie, Entropie und Informationshöhe

Eine Auflistung verschiedener Erscheinungsformen von Signalen, mit denen Nachrichten bzw. Information dargestellt oder transportiert werden, wurde mit Abschn. 1.1 im 1. Kapitel geliefert. Genannt wurden dort akustische Signale, optische Signale, chemische Signale, mechanische Signale und elektrische Signale. Diese Liste ist möglicherweise unvollständig. Allen genannten Signalen ist gemeinsam, dass mit ihrer Wahrnehmung ein Energietransfer verbunden ist.

Die hier folgende Beschreibung von physikalischen Eigenschaften der verschiedenen Signale bleibt aus Umfangsgründen auf das Notwendigste beschränkt. Einige weitere Angaben finden sich im 5. Kapitel bei der Beschreibung von Sinnesorganen in Abschn. 5.5.

Akustische Signale sind Schallschwingungen. Diese breiten sich nur in festen, flüssigen und gasförmigen (Luft) Medien aus. Im Vakuum gibt es keinen Schall. Die Schwingungen bestehen in der (bei reinen Tönen periodischen) zeitlichen hin-und-her-Bewegung des Mediums meist in Richtung der Schallausbreitung. Charakteristisch sind dabei die Schallschnelle, mit der sich das Medium bzw. dessen Teilchen bewegen, und der dabei ausgeübte Schalldruck. Beide zusammen bestimmen die pro Fläche und Zeit übertragene Schallenergie [siehe z.B. Gerthsen (1956)]. Schallenergie ist physikalisch eine mechanische Energie.

Optische Signale (Licht) sind wie Funkwellen elektromagnetische Schwingungen. Nach Maxwell erzeugt ein sich zeitlich änderndes elektrisches Feld ein sich zeitlich änderndes magnetisches Feld und umgekehrt. Licht und Funkwellen breiten sich vornehmlich im Vakuum aus und bedingt auch in festen, flüssigen und gasförmigen Medien, wo die Schwingungen aber Energie an das Medium abgeben und dadurch gedämpft werden. Abhängig vom Medium kann die Dämpfung so stark sein, dass bereits nach kurzer Wegstrecke die Schwingung völlig weggedämpft wird. Die elektrische Feldstärke und die magnetische Feldstärke bestimmen die mit einer elektromagnetischen Schwingung pro Fläche und Zeit übertragene Energie [siehe z.B. Gerthsen (1956)].

Die Wahrnehmung akustischer und optischer Signale erfolgt durch Absorption eines Teils der von den Schwingungen transportierten Energie durch die Sinnesorgane bei Menschen und Tieren und durch Sensoren bei Maschinen.

Chemische Signale werden z.B. dadurch wahrgenommen, dass ihre in der Regel gasförmigen Teilchen (Duft) im Sinnesorgan (Nase) chemische Reaktionen auslösen, die mit einem Energieaustausch verbunden sind.

Mechanische Signale bestehen in einer unmittelbaren Ausübung von mechanischer Arbeit, was dasselbe ist wie der Transfer von mechanischer Energie.

Elektrische Signale, die über elektrisch leitende Drähte oder Kabel übertragen werden, sind eng verwandt mit den drahtlos übertragenen elektromagnetischen Schwingungen von Licht und Funkwellen. Ein Unterschied besteht nur darin, dass durch den Draht aufgrund eines von außen angelegten elektrischen Feldes (Spannung) noch freie Elektronen fließen, die ihrerseits ein magnetisches Feld erzeugen. Besonders interessant ist, dass die vom elektrischen Signal im Leiter hervorgerufene geometrische Anordnung der freien Elektronen eine physikalische Entropie hervorruft, für die Brillouin eine Formel hergeleitet hat, die (bis einen einem konstanten Vorfaktor) mit der Formel für die informationstheoretische Entropie von Shannon übereinstimmt. Dieser Punkt wird in Abschn. 3.5.2 näher erläutert.

In der Elektrotechnik wird der Transport von Elektronen über elektrisch leitende Drähte oder Kabel nicht nur für die Übertragung von Nachrichten und Information benutzt sondern in sehr hohem Maß auch für den bloßen Transport von Energie, die man zu Hause der Steckdose entnehmen kann und mit der in der Regel keine Information übertragen wird.

Für die anderen oben genannten Signalarten gelten die gleichen Situationen. Mit jeder Übertragung von Nachrichten und Information mittels Schall ist ein Energietransport verbunden, aber umgekehrt muss nicht jede Schallschwingung (z.B. konstanter Lärm) Nachrichten und Information transportieren. Ebenso muss nicht jede chemische Reaktion und jeder mechanische Energietransport Information liefern.

An dieser Stelle sei der Klarheit wegen daran erinnert, dass „Information" keine objektive, sondern eine subjektive Größe ist. Ihr Empfang setzt beim Empfänger von Information eine Erwartung voraus, siehe Abschn. 1.1 und 2.1, wobei die Erwartung auch nach Eintreffen eines Ereignisses geweckt sein kann und erst im Nachhinein die Wahrscheinlichkeit des Ereignisses bestimmt wird, siehe Abschn. 2.4.2. Es gilt deshalb generell:

[3.10] Übertragung und Wahrnehmung von Information

Jede Übertragung und Wahrnehmung von Information ist mit einem Transfer von Energie verbunden, aber umgekehrt ist nicht jeder Transfer von Energie mit Information verbunden.

3.4.1 Erforderliche Energie und Zeit für eine elektrische Informationseinheit

Im 2. Kapitel wurde mit der Beziehung (2.16) die Einheit der Informationshöhe eingeführt und als „bit" bezeichnet. 1 bit an Information lässt sich physikalisch durch ein einzelnes Binärsymbol „Bit" darstellen, siehe 1. Kapitel Abb. 1.3. Hier in diesem Abschnitt geht es nun um die Frage, eine wie hohe Energie E_{Bit} für die Darstellung eines Bit mindestens aufgewendet werden muss, wenn das Bit durch ein elektrisches Signal dargestellt wird.

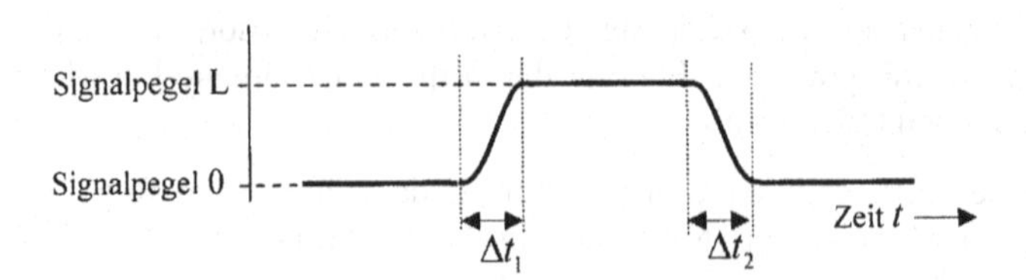

Abb. 3.10 Schaltverhalten beim CMOS-Transistor (qualitativ)

Ein einzelnes Bit der in Abb. 1.3b dargestellten Bitfolge lässt sich elektrisch nicht als exakter Rechteckimpuls mit senkrechten Flanken herstellen, sondern nur etwa so, wie das in Abb. 3.10 gezeigt ist. Die Übergänge von Signalpegel 0 zu Signalpegel L und umgekehrt benötigen eine endliche Anstiegszeit Δt_1 und Abfallzeit Δt_2.

Ein CMOS-Transistor nimmt (im Unterschied zu den in der Frühzeit der Computertechnik verwendeten Transistoren) nennenswerte Energie nur während dieser Anstiegs- und Abfallzeiten auf. In diesen Zeiten findet ein Transport elektrischer Ladungen statt, der den jeweils neuen Signalpegel (L oder 0) zur Folge hat. Die für ein Bit erforderliche Energie E_{Bit} ist also gleich der Arbeit W_{Bit}, die mit dem Ladungstransport von einem Signalpegel zum anderen Signalpegel verrichtet wird.

Die für ein Bit erforderliche Energie E_{Bit} kann allgemein auch als diejenige Energie verstanden werden, die mindestens benötigt wird, um in einem System von einem ursprünglichen Zustand in einen anderen Zustand, der vom ersten gerade noch unterscheidbar ist, zu gelangen. Nach L. Szillard (1929) beträgt diese Mindestenergie

$$E_{\text{Bit}} = k_{\text{B}} T \ln 2 \tag{3.61}$$

Die Beziehung (3.61) resultiert aus der kleinstmöglichen Entropie (3.42) $S_{\min} = \Delta S$, die über (3.33) die kleinste Energieportion $\Delta Q = E_{\text{Bit}}$ transportiert. k_{B} ist Boltzmann-Konstante (3.21) und T die absolute Temperatur.

Die mit E_{Bit} erreichbare minimale Anstiegszeit Δt_1 ergibt sich aus der kleinsten Wirkung $W_T = E_{\text{Bit}} \cdot \Delta t_1 = h$, die mit der Arbeit $W_{\text{Bit}} = E_{\text{Bit}}$ erzielbar ist und für die das Plancksche Wirkungsquantum h die untere Grenze angibt, siehe (3.16) und (3.15). Wenn Anstiegszeit und Abfallzeit beide minimal sein sollen $\Delta t_1 = \Delta t_2 = \Delta t$, dann erhält man für $T = 300$ K

$$E_{\text{Bit}} = k_{\text{B}} T \ln 2 \approx 1{,}38054 \cdot 10^{-23}\, 300 \ln 2 \text{ J} \approx 2{,}87 \cdot 10^{-21} \text{ J (Joule)} \tag{3.62}$$

$$\Delta t = t_{\text{Bit}} = \frac{h}{E_{\text{Bit}}} \approx \frac{6{,}626 \cdot 10^{-34} \text{ J s}}{2{,}87 \cdot 10^{-21} \text{ J}} \approx 2{,}308 \cdot 10^{-13} \text{ s (Sekunden)} \tag{3.63}$$

Wenn mit dem Ende der Anstiegszeit $\Delta t_1 = \Delta t$ schon das nächste Bit beginnen soll, und dieses den anderen Signalpegel hat, also ein Wechsel L $\rightarrow$ 0 stattfindet, wofür die Abfallzeit $\Delta t_2 = \Delta t$ benötigt wird, dann stellt Δt zugleich die kürzest mögliche Bitdauer t_{Bit} dar.

Die Darstellung von Information durch ein Signal benötigt damit nicht nur eine von null verschiedene Energie, sondern auch eine von null verschiedene Dauer.

Die Dauer $\Delta t = 2{,}308 \cdot 10^{-13}$ Sekunden ist zwar sehr kurz, jedoch länger als technisch herstellbare kurze Lichtimpulse (Laserimpulse), die nur 10^{-14} Sekunden dauern. Mit Licht lassen sich deshalb sehr viel kürzere Impulse als mit elektrischem Strom erzeugen, weil die Photonen im Unterschied zu Elektronen keine Masse besitzen. [Die Boltzmann-Konstante ist wegen (3.20) und (3.21) mit der kinetischen Energie von Masse-behafteten Teilchen verknüpft]. Von großem Interesse für die Computertechnologie sind deshalb logische Schaltungen, die mit Lichtimpulsen (d.h. mit Lichtquanten) arbeiten (sog. Quanten-Computer). Lichtquanten sind kleinstmögliche Energiemengen. Sie breiten sich im Vakuum mit Lichtgeschwindigkeit ($3 \cdot 10^8$ m/s) aus. Auch beim Konzept der Quantencomputer erfordert die Darstellung einer Informationseinheit (bit) eine Mindestenergie und eine zeitliche Mindestdauer.

Die Aussage **[3.10]** ist daher wie folgt zu erweitern:

[3.11] Mindestaufwand an Energie und Zeit für die Darstellung von Information

Information benötigt zur Darstellung, Übertragung und Wahrnehmung ein physikalisches Signal, dessen Erzeugung nicht ohne Aufwand an Energie und nicht in beliebig kurzer Zeit möglich ist. Die kleinste Informationshöhe 1 bit benötigt als Signal 1 Bit, dessen Realisierung durch ein elektrisches Signal mindesten $2{,}87 \cdot 10^{-21}$ Joule an Energie und eine Dauer von mindestens $2{,}308 \cdot 10^{-13}$ Sekunden erfordert.

3.4.2 Flächen-, Energie- und Leistungsbedarf für Logik-Operationen

Für die Computertechnologie ist die Frage von großer Bedeutung, ob für logische Verknüpfungen von Variablen (Bits) vom Prinzip her Energie erforderlich ist und wenn ja, wie viel Energie dabei mindestens aufgewendet werden muss. Obwohl mit fortschreitender Entwicklung neuer elektronischer Schaltungen erreicht wurde, dass einzelne Logik-Operationen mit immer weniger Energie ausgeführt werden, hat der Gesamtbedarf an Energie derart zugenommen, dass große Internetkonzerne wie Google ihre Serverzentren heute dort errichten, wo große Kraftwerke in der Nähe sind (wie das auch z.B. bei der Aluminium-Herstellung der Fall ist), damit die Stromversorgung preiswert sichergestellt ist [siehe z.B. Internet unter „google server farms". Dort findet man, dass in eine solche „farm" eine elektrische Leistung in Höhe von 300 MW benötigt, davon 200 MW für die Rechenoperationen und 100 MW für die Kühlung der Transistoren].

Für die Computertechnologie ist ferner die Frage von großer Bedeutung, ob die logische Verarbeitung von Information auf beliebig kleiner Fläche (oder in beliebig kleinem Volumen) möglich ist. Wie zu beobachten war, sind in den vergangenen Jahrzehnten riesige Fortschritte bezüglich Flächen- bzw. Raumbedarf gemacht worden. Die Rechenleistung von Anlagen, für die vor 50 Jahren große Hallen gebraucht wurden, wird heute von einem kleinen Personalcomputer geleistet, der einen nur geringen Platzbedarf auf dem Schreibtisch hat.

A: *Leistung bei minimaler Fläche und elektrische Ladung für ein Bit*

Zunächst sei der Frage nach dem Flächenbedarf für die Darstellung eines Bit nachgegangen. Die folgenden Ausführungen orientieren sich zwar an einer Veröffentlichung von N. Margolus und L.B. Levitin (1998), kommen aber zu Ergebnissen, die weniger Spielraum für weitere Entwicklungen übrig lassen.

Die geringstmögliche elektrische Ladung, mit welcher der in Abb. 3.10 diskutierte Ladungstransport bewerkstelligt werden kann, ist die Ladung e_0 eines einzelnen Elektrons, siehe (3.12). Dieses besitzt die in (3.13) angegebene Masse m_0 und bewegt sich beim Transport mit der mittleren Geschwindigkeit

$$u = \frac{a}{t_{\text{Bit}}} \tag{3.64}$$

wobei a die Länge des Transportweges kennzeichnet.

Wie schon in Abschn. 3.3.3 bei der Bestimmung der Entropie eines Gases gesagt wurde, lassen sich Ort x und Geschwindigkeit u eines bewegten Teilchens der Masse m nie zugleich beliebig genau bestimmen. Je präziser der Ort gemessen wird, desto ungenauer wird die Messung der Geschwindigkeit an diesem Ort und umgekehrt. Zwischen der Unsicherheit der Ortsangabe Δx und Unsicherheit der Geschwindigkeitsgabe Δu gilt die Heisenberg'sche Unschärferelation (3.47), die hier nochmal wiederholt sei. Darin ist h das Planck'sche Wirkungsquantum (3.16).

$$\Delta x \cdot \Delta u \geq \frac{h}{2\pi \cdot m} \tag{3.65}$$

Unter der Annahme, dass die Bitdauer t_{Bit} mit (3.63) relativ genau bestimmt wurde, liegt mit (3.64) die Unsicherheit bei Δx und Δu hauptsächlich in der Unsicherheit der Länge a des Transportweges. Aus (3.65) resultiert damit unter Berücksichtigung von (3.64) und (3.63) und Wahl der Masse m_0 eines einzelnen Elektrons

$$\Delta x \cdot \Delta x \geq \frac{h^2}{2\pi \cdot m_0 \cdot E_{\text{Bit}}} \tag{3.66}$$

Die kürzest mögliche Länge a, die zugleich die theoretisch kleinstmögliche Abmessung für einen Schalttransistor liefert, muss mindestens gleich der Unsicherheit Δx sein. Das liefert mit (3.66) und Einsetzen der Werte für h [siehe (3.16)] und E_{Bit} [siehe (3.62)]

$$a \geq \frac{h}{\sqrt{2\pi \cdot m_0 \cdot E_{\text{Bit}}}} \approx \frac{6,626 \cdot 10^{-34}\,\text{Js}}{\sqrt{2\pi \cdot 9,1085 \cdot 10^{-31}\,\text{kg} \cdot 2,87 \cdot 10^{-21}\,\text{J}}} \approx 5,117 \cdot 10^{-9}\,\text{m (Meter)} \tag{3.67}$$

Beim letzten Schritt der Berechnung wurde berücksichtigt, dass 1 J = 1 $\text{m}^2\text{kg/s}^2$ ist.

Die kleinsten mit derzeitiger Technologie hergestellten Transistoren haben einen Durchmesser von 32 Nanometer (das sind $32 \cdot 10^{-9}$ Meter). Auf einem Mikrochip von weniger als einem Quadratzentimeter Fläche werden viele Millionen Transistoren realisiert und miteinander verschaltet, siehe auch M. Fichetti (2011).

Besonders aufschlussreich ist die Höhe der Leistung P_L, die auf einem Quadratzentimeter (cm^2) Fläche umgesetzt wird, wenn die oben berechneten Grenzen für die minimale

Bitenergie E_{Bit} (3.62), kürzeste Bitdauer t_{Bit} (3.63) und kleinste Abmessung a (3.67) erreicht würden. Mit (3.66) und mit $a = 5{,}117 \cdot 10^{-7}$cm folgt

$$\frac{P_L}{a^2} = \frac{E_{\text{Bit}}}{t_{\text{Bit}} a^2} = \frac{2{,}87 \cdot 10^{-21}\ \text{J}}{2{,}308 \cdot 10^{-13}\ \text{s} \cdot (5{,}117 \cdot 10^{-7}\ \text{cm})^2} \approx 47500 \frac{\text{W}}{\text{cm}^2} \tag{3.68}$$

Diese Leistung von 47500W/cm^2 ist extrem hoch verglichen mit der Leistung von 8W/cm^2 einer Schnellkoch-Herdplatte. Der Mikrochip würde bei der mit (3.68) berechneten Leistung sofort verglühen und verdampfen. Die erreichbaren Grenzen der Halbleiter-Transistor-Elektronik werden also hauptsächlich von der dabei erzeugten Wärme bestimmt.

Schon beim jetzigen Entwicklungsstand bereitet die Kühlung der Mikrochips ein großes Problem. Große Rechenzentren nutzen die von den Computern erzeugte Wärme bisweilen zur Heizung der Gebäude.

Bemerkung:
Der Energiebedarf des menschlichen Gehirns ist ebenfalls relativ hoch, siehe z.B. R. F. Schmidt, G. Thews (1997). Der Bedarf liegt bei etwa 20% der gesamten durch den Stoffwechsel im Körper umgesetzten Energie. Nur die Leber, das Entgiftungsorgan des Körpers, setzt mehr Energie um, sie hat aber auch ein deutlich größeres Volumen als das Gehirn.

B: *Reine Logik-Operationen und Energiebedarf*

Ein anderes Problem betrifft die Frage, ob neben dem Energie-Bedarf der Elektronik eines Computers (bzw. des Stoffwechsels im Gehirn von Menschen und Tieren) noch zusätzliche Energie für die abstrakten logischen Prozesse bei der Informationsverarbeitung benötigt wird. Dies ist von verschiedenen Wissenschaftlern vermutet worden.

R. Landauer (1961) ist der Frage nachgegangen, ob in einem Computer bloße logische Schritte prinzipiell Energie erfordern, dass also auch dann Energie „verbraucht" (d.h. in Verlustwärme[3.6] umgesetzt) wird, wenn die Logik-Operationen mit (hypothetischen) elektronischen Prozessoren und Speichern durchgeführt werden, die selbst völlig verlustfrei arbeiten, d.h. ohne Energie auskommen. Seine Überlegungen starteten von *irreversiblen logischen Operationen.*

Irreversible thermische Prozesse resultieren aus dem 2. Hauptsatz der Thermodynamik **[3.7]**. Dieser erklärt, warum Wärme stets von einer wärmeren Substanz in Richtung zu einer kälteren Substanz führt aber nie in die entgegengesetzte Richtung (vergl. Abb. 3.9).

Entsprechend ist eine irreversible *logische* Operation dadurch gekennzeichnet, dass sie nur in eine Richtung möglich ist aber nicht in die entgegengesetzte Richtung. Das heißt, dass man aus dem Ergebnis einer irreversiblen logischen Operation nicht auf die Größen schließen kann, auf welche die Operation angewendet wurde. Als Beispiel nennen Bennett und Landauer (1985) die Addition 2 + 2 = 4. Aus dem „Additionsergebnis 4", kann man nicht auf „2 + 2" schließen, weil z.B. auch „1 + 3" das „Additionsergebnis 4" liefert. Bei irreversiblen logischen Operationen geht also nach Bennett „Information verloren".

In seiner Originalarbeit von 1961 betrachtete Landauer einen Binärspeicher, der entweder „0" oder „1" speichert. Ein solcher Binärspeicher ist das im 1. Kapitel in Abb. 1.17 dargestellte Flipflop. [Der dortige Signalwert „L" wird jetzt hier als „1" bezeichnet]. Als

[3.6] Vergl. hierzu die Ausführungen in den Abschnitten 3.1.2 und 3.2.4.

irreversible Operation wählte Landau die logische Operation „RESTORE TO ONE" (auf „1" setzen), was in Abb. 1.17b mit einen (kurzzeitigen) Signal $S = 1$ geschieht. Das Ausgangssignal ist dann $Q = 1$, egal ob vorher $Q = 0$ oder $Q = 1$war. Aus dem Ergebnis der Operation „RESTORE TO ONE" kann man nicht schließen, in welchem Zustand sich das Flipflop vorher befunden hat. Es gibt beim Computer keine irreversible logische Operation, die einfacher ist als die Operation „RESTORE TO ONE".

Als elementarste physikalische Realisierung eines Binärspeichers untersuchte Landauer sodann den Fall, dass sich ein thermisch bewegendes Teilchen in einem bistabilen Potenzialschacht befindet, siehe Abb. 3.11. [Das Potential kann man sich wie ein Schwerefeld vorstellen, das auf die Masse des Teilchens wirkt (vergl. Abb. 3.1). Wenn das Teilchen aus einer bestimmten Höhe auf den „Boden" fällt, dann hüpft es wie ein Ball wieder hoch, wobei sich bei gekrümmtem Boden die Richtung ändern kann. Im reibungsfreien Fall geht dabei keine Energie verloren]. Bei dem in Abb. 3.11 gezeichneten Verlauf des Potenzials kann sich das Teilchen aufgrund seiner beschränkten Bewegungsenergie entweder nur in der linken Schachthälfte „0" oder in der rechten Schachthälfte „1" aufhalten. Die thermischen Bewegungen des Teilchens seien so gering, dass sie nicht ausreichen, um über die Potenzialschwelle zu gelangen.

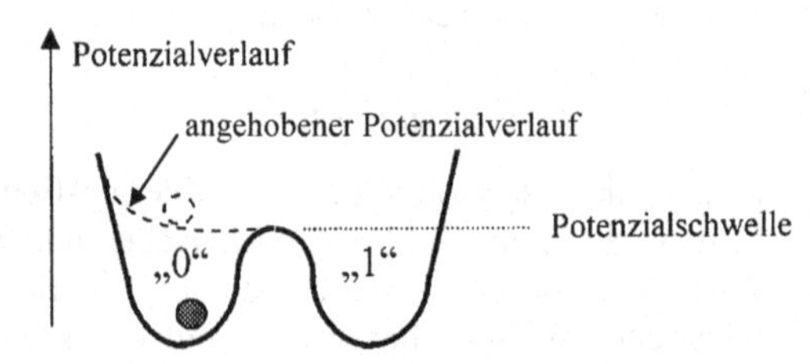

Abb. 3.11 Bistabiler Potenzialschacht mit Schachthälften „0" und „1" als mögliche Aufenthaltsorte eines Teilchens ● beim elementaren Binärspeicher

Um das Teilchen von der linken Schachthälfte „0" in die rechte Schachthälfte „1" zu befördern, muss eine zusätzliche äußere Kraft aufgewendet werden. Das kann dadurch geschehen, dass der Boden der linken Schachthälfte „0" vorübergehend so weit angehoben wird, dass das Teilchen in die rechte Schachthälfte „1" reinhüpft (siehe den gestrichelt gezeichneten Verlauf), wonach der Boden wieder auf das das alte Niveau abgesenkt wird. Befand sich das Teilchen schon vorher in der rechten Schachthälfte „1", dann bleibt es darin, wenn durch die „RESTORE TO ONE"-Operation der Boden der linken Schachthälfte „0" vorübergehend angehoben wird.

Landauer fand ausgehend von den Situationen in Abb. 3.11 und unter Benutzung von Beziehungen der statistischen Mechanik heraus, das beim Prozess des irreversiblen „RESTORE TO ONE" eines Binärspeichers eine thermodynamische Entropie ΔS_{Bit} nach außen an die Umgebung in Form von Wärme abgeführt wird, und dass deren Höhe sich zu

$$\Delta S_{\mathrm{Bit}} = k_{\mathrm{B}} \ln 2 \tag{3.69}$$

berechnet.

Nach Formel (3.42) handelt es sich bei $\Delta S_{\mathrm{Bit}} = k_{\mathrm{B}} \ln 2$ um die kleinstmögliche Entropie. Die 1961 aufgestellte Beziehung (3.69) wurde 2012 mit einer Versuchsanordnung, die der

Abb. 3.11 entspricht, experimentell bestätigt, siehe Arakelian, A.; Petrosyan, A.; Ciliberto, S.; Dillenschneider, R.; Lutz, E. (2012).

Die Beziehung für die kleinstmögliche Entropie (3.42) besagt, dass die irreversible Rücksetzung auf „1" eines Binärspeichers die Entropie S des Systems, in dem sich der Binärspeicher befindet, um ΔS_{Bit} verkleinert (Wie in Abschn. 3.2.6 gesagt wurde, gilt der Entropie-Begriff für alle Systeme). Das bedeutet im Licht von Formel (3.41), dass die Unordnung in dem Maß erniedrigt hat, dass aus einem Makrozustand, für den es Ω_R Realisierungen gibt, ein neuer Makrozustand entsteht, für den es nur noch halb so viele Realisierungen gibt:

$$S - \Delta S_{\text{Bit}} = k_B \cdot \ln \Omega_R - k_B \ln 2 = k_B \cdot \ln \frac{\Omega_R}{2} \tag{3.70}$$

Die gleiche Reduzierung um $k_B \cdot \ln 2$ passiert bei N Gasteilchen in einem Gefäß mit zwei Zellen [vergl. Abb. 3.8] beim Zustand maximaler Entropie, wenn man eines dieser N Gasteilchen aus dem Gefäß herausnimmt[3.7], wie man mit (3.44) und Zugrundelegung der Aussagen **[3.6]** und **[3.7]** nachrechnen kann (genau genommen gilt die Reduzierung der Maximalentropie um $k_B \ln 2$ bei jeder Entnahme eines Gasteilchens nur im Mittel, weil eine exakte Gleichverteilung nur mit einer geraden Anzahl von Gasteilchen möglich ist). Die Entropie eines Gases lässt sich auch dadurch verändern, dass ähnlich wie in Abb. 3.11 die Grenzen von Zellen im Gefäß verändert werden. Wenn z.B. ein Gefäß mit ursprünglich zwei Zellen [siehe Abb. 3.8] mit einer zusätzlichen (durchlässigen) Zwischenwand in drei Zellen unterteilt wird, dann gibt es bei zwei Teilchen im Gefäß keine Gleichverteilung mehr, die es bei zwei Zellen noch gab.

Das Ergebnis (3.69) und seine Verallgemeinerung auf alle irreversiblen logischen Operationen, die mit realen physikalischen Schaltungen ausgeführt werden, werden üblicherweise als „Prinzip von Landauer" bezeichnet. Landauer's Prinzip hat umfangreiche Untersuchungen über reversible Rechenverfahren und über die Konstruktion reversibler logischer Schalt-Gatter und Schaltwerke ausgelöst.

C. H. Bennett (2011) konnte zeigen, dass sich alle irreversiblen Berechnungen durch reversible Berechnungen simulieren lassen. Die Untersuchungen über reversible logische Schalt-Gatter führten auf sogenannte Fredkin-Gatter, die so konstruiert sind, dass die Eingangssignale aus dem Ausgangssignal rekonstruiert werden können. Weiter ergab sich, dass mit Fredkin-Gattern sich reversible Schaltwerke mit Speichern und im Prinzip sogar vollständige reversible Rechner herstellen lassen, wenn man deren Speicherkapazität beliebig groß macht.

Nur weil sich alle Rechenprozesse und logischen Prozesse reversibel gestalten lassen, folgt aus den oben zitierten Überlegungen, dass abstrakte Rechenprozesse und logische Prozesse *keine Energie* benötigen. Sowie aber Irreversibilität durch Rücksetzen auf „1" bei physikalischen Binärspeichern oder durch andere Operationen mit physikalischen Schaltkreisen auftritt, kommt nach den oben zitierten Überlegungen eine Abstrahlung von Wärme-

---

[3.7] Wegen dieser Gleichheit ist in der Sekundärliteratur zu Landauer oft von „Löschen" eines Binärspeichers [statt von Rücksetzung auf „1"] die Rede. „Löschen" bedeutet weder „0" noch „1" sondern „nichts", was in Abschn. 2.6.2 mit [-] ausgedrückt wird. In der Computerelektronik verwendete Flipflops lassen sich nicht „löschen" sondern nur rücksetzen.

energie zustande, die der normalen Abstrahlung aufgrund von ohmschen Verlusten in den Schaltkreisen noch hinzugerechnet werden muss.

C: *Landauer's Prinzip und Information*

Landauer's Prinzip wird oft als *Brücke zwischen Thermodynamik und Information* angesehen mit einem Anspruch auf generelle Gültigkeit. Diesem Anspruch wird das Prinzip nach Ansicht des Verfassers dieser Abhandlung aber nicht gerecht. In Wirklichkeit gilt diese Brücke bestenfalls nur für eine sehr eingeschränkte und spezielle Kategorie von Information.

Erinnert sei hier daran, dass *Information* eine Größe ist, die mehrere Eigenschaften besitzt, darunter eine *Informationshöhe* (die ihren Neuigkeitsgrad ausdrückt), einen Informationsumfang, der auch *Komplexität* genannt wird (die den Aufwand zu ihrer algorithmischen Beschreibung ausdrückt) und eine *semantische Bedeutung* (die ihren abstrakten Sinngehalt und deren Bedeutungsschwere ausdrückt). Die Informationstheorie von Shannon behandelt nur die Informationshöhe und nicht die Komplexität und erst recht nicht die semantische Bedeutung. Die algorithmische Informationstheorie behandelt nur die Komplexität und nicht die Informationshöhe und erst recht nicht semantische Bedeutung.

Zur Bewertung von Landauer's Prinzip sei zuerst die Aussage **[3.8]** noch mal betrachtet. Diese beschreibt einen Zusammenhang zwischen der thermodynamischen Entropie S eines Gases auf der einen Seite und der Informationshöhe $H_e(Z_i)$, die das Eintreffen des zugehörigen Makrozustand Z_i liefert, auf der anderen Seite. Die für die Berechnung benötigten Wahrscheinlichkeiten waren mit (3.48) objektiv gegeben. Die Informationshöhe ist damit *eindeutig* und unabhängig vom Beobachter, der die Information empfängt.

Bei der Herstellung eines Zusammenhangs zwischen der Rücksetzung auf „1" bei einem Binärspeicher auf der einen Seite und der Informationshöhe des dabei entstehenden Informationsverlusts auf der anderen Seite gibt es dagegen bei der konkreten Bestimmung der benötigten Wahrscheinlichkeiten unterschiedliche und vom Information empfangenden Beobachter abhängige Situationen:

Aus Sicht der Shannon'schen Informationstheorie bedeutet für einen Informationsempfänger, der nur von der irreversible Rücksetzung eines Binärspeichers auf „1" weiß, aber normalerweise nicht weiß, ob im Binärspeicher $Q = 0$ oder $Q = 1$ stand, nach Formel (2.127) ein Informationsverlust der Entropie

$$\Delta\langle H_{\text{binär}}\rangle = P_0 \,\mathrm{ld}\frac{1}{P_0} + P_1 \,\mathrm{ld}\frac{1}{P_1} = 1\,\text{bit} \quad \text{für} \quad P_0 = P_1 = \tfrac{1}{2} \tag{3.71}$$

$\Delta\langle H_{\text{binär}}\rangle$ kennzeichnet einen Erwartungswert oder Mittelwert bei wiederholter Rücksetzung des Binärspeichers. P_0 ist die Wahrscheinlichkeit für $Q = 0$ und P_1 ist die Wahrscheinlichkeit für $Q = 1$. Wenn beide Wahrscheinlichkeiten nicht gleich sind, was bei Binärspeichern im Computer meist der Fall ist[3.8], dann ist der Informationsverlust geringer als 1 bit. Das sichere Wissen über 1 nach der Rücksetzung auf „1" enthält keine Information.

[3.8] Bei einem Dualzahlenzähler, der aus 16 in Kette geschalteten Flipflops gemäß Abb. 1.17b besteht, ändert sich beim ersten Flipflop der Wert von Q bei jedem zu zählenden Impuls, beim 16-ten Flipflop ändert sich der Wert von Q aber erst nach $2^{16} = 65536$ zu zählenden Impulsen. Ähnlich seltene Änderungen von Binärwerten gibt es auf sogenannten Bus-Leitungen.

In (3.71) hängen die Werte von P_0 und P_1 vom Vorwissen des Informationsempfängers sowohl über die Vorgänge im Computer als auch über die spezielle Funktion ab, die der Binärspeicher im Computer hat. Wenn der Informationsempfänger über alle Einzelheiten des Computers und des darauf laufenden Programms Bescheid weiß, dann hat für ihn P_0 den Wert 0 oder 1 und P_1 den Wert 1 oder 0, was mit keinem Informationsverlust verbunden ist, weil dann $\Delta\langle H_{\text{binär}}\rangle = 0$ bit ist. Wenn der Informationsempfänger dagegen völlig unwissend ist und deswegen von $P_0 = P_1 = \frac{1}{2}$ ausgeht, dann hat der Erwartungswert des Informationsverlusts den maximalen Wert $\Delta\langle H_{\text{binär}}\rangle = 1$ bit. Wenn der Informationsempfänger nur die spezielle Funktion des betrachteten Binärspeichers kennt aber nichts über das auf dem Computer laufende Programm weiß, dann kann er, abhängig von der Funktion des Binärspeichers, die Werte von P_0 und P_1 gut abschätzen, was ihm einen im Mittel geringeren Informationsverlust beschert.

Beim Informationsverlust durch irreversible Rücksetzung eines Binärspeichers auf „1" verhält es sich also kaum anders als bei einer gewöhnlichen Informationsquelle. Was eine Informationsquelle an Information liefert, liefert die Rücksetzung eines Binärspeichers auf „1" an Informationsverlust. Es gibt hier *keinen eindeutigen* und objektiven Zusammenhang wie bei Aussage **[3.8]**.

Bei der Herstellung eines Zusammenhangs zwischen der Rücksetzung auf „1" bei einem Binärspeicher auf der einen Seite und dem Informationsumfang gemäß der algorithmischen Informationstheorie nach Chaitin [siehe Abschn. 2.6] auf der anderen Seite verhält es sich kaum anders. Der Informationsumfang (Komplexität) einer deterministischen Bitfolge hängt nicht von Wahrscheinlichkeiten aus der Sicht eines außerhalb des Computers befindlichen Beobachters ab, sondern von der minimalen Länge eines Programms, mit dem sich diese deterministische Bitfolge auf dem Computer berechnen lässt. Wenn die in Binärspeichern konkret vorhandene deterministische Bitfolge durch Rücksetzung auf „1" eines dieser Binärspeicher geändert wird, dann ist damit im Allgemeinen auch eine Änderung des Informationsumfangs der Bitfolge verbunden. Dieser Umfang kann dabei sowohl kleiner als auch größer werden. Auch hier gibt es *keinen eindeutigen* Zusammenhang zwischen Rücksetzung auf „1" und Änderung des Informationsumfangs.

Hinsichtlich eines Zusammenhangs zwischen der Rücksetzung auf „1" bei einem Binärspeicher auf der einen Seite und einer Änderung der semantischen Bedeutung verhält es sich ähnlich wie bei einem Druckfehler eines gedruckten Textes. Es kann sein, dass dieser keinen Einfluss auf die Bedeutung hat, es kann aber auch sein, dass durch den Druckfehler die Bedeutung eines Wortes und Satzes völlig verändert wird, z.B. wenn aus „kein" ein „fein" wird.

3.4.3 Thermodynamik und Selbstorganisation versus Geist

Der 2. Hauptsatz der Thermodynamik und die Selbstorganisation beschreiben gegenläufige Prozesse. Während einzelne Teilchen nach dem 2. Hauptsatz den Zustand maximaler Unordnung anstreben, fügen sich einzelne Teilchen bei der Selbstorganisation zu einer größeren Ordnung zusammen. Diese Zusammenfügung entsteht dadurch, dass unterschiedliche Teilchen sich nicht mehr wie Billardkugeln verhalten, wenn sie aufeinandertreffen, sondern chemische Verbindungen eingehen und größere Teilchen bilden. Diese größeren Teilchen bilden untereinander wiederum noch größere Einheiten usw.

Dass verschiedene Teilchen chemische Verbindungen miteinander eingehen, hängt damit zusammen, dass die innere Energie, die in den miteinander reagierenden Teilchen steckt, durch die Verbindung insgesamt kleiner wird. Bei einer chemischen Verbindung von Teilchen verschiedener Substanzen nimmt das als Produkt entstehende Molekül den Zustand minimaler Energie an (was übrigens der Philosophie von G.W. Leibniz entspricht, der unsere Welt für die beste aller Welten hielt, weil in ihr „Extremalprinzipien" herrschen).

Aus vielen Molekülen – so die einfache Vorstellung – entstehen durch Selbstorganisation hochkomplexe, riesige Einheiten wie z.B. Nervenzellen, die Signale verarbeiten können. Viele solcher Nervenzellen können wiederum ein neuronales Netz bilden, das eingehende Signale hinsichtlich ihrer Ähnlichkeiten miteinander vergleicht und entsprechend dem Grad ihrer Ähnlichkeiten in verschiedene Klassen unterschiedlicher Bedeutungen einteilt. Von derartigen neuronalen Netzen wird im 5. Kapitel und besonders im 6. Kapitel noch ausführlich die Rede sein, wo in Abschn. 6.5.5 erstaunliche Ergebnisse unüberwachter Lernprozesse präsentiert werden, die aber allein noch keine befriedigende Erklärung liefern für kreative geistige Prozesse, die dann in Abschn. 6.6 diskutiert werden.

Die abstrakte semantische Bedeutung von Information ist etwas geistig Immaterielles. Es gibt nicht wenige Leute, darunter auch Wissenschaftler, die glauben, dass Geist, wie oben skizziert, aus Materie entspringt. Dies lehrt der von K. Marx und F. Engels begründete dialektische Materialismus. Nach dieser Lehre gibt es einen Umschlag von Quantität in Qualität, der immer eintritt[3.9] und überall gültig sei. Deshalb meinen einige Anhänger dieser Lehre, dass Computer und komplizierte Maschinen von allein ein eigenes Bewusstsein entwickeln, wenn die Computer nur hinreichend groß und die Maschinen nur hinreichend kompliziert werden, was als „Emergenz" bezeichnet wird. Der Verfasser dieser Abhandlung, der als Ingenieur auch mit dem logischen Entwurf von Computern zu tun hatte, hält das für Humbug. Wenn informationsverarbeitende Maschinen Signale interpretieren, dann geschieht das auf einer niedrigen Ebene (vergl. Abschn. 2.7.2) gemäß einem vom Konstrukteur der Maschine vorgegebenen Mechanismus. Dieser Mechanismus erfordert kein Bewusstsein der Maschine. Näheres dazu folgt im 5. Kapitel in Abschn. 5.2.3.

Eine Gegenposition zum Materialismus ist die auf den altgriechischen Philosophen Platon zurückgehende Lehre, dass es neben der physisch materiellen Welt noch eine metaphysische (d.h. jenseits der Physik liegende) geistige Ideenwelt gibt, die nicht aus der Materie hervorgegangen ist, sondern von Anbeginn unabhängig von der materiellen Welt real vorhanden ist. Die Existenz dieser Ideenwelt sei unabhängig davon, ob es Menschen gibt oder nicht gibt. Der Mensch habe dank seiner Sinnesorgane und dank seiner geistigen Fähigkeiten Zugang zu beiden Welten. So werden z.B. mathematische Gesetze nicht von Menschen erzeugt, sondern in dieser Ideenwelt entdeckt. Die abstrakte semantische Bedeutung von Information ist ebenfalls ein Objekt der geistigen Ideenwelt Platons.

Nach der Lehre Platons gibt es ganz sicher auch Wechselwirkungen zwischen der physisch materiellen Welt und der geistigen Ideenwelt. Von solchen Wechselwirkungen wird in dieser Abhandlung wiederholt die Rede sein, so u.a. in den Abschnitten 6.6.1 und 6.6.2 des

[3.9] Einen Umschlag von Quantität in Qualität gibt es in der Tat. So haben z.B. die riesigen Ölvorkommen in den Emiraten am persischen Golf die Lebensqualität der einheimischen Bevölkerung radikal verändert. Aber nicht immer muss ein Umschlag von Quantität in Qualität stattfinden.

6. Kapitels. Die simpelste Erklärung dafür, dass der Mensch geistige Realitäten als solche überhaupt erkennt und ihre Wechselwirkungen mit der physisch materiellen Welt wahrnimmt ist die, dass er selber einen Geist besitzt, der ihm die geistigen Fähigkeiten verleiht.

Der amerikanische MIT-Professor N. Wiener hat sich im Zusammenhang mit der maschinellen Regelungs- und Steuerungstheorie intensiv mit Information befasst. Er schreibt in seinem Buch „Cybernetics" (1948): *Information is information, not matter or energy. No materialism which does not admit this can survive at the present day.* (Information ist Information, nicht Materie oder Energie. Kein Materialismus, der das nicht akzeptiert, kann heutzutage überleben).

Der Verfasser dieser Abhandlung hält es mit Norbert Wiener. Es sollte streng unterschieden werden zwischen der objektiven Welt der Materie und Energie, die unabhängig von subjektiven Vorstellungen existiert, und der subjektiven Welt der individuellen Vorstellungen, zu denen auch die Information zählt. Die Informationstheorien von Shannon und Chaitin liefern quantitative Beziehung zwischen einzelnen Aspekten beider Welten.

Als Fazit obiger Betrachtungen und Meinung des Verfassers sei festgehalten:

[3.12] Information und logische Prozesse

Information ist keine energetisch-materielle Größe. Energetisch-materiell ist aber das Signal, mit dessen Hilfe Information transportiert oder repräsentiert wird. Abstrakte (d.h. rein gedankliche) logische Prozesse benötigen nach Bennett wegen ihrer Reversibilität keine Energie.
Energie benötigen aber materielle Maschinen, auf denen informationsverarbeitende logische Prozesse ablaufen.

Wegen **[3.12]** unterscheidet man beim Computer bekanntlich zwischen „Hardware" und „Software". Ersteres ist im Wesentlichen die Elektronik, Letzteres eine Anzahl von Programmen, darunter das Boot-Programm, das Betriebssystem, Anwender-Programme und weitere. Weitere Einzelheiten hierzu bringt das 5. Kapitel in Abschn. 5.2.

Einen weitergehenden Zusammenhang zwischen Information und Physik, der die Wissenschaft schon lange beschäftigt und der für spätere Überlegungen in Abschn. 6.6.2 wichtig ist, könnte der im nachfolgenden Abschnitt 3.5 beschriebene Maxwell'sche Dämon liefern.

3.5 Maxwell'scher Dämon, Entropien und Energie

Mit der Aussage **[3.8]** in Abschn. 3.3.4 wurde beim idealen Gas ein Zusammenhang zwischen Informationshöhe eines eingetretenen Makrozustands und der Höhe der thermodynamischen Entropie festgehalten. Aus einer dieser Größen kann die andere berechnet werden und umgekehrt, sofern die Teilchenzahl des Gases bekannt ist. Davor wurde in Abschn. 3.2.2 und 3.2.4 beschrieben, wie thermodynamische Entropie und mechanische Energie zusammenhängen. Aus beiden Zusammenhängen folgt, dass es auch einen quantitativen Zusammenhang zwischen Informationshöhe und Energie gibt. Mit der Frage, ob und wie es möglich sein könnte, Kenntnis (Information) über den momentanen Zustand von einzelnen Gasteilchen zu gewinnen und diese Kenntnis zur Gewinnung (mechanischer) Energie zu verwenden, haben sich Physiker bereits lange Zeit, bevor die die heutige Informationstheorie entstanden ist, immer wieder Gedanken gemacht.

3.5.1 Funktionsweise des Maxwell'schen Dämons

Der Physiker J. C. Maxwell hat im Jahr 1871 die Idee zu einem Mechanismus veröffentlicht, mit welchem der 2. Hauptsatz der Thermodynamik **[3.7]** außer Kraft gesetzt werden könnte. Wenn sich dieser Mechanismus technisch realisieren ließe, dann könnte man von der in der Umgebung enthaltenen Wärmeenergie nahezu beliebige Mengen an Wärmeenergie entnehmen und in mechanische Energie umwandeln, was dann allerdings letztlich zu einer Absenkung der Umgebungstemperatur T_U führt.

Ansatzpunkt ist die Betrachtung eines in zwei Teilvolumina A und B unterteilten Gefäßes, in dem sich ein ideales Gas der Temperatur T (z.B. der Umgebungstemperatur T_U) befindet, siehe Abb. 3.12.

Die beiden Teilvolumina A und B sind durch eine wärmeisolierende Wand getrennt. In der Wand befindet sich eine Öffnung, die mit einer Klappe KL geschlossen oder geöffnet werden kann. Wenn sich im Teilvolumen A ein i-tes Gasteilchen mit der Geschwindigkeit u_i auf die Öffnung zubewegt und sein Geschwindigkeitsquadrat u_i^2 größer als das mittlere Geschwindigkeitsquadrat aller Teilchen $\overline{u^2}$ ist, dann soll Klappe geöffnet werden, so dass das Teilchen in das Teilvolumen B gelangt. Ist dagegen sein Geschwindigkeitsquadrat u_i^2 kleiner als das mittlere Geschwindigkeitsquadrat $u_i^2 < \overline{u^2}$, dann soll Klappe geschlossen bleiben, so dass das Teilchen im Teilvolumen A bleibt. Wenn auf der anderen Seite im Teilvolumen B ein Gasteilchen sich mit der Geschwindigkeit u_i auf die Öffnung zubewegt und sein Geschwindigkeitsquadrat u_i^2 kleiner bzw. größer als das mittlere Geschwindigkeitsquadrat $u_i^2 < \overline{u^2}$, bzw. $u_i^2 > \overline{u^2}$, ist, dann soll die Klappe geöffnet bzw. geschlossen sein.

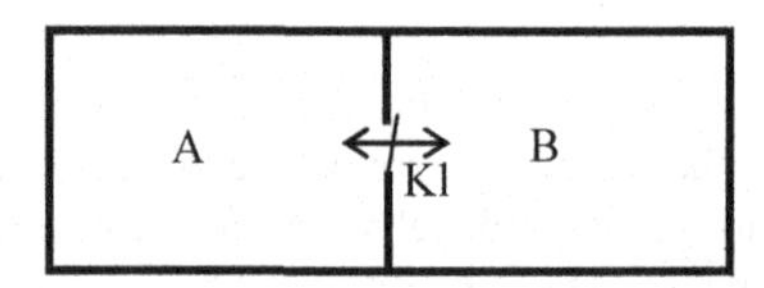

Abb. 3.12 Zur Funktion des sogenannten Maxwell'schen Dämons: Der Dämon trennt schnelle Teilchen von langsamen Teilchen durch geeignetes Öffnen und Schließen der Klappe Kl

Wenn ein Maxwell'scher Dämon die Klappe in der oben beschriebenen Weise öffnet und schließt, dann sammeln sich die schnellen Teilchen im Teilvolumen B an und die langsamen Teilchen im Teilvolumen A. Die Temperatur T_B im Teilvolumen B wird damit erhöht $T_B > T$ während die Temperatur T_A im Teilvolumen A erniedrigt, also $T_A < T$ wird. Im Gesamtvolumen hat sich bei gleich bleibender innerer Energie die thermodynamische Entropie erniedrigt, weil nun hinsichtlich der Geschwindigkeiten der Teilchen eine größere Ordnung entstanden ist, vergl. Abb. 3.7b in Abschn. 3.2.5. Der 2. Hauptsatz der Thermodynamik scheint damit verletzt zu sein, zumal das Öffnen und Schließen der Öffnung ohne Aufwand an mechanischer Arbeit möglich sein soll. (Ein Öffnen und Schließen der Öffnung ohne Aufwand an Arbeit ist bei einer reibungsfrei beweglichen Schiebetür gegeben, die horizontal bewegt wird. Dazu hat man sich Abb. 3.12 um 90° gedreht vorzustellen). Die entstandene Temperaturdifferenz $T_B - T_A$ kann gemäß Abb. 3.5 zur Verrichtung von mechanischer Arbeit, d.h. zur Gewinnung freier Energie, genutzt werden.

Weil das Öffnen und Schließen theoretisch ohne Aufwand an Arbeit erfolgen kann, benötigt der Maxwellsche Dämon lediglich „Information", die ihm sagt, wann er öffnen oder schließen soll. Die große Frage ist die, *woher* die Information kommt. Ein geistig immaterieller Dämon mag allwissend sein und die Information besitzen, ein energetisch-materieller Dämon muss sich die Information durch Beobachtung der Teilchen erst besorgen. Was mit der Beobachtung im Einzelnen gewonnen und bewirkt wird, liefert neben der Aussage **[3.8]** noch auf andere Weise einen Zusammenhang zwischen Energie und „Information".

Der Maxwell'sche Dämon hat wiederholt Wissenschaftler gereizt, neue Überlegungen anzustellen, ob ein (energetisch-materieller) Dämon theoretisch möglich ist. Eine erste von L. Szillard (1929) detailliert durchgeführte Betrachtung kam zum Ergebnis, dass es einen solchen Dämon, der den 2. Hauptsatz außer Kraft setzt, nicht geben kann, weil nach seinen Überlegungen der Dämon doch Arbeit aufbringen muss, die niemals kleiner ist als die Arbeit, die aus der vom Dämon bewirkten Absenkung der Entropie gewonnen werden kann.

L. Brillouin (1951) kam auf Grund andersartiger Überlegungen zum gleichen Ergebnis. Seine Betrachtungen sind hier aber von besonderem Interesse, weil er für die Informationshöhe ein neues, aus der Thermodynamik abgeleitetes Maß eingeführt und dieses dann mit dem Shannon'schen Maß für die Informationshöhe in Beziehung gebracht hat.

3.5.2 Untersuchungen von Brillouin

Brillouin beginnt mit der Feststellung, dass in einem Raum keine Teilchen und sonstigen Objekte „gesehen" werden können, wenn überall im Raum die gleiche Temperatur herrscht, was in Abb. 3.12 beim Gas im Gefäß der Fall ist [C. H. Bennett (1988) illustriert dieses Phänomen mit schönen Bildern]. Damit der Dämon Teilchen „sehen" kann, muss er mit einer Strahlungsquelle anderer Temperatur in das gerade beobachtete Teilvolumen leuchten. Dadurch erniedrigt er aber dort wegen der dann nicht mehr überall gleichen Temperatur die Entropie. Er bringt also negative Entropie, die er als „Negentropie" bezeichnet, in das Teilvolumen. Dank dieser Negentropie gewinnt der Dämon „Information" mit deren Hilfe er die Klappe bedient und dadurch, wie oben erläutert, die Entropie im Gesamtsystem etwas verkleinert. Die wiederholte Durchführung dieser Schritte folgt dem Zyklus

$$\left.\begin{array}{r}\text{Negentropie}\\ \text{ins Teilvolumen}\end{array}\right] \rightarrow \text{Information} \rightarrow \left[\begin{array}{l}\text{Negentropie}\\ \text{ins Gesamtsystem}\end{array}\right. \tag{3.72}$$

Brillouin untersucht dann anhand des Zyklus (3.72) und unter Anwendung von Beziehungen der physikalischen Quantentheorie detailliert die quantitative Bilanz aller Entropieänderungen und kommt zu dem Ergebnis, dass diese *positiv* ist. Maxwells Dämon gelingt es also auch hier nicht, den 2. Hauptsatz außer Kraft zu setzen.

Für die in dieser Abhandlung behandelte Thematik sind zwei Nebenprodukte der Untersuchungen von Brillouin von besonderem Interesse, nämlich:

1. *Die Beeinflussung eines physikalischen Objekts durch einen Beobachter*

Es ist für einen Beobachter prinzipiell nicht möglich, durch Messung am Objekt (oder Beobachtung) etwas Näheres über das Objekt zu erfahren, ohne dabei das Objekt selbst zu beeinflussen. Jede Beobachtung verändert die Entropie des Objekts. Diese Veränderung ΔS ist mindestens so groß wie die in (3.21) und (3.42) angegebene Boltzmann-Konstante k_B :

$$\Delta S \geq k_B \tag{3.73}$$

Bemerkung:
Nach gängiger (und in Abschn. 3.2.6 bereits angesprochener) Auffassung in der Physik gelten der 2. Hauptsatz der Thermodynamik und die Beziehung (3.73) nicht nur für Gase, sondern auch für flüssige und feste physikalische Substanzen (einschließlich Stoffgemischen), wenn diese aus mehreren Teilchen bestehen. Im gasförmigen Zustand (von z.B. Wasser) ist die Entropie höher als im flüssigen Zustand, und im flüssigen Zustand ist die Entropie wiederum höher als im festen Zustand (z.B. Eis). In jedem Zustand kann die Entropie verschiedene Werte haben. So ist beim Kohlenstoff die Entropie kleiner, wenn er als Diamantkristall vorliegt, bei dem die Atome räumlich gleichmäßig angeordnet sind, als wenn er in Form von Graphit vorliegt, bei dem die Atome nicht räumlich gleichmäßig, sondern in gleichartigen Schichten angeordnet sind. Der 2. Hauptsatz sagt nichts über die Geschwindigkeit aus, mit der ein System in den Zustand maximaler Entropie übergeht. Bei festen Körpern kann es extrem lange (eventuell ewig) dauern, bis der Zustand maximaler Entropie erreicht wird. Die idealen Voraussetzungen, unter denen der 2. Hauptsatz mit Wahrscheinlichkeitsbetrachtungen begründet wurde, können bei sehr nahem Abstand zweier (oder mehrerer) Teilchen ungültig werden, weil dann (bisher vernachlässigte) Anziehungskräfte wirksam werden, die zur Folge haben, dass zwei (oder mehrere) Teilchen fest bleibende geometrische Anordnungen bilden [vergl. die Zusatzbemerkung 4.) in Abschn. 3.3.3 und die Ausführungen zu Beginn von Abschn. 3.4.3]. Dort wird dann die Voraussetzung für die Begründung des 2. Hauptsatz verletzt.

2. *Ein physikalisches Maß für die Informationshöhe*

Wie eine Nachricht, so benötigt auch Information einen Träger oder Signal. Betrachtet wird der Fall eines elektrischen Signals, das über einen Kupferdraht geleitet wird. Beim Kupferatom ist das äußerste Elektron nur sehr lose am Atomkern gebunden. Im festen Kupferdraht können sich deshalb diese äußeren Elektronen aller Atome im Draht wie Gasteilchen in einem Gefäß bewegen. Die Entropie dieses Elektronengases ist hoch und sei mit S_{Cu} bezeichnet, solange es keine Einwirkungen von außen gibt. Sowie aber über diesen Draht eine Nachricht (message) in Form eines von außen eingespeisten elektrischen Signals übertragen wird, nimmt die Anordnung der Elektronen eine Gestalt an, die dem eingespeisten Signal entspricht. Diese von außen erzwungene Anordnung, die in Form einer Welle sich längs des Drahtes fortbewegt, weist einen hohen Ordnungsgrad auf, was einer geringeren Entropie S'_{Cu} entspricht. Diese Verkleinerung $S_{Cu} - S'_{Cu}$ liefert nach Brillouin ein physikalisches Maß für die vom Signal transportierte „Information". Gegenüber Aussage **[3.8]** stellt das eine Modifikation dar.

Die quantitative Berechnung von Entropien hängt, wie in Abschn. 3.3.3 illustriert wurde, von der Anzahl der Zellen und von weiteren Vorgaben ab und ist deshalb situationsspezifisch. Brillouin betrachtet zunächst den Fall, dass über den Draht ein binäres Digitalsignal der in Abb. 1.3b dargestellten Form übertragen wird. Bedingt durch Drahtlänge, Bitdauer und Geschwindigkeit des Signals möge sich eine Folge von G Bits auf dem Draht befinden, von denen N_1 Bits den Wert L und N_2 Bits den Wert 0 haben. (Die Werte L und 0 bezeichnet Brillouin als *dots* und *blanks*):

$$N_1 + N_2 = G \tag{3.74}$$

Die Auftrittswahrscheinlichkeiten für L (dot) und 0 (blank) seinen gegeben durch

$$P_1 = \frac{N_1}{G} \quad \text{und} \quad P_2 = \frac{N_2}{G} \tag{3.75}$$

Für die Berechnung von Wahrscheinlichkeiten und Entropien unterteilt Brillouin das Drahtvolumen in G Zellen. In einer beliebigen Zelle sei der Wert L (dot) durch einen Makrozustand (1) gekennzeichnet, der sich durch V_1 verschiedene Mikrozustände realisieren lässt. Entsprechend sei der Wert 0 (blank) durch einen Makrozustand (2) gekennzeichnet, der sich durch V_2 verschiedene Mikrozustände realisieren lässt. Bezüglich Gesamtzahl aller möglichen Mikrozustände im Draht unterscheidet Brillouin zwei Fälle, nämlich

a) den Fall aller möglichen Mikrozustände, die sich ergeben, wenn *alle* Kombinationen von N_1 dots und N_2 blanks in G Zellen berücksichtigt werden. Diese Anzahl sei mit V_{ges} bezeichnet und liefert gemäß Formel (3.41) die Entropie $S_{\text{phys}} = k_{\text{B}} \ln V_{\text{ges}}$, die der oben genannten Größe S'_{Cu} entspricht.

b) den Fall aller möglichen Mikrozustände, die sich ergeben, wenn *nur eine spezielle* Kombination von N_1 dots und N_2 blanks in G Zellen berücksichtigt wird. Diese kleinere Anzahl sei mit V_{spez} bezeichnet und liefert gemäß Formel (3.41) die Entropie $S_{\text{spez}} = k_{\text{B}} \ln V_{\text{spez}}$, die der oben genannten Größe S'_{Cu} entspricht.

Bemerkungen:
1. Wie in Abschn. 3.3.3 mit der Zusatzbemerkung 3.) gesagt wurde, hängt die Berechnung von Entropiewerten von der Art der verwendeten Statistik ab. Die Verwendung der abgewandelten Bezeichnungen S_{phys} und S_{spez} sollen kenntlich machen, dass Brillouin seine Berechnungen nicht mit der klassischen Statistik, sondern mit einer verallgemeinerten Fermi-Dirac-Statistik durchgeführt hat.
2. Was nachfolgend von Brillouin kurz als „Information" bezeichnet wird, sollte besser „physikalische Informationshöhe" genannt werden, siehe hierzu die Erläuterungen im Abschn. 2.1 des 2. Kapitels und die Aussage **[2.1]**.

Der Unterschied zwischen beiden Entropien S_{phys} und S_{spez} liefert nach Brillouin die in der speziellen Kombination von G Bits enthaltene „Information" I

$$I = S_{\text{phys}} - S_{\text{spez}} \tag{3.76}$$

Die Zahlenwerte für V_{ges} und V_{spez} lassen sich mit bekannten Formeln der Kombinatorik aus den Zahlenangaben für V_1, V_2, N_1 und N_2 berechnen. Unter Berücksichtigung der Wahrscheinlichkeiten (3.75) der dots und blanks erhält Brillouin für die durchschnittliche Information(shöhe) pro Zelle (d.h. pro Bit) schließlich:

$$i = \frac{I}{G} = k_{\text{B}} \left[P_1 \ln \frac{1}{P_1} + P_2 \ln \frac{1}{P_2} \right] \tag{3.77}$$

Dieses Ergebnis hat die gleiche Struktur wie die Formel (2.127) für die informationstheoretische Entropie von Shannon.

Brillouin hatte, wie oben gesagt, in seiner Arbeit die Fermi-Dirac-Statistik verallgemeinert und mit ihrer Hilfe auch den Fall ausgerechnet, dass in einer Zelle N verschiedene Symbole statt der nur zwei verschiedenen Symbole *dot* und *blank* vorkommen können und dass diese N verschiedenen Symbole die Auftrittswahrscheinlichkeiten P_1, P_2, P_3 .... , P_N haben. Auch hierfür erhält er ein Ergebnis, das die gleiche Struktur wie die Formel (2.127) hat:

$$i = \frac{I}{G} = k_B \left[\sum_{i=1}^{N} P_i \ln \frac{1}{P_i} \right] \tag{3.78}$$

Als wichtige Ergebnisse der Untersuchungen von Brillouin seien festgehalten:

[3.13] Entropien und physikalisches Maß für Informationshöhe

Nach den Überlegungen von Brillouin ist es einem energetisch-materiellen Maxwell'schen Dämon nicht möglich, die thermodynamische Entropie eines Systems zu verkleinern und dadurch freie Energie zu liefern.
Die Veränderung der Höhe der thermodynamischen Entropie der Leitungselektronen in einem Leiter durch ein in den Leiter eingespeistes elektrisches Signal stellt ein physikalisches Maß für die Informationshöhe dar, weil sie sich so modellieren lässt, dass sie proportional zur Höhe der informationstheoretischen Höhe des Signals wird.

Trotz der oben beschriebenen negativen Resultate von Szillard und Brillouin scheint die Idee des (energetisch-materiellen) Maxwell'schen Dämon noch nicht gänzlich tot zu sein. Bei neueren Untersuchungen im Bereich der Nanotechnik und bei so genannten Motorproteinen der Biotechnologie stieß man angeblich auf Effekte, die einen Energietransfer nur in eine Richtung erlauben. Hier scheinen die Voraussetzungen für den 2. Hauptsatz der Thermodynamik nicht mehr gegeben zu sein, weil Nahkräfte wirksam werden, die von der Art sind, wie sie mit Zusatzbemerkung 4.) in Abschn. 3.3.3 angesprochen wurden. Eine ausführliche Darstellung dieser Erscheinungen und den daraus resultierenden Möglichkeiten findet man bei P. Hänggi und F. Marchesoni (2009). Von Effekten in der Hirnrinde denkender Menschen, die man sich durch das Wirken eines (immateriellen) Maxwell'schen Dämon erklären könnte, wird im 6. Kapitel in Abschn. 6.6.2 noch die Rede sein.

Ergänzende Anmerkungen:
In populärwissenschaftlichen Schriften z.B. von S. Hawking (dtv) ist im Zusammenhang von Entropie und schwarzen Löchern (im Zentrum jeder Galaxie befindet sich ein schwarzes Loch) auch von „Information" die Rede, ohne dass genauer gesagt wird was das ist. Weiter wird gesagt, dass diese Information *nicht verloren* gehen kann, was Assoziationen mit Energie und Energieerhaltungssatz **[3.3]** weckt. Vermutlich ist auch dort die Informationshöhe gemeint, wobei der gleiche Tatbestand betrachtet wird wie in Aussage **[3.8]**. In Teilen des Weltraums herrschen nahezu Vakuum und damit eine Umgebungstemperatur $T_U \approx 0$, was nach den Überlegungen in Abschn. 3.2.4 eine praktisch vollständige Umwandlung von Entropie (Information) in Energie erlaubt, die nach dem Energieerhaltungssatz nicht verloren gehen kann.

Abschließend sei noch kurz eine völlig andersartige, von Bennett durchgeführte Untersuchung zitiert, die auf informationellen Überlegungen beruht, und Aussagen darüber liefert, was ein Maxwell'scher Dämon aus welchen Gründen nicht leisten kann.

3.5.3 Untersuchungen von Bennett

In den Abschnitten 3.4.2B und 3.4.2C wurde auf die Untersuchungen von R. Landauer (1961) und C. H. Bennett (1985) über den Energieumsatz bei der Durchführung logischer Operationen eingegangen. Bennett (1988) hat in seine in diesem Zusammenhang durchgeführten Untersuchungen über reversible Rechenprozesse auch den Maxwell'schen Dämon mit einbezogen. Er kam dabei zu dem Ergebnis, dass der Maxwell'sche Dämon nicht funktionieren kann, weil er kein unendlich großes Gedächtnis besitzt und deshalb beim Abspeichern neu gewonnener Informationsbits ältere Speicherinhalte „löschen“ muss (d.h. auf „1“ rücksetzen muss). Das läuft nach seinen Überlegungen darauf hinaus, dass ein Prozess der Entropievergrößerung irreversibel wird, was eine Entropieverminderung unmöglich macht. Im Umkehrschluss ließe sich daraus folgern, dass ein allwissender geistiger Dämon mit einem unendlich großen Gedächtnis die Entropie sehr wohl vermindern könnte.

3.6 Zusammenfassung

Die Verwendung der gleichen Bezeichnung „Entropie“ in der Informationstheorie und in der Physik sowie die Gleichartigkeit der Formeln für die informationstheoretische und die quantenphysikalische Entropie haben zahlreiche Diskussionen darüber ausgelöst, ob Information ein Teil der Physik und damit eine energetisch-materielle Größe sei. Deshalb wurde in diesem 3. Kapitel ausführlich auf die vielfältigen mathematisch-physikalischen Zusammenhänge von Informationshöhe, Entropie und Energie eingegangen. Festzuhalten ist dabei, dass bei allen diesen Zusammenhängen nur die Informationshöhe, nicht aber der in der Information steckende Sinngehalt, eine Rolle spielt.

Information benötigt als Träger stets ein physisches Signal, das wiederum mit Energie verbunden ist, während umgekehrt nicht jedes Signal zugleich auch Information enthält. Weil für den Transport und für die Darstellung von Information also stets Energie vonnöten ist, ist die Frage von Interesse, wie hoch die Energie mindestens sein muss, um einen bestimmten Umfang an Information zu liefern und damit Kommunikation zu ermöglichen. Sowohl diese Frage wie auch andere Fragen, darunter die, ob Information eine energetisch-materielle Größe ist, wurden in diesem 3. Kapitel wie folgt beantwortet:

Der erste Abschn. 3.1 war dem Thema „Energie“ gewidmet. Sie ist definiert als Fähigkeit, mechanische Arbeit zu verrichten. Als Beispiele für Arbeit dienten das Heben einer Masse und die Dehnung einer Spiralfeder, mit denen später auch der Transport von Wärme und thermodynamischer Entropie veranschaulicht wird. Beschrieben wurden die von Energie abgeleiteten Größen „Leistung“ und „Wirkung“, ferner verschiedene Erscheinungsformen von Energie, die Umwandelbarkeit von einer Erscheinungsform in eine andere, der Energieerhaltungssatz und die Energiespeicherung. Der Abschn. 3.1 schloss mit der besonderen Herausstellung der Wärmeenergie, die sich nur beschränkt in mechanische Energie wandeln lässt, was Clausius zur Einführung eines Verwandlungswertes veranlasst hatte, für den er dann den Begriff „Entropie“ verwendete. Bei fast allen Umwandlungsprozessen von einer Energieform in eine andere tritt Verlustwärme auf.

Im Abschn. 3.2 wurden dann Wärme, Temperatur und thermodynamische Entropie am Beispiel eines idealen Gases erläutert, das sich in einem Zylinder befindet. Beschrieben wurden die makroskopischen Auswirkungen und Zustandsänderungen des Gases bei Erwärmung und deren Erklärung durch die Bewegungsenergien der einzelnen Gasteilchen, was dann zur Definition der absoluten Temperatur und zur inneren Energie des Gases führte. Durch Zufuhr von Wärme lassen sich die innere Energie und die Temperatur erhöhen und durch Abfuhr senken. Mit der Zufuhr und Abfuhr einer bestimmten Wärmemenge ist immer eine bestimmte Entropiemenge verbunden. Die abgeführte Wärmemenge und Entropiemenge entstammen der inneren Energie des Gases und der im Gas enthaltenen Entropiemenge. Am Beispiel der Wärmekraftmaschine wird dann die Rolle beschrieben, welche die Entropie bei der Umwandlung von Wärmeenergie in mechanische Energie spielt. Ergänzt werden die Betrachtungen durch Hinweise auf ähnlich verlaufende andere Prozesse und Vergleiche.

Die gesamte im Gas enthaltene Entropie lässt sich zwar makroskopisch nicht messen jedoch über statistische Betrachtungen des momentanen Orts, der momentanen Geschwindigkeit und weiterer Kenngrößen des Gases berechnen. Das erfolgt dann im Abschn. 3.3. Ausführlich erläutert wurde die Berechnung mittels Bose-Einstein Statistik. Die Ergebnisse ergaben als wahrscheinlichsten Makrozustand des Gases die Gleichverteilung und damit den berühmten 2. Hauptsatz der Thermodynamik, der unter anderem erklärt, warum Wärme nur von einer Substanz höherer Temperatur zur Substanz tieferer Temperatur fließt und nicht umgekehrt. Zudem folgt aus den Ergebnissen noch ein quantitativer Zusammenhang zwischen thermodynamischer Entropie und Informationshöhe. Bei Betrachtung der Energiezustände liefert der Erwartungswert die gleiche Formel wie bei Shannon.

In Abschn. 3.4 wurde dargelegt, dass jedes Signal Energie erfordert, und ausgerechnet, wie viel Energie mindestens benötigt wird, um die kleinste Informationseinheit durch ein Bit als elektrisches Signal darzustellen und welche Zeitdauer dazu mindestens gebraucht wird. Ferner wurde erläutert, warum die Durchführung logischer Prozesse außer der Energie für die Signaldarstellung keine weitere Energie erfordert, sofern alle Logik-Operationen reversibel sind. Eingegangen wurde insbesondere auf das von Landauer stammende Prinzip, das besagt, dass nichtreversible logische Operationen, die mit physikalischen Binärspeichern durchgeführt werden, eine zusätzliche Strahlung von Abwärme verursachen. Ein eindeutiger Zusammenhang zwischen thermodynamischer Entropie und Information ergibt sich dabei aber nicht. Des Weiteren wurden verschiedene Aspekte von Information aus physikalischer und technischer Perspektive beleuchtet und diskutiert mit dem Resultat, dass Information insbesondere wegen ihrer semantischen Eigenschaft keine energetisch-materielle Größe ist.

Die umgekehrte Frage, ob mit Hilfe von Information die thermodynamische Entropie eines Systems gesenkt werden kann, was einen Export von mechanischer Energie nach außen ermöglicht, wurde im letzten Abschn. 3.5 dieses Kapitels behandelt. Vorgestellt wurde ein sogenannter Maxwell'scher Dämon, der aufgrund seiner Kenntnis der Geschwindigkeiten einzelner Gasteilchen in der Lage ist, schnelle Teilchen von den langsamen Teilchen örtlich zu trennen und dadurch den 2. Hauptsatz der Thermodynamik außer Kraft zu setzen. Über den Maxwell'scher Dämon sind wiederholt von verschiedenen Forschern tiefgreifende Überlegungen angestellt worden, die aber alle zum Ergebnis hatten, dass es einen solchen Dämon nicht geben kann, wenn dieser Dämon selbst ein Objekt der energetisch-materiellen Natur ist. Näher eingegangen wurde diesbezüglich auf Arbeiten von L. Brillouin, der bei seinen Untersuchungen im Zusammenhang mit dem Maxwell'schen Dämon auch die durch ein Signal in einem elektrischen Leiter hervorgerufene geometrische Verteilung der freien Elektronen berechnet hat. Diese Verteilung der Elektronen liefert eine physikalische Entropie, die durch eine Formel beschrieben wird, die (bis einen konstanten Vorfaktor) mit der Formel für die informationstheoretische Entropie von Shannon übereinstimmt.

Ein verkürztes Fazit dieses 3. Kapitels besagt, wenn man es mal etwas anders und drastisch ausdrückt, Folgendes:

Die informationstheoretische Entropie ist nur ein Maß für die Höhe der Information und sagt nichts über den eigentlichen (semantischen) Inhalt der Information aus. Diese Höhe ist zudem abhängig von der Interpretationsebene, wie im 2. Kapitel erläutert wurde. Aus einem Zusammenhang zwischen informationstheoretischer Entropie und thermodynamischer Entropie folgt nicht, dass die informationstheoretische Entropie z.B. eines Goethe-Gedichts sich direkt in mechanische Energie umrechnen lässt. Wenn sich aus 10 Gramm Gold ein

Fingerring herstellen lässt, dann heißt das ja auch nicht, dass sich auch aus 10 Gramm Wasser ein Fingerring herstellen lässt, obwohl es sich beidemal um 10 Gramm handelt. Zwischen Goethe-Gedicht und Zustand eines idealen Gases besteht wie zwischen Gold und Wasser ein großer Unterschied. Wenn jedoch das Goethe-Gedicht z.B. im Rundfunk gesendet wird, dann lässt sich aber sehr wohl das empfangene Rundfunk-Signal, das dieses Goethe-Gedicht transportiert, in mechanische Energie umrechnen. Allerdings hängt die Höhe dieser Energie stark von den Empfangsverhältnissen ab und ist unabhängig davon, ob das Signal ein Goethe-Gedicht transportiert oder nicht.

4 Transport von Nachrichten und Information

Im 3. Kapitel wurden mit einem Exkurs zur Physik die Beziehungen zwischen Informationshöhe und informationstheoretischer Entropie auf der einen Seite und thermodynamischer sowie quantenphysikalischer Entropie und Energie auf der anderen Seite umfassend ausgeleuchtet. Es stellte sich heraus, dass Zusammenhänge vorhanden sind (Aussagen **[3.8]** und **[3.10]**), die Information selbst aber keine energetisch-materielle Größe ist (Aussage **[3.12]**).

Mit diesem 4. Kapitel wird wieder an das 1. und 2. Kapitel angeknüpft. Dort wurde immer vorausgesetzt, dass das Sendesignal unverfälscht zum Empfänger gelangt, es also vom Artikulationsorgan des sendenden Kommunikationspartners direkt in das korrespondierende Wahrnehmungsorgan des empfangenden Kommunikationspartners eingespeist wird. In der Realität ist das nur selten der Fall. Der Normalfall ist vielmehr dadurch gegeben, dass das Signal und die damit transportierte Nachricht und Information erst über einen mehr oder wenigen langen und nicht selten auch komplizierten Weg zum Empfänger gelangen, wobei sie unterwegs verschiedenartigen Beeinflussungen ausgesetzt sind. Ein akustisches Sprachsignal kann z.B. durch Nachhall verzerrt und von Lärm aus der Umgebung gestört werden. Falls die Nachricht mit Hilfe eines elektrischen Signals übertragen wird, kann der Übertragungsweg z.B. ein Kabel oder eine Funkstrecke oder ein aus vielen Etappen zusammengesetzter Pfad durch ein weit verzweigtes Telefonnetz sein. In diesen Fällen muss das Signal durch spezielle Umwandlungen noch an den jeweiligen Übertragungsweg einer Etappe besonders angepasst werden. In diesem 4. Kapitel wird dargelegt, wie sich die verschiedenartigen mit dem Transport zusammenhängenden Beeinflussungen auswirken.

4.1 Ausblick auf die Einzelthemen dieses Kapitels

Jeder Transport von Nachrichten ist mit Aufwand verbunden. Je geringer der Aufwand bleiben soll, desto mehr muss man Einschränkungen bei der Kommunikation zulassen und in Kauf nehmen. Eingeschränkte Kommunikation ist aber oft von vornherein vorgesehen, z.B. bei Rundfunk und Fernsehen. Beim öffentlichen Rundfunk sendet nur ein einziger Kommunikationspartner (die Sendeanstalt), während alle anderen Kommunikationspartner (die Zuhörer/Zuschauer) nur empfangen und nicht senden können. Diese Art von Kommunikation erfordert weniger Aufwand als die Kommunikation über das Telefon, bei der jeder Nutzer senden und empfangen kann. Beim Rundfunk handelt es sich um eine sogenannte *Verteilkommunikation*, beim Fernsprechen um eine sogenannte *Dialogkommunikation.* Diese und weitere technische Kommunikationsarten werden in Abschn. 4.2 behandelt.

Jede Art von Kommunikation benutzt Signale zum Transport von Information. Abschn. 1.1 des 1. Kapitels lieferte eine längere Liste von verschiedenen Signalarten. Die wesentlichen Eigenschaften aller dieser verschiedenen Signale lassen sich mit einer allgemeinen Signaltheorie erfassen, die für alle Erscheinungsformen gleichermaßen gilt und die auch Verzerrungen und Störungen erklärt, die bei der Übertragung auftreten. Einen relativ kurzen Abriss dieser an sich umfangreichen Theorie bringt Abschn. 4.3. Die Darstellung beschränkt sich auf Signale, die Funktionen der Zeit t sind. Unterschieden wird zwischen der zeitkontinuierlichen Signaltheorie für analoge Signale, bei der der Signalverlauf längs der kontinuierlichen Zeitachse betrachtet wird, und der zeitdiskreten Signaltheorie, bei der der Signalverlauf nur an äquidistanten diskreten Zeitpunkten betrachtet wird. Letztere ist für die Betrachtung digitaler Signale von großem Nutzen. Erläutert werden wichtige Kenngrößen von Signalen und ein Zusammenhang beider Signaltheorien.

Im Abschn. 4.4 geht es um den Informationsverlust bei der Übertragung von Signalen. Die Frage nach der Höhe desjenigen Anteils einer Information, der auf der Code-Ebene den anderen Kommunikationspartner richtig erreicht, wurde von Shannon in seiner Originalarbeit über Informationstheorie allgemein gelöst. Dieser Anteil wird als *Transinformation* (oder auch als *wechselseitige Information*) bezeichnet. Für einige besonders interessierende Anwendungsarten wird die über einen Kanal pro Zeiteinheit maximal übertragbare Informationshöhe, die sogenannte *Kanalkapazität*, berechnet und näher diskutiert. Um die Kanalkapazität voll auszuschöpfen muss das Signal, das die Information trägt, durch eine besondere *Kanalcodierung* an den Kanal angepasst werden.

Informationsverlust bei der Kommunikation kann zu Verfälschungen und Missverständnissen führen. Die Auswirkung einer Verfälschung von Buchstaben oder einzelner Laute illustrieren die folgenden Beispiele:

- Frau ruft aus der Küche zum Mann im Nebenraum: *Hol die Kartoffeln aus dem Keller*! Mann versteht: *Hol die Pantoffeln aus dem Keller*! Das lag womöglich nahe, weil er gerade an die gestiegenen Heizkosten dachte, und die Pantoffeln wärmer halten.
- Tante bekommt gesagt, dass ihre Nichte keine *Suppe* mag. Tante versteht aber *Puppe*, weil sie ihr kurz zuvor eine geschenkt hatte.
- Statt *raufen* (streiten) wird *laufen* verstanden (Chinesen sprechen *r* oft wie *l* aus), usw. usw.

Bei diesen Beispielen werden primär Laute (Phoneme) fehlinterpretiert, was einer Fehlinterpretation von Buchstaben gleichkommt. Die primäre Fehlinterpretation liegt also auf der Code-Ebene (vergl. Abschn. 2.7.2). Die daraus folgende semantische Fehlinterpretation ist sekundär. [Die Ursache ist hier eine andere als in Abschn. 1.5.5, wo Abb. 1.14 illustriert, wie ein Missverständnis auf der Semantik-Ebene eine Endlos-Schleife zur Folge hat. In Abschn. 2.7.4 wurde bei der Erläuterung des Axiom III von Watzlawick gezeigt, wie ein gleichartiger Endlos-Schleifen-Effekt durch Missverständnisse auf der Pragmatik-Ebene entsteht. In diesen beiden Fällen liegt die Ursache nicht auf der Code-Ebene].

In Abschn. 4.5 wird auf verschiedenartige Probleme eingegangen, die beherrscht werden müssen, damit beliebige Nutzer eine Dialogkommunikation über ein verzweigtes Kommunikationsnetz führen können, an dem viele Nutzer angeschlossen sind. Bei einem Netz für mehr als zwei Nutzer ergibt sich ein neuer Aspekt dadurch, dass ein Nutzer dem Netz mitteilen muss, mit welchem der anderen Nutzer er verbunden sein möchte. Die Herstellung eines Verbindungspfads zwischen zwei Nutzern, d.h. Kommunikationspartnern, erfordert eine umfangreiche maschinelle Kommunikation zwischen verschiedenen Teilen des Netzes, die wiederum auf verschiedenen Kommunikationsebenen stattfindet. Manche Erkenntnisse, die im Zusammenhang mit Kommunikationsnetzen gewonnenen wurden, lassen sich möglicherweise auf die Funktionsweise des menschlichen Gehirns übertragen, dass ja auch ein hochkomplexes Netz mit verschiedenen Zentren (für Sprache, Schmerz, optische Eindrücke, Bewegungen, usw.) darstellt, die miteinander auf unterschiedlichen Ebenen kommunizieren.

Wie moderne Kommunikationsmedien die menschliche Gesellschaft beeinflussen, wird in Abschn. 4.6 kurz beleuchtet. Abschn. 4.7 bringt dann rückblickend nochmal eine Zusammenfassung dieses 4. Kapitels.

4.2 Technische Kommunikationsarten

Bei Einrichtungen und Systemen der elektrischen Telekommunikation hat es sich als zweckmäßig erwiesen, verschiedene Arten der Kommunikation zu unterscheiden und diese durch spezielle Bezeichnungen besonders zu kennzeichnen. Diese Unterscheidung mit ihren Bezeichnungen lässt sich sinnvoll auch auf die verschiedenen nichttechnischen Medien anwenden, über die kommuniziert wird.

Nach Abschn.1.1 und Abb. 1.1 in Kapitel 1 kann ein Kommunikationspartner

- *senden* (eventuell nur senden)
- *empfangen* (eventuell nur empfangen)
- *senden und empfangen* (gleichzeitig oder zeitlich abwechselnd)

Die *Kommunikationsart* wird dadurch bestimmt, von welchen dieser drei Möglichkeiten zwei oder mehr Kommunikationspartner Gebrauch machen. Diesbezüglich werden folgende Kommunikationsarten unterschieden:

a) Verteilen

Bei reiner Verteil-Kommunikation (*broadcast*) gibt es genau einen Kommunikationspartner, der nur sendet, während alle anderen Kommunikationspartner nur empfangen (und zwar dieselbe Nachricht). Bei gezielter Verteil-Kommunikation (*multicast* bzw. *paging*) geht die Nachricht nur an ausgewählte bzw. an einen einzigen Kommunikationspartner.

b) Sammeln

Bei Sammel-Kommunikation gibt es genau einen Kommunikationspartner, der nur empfängt, während alle anderen Kommunikationspartner nur senden. Die sendenden Kommunikationspartner können unterschiedliche Nachrichten zur gleichen Zeit oder zu unterschiedlichen Zeiten senden.

c) Dialog

Bei dieser Kommunikationsart sind nur zwei Kommunikationspartner beteiligt. Beide können sowohl senden als auch empfangen, und zwar zeitlich abwechselnd oder auch gleichzeitig.

d) Konferenz

Bei dieser Kommunikationsart sind mehr als zwei Kommunikationspartner beteiligt. Alle können sowohl senden als auch empfangen, wobei allerdings Regeln eingehalten werden sollten.

Mit Abb. 4.1 sind die verschiedenen Kommunikationsarten schematisch dargestellt. Die Pfeile zeigen die Übertragungsrichtungen der Signale an.

Auch wenn sich Verteilen, Sammeln und Dialog als Sonderfälle der Kommunikationsform Konferenz auffassen lassen, ist die Unterscheidung dennoch zweckmäßig, weil der technische und organisatorische Aufwand mit der Reihenfolge Verteilen, Sammeln, Dialog und Konferenz ansteigt. Bei einer Übertragung in beide Richtungen verdoppelt sich in der Regel der Aufwand, der für eine Übertragung in nur eine Richtung benötigt wird (Beim menschlichen Organismus unterscheidet man ebenfalls zwischen den *afferenten Nerven*, über die Signale von den Sinnesorganen zum Gehirn gelangen, und den *efferenten Nerven*, über die Signale in Gegenrichtung vom Gehirn zu den Artikulationsorganen gelangen – und z.B. beim Ohr auch wieder zurück zum Sinnesorgan).

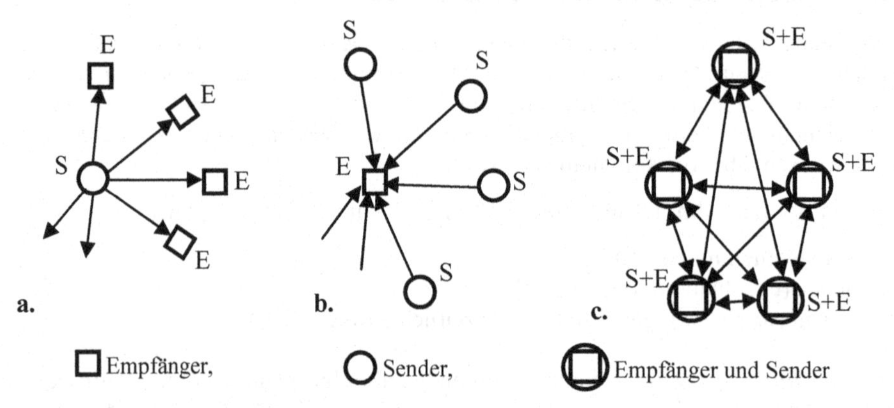

Abb. 4.1 Zur Darstellung verschiedener Kommunikationsarten
a. Verteil-Kommunikation
b. Sammel-Kommunikation
c. Dialog-Kommunikation oder/und Konferenz-Kommunikation

Die Verbindungen mehrerer Sender und Empfänger in Abb. 4.1 werden auch als *Kommunikationsnetze* bezeichnet. In Abschn. 4.5 folgt eine ausführliche Beschreibung von Kommunikationsnetzen.

Beispiele für Kommunikationsnetze mit

a) *reiner Verteil-Kommunikation*:

Rundfunk (Hörfunk, öffentliches Fernsehen), Kabel-TV, … . Man spricht hier auch von „Point-to-Multipoint-Übertragung". Die *gezielte* Verteilung von speziellen Nachrichten an ausgewählte Nutzer (empfangsberechtigte Abonnenten) ist technisch komplizierter als die reine Verteil-Kommunikation. Üblich sind hier verschlüsselte Übertragungen, die nur derjenige empfangen kann, der im Besitz des Schlüssels ist. Verwendet werden dabei Empfänger, die mit einer sog. *smart card* ausgerüstet sind, die den Eingang nur für spezielle Sendungen öffnet.

Verteil-Kommunikation gibt es auch in anderen Bereichen, z.B. bei der Verbreitung von Nachrichten mit Zeitungen, Zeitschriften und Büchern. Eine Verteil-Kommunikation liegt ferner vor bei einer Rede auf einer großen Versammlung, bei einer Predigt in der Kirche, bei weiblichen Insekten, die mittels Pheromone männliche Insekten anlocken, und in vielen weiteren Fällen.

b) *reiner Sammel-Kommunikation*:

Feuermelder, Wetterstationen, … . Man spricht hier auch von „Multipoint-to-Point-Übertragung". Für gewöhnlich sind bei solchen Systemen die Kommunikationspartner mit Sendemöglichkeit die meiste Zeit inaktiv. Damit der empfangende Kommunikationspartner die von verschiedenen

Sendern herrührenden unterschiedlichen Nachrichten auseinander halten kann, muss er entweder für jeden Kommunikationspartner einen eigenen Eingang (Port) verwenden oder es müssen bestimmte Kommunikationsregeln (sog. *Protokolle*) eingehalten werden, mit denen z.B. unterschiedliche Sendezeiten für die einzelnen Kommunikationspartner festgelegt werden.
Beispiele für Sammel-Kommunikation in anderen Bereichen sind Wahllokale, wo Wählerstimmen gesammelt werden und Beschwerdestellen. Beim menschlichen Organismus bilden die von den verschiedenen Sensoren und Organen ins Bewusstsein gelangenden Signale ebenfalls eine Sammel-Kommunikation.

c) *reiner Dialog-Kommunikation*:
Fernsprechen, Datenkommunikation zwischen Rechner und Externspeicher, zwischen Rechner und Drucker, … . Das Frage- und Antwort-Spiel, ob der Drucker betriebsbereit ist, wie groß sein Pufferspeicher ist usw. unterliegt ebenfalls einem speziellen Protokoll, siehe auch Abschn. 1.2.
Dialog-Kommunikation bildet in allen Bereichen die wichtigste Kommunikationsart und wurde im 1. Kapitel in den Abschnitten 1.2, 1.5.4 und 1.6.2 sowie im 2. Kapitel in Abschn. 2.7 ausführlicher diskutiert.

d) *Konferenz-Kommunikation*:
Telefonkonferenz, Zusammenschaltung mehrerer Rechner zur schnelleren Lösung einer umfangreichen Aufgabe. Konferenz-Kommunikation wird wie bei Tagungen und Kongressen meist von einem Moderator koordiniert, der festlegt, wann wer senden (z.B. reden) darf. Diese Kommunikationsart erfordert den höchsten Protokoll-Aufwand.

Mit Verteil-Kommunikation kann ein Sender auf ökonomische Weise eine große Wirkung erzielen. Für die Empfänger ist nachteilig, dass keine unmittelbare Rückfragemöglichkeit besteht. Für den Sender mag das manchmal vorteilhaft sein. Bei Sammel-Kommunikation ist für die Sender nachteilig, dass sie nicht direkt erfahren, ob und wie ihre Sendungen ankommen. Die aufwändigere Dialog-Kommunikation ist nicht mit diesen Nachteilen behaftet. Die sehr aufwändige Konferenz-Kommunikation kann noch vorteilhafter als die Dialog-Kommunikation sein, weil jeder Kommunikationspartner auch aus den Rückfragen, die andere Kommunikationspartner stellen, nützliche Erkenntnisse gewinnen kann.

Bei den Kommunikationsarten Dialog und Konferenz unterscheidet man noch zwischen

Symmetrische Übertragung und *unsymmetrische Übertragung*

Beim symmetrischen Übertragungssystem lässt sich in beide Richtungen gleich viele Bits pro Zeiteinheit übertragen. Beim unsymmetrischen System ist das nicht der Fall. Die typische Verbindung zum World-Wide-Web des Internet ist unsymmetrisch. Die Übertragung vom Nutzer zu den Datenbanken (sogenannter *uplink*) ist nur für eine niedrige Übertragungskapazität (in Bit pro Sekunde) ausgelegt, was aber für Anfragen völlig ausreicht. Die Übertragung in der umgekehrten Richtung von der Datenbank zum Benutzer (sogenannter *downlink*) ist dagegen für eine hohe Übertragungskapazität ausgelegt, was die Übertragung von viel Information pro Zeiteinheit erlaubt. Die Unsymmetrie erspart Aufwand, weil hohe Übertragungskapazität teurer ist als niedrige Übertragungskapazität.

Unsymmetrische Übertragung tritt auch in der Natur auf. Das menschliche Ohr kann Töne in einem Frequenzbereich von etwa 20 Hz bis 20 kHz wahrnehmen. Der Frequenzbereich von Tönen, die das menschliche Stimmorgan erzeugen kann ist dagegen viel kleiner. (Näheres über Töne, Klänge, Geräusche bringt der nachfolgende Abschn. 4.3). Völlig unsymmetrisch ist beim Menschen die Übertragung optischer Signale. Der Mensch kann sichtbares Licht und verschiedene Farben wahrnehmen aber (im Unterschied zum Glühwürmchen und manchen Fischarten) nicht mit seinen natürlichen Organen aussenden (wenn man von besonderen Fällen, wie z.B. Schamröte und dergleichen absieht). Bei der Kommunikation auf Pragmatik-Ebene (siehe Abschn. 2.7.4) verwendet Watzlawik die Bezeichnungen *symmetrisch* und *komplementär* statt unsymmetrisch. Wegen der organisch bedingten Unsymmetrie sind die Artikulationsmöglichkeiten des Menschen sehr viel kleiner als die Wahrnehmungsmöglichkeiten.

Bemerkung:
Unsymmetrien bei Wahrnehmung und Artikulation sind in der belebten Natur durchweg vorteilhaft. Sie ersparen Aufwand an Ausstattung und Energie bei in der Regel optimalem Schutz vor Gefahr gemäß der Devise „Notwendiges ja, Unnötiges nein". Bei einer voll mit ständig betriebsbereiter symmetrischer Telekommunikation ausgerüsteten Menschheit ist „Anybody, anywhere, anytime" (Jeder überall zu jeder Zeit) eine Plage und schädlich, wie derzeitige Erfahrungen mit E-Mail und Smartphone zeigen.

Zusammenfassend sei festgehalten:

[4.1] Kommunikationsbedürfnis, technische Kommunikationsart und Aufwand

Verschiedenen Kommunikationsbedürfnissen entsprechend wird zwischen den technischen Kommunikationsarten *Verteilen*, *Sammeln*, *Dialog* und *Konferenz* unterschieden. Die angegebene Reihenfolge kennzeichnet den wachsenden Aufwand für die einzelnen Arten. Eine Übertragung in beide Richtungen kann *symmetrisch* oder *unsymmetrisch* sein.

4.3 Einige Grundlagen zur Theorie der Signale und ihrer Übertragung

In Abschn. 1.1 des 1. Kapitels wurde eine längere Auflistung von verschiedenen Signalarten präsentiert. Bei allen diesen Signalen handelt es sich um physische Vorgänge oder Erscheinungen, deren Ausbreitung oder Übertragung mit Energie (vergl. Abschn. 3.4) verbunden ist. In diesem Abschn. 4.3 geht es um eine allgemeine Theorie von Signalen, die losgelöst ist von den verschiedenen Erscheinungsformen. Ihre Ergebnisse lassen sich aber auf jede konkrete physikalisch beschreibbare Erscheinungsform zurück übersetzen.

Bereits in Abschn. 1.3 wurde erwähnt, dass sich Signale mittels Instanzen und Wandler von einer Erscheinungsform in eine äquivalente andere Erscheinungsform umwandeln lassen, wovon in Natur und Technik zahlreich Gebrauch gemacht wird. In Abschn. 1.3.1 wurde dann für jede Art von Signal die allgemeine Bezeichnung $s(t)$ eingeführt. $s(t)$ ist eine mathematische Größe, die primär keinerlei physikalische Dimension besitzt, also weder einen Schalldruck, noch eine elektrische Spannung oder sonst eine physikalische Größe darstellt, jedoch auf alle diese physikalischen Größen anwendbar ist.

Die akademische Disziplin der Signaltheorie, mit der Ingenieure der Nachrichtentechnik zu tun haben, macht in starkem Maß von der Infinitesimalrechnung, von Transformationen von Fourier und Hilbert, von Volterra-Reihen, Vektorräumen und weiteren Kapiteln der höheren Mathematik Gebrauch [siehe z.B. Rupprecht (1993)]. Da bei Lesern dieser Abhandlung solche Kenntnisse nicht vorausgesetzt werden, können hier die Grundlagen der Signaltheorie auch nicht in voller Tiefe dargestellt werden. Dafür wird aber versucht, die wichtigsten Phänomene und Hauptgedanken in anschaulicher Form ohne Infinitesimalrechnung zu erläutern. Als erster Einstiegspunkt diene die Übertragung eines binären digitalen Signals.

4.3.1 Phänomene bei der Übertragung binärer digitale Signale

Binäre digitale Signale setzen sich aus zweierlei Symbolen zusammen. In Abb. 1.3b sind das Impulse und Nichtimpulse. Bei der elektrischen Übertragung über ein längeres Kabel verwendet man aus mehreren technischen Gründen an Stelle von Impulsen und Nichtimpulsen besser positive und negative Impulse, siehe Abb. 4.2b. Der einzelne positive Impuls, der bei $t = 0$ beginnen möge und die Dauer T habe, sei mit $g(t)$ bezeichnet, siehe Abb. 4.2a, der negative Impuls wird entsprechend mit $-g(t)$ bezeichnet. Der bei $t = T$ beginnende Impuls wird durch $g(t-T)$ beschrieben, weil $g(t-T)$ bei $t = T$ den gleichen Wert hat wie $g(t)$ bei $t = 0$. Das binäre digitale Signal $s(t)$ in Abb.4.2b wird somit durch folgenden Formelausdruck beschrieben

$$s(t) = g(t) - g(t-T) + g(t-2T) + g(t-3T) \; ... \; = \sum_{\nu} a_{\nu} g(t-\nu T) \qquad (4.1)$$

Der Zählindex ν = 0, 1, 2, ... kennzeichnet Position und Vorzeichen jedes einzelnen Impulses. $g(t-\nu T)$ ist der bei $t = \nu T$ beginnende Impuls und $a_{\nu} = \pm 1$ sein Vorzeichen. Bei $a_{\nu} = +1$ ist der Impuls positiv, bei $a_{\nu} = -1$ ist er negativ. Die $a_{\nu} g(t-\nu T)$ kennzeichnen zugleich die übertragenen Bits, wenn man die positiven Impulse als binär L und die negativen Impulse als binär 0 interpretiert, vergl. (1.1) in Abschn. 1.3.1.

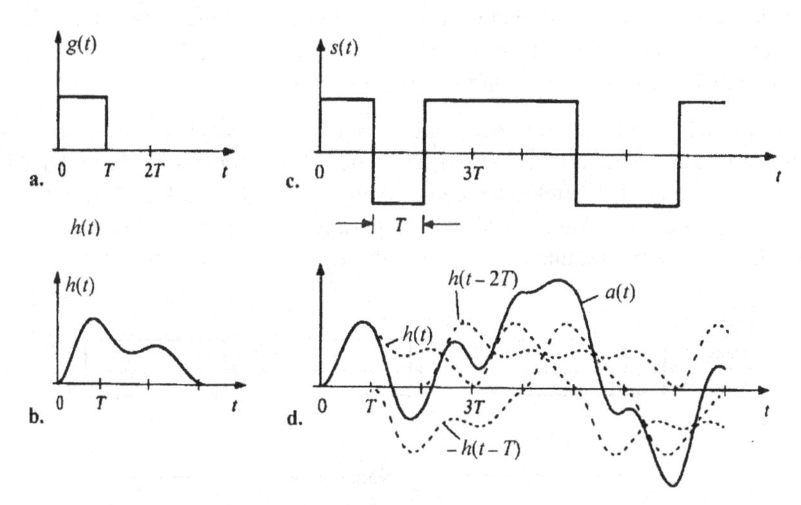

Abb. 4.2 Verzerrung eines binären Datensignals bei der Übertragung
a. Darstellung eines Symbols durch einen Rechteckimpuls $g(t)$
b. Beispiel eines gesendeten binären Datensignals $s(t)$
c. Verformung des einzelnen Rechteckimpulses $g(t)$ in $h(t)$
d. Verzerrtes Datensignal $a(t)$ als Antwort auf $s(t)$

Bei Übertragung über ein Kabel möge sich ein zum Zeitpunkt $t = 0$ gesendeter einzelner Rechteckimpuls $g(t)$ in den Antwortimpuls $h(t)$ verformen, wie ihn Abb. 4.2c zeigt. Dies wird ausgedrückt durch die Schreibweise

$$g(t) \rightarrow h(t) \qquad (4.2)$$

Wenn das Kabel *linear* und *zeitinvariant* ist, was normalerweise der Fall ist, dann gilt wegen der Zeitinvarianz für einen Impuls, der zu einem der Zeitpunkte $t = \nu T$, $\nu = 1, 2, 3, \ldots$ gesendet wird

$$g(t - \nu T) \rightarrow h(t - \nu T) \tag{4.3}$$

Bei Linearität gelten das *Proportionalitätsprinzip* und das *Superpositionsprinzip*:

Das Proportionalitätsprinzip besagt, dass bei Multiplikation eines gesendeten Impulses mit dem Faktor a_ν auch dessen Antwort mit dem gleichen Faktor a_ν multipliziert wird

$$a_\nu\, g(t - \nu T) \rightarrow a_\nu\, h(t - \nu T) \tag{4.4}$$

Das Superpositionsprinzip besagt, dass bei Superposition (Addition) mehrerer Einzelsignale am Eingang [hier die Impulse $a_\nu g(t - \nu T)$] sich auch die Antworten der Einzelsignale am Ausgang addieren. Das zusammen ergibt

$$s(t) = \sum_\nu a_\nu g(t - \nu T) \rightarrow \sum_\nu a_\nu h(t - \nu T) = a(t) \tag{4.5}$$

Die Überlagerung der verschiedenen Einzelsymbolantworten $a_\nu h(t - \nu T)$ zeigt Abb. 4.2d. Das gesendete Digitalsignal $s(t)$ liefert als Antwort ein verzerrtes Datensignal $a(t)$. Die Überlappung der Einzelsymbolantworten $a_\nu h(t - \nu T)$ wird *Intersymbolinterferenz* genannt. Sie ist umso stärker je dichter die gesendeten Symbole aufeinander folgen und je schlechter die Kabelqualität ist. Nicht selten hat man es in der Praxis mit einer Interferenz von 20 und mehr benachbarten Symbolantworten zu tun.

Neben dem Phänomen der Verzerrung gibt es noch das zusätzliche Phänomen der Störungen, die von Fremdquellen herrühren und sich dem Datensignals während der Übertragung überlagern. Diese beiden Effekte werden in Abb. 4.3 mit dem linken Kasten Übertragungsweg“ erfasst, an dessen Ausgang die Überlagerung des verzerrten Datensignals $a(t)$ und der sich längs des Übertragungswegs akkumulierten Störung $n(t)$ erscheint.

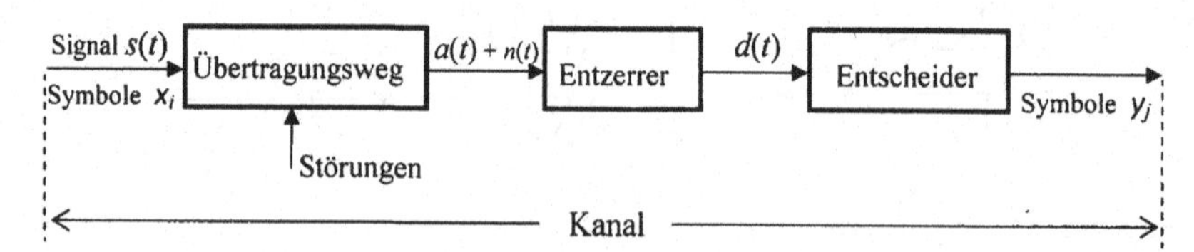

Abb. 4.3 Zusammensetzung eines Digitalkanals

Die Verzerrungen des übertragenen Datensignals sind von *deterministischer* Art. Sie lassen vorausberechnen, wenn man die Übertragungseigenschaften des Übertragungswegs kennt, und sie lassen sich oft mit Hilfe eines Entzerrers am Empfangsort weitgehend beseitigen.

Anders ist das bei den Störungen. Diese sind von *zufälliger* Art. Auch wenn man deren statistische Eigenschaften kennt, lassen sie sich nur in seltenen Fällen völlig beseitigen. Der Entzerrer formt aus dem Gemisch des verzerrten Datensignals $a(t)$ und den akkumulierten Störungen $n(t)$ ein Ausgangssignal $d(t)$, das sich aus einem weitgehend entzerrten Datensignal und einem gefilterten Störanteil zusammensetzt.

Die Verzerrungen des übertragenen Datensignals sind von *deterministischer* Art. Sie lassen vorausberechnen, wenn man die Übertragungseigenschaften des Übertragungswegs kennt, und sie lassen sich oft mit Hilfe eines Entzerrers am Empfangsort weitgehend beseitigen.

Anders ist das bei den Störungen. Diese sind von *zufälliger* Art. Auch wenn man deren statistische Eigenschaften kennt, lassen sie sich nur in seltenen Fällen völlig beseitigen. Der Entzerrer formt aus dem Gemisch des verzerrten Datensignals $a(t)$ und den akkumulierten Störungen $n(t)$ ein Ausgangssignal $d(t)$, das sich aus einem weitgehend entzerrten Datensignal und einem gefilterten Störanteil zusammensetzt.

Der Entscheider hat die Aufgabe, anhand der Höhe des Signal-Stör-Gemisches $d(t)$ zu entscheiden, welches Symbol gerade gesendet wurde. Diese Entscheidung kann richtig oder falsch sein. Häufig ist es dabei so, dass mit besserer Entzerrung der gefilterte Störanteil größer wird, sodass man zu einem Kompromiss zwischen der Güte der Entzerrung und der Stärke des gefilterten Störanteils gezwungen ist. Die Wahrscheinlichkeit von Fehlentscheidungen ist nämlich umso größer je höher die Restverzerrung des Signalanteils und je stärker der gefilterte Störanteil im Signal-Stör-Gemisches $d(t)$ ist.

Die gesamte Kette aus Übertragungsweg, Entzerrer und Entscheider bildet einen Digitalkanal. In den Eingang des Kanals werden Symbole x_i eingespeist. Der Index i kennzeichnet dabei, welches Symbol gerade eingespeist wird. Im Fall des binären Digitalsignals von Abb. 4.2b gibt es für jeden Zeitpunkt nur zwei Möglichkeiten: Zum Zeitpunkt $t = 0$ ist das entweder $x_1 = +g(t)$ oder $x_2 = -g(t)$ und zum anderen Zeitpunkt $t = \nu T$ ist das entweder $x_1 = +g(t-\nu T)$ oder $x_2 = -g(t-\nu T)$. [Bei z.B. okternären Digitalsignalen gibt es entspre-chend 8 verschiedene Möglichkeiten $x_1, x_2, x_3, \ldots, x_8$. Zur Schreibweise vergl. 2. Kapitel Fußnote 2.13].

Beim Digitalkanal in Abb. 4.3 wird immer das gerade gesendete Symbol x_i und das dafür am Ausgang des Entscheiders ausgegebene Symbol y_j betrachtet. Im einfachsten Fall des binär symmetrischen Digitalkanals gibt es für y_j ebenfalls nur die zwei Möglichkeiten y_1 und y_2. Die am Entscheider ausgegebenen Symbole y_j müssen nicht die gleiche Form haben wie die eingespeisten Symbole x_i . Es soll lediglich so sein, dass bei Ausgabe von y_1 mit hoher Wahrscheinlichkeit x_1 gesendet wurde und bei Ausgabe von y_2 mit hoher Wahrscheinlichkeit x_2 gesendet wurde. Die Fehlerwahrscheinlichkeit, dass bei Ausgabe von y_1 das Symbol x_2 gesendet wurde, soll möglichst gering sein. Der optimale Kompromiss zwischen der oben genannten Restverzerrung und der Stärke des gefilterten Störsignals im Signal-Stör-Gemisch $d(t)$ liegt dann vor, wenn dafür die Fehlerwahrscheinlichkeit den geringstmöglichen Wert besitzt.

Im Unterschied zum binär symmetrischen Kanal liefert der binäre Auslöschungskanal am Ausgang 3 verschiedene Symbole, nämlich y_1, y_2 und y_3. Das zusätzliche Symbol y_3 wird dann ausgegeben, wenn eine Entscheidung zwischen y_1 und y_2 höchst unsicher ist. Bei der Übertragung bipolarer Rechteckimpulse entsprechend Abb. 4.2b stellen y_1 und y_2 oft ebenfalls Rechteckimpulse dar und y_3 einen Nichtimpuls, von wo die Bezeichnung „Auslöschungskanal" herrührt.

Ein Beispiel für einen Verlauf des Signal-Stör-Gemisches $d(t)$ bei Übertragung eines binären Digitalsignals zeigt Abb. 4.4 mit der gestrichelt gezeichneten Kurve. (Die Folge der Bits ist hier anders als in Abb. 4.2). Die durchgehende (d.h. nicht gestrichelte) Kurve würde sich bei nicht vorhandener Störung ergeben. An den mit Pfeilen markierten Zeitpunkten wird $d(t)$ abgetastet. Ist zum Abtastzeitpunkt $d(t) > 0$, dann wird beim binär symmetrischen Kanal auf y_1 entschieden, anderenfalls auf y_2. Beim binären Auslöschungskanal wird dagegen auf y_1 entschieden, wenn $d(t) > S_o$ und auf y_2, wenn $d(t) < S_u$. Liegt zum Abtastzeitpunkt $d(t)$ zwischen S_u und S_o, dann wird auf y_3 entschieden.

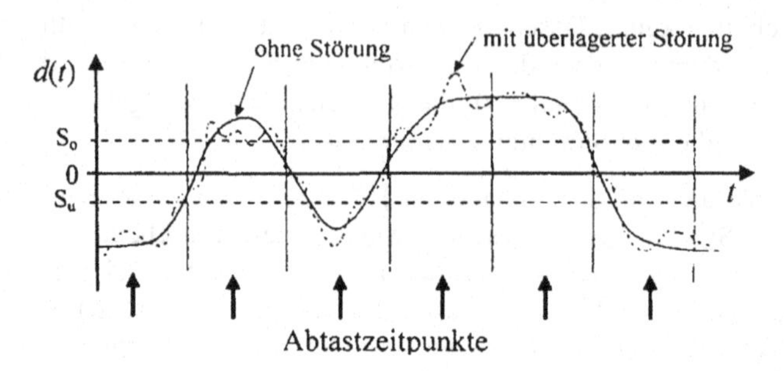

Abb. 4.4 Zur Funktionsweise eines Entscheiders bei binären Digitalkanälen. Die fetten senkrechten Pfeile markieren Abtastzeitpunkte, siehe Text

Der Zusammenhang zwischen Abb. 4.3 und Abb. 4.4 sei wie folgt festgehalten:

[4.2] Übertragungsweg und Digitalkanal

Bei der Übertragung werden Digitalsignale vom Übertragungsweg in deterministischer Weise verzerrt und von Fremdsignalen in zufälliger Weise gestört. Auf der Empfangsseite entscheidet sich ein Detektor anhand des verzerrten und gestörten Digitalsignals für eine Folge von Ausgangssymbolen y_j, die möglichst genau mit der gesendeten Folge von Eingangssymbolen x_i übereinstimmen soll. Beim Modell des Digitalkanals werden Verzerrungen und Störungen selbst nicht betrachtet, sondern nur die von den Verzerrungen und Störungen verursachten Zusammenhänge zwischen den Eingangssymbolen x_i und den Ausgangssymbolen y_j.

In Abschn. 4.4 werden die informationstheoretischen Eigenschaften des Digitalkanals im Einzelnen behandelt.

Ergänzende Erläuterungen zu nichtlinearen Übertragungswegen

Verzerrungen und Störungen sind Erscheinungen, die völlig unterschiedliche Ursachen haben. Störungen sind, wie bereits erwähnt, Fremdsignale aus anderen Quellen. Verzerrungen rühren dagegen von den Eigenschaften des Übertragungswegs und des übertragenen digitalen Datensignals her. Man kann sich die Entstehung von Verzerrungen so vorstellen, dass das digitale Datensignal aus verschiedenen „Teilchen" (Elementarsignalen) zusammengesetzt ist, die unterschiedlich schnell über den Übertragungsweg laufen. Die einen Teilchen kommen früher, die anderen später ans Ziel, wodurch ein Symbol des digitalen Datensignals über ein längeres Zeitintervall verschmiert wird, wie das mit Abb. 4.2a und Abb. 4.2c illustriert wird. In entsprechender Weise kommt es am Empfangsort zu Überlappungen von Symbolantworten der hintereinander gesendeten Symbole, was zur *Intersymbolinterferenz* führt.

Beim *linearen* Übertragungsweg, der in Abb. 4.2 vorausgesetzt wird, sind die Eigenschaften des Übertragungswegs unabhängig vom übertragenen Signal. Anders ist das bei *nichtlinearen* Übertragungswegen. Bei solchen kommt es zu Wechselwirkungen zwischen Signal und Übertragungsweg, die sich in besonderen Fällen darin äußern, dass schnelle Teilchen abgebremst und langsame Teilchen beschleunigt werden. Dadurch wird das mit den Abb. 4.2a und Abb. 4.2c illustrierte Auseinanderlaufen eines Symbols verhindert. Ein Symbol, das auf Grund dieses Effekts seine Form beibehält, wird als *Soliton* bezeichnet.

Eine Veranschaulichung des Soliton-Effekts zeigt Abb. 4.5. Der Übertragungsweg lässt sich mit einem Laufband aus Gummi vergleichen, das durch das Gewicht von Läufern, die über das Laufband laufen, nach unten durchgebogen wird. Die Läufer sind bei diesem Vergleich die einzelnen Teilchen eines Digitalsignalsymbols. Die Durchbiegung ist am stärksten dort, wo die meisten Läufer gerade sind. Das hat zur Folge, dass die voraus eilenden schnelleren Läufer bergauf laufen müssen und dadurch langsamer werden. Auf der anderen Seite werden die langsamen Läufer dadurch begünstigt, dass sie bergab laufen und somit den Anschluss an den Pulk der Läufer halten können, die mit einer mittleren Geschwindigkeit laufen.

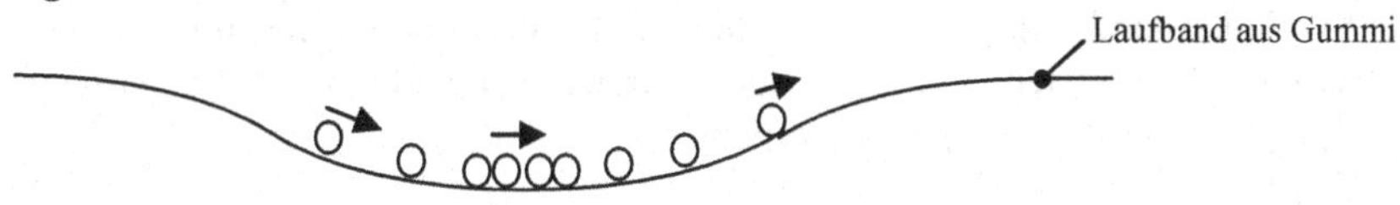

Abb. 4.5 Veranschaulichung der Übertragung eines Solitons[4.1]

Eine technische Anwendung haben Solitonen bei der Datenübertragung mittels optischer Lichtimpulse über Glasfasern gefunden. Das Verfahren funktioniert aber nur bei binärer Übertragung mit Impulsen und Nichtimpulsen. Zudem müssen die Lichtimpulse eine sehr hohe Energie haben, damit die Glasfaser im nichtlinearen Bereich betrieben wird.

Die Signalübertragung in organischen Nervenleitungen erfolgt ebenfalls mit Impulsen und Nichtimpulsen. Die Nervenimpulse bewegen dabei über relativ weite Strecken ohne dass sich dabei ihre Form ändert. Sie verhalten sich ähnlich wie Solitonen.

4.3.2 Betrachtungsweisen und elementare Begriffe der Signaltheorie

Aus dem vorangegangenen Abschn. 4.3.1 geht Folgendes hervor:

1. In der Technik real verwendete Digitalsignale sind *zeitkontinuierlich* und insbesondere bei Verzerrungen auch *wertkontinuierlich*, also in Wirklichkeit *analog*, siehe Abb. 4.2d. Ein Analogsignal liegt streng genommen auch bei den idealisiert gezeichneten Signalen in Abb. 4.2a und 4.2b vor. Real lassen sich nämlich keine unstetigen (d.h. exakt senkrechten) Rechteckimpulsflanken verwirklichen, siehe die Begründung in Abschn. 3.4.1 und Abb. 3.10.

2. Die technische Auswertung (Interpretation) eines realen Digitalsignals erfolgt im Detektor letztlich *zeitdiskret* und *wertdiskret*, wobei der erste Schritt, die zeitdiskrete Abtastung des verzerrten und auch des entzerrten Digitalsignals, ein zeitdiskretes und *wertkontinuierliches* Signal liefert mit kontinuierlich veränderlichen Werten *d*, siehe Abb. 4.4.

3. Der Entscheider in Abb. 4.3 hat es mit einem Gemisch von zweierlei Signalanteilen zu tun, die verschiedenen Kategorien angehören. Das entzerrte digitale Datensignal gehört zur Kategorie der *deterministischen Signale*, der Störanteil gehört zur Kategorie der zufälligen oder *stochastischen Signale*.

[4.1] Von dieser Veranschaulichung erfuhr der Verfasser auf einer IEEE-Fachtagung in den USA.

4. In Abb. 4.5 wurde die Übertragung eines Solitons dadurch veranschaulicht, dass man sich ein Signal aus lauter Teilchen unterschiedlicher Eigenschaften (schnell und langsam) zusammengesetzt denkt. Um verschiedene Probleme zu lösen, werden in der Signaltheorie ebenfalls oft Signale in Elementarsignale unterschiedlicher Eigenschaften zerlegt. Bei den Teilchen in Abb. 4.5 handelt es sich also um solche Elementarsignale.

Die Signaltheorie ist unterteilt in zwei große Gebiete. Das sind

- die *zeitkontinuierliche Signaltheorie*

  In ihr stellt sich ein Signal $s(t)$ als Funktion der kontinuierlichen Variablen t dar. (t ist die kontinuierlich veränderliche Zeit). Die zeitkontinuierliche Signaltheorie operiert mit Werten $s(t)$ an allen Zeitpunkten t, wobei sowohl die Zeit t als auch der der Zeit t zugeordnete Wert $s(t)$ kontinuierlich veränderlich sind.

- die *zeitdiskrete Signaltheorie*

  In ihr stellt sich ein Signal $s(\nu)$ [oder ausführlicher als $s(\nu T_A)$] als Funktion der diskreten Variablen ν dar. ($\nu = ..., -3, -2, -1, 0, +1, +2, +3, ...$ kennzeichnet die diskreten Zeitpunkte νT_A, an denen das Signal s betrachtet wird. In Abb. 4.4 ist T_A gleich dem Symbolabstand T). Die zeitdiskrete Signaltheorie operiert nur mit Werten $s(\nu T_A)$ an diskreten Zeitpunkten νT_A. Die den diskreten Zeitpunkten νT_A zugeordneten Werte $s(\nu T_A)$ sind kontinuierlich veränderlich.

Im 3. Kapitel wurde in Abschn. 3.4 dargelegt, dass mit jedem realen Signal, egal in welcher Erscheinungsform es auch vorliegt, Energie transportiert wird. Wie eingangs dieses Abschnitts 4.3 gesagt wurde, beschreibt die Signaltheorie die Signale, deren Energie und weitere Signaleigenschaften losgelöst von den verschiedenen Erscheinungsformen. Diese Beschreibungen sind bei der zeitkontinuierlichen Signaltheorie und bei der zeitdiskreten Signaltheorie verschieden. Beide Theorien liefern aber gleiche Ergebnisse, wenn bestimmte Voraussetzungen gegeben sind, die weiter unten noch genannt werden. Als erste Kenngröße sei die Signalenergie E beschrieben.

A: *Signalenergie*

In der zeitkontinuierlichen Signaltheorie wird die Signalenergie E durch die Fläche beschrieben, die der Verlauf des quadrierten Signals $s^2(t)$ mit der t-Achse bildet, siehe Abb. 4.6a.

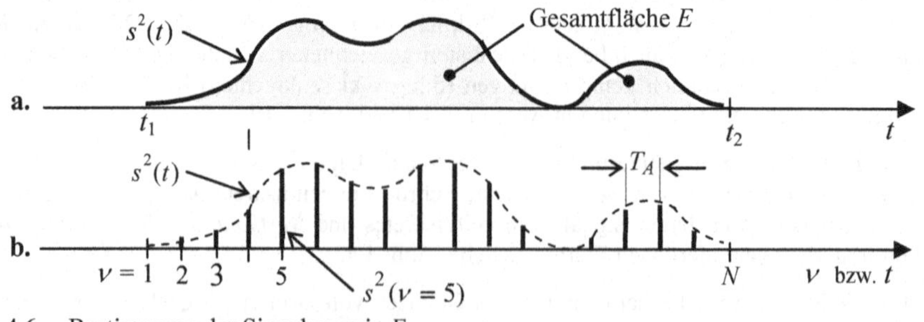

Abb. 4.6 Bestimmung der Signalenergie E

a. Bei der zeitkontinuierlichen Signaltheorie: E ist gleich der Fläche unter $s^2(t)$

b. Bei der zeitdiskreten Signaltheorie: E ist gleich der Summe aller $s^2(\nu)$

In Abb. 4.6a ist ein Beispiel für einen Verlauf des quadrierten Signals $s^2(t)$ dargestellt. Während $s(t)$ auch negativ sein kann, ist stets $s^2(t) \geq 0$, womit auch die Fläche unter dem quadrierten Signal, also die Signalenergie (die nie negativ sein kann) sich stets zu $E > 0$ ergibt. (Der Fall $E = 0$ ist nur dann gegeben, wenn $s(t) \equiv 0$, also gar kein Signal vorhanden ist). Alle Signale $s(t)$ die zur Kommunikation verwendet werden, haben eine endliche Dauer von t_1 bis t_2 und endliche Werte $|s(t)| < \infty$ und damit auch eine endlich hohe Energie $E < \infty$.

Die Größe der Fläche, den die Kurve $s^2(t)$ mit der t-Achse bildet, kann planimetrisch ausgemessen werden, z.B. indem man die Fläche in winzige Quadrate unterteilt und die Anzahl der Quadrate zählt. Exakte Ergebnisse gewinnt man mit Hilfe der Integralrechnung, deren Kenntnis in der vorliegenden Abhandlung nicht vorausgesetzt wird und die hier nur der Vollständigkeit wegen kurz erwähnt wird. Festgehalten wird:

In der zeitkontinuierlichen Signaltheorie bestimmt sich die Energie des Signals $s(t)$ zu

$$E_\mathrm{k} = \text{Fläche zwischen } t\text{-Achse und } s^2(t) \text{ d.h. } E_\mathrm{k} = \int_{t=t_1}^{t_2} s^2(t)\,\mathrm{d}t \tag{4.6}$$

Auf der rechten Seite von (4.6) ist E_k als Integral ausgedrückt [vergl. (3.10) im 3. Kapitel].

In der zeitdiskreten Signaltheorie wird die Signalenergie durch die Summe der quadrierten Abtastwerte $s^2(\nu)$ beschrieben. Die Abtastwerte $s(\nu)$ sind in Abb. 4.6b durch fett gezeichnete senkrechte Linien dargestellt, die von der t-Achse bis zum (gestrichelt gezeichneten) Verlauf von $s^2(t)$ reichen. Sie haben den zeitlichen Abstand T_A voneinander und sind von links nach rechts von $\nu = 1$ bis $\nu = N$ durchnummeriert. Festgehalten wird:

In der zeitdiskreten Signaltheorie bestimmt sich die Energie des Signals $s(\nu)$ zu

$$E_\mathrm{d} = \sum_{\nu=1}^{N} s^2(\nu) \tag{4.7}$$

Wenn man in Abb. 4.6b und in der Formel (4.6) die quadrierten Abtastwerte $s^2(\nu)$ durch Rechteckimpulse der Breite T_A und der Höhe $s^2(\nu)$ ersetzt, dann liefert die Formel (4.7) eine Fläche, deren Größe umso genauer mit der Fläche in Abb. 4.6a und in Formel (4.6) übereinstimmt, je kleiner der Abtastabstand T_A gewählt wird. [Das Integral in (4.6) ist in der Tat so zu verstehen, dass dt einen gegen null gehenden zeitlichen Abstand darstellt, also ein Pendant zum Abtastabstand T_A ist, und das Integralzeichen $\int$ eine Summation über unendlich viele Summanden symbolisiert]. Weil in (4.7) kein Abtastabstand T_A vorkommt, stellen die beiden Formeln (4.6) und (4.7) nicht gleichartige Energien dar. Von der leichter zu bestimmenden zeitdiskreten Energie E_d kann aber auf die zeitkontinuierliche Energie E_k geschlossen werden.

Wichtige Anmerkung:
Um von der Höhe der zeitdiskreten Energie E_d hinreichend genau auf die Höhe der zeitkontinuierlichen Energie E_k schließen zu können, muss in vielen praktischen Fällen der Abtastabstand nicht extrem klein gewählt werden. Bei einem zeitkontinuierlichen Signal $s(t)$, das sowohl zeitbegrenzt ist (was stets der Fall ist) als auch *bandbegrenzt* ist (was stets annähernd der Fall ist) liefern die zeitdiskrete Signaltheorie und die zeitkontinuierliche Signaltheorie auch bei einem relativ großen Abtast-

abstand T_A exakt gleiche Ergebnisse, sofern T_A das Abtasttheorem erfüllt. Bandbegrenztheit und Abtasttheorem können erst später im Teil E des Abschn. 4.3.3 erläutert werden, weil dazu Begriffe nötig sind, die zuvor behandelt werden müssen.

Mit der Signaltheorie gewonnene Ergebnisse über z.B. erforderliche Energien lassen sich auf jede Erscheinungsform realer physikalischer Signale übertragen.

B: *Zur Darstellung und Verarbeitung zeitdiskreter Signale*

Die obige Beschreibung der Signalenergie mit der zeitkontinuierlichen Signaltheorie und der zeitdiskreten Signaltheorie lieferte ein Beispiel für den engen Bezug beider Theorien. Es folgen nun weitere Beschreibungen über die Darstellung und Verarbeitung zeitdiskreter Signale und ihren Bezug zu entsprechenden zeitkontinuierlichen Signalen.

Im Unterschied zum zeitkontinuierlichen Signal, das durch eine *Funktion* der Zeit $s(t)$ dargestellt wird, wird ein zeitdiskretes Signal durch eine *Folge* $\{s(\nu)\}$ dargestellt. Während die Zeit t kontinuierlich im Prinzip alle Zahlenwerte von $t = -\infty$ bis $t = +\infty$ durchläuft, durchläuft die Variable ν in diskreten Schritten im Prinzip alle *ganzen* Zahlen von $\nu = -\infty$ bis $\nu = +\infty$.

Abb. 4.7 verdeutlicht den Unterschied zwischen der Funktion $s(t)$ und der Folge $\{s(\nu)\}$. Die Abhängigkeit der Funktionswerte $s(t)$ von der kontinuierlich veränderlichen Zeit t zeigt die gestrichelte Kurve, die senkrechten Linien zeigen die Werte $s(\nu T_A)$ an den diskreten Zeitpunkten $t = \nu T_A$. Die Folge $\{s(\nu)\}$ kann auch als eine spezielle Funktion angesehen werden, die nur an diskreten Zeitpunkten $t = \nu T_A$ definiert ist und zwischen diesen Zeitpunkten *nicht* definiert ist. Dagegen ist die Funktion $s(t)$ zu *allen* Zeiten t definiert. Zu den Zeiten t, an denen gar kein Signal $s(t)$ vorhanden ist, ist $s(t)$ zu null definiert. („nicht definiert" ist nicht dasselbe wie „zu null definiert").

Die Funktionswerte $s(\nu)$ einer Folge $\{s(\nu)\}$ kann man als Abtastwerte einer Funktion $s(t)$ an den Stellen $t = \nu T_A$ ansehen, wovon in Abb. 4.6 bereits Gebrauch gemacht wurde.

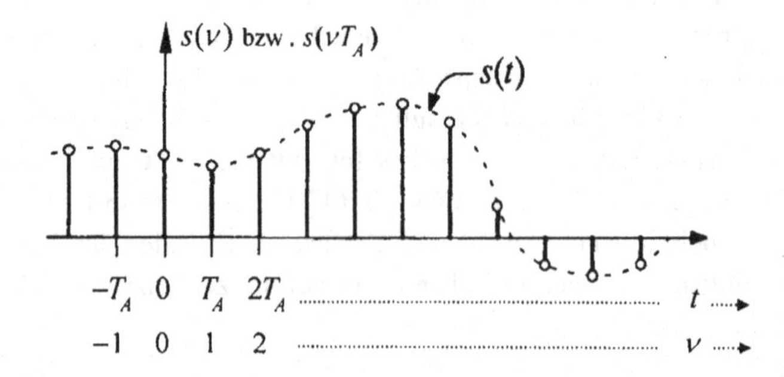

Abb. 4.7 Zeitkontinuierliches Signal $s(t)$ und Funktionswerte $s(\nu)$ einer Folge $\{s(\nu)\}$. Die Funktionswerte $s(\nu)$, die hier durch winzige Kreise markiert sind, können als Abtastwerte $s(\nu T_A)$ des Signals an den diskreten Zeitpunkten $t = \nu T_A$ angesehen werden.

Für die Darstellung von Folgen gibt es hauptsächlich zwei Möglichkeiten, nämlich:

1. In graphischer Form mit einer Abbildung wie in Abb. 4.7
2. Durch Angabe ihrer Glieder, z.B. bei 6 Gliedern $s(0)$, $s(1)$, $s(2)$, $s(3)$, $s(4)$, $s(5)$ mit $\{s(\nu)\}_0^5 = \{1,0,3,2,1,1\}$ d.h. $s(0) = 1$, $s(1) = 0$, $s(2) = 3$, $s(3) = 2$, $s(4) = 1$, $s(5) = 1$.

Die Addition und die Multiplikation zweier Folgen geschehen genauso wie bei kontinuierlich verlaufenden Funktionen.

Bei der <u>Addition</u> zweier Folgen $\{s_1(\nu)\}$ und $\{s_2(\nu)\}$ werden die zum jeweils gleichen ν gehörenden Glieder addiert:

$$\{s(\nu)\} = \{s_1(\nu)\} + \{s_2(\nu)\} = \{s_1(\nu) + s_2(\nu)\} \tag{4.8}$$

<u>Beispiel:</u> $\{s_1(\nu)\}_0^5 = \{1,0,3,2,1,1\}$, $\{s_2(\nu)\}_1^4 = \{2,0,-3,1\}$

$$\begin{array}{rcccccc} \text{Addition: } \{ & 1, & 0, & 3, & 2, & 1, & 1\} \\ + & & \{2, & 0, & -3, & 1\} & \\ \hline = \{ & 1, & 2, & 3, & -1, & 2, & 1\} = \{s(\nu)\}_0^5 \end{array} \tag{4.9}$$

Wichtig ist, dass die zeitgleichen Glieder (gleiches ν) untereinander stehen (siehe hell graue senkrechte Linien). Nicht definierte Folgenglieder können zu 0 gesetzt werden und Glieder mit 0 am Folgenanfang und -ende weggelassen werden.

Bei der <u>Multiplikation</u> einer Folge $\{s(\nu)\}$ <u>mit einer Konstanten</u> a wird jedes Glied der Folge mit dieser Konstanten a multipliziert:

$$a \cdot \{s(\nu)\} = \{a \cdot s(\nu)\} \tag{4.10}$$

Bei der <u>Multiplikation</u> <u>zweier Folgen</u> $\{s_1(\nu)\}$ und $\{s_2(\nu)\}$ werden die zum gleichen ν gehörenden Glieder miteinander multipliziert:

$$\{s(\nu)\} = \{s_1(\nu)\} \cdot \{s_2(\nu)\} = \{s_1(\nu) \cdot s_2(\nu)\} \tag{4.11}$$

<u>Beispiel</u>: $\{s_1(\nu)\}_0^5 = \{1,0,3,2,1,1\}$, $\{s_2(\nu)\}_1^4 = \{2,0,-3,1\}$

$$\begin{array}{rcccccc} \text{Multiplikation: } \{ & 1, & 0, & 3, & 2, & 1, & 1\} \\ \text{mal} & & \{2, & 0, & -3, & 1\} & \\ \hline = & & & & \{-6, & 1\} = \{s(\nu)\}_3^4 \end{array} \tag{4.12}$$

Wichtig ist auch hier, dass die zeitgleichen Glieder (gleiches ν) untereinander stehen und für nicht definierte Glieder und Glieder mit 0 das oben Gesagte gilt.

Die Multiplikation einer Folge mit sich selbst ergibt gemäß (4.11) die Folge mit quadrierten Gliedern

$$\{s(\nu)\} \cdot \{s(\nu)\} = \{s(\nu) \cdot s(\nu)\} = \{s^2(\nu)\} \tag{4.13}$$

C: *Korrelation und Ähnlichkeit von Signalen*

Betrachtet wird nun die Summe zweier Folgen $\{s_1(\nu)\}_1^N$ und $\{s_2(\nu)\}_1^N$, die beide bei $\nu = 1$ beginnen und die gleiche Anzahl von N Gliedern haben.

$$\{s(\nu)\}_1^N = \{s_1(\nu)\}_1^N + \{s_2(\nu)\}_1^N \tag{4.14}$$

Die Multiplikation der Summe beider Folgen mit sich selbst ergibt mit (4.13)

$$\{s^2(\nu)\}_1^N = [\{s_1(\nu)\}_1^N + \{s_2(\nu)\}_1^N]^2 = \{s_1^2(\nu)\}_1^N + 2\cdot\{s_1(\nu)\}_1^N \cdot \{s_2(\nu)\}_1^N + \{s_2^2(\nu)\}_1^N \tag{4.15}$$

Die Addition aller N Glieder der Summenfolge $\{s^2(\nu)\}_1^N$ liefert gemäß (4.7) die Energie E der Summenfolge. Führt man diese Addition auf beiden Seiten von (4.15) bei allen Folgen durch, dann erhält man unter Berücksichtigung von (4.11)

$$E = \sum_{\nu=1}^{N} s^2(\nu) = \underbrace{\sum_{\nu=1}^{N} s_1^2(\nu)}_{E_1} + 2\cdot \underbrace{\sum_{\nu=1}^{N} s_1(\nu)\cdot s_2(\nu)}_{E_{12}} + \underbrace{\sum_{\nu=1}^{N} s_2^2(\nu)}_{E_2} \tag{4.16}$$

Die Energie E der Summenfolge $\{s(\nu)\}_1^N$ in (4.14) setzt sich also additiv zusammen aus der Energie E_1 der Folge $\{s_1(\nu)\}_1^N$ und der Energie E_2 der Folge $\{s_2(\nu)\}_1^N$ und der doppelten sogenannten *Kreuzenergie* E_{12}, die von den Folgen $\{s_1(\nu)\}_1^N$ und $\{s_2(\nu)\}_1^N$ geliefert wird.

Im Unterschied zu den Energien E, E_1 und E_2, die stets positiv sind, kann die Kreuzenergie E_{12} positiv, null oder auch negativ sein. Weil die Energien E_1, E_2 und E_{12} sich aus den Folgen $\{s_1(\nu)\}_1^N$ und $\{s_2(\nu)\}_1^N$ herleiten, ist es zweckmäßig, die folgende Beziehung anzusetzen:

$$E_{12} = \rho\sqrt{E_1 \cdot E_2} \tag{4.17}$$

Der Zahlenfaktor ρ heißt *Korrelationsfaktor* und wird unten noch näher erläutert.

Die Auflösung der Beziehung (4.17) nach ρ und das Einsetzen der Summenausdrücke für E_1, E_2 und E_{12} aus (4.16) liefert die folgende Formel zur Berechnung des Korrelationsfaktors

$$\rho = \frac{\sum_{\nu=1}^{N} s_1(\nu)\cdot s_2(\nu)}{\sqrt{\sum_{\nu=1}^{N} s_1^2(\nu)\cdot \sum_{\nu=1}^{N} s_2^2(\nu)}} \tag{4.18}$$

Weitere Einzelheiten des Korrelationsfaktors werden später im 6. Kapitel behandelt. Hier geht es nur um erste Erläuterungen. Im 6. Kapitel wird im Abschn. 6.5.1 auch gezeigt, dass der Korrelationsfaktor ρ nur Werte zwischen -1 und $+1$ annehmen kann:

$$-1 \le \rho \le +1 \tag{4.19}$$

Der Korrelationsfaktor ρ ist ein Maß für die *Ähnlichkeit* zweier Signale. Wenn bei zwei Signalen der Korrelationsfaktor $\rho = +1$ ist, dann haben beide Signale die gleiche Form. Wenn der Korrelationsfaktor $\rho = -1$ ist, dann haben beide Signale die entgegengesetzte Form, und wenn der Korrelationsfaktor $\rho = 0$ ist, dann haben beide Signale keinerlei Ähnlichkeit, sie sind dann *unkorreliert*. Bei der Addition zweier unkorrelierter Signale ist die Kreuzenergie null und es addieren sich die Energien beider Signale. In Abb. 4.3 und Abb. 4.4 sind Signale und Störungen in der Regel unkorreliert. Als Beispiele folgen nun die Berechnungen der Korrelationsfaktoren ρ für verschiedene Signalpaare.

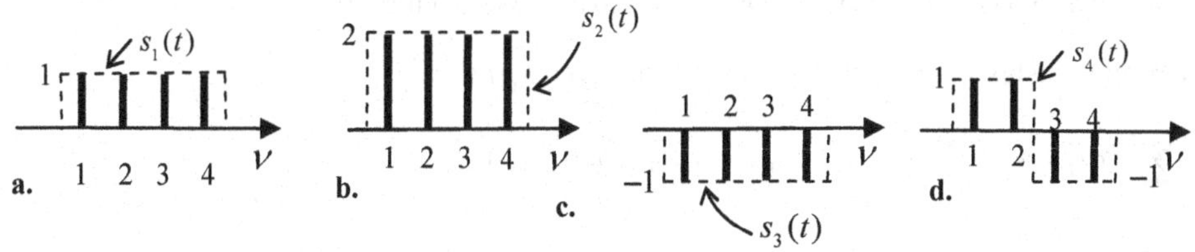

Abb. 4.8 Zur Illustration des Korrelationsfaktors ρ als Ähnlichkeitsmaß
a. Rechteckimpuls der Höhe 1: $s_1(1) = 1,\quad s_1(2) = 1,\quad s_1(3) = 1,\quad s_1(4) = 1$
b. Rechteckimpuls der Höhe 2: $s_2(1) = 2,\quad s_2(2) = 2,\quad s_2(3) = 2,\quad s_2(4) = 2$
c. Rechteckimpuls der Höhe -1: $s_3(1) = -1,\ s_3(2) = -1,\quad s_3(3) = -1,\ s_3(4) = -1$
d. Signal mit wechselnder Höhe: $s_4(1) = 1,\quad s_4(2) = 1,\quad s_4(3) = -1,\ s_4(4) = -1$

In Abb. 4.8 sind mit gestrichelt gezeichneten Linien vier Signale $s_1(t)$, $s_2(t)$, $s_3(t)$ und $s_4(t)$ dargestellt, die alle gleich lang sind und je an $N = 4$ Stellen abgetastet werden. Die Höhen der Abtastwerte sind in der Bildunterschrift angegeben.

Mit diesen Abtastwerten werden unten anhand von Formel (4.18) nacheinander die Korrelationsfaktoren aller Paare von je zwei Signalen ausgerechnet. Die berechneten Werte geben Auskunft darüber, wie ähnlich sich die die jeweiligen zwei Signale sind.

1. Korrelationsfaktor $\rho_{1,2}$ für das Signalpaar $s_1(t)$, $s_2(t)$

$$\sum_{\nu=1}^{N} s_1^2(\nu) = \sum_{\nu=1}^{4} s_1^2(\nu) = 1^2 + 1^2 + 1^2 + 1^2 = 4, \qquad \sum_{\nu=1}^{N} s_2^2(\nu) = \sum_{\nu=1}^{4} s_2^2(\nu) = 2^2 + 2^2 + 2^2 + 2^2 = 16$$

$$\sum_{\nu=1}^{N} s_1(\nu)\cdot s_2(\nu) = \sum_{\nu=1}^{4} s_1(\nu)\cdot s_2(\nu) = 1\cdot 2 + 1\cdot 2 + 1\cdot 2 + 1\cdot 2 = 8 \ ,$$

Das Einsetzen dieser Zwischenergebnisse 4, 16 und 8 in Formel (4.18) ergibt

$$\rho_{1,2} = \frac{\sum_{\nu=1}^{N} s_1(\nu)\cdot s_2(\nu)}{\sqrt{\sum_{\nu=1}^{N} s_1^2(\nu)\cdot \sum_{\nu=1}^{N} s_2^2(\nu)}} = \frac{8}{\sqrt{4\cdot 16}} = \frac{8}{\sqrt{64}} = 1$$

Die Signale haben den maximal möglichen Korrelationsfaktor $\rho_{1,2} = 1$. Sie sind maximal gleichläufig. Der Korrelationsfaktor des Signals $s_1(t)$ mit sich selbst liefert ebenfalls maximale Gleichläufigkeit $\rho_{1,1} = 1$.

2. Korrelationsfaktor $\rho_{1,3}$ für das Signalpaar $s_1(t)$, $s_3(t)$

$$\sum_{\nu=1}^{4} s_1^2(\nu) = 4\,, \quad \sum_{\nu=1}^{4} s_3^2(\nu) = (-1)^2 + (-1)^2 + (-1)^2 + (-1)^2 = 4$$

$$\sum_{\nu=1}^{4} s_1(\nu)\cdot s_3(\nu) = 1\cdot(-1) + 1\cdot(-1) + 1\cdot(-1) + 1\cdot(-1) = -4\,, \quad \text{damit} \quad \rho_{1,3} = \frac{-4}{\sqrt{4\cdot 4}} = \frac{-4}{\sqrt{16}} = -1$$

Die Signale $s_1(t)$ und $s_3(t)$ sind maximal gegenläufig (haben entgegengesetztes Vorzeichen) und liefern deshalb $\rho_{1,3} = -1$. Das Signalpaar $s_2(t)$, $s_3(t)$ liefert das gleiche Ergebnis $\rho_{2,3} = -1$. Das Signal $s_3(t)$ ist mit sich selbst natürlich maximal gleichläufig: $\rho_{3,3} = 1$.

3. Korrelationsfaktor $\rho_{1,4}$ für das Signalpaar $s_1(t)$, $s_4(t)$

$$\sum_{\nu=1}^{4} s_1^2(\nu) = 4\,, \quad \sum_{\nu=1}^{4} s_4^2(\nu) = 1^2 + 1^2 + (-1)^2 + (-1)^2 = 4\,,$$

$$\sum_{\nu=1}^{4} s_1(\nu)\cdot s_4(\nu) = 1^2 + 1^2 + 1\cdot(-1) + 1\cdot(-1) = 0 \text{ und damit } \rho_{1,4} = \frac{0}{\sqrt{4\cdot 4}} = 0$$

Die Signale $s_1(t)$ und $s_4(t)$ haben gleich viele gleichläufige und gegenläufige Anteile. Deshalb ist der Korrelationsfaktor $\rho_{1,4} = 0$. Gleiches gilt für die Signalpaare $s_2(t)$, $s_4(t)$ und $s_3(t)$, $s_4(t)$, weshalb auch $\rho_{2,4} = 0$ und $\rho_{3,4} = 0$. Das Signal $s_4(t)$ ist mit sich selbst natürlich maximal gleichläufig: $\rho_{4,4} = 1$.

Bei einem Signal $s_5(t)$, dass sich von $s_4(t)$ darin unterscheidet, dass die ersten drei Abtastwerte alle +1 sind und nur der vierte Abtastwert –1 ist, ergibt mit $s_1(t)$ den Korrelationsfaktor $\rho_{1,5} = 0{,}5$. Wenn aber der vierte Abtastwert –2 ist, dann fällt der gegenläufige Anteil stärker ins Gewicht, was dann den Korrelationsfaktor $\rho_{1,5} \approx 0{,}189$ liefert, der näher an null liegt wie man leicht nachrechnen kann.

Der Korrelationsfaktor wurde hier ausführlich erläutert, weil er eine immense Bedeutung für eine funktionierende Kommunikation hat. Das gilt sowohl für technische Systeme, die oft Korrelationsempfänger enthalten, wie auch für die zwischenmenschliche Kommunikation. Bei Kleinkindern beruht das Erlernen von Begriffen und der Muttersprache vermutlich auf Korrelation.

D: *Anmerkungen zur zeitkontinuierlichen Signaltheorie*

Die Berechnungen mit der zeitkontinuierlichen Theorie machen umfangreichen Gebrauch von der Integralrechnung. Weil in der vorliegenden Abhandlung beim Leser keine Kenntnisse der Integralrechnung vorausgesetzt werden, beschränken sich hier die Erläuterungen weitgehend auf die zeitdiskrete Signaltheorie, die wesentlich einfacher ist. Diese Beschränkung stellt aber keinen grundsätzlichen Mangel dar, denn nahezu überall dort, wo in der zeitkontinuierlichen Theorie Integrale verwendet werden, handelt es sich um Beschreibungen, die äquivalent sind zu Beschreibungen von Flächeninhalten. [Die Integralrechnung ist für den, der sie beherrscht, eine elegante und effiziente Methode zur Berechnung komplizierter Flächeninhalte (und nicht nur dafür)].

Alle Flächeninhalte kann man im Prinzip mit planimetrischen Methoden recht genau ausmessen. Das ist zwar umständlich, erfordert aber dafür keine Integralrechnung. Mit der

Abb. 4.6 und Beziehung (4.6) wurde bereits erläutert, wie sich die Energie eines zeitkontinuierlichen Signals $s(t)$ über die Bestimmung eines Flächeninhalts berechnet. Dieser Flächenberechnung entspricht in der zeitdiskreten Theorie die Berechnung einer Summe. Das gilt durchweg auch umgekehrt, z.B. beim Korrelationsfaktor:

Wo in der Formel (4.18) für den Korrelationsfaktor ρ Summen stehen, stehen Integrale, wenn man für zwei zeitkontinuierliche Signale $s_1(t)$ und $s_2(t)$ den Korrelationsfaktor mit der zeitkontinuierlichen Theorie berechnet. Mit den beiden Integralen unter dem Wurzelzeichen im Nenner von Formel (4.18) werden die Flächen unter den Kurven von $s_1^2(t)$ und $s_2^2(t)$ berechnet, so wie das mit Abb. 4.6 demonstriert wurde. Mit dem Integral im Zähler von (4.18) wird die Fläche unter der Kurve von $s_1(t) \cdot s_2(t)$ berechnet. Wo die Kurve von $s_1(t) \cdot s_2(t)$ unterhalb der t-Achse verläuft, zählt der zugehörige Flächenanteil negativ. Deshalb kann der Korrelationsfaktor auch negativ sein. Für die Beispiele in Abb. 4.8 ergeben sich für die gestrichelt gezeichneten zeitkontinuierlichen Signale exakt die gleichen Werte für die Korrelationsfaktoren wie die, welche mit der zeitdiskreten Theorie berechnet wurden. Das liegt an den rechteckigen Verläufen der zeitkontinuierlichen Signale. Aber auch in anderen Fällen liefert die zeitdiskrete Signaltheorie gleiche Ergebnisse wie die zeitkontinuierliche Signaltheorie, was schon mit der wichtigen Anmerkung im Anschluss an die Energiebeziehung (4.7) mit Hinweis auf das später in Abschn. 4.3.3E behandelte Abtasttheorem gesagt wurde. Hier sei als wichtige Aussage festgehalten:

[4.3] Berechnung von Signalkenngrößen

Reale digitale Signale haben zeitkontinuierliche und wertkontinuierliche Verläufe wie analoge Signale. Ihre Signalenergien, Korrelationsfaktoren und weitere Kennwerte lassen sich mit der zeitdiskreten Signaltheorie beliebig genau berechnen, wenn die Abtastwerte gemäß dem Abtasttheorem (oder enger) gewählt werden und die Signale endlich lang sind. Das Abtasttheorem bezieht sich auf analoge Signale, deren Theorie Gegenstand des folgenden Abschnitts 4.3.3 ist.

4.3.3 Über Sinusschwingungen und ihre Verwendung als Elementarsignale

Dieser Abschnitt knüpft nochmal an das Ende von Abschn. 4.3.1 an. Dort wurde gesagt, dass man sich ein digitales Datensignal aus verschiedenen „Teilchen" oder Elementarsignalen zusammengesetzt denken kann.

In diesem Abschn. 4.3.3 wird nun gezeigt, dass man sich jedes Signal $s(t)$ als gewichtete Summe von Elementarfunktionen $\psi_k(t)$ (oder Elementarsignalen) vorstellen kann (und dass besonders Sinusschwingungen als Elementarsignale geeignet sind):

$$s(t) = \sum_k c_k \psi_k(t) \tag{4.20}$$

In (4.20) läuft der Index k über *alle* ganzen Zahlen: $k = 0, \pm 1, \pm 2, \pm 3, \ldots$

Jede mit einem Gewichtskoeffizienten c_k multiplizierte Elementarfunktion $\psi_k(t)$, d.h. jedes Produkt $c_k \psi_k(t)$, entspricht einem Teilchen, aus denen das Signal oder ein einzelnes Digitalsymbol additiv zusammengesetzt ist, und von denen oben in Abb. 4.5 die Rede war.

Als Elementarfunktionen $\psi_k(t)$ kommen in erster Linie solche Funktionen in Betracht, die zueinander *orthogonal* sind. Orthogonale Funktionen sind zugleich auch *unkorreliert*, siehe Abschn. 4.3.2C. Die Eigenschaft „orthogonal", die hier nicht näher erläutert werden muss, bietet den Vorteil, dass bei solchen Funktionen sich jeder Koeffizient c_k in (4.20) separat mit einer expliziten Formel berechnen lässt (also kein Gleichungssystem zu lösen ist). Die Mathematik bietet zahlreiche orthogonale Funktionensysteme an, wobei je nach An-wendungsfall mal das eine und mal das andere Funktionensystem besser geeignet ist.

Für die Zwecke der elektrischen Nachrichtentechnik haben sich die Kreisfunktionen „Sinus" und „Kosinus" als besonders zweckmäßige Elementarfunktionen erwiesen, wenngleich auch noch andere orthogonale Funktionensysteme technische Anwendungen in der Nachrichtentechnik gefunden haben, siehe z.B. Rupprecht (1987).

Kreisfunktionen sind zwar Gegenstand der Schulmathematik; wegen ihrer herausragenden Bedeutung für die weiteren Betrachtungen seien aber dennoch die wesentlichen Grundlagen rekapituliert.

Abb. 4.9a zeigt in einem gestrichelt gezeichneten rechtwinkligen Koordinatensystem einen ebenfalls gestrichelt gezeichneten Kreis. In dem Kreis ist ein rechtwinkliges Dreieck mit den teils fett gezeichneten Seiten A, B und C eingetragen, wobei die Seite A zugleich den Radius des Kreises bildet.

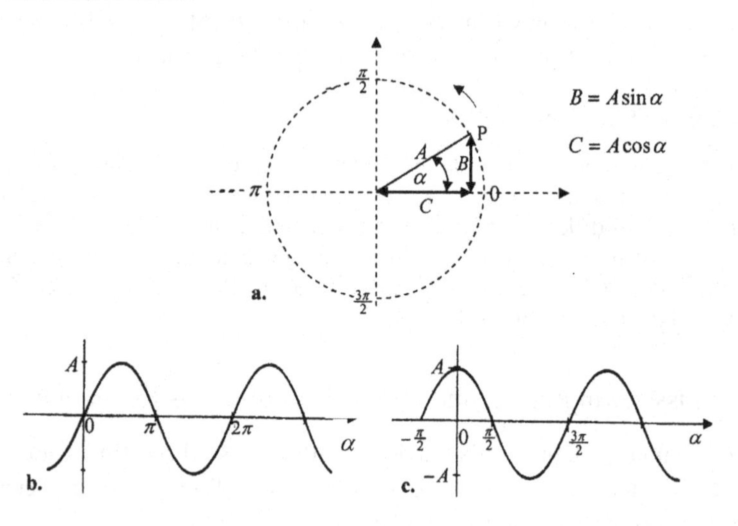

Abb. 4.9 Kreisfunktionen Sinus (sin) und Kosinus (cos)
a. vertikale Strecke: $B = A \cdot \sin\alpha$; horizontale Strecke: $C = A \cdot \cos\alpha$
b. Verlauf von $A \cdot \sin\alpha$ in Abhängigkeit von α
c. Verlauf von $A \cdot \cos\alpha$ in Abhängigkeit von α

Wenn man in Abb. 4.9 den Radius $A = 1$ setzt, dann definiert die Länge der Seite B den Wert $\sin\alpha$ (Sinus des Winkels α) und die Länge der Seite C den Wert $\cos\alpha$ (Kosinus des Winkels α). Wenn man A nicht gleich 1 setzt, dann vergrößert oder verkleinert sich der Kreis linear um den gewählten Wert von A und es gelten

$$\left.\begin{array}{ll} B = A\sin\alpha & \text{wobei } -1 \leq \sin\alpha \leq +1 \\ \text{und } C = A\cos\alpha & \text{wobei } -1 \leq \cos\alpha \leq +1 \end{array}\right\} \quad (4.21)$$

Den Winkel α kann man in Grad ° oder im Bogenmaß angeben. Das Bogenmaß bezieht sich auf den Bruchteil des Kreisumfangs, der im Fall von $A = 1$ die Länge 2π hat. Dem Winkel 90° entspricht der Wert $\frac{\pi}{2}$, dem Winkel 180° der Wert π und dem Wert 360° der Wert 2π. Die Kreiszahl π ist eine irrationale Zahl, die sich nicht als Bruch darstellen lässt und auf unendlich viele Stellen hinter dem Komma führt, wenn man versucht, sie als Dezimalbruch darzustellen. Die ersten Stellen lauten: $\pi = 3{,}14159...$.

Bei Änderung des Winkels α ändert sich in Abb. 4.9 a der Punkt P längs des gestrichelten Kreises und die Werte von $A\sin\alpha$ und $A\cos\alpha$ verändern sich wellenförmig wie das in Abb. 4.9b und 4.9c gezeigt ist. Wenn man den Punkt P im Kreis rotieren lässt, dann setzen sich die Verläufe in Abb. 4.9b und 4.9c periodisch fort, und zwar in Richtung wachsender positiver Werte von α bei Rotation gegen den Uhrzeigersinn und in Richtung wachsender negativer Werte von α bei Rotation im Uhrzeigersinn. Erfolgt die Rotation in Abhängigkeit von der Variablen t gemäß

$$\alpha = 2\pi f t \tag{4.22}$$

dann erhält man mit (4.21) die Sinusschwingung und Kosinusschwingung

$$B(t) = A\sin 2\pi f t \quad \text{und} \quad C(t) = A\cos 2\pi f t \tag{4.23}$$

Die Variable t heißt *Zeit.* Bei Änderung von $t = 0$ bis $t = 1$ bewegt sich der Punkt P gerade einmal im Kreis von $\alpha = 0$ bis $\alpha = 2\pi$, wenn $f = 1$; er bewegt sich zweimal im Kreis d.h. von $\alpha = 0$ bis $\alpha = 4\pi$, wenn $f = 2$ ist, usw. Man bezeichnet deshalb f als *Frequenz* der Schwingung. Die Größe A heißt *Amplitude.* Die für einen einmaligen Umlauf von $\alpha = 0$ bis $\alpha = 2\pi$ benötigte Zeitspanne wird mit T_p bezeichnet und heißt *Periodendauer.* Es gilt

$$T_p = \frac{1}{f} \tag{4.24}$$

Die Wegstrecke von $\alpha = 0$ bis $\alpha = 2\pi$ heißt *Wellenlänge.* In der Signaltheorie betrachtet man A, f, T_p, t und alle weiteren Größen als zunächst dimensionslose Konstanten oder Variable. Wenn man dann für t die Einheit „s" (Sekunde) wählt, dann erhält f die Einheit „1/s" (Eins dividiert durch Sekunde) oder „Hertz", weil $2\pi f t$ dimensionslos sein muss. Wenn in (4.23) $B(t)$ eine elektrische Wechselspannung mit der Einheit „V" (Volt) ist, dann muss auch die Amplitude A eine Spannung sein und die Einheit „V" haben. Sinusschwingungen haben eine große Bedeutung in Technik und Naturwissenschaft. Sie treten beim elastischen Pendel, bei Eigenschwingungen eines Stabes, in der Akustik, beim monochromatischen Licht und bei vielen weiteren Erscheinungen auf.

A: *Überlagerung mehrerer Sinusschwingungen, Spektren*

Schallereignisse werden physikalisch durch hin und her schwingende Luftpartikel erzeugt. Erfolgen diese Schwingungen gemäß einer einzelnen Sinusschwingung (auch „harmonische Schwingung" genannt), dann liegt ein reiner „Ton" vor. Ein „Klang" ergibt sich dagegen, wenn die Schwingungen einer Überlagerung mehrerer Sinusschwingungen verschiedener Frequenzen und Amplituden erfolgen. Ein Klang aus der Überlagerung von drei Sinusschwingungen ergibt z.B. das Signal

$$s(t) = A_1 \sin 2\pi f_1 t + A_2 \sin 2\pi f_2 t + A_3 \sin 2\pi f_3 t \tag{4.25}$$

oder auch

$$s(t) = A_1 \sin(2\pi f_1 t + \varphi_1) + A_2 \sin(2\pi f_2 t + \varphi_2) + A_3 \sin(2\pi f_3 t + \varphi_3) \qquad (4.26)$$

Die drei Sinusschwingungen haben verschiedene Amplituden A_1, A_2, A_3 und verschiedene Frequenzen f_1, f_2, f_3 und im Beispiel von (4.26) noch verschiedene Nullphasenwinkel φ, nämlich $\varphi_1, \varphi_2, \varphi_3$. Der Nullphasenwinkel φ liefert den Wert des Sinus bei $t = 0$. Für z.B. $\varphi = 0$ ist $\sin 2\pi f_1 0 = 0$. Aber für $\varphi = \frac{\pi}{12}$ ist $\sin(2\pi f_1 0 + \frac{\pi}{12}) = \sin\frac{\pi}{12} = 0,5$ und für $\varphi = \frac{\pi}{2}$ ist $\sin(2\pi f_1 0 + \frac{\pi}{2}) = \cos(2\pi f_1 0) = 1$.

Bei Klängen reagiert das menschliche Ohr nicht auf Unterschiede des Nullphasenwinkels. Es kann die Schwingungen (4.25) und (4.26) nicht unterscheiden, obwohl beide Schwingungen sehr unterschiedliche Bilder liefern können, wenn man ihre zeitlichen Verläufe grafisch aufzeichnet. Warum das so ist wird später im 5. Kapitel in Abschn. 5.5.2B erklärt.

Die Gesamtheit der Werte der Amplituden A_1, A_2, A_3 bei den verschiedenen Frequenzen f_1, f_2, f_3 bezeichnet man als „Amplitudenspektrum" $A(f_i)$, $i = 1, 2, 3$ und die Gesamtheit der Werte der Nullphasenwinkel $\varphi_1, \varphi_2, \varphi_3$ bezeichnet man als „Phasenspektrum" $\varphi(f_i)$. Abb. 4.10 zeigt ein Beispiel für ein Amplitudenspektrum und ein Phasenspektrum.

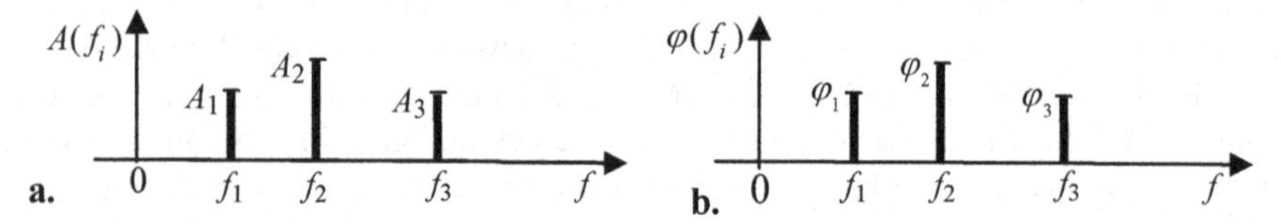

Abb. 4.10 Beispiele diskreter Spektren
a. Amplitudenspektrum (die Höhen der fetten Linien geben A_1, A_2, A_3 an)
b. Phasenspektrum (die Höhen der fetten Linien geben $\varphi_1, \varphi_2, \varphi_3$ an)

Die in Abb. 4.10 dargestellten Spektren heißen *diskrete Spektren*, weil die Spektren nur bei diskreten Frequenzen f_i Werte für Amplituden und Phasen besitzen. Bei anderen Frequenzen als den diskreten Frequenzen f_i sind Werte für Amplituden und Phasen nicht definiert (nicht definiert bedeutet nicht, dass sie dort null sind, sondern dass dort nichts ausgesagt wird). Von den Signalen $s(t)$ gemäß (4.25) und (4.26) lassen sich sowohl die Verläufe über der Zeit t mit Hilfe geeigneter Messgeräte technisch ausmessen als auch (mit sog. Frequenzanalysatoren) deren Spektren in Abb. 4.10 ausmessen. Akustische Geräusche haben im Unterschied zu Tönen und Klängen keine diskreten Spektren, sondern *kontinuierliche Spektren*, auf die weiter unten in Abschn. 4.3.3C kurz eingegangen wird.

B: *Fourier-Reihen von endlich langen und von periodischen Signalen*

Endlich lange Signale und periodische Signale haben gemeinsame Eigenschaften. Das rührt daher, dass sich ein periodisches Signal durch periodische Fortsetzung eines endlich langen Signals ergibt und man umgekehrt ein endlich langes Signal erhält, wenn man nur eine einzelne Periode eines periodischen Signals betrachtet. Abb. 4.11a zeigt ein endlich langes Signal $s(t)$ der Dauer T_D. Durch periodische Fortsetzung des Signals $s(t)$ mit einer gleichen oder größeren Periodendauer $T_p \geq T_D$ entsteht daraus das periodische fortgesetzte Signal $s_p(t)$.

Nach dem Mathematiker Fourier lassen sich periodische Signale $s_p(t)$ durch eine Überlagerung von Sinusschwingungen verschiedener Frequenzen, Amplituden und Phasen beliebig genau darstellen. Diese Darstellung heißt Fourier-Reihe und sei mit $\tilde{s}_p(t)$ bezeichnet.

Allgemein lautet die Fourier-Reihe

$$\tilde{s}_p(t) = A_0 + A_1 \sin(2\pi f_0 t + \varphi_1) + A_2 \sin(2\pi 2 f_0 t + \varphi_2) + A_3 \sin(2\pi 3 f_0 t + \varphi_3) + \ldots$$

$$= A_0 + \sum_{i=1}^{n} A_i \sin(2\pi\, i f_0 t + \varphi_i) \approx s_p(t) \quad \text{für alle } t \tag{4.27}$$

Das Zeichen $\approx$ bedeutet „ungefähr gleich". Zwischen $s_p(t)$ und $\tilde{s}_p(t)$ bestehen im Allgemeinen noch Unterschiede, wenn die Anzahl n der verwendeten Sinusschwingungen nicht hoch genug gewählt worden ist. Wenn man jedoch die Anzahl $n \to \infty$ gehen lässt und die Amplituden A_i und Phasen φ_i alle richtig bestimmt hat, dann gilt für alle real auftretenden Signale die Gleichheit $\tilde{s}_p(t) = s_p(t)$. Die quantitative Bestimmung der Amplituden A_i und Phasen φ_i wird weiter unten behandelt.

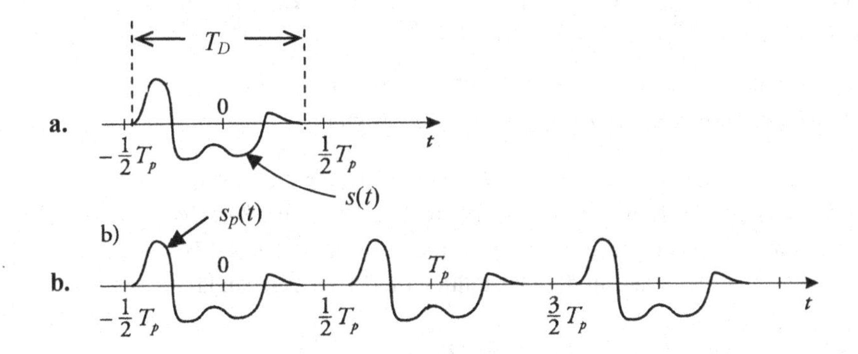

Abb. 4.11 Zur Darstellung von Signalen $s(t)$ durch Fourier-Reihen
a. Endlich langes Signal $s(t)$ der Dauer T_D
b. Periodisch fortgesetztes Signal $s_p(t)$ der Periodendauer $T_p \geq T_D$

Betrachtet man $\tilde{s}_p(t)$ nur im Zeitintervall $-\frac{1}{2}T_p \leq t \leq +\frac{1}{2}T_p$, dann stellt unter den soeben gemachten Voraussetzungen die Fourier-Reihe in diesem Zeitintervall das endlich lange Signal $s(t)$ dar

$$\tilde{s}_p(t) = s(t) \quad \text{für} \quad -\tfrac{1}{2}T_p \leq t \leq +\tfrac{1}{2}T_p \tag{4.28}$$

Die Besonderheit der Fourier-Reihe ist, dass bei ihr alle Frequenzen ganzzahlige Vielfache einer Grundfrequenz f_0 sind, d.h. dass nur die Frequenzen f_0, $2f_0$, $3f_0$, ... usw. vorkommen. Die Fourier-Reihe $\tilde{s}_p(t)$ liefert also ein diskretes Spektrum, bei dem in Abb. 4.10 die Linien gleiche Abstände voneinander haben. Je nach Form des Signals $s_p(t)$, das durch $\tilde{s}_p(t)$ dargestellt (oder approximiert) werden soll, kann es vorkommen, dass bei einigen Frequenzen if_0 die Amplituden null sind ($A_i = 0$, dort also keine Linien auftreten) und dass auch die zusätzliche Konstante $A_0 = 0$ ist.

Die Grundfrequenz f_0 ergibt sich aus der Periodendauer T_p entsprechend (4.24) zu

$$f_0 = \frac{1}{T_p} \tag{4.29}$$

Ein Beispiel eines von einer Fourier-Reihe gelieferten diskreten Spektrums zeigt die Abb. 4.12. Alle Linien haben voneinander den Abstand f_0 oder ein Vielfaches von f_0. Bei der Frequenz $3f_0$ ist keine Linie vorhanden, weil $A(f_3) = A_3 = 0$ ist. Deshalb ist $\varphi(f_3)$ nicht definiert. Die Linie bei der Frequenz $f = 0$ kennzeichnet eine vorhandene Gleichkomponente der Höhe A_0. Eine Gleichkomponente hat prinzipiell keine Phase.

Anmerkung:
Statt $A(f_i)$ und $\varphi(f_i)$ kann auch $A(f)$ und $\varphi(f)$ geschrieben werden, wenn die zwischen den f_i liegenden Werte von A und φ zu null nachdefiniert werden.

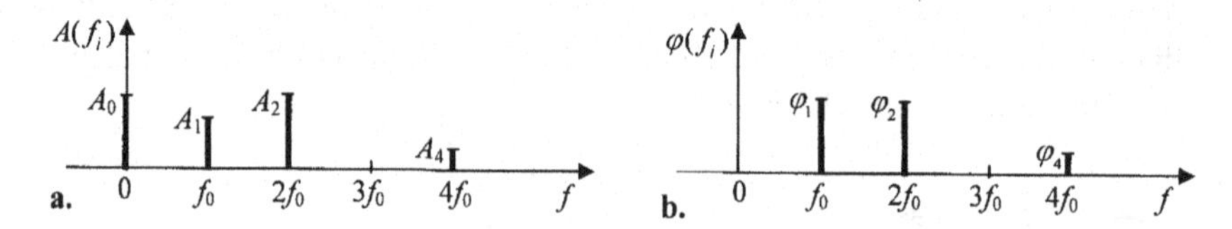

Abb. 4.12 Beispiel für von einer Fourier-Reihe geliefertes diskretes Spektrum
a. Amplitudenspektrum $A(f_i)$ b. Phasenspektrum $\varphi(f_i)$

Die Werte für die Amplituden A_i und für die Phasen φ_i lassen sich für ein vorgegebenes Signal $s(t)$ messtechnisch bestimmen oder auch berechnen. Um die Berechnung durchführen zu können, wird zunächst gezeigt, dass sich die Fourier-Reihe (4.27) auf eine Form bringen lässt, die sich unmittelbar mit der Darstellung (4.20) vergleichen lässt.

Fourier-Reihe als gewichtete Summe von Elementarfunktionen

Die Umrechnung der Fourier-Reihe (4.27) auf die Form einer gewichteten Summe von Elementarfunktionen $\psi_k(t)$ gemäß Beziehung (4.20) befördert nicht nur die Vorstellung, dass man sich jedes Signal $s(t)$ als aus einzelnen Bestandteilen zusammengesetzt denken kann, sondern liefert zugleich auch einen Weg zur quantitativen Berechnung der Werte für die Amplituden A_i und Phasen φ_i in Abb. 4.12. Für die Umrechnung nimmt man in (4.27) bei jeder einzelnen Sinusschwingung folgende Zerlegung vor:

$$\sin(2\pi\, if_0 t + \varphi_i) = \cos\varphi_i \cdot \sin(2\pi\, if_0 t) + \sin\varphi_i \cdot \cos(2\pi\, if_0 t) \tag{4.30}$$

Zwischenbemerkung:
Aus Platzgründen wird hier auf die Begründung der Gültigkeit von (4.30) verzichtet. Man findet sie aber in vielen Schulbüchern der Mathematik.

Mit der Anwendung der Zerlegung (4.30) auf (4.27) und mit Bezug auf Abb. 4.11a und den bei (4.28) gemachten Voraussetzungen erhält man

$$\tilde{s}_p(t) = A_0 + \sum_{i=1}^{n} A_i \sin(2\pi\, if_0 t + \varphi_i) = A_0 + \sum_{i=1}^{n} A_i \cos\varphi_i \sin(2\pi\, if_0 t) + \sum_{i=1}^{n} A_i \sin\varphi_i \cos(2\pi\, if_0 t) =$$

$$= s(t) \quad \text{für} \quad -\tfrac{1}{2}T_p \le t \le +\tfrac{1}{2}T_p \tag{4.31}$$

Mit der Darstellung des im Zeitintervall $-\frac{1}{2}T_p \le t \le +\frac{1}{2}T_p$ gelegenen Signals $s(t)$ in der Form von (4.20) erhält man mit (4.31)

$$s(t) = \sum_{k} c_k \psi_k(t) = A_0 + \sum_{i=1}^{n} A_i \cos\varphi_i \sin(2\pi\, if_0 t) + \sum_{i=1}^{n} A_i \sin\varphi_i \cos(2\pi\, if_0 t) \tag{4.32}$$

Jeder Summand $c_k \psi_k(t)$ mit Zählindex k auf der linken Seite von (4.32) wird nun einzeln mit einem Summanden auf der rechten Seite von (4.32) verglichen. Das ist möglich, weil der Index $k = 0, \pm 1, \pm 2, \pm 3, \ldots$ auch über negative ganze Zahlen läuft.

Der Vergleich für $k = 0$ liefert für die Elementarfunktion $\psi_0(t)$ und den Koeffizienten c_0

$$c_0 \psi_0(t) = A_0 \; ; \quad \text{d.h. } c_0 = A_0 \; ; \; \psi_0(t) \equiv 1 \tag{4.33}$$

Das Zeichen $\equiv$ bedeutet „identisch“ und drückt aus, dass $\psi_0(t)$ für alle Zeiten t den Wert 1 hat.

Den Elementarfunktionen $\psi_k(t)$ mit positiven Zählindizes k kann man den rechten Summenausdruck auf der rechten Seite von (4.32) zuordnen. Im Einzelnen ordnet man dazu dem Term $c_1\psi_1(t)$ den ersten Summanden $A_1 \sin\varphi_1 \cos(2\pi\, 1f_0\, t)$ des rechten Summenausdrucks zu, dem Term $c_2\psi_2(t)$ den zweiten Summanden $A_2 \sin\varphi_2 \cos(2\pi\, 2f_0 t)$ des rechten Summenausdrucks zu usw. Das ergibt bei $c_k\psi_k(t)$ für $k = 1, 2, 3, \ldots$

$$c_1\psi_1(t) = A_1 \sin\varphi_1 \cos(2\pi\, 1f_0\, t)\, ; \quad \text{d.h. } c_1 = A_1 \sin\varphi_1 \; ; \; \psi_1(t) = \cos(2\pi\, 1f_0\, t) \tag{4.34}$$

$$c_2\psi_2(t) = A_2 \sin\varphi_2 \cos(2\pi\, 2f_0 t)\, ; \quad \text{d.h. } c_2 = A_2 \sin\varphi_2 \; ; \; \psi_2(t) = \cos(2\pi\, 2f_0\, t) \tag{4.35}$$

$$c_3\psi_3(t) = A_3 \sin\varphi_3 \cos(2\pi\, 3f_0 t)\, ; \quad \text{d.h. } c_3 = A_3 \sin\varphi_3 \; ; \; \psi_3(t) = \cos(2\pi\, 3f_0\, t) \tag{4.36}$$

usw.

Den Elementarfunktionen $\psi_k(t)$ mit negativen Zählindizes k kann man den linken Summenausdruck auf der rechten Seite von (4.32) zuordnen. Im Einzelnen ordnet man dazu dem Term $c_{-1}\psi_{-1}(t)$ den ersten Summanden $A_1 \cos\varphi_1 \sin(2\pi\, 1f_0\, t)$ des linken Summenausdrucks zu, dem Term $c_{-2}\psi_{-2}(t)$ den zweiten Summanden $A_2 \cos\varphi_2 \sin(2\pi\, 2f_0 t)$ des linken Summenausdrucks zu usw. Das ergibt bei $c_{-k}\psi_{-k}(t)$ für $k = 1, 2, 3, \ldots$

$$c_{-1}\psi_{-1}(t) = A_1 \cos\varphi_1 \sin(2\pi\, 1f_0\, t)\, ; \text{d.h. } c_{-1} = A_1 \cos\varphi_1 \; ; \; \psi_{-1}(t) = \sin(2\pi\, 1f_0\, t) \tag{4.37}$$

$$c_{-2}\psi_{-2}(t) = A_2 \cos\varphi_2 \sin(2\pi\, 2f_0 t)\, ; \text{d.h. } c_{-2} = A_2 \cos\varphi_2 \; ; \; \psi_{-2}(t) = \sin(2\pi\, 2f_0\, t) \tag{4.38}$$

$$c_{-3}\psi_{-3}(t) = A_3 \cos\varphi_3 \sin(2\pi\, 3f_0 t)\, ; \text{d.h. } c_{-3} = A_3 \cos\varphi_3 \; ; \; \psi_{-3}(t) = \sin(2\pi\, 3f_0\, t) \tag{4.39}$$

usw.

Somit hat man für alle $k = 0, \pm 1, \pm 2, \pm 3, \ldots$ die zugehörigen Elementarfunktionen $\psi_k(t)$ bestimmt, denn f_0 ist ja mit (4.29) durch die Vorgabe der Periodendauer T_p gegeben.

Zusammengefasst gelten also in der Formel (4.32):

$$\left.\begin{array}{ll} \text{Für } k = 0: & \psi_0(t) = 1 \\ \text{Für } k = 1, 2, 3, \ldots: & \psi_k(t) = \cos(2\pi k f_0 t) \text{ und } \psi_{-k}(t) = \sin(2\pi k f_0 t) \end{array}\right\} \quad (4.40)$$

Wie eingangs bei der Vorstellung der Beziehung (4.20) erwähnt wurde, liefert die Theorie der orthogonalen Funktionensysteme explizite Formeln für die Koeffizienten c_k. Das gilt, wenn das darzustellende Signal $s(t)$ und das orthogonale System der Elementarfunktionen $\psi_k(t)$ vorgegeben sind. Wenn man also mit diesen Formeln die Koeffizienten c_k gewonnen hat, dann kann man mit diesen c_k die Amplituden A_i und Phasen φ_i berechnen. Mit den obigen Beziehungen (4.34) bis (4.39) lassen sich nämlich folgende Zusammenhänge für $k = 1, 2, 3, \ldots$ herstellen:

$$\frac{c_k}{c_{-k}} = \frac{\sin\varphi_k}{\cos\varphi_k} = \tan\varphi_k \quad \text{oder umgekehrt} \quad \varphi_k = \arctan\frac{c_k}{c_{-k}} \quad (4.41)$$

und

$$c_k^2 + c_{-k}^2 = A_k^2(\sin^2\varphi_k + \cos^2\varphi_k) = A_k^2 \quad \text{oder umgekehrt} \quad A_k = \sqrt{c_k^2 + c_{-k}^2} \quad (4.42)$$

Die Bezeichnung tan steht für „Tangens“. In Abb. 4.9a ist der Tanges des Winkel α definiert durch den Quotienten der Strecken B und C, d.h. $\tan\alpha = B/C$. Die Umkehrfunktion von tan ist arctan und heißt „Arcustangens“. Die Beziehungen (4.42) lassen sich ebenfalls mit Abb. 4.9a begründen, indem man auf das rechtwinklige Dreieck A, B, C den Satz des Pythagoras anwendet.

Bestimmung der Fourier-Koeffizienten c_k

Die Theorie der orthogonalen Funktionensysteme $\psi_k(t)$ liefert für die Koeffizienten c_k explizite Formelausdrücke, die (abgesehen von einem konstanten Faktor) denen von Korrelationsfaktoren entsprechen (siehe Abschn. 4.3.2). In den Formelausdrücken kommen Inte-grale vor, deren Kenntnis bei Lesern dieser Abhandlung nicht vorausgesetzt wird. Integrale dienen (wie in Abschn. 4.3.2D dargelegt) hauptsächlich zur Berechnung von Flächen. Genau auf solche Flächenberechnungen läuft die Bestimmung der Koeffizienten c_k hinaus, was nachfolgend mit Abb. 4.13 erläutert wird.

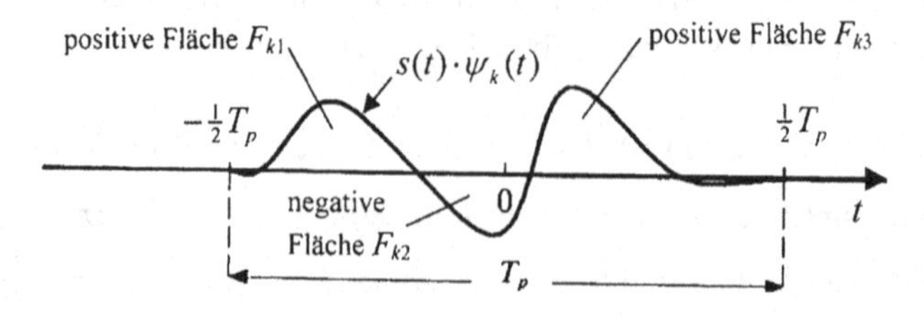

Abb. 4.13 Zur Bestimmung des Fourier-Koeffizienten c_k

Zur Bestimmung des Koeffizienten c_k wird das Produkt $s(t) \cdot \psi_k(t)$ gebildet und der zugehörige Verlauf über der t-Achse aufgetragen, siehe Abb. 4.13. Sodann wird die Größe der

Fläche bestimmt, den die Kurve $s(t)\cdot\psi_k(t)$ mit der t-Achse bildet. Das leistet, wie gesagt, die Integralrechnung. Statt mit der Integralrechnung kann der Flächeninhalt aber auch planimetrisch ausgemessen werden, z.B. indem man die Fläche in winzige Quadrate unterteilt und die Anzahl der Quadrate zählt. Dabei ist wichtig, dass die Flächen oberhalb der t-Achse positiv und die Flächen unterhalb der Achse negativ zählen. Im Beispiel von Abb. 4.13 beträgt die Gesamtfläche F_k (wenn man die winzigen negativen Anteile am Anfang und am Ende vernachlässigt).

$$F_k = F_{k1} - F_{k2} + F_{k3} \tag{4.43}$$

Nach der Theorie der orthogonalen Funktionen [siehe z.B. Rupprecht (1993)] berechnet sich mit der gegebenen Fläche F_k der Fourier-Koeffizienten c_k zu

$$c_k = \frac{2}{T_p}\cdot F_k \qquad \text{für } k = \pm 1, \pm 2, \pm 3, \ldots \tag{4.44}$$

und für $k = 0$ berechnet sich der Fourier-Koeffizient c_0 zu

$$c_0 = \frac{1}{T_p}\cdot F_0 \tag{4.45}$$

Für jeden einzelnen Koeffizienten c_k muss man mit dem vorgegebenen Signal $s(t)$ und der Elementarfunktion $\psi_k(t)$ das Produkt $s(t)\cdot\psi_k(t)$ bilden und die zugehörige Fläche gemäß Abb. 4.13 bilden. Die Formeln zeigen, dass die Fläche F_0 gleich der Rechteckfläche $c_0 T_p$ ist und für $k = \pm 1, \pm 2, \pm 3, \ldots$ die Fläche F_k gleich der jeweiligen halben Rechteckfläche $c_k T_p$ ist.

Bemerkung:
Die Bestimmung der Koeffizienten c_k anhand von Flächeninhalten gilt unabhängig vom gewählten Maßstab und den Einheiten in Abb. 4.13. Wenn das Signal $s(t)$ z.B. ein elektrischer Spannungsverlauf mit der Maßeinheit Volt ist und die Zeit t in Sekunden angegeben wird, dann ergibt sich die Einheit der Fläche F_k in Volt mal Sekunden, wenn man beachtet, dass die Elementarfunktionen $\psi_k(t)$ grundsätzlich dimensionslos sind, [was ja auch in (4.34) bis (4.40) der Fall ist]. Die anschließende Division der Fläche F_k durch die Dauer T_p ergibt dann auch für den Koeffizienten c_k die Einheit Volt. Dasselbe gilt für die Signaldarstellung (4.20). Die Maßeinheit des Signals $s(t)$ und die Maßeinheit der Koeffizienten c_k sind dieselben, weil die orthogonalen Elementarfunktionen $\psi_k(t)$ dimensionslos sind. Aus (4.32) folgt, dass auch die Amplituden A_i des Spektrums die gleiche Einheit wie die Koeffizienten c_k und das Signal $s(t)$ haben, wohingegen die Phasenwinkel φ_i dimensionslos sind.

Approximationsfehler und Vollständigkeit der Fourier-Reihe

Bei den Formeln (4.27) und (4.28) wurde die Genauigkeit angesprochen, mit der ein vorgegebenes Signal $s(t)$ bzw. $s_p(t)$ durch eine Fourier-Reihe $\tilde{s}_p(t)$ approximiert wird. Dabei wurde ohne nähere Begründung gesagt, dass für alle „real auftretenden" Signale (das sind solche, deren Energie nicht unendlich groß ist) eine völlige Übereinstimmung von $\tilde{s}_p(t)$ mit $s(t)$ bzw. $s_p(t)$ erreicht wird, wenn die Anzahl n der zu berechnenden Amplituden A_i und der Phasen φ_i unendlich hoch wird. Nachfolgend werden diese Genauigkeitsfragen etwas ausführlicher behandelt, allerdings ohne dabei Beweise zu liefern. Es geht hier nur um Plausibilität.

Ausgangspunkt für die Bestimmung der Genauigkeit ist die Differenz $d(t)$ zwischen dem vorgegebenen Signal $s(t)$ und der Fourier-Reihe $\tilde{s}_p(t)$ im Intervall $-\frac{1}{2}T_p \leq t \leq +\frac{1}{2}T_p$

$$d(t) = s(t) - \tilde{s}_p(t) \tag{4.46}$$

Da die Differenz $d(t)$ im Zeitintervall auch negativ werden kann, betrachtet man besser ihr Quadrat, das nirgendwo negativ sein kann.

$$d^2(t) = [s(t) - \tilde{s}_p(t)]^2 \geq 0 \tag{4.47}$$

Unpraktisch ist noch die Zeitabhängigkeit von $d^2(t)$. Durch Betrachtung der Fläche, die $d^2(t)$. im Intervall $-\frac{1}{2}T_p \leq t \leq +\frac{1}{2}T_p$ mit der Zeitachse t bildet, erhält man eine Maßzahl F für den Approximationsfehler, siehe die schraffierte Fläche in Abb. 4.14. Diese Maßzahl wird als *quadratischer Fehler F* bezeichnet. Wenn die Werte des vorgegebenen Signal $s(t)$ und der Fourier-Reihe $\tilde{s}_p(t)$ an jeder Stelle des Intervalls übereinstimmen, dann ist überall $d^2(t)$.= 0. Damit werden auch die Fläche und der quadratische Fehler $F = 0$.

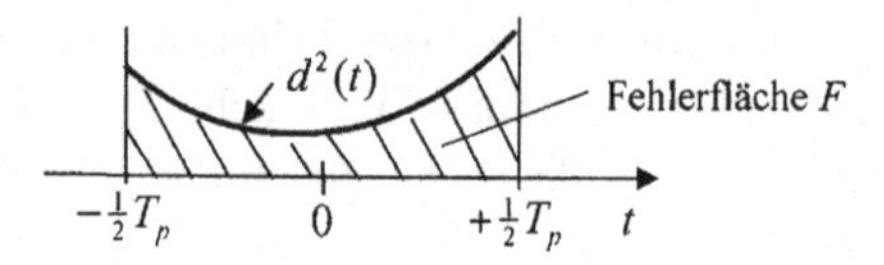

Abb. 4.14 Zur Bildung (Definition) des quadratischen Fehlers F

Um zu illustrieren, wie die Fehlerfläche F mit zunehmender Anzahl der verwendeten Fourier-Koeffizienten c_k kleiner und damit die Genauigkeit der Approximation höher wird, wird die Fourier-Reihe in der folgenden Form betrachtet:

$$\tilde{s}_p(t) = A_0 + \sum_{i=1}^{n} A_i \sin(2\pi\, i f_0 t + \varphi_i) = \sum_{k=-n}^{k=+n} c_k \psi_k(t) \tag{4.48}$$

Angenommen sei, dass die in Abb. 4.14 dargestellte Größe der Fehlerfläche für $n = 3$ gelte, also bei sieben Fourier-Koeffizienten $c_{-3}, c_{-2}, \ldots, c_0, \ldots, c_{+3}$, was auch sieben Werte für die A_i und φ_i ergibt. Wenn jetzt die Anzahl n auf $n = 4$ erhöht wird, was neun Fourier-Koeffizienten c_k entspricht, dann wird die Fehlerfläche kleiner; und wenn dann n auf $n = 5$ erhöht wird, wird sie nochmal kleiner usw. um schließlich null zu werden, wenn n gegen unendlich geht. Man schreibt dafür

$$\text{Für} \quad n \to \infty \quad \text{geht} \quad F \to 0 \tag{4.49}$$

Die *monotone Abnahme* der Fehlerfläche mit monoton wachsender Anzahl n ist keine Selbstverständlichkeit. Desgleichen ist es keine Selbstverständlichkeit, dass der Fehler schließlich *null* wird. Dass es hier aber so ist, beweist und unterstreicht die herausragende Bedeutung der Sinusschwingungen. Deshalb sei hier festgehalten:

[4.4] Herausragende Bedeutung von Sinusschwingungen

Sinusschwingungen leiten sich ab von der Bewegung eines Punktes auf einer Kreisbahn. Eine von der veränderlichen Zeit t abhängige Sinusschwingung wird ausgedrückt durch $A\sin(2\pi f t + \varphi)$ und ist gekennzeichnet durch ihre Amplitude A, ihre Frequenz f und ihren Nullphasenwinkel φ.
Jedes Signal $s(t)$ endlicher Energie und endlicher Dauer $T_D \leq T_p$ lässt sich durch eine Fourier-Reihe aus Sinusschwingungen der Frequenzen $i f_0 = i/T_p$, $i = 0, 1, 2, \ldots$ der Amplituden $A_i = A(i f_0)$ und Nullphasenwinkel $\varphi_i = \varphi(i f_0)$ beliebig genau darstellen. Die Gesamtheit der Amplituden A_i bilden ein diskretes Amplitudenspektrum und die Gesamtheit der Nullphasenwinkel φ_i ein diskretes Phasenspektrum.

Diskussion bedeutender Eigenschaften der Fourier-Reihe

Zur Beziehung (4.49) wurde gesagt, dass die monotone Verminderung der Fehlerfläche keine Selbstverständlichkeit ist. In Technik und Natur gibt es viele Fälle, bei denen man mit aufeinander folgenden Schritten sich *nicht monoton* dem Ziel nähert sondern dass es zwischendurch mal besser und mal schlechter wird. Ein technisches Beispiel dafür ist der adaptive Datenleitungsentzerrer, siehe Abb. 4.3. Das ist, vereinfacht ausgesprochen, ein Gerät mit einem Dutzend Stellknöpfen, an denen man drehen und dadurch die Verzerrung vermindern kann. Man weiß, dass es eine Stellung der Knöpfe gibt, bei der die Verzerrung minimal wird. Man kennt aber diese optimale Stellung nicht. Man kennt vor jedem Schritt lediglich die Richtung, in die man den Knopf drehen muss, um sich dem Minimum zu nähern. Dennoch passiert es oft, dass nach einem Drehschritt in die richtige Richtung die Verzerrung *größer* geworden ist *statt kleiner*. Das liegt daran, dass man mit dem Drehschritt zugleich auch die Parameter des gesamten Übertragungssystems verändert hat.

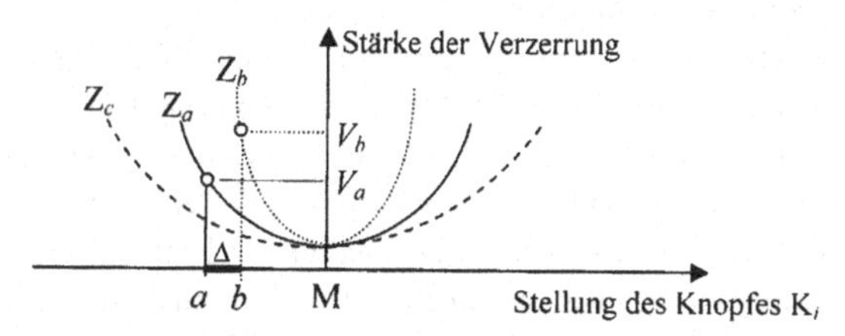

Abb. 4.15 Zur Minimierung der Verzerrung bei gleichzeitiger Veränderung von Systemparametern

Diese Situation wird mit Abb. 4.15 näher erläutert. Zu Beginn des Entzerrungsprozesses möge sich der Stellknopf K_i in der Postion a befinden und das System im Parameterzustand Z_a. Die Verzerrung hat die Stärke V_a. Bekannt ist nur die Richtung zum Minimum M, nicht aber die Entfernung bis M. Durch eine Änderung des Stellknopfs K_i um ein kleines Stück Δ in Richtung auf M wird die Position b erreicht. Dort hat aber die Verzerrung die höhere Stärke V_b, weil sich die Parameter des Systems durch die Änderung von K_i ebenfalls geändert haben und das System sich jetzt im Parameterzustand Z_b befindet. Abhängig von den aktuellen Stellungen der anderen Stellknöpfe K_j, hätte es auch sein können, dass durch die Änderung des Stellknopfs K_i um ein kleines Stück Δ ein anderer Parameterzustand Z_c erreicht worden wäre, der eine geringere Stärke der Verzerrung als erwartet geliefert hätte, oder dass die Änderung des Stellknopfs K_i den Parameterzustand nicht geändert hätte. Bei Änderung eines anderen Stellknopfs $K_{n \neq i}$ passiert Entsprechendes, wobei aber für den vorherigen Stellknopf die Lage des zu erreichenden Minimums M verändert wird. Man hat es mit einem vieldimensionalen paraboloid-ähnlichen Gebilde zu tun, das schwer durchschaubar ist. In technischen Geräten werden die Stärken der Verzerrungen immer nur über Messungen gewonnen. Der gesamte soweit skizzierte Minimierungsprozess beim adaptiven Entzerrer erfolgt in Richtung eines sogenannten *stochastischen Gradienten* und führt bei kleinen Schrittweiten sicher zum Ziel.

Bemerkung:
Das Verfahren beim adaptiven Entzerrer wurde deshalb etwas näher ausgeführt, weil nach Ansicht des Verfassers viele Entwicklungsprozesse in der Natur und Politik ähnlich sind wie beim adaptiven Entzerrer. Zielgröße in der Politik ist meist die Maximierung des Wohlergehens. Ein kleiner Schritt in die richtige Richtung durch ein neues Gesetz kann aber das gesamte System derart verändern, dass eine Verschlechterung die Folge ist.
Bei der Fourier-Reihe erfolgt ausgehend vom jeweiligen Anfangswert $c_k^{(a)} = 0$ die Minimierung der Fehlerfläche F vergleichsweise extrem einfach. Die Bestimmung der Werte c_k für die Entfernung vom Anfangswert $c_k^{(a)} = 0$ bis zum jeweils partiellen Minimum der Fehlerfläche F geschieht mit einem einzigen Schritt mit der expliziten Formel (4.44) bzw. (4.45). Zudem ändert sich ein einmal berechneter Wert für einen bestimmten Fourier-Koeffizienten c_j nicht mehr, wenn man einen nächsten Fourier-Koeffizienten $c_{k \neq i}$ berechnet hat. Diese mit den expliziten Formeln gegebene Unabhängigkeit der Berechnung der Koeffizienten c_k ist der *Orthogonalität* der Kosinus- und Sinusschwingen zu verdanken.
Bei der Erläuterung der Beziehung (4.49) wurde noch eine weitere gute Eigenschaft der Fourier-Reihe genannt. Dort wurde gesagt, dass es keineswegs selbstverständlich ist, dass die Fehlerfläche F null wird, wenn die Anzahl n von Sinus- und Kosinusschwingungen inklusive Konstante A_0 gegen unendlich geht. Wegen dieser Eigenschaft wird das System der Sinus- und Kosinusschwingungen als ***vollständiges*** *orthogonales Funktionensystem* bezeichnet.
Nicht alle orthogonalen Funktionensysteme sind vollständig. Bei der Approximation von vorgegebenen Funktionen $s(t)$ mit einem nichtvollständigen Funktionensystem verbleibt im Allgemeinen ein Restfehler R, egal wie hoch auch immer die Anzahl n der orthogonalen Funktionen gewählt wird. Dieses Phänomen der Nichterreichbarkeit des Ziels $F = 0$ lässt sich mit der geometrischen Reihe $1, \frac{1}{2}, \frac{1}{4}, \frac{1}{8}, \frac{1}{16}, \ldots$ veranschaulichen. Wenn zu Beginn der Fehler $F = 3$ ist, dann lässt sich durch Subtraktion von beliebig vielen, auch unendlich vielen Gliedern dieser Reihe, wobei jedes Glied aber höchstens einmal verwendet werden darf, nie der Wert $F = 0$ erreichen, obwohl man mit jedem Glied dem Ziel $F = 0$ immer näher kommt. Immer verbleibt ein Restfehler $F = R \geq 1$.
Auf diese Unterscheidung von Vollständigkeit und Nichtvollständigkeit wird später im 5. Kapitel noch Bezug genommen.

Fourier-Reihe und zeitlicher Beginn von Signalen

Dass in Abb. 4.11 das Signal $s(t)$ bereits bei einer negativen Zeit beginnt, stellt keine Einschränkung dar, denn wenn ein Signal $s(t)$ erst bei $t = 0$ beginnt und die Dauer $T_D \leq T_p$ hat, dann kann man statt $s(t)$ das um $\frac{1}{2}T_p$ nach links verschobene Signal $s(t + \frac{1}{2}T_p)$ betrachten, das bereits bei $t = -\frac{1}{2}T_p$ beginnt und in das in Abb. 4.11 zugrunde gelegte Zeitintervall fällt. Nachdem dafür die Fourier-Reihe aufgestellt worden ist, kann man die zuvor vorgenommene Verschiebung um $\frac{1}{2}T_p$ nach links durch eine Verschiebung um $\frac{1}{2}T_p$ nach rechts wieder rückgängig machen, indem man in der erhaltenen Fourier-Reihe t durch $t - \frac{1}{2}T_p$ ersetzt.

C: *Überleitung zu kontinuierlichen Fourier-Spektren*

Beim endlich langen Signal $s(t)$ in Abb. 4.11a ist die Größe der Periodendauer $T_p \geq T_D$ weitgehend willkürlich, weil man Zeitabschnitte vor und nach dem Signal, wo $s(t) \equiv 0$ ist, zur Signaldauer zählen kann oder auch nicht. Je größer man die Periodendauer T_p wählt, desto enger wird nach (4.29) der Abstand f_0 der Spektrallinien in Abb. 4.12. Bei Verdopplung der Dauer T_p halbiert sich der Abstand f_0. Wie eine genaue Durchrechnung mit Sinusschwingungen zeigt, halbieren sich dabei aber auch die Werte der Amplituden A_i an der selben Frequenz f. Entsprechend zeigt sich, dass bei einer Verdreifachung der Periodendauer T_p der Abstand f_0 der Spektrallinien und die Amplituden bei der selben Frequenz f sich um den Faktor drei verkleinern, usw.

Abb. 4.16a zeigt ein Beispiel eines diskreten Amplitudenspektrums $A(f_i)$ mit Spektrallinien im Abstand f_0. Die Höhen der Linien enden auf der gestrichelten Kurve $f_0\dddot{A}(f)$. Die Größe $\dddot{A}(f)$ hat die Dimension „Amplitude pro Frequenz", bezeichnet also eine *Amplitudendichte.* Bei Verdopplung der Dauer T_p halbiert sich der Abstand f_0 und damit auch die Höhe $f_0\dddot{A}(f)$ bei derselben Frequenz f. Egal wie eng man mit der Wahl von T_p den Abstand f_0 der Spektrallinien auch macht, konstant bleibt der Quotient $\frac{f_0\dddot{A}(f)}{f_0} = \dddot{A}(f)$.

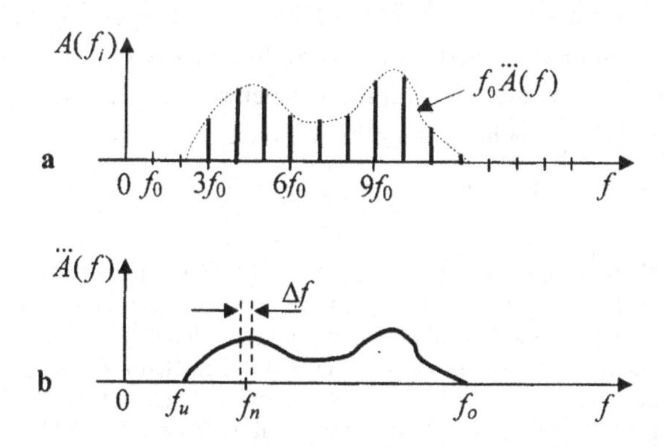

Abb. 4.16 Zur Entstehung eines kontinuierlichen Amplitudendichtespektrums $\dddot{A}(f)$ in Abb. b aus einem diskreten Amplitudenspektrum $A(f_i)$ in Abb. a

Innerhalb eines (nicht zu klein gewählten) Frequenzintervalls von f_a bis f_b bleibt die Summe der Amplitudenwerte konstant, wenn man die Dauer T_p fortlaufend halbiert und sich die Anzahl der Linien fortlaufend verdoppelt. Wenn man die Dauer T_p gegen unendlich ($T_p \to \infty$) streben lässt, rücken die Linien der Amplituden A_i beliebig eng zusammen und bilden schließlich ein *kontinuierliches Amplitudendichtespektrum* $\dddot{A}(f)$ wie das die nicht gestrichelte Kurve in Abb. 4.16b zeigt.

Die Linien des Phasenspektrums φ_i rücken in gleichem Maß beliebig eng zusammen und bilden schließlich ein *kontinuierliches Phasenspektrum* $\ddot{\varphi}(f)$.

Betrachtet sei vom Amplitudendichtespektrum $\dddot{A}(f)$ nur ein schmaler Ausschnitt der Breite Δf bei der Frequenz f_n, siehe Abb. 4.16b. Dieser Ausschnitt bildet für sich allein ein Teilsignal, das einer Sinusschwingung der Frequenz f_n umso ähnlicher ist, je schmaler das Frequenzintervall Δf gewählt wird:

$$\Delta s(t) \approx \dddot{A}(f_n)\Delta f \sin[2\pi f_n t + \ddot{\varphi}(f_n)] \tag{4.50}$$

$\dddot{A}(f_n)$ ist der Wert von $\dddot{A}(f)$ an der Stelle $f = f_n$ und $\ddot{\varphi}(f_n)$ der Wert von $\ddot{\varphi}(f)$ an der Stelle $f = f_n$. Die Amplitude $\dddot{A}(f_n)\Delta f$ in (4.50) geht gegen null, wenn $\Delta f \rightarrow 0$, d.h. immer kleiner gemacht wird. Genau genommen handelt es sich im Frequenzintervall Δf um eine Überlagerung von Sinusschwingungen fast gleicher Frequenzen mit winzig kleinen und annähernd gleichen Amplituden und annähernd gleichen Nullphasenwinkeln.

Das in Abb. 4.16b gezeigte Beispiel eines Spektrums besitzt eine untere Grenzfrequenz f_u und eine obere Grenzfrequenz f_o. Den Frequenzbereich von f_u bis f_o, in welchem das Spektrum nicht identisch null ist, bezeichnet man als *Bandbreite B*. Für die Bandbreite gilt

$$B = f_o - f_u \tag{4.51}$$

In vielen Fällen ist die untere Grenzfrequenz $f_u = 0$ und damit $B = f_o$.

Bei diskreten Linienspektren entsprechend Abb. 4.12 bezeichnet man als Bandbreite den Frequenzbereich zwischen der von null verschiedenen Spektrallinie der niedrigsten Frequenz und der von null verschiedenen Spektrallinie der höchsten Frequenz. Die Bandbreiten beziehen sich immer auf das Amplitudenspektrum, weil ein Phasenspektrum nur dort vorhanden sein kann, wo auch ein Amplitudenspektrum vorhanden ist.

Die Bandbreite B ist eine wichtige Signaleigenschaft. Bei Telefonsprache ist B = 4kHz.

Bemerkung:
Der Prozess, bei dem ein diskretes Spektrum in ein kontinuierliches Spektrum übergeht, wenn die Periode der Fourier-Reihe unendlich groß gemacht wird, ist wichtig, wenn man nicht nur das Zeitintervall betrachtet, in dem ein Signal endlicher Dauer vorhanden ist, sondern auch den Zeitbereich, in welchem das Signal identisch null ist. Die meisten realen Beobachtungen von Signalen erstrecken sich über einen Zeitbereich, der viel länger ist als die Signaldauer. Weil die Fourier-Reihe eines endlich langen Signals eine periodische Fortsetzung liefert, siehe Abb. 4.11 und Formel (4.28), ist es zweckmäßig, die Periodendauer unendlich auszudehnen, um eine Übereinstimmung mit realen Beobachtungen zu erhalten. Praktische Messungen von Spektren endlich langer Signale liefern deshalb stets kontinuierliche Spektren, es sei denn, dass zum Zweck des Messens das endlich lange Signal periodisch wiederholt wird, was oft gemacht wird.

Signale unbestimmter Dauer, Störungen

Die oben beschriebene Überleitung zu kontinuierlichen Spektren funktioniert nur bei Signalen von endlicher Dauer T_D. Zu diesen gehören alle Signale, die der Kommunikation dienen.

Bei einer Vielzahl von Störungen, von denen in Abschn. 4.3.1 die Rede war, gibt es keinen definierten Anfang und auch kein definiertes Ende. Solche Störungen lassen sich deshalb nicht in eine Fourier-Reihe entwickeln. Abb. 4.17 zeigt ein Beispiel für einen zeitlichen Ausschnitt eines weitgehend regellos verlaufenden Störsignals $n(t)$.

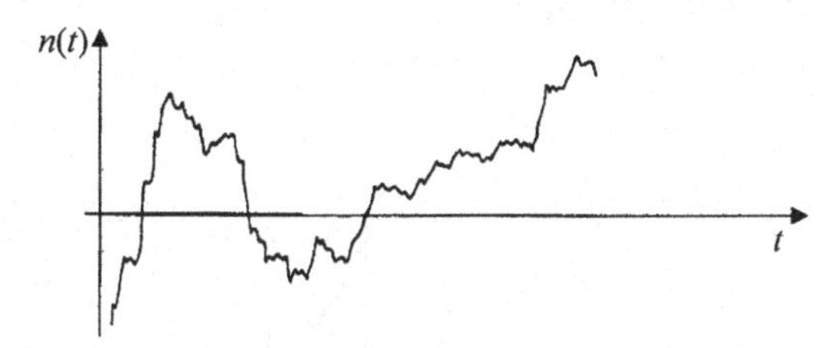

Abb. 4.17 Beispiel für ein weitgehend regellos verlaufendes Störsignal $n(t)$

Aufgrund gleichbleibender Ursachen für die Entstehung haben Störungen aber oft ein *stationäres* Verhalten. Diese Stationarität drückt sich darin aus, dass Störungen in gleich langen Zeitintervallen von hinreichend großer Dauer T_{int} immer eine gleich hohe Energie liefern, egal wo dieses Zeitintervall beginnt. Das heißt, dass in einem Zeitintervall der doppelten Dauer $2T_{\text{int}}$ die doppelte so hohe Energie geliefert wird, usw.

Bezeichnet man die im (hinreichend großen) Zeitintervall der Dauer T_{int} gelieferte Energie mit E_{int}, dann wird nach Abschn. 3.2.1 des 3. Kapitels die auf diese Zeit bezogene Energie als *Leistung* P_L bezeichnet:

$$P_L = \frac{E_{\text{int}}}{T_{\text{int}}} \tag{4.52}$$

Da die Energie E_{int} proportional mit T_{int} wächst, ist die Leistung P_L unabhängig von T_{int}, sofern T_{int} nicht zu klein gewählt ist. Streng genommen handelt es sich bei P_L um eine *mittlere* Leistung, weil T_{int} nicht zu klein sein darf.

Wichtig ist nun, dass sich die soeben diskutierten stationären Störsignale $n(t)$ ebenfalls durch ein kontinuierliches Fourier-Spektrum beschreiben lassen. Bei diesem Spektrum handelt es sich um ein *Leistungsdichtespektrum* $\ddot{P}_L(f)$. Im Unterschied zum Amplitudendichtespektrum in Abb. 4.16, welches den Verlauf der Amplitudendichte $\ddot{A}(f)$ in Abhängigkeit von der Frequenz f beschreibt, beschreibt das Leistungsdichtespektrum $\ddot{P}_L(f)$ wie sich die mittlere Leistung P_L längs der Frequenzachse verteilt. Wie das Leistungsdichtespektrum im Einzelnen bestimmt wird, kann hier nur grob skizziert werden:

Ausgangspunkt für die Bestimmung des Leistungsdichtespektrums ist die sogenannte *Autokorrelationsfunktion* $\rho_{nn}(\tau)$ des Störsignals $n(t)$. Die Autokorrelationsfunktion hängt mit dem in Abschn. 4.3.2C erläuterten Korrelationsfaktor ρ zusammen. Das Signalpaar, das nun betrachtet wird, besteht aus dem Störsignal $n(t)$ und dem zeitlich um τ verschobenen Störsignal $n(t+\tau)$. In gleicher Weise wie das in Abb. 4.13 mit dem Produkt $s(t)\cdot\psi_k(t)$ gemacht wurde, betrachtet man nun die Fläche, die der Verlauf des Produkts $n(t)\cdot n(t+\tau)$ im Intervall T_{int} mit der t-Achse bildet. Diese Fläche stellt die Kreuzenergie des Signalpaars $n(t)$, $n(t+\tau)$ dar. Die Höhe dieser Kreuzenergie ist abhängig von der gewählten Verschiebung τ . Für $\tau = 0$ wird das Produkt $n(t) \cdot n(t+\tau)$ nie negativ. Die Fläche ist dann maximal groß und stellt die Energie $E_{\text{int}}(\tau)$ des Störsignals $n(t)$ im Intervall T_{int} dar. Sowie aber die Verschiebung τ größer gemacht wird, nimmt die Fläche mehr und mehr ab, weil die Kurve von $n(t) \cdot n(t+\tau)$ zunehmend auch Abschnitte enthält, die unterhalb der der t-Achse verlaufen.

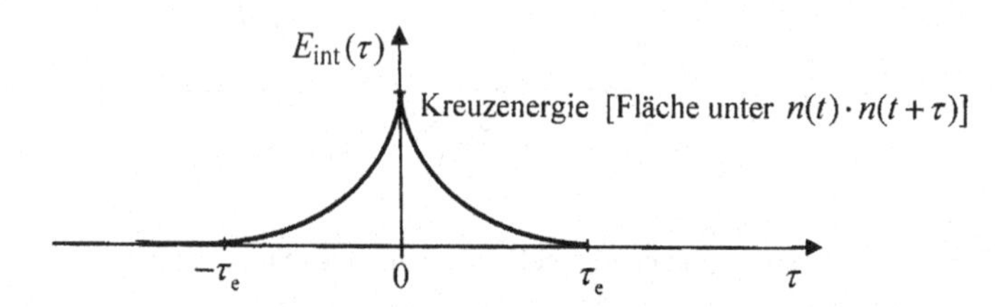

Abb. 4.18 Typischer Verlauf der Kreuzenergie von $n(t)$ und $n(t+\tau)$ in Abhängigkeit von der Verschiebung τ

Eine typische Abhängigkeit der Fläche von der Verschiebung τ , d.h. der Kreuzenergie von $n(t)$ und $n(t+\tau)$, zeigt Abb. 4.18. Der Verlauf der Kurve ist symmetrisch zu $\tau = 0$, weil sich eine Verschiebung nach links genauso auswirkt wie eine Verschiebung nach rechts. Man bezeichnet deshalb die Kreuzenergie als eine *gerade* Funktion von τ .

Die Autokorrelationsfunktion $\rho_{nn}(\tau)$ ergibt sich durch Division der Kreuzenergie durch die Intervalldauer T_{int} und hat den gleichartigen Verlauf wie die Kreuzenergie. Von wichtiger Bedeutung ist, dass die Autokorrelationsfunktion $\rho_{nn}(\tau)$ eine endliche Dauer $2\tau_e$ hat. Sie lässt sich daher in eine Fourier-Reihe entwickeln, bei welcher man dann, wie eingangs dieses Abschnitts diskutiert, die Periodendauer gegen unendlich wachsen lässt, wodurch man das kontinuierliche *Leistungsdichtespektrum* $P_L(f)$ erhält. Ein Beispiel für den Verlauf eines Leistungsdichtespektrums zeigt Abb.4.19. Die schraffierte Fläche zeigt den im Frequenzbereich von f_1 bis f_2 enthaltenen Leistungsanteil. Die gesamte mittlere Leistung P_L ist gleich dem Flächeninhalt unter der Kurve $P_L(f)$ Die Bandbreite des zugehörigen Störsignals $n(t)$ erstreckt sich im gezeigten Beispiel von der Frequenz 0 bis zur Frequenz B.

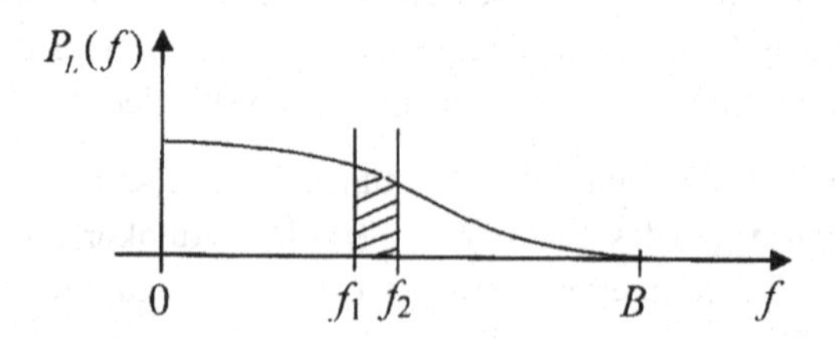

Abb. 4.19 Beispiel für den Verlauf eines Leistungsdichtespektrums $P_L(f)$

Lässt man in Abb. 4.19 die Frequenzen f_1 und f_2 sehr eng zusammenrücken, dann repräsentiert der schraffierte Bereich eine Sinusschwingung der Frequenz $f_0 = \frac{1}{2}(f_1 + f_2)$ mit einer zufälligen Phasenlage und einer sehr kleinen Amplitude, die sich aus der Wurzel der doppelten schraffierten Fläche zwischen f_1 und f_2 ergibt. Das hängt damit zusammen, dass die mittlere Leistung einer Sinusschwingung unabhängig von der Frequenz und Nullphase ist und allein durch die halbe Höhe ihres Amplitudenquadrats $\frac{1}{2}A^2$ bestimmt wird. Deshalb lässt sich für regellos verlaufende Störsignale $n(t)$ kein Phasenspektrum angeben.

Die Betrachtung von Spektren hat in vielen Bereichen der Technik und Naturwissenschaft eine viel größere Bedeutung als die Betrachtung von zeitlichen Verläufen. Das gilt unter Anderem in der Akustik, in der Optik (wo die Bezeichnung „Spektrum" ursprünglich entstand), in der Funktechnik und auch in der Medizin im Zusammenhang mit der Funktion des Hörorgans. Deshalb seien die Zusammenhänge bei Spektren wie folgt festgehalten:

[4.5] Diskrete und kontinuierliche Spektren

Spektren beschreiben die Eigenschaften von Signalen in Abhängigkeit von der Frequenz. Die einzelnen Frequenzen sind die Frequenzen von Sinusschwingungen, aus denen man sich das Signal zusammengesetzt denken kann. Genannt seien 3 Fälle:

1. Mit diskreten Spektren (sog. Linienspektren mit diskreten Frequenzen) lassen sich Signale endlicher Energie und Dauer T_D längs eines *endlichen Zeitintervalls* der Dauer $T_p \geq T_D$ beschreiben. Das Amplitudenspektrum und das Phasenspektrum geben die Amplituden und Nullphasenwinkel der einzelnen Sinusschwingungen an.

2. Mit kontinuierlichen Spektren lassen sich Signale endlicher Energie und Dauer beschreiben, die an beliebiger Stelle einer *unendlich ausgedehnten Zeitachse* liegen können. Kontinuierliche Spektren liefern keine endlichen Amplitudenwerte, sondern nur *Amplitudendichten* die angeben, welche Amplitudenwerte sinusähnliche Teilsignale von engen Spektralbereichen der Breite Δf haben.

3. Mit kontinuierlichen Spektren lassen sich auch Eigenschaften stationärer zufälliger Störsignale unendlicher Dauer beschreiben. Das Leistungsdichtespektrum gibt an, wie sich deren mittlere Leistung auf die verschiedenen Frequenzbereiche verteilen.

Mit den unter 1. und 2. genannten Spektren lassen sich die zugehörigen zeitlichen Signalverläufe vollständig zurückgewinnen. Tiefere Gründe für die große praktische Bedeutung von spektralen Betrachtungen liefert der nachfolgende Abschnitt.

D: *Räumliche Übertragung von Sinusschwingungen und anderen Signalen*

Der größte Nutzen, den die Verwendung von Sinusschwingungen als Elementarsignale für die Nachrichtentechnik bringt, resultiert daraus, dass alle Sinusschwingungen sogenannte *Eigenfunktionen* von linearen zeitinvarianten Übertragungssystemen sind [siehe z.B. Ruprecht (1993)]. Das bedeutet, dass bei Übertragung einer einzelnen Sinusschwingung über ein lineares zeitinvariantes Übertragungssystem sich die Form der Sinusschwingung nicht verändert, die Sinusschwingung also nicht verzerrt wird. Am Ausgang des Übertragungssystems erscheint wieder eine Sinusschwingung der gleichen Frequenz f, jedoch mit im Allgemeinen veränderten Werten der Amplitude A und des Nullphasenwinkels φ. Eine

Sinusschwingung $s_1(t)$ am Eingang des linearen zeitinvarianten Übertragungssystems liefert am Ausgang die Sinusschwingung $s_2(t)$, was wie folgt ausgedrückt wird:

$$s_1(t) = A_1 \sin(2\pi ft + \varphi_1) \rightarrow s_2(t) = A_2 \sin(2\pi ft + \varphi_2) \tag{4.53}$$

Die Änderungen der Amplitude A und der Phase φ hängen von der Frequenz f der Sinusschwingung ab. Es gelten

$$A_2 = A_1 \cdot a(f) \quad \text{und} \quad \varphi_2 = \varphi_1 - b(f) \tag{4.54}$$

Je nachdem, ob A_2 kleiner oder größer ist als A_1, stellt $a(f)$ die Dämpfung oder Verstärkung des Übertragungssystems dar. Die Phasenverschiebung $b(f)$ hängt mit einer Laufzeit der Sinusschwingung durch das Übertragungssystem zusammen, was wie folgt zu sehen ist:

$$\sin(2\pi ft + \varphi_2) = \sin[2\pi ft + \varphi_1 - b(f)] = \sin[2\pi f(t - \tfrac{b(f)}{2\pi f}) + \varphi_1] \tag{4.55}$$

$b(f)$ beschreibt also eine zeitliche Verzögerung um die sogenannte Phasenlaufzeit

$$\tau_p = \frac{b(f)}{2\pi f} \tag{4.56}$$

Mit $a(f)$ und $b(f)$ werden die Übertragungseigenschaften eines linearen zeitinvarianten Übertragungssystems vollständig beschrieben.

Eine Kosinusschwingung lässt sich durch eine Sinusschwingung mit einer zusätzlichen Phasenverschiebung um $\frac{\pi}{2}$ ausdrücken:

$$\cos(2\pi f_0 t + \varphi) = \sin(2\pi f_0 t + \varphi + \tfrac{\pi}{2}) \tag{4.57}$$

Deshalb lässt sich die Beziehung (4.54) auf alle Elementarfunktionen $\psi_k(t)$ der Beziehung (4.40) anwenden.

Wenn man ein nichtsinusförmiges Signal $s_1(t)$ über ein lineares zeitinvariantes Übertragungssystem leitet und die dabei entstehenden Verzerrungen berechnen will, dann zerlegt man das zu sendende Signal $s_1(t)$ mit einer Fourier-Reihen-Entwicklung in seine Elementarfunktionen $\psi_k(t)$ die sämtlich Sinusschwingungen darstellen, siehe (4.40). Dann wendet man auf jede dieser Sinusschwingungen die Beziehung (4.54) an und addiert alle am Ausgang des Übertragungssystems erscheinenden Sinusschwingungen zum resultierenden Ausgangssignal $s_2(t)$. Dieses hat wegen der veränderten Amplituden und Phasen im Allgemeinen eine andere Form als das Signal $s_1(t)$ am Eingang des Übertragungssystems.

Die Beziehungen (4.54) lassen sich auch auf kontinuierliche Spektren anwenden:

Hat ein Signal $s_1(t)$ am Eingang eines linearen zeitinvarianten Übertragungssystems das Amplitudenspektrum $\dddot{A}_1(f)$, dann ergibt sich für das Amplitudenspektrum $\dddot{A}_2(f)$ des Signals $s_2(t)$. am Ausgang

$$\dddot{A}_2(f) = \dddot{A}_1(f) \cdot a(f) \tag{4.58}$$

Entsprechend gilt für die Phasenspektren

$$\ddot{\varphi}_2(f) = \ddot{\varphi}_1(f) - b(f) \tag{4.59}$$

Weil Leistungsdichtespektren Amplitudenquadrate beinhalten, gilt dort

$$P_{L2}(f) = P_{L1}(f) \cdot a^2(f) \tag{4.60}$$

Die Beziehungen (4.53) und (4.54) sind überaus wichtig, weil praktisch alle Kabel, Freileitungen und Funkwege lineare zeitinvariante Übertragungssysteme darstellen.

Mit Abb. 4.2 wurden die Verzerrungen erläutert, die ein Digitalsignal erleiden kann, wenn es über ein lineares zeitinvariantes Übertragungssystem geleitet wird. Diese Verzerrungen hängen sowohl von $a(f)$ als auch von $b(f)$ ab. Der von $a(f)$ verursachte Anteil der Verzerrungen wir als *Dämpfungsverzerrung*, der von $b(f)$ verursachte Anteil als *Phasenverzerrung* oder *Laufzeitverzerrung* bezeichnet.

Laufzeitverzerrungen treten nicht auf, wenn der Phasenverlauf des Übertragungssystems proportional zur Frequenz f verläuft

$$b(f) = konst \cdot f \tag{4.61}$$

In diesem Fall werden nach (4.56) alle Frequenzkomponenten des Signalspektrums um die *gleiche* Phasenlaufzeit verzögert

$$\tau_p = \frac{b(f)}{2\pi f} = \frac{konst \cdot f}{2\pi f} = \frac{konst}{2\pi} \tag{4.62}$$

Laufzeitverzerrungen lassen sich in der Regel stets mit einem Entzerrer wieder beseitigen.

Anders ist das bei Dämpfungsverzerrungen, wenn dabei Frequenzkomponenten völlig gesperrt werden. Als wichtiges Beispiel sei dafür das *ideale Tiefpass-Übertragungssystem* in Abb. 4.20 betrachtet.

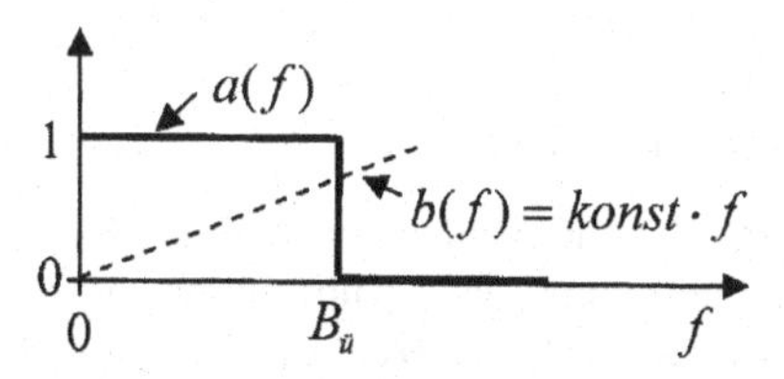

Abb. 4.20 Ideales Tiefpass-Übertragungssystem der Übertragungsbandbreite $B_ü$ mit Dämpfungsverlauf $a(f)$ (rechteckförmige Linie) und Phasenverlauf $b(f)$ (gestrichelte Linie)

Beim idealen Tiefpass unterscheidet man einen *Durchlassbereich* und einen *Sperrbereich*. Der Durchlassbereich erstreckt sich von der Frequenz $f = 0$ bis zur Übertragungsbandbreite $f = B_ü$ und der Sperrbereich über alle höheren Frequenzen $f > B_ü$. Im Sperrbereich ist $a(f) = 0$. Das heißt, dass von einem übertragenen Signal alle Frequenzkomponenten mit Frequenzen $f > B_ü$ gesperrt werden, also nicht zum Ausgang des Übertragungssystems gelangen. Alle Frequenzkomponenten des Signals, die in den Frequenzbereich $0 \leq B_ü \leq f_g$

fallen, werden dagegen unverzerrt an den Ausgang übertragen, weil im Durchlassbereich $a(f) = 1$ und $b(f) = konst \cdot f$, also linear, ist.

Ein Signal $s_1(t)$, das bandbegrenzt ist und dessen Spektrum Frequenzkomponenten nur im Bereich $0 \le f \le B_ü$ besitzt, gelangt unverzerrt an den Ausgang des mit Abb. 4.20 beschriebenen Tiefpass-Übertragungssystems, allerdings um eine Phasenlaufzeit τ_p verzögert, deren Höhe sich mit (4.62) bestimmt. Es gilt dann

$$s_2(t) = s_1(t - \tau_p) \tag{4.63}$$

Wenn im Bereich $0 \le f \le B_ü$ die Phase $b(f)$ nichtlinear verlaufen würde, dann würde sich $s_2(t)$ durch Phasenverzerrungen von $s_1(t)$ unterscheiden, und wenn Bereich $0 \le f \le B_ü$ der Dämpfungsverlauf $a(f)$ schwanken würde, dann würde sich $s_2(t)$ durch Dämpfungsverzerrungen von $s_1(t)$ unterscheiden.

Wenn das Spektrum des Signals $s_1(t)$ aber Frequenzkomponenten bei höheren Frequenzen $f > B_ü$ besitzt, dann gehen diese Komponenten bei der Übertragung unwiederbringlich verloren. Eine mit dem Signal $s_1(t)$ übertragene Nachricht wird dadurch verstümmelt und für den Empfänger geht dadurch ein Teil der Information verloren.

Die Frage, eine wie große mittlere Informationshöhe (Entropie) sich pro Zeit über ein bandbegrenzendes Übertragungssystem übertragen lässt, ist erstmals von C. E. Shannon in seiner schon mehrfach erwähnten Originalpublikation beantwortet worden. Auf das diesbezügliche Resultat von Shannon wird unten in Abschn. 4.4.2 näher eingegangen.

Die einfachere Frage, wie viele voneinander unabhängige Symbole eines Digitalsignals gemäß Abb. 4.2 und Abb. 1.3 sich pro Sekunde über ein bandbegrenzendes Übertragungssystem übertragen lassen, oder umgekehrt wie groß die Übertragungsbandbreite mindesten sein muss, wenn man voneinander unabhängige Symbole im zeitlichen Abstand T übertragen will, ist schon vor Shannon von Nyquist und Küpfmüller gelöst worden. Das Ergebnis, dessen Herleitung aus Gründen des Aufwands hier nicht gebracht wird, ist unten in der Aussage **[4.6]** festgehalten. Es gilt unabhängig davon, ob binäre Symbole oder okternäre Symbole (siehe Tab. 1.1) oder allgemein m-äre Symbole übertragen werden (wobei m eine beliebige positive ganze Zahl ist).

[4.6] Erforderliche Übertragungsbandbreite

Um im zeitlichen Abstand T voneinander unabhängige Symbole über ein Übertragungssystem übertragen zu können, muss nach Küpfmüller und Nyquist das Übertragungssystem eine Übertragungsbandbreite $B_ü$ besitzen, die der folgenden Ungleichung genügt:

$$B_ü \ge \frac{1}{2T} \quad \text{d.h.} \quad B_{ü\min} = \frac{1}{2T} \tag{4.64}$$

$B_{ü\min}$ ist die mindestens erforderliche Übertragungsbandbreite

Die Küpfmüller-Nyquist-Bedingung garantiert nicht eine Übertragung, die frei von Intersymbolinterferenz ist (vergl. Abb. 4.2). Der Normalfall ist vielmehr der, dass Intersymbolinterferenz auftritt. Die Erfüllung der Bedingung (4.64) garantiert aber, dass dann mit Hilfe eines geeigneten Entzerrers stets erreicht werden kann, dass das entzerrte Empfangssignal im Symbolabstand T Abtastwerte hat, die frei von Intersymbolinterferenz sind und damit eine Rekonstruktion der gesendeten Symbolfolge erlauben (vergl. Abb. 4.4).

D: *Abtasttheorem, Brücke zwischen zeitkontinuierlicher und zeitdiskreter Theorie*

Die Beziehung (4.64) von Küpfmüller und Nyquist wird nicht selten mit dem Abtasttheorem verwechselt. In dieser Abhandlung wurde das Abtasttheorem erstmals im 1. Kapitel in Abschn. 1.3 genannt. Hier im 4. Kapitel wurde schon wiederholt auf das Abtasttheorem Bezug genommen, und zwar in der Anmerkung zu den Beziehungen (4.6) und (4.7) und danach auch in der Aussage [4.3].

Das Abtasttheorem kann deshalb erst jetzt an dieser Stelle behandelt wird, weil dazu vorher die Begriffe Spektrum und Bandbreite eines Signals eingeführt werden mussten, was im Abschn. 4.3.3C geschehen ist. Die Aussage des Abtasttheorems[4.2] lautet:

[4.7] Abtasttheorem

Bei einem Signal $s(t)$, das ein bandbegrenztes Spektrum der Bandbreite B besitzt, lässt sich aus den Abtastwerten des Signals das Signal $s(t)$ vollständig wiederge winnen, wenn der Abtastabstand T_A die folgende Ungleichung erfüllt:

$$T_A \leq \frac{1}{2B} \quad \text{d.h.} \quad T_{A\max} = \frac{1}{2B} \tag{4.65}$$

$T_{A\max}$ ist der maximal erlaubte Abtastabstand für eine Rekonstruktion des Signals $s(t)$.

Ein fundamentaler Unterschied zwischen Abtasttheorem und Küpfmüller-Nyquist-Beziehung besteht darin, dass es sich beim Abtasttheorem um die Bandbreite B eines *Signals* handelt, während die Küpfmüller-Nyquist-Beziehung die Übertragungsbandbreite $B_ü$ eines *Übertragungssystems* betrifft. Überdies unterscheiden sie sich formal in der Richtung der Zeichen $\leq$ und $\geq$.

Wie anhand von Abb. 4.20 erläutert wurde, wird bei der Übertragung eines Signals die Signalbandbreite B auf die Übertragungsbandbreite $B_ü$ verkleinert, wenn $B_ü < B$. Ein Idealfall liegt vor, wenn beide Bandbreiten gleich groß sind, also $B = B_ü$, und den selben Frequenzbereich betreffen, sich also z.B. von der Frequenz $f = 0$ bis zur Frequenz $f = B$ erstrecken. Mit (4.64) und (4.65) gelten dann

$$\text{Abtastabstand: } T_A \leq \frac{1}{2B} \quad ; \quad \text{Symbolabstand: } T \geq \frac{1}{2B} \tag{4.66}$$

Der Abtastabstand darf kleiner aber nicht größer sein als $1/2B$ und der Symbolabstand darf größer aber nicht kleiner sein als $1/2B$.

Wie die Küpfmüller-Nyquist-Bedingung so wird hier auch das Abtasttheorem aus Gründen des Aufwands nicht im Einzelnen hergeleitet. Nur so viel sei gesagt, dass der Beweis des Abtasttheorems im Wesentlichen auf der in Abschn. 4.3.3B beschriebenen Fourier-Reihe beruht, die eine mathematische Brücke zwischen einer *Funktion einer kontinuierlichen*

[4.2] Das Abtasttheorem wird in der amerikanischen Fachliteratur Shannon und in der russischen Fachliteratur Kotelnikov zugeschrieben, siehe auch Lüke (1985).

Variablen und einer *Funktion einer diskreten Variablen* bildet: Das Signal $s(t)$, das eine Funktion der kontinuierlich veränderlichen Zeit t ist, wird mit der Fourier-Reihe durch die Funktion einer diskreten Variablen k ausgedrückt, wobei k die diskreten Frequenzen $k f_0$ kennzeichnet. Für ein Signal $s(t)$ ergeben sich an den diskreten Frequenzen feste Werte, nämlich die Amplituden A_k und Phasen φ_k, siehe Abb. 4.12. Diese Darstellung mit zwei Werten A_k und φ_k für $k = 0, 1, 2, 3, ...$ lässt sich so umformen dass man bei jedem k nur einen einzigen festen Wert bekommt, wenn man auch negative diskrete Frequenzen $-k f_0$ verwendet, also mit $k = 0, \pm 1, \pm 2, \pm 3, ...$ operiert. Das Abtasttheorem rechtfertigt eine Benutzung der zeitdiskreten Signaltheorie, wenn die Signale in Wirklichkeit zeitkontinuierlich sind. Es lässt sich nämlich die folgende Aussage beweisen, siehe Rupprecht (1993):

[4.8] Brücke zwischen zeitkontinuierlicher zeitdiskreter Signaltheorie

Bei einem Signal $s(t)$, das sowohl bandbegrenzt als auch zeitbegrenzt 4.3 ist (d.h. eine endliche Dauer hat) liefert die zeitdiskrete Signaltheorie die gleichen Werte, die auch die kontinuierliche Signaltheorie an den betreffenden Stellen liefert, wenn der Abtastabstand T_A gemäß dem Abtasttheorem (4.65) gewählt wird.

Mit Aussage **[4.8]** wird die frühere Aussage **[4.3]** präzisiert.

Das Abtasttheorem lässt sich auch auf solche Signale endlicher Bandbreite anwenden, bei denen die untere Bandgrenze nicht $f_u = 0$, sondern $f_u > 0$ ist. Entsprechendes gilt auch für die Küpfmüller-Nyquist-Bedingung, wenn beim Übertragungssystem der Durchlassbereich nicht bei $f_u = 0$, sondern bei $f_u > 0$ beginnt (sog. Bandpass-Übertragungssystem). Die Ergebnisse sind unter Beachtung gewisser Modifikationen die gleichen wie bei **[4.6]** und bei **[4.7]**, siehe z.B. H.D. Lüke (1985).

4.4 Transinformation und Kanalkapazität

Jeder Transport von Information benötigt ein Signal. Umgekehrt liefert nicht jedes Signal auch Information. Der vorangegangene Abschn. 4.3 befasste sich mit der Theorie von Signalen und deren Übertragung. In diesem Abschn. 4.4 geht es um die Übertragung von Information.

Alle Effekte, welche die mit einem Signal transportierte Information auf dem Weg vom Sender zum Empfänger beeinträchtigen, lassen sich als Eigenschaften eines Informationskanals (kurz: *Kanal*) beschreiben, der Sender und Empfänger miteinander verbindet.

Bemerkung:
Ein Kanal ist im technischen Schrifttum nicht dasselbe wie ein Übertragungsweg oder Übertragungssystem. Ein Übertragungssystem oder Übertragungsmedium ist z.B. ein Kabel für elektrische Signale oder der freie Raum für Funksignale. Über ein zweiadriges Kabel lassen sich nämlich bei Anwendung bestimmter Techniken sehr viele (hunderte oder auch tausende) Telefongespräche

---

4.3 Signale, die exakt bandbegrenzt und zugleich exakt zeitbegrenzt sind, gibt es streng genommen nicht. Es gibt sie aber mit beliebig guter Näherung.

gleichzeitig übertragen. Das bedeutet, dass über dasselbe Kabel sehr viele „Sprachkanäle" führen. Gleiches gilt für den freien Raum, über den viele Rundfunksender ihre Nachrichten gleichzeitig übertragen können. Derselbe zwei Kommunikationspartner verbindende Kanal kann überdies auch noch in mehreren Etappen über verschiedene Übertragungswege (Kabel, Funkstrecken) führen. Der in diesem Abschn. 4.4 zugrundegelegte Kanal ist vergleichbar mit dem Digitalkanal, wie ihn Abb. 4.3 und Aussage **[4.2]** beschreiben, unterscheidet sich aber von diesem darin, dass anstelle der digitalen Symbole jetzt mit Bezug auf das 2. Kapitel auch allgemeinere Symbole, d.h. kompliziert verlaufende Signale, übertragen werden können.

4.4.1 Informationstheoretisches Übertragungsmodell und Transinformation

Für die nachfolgenden informationstheoretischen Betrachtungen wird das einfache Schema in Abb. 4.21 zugrunde gelegt.

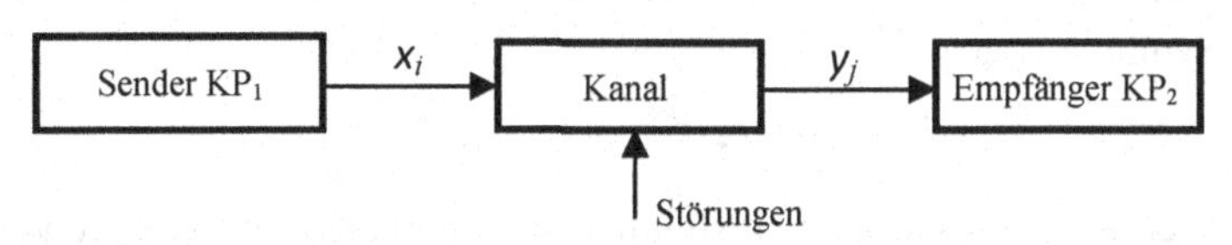

Abb. 4.21 Modell eines informationstheoretischen Übertragungssystems nach Shannon

Das Schema in Abb. 4.21 unterscheidet sich von dem im 2. Kapitel mit Abb. 2.1 dargestellten Schema wie folgt:

In Abb. 4.21 ist im Kasten „Sender KP_1" die gesamte in Abb. 2.1 gezeigte „Sendeseite KP_1" einschließlich Artikulationsorgan $\mathcal{S}$ zusammengefasst. Entsprechend ist die gesamte „Empfangsseite KP_2" einschließlich Empfangsorgan $\mathcal{E}$ im Kasten „Empfänger KP_2" enthalten. Der in Abb. 2.1 als fett gedruckte Linie dargestellte Kanal wird in Abb. 4.21 durch einen Kasten wiedergegeben, auf den noch zusätzlich Störungen einwirken.

Während in Abb. 2.1 jedes in den Kanal eingespeiste Signal s_1, s_2, ... unverändert zum Kanalausgang gelangt, erscheinen in Abb. 4.3 die eingespeisten Signale x_i, $i = 1, 2, ... M$, als Signale y_j, $j = 1, 2, ... K$, am Kanalausgang, weil sie durch Störungen (und Verzerrungen), die der Kanal verursacht, verändert werden. Dabei können auch Teile von Signalen verschwinden und neu entstehen. Dies wird durch die neue Bezeichnung x_i berücksichtigt, die jetzt anstelle der Bezeichnung s_i benutzt wird. Mit Abb. 4.21 wird also auch die Übertragung von einzelnen Teilen eines Signals betrachtet. Je nach Anwendungsfall können mit x_i einzelne Wörter oder Silben eines gesprochenen Textes oder einzelne Buchstaben eines Textes oder einzelne Symbole eines Digitalsignals oder sonst etwas ausgedrückt werden, und natürlich auch Signale, die ganzen Geschichten oder längeren Texten zugeordnet sind.

Im nachfolgenden Text werden – wie bei Shannon – die x_i und y_j als *Symbole* bezeichnet. Unter „Symbole", die mögliche Ergebnisse zufälliger Ereignisse sind, können jetzt beliebige Signale verstanden werden und natürlich auch Symbole eines Digitalsignals. Diese Bedeutung hat das Wort „Symbol" auch in der Semiotik von Peirce, siehe Abschn. 1.8.

Der Einfachheit halber sei hier das Beispiel einer Fernschreibverbindung betrachtet. Der Sender sendet eine Folge von Buchstaben α_i, denen die Symbole x_i eindeutig zuordnet sind. Die Buchstaben α_i entsprechen in diesem Fall den Bedeutungen S_i in Abb. 2.1. Die einzelnen α_i sind Elemente einer Menge (eines Alphabets oder Liste)

$$\Omega_\alpha = \{\alpha_1, \alpha_2, \alpha_3, ..., \alpha_M\} \tag{4.67}$$

Aus dieser Menge wählt der Sender nacheinander z.B. $\alpha_3, \alpha_1, \alpha_{15}, ...$ und ordnet diesen Elementen die Symbole $x_3, x_1, x_{15}, ...$ zu. Die Gesamtheit aller Symbole x_i, die der Sender seinen Buchstaben α_i zuordnen kann, bildet eine senderseitige Symbolmenge

$$\Omega_x = \{x_1, x_2, x_3, ..., x_M\} \tag{4.68}$$

Eine gesendete Folge von x_i liefert am Ausgang des Kanals eine Folge y_j. Die Gesamtheit aller Symbole y_j, welche die Symbole x_i am Kanalausgang hervorrufen können, bildet eine empfangsseitige Symbolmenge

$$\Omega_y = \{y_1, y_2, y_3, ..., y_M\} \tag{4.69}$$

Im Idealfall einer fehlerfreien Übertragung stimmen alle empfangenen Symbole y_j mit den jeweils gesendeten Symbolen überein: $y_i = x_i$. Der (Fernschreib-)Empfänger, der über die gleiche Buchstabenliste Ω_α von (4.67) verfügt und auch die Zuordnung der Buchstaben zu den Symbolen kennt, kann dann leicht die gesendete Buchstabenfolge feststellen und weitergeben.

Wenn dagegen aufgrund von Störungen und Verzerrungen ein empfangenes Symbol y_j derart verfälscht ist, dass es mit keinem x_i in der empfangsseitig vorhandenen Liste Ω_x annähernd übereinstimmt, dann kann der Empfänger nur abschätzen, aus welchem x_i das empfangene y_j entstanden sein könnte. Bei dieser Abschätzung helfen ihm die bedingten Wahrscheinlichkeiten $P(x_i|y_j)$ für die verschiedenen Sendesymbole x_i, wenn das Symbol y_j empfangen wurde. Er wird sich dann für dasjenige x_i entscheiden, bei dem die bedingte Wahrscheinlichkeit $P(x_i|y_j)$ am höchsten ist. Weiteren Aufschluss liefern nun informationstheoretische Betrachtungen.

A: *Informationshöhe einzelner Symbole auf der Empfangs- und Sendeseite*

Nach (2.113) berechnet sich mit $P(x_i|y_j)$ die bedingte Informationshöhe $H(x_i|y_j)$ des gesendeten Symbols x_i, wenn das Symbol y_j empfangen wurde, zu

$$H(x_i|y_j) = \text{ld}\frac{1}{P(x_i|y_j)} \tag{4.70}$$

Bei fehlerfreier Übertragung ist mit dem empfangenen Symbol y_j auch das Sendesymbol x_i bekannt. Für die bedingte Wahrscheinlichkeit gilt dann $P(x_i|y_j) = 1$. Wenn man in diesem Fall das Symbol x_i auf noch anderem Wege zum Empfänger bringen würde, dann brächte x_i keine Information, weil es mit dem empfangenen Symbol y_j bereits bekannt ist. Das zeigt auch die Beziehung (4.70), die bei $P(x_i|y_j) = 1$ die Informationshöhe $H(x_i|y_j) = 0$ liefert.

Wenn dagegen das empfangene Symbol y_j mit keinem der empfangsseitig bekannten Symbole x_i übereinstimmt, dann gilt *nicht* mehr $P(x_i|y_j) = 1.$, sondern $P(x_i|y_j) < 1$. In diesem Fall ergibt sich mit (4.70) für die Informationshöhe $H(x_i|y_j) > 0$. Das auf anderem Weg richtig überbrachte Symbol x_i liefert dann eine von null verschiedene Informationshöhe gemäß (4.70). Dieser Vorgang ist ähnlich dem beim Prädiktor-Korrektor-Verfahren in Abschn. 1.3.3 des 1. Kapitels.

Wenn aus Sicht des Empfängers der Sender das Symbol x_i mit der Wahrscheinlichkeit $P(x_i)$ sendet, dann beträgt die damit gelieferte Informationshöhe gemäß (2.16)

$$H(x_i) = \text{ld}\frac{1}{P(x_i)} \tag{4.71}$$

Der Unterschied zwischen den Informationshöhen $H(x_i)$ und $H(x_i|y_j)$ sei mit T bezeich-net. Er beruht offensichtlich auf einem vom Kanal verursachten Effekt:

$$T = H(x_i) - H(x_i|y_j) \tag{4.72}$$

Wie sich zeigen wird, kennzeichnet $H(x_i|y_j)$ denjenigen Anteil der Informationshöhe $H(x_i)$, der beim Transport des Symbols x_i über den Kanal verloren geht. Die Größe T stellt den Teil von $H(x_i)$ dar, der nicht verloren geht und an den Empfänger weitergeleitet wird. Das erkennt man wie folgt:

Bei fehlerfreier Übertragung des Symbols x_i muss die an den Empfänger gelieferte Informationshöhe T gleich der vom Sender mit x_i gelieferten Informationshöhe $H(x_i)$ sein, d.h. es muss $T = H(x_i)$ sein. Das ist bei (4.72) in der Tat der Fall, weil bei fehlerfreier Übertragung nach den oben angestellten Überlegungen $H(x_i|y_j) = 0$ ist.

Es kann aber durchaus vorkommen, dass die bedingte Wahrscheinlichkeit $P(x_i|y_j)$ für vermutetes Sendesymbol x_i ziemlich klein ist, womit nach (4.70) die Informationshöhe $H(x_i|y_j)$ recht hoch und womöglich größer wird als $H(x_i)$ Das bedeutet, dass Information von negativer Höhe an den Empfänger weitergereicht wird. Weil ein Empfänger nach Abschn. 2.2.1 aber niemals Information von negativer Höhe erhalten kann, muss die Vermutung, dass das Symbol x_i gesendet wurde, verworfen werden. Es sollte noch mindestens ein anderes Symbol x_k geben, für welches $T = H(x_k) - H(x_k|y_j) \geq 0$ gilt.

Ein simples Beispiel mag dies verdeutlichen:

Betrachtet wird der einfache Fall in Abb. 1.3, bei dem es nur zwei verschiedene Sendesymbole (Bits) $\Omega_X = \{x_1, x_2\}$ und nur zwei verschiedene Empfangssymbole $\Omega_Y = \{y_1, y_2\}$ gibt. Beide Sendesymbole werden mit gleicher Wahrscheinlichkeit $P(x_1) = P(x_2) = \frac{1}{2}$ gesendet. Für die bedingten Wahrscheinlichkeiten gelte $P(x_1|y_1) = \frac{3}{4}$, $P(x_2|y_1) = \frac{1}{4}$, $P(x_1|y_2) = \frac{1}{4}$, $P(x_2|y_2) = \frac{3}{4}$.

Wenn das Symbol y_1 empfangen wurde, liefert die Vermutung, dass das Symbol x_2 gesendet wurde, die bedingte Informationshöhe

$$H(x_2|y_1) = \text{ld}\frac{1}{P(x_2|y_1)} = \text{ld}\frac{4}{1} = 2 \tag{4.73}$$

Auf der Sendeseite wird mit dem Symbol x_2 aber nur Information der geringeren Höhe

$$H(x_1) = \text{ld}\frac{1}{P(x_1)} = \text{ld}\,2 = 1 \qquad (4.74)$$

geliefert. Die Differenz T wird negativ:

$$T = H(x_2) - H(x_2|y_1) = 1 - 2 = -1 \qquad (4.75)$$

Deshalb muss die Vermutung, dass das Symbol x_2 gesendet wurde, verworfen werden.

Die auf Grund der bedingten Wahrscheinlichkeiten $P(x_1|y_1) = \frac{3}{4}$ und $P(x_2|y_1) = \frac{1}{4}$ näher liegende Vermutung, dass bei Empfang von y_1 das Symbol x_1 gesendet wurde, ergibt dagegen nach einer gleichartigen Berechnung

$$H(x_1|y_1) = \text{ld}\frac{1}{P(x_1|y_1)} = \text{ld}\frac{4}{3} \approx 0{,}415 \quad \text{und} \quad T = H(x_1) - H(x_1|y_1) \approx 1 - 0{,}415 = 0{,}585 \qquad (4.76)$$

Dieses Ergebnis ist akzeptabel. Es besagt, dass von der Informationshöhe $H(x_1) = 1$ des gesendeten Symbols nur etwa 58,5% beim Empfänger ankommt. Wenn das Symbol y_2 empfangen wurde, muss entsprechend die Vermutung, dass x_1 gesendet wurde, verworfen werden.

Fazit:

Die oben durchgeführte Betrachtung der Informationshöhen einzelner Symbole bei der Übertragung führt zu umständlichen Fallunterscheidungen. Sie zeigt überdies, dass bei einer fehlerfreien Übertragung, bei der $P(x_1|y_1) = 1$ *und alle anderen* $P(x_i \neq x_1|y_1) = 0$ *sind, sich die bedingten Informationen* $H(x_i \neq x_1|y_1)$ *gar nicht berechnen lassen.*

Einen Ausweg aus dieser Situation liefert der von Shannon eingeschlagene Weg, der nicht von den Informationshöhen $H(x_i)$ und $H(x_i|y_j)$ einzelner Symbole, sondern von den jeweiligen Erwartungswerten der entsprechenden Gesamtheiten aller Symbole ausgeht.

B: *Entropien auf der Empfangs- und Sendeseite, Transinformation*

Die Erwartungswerte der Informationshöhen $H(x_i)$ und $H(x_i|y_j)$, also deren Mittelwerte oder Entropien, berechnen sich gemäß (2.127) und (2.136) zu

$$\langle H \rangle = \sum_{i=1}^{M} P_i(x_i)\,\text{ld}\frac{1}{P_i(x_i)} \geq 0 \qquad (4.77)$$

und

$$\langle H(x|y) \rangle = \sum_{\text{alle } i}\ \sum_{\text{alle } j} P(x_i y_j)\,\text{ld}\frac{1}{P(x_i|y_j)} \geq 0 \qquad (4.78)$$

Zwischenbetrachtung:

Weil Wahrscheinlichkeiten P nur Werte zwischen 0 und 1 haben können $(0 \leq P \leq 1)$, können die Erwartungswerte niemals negativ sein. Wird in (4.77) eine Wahrscheinlichkeit $P(x_i)$ sehr klein, oder gar null, dann wird auch das Produkt

$$P(x_i)\,\mathrm{ld}\frac{1}{P(x_i)} \to 0 \quad \text{für} \quad P(x_i) \to 0 \tag{4.79}$$

sehr klein, oder gar null, wie eine mathematische Grenzwertbildung zeigt.

Entsprechendes gilt auch für (4.78). Wie nämlich aus der Definition bedingter Ereignisse (2.62) in Kapitel 2 direkt geschlossen werden kann, gilt der Zusammenhang

$$P(x_i, y_j) = P(x_i|y_j)|P(y_j) \tag{4.80}$$

Wenn hierin $P(x_i|y_j) \to 0$ geht, dann geht auch $P(x_i\, y_j)\,\mathrm{ld}[1/P(x_i|y_j)] \to 0$.

Im Unterschied zu den Informationshöhen und den bedingten Informationshöhen einzelner Ereignisse sind deren Erwartungswerte stets berechenbar und liefern auch nie negative Werte.

Weil sich, wie die Zwischenbetrachtung zeigt, mit den Entropien problemlos rechnen lässt, wird statt von (4.72) besser von

$$\langle T \rangle = \langle H(x) \rangle - \langle H(x|y) \rangle \tag{4.81}$$

ausgegangen.

Diese Differenz $\langle T \rangle$ wird *Transinformation*[4.4] genannt. In (4.70) kennzeichnet y die Gesamtheit der empfangenen Symbole. $\langle H(x|y) \rangle$ ist die mittlere Informationshöhe, welche die Gesamtheit aller Sendesymbole x dem Empfänger liefert, wenn dort alle Empfangssymbole y bekannt sind. Diese mittlere Informationshöhe $\langle H(x|y) \rangle$ ist null bei fehlerfreier Übertragung (denn dann kennt der Empfänger mit den Symbolen y bereits auch die richtigen Sendesymbole x) und höchstens gleich der mittleren Informationshöhe $\langle H(x) \rangle$, wenn wegen vieler Übertragungsfehler keinerlei Information vom Sender an den Empfänger gelangt ist. Im letzteren Fall ist die (Höhe der) Transinformation $\langle T \rangle = 0$. Wie Shannon (über eine abstrakte Betrachtung von Mengen) gezeigt hat, kann die mittlere Informationshöhe $\langle H(x|y) \rangle$ bei Kenntnis der Empfangssymbole niemals höher sein als die gesendete mittlere Informationshöhe $\langle H(x) \rangle$. Deshalb gilt stets

$$\langle H(x) \rangle \geq \langle H(x|y) \rangle \tag{4.82}$$

und folglich auch

$$\langle T \rangle \geq 0. \tag{4.83}$$

Ein analoger Gedankengang wie der bei (4.70) begonnene führt zu einer zweiten Beziehung für die Transinformation. Dieser analoge Gedankengang geht von der Frage aus, welche Informationshöhe die empfangenen Symbole y dem Sender liefern, wenn sie auf sicherem Weg dem Sender rückgemeldet werden. Diese Betrachtung führt auf die folgende Beziehung für die Transinformation:

[4.4] Shannon hat in seiner Originalarbeit den Ausdruck *Transinformation* noch nicht benutzt. Er hat die Differenz $\langle T \rangle$ direkt auf die Zeit bezogen und als (eigentliche) *Übertragungsrate* bezeichnet. Hier wird die Differenz $\langle T \rangle$ erst im nachfolgenden Abschn. 4.4.2 auf die Zeit bezogen.

$$\langle T\rangle = \langle H(y)\rangle - \langle H(y|x)\rangle \tag{4.84}$$

Hierin ist $\langle H(y)\rangle$ die mittlere Informationshöhe, die mit den empfangenen Symbolen y geliefert wird, und $\langle H(y|x)\rangle$ die mittlere Informationshöhe, welche die Symbole y bei Kenntnis der richtigen Symbole x noch liefern. Die zu (4.82) entsprechende Beziehung lautet

$$\langle H(y)\rangle \geq \langle H(y|x)\rangle \tag{4.85}$$

In (4.84) kann die Informationshöhe $\langle H(y|x)\rangle$ nur von den Verfälschungen herrühren, die das Symbol x beim Transport über den Kanal erleidet. In (4.81) stellt dagegen $\langle H(x|y)\rangle$ eine Informationshöhe dar, die beim Transport über den Kanal verloren geht. Die Verhältnisse werden zusammenfassend durch Abb. 4.22 wiedergegeben.

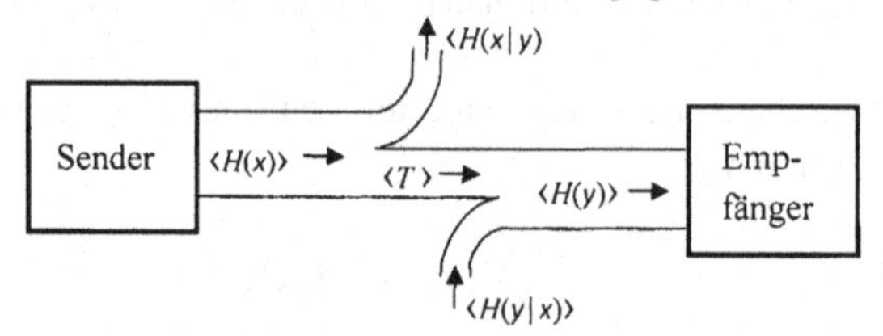

Abb. 4.22 Informationsübertragung zwischen Sender und Empfänger über einen Kanal
$\langle H(x)\rangle$ ist die vom Sender gelieferte Entropie
$\langle H(y)\rangle$ ist die dem Empfänger gelieferte Entropie
$\langle T\rangle$ ist die Transinformation (auch wechselseitige Information genannt)
$\langle H(y|x)\rangle$ wird auch als Irrelevanz, $\langle H(x|y)\rangle$ als Äquivokation bezeichnet

Die bedingte Entropie $\langle H(y|x)\rangle$ ist eine zusätzlich zur Transinformation $\langle T\rangle$ an den Empfänger gelieferte Informationshöhe, die in der Regel von Störungen verursacht wird und für den Empfänger irrelevant ist. Sie wird deshalb auch als *Irrelevanz* bezeichnet. Die bedingte Entropie $\langle H(x|y)\rangle$ wird oft *Äquivokation* genannt, was „Mehrdeutigkeit" heißt.

[4.9] Transinformation und Entropien

Transinformation ist der Erwartungswert der vom Sender über einen Kanal zum Empfänger gelangten Informationshöhe. Sie bestimmt sich aus der vom Sender gelieferten Entropie und den Eigenschaften des Kanals. Wie die Entropien, so kann auch die Transinformation niemals negativ werden.

Abb. 4.22 dient nicht nur zur Charakterisierung technischer Übertragungssysteme, sondern auch zur Erklärung völlig andersartiger Phänomene, was später in Abschn. 4.6.5 geschieht.

C: *Beispiele für die Berechnung von Transinformation*

Das Wesen der Transinformation sei nun anhand zweier einfacher Beispiele verdeutlicht.

1. Beispiel:

Mit diesem 1. Beispiel sei nochmal der einfache Fall eines binären Digitalsignals von Abb. 1.3 aufgegriffen, bei dem es nur zwei verschiedene Sendesymbole (Bits) $\Omega_x = \{x_1, x_2\}$ und nur zwei verschiedene Empfangssymbole $\Omega_y = \{y_1, y_2\}$ gibt. Beide Sendesymbole werden mit gleicher Wahrscheinlichkeit gesendet:

$$P(x_1) = P(x_2) = \tfrac{1}{2} \tag{4.86}$$

Im Unterschied zum simplen Beispiel in Abschn. 4.4.1A mit (4.73) seien aber hier (z.B. als Ergebnis einer Statistik) die folgenden bedingten Wahrscheinlichkeiten gegeben:

$$P(y_1|x_1) = \tfrac{1}{2},\ P(y_2|x_1) = \tfrac{1}{2},\ P(y_1|x_2) = \tfrac{1}{2},\ P(y_2|x_2) = \tfrac{1}{2}. \tag{4.87}$$

Zur Berechnung der Transinformation wird die Beziehung $\langle T\rangle = \langle H(y)\rangle - \langle H(y|x\rangle$ zugrunde gelegt, vergl. (4.84). Darin berechnet sich $\langle H(y|x)\rangle$ entsprechend (4.78) zu

$$\langle H(y|x)\rangle = \sum_{\text{alle } i}\sum_{\text{alle } j} P\left(x_i y_j\right) \operatorname{ld} \frac{1}{P\left(y_j|x_i\right)} \tag{4.88}$$

Die Verbundwahrscheinlichkeiten $P(x_i y_j)$ der Paare $(x_i y_j) = (y_j x_i)$ errechnen sich

aus $P(x_i\, y_j) = P(y_j\, x_i) = P(y_j|x_i)P(x_i)$

zu $P(x_1\, y_1) = \frac{1}{2}\cdot\frac{1}{2} = \frac{1}{4}$, $P(x_2\, y_1) = \frac{1}{2}\cdot\frac{1}{2} = \frac{1}{4}$, $P(x_1\, y_2) = \frac{1}{2}\cdot\frac{1}{2} = \frac{1}{4}$, $P(x_2\, y_2) = \frac{1}{2}\cdot\frac{1}{2} = \frac{1}{4}$.

Damit und mit (4.87) und (4.88) erhält man

$$\langle H(y|x)\rangle = \tfrac{1}{4}\operatorname{ld} 2 + \tfrac{1}{4}\operatorname{ld} 2 + \tfrac{1}{4}\operatorname{ld} 2 + \tfrac{1}{4}\operatorname{ld} 2 = 1 \text{ bit je Symbol} \tag{4.89}$$

Für die Entropie $\langle H(y)\rangle$ werden die Wahrscheinlichkeiten $P(y_j)$ benötigt. Diese ergeben sich mit Hilfe der Beziehung

$$P(y_j) = \sum_{\text{alle } i} P(x_i, y_j) \tag{4.90}$$

zu $P(y_1) = P(x_1\, y_1) + P(x_2\, y_1) = \frac{1}{4} + \frac{1}{4} = \frac{1}{2}$ und $P(y_2) = P(x_1\, y_2) + P(x_2\, y_2) = \frac{1}{4} + \frac{1}{4} = \frac{1}{2}$

Die Entropie $\langle H(y)\rangle$ am Kanalausgang ist damit

$$\langle H(y)\rangle = \sum_{i=1}^{2} P(y_j) \operatorname{ld}\frac{1}{P(y_j)} = \tfrac{1}{2}\operatorname{ld} 2 + \tfrac{1}{2}\operatorname{ld} 2 = 1 \text{ bit je Symbol} \tag{4.91}$$

(4.89) und (4.91) liefern zusammen die Transinformation

$$\langle T\rangle = \langle H(y)\rangle - \langle H(y|x)\rangle = 1 - 1 = 0 \text{ bit je Symbol} \tag{4.92}$$

Kommentar zum Ergebnis:

1.) Die Transinformation $\langle T\rangle$ ist null. Das heißt, dass keine Information über den Kanal gelangt. Es erscheinen zwar Symbole y_j am Ausgang, die dort auch eine Entropie $\langle H(y)\rangle = 1$ bit je Symbol liefern. Diese empfangenen Symbole y_j sind aber gegenüber den gesendeten Symbolen x_i derart verfälscht, dass aus den y_j keinerlei Rückschluss auf die x_i möglich ist. Der Kanalausgang wirkt wie eine unabhängige Quelle, die binäre Symbole y_j mit der Wahrscheinlichkeit $P(y_j)$ erzeugt.

2.) Die Durchführung der gleichen Berechnung für die bedingten Wahrscheinlichkeiten $P(y_1|x_1) = 1$, $P(y_2|x_1) = 0$, $P(y_1|x_2) = 0$, $P(y_2|x_2) = 1$ liefert die Transinformation $\langle T\rangle = 1$ bit je Symbol.

Auch hierbei ist die $\langle H(y)\rangle = 1$ bit je Symbol. Die empfangenen Symbole y_j erlauben aber stets einen sicheren Rückschluss auf die gesendeten Symbole x_i.

3.) Auch wenn nicht alle empfangenen Symbole y_j mit den gesendeten Symbole x_i übereinstimmen, so können sie doch durchaus die gleichen Formen besitzen, z.B. wie in (1.1) des 1. Kapitels:

$y_1 \leftrightarrow$ Nicht-Impuls, $y_2 \leftrightarrow$ Impuls ebenso wie $x_1 \leftrightarrow$ Nicht-Impuls, $x_2 \leftrightarrow$ Impuls

Wenn in einem solchen Fall $\langle T\rangle = 0$ ist, also keinerlei Information über den Kanal gelangt, dann bedeutet das keineswegs, dass alle empfangenen Symbole y_j von den gesendeten Symbolen x_i verschieden sind. Wenn das der Fall wäre, dann würde jeder gesendete Nichtimpuls als Impuls und jeder gesendete Impuls als Nichtimpuls empfangen. Durch eine simple Umkehrung der Zuordnung erhielte man dann die gesendete Information unverfälscht. Bei einer Transinformation $\langle T\rangle = 0$ stimmen bei binären Signalen die empfangenen Symbole y_j mit den gesendeten Symbolen x_i zur Hälfte überein, werden also richtig übertragen. Die Crux liegt aber darin, dass man auf der Empfangsseite nicht weiß, welche Symbole richtig und welche Symbole falsch sind. Die Situation bei $\langle T\rangle = 0$ ist gleichbedeutend mit dem Fall, dass auf der Empfangsseite das Auftreten von Impuls und Nichtimpuls mit dem Wurf einer Münze erzeugt wird. Auch beim Münzwurf stimmt aufgrund der Wahrscheinlichkeit die Hälfte der Impulse und Nichtimpulse mit denen auf der Sendeseite überein, obwohl die Ergebnisse des Münzwurfs mit Sicherheit nicht von der Informationsübertragung über den Kanal abhängen.

4.) Die Bezeichnung „Symbol" ist sehr allgemein und drückt etwas physikalisch Messbares aus, das eine Bedeutung trägt, vergl. Abschn. 1.1 im 1. Kapitel. Eine zeitliche Folge von Symbolen ist ein Signal. Ein einzelnes Symbol ist – das sei hier nochmal gesagt – ebenfalls ein Signal, allerdings ein spezielles Signal.

2. Beispiel:

Das nun folgende zweite Beispiel ist etwas komplizierter als das erste, ist aber immer noch relativ einfach. Gegeben ist die senderseitige Symbolmenge $\Omega_X = \{x_1, x_2, x_3, x_4\}$, deren Elemente z.B. Buchstaben zugeordnet seien. Die empfangsseitige Symbolmenge sei $\Omega_Y = \{y_1, y_2, y_3, y_4\}$.

Jedes Symbol werde mit gleicher Wahrscheinlichkeit gesendet:

$$P(x_1) = P(x_2) = P(x_3) = P(x_4) = \tfrac{1}{4} \tag{4.93}$$

Eine Statistik habe die folgenden bedingten Wahrscheinlichkeiten $P(y_j|x_i)$ für die empfangenen Symbole y_j geliefert:

$$\begin{aligned}
&P(y_1|x_1) = \tfrac{1}{2},\ P(y_2|x_1) = \tfrac{1}{4},\ P(y_3|x_1) = \tfrac{1}{4},\ P(y_4|x_1) = 0\\
&P(y_1|x_2) = 0,\ P(y_2|x_2) = \tfrac{1}{2},\ P(y_3|x_2) = \tfrac{1}{4},\ P(y_4|x_2) = \tfrac{1}{4}\\
&P(y_1|x_3) = \tfrac{1}{4},\ P(y_2|x_3) = 0,\ P(y_3|x_3) = \tfrac{1}{2},\ P(y_4|x_3) = \tfrac{1}{4}\\
&P(y_1|x_4) = \tfrac{1}{4},\ P(y_2|x_4) = \tfrac{1}{4},\ P(y_3|x_4) = 0,\ P(y_4|x_4) = \tfrac{1}{2}
\end{aligned} \tag{4.94}$$

Die Berechnung der Transinformation erfolgt wieder mit (4.84): $\langle T\rangle = \langle H(y)\rangle - \langle H(y|x)\rangle$. Zur Berechnung von $\langle H(y|x)\rangle$ werden wie bei (4.88) wieder die Verbundwahrscheinlichkeiten $P(x_i y_j)$ der Paare $(x_i y_j) = (y_j x_i)$ benötigt, die sich mit $P(x_i\, y_j) = P(y_j\, x_i) = P(y_j|x_i)P(x_i)$ aus (4.93) und (4.94) errechnen und folgende Werte liefern:

$$P(y_1 x_1) = \tfrac{1}{2}\cdot\tfrac{1}{4} = \tfrac{1}{8},\quad P(y_2 x_1) = \tfrac{1}{4}\cdot\tfrac{1}{4} = \tfrac{1}{16},\quad P(y_3 x_1) = \tfrac{1}{4}\cdot\tfrac{1}{4} = \tfrac{1}{16},\quad P(y_4 x_1) = 0\cdot\tfrac{1}{4} = 0$$

$$P(y_1 x_2) = 0\cdot\tfrac{1}{4} = 0,\quad P(y_2 x_2) = \tfrac{1}{2}\cdot\tfrac{1}{4} = \tfrac{1}{8},\quad P(y_3 x_2) = \tfrac{1}{4}\cdot\tfrac{1}{4} = \tfrac{1}{16},\quad P(y_4 x_2) = \tfrac{1}{4}\cdot\tfrac{1}{4} = \tfrac{1}{16}$$

$$P(y_1 x_3) = \tfrac{1}{4}\cdot\tfrac{1}{4} = \tfrac{1}{16},\quad P(y_2 x_3) = 0\cdot\tfrac{1}{4} = 0,\quad P(y_3 x_3) = \tfrac{1}{2}\cdot\tfrac{1}{4} = \tfrac{1}{8},\quad P(y_4 x_3) = \tfrac{1}{4}\cdot\tfrac{1}{4} = \tfrac{1}{16}$$

$$P(y_1 x_4) = \tfrac{1}{4}\cdot\tfrac{1}{4} = \tfrac{1}{16},\quad P(y_2 x_4) = \tfrac{1}{4}\cdot\tfrac{1}{4} = \tfrac{1}{16},\quad P(y_3 x_4) = 0\cdot\tfrac{1}{4} = 0,\quad P(y_4 x_4) = \tfrac{1}{2}\cdot\tfrac{1}{4} = \tfrac{1}{8} \qquad (4.95)$$

Mit den Werten von $P(x_i y_j)$ und $P\left(y_j|x_i\right)$ berechnet sich $\langle H(y|x)\rangle$ gemäß (4.88) zu

$$\langle H(y|x)\rangle = \sum_{\text{alle } i}\sum_{\text{alle } j} P\left(x_i y_j\right)\operatorname{ld}\frac{1}{P\left(y_j|x_i\right)} = \qquad (4.96)$$

$$= \tfrac{1}{8}\operatorname{ld}2 + \tfrac{1}{16}\operatorname{ld}4 + \tfrac{1}{16}\operatorname{ld}4 + 0\operatorname{ld}\tfrac{1}{0} + 0\operatorname{ld}\tfrac{1}{0} + \tfrac{1}{8}\operatorname{ld}2 + \tfrac{1}{16}\operatorname{ld}4 + \tfrac{1}{16}\operatorname{ld}4 +$$

$$+ \tfrac{1}{16}\operatorname{ld}4 + 0\operatorname{ld}\tfrac{1}{0} + \tfrac{1}{8}\operatorname{ld}2 + \tfrac{1}{16}\operatorname{ld}4 + \tfrac{1}{16}\operatorname{ld}4 + \tfrac{1}{16}\operatorname{ld}4 + 0\operatorname{ld}\tfrac{1}{0} + \tfrac{1}{8}\operatorname{ld}2 = 1{,}5 \text{ bit/Symbol}$$

Zur Berechnung der Entropie $\langle H(y)\rangle$ am Kanalausgang werden die Wahrscheinlichkeiten $P(y_j)$ benötigt. Diese ergeben sich mit Hilfe von (4.90) aus (4.95) zu

$$P(y_j) = \sum_{\text{alle } i} P(x_i, y_j)$$

$$P(y_1) = \tfrac{1}{8} + 0 + \tfrac{1}{16} + \tfrac{1}{16} = \tfrac{1}{4},\quad P(y_2) = \tfrac{1}{16} + \tfrac{1}{8} + 0 + \tfrac{1}{16} = \tfrac{1}{4},$$

$$P(y_3) = \tfrac{1}{16} + \tfrac{1}{16} + \tfrac{1}{8} + 0 = \tfrac{1}{4},\quad P(y_4) = 0 + \tfrac{1}{16} + \tfrac{1}{16} + \tfrac{1}{8} = \tfrac{1}{4} \qquad (4.97)$$

Damit erhält man für die Entropie $\langle H(y)\rangle$ am Kanalausgang

$$\langle H(y)\rangle = \sum_{i=1}^{4} P(y_j)\operatorname{ld}\frac{1}{P(y_j)} = \tfrac{1}{4}\operatorname{ld}4 + \tfrac{1}{4}\operatorname{ld}4 + \tfrac{1}{4}\operatorname{ld}4 + \tfrac{1}{4}\operatorname{ld}4 = 2 \text{ bit/Symbol} \qquad (4.98)$$

(4.96) und (4.98) liefern zusammen die Transinformation

$$\langle T\rangle = \langle H(y)\rangle - \langle H(y|x)\rangle = 2 - 1{,}5 = 0{,}5 \text{ bit/Symbol} \qquad (4.99)$$

Kommentar zum Ergebnis:

1.) Obwohl kein Symbol mit einer höheren Wahrscheinlichkeit als $\tfrac{1}{2}$ richtig empfangen wird, ist die Transinformation nicht null wie beim 1. Beispiel, sondern 0,5 bit je Symbol. Im Unterschied zum 1. Beispiel gelangt jetzt also Information zum Empfänger. Das liegt daran, dass am Kanalausgang die Wahrscheinlichkeiten für die empfangenen Symbole *nicht* unabhängig von den gesendeten Symbolen sind. Beim 1. Beispiel sind dagegen die Wahrscheinlichkeiten für die empfangenen Symbole *völlig* unabhängig von den gesendeten Symbolen.

2.) Die Höhe der Transinformation $\langle T\rangle$ hängt von der Höhe der Entropie $\langle H(x)\rangle$ am Kanaleingang ab, siehe Abb. 4.22. Beim obigen 2. Beispiel beträgt diese Entropie $\langle H(x)\rangle = 2$ bit je Buchstabe, wie man mit den in (4.93) angegebenen Wahrscheinlichkeiten leicht nachrechnen kann. Für die folgenden Wahrscheinlichkeiten

$$P(x_1) = \tfrac{1}{2}\ ;\ P(x_2) = \tfrac{1}{4}\ ;\ P(x_3) = \tfrac{1}{8}\ ;\ P(x_4) = \tfrac{1}{8} \qquad (4.100)$$

erhält man die geringere Entropie $\langle H(x)\rangle = 1{,}75$ bit je Symbol. Führt man mit den Wahrscheinlichkeiten (4.100) und (4.94) die gleiche Rechnung wie beim 2. Beispiel durch, dann erhält man auch hierfür $\langle H(y|x)\rangle = 1{,}5$ bit/Symbol, was im nächsten Punkt 3.) noch kommentiert wird. Für die Entropie am Kanalausgang erhält man nun den etwas kleineren Wert $\langle H(y)\rangle \approx 1{,}958$, weil die Wahrscheinlichkeiten $P(y_j)$ nicht mehr alle gleich sind wie das bei (4.97) der Fall ist. Mit der kleineren Entropie $\langle H(y)\rangle$ wird auch die Transinformation kleiner:

$$\langle T \rangle = \langle H(y) \rangle - \langle H(y|x) \rangle \approx 1{,}9576 - 1{,}5 = 0{,}4576 \text{ bit/Symbol} \quad (4.101)$$

Bemerkenswert ist, dass bei den Wahrscheinlichkeiten (4.100) ein höherer Anteil der Entropie $\langle H(x) \rangle = 1{,}75$ zum Empfänger gelangt als vorher bei den Wahrscheinlichkeiten (4.93). Während vorher bei $\langle H(x) \rangle = 2$ genau 25% als Transinformation $\langle T \rangle = 0{,}5$ zum Empfänger gelangt, gelangt bei $\langle H(x) \rangle = 1{,}75$ mit $\langle T \rangle = 0{,}4576$ mehr als 26% als Transinformation zum Empfänger.

3.) Dass sich bei den unterschiedlichen Wahrscheinlichkeiten (4.93) und (4.100) die gleichen Werte für die bedingte Entropie (Irrelevanz) $\langle H(y|x) \rangle$ ergeben, ist nicht verwunderlich, wenn man bedenkt, dass $\langle H(y|x) \rangle$ eine *Eigenschaft des Kanals* ausdrückt. Geht man davon aus, dass die Eigenschaften eines Kanals (z.B. Kabel) nicht davon abhängen, welche Symbole oder Signale darüber übertragen werden, sondern für alle Signale gleich sind, dann muss sich immer der gleiche Wert für $\langle H(y|x) \rangle$ ergeben, egal mit welchen Wahrscheinlichkeiten $P(x_i)$ die Symbole oder Signale x_i gesendet werden. Gleiches gilt auch für die bedingten Wahrscheinlichkeiten $P(y_j|x_i)$. Die Tatsache, dass die Irrelevanz $\langle H(y|x) \rangle$ unabhängig von den Wahrscheinlichkeiten $P(x_i)$ der gesendeten Signale x_i ist, lässt sich auch ohne Bezug auf physikalische Anschauung rein formal auf mathematischem Weg zeigen, wie man z.B. bei F. M. Reza (1961) nachlesen kann.

4.) Wenn $P(y_1|x_1) = P(y_2|x_2) = P(y_3|x_3) = P(y_4|x_4) = 1$ und alle übrigen $P(y_j|x_i) = 0$ für $j \neq i$, dann werden alle Symbole richtig empfangen. In diesem Fall ergibt sich $\langle H(y|x) \rangle = 0$ und damit $\langle T \rangle = \langle H(x) \rangle = 2$ bit je Symbol.

5.) An dieser Stelle sei nochmal daran erinnert, dass mit den Symbolen x_i und y_j nicht unbedingt Buchstaben übertragen werden müssen. Wie in Abschn. 2.1.1 erläutert wurde, können mit den Symbolen x_i und y_j beliebige Sinngehalte übertragen werden. Die oben betrachteten Fehlerwahrscheinlichkeiten betreffen die Code-Ebene. Fehler auf Code-Ebene können Fehler auf der Semantik-Ebene zur Folge haben, wie eingangs in Abschn. 4.1 illustriert wurde.

4.4.2 Kanalkapazität

Ein Kanal wird durch seine Übertragungseigenschaften charakterisiert. Die wohl wichtigste Übertragungseigenschaft ist die Kanalkapazität. Sie ist wie folgt definiert:

> **[4.10]** Definition der Kanalkapazität
>
> Die *Kanalkapazität C* eines Kanals ist definiert als die maximal mögliche Anzahl von „bit“ {d.h. von Informationseinheiten gemäß (2.16)}, die pro Sekunde über den betreffenden Kanal fehlerfrei übertragen werden kann. Diese maximal mögliche Anzahl wird auch kurz als *maximal mögliche bit-Rate* bezeichnet.

Nach Shannon ergibt sich allgemein die maximal mögliche bit-Rate eines Kanals oder Kanalkapazität quantitativ folgendermaßen:

a.) Betrachtet wird die Gesamtheit aller möglichen Informationsquellen, die Symbole x_i mit der Wahrscheinlichkeit $P(x_i)$, $i = 1, 2, \ldots, M$, senden. Die einzelnen Informationsquellen unterscheiden sich nur darin, dass sie die gleichen Symbole x_i mit unterschiedlichen Wahrscheinlichkeiten senden (vergl. hierzu die Beispiele in Abschn. 4.4.1C). Jede der Informationsquellen sendet Symbole x_i in zeitlich dichter Folge hintereinander.

b.) Für jede dieser Informationsquellen berechne man (nach dem Schema in Abschn. 4.4.1) die Transinformation $\langle T \rangle$ anhand der jeweils zugehörigen Wahrscheinlichkeiten $P(x_i)$ und den speziellen Fehlerwahrscheinlichkeiten $P(y_j | x_i)$ des speziellen Kanals, dessen Kanalkapazität C bestimmt werden soll.

c.) Die höchste unter b.) ermittelte Transinformation $\langle T \rangle_{\max}$ in bit pro Symbol dividiert durch den mittleren zeitlichen Symbolabstand τ_s in Sekunden pro Symbol liefert die Kanalkapazität C in bit pro Sekunde

$$C = \frac{\langle T \rangle_{\max}}{\tau_s} = \langle T' \rangle_{\max} \text{ bit/s} \tag{4.102}$$

$\langle T' \rangle_{\max}$ ist die auf den mittleren Symbolabstand τ_s bezogene maximale Entropie $\langle T \rangle_{\max}$

$$\langle T' \rangle_{\max} = \frac{\langle T \rangle_{\max}}{\tau_s} \tag{4.103}$$

Insbesondere wegen des obigen Punktes b.) ist die Berechnung der Kanalkapazität C in den meisten Fällen eine Herkules-Aufgabe. Es gibt aber auch spezielle Sonderfälle, bei denen die Berechnung der Kanalkapazität C ohne sehr großen Aufwand gelingt. Glücklicherweise gehören diese Sonderfälle zu wichtigen praktischen Anwendungen. Einer dieser Sonderfälle ist der im folgenden Unterabschnitt dargestellte binär symmetrische Kanal.

A: *Binär symmetrischer Kanal*

Am Eingang des binär symmetrischen Kanals werden nur $M = 2$ verschiedene Symbole x_1 und x_2 unterschieden. Diese Symbole werden wegen $M = 2$ als Bits bezeichnet, obwohl es sich um beliebige Signalverläufe handeln kann. Die Signalverläufe von x_1 und x_2 müssen nur unterscheidbar und am Kanalausgang bekannt sein. Unbekannt am Kanalausgang ist lediglich, wann und in welcher Reihenfolge die Symbole x_1 und x_2 gesendet werden.

Aufgrund von Störungen und Verzerrungen werden die Symbole x_1 und x_2 während der Übertragung verändert. Der zum Kanal gehörende Entscheider (vergl. Abb. 4.3) vergleicht am Kanalende jedes verzerrt und gestört ankommende Symbol mit den ihm bekannten Verläufen von x_1 und x_2 und entscheidet sich dann für dasjenige Symbol x_1 oder x_2, das dem verzerrt und gestört ankommenden Symbol am ähnlichsten ist, d.h. mit ihm den größeren Korrelationsfaktor bildet, vergl. Abschn. 4.3.2. Wegen wechselnder Störungen können die Entscheidungen gelegentlich auch falsch sein, sodass z.B. für x_2 entschieden wird, obwohl x_1 gesendet wurde. Deshalb werden die vom Kanalausgang gelieferten Symbole nicht mit x_1 und x_2 sondern mit y_1 und y_2 bezeichnet, siehe Abb. 4.23.

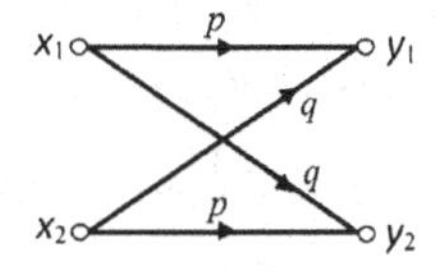

Abb. 4.23 Binär symmetrischer Kanal:
p und q sind Wahrscheinlichkeiten, mit denen das Symbol x_1 die Symbole y_1 und y_2 liefert, und das Symbol x_2 die Symbole y_2 und y_1 liefert.

Das Schema in Abb. 4.23 ist wie folgt zu verstehen: Ein gesendetes Symbol x_1 wird am Kanalausgang mit der Wahrscheinlichkeit p (richtig) als Symbol y_1 und mit der Wahrscheinlichkeit $(1-p)=q$ (falsch) als Symbol y_2 ausgegeben. Entsprechend wird ein gesendetes Symbol x_2 am Ausgang mit der Wahrscheinlichkeit p (richtig) als Symbol y_2 und mit der Wahrscheinlichkeit $(1-p)=q$ (falsch) als Symbol y_1 ausgegeben.

Anmerkung:
Wenn wie im Fall von Abb. 4.2 das Symbol x_1 ein positiver Rechteckimpuls und das Symbol x_2 ein negativer Rechteckimpuls ist, dann kann die Entscheidung wie in Abb. 4.4 viel einfacher durch eine Schwelle bei $d=0$ erfolgen. Wenn zum Entscheidungszeitpunkt $d \geq 0$ ist, wird y_1 ausgegeben, wenn dagegen $d<0$ ist, wird y_2 ausgegeben. Die Unterscheidung mit einer Schwelle ist ebenfalls eine Entscheidung aufgrund von Ähnlichkeiten.

Das Modell in Abb. 4.23 verwendet nur Wahrscheinlichkeiten und ist unabhängig von der Form der Symbole und von der technischen Realisierung des binär symmetrischen Kanals.

Aus Abb. 4.23 liest man folgende bedingte Wahrscheinlichkeiten ab:

$$P(y_1|x_1)=p, \quad P(y_2|x_1)=q, \quad P(y_2|x_2)=p, \quad P(y_1|x_2)=q \tag{4.104}$$

Da ein gesendetes Symbol x_1 nur entweder als y_1 und y_2 empfangen wird, gilt

$$p+q=1 \text{ bzw. } q=1-p \tag{4.105}$$

und weil für ein gesendetes Symbol x_2 das Gleiche gilt, ist der Kanal symmetrisch.

Die Berechnung der Transinformation erfolge wie in Abschn. 4.4.1C mit der Beziehung

$$\langle T\rangle=\langle H(y)\rangle-\langle H(y|x)\rangle \tag{4.106}$$

Zunächst zur bedingten Entropie $\langle H(y|x)\rangle$, die sich wegen $P(x_i\, y_j)=P(x_i)\,P(y_j|x_i)$ auch wie folgt schreiben lässt

$$\begin{aligned}\langle H(y|x)\rangle &= \sum_{\text{alle } i}\sum_{\text{alle } j} P(x_i)\,P(y_j|x_i)P(x_i y_j)\,\text{ld}\frac{1}{P(y_j|x_i)} = \\ &= P(x_1)P(y_1|x_1)\,\text{ld}\frac{1}{P(y_1|x_1)}+P(x_1)P(y_2|x_1)\,\text{ld}\frac{1}{P(y_2|x_1)}+ \\ &\quad +P(x_2)P(y_1|x_2)\,\text{ld}\frac{1}{P(y_1|x_2)}+P(x_2)P(y_2|x_2)\,\text{ld}\frac{1}{P(y_2|x_2)}\end{aligned} \tag{4.107}$$

Weil zu einem Zeitpunkt nur entweder x_1 oder x_2 gesendet wird, gilt für deren Wahrscheinlichkeiten $P(x_1)$ und $P(x_2)$ mit der Abkürzung $P(x_1)=x$

$$P(x_2)=1-P(x_1)=1-x \tag{4.108}$$

Durch Einsetzen von (4.104) und (4.108) sowie der Abkürzung $P(x_1)=x$ in (4.107) folgt

$$\begin{aligned}\langle H(y|x)\rangle &= xp\,\text{ld}\frac{1}{p}+xq\,\text{ld}\frac{1}{q}+(1-x)q\,\text{ld}\frac{1}{q}+(1-x)p\,\text{ld}\frac{1}{p} = \\ &= [xp+(1-x)p]\,\text{ld}\frac{1}{p}+[xq+(1-x)q]\,\text{ld}\frac{1}{q} = p\,\text{ld}\frac{1}{p}+q\,\text{ld}\frac{1}{q}\end{aligned} \tag{4.109}$$

Die bedingte Entropie $\langle H(y|x)\rangle$ hängt, wie zu erwarten, nicht von der Wahrscheinlichkeit $P(x_1)=x$ der gesendeten Symbole x_i ab, da es sich um eine Eigenschaft des Kanals handelt, wie das schon in Abschn. 4.4.1C beim 2. Beispiel mit Kommentar 3.) diskutiert wurde.

Zur Maximierung der Transinformation $\langle T\rangle = \langle H(y)\rangle - \langle H(y|x)\rangle$ muss also allein die Entropie

$$\langle H(y)\rangle = P(y_1)\,\mathrm{ld}\frac{1}{P(y_1)} + P(y_2)\,\mathrm{ld}\frac{1}{P(y_2)} \tag{4.110}$$

maximiert werden. Die Wahrscheinlichkeiten $P(y_1)$ und $P(y_2)$ müssen durch die Wahrscheinlichkeiten $P(x_1)$ und $P(x_2)$ ausgedrückt werden, damit anschließend diejenigen Werte von $P(x_1)$ und $P(x_2)$ gefunden werden können, für die die Entropie $\langle H(y)\rangle$ und damit die Transinformation $\langle T\rangle$ maximal wird. Dazu wird wie in Abschn. 4.4.1C bei den Beispielen vorgegangen. Zunächst werden unter Verwendung von (4.104) und der Abkürzung $P(x_1) = x$ die Verbundwahrscheinlichkeiten $P(x_i, y_j)$ mit $P(y_j x_i) = P(x_i y_j) = P(y_j|x_i)P(x_i)$ berechnet.

$$P(x_1\,y_1) = P(y_1|x_1)P(x_1) = p\cdot x \quad , \quad P(x_2\,y_1) = P(y_1|x_2)P(x_2) = q\cdot(1-x)$$

$$P(x_2\,y_2) = P(y_2|x_2)P(x_2) = p\cdot(1-x) \quad , \quad P(x_1\,y_2) = P(y_2|x_1)P(x_1) = q\cdot x \tag{4.111}$$

Mit (4.90) ergeben sich daraus $P(y_1)$ und $P(y_2)$ zu:

$$P(y_1) = p\cdot x + q\cdot(1-x) \quad \text{und} \quad P(y_1) = q\cdot x + p\cdot(1-x) \tag{4.112}$$

$P(y_1)$ und $P(y_2)$ eingesetzt in (4.110) liefert

$$\langle H(y)\rangle = [px + q(1-x)]\,\mathrm{ld}\frac{1}{px+q(1-x)} + [qx + p(1-x)]\,\mathrm{ld}\frac{1}{qx+p(1-x)} \tag{4.113}$$

In (4.113) ist $x = P(x_1)$ so zu finden, dass $\langle H(y|x)\rangle$ maximal wird. Dabei können x, p, q und die Ausdrücke $px + q(1-x)$ und $qx + p(1-x)$ als Wahrscheinlichkeiten nur Werte zwischen 0 und 1 annehmen. Weil $\langle H(y)\rangle$ sowohl von x als auch von $p = 1 - q$ abhängt, werden folgende Fälle diskutiert:

a) Für $x = 0$ und für $x = 1$ ergibt sich aus (4.113) mit (4.105) beidemal

$$\langle H(y)\rangle = q\,\mathrm{ld}\frac{1}{q} + p\,\mathrm{ld}\frac{1}{p} = (1-p)\,\mathrm{ld}\frac{1}{(1-p)} + p\,\mathrm{ld}\frac{1}{p} \tag{4.114}$$

Die Informationshöhe $\langle H(y)\rangle$ am Kanalausgang hängt dann (nur) von der Fehlerwahrscheinlichkeit p des Kanals ab. Durch systematisches Einsetzen verschiedener Werte für p in (4.48) (aber auch Anwendung der Differentialrechnung) findet man, dass $\langle H(y)\rangle$ für $p = 0{,}5$ maximal wird und dafür den Wert $\langle H(y)\rangle = 1$ bit/Symbol besitzt. Alle anderen p liefern einen kleineren Wert für $\langle H(y)\rangle$. Die Transinformation ist hier aber für alle $0 \le p \le 1$ null:

$$\langle T\rangle = \langle H(y)\rangle - \langle H(y|x)\rangle = 0 \tag{4.115}$$

b) Für $x = 0{,}5$ ergibt sich aus (4.113) mit (4.105) der konstante Wert

$$\langle H(y)\rangle = 0{,}5(p+q)\,\mathrm{ld}\frac{1}{0{,}5(p+q)} + 0{,}5(q+p)\,\mathrm{ld}\frac{1}{0{,}5(q+p)} = \mathrm{ld}\,2 = 1\ \text{bit/Symbol}$$

Dieser Wert $\langle H(y)\rangle = 1$ bit/Symbol ergibt sich offenbar für alle $0 \le p \le 1$, wenn $x = 0{,}5$. Die Transinformation ist hierfür mit (4.109)

$$\langle T\rangle = \langle H(y)\rangle - \langle H(y|x)\rangle = 1 - p\,\mathrm{ld}\frac{1}{p} - q\,\mathrm{ld}\frac{1}{q}\ \text{bit/Symbol} \qquad (4.116)$$

c) Für $p = 0{,}5$ ergibt sich aus (4.113) mit (4.105) ebenfalls der konstante Wert

$$\langle H(y)\rangle = 0{,}5\,\mathrm{ld}\frac{1}{0{,}5} + 0{,}5\,\mathrm{ld}\frac{1}{0{,}5} = \mathrm{ld}\,2 = 1\ \text{bit/Symbol}$$

Die Terme mit x heben sich alle heraus. Der Wert $\langle H(y)\rangle = 1$ bit/Symbol ergibt sich offenbar für alle $0 \le x \le 1$, wenn $p = 0{,}5$. Die Transinformation ist jetzt aber mit (4.109) und $p = q = 0{,}5$ null:

$$\langle T\rangle = \langle H(y)\rangle - \langle H(y|x)\rangle = 1 - p\,\mathrm{ld}\frac{1}{p} - q\,\mathrm{ld}\frac{1}{q} = 1 - 1 = 0 \qquad (4.117)$$

d) Durch systematisches Einsetzen verschiedener x in (4.113) findet man für $p \ne 0{,}5$, dass die Entropie $\langle H(y)\rangle < 1$.

Fazit:

Die maximale Transinformation liefert der Fall b). Damit gilt

$$\langle T\rangle_{\max} = 1 - p\,\mathrm{ld}\frac{1}{p} - q\,\mathrm{ld}\frac{1}{q} = 1 - p\,\mathrm{ld}\frac{1}{p} - (1-p)\,\mathrm{ld}\frac{1}{(1-p)}\quad \text{bit/Symbol} \qquad (4.118)$$

Die maximale Transinformation hängt von der Fehlerwahrscheinlichkeit p ab. Abb. 4.24 zeigt ihren Verlauf in Abhängigkeit von p. Sie hat den Wert 1 bei $p = 0$ und bei $p = 1$ und wird null bei $p = 0{,}5$.

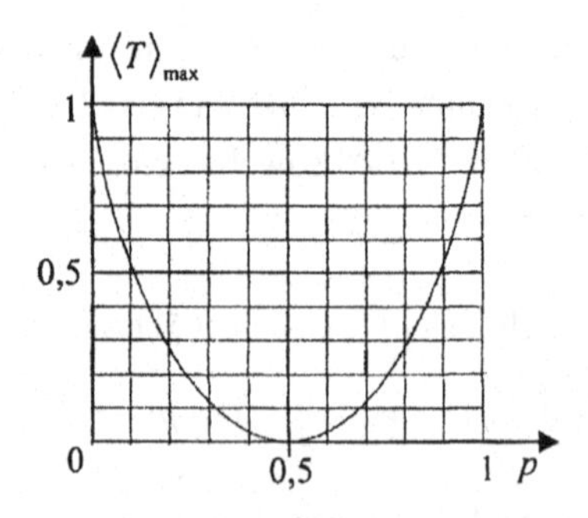

Abb. 4.24 Verlauf der maximalen Transinformation des binär-symmetrischen Kanals in Abhängigkeit von der Fehlerwahrscheinlichkeit p

Zur einfacheren Erläuterung werden jetzt die binären Symbole x_1 und x_2, die auch Bits genannt werden, mit 0 und L bezeichnet (wie das auch im 1. Kapitel in Abb. 1.3 und in (1.1) getan wurde). Wenn die Fehlerwahrscheinlichkeit $p = 0$ ist, dann wird bei Verwendung eines optimalen Kanalcodes (siehe unten Abschn. 4.4.2) mit jedem Bit zugleich auch Information in Höhe von 1 bit geliefert. Wenn hingegen die Fehlerwahrscheinlichkeit z.B. $p = 0{,}1$ ist, dann wird bei einem optimalen Kanalcode mit jedem Bit nur Information in

Höhe von etwa 0,5 bit geliefert, wie man aus Abb. 4.24 ablesen kann. Bei einer Fehlerwahrscheinlichkeit $p = 1$ wird jedes Bit 0 als Bit L empfangen und umgekehrt jedes Bit L als Bit 0. In diesem Fall braucht man auf der Empfangsseite nur 0 und L miteinander zu vertauschen, um die gleiche Situation wie bei $p = 0$ zu erhalten. Entsprechendes gilt z.B. für $p = 0{,}2$ und $p = 0{,}8$. Die Kurve in Abb. 4.24 ist deshalb symmetrisch zu $p = 0{,}5$.

Die in erster Linie interessierende Kanalkapazität C in bit pro Sekunde hängt nicht nur von der Fehlerwahrscheinlichkeit p ab, sondern zusätzlich auch noch vom mittleren Symbolabstand τ_s. Sie ist umso höher, je kürzer der mittlere Symbolabstand τ_s ist. Sie bestimmt sich mit (4.102) zu

$$C = \frac{\langle T \rangle_{\max}}{\tau_s} = \frac{1}{\tau_s}\left(1 - p\,\mathrm{ld}\frac{1}{p} - (1-p)\,\mathrm{ld}\frac{1}{(1-p)}\right) \quad \text{bit/s} \qquad (4.119)$$

Bei binärer Übertragung werden die Symbole oder Bits 0 und L in der Regel alle in gleichem Abstand τ_s gesendet. Die Anzahl der pro Sekunde übertragbaren Bits wird Bit-Rate genannt. Sie ist in der Regel größer als die informationstheoretische bit-Rate, weil für $0 < p < 1$ ein Bit weniger als 1 bit an Information transportiert, wie oben erläutert wurde.

Die maximal übertragbare Bit-Rate von Digitalkanälen ist durch die Konstruktion des Übertragungssystems bestimmt und kann z.B. 64 kBit/s (KiloBit) oder 144 MBit/s (MegaBit) oder sonst irgendeinen Wert haben. Meistens ist dieser Wert festgelegt, d.h. es kann z.B. nur mit 64 kBit/s übertragen werden und nicht anders, auch nicht langsamer als mit 64 kBit/s. Bei einer Fehlerwahrscheinlichkeit von z.B. $p = 0{,}1$ beträgt bei einer Bit-Rate von 64 kBit/s die informationstheoretische bit-Rate nur etwa 32 kbit/s.

Übliche digitale Richtfunksysteme verwenden für die Übertragung 16 verschiedene Symbole. Jedes dieser Symbole entspricht 4 Bits, weil sich mit 4 Bits insgesamt 16 verschiedene Kombinationen bilden lassen und jeder dieser Kombinationen ein eigenes Symbol zugeordnet wird. Eine Symbol-Rate von $36 \cdot 10^6$ Symbole pro Sekunde ergibt eine Bit-Rate von 144 MBit/s.

B: *Anpassung des Signals an den Kanal mittels Kanalcodierung*

Im vorangegangenen Abschn. 4.4.2A wurde zwischen der Bit-Rate und der informationstheoretischen bit-Rate unterschieden. Die Bit-Rate gibt an, wie viele binäre Symbole (z.B. Impulse und Nichtimpulse in Abb. 1.3b) pro Sekunde übertragen werden. Die informationstheoretische bit-Rate gibt dagegen die mit den Symbolen pro Sekunde übertragene Informationsmenge (Informationshöhe) an.

Eine Informationsquelle möge mittels einer zeitlichen Folge von Ereignissen Information der Entropie $\langle H' \rangle$ pro Sekunde liefern, was gleichbedeutend ist mit einer bit-Rate von $\langle H' \rangle$ bit/s. Damit dieser Informationsfluss von $\langle H' \rangle$ bit/s fehlerfrei über einen Kanal übertragen werden kann, muss nach Shannon der Kanal eine Kanalkapazität C besitzen, die mindestens so hoch ist wie der Informationsfluss $\langle H' \rangle$ bit/s. Eine fehlerfreie Übertragung ist nicht möglich, wenn die Kanalkapazität C kleiner ist als der Informationsfluss $\langle H' \rangle$.

Die zentrale Erkenntnis von Shannon liegt darin, dass nicht die Symbol-Rate, mit der Information übertragen wird (also das reale physische Signal), primär entscheidend ist, sondern die abstrakte informationstheoretische bit-Rate.

Im 2. Kapitel wurde mit der Aussage **[2.14]** der Quellencodierungssatz von Shannon vorgestellt. Dieser besagt Folgendes: Ein Informationsfluss der Entropie $\langle H' \rangle$ bit/s , den eine Quelle mittels einer zeitlichen Folge von Ereignissen liefert, lässt sich durch eine Folge von Bits der Rate $\overline{m}$ Bit/s codieren, wobei $\langle H' \rangle \leq \overline{m} \leq \langle H' \rangle + \varepsilon$ und ε eine beliebig klein vorgebbare positive Zahl ist.

Betrachtet sei eine Bit-Folge der Rate $\overline{m}$ Bit/s, die gemäß dem Quellencodierungssatz den Informationsfluss der Höhe $\langle H' \rangle$ bit/s optimal mit $\varepsilon = 0$ codiert. In diesem Fall ist also die Bit-Rate gleich der wahrscheinlichkeitstheoretischen bit-Rate. Wenn man diese Folge der Rate $\overline{m}$ Bit/s über einen Kanal schickt, der die für die Informationsübertragung erforderliche Kanalkapazität $C = \langle H' \rangle$ bit/s = $\overline{m}$ bit/s besitzt, dann entstehen gemäß der Fehlerwahrscheinlichkeit p Bitfehler, welche eine Verfälschung der übertragenen Information zur Folge haben, weil jedes Bit einem informationstheoretischen bit entspricht. Nur wenn die Fehlerwahrscheinlichkeit $p = 0$ oder $p = 1$ ist, wird die Information nicht verfälscht. Eine genügend hohe Kanalkapazität $C = \langle H' \rangle$ bit/s = $\overline{m}$ bit/s genügt also allein noch nicht, um einen Informationsfluss der Höhe $\langle H' \rangle$ bit/s unverfälscht über den Kanal zu übertragen. Es muss außerdem noch ein geeigneter *Kanalcode* verwendet werden, damit der Informationsfluss fehlerfrei über den Kanal gelangt.

Die Bildung eines Kanalcodes, kurz *Kanalcodierung* genannt, besteht darin, dass den Bits des Quellencodes redundante Bits hinzugefügt werden, die den von der Quelle gelieferten Informationsfluss der Höhe $\langle H' \rangle$ bit/s nicht verändern. Die redundanten Bits erhöhen lediglich die Bit-Rate (d.h. die Symbol-Rate), wodurch $\overline{m} > \langle H' \rangle$ wird. Durch geeignete Festlegung der redundanten Bits kann erreicht werden, dass die bei der Übertragung mit der Fehlerwahrscheinlichkeit p auftretenden Bitfehler sich nicht auf den Informationsfluss der Höhe $\langle H' \rangle$ bit/s auswirken (solange die Fehlerwahrscheinlichkeit p eine vorgegebene Höhe nicht überschreitet). Wie dies zu verstehen ist, sei nun mit einem einfachen Beispiel näher erläutert.

Beispiel:

Eine primitive Informationsquelle möge nur 16 verschiedene Bedeutungen kennen, die sie der Einfachheit halber alle mit der gleichen Wahrscheinlichkeit mitteilt. Jede Mitteilung liefert damit Information in Höhe von ld 16 = 4 bit und werde mit einer Folge von 4 binären Symbolen x_i ausgegeben, die sich wie folgt darstellt:

$$x_{i(1)}, x_{i(2)}, x_{i(3)}, x_{i(4)} \tag{4.120}$$

Der in Klammern stehende Teil des Index soll ausdrücken, dass das Symbol $x_{i(1)}$ als erstes Symbol, das Symbol $x_{i(2)}$ als zweites Symbol usw. ausgegeben wird. Bei den x_i ist $i = 1$ oder 2. Die x_i sind also Bits und werden wie in Abb. 1.3b als Nichtimpuls $x_1 = 0$ und als Impuls $x_2 = \mathrm{L}$ übertragen.

Die Folgen (4.120) von je 4 Bit stellen eine optimale redundanzfreie Quellencodierung dar, weil sich mit 4 Bit genau 16 verschiedene Kombinationen (oder Codewörter) bilden lassen (siehe hierzu im 2. Kapitel den Text zu Abb. 2.1 und Abschn. 2.5.4). Die Bits x_i heißen „informationstragende Bits“, weil jedes dieser Bits den Beitrag von 1 bit zur Informationshöhe von 4 bit einer Folge (eines Codeworts) liefert. Durch jeden Bitfehler wird eine Bedeutung eine andere Bedeutung umgemünzt.

Fügt man in (4.54) den vier informationstragenden Bits drei redundante Bits $x_{i(r5)}, x_{i(r6)}, x_{i(r7)}$ hinzu, dann lassen sich mit der auf 7 Stellen erweiterten Bitfolge

$$x_{i(1)}, x_{i(2)}, x_{i(3)}, x_{i(4)}, x_{i(r5)}, x_{i(r6)}, x_{i(r7)} \tag{4.121}$$

insgesamt $2^7 = 128$ verschiedene Kombinationen, d.h. 7-stellige Codewörter, bilden, mit denen die nach wie vor nur 16 verschiedenen Bedeutungen codiert werden. Aus diesen 128 verschiedenen Codewörtern werden 16 Codewörter so ausgewählt, dass sich jedes der ausgewählten Codewörter von jedem anderen ausgewählten Codewort in mindestens 3 Bits unterscheidet. Für die Mitteilung einer Bedeutung wird immer nur eines der 16 ausgewählten Codewörter übertragen. Wird bei der Übertragung ein Bit verfälscht, dann unterscheidet sich das falsch empfangene Codewort vom richtigen nur in diesem einen Bit, während es sich von allen 15 anderen ausgewählten Codewörtern in zwei oder mehr als zwei Bits unterscheidet. Es kann somit im Empfänger leicht korrigiert werden. Das Verfahren funktioniert fast immer, solange die Fehlerwahrscheinlichkeiten $p = P(y_j | x_i) \leq \frac{1}{7}$ sind für alle Paare (j,i), weil dann im statistischen Mittel höchstens jedes siebte Bit falsch empfangen wird. Nur sehr selten werden dann zwei oder mehr Bits eines 7-stelligen Codeworts verfälscht. Mit y_j ist wieder das am Kanalausgang empfangene Symbol (hier Bit) gemeint, wenn x_i gesendet wurde.

Shannon hat nachgewiesen, dass es durch Hinzufügen redundanter Bits zum redundanzfreien Quellencode einer Informationsquelle immer möglich ist, die Information beliebig genau, d.h. mit beliebig klein vorgebbaren Fehler $\varepsilon > 0$, über einen Kanal zu übertragen, sofern der Informationsfluss $\langle H' \rangle$ die Kapazität C des Kanals nicht übersteigt. Dagegen ist es unmöglich, einen höheren Informationsfluss $\langle H' \rangle$ als die Kanalkapazität C zu übertragen.

Dieses Ergebnis von Shannon sei festgehalten im folgenden

[4.11] Kanalcodierungssatz

Sind ein diskreter Kanal der Kapazität C und ein von einer diskreten Informationsquelle gelieferter Informationsfluss der Höhe $\langle H' \rangle \leq C$ gegeben, dann lässt sich stets ein Kanalcode finden, der es ermöglicht, den Informationsfluss mit einem beliebig klein vorgebbaren Fehler $\varepsilon > 0$ (Äquivokation) über den Kanal zum Empfänger zu übertragen. Das ist jedoch nicht möglich, wenn $\langle H' \rangle > C$.

Mit Rückblick auf die Überlegungen, die auf Abb. 4.24 führten, wird mit den redundanten Bits, die bei der Kanalcodierung einem redundanzfreien Quellencode hinzugefügt werden, wieder mindestens das ergänzt, was der Kanal aufgrund von Bitfehlern an möglicher Informationshöhe nicht durchlässt.

Eine in diesem Zusammenhang stehende Kenngröße ist die sogenannte *Coderate R*,

$$R = \frac{k}{n} \tag{4.122}$$

In der Beziehung (4.122) bezeichnet k die Anzahl der pro Zeiteinheit (oder pro Codewort) übertragenen informationstragenden Bits und n die Gesamtanzahl der pro Zeiteinheit (oder pro Codewort) übertragenen Bits (einschließlich redundanter Bits). Im obigen Beispiel von (4.120) und (4.121) beträgt die Coderate $R = \frac{4}{7}$. Je höher die Fehlerwahrscheinlichkeit ist, desto geringer wird die Coderate.

Wie gering die Coderate wird, wenn man Information mit einer sicheren Kanalcodierung über einen binär symmetrischen Kanal übertragen will, lässt sich aus Abb. 4.24 ablesen, die in Abb. 4.25 mit zusätzlichen Einträgen nochmal gezeigt wird.

Bei einer Fehlerwahrscheinlichkeit p = 0,2 des binär symmetrischen Kanals gelangen von der Information, die in 1000 gesendeten Bits enthalten ist, nur die in etwa 278 Bits enthaltene Information zum Empfänger, wie mit Abb. 4.25 gezeigt wird. Die in den anderen etwa 722 Bits enthaltene Information geht als Äquivokation verloren, siehe Abb. 4.22. Statt ihrer kommen 722 irrelevante Bits zum Empfänger.

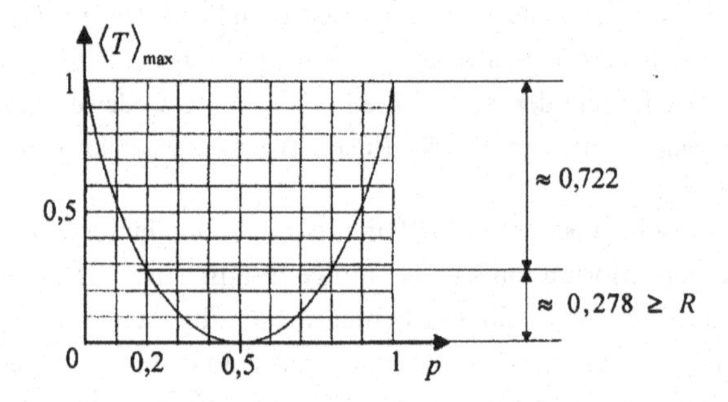

Abb. 4.25 Zur Illustration der Absenkung der Coderate R bei Kanalcodierung für eine möglichst fehlerfreie Übertragung von Information

Die Idee der Kanalcodierung besteht darin, dass nur die mit 278 Bits zum Empfänger gelangende Information zur Übertragung genutzt wird, d.h. die eigentliche Nutzinformation bildet, während die verloren gehende Äquivokation redundante Information darstellt. Damit also die in 278 Bits steckende Nutzinformation zum Empfänger gelangen kann, müssen die 278 nützlichen Bits notwendigerweise durch 722 (oder mehr) redundante Bits ergänzt werden, was zusammen 1000 (oder mehr) Bits und damit eine Coderate R = 0,278 (oder kleiner) ergibt. $\langle T \rangle_{max}$ liefert damit zugleich die höchst mögliche Coderate R. Die Codierungstheorie stellt eine eigene nichttriviale Disziplin dar.

Die Kanalcodierung sorgt für eine *Anpassung* des Quellencodes der Informationsquelle an den Kanal. Abb. 4.26 soll dies verdeutlichen.

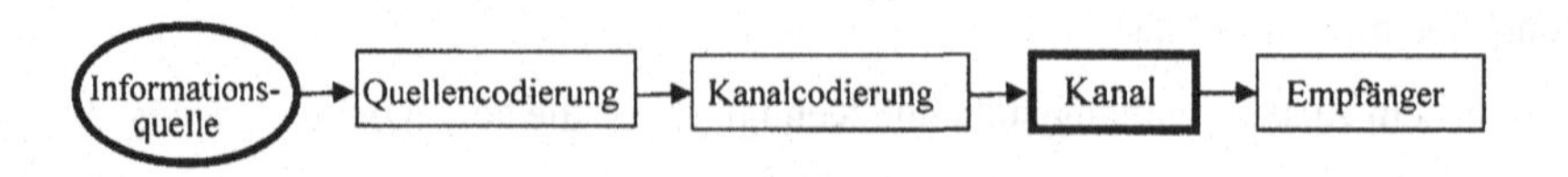

Abb. 4.26 Übertragung von Information von der Informationsquelle zum Empfänger Anpassung des Quellencodes an den Kanal mittels Kanalcodierung

Rückblick: Signaltheoretische Symbole und informationstheoretische Symbole

Alle Symbole, bei denen (unabhängig davon, ob damit Information übertragen wird oder nicht) nur Zeitverläufe und zeitliche Abstände betrachtet werden, handelt es sich um *signaltheoretische Symbole.* Von solchen war in Abschn. 4.3 im Zusammenhang mit Digitalsignalen die Rede. Bei signaltheoretischen Symbolen spielen unter anderem die Küpfmüller-Nyquist-Bedingung **[4.6]** und das Abtasttheorem **[4.7]** eine wichtige Rolle.

Bei allen Symbolen x_i und y_j , bei denen nur Wahrscheinlichkeiten betrachtet werden, wie deren Auftrittswahrscheinlichkeiten $P(x_i)$ und $P(y_j)$ und damit zusammenhängenden bedingten Wahrscheinlichkeiten $P(y_j | x_i)$, handelt es sich um *informationstheoretische Symbole.* Bei solchen spielen die Formen der Symbole und ihre zeitlichen Verläufe keine Rolle für die damit berechneten Zusammenhänge. Dies war bei nahezu allen Betrachtungen dieses Abschnitts 4.4 der Fall, unter Anderem auch bei der Transinformation. Erst im Zusammenhang mit der Kanalkapazität C kam der zeitliche Symbolabstand τ_s mit ins Spiel.

Die Kanalkapazität betrifft deshalb beide Bereiche, die Signaltheorie und die Informationshöhe. Aus der informationstheoretischen Betrachtung folgt, wie viel Prozent von der Informationshöhe der gesendeten Symbole aufgrund von Störungen beim Empfänger nicht ankommt bzw. noch ankommt. Sie sagt nichts über die Geschwindigkeit aus, mit der die informationstragenden Symbole zum Empfänger gelangen können. Letztere Frage lässt sich erst dann beantworten, wenn die Symbole einer signaltheoretischen Betrachtung unterzogen werden.

Die obigen Ausführungen über Kanalcodierung haben gezeigt, dass der Prozentsatz der Informationshöhe, die mit den gesendeten Symbolen transportiert wird, voll für den Transport von Information zum Empfänger dadurch ausgenutzt werden kann, dass auf der Sendeseite den informationstragenden Symbolen noch redundante Symbole hinzugefügt werden. Die Hinzunahme von redundanten Symbolen bedeutet bei gleichbleibender informationstheoretischer bit-Rate, siehe **[4.10)]**, nach Küpfmüller-Nyquist eine Erhöhung der Übertragungsbandbreite, siehe **[4.6]**. Dieses Phänomen war Nachrichtentechnikern schon vor Shannon bekannt als

[4.12] Ein Grundgesetz der Nachrichtentechnik

Bei der Übertragung von Nachrichten lässt sich der Einfluss von Störungen durch Mehraufwand an Bandbreite weitgehen reduzieren.

Der genauere Zusammenhang dieses Gesetzes wurde aber erst mit der Informationstheorie von Shannon geklärt.

C: *Binärer Auslöschungskanal*

Beim binären Auslöschungskanal werden wie beim binär symmetrischen Kanal nur $N = 2$ Symbole x_1 und x_2 gesendet. Die Detektion der Symbole auf der Empfangsseite ist aber anders und wird mit Abb. 4.27 erläutert.

Wie bei Abb. 4.23 werden die gesendeten Symbole x_1 und x_2 während der Übertragung durch Störungen verändert. Der Entscheider am empfangsseitigen Ende des Kanals liefert mit dem Symbol y_1 die Aussage, dass vermutlich das Symbol x_1 gesendet wurde, und mit dem Symbol y_2 die Aussage, dass vermutlich das Symbol x_2 gesendet wurde. Diese Aussagen liefert er beide Male mit der Wahrscheinlichkeit p. Wenn die Entscheidung für x_1 oder x_2 relativ unsicher ist, was mit der Wahrscheinlichkeit $q = p - 1$ der Fall ist, liefert der Entscheider kein Symbol, d.h. ein Nichtsymbol y_3. Dadurch wird das Ergebnis einer möglichen falschen Entscheidung vermieden.

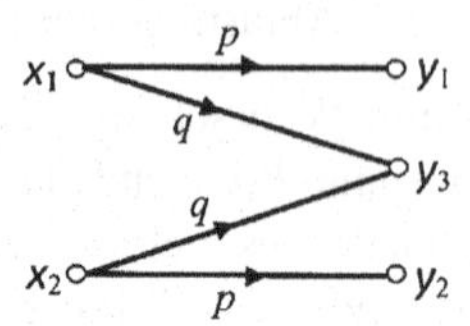

Abb. 4.27 Binärer Auslöschungskanal: Das Symbol y_3 bedeutet „gelöscht"

Technisch lässt sich der Entscheidungsprozess dadurch realisieren, dass jedes beim Entscheider verändert ankommende Symbol $\tilde{x}$ mit den dort bekannten Symbolformen von x_1 und x_2 korreliert wird. Nach (4.19) kann ein Korrelationsfaktor ρ nur Werte zwischen +1 und -1 annehmen. Wenn der Korrelationsfaktor des Symbolpaars $\tilde{x}, x_1$ zwischen z.B. 0,5 und 1 liegt, erfolgt die Aussage y_1, anderenfalls erfolgt die Aussage y_3, und wenn entsprechend der Korrelationsfaktor des Symbolpaars $\tilde{x}, x_2$ zwischen z.B. 0,5 und 1 liegt, erfolgt die Aussage y_2 und anderenfalls wieder die Aussage y_3. Damit dieses Verfahren sicher funktioniert, müssen sich die Symbole x_1 und x_2 mindestens um einen Korrelationsfaktor kleiner als 0,5 unterscheiden.

Wenn wie in Abb. 4.2 die Symbole x_1 und x_2 positive und negative Rechteckimpulse sind, dann kann die Entscheidung auch mit Hilfe zweier Schwellen S_o und S_u durchgeführt werden, was anhand von Abb. 4.4 bereits erläutert wurde.

Die bedingten Fehlerwahrscheinlichkeiten ergeben sich aus Abb. 4.27 zu

$$\begin{aligned} &P(y_1|x_1) = p, \quad P(y_2|x_1) = 0, \quad P(y_3|x_1) = q \\ &P(y_1|x_2) = 0, \quad P(y_2|x_2) = p, \quad P(y_3|x_2) = q \end{aligned} \tag{4.123}$$

Die Berechnung der Transinformation $\langle T \rangle$ erfolge wieder wie in (4.106) mit der Beziehung

$$\langle T \rangle = \langle H(y) \rangle - \langle H(y|x) \rangle \tag{4.124}$$

Für diese ergeben sich in gleicher Weise wie in Abschn. 4.4.2.1 nach einiger Rechnung, die hier aus Platzgründen weggelassen wird,

$$\langle H(y|x) \rangle = p \operatorname{ld} \frac{1}{p} + q \operatorname{ld} \frac{1}{q} \tag{4.125}$$

und

$$\langle H(y) \rangle = p \cdot P(x_1) \operatorname{ld} \frac{1}{p \cdot P(x_1)} + p \cdot P(x_2) \operatorname{ld} \frac{1}{p \cdot P(x_2)} + q \operatorname{ld} \frac{1}{q} \tag{4.126}$$

Erwartungsgemäß ist $\langle H(y|x) \rangle$ unabhängig von den Wahrscheinlichkeiten $P(x_1)$ und $P(x_2) = 1 - P(x_1)$, mit denen die Symbole x_1 und x_2 gesendet werden. Setzt man (4.125) und (4.126) in (4.124) ein, dann hebt sich der Ausdruck mit q heraus. Die Transinformation $\langle T \rangle$ wird maximal, wenn die Symbole x_1 und x_2 mit gleicher Wahrscheinlichkeit

$P(x_1) = P(x_2) = \frac{1}{2}$ gesendet werden. Dieser Fall liefert für die maximale Transinformation das außergewöhnlich einfache Ergebnis

$$\langle T \rangle_{\max} = p \tag{4.127}$$

Mit dem kürzest möglichen Symbolabstand τ_s ergibt sich damit die Kanalkapazität des binären Auslöschungskanals zu

$$C = \frac{\langle T \rangle_{\max}}{\tau_s} = \frac{p}{\tau_s} \quad \text{bit/s} \tag{4.128}$$

So viel zu den Kanalkapazitäten von Digitalkanälen!

Shannon ist es gelungen, auch eine Formel für die Kanalkapazität von analogen Kanälen herzuleiten, die nachfolgend beschrieben wird.

D: *Analoger Kanal*

Die vorausgegangenen Betrachtungen dieses Abschn. 4.4 basierten auf dem Übertragungssystem in Abb. 4.21. Die nun folgenden Betrachtungen basieren auf dem leicht modifizierten Übertragungssystem in Abb. 4.28.

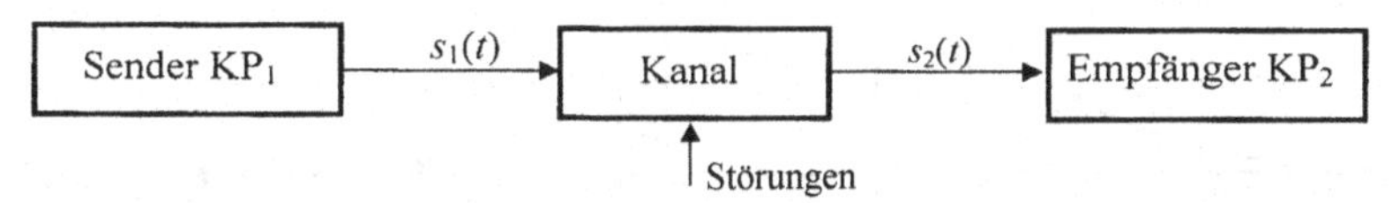

Abb. 4.28 Modell eines informationstheoretischen Übertragungssystems für analoge Signale $s_1(t)$.

Beim Übertragungssystem in Abb. 4.21 wurden in den Kanaleingang Symbole x_i eingespeist, die als Symbole y_j am Kanalausgang ausgegeben wurden. Dabei ist wichtig, dass die Anzahlen der Symbole x_i und y_j *endlich* (hoch) sind. Ansonsten dürfen die Symbole beliebig geformt sein und müssen sich nur voneinander unterscheiden lassen.

Im Unterschied dazu werden in Abb. 4.28 analoge Signale $s_1(t)$ in den Kanaleingang eingespeist, die als analoge Signale $s_2(t)$ am Kanalausgang erscheinen. Weil jetzt keine Beschränkung auf eine endliche Anzahl verschiedener Signale vorgenommen wird, lassen sich aufgrund des zeitkontinuierlichen und wertkontinuierlichen Verlaufs theoretisch überabzählbar *unendlich* viele analoge Signale unterscheiden. Die Wahrscheinlichkeit für das Auftreten eines einzelnen konkreten Signals ist deshalb verschwindend klein, was nach Formel (2.16) eine über alle Grenzen steigende Informationshöhe ergibt.

Ein Ausweg aus dieser Problemlage ergibt sich, wenn nur Signale endlicher Bandbreite B betrachtet werden. Diese lassen nach dem Abtasttheorem **[4.7]** vollständig durch ihre Abtastwerte im Abstand T_A wiedergeben. Sind die analogen Signale zudem noch zeitbegrenzt, dann ist die Anzahl der Abtastwerte endlich. Wenn die analogen Signale nicht zeitbegrenzt sind, dann – so schreibt Shannon – wird im interessierenden Zeitabschnitt von endlicher Dauer das analoge Signal wesentlich (substantially), d.h. hinreichend genau, durch die dortigen Abtastwerte wiedergeben, siehe dazu auch **[4.3]**.

Während man es beim Übertragungssystem in Abb. 4.21 mit einer Folge von diskreten Symbolen x_i zu tun hat, hat man es in Abb. 4.28 mit einem analogen bandbegrenzten Signal

$s_1(t)$ zu tun, das sich durch eine Folge von Abtastwerten repräsentieren lässt. Während jedes diskrete Symbol x_i eines von nur endlich vielen diskreten Symbolen ist, ist jeder Abtastwert wegen seiner wertkontinuierlichen Eigenschaft einer von *unendlich* vielen möglichen Abtastwerten. Die Wahrscheinlichkeit für das Auftreten eines Abtastwerts $s_1(\nu)$ von definierter Höhe zum Abtastzeitpunkt νT_A ist deshalb, wie oben, verschwindend klein, was wieder eine über alle Grenzen steigende Informationshöhe ergibt, wenn man ihn einzeln betrachtet und nicht nach Erwartungswerten fragt .

Ein nächster Ausweg aus dieser Situation besteht nun darin, dass *Wahrscheinlichkeitsdichten* anstelle von Wahrscheinlichkeiten betrachtet werden, ähnlich wie in Abschn. 4.3.3C Amplituden*dichten* statt Amplituden und Leistungs*dichten* statt Leistungen betrachtet wurden. Ein Beispiel eines möglichen Verlaufs der Wahrscheinlichkeitsdichte $p(s_1(\nu))$ zeigt Abb. 4.29.

In Abb. 4.29 hat die gesamte Fläche unter $p(s_1(\nu))$ den Wert Eins. Die Wahrscheinlichkeit dafür, dass $s_1(\nu)$ einen Wert zwischen s_a und s_b hat, ist gleich der Größe der schraffierten Fläche.

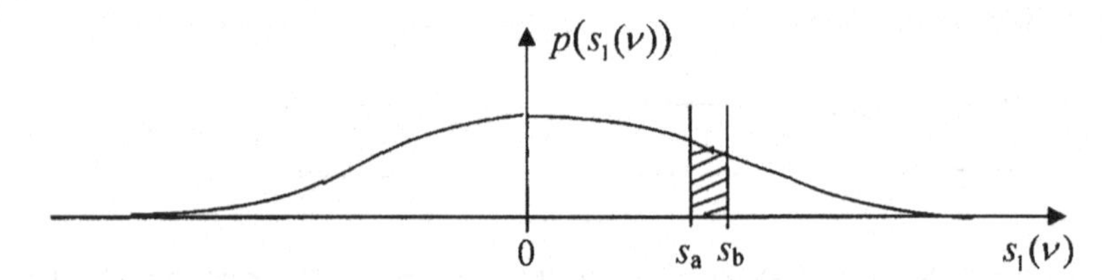

Abb. 4.29 Beispiel für einen möglichen Verlauf der Wahrscheinlichkeitsdichte für die Höhe des Abtastwerts $s_1(\nu)$

In Ergänzung zur diskreten Informationstheorie für diskrete Symbole x_i hat Shannon eine kontinuierliche Informationstheorie für kontinuierliche Signale $s(t)$ entwickelt. Wo in der diskreten Informationstheorie Wahrscheinlichkeiten betrachtet und Summen gebildet werden, werden in der kontinuierlichen Informationstheorie Wahrscheinlichkeitsdichten betrachtet und Integrale gebildet.

Die Verhältnisse zwischen der diskreten Informationstheorie und der kontinuierlichen Informationstheorie sind im Prinzip die gleichen wie zwischen der zeitdiskreten Signaltheorie und der zeitkontinuierlichen Signaltheorie, von denen in Abschn. 4.3.2D die Rede war. Den Summenausdrücken für Entropie und bedingte Entropie der diskreten Informationstheorie entsprechen Integralausdrücke für Entropie und bedingte Entropie in der kontinuierlichen Informationstheorie. Dabei zeigt sich, dass die Ausdrücke der kontinuierlichen Informationstheorie gleichartige Eigenschaften besitzen wie die korrespondierenden Ausdrücke der diskreten Informationstheorie.

Für die Transinformation $\langle T \rangle$, die sich nach (4.81) aus der Differenz zweier Entropien berechnet, ergibt sich beim analogen Kanal eine Integralgleichung. Durch Maximierung der Transinformation $\langle T \rangle$ mit Hilfe der Variationsrechnung fand Shannon die folgende relativ einfache Beziehung für die Kanalkapazität C des analogen idealen Tiefpass-Kanals

$$C = B_ü \,\mathrm{ld}\left(1 + \frac{P_S}{P_N}\right) \quad \text{bit/s} \tag{4.129}$$

In (4.129) bezeichnen $B_ü$ die Übertragungsbandbreite des idealen Tiefpass-Kanals (siehe hierzu Abb. 4.20), P_S die mittlere Leistung des Signals und P_N die mittlere Leistung der Störung am Kanalausgang. Mit ld wird der Logarithmus zur Basis 2 ausgedrückt, siehe Abschn. 2.2.1.

In der vorliegenden Abhandlung wird auf die Details der kontinuierlichen Informationstheorie und die Herleitung der Beziehung (4.129) nicht weiter eingegangen. Es wird aber versucht, das Ergebnis (4.129) plausibel zu machen:

Wie oben bereits ausgeführt wurde, werden Signale endlicher Bandbreite B nach dem Abtasttheorem **[4.7]** vollständig durch ihre Abtastwerte im Abstand T_A wiedergeben. Die Abtastwerte $s(\nu T_A)$ kann man sich wiederum als kurze Rechteckimpulse oder Symbole der Höhe $s(\nu T_A)$ vorstellen. Zur Maximierung der Transinformation gehört ein kürzest möglicher Abstand T_A dieser Symbole, was wiederum nach (4.65) eine maximal mögliche Signalbandbreite B bedingt. Von dieser Bandbreite B gelangt über den Tiefpass-Kanal aber nur derjenige Spektralanteil, der in dessen Durchlassbereich $0 \leq f \leq B_ü$ fällt. Deshalb ist die Wahl $B = B_ü$ sinnvoll, was mit **[4.6]** erlaubt, dass Symbole im Abstand $T = T_A$ noch über den Kanal gelangen, nicht aber Symbole im kürzeren Abstand $T < T_A$. Ist die Übertragungsbandbreite z.B. $B_ü$ = 500 Hz = 500/s, dann lassen sich wegen $B_ü = 1/2T$ maximal 1000 Symbole pro Sekunde übertragen.

Die maximale Anzahl von bit, die sich mit den Abtastwerten oder Symbolen pro Sekunde übertragen lässt, hängt davon ab, in wie viele diskrete Stufen man den Bereich der Abtastwerthöhen $s(\nu T_A)$ unterteilen kann, so dass die Unterschiede der Abtastwerthöhen noch feststellbar sind. In Abb. 1.3c erstreckt sich der Bereich der Abtastwerthöhen von „min“ bis „max“ und ist in 8 Stufen unterteilt. Weil am Kanalausgang die Höhen $s(\nu T_A)$ von Störungen $n(\nu T_A)$ überlagert sind (siehe hierzu auch Abb. 4.4), gelingt eine Unterscheidung nur bei hinreichend großen Stufen. Wenn man aufgrund hoher Störungen nur 2 Stufen unterscheiden kann, dann wird mit jedem Abtastwert nur 1 bit übertragen. Wenn jeder Abtastwert 2 bit übertragen soll, dann müssen 4 Stufen unterschieden werden können, wenn jeder Abtastwert m bit übertragen soll, dann müssen 2^m Stufen unterschieden werden können. Dies erklärt die Bildung des Logarithmus in (4.129).

Die Anzahl der unterscheidbaren Stufen hängt in (4.129) vom Verhältnis der mittleren Signalleistung P_S zur mittleren Störleistung P_N ab. Ist in (4.129) die Signalleistung $P_S = 0$, dann ist wegen $\mathrm{ld}1 = 0$ auch die Kanalkapazität $C = 0$. Bei gegebener Störleistung P_N ist die Kanalkapazität C umso höher, je höher die mittlere Signalleistung P_S ist, weil bei einer höheren Signalleistung auch der Bereich der Abtastwerthöhen $s(\nu T_A)$ größer ist. Bei den meisten realen Kanälen lässt sich die Signalleistung aber nicht beliebig erhöhen sondern ist durch einen maximal zulässigen Wert $P_{S\max}$ begrenzt.

Interessant ist, dass für eine sichere Übertragung die mittlere Signalleistung P_S keineswegs größer sein muss als die mittlere Störleistung P_N, wie man anhand von Abb. 4.4 vermuten könnte. Wenn P_N z.B. 100 mal höher ist als P_S, dann ist die Kanalkapazität

$$C = B_ü \,\mathrm{ld}(1 + 0{,}01) \approx B_ü \cdot 0{,}01436 \quad \text{für } P_S/P_N = 0{,}01 \tag{4.130}$$

Mit einer genügend großen Signal- und Übertragungsbandbreite $B_{ü}$ lassen sich auch im Fall von (4.130) beliebig hohe Kanalkapazitäten erreichen. Mit z.B. $B_{ü} = 100$ MHz ergibt sich $C \approx 14\,355$ bit/s. Hiervon machen viele Anwendungen der modernen Breitband-Mobilfunktechnik im GHz-Bereich (1 GHz = 10^9 Hz) Gebrauch. Bei so winzigen Signal/Störverhältnissen lassen sich natürlich keine Schwellenentscheider wie in Abb. 4.4 verwenden. Üblich sind dort Korrelationsmethoden (vergl. Abschn. 4.3.2C und Abschn. 6.5.3 im 6. Kapitel).

Die Beziehung (4.129) wird von vielen Technikern als das wichtigste Ergebnis der Informationstheorie angesehen, zumal diese Beziehung nicht nur für Tiefpass-Kanäle sondern auch für Bandpass-Kanäle gilt, bei denen die untere Bandgrenze nicht bei $f_u = 0$ beginnt sondern erst bei $f_u > 0$. Gleiches gilt ja auch für das Abtasttheorem **[4.7]** und die Küpfmüller-Nyquist-Bedingung **[4.6]**, siehe Abschn. 4.3.3D und 4.3.3E.

Die Beziehung (4.129) setzt voraus, dass die mittlere Signalleistung P_S und die mittlere Störleistung P_N sich gleichmäßig über das gesamte Frequenzband der Übertragungsbandbreite verteilen. Das ist in der Praxis aber nicht immer gegeben. In einem solchen Fall kann man das gesamte Frequenzband in lauter schmale Frequenzbereiche der Bandbreite Δf unterteilen und dafür die jeweiligen Teil-Kanalkapazitäten ΔC bestimmen und aufaddieren. Für jedes schmale Frequenzband der Breite Δf verwendet man dabei an Stelle der Signalleistung und Störleistung die dort vorhandenen Werte der Leistungsdichtespektren (siehe Abb. 4.19) des Signals und der Störung.

4.4.3 Ergänzende Betrachtungen zur Übertragung von Information

Die ergänzenden Betrachtungen in diesem Abschnitt betreffen folgende Punkte

- Zum Begriff „Symbol“
- Scharmittelwerte und gedächtnisloser Kanal
- Symbolfolgen in Form von Markoff-Ketten
- Bidirektionale Kommunikation

A: *Zum Begriff „Symbol“*

Die Untersuchung und Beschreibung von „Symbolen“ hängt von der Art der Betrachtung ab. Manche Fragestellungen lassen sich mit der Signaltheorie behandeln, andere Fragestellungen dagegen mit der Informationstheorie. Am Ende von Abschn. 4.4.2B wurde deshalb abhängig von der Art der Betrachtung zwischen „signaltheoretisches Symbol“ und „informationstheoretisches Symbol“ unterschieden. Bei der Kanalkapazität, die angibt, wie viel Information (d.h. welche Informationshöhe) sich pro Zeiteinheit über einen gegebenen Kanal übertragen lässt, wurden beide Betrachtungsweisen auf Symbole angewendet.

In der Kommunikationstheorie spielt neben den Begriffen „Signal“ und „Informationshöhe“ noch der Begriff „Bedeutung“ eine wichtige Rolle. Die Bedeutung eines Signals oder eines Symbols wird durch Interpretation des Signals bzw. Symbols gewonnen (vergl. Abschn. 1.2.1). Bei der Kommunikation zwischen Menschen in natürlicher Sprache ist die Interpretation von Signalen und Symbolen unscharf, vergl. Abschn. 1.5.3.

Bei der informationstheoretischen Betrachtung in Abschn. 4.4.1 (und auch früher im 2. Kapitel) wurde dargelegt, dass die dort betrachteten Symbole vielerlei bedeuten können, z.B. Buchstaben, Wörter, Sätze usw. Diese vielen Möglichkeiten für Bedeutungen sind ohne Belang für die dort behandelte Fragestellung nach der Informationshöhe[4.5].

Die Frage nach der Bedeutung von informationstheoretischen Symbolen erinnert an die als „Symbole" bezeichneten speziellen Zeichen der Semiotik von Peirce (siehe Abschn. 1.8 im 1. Kapitel), die Sinnbilder von zu erkennenden Objekten sind und ebenfalls Buchstaben, Wörter, Sätze usw. sein können, die von einem Interpretanten interpretiert werden, siehe Abb. 1.20. Wenn ein Symbol in Hinblick auf seine Bedeutung betrachtet wird, ist es folglich zweckmäßig, von einem „semiotischen Symbol" zu sprechen.

Abhängig von der Fragestellung kann man also ein Symbol signaltheoretisch, informationstheoretisch oder/und semiotisch betrachten. Die Kommunikationstheorie macht von allen drei Betrachtungsweisen Gebrauch.

B: *Scharmittelwert und gedächtnisloser Kanal*

Die in den vorangegangenen Abschnitten gefundenen Beziehungen für die Transinformation $\langle T \rangle$ und die Kanalkapazitäten C verschiedener Kanäle gelten, streng genommen, nur für einen festen Zeitpunkt $t = t_0$, weil ihre Herleitung von Scharmittelwerten ausging: Die Entropie $\langle H(x) \rangle$ erhält man dadurch, dass zum Zeitpunkt t_0, an dem das nächste Symbol x_i erwartet wird, alle Möglichkeiten für x_i von $i = 1$ bis M mit ihren zugehörigen Wahrscheinlichkeiten $P(x_i)$ und Informationshöhen $\mathrm{ld}[1/P(x_i)$ in Betracht gezogen werden und davon der Mittelwert der Informationshöhe bestimmt wird [vergl. (2.127)]. Entsprechendes gilt für die übrigen Entropien. Die so gewonnenen Beziehungen für die Transinformation und für die Kanalkapazitäten verschiedener Kanäle gelten also deshalb nur für den Zeitpunkt t_0. Weil früher, d.h. vor $t = t_0$, gesendete Symbole x_i nicht berücksichtigt werden, gelten die so gewonnenen Ergebnisse für die Kanalkapazitäten nur für gedächtnislose Kanäle, was aber nicht sehr einschränkend ist, wie die folgende Bemerkung erläutert.

Bemerkung:
Die Wahrscheinlichkeiten $P(x_i)$ der zum Zeitpunkt t_0 gesendeten Symbole x_i einer Informationsquelle hängen in der Regel von den früher gesendeten Symbolen ab, sind damit also bedingte Wahrscheinlichkeiten. Der Einfluss von vor dem Zeitpunkt t_0 gesendeten Symbolen x_i lässt sich dadurch berücksichtigen, dass die Berechnung der Entropie $\langle H(x) \rangle$ nicht von der Betrachtung der Wahrscheinlichkeiten aller M einzelnen Symbole x_i ausgeht, sondern z.B. von der Betrachtung der Wahrscheinlichkeiten aller M^2 Symbolpaare $x_j\, x_i$ von je zwei hintereinander gesendeten Symbolen x_i oder aller M^3 Symboltripel $x_k\, x_j\, x_i$ oder von noch höherstelligen Symbolkombinationen ausgeht, je nachdem welche Bedingungen gegeben sind, vergl. hierzu auch Abschn. 2.5.3. Mit dem gedächtnislosen Kanal lassen sich damit praktisch alle Übertragungen der Information von gedächtnisbehafteten Symbolfolgen untersuchen, indem man Entropien von Symbolkombinationen benutzt.

C: *Symbolfolgen in Form von Markoff-Ketten*

In seiner Originalarbeit ging Shannon bei der Einführung des Begriffs „Entropie" von der zeitlichen Aufeinanderfolge von Symbolen aus und nicht, wie hier in dieser Abhandlung

[4.5] Das ist hier genauso wie bei der Fragestellung nach dem Gewicht transportierter Güter, wo es auch nicht interessiert, ob es sich bei den Gütern um Sand, Steine, Kühlschränke oder um sonst etwas handelt.

geschehen, von der Betrachtung des Scharmittelwerts der Informationshöhen zu einem festen Zeitpunkt t_0. Da in zahlreichen Publikationen über informationstheoretische Themen (insbesondere auch im Zusammenhang mit Codes, vergl. Abschn. 4.4.2) ebenfalls von Folgen ausgegangen wird, sei hier noch kurz auf die auf Folgen basierende Herleitung von informationstheoretischen Beziehungen eingegangen. Bei den Gliedern einer Folge handelt es sich jetzt um aufeinander folgende informationstragende Symbole.

Folgen von aufeinander folgenden Symbolen, bei denen die Wahrscheinlichkeit eines nächsten Symbols von einem oder von mehreren vorangegangenen Symbolen abhängt, werden als „Markoff-Ketten" bezeichnet.

Im Folgenden wird vorausgesetzt, dass die Symbole einer Markoff-Kette einer endlichen Menge von Symbolen $\Omega_X = \{x_1, x_2, x_3, ..., x_M\}$ entnommen sind (z.B. dem lateinischen Alphabet einschließlich Satzzeichen im Fall von Buchstaben, oder dem Duden im Fall von Wörtern, usw.). Die Markoff-Kette selbst kann aus beliebig vielen Symbolen bestehen.

Die Wahrscheinlichkeit dafür, dass auf ein Symbol x_i das Symbol x_j folgt, sei P_{ij}. Da es M verschiedene Symbole in der Symbolmenge $\{x_1, x_2, x_3, ..., x_M\}$ gibt, gibt es M mal M Wahrscheinlichkeiten P_{ij}. Diese lassen sich in Form der folgenden Matrix anordnen:

$$\begin{matrix} P_{11} & P_{12} & \cdots & P_{1M} \\ P_{21} & P_{22} & \cdots & P_{2M} \\ ::: & ::: & ::: & ::: \\ P_{M1} & P_{M2} & \cdots & P_{MM} \end{matrix} \tag{4.131}$$

In jeder Zeile der Matrix ist die Summe der Wahrscheinlichkeiten gleich Eins.

Ein Beispiel für eine Markoff-Kette mit Symbolen der Menge $\{x_1, x_2, x_3, ..., x_M\}$ mit $M = 25$ und einer endlichen Länge n lautet ausführlich:

$$\{x_{5(1)}, x_{2(2)}, x_{2(3)}, x_{25(4)}, ..., x_{1(n)}\} \tag{4.132}$$

Der in Klammern stehende Teil des Index kennzeichnet wie in (4.120) die Position eines Symbols x_i. Das Symbol mit dem Index (1) kommt zuerst, danach folgt das Symbol mit dem Index (2) usw. Wenn klar ist, dass es sich um eine Folge und nicht um eine sonstige Menge handelt, kann der in Klammern stehende Teil des Index auch weggelassen werden. Gleichbedeutend mit (4.132) ist deshalb die verkürzte Darstellung

$$\{x_5, x_2, x_2, x_{25}, ... x_1\} \quad \text{mit Länge } n \tag{4.133}$$

Beim Beispiel (4.132) und (4.133) ist die Länge n endlich. Die Länge n darf aber auch unendlich groß werden.

Wenn für jedes Symbol x_j die Wahrscheinlichkeit P_{ij} konstant sind, d.h. nicht davon abhängt, an wievielter Stelle (k) das Symbol $x_{j(k)}$ in der Folge steht, dann bezeichnet man die Markoff-Kette als *stationär*. (Bei deutschsprachigen Texten aus Symbolen des lateinischen Alphabets handelt sich in erster Näherung um stationäre Markoff-Ketten.)

Auf die Berechnung der Entropien von Markoff-Ketten und der darauf basierenden Transinformation wird hier nicht detailliert eingegangen. Es werden nur einige wesentliche Rechenschritte grob skizziert und die wichtigsten Ergebnisse mitgeteilt.

Zur Erläuterung seien alle Folgen betrachtet, die eine endliche Länge von n Symbolen x_i (z.B. Buchstaben) haben, welche einer Symbolmenge (z.B. Alphabet) $\Omega_x = \{x_1, x_2, ..., x_M\}$ aus M verschiedenen Symbolen (Buchstaben) entstammen. Die Gesamtzahl V aller dieser Folgen berechnet sich [vergl. (2.10)] zu

$$V = M^n \tag{4.134}$$

Das erste Symbol dieser Folgen sei mit x_A bezeichnet, wobei A eine Zahl zwischen 1 und M ist. Für dieses erste Symbol x_A gibt es nur M Möglichkeiten. Für die nachfolgenden Symbole gibt es aber noch M^{n-1} Möglichkeiten.

Das erste Symbol x_A trete mit der Wahrscheinlichkeit $P(x_A)$ auf. Für die Wahrscheinlichkeiten P_{Aj} mit $j = 1, 2, ..., M$ der nachfolgenden Symbole gelten dann die Angaben in (4.131).

Für jede der V möglichen Folgen lässt also mit der Anfangswahrscheinlichkeit $P(x_A)$ und den Folgewahrscheinlichkeiten (4.131) die resultierende Wahrscheinlichkeit P_v berechnen, wobei $v = 1, 2, ..., V$. Diese Wahrscheinlichkeiten P_v liefern mit den Informationshöhen $\mathrm{ld}(1/P_v)$ jeder Folge entsprechend (2.127) den Ausdruck

$$\langle H(x) \rangle = \sum_{v=1}^{V} P_v \,\mathrm{ld}\frac{1}{P_v} \tag{4.135}$$

für die mittlere Informationshöhe oder Entropie aller V möglichen Folgen von Symbolen x_i am Eingang eines Kanals.

Mit den gleichen Überlegungen lassen sich die Entropie $\langle H(y) \rangle$ aller Folgen von Symbolen y_j am Ausgang desselben Kanals und die Verbundentropie $\langle H(x\,y) \rangle$ aller Folgen von Symbolpaaren $x_i\, y_j$ berechnen. Aus diesen erhält man die Transinformation $\langle T \rangle$ zu

$$\langle T \rangle = \langle H(x) \rangle + \langle H(y) \rangle - \langle H(x,y) \rangle = \langle H(x) \rangle - \langle H(x|y) \rangle \tag{4.136}$$

Das ist das gleiche Resultat wie in (4.81). Bemerkt sei noch, dass oft mit Entropien unendlich langer Folgen $n \to \infty$ gearbeitet wird.

D: *Bidirektionale Kommunikation*

Das Modell von Shannon in Abb. 4.21 und Abb. 4.28 beschreibt eine unidirektionale Kommunikation, die vom Sender zum Empfänger gerichtet ist. Bei einer bidirektionalen d.h. zweiseitig gerichteten Kommunikation zwischen zwei Kommunikationspartner KP_1 und KP_2 fungieren beide Partner sowohl als Sender wie auch als Empfänger. Im 1. Kapitel wurde im Abschn. 1.6.2 die prinzipielle Funktion einer bidirektionalen Kommunikation mit einigen dabei auftretenden Effekten bereits vorgestellt, siehe dazu Abb. 1.18.

Ein informationstheoretisches Modell einer bidirektionalen Kommunikation, welches die unidirektionale Kommunikation als Sonderfall enthält, ist von H. Marko und Mitarbeitern entwickelt worden und in mehreren Publikationen mit jeweils anderen Ergänzungen und kleinen Modifikationen vorgestellt worden, so u.a. in H. Marko (1966) und H. Marko (1967). Eine Grundidee des Modells besteht darin, dass bei jedem der beiden Kommunikationspartner die Entropie der gesendeten Symbole aus zwei Anteilen besteht, nämlich aus einem subjektiven Anteil, der die Informationshöhe beschreibt, die der sendende Kommunikationspartner selbst beisteuert, und aus der gesamten Transinformation, die von der Gegenseite empfangen wurde. Letzterer Teil ersetzt quasi das Gedächtnis der Gegenseite, die beim Empfang einer Antwort wissen sollte, was sie vorher gesendet hat.

International hat dieses Modell von Marko, das einige interessante Gedanken enthält, wenig Beachtung gefunden. Das mag daran liegen, dass nicht deutlich genug erläutert wird, warum die gesamte von der Gegenseite empfangene Transinformation wieder ausgesendet wird, und dass immer nur abstrakt von Informationen und nie von realen informationstragenden Symbolen und Signalen die Rede ist.

In der hier vorliegenden Abhandlung werden informationstheoretische Zusammenhänge, die bei einer bidirektionalen Kommunikation auftreten, nicht weiter behandelt. Legt man als Ausgangspunkt die Abb. 1.18 zugrunde, dann lassen sich die dort mit „Signal(e)" bezeichneten Blöcke durch das Modell von Shannon in Abb. 4.21 und Abb. 4.28 ersetzten.

4.5 Signalübertragung bei Telekommunikation über ein Netz

Die in den vorigen Abschnitten 4.3 und 4.4 durchgeführten Überlegungen betrafen die Übertragung von Signalen und von Information von einem Sender am Ort A zu einem Empfänger am Ort B.

Mit diesem Abschn. 4.5 wird wieder an Abschn. 4.2 angeknüpft. Betrachtet wird eine große Anzahl N von Kommunikationspartnern, die sich an verschiedenen Orten befinden und mit KP_1, KP_2, KP_3, ... , KP_N bezeichnet seien. Jeder dieser Kommunikationspartner soll nach freier Wahl über ein sogenanntes Netz mit einem beliebigen anderen Kommunikationspartner verbunden werden können und dabei sowohl senden als auch empfangen können wie das z.B. beim klassischen Telefonnetz gegeben ist. Diese Situation ist bereits am Beispiel von $N = 5$ Kommunikationspartnern mit Abb. 4.1c ist illustriert worden und wird in Abb. 4.30a mit abgeänderter Bezeichnung erneut gezeigt. Die Doppelpfeile kennzeichnen die einzelnen Übertragungswege, über die sich Signale in beide Richtungen übertragen lassen. Die Gesamtheit aller dieser Übertragungswege bildet zusammen das Netz. Die recht hohe Anzahl der Übertragungswege (Leitungen) in Abb. 4.30a lässt sich durch Einrichtung einer zentral gelegenen Vermittlungsstelle VSt in Abb. 4.30b stark reduzieren.

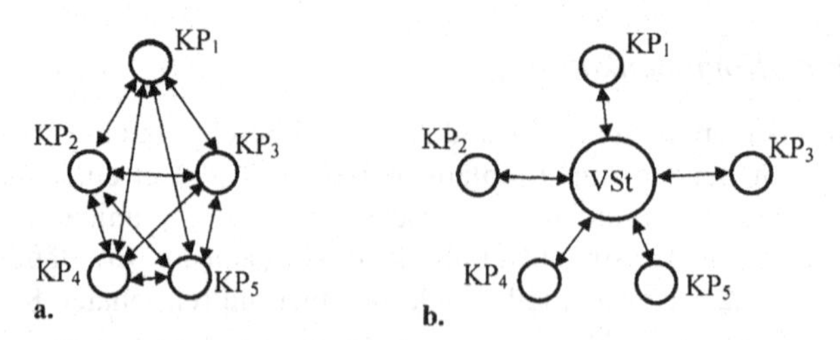

Abb. 4.30 Verbindung von Kommunikationspartnern KP_1, KP_2, ... , KP_5
a. über ein Netz aus direkten Leitungen
b. über ein Netz mit einer Vermittlungsstelle VSt und Anschlussleitungen

Kommunikationspartner, die über ein Netz oder über eine sonstige technische Einrichtung kommunizieren, die vielen möglichen Partnern zur Verfügung steht, werden auch als *Nutzer* (user) des Netzes oder der Einrichtung bezeichnet. Wenn jeder Nutzer mit jedem anderen Nutzer direkt verbunden werden soll, wie das in Abb. 4.30a gezeigt ist, dann sind bei N Nutzern dafür

$$v = \frac{N(N-1)}{2} \tag{4.137}$$

Leitungen (Übertragungswege) nötig. Für z.B. $N = 10\ 000$ ergibt sich damit die Anzahl der erforderlichen Leitungen zu $v = 5\ 000 \times 9\ 999 = 49\ 995\ 000$. Diese Zahl verdoppelt sich, wenn die räumlichen Entfernungen groß sind, sodass wegen notwendiger Zwischenverstärker für jede der beiden Übertragungsrichtungen eine eigene Leitung erforderlich ist. Bei Einrichtung einer Vermittlungsstelle genügen dagegen N bzw. $2N$ Leitungen bei großen Entfernungen.

Sowohl der Nutzer eines Netzes mit Vermittlungseinrichtung als auch das Netz selbst haben es mit zweierlei Nachrichten (oder Informationen) zu tun, nämlich mit

- Nutzinformation (oft „payload“ genannt) und
- Hilfsinformation

Mit „Nutzinformation“ wird die Information (oder Nachricht) bezeichnet, die der Nutzer an den Kommunikationspartner richtet und die das Netz lediglich zu transportieren hat und dessen Inhalt das Netz nichts angeht.

Mit „Hilfsinformation“ wird die Information (oder Nachricht) bezeichnet, die das Netz für die Herstellung der Verbindung mit dem gewünschten Kommunikationspartner benötigt (in der Frühzeit der Telefonie besorgte das „ein Fräulein vom Amt“ durch manuelles Stöpseln von Steckverbindungen). Zur Hilfsinformation gehören in modernen Netzen mit automatischen Vermittlungseinrichtungen noch vielfältige andere Informationen, darunter Gebührenzählung, beim Mobilfunk die momentanen Orte der mobilen Nutzer, bei der Übertragung von Nutzinformation mittels Datenpakete (vergl. Abb. 1.13 in Abschn. 1.5.4) die Paketnummern und viele andere. Große moderne digitale Netze verwenden separate „Kanäle“ (vergl. die erste Bemerkung in Abschn. 4.4) für Nutzinformation und Hilfsinformation, sie unterscheiden also zwischen „Nutzkanälen“ und „Hilfskanälen“ und entsprechend auch zwischen

- Nutzer-Kommunikation und
- Hilfs-Kommunikation oder Netz-Kommunikation

4.5.1 Grundstrukturen ausgedehnter Kommunikationsnetze

Die folgenden Betrachtungen beschränken sich vorerst auf sogenannte „Festnetze“, bei denen Nutzer feste Standorte haben. (Mobilfunknetze werden nur relativ kurz weiter unten in Abschn. 4.5.5 betrachtet). Der technische Aufwand für ein Festnetz wird in erster Linie durch die Gesamtlänge aller Übertragungswege (Leitungen) bestimmt. Der Vergleich der Netze in den Abb. 4.30a und 4.30b sowie die Formel (4.137) zeigen, dass bei vorgegebenen Orten der zu verbindenden Kommunikationspartner der erforderliche Aufwand für das Netz wesentlich von dessen *Struktur* abhängt. Abhängig von der Anzahl und der Lage der Orte der zu verbindenden Nutzer lässt sich der Aufwand durch Einrichtung mehrerer Vermittlungsstellen minimieren. Abb. 4.31 zeigt dazu ein Beispiel. Die Orte der einen Gruppe von Nutzern befinden sich in der Ortschaft A, die Orte der anderen Gruppe von Nutzern in der entfernteren Ortschaft B. Statt alle Nutzer über eine einzige Vermittlungsstelle zu verbinden, ist es günstiger, in jeder Ortschaft eine eigene Vermittlungsstelle einzurichten, und die beiden Vermittlungsstellen über ein Leitungsbündel (dargestellt durch die doppelte Linie in Abb. 4.31) zu verbinden.

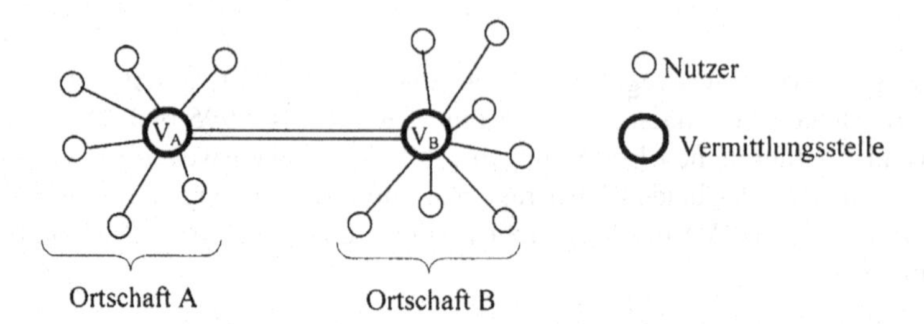

Abb. 4.31 Verbindung von Nutzern über ein Netz mit je einer Vermittlungsstelle V_A in der Ortschaft A und einer zweiten Vermittlungsstelle V_B in der Ortschaft B

Ein spezielles Problem beim Netz in Abb. 4.31 betrifft die Frage nach der Anzahl der einzelnen Leitungen, die das Leitungsbündel haben sollte, welches die beiden Vermittlungsstellen V_A und V_B verbindet. Die Antwort auf diese Frage liefert die sogenannte *Verkehrstheorie*, welche von den Wahrscheinlichkeiten ausgeht, mit denen Verbindungswünsche von Nutzern in der Ortschaft A mit Nutzern in der Ortschaft B auftreten. Da diese Theorie, auf die hier nur verwiesen wird, Erwartungswerte (Mittelwerte) liefert, kann es im Einzelfall passieren, dass eine Verbindung zwischen einem Nutzer in der Ortschaft A und einem Nutzer in der Ortschaft B nicht zustande kommt, weil alle Leitungen des Leitungsbündels zwischen A und B bereits „besetzt" sind während der Nutzer am Ort B nicht besetzt ist.

Ein landesweites Netz, das zahlreiche Ortschaften überdeckt, besitzt entsprechend zahlreiche Vermittlungsstellen. Beim klassischen Fernsprechnetz, das hierarchisch aufgebaut ist, wurden dabei verschiedene Vermittlungsebenen VE unterschieden. Die Struktur eines hierarchischen Netzes mit drei Vermittlungsebenen zeigt Abb. 4.32. In der untersten Vermittlungsebene VE1 werden relativ eng benachbarte Nutzer einer Ortschaft oder eines Stadtteils erfasst und miteinander verbunden. Die nächst höhere Ebene VE2 sorgt für Verbindungen zwischen verschiedenen Vermittlungsstellen der Ebene VE1, die an ihr angeschlossen sind, und die höchste Ebene VE3 sorgt wiederum für Verbindungen zwischen den Vermittlungsstellen der Ebene VE2. Das alte Telefonnetz in Deutschland unterschied vier Vermittlungsebenen.

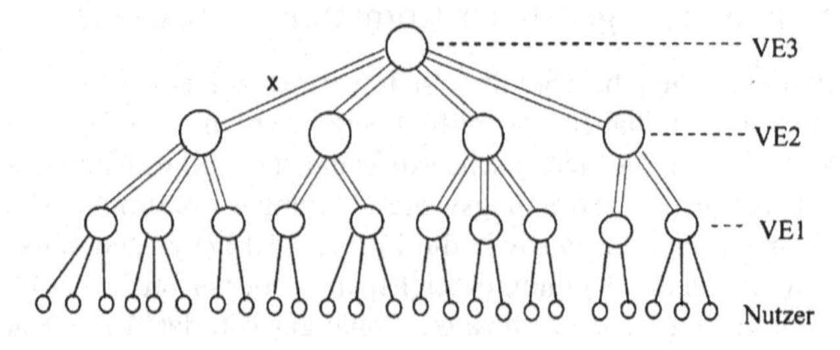

Abb. 4.32 Prinzipieller Aufbau eines hierarchischen Netzes mit drei Vermittlungsebenen. Doppelte Linien kennzeichnen Leitungsbündel, einfache Linien Anschlussleitungen

Ein besonderes Kennzeichen eines hierarchischen Netzes besteht darin, dass es zwischen zwei Nutzern immer nur einen einzigen Verbindungspfad gibt. Dieser Pfad, der über eine oder mehrere Vermittlungsstellen verläuft, lässt sich durch eine Ziffernfolge (oder Telefonnummer) eindeutig festlegen. Auf Anforderung wird anhand dieser Ziffernfolge in den betreffenden Vermittlungsstellen auf relativ einfache Weise mit steuerbaren Schaltern die gewünschte Verbindung hergestellt.

Einen Nachteil des hierarchischen Netzes bildet die Empfindlichkeit auf Ausfälle. Wenn beispielsweise das mit x markierte Leitungsbündel beschädigt wird, dann sind davon zahlreiche Nutzer betroffen, die auf Verbindungen über dieses Leitungsbündel angewiesen sind. Das hatte das amerikanische Militär veranlasst, von universitären Forschungsgruppen ein Kommunikationsnetz entwickeln zu lassen, das trotz möglicher lokaler Beschädigungen die Verbindung zwischen beliebigen Nutzern stets gewährleisten soll. Das Ergebnis dieser Entwicklung führte auf ein nichthierarchisches Netz, dessen allgemeine Struktur in Abb. 4.33a dargestellt ist. Jeder Nutzer U_{iS} verfügt dort über einen sogenannten Server S, auf dessen Funktion unten noch näher eingegangen wird. Zunächst zur Struktur:

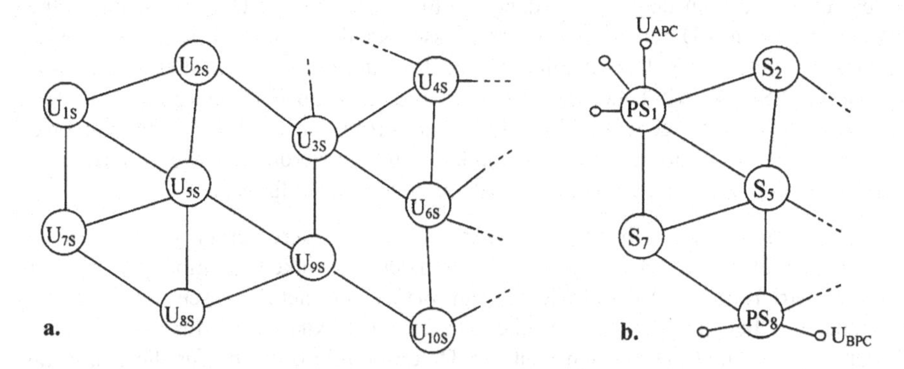

Abb. 4.33 Nichthierarchisches Netz (a.) und Internet (b.)
a. Nichthierarchisches Netz: Jeder Nutzer U_{iS} verfügt über einen Server S
b. Nutzer U_{iPC} sind über Anschlussleitungen mit Proxi-Server (PS_i) verbunden

Beim nichthierarchischen Netz in Abb. 4.33a sind die Nutzer nicht wie in Abb. 4.30a mit allen anderen Nutzern durch Leitungen verbunden sondern nur mit mehreren nächst benachbarten Nutzern. Das ergibt einerseits eine erhebliche Einsparung an Leitungen gegenüber der „Vollvermaschung“ in Abb. 4.30 und bedeutet andererseits, dass es für einen Verbindungspfad zwischen zwei beliebigen Nutzern mehrere Alternativen gibt. So gibt es z.B. zwischen den Nutzern U_{1S} und U_{6S} außer dem Pfad über U_{2S} und U_{3S} noch die Pfade über U_{5S}, U_{9S}, U_{3S} und über U_{5S}, U_{8S}, U_{9S}, U_{10S} und über U_{7S}, U_{8S}, U_{5S}, U_{2S}, U_{3S} und noch etliche weitere Pfade. Die Vielzahl möglicher Pfade macht die Funktion des Netzes sicher gegen Ausfälle und Beschädigungen von Übertragungswegen (Leitungen) und auch von anderen Nutzern.

Der Aufbau einer Verbindung zwischen zwei Nutzern des nichthierarchischen Netzes setzt voraus, dass alle Nutzer die Struktur des Netzes kennen. Der Nutzer, der eine Kommunikation eröffnet, wählt die Leitung zu demjenigen Nachbarn aus, über den der Weg zum gewünschten Kommunikationspartner am kürzesten ist, und teilt dem gewählten Nachbar die Zieladresse des gewünschten Kommunikationspartners mit. Der Nachbar verfährt in gleicher Weise und wählt seinerseits die Leitung zu demjenigen Nachbarn, über den der Weg zum Ziel am kürzesten ist usw. Wenn eine dieser Leitungen bereits von anderen Nutzern belegt ist, dann wird die Leitung zu demjenigen anderen Nachbarn gewählt, über den der zweitkürzeste Weg führt, usw.

Die geschilderte Funktionsweise setzt voraus, dass die Nutzer neben der Nutzung des Netzes zur Kommunikation auch noch *Dienstleistungen* für andere Nutzer zu erbringen haben, indem sie beim Aufbau von Verbindungspfaden mitwirken und dazu dauernd präsent sein müssen. Technisch wird das dadurch möglich, dass jeder Nutzer U_{iS} über einen oben bereits genannten *Server* verfügt, was mit dem zweiten Index S ausgedrückt wird. Der Server besteht aus einer Datenbank, in der alle möglichen Pfade gespeichert sind, und einem Computer, der für den Verbindungsaufbau sorgt. Nutzer und Server bilden zusammen eine *Nutzerstation.*

Die vom amerikanischen Militär angestoßene Entwicklung eines nichthierarchischen Netzes hat insbesondere auch zum jetzigen *Internet* geführt, das in seiner Urform die gleiche Struktur hat wie das nichthierarchische Netz, siehe Abb. 4.33b. Die wesentliche Erweiterung besteht darin, dass an den verschiedenen Orten O die Nutzer U_{OPC} nicht mehr über einen eigenen Server mit Datenbank verfügen müssen sondern nur noch über einen einfachen Personalcomputer (PC). Die Anbindung an das Internet erfolgt in diesem Fall über den Proxi-Server PS_i („Proxi" bedeutet „Vertreter" oder „Vollmacht") eines Dienstleisters, der auch „Service-Provider" genannt wird. Mit diesem Proxi-Server ist der eigene Personalcomputer über eine Anschlussleitung oder Funkverbindung verbunden. Der Proxi-Server besorgt dann den Aufbau von Verbindungspfaden und weitere Aufgaben.

Neben den Proxi-Servern PS_i gibt es im Internet noch viele andere Server S_i. Im Laufe der Zeit hat sich die Landschaft der Server sehr differenziert entwickelt. Es gibt spezielle Server für die Registrierung und Verwaltung der zahlreichen Internet-Adressen, für die globale Wegesuche, für die Speicherung spezieller Daten von Lexika, von Musikstücken, Filmen, Warenkatalogen und zahlreichen weiteren Datensammlungen und für die Durchführung sonstiger Spezialaufgaben. Das hängt damit zusammen, dass man über das Internet inzwischen fast jede Art von Kommunikation führen kann: Man kann per E-Mail Briefe verschicken, per Skype telefonieren, Rundfunksendungen hören, Fernsehsendungen betrachten, über z.B. YouTube selber Fernsehen produzieren und über z.B. Facebook und Twitter sich sozialen Gruppierungen anschließen. Ferner kann man über das Internet Bank- und andere Geschäfte abwickeln, auf Datenbanken, Archive und Lexika (z.B. Wikipedia) zugreifen und sonst noch einiges mehr.

Zusammenfassend sei festgehalten:

[4.13] Aufwand, Struktur und Sicherheit von Kommunikationsnetzen

Bei der Herstellung großflächiger Netze für viele Nutzer bilden drahtgebundene Übertragungswege den größten Anteil beim Kostenaufwand. Die Gesamtlänge aller Übertragungswege wird umso kürzer, je mehr Vermittlungsstellen eingerichtet werden und je geeigneter die Netzstruktur ist. Hierarchische Netzstrukturen erfordern weniger Aufwand beim Aufbau von Verbindungspfaden zwischen Nutzern als nichthierarchische Strukturen, reagieren aber empfindlicher auf Schäden. Um Kommunikation zwischen beliebigen Nutzern zu ermöglichen, ist eine von der Struktur abhängige mehr oder weniger umfangreiche Hilfs- oder Netz-Kommunikation erforderlich.

4.5.2 Zu Datenformaten, Verbindungsarten und zum Zeitmultiplex

Moderne Einrichtungen der Telekommunikation arbeiten ausschließlich mit digitalen Signalen. Es dürfte nur eine Frage der Zeit sein, bis auch die letzten noch mit analogen Signalen arbeitenden Telekommunikationseinrichtungen, wie z.B. der Mittelwellen-Rundfunk, digitalisiert sein werden.

Sowohl bei den Quellen als auch bei der Übertragung digitaler Signale unterscheidet man zwischen zwei Kategorien von Datenformaten oder Modi, nämlich zwischen

- *Bitstrom-Modus* (stream mode) und
- *Paket-Modus* (packet-mode)

Der in Abb. 4.34a dargestellte *Bitstrom-Modus* tritt z.B. bei der Wandlung von Sprachsignalen am Ausgang eines Analog/Digital-Wandlers auf, siehe auch Abb. 1.3b im 1. Kapitel und die Beschreibung existierender Standards in Abschn. 1.3.1. Ein Kennzeichen beim Bitstrom-Modus ist die unbestimmte Anzahl von Codewörtern (oder Bits), aus denen ein Bitstrom besteht. Lediglich die *Anzahl der pro Zeiteinheit* gelieferten Codewörter ist definiert (z.B. pro Sekunde 8000 Codewörter zu je 8 Bit bei der Wandlung eines Sprachsignals oder pro Sekunde 44100 Codewörter zu je 16 Bit bei der Wandlung eines Musik-Signals).

Der *Paket-Modus* ist dadurch gekennzeichnet, dass jeweils eine bestimmte Anzahl von Codewörtern (oder Bits) zu einem *Paket* definierter Größe zusammengefasst wird. Das geschieht zum Zweck einer möglichst effizienten Übertragung von Digitalsignalen über ein Kommunikationsnetz mit vielen Vermittlungsstellen (oder Servern), siehe Abb. 4.33.

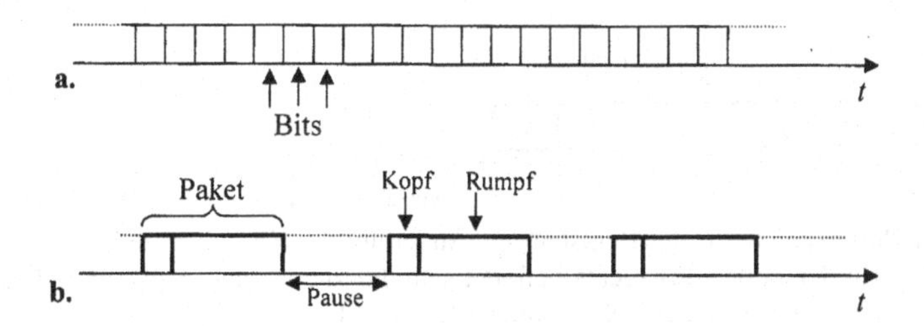

Abb.4.34 Datenformate (Prinzip)
a. Bitstrom-Modus: Alle Bits folgen in gleichen Zeit-Abständen aufeinander
b. Paket-Modus: N Bits werden zeitlich verkürzt im Rumpf eines Pakets übertragen

In Abb. 4.34 sind Bitstrom-Modus und Paket-Modus schematisch dargestellt. Während beim Bitstrom-Modus alle Bits eines digital gewandelten Sprach- oder Musiksignals in gleich bleibenden Abständen übertragen werden, werden beim Paket-Modus je N Bits zusammengefasst und mit einer im Allgemeinen stark verkürzten Dauer (z.B. mit hundertmal kürzerer Bit-Dauer als im Bitsrom-Modus) im Rumpf eines Pakets übertragen. Das Paket enthält neben dem Rumpf (body) noch einen vorangestellten Kopf (header). Der Rumpf des Pakets enthält die zu übertragende Nutzinformation (payload) und kann mehr als viele 1000 Bits umfassen. Der Kopf enthält nur Hilfsinformation (Zieladresse, Paket-Nummer und weitere Kenngrößen).

Hinsichtlich der Verbindung von Nutzern eines Kommunikationsnetzes über Pfade durch das Netz unterscheidet man zwei Verbindungsarten, nämlich

- *verbindungsorientiert* (connection oriented) und
- *verbindungslos* (connectionless)

Die Übertragung von Daten im Bitstrom-Modus über ein Netz wie in Abb. 4.33 erfordert einen für die Dauer der Sitzung (Verbindung) *gleich bleibenden Pfad* durch das Netz. Diese Art der Verbindung wird als „verbindungsorientiert" bezeichnet. Wird dagegen das im Bitstrom-Modus gelieferte Signal (z.B. Sprach- oder Musiksignal) vor der Übertragung in mehrere oder gar viele Pakete unterteilt, die jeweils nur N Nutzbits enthalten, dann ist für die Dauer der Sitzung ein gleich bleibender Pfad durch das Netz nicht erforderlich. Jedes einzelne Paket kann über einen *anderen Pfad* zum Ziel transportiert werden, was oft sehr vorteilhaft ist, wenn eine bisherige Pfadetappe zwischenzeitlich von einer anderen Verbindung genutzt wird. Diese Art der Verbindung über verschiedene Pfade wird als „verbindunglos" bezeichnet.

Bei verbindungsloser Übertragung müssen am Zielort die Nutzbits den Paketen entnommen, richtig aneinandergefügt und mit der von der ursprünglichen Bit-Dauer bestimmten richtigen Geschwindigkeit ausgegeben werden. Wenn einzelne Pakete über unterschiedliche Pfade zum Ziel gelangen, kann es passieren, dass später gesendete Pakete früher ans Ziel kommen als früher gesendete. Ein dennoch richtiges Aneinanderfügen der Nutzbits am Zielort lässt sich mit einer vom Sender mitgelieferten Nummerierung der Reihenfolge der Pakete sicherstellen.

Die Verkürzung (oder auch Verlängerung) der Bit-Dauer von binären Datensignalen lässt sich leicht mit Hilfe linearer Pufferspeicher (oder Register) verwirklichen, siehe Abb. 4.35.

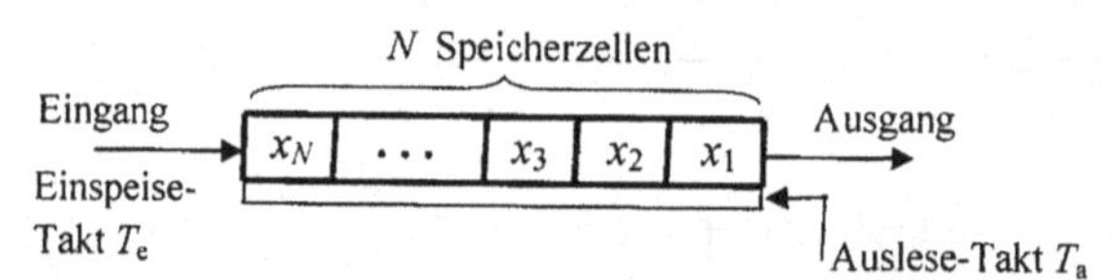

Abb. 4.35 Linearer Pufferspeicher (oder Register) zur Änderung der Bit-Dauer einer endlich langen Bit-Folge. (In der Zelle ganz rechts befindet sich das zuerst eingespeicherte Bit x_1 und in der Zelle ganz links das zuletzt eingespeicherte Bit x_N.)

In den Eingang des in Abb. 4.35 dargestellten Pufferspeichers mit N binären Speicherzellen wird im zeitlichen Takt der Bit-Dauer T_e eine Folge von Bits eingespeist. Nach dem ersten Taktschritt steht das erste Bit x_1 in der linken ersten Zelle. Nach dem zweiten Taktschritt steht das zweite Bit x_2 in linken ersten Zelle während das erste Bit x_1 um eine Stelle nach rechts in die nächste Nachbarzelle gerückt ist. Nach N Taktschritten schließlich steht in linken ersten Zelle das Bit x_N und in der letzten Zelle am Ausgang das Bit x_1 wie das in Abb. 4.35 gezeigt ist. Die Gesamtzeit für die Einspeisung der N Bits beträgt N mal T_e.

Mit Hilfe eines vom Einspeise-Takt T_e unabhängig wählbaren Auslese-Takts T_a kann die im linearen Pufferspeicher stehende Bit-Folge zum Ausgang herausgeschoben werden. Wenn die Taktschritt-Dauer T_a z.B. hundertmal kürzer ist als die Taktschritt-Dauer T_e, dann ist natürlich auch die Dauer der einzelnen Bits der am Ausgang herausgeschobenen Bit-Folge hundertmal kürzer. In entsprechender Weise lässt sich die Dauer der einzelnen Bits auch verlängern.

Obgleich sich Pufferspeicher mit unendlich vielen Zellen nicht realisieren lassen, ist es dennoch möglich, eine im Bitstrom-Modus anfallende beliebig (d.h. auch unendlich) lange Folge in eine Folge von Paketen dadurch zu wandeln, dass man zwei Pufferspeicher mit z.B. je N Zellen verwendet. Jeweils N Bits werden abwechselnd in den ersten und zweiten Pufferspeicher eingespeist. Während der Einspeisung in den zweiten (bzw. ersten) Pufferspeicher werden die Bits im ersten (bzw. zweiten) Pufferspeicher mit einer höheren Geschwindigkeit ausgelesen. Auf diese Weise entsteht eine Folge von Paketen, die je N Nutzbits in ihrem Rumpf transportieren. Je schneller der Auslese-Takt T_a im Vergleich zum Einspeise-Takt T_e ist, desto länger werden die in Abb. 4.34b gezeigten Pausen zwischen den einzelnen Paketen.

In den in Abb. 4.34b gezeigten Pausen zwischen den einzelnen Paketen lassen sich Pakete von Digitalsignalen unterbringen, die von anderen Informationsquellen stammen. Ein solches Verschachteln von Paketen verschiedener Informationsquellen auf der Zeitachse t wird als *Zeitmultiplex* von Paketen bezeichnet.

Die Anwendung von Zeitmultiplex ist aber nicht auf Pakete beschränkt. In gleicher Weise lassen sich auch die einzelnen Bits von verschiedenen Digitalsignalen, die aus verschiedenen Quellen stammen und die im Bitstrom-Modus anfallen, zeitlich ineinander verschachteln und übertragen. Es gibt einen technischen Standard für die Verschachtelung einzelner Bits von 30 Digitalsignalen verschiedener Quellen, ferner von 120, von 480 und von noch mehr Digitalsignalen verschiedener Quellen. Die kurzen Zeitschlitze auf der t-Achse, in denen die aus der selben Quelle stammenden Bits auftreten und übertragen werden, bilden einen zeitlichen Digitalkanal, vergl. hierzu Abb. 4.3 und 4.21. Der klassische ISDN-Standard eines 30 Kanalsystems enthält neben 30 Nutzkanälen für die digitale Sprachübertragung noch zusätzlich 2 Hilfskanäle für die eingangs dieses Abschnitts 4.5 genannte Hilfs- oder Netz-Kommunikation.

4.5.3 Übertragungsparameter und Protokolle am Beispiel des Internet

Das Internet ist ein nahezu nichthierarchisches digitales Netz, siehe Abb. 4.33b. Alle Signale werden in Form von speziellen Datenpaketen, die sich aus einer standardisierten Anzahl von Bits zusammensetzen und als *Datagramme* bezeichnet werden, durch das Internet transportiert. Beim Transport kommt es oft vor, dass, wie weiter unten noch erläutert wird, einzelne Datagramme unterwegs in kleinere Datagramme (sogenannte Fragmente) zerlegt werden müssen, die erst am Zielort wieder zusammengefügt werden. Alle analogen Signale werden bei der Einspeisung ins Internet zuerst in digitale Signale gewandelt, dann ebenfalls in Form von Datagrammen übertragen und erst bei der Ausgabe am Ziel wieder in analoge Signale rückgewandelt.

Seine große Verbreitung und sein rasches Wachstum hat das Internet seiner Anpassungsfähigkeit und seiner optimalen Nutzung von Kabeln und anderen Übertragungswegen zu verdanken. Weil bei der Einrichtung eines neuen Netzes die Übertragungswege, wie schon früher gesagt, in der Regel den Hauptkostenanteil bilden, werden bereits vorhandene Leitungen (Kabel) unterschiedlichster Übertragungsbandbreiten möglichst mitverwendet. Die jeweilige Übertragungsbandbreite bestimmt nach Formel (4.64) die über den jeweiligen Übertragungsweg maximal übertragbare Symbol- bzw. Bit-Rate.

Auf einem Pfad durch das Internet vom Ort des Senders zum Ort des Empfängers werden die Pakete (Datagramme) in jeder Zwischenstation (Server, Router) zunächst in einem

Pufferspeicher zwischengespeichert. Dort wird die im Kopf des Pakets enthaltene Information ausgewertet. Abhängig vom Resultat der Auswertung und abhängig von momentan verfügbaren freien Übertragungswegen in Richtung Ziel erfolgt dann die Weiterleitung.

Für die Übertragung von Paketen über eine Etappe (Teilstrecke) sind also zwei Übertragungsparameter von großer Wichtigkeit, nämlich

- *maximale Übertragungsrate* (Maximum Bit Rate) und
- *maximale Übertragungseinheit* (Maximum Transmission Unit)

Die maximale Übertragungsrate in Bit pro Sekunde hängt von der Art und auch von der Länge des Übertragungswegs ab. Bei langen einfachen Kupferleitungen ist sie relativ niedrig und beträgt selten mehr als 100 kBit/s, bei Koaxialkabeln ist sie sehr viel höher (Größenordnung 10 MBit/s) und bei Lichtleitern extrem hoch (Größenordnung 10 GBit/s).

Die maximale Übertragungseinheit hängt von der Größe des Pufferspeichers der nächst gewählten Station oder Zwischenstation ab, die das Paket empfängt. Die mit MTU abgekürzte maximale Übertragungseinheit gibt an, wie lang ein Paket oder Datagramm oder Fragment maximal sein darf, damit keine Information verloren geht. Sie wird üblicherweise in ganzzahligen Vielfachen von 8 Bit (sogenannten Oktetts oder **Bytes**) angegeben. Ein typischer Wert ist MTU = 1500 Byte.

Die Bildung eines Datagramms wird durch das sogenannte Internet-Protokoll (IP) detailliert festgelegt. Aus Platzgründen werden hier nur einige wichtige Eigenschaften dieses Protokolls skizziert. Der Kopf eines Datagramms besteht aus insgesamt 160 Bit = 20 Byte. Mit diesen 160 Bits werden unter anderem folgende Angaben codiert:

1.) die Adressen von Quelle und Ziel des Datagramms

2.) die im Kopf und Rumpf des Datagramms enthaltene Gesamtzahl an Bytes
(Diese Gesamtzahl darf nicht größer als die MTU der nächsten Teilstrecke sein. Wenn die Gesamtzahl der Bytes eines angelieferten Datagramms größer ist als die MTU der nächsten Teilstrecke ist, dann muss das Datagramm in kleinere Fragmente zerlegt werden, die ihrerseits ebenfalls eine Datagramm-Struktur haben.)

3.) die Lebensdauer des Datagramms
(In jeder Zwischenstation wird die Lebensdauer um eine Einheit verkürzt um zu verhindern, dass ein Datagramm ewig im Kreis herumläuft, z.B. über PS_1, S_2, S_5, PS_1 in Abb. 4.33b. Am Ende der Lebensdauer wird das Datagramm gelöscht.)

4.) die Identifikation, ob das Datagramm ein Fragment eines größeren Datagramms ist oder nicht, und ob es im Fall eines Fragments das erste oder zweite oder dritte usw. Fragment des größeren Datagramms ist.

Das Internet Protokoll (IP) beschreibt allein noch nicht alle Vorgänge des Transports von Nachrichten und Information über das Internet. An weiteren Protokollen seien nur das Transportschicht-Protokoll (Transmission Control Protocol TCP) und das Sitzungsinitiierung Protokoll (Session Initiation Protocol SIP) erwähnt. Das Transportschicht-Protokoll sorgt für die ordnungsgemäße Ende-zu-Ende-Übertragung von Dateien, Webseiten usw. indem es unter anderem Fragmente wieder richtig zusammenfügt, Fehlerüberprüfungen durchführt und verlorengegangene Datagramme erneut vom Absender anfordert. Das Sitzungsinitiierung Protokoll besorgt die Eröffnung und Beendigung einer Sitzung, z.B. beim Telefonat über das Internet den Verbindungsaufbau und den Verbindungsabbau.

Die verschiedenen Protokolle gehören zu verschiedenen Ebenen eines Kommunikationsablaufs. Auf diese Ebenen wird im nächsten Abschn. 4.5.4 noch näher eingegangen. Hier sei zunächst noch eine ergänzende Bemerkung zum Konzept der Paket-Übertragung angefügt.

Bemerkung zum Konzept der Paket-Übertragung:
Die klassischen Telefon-Gesellschaften und ihre industriellen Zulieferer haben zwar früh die Vorteile der digitalen Übertragung erkannt, sie haben jedoch lange Zeit das Potenzial der Paket-Übertragung unterschätzt. Ausgehend von Sprachsignalen, die nach Analog-Digital-Wandlung im Bitstrom-Modus anfallen, haben diese Institutionen voll auf eine synchrone Technik gesetzt. Um mehrere im Bitstrom-Modus anfallende digitale Sprachsignale im Zeitmultiplex über den selben Übertragungsweg übertragen zu können, müssen alle Bitströme exakt dem gleichen Takt gehorchen. Ein bereits geringer Unterschied der Bit-Takte verschiedener Bitströme führt nach einiger Zeit zu einem Auseinanderlaufen der zeitlichen Bit-Positionen. Notwendig ist deshalb ein zentraler Takt, der vom Telefon-Netz an alle Nutzer geliefert wird – und das möglichst weltweit. Im Unterschied dazu kann beim Paket-Modus jeder Nutzer mit seinem Endgerät (PC) und jede Zwischenstation (Server, Router usw.) einen eigenen Takt benutzen, weil Pufferspeicher gemäß Abb. 4.35 in einfacher Weise beliebige Taktanpassungen erlauben. Dieser Umstand hat wesentlich zur raschen Ausbreitung und zu immer neuen Nutzungsarten des Internet beigetragen. Nicht nur die klassischen Telefon-Gesellschaften gerieten dadurch mehr und mehr ins Hintertreffen, sondern auch ganze Unternehmensbereiche ihrer Zuliefer-Industrie.

[4.14] Vorteile der Verwendung von Daten-Paketen in digitalen Netzen

Großflächige Netze setzen sich aus Übertragungswegen (Leitungen), Vermittlungsstellen sowie weiteren Einrichtungen zusammen, die je von unterschiedlicher Art sind und von verschiedenen Herstellern stammen. Im Unterschied zur synchronen Übertragung digitaler Signale bietet der Paket-Modus an jeder Stelle des Netzes einfache Anpassungsmöglichkeiten des Signalformats an die unterschiedlichsten örtlichen Gegebenheiten und erlaubt den Nutzern die Verwendung unterschiedlicher Endgeräte, wobei dasselbe Endgerät noch für verschiedene Kommunikationsdienste (Übertragung von Sprache, Daten, Bildern, ...) einsetzbar wird.

4.5.4 Ebenen-Modelle und Instanzen von Telekommunikationssystemen

Komplizierte Vorgänge, die von vielen Einflüssen abhängen, werden durchsichtiger und besser verständlich, wenn man sie in mehrere Ebenen unterteilt, die möglichst unabhängig voneinander sind. Dasselbe gilt für komplizierte technische Abläufe. Ihre Aufteilung in mehrere Ebenen machen die technische Verwirklichung zudem auch sicherer, zuverlässiger und wartungsfreundlicher.

Verschiedene Ebenen wurden bereits im Zusammenhang mit Information in Abschn. 2.1, mit der Interpretation von Signalen und deren Bedeutungen in Abschn. 2.7.2 und in noch weiteren Zusammenhängen betrachtet. Hier geht es jetzt um verschiedene Hierarchie-Ebenen von Telekommunikationsprozessen.

A: Einfaches Beispiel für Hierarchie-Ebenen beim Telekommunikationsprozess

Das Wesen derartiger Hierarchie-Ebenen sei nun anhand Abb. 4.36 erläutert:

Ein Kaufmann in Japan, der nur japanisch spricht, möchte mit einem Kaufmann in Deutschland, der nur deutsch spricht, kommunizieren, beispielsweise über den Export von

Fahrrädern und den Import von Weißwein. Ein hierzu passender Kommunikationsprozess lässt sich mit dem in der Abbildung dargestellten 4-Ebenen-Modell (auch 4-Schichten-Modell genannt) beschreiben.

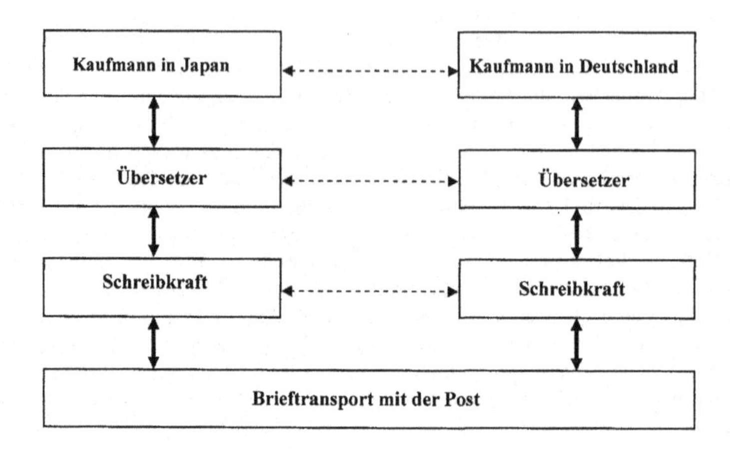

Abb. 4.36 Beispiel eines 4-Schichten-Kommunikationsmodells
Die gestrichelt gezeichneten horizontalen Linien kennzeichnen eine virtuelle Kommunikation, die durchgezogenen Linien kennzeichnen den tatsächlichen Kommunikationsweg.

Die Korrespondenz des Kaufmanns in Japan mit dem Kaufmann in Deutschland folgt dem durch fette zweiseitig gerichtete Pfeile gekennzeichneten Weg. Der Übersetzer übersetzt die in japanischer Sprache formulierte Nachricht ins Englische und reicht diese nach unten an die Schreibkraft weiter. Die Schreibkraft tippt den Brief und reicht ihn nach unten an die Post weiter, die diesen nach Deutschland transportiert. Dort wird er von der Schreibkraft, in deren Büro der Brief abgeliefert wird, nach oben an den Übersetzer weitergereicht. Der Übersetzer übersetzt den englischen Text ins Deutsche und übergibt ihn nach oben an den deutschen Kaufmann. Die Nachricht des Kaufmanns in Deutschland an den Kaufmann in Japan geht den umgekehrten Weg.

Der Kommunikationsprozess in Abb. 4.36 stellt eine geschichtete Client-Server-Kommunikation dar, vergl. Abschn. 1.2.3. Die Client-Server-Kommunikation drückt sich darin aus, dass die jeweils höher gelegene Ebene als Client gegenüber der jeweils darunter liegenden Ebene auftritt. Umgekehrt dient jede tiefer gelegene Ebene der jeweils darüber liegenden Ebene als Server (Dienstleister): Die oberste Ebene der Kaufleute kommuniziert direkt nur mit der Ebene der Übersetzer. Die Kommunikation auf gleicher Ebene mit dem jeweils anderen Kaufmann ist dagegen *virtuell.* Die Ebene der Übersetzer nimmt Anfragen und Mitteilungen von den Kaufleuten entgegen und liefert zugehörige Antworten und Mitteilungen an die Ebene der Kaufleute. Damit die Ebene der Übersetzer dazu in der Lage ist, muss sie - zusätzlich ihrer eigenen Arbeit der Übersetzungen - noch ihrerseits wieder als Client gegenüber der Ebene der Schreibkräfte auftreten, die umgekehrt als Server für die Ebene der Übersetzer fungiert. Entsprechend tritt auch die Ebene der Schreibkräfte wieder als Client gegenüber der untersten Ebene, der Post, auf, welche für sie den Service des Brieftransports erledigt. Die einzelnen Ebenen oder Schichten, nämlich die der Übersetzer, die der Schreibkräfte, die der Post sind hier die *Instanzen*, vergl. Abschn. 1.3.

Die besondere organisatorische und technische Bedeutung des Ebenen-Modells besteht darin, dass jede Ebene *autonom* arbeitet. So brauchen beispielsweise die Übersetzer nichts von kaufmännischen Problemen zu verstehen und auch nichts über die Bedienung einer Schreibmaschine und schon gar nichts über das Funktionieren der Briefpost. Auf der Ebene der Übersetzer muss es aber die *Kommunikationsregel* geben, dass für den Nachrichtentransport eine gemeinsame Sprache (hier englisch) verwendet wird. Die gesamte Kommunikation kann scheitern, wenn in Japan ins Englische übersetzt wird und in Deutschland ins Französische übersetzt wird. Entsprechend muss es auch auf der Ebene der Schreibkräfte eine Kommunikationsregel für den Brieftransport geben. Die gesamte Kommunikation kann ebenfalls scheitern, wenn in Japan die Briefe per Post verschickt werden und in Deutschland nur per Telefax, ohne ins Postfach zu schauen. Die verschiedenen Kommunikationsregeln werden als *Protokolle* bezeichnet. (Spezielle Beispiele von Protokollen wurden bereits im 1. Kapitel in Abschn. 1.5.5 sowie im vorigen Abschn. 4.5.3 vorgestellt und werden unten noch in einen größeren Zusammenhang gestellt).

Die Kommunikation auf jeweils gleicher Ebene oder Schicht

Kaufmann ↔ Kaufmann
Übersetzer ↔ Übersetzer
Schreibkraft ↔ Schreibkraft

bezeichnet man als virtuelle *Kommunikation.* Man spricht von einer *Peer-to-Peer-Kommunikation,* wenn beide Instanzen gleichberechtigt sind, d.h. wenn eine nicht ausschließlich Server der anderen ist, sondern gegenüber der anderen sowohl als Client wie auch als Server auftreten kann.

So viel zur *Idee* von Ebenen oder Instanzen und von Kommunikationsregeln oder Protokollen bei einer Telekommunikation. Nun zu einem *allgemeinen Konzept* von Ebenen bei digitalen Telekommunikationsnetzen.

B: *Zum OSI-Modell*

Das OSI-Modell (Open System Interconnection) ist ein von der ISO (International Standard Organization) standardisiertes Referenzmodell. Es beschreibt nach Art des in Abb. 4.36 gezeigten Beispiels, in welche Schichten oder Ebenen der Aufbau einer Verbindung über ein Telekommunikationsnetz unterteilt werden kann. Nahezu alle großen Telekommunikationsnetze, wie das Internet, sind genauso oder nahezu genauso wie das OSI-Modell konzipiert. Jede Schicht ist für eine spezielle Teilaufgabe oder Funktion zuständig und dient als Client oder Server. Insgesamt werden beim OSI-Modell sieben Instanzen oder Schichten unterschieden. Die (im Standard festgelegte) Nummerierung der Schichten erfolgt von unten nach oben entsprechend dem ansteigenden technischen Funktionsgrad. Jede Höhere Schicht setzt bei einer Verbindung die jeweils darunter liegende Schicht voraus:

7. *Anwendung*
6. *Darstellung* (von Nutzersignalen)
5. *Eröffnung und Beendigung der Kommunikation* (der Sitzung)
4. *Transport* (der Nutzersignale)
3. *Wegesuche im Netz*
2. *Datensicherung*
1. *Übertragungsmedium* (Bit-Übertragung)

Die unterste Schicht oder Ebene betrifft die elementarste Funktion der Übertragung von Bits über eine Strecke oder Teilstrecke der räumlichen Entfernung.

Die nächst höhere 2. Ebene betrifft die Aufgabe, wie die mit den Bits übertragenen Daten mit Hilfe von *Prüfbits* gegen Fehler gesichert werden können, siehe hierzu die Tabelle 1.4 in Abschn. 1.5.4 und ferner die Ausführungen über *Kanalcodierung* in Abschn. 4.4.2B.

In der 3. Ebene geht es um die mit Abb. 4.33 erläuterte Aufgabe der *Wegesuche* in einem Netz, das viele Wege enthält, um viele verschiedene Nutzer oder Kommunikationspartner miteinander verbinden zu können. (Beim Internet ist für diese Aufgabe das Internetprotokoll IP zuständig, vergl. Abschn. 4.5.3).

Die nächst höhere 4. Ebene *Transports* kümmert sich darum, wie die Signale und Daten der Nutzer oder Kommunikationspartner zweckmäßigerweise durch das Netz transportiert werden, ob dieser Transport im Bitstrom-Modus oder im Paket-Modus und verbindungsorientiert oder verbindungslos erfolgt, siehe Abschn. 5.4.2. (Das in Abschn. 5.4.3 genannte Transportschichtprotokoll TCP regelt Einzelheiten beim Paket-Modus im Internet und besorgt zusätzlich noch eine spezielle Datensicherung).

Die 5. Ebene bestimmt die *Eröffnung und Beendigung* einer Sitzung, innerhalb welcher der Transport von Nachrichten und Daten stattfindet, der von der 4. Ebene organisiert wird.

In der 6. Ebene *Darstellung von Nutzersignalen* wird vorgegeben, ob Sprachsignale z.B. wie beim ISDN mit 64 Kilobit pro Sekunde oder wie beim Mobilfunk mit 13 Kilobit pro Sekunde, ob Bildsignale z.B. in Schwarz-Weiß oder in Farbe, im HD-Format oder einem anderen Format, ob Fotos und Bilder im TIF- oder JPG-Format usw. dargestellt werden. Die vielfältigen Darstellungsmöglichkeiten hängen mit der Quellencodierung zusammen, siehe Abschn. 2.5.4.

Die oberste 7. Ebene *Anwendungen*, kurz „App" genannt (von Application) legt fest, welchem Zweck die Verbindung überhaupt dient, ob der Sprachübertragung, Bildübertragung oder Datenübertragung, und was dabei speziell gewünscht wird. Moderne Smart-Phones bieten neben dem Telefonieren noch zahlreiche weitere Apps an, darunter Auskünfte, Spiele, Verbindungen mit sozialen Netzwerken und mehr.

Jede dieser 7 Ebenen oder Schichten arbeitet wie im Beispiel von Abb. 4.36 autonom nach Vorschriften und Abläufen, die durch ein schichtspezifisches Protokoll festgelegt sind. Die jeweils untere Schicht dient als Server der jeweils unmittelbar darüber gelegenen Schicht. Umgekehrt ist die jeweils höher gelegene Schicht ein Client der jeweils unmittelbar darunter gelegenen Schicht. Somit kommuniziert z.B. Schicht 4 direkt nur mit Schicht 3 und mit Schicht 5, nicht aber z.B. mit Schicht 2. Diese Client-Server-Kommunikation ist eine Maschine-Maschine-Kommunikation, vergl. Abschn. 1.2.3, die dafür sorgt, dass die Signale und Daten des Nutzers oder der Anwendung vom Ort des Senders zum Ort des Empfängers gelangen. Wichtig dabei sind die Übergabe-Stellen (kurz: *Schnittstellen*) zwischen den benachbarten Instanzen. Bei realen Systemen sind diese Schnittstellen so definiert, dass sie einerseits möglichst einfach sind und dass andererseits Fehlfunktionen ausgeschlossen bleiben.

Die Verbindung zweier Kommunikationspartner KP_A und KP_B, die sich an den Orten A und B befinden, zeigt Abb. 4.37. Sowohl am Ort A als auch am Ort B bilden diese 7 Ebenen oder Schichten wie in Abb. 4.36 je eine Säule. In Abb. 4.37 ist angenommen, dass Weg oder Pfad von A nach B in zwei Etappen über eine Zwischenstation C aufgebaut ist. Da in der Zwischenstation C lediglich die Wegesuche für die nächste Etappe stattfindet, reichen dort die Säulen nur von Schicht 1 bis zur Schicht 3.

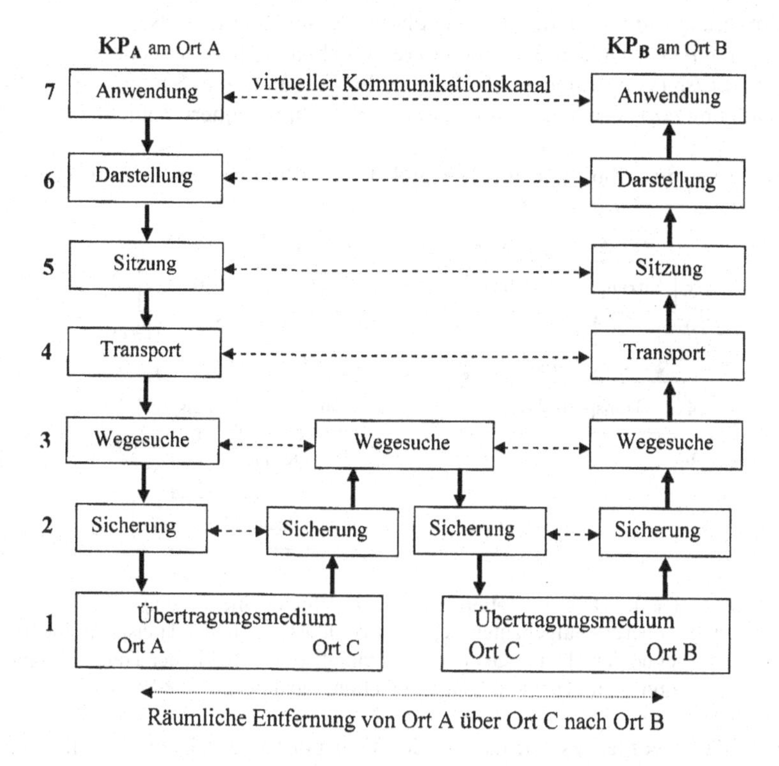

Abb. 4.37 OSI 7 Schichten-Modell der Verbindung zweier Kommunikationspartner KP_A und KP_B an den Orten A und B über eine Zwischenstation C. Die fett gezeichneten Pfeile zeigen den Pfad der Nutzersignale vom Ort A zum Ort B. Die gestrichelt gezeichneten Pfeile kennzeichnen die virtuelle Kommunikation in der selben Schicht.

Wenn ein Kommunikationspartner KP_A am Ort A mit einem Kommunikationspartner KP_B kommunizieren will, dann wird am Ort A die Verbindung von oben (Schicht 7) nach unten (Schicht 1) und dann am Ort B von unten nach oben in mehreren Schritten wie folgt aufgebaut:

KP_A wählt z.B. die Anwendung *Telefonieren* und teilt dem Netz die Adresse von KP_B mit. Bevor an beiden Orten A und B eine Einigung über die Darstellung der Sprachsignale erreicht werden kann, muss zuvor erst ein virtueller Kommunikationskanal für die Schicht 6 hergestellt werden. Das setzt die Eröffnung einer Sitzung voraus, wozu Schicht 6 die Dienste der Schicht 5 in Anspruch nimmt. Damit Schicht 5 diesen Dienst erbringen kann, muss wiederum zuvor erst ein virtueller Kommunikationskanal zwischen den Orten A und B für die Schicht 5 hergestellt sein. Zu diesem Zweck nimmt Schicht 5 die Dienste der Schicht 4 in Anspruch. Damit Schicht 4 diesen Dienst erbringen kann, muss wiederum zuvor erst ein virtueller Kommunikationskanal für die Schicht 4 aufgebaut worden sein. So geht das weiter bis zur Schicht 1, die einen realen Kommunikationskanal zwischen voneinander räumlich entfernten Orten darstellt.

Die Inanspruchnahme einer jeweils nächst tieferen Schicht erfolgt mit Hilfe von vier sogenannten Dienstoperationen. Diese lauten

- Anforderung *req* (von request) von höherer Schicht an tiefere Schicht
- Anzeige *ind* (von indication) von tiefere Schicht an höhere Schicht
- Antwort *resp* (von response) von höherer Schicht an tiefere Schicht
- Bestätigung *con* (von confirm) von tiefere Schicht an höhere Schicht

Das Prinzip sei mit Abb. 4.38 am Beispiel der Eröffnung einer Sitzung (Schicht 5) grob verdeutlicht.

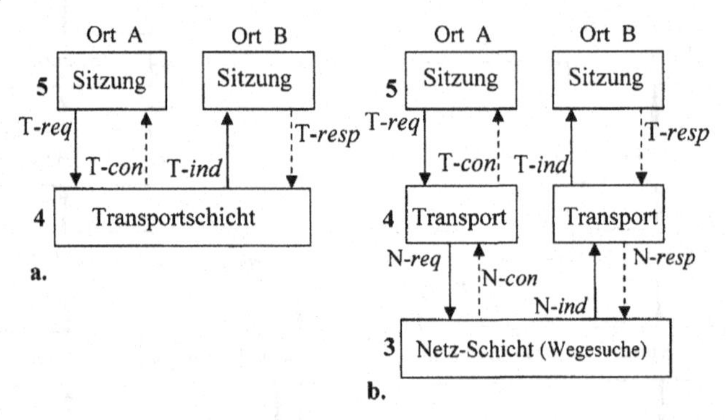

Abb. 4.38 Abfolge der Dienstoperationen bei der Eröffnung einer Sitzung
a. bei bereits aufgebautem Kommunikationskanal in der Transportschicht
b. bei noch nicht aufgebautem Kommunikationskanal in der Transportschicht, jedoch bereits aufgebautem Kommunikationskanal in der Netz-Schicht

In Abb. 4.38a ist vorausgesetzt, dass in der Transportschicht 4 ein virtueller Kommunikationskanal zwischen den Orten A und B bereits aufgebaut ist. Um die Sitzung zu eröffnen sendet Schicht 5 am Ort A eine Anforderung T-*req* an Schicht 4, woraufhin Schicht 4 am Ort B eine entsprechende Anzeige T-*ind* an Schicht 5 schickt. Im Fall der Empfangsbereitschaft sendet am Ort B die Schicht 5 eine entsprechende Antwort T-*resp* an Schicht 4, woraufhin Schicht 4 am Ort A die entsprechende Bestätigung T-*con* an Schicht 5 schickt. Die Beendigung der Sitzung erfolgt in ähnlicher Weise unter Verwendung der gleichen Dienstoperationen. (Zwischenbemerkung: Die Voraussetzung, dass bei Eröffnung einer Sitzung bereits ein virtueller Kanal zwischen den Orten A und B vorhanden sei, ist hypothetisch und dient nur der einfacheren Beschreibung. Bei Beendigung der Sitzung existiert dagegen dieser virtuelle Kanal. Die wirklichen Verhältnisse bei der Eröffnung werden im sogleich folgenden Text deutlich).

Abb. 4.38b illustriert die Eröffnung einer Sitzung für den Fall, dass in der Transportschicht noch kein virtueller Kommunikationskanal aufgebaut ist und dass aber bereits in der Netz-Schicht 3 ein solcher vorhanden ist. Um die Sitzung zu eröffnen sendet Schicht 5 am Ort A eine Anforderung T-*req* an Schicht 4. Weil in Schicht 4 aber noch kein Kommunikationskanal aufgebaut ist, reicht Schicht 4 mit N-*req* diese Anforderung weiter an die Netz-Schicht 3, in der bereits ein virtueller Kommunikationskanal zwischen den Orten A und B vorhanden sei. Daraufhin wird am Ort B von der Netz-Schicht 3 eine entsprechende Anzeige N-*ind* nach oben an die Transportschicht 4 geschickt, von wo aus diese Anzeige mit T-*ind* an Schicht 5 weitergereicht wird. Bei Empfangsbereitschaft sendet am Ort B die

Schicht 5 mit den Antworten T-*resp* und N-*resp* über die Schichten 4 und 3 eine entsprechende Bestätigung mit N-*con* und T-*con* an die Schicht 5 am Ort A.

Falls auch in der Netz-Schicht 3 noch kein virtueller Kanal aufgebaut ist, wird die von der Schicht 5 gestartete Anforderung von der Schicht 3 noch weiter an die Schicht 2 herunter gereicht und von dort noch weiter an Schicht 1, wenn auch in Schicht 2 noch kein virtueller Kanal zwischen den Orten A und B vorhanden ist.

Beim OSI-Modell hat man es also mit *ineinander geschachtelten Kommunikationsprozessen* zu tun. Dies wird besonders deutlich, wenn man ergänzend zu den Betrachtungen in Abb. 4.38 den Transport von Signalen eines Kommunikationspartners oder Nutzers durch ein Netz betrachtet und dabei voraussetzt, dass diese Signale oder Nutzer-Daten im Paket-Modus gemäß Abb. 4.34b übertragen werden. Was dabei mit einem einzelnen Paket passiert, wird nun mit Abb. 4.39 gezeigt.

Vom Nutzer oder Kommunikationspartner stammen die Nutzer-Signale oder Nutzer-Daten in Form einer Folge von Paketen. In der OSI-Schicht 7 wird auf der Sendeseite jedes dieser Pakete mit einem Kopf AK versehen, der Auskunft darüber gibt, um welche Art von Nutzer-Daten es sich handelt, ob z.B. Sprache oder Bild usw. Auf der Empfangsseite wird in Schicht 7 nur dieser Kopf AK interpretiert, damit die Empfangsseite weiß, in welcher Form die Nutzer-Daten an den empfangenden Kommunikationspartner zu liefern sind. Für den Inhalt der Nutzer-Daten interessiert sich das Netz nicht.

In der nächst tieferen Schicht 6 wird auf der Sendeseite jedes der Pakete der OSI-Schicht 7 mit einem zusätzlichen Kopf DK versehen, der Auskunft über die Art der Darstellung gibt. Auf der Empfangsseite wird in der Schicht 6 allein dieser Kopf DK interpretiert. Nach der Interpretation wird dieser Kopf DK abgetrennt und nur der Rest bestehend aus den Nutzer-Daten und dem Kopf AK nach oben an Schicht 7 weitergereicht. Der Kopf AK und die Nutzer-Daten werden auf der Empfangsseite von Schicht 6 nicht interpretiert.

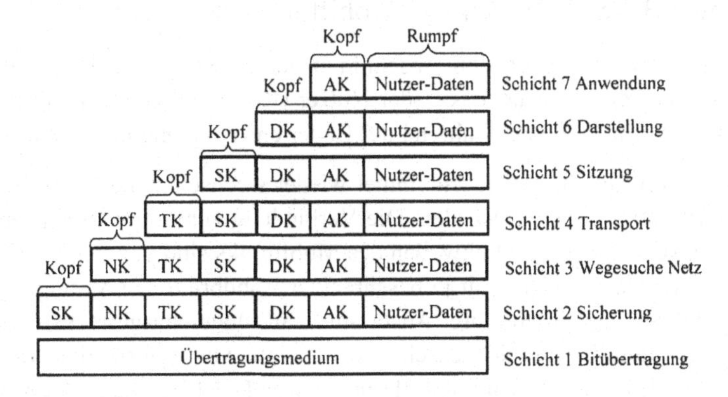

Abb. 4.39 Prinzip der Paketbildung beim OSI-Modell

Entsprechend wird in den übrigen Schichten des OSI-Modells verfahren. Mit dem in der jeweiligen Schicht auf der Sendeseite hinzugefügten Kopf wird festgelegt, in welcher Form speziellen Form die jeweilige Schicht auf der Empfangsseite die von ihr zu erledigende Aufgabe auszuführen hat. Um die sonstigen Inhalte des Pakets, die nichts mit der speziellen Aufgabe der betreffenden Schicht zu tun haben, kümmert sich die betreffende Schicht nicht. Die in Abb. 4.37 durch gestrichelt gezeichnete horizontale Pfeile gekennzeichnete virtuelle Kommunikation betrifft nur die im zugehörigen Kopf enthaltene Information. In der untersten Schicht 1 werden die Bits der Nutzer-Daten und aller Köpfe in gleicher Weise übertragen ohne dass eine Interpretation stattfindet.

Die mit Abb. 4.39 dargestellte Verschachtelung ist – cum grano salis – vergleichbar mit dem Versand eines Briefes mit der Post. Im Brief sind nur die für den Brief-Empfänger bestimmten Nutzer-Daten enthalten. Eingehüllt wird das Blatt mit den Nutzer-Daten mit einem Briefumschlag, auf dem dessen Adresse steht. Dieser Briefumschlag mit Adresse entspricht einem ersten hinzugefügten Kopf beim Datenpaket. Auf der Post wird dieser Brief (zusammen mit anderen Briefen, die an den selben Bestimmungsort gehen) in einen Postsack gesteckt, auf den der Bestimmungsort vermerkt ist. Dieser Postsack entspricht einem zweiten hinzugefügten Kopf beim Datenpaket. Am Bahnhof wird dieser Postsack (zusammen mit anderen Postsäcken, deren Bestimmungsorte an der selben Bahnstrecke liegen) in einen Eisenbahnwagen geladen. Dieser Eisenbahnwagen entspricht einem dritten hinzugefügten Kopf beim Datenpaket usw. Je näher die Sendung an den Briefempfänger gelangt, desto mehr Hüllen (Eisenbahnwagen, Postsack und zuletzt der Briefumschlag) werden wieder entfernt, wie das auch bei den Datenpaketen des OSI-Modells der Fall ist. Unterwegs werden immer nur die für den Transport relevanten Angaben interpretiert, zuletzt vom Briefzusteller die Straße und Hausnummer.

Eine sarkastische Anmerkung:
Große staatliche Behörden haben ebenfalls eine hierarchische Struktur mit vielen Ebenen, auf und zwischen denen eine umfangreiche interne Kommunikation stattfindet. Wenn deren Protokolle nicht streng geregelt und Zuständigkeiten unklar sind, Ebenen übersprungen werden, usw., kommt es zu Verhedderungen mit dem Ergebnis, dass die Behörde nur noch mit sich selbst beschäftigt ist und Dienstleistungen nach außen kaum noch wahrnehmbar sind, vergl. hierzu N. Parkinson (2001).

4.5.5 Einige Besonderheiten von Mobilfunknetzen

Bei allen in den vorangegangenen Abschnitten betrachteten Netzen handelte es sich um *Festnetze*. Diese setzen voraus, dass jeder Nutzer (Kommunikationspartner) sich an einem festen Standort befindet, den er während der Dauer einer Sitzung nicht verlassen darf.

Für mobile Nutzer, die ihre Standorte immer wieder wechseln, sind Festnetze durch zusätzliche *Mobilfunknetze* erweitert worden. Die Verbindung zum mobilen Nutzer erfolgt drahtlos über Funkwellen. Für die Funkwellen des Mobilfunks sind von der WRC (World Radio Conference) Frequenzbereiche mit je beschränkter Bandbreite zur Verfügung gestellt worden. Weil Funkwellen während ihrer Ausbreitung Störungen ausgesetzt sind, lässt sich über eine solche Bandbreite nur eine beschränkte Anzahl von Informationsbits pro Sekunde übertragen, vergl. hierzu Abschn. 4.4.2D und Formel (4.129). Die dem Mobilfunk zugeteilten Frequenzbereiche besitzen also je eine nur endlich große informationstheoretische Kanalkapazität C, die sich alle Nutzer teilen müssen.

Um für möglichst viele mobile Nutzer gleichzeitig eine drahtlose Verbindung zur Verfügung stellen zu können, wird einerseits ein zu versorgendes Gebiet in lauter kleine Zellen unterteilt und andererseits eine nur so geringe Sendeleistung zugelassen, dass die Reichweite der Funkwelle nicht wesentlich über die Zellengröße hinausreicht, siehe Abb. 4.40, (auf die Bedeutung der Beschriftung A1, B1 usw. wird weiter unten eingegangen). In der

Mitte einer jeden Zelle befindet sich eine ortsfeste Basis-Station, mit der die mobilen Nutzer über Funk verbunden sind, und von wo die Nutzersignale in das Festnetz weitergeleitet werden (sofern der Kommunikationspartner nicht ebenfalls mobil ist und sich in der selben Zelle aufhält). In Gegenden, wo relativ viele mobile Nutzer auf einer kleinen Fläche vorhanden sind, sind die Zellengröße und die von der Basis-Station kontrollierte Sendeleistung des Nutzers klein, in ländlichen Gegenden, wo sich nur relativ wenige mobile Nutzer aufhalten, sind Zellengröße und Sendeleistung des Nutzers groß.

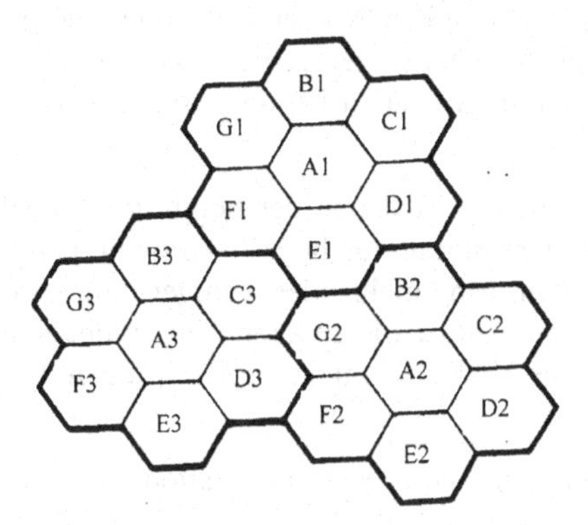

Abb. 4.40 Abdeckung einer räumlich ausgedehnten Region mit (6-eckigen) Funkzellen
In ländlichen Gegenden mit nur wenigen Nutzern pro Fläche bilden die durch fette Linien gekennzeichneten größeren Flächen eine Makrozelle.

Befindet sich ein mobiler Nutzer an der Grenze zweier Zellen, z.B. zwischen B1 und A1, dann wird sein Signal von den Basis-Stationen der Zellen B1 und A1 gleich stark empfangen. Damit es immer eine eindeutige Zuordnung des mobilen Nutzers zu einer Basis-Station gibt, werden in benachbarten Zellen unterschiedliche Frequenzbereiche benutzt. Zu diesem Zweck wird der einem Mobilfunknetz zugeteilte Frequenzbereich (es gibt mehrere Mobilfunknetze) in sieben schmalere Bereiche A bis G unterteilt. Im Beispiel von Abb. 4.40 sind die verschiedenen Frequenzbereiche mit den Buchstaben A, B, ... , G gekennzeichnet. So wird z.B. der in Zelle A1 benutzte Frequenzbereich erst wieder in Zelle A2 verwendet.

Wenn ein mobiler Nutzer eine Zellengrenze überschreitet, dann muss er mit seinem Sendesignal (und mit seinem Empfangskanal) in einen anderen Frequenzbereich wechseln. Damit das alles automatisch erfolgt, ist eine zusätzliche Hilfskommunikation zwischen Nutzer und den Basis-Stationen notwendig.

Die Makrozelle, welche die Flächen A1, B1, ... , G1 abdeckt, hat ihre Basis-Station in A1. Diese ist für die gesamte Makrozelle zuständig, in der nun überall der selbe Frequenzbereich benutzt wird. In der benachbarten Makrozelle, welche die Flächen A2, B2, ... , G2 abdeckt und ihre Basis-Station in A2 hat, wird dann ein anderer Frequenzbereich benutzt.

An Orten, wo sich viele Mobilfunk-Nutzer auf kleiner Fläche aufhalten wie z. B. auf Flughäfen, werden die Zellen in Abb. 4.40 in kleinere Mikrozellen, und diese eventuell nochmal in noch kleinere Picozellen unterteilt, um alle Nutzer bedienen zu können.

Bei Änderung des Abstands des mobilen Nutzers von der nächst gelegenen Basis-Station und auch beim Wechsel von größeren zu kleineren Zellen und umgekehrt muss die Sendeleistung des mobilen Nutzers den momentanen Verhältnissen angepasst werden, um Überreichweiten zu vermeiden. Auch das geschieht mit einer zusätzlichen Hilfskommunikation, mit welcher die vom Ort abhängige erforderliche Sendeleistung des Nutzers von der Basis-Station aus gesteuert wird.

Über Hilfs- oder interne Netz-Kommunikation werden aber noch weitere Aufgaben gelöst. Damit ein mobiler Nutzer gefunden wird, wenn er von einem anderen Nutzer angerufen wird, muss das Netz jederzeit wissen wo sich der mobile Nutzer gerade befindet. Das wird dadurch möglich, dass das vom mobilen Nutzer mitgeführte Endgerät (Handy) sich von Zeit zu Zeit automatisch bei der nächst gelegenen Basis-Station meldet, was wiederum nötig macht, dass das Endgerät eingeschaltet ist, d.h. sich im sogenannten Standby-Betrieb befindet.

Bei einem mobilen Internet-Zugang ist neben der beim OSI-Modell beschriebenen Hilfskommunikation noch eine weitere umfangreiche Hilfskommunikation nötig, um die Nutzer-Kommunikation zu ermöglichen. Eine mehr oder weniger umfangreiche interne Hilfskommunikation benötigen aber auch nahezu alle anderen Einrichtungen und Organisationen, die kommunikative Dienste für eine Vielzahl von Nutzern erbringen. Es gilt deshalb allgemein:

[4.15] Nutzer-Kommunikation und Hilfs-Kommunikation

Größere Organisationen und Einrichtungen, die Dienstleistungen zum Zweck der Kommunikation für zahlreiche externe Nutzer erbringen wie z.B. Netze für die Telekommunikation, das Postwesen, Zeitschriften- und Zeitungsredaktionen, Fernsehanstalten und weitere, erfordern für ihr ordnungsgemäßes Funktionieren eine umfangreiche und zweckmäßig strukturierte interne Hilfskommunikation.

4.6 Das „Medium" ist die „Botschaft"

Die obige Überschrift nimmt Bezug auf das Buch „Understanding Media" des von den Geisteswissenschaften geprägten kanadischen Kommunikationstheoretikers M. McLuhan (1964). Darin trägt das 1. Kapitel die gleiche Überschrift ohne Anführungszeichen. In obiger Überschrift sind die Begriffe „Medium" und „Botschaft" in Anführungszeichen gesetzt, weil beide Begriffe bei McLuhan eine allgemeinere Bedeutung haben als hier in dieser Abhandlung.

Im 1. Kapitel dieser Abhandlung wurde in Abschn. 1.1.2 ausgeführt, dass unter „Medium" einerseits eine Signalklasse (z.B. Sprache, Bild, Text) verstanden wird, und andererseits auch das technische Mittel oder Übertragungssystem, mit dem Nachrichten übertragen werden (z.B. Kabel, Rundfunk, Fernsehen, Zeitung, ...). McLuhan bezeichnet als Medien nicht nur solche technischen Einrichtungen, welche die Reichweite der menschlichen Artikulations- und Wahrnehmungsorgane bei der Kommunikation betreffen, sondern auch solche, welche eine Erweiterung der menschlichen Gliedmaßen hinsichtlich neuer Möglichkeiten darstellen. Letzteres bieten z.B. die Eisenbahn und Autos, mit denen sich leichter entfernte Orte erreichen lassen als zu Fuß, ferner Kräne zum Heben von Lasten usw.

Von einer „Botschaft" oder Nachricht interessieren in dieser Abhandlung der Sinngehalt (Bedeutung) und die Informationshöhe, welche die Botschaft mit Hilfe eines Signals dem Empfänger bringen. Bei McLuhan heißt es dagegen: „Sinn der Botschaft ist die Veränderung, die sie in der Vorstellungswelt hervorruft. Größeres Interesse an der *Wirkung* als an der Bedeutung ist eine der grundlegenden Veränderungen unseres Zeitalters der Elektrizität.“ Entscheidend ist die Existenz eines Mediums, nicht der darüber übertragene Inhalt.

In Teil I seines o.g. Buches beschreibt McLuhan die 1964 aktuellen Auswirkungen von *Massenmedien* der in Abschn. 4.2 erläuterten Verteil-Kommunikation. Im umfangreicheren Teil II werden, angefangen bei der Sprache und Entwicklung der Schrift in der Antike, über die Erfindung des Buchdrucks bis hin zu den Entwicklungen mechanischer Maschinen, der Automation und der elektrischen Kommunikationsmittel, die jeweils ausgelösten Wirkungen auf die soziale Struktur und auf das Denken der menschlichen Gesellschaft beleuchtet. Weltweit Furore machte McLuhan drei Jahre später mit einem unter Mithilfe von Q. Fiore reich bebilderten Büchlein[4.6], worin seine wesentlichen Gedanken zusammengefasst sind. Die Aufmachung spricht massiv die Gefühlswelt vieler Leser und Betrachter an und macht auf diese Weise deutlich, wie sehr die Vorstellungen und das Denken von Medien geprägt werden. Die These von McLuhan lässt sich kurz wie folgt ausdrücken: *„Massenmedien verändern die Ausrichtung des Aufmerksamkeitskanals und lassen Wahrnehmungen über andere Medien verkümmern. Dadurch ändert sich die menschliche Gesellschaft.“*

Um die gleiche Zeit entstanden unabhängig von McLuhan zahlreiche Schriften anderer Autoren über *formierte* Gesellschaft, *informierte* Gesellschaft und verwandte Themen. Wegen solcher Ereignisse wird auch in der hier dargestellten Kommunikationstheorie auf einige Effekte und Randbedingungen von Medien und Kommunikation eingegangen.

4.6.1 Beispiele für Veränderungen durch Medien

Eine früher stattgefundene Veränderung der menschlichen Gesellschaft ergab sich nach McLuhan mit der Erfindung des Buchdrucks um das Jahr 1450 durch Johannes Gutenberg in Mainz. Diese Erfindung bestand in der Verwendung einzelner in Blei gegossener Letter (= spiegelbildliche Buchstaben), die einem Setzkasten entnommen und zu einem spiegelbildlichen Text zusammengefügt werden. Durch Einfärben dieser Textfläche mit Druckerschwärze und anschließendes Aufdrücken der Textfläche auf Pergament (oder Papier) las-sen sich beliebig viele lesbare Kopien des Textes preiswert herstellen.

Das erste mit dieser Methode hergestellte Massenprodukt war die „Gutenberg-Bibel“. Vorher mussten die Bibel und andere Bücher handschriftlich kopiert werden, was sehr aufwändig und damit teuer war, sodass nur wenige Leute und Institutionen sich den Luxus eines Buches leisten konnten. Die neue Möglichkeit der preiswerten Massenherstellung der Bibel und anderer Druckschriften hatte eine breite Alphabetisierung auch der einfachen und wenig begüterten Bevölkerung zur Folge, die vorher weder lesen noch schreiben konnte und die ihr Wissen ausschließlich über das Hören von gesprochener Sprache bezog. Mit der wachsenden Verfügbarkeit gedruckter Schriften vollzog sich nach McLuhan in der menschlichen Gesellschaft ein Wandel von der Hörkultur zur visuellen Kultur mit vielfältigen weiteren Auswirkungen. (Obwohl später fast alles gedruckt wurde – von anspruchsvoller wissenschafticher Literatur bis zur Schundliteratur – galten Bücher lange Zeit als heilig wie heute der Koran. Es hieß pauschal „Wer Bücher verbrennt, verbrennt auch

[4.6] Der englische Originaltitel lautet: *The Medium is the Massage*. Statt „Massage“ sollte ursprünglich „Message“ = „Botschaft“ stehen, aber McLuhan fand den Druckfehler des Setzers passend und nahm mit Absicht keine Korrektur vor. Jüngste deutsche Übersetzung siehe McLuhan (2011).

Menschen". Heute mutieren Bücher nach Lektüre nicht selten zu Wegwerfartikeln. Man hat zu viele davon und weiß nicht mehr, wohin damit. Eine Lösung zeichnet sich mit der wachsenden Verbreitung von „E-Books" ab und teils auch mit „Print on Demand").

Der Übergang von der mühevollen Handarbeit des Anordnens der Letter beim Setzen zur maschinellen Setztechnik über Tastaturen machte das Erstellen von Druckschriften leichter und schneller. Damit entstanden immer mehr periodisch erscheinende Zeitschriften und Zeitungen, die eine weitere Änderung der Gesellschaft mit sich brachten. Zusätzlich gefördert wurde diese Entwicklung dann noch durch die Erfindung der Fotographie und die Einbindung von Schwarzweißbildern in Druckerzeugnisse durch Rasterung der Grautöne. Breite Schichten der Bevölkerung erfuhren so auf anschauliche Weise von aktuellen Ereignissen und Entwicklungen an anderen Orten, es entstanden neue Interessengruppen, die Rechte beanspruchten, und große Parteien, was dann schließlich zur Demokratie führte. Zugleich wurde aber auch die Erfahrung gemacht, dass die *Beherrschung von Medien Macht* verleiht.

Im Aufkommen des Hörfunks (Radio) sah McLuhan eine gewisse Rückentwicklung von der visuellen Kultur zur Hörkultur. Diese Rückentwicklung betrifft teilweise auch das Fernsehen, mit dem zugleich Sprache und Musik übertragen werden. Aber auch diese teilweise Rückentwicklung ist ein kommunikativer Fortschritt dann, wenn dem Empfänger dadurch die Interpretation der empfangenen Signale erleichtert wird. McLuhan unterscheidet diesbezüglich *heiße Medien* und *kalte Medien.* Heiße Medien erleichtern die Interpretation, kalte Medien erfordern dagegen mehr geistigen Aufwand bei der Interpretation. Radio kann man hören und dabei gleichzeitig mechanische Arbeiten ausführen, die keine sonderliche Konzentration benötigt. Beim Fernsehen geht das nicht, weil der Blick auf den Bildschirm gerichtet wird. Das Fernsehen zählt McLuhan zu den kalten, den Hörfunk zu den heißen Medien.

Bemerkung:
Der für die Interpretation erforderliche geistige Aufwand hängt nicht allein vom Medium ab, sondern auch vom Gegenstand der übermittelten Nachricht. Das Märchen von den sieben Geißlein und dem bösen Wolf kann man über den Hörfunk mit weniger Aufwand empfangen als über das Fernsehen. Eine Erläuterung, wie man dreistellige Dezimalzahlen miteinander multipliziert, ist dagegen sehr schwer zu verstehen, wenn sie nur verbal über den Hörfunk empfangen wird. Die Erläuterung ist aber leicht zu verstehen, wenn sie mit Kreide und Tafel erfolgt und über das Fernsehen empfangen wird. Für die Fernunterrichtung über Sprachen genügt der „heiße" Hörfunk, die Fernunterrichtung über Mathematik erfordert hingegen „kaltes" Fernsehen.

McLuhan starb im Jahr 1980 und hat deshalb die immense Entwicklung des Internet nicht mehr miterlebt. Von den Verteil-Medien Druckschrift, Hörfunk, Fernsehen unterscheidet sich das Massenmedium „Internet" fundamental dadurch, dass es ein Dialog-Medium ist. Es befreit die Vielzahl der Nutzer aus ihrer passiven Rolle von bloßen Konsumenten und macht sie zu aktiven Teilnehmern am Massen-Kommunikationsgeschehen dadurch, dass jeder Nutzer nicht nur empfangen sondern auch senden kann. In welchem Ausmaß dies die menschliche Gesellschaft verändert, ist derzeit noch kaum absehbar. Internet-Dienst-Anbie-ter wie Google und Facebook haben sich in kurzer Zeit zu milliardenschweren Konzernen entwickelt. Es besteht kein Zweifel, dass diese Dienste wie auch weitere Dienste, darunter Twitter und der Handel via Internet (z.B. Amazon, Ebay), die Gesellschaft verändern. McLuhan würde sich hier bestätigt fühlen.

Zusatzbemerkung:
Von Experten der Halbleitertechnologie ist zu hören, dass seit einiger Zeit die Weiterentwicklung hochintegrierter elektronischer Schaltkreise (vergl. 3. Kapitel Abschn. 3.4.2) nicht mehr in erster Linie von der Computer-Industrie vorangetrieben wird, sondern von der Spiele-Industrie, die virtuelle neue Welten produziert, (z.B. Nitendo, Lego-Mindstorms). Mehrere Hochschulen werben heute mit Studienangeboten für die Ausbildung zu Entwicklern und Programmierern von Computerspielen. Das weckt Assoziationen mit dem Roman „Das Glasperlenspiel" von H. Hesse (1943) und sieht schon fast nach einer Wandlung des *homo sapiens* zum *homo ludens* aus. Die Spiele-Industrie könnte auch die Technik des Programmierens verändern. Große Programmsysteme haben heute einen Umfang von vielen Millionen Programmzeilen (lines of code), die nur wenige Experten noch durchblicken können und das auch nur deshalb, weil sie selbst an deren Herstellung mitgewirkt haben, siehe S. Wendt (1998). Ein grundsätzlicher Paradigmenwechsel im Bereich existierender großer Programmsysteme erscheint aus mehreren Gründen als kaum möglich. Anders ist das bei der noch jungen Spiele-Industrie. Ihre Produkte müssen so gestaltet sein (und sind es auch), dass es Kindern ermöglicht wird, ein variantenreiches Verhalten von Spiele-Robotern zu programmieren, indem sie graphische Module auf dem Computer-Monitor so zu einem größeren Bild derart zusammenfügen, dass der Roboter wie gewünscht operiert, siehe D. Schneider (2011). Ähnlich wie der Maschinenbau und die Elektrotechnik standardisierte Bauteile und Komponenten – angefangen bei Schrauben bis zu Transformatoren jeder Leistungsklasse – herstellen, aus denen sich größere Systeme zusammensetzen, so sollten sich auch in der Informatik vielseitig verwendbare standardisierte größere Module mit klar definierten und möglichst einfachen Schnittstellen herstellen lassen.

4.6.2 Zur Akzeptanz neuer Medien

Neue technische Erfindungen und Entwicklungen haben schon immer Bedenken ausgelöst:

In der Literatur findet man Hinweise auf die im 17. Jahrhundert geäußerten Befürchtungen verschiedener Institutionen, dass mit der wachsenden Verbreitung des Buchdrucks vermehrt auch verbotene[4.7] Bücher erscheinen und solche, die den Glauben und die Moral der Menschen verderben. Deshalb sollte der Buchdruck besser ganz unterbleiben.

Beim Bau der ersten Eisenbahn in Deutschland von Nürnberg nach Fürth warnten Ärzte und Experten, dass Menschen und Tiere den Anblick eines mit 25 Stundenkilometer vorbeirasenden Zuges nicht ertragen könnten und verlangten Mauern als Sichtschutz längs der Eisenbahnlinie. Als man damit begann, die Gasbeleuchtung durch erste noch trübe funzelnde Glühbirnen zu ersetzen, verbreitete sich die Meinung, dass Elektrizität niemals ein gutes Gas ablösen wird.

Der Verfasser erinnert sich an die 1950er Jahre, als der stark zunehmende Autoverkehr für zahlreiche Verkehrstote in Deutschland verantwortlich gemacht wurde und manche Kritik sich mehr gegen das Vorhandensein vieler Autos richtete als gegen deren Fahrer. Die Kritiken in beide Richtungen waren nicht ganz unberechtigt. In der Zwischenzeit sind Autos durch Anschnallgurte, Knautschzone, Antiblockiersystem und weitere Maßnahmen deutlich sicherer gemacht worden. Aber auch die Fahrweise ist aufgrund besserer Aufklärung in Fahrschulen und durch Medien allgemein disziplinierter geworden.

Die heutige Kritik an neuen Kommunikationsmedien hat manche Ähnlichkeit mit früherer Kritik über Autos. Zu hören ist gelegentlich eine pauschale Kritik, die sich undifferenziert gegen neue Kommunikationsmedien richtet. Häufiger aber hört man Bedenken und Klagen

[4.7] Schon immer wurden bestimmte Inschriften und Bücher verboten. Das geschah bereits bei den Pharaonen um 2000 v. Chr. und das galt auch für frühe häretische Handschriften. Gut bekannt war der Index der katholischen Kirche, der aber 1965 wieder abgeschafft wurde. In Deutschland sind heute Bücher verboten, in denen Gewalt, Drogen und Pornographie verherrlicht werden und in denen Rassenhass propagiert wird.

über bestimmte Arten der Nutzung dieser Medien. Bekannt sind Warnungen vor dem Besuch gewisser Kinofilme, vor dem dauernden Sitzen vor dem Fernsehempfänger und vor den Gefahren, die mit dem Internet verbunden sind. Die Ursachen von verschiedenen Exzessen, die immer mal wieder geschehen, von gesundheitlichen Schäden, die verbreitet auftreten, von gestörten oder unmoralischen oder kriminellen Verhaltensweisen mancher Menschen, und von sonstigen Abnormitäten werden oft mit zu intensiver, mit falscher oder unzulässiger Nutzung der neuen Medien, insbesondere des Fernsehens und des Internet, in Verbindung gebracht. Die Reduzierung schlechter Einflüsse bei der Nutzung durch technische Maßnahmen ist nicht einfach, wenn man Freiheit nicht beschränken will. Hilfreicher in dieser Hinsicht ist eher eine bessere Aufklärung über die vielfältigen Zusammenhänge und die daraus resultieren Konsequenzen und Gefahren.

Kritik und zögernde Akzeptanz technischer Neuerungen haben auch mit der Beharrung auf alte Gewohnheiten zu tun. Dieses Beharrungsvermögen ist besonders bei älteren Menschen stark ausgeprägt. Junge Leute sind unbekümmerter und offener für Neuerungen jeder Art.

4.6.3 Über die Macht der Medien

Die Macht, die mit der Verfügbarkeit und Nutzung von Medien ausgeübt wird, ist erstmals mit dem Erscheinen von Tageszeitungen allgemein deutlich geworden. In ihrem Jahrbuch 2005 beschreiben L. Hachmeister und G. Hager (2005) wie der amerikanische Medienmogul Randolph Hearst im Jahr 1898 durch Stimmungsmache in seiner Tageszeitung „San Francisco Examiner“ für den Ausbruch des Krieges zwischen den USA und Kuba mitgesorgt hat und wie er damit anschließend die Auflage seines Blattes enorm steigern konnte.

Bücher und andere nicht periodisch erscheinende Druckschriften haben bei weitem nicht die unmittelbare Macht, die auflagenstarke Tageszeitungen besitzen. Der Einfluss von Büchern ist, sofern sie ihn überhaupt haben, nur mittelbar und dann nicht so kurzfristig wie der von Tageszeitungen. Das von Karl Marx verfasste Buch „Das Kapital“ haben nur die wenigsten Anhänger des Marxismus gelesen. Seinen Einfluss verdankt das Buch relativ wenigen Propagandisten, die mit öffentlichen Reden die Buchinhalte bekannt gemacht und damit im Verlauf einiger Jahre Anhänger gewonnen haben.

Heute sind es vor allem Politiker und politische Parteien, welche den großen Einfluss von Zeitungen auf die öffentliche Meinung für ihre Ziele zu nutzen versuchen. Sie tun das, indem sie Pressemitteilungen herausgeben, Pressekonferenzen veranstalten und dafür oft noch eigene Pressesprecher beschäftigen. Die Erfolge von Politikern und Parteien hängen nämlich stark davon ab, ob über deren Tätigkeiten in den Zeitungen freundlich und positiv berichtet wird oder negativ und abwertend oder ob über die Tätigkeiten gar nicht berichtet wird. Manche Parteien leisten sich wegen der Einflussmöglichkeiten sogar eigene Zeitungen, die aber allgemein als voreingenommen und nicht neutral angesehen werden.

Umgekehrt wenden sich Journalisten oft an Politiker, um in Interviews aus erster Quelle Information über neue Ereignisse und Vorhaben der Politik zu bekommen. Gefürchtet ist der investigative Journalismus, der vermeintlichen oder tatsächlichen Unregelmäßigkeiten und Skandalen nachgeht und dabei Interviewpartner nicht selten in arge Bedrängnis bringt. Wenn gleich mehrere Zeitungen an der selben Angelegenheit interessiert sind, kann es zu einer wahren Pressekampagne kommen, aus der ein in die Angelegenheit involvierter Politiker nur selten unbeschadet herauskommt. Es ist schon öfters passiert, dass ein Politiker ein Amt aufgeben musste, weil ihm von Journalisten Fehlverhalten nachgewiesen wurde. In solchen Fällen zeigt sich überaus deutlich die Macht von Zeitungen und Journalisten. Nicht ohne Grund wird deshalb der investigative Journalismus (neben der legislativen, der exekutiven und der judikativen Gewalt) als die *vierte Gewalt* im Staat bezeichnet. Diese Gewalt kann natürlich nur dann ausgeübt werden, wenn Pressefreiheit herrscht, was in allen demokratischen Staaten weitgehend der Fall ist. Nur in Diktaturen ist die Pressefreiheit stark eingeschränkt wie dort überhaupt die Presse von den Staatsorganen gelenkt wird.

Die Macht von Zeitungen berührt nicht nur Politiker und Politik sondern auch alle prominente Personen und Einrichtungen (Ämter, Verwaltungen, Konzerne, Firmen, Handelshäuser usw.) an denen ein öffentliches Interesse besteht. Private Rundfunkanstalten, die Hörfunk- und Fernsehsender betreiben, sind in der Regel aus Unternehmen des Zeitungswesens hervorgegangen. Zeitungsinterviews werden deshalb weitgehend von „Talkshows" ersetzt, in denen Politiker, Stars und Fachleute zu Wort kommen. Einzelheiten über die Entwicklung der 50 größten Medienkonzerne der Welt (zu denen auch einige staatliche Unternehmen gehören) kann man in den von L. Hachmeister und G. Rager (z.B. 2005) herausgegebenen Jahrbüchern nachlesen.

Hörfunk und Fernsehen nehmen die gleichen Aufgaben wahr wie die Tageszeitungen, verfügen aber dank der Übertragung von Ton und Bild über vielseitigere, unmittelbarere und intensivere Einflussmöglichkeiten. Sie können ein großes Publikum direkt und ohne Zeitverzug erreichen, was mit Zeitungen, die erst gedruckt und verteilt werden müssen, nicht möglich ist. Sie können zudem mit Bewegtbild-Reportagen (Filmen) ihren Zuschauern das Weltgeschehen direkt vor Augen führen und sie an Unterhaltungs-Shows teilnehmen lassen. Sie können den Bekanntheitsgrad von Stars und favorisierten Personen steigern und deren Erscheinungsbild hochjubeln und in ein besseres Licht stellen. Andererseits können Hörfunk und Fernsehen in Medienkampagnen ihre Opfer auf vielfältigere Weise in Bedrängnis bringen und beschädigen, indem sie z.B. Versprecher, unglückliche Wortwahl oder Gestik wiederholt vorführen oder die Opfer durch Parodien lächerlich machen.

Das Internet bietet einzelnen Menschen über Rundmails, Blogs und Tweets in sozialen Netzwerken [siehe hierzu Abschn. 4.6.6] die Möglichkeit, weitreichende Aufmerksamkeit zu erregen. Sie können dadurch zahlreiche andere Menschen erreichen, denen sie ihre Meinungen, Erlebnisse, Erfahrungen und Schicksale mitteilen, die sie um Rat fragen oder zur Teilnahme an Aktionen aufrufen können. Sie können das Internet aber auch missbrauchen, indem sie damit andere Personen mobben oder verleumden.

Alle oben aufgezählten Fälle machen deutlich, welche Macht mit der Nutzung eines Telekommunikation-Mediums verbunden ist.

4.6.4 Ökonomisch bedingte Zwangslagen von Medien und gesellschaftliche Bedürfnisse

Bücher werden von Verlagen herausgebracht. Ein Verlag bringt in der Regel nur solche Bücher heraus, von denen er sich einen genügend hohen Absatz verspricht, sodass längerfristig mindestens die Kosten für Herstellung und Vertrieb wieder hereinkommen. Nur in sehr seltenen Fällen wird aus ideellen Gründen auch mal ein Buch auf den Markt gebracht, das aller Voraussicht nach nicht rentabel ist und deshalb anderweitig finanziert wird.

Die Herausgeber von Tageszeitungen und/oder periodisch erscheinenden Zeitschriften, die keine oder nur geringe Finanzmittel von Sponsoren, Vereinsbeiträgen oder anderen Quellen erhalten, müssen die Kosten kurzfristig durch den Verkauf der Zeitungen bzw. Zeitschriften und durch Einnahme von Gebühren für die darin gedruckten Anzeigen und Werbetexte hereinholen.

Die Kosten für die Beschaffung der Inhalte, für die Herstellung und für den Vertrieb von Tageszeitungen sind erheblich. Bezahlt werden müssen Redakteure, Journalisten und Nachrichtenagenturen, ferner das Personal und Material für den Druck, schließlich noch der Vertrieb und viele weitere Posten, die hier nicht alle aufgezählt werden können. Notwendig sind deshalb eine genügend große Auflagenhöhe und eine möglichst gleich hohe Anzahl fester Abonnenten und sonstiger Käufer am selben Tag. Zeitungsleute hört man sagen: „Nichts ist so alt wie eine Zeitung von gestern. Sie dient nur noch als Alt- oder Packpapier".

Nur bei hoher Auflage sind Inserenten bereit, auch hohe Gebühren für Werbeanzeigen zu bezahlen. Um eine hohe Auflage absetzen zu können, muss eine Tageszeitung attraktiv sein und einem vorhandenen Bedarf bei den Lesern entgegenkommen. Die inhaltlichen Schwerpunkte müssen so gesetzt sein, dass jeder Abonnent in möglichst jeder Ausgabe Texte vorfindet, die er interessant und lesenswert findet. Wenn er wiederholt solche Texte nicht findet, dann folgt eines Tages die Kündigung des Abonnements. Sinkt die Abonnentenzahl drastisch, dann sinken entsprechend auch die Einnahmen bei den Gebühren für die Abonnements und für die Werbeinserate. Die Folge sind Verluste, die – wenn sie zu hoch werden – den Zeitungsherausgeber in die Insolvenz treiben und ihn zwingen, Konkurs anzumelden oder das Unternehmen oder Teile davon an Konkurrenten zu verkaufen.

Bezüglich Attraktivität gilt oft die journalistische Erfahrung „Bad news are good news" (Schlechte Nachrichten sind gut). Aus ökonomischem Zwang müssen Tageszeitungen zumindest teilweise ein momentanes *Spiegelbild ihrer Leserschaft* sein. Zu einem anderen Teil haben sie aber auch die Macht, durch Auswahl und Gewichtung ihrer Inhalte die Leserschaft mit fortschreitender Zeit allmählich zu formen. Diese Macht erweitert die im vorigen Abschn. 4.6.3 beschriebene Macht.

Ökonomischen Zwängen unterliegen auch private Rundfunkanstalten beim Betrieb von Hörfunksendern und noch mehr beim Betrieb von Fernsehsendern. Die Errichtung eines Fernsehsenders erforderte in der Anfangszeit des Fernsehens eine nicht unbeträchtliche finanzielle Investition. Diese muss im Laufe der Zeit durch Einnahmen, die mit dem Betrieb des Senders erzielt werden, wieder eingespielt werden und zwar möglichst mit einer passablen zusätzlichen Rendite[4.8]. Die Einnahmen resultieren entweder aus den Gebühren, welche die Fernsehzuschauer zu entrichten haben (Pay-TV), oder aus Gebühren für Werbesendungen, die andere Unternehmen in Auftrag geben (oder aus beiden Gebühren).

Um möglichst hohe Einnahmen mit dem Betrieb des Senders erzielen zu können, muss das Sendeprogramm möglichst viele Zuschauer erreichen und für diese auch möglichst attraktiv sein. Das bedeutet lange Sendezeiten pro Tag, die Beschäftigung vieler Kamerateams und Reporter, die Stoff möglichst auch im Ausland sammeln, um die Sendezeiten mit guten Angeboten zu füllen, ferner die Veranstaltung von Shows mit teuren Schauspielern und Interviews mit gefragten Leuten und Sonstiges mehr.

[4.8] Private Unternehmer haben in der Gründungsphase meist nicht genügend Eigenkapital und besorgen sich „Venture Capital" von Investoren oder Geld von Banken oder auch mit der Ausgabe von Aktien und Anteilscheinen, für die dann Zinsen und Dividenden gezahlt werden müssen. Selbst staatliches Fernsehen erwartet in der Regel eine Rendite, weil die öffentliche Hand – von seltenen Ausnahmen abgesehen – noch nie mit dem Geld der Steuerzahler ausgekommen ist.

Die Kosten für die genannten Posten sind mit den Zuschauern, die eine einzelne Sendestation erreicht, nicht einspielbar. Um ein größeres Gebiet mit mehr Zuschauern versorgen zu können, braucht man ein Netz mit mehreren größeren Sendestationen und abhängig von der Topographie des Versorgungsgebiets eventuell noch mit vielen kleinen Füllsendern, die alle über Kabel miteinander verbunden sind. Die Versorgung von mehr Zuschauern mit dem selben Programm senkt zwar die pro Zuschauer aufzubringenden Kosten, zwingt aber dennoch zu größeren Anfangsinvestitionen und erhöht insgesamt das finanzielle Risiko, wenn bestimmte Einschaltquoten nicht erreicht werden, dadurch Werbeeinnahmen wegbrechen und Bankkredite teurer werden.

Bei dieser Betrachtung ist noch gar nicht berücksichtigt, dass die Sender, die Aufnahmestudios und weitere technische Einrichtungen Service-Personal und gelegentliche Ersatzinvestitionen benötigen, um alles instand zu halten, dass eine größere Verwaltung und eine Intendanz vorhanden sein müssen, die auch Geld kostet, und dass Marktforschung betrieben und Kontakte zu wichtigen Institutionen gepflegt werden müssen, um herauszufinden, welche Schwerpunkte das Sendeprogramm haben sollte.

Diesen großen Aufwand können sich nur wenige Betreiber (Sendeanstalten) leisten, und die stehen wiederum untereinander in Wettbewerb um Einschaltquoten. Beliebig viele Betreiber waren lange Zeit auch schon deshalb nicht möglich, weil die von der World Radio Conference (WRC) für das analoge Fernsehen zugeteilten Frequenzbänder nicht viele Kanäle zulassen, und ein Betreiber die Lizenz für mehrere Kanäle braucht, wenn er ein großflächiges Sendernetz mit mehreren Sendestationen betreiben will, vergl. Abschn. 4.5.5. In späterer Zeit hat es aber beträchtliche technische Fortschritte durch die Digitalisierung der Fernsehsignale und die Erschließung neuer Frequenzbereiche mit dem Satellitenfernsehen gegeben. Dank der Entwicklung effizienter Quellencodierung [vergl. Abschn. 2.5.4] bietet ein alter analoger Fernsehkanal Platz für etwa zehn digitale Fernsehkanäle. Weil dadurch mehr Fernsehkanäle entstanden, ist die Nutzung eines Fernsehkanals preisgünstiger geworden. Deshalb konnten viele neue kleine Sendeanstalten entstehen, die sich auf spezielle Sparten beschränken und dort auch leistungsfähig sind, oder die sich auf eine lokale Versorgung beschränken und die dort vorhandenen örtlichen Bedürfnisse bedienen. Da die gesamte potenzielle Zuschauerzahl eines Landes aber in etwa gleich geblieben ist, nehmen diese kleinen Betreiber den großen Betreibern Einschaltquoten weg, was die großen Betreiber, die sehr viele Zuschauer erreichen können, dazu zwingt, sich noch mehr als früher nach dem durchschnittlichen Geschmack der Mehrheit der Zuschauer zu richten. [Diese Entwicklung hat satirische Witze entstehen lassen wie die Frage: Was ist ein Optimist? Antwort: Ein Optimist ist jemand, der, wenn ihm eine Fernsehsendung nicht gefällt, auf ein anderes Programm umschaltet].

Hier ergibt sich wieder eine gleichartige Situation wie bei den Tageszeitungen. Aus ökonomischen Gründen müssen die Fernsehprogramme zumindest teilweise ein momentanes *Spiegelbild ihrer Zuschauerschaft* abgeben. Zu einem anderen Teil haben sie aber auch hier wieder die Macht, durch Auswahl und Gewichtung ihrer Sendungen die Zuschauerschaft zu beeinflussen und mit fortschreitender Zeit allmählich auch zu formen.

Wird auf den durchschnittlichen Geschmack der Mehrheit der Zuschauer zu wenig geachtet, dann sinken die Einschaltquoten und damit die Einnahmen durch Werbung. In dieser Hinsicht stellt das Internet, über das zunehmend auch Rundfunk- und Fernsehsendungen empfangen werden können, eine ernste Bedrohung jetziger Rundfunk- und Fernsehanstalten dar. Beim Dialog-Medium Internet lassen sich anhand der getätigten Aufrufe von Web-Seiten die Interessen einzelner Nutzer ziemlich gut ermitteln, was bei den Verteil-Medien

Rundfunk und Fernsehen nicht in gleichem Maß möglich ist, siehe hierzu Abschn. 4.6.6. Weil Inserenten von Werbeanzeigen potenzielle Kunden möglichst zielgenau erreichen möchten, kann es sein, dass Werbung in Zukunft vermehrt über das Internet und immer weniger über Rundfunk und Fernsehen betrieben wird. Auch kann es sein, dass deshalb innerhalb des Internets vermehrt auch Intra-Netze für interessierte Nutzer entstehen, in denen ein gesetzlich verordnetes strengeres „Post-Geheimnis" gilt.

Zusammenfassend lässt sich festhalten:

[4.16] Macht und ökonomisch bedingte Zwangslagen von Medien

Die Entstehung neuer Medien verändert allmählich die menschliche Gesellschaft (McLuhan). Die Geschwindigkeit der Änderung wird bestimmt durch ökonomische Bedingungen, welche die Betreiber zwingen, den aktuellen Zustand der Gesellschaft zu berücksichtigen, und durch das Beharrungsvermögen eines Teils der Gesellschaft, der neue Medien nicht oder nur zögernd akzeptiert. Die Bedürfnisse der Gesellschaft sorgen ihrerseits für die Weiterentwicklung von Medien.

Die These von McLuhan – wonach Medien die Gewichtung der Sinneswahrnehmungen (d.h. die Ausrichtung des Aufmerksamkeitskanals) verändern und damit auf längere Sicht auch die menschliche Gesellschaft – sollte dahingehend ergänzt werden, dass Medien nicht der Urgrund für diese Veränderung sind sondern lediglich ein Zwischenprodukt eines anderen Urgrunds darstellen. Ein tiefer liegender Urgrund für eine Veränderung der menschlichen Gesellschaft sind ökonomische Zwänge und Perspektiven.

Ökonomische Perspektiven haben den weltweiten Handel entstehen lassen, technische Entwicklungen vorangetrieben und zur Erfindung des Geldes als Maßstab für materielle Werte geführt. Ein allzu freizügiger und wenig geregelter Umgang mit Geld hat wiederum Wirtschaftskrisen, Staatsschulden und Finanzmärkte mit eigenen Finanzprodukten (z.B. Derivate, Leerverkäufe) entstehen lassen, die sich zusammen viel dramatischer auf die menschliche Gesellschaft auswirken als das Medien allein tun könnten. Medien tragen eher dazu bei, die schlimmsten Auswirkungen eines zu freizügigen Umgangs mit Geld zu verhindern.

Um gesellschaftlichen Bedürfnissen gerecht zu werden, haben verschiedene Staaten Gesetze erlassen, die das Medien- und Telekommunikationswesen regeln, und Einrichtungen geschaffen, die für die Durchführung und die Einhaltung der Gesetze sorgen. In Deutschland gab es zeitweilig ein eigenes Bundesministerium für Post und Telekommunikation. Derzeit ist dafür eine Bundesnetzagentur zuständig. In der Radio- und TV-Landschaft wird zwischen dem öffentlich rechtlichen Rundfunk und dem privaten Rundfunk unterschieden. Ersterer ist für die Grundversorgung mit Nachrichten zuständig. Er wird von den Landesrundfunkanstalten betrieben und finanziert sich wesentlich aus Rundfunkgebühren. Über die Einhaltung der Aufgaben wacht ein Rundfunkrat. Private Rundfunkbetreiber werden auf Landesebene von den Landesmedienanstalten kontrolliert.

4.6.5 Die menschliche Komponente bei Interviews und Reportagen

Besonders bei länger andauernden Medienkampagnen lässt sich beobachten, wie jedes gesagte Wort auf die Goldwaage gelegt und nach allen Richtungen hin interpretiert wird.

Wie im 1. Kapitel mit Abschn. 1.5.3 erläutert wurde, ist die sprachliche Kommunikation von Menschen in vieler Hinsicht unscharf und offen. Im Unterschied zur Kommunikation von Maschinen besteht bei der sprachlichen Kommunikation von Menschen nur eine annähernde Sicherheit dafür, dass bei komplizierten Sachverhalten der Empfänger die empfangenen Sprachsignale exakt so interpretiert, wie sie vom Sender gemeint waren.

Bei dieser Betrachtung wurde vorausgesetzt, dass der sendende Kommunikationspartner seine Signale richtig auswählt und das Problem der richtigen Interpretation der Signale beim empfangenden Kommunikationspartner liegt.

In der Realität ist aber die richtige Auswahl der Signale beim sendenden Kommunikationspartner keineswegs immer sichergestellt. Was dabei im Einzelnen passieren kann, lässt sich anhand des Schemas für die Informationsübertragung in Abb. 4.22 erläutern. Der eigentliche Sender in Abb. 4.22 möge der menschliche Geist sein. Dieser Geist benutzt als Medium seinen Sprechapparat, wenn er einen in seiner Vorstellung vorhandenen komplizierten Sachverhalt mitteilen will. Das, was der Geist sich gerade vorstellt, sei durch $\langle H(x)\rangle$ gekennzeichnet, und das, was der Sprechapparat nach außen abgibt, durch $\langle H(y)\rangle$. Dazwischen geht Äquivokation $\langle H(x|y)\rangle$ verloren und Irrelevanz $\langle H(y|x)\rangle$ kommt hinzu. Dieses Phänomen erklärt sich damit, dass der Geist, wenn er einen in seiner Vorstellung vorhandenen komplizierten Sachverhalt mitteilen will, nicht selten krampfhaft nach Worten suchen muss, um das zu sagen, was er ausdrücken möchte, und dass die letztlich getroffene Wortwahl nicht sonderlich glücklich ist. Einesteils flicht er überflüssige Worte mit ein (das ist die Irrelevanz) und andererseits lässt er unbeabsichtigt etwas weg, was eigentlich dazu gesagt sein müsste, um den Sachverhalt dem Empfänger wirklich klar mitzuteilen (das ist die verloren gehende Äquivokation oder Mehrdeutigkeit). Die „Mehrdeutigkeit" ist hier nicht so zu verstehen, das etwas unterschiedliche Bedeutungen haben kann, sondern so zu verstehen, dass nicht alles, d.h. nicht die vollständige Bedeutung im Gesagten (das ist hier $\langle H(y)\rangle$.) enthalten ist.

Bei Interviews, Talkshows und bei Reportagen hat man es mit einer Kaskade von Stationen zu tun, über die eine Informationsmenge $\langle H(x)\rangle$ fließt: Von der Vorstellung im Gehirn des Interviewten zum Gesagten, vom Gesagten zum Gehörten des Reporters, vom Gehörten des Reporters über die Interpretation zur Vorstellung im Geist des Reporters, von der Vorstellung des Reporters zum formulierten Zeitungstext des Reporter usw. An jeder Station kann es zu Verfälschungen der ursprünglichen Information (Sinngehalt) kommen.

Gerüchte verbreiten sich über viele unsichere Stationen, was zur Folge hat, dass der Sinngehalt der übermittelten Nachricht auf dem Transportweg beliebig verfälscht werden kann. Ein illustratives Beispiel hierfür liefert das Kinderspiel *Die stille Post*:

Ein halbes Dutzend Kinder sitzen nebeneinander auf einer langen Bank. Das an einem Ende der Bank sitzende Kind flüstert seinem Nachbar leise ein kompliziertes Wort ins Ohr, z.B. *Schraubenschlüssel*. Das Nachbarkind flüstert daraufhin das, was es gehört hat, seinem nächsten Nachbar ins Ohr usw. Wenn die Nachricht beim Kind am anderen Ende der Bank angekommen ist, sagt dieses laut, was es verstanden hat, z.B. *Graupenschüssel*. Große Belustigung tritt ein, wenn dann das erste Kind sagt, welches Wort es auf die Reise geschickt hat.

Es ist eine besondere Kunst, bei investigativen Interviews Worte und Gesten zu produzieren, die dem Fragesteller und anderen Zuhörern jederzeit das Gefühl vermitteln, hinreichend klare Antworten erhalten zu haben, die Nachfragen überflüssig und dümmlich erscheinen lassen, obwohl es bei einer intensiven Analyse der Antworten mehrere Interpretationsmöglichkeiten gibt.

Kommunikation ist besonders im politischen Raum existenziell wichtig. Ohne perfekte Beherrschung von Sprache und Gestik hat ein Politiker keine Chance, egal wie gut seine Kompetenz in Sachfragen auch sein mag. Mit Beherrschung von Sprache und Gestik und mit der Befähigung, besonders Emotionen anzusprechen, hat ein Politiker dagegen jede Chance, egal wie gering seine Kompetenz in Sachfragen auch ist, wie die geschichtliche Erfahrung in Deutschland gelehrt hat.

Die oben geschilderten Beispiele beziehen sich auf Extremsituationen. Im 6. Kapitel wird erläutert, warum die natürliche Sprache vom Ursprung her unscharf ist, und dass diese Unschärfe für den gewöhnlichen Alltagsgebrauch der Sprache viele Vorteile bringt.

4.6.6 Soziale Netzwerke und ihre möglichen Konsequenzen

Das Internet hat zu einer ganzen Reihe von neuen Kommunikationsmöglichkeiten geführt. Dieselbe E-Mail lässt sich mit einem Klick an mehrere Kommunikationspartner versenden. Das hatte schon früh zur Folge, dass sich Gemeinschaften, sogenannte „Online-Communitys“ gebildet haben, deren Mitglieder ausschließlich über das Internet Nachrichten untereinander austauschen und über irgendwelche Themen miteinander diskutieren.

Bei den „Online-Communitys“ lassen sich zwei Arten unterscheiden, nämlich

- *geschlossene* Gemeinschaften und
- *offene* Gemeinschaften, auch *„Soziale Netzwerke“* genannt

Bei geschlossenen Gemeinschaften bestimmen allein deren Mitglieder, wer als neues Mitglied in die Gemeinschaft aufgenommen wird. Andere Internet-Nutzer haben keinen Zugang zu einer geschlossenen Gemeinschaft.

Bei offenen Gemeinschaften oder sozialen Netzwerken kann im Prinzip jeder Internet-Nutzer Mitglied werden. Er muss sich allerdings dort *registrieren*, d.h. sich identifizieren und dabei in mehr oder weniger großem Umfang persönliche Daten preisgeben. Ist das geschehen, dann kann er sich jederzeit mit seinem Benutzernamen und einem Passwort in das Netzwerk einklinken (sog. „login“). Dort kann er seine Interessen, Ansichten und Fragen hinterlassen oder mitteilen und nach Kommunikationspartnern suchen.

Ein soziales Netzwerk bildet ein „Intranet“ innerhalb des Internet. Alle Daten eines Intranets verbleiben innerhalb des betreffenden Intranets und gelangen nicht oder sollten nicht in das restliche Internet oder in andere Intranets gelangen[4.9].

Es gibt soziale Netzwerke (z.B. Facebook), die viele Millionen Mitglieder haben. Der Betrieb solch großer Netzwerke erfordert umfangreiche technische Einrichtungen (Datenbanken, Server) und damit auch große Investitionen und schließlich auch viel Service-Personal, was alles bezahlt werden muss. Die Finanzierung erfolgt in der Regel nicht aus Gebühren

---

[4.9] Der Umstand, dass Mitteilungen in Form von Daten-Paketen (siehe Abschnitte 4.5.2 und 4.5.3 sowie Abschn. 1.5.4 des 1. Kapitels) übertragen und zwischengespeichert und teils auch auf längere Dauer gespeichert werden, bieten Organisationen, die direkten Zugang zu den technischen Einrichtungen haben vielfältige Möglichkeiten zur Einsicht und Auswertung der Daten von Nutzern, zumal die Inhalte großer Datenspeicher nicht gelöscht, sondern nur mit anderen Daten überschrieben werden können. Direkten Zugang haben Netzbetreiber und Dienste-Anbieter. In Sonderfällen erhalten aber auch Polizei (zur Verbrechensbekämpfung) und Geheimdienste (u.a. zum Aufspüren von Terroristen) solchen Zugang.

der Nutzer, sondern über Werbeeinnahmen, die der Betreiber des sozialen Netzwerks von Werbeinserenten erhält.

Werbung in sozialen Netzwerken ist für Werbeinserenten besonders effektiv. Dank der Tatsache, dass jeder Nutzer des Netzwerks dort seine Spuren hinterlässt, aus denen sich ein individuelles Nutzer-Profil[4.10] ableiten lässt, ist es möglich, Werbung gezielt an diejenigen Nutzer zu senden, die ein vermutliches Interesse am Werbeobjekt haben. Auf diese Weise lassen sich die großen Streuverluste vermeiden, die bei Werbung über Rundfunk, Fernsehen und Zeitung zwangsläufig entstehen, weil sie dort zum Großteil auf nichtinteressiertes Publikum stößt und nur in einem geringen Maß auf tatsächliche Interessenten.

Weil gezielte Werbung über soziale Netzwerke kostengünstiger ist als breit gestreute Werbung über die klassischen Medien Rundfunk und Fernsehen, wo teure Sendezeit in Anspruch genommen wird, drohen Rundfunk und Fernsehen wachsende Einnahmeverluste je weiter sich große soziale Netzwerke ausbreiten. Dies gilt umso mehr, je mehr es möglich wird, interessierende Rundfunk- und Fernsehsendungen zeitversetzt aus Mediatheken über das Internet dann abzurufen, wenn man als Konsument gerade Zeit dafür hat. Es gibt nicht wenige Stimmen, die prophezeien jetzt schon ein Ende des Fernsehens, wie es derzeit konsumiert wird und den Tagesablauf vieler Leute maßgeblich beeinflusst.

Soziale Netzwerke bestimmen nicht nur die künftige Bedeutung der klassischen Medien Rundfunk und Fernsehen. Sie bieten andererseits jedem einzelnen Nutzer auch die Möglichkeit, die Aufmerksamkeit einer Vielzahl von Menschen zu erreichen, was vorher nur einflussreichen Leuten und Institutionen vorbehalten war, die über eigene Zeitungen, Sendeanstalten oder Pressesprecher verfügen. Diese neue Möglichkeit bringt dem einzelnen Nutzer aber nicht nur Vorteile sondern auch Gefahren. Durch ungeschickte Äußerungen kann er das Opfer eines allgemeinen Spotts werden, indem seine Äußerung zum Vergnügen anderer Nutzer immer wieder kopiert und zitiert wird.

Sowohl geschlossene als auch offene online Gemeinschaften können mächtig werden, indem sie in kürzester Zeit ihre weit verstreut wohnenden Mitglieder zu gezielten Aktionen veranlassen. Auf diese Weise ist es nicht nur möglich, den Ausgang wichtiger politischer Wahlen zu beeinflussen, sondern sogar große Revolutionen auszulösen.

4.7 Zusammenfassung

Signale und die damit transportierten Nachrichten und die in den Nachrichten enthaltenen Informationshöhen erleiden bei der Übertragung über räumliche Entfernungen aufgrund verschiedener Einflüsse mehr oder weniger große Beschädigungen. In diesem 4. Kapitel wurden die vielfältigen und teils auch komplizierten Vorgänge und Zusammenhänge, die dabei eine Rolle spielen, detailliert dargestellt und erläutert.

Ausgangspunkt der Betrachtungen sind Signale, ihre Beschreibung und die Arten der Beeinträchtigung, denen sie bei der Übertragung ausgesetzt sind. Daran schließt sich eine informationstheoretische Untersuchung an, die Aussagen liefert, welches Maß an Informationshöhe bei der Übertragung verloren geht und welche Einflüsse des Übertragungskanals dafür verantwortlich sind. Sodann wird dargestellt, was alles erforderlich ist und gesche-

[4.10] Marketing-Strategen benutzen dazu oft Methoden des amerikanischen Psychologen Steven Reiss, der eine Theorie aufgestellt hat, nach der das Handeln eines jeden Menschen von 16 individuell unterschiedlich ausgeprägten Lebensmotiven oder Bedürfnissen bestimmt wird.

hen muss, damit ein Signal über ein Kommunikationsnetz, das viele Übertragungswege und Kanäle enthält und an dem viele Nutzer angeschlossen sind, zielgerecht zu einem gewünschten Kommunikationspartner gelangen soll. Abschließend wird auf die Auswirkungen eingegangen, welche die der Kommunikation dienenden technischen Medien auf die menschliche Gesellschaft haben.

Nach einem ersten Überblick über die verschiedenen Themenkomplexe in Abschnitt 4.1 werden in Abschnitt 4.2 die verschiedenen herstellungsbedingten technischen Kommunikationsarten vorgestellt, von denen die meisten Menschen die Verteil-Kommunikation nutzen und an zweiter Stelle die Dialog-Kommunikation. Die Verteil-Kommunikation gab schon bald den Anlass zur immer wieder auftauchenden Medienkritik, von der aber erst in Abschnitt 4.6 näher die Rede ist.

Der Abschnitt 4.3 geht zuerst detaillierter auf die Theorie der Signale und deren Übertragung ein. Bei den Beeinträchtigungen, welche Signale während der Übertragung erleiden, unterscheidet man zwischen Verzerrungen, die das Übertragungsmedium (z.B. Kabel) verursacht, und Störungen, die von fremden Quellen stammen. Beide haben zur Folge, dass über einen Digitalkanal übertragene Symbole falsch empfangen werden. Für die quantitative Berechnung der durch Verzerrungen und Störungen verursachten Effekte stehen zwei Theorien zur Verfügung, die „zeitkontinuierliche Signaltheorie" und die „zeitdiskrete Signaltheorie". Letztere ist sehr viel einfacher zu handhaben, weil sie im Unterschied zur Ersteren nur von den vier Grundrechenarten Gebrauch macht, was am wichtigen Beispiel der Korrelation von Signalen demonstriert wird. Die zeitdiskrete Theorie liefert aber nur dann richtige Ergebnisse, wenn die Signale „bandbegrenzt" sind und das sogenannte „Abtasttheorem" erfüllt wird. Die letztgenannten Begriffe gehen auf die zeitkontinuierliche Darstellung von Signalen durch sinusförmige Elementarsignale und die daraus resultierenden „Spektren" zurück. Die Verwendung von Sinusschwingungen als Elementarsignale ist deshalb sehr praktisch, weil Sinusschwingungen ihre Form behalten, wenn sie über lineare zeitinvariante Übertragungssysteme geleitet werden, zu denen alle technischen Übertragungsmedien (Kabel, Funkwege) gehören. Alle Zusammenhänge werden ohne Infinitesimalrechnung von Grund auf weitgehend beschrieben, darunter auch die Darstellung zufälliger Störungen und die für die Informationstheorie wichtige Mindestbandbreite, die ein Übertragungsmedium haben muss, wenn man darüber beliebig wählbare Symbole im vorgegebenen zeitlichen Abstand übertragen will.

Auf die Darstellung von signaltheoretischen Zusammenhängen folgt in Abschnitt 4.4 die Herleitung von Beziehungen für die Informationshöhe, die sich über den in Abschnitt 4.3 eingeführten Digitalkanal übertragen lässt. Es wird begründet, warum dazu von dem von Shannon eingeführten Begriff der informationstheoretischen Entropie einer Symbolmenge auszugehen ist und nicht von der Informationshöhe einzelner Symbole. Von der Entropie des Senders kommt nur der als „Transinformation" bezeichnete Anteil beim Empfänger an, während der als „Äquivokation" bezeichnete Anteil verloren geht. Zusätzlich zur Transinformation erreicht den Empfänger noch eine von Störungen und Verzerrungen herrührende „Irrelevanz". Dieser Zusammenhang führt auf das in Abb. 4.22 dargestellte Modell, das auch zur Beschreibung von Phänomenen geeignet ist, von denen später in Abschnitt 4.6 die Rede ist. Wie sich die Transinformation im Einzelnen berechnet, wird an mehreren kommentierten Beispielen im Unterabschnitt 4.4.1C erläutert. Sodann wird ausführlich auf die sogenannte „Kanalkapazität" eines Kanals eingegangen. Diese gibt an, wie viele Informationseinheiten in „bit" sich pro Zeiteinheit über einen gegebenen Kanal maximal übertragen lassen und wird für zwei spezielle Beispiele auch detailliert ausgerechnet. Die volle

Ausnutzung der Kanalkapazität erfordert in der Regel eine dazu passende Kanalcodierung des zu übertragenden Signals, was ebenfalls erläutert wird. Anhand der Beziehung für die Kanalkapazität des analogen Kanals wird dargelegt, warum beim Mobilfunk der Trend zur Breitbandübertragung geht. Abschnitt 4.4 schließt mit einigen ergänzenden Betrachtungen über alternative Methoden zur Berechnung von Entropien und über bidirektionale Übertragung von Information.

In Abschnitt 4.5 wird die Übertragung von Signalen über ein räumlich ausgedehntes Netz behandelt, an dem viele Nutzer (Kommunikationspartner) angeschlossen sind. Für solche Netze gibt es verschiedene Grundstrukturen, deren Vor- und Nachteile diskutiert werden. Am unempfindlichsten gegen Beschädigungen und Ausfälle einzelner Netz-Komponenten erweisen Strukturen, die nur wenige Hierarchiestufen besitzen. Wenn ein Nutzer mit einem gewünschten anderen Nutzer verbunden werden will, muss er das zunächst dem Netz mitteilen, das dann eine mehr oder weniger lange Zeit braucht, um den Verbindungspfad aufzubauen. Dieser Pfadaufbau erfordert eine interne maschinelle Kommunikation zwischen verschiedenen Netz-Komponenten, die umso umfangreicher ist, je weniger Hierarchiestufen das Netz besitzt. Wenn dann noch die Übertragung unterschiedlicher Signalarten (Daten, Sprache, Graphiken, Bewegtbilder) möglich sein soll und die Netz-Komponenten unterschiedliche Leistungsmerkmale haben, kann die interne Kommunikation innerhalb des Netzes, die nach festen Protokollen abläuft, einen erheblichen Umfang annehmen. Näher erläutert wird dies am Beispiel des digital arbeitenden Internets, das nur wenige Hierarchiestufen kennt, und dessen Komponenten mit unterschiedlichen Taktraten und verschieden großen Zwischenspeichern arbeiten. Es wird dargelegt, wie mit der Übertragung digitaler Pakete wechselnder Größe über virtuelle Verbindungen, jede Netz-Komponente optimal genutzt werden kann, indem die maschinelle Kommunikation innerhalb des Netzes auf mehrere Protokoll-Ebenen unterteilt wird.

Im letzten Abschnitt 4.6 wird unter Bezug auf den Kommunikationstheoretiker McLuhan auf den Einfluss, den Medien auf die menschliche Gesellschaft haben, eingegangen. Die extrem zugespitzte Position von McLuhan, wonach nur die Existenz eines neuen Mediums (und nicht die darüber mitgeteilten Nachrichten) die menschliche Gesellschaft verändert, wird nicht geteilt. Beide, Medium und die darüber verbreiteten Nachrichten, verändern die Gesellschaft. Es wird ausgeführt, dass der Einfluss von Medien die Gesellschaft nur langsam verändern kann, weil wirtschaftliche Gründe die Betreiber von Medien dazu zwingen, ihr Programm den jeweiligen Interessen und Bedürfnissen bestimmter Bevölkerungsschichten anzupassen, die mit dem Programm angesprochen werden sollen. Das hat zur Folge, dass Medien in gewisser Hinsicht immer ein Spiegelbild der aktuell vorhandenen Gesellschaft bzw. angesprochenen Gesellschaftsschicht liefern. Änderungswillig ist am ehesten die junge Generation, die neugierig auf neue Medien und den damit verbundenen Anwendungen anspricht. Von nicht zu unterschätzendem Einfluss erweisen sich hierbei die neuen „sozialen Netzwerke", die wahrscheinlich auch einen Bedeutungsverlust des derzeitigen Fernsehens zur Folge haben werden. Für die Regulierung und den verantwortungsvollen Betrieb von Medien haben staatliche Gesetze zu sorgen.

5 Über Wahrnehmung, Artikulation und deren Beziehungen zueinander

Im 1. Kapitel wurde erläutert, dass Signale das Mittel zur Herstellung von Kommunikation sind. Sie werden senderseitig artikuliert (d.h. erzeugt) und empfangsseitig wahrgenommen und interpretiert. Die Theorie der Signale und ihrer Übertragung wurde im vorangegangenen 4. Kapitel behandelt. In diesem 5. Kapitel geht es um Wahrnehmung, Artikulation und deren Beziehungen zueinander. Diese Beziehungen hängen mit den Interpretationsergebnissen oder Sinngehalten zusammen, die von Signalen transportiert werden.

Wahrnehmung und Artikulation sind konkrete Vorgänge, die sich physikalisch beschreiben lassen. Sinngehalte (oder Bedeutungen) sind abstrakte geistige Gebilde, die im Bewusstsein von Menschen und höheren Tieren (Primaten) hergestellt und angesiedelt sind. Maschinen besitzen kein derartiges Bewusstsein. Die Sinngehalte, die bei der Maschinenkommunikation eine Rolle spielen, stammen entweder vom Konstrukteur der Maschine, der sie implizit in die Maschine durch feste Verdrahtung eingebaut hat, oder vom Benutzer der Maschine, der sie mit einem Programm in die Maschine einspeist (vergl. Abschn. 1.1.3 und 1.5). Dabei werden ursprüngliche Sinngehalte durch Formalismen ersetzt. Diese Formalismen bestimmen nach festen Regeln den Zusammenhang zwischen Signalen am Eingang (Wahrnehmung) und Ausgang (Artikulation, Reaktion) der Maschine.

Mit Formalismen lassen sich auch Lernprozesse darstellen. Ingenieure haben schon vor längerer Zeit Maschinen entworfen und teils auch gebaut, die lernfähig sind [z.B. F. Rosenblatt (1958), K. Steinbuch (1971), B. Widrow (1985)]. Bei Lernprozessen unterscheidet man zwischen „überwachtes" und „unüberwachtes" Lernen. Beim überwachten Lernen macht ein Trainer oder Lehrer Vorgaben, wie die Maschine verschiedene Signale, die sie empfängt, unterschiedlichen Klassen zuzuordnen hat. Diese unterschiedlichen Klassen haben für den menschlichen Lehrer der Maschine jeweils eine unterschiedliche Bedeutung. Neue Bedeutungen und Sinngehalte, die der Lehrer nicht vorgegeben hat oder kennt, entstehen dabei nicht. Unüberwachtes Lernen geschieht ohne Mitwirkung eines Lehrers durch selbsttätige Optimierung von Vergleichs- und Sortierprozessen nach Art von Sieben. Die Interpretation der Ergebnisse eines unüberwachten Lernprozesses obliegt dem menschlichen Beobachter, für den dabei auch neue Bedeutungen entstehen können.

Die Entstehung von Sinngehalten (oder Bedeutungen) im Bewusstsein von Menschen speist sich nach dem Philosophen I. Kant aus zwei verschiedenen Quellen. Die eine Quelle ist das von „reiner Vernunft" geprägte und von Sinneswahrnehmungen unabhängige Denken, die andere Quelle ist das von „praktischer Vernunft" geprägte und von Sinneswahrnehmungen abhängige Denken. Zu dem von Sinneswahrnehmungen abhängigen Denken gehören Lernprozesse, die überwacht (d.h. durch Mitwirkung eines Lehrers) oder unüberwacht (d.h. ohne Lehrer) stattfinden.

Naheliegend ist die Vermutung, dass bei Menschen und höheren Tieren sich Sinngehalte ohne Lehrer allmählich aus den vielen Reizmustern herauskristallisieren, die von verschiedenen Sensoren und Sinnesorganen des eigenen Körpers an das Gehirn geliefert werden. Wie bereits beim eingangs vorgestellten Ziel dieser Abhandlung erwähnt wurde, werden die ans Gehirn gelieferten Reizmuster dort eine Zeit lang gespeichert und durch Korrelation [vergl. Abschn. 4.3.2C] miteinander auf Gleichartigkeit oder Ähnlichkeit überprüft. Über solche Vorgänge, auf deren Einzelheiten später im 6. Kapitel detailliert eingegangen wird, bilden sich dann schließlich Repräsentanten für ähnliche oder gleichartige Muster heraus, die dauernd oder lange Zeit gespeichert bleiben und ein Wiedererkennen gleichartiger oder ähnlicher Muster ermöglichen. Diese so entstandenen Repräsentanten bilden dann die verschiedenen Vorstellungen, denen das Denken verschiedene Sinngehalte oder Bedeutungen zuweist.

Mit Hilfe von Mengenoperationen und logischen Verknüpfungen [siehe Abschn. 2.3.4 und 2.3.5] sowie über die mittels Artikulation und Wahrnehmung geführte Kommunikation mit anderen Lebewesen erfolgt dann Zug um Zug eine Erweiterung und Strukturierung der Vorstellungswelt im Gehirn von Menschen und höheren Tieren. Kleine Kinder lernen auf eine solche teils statistische und teils logisch operierende Weise das Sprechen und Physiker lernen Naturgesetze erkennen, indem sie mit Hilfe von Apparaten und Experimenten die Natur befragen und über Messgeräte die von der Natur gelieferten Antworten wahrnehmen. Dabei sind die Apparate und Messgeräte nach McLuhan nichts Anderes als Medien, welche die Bereiche der menschlichen Artikulationsorgane (zu denen auch die Gliedmaße gehören) und die Bereiche der menschlichen Wahrnehmungsorgane erweitern (siehe hierzu Abschn. 4.6.1).

Ziel dieses 5. Kapitels ist die Ermittlung wichtiger Basisdaten und Leistungsmerkmale von Wahrnehmungs- und Artikulationsorganen lebender Wesen, insbesondere des Menschen.

Diese Basisdaten dienen später im 6. Kapitel zur Bestimmung von Grenzen möglicher Vorstellungswelten, die mit den verfügbaren Wahrnehmungs- und Artikulationsorganen und mit der Nutzung von Korrelation und Mengenoperationen entwickelt werden können. Es dürfte klar sein, dass die auf diese Weise von einem mit X bezeichneten Tier gewonnenen Vorstellungen von Bedeutungen und Sinngehalten in der Regel nicht die gesamte tatsächlich existierende Wirklichkeit erfassen können, weil dieses Tier X über ein System von Wahrnehmungs- und Artikulationsorganen verfügt, das *unvollständig* ist [Es gibt z.B. Spinnen ohne Augen, die deshalb auch keine Farben kennen können]. Aus Sicht des Menschen erscheint es offensichtlich, dass selbst höhere Tiere nicht in der Lage sind, Vorstellungen von der realen Wirklichkeit in gleichem Maß zu entwickeln wie das dem Menschen möglich ist [vergl. hierzu Abschn. 1.2.2 und Abb. 1.2].

In diesem Zusammenhang liegt die Frage nahe, ob denn der Mensch mit seinen Wahrnehmungs- und Artikulationsorganen die reale Wirklichkeit tatsächlich voll erfassen kann. Obwohl vermutlich die meisten Menschen davon überzeugt sind, dass es dem Menschen prinzipiell möglich ist, die gesamte real existierende Wirklichkeit in seiner Vorstellungswelt getreu abzubilden, darf an dieser Möglichkeit gezweifelt werden.

Auch mit den Methoden der Naturwissenschaften lässt sich vermutlich nicht alles erkennen, weil jedes vom Menschen konstruierte Messgerät nur solche Kategorien erfasst, von denen ihr Konstrukteur bereits eine Vorstellung hatte. Die Situation ist vergleichbar mit den Zusammenhängen bei der sogenannten *mathematischen Gruppe*: Eine mathematische Gruppe ist definiert durch ihre Elemente und die Operationen, die man mit diesen Elementen durchführen kann. Egal welche dieser Operationen man mit welchen Elementen dieser Gruppe auch durchführt, das Ergebnis der Operationen liefert immer wieder ein Element der Gruppe. Es gibt da kein Herauskommen.

Die soeben skizzierten Überlegungen sind keineswegs neu. Der berühmte deutsche Dichter J. W. Goethe, der sich auch mit Naturwissenschaft befasst hat, dürfte gleichartige Gedanken gehabt haben, als er in seinem Werk „Faust, Teil 1“ schrieb:

> Geheimnisvoll am lichten Tag
> lässt sich Natur des Schleiers nicht berauben.
> Und was sie deinem Geist nicht offenbaren mag,
> das zwingst du ihr nicht ab mit Hebeln und mit Schrauben.

Fragen zur *Vollständigkeit* und zum Gegenstück der *Unvollständigkeit* spielen eine immense Rolle bei der Erkenntnis von Realität und Wahrheit. Der Begriff der Unvollständigkeit trat in dieser Abhandlung im 2. Kapitel bei der algorithmischen Informationstheorie auf, die insofern unvollständig ist, weil sich damit nicht für jedes informationelle Objekt die Komplexität bestimmen lässt. Dieser Umstand wird weiter unten auch von Bedeutung sein für die Klärung der Frage, warum der Mensch keine Maschine ist, obwohl Mensch und Maschine viele Gemeinsamkeiten besitzen. Von Vollständigkeit war im 4. Kapitel beim System der Sinusschwingungen die Rede, mit dem sich eine große Klasse von Signalverläufen praktisch fehlerlos darstellen lässt. Bei Verwendung unvollständiger Systeme verbleibt dagegen in der Regel immer ein Restfehler, der durchaus groß sein kann.

Die Beziehungen zwischen Wahrnehmung und Artikulation bei Lebewesen und Maschinen werden wesentlich von der Signalverarbeitung bestimmt. Nach der kurzen Darstellung einer verbreiteten Meinung über das Verhältnis von Mensch und Maschine im Abschn. 5.1 wird in Abschn. 5.2 ausführlicher auf die Signalverarbeitung in Maschinen und die damit erzielbaren Möglichkeiten eingegangen. Dem werden dann im Abschn. 5.3 die Unterschiede der Signalverarbeitung in Lebewesen gegenübergestellt. In Abschn. 5.4 wird dann kurz beleuchtet, wie sich die Methoden der biologischen Signalverarbeitung technisch nutzen lassen, und im Abschn.5.5 wird abschließend ausführlich auf Sinnesorgane und Artikulationsorgane von Menschen und teils auch von Tieren eingegangen.

5.1 Kommunikation bei Lebewesen und Maschinen und Meinungen dazu

Im 1. Kapitel wurde mit Abb. 1.1 verdeutlicht, dass kommunizierende Partner notwendigerweise über mindestens ein Artikulationsorgan und ein Wahrnehmungsorgan verfügen müssen. Dies gilt unabhängig davon, ob es sich bei den Kommunikationspartnern um Lebewesen oder Maschinen handelt. Darüber hinaus müssen Kommunikationspartner notwendigerweise noch über einen Datenspeicher oder ein Gedächtnis verfügen, um überhaupt kommunizieren zu können. Ohne Gedächtnis ist nämlich weder eine Interpretation empfangener Signale möglich noch ein entsprechender maschineller Formalismus anwendbar. Der Inhalt des Datenspeichers kann sich auf Grund von Wahrnehmungen und anderen Einflüssen zeitlich ändern, muss es aber nicht immer. Der aktuelle Inhalt wird auch als „momentaner innerer Zustand“ bezeichnet.

Zusammengefasst muss also jedes kommunizierende Subjekt, egal ob Lebewesen oder Maschine, notwendigerweise über folgende Organe verfügen:

- Wahrnehmungsorgan (sensorisch)
- Artikulationsorgan (motorisch)
- Gedächtnis (innerer Zustand)

Jede Art von Wahrnehmung beruht auf der Reaktion eines Sensors und wird deshalb *sensorisch* genannt. Jede Art von Artikulation ist mit Bewegung verbunden und wird deshalb *motorisch* genannt. Beim Sprechen wird eine Unzahl von Muskeln in der Brust, im Kehlkopf und im Mund bewegt, bei der Gestik in den Fingern, in der Hand und im Arm. Die Bezeichnung sensorisch und motorisch gilt auch für die Wahrnehmung und Artikulation von Maschinen. Der Bildschirm eines Computers artikuliert durch Aussenden von Lichtpunkten bzw. Photonen, die ein optisches Muster bilden.

Hier sei zunächst die Frage diskutiert, welche Zusammenhänge es zwischen den drei Größen „Wahrnehmung, Artikulation und innerer Zustand" gibt. Bei Lebewesen ist diese Frage schwer zu beantworten. Deren Artikulationen können willkürlich und ohne Bezug auf eine vorausgegangene Wahrnehmung geschehen. Nicht wenige Artikulationen erscheinen jedem Außenstehenden als zufällige Ereignisse (vergl. Abschn. 2.3 im 2. Kapitel). Im Unterschied dazu sind alle Artikulationen von Maschinen deterministisch.

Bei Maschinen (Automaten) erfolgt die Artikulation in Abhängigkeit von Wahrnehmung und dem innerem Zustand, wobei die Art und Weise, wie innerer Zustand und Wahrnehmung die Artikulation bilden, durch die Konstruktion (Verdrahtung) der Maschine fest vorgegeben ist oder von einem gespeicherten Programm bestimmt wird, siehe hierzu Abschn. 1.4.2. Desgleichen wird die Art und Weise, wie die Wahrnehmung den inneren Zustand eventuell ändert, von einem Programm und/oder von der Konstruktion der Maschine festgelegt.

Es gibt immer wieder Leute, auch Wissenschaftler, die fest davon überzeugt sind, dass alle Lebewesen, einschließlich Menschen, genauso funktionieren wie Maschinen. Die logischen Verknüpfungen von Signalen, die in Computern entsprechend Abb. 1.6 erfolgen, werden nach Ansicht dieser Leute bei Lebewesen in deterministischer Weise durch elektrochemische Vorgänge in Gehirnzellen (Neuronen) ausgeführt. Dass daneben noch ein immaterieller Geist im Menschen vorhanden sein könnte oder dem Menschen behilflich ist, wird abgelehnt. Auf der Basis dieser Ansicht kann es folglich auch keinen wirklich freien Willen des Menschen geben. Wenn der Mensch ohne erkennbare Ursache Spontanität zeigt, dann seien das makroskopische Wirkungen von zufälligen Ereignissen in atomaren Bereichen der Quantenphysik. Der Mensch besteht ja aus Atomen.

Ein früher Vertreter der eben dargestellten Position war der französische Arzt *La Mettrie*, (ein Zeitgenosse von Voltaire und dem Preußenkönig Friedrich II). La Mettrie hat durch sein Buch „L'homme machine" (Der Mensch als eine Maschine) große Bekanntheit erreicht. Ein derzeitiger Vertreter der dargestellten Position ist der amerikanische Neurowissenschaftler M. Gazzanina der im Gespräch mit dem SPIEGEL (2011) behauptet: „Wir sind nur Maschinen" und der freie Wille sei eine Illusion.

Zweifellos laufen in Lebewesen viele Vorgänge wie in einer Maschine ab. Bei niederen Tieren, z.B. beim Fadenwurm und vielleicht auch bei einer Fruchtfliege, die über Wahrnehmungsorgane und ein Gehirn verfügt, darf man vermuten, dass alle Reaktionen auf Wahrnehmungen und alle sonstigen Aktionen gemäß einem im Gehirn fest verdrahteten Programm ablaufen. Aber dass das auch beim Menschen so sein könnte, widerspricht dem Selbstverständnis der meisten Menschen. Es ist ein Anliegen des Verfassers dieser Abhandlung, diesen Fragen nachzugehen. Dazu wird nachfolgend auf die Signalverarbeitung in Maschinen und in Lebewesen und auf die Art der damit möglichen Kommunikation näher eingegangen.

5.2 Signalverarbeitung kommunizierender Maschinen

Zunächst sei das Modell eines einfachen Automaten in Abb. 5.1 erläutert. Seine Arbeitsweise gehorcht einem Zeittakt[5.1], der den jeweiligen Beginn von aufeinander folgenden Zeitintervallen (ν) festlegt, wobei mit ν eine (ganze) Zahl gemeint ist wie in Abschn. 4.3. Die Funktionsweise des Automaten ist wie folgt:

Die im Zeitintervall (ν) vorliegende Wahrnehmung (oder Eingabe) $x_{i(\nu)}$ und der im selben Zeitintervall (ν) vorhandene Gedächtniszustand $z_{k(\nu)}$ erzeugen zusammen im selben Zeitintervall (ν) die Reaktion (bzw. Ausgabe oder Artikulation) $y_{j(\nu)}$. Diese Erzeugung der Reaktion erfolgt in deterministischer Weise mit einem Zuordner z.B. anhand einer gegebenen Tabelle. Gleichzeitig oder auch nach erfolgter Reaktion $y_{j(\nu)}$ wird abhängig von der Wahrnehmung $x_{i(\nu)}$ und dem aktuellen Gedächtniszustand $z_{k(\nu)}$ ein neuer Gedächtniszustand $z_{n(\nu+1)}$ gebildet, der aber erst im nächsten Zeitintervall $(\nu+1)$ wirksam wird. Auch diese Bildung des neuen Gedächtniszustands erfolgt deterministisch z.B. mit Hilfe einer Tabelle.

Die im nächsten Zeitintervall $(\nu+1)$ vorliegende Wahrnehmung $x_{m(\nu+1)}$ erzeugt zusammen mit dem aktualisierten Gedächtniszustand $z_{n(\nu+1)}$ die Reaktion $y_{p(\nu+1)}$ und einen neuen Gedächtniszustand $z_{q(\nu+2)}$ usw.

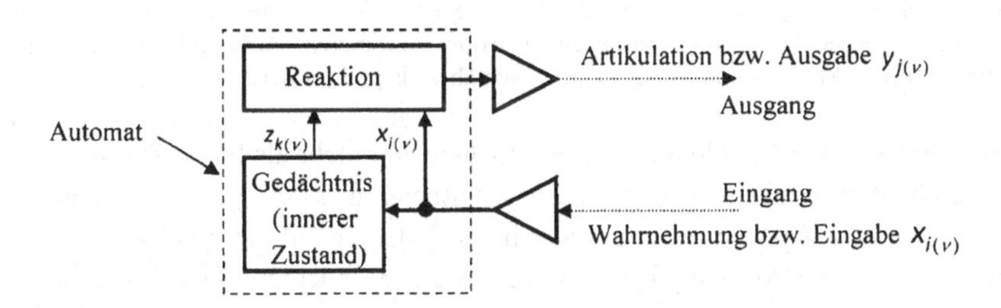

Abb. 5.1 Modell eines Automaten (nach Mealy)

Bei der Eingabe $x_{i(\nu)}$ bzw. $x_{m(\nu+1)}$ kennzeichnen *i* und *m* mit jeweils *i* bzw. *m* = 1, 2, ..., *M* die *M* verschiedenen Möglichkeiten für das Symbol oder das Muster x, die das Wahrnehmungsorgan unterscheiden kann. Bei der Ausgabe $y_{j(\nu)}$ bzw. $y_{p(\nu+1)}$ kennzeichnen *j* und *p* mit jeweils *j* bzw. p = 1, 2, ..., *N*, die *N* verschiedenen möglichen Ausgabesymbole oder Muster y und beim inneren Zustand $z_{k(\nu)}$ bzw. $z_{n(\nu+1)}$ bzw. $z_{q(\nu+2)}$ kennzeichnen k und n und q mit k bzw. n bzw. q = 1, 2, ..., *P*, die *P* verschiedenen möglichen inneren Zustände z.

[5.1] Der Zeittakt wird häufig von einem im Inneren des Automaten vorhandenen Taktgenerator geliefert. Der Taktgenerator kann dabei ständig laufen oder von außen angestoßen (getriggert) werden, und zwar z.B. auch von einem wahrgenommenen Signal.

Das Verhalten des (endlichen) Automaten lässt sich durch folgendes Formelpaar ausdrücken:

$$\left.\begin{aligned} \lambda\{x_{i(\nu)}, z_{k(\nu)}\} &= y_{j(\nu)} \\ \delta\{x_{i(\nu)}, z_{k(\nu)}\} &= z_{n(\nu+1)} \end{aligned}\right\} \qquad (5.1)$$

Eingabe $x_{i(\nu)}$ und innerer Zustand $z_{k(\nu)}$ bilden zusammen die Menge $\{x_{i(\nu)}, z_{k(\nu)}\}$. Die Ausführung der Funktion λ auf diese Menge geschieht in Abb. 5.1 im Block „Reaktion" und liefert die Ausgabe $y_{j(\nu)}$. Die Ausführung der Funktion δ auf die Menge $\{x_{i(\nu)}, z_{k(\nu)}\}$ geschieht im Block „Gedächtnis" und liefert den neuen inneren Zustand $z_{n(\nu+1)}$.

Wenn es z.B. $M = 5$ verschiedene Möglichkeiten für das Symbol oder Muster x am Eingang gibt, die der Automat unterscheiden kann, und wenn das Gedächtnis des Automaten z.B. $P = 8$ unterschiedliche Zustände z annehmen kann, dann gibt es maximal $N = 40$ verschiedene Antworten, die der Automat liefern kann. Es mag auch sein, dass er nur weniger als 40 verschiedene Antworten geben kann. Das ist z.B. dann der Fall ist, wenn er auf das gleiche Muster am Eingang die gleiche Antwort gibt, obwohl er sich mal im einen und mal in einen anderen Zustand befindet. Es gilt also allgemein

$$N \leq M \cdot P \qquad (5.2)$$

Bemerkung:
Der mit dem Formelpaar (5.1) beschriebene Automat wird als Mealy-Automat bezeichnet. Bei einem anderen Automatentyp, der als Moore-Automat bezeichnet wird, hängt die Ausgabe nur vom inneren Zustand und nicht zugleich auch von der Eingabe ab. Beide Automatentypen sind äquivalent, d.h. dass sich jeder Mealy-Automat durch einen Moore-Automaten ersetzen lässt und umgekehrt. Die Verwendung des Modells von Mealy erweist sich aber als praktischer.

Signalverarbeitende Maschinen oder Automaten sind mehr als bloße *Zuordner*. Ein Zuordner hat ebenfalls einen Eingang und einen Ausgang aber *kein* (aufnahmefähiges) *Gedächtnis* oder inneren Zustand. Ein Zuordner liefert jederzeit auf ein gleiches Eingangssignal x_i immer das gleiche Ausgangssignal y_j, egal welche anderen Eingangssignale x_h dem Signal x_i vorausgegangen sind. Festgehalten wird deshalb:

[5.1] Signalverarbeitende Maschinen und Zuordner

Signalverarbeitende Maschinen besitzen einen Eingang, einen Ausgang und einen inneren Zustand. Im Zeitintervall (ν) hängt das Ausgangssignal vom Eingangssignal und vom inneren Zustand im selben Zeitintervall (ν) ab. Das Eingangssignal im Zeitintervall (ν) bestimmt den inneren Zustand im nächsten Zeitintervall $(\nu+1)$. Ein Zuordner hat keinen veränderbaren inneren Zustand. Sein Ausgangssignal hängt in jedem Zeitintervall allein vom Eingangssignal im selben Zeitintervall ab.

Wichtige Beispiele für signalverarbeitende Maschinen sind der Taschenrechner und der Computer.

5.2.1 Realisierung eines einfachen Rechners als Mealy-Automat

Ein Taschenrechner lässt sich als Mealy-Automat darstellen, wenn man für die Rechenoperationen die sogenannte „umgekehrte Polnische Notation" verwendet. Diese besagt, dass man zuerst die Zahl (oder die Zahlen) und danach die Operation eingibt wie z.B.:

a) Statt z.B. „ln8" wird zuerst „8" und dann „ln" eingegeben [ln bezeichnet den natürlichen Logarithmus, siehe 2. Kapitel Abschn. 2.2.1]

b) und statt z.B. „8 + 15" wird zuerst „8", dann „15" und dann „+" eingegeben.

Für das Beispiel a) erhält man die folgende Tabelle 5.1.

Tabelle 5.1

	Eingabe $x_{(\nu)}$	innerer Zustand $z_{(\nu)}$	Ausgabe $y_{(\nu)}$	Folgezustand $z_{(\nu+1)}$
$\nu = 0$	----	0	0	0
$\nu = 1$	8	0	8	8
$\nu = 2$	ln	8	2,079 ≈ ln8	2,079

Im Zeitintervall $\nu = 0$ wird der Taschenrechner eingeschaltet und nichts eingegeben, was mit ---- ausgedrückt wird. Der innere Zustand ist $z_{(0)} = 0$, die Ausgabe (d.h. Anzeige auf dem Display) ist $y_{(0)} = 0$ und der Folgezustand ist ebenfalls $z_{(1)} = 0$. [Wegen der Zahlenangaben in der Tabelle können hier die Indizes *i*, *j*, *k* und *n* weggelassen werden]. Im darauf folgenden Zeitintervall $\nu = 1$ wird $x_{(1)} = 8$ eingegeben. Der innere Zustand $z_{(1)}$ ist jetzt gleich dem Folgezustand $z_{(1)} = 0$ vom vorangegangenen Zeitintervall $\nu = 0$. Die Funktion $\lambda\{x_{(1)}, z_{(1)}\}$ liefert die Ausgabe $y_{(1)} = 8$ und die Funktion $\delta\{x_{(1)}, z_{(1)}\}$ liefert den Folgezustand $z_{(2)} = 8$. Im nächsten Zeitintervall $\nu = 2$ wird $x_{(2)} = \ln$ eingegeben. Die Funktion $\lambda\{x_{(2)}, z_{(2)}\}$ liefert die Ausgabe $y_{(2)} = 2{,}079 \approx \ln 8$ und die Funktion $\delta\{x_{(1)}, z_{(1)}\}$ liefert den Folgezustand $z_{(3)} = 2{,}079$, der aber nicht weiter interessiert, wenn man nur den Wert von ln8 wissen will.

Beim obigen zweiten Beispiel b) wird eine Operation auf zwei Zahlen „15" und „8" angewendet. Das führt auf die

Tabelle 5.2

	Eingabe $x_{(\nu)}$	innerer Zustand $z_{(\nu)}$	Ausgabe $y_{(\nu)}$	Folgezustand $z_{(\nu+1)}$
$\nu = 0$	----	0	0	0
$\nu = 1$	8	0	8	8
$\nu = 2$	Platz	8	Platz	8 ⊥ Platz
$\nu = 3$	15	8 ⊥ Platz	15	8 ⊥ 15
$\nu = 4$	+	8 ⊥ 15	23	23

In den ersten beiden Zeitintervallen $\nu = 0$ und $\nu = 1$ geschieht beim Beispiel b) Gleichartiges wie beim Beispiel a), weshalb in Tabelle 5.2 die ersten beiden Zeilen gleich denen in Tabelle 5.1 sind.

Im Unterschied zum Beispiel a) wird im Beispiel b) eine mathematische Operation aber nicht auf eine Zahl, sondern auf zwei Zahlen angewendet. Deshalb muss im Zeitintervall $\nu = 2$ erst Platz für die zweite Zahl reserviert werden, was zum Folgezustand $z_{(3)} = 8 \perp \text{Platz}$ führt. Im Zeitintervall $\nu = 3$ wird dann mit der Eingabe $x_{(3)} = 15$ der Platz mit der Zahl 15 belegt, was zum Folgezustand $z_{(4)} = 8 \perp 15$ führt. Mit der Eingabe $x_{(4)} = +$ im Zeitintervall $\nu = 4$ liefert die Funktion $\lambda\{x_{(4)}, z_{(4)}\} = \{+, 8 \perp 15\}$ die Ausgabe $y_{(4)} = 23$. Die Funktion $\delta\{x_{(4)}, z_{(4)}\}$ liefert für den Folgezustand $z_{(5)} = 23$ den gleichen Wert.

Bei den Beispielen a) und b) wird der Folgezustand oft so gewählt, dass er mit dem in der Ausgabe angezeigten Ergebnis (oder Zwischenergebnis) übereinstimmt. Das muss nicht so sein, ist aber meist sehr praktisch, weil der Folgezustand oft für eine weiterführende Rechnung benötigt wird.

Falls man beim Beispiel a) das Ergebnis ln8 anschließend noch mit der Zahl 7 multiplizieren will, dann wählt man im nächsten Zeitintervall $\nu = 3$ die Eingabe $x_{(3)} = \text{Platz}$, anschließend im Zeitintervall $\nu = 4$ die Eingabe $x_{(4)} = 7$ und danach im Zeitintervall $\nu = 5$ die Eingabe $x_{(5)} = \times$, wobei das Symbol $\times$ die Multiplikation bedeutet. Die Ausgabe liefert dann das Ergebnis $y_{(5)} = 14{,}556$.

Hinweise und Kommentare:

1. Bei den obigen Aufgaben aus der Mathematik kann man zwischen den *Zahlen* (oder Daten) einerseits und den mathematischen *Operationen* (Logarithmus, Addition, ...) andererseits unterscheiden. Beides, Zahlen und Operationen, wird über den selben Eingang in den Mealy-Automaten eingegeben.

2. Zum Lösen der obigen Aufgaben a) und b) mit dem Mealy-Automat wurden mehrere Zeitintervalle (oder Schritte) verwendet, in denen die jeweilige Aufgabe schrittweise in den Automaten eingespeist wurde. Diese Vorgehensweise geschah mit Rücksicht auf die innere Struktur und Arbeitsweise des Automaten in Abb. 5.1. Im Fall der Aufgabe b) wurde mit der Eingabe „Platz" noch ein zusätzliches Signal eingegeben, dass allein die Konfiguration des Automaten beeinflusst und ihn auf die Eingabe einer weiteren Zahl vorbereitet, bevor eine Operation ausgeführt wird.

3. Im Zeitintervall ν kann die Zuordnung der Ergebnisse der Funktionen $\lambda\{x_{(\nu)}, z_{(\nu)}\}$ und $\delta\{x_{(\nu)}, z_{(\nu)}\}$ im Prinzip anhand von Tabellen erfolgen. Eine solche Methode ist aber in höchstem Maß unpraktisch, weil das in der Regel immens umfangreiche Tabellen erfordert. In der Praxis erfolgt die Bildung des Logarithmus, des Produktes zweier Zahlen und anderer Operationen durch eine Folge vieler kleiner Schritte, innerhalb derer sehr einfache Teile der Operation ausgeführt werden. Diese vielen kleinen Schritte folgen einem inneren sehr schnellen Takt, der beim Taschenrechner von der manuellen Eingabe des Benutzers ausgelöst (getriggert) wird. Die Abfolge der Teiloperationen einer Operation erfolgt gemäß einem *Mikroprogramm*, das fest eingebaut ist.

4. Bei Aufgabe b) kann die Eingabe „Platz" weggelassen werden, wenn der Automat erkennen kann, ob bei $\nu = 2$ die Eingabe eine Zahl oder eine Operation ist. Ist es eine Operation, dann führt er sie wie in Tabelle 5.1 direkt aus. Ist die Eingabe eine Zahl, dann speichert er sie in sei-nem Gedächtnis, was dann schon bei $\nu = 2$ den gleichen Folgezustand ergibt wie bei $\nu = 3$ in Tabelle 5.2. Der Erkennungsprozess erfordert aber mindestens einen zusätzlichen internen Schritt – wie beim Kommentar 3.

5.2.2 Strukturen leistungsfähiger Computer und signalverarbeitender Maschinen

Die Entwicklung und Konstruktion der ersten Computer wurde vorangetrieben von dem Bedürfnis, umfangreiche mathematische Berechnungen von Maschinen ausführen zu lassen. Von daher rührt die englische Bezeichnung Computer (compute = berechnen) her. In der Frühzeit der Computertechnik unterschied man noch zwischen Analogrechnern und Digitalrechnern. In Analogrechnern wurden analoge Signale (siehe Abb. 1.3 im 1. Kapitel) verarbeitet, indem sie über elektrische Schaltungen geführt wurden, die ein definiertes und einstellbares (programmierbares) Übertragungsverhalten haben. Heute verwendet man nahezu ausschließlich nur noch Digitalrechner, was in erster Linie den riesigen Fortschritten der Halbleitertechnologie zu verdanken ist.

Schon bald stellte sich heraus, dass (digitale) Computer sich nicht nur für die Lösung mathematischer Aufgaben verwenden lassen, sondern darüber hinaus noch für viele weitere Zwecke. Computer sind hochflexibel einstellbare signalverarbeitende Maschinen. Sie haben in der Regel mehrere Eingänge, über die sie Signale empfangen, und mehrere Ausgänge, an denen sie die Ergebnisse ihrer Signalverarbeitung wieder in Form von Signalen ausgeben. Die Eingänge können als „Wahrnehmungsorgane" und die Ausgänge als „Artikulationsorgane" angesehen werden. Preisgünstige Personalcomputer (PC) und tragbare Notebooks verfügen über Tastatur, Maus, Bildkamera, Mikrophon und Anschlüsse für weitere Geräte, über die sie Signale empfangen, und über Bildschirm und Anschlüsse für Drucker, Lautsprecher und weitere Artikulationsorgane, mit denen sie Signale ausgeben.

Da die Verarbeitung von Signalen im Computer digital erfolgt, werden alle empfangenen (oder eingegebenen) analogen Signale (z.B. Sprache, Musik, Bilder) im Computer zunächst in digitale Signale gewandelt. Nach ihrer digitalen Verarbeitung (die z.B. in einer Speicherung, Übertragung, Filterung, Übersetzung bestehen kann) werden diese digital gewandelten Signale wieder in analoge Signale zurückgewandelt, bevor sie ausgegeben werden. Bei empfangenen digitalen Signalen wird vor der Verarbeitung eventuell die Bit-Dauer angepasst (siehe Abschn. 4.5 im 4. Kapitel).

Bei allen Anwendungen von Computern, egal welcher Art sie auch sein mögen, lassen sich zweierlei Kategorien für Eingaben d.h. von eingegebenen Signalen unterscheiden, nämlich (vergl. obigen Kommentar 1)

- Daten (das können Zahlen, Texte, Bilder, Melodien usw. sein)
- Operationen (diese legen fest, was mit den Daten geschehen soll)

Um bestimmte Aufgaben mit dem Computer zu lösen, muss der Computer mit den eingegebenen Daten in der Regel eine längere Folge von verschiedenen Operationen in aufeinander folgenden Schritten durchführen. Welche Operationen das im Einzelnen sind und in welcher Reihenfolge diese Operationen auszuführen sind, wird durch ein vom Anwender gewähltes *Programm* (das er unter Umständen erst selbst entwickeln muss) festgelegt. Die Anfertigung eines Programms erfolgt in der Regel in einer sogenannten „höheren" Programmiersprache, der in früheren Jahren nicht selten die oben benutzte umgekehrte polnische Notation zugrunde lag.

Zwischenbemerkung:
Höhere Programmiersprachen erleichtern dem menschlichen Anwender die Entwicklung von Programmen erheblich, weil er sich dabei nicht um die vielen einzelnen Schritte kümmern muss, die auf Bit-Ebene stattfinden (vergl. den 3. Kommentar im vorigen Abschn. 5.2.1). Weiter unten in Ab-

schn. 5.2.3 werden einige Vorgänge auf Bit-Ebene noch näher beleuchtet. Höhere Programmiersprachen ermöglichen zudem die Benutzung von „Unterprogrammen" für öfters wiederkehrende Teilberechnungen. In der Regel genügt ein einzelner Befehl, um ein längeres Unterprogramm zu starten.

Eine Beschreibung der von außen gesehenen Wirkungsweise eines Computers als Mealy-Automat in Abb. 5.1 ist zwar theoretisch möglich, jedoch sehr kompliziert und deshalb nicht praktisch. Einfacher und deshalb praktischer ist die Betrachtung von verschiedenen Funktionseinheiten, aus denen sich ein Computer zusammensetzt, und die Erläuterung, wie die verschiedenen Funktionseinheiten zusammenwirken.

Nicht alle Computer sind intern in gleicher Weise aufgebaut. Abhängig vom vorgesehenen Einsatzfeld des Computers, ob als Tischrechner oder Server im Internet (vergl. Abschn. 4.5 im 4. Kapitel) oder als Großrechner in der Biochemie oder sonst wie, sind verschiedene Strukturen des inneren Aufbaus, die auch als „Architekturen" bezeichnet werden, zweckmäßig. Abb. 5.2 zeigt die sogenannte „Havard-Architektur" als Beispiel für einen möglichen inneren Aufbau eines Computers.

Ein Kennzeichen der Havard-Architektur besteht darin, dass der Computer über mehrere teils gleiche und teils auch unterschiedliche Rechenwerke verfügt. Das ist zweckmäßig für bestimmte Rechenoperationen. So fallen z.B. bei der Multiplikation von Vektoren und sogenannten Matrizen zahlreiche voneinander unabhängige Multiplikationen je zweier Zahlen an, die mit der Havard-Architektur gleichzeitig durchgeführt werden können. Das spart viel Zeit verglichen z.B. mit der von-Neumann-Architektur, die nur ein einziges Rechenwerk verwendet. Für z.B. Mengenoperationen sind andere Rechenwerke günstiger als für Multiplikationen.

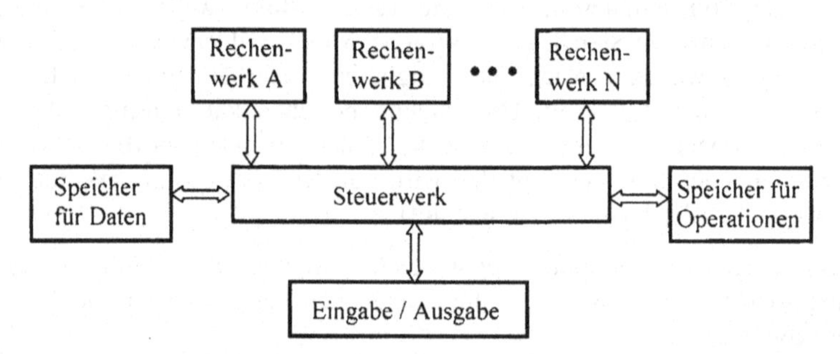

Abb. 5.2 Havard-Architektur eines Computers

Ein weiteres Kennzeichen der Havard-Architektur ist die Verwendung getrennter Speicher für Daten und Operationen (oder Befehle). Das erspart einen Entscheidungsprozess zwischen Daten und Operationen (vergl. Kommentar 3 obigen Abschn. 5.2.1). Diese Trennung ist bei der von-Neumann-Architektur nicht vorhanden.

Ein Kennzeichen aller programmgesteuerten Computer ist das Vorhandensein eines Steuerwerks. Das Steuerwerk ersetzt die im vorigen Abschn. 5.2.1 mit Tabelle 5.1 und 5.2 beschriebene schrittweise manuelle Eingabe von Daten und Operationen durch den Benutzer. Der Benutzer kann in einem Zug das Programm für die Operationsfolge und die Daten in den Computer eingeben und muss nicht – wie beim Taschenrechner in Abschn. 5.2.1 – nach jedem Schritt erst das Zwischenergebnis abwarten, bevor er die nächste Eingabe tätigt. Das Steuerwerk nimmt selbständig die Speicherung von Zwischenergebnissen vor. Es kennt bei der Havard-Architektur auch den jeweils erforderlichen Rechenaufwand für die verschiedenen Operationen und die Art der unterschiedlichen Daten und verteilt diese in optimaler Weise auf die einzelnen Rechenwerke.

Die Doppelpfeile in Abb. 5.2 drücken den beidseitigen Datenfluss zwischen den Blöcken aus. Ein- und Ausgabe sind als gemeinsamer Block dargestellt. Darin drückt sich auch die Tatsache aus, dass zwischen Ausgabeorgan und Computer oft eine beidseitige Kommunikation stattfindet (vergl. Abschn. 1.2.3 im 1. Kapitel) und ebenso zwischen Eingabeorgan und Computer.

Die ersten und die meisten programmgesteuerten Computer haben die mehrfach erwähnte von-Neumann-Architektur. Das hängt damit zusammen, dass die von-Neumann-Architektur mit einem geringeren Aufwand an (anfangs sehr kostspieligen) elektrischen Schaltungen (sog. *Hardware*) auskommt. Die Kehrseite dieser Architektur ist die damit verbundene geringere Rechengeschwindigkeit und höhere Anfälligkeit auf Schadprogramme.

Architekturen können gröber oder auch detaillierter sein. Die in Abb. 5.2 wiedergegebene Architektur ist grob. Eine detailliertere Architektur enthält eine ganze Reihe an weiteren Blöcken wie z.B. den Taktgenerator und unterscheidet beim Speicher für Daten noch zwischen dem „Arbeitsspeicher“ und dem „Massenspeicher“. Im Arbeitsspeicher befinden sich die Daten, mit denen aktuell gerechnet wird, während der Massenspeicher die übrigen aktuell nicht benötigten Daten enthält.

Die Unterscheidung in Arbeitsspeicher und Massenspeicher ist höchst zweckmäßig, weil die Zugriffszeit auf gespeicherte Daten umso länger dauert, je größer der Speicher ist. Diese oder eine ähnliche Unterscheidung findet man an vielen anderen Orten, siehe z.B. die Bemerkungen zum Aufmerksamkeitskanal in Abschn. 2.2.2 und zum Wahrscheinlichkeitsraum in Abschn. 2.3.3 und 2.3.8. Neurologen und Hirnforscher unterscheiden Kurzzeit- oder Arbeitsgedächtnis und Langzeitgedächtnis. Bekannt ist das Phänomen, dass man manchmal lange braucht, um sich an den Namen einer Person zu erinnern, die man erst nach langer Zeit erneut trifft. Psychologen unterscheiden zwischen Bewusstsein und Unterbewusstsein. Im Unterbewusstsein befinden sich Inhalte, die oft erst auf der Couch des Psychologen wieder bewusst werden.

5.2.3 Über Intelligenz, Hardware, Software und Geist

Die große Leistungsfähigkeit und Flexibilität von Computern haben schon früh zu heißen Diskussionen darüber geführt, ob Maschinen „intelligent“ sein können. Angefeuert wurden diese Diskussionen noch dadurch, dass mit der Digitalisierung der Telefon-Netze neue Zusatzdienste angeboten wurden, die es vorher bei den analogen Netzen nicht gab, nämlich die Anzeige der Telefonnummer des Anrufers, die Anzeige angefallener Gebühren, Wetterauskünfte, Lottozahlen usw. In den USA wurde dafür der Ausdruck „Intelligentes Netz“ geprägt, zumal das englische Wort „intelligence“ auch „Auskunft“ bedeutet[5.2]. Mit dem Intelligenten Netz kam dann auch bald der Begriff „Künstliche Intelligenz“ in Mode, der sich allgemein auf Maschinen bezieht, die „intelligente“ Leistungen erbringen. Wann eine Maschine „intelligent“ ist, wurde wie folgt definiert:

[5.2] Beim amerikanischen Geheimdienst CIA (Central Intelligence Agency) hat das Wort „Intelligence“ ebenfalls mit „Auskunft“ zu tun.

Definition der Intelligenz einer Maschine

Gegeben sei eine Bühne, auf der hinter einem geschlossenen Vorhang eine Maschine steht. Menschen im Saal können dieser Maschine Fragen stellen. Wenn die Menschen, die nicht sehen und anfangs auch nicht wissen können, ob sich hinter dem Vorhang eine Maschine oder ein Mensch befindet, nicht entscheiden können, ob die Antworten von einer Maschine oder von einem Menschen kommen, dann ist die Maschine intelligent.

Diese erstmals vom Mathematiker A. Turing (der auch die im 2. Kapitel erwähnte Turing-Maschine erfunden hat) in ähnlicher Form formulierte Definition geht vom äußeren Verhalten der Maschine aus, was durchaus nahe liegt und auf den ersten Blick nicht unvernünftig erscheint. Sie hat aber massive Schwächen, die mit der nachfolgenden Diskussion offen gelegt werden. Vorausgesetzt wird dabei, dass die intelligente Maschine ein programmierbarer Computer mit geeigneten sensorischen Eingängen (z.B. Mikrophon, Lesegerät) und motorischen Ausgängen (z.B. Lautsprecher, Drucker) ist.

Die Definition der Intelligenz berücksichtigt nicht, woher die Maschine ihre Fähigkeit bezogen hat und was in der Maschine die intelligente Leistung bewirkt. Wenn man zusätzlich das „Woher" und das „Was" berücksichtigen will, dann muss ergänzt werden, dass die Fähigkeit vom Programmierer stammt, der diese Fähigkeit mit dem Programm (bzw. den Programmen - Näheres dazu folgt weiter unten) und mit Wissensdaten in die Maschine eingespeist hat. Ihre „Intelligenz" hat die Maschine also vom Menschen erhalten und steckt im Programm.

Mit Programm und Wissensdaten wird die elektrische Schaltung der Maschine, d.h. die Hardware, nicht verändert. Verändert wird lediglich eine Konfiguration oder Anordnung von Bits und Bytes in den Speichern der Maschine, also der innere (Grund-) Zustand der Maschine. Der mit Einspeisung von Programm und Wissensdaten geschaffene Grundzustand der Maschine bestimmt dann zusammen mit anschließend über Sensoren empfangenen Daten eindeutig und determiniert den weiteren dynamischen Ablauf in der Maschine und die Folge der motorischen Ausgabe (die Artikulation) der Maschine.

Der gespeicherte innere Grundzustand der Maschine, bestehend aus Programm und Wissensdaten, wird als *Software* bezeichnet. Die Komponenten einer intelligenten Maschine sind also zusammengefasst

- Hardware und
- Software

Allein die Hardware eines programmierbaren Computers kann noch keine intelligenten Leistungen erbringen. Ohne Software ist der programmierbare Computer „dumm wie die Nacht". Intelligenz ergibt sich erst, wenn eine entsprechende Software in irgendeiner Form in den Speichern des Computers vorhanden ist.

Bei einem digitalen Computer mit logischen Schaltungen wie sie Abschn. 1.4.2 beschreibt, ist die Software in Form von Bits in binären Speicherzellen abgelegt. In vielen Computern beträgt die Größe einer einzelnen Speicherzelle 16 Bit = 2 Byte. Mit 16 Bit lassen sich 2^{16} = 65536 verschiedene Kombinationen d.h. Codewörter bilden, mit denen Buchstaben, Dezimalziffern, Sonderzeichen, Operationen, Befehle und viele weitere Dinge codiert d.h. mit Bits ausgedrückt werden können. Die aus Bit-Folgen bestehenden Codewörter sind digitale Signale, die der Computer verarbeitet. Abb. 5.3 zeigt einen Ausschnitt eines Speichers mit binären Speicherzellen.

Adr	....
Adr	0 L L L 0 L 0 0 0 0 L 0 L L 0 0
Adr	L L 0 L 0 0 0 L L 0 0 L 0 L L L
Adr	L 0 L L L 0 L L L 0 L 0 0 L 0 L
Adr	0 L 0 0 0 0 L 0 L L L L 0 L 0 L
Adr	....

Abb. 5.3 Ausschnitt eines Binärspeichers mit je 16 Bit fassenden Speicherzellen „Adr" kennzeichnet die Adresse einer Speicherzelle.

Die Adresse (oder Nummer) einer Speicherzelle lässt sich ebenfalls durch Bits ausdrücken. (Bei Massenspeichern, die Milliarden Zellen enthalten, haben größere Blöcke mehrerer Zellen eine gemeinsame Adresse. Erst beim Transfer eines Blocks in den Arbeitsspeicher erhalten einzelne Zellen eine eigene Adresse).

Wenn, wie oben gesagt, der programmierbare Computer ohne Software „dumm wie die Nacht" ist, dann kann man sich fragen, ob neben der Intelligenz eventuell noch ein Geist in der speziellen Anordnung der Bits im Speicher steckt, also darin, wie die vielen 0 und L geometrisch angeordnet sind und wie viele Muster es mit 0 und L gibt.

Um diese Fragen zu klären, muss verfolgt werden, was mit den einzelnen Codewörtern im Computer geschieht. Dazu kann zunächst festgestellt werden, dass jede Interpretation von Codewörtern, die der Computer vornimmt, auf Bit-Ebene erfolgt. Nach einigen ersten Schritten (die als Booting bezeichnet werden und hier nicht erläutert werden müssen) befolgt der Computer z.B. folgende Anweisungen:

„Bringe den Inhalt von Zelle 23 ins Register des Rechenwerks und betrachte danach den Inhalt von Zelle 117". Der Inhalt von Zelle 117 lautet dann vielleicht: „Addiere den Inhalt von Zelle 24 zum Inhalt des Registers des Rechenwerks und betrachte danach den Inhalt von Zelle 118". Die Summe steht jetzt im Register des Rechenwerks und der Inhalt von Zelle 118 könnte lauten: „Bilde die Quadratwurzel des Registerinhalts des Rechenwerks, speichere das Ergebnis in Zelle 50 und betrachte danach den Inhalt von Zelle 119". Usw. usw.

So geht das in zahllosen Schritten weiter. Mit Hilfe derartiger Programme lassen sich mathematische Berechnungen ausführen, Texte auf Schreibfehler kontrollieren, eine Photographie bearbeiten, die Einkommensteuer berechnen und Vieles mehr. Es gibt große Programme, die mehrere Millionen Codezeilen umfassen. Der Computer weiß nur, was er mit den Bitsequenzen von Zelleninhalten tun soll. Ob die vielen Bits der Zelleninhalte den Text einer Zeitung, die Photographie eines Gebäudes, eine Steuererklärung oder sonst etwas codieren, weiß der Computer nicht. Er bearbeitet nur die Bits gemäß Programm und gibt die Ergebnisse so aus, wie es das Programm verlangt. Die Darbietungen der Ergebnisse auf dem Bildschirm, oder in Form von Schallschwingungen oder auf ausgedrucktem Papier interpretiert der Mensch. Erst dieser Mensch weiß, dass es sich um ein Rechenergebnis, um einen Text, ein Bild, um Sprache oder um eine Steuererklärung handelt.

Die oben zitierte Definition einer intelligenten Maschine betrifft also nicht die Intelligenz der Maschine, d.h. ihrer Hardware, sondern die Intelligenz des Programms in der Maschine. Die Intelligenz des Programms ist ein Abbild einer Intelligenzleistung des Programmierers. Die Intelligenz der Maschine – falls man von einer solchen sprechen will – beschränkt sich auf die Interpretation einzelner Bits, Codewörter und Codezeilen. Alle Operationen der Maschine beruhen auf einer *niedrigen Interpretationsebene*, der höhere Bedeutungen unbegreiflich sind. Man vergleiche hierzu auch Abschn. 2.7 im 2. Kapitel. Das Sprechen von einem Geist setzt eine hohe Interpretationsebene voraus, die für das Arbeiten des Computers nicht gebraucht wird.

In der geometrischen Anordnung der vielen 0 und L im Speicher kann im Fall eines anspruchsvollen Programms ein Geist stecken. Dieser Geist „offenbart" sich aber erst auf einer höheren Interpretationsebene, über die ein Computer aufgrund seiner Funktionsweise nicht verfügt, und die er auch nicht benötigt. Die komplexeste Struktur, die der Computer als ein Ganzes interpretiert, umfasst im oben betrachteten Fall nur 16 Bit. Der Mensch dagegen, der in der Ausgabe des Computers Sprache, geschriebene Sätze oder eine Steuererklärung erkennt, interpretiert wesentlich komplexere Strukturen, die durch sehr viel mehr Bits ausgedrückt werden, als ein jeweiliges Ganzes. Auf eine einfache Formel gebracht lässt sich sagen: *„Geist ist Interpretationsfähigkeit. Je komplexer eine Struktur ist, die holistisch* (d.h. als ein zusammenhängendes Ganzes) *erfasst und mit einer Bedeutung gekennzeichnet wird, desto größer ist der dafür erforderliche Geist"*. Es gibt Philosophien, die sich um den Sinngehalt d.h. die Interpretation des Weltgeschehens und des großen Gangs der Weltgeschichte bemühen, hinter dem das Wirken eines Weltgeistes gesehen wird.

Zusatzbemerkungen:

1. Die Verteilung der Bits 0 und L im Speichervolumen, siehe Abb. 5.3, erinnert an die Verteilung von Gasteilchen in einem Gefäß, und dort insbesondere an die Fermi-Statistik, vergl. im 3. Kapitel in Abschn. 3.3.3 die 3. Zusatzbemerkung. Wo L steht, befindet sich ein Gasteilchen, wo 0 steht, befindet sich kein Gasteilchen. Das hat manche Leute dazu verleitet, in Information eine energetische Größe zu sehen, vergl. Abschn. 3.4.3.

2. Man kann sich die Frage stellen, ob Geist durch Zufall entstehen kann, indem durch wiederholtes Werfen einer Münze eine Konfiguration 0 und L im Speicher eines gegebenen Computers erzeugt wird, die ein geistreiches Programm von einer Millionen Programmzeilen darstellt. Obgleich die Wahrscheinlichkeit dafür nicht null ist, und obgleich manche Physiker mit einer analogen Überlegung die Existenz eines Multiversums begründen, glaubt der Verfasser als Ingenieur nicht an eine praktikable Möglichkeit, auf solche Weise etwas Geistiges erzeugen zu können. In der Praxis entsteht Geist nur durch Geist wie Leben nach derzeitiger Erfahrung nur durch Leben entsteht.[5.3]

3. Jede Software lässt sich prinzipiell auch mit einer festen Verdrahtung realisieren. In diesem Fall liegt die Software in der *Struktur* der Verdrahtung. Häufig benötigte Software-Teile werden in vielen realen Computer in der Tat durch feste Verdrahtung realisiert. Ein Computer ohne Programmspeicher ist aber unflexibel und lässt sich nur sehr begrenzt nutzen. Die Aussage der obigen Bemerkung 2.) wird dadurch nicht relativiert.

[5.3] Einfache Theorien über die Entstehung von Leben vor etwa 3,5 Milliarden Jahren aus einer „Ursuppe" von anorganischen Verbindungen sind vage und kaum weniger mysteriös als die Erschaffung des lebenden Golem aus Lehm und Zaubersprüchen durch den Rabbi Löw in Prag. Aufschlussreicher ist z.B. die Darstellung von Russel, M. (2007) über notwendige Bedingungen, die geherrscht haben müssen, damit eine primitive Bakterie aus einer Zelle mit Zellmembran, intrazellulärem Stoffwechsel und einem Zellkern mit DNA entstehen konnte. Die Bedingungen sind derart komplex, dass die Entstehung von Leben als nahezu unwahrscheinlich erscheint, und man sich wundert, dass wir tatsächlich existieren.

4. Der normale Benutzer heutiger Computer muss sich beim Programmieren nicht um das Speichern von Daten und Anweisungen in spezielle Speicherzellen kümmern und muss auch nicht den speziellen Maschinencode für die Operationen der Rechenwerke kennen. Er kann beim Programmieren sofort eine höhere Programmiersprache verwenden, die sehr viel benutzerfreundlicher ist als das Arbeiten mit dem Maschinencode d.h. mit 0 und L. Möglich wird ein benutzerfreundliches Arbeiten durch ein Betriebssystem wie auch durch sogenannte Compiler, welche die in einer höheren Programmiersprache formulierten Anweisungen in den Maschinencode übersetzen und darüber hinaus noch viele andere Dinge erledigen, unter anderem auch das Booting. Letzteres ist ein spezielles Startprogramm, das nach dem Einschalten des Computers für einen definierten Zustand aller Blöcke und Funktionseinheiten des Computers sorgt (sog. Hochfahren des Computers).

5. Die Software eines Computers erfordert „Null-Toleranz". Das heißt, dass z.B. in Abb. 5.3 die Verfälschung einer einzigen 0 in ein L bereits zu katastrophalen Fehlern im Ergebnis führt. Gleiches gilt auch bei der Eingabe von Programmen in einer höheren Programmiersprache.

6. Von Psychologen angewendete Intelligenztests stützen sich oft hauptsächlich auf die Leistung des Kurzzeitgedächtnisses der getesteten Person, weil diese Leistung leicht messbar ist. Gedächtnis ist aber nur eine Komponente neben den in Abschn. 2.3.5 genannten zusätzlichen Denkprozessen des Ausschließens, Spezifizierens und Generalisierens. Für die vernünftige logische Interpretation wahrgenommener komplexer Muster und Strukturen werden in der Regel alle Komponenten von Denkprozessen gebraucht.

5.2.4 Intelligenzgrenzen bei Computerberechnungen

Nachdem im vorangegangen Abschnitt ausgeführt wurde, dass intelligente Leistungen eines Computers von der Software herrühren, die wiederum vom menschlichen Programmierer stammt, kann man sich fragen, ob es möglich ist, eine solche Software zu schreiben, mit welcher ein digitaler Computer Leistungen erbringt, die der menschlichen Intelligenz in jeder Hinsicht vollständig äquivalent sind.

Die Antwort lautet: Nein.

Der Grund dafür hängt mit dem „Nichtentscheidbarkeitssatz" zusammen, den der Mathematiker K. Gödel (1931) bewiesen hat. Der Nichtentscheidbarkeitssatz besagt, dass sogenannte „formal axiomatische Systeme" *unvollständig* sind. Es gibt Aussagen, die der Mensch als „wahr" oder als „falsch" erkennt, die aber mit formal axiomatischen Systemen weder bewiesen noch widerlegt werden können.

Jede wie auch immer programmierte Turing-Maschine stellt ein formal axiomatisches System dar. Die Rechenleistung eines jeden Computers kann wiederum durch eine Turing-Maschine nachgebildet werden. Die Turing-Maschine, die ein nur gedankliches Rechenmodell ist, das im 2. Kapitel in Abschn. 2.6.2 bereits vorgestellt und grob beschrieben wurde, ist wegen ihres unendlich großen Gedächtnisses mächtiger als jeder reale digitale Computer, der immer über ein nur endlich großes Gedächtnis verfügt. Solche Computer mitsamt ihren Programmen sind weniger mächtige formalaxiomatische Systeme als die Turing-Maschine.

Turing (1937) hat sein Rechenmodell in Hinblick auf den Nichtentscheidbarkeitssatz entwickelt. Der Titel seiner Publikation lautet: „On Computable Numbers, With an Application to the Entscheidungsproblem" (Über berechenbare Zahlen mit einer Anwendung auf das Entscheidungsproblem). [An dieser Stelle sei an die Ausführungen in Abschn. 2.6 des 2. Kapitels erinnert: Jedes auf dem Computer darstellbare Objekt lässt sich durch eine

Folge von Symbolen 0 und 1 darstellen, also (auch) durch Zahlen. Es geht darum, ob und wie mit welchen Algorithmen das Objekt oder die Zahlenfolge auf dem Computer berechnet werden kann. Wie in Abschn. 2.6 schon erwähnt wurde, gelingt die Berechnung nicht für beliebige Objekte. Ein (informationelles) Objekt ist nur dann „berechenbar", wenn die Berechnung mit einem auf der Turing-Maschine programmierten Algorithmus in *endlich* vielen Schritten gelingt und die Turing-Maschine nach dem letzten Schritt von allein zum Halt kommt. [Bei nicht berechenbaren Objekten läuft die Turing-Maschine ewig weiter, ohne dass ein Halt erreicht wird].

Beim „formal axiomatischen System" bedeutet „formal axiomatisch", dass zur Beschreibung von Daten und Programm ein nur „endlich großer Satz von Zeichen (oder Symbole) und Grundaussagen (oder Axiome)" verwendet wird, die mit nur „endlich vielen Transformationsregeln (oder Operationen)" miteinander logisch verknüpft werden können. Die Axiome und Operationen sind dabei per Definition wahr. Die Axiome dürfen sich gegenseitig nicht widersprechen und müssen unabhängig voneinander sein. Jede einzelne Operation muss für sich allein ein eindeutiges Ergebnis liefern.

Bemerkungen:
Beispiele von Operationen sind die im 1. Kapitel in Abschn. 1.4.1 beschriebenen logischen Verknüpfungen, ein Beispiel für einen Satz von Axiomen bilden die im 2. Kapitel in Abschn. 2.3.3 angegebenen Axiome von Kolmogorov, auf denen die moderne Wahrscheinlichkeitstheorie beruht. Eine nähere Beschreibung formal axiomatischer Systeme einschließlich formaler Sprachen folgt im 6. Kapitel in Abschn. 6.8.
Typisch für formal axiomatische Systeme ist die Eigenschaft, dass sie ausschließlich von deterministischen „Wenn-dann-Beziehungen" beherrscht werden, wie das anhand von Abb. 5.3 erläutert wurde. Jedes solche System repräsentiert ein in sich abgeschlossenes Universum. Auch die im 1. Kapitel in Abschn. 1.5.1 beschriebene geschlossene sinngenaue Kommunikation stellt ein formal axiomatisches System dar.

Der oben angegebene Nichtentscheidbarkeitssatz von Gödel besagt mit anderen Worten:

Unter ausschließlicher Verwendung von Symbolen, Axiomen und Transformationsregeln eines gegebenen formal axiomatischen Systems lassen sich Aussagen formulieren, für die das gegebene axiomatische System nicht entscheiden kann, ob diese Aussagen wahr oder falsch sind, obwohl das dem Menschen möglich ist. Zwar lassen sich neue und mächtigere formal axiomatische Systeme finden, in denen diese Aussagen entschieden werden können. In diesen neuen und mächtigeren formal axiomatischen Systemen lassen sich aber andere Aussagen formulieren, für die das neue und mächtigere axiomatische System nicht entscheiden kann, ob diese anderen Aussagen wahr oder falsch sind, obwohl auch das dem Menschen möglich ist.

Die Nichtentscheidbarkeit rührt von Paradoxien her, die sich in formal axiomatischen Systemen formulieren lassen, mit denen das betreffende System aber nicht zurechtkommt. Ein berühmtes Beispiel ist die folgende, in natürlicher Umgangssprache (d.h. nicht in der Programmiersprache des Systems) ausgedrückte Aussage:

Ein Kreter behauptet, dass alle Kreter lügen.

Der Mensch erkennt zwar sofort, dass diese Aussage sich selbst widerspricht. Wenn nämlich alle Kreter lügen, dann müsste auch die Behauptung falsch sein, womit der Kreter die Wahrheit gesagt hätte, was aber das Gegenteil der Behauptung ist. Andererseits erkennt der Mensch aber auch, was der Kreter mit seiner Aussage vermutlich meint.

Die Widersprüchlichkeit ergibt sich aus der hier unterstellten *scharfen* Bedeutung des Wortes *lügen*, bei der „lügen" immer „absolut falsch" und „nicht lügen" immer „absolut wahr" bedeuten. Wenn man jedoch dem Wort „lügen" eine unscharfe Bedeutung zuordnet, die eine Skala von „absolut falsch" über „leicht geschwindelt" bis „nicht ganz richtig" überstreicht, dann ergibt sich kein Widerspruch, wenn man „lügen" als „nicht ganz richtig" interpretiert, d.h. dass man das, was Kreter behaupten, nicht auf die Goldwaage legen darf.

Alle formal axiomatischen Systeme, Computer und signalverarbeitenden Maschinen arbeiten stets mit scharfen Bedeutungen, scharfer Logik und scharfen Mengen. Die natürliche Sprache von Menschen ist dagegen unscharf, wie im 1. Kapitel in Abschn. 1.5.3 ausgeführt wurde. Später wird im 6. Kapitel eine Theorie unscharfer Mengen und unscharfer Logik beschrieben. Dort wird ebenfalls gezeigt, dass das Verhalten von neuronalen Netzen, die es im menschlichen Gehirn gibt, durch unscharfe Mengen beschrieben werden kann.

Die tiefer liegende Ursache für die Unvollständigkeit formal axiomatischer Systeme liegt in ihrer beschränkten Fähigkeit zur Interpretation von Signalen (Bitkombinationen) und in der Anwendung von scharfer Logik. Interpretationen finden allein auf der niedrigen Code-Ebene (Bit-Ebene) statt, vergl. Abschn. 2.7.2 im 2. Kapitel. Das auf den Mathematiker D. Hilbert zurückgehende Konzept der Anwendung formal axiomatischer Methoden basiert auf der Idee, möglichst ganz auf Interpretationen zu verzichten. Einige Einzelheiten dazu folgen im Abschn. 6.8 des 6. Kapitels, wo formale Sprachen (Computersprachen) und die sogenannte Prädikatenlogik kurz beleuchtet werden.

In Entgegnung der im Abschn. 5.1 angesprochenen Behauptung, dass der Mensch eine Maschine sei, lässt sich hier schon mal folgende Aussage festhalten:

[5.2] Mensch und Maschine

Der Mensch ist keine signalverarbeitende Maschine im Sinne der Automatentheorie (Mealy-Automat) oder eines Computers oder eines sonstigen formal axiomatischen Systems. Er ist allen diesen Maschinen weit überlegen, weil er dank seiner geistigen Fähigkeit in der Lage ist, Signale auf hoher Ebene zu interpretieren.

Nicht wenige Vertreter der künstlichen Intelligenz ignorieren die prinzipiellen Unterschiede bei Denkvorgängen im menschlichen Gehirn und der algorithmischen Signalverarbeitung in Computern. Sie vertreten die Meinung, dass es nur eine Frage der Zeit sei, bis alle Denkprozesse des Menschen im Computer simuliert werden können. Gegen diese Meinung nimmt der Mathematiker R. Penrose in seinem Buch „Computerdenken" (1991) ausführlich und vehement Stellung. Er macht deutlich, dass menschliches Denken *nicht algorithmisch* ist.

In dieser Abhandlung sollen die Erfolge, die im Zusammenhang mit der künstlichen Intelligenz erzielt wurden, keineswegs abgestritten oder vermindert werden. Es geht allein darum, die Beschränkungen des „Computerdenkens" aufzuzeigen. Wesentliche Fortschritte z.B. bei der Spracherkennung, bei der automatischen Sprachübersetzung, bei der Erkennung optischer Muster und vergleichbaren Problemen lassen sich vermutlich nur mit Hilfe neuronaler Netze unter Nutzung unscharfer Logiken erzielen.

5.2.5 Computer als Kommunikationspartner

Wie in Abschn. 5.2 erläutert, stellt ein Computer über Eingabe, Signalverarbeitung und Ausgabe einen maschinellen Kommunikationspartner dar. Die Eingabe wirkt als Wahrnehmungsorgan, die Ausgabe als Artikulationsorgan, und die von einem Programm gesteuerte Signalverarbeitung legt fest, wie der Computer auf Wahrnehmungen reagiert. Der Kommunikationspartner Computer kann mit geeigneter Software ein intelligentes Verhalten im Sinne der in Abschn. 5.2.3 angegebenen Definition zeigen. Dabei ist zu berücksichtigen, dass die Intelligenz vom Programmierer eingespeist wurde. Der Computer kann bei der Beantwortung von Fragen auch auf externe Datenspeicher zurückgreifen. Das ist z.B. der Fall, wenn der Computer mit dem Internet verbunden ist und eine Suchmaschine (z.B. Google, Yahoo) in Anspruch genommen wird. Dann wirkt der Computer wie ein Kommunikationspartner, der über ein nahezu unbegrenztes Faktenwissen verfügt.

Als Fazit der Ausführungen in den Abschnitten 5.2.2 bis 5.2.4 kann zusammenfassend festgehalten werden:

[5.3] Kommunikationsverhalten programmierbarer Computer

Ein Computer ist eine signalverarbeitende Maschine, die als Werkzeug und auch als Kommunikationspartner dienen kann. Das Verhalten des Computers ist deterministisch und durch die (materielle) Hardware und die (informationelle) Software festgelegt. Mit geeigneter Software reagiert der Computer wie ein „intelligenter" Kommunikationspartner, wobei die Intelligenz von der Software bestimmt wird.

Bei Lebewesen laufen, wie eingangs gesagt, viele Vorgänge wie in einer signalverarbeitenden Maschine ab. Das gilt auch für die Kommunikation. Überdies zeigen Lebewesen aber auch noch ein spontanes und von außen als zufällig erscheinendes Verhalten.

5.3 Signalverarbeitung in Lebewesen

Es gibt kein Lebewesen, das nicht mit seiner Umwelt oder/und mit anderen Lebewesen kommuniziert.

Weil, wie gesagt, viele Vorgänge in Lebewesen wie in einer Maschine oder einem signalverarbeitenden Automaten ablaufen, kann das Modell in Abb. 5.1 als Bestandteil eines primitiven Lebewesens betrachtet werden, das daneben sich aber aus noch weiteren Bestandteilen zusammensetzt.

Ein großer Unterschied zwischen Maschinen und Lebewesen besteht darin, dass eine Maschine *tot* ist und ein Lebewesen *lebendig* ist, was sich in erster Linie durch seine Fortpflanzungsfähigkeit ausdrückt, die eine Maschine nicht besitzt. Obwohl daraus noch nicht folgt, dass die Vorgänge im Inneren eines Lebewesens anders als in einer Maschine ablaufen, ergeben sich aber bereits einige strukturelle Unterschiede.

Als wesentliche Kennzeichen einer jeden lebenden Substanz[5.4] werden üblicherweise genannt:

5.4 Mit „Substanz" ist die allgemeine Gattung gemeint, nicht das einzelne Individuum. Ein einzelnes Individuum muss selbst nicht fortpflanzungsfähig sein, muss aber auf Grund dieser Fähigkeit entstanden sein.

- Stoffwechsel und
- Fortpflanzungsfähigkeit

Stoffwechsel ist von chemischer Natur. Es werden mit der Nahrung bestimmte Stoffe von außen aufgenommen. Über chemische Umwandlungsprozesse werden diesen Stoffen Anteile entnommen und für den Aufbau und Erhalt des Körpers verwendet werden. Der veränderte Rest wird wieder ausgeschieden. Die Fortpflanzung geschieht bei den meisten Arten geschlechtlich durch Befruchtung einer weiblichen Eizelle mit einer männlichen Samenzelle. Durch Wachsen und fortlaufende Teilung der befruchteten Eizelle bildet sich dann ein neues Lebewesen heran, das selbst wiederum aus lauter Zellen besteht[5.5]. [Es gibt daneben relativ wenige Arten, die sich ungeschlechtlich fortpflanzen, was aber genetisch nachteiliger ist]. Maschinen funktionieren anders. Zwar benötigen auch sie eine Zufuhr von „Nahrung" in Form von Energie, von der sie einen Rest (z.B. in Form von Abwärme, siehe Abschn. 3.2.4) nach außen wieder abgeben, was man als Stoffwechsel bezeichnen kann. Das ist auch bei Computern der Fall (siehe Abschn. 3.4.1 und 3.4.2). Fortpflanzungsfähigkeit ist aber kein Kennzeichen, das jeder Maschine eigen ist, obwohl es im Sonderfall denkbar ist, dass eine Gruppe gleichartiger Roboter wieder gleiche Roboter erzeugt. Diese Erzeugung beginnt aber nicht mit Bestandteilen von Robotern, sondern mit Material das von außen zugeführt wird.

Stoffwechsel und Fortpflanzungsfähigkeit lebender Wesen liefern *innere Antriebe* für die Kommunikation und für selbst ausgelöste Initiativen. Maschinen werden nicht von selbst initiativ (wenn von man Batterie-betriebenen Maschinen absieht, die sich melden, wenn die Batterie fast leer ist). Maschinen reagieren auf Grund von Anlässen, die von außen kommen (Start eines Programms, neue Wahrnehmung).

Abb. 5.4 zeigt ein Strukturmodell eines hypothetischen primitiven kommunizierenden Lebewesens. Es resultiert aus der Erweiterung des in der Technik gebräuchlichen Modells eines Automaten in Abb. 5.1.

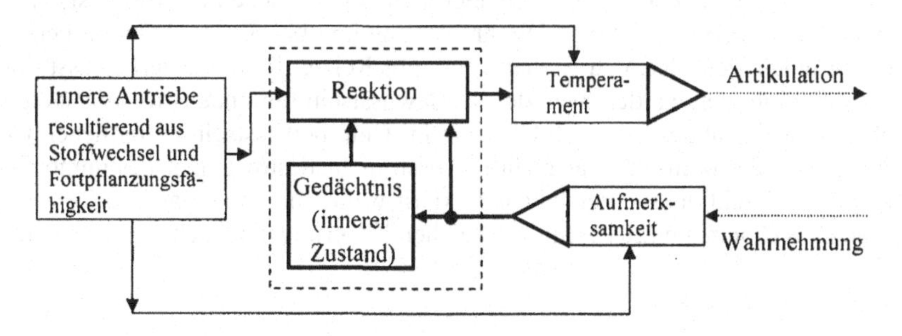

Abb. 5.4 Strukturmodell eines hypothetischen primitiven kommunizierenden Lebewesens
Die fett gezeichneten Bestandteile geben den in Abb. 5.1 dargestellten Automaten wieder.
Die dünn gezeichneten Teile kommen beim Lebewesen hinzu.

5.5 Hier mag der Hinweis angebracht sein, dass ein „Lebewesen" nach Meinung des Verfassers aus Materie bestehen muss (was natürlich auch für jede Maschine gilt), weshalb ein Computerprogramm (das ja nichts Anderes als eine aufgezeichnete Idee ist) nicht zu den Lebewesen zählt, und zwar auch dann nicht, wenn es wie ein Computervirus die Fähigkeit zur eigenen Fortpflanzung hat. Auch die in der Natur vorhandenen chemisch materiellen Viren, die sich ebenfalls vermehren können, betrachtet der Verfasser nicht als Lebewesen, weil sie keinen eigenen Stoffwechsel besitzen, sondern auf den Stoffwechsel einer Wirtszelle angewiesen sind. Lebewesen beginnen für den Verfasser bei den materiellen Einzellern, vergl. Fußnote 5.3.

Beim Strukturmodell des hypothetischen primitiven Lebewesens ist berücksichtigt, dass seine momentane Wahrnehmung und Reaktion – im Unterschied zu der des Automaten – noch zusätzlich von den inneren Antrieben abhängen.

Dem im Inneren eines Automaten vorhandenen Taktgenerator entspricht bei Lebewesen eine innere biologische Uhr[5.6].

Die von inneren Antrieben gesteuerte Wahrnehmung betrifft die Ausrichtung des Aufmerksamkeitskanals. Diese Ausrichtung ist z.B. bei der Paarungsbereitschaft anders geartet als bei der Nahrungssuche. Bei der Nahrungssuche hängt die Intensität der Ausrichtung zudem davon ab, wie hungrig oder satt das Lebewesen ist. Auf der anderen Seite steuern die inneren Antriebe unter anderem auch die Heftigkeit der Reaktion oder Artikulation. Diese Heftigkeit hängt mit den Emotionen und dem Temperament zusammen. Zu den Emotionen gehören Aggression, die auch mit dem Erwerb von Nahrung zu tun hat, und Furcht, die der Erhaltung des Lebens und Fortpflanzung förderlich ist.

Der oben genannte Unterschied, dass eine kommunizierende Maschine tot und ein kommunizierendes Lebewesen lebendig ist, lässt sich kurz wie folgt illustrieren: Bei der Maschine darf man die Energiezufuhr beliebig lange unterbrechen (z.B. durch Ziehen des Netzsteckers oder Herausnehmen der Batterie), ohne dass sie dadurch zerstört wird. Die Maschine funktioniert wieder, auch wenn ihr erst nach sehr langer Zeit wieder Energie zugeführt wird. Wird dagegen bei einem Lebewesen die Energiezufuhr unterbrochen (durch Entzug von Nahrung), dann stirbt es nach einiger Zeit durch Verhungern.[5.7] Wenn es tot ist, dann hilft nach aller Erfahrung keine erneute Zufuhr von Nahrung; das Lebewesen bleibt tot und kann nicht erneut kommunizieren.

Hinweis auf komplexere Zusammenhänge bei höheren Lebewesen:
Die Zusammenhänge von Wahrnehmung und Artikulation, d.h. von Reiz und Reaktion, sind bei höheren Lebewesen wesentlich komplexer als wie das in Abb. 5.4 dargestellt ist. Beim Menschen resultieren die inneren Antriebe nicht allein aus Stoffwechsel und Fortpflanzungsfähigkeit. Zudem unterscheidet man bei Menschen ein Bewusstsein und ein Unterbewusstsein. Beide sind bei der Wahrnehmung und bei der Artikulation beteiligt und in beiden befinden sich Gedächtnisinhalte. Es gibt Reize, die nur unterbewusst und nicht bewusst wahrgenommen werden, weil der ins Bewusstsein führende Aufmerksamkeitskanal nicht auf diese Reize abgestimmt ist. Über die im Unterbewusstsein befindlichen Gedächtnisinhalte ist sich der Mensch zwar nicht bewusst, nichtsdestoweniger bestimmen auch sie wesentlich seine Reaktion auch auf nicht bewusst wahrgenommene äußere Reize, wie der Psychologe D. Kahnemann (2012) mit zahlreichen Experimenten nachgewiesen hat.

[5.6] Bei allen Lebewesen, bei Einzellern, Pflanzen, Tieren und Menschen hat man verschiedenste biologische Rhythmen beobachtet. Die Periodendauer dieser Rhythmen ist sehr unterschiedlich, sie reicht von Millisekunden bis zu Jahren (www.Wikipedia Chronobiologie). Ein wesentlicher Teil dieser Rhythmen ist endogen, also nicht von außen gesteuert, und dürfte mit dem Stoffwechsel zusammenhängen, zu dem auch das Schlagen des Herzens beiträgt. Jede chemische Reaktion ist nämlich mit einer Reaktionszeit verbunden. Diese ist z.B. bei der Explosion von Dynamit extrem kurz, bei der alkoholischen Gärung dagegen ziemlich lang.

[5.7] Ausnahmen hiervon scheint es zu geben, wenn durch Tieffrieren alle chemischen Prozesse im Inneren einer Zelle gleichmäßig zum Stillstand kommen und damit auch keine Energiezufuhr benötigen. Nach Zeitungsmeldungen haben russische Wissenschaftler aus einer befruchteten Samenzelle, die mehr als 30 Tausend Jahre lang im sibirischen Permafrost lag, eine Pflanze hochgezogen und zum Blühen gebracht.

5.3.1 Zellen als Bauelemente von Lebewesen

Ähnlich wie ein Staat von lebenden Bürgern gebildet wird, setzen sich alle Lebewesen aus lebenden Zellen zusammen. Die einfachsten Lebewesen bestehen aus einer einzigen Zelle. Einfache Pflanzen, z.B. Algen, bestehen bereits aus sehr vielen Zellen. Säugetiere und der Mensch setzen sich aus einer riesigen Vielzahl (Größenordnung 10^{14}) von Zellen unterschiedlichster Arten zusammen. Es gibt Hautzellen, Muskelzellen, Gehirnzellen, verschiedenartige Sinneszellen und eine stattliche Anzahl weiterer Zellarten. Jede einzelne Zelle ist für sich lebendig, hat einen eigenen Stoffwechsel, kommuniziert mit anderen Zellen und dient speziellen Funktionen des gesamten Organismus.

Vielzelligen Lebewesen schadet der Tod einzelner Zellen kaum. Hier ist nicht der Platz, um auf viele Einzelheiten näher einzugehen. Dazu sei auf Standardwerke der Physiologie, z.B. Schmidt, Thews (1997), verwiesen. Nur so viel sei gesagt, dass bei der Entstehung z.B. eines Menschen sich alle unterschiedlichen Zellenarten durch Differenzieren aus einer einzigen Zellenart, den pluripotenten Stammzellen, entwickeln.

In dieser Abhandlung interessieren Zellen nur insoweit, wie sie für die Kommunikation zwischen vielzelligen Tieren oder Menschen von Belang sind. Es betrifft also die Sinneszellen für die Wahrnehmung von Signalen, die Nervenzellen für die Weiterleitung von Signalen im Organismus, die Gehirnzellen für die Signalverarbeitung und ferner noch die Muskelzellen für die Artikulation und Bewegung. Nervenzellen und Gehirnzellen sind gleichartig und werden als *Neuronen* bezeichnet. Näheres bringen die nachfolgenden Abschnitte 5.3.2 und 5.3.3.

5.3.2 Nervenzellen als Signalleitungen und als Elemente der Signalverarbeitung

Die Signalverarbeitung im Gehirn erfolgt in einem *neuronalen Netz*, das in einer Zusammenschaltung einer riesigen Anzahl von Neuronen besteht. Auf neuronale Netze wird unten im nächsten Abschn. 5.3.3 und im 6. Kapitel noch näher eingegangen wird. Hier interessiert zunächst nur das einzelne Neuron.

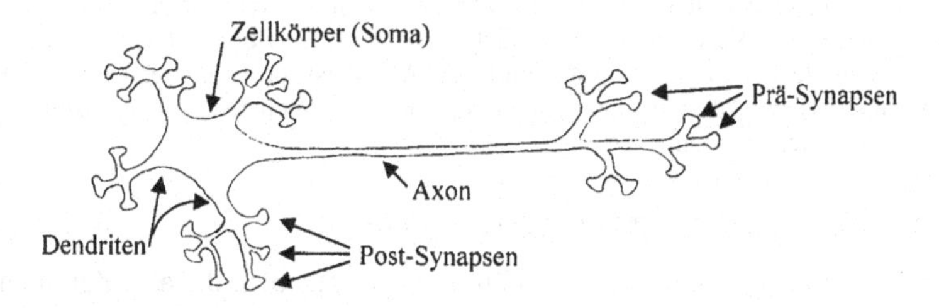

Abb. 5.5 Allgemeine Form eines Neurons

Die allgemeine Form eines Neurons zeigt Abb. 5.5. Sie besteht aus einem Zellkörper, der mehrere schlauchartige Ausbuchtungen hat, davon eine relativ lange, die als *Axon* bezeichnet wird, und mehrere kürzere, die *Dendriten* heißen. Die Dendriten verzweigen sich wie die Äste eines Baumes und enden in pilzförmige *Post-Synapsen.* Die Post-Synapsen empfangen Signale von benachbarten Neuronen und leiten diese Signale über die Dendriten zum Zellkörper. Das oft recht lang ausgedehnte Axon weist am Ende ebenfalls Verzweigungen auf, die in *Prä-Synapsen* enden. Über das Axon und diese Prä-Synapsen sendet der Zellkörper Signale an andere Neuronen weiter. Die aus je einer Prä-Synapse und einer Post-Synapse bestehenden Synapsen bilden also die Verbindungsstellen zwischen den verschiedenen Neuronen.

Die Darstellung in Abb. 5.5 zeigt die allgemeine Form nur grob und ist nicht maßstabsgerecht. Während die Dendrite kürzer als ein Millimeter sind, kann ein Axon extrem lang sein. Ein einzelner Dendrit kann sich mehr als hundertmal verzweigen und ein einzelnes Neuron im menschlichen Gehirn kann mehrere Tausend Synapsen haben. Bezüglich der Axone unterscheidet man in der Neurologie grob zwischen zwei Arten von Neuronen, den kleineren Sternzellen, die ähnlich aussehen wie in Abb. 5.5, und den größeren Pyramidenzellen, bei denen der Zellkörper eine pyramidenähnliche Form hat. Bei den Sternzellen hat das Axon eine Länge in der Größenordnung von Millimeter und dient zur Verbindung mit nahe gelegenen Nachbarneuronen. Bei den Pyramidenzellen kann das Axon bis zu einem Meter lang sein. Das Nervenfaserbündel im Spinalkanal der Wirbelsäule eines Menschen besteht aus lauter Axonen von Pyramidenzellen. Diese Axone stellen unter anderem die Verbindungen zwischen Gehirn und den Muskelzellen von Gliedmaßen her.

Die über das Axon übertragenen Signale sind elektrische Impulse mit einer typischen Höhe von etwa 0,1 Volt und einer typischen zeitlichen Dauer von etwa 1,5 Millisekunden, siehe Abb. 5.6.

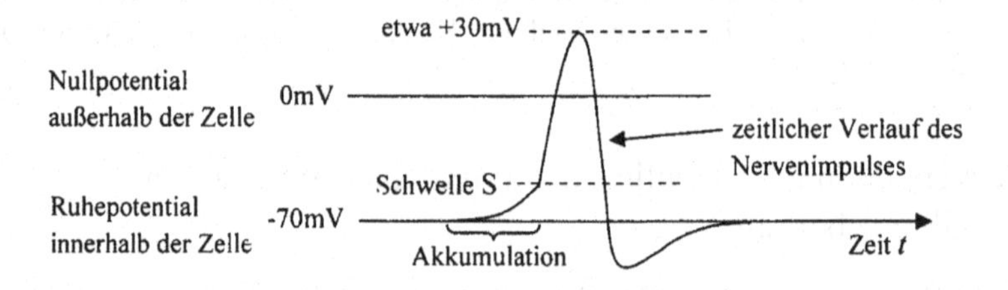

Abb. 5.6 Schematischer Verlauf eines Nervenimpulses (des sog. Aktionspotenzials)

Anmerkung:
Die in der Hirnrinde (siehe weiter unten) vorhandenen Pyramidenzellen haben nicht alle die gleiche Größe, und die Dauer der Nervenimpulse ist auch nicht bei allen Zellen gleich, sondern kann recht unterschiedlich sein. Je größer das Neuron (und sein Axon) ist, desto kürzer sind in der Regel die Impulse und umso rascher können diese aufeinander folgen. Auch bei den Sternzellen lassen sich verschiedene Arten unterscheiden.

A: *Erläuterung zur Entstehung von Nervenimpulsen*

Die Zelle ist als einzelnes Lebewesen von einer Haut umgeben, die als „Zellmembran" bezeichnet wird. Durch die Zellmembran führen Kanäle, über die Atome und Moleküle (u.a. Glucose) für den Stoffwechsel im Zellinneren transportiert werden. Aufgrund unterschiedlicher Konzentrationen von Ionen (das sind elektrisch geladene Atome und Moleküle) innerhalb und außerhalb der Zelle ist im Inneren der Zelle ein Ruhepotenzial von minus 70 Millivolt gegenüber dem Nullpotenzial außerhalb der Zelle vorhanden, siehe Abb. 5.6.

Wenn von außen erregende Reize auf eine oder mehrere Post-Synapsen treffen, dann gelangen von dort positive elektrische Ladungen in die Zelle, die sich dort aufaddieren, wodurch im Verlauf einer Akkumulations-Phase auch das Potenzial im Zellinneren positiver wird. Sobald dabei das Potenzial eine Schwelle S überschreitet, die bei etwa minus 55 Millivolt liegt, setzt ein lawinenartiger Effekt ein, der das Potenzial bis auf plus 30 Millivolt ansteigen lässt, wonach es dann rasch wieder abfällt und mit einem negativen Überschwinger wieder auf das Ruhepotenzial von minus 70 Millivolt zurückfällt. Diesen lawinenartigen Effekt des Entstehens eines Nervenimpulses bezeichnet man als *Feuern.*

Der schlagartig einsetzende Lawineneffekt erklärt sich damit, dass bei der Schwellenüberschreitung die Leitfähigkeit der Kanäle kurzzeitig vergrößert wird. Dadurch gelangt mehr Glucose ins Zellinnere, was wiederum einen starken Stoffwechselschub zur Folge hat. Die Energie des Nervenimpulses, die um ein Vielfaches höher ist als die Energie der von den Reizen herrührenden positiven Ladungen, resultiert aus diesem Stoffwechselschub. [Wie schon in Abschn. 3.4.2 im Zusammenhang mit Bits erwähnt wurde, ist der Energiebedarf des menschlichen Gehirns relativ hoch]. Mit Hilfe bildgebender Verfahren können Hirnforscher die Abläufe der mit dem Feuern bzw. Stoffwechselschüben zusammenhängenden Änderungen des Blutflusses und der Aufnahme von Glucose während der Gehirntätigkeit verfolgen.

Bei einem länger andauernden Reiz entsteht im Axon eine Serie von Nervenimpulsen, die umso rascher aufeinander folgen, je stärker der Reiz ist. Weil aus physikalischen Gründen die Impulse aber nicht beliebig kurz werden können, gibt es eine obere Grenze für die Impulsfrequenz, d.h. für die Anzahl der Impulse pro Zeit. Abb. 5.7 zeigt die prinzipielle Abhängigkeit der Impulsfrequenz y von der Intensität α aller Reizeinwirkungen auf die Zelle.

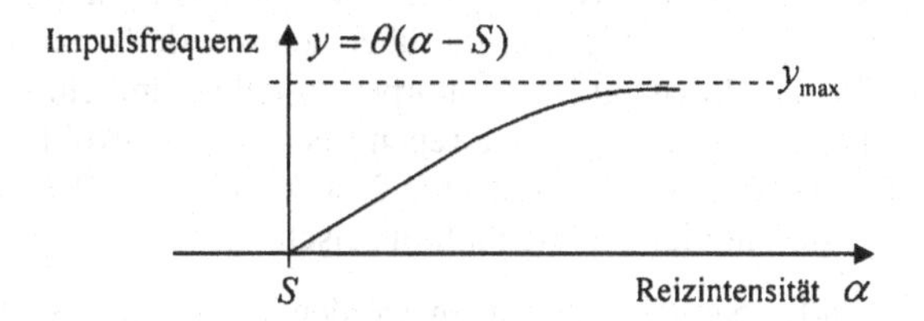

Abb. 5.7 Prinzipieller Verlauf der Funktion $y = \theta(\alpha - S)$. Die Frequenz y der Impulsfolge im Axon drückt die Stärke des Feuerns einer Nervenzelle aus. Das Feuern setzt ein, sobald die Gesamtintensität α aller Reize den Schwellwert S überschreitet.

Detaillierte Einzelheiten über die Zusammenhänge findet man bei Schmidt Thews (1997). Erwähnt sei noch, dass Übertragungsgeschwindigkeit der Impulse etwa 120 m/s beträgt, und die Impulse auf den langen Axonen von Pyramidenzellen unterwegs mehrfach regeneriert werden, was die Überbrückung großer Entfernungen ermöglicht. Diese Regenerierung besorgen längs des Axons in kurzen Abständen vorhandene weiße Myelin-Hüllen.

B: *Signalübertragung von Neuron zu Neuron*

Die Übertragung von Signalen von der Prä-Synapse eines Neurons zur Post-Synapse eines nächsten Neurons geschieht in den meisten Fällen chemisch über Botenmoleküle, die auch „Neurotransmitter" genannt werden, siehe Abb. 5.8.

Zwischen der Prä-Synapse des sendenden Neurons und der Post-Synapse des empfangenden Neurons befindet sich ein sehr schmaler Spalt. Ein Nervenimpuls des sendenden Neurons verursacht in der Prä-Synapse eine Ausschüttung von Botenmolekülen, die über den Spalt zur Post-Synapse des empfangenden Neurons diffundieren und dort auf sogenannte Rezeptor-Proteine stoßen. Dadurch ergeben sich in der Post-Synapse zusätzliche elektrische Ladungen, die das elektrische Potenzial im Zellkörper des empfangenden Neurons verändern, was dann – wie oben erläutert – zur Entstehung eines Nervenimpulses führen kann.

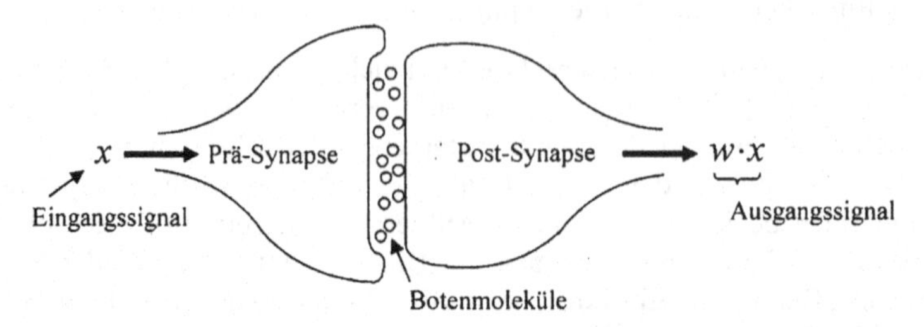

Abb. 5.8 Signalübertragung von der Prä-Synapse zur Post-Synapse mit Botenmolekülen

Die von verschiedenen Post-Synapsen in den Zellkörper kommenden Ladungen tragen alle gemeinsam zum Aufbau des dortigen Potentials bei (werden addiert). Das bedeutet, dass ein äußerer Reiz auf eine spezielle Synapse sich umso früher auswirkt, je positiver das Potenzial im Zellkörper aufgrund der Beiträge von anderen Synapsen bereits ist. Die Botenmoleküle an verschiedenen Post-Synapsen desselben Neurons unterstützen sich also gegenseitig in ihrer Wirkung.

Neben den soeben beschriebenen erregenden (exitatorischen) Synapsen gibt es auch hemmende (inhibitorische) Synapsen. Signale, die über hemmende Synapsen kommen, liefern negative Ladungen, die das Potenzial im Zellkörper absenken und ein Feuern der Zelle verhindern. Ob eine Synapse hemmend oder erregend ist, hängt sowohl von der Art der Botenmoleküle als auch von der Art der Rezeptor-Proteine ab. Die Post-Synapsen von oben genannten Sternzellen sind in vielen Fällen inhibitorisch.

Synapsen, über die häufig Signale übertragen werden, verstärken im Laufe der Zeit ihre Wirkung, d.h. dass bereits schwächere Signale in der Synapse die Zelle zum Feuern veranlassen. Umgekehrt schwächt sich im Laufe der Zeit die Wirkung einer Synapse, wenn über diese immer seltener Signale übertragen werden. Dieser Effekt wird als „Hebb'sche Regel" bezeichnet. In Abb. 5.8 wird diese Wirkung durch den Gewichtsfaktor w ausgedrückt. Bei exzitatorischen Synapsen ist w positiv, bei inhibitorischen Synapsen ist w negativ. Der Betrag von w drückt die Stärke der Wirkung aus. [Eine ausführlichere und mit vielen schönen Bildern angereicherte Darstellung der Funktionsweise von Nervenzellen (Neuronen) findet man in der Zeitschrift „Gehirn&Geist" Nr. 2/2011].

C: *Vereinfachte mathematische Beschreibung der Funktion eines Neurons*

Eine mathematische Beschreibung der Funktion des Neurons stammt von W. McCulloch und W. Pitts (1943). Diese wird hier dahingehend vereinfacht, dass in Abb. 5.7 der Funktionsverlauf $y = \theta(\alpha - S)$ durch die einfache Beziehung $y = \alpha - S$ ersetzt wird.

Nummeriert man die Post-Synapsen einer Nervenzelle von $i = 1$ bis N, dann berechnet sich mit Abb. 5.8 aus den Beiträgen aller Synapsen ein Aktivierungswert α im Zellkörper nach folgender Formel

$$\alpha = \sum_{i=1}^{N} w_i \cdot x_i \tag{5.3}$$

In (5.3) bezeichnen x_i das Eingangssignal an der Post-Synapse i und w_i das Gewicht, mit dem die Post-Synapse i das Eingangssignal x_i bewertet.

Solange der Aktivierungswert α nicht größer als der Schwellwert S ist, siehe Abb. 5.6 und Abb. 5.7, liefert die Zelle über ihr Axon kein Ausgangssignal y:

$$y = 0 \quad \text{für} \quad \alpha \leq S \tag{5.4}$$

Sowie der Aktivierungswert α aber den Schwellwert S übersteigt, beginnt die Nervenzelle zu „feuern", und liefert über ihr Axon das Ausgangssignal y der Stärke

$$y = \alpha - S = \sum_{i=1}^{N} w_i \cdot x_i - S \quad \text{für} \quad \alpha > S \tag{5.5}$$

Das Ausgangssignal y ist umso stärker, d.h. das Axon liefert umso mehr Impulse pro Zeit, je stärker der Aktivierungswert α den Schwellwert S übersteigt. Das ist wiederum der Fall, je stärker die Eingangssignale x_i an den einzelnen Post-Synapsen sind und je stärker diese Eingangssignale mit w_i positiv gewichtet werden.

An den einzelnen Post-Synapsen liegen normalerweise nicht permanent, sondern nur zeitweise Eingangssignale x_i an. Die jeweilige Stärke dieser Eingangssignale drückt sich dabei portionsweise mit einzelnen schneller oder langsamer aufeinanderfolgenden gleichen Nervenimpulsen aus. Deshalb kann es sein, dass die Nervenzelle auf mehrere Eingangssignale mit nur einem einzigen Impuls über das Axon reagiert.

Neurologische Untersuchungen haben gezeigt, dass bereits mit einem kleinen Eingangssignal, das einer hemmenden Post-Synapse zugeführt wird, eine Zelle am Feuern gehindert werden kann. Eine Erklärung dafür folgt später in Abschn. 6.5.3B des 6. Kapitels, in welchem das Verhalten von Neuronen und neuronalen Netzen wesentlich ausführlicher behandelt wird als in diesem 5. Kapitel, das nur einen einführenden Überblick liefern soll.

Obwohl die Wirkungsweise eines Gehirns oft mit der eines Computers verglichen wird und beide, Gehirn und Computer, gleiche Aufgaben lösen können, sind deren Wirkungsweisen doch sehr verschieden. Das zeigt bereits der folgende Vergleich:

[5.4] Signalverarbeitung beim Automat und beim Neuron

Beim Automaten in Abb. 5.1 wird mit jeder neuen Eingabe der innere Zustand geändert. Beim Neuron wird mit jeder neuen Eingabe der innere Zustand nicht geändert, wenn dabei die Gewichtsfaktoren w_i konstant bleiben, wie das in Formel (5.5) vorausgesetzt wird. Das Neuron ist dann ein Zuordner, siehe **[5.1]**.
Wenn aber durch wiederholte gleiche Eingaben die Gewichtsfaktoren w_i gemäß der Hebb'schen Regel allmählich andere Werte annehmen, dann wird damit der innere Zustand des Neurons allmählich geändert, wodurch das Neuron zu einem langsam agierenden Automaten wird.

D: *Übertragung von Reizen über gedächtnislose elektrische Synapsen*

Die Übertragung von Signalen von einer Zelle zur anderen mit Botenmolekülen zwischen Prä- und Post-Synapse ist langsam im Vergleich mit der Übertragung im Zellinnern durch elektrische Impulse, die sich dort mit einer Geschwindigkeit von etwa 100 Meter pro Sekunde fortbewegen können. Für Signalwege, bei denen eine hohe Geschwindigkeit notwendig ist, gibt es deshalb noch andere Neuronen, die elektrische Synapsen besitzen. Bei diesem anderen Typ von Neuronen sind Prä- und Post-Synapse durch sogenannte Connexine verbunden, die eine unmittelbare elektrische Übertragung erlauben, siehe z.B. Dermietzel, R. (2011).

Eine rasche Signalübertragung ist z.B. beim Berühren einer heißen Herdplatte nötig. Hier ist es wichtig, dass die Signalübertragung von den Temperatursensoren im Finger zu den Muskelzellen im Arm möglichst rasch erfolgt. Die Signalwege für solche Reflexbewegungen gehen über elektrische Synapsen. Die Reflexe selbst werden bereits im Rückenmark ausgelöst, ohne dass dazu eine Signalverarbeitung im Gehirn nötig ist.

Chemischen Synapsen mit Botenmolekülen haben gegenüber den elektrischen Synapsen aber den Vorzug, dass ihre Übertragungseigenschaften veränderlich sind, was bei den elektrischen Synapsen nicht der Fall ist. Diese Veränderlichkeit, die in einer Veränderung der oben beschriebenen Gewichtsfaktoren w_i besteht, wird allgemein als Grund für die *Lernfähigkeit* höherer Lebewesen angesehen. Die Veränderung von Gewichtsfaktoren liefert einen veränderten Zustand des Neurons und entspricht einem veränderten Gedächtnisinhalt, vergl. Abb. 5.1. Elektrische Synapsen haben kein Gedächtnis.

E: *Feuern und Entscheidungsbereiche eines einzelnen Neurons*

Wann ein einzelnes Neuron feuert und welche Entscheidungsbereiche dabei möglich sind, sei nun ausgehend von einem einfachen Beispiel erläutert.

Abb. 5.9a zeigt das Blockschaltbild eines sehr einfachen Neurons mit nur zwei Prä-Synapsen oder Eingängen für die Eingangssignale x_1 und x_2.

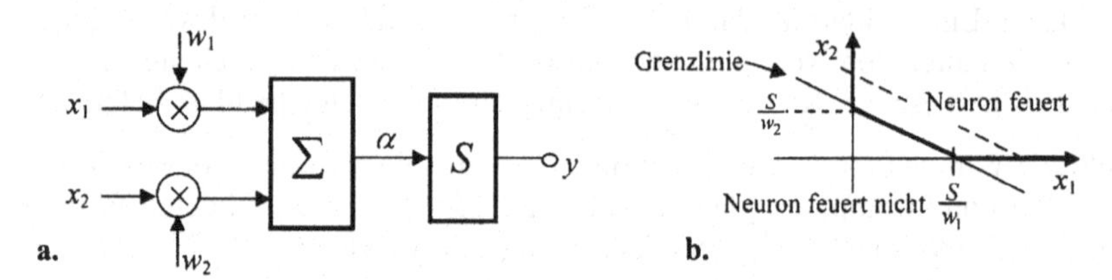

Abb. 5.9 Sehr einfaches Neuron mit nur 2 Synapsen
a. Blockschaltbild b. Grenzlinie zwischen „Feuern" und „Nichtfeuern"

Für die Gewichtsfaktoren w_i möge gelten

$$-1 \le w_i \le +1 \quad \text{für } i = 1, 2 \tag{5.6}$$

$w_i = +1$ bedeutet, dass das Eingangssignal x_i sich in vollem Umfang erregend (exzitatorisch) auswirkt, und $w_i = -1$ bedeutet, dass das Eingangssignal x_i sich in vollem Umfang hemmend (inhibitorisch) auswirkt. Bei $w_i = 0$ bleibt das Signal x_i wirkungslos.

Der Schwellwert S ist stets positiv. Das Ausgangssignal y kann nie negativ sein. Die von Botenmolekülen gebildeten Eingangssignale x_i werden hier als nicht negativ vorausgesetzt:

$$S > 0 \quad ; \quad y \ge 0 \quad ; \quad x_i \ge 0 \text{ für } i = 1, 2 \tag{5.7}$$

Gemäß (5.5) feuert das Neuron, wenn

$$w_1 x_1 + w_2 x_2 - S = y > 0 \tag{5.8}$$

Bei $y = 0$ liegt die Grenze, bei der das Neuron gerade nicht mehr feuert

$$w_1 x_1 + w_2 x_2 - S = 0 \tag{5.9}$$

Die Beziehung (5.9) beschreibt eine Gerade in einer Ebene mit den Koordinaten x_1 und x_2, siehe die fett gezeichnete Grenzlinie in Abb. 5.8b. Die Grenzlinie schneidet die x_1-Achse für $x_2 = 0$. Dafür liefert (5.9) den Wert S/w_1. Die x_2-Achse schneidet die Grenzlinie bei $x_1 = 0$. Dafür liefert (5.9) den Wert S/w_2. Durch Verändern der Werte der Gewichtsfaktoren w_1 und w_2 lässt sich die Grenzlinie nahezu beliebig verschieben und drehen. Wo sich die Grenzlinie in den Bereich $x_1 < 0$ bzw. $x_2 < 0$ erstreckt, ist $w_1 < 0$ bzw. $w_2 < 0$ und $x_1 > 0$ bzw. $x_2 > 0$, vergl. (5.6) und (5.7).

Für Werte von x_1 und x_2, die Punkte unterhalb und auf der Grenzlinie darstellen, ist der Aktivierungswert $\alpha \leq 0$, was mit (5.4) den Wert $y = 0$, also ein Nichtfeuern, ergibt. Für Werte von x_1 und x_2, die Punkte oberhalb der Grenzlinie darstellen, ist der Wert $y > 0$, was ein Feuern ergibt. Dabei ist das Feuern umso stärker, d.h. das Axon liefert umso mehr Impulse pro Zeit, je größer der Abstand der Punkte von der Grenzlinie ist. In Abb. 5.8b liegen auf der gestrichelten Linie Punkte gleicher Feuerungsstärke. Ende des Beispiels.

Entscheidungsbereiche eines einzelnen Neurons

Die im obigen Beispiel illustrierten Zusammenhänge lassen sich wie folgt verallgemeinern: Bei Neuronen mit 3 Synapsen bilden die Werte von 3 Signalen x_1, x_2, x_3 Punkte in einem dreidimensionalen Raum, der von den Koordinaten x_1, x_2, x_3 aufgespannt wird. Durch eine Ebene in diesem Raum wird die Grenze zwischen den Bereichen für Feuern und Nichtfeuern gebildet. Abhängig von der Stärke y des Feuerns lassen sich verschiedene Teilvolumina mit zugehörigen Wertetripeln von x_1, x_2, x_3 unterscheiden. Bei Neuronen mit N Synapsen stellen die Werte von N Signalen Punkte in einem N-dimensionalen Raum dar. Eine $(N-1)$-dimensionale Hyperebene bildet die Grenze zwischen den Bereichen für Feuern und Nichtfeuern.

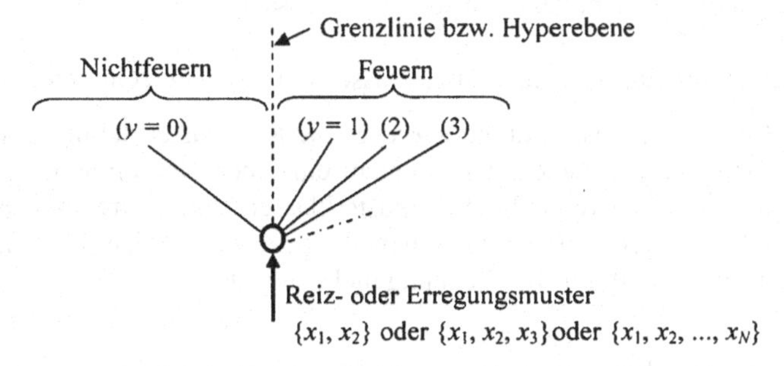

Abb. 5.10 Wahrnehmungs- oder Entscheidungsbereiche eines einzelnen Neurons

Mit Abb. 5.10 wird das Entscheidungsverhalten eines einzelnen Neurons illustriert. An den Synapsen liegt ein Reiz- oder Erregungsmuster an. Im Fall zweier Synapsen besteht dies aus einer Menge $\{x_1, x_2\}$ mit zwei Signalen. Abhängig von der Höhe α des Aktivierungswerts feuert das Neuron entweder nicht ($y = 0$) oder schwach ($y = 1$) oder stärker ($y = 2$)

oder noch stärker ($y = 3$). Alle unterschiedlichen Reizmuster, die ein gleich starkes Feuern hervorrufen, bilden zusammen eine Reizmusterklasse. Genaueres folgt im Abschn. 6.3.2.

Im Fall von drei Synapsen besteht das Reizmuster aus einer Menge $\{x_1, x_2, x_3\}$ mit drei Signalen und im Fall von N Synapsen aus einer Menge $\{x_1, x_2, ..., x_N\}$ mit N Signalen. Abhängig von deren Aktivierungswert α feuert das Neuron wieder wie bei zwei Signalen entweder nicht ($y = 0$) oder schwach ($y = 1$) oder stärker ($y = 2$) oder noch stärker ($y = 3$). Unterschiedliche Reizmuster aus gleich vielen Signalen, die ein gleich starkes Feuern hervorrufen, bilden auch hier zusammen eine Reizmusterklasse

Für das Feuern des Neurons gilt mit Abb. 5.9 und 5.10 allgemein folgender Zusammenhang:

[5.5] Feuern und Nichtfeuern eines einzelnen Neurons

Zwei gleich große Bereiche für „Nichtfeuern" und „Feuern" werden im Fall zweier Synapsen durch eine Grenzlinie getrennt, siehe Abb. 5.9, im Fall von drei Synapsen durch eine Ebene und im Fall von N Synapsen durch eine Hyperebene. Das Neuron feuert nicht, d.h. $y = 0$, wenn an den Synapsen kein Reizmuster anliegt oder ein anliegendes Reizmuster nicht wahrgenommen wird. Im Fall der Wahrnehmung (Feuern), d.h. $y > 0$, lassen sich anhand der Stärke des Feuerns (= Anzahl der Impulse pro Zeit) verschiedene Reizmusterklassen unterscheiden, (siehe $y = 1$ oder 2 oder 3 in Abb. 5.10).

Die Werte der Gewichtsfaktoren w_i der Synapsen bestimmen die Grenzen zwischen den Reizmusterklassen, die ein einzelnes Neuron anhand der Stärke y des Feuerns unterscheiden kann. Aus Formel (5.8) folgt, dass im Fall zweier Synapsen die Grenzlinie, oberhalb welcher das Feuern größer als y wird, die x_1-Achse bei $x_1 = (S+ y)/w_1$ schneidet und die x_2-Achse bei $x_2 = (S+ y)/w_2$ schneidet. Was für die Schnittpunkte von Grenzlinien bei zwei Synapsen gilt, gilt entsprechend für die Schnittlinien von Grenzebenen bei drei Synapsen und für die Hyperschnittlinien bei mehreren Synapsen.

Wesentlich ist, dass mit den Werten der Gewichtsfaktoren festgelegt ist, welche Reizmuster zu welcher Reizmusterklasse gehören. Wenn man *umgekehrt* Reizmusterklassen dadurch definiert, dass man vorgibt, welche Reizmuster zu welcher bestimmten Reizmusterklasse gehören sollen, dann gilt folgende Aussage:

[5.6] Unterscheidbarkeit von Reizmusterklassen durch ein einzelnes Neuron

Wenn man Reizmusterklassen durch *vorgegebene* Reizmuster definiert, dann lassen sich diese Reizmusterklassen nur dann von einem einzelnen Neuron anhand der Stärke des Feuerns unterscheiden, wenn die Reizmusterklassen durch Grenzlinien bzw. Ebenen bzw. Hyperebenen geometrisch voneinander getrennt werden können. Kurven und gekrümmte Flächen sind für die Trennung nicht zugelassen.

Die grobe Unterscheidung zwischen Feuern und Nichtfeuern ist einfacher als die feinere Unterscheidung unterschiedlicher Stärken des Feuerns.

Ein Neuron liefert dem Beobachter eine binäre Entscheidung, wenn dieser bei seiner Beobachtung nur zwischen Feuern und Nichtfeuern unterscheiden kann. Mit einer binären Entscheidung lassen sich nur zwei Musterklassen auseinanderhalten. Der Beobachter kann aber mehr als zwei Musterklassen unterscheiden, wenn er das Feuern und Nichtfeuern eines Aggregats mehrerer Neuronen, d.h. eines neuronalen Netzes, betrachtet.

5.3.3 Das biologische neuronale Netz der Großhirnrinde

Öffnet man die menschliche Schädeldecke auf der Stirnseite, dann stößt man zuerst auf die sogenannte Großhirnrinde oder Cortex. Das ist eine von schätzungsweise 10^{11}(hundert Milliarden) Neuronen gebildete Schicht, die etwa 3 Millimeter dick ist und eine Fläche von etwa 0,2 Quadratmeter einnimmt. Die Neuronen in dieser Schicht sind über Synapsen in vielfältiger Weise mit einander verbunden und bilden zusammen ein riesiges neuronales Netz. Dieses riesige Netz ist für die intelligenten Leistungen des Menschen zuständig.

Legt man die Großhirnrinde glatt auf eine Ebene, dann stellt sie eine Art Landkarte dar, auf der sich verschiedene Gebiete für die unterschiedlichen Leistungen des Gehirns unterscheiden lassen. Es gibt ein Gebiet für Tastwahrnehmungen, das wiederum unterteilt ist in Teilgebiete für Tastwahrnehmungen in einzelnen Fingern, im Fuß, in den Zehen im Gesicht, in der Oberlippe usw., es gibt weiter ein Gebiet für visuelle Wahrnehmungen der Augen, ein Gebiet für das Gehör, ein Gebiet für die Wahrnehmung von Gerüchen, ein Gebiet für die Artikulation von Sprache, ein Gebiet für die motorischen Bewegungen der Gliedmaßen und eine ganze Reihe von weiteren Gebieten.

Die Großhirnrinde ist mehrfach zusammengefaltet, weil sie dadurch in das beschränkte Volumen an der Außenfläche des oberen menschlichen Schädels passt, und weil sich dadurch kürzere Verbindungen zwischen verschiedenen Gebieten (z.B. visuell-motorisch) ergeben. Durch eine tiefe Furche der gefalteten Großhirnrinde ist das Gehirn in eine linke und eine rechte Hemisphäre unterteilt. Durch vielerlei Untersuchungen und Beobachtungen wurde schon früh bekannt, dass die linke Hemisphäre hauptsächlich für rationale logisch analytische Aufgaben zuständig ist und die rechte Hemisphäre mehr für Phantasie und Intuition, siehe z.B. Rahmann, H. (2002).

A: *Beobachtung der Aktivität und Funktion von Neuronen im lebenden Organismus*

Für die Wissenschaft ergab sich die Möglichkeit zur Unterscheidung der Funktionen verschiedener Gebiete auf der Hirnrinde lange Zeit nur durch Beobachtung von Ausfallerscheinungen und anderer Auswirkungen auf Grund von Verletzungen des Gehirns. In jüngerer Zeit haben sich aber die Untersuchungsmöglichkeiten, wie bereits gesagt, dank neuer bildgebender Verfahren erheblich erweitert. Zu diesen Verfahren gehören verschiedene Varianten der Magnetresonanztomographie, die Photonen-Mikroskopie und weitere. Damit lassen sich das oben geschilderte „Feuern“ von Neuronen indirekt über die Durchblutung, den Transport von Nährstoffen (Glucose) und weiterer Vorgänge im lebenden Gehirn beobachten. Obwohl diese Verfahren mit „Feuern“ und „Nichtfeuern“ nur grobe binäre Aussagen liefern [vergl. Abb. 5.10], kann man damit sehr viel feiner die Zuständigkeiten und das Zusammenspiel vieler kleinerer Gebiete auf der Hirnrinde anhand beobachtbarer Erregungsmaxima bei bestimmten Gehirntätigkeiten erforschen.

Aufschluss über die Stärke des Feuerns erhält man derzeit mit Hilfe winziger, in das Gehirn eingepflanzter Elektroden[5.8], mit denen die Anzahl der Nervenimpulse (Spikes) einzel-

[5.8] Die technische Einrichtung wird als Gehirn-Maschine-Schnittstelle bezeichnet und mit BMI (Brain-Machine-Interface) abgekürzt.

ner Neuronen in einem Zeitraum von z.B. 100 Millisekunden gezählt werden. Die Messergebnisse werden direkt oder über Funk nach außen gemeldet, wo sie ausgewertet werden. Mit Hilfe solcher aus motorischen Gebieten der Hirnrinde stammenden Signale ist es gelungen, z.B. Computereingaben auszuführen und Roboter-Arme zu bewegen, siehe u.a. Carmena, J.M. (2012).

Mit binären Aussagen bildgebender Verfahren und relativ wenigen implantierten Elektrolassen sich noch immer nur relativ grobe Ergebnisse erzielen, wenn man bedenkt, dass sich auf einem Quadratmillimeter Hirnrinde mehr als hundert Tausend Neuronen mit je etwa tausend Synapsen befinden. Wichtige Erkenntnisse werden deshalb auch mit Hilfe ergänzender Simulationsrechnungen auf dem Computer gewonnen.

B: *Das Kohonen-Netz als Cortex-Modell*

Wie sich auf der Gehirnrinde (Cortex) zusammenhängende Gebiete für ähnliche Reizmuster ergeben können, zeigt ein von T. Kohonen stammendes Konzept für die Verschaltung von Neuronen, die auf einer Fläche gleichmäßig verteilt sind, siehe Abb. 5.11.

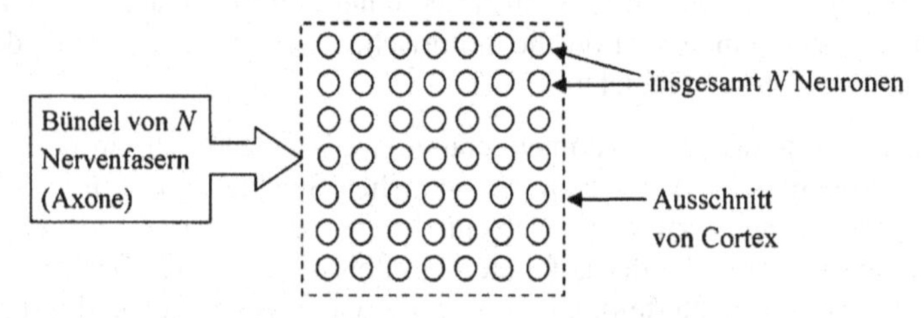

Abb. 5.11 Kohonen-Netz als Cortex-Modell

Die einzelnen Neuronen sind in Abb. 5.11 durch kleine Kreise dargestellt. Im gezeigten Ausschnitt wird jedes Neuron über ein Bündel von Nervenfasern in gleicher Weise erregt, indem eine erste Nervenfaser eine erste Synapse ($i = 1$) jedes Neurons erregt, eine zweite Nervenfaser eine zweite Synapse ($i = 2$) jedes Neurons erregt usw. Für das r-te Neuron gilt dann entsprechend Formel (5.5) [wenn man statt $y = \alpha - S$ zusätzlich noch die genauere Abhängigkeit von der Reizintensität α gemäß $y = \theta(\alpha - S)$ in Abb. 5.7 berücksichtigt]

$$y_r = \theta(\alpha - S) = \theta(\sum_i w_{r,i} x_i - S) \tag{5.10}$$

Die Besonderheit des Kohonen-Netzes besteht darin, dass von jedem Neuron das Ausgangssignal auf eine weitere Synapse eines jeden anderen Neurons geführt wird und dort mit einem Gewichtsfaktor $g_{r,k}$ gewichtet wird. Bei N Nervenfasern und N Neuronen muss jedes der N Neurone also mindesten $2N-1$ Synapsen haben. Beim Gewichtsfaktor $g_{r,k}$ kennzeichnen der Index r das r-te Neuron und der Index k das vom k-ten Neuron auf das r-te Neuron geführte Signal y_k. Durch diese zusätzlichen Rückführungen von Ausgangssignalen der Neurone auf die Eingänge der jeweils anderen Neurone entsteht ein kompliziertes Rückkoppelgeflecht.

Bei Berücksichtigung der Rückkopplungen in (5.10) ergibt sich

$$y_{r\mathrm{R}} = \theta(\alpha - S) = \theta(\sum_i w_{r,i} x_i + \sum_k g_{r,k} y_k - S) \tag{5.11}$$

Eine ausführliche Behandlung der hoch komplizierten Beziehung (5.11) findet man bei H. Ritter et al. (1994). Dort wird gezeigt, dass das Kohonen-Netz bei geeigneter Wahl der Gewichtsfaktoren $g_{r,k}$ sich gleichartig verhält wie die Großhirnrinde:

Wenn über das Bündel von Nervenfasern nacheinander verschiedene Reizmuster angeliefert werden, die stark miteinander korreliert sind, d.h. einander sehr ähnlich sind, dann erzeugen diese Reizmuster im Kohonen-Netz Erregungsmaxima in eng benachbarten Neuronen. Bei unkorrelierten (d.h. unähnlichen) Reizmustern liegen die Erregungsmaxima dagegen bei Neuronen, die weit voneinander entfernt liegen.

Erreicht wird diese Eigenschaft des Kohonen-Netzes durch folgende Wahl der Gewichtsfaktoren $g_{r,k}$: Betrachtet wird ein beliebiges k-tes Neuron. Bei Neuronen, die zum k-ten Neuron nah benachbart liegen, wird der Gewichtsfaktoren $g_{r,k}$ positiv gewählt, also erregend, und bei Neuronen, die vom k-ten Neuron weit entfernt liegen, wird der Gewichtsfaktor $g_{r,k}$ negativ, also hemmend, gewählt. Die gleiche Wahl wird bei allen übrigen Neuronen, d.h. für jedes k, getroffen. Der Übergang von erregend zu hemmend mit wachsendem räumlichen Abstand je zweier Neuronen kann dabei gleitend und mehr oder weniger rasch sein.

Während die Gewichtsfaktoren $g_{r,k}$ die Nachbarschaftsverhältnisse (Ähnlichkeit) festlegen, bestimmen die Gewichtsfaktoren $w_{r,i}$ die Art der Musterklasse, z.B. den Typ einer optischen Wahrnehmung (Gesicht, Baum usw.). Die Gewichtsfaktoren $g_{r,k}$ haben von Beginn an feste (unveränderliche) Werte. Die Gewichtsfaktoren $w_{r,i}$ sind dagegen variabel und haben zu Beginn irgendwelche mehr oder weniger zufällige Werte. Wenn ein gleiches (z.B. optisches) Reizmuster wiederholt wahrgenommen wird, dann verfestigen sich die vom Reiz-muster betroffenen Synapsenwerte $w_{r,i}$ im Laufe der Zeit gemäß der Hebb'schen Regel, vergl. Abschn. 5.3.2B Das hat zur Folge, dass dieses Reizmuster immer rascher wiedererkannt wird und damit, wie zu Beginn dieses 5. Kapitels erwähnt, allmählich einen Repräsentanten bildet. Detailliertere Betrachtungen zum Kohonen-Netz folgen im 6. Kapitel in Abschn. 6.5.5.

C: *Aufmerksamkeitskanal und Kurzzeitspeicherung*

Bei Betrachtung von Formel (5.11) könnte man meinen, dass z.B. bei einem optischen Reizmuster mehrere Komponenten x_i womöglich unberücksichtigt bleiben, weil der über Formel (5.3) gebildete Aktivierungswert α so groß sein muss, dass die Schwelle S überschritten wird. Diese Nichtberücksichtigung gilt aber nicht, wenn man berücksichtigt, dass jede Art von Wahrnehmung auf einen Aufmerksamkeitskanal abgestimmt ist und das Bündel von N Nervenfasern in Abb. 5.11 vermutlich mindestens eine Faser des Aufmerksamkeitskanals enthält (vergl. Abschn. 1.1.1 im 1. Kapitel), über das ein starkes Signal eintrifft (z.B. aus Blickrichtung), das allein bereits für eine Schwellenüberschreitung sorgt. Fasern des Aufmerksamkeitskanals münden in unterschiedlichste Gehirnregionen, siehe R. Werth (2012).

Das oben erwähnte Rückkoppelgeflecht des Kohonen-Netzes sei nun anhand zweier Neuronen näher betrachtet. Abb. 5.12a zeigt ein k-tes und ein r-tes Neuron. Das Ausgangssignal des k-ten Neurons wird über dessen Axon zum r-ten Neuron geführt, wo es mit dem Gewichtsfaktor $g_{r,k}$ gewichtet zum Ausgangssignal der r-ten Neurons beiträgt, das wiederum über sein Axon dem k-ten Neuron zugeführt wird, wo es mit dem Gewichtsfaktor $g_{k,r}$ gewichtet wird usw. Die gleiche Betrachtung gilt ausgehend vom r-ten Neuron.

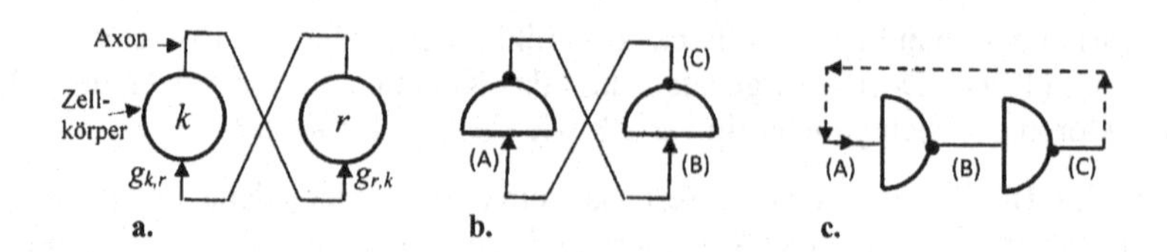

Abb. 5.12 Zur wechselseitigen Rückkopplung eines k-ten Neurons über ein benachbartes r-tes Neuron und umgekehrt
a. Rückkoppelpfade über Axone zwischen dem k-ten und r-ten Neuron
b. Gleiche Rückkoppelpfade bei zwei Negationsgliedern
c. Zu Abb. b. äquivalente Schaltung eines Binärspeichers

Die Abb. 5.12b zeigt die gleiche Struktur wie die Abb. 5.12a, nur dass jetzt statt zweier Neuronen zwei Negationsglieder für binäre Variable verwendet werden, siehe Abb. 1.6f im 1. Kapitel. Durch bloßes Umzeichnen der Abb. 5.12b [man verfolge den Pfad (A), (B), (C)] folgt Abb. 5.12c, die, wie mit Abb. 1.17 erläutert wurde, einen Speicher für 1 Bit darstellt.

Natürlich ist ein Neuron wegen seiner vielen Synapsen und der Akkumulation von Ladungen im Zellkörper ein wesentlich komplizierteres Gebilde als ein simples Negationsglied. Der Vergleich mit den rückgekoppelten Negationsgliedern zeigt aber, dass für die Speicherung von Operationen und Daten [vergl. hierzu auch Abb. 5.2] nicht nur die Gewichtungsfaktoren der Synapsen in Frage kommen (wovon allein oft ausgegangen wird), sondern auch die Struktur der Verschaltung der Neuronen und den damit verbundenen Signalpfaden.

Während die Gewichtsfaktoren von Synapsen sich in biologischen neuronalen Netzen nur langsam verändern, können die Signalpfade durch andere Signale (z.B. durch ein neues Signal auf eine hemmende Synapse) rasch verändert werden. Der Verfasser dieser Abhandlung vermutet deshalb den folgenden Zusammenhang:

[5.7] Langzeit-Gedächtnis und Kurzzeit-Gedächtnis

Bei Menschen und höheren Tieren (diese besitzen ebenfalls ein Cortex) bestimmen die Gewichtsfaktoren der Synapsen das Langzeit-Gedächtnis. Für das Kurzzeit-Gedächtnis sind dagegen vermutlich die aktuellen Signalpfade zuständig, die von vorausgegangenen Reizmustern gebahnt wurden.

Das Kohonen-Netz besteht aus einer einzigen Schicht von Neuronen. Durch Überlagerung mehrerer Schichten von Neuronen lassen sich kompliziertere neuronale Netze bilden.

D: *Mehrschichtige Netze*

Wie die mikroskopische Untersuchung sezierter Großhirnrinden zeigt, lassen sich darin sechs übereinander liegende Schichten von Neuronen unterscheiden. Die der Schädeldecke benachbarte äußerste Schicht ist die Schicht 1, die am weitesten innen liegende Schicht ist die Schicht 6, siehe Schmidt, Thews (1997).

Abb. 5.13 zeigt die drei innersten Schichten mit ihren möglichen Verkopplungen. Mit den Kreisen werden die Zellkörper der Neuronen dargestellt. An jedem Zellkörper ist auf der zum Inneren gerichteten Seite (das ist in Abb. 5.13 die Oberseite) ein Axon vorhanden, dessen Verzweigungen zu den Neuronen der darüber (d.h. weiter innen) liegenden Schicht führen. Die Synapsen befinden sich an den Pfeilspitzen.

Die in Abb. 5.13 unten dargestellte Schicht 4 der Großhirnrinde ist eine Eingangsschicht. In ihr enden Axone, die von den Sinnesorganen und sonstigen Sensorzellen kommen. Diese ankommenden Axone werden auch als *afferente* Verbindungsleitungen (kurz *Afferenzen*) bezeichnet. Von der in Abb. 5.13 oben dargestellten Schicht 6 führen Axone zu Artikulationsorganen. [Auf die gestrichelt gezeichnete rückkoppelnde Verbindung wird weiter unten eingegangen]. Die zu Artikulationsorganen und sonstigen Organen führenden Axone werden auch *efferente* Verbindungen (kurz *Efferenzen*) genannt. Zwischen der Schicht 4 und der Schicht 6 findet mit den vielen gewichteten Verbindungen eine umfangreiche Signalverarbeitung statt, die große Anteile der Beziehungen (aber nicht alle) zwischen Wahrnehmung und Artikulation liefern. Bildgebende Verfahren haben gezeigt, dass für die Bildung von Assoziationen im Gehirn hauptsächlich die Schichten 1 bis 3 der Hirnrinde zuständig sind.

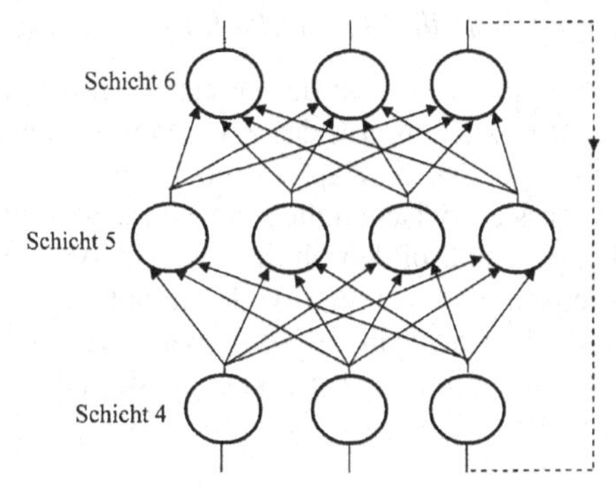

Abb. 5.13 Vereinfachtes Schema eines neuronalen Netzes mit drei Schichten 4, 5 und 6, die in etwa den innersten drei Schichten der aus sechs Schichten bestehenden Großhirnrinde entsprechen (die Schicht 6 ist die am weitesten innen liegende Schicht)

Die Eigenschaften von neuronalen Netzen mit der in Abb. 5.13 dargestellten Struktur sind mit Hilfe von Simulationsrechnungen auf dem Computer und auch analytisch intensiv untersucht worden. Dabei zeigte sich, dass man mit neuronalen Netzen durch Wahl geeigneter Werte für die Gewichtsfaktoren w_i Reizmuster klassifizieren, Bewegungsrichtungen feststellen und noch sonst vielerlei Bewertungen und Optimierungen durchführen kann.

Die in Abb. 5.13 gestrichelt gezeichnete rückkoppelnde Verbindung sorgt für eine Speicherung von Reizmuster-Anteilen, wie anhand Abb. 5.12 bereits illustriert wurde. Diese Speicherung besteht darin, dass das in der rechten Zelle von Schicht 6 gebildete Resultat ständig im Kreis herumläuft, ohne sich dabei zu ändern. Dieser Vorgang entspricht einer *dynamischen Speicherung*[5.9]. Auch nach Wegfall der Reizmustersignale x_i (inklusive Aufmerksamkeitssignale) kann dieser dynamische Umlauf weiter bestehen bleiben, wenn das Ausgangssignal der rechten Zelle von Schicht 6 so stark ist, dass die Schwelle S der rechten Zelle in Schicht 4 überschritten wird. Die rückkoppelnde Verbindung kann aber auch zur Folge haben, dass das in der rechten Zelle von Schicht 6 gebildete Resultat unter ständiger Veränderung im Kreis herumläuft, weil es zahlreiche Pfade durch die Schichten gibt.

[5.9] Die klassische französische Norm Secam für das analoge Fernsehen benutzt dynamische Umlaufspeicher zur Speicherung des Inhalts einer Bildzeile.

Im neuronalen Netz der Hirnrinde hat man durch mikroskopische Gewebeuntersuchungen in der Tat Rückkopplungspfade von Schicht 6 zur Schicht 4 gefunden, die für Kreisläufe von Nervenimpulsen sorgen. Mit Hilfe von Elektroden, die auf die Kopfhaut aufgesetzt werden, lassen sich diese elektrischen Umlaufströme registrieren [sog. Elektroenzephalogramm (EEG)]. Wenn der Mensch ruht und quasi an nichts denkt, werden periodische Ströme (Wellen) der Frequenz um 10 Hz gemessen. Diese kennzeichnen das aktuelle Kurzzeitgedächtnis in Form der oben genannten dynamischen Speicherung. Sowie aber durch Sinnesreize die Aufmerksamkeit erregt wird, die eine intensive Denktätigkeit auslösen, erhöht sich die Frequenz unter starken Schwankungen bis auf etwa 40 Hz [Schmidt/Thews (1997)]. Dabei ändert sich im Allgemeinen auch der Inhalt des Kurzzeitgedächtnisses am Ende der intensiven Denktätigkeit.

Neuronale Netze von der Art in Abb. 5.13 findet man auch in anderen Organen von Lebewesen, z.B. im Auge von Säugetieren.

E: *Kopplung verschiedener Hirn-Teile und Gedächtnis*

Die Großhirnrinde ist ein wichtiger, aber nicht der einzige Teil des menschlichen Gehirns. Zu den weiteren Teilen gehören das Kleinhirn, das Zwischenhirn und das Stammhirn, über deren Funktionen im Abschn. 6.6 des 6. Kapitels noch Näheres gesagt wird. Hier sei lediglich darauf hingewiesen, dass es zwischen diesen Teilen ebenfalls zahlreiche Rückkoppelpfade gibt. Diese Rückkoppelpfade bilden ähnlich wie in Abb. 5.13 dynamische Umlaufspeicher. Der Ort des Gedächtnisses, seiner Teile, Inhalte und Arten liegt also nicht allein in der Großhirnrinde, sondern auch in der Vernetzung verschiedener Hirnteile. Verletzungen des Zwischenhirns oder anderer Teile können deshalb ebenfalls zu partiellen Gedächtnisverlusten führen.

5.4 Zur Nutzung maschineller und biologischer Methoden der Signalverarbeitung

Die vorstehenden Ausführungen haben deutlich gemacht, dass die Verarbeitung von Signalen im menschlichen Gehirn anders erfolgt als in Computern und Maschinen. Diese Andersartigkeit wirkt sich auch auf die erzielbaren Resultate aus.

Die intelligenten Leistungen, die man unter Benutzung eines Computers erzielt, sind sehr verschieden von denen, die man unter Benutzung des neuronalen Netzes im eigenen Gehirn erreicht. Die Multiplikation zweier sechsstelliger Dezimalzahlen lässt sich mit dem Computer sehr schnell und genau durchführen. Bei Benutzung des eigenen Gehirns gelingt das nur wenigen Leuten. Die Wiedererkennung von Gesichtern gelingt mit dem Gehirn sehr schnell und genau und das durchweg auch bei Schulkameraden, die man 20 Jahre nicht gesehen hat. Die maschinelle Wiedererkennung durch einen Computer gelingt dagegen, wenn überhaupt, nur unter Aufwendung eines riesigen Rechenaufwands und Benutzung hochkomplizierter Programme.

5.4.1 Vergleich von Computer und neuronales Netz der Großhirnrinde

In Computern und Maschinen geschieht die Verarbeitung in Schaltnetzen und Schaltwerken, die im Prinzip aus gesteuerten Schaltern und Speichern bestehen [siehe Abb. 1.6 und 1.7 sowie Abb. 1.17 im 1. Kapitel]. Mit derartigen Schaltern werden die Impulse (Bits) binär gewandelter Signale logisch gemäß „Und“, „Oder“, “Nicht“ verknüpft. Die dabei gewonnenen Zwischenergebnisse werden gespeichert, um dann mit anderen Bits erneut verknüpft zu werden usw. Die Steuerung der Schalter besorgt ein (fest verdrahtetes) Mikroprogramm, das von einem in niedriger Programmiersprache ausgedrückten Maschinen-Programm ausgelöst wird, wobei das Maschinen-Programm wiederum eine Übersetzung eines in einer höheren Programmiersprache geschriebenen Anwender-Programms ist. Abschn. 5.2 behandelte dazu einige Details. Die Signalverarbeitung geschieht im Computer digital und in einem festen Zeitraster, der von einem zentralen Takt bestimmt wird. Der gesamte Verarbeitungsprozess weist keine analogen Komponenten auf.

In biotischen neuronalen Netzen hat man es zwar auch mit binären Impulsen zu tun. Deren Funktion ist jedoch eine ganz andere als die im Computer. Im Zellkörper eines einzelnen Neurons entsteht ein solcher Impuls dann, wenn dort die Summe elektrischer Ladungen eine bestimmte Schwelle S übersteigt. Das Ansteigen der Ladungssumme bewirken von außen kommende Reize, die an die Post-Synapsen (das sind die Signal-Eingänge) des Neurons gelangen. Diese Post-Synapsen sind grob vergleichbar mit Dimmer-Schaltern, mit denen man elektrisches Licht nicht nur ein- und ausschalten kann, sondern auch dessen Leuchtstärke kontinuierlich verändern kann, was in Abb. 5.8 mit dem Gewichtsfaktor w ausgedrückt wird. Der kontinuierlich veränderbare Wert w stellt eine erste analoge Komponente der neuronalen Signalverarbeitung dar. Die Signalverarbeitung im Neuron selbst besteht in der Addition aller Ladungsbeiträge von den verschiedenen Post-Synapsen des selben Neurons. Das Resultat ist eine im Zellkörper des Neurons erzeugte Folge binärer Impulse, die über das Axon des Neurons an andere Neuronen oder Zellen weitergeleitet wird. Die Frequenz der Impulsfolge, die ein Maß für die Stärke des weitergeleiteten Signals ist, stellt eine zweite analoge Komponente der neuronalen Signalverarbeitung dar. Die Funktionsweise des neuronalen Netzes ist zum Teil vergleichbar mit der des Internet, das zahlreiche, mit unterschiedlichen Taktraten arbeitende, Computer und Server verbindet, siehe Abschn. 4.5 im 4. Kapitel. Gegenüber dem Internet, bei dem die einzelnen Server und Endgeräte allerdings rein digital arbeiten, eröffnen die analogen Komponenten des Gehirns noch Möglichkeiten, die nicht zu den in Abschn. 5.2.4 geschilderten Einschränkungen führen, wie die im Abschn. 1.6.1 des 1. Kapitels angestellten Betrachtungen zeigen.

Diese Diskrepanz hat bei Ingenieuren und Informatikern zu Aktivitäten auf den folgenden zwei Themengebieten geführt

- Untersuchung künstlicher neuronaler Netze
- Unscharfe Mengen (fuzzy sets) und unscharfe Logik (fuzzy logic)

Beide Themengebiete stehen in einem Zusammenhang, weil künstliche neuronale Netze sich am Aufbau der Großhirnrinde orientieren und unscharfe Mengen eine zentrale Rolle bei der Zuordnung von Signalen und Bedeutungen bei der natürlichen Sprache spielen, siehe Abschn. 1.5.3 im 1. Kapitel. Detailliertere Betrachtungen hierzu folgen im 6. Kapitel.

5.4.2 Künstliche neuronale Netze

Die genaue Analyse des neuronalen Netzes der Gehirnrinde wird wegen der immens hohen Anzahl von Neuronen und ihrer hohen Packungsdichte wohl niemals vollständig gelingen. Deshalb werden immer wieder neue Varianten von Modellen für die Funktionsweise einzelner Neuronen aufgestellt und ausprobiert. Unter Verwendung dieser neuen Modelle werden immer wieder andersartige Zusammenschaltungen mehrerer oder vieler Neuronen vorgenommen und deren Verhalten untersucht. Das geschieht entweder durch analytische Berechnungen, die in der Regel äußerst schwierig sind (die in Abschn.5.3.2E durchgeführte Berechnung ist vergleichsweise trivial) oder – und das ist der derzeitige Regelfall – durch Simulationsrechnungen auf dem Computer.

Alle auf diese Weise konstruierten Netze werden als „künstliche neuronale Netze" bezeichnet. Das in Abschn. 5.3.3B vorgestellte Kohonen-Netz ist ein Beispiel eines künstlichen neuronalen Netzes, das sich als sehr nützlich erwiesen hat, weil es Eigenschaften aufweist, die denen des natürlichen neuronalen Netzes der Großhirnrinde weitgehend gleichen.

Neue Varianten von Modellen für die Funktionsweise eines Neurons ergeben sich z.B. durch Abwandlung der in Abb. 5.7 dargestellten Aktivierungsfunktion $y = \theta(\alpha - S)$. Um analytische Berechnungen zu ermöglichen, werden hier gerne Verläufe verwendet, die sich durch eine mathematische Formel ausdrücken lassen. Dazu gehören verschiedene sogenannte Sigmoide, die alle einen annähernd _/‾ - förmigen Verlauf haben. Es werden aber auch Sprungfunktionen und stückweise linear verlaufende Funktionen und weitere Funktionen verwendet. Zusätzliche Varianten ergeben sich daraus, wie viele Synapsen an Ein- und Ausgängen angesetzt werden.

Varianten bezüglich der Zusammenschaltung betreffen die Anzahl der verschiedenen Schichten, wie sie in Abb. 5.13 gezeigt werden, die Art, wie Neuronen verschiedener Schichten miteinander verbunden werden, welche Werte der Gewichtsfaktoren w dabei gewählt werden und wie diese Werte geändert werden können, um bestimmte Zielgrößen zu optimieren. Weitere Varianten betreffen die Art, wie Neuronen der selben Schicht miteinander über welche Gewichtsfaktoren w verbunden werden, und wie Rückkopplungspfade gewählt werden.

Experten haben für die verschiedenen Möglichkeiten ein gewisses Gefühl entwickelt und Strukturen gefunden, die z.B. in Bildern Kanten und andere Phänomene erkennen. Das Schrifttum über neuronale Netze und deren technische Anwendungsmöglichkeiten hat bereits einen großen Umfang erreicht. Angewendet werden künstliche neuronale Netze in Prüfständen für technische Produkte, in der Robotik und sogar auch in Haushaltsgeräten (es gibt z.B. Waschmaschinen, bei denen abhängig vom gemessenen Härtegrad des Wassers, vom gewählten Waschprogramm und weiteren Größen ein neuronales Netz bestimmt, wieviel Waschmittel zugeführt wird).

5.4.3 Vorläufige Erläuterung unscharfer Mengen und unscharfer Logik

Die klassische Theorie der Mengen wurde im Zusammenhang mit der Wahrscheinlichkeitstheorie in Abschn. 2.3 eingeführt. Eine Menge setzt sich aus den zu ihr gehörenden Elementen zusammen. So besagt z.B. der Ausdruck $\mathbf{A} = \{\varsigma_1, \varsigma_2, \varsigma_3\}$, dass die unterscheidbaren Elemente $\varsigma_1, \varsigma_2, \varsigma_3$ zusammen die Menge **A** bilden. Mit den in Abschn. 2.3.2 vorgestellten Mengenoperationen *Vereinigung*, *Durchschnitt*, *Komplement* lassen sich mehrere Mengen **A**, **B**, **C**, die alle Teilmengen der selben universalen Menge **U** sind, miteinander verknüpfen. In Abschn. 2.3.5 wurde gezeigt, dass die Mengenoperationen *Vereinigung*, *Durchschnitt*, *Komplement* den logischen Verknüpfungen *Disjunktion*, *Konjunktion*, *Negation* entsprechen, wenn die universale Menge **U** außer der leeren Menge nur eine einzige (Teil-) Menge enthält. Dieses Ergebnis gilt auch umgekehrt: Die logischen Verknüpfungen *Disjunktion*, *Konjunktion*, *Negation* der binären Werte 0 und L liefern die gleichen Ergebnisse wie die Mengenoperationen *Vereinigung, Durchschnitt, Komplement*, wenn man die binären Werte 0 und L als Teilmengen einer Menge **U** auffasst, die außer 0 und L keine weiteren Teilmengen enthält [was gleichbedeutend ist, dass 0 (oder L) der in jeder Menge enthaltenden leeren Menge entspricht]. Dies ergibt sich, wenn man die Beziehungen (2.56) bis (2.61) von unten nach oben, d.h. bei (2.61) beginnend, liest.

Die praktische Nutzung der logischen Verknüpfungen von Bits wurde in Abschn. 1.4.1 anhand des Beispiels eines Prädiktors erläutert, dessen Funktion durch die Tabelle 1.3 vorgegeben war. Die Bits stellen binäre Variable $x_\nu, x_{\nu-1}, x_{\nu-2}$ dar, die je nur den logischen Wert 0 oder den logischen Wert L annehmen können. Die Anwendung der logischen Verknüpfungen *Disjunktion, Konjunktion* und *Negation* auf diese binären Variablen $x_\nu, x_{\nu-1}, x_{\nu-2}$ führte auf die Formel (1.8) für den vorhergesagten Wert der binären Variablen $\hat{x}_{\nu+1}$. Die Verwirklichung der Formel (1.8) durch eine Schaltung zeigt Abb. 1.7.

Eine wichtige Eigenschaft der *klassischen* Mengentheorie besteht darin, dass es sich stets um *scharfe* Mengen handelt. Das bedeutet, dass ein Element ς_i entweder zu einer Menge **A** *gehört* oder *nicht gehört*. Diese binäre Aussage gilt für jedes Element. Eine andere Möglichkeit als *zugehörig* oder *nicht zugehörig* oder ein Mittelding davon ist bei der klassischen Mengentheorie nicht vorgesehen. Wenn ein Element ς_i mehreren Mengen angehört, dann gehört es jeder dieser Mengen ganz an. So gehört z.B. gemäß klassischer Mengentheorie ein Ziegelstein ganz zur Menge der Baustoffe und ganz zur Menge der festen Körper. Gas gehört danach jedoch nicht zur Menge fester Körper.

Im realen Leben gibt es aber auch Situationen, in denen ein Element sich nicht eindeutig einer bestimmten Menge zuordnen lässt. Gehört z.B. ein *einjähriges Auto* zur Menge der *neuen Autos* oder zur Menge der *alten Autos*? [Leute, die jedes Jahr ein neues Auto kaufen, zählen es vermutlich zur Menge der alten Autos und Leute, die nur alle 12 Jahre ein neues Auto kaufen, vermutlich zur Menge der neuen Autos]. Ein anderes Beispiel liefert die Zugehörigkeit einer *Wartezeit von 30 Minuten.* Gehört die *Wartezeit von 30 Minuten* zur Menge der *zumutbaren Zeiten* oder zur Menge der *unzumutbaren Zeiten*? [30 Minuten Wartezeit für das Abrufen einer Website im Internet wird als unzumutbar empfunden. Gleichlange 30 Minuten Wartezeit für die Zubereitung eines Essens im Feinschmeckerlokal gelten dagegen als zumutbar]. Im Bereich der Medizin ist die Zuordnung eines *Untersuchungsbefundes* zur Menge *kranker Zustände* oder zur Menge *gesunder Zustände* ebenfalls oft unscharf. Mit unscharfen Mengen hat man es besonders bei der Zuordnung von Bedeutung und Sinngehalt von Wörtern und Sätzen der natürlichen Sprachen zu tun. So ist z.B. das Wort *Bank* sowohl ein Element der *Menge aller Sitzgelegenheiten* als auch ein Element der *Menge aller Geldinstitute.* Es lassen sich sinnvolle Sätze formulieren, bei denen unklar bleibt, welche Menge gemeint ist. Ähnliches hört man nicht selten bei Interpretationen lyrischer Gedichte und abstrakter Gemälde.

L. A. Zadeh (1965) hat eine allgemeine Theorie unscharfer Mengen[5.10] entwickelt, welche die klassische Mengentheorie als Sonderfall enthält. Der Grundgedanke dieser Theorie besteht in der Einführung einer Zugehörigkeitsfunktion, mit der jedem betrachteten Element eine Zahl zwischen 0 und 1 zugeordnet wird, die einen Zugehörigkeitswert darstellt und angibt, in welchem Maß das Element zu einer bestimmten Menge gehört. Beim Wert 0

[5.10] Gefördert wurde die Entwicklung besonders vom Militär im Zusammenhang mit der automatischen Auswertung von Luftbild-Aufnahmen, bei der es um die Zuordnung fotografierter Objekte (Fahrzeuge, Flugzeuge, ...) zur Menge militärischer Ziele ging.

gehört das Element nicht zur betrachteten Menge, je näher der Zugehörigkeitswert sich dem Wert 1 nähert, um so mehr gehört zur betrachteten Menge, beim Wert 1 gehört es ganz betrachteten Menge. Die klassische Mengentheorie benutzt bezüglich Zugehörigkeit nur die Werte 0 und 1 und kennt keine Zwischenwerte wie z.B. 0,3 oder 0,85.

Unter Einbeziehung der Zugehörigkeitsfunktion hat Zadeh Regeln für die Mengenoperationen *Vereinigung*, *Durchschnitt*, *Komplement* eingeführt und verschiedene logische Beziehungen hergeleitet. Auf die Einzelheiten dieser Theorie unscharfer Mengen wird im 6. Kapitel detailliert eingegangen, wo es um die oben erwähnte Zuordnung von Bedeutung und Sinngehalt von Wörtern und Sätzen der natürlichen Sprachen geht. Dort wird sich zeigen, dass die Entstehung von Unschärfe natürlicher Sprachen auch mit der neuronalen Signalverarbeitung zusammenhängt.

5.5 Wahrnehmungsorgane oder Sensoren und Artikulationsorgane oder Aktoren

Im 1. Kapitel wurde im Abschn. 1.3 bereits gesagt, dass man bei Maschinen und technischen Einrichtungen Wahrnehmungsorgane als Sensoren bezeichnet und Artikulationsorgane als Aktoren. In diesem Abschn. 5.5 werden in erster Linie solche Organe, Sensoren und Aktoren näher behandelt, die der Mensch zur Kommunikation mit seiner Außenwelt benutzt. Nicht von Interesse sind hier Wahrnehmungen von Signalen, die aus dem eigenen Inneren kommen (wie z.B. Bauchweh oder über die eigene seelische Verfassung).

An Arten der Wahrnehmung (d.h. des Empfangs) von Signalen, die von außen kommen, werden beim Menschen üblicherweise 5 verschiedene Sinne unterschieden, die oft wie folgt (doppeldeutig) bezeichnet werden:

Gesicht, Gehör, Geruch, Geschmack und Gefühl

Als zugehörige Organe hat der Mensch für das Sehen (Gesicht) zwei Augen, für das Hören (Gehör) zwei Ohren, für das Riechen (Geruch) eine Nase, für das Schmecken (Geschmack) die Zunge (und Nase). Gefühl umfasst verschiedene Empfindungen, darunter Berührung (Tastsinn), Temperatur, (zugefügter) Schmerz und Kraft bzw. Schwere.

Bemerkung:
Bisweilen ist noch von einem 6. Sinn, dem sogenannten „Bauchgefühl", die Rede, mit dem ein Mensch gewisse Situationen in seiner äußeren Umgebung erahnt. Der Anthroposoph R. Steiner unterschied sogar 12 Sinne, wobei er allerdings auch die Wahrnehmungen von Zuständen im Inneren des Menschen (wie Ermüdung usw.) mitgezählt hat, die nicht von Signalen herrühren, die von außen kommen.

Bezüglich Artikulation, d.h. Signalerzeugung, besitzt der Mensch nur 2 Organe, die er bewusst verwenden kann, nämlich Organe zur Erzeugung

akustischer Laute und mechanischer Bewegungen

Zu den akustischen Lauten gehören Sprache, Schreie, Gesang. Zu den mechanischen Bewegungen gehören Gestik, Mimik, das Anfertigen von Schrift und dergleichen.

Bemerkung:
Wie im 1. Kapitel in Abschn. 1.1.2 erwähnt wurde, haben noch weitere Körperfunktionen (wie Erröten, Schweißausbruch u.a.) eine Signalwirkung, die man aber bei sich selbst nicht bewusst und gezielt erzeugen kann.

Für die Kommunikation benutzt der Mensch von seinen Organen in erster Linie seine Augen und seine Ohren zum Signalempfang und sein Sprechorgan und seine Hände zur Signalerzeugung.

5.5.1 Wahrnehmung optischer Signale

Optische Signale bestehen aus Licht. Das menschliche Auge unterscheidet weißes Licht und farbiges Licht. Dem entsprechend unterscheidet man bei Bildern von Personen und Gegenständen (kurz „Objekte") zwischen Schwarzweißbildern und Farbbildern. Ohne Licht gibt es kein optisches Signal und ohne Licht sieht man keine Objekte.

In diesem Abschnitt wird zunächst die Natur des Lichtes beschrieben, was dessen Farben bestimmt und wie mit Lichtquellen optische Signale erzeugt werden können. Daraufhin wird auf die Wahrnehmung von Licht durch das Auge oder eine Kamera eingegangen.

A: *Zur Physik des Lichtes und der Farben*

Die wichtigste Lichtquelle ist unsere Sonne. Diese sendet permanent ein breites Spektrum von Strahlen aus. Ein Teil dieses Spektrums wird vom menschlichen Auge als weißes Licht wahrgenommen. Einen anderen Teil nimmt der Mensch als Wärmestrahlung wahr und wieder andere Teile kann der Mensch nur mit Hilfe von Messinstrumenten registrieren.

Licht setzt sich aus elektromagnetischen Wellen[5.11] zusammen, wie sie auch für die drahtlose Übertragung von Rundfunk- und Fernsehsignalen benutzt werden. Licht und Rundfunksignale unterscheiden sich lediglich in den Frequenzen und Wellenlängen ihrer Schwingungen. Im freien Raum breiten sich Licht und Funksignale mit der Lichtgeschwindigkeit c aus. Letztere hat den Wert

$$c \approx 300\ 000\ \text{km/s} = 3 \cdot 10^8\ \text{m/s} \quad \text{(Meter pro Sekunde)} \tag{5.12}$$

Frequenz f und Wellenlänge λ einer Schwingung sind über die folgende Beziehung miteinander verknüpft

$$f \cdot \lambda = c \tag{5.13}$$

Je höher die Frequenz f desto kleiner ist die Wellenlänge λ. Üblich ist die Angabe der Wellenlängen bei Licht und die Angabe der Frequenzen bei Funksignalen.

Beispiele:

1. Ein typisches UKW-Rundfunksignal hat eine mittlere Frequenz von $f = 100$ MHz $= 10^8$ Hz. Mit (5.13) ergibt das eine mittlere Wellenlänge von $\lambda = c/f = 3\,\text{m}$. Die Bandbreite, die das Signal auf der Frequenzachse einnimmt [vergl. Abb. 4.16b und die Beziehung (4.51) im 4. Kapitel]

[5.11] Eine elektromagnetische Welle entsteht wie folgt: Ein zeitlich sich ändernder elektrischer Strom erzeugt um sich herum ein zeitlich sich änderndes magnetisches Feld. Das zeitlich sich ändernde magnetische Feld erzeugt um sich herum ein zeitlich sich änderndes elektrisches Feld, das wiederum um sich herum ein zeitlich sich änderndes magnetisches Feld erzeugt usw.

beträgt 300 kHz und erstreckt sich von 99,85 MHz bis 100,15 MHz. Diesen Frequenzen entsprechen die Wellenlängen von etwa 3,0045 m und 2,9955 m.

2. Das von der Sonne kommende weiße Licht erstreckt sich über einen Wellenlängenbereich von $3,8 \cdot 10^{-11}$ m = 380 Nanometer bis $7,5 \cdot 10^{-11}$ m = 750 Nanometer. Das entspricht einem Frequenzbereich von etwa $4 \cdot 10^{14}$ Hz = 400 Terahertz bis etwa $7,9 \cdot 10^{14}$ Hz = 790 Terahertz.

Weißes Sonnenlicht hat also eine mehr als millionenfach höhere Frequenz als ein UKW-Rundfunksignal und ist zudem auch viel breitbandiger.

Filtert man aus dem breiten Frequenzspektrum des weißen Sonnenlichts einen schmalbandigen Teilbereich heraus, dann erhält man mit dem schmalbandigen Teilspektrum farbiges Licht. Mit ansteigender Mittenfrequenz des Teilspektrums wechselt die Farbe des Lichts

von *rot* über *orange* über *gelb, grün, blau, indigo* zu *violett* (5.14)

Rot ist der langwelligste Anteil und *violett* der kurzwelligste Anteil des weißen Sonnenlichts. Diese Farben heißen *Spektralfarben.* Man findet sie im Regenbogen wieder und wenn man weißes Sonnenlicht über ein Prisma leitet. Wenn man die über ein Prisma gewonnenen einzelnen Farbstrahlen anschließend mittels Spiegel zusammenführt, dann erhält man wieder weißes Licht.

Weißes Sonnenlicht setzt sich also additiv aus der Überlagerung mehrerer farbiger Lichtstrahlen zusammen, wobei, wie gesagt, die einzelnen Lichtstrahlen die Farben rot, orange, gelb, grün, blau, indigo, violett haben. Dabei haben (wie im obigen 2. Beispiel ebenfalls bereits angegeben) das rote Licht eine Frequenz von 430 Terahertz und das violette Licht eine Frequenz von 790 Terahertz. Die Frequenzen der übrigen farbigen Lichtstrahlen liegen zwischen diesen Grenzwerten. Die Palette der Spektralfarben längs der Frequenzachse stellt ein kontinuierliches Leistungsdichtespektrum dar, wie es in Abschn. 4.3.3C [siehe dazu Abb. 4.19] beschrieben wurde.

Wenn vor der Zusammenführung der über ein Prisma gewonnenen Farbstrahlen einzelne Strahlen mehr oder weniger stark gedämpft oder gar völlig unterdrückt werden, dann erhält man nicht mehr Licht mit weißer Farbe, sondern Licht mit einer Mischfarbe. Durch Variieren der Dämpfungsfaktoren lassen sich so alle Farben erzeugen, die ein menschliches Auge unterscheiden kann.

Aufgrund einer gewissen Unvollkommenheit des menschlichen Auges lassen sich alle Farben, die das menschliche Auge unterscheiden kann, bereits durch Kombination von weniger als den oben aufgeführten 7 Spektralfarben erzeugen. Wie die Praxis zeigt, genügen bereits die 3 Farben

rot (R), grün (G), blau (B) (5.15)

Hiervon macht das Farbfernsehen Gebrauch, siehe Abb. 5.14. Auf dem Bildschirm wird ein farbiges Muster oder Bild aus lauter dicht nebeneinander liegenden Farbpunkten zusammengesetzt. Die einzelnen Farbpunkte sind so winzig, dass sie das Auge nicht als einzelne Punkte erkennen kann, wenn das Bild aus genügend großer Entfernung betrachtet wird. Die Farbe des einzelnen Farbpunktes wird von drei noch kleineren Leuchtquellen gebildet, von denen eine rot (R), eine andere grün (G) und die dritte blau (B) leuchtet, wie das in Abb. 5.14a dargestellt ist. Die vom Auge wahrgenommene Mischfarbe (inklusive die Mischfarbe Weiß) eines Farbpunktes hängt davon ab, wie stark, d.h. mit welcher Intensität I jede der einzelnen Leuchtquellen leuchtet.

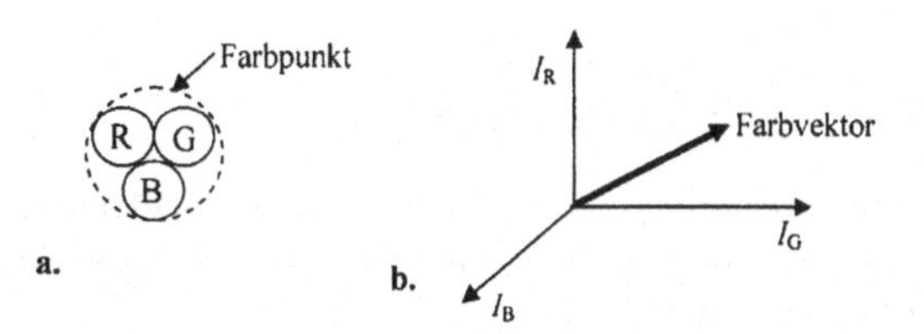

Abb. 5.14 Zur Erzeugung von Farbbildern auf einem Bildschirm
a. einzelner Farbpunkt gebildet von drei Leuchtquellen R, G und B
b. Farbvektor zur formalen Darstellung von Farbart und Leuchtdichte

Abb. 5.14b zeigt, dass jeder Farbpunkt formal durch einen Farbvektor in einem dreidimensionalen Koordinatensystem dargestellt werden kann. Auf den Koordinatenachsen sind die Intensitäten (d.h. mittlere Leistungen pro Fläche) I_R , I_G und I_B für rot, grün und blau aufgetragen. Die Richtung des Farbvektors kennzeichnet die Farbart (d.h. ob orange, braun usw.) und die Länge des Vektors ist ein Maß für die Leuchtdichte (Helligkeit).

Die obige Beschreibung gilt nur für die Erzeugung von farbigen Mustern oder Bildern durch selbst leuchtende Bildpunkte. Diese Muster lassen sich auch bei dunkler Umgebung, also z.B. nachts, betrachten.

Ganz anders ist die Situation bei der Herstellung farbiger Muster durch Drucken oder Malen auf Papier oder auf einem anderen Untergrund. Gemalte und gedruckte Farbbilder lassen sich wie auch natürliche farbige Landschaften nur bei Helligkeit betrachten. Sie erscheinen in den „richtigen" Farben, wenn sie von weißem Licht (das alle Spektralfarben enthält) beleuchtet werden. Was das Auge wahrnimmt, ist der Lichtanteil, der vom beleuchteten Objekt reflektiert wird. Dabei erscheint ein Teil eines Objekts dem betrachtenden Auge z.B. als grün deshalb, weil dieser Teil nur den grünen Anteil des weißen Lichts reflektiert und alle übrigen Farbanteile des weißen Lichts vollständig absorbiert. Wenn ein anderer Teil eines beleuchteten Objekts dem Auge in einer Mischfarbe (z.B. braun) erscheint, dann rührt das daher, dass bestimmte Komponenten des weißen Lichts nur teilweise absorbiert und teilweise reflektiert werden.

Bei der Herstellung (nicht selbst leuchtender) farbiger Muster oder Bilder durch Drucken und Malen auf z.B. Papier hat man es mit einer *subtraktiven* Farbmischung zu tun, wohingegen man es bei der Erzeugung (selbstleuchtender) farbiger Muster auf einem Bildschirm mit einer *additiven* Farbmischung zu tun hat. Bei Farbdruckern, die bunte Muster durch Aufspritzen winziger Tintenkleckse erzeugen, werden für die Tinten wegen der subtraktiven Farbmischung üblicherweise die Farben Cyan, Magenta und Gelb benutzt (und meist zusätzlich noch die Farbe Schwarz) und nicht die Farben Rot, Grün und Blau.

Ergänzende Anmerkungen zur Theorie des Lichts:
Die Feststellung, dass weißes Licht sich aus farbigem Licht additiv zusammensetzt, stammt von dem englischen Physiker Newton (um 1700). Nach seiner Theorie besteht Licht aus winzigen Teilchen. Der deutsche Dichter Goethe ging (um 1800) in seiner Farbenlehre noch davon aus, dass die Farbe Weiß eine Grundfarbe sei, die nicht aus anderen Farben zusammengesetzt ist. Er glaubte, mit seiner Farbenlehre, die er auch begründete, Newton widerlegt zu haben. Die Theorie über das Licht als elektromagnetische Welle wurde um 1860 vom schottischen Physiker Maxwell aufgestellt.

Zusammenfassend sei festgehalten:

[5.8] Erzeugung farbiger Bilder und optischer Signale

Optische Signale von Mustern benötigen Licht. Licht besteht aus elektromagnetischen Wellen, deren Wellenlängen die Lichtfarbe bestimmen. Weißes Tageslicht enthält alle Spektralfarben zu annähernd gleichen Anteilen.
Bei der Herstellung von Mustern aus farbigen Punkten ist zwischen selbstleuchtenden Mustern auf Bildschirmen und nicht selbstleuchtenden (z.B. auf Papier gedruckten) Mustern zu unterscheiden. Letztere werden nur über das vom Muster reflektierte Licht einer anderen Lichtquelle wahrgenommen.
Bei selbstleuchtenden Mustern lässt sich jeder farbige Punkt durch gewichtete *additive* Überlagerung von Licht der drei Grundfarben Rot, Grün, Blau erzeugen.
Bei z.B. gedruckten Bildern entsteht die wahrnehmbare Farbe eines Bildpunktes dadurch, dass im reflektierten Licht spektrale Farbkomponenten des ursprünglich weißen Tageslichts fehlen, weil sie von den aufgebrachten Druckerfarben absorbiert (*subtrahiert*) wurden. Durch gewichtetes Auftragen der Druckerfarben Cyan, Magenta, Gelb lässt sich jede Farbe des reflektierten Lichts herstellen.

Nach heute gültiger Theorie ist Licht gleichermaßen eine Welle und ein Teilchenstrom. Es gibt Experimente, die eindeutig den Wellencharakter dadurch belegen, dass Licht durch Interferenzen örtlich ausgelöscht werden kann. Auf der anderen Seite gibt es z.B. den äußeren lichtelektrischen Effekt, der für den Teilchencharakter von Licht spricht. Dieser Effekt zeigt, dass auf bestimmte Substanzen (z.B. Caesium) treffendes Licht dort Elektronen heraussprengt, ähnlich wie Geschosse auf eine Mauer dort Gesteinsbrocken heraussprengen. Einstein erklärte den lichtelektrischen Effekt damit, dass die von Lichtteilchen transportierte Energie die Elektronen aus der Substanz herauskatapultiert. Neben dem äußeren lichtelektrischen Effekt gibt es noch den weiter unten (bei den optischen Sensoren) erläuterten inneren lichtelektrischen Effekt, bei dem die Elektronen nur freigesetzt werden und im Material verbleiben. Die Doppelnatur des Lichts wird als „Welle-Teilchen-Dualismus“ bezeichnet.

Die kleinsten Lichtteilchen sind die in Abschn. 3.4.1 bereits erwähnten *Photonen*. Ein Photon hat die Ruhemasse null. Es bewegt sich (im Vakuum und praktisch gleich schnell auch in Luft) mit der Lichtgeschwindigkeit c [siehe (5.12)]. Ein einzelnes Photon stellt ein Wellenpaket dar. Das ist eine geometrisch endlich lange wandernde Welle der Frequenz f, siehe Abb. 5.15.

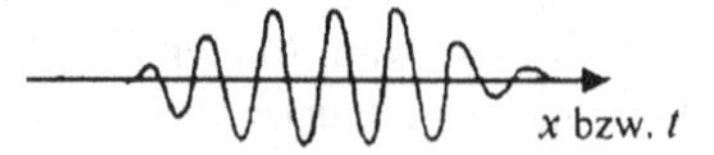

Abb. 5.15 Typischer Verlauf eines Wellenpakets längs des Weges x bzw. der Zeit t

Die Energie eines Photons berechnet sich nach der physikalischen Quantentheorie zu

$$E_{\text{Photon}} = h \cdot f \tag{5.16}$$

Hierin ist $h \approx 6{,}626 \cdot 10^{-23}$ Js das in (3.16) bereits angegebene Planck'sche Wirkungsquantum. Die Frequenz der Spektralfarbe Grün überdeckt einen Frequenzbereich von etwa 540 bis 610 Terahertz. Ein einzelnes mittleres grünes Photon hat danach die winzige Energie von etwa

$$E_{grünes\ Photon} = 6{,}626 \cdot 10^{-34}\ \text{Js} \cdot 580 \cdot 10^{12}\ \text{s}^{-1} \approx 3{,}8 \cdot 10^{-19}\ \text{J} \tag{5.17}$$

Grünes Licht, das aus einer gewöhnlichen Lichtquelle stammt, setzt sich aus einem Strom von zahlreichen grünen Photonen zusammen, deren Überlagerung eine Sinuswelle der Frequenz f liefert. Diese Sinuswelle weist jedoch in Abständen weniger Meter Phasensprünge auf, weil die einzelnen Photonen zu unregelmäßigen Zeitpunkten auftreten. Der Abstand von Phasensprung zu Phasensprung heißt *Kohärenzlänge*. Eine kohärente sinusförmige grüne Lichtwelle ohne (oder mit nur selten auftretende) Phasensprünge liefert die stimulierte Emission von Photonen bei einem Laser.

Einige Anmerkungen zur Funktion optischer Sensoren und Kameras:
Für die Aufnahme optischer Signale mittels Sensoren technischer Apparate gibt es zahlreiche Varianten. Üblich ist derzeit die Nutzung des inneren lichtelektrischen Effekts in Halbleiter-Materialien. Beim Auftreffen von Licht werden im Halbleiter (Silizium) Elektronen freigesetzt, die in den Atomen positive Löcher hinterlassen (sog. Elektron-Loch-Paare). Bei der Fotodiode, die aus zwei Siliziumschichten besteht, die mit unterschiedlichen Fremdatomen dotiert sind, wandern die Elektronen zur einen Schicht und die Löcher zur anderen Schicht, wodurch zwischen den Schichten eine elektrische Spannung entsteht, die in einem beschränkten Bereich proportional zur Stärke (Helligkeit oder Anzahl der Photonen pro Zeit) des Lichts ist. Beim Fototransistor wird das mit der Spannung gelieferte Signal noch zusätzlich verstärkt.
Mit einer flächenhaften Anordnung zahlreicher winziger Fotodioden oder Fototransistoren in Kameras lassen sich optische Bilder in Form von extrem dicht aneinandergereihten Bildpunkten (sog. Pixel) aufnehmen. Bei Farbbild-Kameras werden die Signale für Rot, Grün und Blau oft dadurch erzeugt, dass vor den einzelnen Fotodioden jeweils Lichtfilter angebracht sind, die entweder nur die Rot- oder die Grün- oder die Blau-Komponente des auftreffenden Lichts durchlassen. Dank einer hoch entwickelten Halbleitertechnologie für integrierte Halbleiter-Schaltungen gibt es Kameras, die Farbbilder liefern, die aus mehreren Millionen Farb-Pixeln bestehen. Weitere Bestandteile einer Kamera (Linse, Blende) werden nachfolgend zusammen mit dem menschlichen Auge kurz erläutert. Bewegtbilder (z.B. für Filmvorführungen im Kino) lassen sich durch eine Folge von zeitlich rasch aufeinander folgenden Einzelbildern herstellen.

B: *Wahrnehmung von Licht durch das menschliche Auge*

Abb. 5.16 zeigt in vereinfachter Form den schematischen Aufbau des menschlichen Auges, der ähnlich dem eines klassischen Fotoapparates ist.

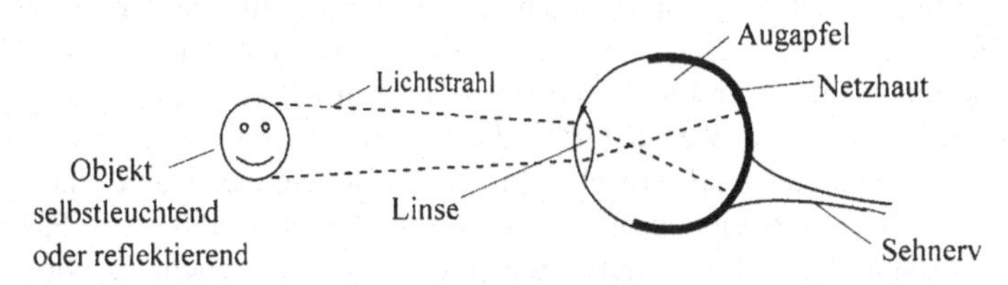

Abb. 5.16 Vereinfachte schematische Darstellung des menschlichen Auges

Zu den wichtigsten Bestandteilen des Auges zählen die Linse und die Netzhaut. Die von einem Objekt kommenden Lichtstrahlen werden in der Linse in Richtung auf den dickeren Teil der Linse gebrochen und liefern auf der Netzhaut eine (seitenverkehrte) Abbildung des Objekts wie das auch im Fotoapparat (oder Kamera) geschieht, bei dem an Stelle der Netzhaut ein lichtempfindlicher Film oder eine flächenhafte Anordnung von z.B. Fotodioden vorhanden ist. Die Lichtstrahlen stellen ein optisches Signal dar. Für die Abbildung des Objekts ist es egal, ob das optische Signal von einem strahlenden Bildschirm stammt oder von denjenigen Strahlen einer anderen Lichtquelle gebildet wird, die vom Objekt reflektiert werden.

Zusätzlich vorhanden und in Abb. 5.16 nicht eingezeichnet sind beim Auge eine Pupille und ein Ziliarmuskel. Die Pupille ist eine runde Öffnung, die sich vergrößern und verkleinern lässt und damit die Höhe des ins Augeninnere strömenden Lichtstroms (d.h. die Anzahl der Photonen pro Sekunde) regelt. Sie entspricht der Blende beim Fotoapparat. Mit dem Ziliarmuskel kann der Mensch bewusst die Brennweite der Augenlinse verändern, sodass ein scharfes Bild auf der Netzhaut entsteht.

Auf der Netzhaut befinden sich zahlreiche lichtempfindliche Sinneszellen (Sehzellen). Von diesen Sinneszellen gibt es zwei Arten, nämlich *Stäbchen* und *Zapfen*. Die Stäbchen reagieren nicht auf Farbunterschiede sondern nur auf Helligkeitsunterschiede, d.h. nur auf die Länge des in Abb. 5.14b dargestellten Farbvektors und nicht auf dessen Richtung. Sie sind hochempfindlich und sehr zahlreich. Die Zapfen reagieren sowohl auf Helligkeitsunterschiede als auch auf Farbunterschiede, sind aber weniger zahlreich und auch weniger lichtempfindlich als die Stäbchen, was zur Folge hat, dass der Mensch bei geringer Helligkeit keine Farben mehr unterscheiden kann und ihm dann „alle Katzen als grau" erscheinen. Bei den Zapfen gibt es 3 Typen, der erste Typ hat seine höchste Empfindlichkeit bei Rot (R), der zweite Typ bei Grün (G) und der dritte Typ bei Blau (B). Weil das so ist, verwendet das Farbfernsehen genau diese Farben, siehe Abb. 5.14a.

Im Einzelnen gilt zusammengefasst:

- Stäbchen: etwa 150 Millionen Stück, hochempfindlich, reagieren nur auf Helligkeit
- Zapfen: insgesamt etwa 7 Millionen Stück, weniger empfindlich, reagieren sowohl auf Helligkeit wie auf Farbe, je ein Typ für Rot, Grün und Blau mit unterschiedlichen Empfindlichkeiten

Bezüglich der hohen Lichtempfindlichkeit der Stäbchen sei erwähnt, dass ein einzelnes Stäbchen bereits auf ein *einziges Photon* reagieren kann, was wiederum über den Sehnerv zu einer Meldung ans Gehirn führen kann. Zwischen der winzigen Energie des Photons, siehe (5.17), und der vergleichsweise makroskopisch großen Energie des produzierten Nervenimpulses im Sehnerv, siehe Abb. 5.6, findet dann also eine extrem hohe Signalverstärkung statt.

Die Helligkeitsempfindlichkeit des menschlichen Auges ist nicht für alle Farben gleich. Sie ist für Grün am höchsten und für Blau am geringsten. Das ist sinnvoll, weil das Blau des Himmels eine hohe Intensität hat und den Menschen blenden würde, wenn sein Auge dafür die gleiche Empfindlichkeit hätte wie für Grün, das für fruchtbares Land steht. Diese Zusammenhänge sind auch für die Farbfernsehtechnik von Bedeutung, wenn eine Farbfernsehsendung auch von Schwarzweiß-Empfängern empfangbar sein soll. Aus Farbkomponenten Rot, Grün, Blau, die mit gleicher Intensität I_R, I_G, I_B leuchten, wird für den Schwarzweiß-Empfang ein Leuchtdichtesignal der Intensität I_Y gemäß folgender prozentualer Gewichtung gebildet

$$I_Y = 0{,}30 I_R + 0{,}59 I_G + 0{,}11 I_B \tag{5.18}$$

Die Grün-Komponente trägt dabei stark zum Grauwert des Schwarzweiß-Bildes bei, die Blau-Komponente dagegen nur schwach.

Anmerkung:
Da jede Farbe durch Linearkombination dreier Grundfarben gebildet werden kann, ist für das Farbfernsehen die Übertragung von drei Signalen nötig. Die Farbfernsehsignale der ersten Generation übertrugen dazu aber nicht die Signale für die drei Farbkomponenten I_R, I_G, I_B, sondern das resul-

tierende Leuchtdichtesignal I_Y und zwei Farbdifferenzsignale $I_Y - I_R$ und $I_Y - I_B$. Der Schwarz-weiß-Empfänger wertete nur I_Y aus, der Farbfernsehempfänger berechnete aus dem Leuchtdichtesignal und den zwei Farbdifferenzsignalen die Signale der drei Farbkomponenten I_R, I_G, I_B für die Wiedergabe auf dem Farbbildschirm.
Wie aus den Anzahlen der Stäbchen und Zapfen im menschlichen Auge hervorgeht, steckt der größte Teil der wahrnehmbaren Informationshöhe in der von den Stäbchen gelieferten Helligkeitsverteilung. Die von den Zapfen gelieferten Farben enthalten nur noch relativ wenig an zusätzlicher Informationshöhe. In der klassischen Farbfernsehtechnik wurde das dadurch berücksichtigt, dass für die Übertragung des Leuchtdichtesignals die relativ hohe Übertragungsbandbreite von 5,5 MHz aufgewendet wurde während für die Übertragung jedes der beiden Farbdifferenzsignale nur die relativ geringe Übertragungsbandbreite von 0,8 MHz verwendet wurde. [Zur Übertragungsbandbreite siehe Abschn. 4.4.2D].

Weil Stäbchen und Zapfen diskrete Sinneszellen sind, setzt sich alles das, was der Mensch optisch wahrnimmt, aus diskreten Lichtpunkten zusammen, die eigentlich ein ortsdiskretes Abbild der vorhandenen Wirklichkeit darstellen. Der Eindruck eines ortskontinuierlichen Bildes ist das Ergebnis einer Signalverarbeitung im menschlichen Nervensystem und im Gehirn, die in Teilen mit einer Digital-Analog-Wandlung vergleichbar ist.

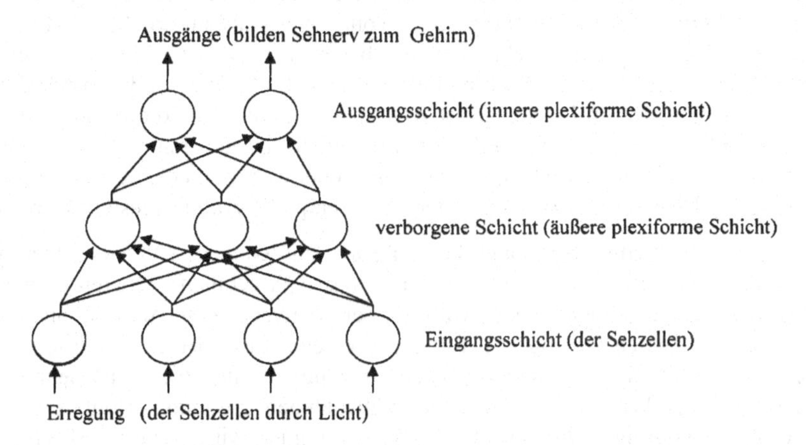

Abb. 5.17 Signalverarbeitung in der Netzhaut durch dreischichtiges neuronales Netz

Die Verarbeitung der von den Sinneszellen des Auges wahrgenommenen optischen Signale erfolgt zu einem nicht geringen Teil bereits in der Netzhaut des Auges. Wie in Abb. 5.17 stark vereinfacht dargestellt ist, befinden sich in der Netzhaut drei Schichten von Zellen, die zusammen ein dreischichtiges neuronales Netz bilden. Im Unterschied zu Abb. 5.13 nimmt hier die Anzahl der Neuronen in den tiefer gelegenen Schichten stark ab. Während die Eingangsschicht von mehr als mehr als 150 Millionen Sehzellen gebildet wir, führen von der Ausgangsschicht „nur“ noch etwa 1 Millionen Axone, die zusammen den Sehnerv bilden, zum Gehirn.

Bei Lichteinfall produzieren die vielen Sehzellen gemäß dem oben erwähnten lichtelektrischen Effekt Impulse, die zusammen eine immense Datenrate ergeben. Diese immense Datenrate wird im neuronalen Netz in der Weise stark reduziert, dass nur noch die darin enthaltenen wichtigen und wesentlichen Inhalte (unter anderem z.B. die Umrisse von Objekten) ans Gehirn weitergeleitet werden.

Neben dieser Filterung der Informationsmenge ist die Signalverarbeitung in der Netzhaut aber noch aus einem anderen Grund äußerst sinnvoll: Die mehr als 150 Millionen Sehzellen müssen sehr klein sein, damit sie auf der beschränkten Fläche der Netzhaut nebeneinander Platz finden. Wie Abschn. 5.3.2 erwähnt wurde, haben kleine Zellen nur kurze Axone, mit denen die Strecke von der Netzhaut bis zum etwa 5 cm entfernten Gehirn nicht überbrückt werden kann. Dazu sind die in der Ausgangsschicht vorhandenen größeren Nervenzellen nötig, die längere Axone besitzen.

C: *Wahrnehmung optischer Signale bei anderen Lebewesen*

Die Augen der meisten höheren Lebewesen sind ähnlich wie das menschliche Auge aufgebaut. Alle diese Augen haben eine Linse und eine Netzhaut und werden deshalb als Linsenaugen bezeichnet. Bei niederen Tieren trifft man dagegen ganz andere Bauformen an. So haben z.B. Insekten sogenannte Komplexaugen (auch Facettenaugen genannt) mit einer nahezu halbkreisförmigen Oberfläche. Bei Bienen wird die Oberfläche des Komplexauges von mehreren Tausend Einzelaugen gebildet. Jedes Einzelauge enthält mehrere Sehzellen, von denen je ein Nerv zum Gehirn führt. Das Komplexauge besitzt keine gemeinsame Linse und auch keine gemeinsame Netzhaut. Die vielen Einzelaugen ermöglichen die Bestimmung der Richtung des Lichteinfalls (z.B. von einer Nahrungsquelle). Dabei ist der Blickwinkel des Komplexauges sehr groß, er überstreicht einen Bereich von nahezu 180 Winkelgrad. Im Unterschied zu Insekten besitzen manche Quallen und Sehsterne mehrere sogenannte Flachaugen. Ein Flachauge ist weit primitiver als ein Komplexauge. Es besitzt in vielen Fällen nur wenige Sehzellen und ist nicht in der Lage, die Richtung des Lichteinfalls zu bestimmen. Erst durch das Zusammenwirken mehrerer Flachaugen kann die Richtung des Lichteinfalls z.B. von einer Gefahrenquelle grob festgestellt werden.

Wesentliche Unterschiede gibt es auch bei der Farbwahrnehmung von Menschen und Tieren. Das Flachauge kann nur Helligkeitsunterschiede wahrnehmen. Insekten können dagegen mit ihren Komplexaugen sehr wohl Farben unterscheiden (was ja auch für die Nahrungssuche in Blüten wichtig ist). Recht verschieden ist aber die Wahrnehmung von Farbarten, was mit den unterschiedlichen Rezeptoren für die Wahrnehmung von elektromagnetischen Wellen verschiedener Wellenlängen zusammenhängt. Die kürzeste Wellenlänge, die vom menschlichen Auge wahrgenommen wird, liegt bei 380 Nanometer und hat die Farbe „violett“. Insekten und auch viele Vogelarten können Licht von noch kürzerer Wellenlänge, das als „ultraviolett“ bezeichnet wird, wahrnehmen. Dadurch wird es Raubvögeln möglich, kleine Beutetiere aus großer Entfernung sicher zu erkennen. Auf der anderen Seite beträgt die längste Wellenlänge, die vom menschlichen Auge wahrgenommen wird, etwa 750 Nanometer und hat die Farbe „rot“. Es gibt Tiere, die mit ihren Augen Licht von noch längerer Wellenlänge, das als „infrarot“ bezeichnet wird, wahrnehmen.

Nicht alle Tiere besitzen Augen. Tiere ohne Augen nehmen ihre Umgebung über andere Sinnesorgane wahr. Es gibt aber auch Tiere mit Augen, die sich nicht über die Wahrnehmung von Lichtwellen orientieren. Zu diesen gehören mehrere Fledermausarten, die sich über die Wahrnehmung von reflektierten Schallwellen orientieren. Diese Fledermäuse erzeugen mit kurzen Schreien hochfrequente Schallwellen, deren Reflexionen sie mit ihren Ohren wahrnehmen.

5.5.2 Wahrnehmung akustischer Signale

Akustische Signale bestehen aus Schallwellen, die Menschen und Tiere mit ihren Ohren und Maschinen mit Mikrophonen wahrnehmen. Zu den akustischen Signalen gehören für Menschen in erster Linie Sprachsignale und auch Musik. Andere Laute wie Schreie, Lärm, Geräusche usw. stellen ebenfalls Signale dar, weil auch sie Information liefern können. In diesem Abschnitt werden zunächst einige physikalische Zusammenhänge beim Schall vorgestellt, weil diese für eine Erklärung der Funktionsweise des menschlichen Ohrs nötig sind. Danach wird auf das menschliche Ohr näher eingegangen.

A: *Zur Physik des Schalls*

Im Unterschied zum Licht breiten sich Schallwellen nicht im Vakuum aus. Schall benötigt ein materielles Medium, z.B. Luft. Rasche Druckschwankungen der Luft werden von Ohren als Schall wahrgenommen. Durch den wechselnden Schalldruck werden die Luftpartikelchen mit der Schallschnelle hin und her bewegt. Im ungestörten Schallfeld sind der sich ändernde Schalldruck $p_s(t)$ und die Schallschnelle $v_s(t)$ für jeden Zeitpunkt t zueinander proportional. Der Quotient beider Größen ist konstant und wird als Schallimpedanz Z_s bezeichnet:

$$Z_s = \frac{p_s(t)}{v_s(t)} = \rho \cdot c_s \tag{5.19}$$

In (5.19) bedeuten ρ die Massendichte des Mediums (z.B. Luft), in dem sich die Schallwelle ausbreitet, und c_s die Schallgeschwindigkeit, mit der sich die Welle im Medium ausbreitet. Schall breitet sich nicht nur in Luft aus, sondern auch in Flüssigkeiten und in festen Körpern. Die verschiedenen Medien unterscheiden sich in ihrer Dichte ρ und in der Schallgeschwindigkeit c_s.

Der Zusammenhang von (5.19) lässt sich wie folgt plausibel machen:
Mit der Einheit des Schalldrucks p_s in N/m^2 (Newton pro Quadratmeter) und der Einheit der Schallschnelle v_s in m/s (Meter pro Sekunde) ergibt sich die Einheit der Schallimpedanz Z_s in Ns/m^3. Nach Abschn. 3.1.1 ist 1N = 1 kg m/s^2 (Kilogrammmeter pro Sekundequadrat). Damit kann die Einheit der Schallimpedanz durch folgendes Produkt ausgedrückt werden: Ns/m^3 = kg/m^3 · m/s. Hierin stellt kg/m^3 die Einheit einer Massendichte ρ dar und m/s die Einheit einer Geschwindigkeit c_s.

Schallschnelle und Schallgeschwindigkeit sind nicht dasselbe! Bei gleichem Schalldruck $p_s(t)$ und gleicher Massendichte ρ ist die Ausbreitungsgeschwindigkeit c_s umso höher, je langsamer die Luftpartikelchen (oder Masseteilchen) sich hin und her bewegen. Als Beispiel sei der Vergleich des Mediums „Luft" und des Mediums „Wasser" betrachtet. Für diese gelten

- Luft: $\rho_{\text{Luft}} \approx 1{,}29\,\text{kg/m}^3$; $c_{\text{sLuft}} \approx 340$ m/s (5.20)
- Wasser: $\rho_{\text{Wasser}} \approx 10^3\,\text{kg/m}^3$; $c_{\text{sWasser}} \approx 1{,}52 \cdot 10^3$ m/s (5.21)

Für die Schallschnelle $v_s(t)$ folgt aus (5.19) allgemein

$$v_s(t) = \frac{p_s(t)}{\rho \cdot c_s} \tag{5.22}$$

und damit speziell für Luft und Wasser

$$v_{\mathrm{sLuft}}(t) = \frac{p_{\mathrm{s}}(t)}{\rho_{\mathrm{Luft}} \cdot c_{\mathrm{sLuft}}} \approx \frac{p_{\mathrm{s}}(t)}{1,29\,\mathrm{kg/m^3} \cdot 340\,\mathrm{m/s}} = \frac{p_{\mathrm{s}}(t)}{4,386 \cdot 10^2\,\mathrm{kg/m^2 s}} \tag{5.23}$$

$$v_{\mathrm{s\,Wasser}}(t) = \frac{p_{\mathrm{s}}(t)}{\rho_{\mathrm{Wasser}} \cdot c_{\mathrm{s\,Wasser}}} \approx \frac{p_{\mathrm{s}}(t)}{10^3\,\mathrm{kg/m^3} \cdot 1,52 \cdot 10^3\,\mathrm{m/s}} = \frac{p_{\mathrm{s}}(t)}{1,52 \cdot 10^6\,\mathrm{kg/m^2 s}} \tag{5.24}$$

Bei gleichem Schalldruck $p_s(t)$ in Luft und Wasser ist die Schallschnelle $v_{\mathrm{s\,Wasser}}(t)$ in Wasser also etwa 3470 mal kleiner als die Schallschnelle $v_{\mathrm{sLuft}}(t)$ in Luft. Das hängt damit zusammen, dass wegen des dichteren Mediums die Wasserteilchen durch den Druck $p_s(t)$ nur um eine kürzere Wegstrecke hin und her bewegt als das bei gleichem Druck mit den Luftpartikelchen in der weit weniger dichten Luft der Fall ist.

Wenn eine Schallwelle, die sich in einem Medium ausbreitet, auf ein anderes Medium trifft (z.B. von Luft auf Wasser), dann tritt nur ein Teil der Intensität der Welle in das andere Medium ein, während der Rest reflektiert wird. Die Höhe des reflektierten Anteils hängt vom Unterschied der Schallimpedanzen Z_s beider Medien ab und wird durch den Reflexionsfaktor r ausgedrückt. Für den Fall, dass die Welle im Medium 1 und der Schallimpedanz Z_{s1} senkrecht auf das Medium 2 und der Schallimpedanz Z_{s2} trifft, berechnet sich der Reflexionsfaktor r zu

$$r = \frac{Z_{\mathrm{s2}} - Z_{\mathrm{s1}}}{Z_{\mathrm{s2}} + Z_{\mathrm{s1}}} \tag{5.25}$$

Der Reflexionsfaktor r ist null, wenn beide Medien die gleiche Schallimpedanz haben.

Wie im nachfolgenden Unterabschnitt noch näher ausgeführt wird, spielen die Schallimpedanz und der Reflexionsfaktor (5.19) und (5.25) eine wichtige Rolle beim Aufbau des menschlichen Ohrs.

B: *Zur Wirkungsweise des menschlichen Ohrs*

Wie bereits im vorigen Kapitel in Abschn. 4.3.3A erwähnt wurde, nimmt das Ohr einen reinen Ton wahr, wenn der Schalldruck $p_{\mathrm{s}}(t)$ sich zeitlich sinusförmig ändert:

$$p_{\mathrm{s}}(t) = A \sin 2\pi f t \tag{5.26}$$

Hierin kennzeichnen wieder t die Zeit, f die Frequenz und A die Amplitude des Schalldrucks. Das gesunde menschliche Ohr kann Töne von etwa f = 20 Hertz bis f = 16 000 Hertz hören.

Der Schall von Sprache ist ein Tongemisch und wird durch ein Frequenzspektrum charakterisiert, das im Bereich zwischen 150 Hertz und 5000 Hertz liegt. Damit der Mensch Sprachlaute richtig interpretieren kann, selektiert das Ohr die im Sprachsignal enthaltenen Frequenzkomponenten und sendet diese in Form von Nervenimpulsen dann weiter zum Gehirn.

Das Ohr leistet also weit mehr als ein Mikrophon. Ein Mikrophon wandelt lediglich Schallwellen in analoge elektrische Signale um ohne dabei noch eine spektrale Frequenzanalyse vorzunehmen.

Nun zum Aufbau und zur Wirkungsweise des menschlichen Ohrs:

Beim menschlichen Ohr unterscheidet man drei Bereiche, das Außenohr, das Mittelohr und das Innenohr. Akustische Signale oder Schallwellen treffen auf das Außenohr und gelangen von dort über das Mittelohr zum Innenohr, wo die Frequenzanalyse stattfindet.

Das Außenohr besteht aus der Ohrmuschel und dem Gehörgang, der am Trommelfell endet. Die besondere Form der Ohrmuschel ermöglicht zusammen mit dem zweiten Ohr die Bestimmung der Richtung der empfangenen Schallwellen.

Das Mittelohr dient der Übersetzung der Schallwellen im Außenohr in Schallwellen für das Innenohr. Das Innenohr ist nämlich mit einer flüssigen Lymphe gefüllt, deren Schallimpedanz sich stark von der Schallimpedanz der Luft unterscheidet. Mit (5.19) und den Angaben in (5.20) und (5.21) berechnen sich die Schallimpedanzen Z_{sLuft} und Z_{sWasser} zu

$$Z_{\mathrm{sLuft}} \approx 438 \ \mathrm{Ns/m^3} \tag{5.27}$$

$$Z_{\mathrm{sWasser}} \approx 1{,}52 \cdot 10^6 \ \mathrm{Ns/m^3} \tag{5.28}$$

Die Schallimpedanz der flüssigen Lymphe gleicht mit großer Annäherung derjenigen des Wassers. Wenn die Schallwellen von der Luft ohne Übersetzung direkt auf das Innenohr treffen würden, entstünden an der Grenzstelle starke Reflexionen mit der Folge, dass nur etwa 1% der Schallintensität ins Innenohr gelangt während etwa 99% reflektiert wird. Für den Reflexionsfaktor ergibt sich nämlich entsprechend (5.25)

$$r = \frac{Z_{\mathrm{sWasser}} - Z_{\mathrm{sLuft}}}{Z_{\mathrm{sWasser}} + Z_{\mathrm{sLuft}}} = \frac{1{,}52 \cdot 10^6 - 438}{1{,}52 \cdot 10^6 + 438} \approx 0{,}994 \tag{5.29}$$

Die Anpassung der Schallausbreitung in der äußeren Luft an die im Innenohr erfolgt im Mittelohr mit Hilfe eines Hebelsystems. Damit werden die relativ großen hin- und her-Bewegungen des Trommelfells bzw. der Luftpartikelchen in kleine hin- und her-Bewegungen übersetzt und auf die Teilchen der flüssigen Lymphe übertragen, wie das im Anschluss an (5.24) diskutiert wurde. Durch diese Übersetzung wird zugleich auch der Schalldruck in der Lymphe erhöht. Die Hebelwirkung erfolgt über drei in Kette angeordneten kleinen Knöchelchen, die als Hammer, Amboss und Steigbügel bezeichnet werden. Der Hammer ist mit dem Trommelfell verbunden, der Steigbügel grenzt an das Innenohr.

Die Wirkungsweise des Innenohrs wird nun mit in Abb. 5.18 erläutert. Diese Abbildung stellt eine schematische Darstellung dar, die nur das Prinzip beschreiben soll [naturgetreue Abbildungen findet z.B. bei Schmidt Thews (1997)].

Die äußere Hülle des Innenohrs hat die Form eines Schneckengehäuses. In Abb. 5.18 ist diese Schnecke in abgerollter Form durch die gestrichelt gezeichnete Kurve dargestellt. Das Innere der Schnecke ist durch die Basilarmembran in zwei Hälften geteilt, die nur am dünnen Ende miteinander verbunden sind.

Das Innenohr ist mit dem Mittelohr über die Membranen des ovalen Fensters und des runden Fensters verbunden. Vom Steigbügel gelangen die Schallschwingungen über das ovale Fenster in das mit Lymphe gefüllte Innenohr, wo sie sich in Form einer wandernden Welle ausbreitet. Der mit wachsender Wegstrecke sich verengende Querschnitt der Schnecke wirkt (zusammen mit weiteren Einflussgrößen) wie ein mechanisches Tiefpass-Filter, dessen Grenzfrequenz (oder Übertragungsbandbreite, siehe Abb. 4.20) längs des Weges immer niedriger wird. Das hat zur Folge, dass am Ende der ca. 33 mm langen Basilarmembran nur noch ganz niedrige Frequenzkomponenten der Schallschwingung ankommen, während die höheren Frequenzkomponenten nur bis zu weniger weit entfernten Stellen gelangen, die immer näher am ovalen Fenster liegen, je höher die Frequenz ist. Die Intensitäten der einzelnen Frequenzkomponenten verteilen sich also gemäß abnehmender Frequenz kontinuierlich längs der Basilarmembran und versetzen diese in örtliche Schwingungen entsprechender Frequenz wie das in Abb. 5.18 dargestellt ist.

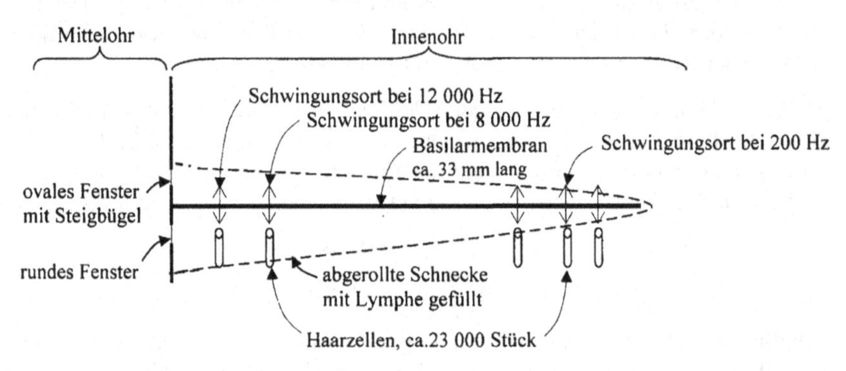

Abb. 5.18 Zur Frequenzselektion im menschlichen Innenohr

Längs der Basilarmembran befindet sich eine Reihe von ca. 23 000 stabförmigen Haarzellen. Jede dieser Haarzellen besitzt an einem Ende des Zellkörpers ein Büschel aus haarartigen Fortsetzen, die von der am selben Ort auftretenden örtlichen Schwingung der Basilarmembran mechanisch gereizt werden. Auf diese Reize reagiert die Haarzelle an ihrem anderen Ende mit der Ausschüttung von Botenmolekülen, die wiederum dort ein nächstes Neuron reizen, das dann die Intensitätswerte der örtlichen der Basilarmembran-Schwingungen weiter ans Gehirn meldet.

Eine Besonderheit der Haarzelle besteht darin, dass sie kein Axon (vergl. Abb. 5.5) besitzt und die Botenmoleküle von einer unmittelbar in der Zellmembran gelegenen Post-Synapse ausgesendet werden (vergl. Abb. 5.8). Man bezeichnet deshalb die Haarzelle als „sekundäre Sinneszelle". Jede sekundäre Sinneszelle benötigt eine nächste Zelle für die Weiterleitung des Reizes. Die Axone aller dieser den Haarzellen nachgeschalteten nächsten Zellen bilden der Hörnerv.

Über den Hörnerv erfährt das Gehirn, wie sich die Schwingungsintensitäten längs der Basilarmembran verteilen. Diese Verteilung der Schwingungsintensitäten längs der Basilarmembran stellt ein (momentanes) Leistungsdichtespektrum entsprechend Abb. 4.19 dar, bei dem die Frequenzachse in die (umgekehrte) Richtung zum ovalen Fenster zeigt. Ein Leistungsdichtespektrum liefert keine Aussagen über die Phasenlagen der örtlichen Einzelschwingungen (Frequenzkomponenten). Deshalb reagiert das menschliche Ohr auch nicht auf unterschiedliche Phasenlagen bei überlagerten Sinustönen (vergl. Abschn. 4.3.3A).

Verglichen mit dem menschlichen Auge, das zahlreiche Zellen für nur drei verschiedene Frequenzkomponenten (rot, grün, blau) hat, hat das menschliche Ohr für zahlreiche verschiedene Frequenzkomponenten jeweils nur eine Zelle. Wie das Auge, das bereits auf ein einzelnes Photon reagieren kann, ist auch das (gesunde) menschliche Ohr hochempfindlich. Es reagiert bereits auf einen Schalldruck von $2 \cdot 10^{-5}$ N/m^2 und auf eine mittlere Schallleistung von etwa 10^{-17} W. Diese hohe Empfindlichkeit hängt auch damit zusammen, dass die Haarzelle kein Axon besitzt und somit auch keine Nervenimpulse relativ hoher Energie erzeugen muss. Der werdende Mensch kann bereits vor seiner Geburt im Mutterleib Schall von außen wahrnehmen. Es gibt Psychologen, die auch deshalb das Hören für wichtiger halten als das Sehen.

C: *Etwas über die akustische Wahrnehmung bei anderen Lebewesen*

Während das menschliche Ohr Schallschwingungen oberhalb von 16 000 Hertz kaum oder nicht mehr wahrnehmen kann, reichen die Ohren vieler Tierarten bis zu zum Teil sehr viel höhere Frequenzen. Das gilt besonders für Vögel, aber auch für verschiedene Hunderassen. Diese Tiere können sich durch hochfrequenten Schall, den z.B. Insektenvertreiber oder alte Fernsehempfänger abstrahlen und den der Mensch nicht wahrnehmen kann, sehr gestört fühlen.

Insbesondere die bereits erwähnten Fledermäuse nehmen extrem hohe Schallfrequenzen, die bei 200 Kilohertz liegen, wahr. Sie benutzen, wie erwähnt, diesen hochfrequenten Schall für ihre räumliche Orientierung. Gleiches tun auch Delphine.

5.5.3 Wahrnehmung chemischer Signale

Chemische Signale werden von Substanzen in gasförmiger, flüssiger oder fester Form gebildet, wobei die individuelle Ausprägung des Signals von der chemischen Zusammensetzung der Substanz bestimmt wird.

Chemische Signale haben besonders für Insekten eine große Bedeutung. Durch Wahrnehmung chemischer Signale, die z.B. als Duftstoffe von der Luft transportiert werden, finden Insekten Nahrungsquellen und erhalten Information auch über die Paarungsbereitschaft von Artgenossen, vergl. Abschn. 1.1.2.

Innerhalb größerer lebender Organismen findet mit Hilfe chemischer Signale eine umfangreiche Zell-Kommunikation statt, die der Aufrechterhaltung der Lebensfunktionen dient. Die chemischen Signale werden nicht nur in Form der in Abschn. 5.3.2B erwähnten Neurotransmitter übertragen sondern auch durch andere große Moleküle, nämlich durch Proteine und Hormone. Auf einem längeren Signalpfad kann es dabei mehrfache Signalumsetzungen (sog. Signaltransduktionen) geben, bei dem z.B. ein von außerhalb einer Zelle kommendes Molekül mit einem Molekül der Zellhülle (Zellmembran) chemisch reagiert, dieses dadurch veränderte Molekül der Zellhülle daraufhin mit einem benachbarten Molekül im Zellinneren reagiert, und dieses wiederum mit einem tiefer im Zellinneren gelegenen Molekül reagiert usw. Diese soeben skizzierte Kaskade von Signalumsetzungen kann mit den im Abschn. 4.5.4A beschriebenen Signalumsetzungen in technischen Telekommunikationssystemen verglichen werden. Informationstheoretisch kann man jeder Signalumsetzung auch eine Interpretationsebene (vergl. Abschn. 2.1.3) und der Kaskade eine Hierarchie von Interpretationsebenen (vergl. Abschn. 2.7.2) zuordnen.

Für die bewusste Kommunikation von Menschen mit der äußeren Welt haben chemische Signale – verglichen mit optischen Signalen und akustischen Signalen – eine eher untergeordnete Bedeutung. Optische Signale in Form von Mimik und Gestik bilden nach M. Tomasello (2009) den Ursprung der menschlichen Kommunikation, und akustische Signale in

Form von Sprache haben heute den größten Anteil an der zwischenmenschlichen Kommunikation.

Trotz alledem ist die Wahrnehmung chemischer Signale für den Menschen lebensnotwendig, weil sie vor Gefahren (z.B. durch giftige Gase) schützt und weil sie in noch vielerlei andere Hinsicht nützlich ist.

A: *Wahrnehmung chemischer Signale über Nase und Zunge beim Menschen*

Die Fähigkeit zur Wahrnehmung chemischer Signale mit der Nase bildet den Geruchssinn und die Wahrnehmung chemischer Signale mit der Zunge den Geschmackssinn. Bei der Verkostung von Speisen und Getränken sind in der Regel beide beteiligt. Wenn z.B. ein bestimmter Wein gut schmeckt, dann liegt das nicht allein am Geschmackssinn sondern auch (und zwar sogar in einem viel höheren Maß) am Geruchssinn, da Mund- und Nasenhöhle miteinander verbunden sind.

Physiologisch sind Geruchssinn und Geschmackssinn sehr unterschiedlich strukturiert. Sowohl der Zelltyp als auch die Anzahl der Sinneszellen sind bei beiden Sinnen verschieden. Und auch die Weiterleitung der Erregung zum Gehirn ist beim Geruch andersartig als beim Geschmack.

Zum Geruchssinn:
In der menschlichen Nase gibt es etwa 30 Millionen Riechzellen. Die Riechzellen sind länglich geformt und besitzen an einem Ende feine Härchen (Zilien), die in die Nasenschleimhaut reichen. Auf den Zilien befinden sich die eigentlichen Riechrezeptoren. Jede Riechzelle besitzt genau einen Riechrezeptor-Typ. Insgesamt lassen sich etwa 350 verschiedene Typen unterscheiden, von denen jeder Typ auf eine andere Klasse von chemischen Duftmolekülen gleichartiger geometrischer Gestalt anspricht [Walt, D.R., Stitzel, S.E., Aernecke, M.J. 2012]. Wenn über die Nasenschleimhaut ein Duftmolekül auf einen passenden Rezeptor trifft, wird die Riechzelle erregt. Wie die Sehzellen im Auge sind Riechzellen primäre Sinneszellen, von denen jede ein Axon besitzt. Die Erregung der Riechzelle besteht in einer ausgelösten Kaskade von oben beschriebenen Signaltransduktionen, durch welche letztlich ein Nervenimpuls erzeugt wird, der über das Axon an ein nahe gelegenes neuronales Netz weitergeleitet wird. In diesem neuronalen Netz werden (ähnlich wie beim Auge) die von den vielen gereizten Riechzellen kommenden Nervenimpulse miteinander verknüpft. Das Ergebnis dieser Verknüpfung wird dann über nur etwa 30 Tausend Fasern des Riechnervs ans Gehirn weitergeleitet, was bei etwa 30 Millionen Riechzellen eine um den Faktor Tausend geringere Datenrate ergibt. Im Unterschied zum Auge, bei dem das neuronale Netz drei Schichten hat (siehe Abb. 5.17), geschieht in der Nase die riesige Reduzierung in nur einer einzigen Schicht von sog. Mitralzellen, deren Axone die Fasern des Riechnervs bilden. Das ist mit nur einer einzigen Schicht deshalb möglich, weil die Neuronen dieser Schicht mehr als tausend Dendriten mit Post-Synapsen (sowohl erregende als auch hemmende) haben und bei etwa 350 verschiedenen Riechrezeptor-Typen das Erregungsmuster der Schicht bereits recht differenziert ist. Bei den Sehzellen im Auge gibt es dagegen nur 4 verschiedene Rezeptor-Typen (die Stäbchen und 3 verschiedene Arten von Zapfen, vergl. Abschn. 5.5.1B), was mehr Schichten im Netz erfordert.

Zum Geschmackssinn:
Den etwa 30 Millionen Riechzellen in der Nase stehen in der Zunge weniger als 100 Tausend Geschmackszellen gegenüber. Diese Geschmackszellen sind wie folgt in Gruppen

angeordnet: Jeweils einige Dutzend Geschmackszellen sind ähnlich wie die Scheiben einer Apfelsine in einer sogenannten Geschmacksknospe zusammengefasst und mehrere solcher Geschmacksknospen liegen wiederum in einer sogenannten Geschmackspapille. Es gibt verschiedene Formen von Geschmackspapillen, die auch unterschiedliche viele Knospen enthalten und in verschiedenen Bereichen der Zunge angesiedelt sind [Weitere Einzelheiten dazu findet man z.B. bei Wikipedia]. Bei den Geschmackszellen handelt es sich (wie bei den Haarzellen im Ohr) um länglich geformte sekundäre Sinneszellen, die kein Axon besitzen. Die Geschmackszelle wird an einem Ende durch einen im Speichel gelösten Geschmacksstoff der Nahrung gereizt. Am anderen Ende wirkt sie über die in ihrer Zellmembran liegenden Prae-Synapse auf die Post-Synapse eines Dendriten eines Neurons. Dieses Neuron empfängt über seine weiteren Dendriten die Reizmeldungen von den anderen in der selben Knospe befindlichen Geschmackszellen und bildet daraus ein Resultat, dass es über sein Axon ans Gehirn weiterleitet. Bei den Geschmackszellen wurden früher nur 4 verschiedene Typen unterschieden, die für die 4 verschiedenen Geschmacksqualitäten *Bitter*, *Sauer*, *Süß* und *Salzig* stehen, die der Mensch unterscheiden kann, wenn sein Geruchssinn ausgeschaltet ist. Neuerdings werden [in Wikipedia] auch *Umami* (herzhaft) und *Fettig* genannt.

Die von den vielen verschiedenen Aromastoffen in der Nahrung bewirkten unzähligen Geschmacksempfindungen kommen nur dadurch zustande, dass beide, der Geschmackssinn und der Geruchssinn, zur Empfindung beitragen. Bei der Nahrungsaufnahme werden flüchtige Aromastoffe frei und gelangen als Schwebeteilchen über die Verbindung zwischen Mund- und Nasenhöhle zur Nasenschleimhaut, wo sie auf die Rezeptoren der Riechzellen treffen. Zur Geschmacksemfindung tragen auf der Zunge ferner noch Tastempfindungen und die örtlichen Lagen der beteiligten Geschmackspapillen bei.

B: *Über chemische Signale in Kommunikation und Technik*

Die wohl älteste Art von Kommunikation verschiedener Kommunikationspartner beruht auf der Verwendung chemischer Signale. Seit mehr als 100 Millionen Jahre dienen chemische Signale der Symbiose von Pflanzen und Pilzen, vergl. Abschn. 1.7. Im Boden befindliche Pilze versorgen Pflanzen über deren Wurzeln mit Stickstoff und weiteren Nährstoffen. Im Austausch dazu beziehen Pilze von der Pflanze Nährstoffe, welche die Pflanze mit Hilfe der Photosynthese erzeugt. Die Signalübertragung zwischen den Zellen der Pflanzenwurzel und den Zellen des Pilzes, mit der dieser Austausch reguliert wird, erfolgt unter Mitwirkung von komplizierten Signaltransduktionen über Botenmoleküle und Effektorproteine,

Chemische Signale dienen oft zur Mensch-Tier-Kommunikation in Zusammenhang mit der Dressur. Ein Reitpferd für Turniere bekommt ein Stück Zucker, ein Delphin für Show-Veranstaltungen einen Fisch und ein Hund einen Hundekuchen oder gar eine Wurst, wenn der Dresseur dem Tier mitteilen will, dass es seine Sache gut gemacht hat. Der Geschmack von Zucker, Fisch und Hundekuchen sind chemische Signale, die das betreffende Tier als Lohn interpretiert.

Chemische Signale dienen vielfach der Kommunikation von Tieren untereinander. Das gilt vor allem bei Insekten. Bereits genannt wurden diesbezüglich Ameisen, die chemische Substanzen zur Wegmarkierung benutzen und fliegende Insekten, die mit Lockstoffen (sog. Pheromone) ihre Paarungsbereitschaft signalisieren. Aber auch manch große Säugetiere, die in freier Wildbahn leben, kennzeichnen ihr Revier, indem sie mit ihrem Urin Markierungen setzen. Und nicht selten werden auch von Menschen Duftstoffe zum Zweck der Kommunikation eingesetzt. Genannt seien hier der künstlich erzeugte Duft von Parfum und frischem Kaffee, der vor Cafés auf die Straße geweht wird, um Besucher anzulocken.

Der von festen Stoffen ausgehende Duft entsteht dadurch, dass sich von der Oberfläche des Stoffes Moleküle lösen und von der umgebenden Luft aufgenommen werden. Damit ein Duft wahrgenommen genommen wird, muss die Konzentration, d.h. die Anzahl der Duftmoleküle in einem Kubikzentimeter Luft, einen bestimmten Wert, der als Wahrnehmungsschwelle bezeichnet wird, übersteigen. Die Höhe der Wahrnehmungsschwelle ist stark abhängig von der Art des Duftstoffs und von der Empfindlichkeit der individuellen Nase. Beim Menschen ist sie z.B. für Fäkalien viel niedriger als für Brot. Besonders empfindlich sind bekanntlich die Nasen von Hunden. Hunde können den Geruch von z.B. Drogen und Sprengstoffen wahrnehmen, die der Mensch nicht oder nur bei sehr hoher Konzentration wahrnehmen kann. Deshalb werden Hunde vom Menschen oft als Suchhunde eingesetzt. Da die Riechzellen von Hunden und Menschen ähnlich gebaut sind, kann man vermuten, dass die geringere Empfindlichkeit der menschlichen Nase vom nachgeschalteten neuronalen Netz bewirkt wird, das Reize erst dann ans Gehirn weiterleitet, wenn die Konzentration des Dufts einen höheren Mindestwert übersteigt.

Während es für Licht und Schall schon relativ lange technische Sensoren in Form von Fotozelle und Mikrophon gibt, sind für verschiedene Düfte erst in jüngerer Zeit künstliche Nasen entwickelt worden. Diese beruhen unter anderem darauf, dass die elektrische Leitfähigkeit verschiedener Halbleitermaterialien sich ändert, wenn sie mit bestimmten Gasen in Berührung kommen. Mit der Anordnung einer größeren Anzahl verschiedener derartiger Halbleiter-Sensoren lässt eine „elektronische Nase“ herstellen. Die Höhen der von den verschiedenen Sensoren gelieferten Signale liefern ein Muster, das charakteristisch für den wahrgenommenen Duft ist. Für hinreichend empfindliche künstliche Nasen gibt es eine Vielzahl von technischen Anwendungen, angefangen bei der Kontrolle der Reinhaltung von Luft, über die Herstellung von Lebensmitteln bis zur Identifizierung von Gefahren.

5.5.4 Wahrnehmungen durch Gefühl

Bei der Aufzählung der fünf Sinne „Gesicht, Gehör, Geruch, Geschmack, Gefühl“, die üblicherweise beim Menschen unterschiedenen werden, wurde eingangs von Abschn. 5.5 gesagt, dass unter „Gefühl“ verschiedene von außen verursachte Empfindungen zusammengefasst werden. Zu diesen Empfindungen gehören Berührung, Temperatur, Schmerz und Kraft oder Schwere. Letztere wirkt weitgehend unbewusst auf das Gleichgewichtsorgan in den Innenohren, das von je drei senkrecht aufeinander stehenden Bogengängen gebildet wird, in denen Haarzellen durch statische und dynamische Kräfte erregt werden.

Berührung (gleichbedeutend mit dem Tastsinn) wird an diskreten Reizpunkten über druckempfindliche Zellen wahrgenommen, die ungleichmäßig unterhalb der Hautoberfläche verteilt sind. Dichte und Empfindlichkeit dieser Reizpunkte sind besonders hoch an den Fingerspitzen und im Bereich um den Mund. Ein gleich starker Reiz, der mit dem Finger noch eben wahrgenommen wird, wird z.B. auf dem Oberschenkel nicht mehr wahrgenommen. Die Wahrnehmung von Berührungsreizen erfolgt über die Bewegung von Härchen der Haut und über die Deformation der Hautoberfläche. Beide Reize werden von Rezeptoren verschiedener Zellen empfangen, die daraufhin Nervenimpulse erzeugen und in Richtung Gehirn senden. Die Physiologie unterscheidet beim Tastsinn zudem noch zwischen Reizen bei zeitlich konstantem Druck und Reizen bei Vibrationen, weil beide von verschiedenen Rezeptoren registriert werden.

Bezüglich Temperatur wird in der Physiologie zwischen dem Kaltsinn und dem Warmsinn unterschieden. Auf der Haut gibt es nämlich Punkte, an denen nur Kälte, aber keine Wärme, wahrgenommen wird, und andere Punkte, an denen nur Wärme, aber keine Kälte, registriert wird. Durch Kälte und Wärme verursachte Reize werden von Rezeptoren verschiedener Zellen empfangen. Der Mensch besitzt mehr Zellen, die auf Kälte reagieren, als Zellen, die auf Wärme reagieren. Die beiden Zellarten sind (wie beim Tastsinn) ungleichmäßig auf dem Körper verteilt.

Die Wahrnehmung von Schmerz erfolgt auf der Hautoberfläche an diskreten Punkten über sogenannte Nozizeptoren. Diese reagieren zwar auch auf Druck und Temperatur, sind aber von den Rezeptoren des Tastsinns und Temperatursinns verschieden. Von Temperatur und Schmerz ausgeübte Reize werden wie beim Tastsinn mit Nervenimpulsen ans Gehirn weitergeleitet. Etwas anders ist das bei der Wahrnehmung starker Kraft. Diese wird hauptsächlich über die Gegenkraft wahrgenommen, die man mit den eigenen Muskeln aufwenden muss, um z.B. einen schweren Gegenstand zu heben oder halten. Die Wahrnehmung anderer Gefühle, z.B. von Feuchtigkeit, geschieht über eine Kombination von oben genannten Gefühlen, wobei deren Dynamiken, d.h. deren zeitliche Änderungen, eine Rolle spielen. Für die Kommunikation können Signale, die über Gefühle wahrgenommen werden, wichtige Bedeutungen haben. Beispiele sind ein fester Händedruck, ein zugefügter Schmerz (Folterung), ein warmer Kuss.

5.5.5 Allgemeines und Seltsames über Wahrnehmungen bei Lebewesen

Die Ausführungen in den vorausgegangenen Abschnitten 5.5.1 bis 5.5.4 haben gezeigt, dass alle Sinnesorgane des Menschen durch dreierlei Eigenschaften charakterisiert sind:

- Endlich viele diskrete Sinneszellen
- Reaktion jeder Zelle auf spezifische Reizart
- Messung der Höhe der Reizintensität

Nach Abschn. 5.3.2 geschieht die Weiterleitung des Sinneseindrucks zum Gehirn im Wesentlichen mit diskreten Nervenimpulsen, wobei gemäß Abb. 5.7 die Impulsfrequenz ein Maß für die Reizintensität ist. Dies trifft auch für die Sinnesorgane vieler Tierarten zu.

Damit gilt generell:

> **[5.9]** Signalwahrnehmung bei Lebewesen
>
> Jedes von Lebewesen wahrgenommene Signal ist *diskret*, d.h. es kann durch eine (mathematische) Folge entsprechend Abschn. 4.3.2 ausgedrückt werden. Die Außenwelt wird nur über „Abtastwerte" an „diskreten Stellen" erkannt. Bei Signalen endlicher Dauer sind das endlich viele Abtastwerte, deren Bedeutung mit endlich vielen Nervenimpulsen codiert wird.
> Für die Abtastwerte gilt speziell beim Menschen:
> Die Abtastwerte optischer Signale sind diskrete Rasterpunkte (sog. Pixel) eines flächenhaften Bildes (das sich zeitlich ändern kann), die Abtastwerte akustischer Signale sind Werte von über kurze Zeitintervalle gemittelte Leistungen diskreter Frequenzkomponenten eines Schalls. Die Abtastwerte von Geruch und Geschmack sind Angaben von Reizwerten an diskreten Stellen der Nasenschleimhaut und der Zunge und die Abtastwerte verschiedener Gefühle sind Angaben von Reizwerten an diskreten Stellen der Körperoberfläche.

Viele Tiere haben andere Sinneszellen als der Mensch. So haben z.B. Zugvögel ein Sinnesorgan für das magnetische Feld der Erde, was der Mensch nicht hat. Andererseits haben manche Spinnen im Unterschied zum Menschen keine Augen. Fledermäuse haben Ohren, mit denen sie Schallfrequenzen von 200 kHz wahrnehmen können, was der Mensch nicht kann.

Zu Beginn dieses 5. Kapitels wurde gesagt, dass das Weltbild des Menschen wesentlich von dem geprägt wird, was er mit seinen Sinnesorganen wahrnehmen kann und eingangs dieses Abschnitts 5.5 wurde zusätzlich zu den üblicherweise genannten fünf Sinnen noch als sechster Sinn das innere „Bauchgefühl" erwähnt. Das Bauchgefühl kann aber durchaus das Ergebnis einer unbewussten Signalverarbeitung von Wahrnehmungen der fünf Sinne sein und nicht ein eigenständiger sechster Sinn.

Über seltsame Wahrnehmungen

In esoterischen Kreisen befasst man sich viel mit parapsychologischen Phänomenen. Zu diesen gehören außersinnliche Wahrnehmungen wie Hellsehen, Präkognition, Telepathie und Spukerscheinungen. Parapsychologie gilt als Pseudowissenschaft, weil die meisten parapsychologischen Phänomene einmalig auftreten und sich nicht auf Befehl wiederholen lassen. Das tatsächliche Vorhandensein solcher Phänomene ist nicht allgemein beweisbar, weil Berichte darüber Phantasieprodukte einzelner Personen sein können.

In eine ähnlich seltsame Kategorie fallen die Gewinnung von Information mit Hilfe eines Pendels, das mit der Hand z.B. über das Bild einer gesuchten Person gehalten wird, und das Auffinden von z.B. Wasseradern mit Hilfe der Wünschelrute. In Büchern und Schriften über „Radiästhesie" [siehe z.B. Kirchner, G. (1981)] kann man lesen, dass pendelnde Personen und Wünschelrutengänger eine besondere Sensitivität für „Erdstrahlen" haben sollten, um Erfolg zu haben. H. L. König und H. D. Betz (1989) haben in einer breit angelegten Untersuchung mit statistischen Methoden[5.12] nachgewiesen, dass es unter vielen Wünschelrutengängern einige wenige gibt, die Wasseradern recht genau und reproduzierbar auffinden und die folglich über besondere Wahrnehmungsfähigkeiten verfügen müssen. Die genauen Zusammenhänge sind aber noch unbekannt.

Der Verfasser hatte diesbezüglich folgendes Erlebnis:
Ein Wünschelrutengänger zeigte mir, dass seine Wünschelrute an einer Stelle, wo eine Wasserader vermutet wurde, bei ihm deutlich nach unten ausschlug. Er sagte dazu, dass die Kraft von der Rute ausginge. Als ich seine Rute in gleicher Weise in meine Hände nahm und mich der betreffenden Stelle näherte, passierte absolut nichts. Bei einem erneuten Versuch fasste der Rutengänger von hinten mit seinen Händen meine beiden Handgelenke, um mir „seine Sensitivität zu vermitteln". Als wir uns so der betreffenden Stelle näherten, drückte er mit seinen Händen meine Hände nach unten, sodass die Rute wieder nach unten ausschlug. Die Kraft ging also nicht von der Rute sondern von seinen Muskeln aus.
Da der Rutengänger auf mich den Eindruck eines ehrlichen Mannes machte, glaube ich nicht an eine absichtliche Täuschung. Ich denke mir, dass bei ihm in den Zellmembranen bestimmter Neuronen irgendwelche Proteine durch irgendeinen von der Wasserader bewirkten physikalischen Effekt leicht verändert werden, sodass Kanäle in der Membran geöffnet werden, was einen Stoffwechselschub zur

---

[5.12] Mit Hilfe statistischer Methoden wird in der Physik entschieden, ob es sich bei den Ergebnissen eines häufig wiederholten Experiments um einen echten physikalischen Effekt oder um Zufallsergebnisse handelt. Eine aus den Versuchsergebnissen berechenbare Größe ist das sogenannte Konfidenzintervall für den vermuteten Effekt. Je größer das Konfidenzintervall ist, desto kleiner ist die Wahrscheinlichkeit, dass es sich um Zufallsergebnisse handelt. Auf diese Weise wurde im Jahr 2012 aus den mit dem LHC (Large Hadron Collider) gewonnenen Ergebnissen entschieden, dass es das lang gesuchte Higgs-Teilchen, welches das viele Phänomene erklärende Standard-Model der Physik fordert, tatsächlich gibt.

Folge hat, der dann letztlich eine makroskopische Reaktion in den Muskeln bewirkt. Proteine bestehen aus einer Vielzahl von Atomen, an die Elektronen teils nur sehr lose gebunden sind. Die Bindungsenergien sind teils so gering, dass z.B. rasche Temperaturschwankungen winziger Amplitude Elektronen ablösen könnten, wodurch dann wiederum Strukturänderungen in der Membran erfolgen. Rasche Temperaturschwankungen können von Druckschwankungen im fließenden Wasser (nur solches können Rutengänger feststellen) herrühren. Dieser hier skizzierte Zusammenhang ist natürlich nur eine vage Vermutung.

Genauso wie Ausschläge einer Wünschelrute durch Muskelaktivität des Rutengängers ausgelöst werden, werden plötzlich einsetzende Pendelbewegungen eines anfangs still stehenden Pendels, das von den Fingern gehalten wird, durch leichtes nicht wahrnehmbares Zittern der Hand ausgelöst. Das ist deshalb so, weil keine Pendelbewegungen einsetzen, wenn das Pendel nicht von der Hand sondern einem festen Gestell gehalten wird.

Es ist aber nicht ausgeschlossen, dass es verschiedene parapsychologische Phänomene tatsächlich gibt und nicht nur auf Zufall, Einbildung, Wahnvorstellungen, Sinnestäuschung und dergleichen beruhen. Bei der Telepathie empfindet eine Person, was eine andere Person, die sich an einem weit entfernten Ort befindet und die er weder sehen noch hören kann, gerade sagt oder denkt. Denkprozesse sind, wie in Abschn. 5.3.3 ausgeführt wurde, mit dem Transport elektrischer Ladungen im Gehirn verbunden. Beim Transport elektrischer Ladungen entstehen elektromagnetische Wellen [siehe in Abschn. 5.5.1 die Fußnote 5.11], die sich im freien Raum ausbreiten und an entfernten Orten empfangen werden können. Im Vergleich zu Lichtwellen (größer 10^{14} Hz) und Rundfunkwellen (z.B. 10^{8} Hz) sind die im Gehirn erzeugten Wellen sehr niederfrequent (kleiner 10^{2} Hz) und deshalb sowie wegen ihrer geringen Intensität mit derzeitigen technischen Apparaten nicht empfangbar. [Bemüht man den in Abschn. 5.5.1A beschriebenen Welle-Teilchen-Dualismus, dann haben die Teilchen dieser „Gehirnwellen" eine 10^{12} mal kleinere Energie als ein Photon, siehe (5.16) und (5.17)]. Nichtsdestoweniger ist denkbar, dass es biotische Systeme gibt, die unter Benutzung von Korrelationstechniken (vergl. Abschn. 4.4.2D im 4. Kapitel und Abschn. 6.5.2 im 6. Kapitel) derart winzige Signale empfangen können.

Hellsehen bedeutet, dass eine sensitive Person vor ihrem geistigen Auge Geschehnisse (z.B. ein brennendes Haus) „erblickt", die sich an weit entfernten Orten (z.B. in einem anderen Land) gerade ereignen. Auch hierfür lassen sich biophysikalische Erklärungen konstruieren. Forscher an Universitäten, die sich mit parapsychologischen Fragestellungen befasst haben, konnten bis dato wenig handfeste und überprüfbare Resultate liefern, was auch daran liegen kann, dass keine geeigneten Messgeräte verfügbar waren.

5.5.6 Artikulationsorgane

Mit Augen, Ohren, Nase, Mund und verschiedenen Rezeptoren für Temperatur, Schmerz usw. steht dem Menschen eine breite Palette von Wahrnehmungsorganen zur Verfügung. Diesen vielfältigen Wahrnehmungsmöglichkeiten stehen nur wenige Artikulationsmöglichkeiten gegenüber, nämlich die akustische Lautbildung mit Hilfe des Stimmorgans und die Erzeugung bildhafter Signale durch Mimik, Körperhaltung und Gestikulation. [Die Artikulation mittels Schrift und Zeichnungen ist eine Gestikulation unter Verwendung körperfremder, d.h. zusätzlicher, Hilfsmittel (z.B. Bleistift und Papier)].

A: *Akustische Lautbildung*

Die Bildung akustischer Laute stellt das wohl effizienteste Mittel zur Herstellung von Kommunikation dar. Das gilt gleichermaßen im Tierreich wie bei Menschen. Viele Tiere verständigen sich untereinander über Gefahren durch Warnschreie, über Paarungsbereitschaft durch Lockrufe und drücken Drohungen z.B. durch Knurren aus. Besonders vielseitig ist das Lautbildungsorgan beim Menschen ausgebildet. Das befähigt ihn zur Erzeugung von variantenreichen Sprachsignalen, mit denen eine Fülle von Sinngehalten ausgedrückt werden kann. Höhere Tierarten (Primaten) verfügen nicht über ein gleich mächtiges Lautbildungsorgan und sind deshalb auch nicht fähig zur Entwicklung einer höheren Sprache.

Das menschliche Sprechorgan

Die Erzeugung menschlicher Sprachsignale ist ein komplizierter Prozess, bei dem mehrere Teile des Körpers in koordinierter Weise zusammenwirken, siehe Abb. 5.19.

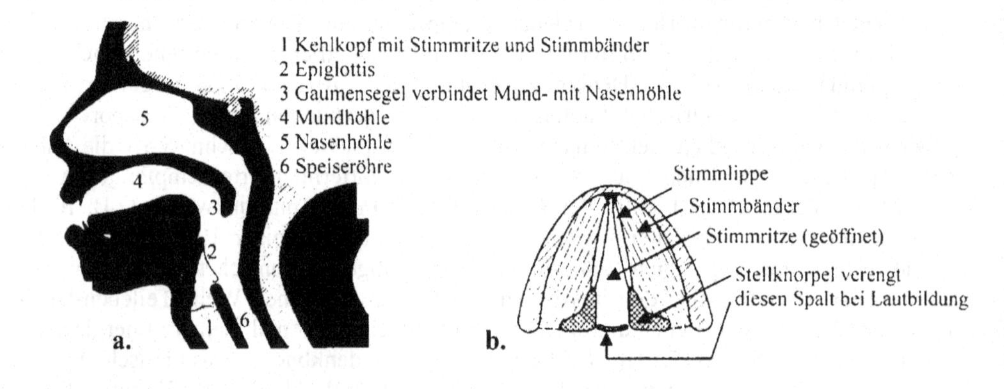

Abb. 5.19 Menschliches Sprechorgan
a. Luftstromweg b. Kehlkopf

Die Erzeugung des Schalls beim Sprechen geschieht, grob gesehen, in zwei aufeinanderfolgenden Stufen. Die erste Stufe der Schallerzeugung erfolgt im Kehlkopf und liefert ein aus vielen Frequenzkomponenten bestehendes Lautgemisch. In der anschließenden zweiten Stufe erfolgt eine Modulation des Lautgemisches in der Mund- und Nasenhöhle durch koordinierte Bewegungen von Zunge, Mundöffnung und Gaumensegel. Das Ergebnis dieser Modulation stellt dann das fertige akustische Sprachsignal dar. In Abb. 5.19 werden dazu einige Einzelheiten dargestellt.

Abb. 5.19a zeigt einen Querschnitt durch den menschlichen Kopf mit den an der Schallerzeugung zusammenwirkenden Teilen. Ein von der Lunge produzierter Luftstrom wird im Kehlkopf in kurzen Zeitabständen periodisch gestoppt und wieder durchgelassen, wodurch das oben erwähnte, aus Luftstromimpulsen bestehende Lautgemisch entsteht. Die Epiglottis in Abb. 5.19a dient lediglich dazu, dass vom Mund keine Speiseanteile in die Luftröhre und zum Kehlkopf gelangen. Blickt man unter die Epiglottis von oben auf den Kehlkopf, dann sieht man, dass dort die Luftröhre von zwei seitlich angewachsenen Hautfähnchen, den Stimmbändern, nahezu verschlossen wird. Nur in der Mitte verbleibt eine von Stimmlippen begrenzte schlitzartige Öffnung. Diese Öffnung wird als Stimmritze bezeichnet. Bei ruhiger Atmung ist die Stimmritze weit geöffnet, wie das Abb. 5.19b zeigt. Bei Erzeugung von Lauten schließt und öffnet sich dagegen die Stimmritze periodisch, wodurch aus dem von der Lunge kommenden Luftstrom eine Folge von Luftstromimpulsen entsteht und damit der Schall des Lautgemisches.

Das Schließen und Öffnen der Stimmritze wird nicht von Nerven gesteuert sondern durch den von der Lunge produzierten Luftstrom hervorgerufen[5.13]. Die Entstehung von Schall rührt also nicht von möglichen Schwingungen der Stimmbänder her, wie man meinen könnte, sondern vom periodischen Schließen und Öffnen der Stimmritze. Die Grundfrequenz des dabei entstehenden Lautgemisches hängt hauptsächlich von der Länge der Stimmlippen ab. Sie ist bei Männern im Durchschnitt niedriger als bei Frauen, weil Männer im Allgemeinen längere Stimmlippen haben als Frauen. Die Grundfrequenz lässt sich in geringem Umfang auch durch willentliche Anspannung von Muskeln ändern, die auf die Stimmlippen wirken.

Die eigentliche Phonation oder Artikulation, d.h. die Formung des Lautgemisches in z.B. Sprachlaute, erfolgt, wie schon erwähnt, oberhalb des Kehlkopfes in der Mundhöhle unter Mitwirkung des Rachens und der Nasenhöhle. Die Mächtigkeit der Modulation des Lautgemisches durch koordinierte Betätigung einer Vielzahl verschiedener Muskeln in Zunge, Kiefer, Mund, Gaumen und Rachen erkennt man daran, dass der Mensch selbst dann noch sprechen kann, wenn im Kehlkopf Stimmlippen und Stimmbänder nicht mehr vorhanden sind. Statt eines Lautgemisches wird dann ein nicht tönender Luftstrom moduliert, was eine zwar flüsterähnliche aber noch verständliche Stimme ergibt [Schmidt, Thews (1997)].

B: *Nonverbale Artikulation*

Nonverbale Artikulation erfolgt mit bildhaften Signalen ohne Verwendung von Sprache. Üblicherweise unterscheidet man bei nonverbaler Artikulation folgende drei Arten:

- Mimik
- Gestikulation
- Körpersprache (oder Körperhaltung)

Bildhafte Signale lassen sich durch Formung und Betätigung bestimmter Körperteile und Gliedmaßen erzeugen. Bei Mimik ist das hauptsächlich die Formung des Gesichtsausdrucks, bei Gestikulation hauptsächlich die Formung und Bewegung von Händen und Armen und bei der Körpersprache ist das die Formung und Bewegung des gesamten Körpers. Die genannten drei Arten lassen sich nicht immer auseinanderhalten, weil es zwischen diesen Arten keine festen Grenzen gibt. Die Formung von Körperteilen geschieht in allen Fällen durch Muskelzellen, die über Nervenleitungen erregt werden. Diese Erregung kann bewusst und mit Absicht oder ohne Absicht erfolgen. Sie kann aber auch unbewusst geschehen.

Nonverbale Artikulation dient oft als Ergänzung der gesprochenen Sprache. Nonverbalen Charakter hat auch die Intonation eines gesprochenen Textes, d.h. ob an den verschiedenen Stellen des Textes die Stimme schrill, weinerlich, hart oder sonst wie klingt und wie der gesamte Ablauf dieser Sprachmelodie gestaltet wird. Mit all diesen nonverbalen Ergänzungen der Sprache kann den Zuhörern zusätzliche Information geliefert werden.

[5.13] In der Stimmritze ist wegen der dortigen Verengung die Geschwindigkeit des Luftstroms höher als vor und hinter der Stimmritze. Das hat nach der Bernoullischen Formel der Physik eine Kraft zur Folge, welche die Stimmlippen noch enger zusammenzieht, wodurch die Geschwindigkeit in der Stimmritze und damit die Kraft noch weiter erhöht werden, bis die Stimmritze schließlich geschlossen wird. Durch den Druck des Luftstroms von der Lunge wird anschließend die Stimmritze aufgerissen, wonach das gleiche Spiel erneut beginnt.

Zur Mimik

Mimik ist eine sehr elementare Art der Artikulation von Gefühlen und Wünschen. Bereits Babies äußern Gefühle mittels Mimik. Sie verziehen ihr Gesicht, wenn ihnen eine Nahrung nicht schmeckt, und lächeln, wenn sie sich wohl fühlen. Sie verfügen über diese Möglichkeiten, sich zu äußern, lange bevor sie sprechen können und auch noch bevor sie in der Lage sind, ihre Arme, Finger und andere Gliedmaßen zielgerecht zu benutzen

Bei Erwachsenen ist das Repertoire an mimischen Ausdrucksmöglichkeiten naturgemäß größer. Erwachsene runzeln die Stirn, um Bedenken zu äußern, sie rümpfen die Nase, um mitzuteilen, dass ihnen ein Geruch oder sonst etwas nicht gefällt, sie schneiden Grimassen, um andere zu belustigen und zwinkern mit den Augen, um z.B. anzudeuten, dass etwas vorher Gesagtes nicht ganz ernst gemeint ist. Die Artikulationsmöglichkeiten durch Mimik können hier nicht alle aufgelistet werden. Zudem werden nicht alle mimischen Äußerungen überall gleich interpretiert. So wird z.B. Kopfschütteln in Europa als Verneinung und in Indien als Bejahung interpretiert.

Die Fähigkeit, durch Mimik etwas zu artikulieren, ist auch bei verschiedenen Tieren vorhanden. Hunde fletschen die Zähne, um Drohungen zu äußern, und blicken treu, um etwas zu erbetteln. Bären besitzen keine Möglichkeit zum Minenspiel. Deshalb gilt der Umgang mit Bären als gefährlich, weil nicht zu erkennen ist, ob der Bär freundlich oder feindlich gesinnt ist.

Zur Gestikulation

Mit Gestikulation lässt sich eine viel größere Menge an verschiedenen Bedeutungen ausdrücken als das allein mit Mimik möglich ist. Das zeigen bereits einfache Gesten, deren Bedeutungen von jedermann ohne weitere Erklärung verstanden werden, wie z.B. ausgebreitete offene Arme als Willkommensgruß, Klatschen als Beifallsbekundung, hoch gestreckter Daumen als Zustimmung, gehobene Faust als Drohung usw.

Eine geradezu riesige Fülle an Ausdrucksmöglichkeiten ergibt sich, wenn Gestikulation von Mimik ergänzt wird. Durch Verwendung beider Artikulationsarten lassen sich mächtige Gebärdensprachen bilden, von denen gehörlose Menschen Gebrauch machen. Mit einer ausgefeilten Gehörlosensprache, die zwar erst erlernt werden muss, können nahezu beliebige Sachverhalte rasch und sicher mitgeteilt werden. Das beweisen bestimmte Nachrichtensendungen, die über das Fernsehen verbreitet werden und bei denen die Nachrichten parallel sowohl in akustischer Sprache als auch in bildhafter Gebärden- oder Gehörlosensprache gesendet werden.

Nach Tomasello (2009) ging der Kommunikation mit gesprochener Sprache eine Kommunikation mittels Gesten entwicklungsgeschichtlich voraus. Das folgert er aus intensiven Beobachtungen von nichtmenschlichen Primaten und menschlichen Kleinkindern. Die Ursprünge der menschlichen Kommunikation liegen seinen Überlegungen zur Folge in der Formung und Entwicklung von nicht angeborenen Gesten zum Zweck der Kommunikation.

Zur Körpersprache

Körpersprache drückt sich bereits in einer bewegungslosen Körperhaltung aus. So bedeuten z.B. eine aufrechte Haltung mit geradem Blick nach Ansicht von Psychologen großes Selbstbewusstsein und Stolz, und eine gebeugte Haltung mit Blick nach unten Unterwürfigkeit. Zur Körpersprache tragen aber auch Mimik und Gesten bei. Insofern ist klar, dass

Psychologen aus den verschiedenen nonverbalen Signalen der Körpersprache, die eine Person bewusst oder unbewusst sendet (Bewegungen, Tonfall der Sprache, Geruch, Kleidung, Frisur und weitere Attribute) eine Vielzahl von Schlüssen und möglichen Erkenntnissen über die Charaktereigenschaften und die seelische Verfassung der betreffenden Person ziehen. In Abschn. 1.1.2 wurde bereits erwähnt, dass bei der Interpretation einer Sprachkommunikation angeblich weniger als 10% auf die die Wortbedeutungen und mehr als 90% auf die Bedeutungen der nonverbalen Signale der Körpersprache entfallen.

Die Art und Weise, wie Bewegungen ausgeführt werden, drückt sich auch in der Form der Handschrift aus. Für Grafologen gilt die Handschrift als Spiegelbild der Persönlichkeit. Sie schließen aus dem Schriftbild auf Charaktereigenschaften wie Selbstsicherheit, Ausdauer, Ängstlichkeit, usw. Allgemein gilt die Handschrift als unverwechselbar. Deshalb werden Ausweise, Verträge und andere Dokumente durch Unterschriften, die aber oft ein völlig anderes Bild als z.B. geschriebene Briefe abgeben, beglaubigt.

Bemerkungen:

1. Während nahezu alle Menschen die eigene Muttersprache mit ihren Wortbedeutungen als Kind im eigenen Elternhaus (und evtl. auch in der Kita) problemlos erlernen, bleiben bezüglich der Körpersprache die meisten Menschen die meiste Zeit ihres Lebens unwissend. Deshalb bieten verschiedene Organisationen Seminare über Körpersprache an, die auch besucht werden, um bei Bewerbungsgesprächen erfolgreich zu sein. Insbesondere bei großen Institutionen und Unternehmen treffen bisweilen Psychologen der Personalabteilung die letzte Entscheidung, wer eingestellt wird und wer nicht. Zwischen gesprochener Sprache und Körpersprache können aber auch Widersprüche auftreten, was dann oft eine besonders intensive Befragung zur Folge hat.
2. Eine moderne Theorie der Psychologie, die als „Embodiment“ bezeichnet wird, besagt, dass Geist und Körper derart eng miteinander verbunden sind, dass nicht nur der Gegenstand des Denkens und Empfindens eine entsprechende Körperhaltung zur Folge hat (z.B. kauernde Haltung bei Furcht), sondern auch umgekehrt die Körperhaltung bestimmte Gedanken und Empfindungen erzeugt [Geuter, U. (2012)]. Eigentlich ist das nicht neu. Schon seit alters her nehmen Buddhisten (und nicht nur diese) eine besondere Körperhaltung ein, um zu meditieren.

5.5.7 Technische Artikulation und Wahrnehmung durch Experiment und Messung

Zu Beginn dieses 5. Kapitels wurde gesagt, dass Physiker mit Hilfe von Experimenten die Natur befragen und die Antworten der Natur mit Hilfe von Messgeräten wahrnehmen. Dabei wurde weiter ausgeführt, dass die Apparate, mit denen die Experimente durchgeführt werden, nach McLuhan Erweiterungen der menschlichen Gliedmaßen und die Messgeräte, mit denen die Antworten der Natur wahrgenommen werden, Erweiterungen der menschlichen Sinnesorgane sind.

Diese besonderen Fähigkeiten des Menschen, die Natur intensiv zu befragen und nach Psychologenart immer tiefer in ihr Inneres einzudringen, verdankt er neben seiner Denkfähigkeit den folgenden zwei Organen, nämlich

1. seinen Händen und 2. seinem Sprechorgan.

Mit seinen Händen und Fingern kann er erste noch primitive Werkzeuge herstellen. Mit Hilfe dieser primitiven Werkzeuge kann er bessere Werkzeuge herstellen, die höheren Ansprüchen genügen, und mit diesen besseren Werkzeugen wiederum noch bessere Werkzeuge herstellen usw. Auf diese Weise gelingt ihm die Konstruktion technischer Apparate, mit denen er einerseits extrem kleine Strukturen und andererseits extrem große Strukturen untersuchen und bearbeiten kann. Die Entwicklung kann so weit gehen, dass sie ihre Voraussetzungen, Hände und Sprechorgan, überflüssig macht, wie weiter unten gezeigt wird.

Elefanten und Delphine, die ebenfalls große Gehirne besitzen[5.14], sind aber niemals in der Lage, Werkzeuge herzustellen wie die Menschen das können, weil ihnen die Hände fehlen. Affen besitzen zwar Hände wie der Mensch, mit denen sie Werkzeuge benutzen können (wie z.B. einen Stein zum Knacken einer Nuss und einen Stock zum Angeln einer Banane, die hinter einem Gitter liegt). Sie besitzen auch ein großes Gehirn, das sie zu bemerkenswert hohen intellektuellen Leistungen befähigt. Sie hören und können die Sprache von Menschen weitgehend verstehen. Ihnen fehlt jedoch ein leistungsfähiges Sprechorgan, wie es der Mensch besitzt, um angemessen reagieren zu können[5.15].

Das oben in Abschn. 5.5.6A grob beschriebene menschliche Sprechorgan ist hoch kompliziert. Beim Sprechen werden in Zunge, Kiefer, Gaumen, Rachen und im Brustkorb insgesamt mehr als hundert Muskeln koordiniert erregt, was viel Übung erfordert. Kleinkinder brauchen deshalb eine relativ lange Zeit, um das Sprechen zu erlernen. Sie können früher laufen und auch die Sprache verstehen, bevor sie selber außer „Mamma" und „Pappa" andere einfache Wörter aussprechen können. Sowie aber der Mensch das Sprechen erlernt hat, ist er in der Lage, kompliziertere Sachverhalte, Erlebnisse und Zusammenhänge, die er begriffen hat, anderen Menschen mitzuteilen. Den anderen Menschen bleibt es dadurch erspart, alle Erfahrungen selber zu machen und alle Erkenntnisse neu zu gewinnen, die andere vor ihnen gewonnen haben. Sie können mit Vorteil auf das zurückgreifen, was ihnen mit Hilfe der Sprache vermittelt und beigebracht wurde. Auf diese Weise lernen Menschen rasch den Gebrauch von komplizierten Werkzeugen, an deren Entwicklung (seit dem Faustkeil der Steinzeit) viele vorhergehende Generationen mitgewirkt haben, ferner die Gewinnung und Bearbeitung von Metallen und den Umgang mit modernen technischen Geräten. Sie lernen in Schulen die Naturgesetze, die andere entdeckt haben, und Theorien, die andere entwickelt haben, die vor ihnen gelebt haben. Das schafft die Voraussetzungen dafür, dass jüngere Menschen fähig werden, Beiträge zu immer weiteren Fortschritten in Technik und Wissenschaften zu leisten.

A: *Über die kulturelle Evolution und zum Wissenszuwachs*

Die soeben geschilderte Entwicklung, die wesentlich durch den Gebrauch des Sprechorgans befördert wurde, wird als „kulturelle Evolution" bezeichnet. Nach Darwin hat sich der Mensch durch eine „biotische Evolution" aus dem Tierreich entwickelt. Der Mensch hätte aber seine herausragende heutige Stellung vermutlich nicht erreicht, wenn bei der biotischen Evolution nicht das Sprechorgan (oder ein anderes gleicheffizientes Artikulationsorgan) entstanden wäre. Die Gebärdensprache ist zwar ebenfalls sehr mächtig. Weil sie jedoch immer einen direkten Sichtkontakt erfordert, ist sie nicht so effizient wie die akustische Sprache. Ohne Sprechorgan wäre die kulturelle Evolution langsamer verlaufen

---

5.14 Das Gehirn des Elefanten hat ein größeres Volumen als das des Menschen. Der Elefant kann z.B. auch um verstorbene Artgenossen trauern. Das größere Volumen hängt aber wohl auch mit der Größe der Gehirnzellen zusammen, die wegen längerer Axone größer als beim Menschen sein dürften.

5.15 K. Schweller (2012) beschreibt neuere Untersuchungen mit Menschenaffen (Bonobos). Diesen wurden Tablet-Computer gegeben, die lauter Symbole (sog. Lexigramme) auf dem Bildschirm haben, die man wie Apps auf Smartphones antippen kann. Nach einigem Training zeigte sich, dass die Affen mit Dutzenden von Symbolen selbständig und sinnvoll umgehen können. Sie geben mit grammatikalisch strukturierten Symbolfolgen Antworten auf Fragen des Menschen, stellen selber Fragen und bilden mit verfügbaren Symbolen neue Begriffe, z.B. „Pizza" mit dem Symboltripel für „Brot, Käse, Tomate".

oder möglicherweise erst gar nicht in Gang gekommen. Letzteres hätte bedeutet, dass der Mensch auf einem ähnlichen Stand wie dem der jetzigen Menschenaffen stehen geblieben wäre.

Ohne kulturelle Evolution gehen nämlich neue Erkenntnisse, die einzelne oder nur wenige Individuen einer Spezies gewinnen, wieder verloren, wenn diese Individuen sterben. Alle diese Überlegungen zeigen, welch große Rolle die Mächtigkeit der Artikulationsorgane bei der Entwicklung einer Spezies spielen. Bei Elefanten, Delphinen und Menschenaffen verfügt jedes erwachsene und gesunde Individuum vermutlich über ein nahezu gleiches Wissen wie jedes andere Individuum derselben Spezies auch.

Geht man davon aus, dass der Umfang des Wissens, über das ein einzelnes Individuum verfügt, eine obere Grenze hat (jedes einzelne Gehirn hat nur endlich viele Zellen), dann kann das gesamte Wissen einer Spezies nur dann beliebig weiterwachsen, wenn das wachsende Gesamtwissen sich auf immer mehr Individuen verteilt. Jedes Individuum einer Spezies kann dann nicht mehr über ein nahezu gleiches Wissen wie jedes andere Individuum derselben Spezies verfügen. Genau diese Entwicklung ist bei der Menschheit seit vielen hundert Jahren zu beobachten. Die Menschheit spaltet sich zunehmend in verschiedene Berufsgruppen und Gesellschaften auf, von denen jede sich aus solchen Individuen zusammensetzt, die ein weitgehend gleiches Teilwissen pflegen. Diese Pflege geschieht durch alle Arten von Kommunikation: Direkter Dialog, Zeitschriften, Konferenzen und andere (vergl. Abschn. 4.2). [Eine Verteilung des gesamten Wissens einer Spezies auf verschiedene Individuen kann man außer beim Menschen noch z.B. bei Bienen und Ameisen beobachten, die alle ein winziges Gehirn haben].

Ein Ende des Wissenszuwachsens der Menschheit ist derzeit kaum abzusehen, weil sich nicht nur zusätzliche neue Gesellschaften bilden, sondern auch bereits existierende Gesellschaften in Sektionen weiter aufspalten. Dank moderner Hilfsmittel und Medien zur Telekommunikation spielt es keine Rolle, wenn sehr spezielle Sektionen und Interessengruppen nur wenige Mitglieder haben, die über den Erdball verstreut sind. Die technische Entwicklung ist deshalb ein zentraler Bestandteil der kulturellen Evolution.

Anmerkungen über Wissensformen und -arten

Ein ständig zunehmendes Wissen hat schon früh dazu geführt, darüber nachzudenken, welche Arten von Wissen sich unterscheiden lassen, welchen Wahrheitsgehalt welches Wissen hat und wie sicher welches Wissen überhaupt ist. Auf all diese Fragen kann hier nicht näher eingegangen werden. Nur so viel sei gesagt, dass hinsichtlich der Wissensform es neben einem Faktenwissen ein Orientierungswissen gibt, das es Suchenden ermöglicht, gezielt das gewünschte Faktenwissen zu erwerben, sofern dieses irgendwo vorhanden ist. Beim Faktenwissen lassen sich verschiedene Arten unterscheiden, darunter ein Bedienwissen, ein Funktionswissen und ein Erkenntniswissen. Ein Bedienwissen ermöglicht die richtige Benutzung von Werkzeugen und Apparaten, z.B. die Benutzung eines Computers, eines Videorecorders, das Fahren eines Autos usw. Deren richtige Handhabung setzt nicht unbedingt ein Funktionswissen voraus, wie Computer, Videorecorder, Auto usw. intern funktionieren, obwohl das oft nützlich sein kann. Mit Erkenntniswissen wird das tiefere Verstehen von naturgesetzlichen und geistig abstrakten Zusammenhängen bezeichnet. Bei solchen Erkenntnissen spielt der Grad der Sicherheit um deren Richtigkeit oder Wahrheitsgehalt eine große Rolle, der vom Zweifel bis zur Gewissheit reichen kann. Orientierungswissen wird auch „prozedurales Wissen" genannt, weil es sich auf Vorgänge und Abläufe bezieht. Im Unterschied dazu ist Faktenwissen ein „deklaratives Wissen", das in Aussagen besteht.

Am Beginn dieses 5. Kapitels standen Überlegungen, in welchem Umfang ein Mensch die reale Wirklichkeit mit seinen vorhandenen Wahrnehmungs- und Artikulationsorganen erfassen kann. Am Schluss dieses 5. Kapitels wurden diese Überlegungen dahingehend ergänzt, wie die von einzelnen Menschen gewonnenen Erkenntnisse und das damit verbundene Wissen durch vorwiegend sprachliche Kommunikation für andere Menschen nutzbar gemacht wird. Durch Einbeziehung technischer Medien (Kommunikation über das Internet) wird dieses Wissen der gesamten Menschheit zugänglich.

Die technische Entwicklung kann, wie oben gesagt, so weit gehen, dass ihre Voraussetzungen, Hände und Sprechorgan, sich irgendwann erübrigen: Von Hand bediente Werkzeuge werden von numerisch gesteuerten Werkzeugmaschinen abgelöst, deren Bedienung sich auf das Drücken von Tasten beschränkt. Und das bloße Drücken von Tasten kann eines Tages sein Ende finden, wenn Maschinen mittels Spracheingabe bedient werden. Es sind bereits Entwicklungen von Computern und Fernsehgeräten im Gang, die über Mikrofone und Kameras Anweisungen mittels Sprache und Gesten entgegennehmen (sog. Kinect-System). Für diese Geräte werden die anfangs wichtigen Hände nicht mehr gebraucht. Und wenn man noch Weiterentwicklungen der in Abschn. 5.3.3A beschriebenen Gehirn-Maschine-Schnittstellen in Betracht zieht, dann könnten irgendwann auch das Sprechorgan und die Gesten überflüssig werden.

5.6 Zusammenfassung

In diesem 5. Kapitel wurden verschiedene Aspekte von Wahrnehmung und Artikulation behandelt. Bevor dabei auf Einzelheiten der menschlichen Wahrnehmungs- und Artikulationsorgane näher eingegangen wird, wurden zunächst einige allgemeine Fragen erörtert, die mit Wahrnehmung und Artikulation zusammenhängen. Ein erster Aspekt, der aber nur relativ kurz besprochen wurde, betrifft die Art und den Umfang möglicher Vorstellungen und Erkenntnisse, die dank verfügbarer Wahrnehmungs- und Artikulationsorgane gewonnen oder wegen fehlender Wahrnehmungsorgane nicht gewonnen werden können, ähnlich wie ein Blinder keine oder nur vage Vorstellungen von Farben und ein Tauber keine oder nur vage Vorstellungen von Musik entwickeln kann.

Ein zweiter Aspekt betrifft mögliche Beziehungen zwischen Wahrnehmung und Artikulation. Bei Maschinen besteht ein deterministischer Zusammenhang zwischen Wahrnehmung (oder Eingabe) und Artikulation (oder Ausgabe) dergestalt, dass die Artikulation von der Wahrnehmung und dem inneren Zustand der Maschine abhängt. Dieser Punkt wurde in Abschn. 5.1 angesprochen, weil immer mal wieder von verschiedenen Fachleuten behauptet wird, dass der Mensch eine Maschine sei. Diese Behauptung dürfte vermutlich jedoch nur begrenzt richtig und nur für solche Prozesse gültig sein, die im Menschen ähnlich ablaufen wie in einer Maschine.

Im Abschn. 5.2 wurden sodann die allgemeinen Zusammenhänge zwischen Wahrnehmung (bzw. Eingabe) und Artikulation (bzw. Ausgabe) bei einer Maschine ausführlich erläutert. Ausgangspunkt bildete dabei das Automatenmodell von Mealy, mit dem die prinzipielle Funktionsweise eines Taschenrechners erläutert wurde. Dem schloss sich die Beschreibung der Architektur eines Großrechners an, der geeignet ist, sogenannte „intelligente“ Leistungen zu erbringen. Anhand typischer Abläufe bei den logischen Verknüpfungen von Bits und Bytes versuchte der Verfasser klarzustellen, wo der „Geist“ solch intelligenter Maschinen zu lokalisieren ist, warum und in welchem Umfang vernetzte Großrechner als nützliche Kommunikationspartner dienen können und wo gewisse Grenzen vorhanden sind.

Den Ausführungen in Abschn. 5.2 wurden dann in Abschn. 5.3 typische Vorgänge gegenüber gestellt, die bei der Signalverarbeitung in Lebewesen stattfinden. Bereits bei niedrigen

Lebewesen ergeben sich deutliche Unterschiede aufgrund von Stoffwechsel und Fortpflanzungsfähigkeit. Diese verursachen innere Antriebe, durch welche die Aufmerksamkeit bei der Wahrnehmung, die Art der Reaktion und die als Temperament bezeichnete Heftigkeit der Reaktion zusätzlich gesteuert werden. Sodann wurde auf die Funktion von Nervenzellen (Neuronen) eingegangen. Diese dienen einerseits der Weiterleitung von Signalen, die von den Sinneszellen wahrgenommen werden, und andererseits der Weiterleitung von Signalen, durch welche die Muskelzellen von Artikulationsorganen angesteuert werden. Darüber hinaus dienen Nervenzellen insbesondere der Verarbeitung wahrgenommener und von innen kommender Signale. Die Signalverarbeitung innerhalb eines einzelnen Neurons, die sich stark von der Signalverarbeitung in Computern unterscheidet, wurde durch ein einfaches mathematisches Modell beschrieben. Es wurde gezeigt, wie ein einzelnes Neuron verschiedene Reizmusterklassen unterscheiden kann. Des Weiteren wurde auf die Zusammenschaltung vieler Neuronen zu einem neuronalen Netz eingegangen, wie man es besonders in der Großhirnrinde höherer Lebewesen antrifft. Diskutiert wurden die Leistungsfähigkeit neuronaler Netze hinsichtlich der Erkennung von Ähnlichkeiten und die Bedeutung von unscharfen Mengen und unscharfer Logik.

Nach dieser Behandlung von allgemeinen Fragen wurde in Abschn. 5.5 zunächst die Wirkungsweise von Sinnesorganen und Sensoren näher beschrieben. Dabei erwies es sich als zweckmäßig, bei optischen Signalen auch die Natur von Licht und Farben und die Wahrnehmung von selbstleuchtenden und von beleuchteten Objekten zu erläutern. Eingegangen wurde auf die Funktion des menschlichen Auges mit seinen Sehzellen, auf die Signalverarbeitung in der Netzhaut und auf Unterschiede zu Augen anderer Lebewesen. Bei der Beschreibung der Wahrnehmung akustischer Signale erwiesen sich die Erläuterung physikalischer Gesetze des Schalls und der Bezug auf Leistungsdichtespektren der Signaltheorie als zweckmäßig, weil diese den Aufbau und die Funktion des menschlichen Ohrs erklären. Zur Beschreibung der Wahrnehmung chemischer Signale beim Menschen durch Nase und Zunge wurde ein kurzer Exkurs zur Zellchemie eingeflochten und erwähnt, wie Duft- und Geschmacksmoleküle Kaskaden von sogenannten Signaltransduktionen auslösen, die im Ergebnis Nervenimpulse liefern, die zum Gehirn führen. Kurz eingegangen wurde auch auf die Wahrnehmung von Gefühlen wie Berührung, Temperatur, Schmerz und Kraft. Es zeigte sich, dass alle dem Gehirn gemeldeten Wahrnehmungen mit Hilfe diskreter Folgen von Nervenimpulsen geschehen. Und schließlich wurde auch noch auf seltsame Wahrnehmungen eingegangen, die z.B. Wünschelrutengänger empfinden. Bei der anschließend betrachteten Artikulation des Menschen lassen sich zwei große Bereiche unterscheiden, die verbale oder akustische Artikulation und die nonverbale Artikulation. Erläutert wurde Beides, die Funktionsweise der akustischen Artikulation unter Benutzung des hochkomplizierten und von mehr als hundert Muskeln gesteuerten Sprechorgans und auch die vielfältigen Aspekte der nonverbalen Artikulation durch Mimik, Gestikulation und Körpersprache. Hervorgehoben wurde schließlich noch die enorme Bedeutung, welche die Hände und das Sprechorgan für die kulturelle Evolution der Menschheit gehabt haben und noch haben.

6 Über die Entstehung von Bedeutungen und Sprache

In diesem abschließenden 6. Kapitel wird zunächst nochmal an einführende Erläuterungen im 1. Kapitel angeknüpft. Dort wurde im Abschn. 1.1.1 gesagt, dass Kommunikation darin besteht, dass Nachrichten mit Hilfe von Signalen mitgeteilt und auch ausgetauscht werden: Der sendende Kommunikationspartner ordnet einer Nachricht, die er mitteilen will, ein Signal zu. Dieses Signal (z.B. gesprochene Sprache) wird vom empfangenden Kommunikationspartner wahrgenommen und interpretiert. Die richtige Interpretation liefert ihm dann die Nachricht, die der sendende Kommunikationspartner mitteilen wollte. Signale sind also Träger von Nachrichten d.h. von Sinngehalten und Bedeutungen.

In Abschn. 1.2.1 wurde weiter ausgeführt, dass Kommunikation zwischen zwei Kommunikationspartnern nur in dem Umfang möglich ist, wie beide über gleichartige Vorstellungen von Sinngehalten verfügen. Diese Bedingung lässt sich mit einer „Schnittmenge" verdeutlichen, siehe Abb. 1.2. Gleichartige Vorstellungen von Sinngehalten sind notwendig aber allein noch nicht hinreichend. Für ein gegenseitiges genaues Verstehen muss noch die Fähigkeit zu einer hinreichend guten Interpretation empfangener Signale hinzukommen.

Im Alltag genügt bei der Kommunikation in natürlicher Sprache oft bereits ein ungefähres Verstehen. Anhand von Beispielen wurde in Abschn. 1.5.3 erläutert, dass die natürliche Alltagssprache meist unscharf ist, dass mitzuteilende Sinngehalte bisweilen vage sind, es sich also um „Sinngehaltskomplexe" handelt (siehe Beispiel 1 in Abschn. 1.5), und Entsprechendes auch für die Interpretation gilt. Eine solche von „Defiziten" behaftete Kommunikation erfüllt dennoch fast immer ihren Zweck.

Die Ausführungen in Abschn. 1.5.3 machten deutlich, dass die „Mengentheorie" ein geeignetes Mittel ist, um Kommunikationsprozesse zu beschreiben. Dies trifft sich mit der Beschreibung des Umfangs von Information (d.h. der Informationshöhe) mit Hilfe der Wahrscheinlichkeitsrechnung im 2. Kapitel, welche ebenfalls starken Gebrauch von der Mengentheorie macht. Detailliertere Erläuterungen der Mengentheorie folgten dann in den Abschnitten 2.3.2, 2.3.4 und 2.3.5. In Abschn. 2.3.5 wurde einerseits gezeigt, dass Mengenoperationen eine Verallgemeinerung der in Abschn. 1.4.1 beschriebenen Logikoperationen sind, und andererseits darauf hingewiesen, dass Mengenoperationen die Denkprozesse des Generalisierens, des Spezifizierens und des Ausschließens bestimmen, was für die Bildung von Bedeutungen wichtig und notwendig aber noch nicht hinreichend ist.

Die soweit behandelte klassische Mengentheorie und Logik bezieht sich auf scharf definierte Mengen und Aussagen. Die natürliche Sprache ist dagegen, wie erwähnt, unscharf. Das gilt sowohl für einzelne Wörter als auch für die Grammatik von Wortfolgen, d.h. von Sätzen. So kann z.B. dasselbe Wort *Bank* mal eine Sitzgelegenheit und mal ein Geldinstitut bedeuten. Der Satz *Die Esel wollten natürlich alle Kinder streicheln*[6.1] kann bedeuten, dass es die Esel sind, welche streicheln wollten. Der selbe Satz kann aber auch bedeuten, dass es die Kinder sind, welche streicheln wollten. Wegen derartiger Doppeldeutigkeiten ist die im Abschn. 5.4.3 in groben Zügen vorgestellte „Theorie unscharfer Mengen“ vermutlich geeigneter für die Behandlung von Kommunikationsprozessen als die scharfe klassische Mengentheorie. Für die Betrachtung unscharfer Mengen und unscharfer Logik sprechen auch die Beschränkungen, die mit der in Abschn. 5.2.4 behandelten scharfen Maschinenkommunikation formal axiomatischer Systeme verbunden sind. Überdies wird weiter unten im Abschn. 6.3 sich noch zeigen, dass mit dem Feuern von Neuronen in einem neuronalen Netz unscharfe Mengen gekennzeichnet werden. Deshalb wird nachfolgend näher auf unscharfe Mengen und unscharfe Logik eingegangen.

6.1 Zur Theorie unscharfer Mengen und unscharfer Logik

Betrachtet sei eine einfache Sprache, die nur 10 verschiedene Wörter $\varsigma_1, \varsigma_2, \varsigma_3, \ldots, \varsigma_{10}$ kennt. Alle diese Wörter ς_i sind Elemente der universalen Wortmenge $\mathbf{U}_W$. Bei dieser einfachen Sprache denke man an die ersten Wörter eines Kleinkinds, das sich sprachlich nur mit 1-Wort-Sätzen und manchmal noch mit 2-Wörter-Sätzen artikuliert.

$$\mathbf{U}_W = \{ \varsigma_1, \varsigma_2, \varsigma_3, \ldots, \varsigma_{10} \} \tag{6.1}$$

Es seien z.B. ς_1 = Mama, ς_2 = Papa, ς_3, = nein, ς_4 = Hund, ... und 6 weitere Wörter.

Diejenigen Wörter, die einen *Wunsch* ausdrücken, mögen die Menge **A** bilden, die eine Teilmenge von $\mathbf{U}_W$ ist, und diejenigen Wörter, die *Abneigung* oder *Angst* ausdrücken, mögen die Menge **B** bilden, die ebenfalls eine Teilmenge von $\mathbf{U}_W$ ist.

Das Wort ς_4 = Hund kann einen Wunsch ausdrücken (nämlich den Wunsch, mit dem Hund zu spielen) oder auch Angst ausdrücken (weil das Kind sich plötzlich vor dem Hund fürchtet). Im ersten Fall ist ς_4 ein Element der Menge **A**, im zweiten Fall ist ς_4 ein Element der Menge **B**. Wenn das Kind das selbe Wort „Hund“ sagt, kann es mal das eine und mal das andere meinen. Es ist also nicht scharf definiert, zu welcher Menge (oder „Klasse“) von Bedeutungen das vom Kind gesprochene Wort „Hund“ gehört.

Wie L. A. Zadeh (1965) in seiner grundlegenden Publikation über „Fuzzy Sets“ schrieb, spielen derartige „unpräzise definierte Klassen“ wie z.B. die „Klasse aller schönen Frauen“ und die „Klasse aller großen Männer“ eine wichtige Rolle im menschlichen Denken. Um solche Unschärfen mathematisch in den Griff zu bekommen, hat Zadeh ein Zugehörigkeitsmaß eingeführt. Die folgenden Erläuterungen orientieren sich stark an Zadeh.

Nach L. A. Zadeh wird das Maß der Zugehörigkeit des Elements ς_i zu einer Menge **A** durch eine Zahl $f_{\mathbf{A}}(\varsigma_i)$ ausgedrückt, die zwischen 0 und 1 liegt:

[6.1] Zitiert im Hohlspiegel der Zeitschrift „Der Spiegel 48/2011“. Gemeint war vermutlich, dass es alle Kinder sind, die streicheln wollten, und zwar die Esel (und nicht etwa die Löwen). Doppeldeutigkeiten wie im obigen Satz können Verwirrung und Missverständnisse stiften aber auch Belustigung hervorrufen. Von unbeabsichtigten Doppeldeutigkeiten berichtet auch ein lustiges Buch von Bastian Sick (2010).

$$0 \leq f_{\mathbf{A}}(\varsigma_i) \leq 1 \tag{6.2}$$

$f_{\mathbf{A}}(\varsigma_i) = 0$ bedeutet, dass ς_i nicht zur Menge **A** gehört $f_{\mathbf{A}}(\varsigma_i) = 1$ bedeutet, dass ς_i ganz sicher zur Menge **A** gehört, und z.B. $f_{\mathbf{A}}(\varsigma_i) = 0{,}4$ bedeutet, dass ς_i zu 40% zur Menge **A** gehört und zu 60% nicht zur Menge **A** gehört.

Das Maß der Zugehörigkeit des Elements ς_i zu einer Menge **B** wird entsprechend durch eine Zahl $f_{\mathbf{B}}(\varsigma_i)$ ausgedrückt, die ebenfalls zwischen 0 und 1 liegt:

$$0 \leq f_{\mathbf{B}}(\varsigma_i) \leq 1 \tag{6.3}$$

Für die Werte von $f_{\mathbf{B}}(\varsigma_i)$ gilt entsprechend das für $f_{\mathbf{A}}(\varsigma_i)$ Gesagte. Wenn ein Element ς_i ganz sicher zur Menge **A** gehört, kann es durchaus sein, dass es zugleich auch ganz sicher zur Menge **B** gehört, d.h. $f_{\mathbf{A}}(\varsigma_i) = f_{\mathbf{B}}(\varsigma_i) = 1$. Dieser Fall tritt genau dann ein, wenn die Schnittmenge von **A** und **B** nicht leer ist (vergl. nachfolgende Anmerkung 2).

Anmerkungen:
1. In der klassischen Mengentheorie gibt es nur die Möglichkeit, dass ein Element ς_i zu einer Menge **A** entweder ganz sicher gehört oder ganz sicher nicht gehört. Dort gilt $f_{\mathbf{A}}(\varsigma_i) = 1$ oder $f_{\mathbf{A}}(\varsigma_i) = 0$. Einen Zwischenwert gibt es dort nicht, weshalb dort auch kein Zugehörigkeitsmaß benötigt wird.
2. Das selbe Element ς_i kann sowohl zu einer Menge **A** wie auch einer Menge **B** gehören, wenn die Schnittmenge von **A** und **B** nicht leer ist, siehe hierzu das Element ς_2 in Abschn. 2.3.1. Es gehört sowohl zur Menge $\mathbf{A}_g$ als auch zur Menge $\mathbf{A}_{<3}$.
Eine unscharfe Menge **A** ist dann und nur dann *leer*, wenn für alle Elemente ς_i dieser Menge das Zugehörigkeitsmaß $f_{\mathbf{A}}(\varsigma_i) = 0$ ist.

Zwei unscharfe Mengen **A** und **B**, die Teilmengen der selben universalen Menge **U** sind, sind dann und nur dann gleich, d.h. **A** = **B**, wenn gilt

$$f_{\mathbf{A}}(\varsigma_i) = f_{\mathbf{B}}(\varsigma_i) \quad \text{für alle } \varsigma_i \text{ in } \mathbf{U} \tag{6.4}$$

6.1.1 Mengenoperationen bei unscharfen Mengen

Die Mengenoperationen Vereinigung, Durchschnitt und Komplement lassen sich auch bei unscharfen Mengen durchführen. Die Ergebnismengen sind dann naturgemäß ebenfalls unscharf. Im Folgenden wird erläutert, wie sich die Zugehörigkeitsmaße von Elementen der Ergebnismengen berechnen.

A: *Bildung des Komplements* $\overline{\mathbf{A}}$ *einer unscharfen Menge* **A**

Nach Abschn. 2.3.2 ist das Komplement $\overline{\mathbf{A}}$ einer (klassischen) Menge **A** dadurch definiert, dass $\overline{\mathbf{A}}$ alle Elemente der zugehörigen universalen Menge **U** enthält, die in **A** *nicht* enthalten sind. Wenn dementsprechend das Element ς_i z.B. in 40% aller Fälle zur unscharfen

Menge **A** gehört, dann gehört es in 60% aller Fälle nicht zur unscharfen Menge **A** und deshalb zur unscharfen Menge $\overline{\mathbf{A}}$. Damit gilt allgemein

$$f_{\overline{\mathbf{A}}}(\varsigma_i) = 1 - f_{\mathbf{A}}(\varsigma_i) \quad \text{für alle } i \tag{6.5}$$

B: *Bildung der Vereinigung* $\mathbf{A} \cup \mathbf{B} = \mathbf{C}$ *zweier unscharfer Mengen* **A** *und* **B**

Die (klassischen) Mengen **A** und **B** seien beide Teilmengen einer universalen Menge **U**. Die Vereinigungsmenge **C** von **A** und **B** umfasst nach Abschn. 2.3.2 alle Elemente ς_i, die in **A** oder in **B** oder in beiden, **A** und **B**, enthalten sind.

Wenn ein bestimmtes Element ς_i ganz sicher sowohl in der unscharfen Menge **A** als auch in der unscharfen Menge **B** enthalten ist, also $f_{\mathbf{A}}(\varsigma_i) = f_{\mathbf{B}}(\varsigma_i) = 1$ ist, dann ist es auch ganz sicher in der unscharfen Menge **C** enthalten. Es gilt also $f_{\mathbf{C}}(\varsigma_i) = 1$. Wenn ein bestimmtes Element ς_i von **U** aber nur in x% aller Fälle in **A** und in y% aller Fälle in **B** enthalten ist, und x größer als y ist, dann kann es in der unscharfen Menge **C** auch nur in x% aller Fälle enthalten sein, weil das Element ς_i in $(100 - x)$% aller Fälle *nicht* in **A** und damit auch *nicht* in **C** enthalten ist. Maßgebend für das Zugehörigkeitsmaß zu **C** ist also stets das größere der beiden Zugehörigkeitsmaße zu **A** und **B**:

$$f_{\mathbf{C}}(\varsigma_i) = \mathrm{Max}[f_{\mathbf{A}}(\varsigma_i), f_{\mathbf{B}}(\varsigma_i)] \tag{6.6}$$

C: *Bildung des Durchschnitts* $\mathbf{A} \cap \mathbf{B} = \mathbf{C}$ *zweier unscharfer Mengen* **A** *und* **B**

Der Durchschnitt oder die Schnittmenge **C** zweier (klassischer) Mengen **A** und **B** der selben universalen Menge **U** enthält nach Abschn. 2.3.2 nur diejenigen Elemente ς_i, die sowohl in **A** als auch in **B** enthalten sind.

Elemente ς_i, die nur in **A** enthalten sind und nicht in **B**, gehören nicht zur Schnittmenge **C**. Ebenso gehören Elemente ς_i, die nur in **B** enthalten sind und nicht in **A**, nicht zur Schnittmenge **C**. Beim Durchschnitt unscharfer Mengen **A** und **B** ist deshalb für das Zugehörigkeitsmaß zur unscharfen Schnittmenge **C** stets das kleinere der beiden Zugehörigkeitsmaße zu **A** und **B** maßgebend:

$$f_{\mathbf{C}}(\varsigma_i) = \mathrm{Min}[f_{\mathbf{A}}(\varsigma_i), f_{\mathbf{B}}(\varsigma_i)] \tag{6.7}$$

So viel zu den Mengenoperationen Komplement, Vereinigung und Durchschnitt unscharfer Mengen.

6.1.2 Bildung des Kreuzprodukts bei unscharfen Mengen

Während die im vorigen Abschn. 6.1.1 behandelten Mengenoperationen sich stets auf Teilmengen der selben universalen Menge **U** beziehen, bezieht sich die Bildung des Kreuzprodukts auf Teilmengen verschiedener universaler Mengen. Das wurde im Abschn. 2.3.7 des 2. Kapitels mit den Beziehungen (2.75) bis (2.77) und (2.81) erläutert.

Es seien ς_i die Elemente der universalen Menge $\mathbf{U}_\varsigma$ und es seien η_j die Elemente der universalen Menge $\mathbf{U}_\eta$. Das Kreuzprodukt $\mathbf{U}_\varsigma \times \mathbf{U}_\eta = \mathbf{U}_{\varsigma\eta}$ enthält dann alle Paare $\varsigma_i\,\eta_j$, vergl. (2.77). Wenn $\mathbf{A}_\varsigma$ eine Teilmenge von $\mathbf{U}_\varsigma$ ist, und $\mathbf{B}_\eta$ eine Teilmenge von $\mathbf{U}_\eta$ ist, dann enthält das Kreuzprodukt $\mathbf{A}_\varsigma \times \mathbf{B}_\eta = \mathbf{C}_{\varsigma\eta}$ nur alle diejenigen Paare $\varsigma_i\,\eta_j$ von Elementen ς_i und η_j, die in $\mathbf{A}_\varsigma$ und $\mathbf{B}_\eta$ enthalten sind, vergl. (2.81).

Das Zugehörigkeitsmaß $f_\mathbf{C}(\varsigma_i\,\eta_j)$ eines speziellen einzelnen Paares $\varsigma_i\,\eta_j$ zur Kreuzproduktmenge $\mathbf{C}_{\varsigma\eta}$ berechnet sich zu

$$f_\mathbf{C}(\varsigma_i\,\eta_j) = f_\mathbf{A}(\varsigma_i)\cdot f_\mathbf{B}(\eta_j) \tag{6.8}$$

Wenn nämlich z.B. $f_\mathbf{A}(\varsigma_3) = 0{,}5$ und $f_\mathbf{B}(\eta_4) = 0{,}2$ ist, dann ist ς_3 in nur 50% aller Fälle in $\mathbf{A}_\varsigma$ enthalten, und η_4 ist in nur 20% aller Fälle in $\mathbf{B}_\eta$ enthalten. Das Paar $\varsigma_3\,\eta_4$ ist nur in denjenigen Fällen in der Kreuzproduktmenge $\mathbf{C}_{\varsigma\eta}$ enthalten, in denen zugleich ς_3 in $\mathbf{A}_\varsigma$ und η_4 in $\mathbf{B}_\eta$ enthalten ist, und das ist in nur 0,5 mal 0,2 aller Fälle der Fall.

6.1.3 Unscharfe Logik

Im 2. Kapitel wurde im Abschn. 2.3.5 gezeigt, dass die in Abschn. 1.4.1 beschriebenen Operationen *Konjunktion*, *Disjunktion* und *Negation* der (scharfen!) zweiwertigen Logik einen Sonderfall der Mengenoperationen *Vereinigung*, *Durchschnitt* und *Komplement* darstellen. Dieser Sonderfall liegt genau dann vor, wenn die universale Menge **U** neben der leeren Menge $\varnothing$ nur eine einzige Menge **L** enthält, siehe Abb. 2.5. Die Mengenoperationen mit **L** und $\varnothing$ in **U** liefern dann die gleichen Ergebnisse wie die Logikoperationen mit den Binärwerten L und 0, siehe die Beziehungen (2.56) bis (2.61). Die Logikoperationen kann man deshalb auch als Mengenoperationen interpretieren, wobei der Binärwert L ein Element der Menge **L** ist, die nur ein einziges Element L enthält, und der Binärwert 0 der leeren Menge $\varnothing$ entspricht.

Drückt man die Binärwerte L und 0 durch die Zahlen 1 und 0 aus, was in der Computertechnik durchweg gemacht wird, und fasst man die 1 als (einziges) Element der Menge **1** und die 0 als leere Menge $\varnothing$ auf, dann stimmen die Zahlen 1 und 0 zugleich auch mit den oben eingeführten Zugehörigkeitsmaßen $f_\mathbf{A}(\varsigma_i)$ überein:

$$f_1(1) = 1 \quad \text{und} \quad f_1(0) = 0 \tag{6.9}$$

Die Beziehungen (6.9) drücken aus, dass das Element 1 ganz sicher zur Menge **1** gehört und die leere Menge 0 ganz sicher nicht zur Menge **1** gehört (sondern lediglich zu **U**).

So viel zur scharfen zweiwertigen Logik. Nun zur unscharfen zweiwertigen Logik:

Die unscharfe zweiwertige Logik leitet sich von unscharfen Mengen ab. Während die Zugehörigkeitsmaße f von Elementen klassischer (oder scharfer) Mengen nur die Werte 1 und 0 haben können, haben die Elemente unscharfer Mengen Zugehörigkeitsmaße f, deren Werte im Intervall $0 \leq f \leq 1$ liegen, siehe (6.2).

In Abschn. 6.1.1 wurde gezeigt, dass Mengenoperationen bei unscharfen Mengen mit der Bestimmung der Zugehörigkeitsmaße der Elemente der Ergebnismenge verbunden sind. Betrachtet man bei Operationen mit unscharfen Mengen wieder den Sonderfall einer universalen Menge **U** mit nur einer einzigen Menge **1**, die nur ein einziges Element 1 enthält, dann definieren die Ergebnisse von Mengenoperationen die Ergebnisse von unscharfen Logikoperationen.

A: *Negation eines unscharfen Binärwerts*

Es sei a ein unscharfer Binärwert, dessen Höhe im Bereich $0 \le a \le 1$ liegt. Diese Höhe kann zugleich auch als ein Zugehörigkeitsmaß zur Menge **1** angesehen werden.

Die *Negation* des unscharfen Binärwerts a ergibt sich entsprechend (6.5) zu

$$\overline{a} = 1 - a \tag{6.10}$$

Zum Vergleich sei die Negation des scharfen Binärwerts 1 betrachtet, vergl. (2.59):

$$\overline{1} = 0 \quad \text{oder wie in (6.10) geschrieben:} \quad \overline{1} = 1 - 1 = 0 \tag{6.11}$$

Die Schreibweise (6.10) gilt damit auch für den scharfen Binärwerts 1.

B: *Disjunktion und Konjunktion unscharfer Binärwerte*

Es seien a und b unscharfe Binärwerte. Für deren Höhen gilt $0 \le a \le 1$ bzw. $0 \le b \le 1$.

Für die *Disjunktion* (ODER-Verknüpfung) von a und b gilt entsprechend (6.6)

$$a \vee b = \mathrm{Max}[a, b] = \begin{cases} a & \text{wenn } a > b \\ b & \text{wenn } b \ge a \end{cases} \tag{6.12}$$

Zum Vergleich sei die Disjunktion $a \vee b = \mathrm{Max}[a, b]$ zweier scharfer Binärwerte 1 und 0 betrachtet, vergl. (2.61):

$$1 \vee 1 = 1 \quad , \quad 1 \vee 0 = 1 \quad , \quad 0 \vee 1 = 1 \quad , \quad 0 \vee 0 = 0 \tag{6.13}$$

Die Schreibweise (6.12) liefert auch die Ergebnisse der scharfen zweiwertigen Logik.

Für die *Konjunktion* (UND-Verknüpfung) von a und b gilt entsprechend (6.7)

$$a \wedge b = \mathrm{Min}[a, b] = \begin{cases} a & \text{wenn } a < b \\ b & \text{wenn } b \le a \end{cases} \tag{6.14}$$

Zum Vergleich sei die Konjunktion $a \wedge b = \mathrm{Min}[a, b]$ scharfer Binärwerte 1 und 0 betrachtet:

$$1 \wedge 1 = 1 \quad , \quad 1 \wedge 0 = 0 \quad , \quad 0 \wedge 1 = 0 \quad , \quad 0 \wedge 0 = 0 \tag{6.15}$$

Auch hier liefert die Schreibweise (6.14) die Ergebnisse der der scharfen zweiwertigen Logik.

Die Beziehungen (6.10) bis (6.15) zeigen, dass die scharfe zweiwertige Logik in der unscharfen zweiwertigen Logik als Sonderfall enthalten ist. Die unscharfe zweiwertige Logik ist also eine Verallgemeinerung der scharfen zweiwertigen Logik.

Zusammenfassend sei festgehalten:

[6.1] Unscharfe Mengen und unscharfe Logik

Eine unscharfe Menge ist dadurch gekennzeichnet, dass jedes Element ς_i einer Menge ein eigenes Zugehörigkeitsmaß $f(\varsigma_i)$ besitzt, das Werte zwischen 0 und 1 haben kann und damit aussagt, zu welchem Prozentsatz ς_i zur Menge gehört. In der Theorie unscharfer Mengen ist die klassische Mengentheorie als Sonderfall enthalten, bei dem die Zugehörigkeitsmaße nur die Werte 0 und 1 haben und keinen Wert dazwischen. Eine unscharfe Logik entsteht dadurch, dass bei logischen Verknüpfungen von Binärwerten die Verknüpfungen als Mengenoperationen angesehen werden, und die Binärwerte als mit einem Zugehörigkeitsmaß $f(\varsigma_i)$ versehene Elemente ς_i betrachtet werden.

Anmerkungen zu unscharfen Mengen und zur unscharfen Logik:
Größen inNaturwissenschaft und Technik (wie z.B. Länge, Masse, Kraft usw.) sind scharf definiert. Weil ihre Messwerte aber oft unscharf sind, wird bei der Steuerung und Regelung technischer Prozesse nicht selten mit Vorteil von der Theorie unscharfer Mengen und unscharfer Logik Gebrauch gemacht. Die Bedeutungen von Wörtern und Sätzen in der natürlichen Umgangssprache sind hingegen durchweg unscharf. In den Sprachwissenschaften zielen die Arbeiten über Sprachanalyse, Grammatiken und weiteren Feldern hauptsächlich auf die Gewinnung möglichst scharfer Bedeutungen und Aussagen.

6.2 Mengenoperationen und Logiken bei Denkprozessen

Bei Denkprozessen spielen folgende Vorgänge eine zentrale Rolle:

- das Erinnern und das Merken eines Sachverhalts
- das Generalisieren (d.h. das Verallgemeinern eines Sachverhalts)
- das Spezifizieren (d.h. die engere Eingrenzung eines Sachverhalts)
- das Ausschließen (d.h. bestimmte Sachverhalte nicht weiter betrachten)

(6.16)

Auf diese vier Punkte wurde bereits im Abschn. 2.3.5 hingewiesen. Das *Erinnern* bedeutet das Hervorholen eines Sachverhalts aus einem Speicher, das *Merken* bedeutet das Deponieren eines Sachverhalts in einem Speicher. Bei den drei letztgenannten Punkten handelt es sich um Mengenoperationen:

Das *Generalisieren* bedeutet, dass aus mehreren Mengen eine umfassendere *Vereinigungsmenge* gebildet wird. So liefert z.B. die Vereinigung einer Menge von Menschen mit einer Menge von Tieren eine allgemeinere Menge von Lebewesen.

Das *Spezifizieren* bedeutet, dass eine Menge durch Bildung einer *Schnittmenge* mit einer anderen Menge enger eingegrenzt wird. So liefert z.B. die Schnittmenge der Menge aller Menschen mit der Menge aller Lebewesen in Europa die Menge aller Menschen in Europa.

Das *Ausschließen* bedeutet die Bildung des *Komplements* einer Menge. Betrachtet sei z.B. die (universale) Menge aller Tiere einschließlich Katzen. Das Komplement der Menge aller Katzen besteht dann in der Menge aller Tiere mit Ausnahme der Katzen.

In Abschn. 2.3.5 wurde ferner gezeigt, dass die Logikoperationen (oder Grundverknüpfungen) *Disjunktion, Konjunktion* und *Negation* binärer Variabler degenerierte Sonderfälle der Mengenoperationen *Vereinigung, Durchschnitt* (oder Schnittmenge) und *Komplement* sind.

Jede Verarbeitung von Bits im digitalen Computer benötigt nicht mehr als

- Speicher für Bits
- Schaltkreise zur Bildung von Disjunktionen
- Schaltkreise zur Bildung von Konjunktionen
- Schaltkreise zur Bildung von Negationen

(6.17)

Der Vergleich der Beziehungen (6.16) und (6.17) macht deutlich, welch hohes Leistungspotenzial in den Denkvorgängen (6.16) steckt, zumal mit den degenerierten Vorgängen in Digitalcomputern (6.17) sich fast alles berechnen lässt, was berechenbar ist.

6.2.1 Ergänzende Betrachtungen zur zweiwertigen Logik

Bei den Logikoperationen Disjunktion, Konjunktion und Negation handelt es sich um eine spezielle *zweiwertige Logik.* Zweiwertige Logik heißt allgemein, dass die Logik nur zwei verschiedene Aussagen (oder Ergebnisse) liefern kann, und zwar z.B. in den Formen

Impuls	oder	Nicht-Impuls	(siehe z.B. Abb. 1.3)
L	oder	0	(siehe Abschn. 1.4.1)
1	oder	0	(siehe in Abschn. 6.1.3 die scharfen Werte)
Ja	oder	Nein	
Wahr	oder	Falsch	

(6.18)

Die große Leistungsfähigkeit der zweiwertigen Logik beweisen nicht nur Bits verarbeitende Computer. Prinzipien der Rechtsprechung, die Überführung Krimineller, gängige Gesellschaftsspiele und viele weitere Verfahrensweisen machen ebenfalls, jedoch in einer allgemeineren Weise, von der zweiwertigen Logik Gebrauch. Das geschieht bei der Suche nach einer Lösung eines Problems oder einer Frage durch schrittweises Eingrenzen von Sachverhalten.

Zur Illustration dafür, wie sich mit Folgen zweiwertiger Aussagen nahezu alle Sachverhalte eingrenzen lassen, diene das Spiel des Herausfindens eines Begriffs (z.B. *Mond* oder *Langeweile*): Ein erster Spieler denkt sich einen Begriff aus, den er auf einen Zettel notiert, z.B. *Mond.* Ein zweiter Spieler, der den Zettel nicht sieht, muss durch möglichst wenige systematisch gestellte Fragen diesen Begriff herausfinden. Er beginnt z.B. mit der 1. Frage „Ist es ein Abstraktum?“ Antwort: „Nein“. Er fährt fort mit der 2. Frage „Befindet es (das Konkretum) sich auf der Erde?“ Antwort: „Nein“. Dann die 3. Frage „Ist es ein Himmelskörper?“ Antwort: „Ja“, usw. Auf diese Weise gelangt er schließlich zum Resultat *Mond.*

Eine Variante dieses Spiels bot vor Jahren die beliebte Fernsehsendung „Heiteres Berufe-Raten“ mit Robert Lembke.

Erläuterungen:
1. Im obigen Spiel ist mit dem „Begriff" *Mond* die Bedeutung des „Wortes" *Mond* gemeint. „Begriffe" können konkrete oder abstrakte Bedeutungsinhalte sein. Das „Wort" ist eine Bezeichnung oder ein *Name* eines Begriffs. Ein gesprochenes Wort ist ein Signal.
2. Denkprozesse sind primär nonverbal und bewegen sich in Vorstellungen und Bedeutungsinhalten, vergl. hierzu die Ausführungen zu Abb. 4.22 in Abschn. 4.6.5. Das Verbale ist sekundär.
3. Bei obigem Spiel ist nur die Antwort (d.h. das Ergebnis) zweiwertig, die Fragen sind dagegen im Unterschied zu den binären Variablen bei logischen Verknüpfungen *nicht* zweiwertig. Die logischen Verknüpfungen Disjunktion, Konjunktion und Negation binärer Variabler sind also spezielle Sonderfälle der zweiwertigen Logik.

Notwendige Voraussetzungen

Voraussetzung für die Zielführung durch schrittweises Eingrenzen eines Begriffs sind das Vorhandensein und die Kenntnis eines *geordneten* Begriffssystems bestehend aus Oberbegriffen und Unterbegriffen. Ordnung bedeutet, dass jeder Begriffsinhalt über einen Codebaum der Art in Abb. 2.1 erreichbar ist. Bei anders gearteten Problemen wie bei der Rechtsprechung und der Überführung Krimineller (à la Sherlock Holmes) gilt Entsprechendes: Voraussetzung ist im erst genannten Fall ein geordnetes System von Gesetzen, und im zweiten Fall eine Ordnung von Handlungsabläufen und Geschehnissen, wann was wo geschah, wer dabei war usw.

Über die Bildung von Begriffen wird weiter unten in Abschn. 6.2.4 noch etwas gesagt.

6.2.2 Kombination von zweiwertiger Logik und Mengenoperationen

Bei vielen Denkprozessen besteht ein enges Zusammenspiel von zweiwertiger Logik und Mengenoperationen. Wie eine zweiwertige Aussage „Ja" oder „Nein" eine der Operationen *Spezifizierung, Generalisierung, Ausschließen* zur Folge haben kann, lässt sich am oben beschriebenen Gesellschaftsspiel des Herausfindens eines Begriffs, den sich ein anderer Spieler ausgedacht hat, demonstrieren:

Die Antwort "Nein" auf die 1. Frage, ob es ein „Abstraktum" ist, veranlasst den zweiten Spieler zum *Ausschließen* also zur Verbannung aller abstrakten Begriffe. Hätte die 1. Frage "Ist es ein Konkretum?" gelautet, dann hätte die Antwort "Ja" dem zweiten Spieler eine *Spezifizierung* geliefert, weil das Resultat die Schnittmenge der universalen Menge aller Begriffe mit der Menge aller konkreten Begriffe darstellt. Ähnlich verhält es sich mit den weiteren Fragen.

Das Herausfinden des Begriffes *Mond* kann durch alleinige Anwendung von *Ausschließen* und *Spezifizierung* ohne *Generalisierung* gelingen, wenn die Fragen geeignet gestellt werden. Eine Generalisierung hilft aber weiter, wenn z.B. gefragt wird "Besitzt es eine Masse?" und "Ist es kompakt?" In diesem Fall muss eine Vereinigungsmenge aller Objekte betrachtet werden, die sowohl Masse besitzen als auch kompakt (zusammenhängend) sind.

Kommentare:
1. Beim obigen Gesellschaftsspiel des Herausfindens eines Begriffs müssen alle Fragen so gestellt werden, dass sie eindeutig mit „Ja" oder „Nein" beantwortet werden können und keine Missverständnisse aufgrund von Doppeldeutigkeiten möglich sind, siehe hierzu die Ausführungen zu Fußnote 6.1.

2. Bei der erwähnten Fernsehsendung „Heiteres Berufe-Raten“, die eine Variante dieses Spiels ist, kam es gelegentlich vor, dass eine Frage mit „Jein“ beantwortet wurde. Ursache dafür waren die manchmal auftretenden Mehrdeutigkeiten der natürlichen Sprache, die zur Folge hatten, dass die betreffende Frage weder eindeutig mit „Ja“ noch mit „Nein“ beantwortet werden konnte. Die Antwort „Jein“ stellt neben „Ja“ und „Nein“ eine dritte Aussage dar, die in der zweiwertigen Logik (6.18) nicht vorgesehen ist, und die deshalb auf die im folgenden Unterabschnitt kurz vorgestellte dreiwertige Logik führt. Die in Abschn. 6.1.3 behandelte unscharfe Logik ist in diesem Sinne eine „vielwertige Logik“.

6.2.3 Etwas über dreiwertige Logik

Im Unterschied zur zweiwertigen Logik, die nur zwei verschiedene Aussagen (6.18) liefert, sind bei der dreiwertigen Logik drei verschiedene Aussagen möglich, nämlich z.B.

$$\left.\begin{array}{ccccc} \text{Ja} & \text{oder} & \text{Nein} & \text{oder} & \text{Jein} \\ \text{Wahr} & \text{oder} & \text{Falsch} & \text{oder} & \text{unsicher} \\ \text{L} & \text{oder} & 0 & \text{oder} & - \end{array}\right\} \qquad (6.19)$$

Die dreiwertige Logik wird üblicherweise als Ergänzung zur zweiwertigen Logik verwendet. Beim Berufe-Raten und Herausfindens eines Begriffs kann man nach einer Antwort „Jein“ so fortfahren, als ob man die mit „Jein“ beantwortete Frage gar nicht gestellt hätte. Man formuliert weitere Fragen auf Basis der zweiwertigen Logik, d.h. man stellt solche Fragen, von denen man annimmt, dass sie sich mit „Ja“ oder „Nein“ beantworten lassen. Bei der Turing-Maschine in Abb. 2.8 wurde neben den Einträgen 1 und 0 noch der Fall, dass in der Zelle kein Eintrag (sog. blank) vorhanden ist, betrachtet. Dort hat aber kein Eintrag durchaus Einfluss auf das weitere Geschehen. Auch beim Entwurf von binären Schaltungen der Computertechnik wird gelegentlich von der dreiwertigen Logik Gebrauch gemacht (siehe folgende Anmerkung).

Anmerkung zur Anwendung in der Technik:
In Abschn. 1.4.1 wurden die Operationen Negation, Disjunktion und Konjunktion der zweiwertigen Logik eingeführt und ihre Anwendung anhand der Herleitung einer allgemeinen Formel für den Schätzwert $\hat{x}_{\nu+1}$ eines Prädiktors demonstriert. Ausgehend von Tabelle 1.3 wurde als Ergebnis die Formel (1.8) hergeleitet, die anschließend unter Benutzung von Bausteinen in Abb. 1.6 in das in Abb. 1.7 gezeigte Schaltnetz überführt wurde, welches den Prädiktor realisiert. Ausgangspunkt bei der Herleitung waren in Tabelle 1.3 die speziellen Vorgaben (oder Teil-Aussagen) für $\hat{x}_{\nu+1}$. Weil in allen Zeilen der Tabelle für $\hat{x}_{\nu+1}$ entweder 0 oder L vorgegeben wurde, war eine einfache Herleitung unter ausschließlicher Anwendung der zweiwertigen Logik möglich. – In nicht wenigen anderen Fällen lassen sich Teilaussagen aber nicht immer klar durch 0 oder L vorgeben. In solchen Fällen hat es sich als zweckmäßig erwiesen, in Zwischenschritten einer längeren Herleitung mit einer dreiwertigen Logik zu arbeiten, um dann letztlich ein Ergebnis zu erzielen, das sich mit zweiwertiger Logik ausdrücken lässt [siehe z.B. Steinbuch/Rupprecht (1973)].

6.2.4 Zur Bildung elementarer und spezieller Begriffe

Semiologen und manche Philosophen bemühen sich um die Bestimmung sogenannter *Qualia*. Darunter verstehen sie elementare Begriffe (oder Bedeutungsinhalte), die nicht mit anderen Begriffen beschrieben werden können, die also sozusagen die „Atome” der Begriffswelt darstellen. Hiervon war bereits im Abschn. 2.7.1 die Rede.

Ein oft genanntes Beispiel für ein Quale ist die *Röte*, d.h. das Rotsein. Das Rotsein bzw. die Farbe Rot ist eine Wahrnehmung mit dem Auge. Lässt man mal die in Abschn. 5.5.1 gelieferte Beschreibung über Wellenlänge des Lichts und Erregung bestimmter Zapfen der Netzhaut des Auges beiseite, dann erweist sich die Röte als die Vereinigungsmenge aller Mengen roter Objekte, wie nachfolgend begründet wird.

Was nämlich das Auge wahrnimmt, sind z.B. rote Blumen, ein roter Abendhimmel, rote Steine, rote Kleider usw. Es sind also immer Kombinationen von Farbe und Objekt, die sich dem Auge präsentieren und nicht die Farbe Rot allein. Es ist genauso wie bei Verbundereignissen, die im 2. Kapitel behandelt wurden.

Die in Abschn. 2.3.7 dargestellte Beziehung (2.77) beschreibt die universale Menge **U** aller elementaren Verbundergebnisse $\varsigma_i\varphi_j$ beim kombinierten Wurf eines Würfels und einer Münze, wobei der Würfel, wenn man ihn allein betrachtet, das Ergebnis ς_i liefert, und die Münze, wenn man sie allein betrachtet, das Ergebnis φ_j liefert. Die Beziehung (2.77) kann man als Vereinigungsmenge aller elementaren Mengen oder Verbundereignisse $\{\varsigma_i\varphi_j\}$ auffassen:

$$\begin{aligned}\mathbf{U} &= \{\varsigma_1\varphi_1, \varsigma_1\varphi_2, \varsigma_2\varphi_1, \varsigma_2\varphi_2, \varsigma_3\varphi_1, \varsigma_3\varphi_2, \varsigma_4\varphi_1, \varsigma_4\varphi_2, \varsigma_5\varphi_1, \varsigma_5\varphi_2, \varsigma_6\varphi_1, \varsigma_6\varphi_2\} \\ &= \{\varsigma_1\varphi_1\} \cup \{\varsigma_1\varphi_2\} \cup \{\varsigma_2\varphi_1\} \cup \{\varsigma_2\varphi_2\} \cup \{\varsigma_3\varphi_1\} \cup \{\varsigma_3\varphi_2\} \cup \\ &\quad \cup \{\varsigma_4\varphi_1\} \cup \{\varsigma_4\varphi_2\} \cup \{\varsigma_5\varphi_1\} \cup \{\varsigma_5\varphi_2\} \cup \{\varsigma_6\varphi_1\} \cup \{\varsigma_6\varphi_2\}\end{aligned} \tag{6.20}$$

Nach den Erläuterungen in Abschn. 2.3.7 ergibt sich aus (6.20) das Ereignis $\{\varphi_1\}$ zu

$$\begin{aligned}\{\varphi_1\} &= \{\varsigma_1\varphi_1\} \cup \{\varsigma_2\varphi_1\} \cup \{\varsigma_3\varphi_1\} \cup \{\varsigma_4\varphi_1\} \cup \{\varsigma_5\varphi_1\} \cup \{\varsigma_6\varphi_1\} \\ &= \{\varsigma_1\varphi_1, \varsigma_2\varphi_1, \varsigma_3\varphi_1, \varsigma_4\varphi_1, \varsigma_5\varphi_1, \varsigma_6\varphi_1\}\end{aligned} \tag{6.21}$$

Nimmt man jetzt der Einfachheit halber mal an, dass das Auge nur 6 verschiedene Objekte ς_i wahrnehmen kann, und φ_1 die Farbe *Rot* und φ_2 die Farbe *Nichtrot* bedeuten, dann liefert (6.21) die Begründung für die oben gemachte Aussage, dass die Röte sich als die Vereinigungsmenge aller Mengen roter Objekte ergibt.

In ähnlicher Weise lassen sich z.B. auch Zahlen durch Mengen definieren. Zahlen sind abstrakte Begriffe, mit denen man operieren kann, die aber für sich allein in der Natur nicht vorkommen, sondern immer nur in Verbindung mit physisch vorhandenen Objekten. Der Mathematiker R. Penrose (1991) beschreibt eine auf den Logiker G. Frege zurückgehende Theorie, nach der sich z.B. die reine Zahl 3 aus der Betrachtung der Menge aller Mengen ergibt, die je genau drei Elemente haben, z.B. die Menge der Medaillen (Gold, Silber, Bronze), die an die Gewinner eines speziellen olympischen Wettkampfs verliehen werden, die Menge der Reifen, auf denen ein Dreirad fährt, usw.

Abstrakte Oberbegriffe, die ein weites Feld von unterschiedlichen Sinneseindrücken und Vorstellungen abdecken, ergeben sich gedanklich also durch eine Vereinigung mehrerer einzelner Sinneseindrücke und Vorstellungen, die ihrerseits selbst durch Begriffe gekennzeichnet werden.

Das Gegenstück zu elementaren d.h. allgemeinen Begriffen sind spezielle Begriffe. Diese ergeben sich gedanklich durch die Bildung von Schnittmengen mehrerer unterschiedlicher Sinneseindrücke oder Vorstellungen.

Für die Bildung wiederum anderer komplizierter Begriffe sei auf die Bemerkung vor Aussage **[2.9]** in Abschn. 2.3.5 verwiesen, dass man Mengen durch Anwendung von Mengenoperationen nach Art der Formel (1.8) im 1. Kapitel auf beliebige Formen bringen kann.

6.2.5 Über weitere Logiken und zu Denkprozessen

Die oben beschriebenen Logiken, die zweiwertige scharfe Logik, die unscharfe Logik und die mehrwertige Logik gehören alle zur Kategorie der *Aussagenlogik.* Das Kennzeichen der Aussagenlogik besteht darin, dass durch Verknüpfungen (Oder, Und, Nicht bzw. Generalisieren, Spezifizieren, Ausschließen) von Teilaussagen (Fakten bzw. Mengen) neue Aussagen entstehen.

Der menschliche Verstand arbeitet aber nicht nur mit diesen verschiedenen Arten der Aussagenlogik, sondern zieht auf noch völlig andere Weise logische Schlussfolgerungen, was mit folgendem Beispiel demonstriert wird:

Aus den beiden Sätzen (Aussagen)

„Jede Insel ist von Wasser umgeben". und *„Helgoland ist eine Insel."*

schließt der Mensch: *„Helgoland ist von Wasser umgeben."*

Diese andere Art von Logik wird als *Prädikatenlogik* bezeichnet. Ein *Prädikat* kennzeichnet eine „Eigenschaft" eines Objekts oder Individuums. Im ersten Satz stellt der Satzteil *ist von Wasser umgeben* ein Prädikat (Eigenschaft) des Objekts *Insel* dar. Das sich auf *Insel* beziehende Wort *Jede* ist ein sogenannter *Quantor*, der besagt, dass das Prädikat für „alle" Inseln (d.h. die Menge aller Inseln) gilt. *Helgoland* ist ein Element der Menge aller Inseln. Die Prädikatenlogik, die hier in Gänze nicht dargestellt werden kann, unterscheidet verschiedene Arten von Prädikaten und Quantoren. Mit Hilfe der Prädikatenlogik lassen auch kompliziertere Sachverhalte durch mathematische Formeln ausdrücken, worauf später in Abschn. 6.8.4A noch näher eingegangen wird. Wie sich einfache Sachverhalte mit Hilfe der scharfen zweiwertigen Aussagenlogik durch mathematische Formeln ausdrücken lassen, wurde im 1. Kapitel mit der Formel (1.8) demonstriert.

Die Prädikatenlogik spielt eine große Rolle in der Informatik bei der Konstruktion höherer Programmiersprachen. Die Hardware eines Computers interpretiert Signale und Daten nur auf der Basis der scharfen zweiwertigen Aussagenlogik auf niedriger Code-Ebene (siehe hierzu Abschn. 2.7.2). Die in der Software der Programmiersprachen verwendete Prädikatenlogik ermöglicht die Interpretation von Daten auf der höheren Semantik-Ebene.

Das bewusste menschliche Denken verwendet neben den Prozessen der Aussagenlogik und der Prädikatenlogik noch sogenannte *Modalitäten.* Mit Modalitäten werden in vager Weise „mögliches anders Sein" und „mögliches anderes Tun" ausgedrückt. Die Berücksichtigung solcher Modalitäten erlaubt die *Modallogik.* Aussagen der Modallogik lassen sich ebenfalls mit mathematischen Formeln beschreiben, indem man Satzteile ... *es ist möglich, dass* ... und ... *es ist notwendig, dass* ... durch eigene Formelzeichen ausdrückt. Die Modallogik unterscheidet sich von der in Abschn. 6.1 beschriebenen unscharfen Logik darin, dass sie kein Zugehörigkeitsmaß kennt (also noch unschärfer als die unscharfe Logik ist).

Die in diesem Abschnitt zusammengestellten Logiken betreffen einerseits Prozesse des bewussten menschlichen Denkens (das zudem die Existenz dieser Logiken überhaupt erst entdeckt hat). Die mathematischen Beschreibungen dieser Logiken mit Hilfe von Formeln (die ebenfalls ein Produkt des menschlichen Denkens ist) betreffen andererseits die maschinelle Signalverarbeitung in (nicht denkenden) Computern.

Nichtsdestoweniger gibt es eine (unbewusste) maschinelle Signalverarbeitung auch in lebenden Organismen. Unbewusst durchgeführte Mengenoperationen spielen bereits bei der physiologischen Verarbeitung von Signalen, die von den Sinnesorganen ans Gehirn geliefert werden, eine große Rolle. In Abschn. 5.5.1 wurde ausgeführt, dass sich auf der Netzhaut des Auges mehr als hundert Millionen Sinneszellen befinden, von denen jede Zelle pro Sekunde bis zu hundert Nervenimpulse in Richtung Gehirn senden kann. Die Verarbeitung dieser Datenfülle ist ohne Mengenoperationen kaum vorstellbar. Für die Bildung von Kategorien von Sinneseindrücken spielen dabei vermutlich auch sowohl Kurzzeit-Statistiken als auch Langzeit-Statistiken eine zentrale Rolle.

Die gedankliche Entwicklung von Vorstellungen und Begriffen und das Erkennen von Zusammenhängen sind auch Bestandteile eines Lernprozesses, dessen Ergebnis ein Zuwachs an *Wissen* liefert [vergl. hierzu auch Abschn. 5.5.7A]. Die in Abschn. 6.2.1 beschriebene Zielführung durch schrittweises Eingrenzen (unter Einbeziehung der Prädikatenlogik) besteht in der Anwendung von Wissen. Beides, Lernprozesse und Anwendung von Wissen, sind Denkprozesse, die zu neuen Vorstellungen führen.

Die wesentlichen Kernpunkte dieses Abschnitts 6.2 lassen sich wie folgt zusammenfassen:

[6.2] Gegenstand und Komponenten von Denkprozessen

Denkprozesse spielen sich primär nonverbal ab und bewegen sich in Feldern, deren Parzellen aus Mengen von Sinneseindrücken und Vorstellungen oder Bedeutungsinhalten bestehen, die meist unscharf sind. Die Denkprozesse bestehen in der Anwendung von Mengenoperationen und Logiken auf diese Mengen, wobei neue Vorstellungen gewonnen werden können, mit denen von außen herangetragene Probleme gelöst werden können.

Die Verwendung sprachlicher Ausdrücke beim Denken ist eine sekundäre Erscheinung, weil die Verwendung von Sprache die Kenntnis von Sprache voraussetzt. Sprache wird im Kindesalter aber erst relativ spät erworben. Vor dem Sprechen lernt das Kind das Erkennen von Objekten seiner Außenwelt, das Gehen und die zielgerechte Benutzung seiner Hände und Finger. Das Verstehen von Sprache und deren Benutzung ist ohne umfangreiche Denkprozesse nicht möglich. Mehr dazu folgt im Abschn. 6.7.

6.3 Die Zuordnung von Bedeutungen zu Reizmustern und Signalen

Wie oben dargelegt wurde, sind Denkprozesse primär nonverbal. Sie operieren mit Sinngehalten, Vorstellungen oder Bedeutungen, die zunächst keine Bezeichnungen oder Namen haben und nur als geistige Bilder oder Strukturen im Kopf vorhanden sind. Erst ab einem späteren Zeitpunkt werden diese Vorstellungen mit Namen und Wörtern benannt, die dann auch beim Denken benutzt werden und das Denken erleichtern und effizienter machen.

In diesem und den folgenden Abschn. 6.4 und 6.5 wird die Frage, wie diese Vorstellungen oder Teile dieser Vorstellungen im Kopf entstehen können, näher behandelt.

Bereits im eingangs vorgestellten Ziel dieser Abhandlung und zu Beginn des 5. Kapitels wurde die Vermutung ausgesprochen, dass sich bei Menschen und höheren Tieren Sinngehalte allmählich aus den vielen Reizmustern herauskristallisieren, die von verschiedenen Sensoren und Sinnesorganen des eigenen Körpers an das Gehirn geliefert werden. Dort werden die verschiedenen Reizmuster eine bestimmte Zeit gespeichert und durch Korrelation oder auf andere Weise[6.2] miteinander auf Gleichartigkeit und Ähnlichkeit überprüft. Als Ergebnis bilden sich dabei gewisse Repräsentanten für ähnliche und gleichartige Muster heraus.

Diese Repräsentanten von visuellen, auditiven oder sonstigen Reizmustern, die auch zeitliche Verläufe sein können, bilden die ersten Vorstellungen. Diese ersten noch groben und unscharfen Vorstellungen werden in unüberwachten Lernprozessen allmählich differenzierter und gewinnen präzisere Bedeutungen. Ein Lernprozess wird als „unüberwacht" bezeichnet, wenn er ohne Einwirkung eines Lehrers stattfindet. Ein wichtiges Ergebnis von unüberwachten Lernprozessen ist bei Kleinkindern die oben erwähnte Erkennung von Objekten in der Außenwelt des Kindes.

Die Bezeichnung von Vorstellungen oder Bedeutungen und von Objekten mit Wörtern und Namen, die zu einem späteren Zeitpunkt erfolgt, findet meistens in überwachten Lernprozessen unter Mitwirkung eines Lehrers statt. Ein Kind lernt seine Muttersprache in der Regel von seinen Eltern.

6.3.1 Zur Anzahl und zum Umfang von Reizmustern und Bedeutungen

Sinnesorgane wandeln wahrgenommene Signale in Folgen von Nervenimpulsen um, die über Nervenleitungen (Axone) zum Gehirn gelangen. Diese Folgen stellen in nahezu allen Fällen eine immense Fülle von Daten dar. Von der Netzhaut des Auges, die aus mehr als hundert Millionen Sinneszellen besteht, führen etwa eine Millionen Nervenfasern zum Gehirn. Pro Sekunde können über jede dieser Fasern mehr als hundert Impulse gesendet werden (siehe Abschnitte 5.3.2 und 5.5.1). Im Innenohr befinden sich mehr als zwanzig Tausend Haarzellen, die von den einzelnen Frequenzkomponenten eines Schallereignisses (z.B. einem Phonem) erregt werden und Impulsfolgen zum Gehirn senden (siehe Abschn. 5.5.2). Und die etwa dreißig Millionen Riechzellen in der Nase und nahe an die hundert Tausend Geschmackszellen auf der Zunge (siehe Abschn. 5.5.3) senden bei Erregung ebenfalls große Datenmengen zum Gehirn. Ausnahmen bilden lediglich z.B. Schmerzempfindungen, die durch Reizung einer einzelnen Nozizeptor-Zelle (siehe Abschn. 5.5.4) hervorgerufen werden können. Zu unterscheiden sind also Wahrnehmungen, welche die Physiologie des Körpers betreffen und oft zu unmittelbaren Reflexen führen, und Wahrnehmungen, welche geistige Tätigkeiten im Gehirn anregen können.

Die Anzahl an Bedeutungen, die das Gehirn den riesigen Datenmengen zuordnet, die zu geistigen Tätigkeiten führen, ist vergleichsweise sehr gering. Die gedankliche Vorstellung

[6.2] Der in Abschn. 4.3.2C erläuterte Korrelationsfaktor ist unter mehreren Ähnlichkeitsmaßen das einfachste. Eine Beschreibung weiterer Ähnlichkeitsmaße findet man bei T. Kohonen (2003), siehe auch Abschn.6.5.1.

z.B. eines Hauses entsteht aus sehr vielen unterschiedlichen Reizmustern, die von optischen Signalen auf der Netzhaut erzeugt werden. Jedes Reizmuster auf der Netzhaut, dem das Gehirn die Bedeutung „Haus“ zuordnet, besteht aus einzelnen Reizen vieler Millionen separater Sehzellen. Ähnlich verhält es sich bei den sehr vielen unterschiedlichen Reizmustern, die von chemischen Signalen in den Riechzellen der Nase erzeugt werden, denen das Gehirn die Bedeutung „stinkt“ zuordnet. Ein gesprochenes Wort, z.B. „Wasser“, setzt sich aus mehreren akustischen Lauten oder Phonemen zusammen. Jedes dieser Phoneme erzeugt im Innenohr ein Reizmuster, das aus einzelnen Reizen mehrerer Tausend Haarzellen besteht. Im Gehirn wird der geordneten längeren Folge dieser Reizmuster nur die eine Bedeutung „Wasser“ zugeordnet. Das geschieht auch dann, wenn das Wort „Wasser“ von verschiedenen Personen sehr unterschiedlich ausgesprochen wird.

Die soeben beschriebenen Beispiele machen überaus deutlich, dass jeder geistige Sinngehalt und jede Bedeutung, die das Gehirn wahrgenommenen Sinneseindrücken zuordnet, aus der Verarbeitung riesiger und unterschiedlicher Datenmengen entsteht. Mathematisch kann diese Arbeit bei der vom Gehirn durchgeführten Interpretation von wahrgenommenen Signalen als eine Abbildung von Daten (oder Reizmustern) eines hochdimensionalen Datenraums in einen niederdimensionalen Bedeutungsraum verstanden werden.

Das vom Gehirn benutzte Kriterium bei der Zuordnung einer einzigen Bedeutung zu einer Vielzahl unterschiedlichster Reizmuster oder Reizmusterfolgen besteht darin, dass die betreffenden Reizmuster oder Reizmusterfolgen *gleiche besondere Merkmale* besitzen oder sonstwie *ähnlich* zueinander sind. Zu einer speziellen Bedeutung können umgekehrt in der Außenwelt extrem viele verschiedene Objekte oder Geschehnisse gehören, die alle die gleichen Merkmale besitzen.

6.3.2 Abbildung ähnlicher Reizmuster im Kohonen-Netz

Eine Erklärung dafür, wie das Gehirn gleiche Merkmale in verschiedenen Reizmustern erkennt und den Reizmustern, die gleiche Merkmale besitzen, die selbe Bedeutung zuordnet, liefert z.B. das in Abschn. 5.3.3B vorgestellte Kohonen-Netz (siehe Abb. 5.11). Dieses von T. Kohonen, Professor der TU Helsinki in Finnland, konzipierte Netz besteht aus einer flächenhaften Anordnung von Neuronen, die über Rückkopplungspfade derart miteinander verschaltet sind, dass die *Ähnlichkeiten* von Reizmustern, die dem Netz zugeführt werden, sich im Netz als *geometrische Abstände* zwischen erregten Neuronen abbilden.

Wird nach Ablauf einer *Lernphase*, auf die erst weiter unten im Abschn. 6.5 detailliert eingegangen wird, dem Netz ein mit **A** bezeichnetes Reizmuster zugeführt, dann werden dadurch bestimmte Neuronen erregt, die in einem zusammenhängenden Teilbereich des Netzes liegen. Dieser Teilbereich ist in Abb. 6.1 schematisch als Kreis mit **A** dargestellt. Die im Teilbereich liegenden erregten (feuernden) Neuronen bilden ein Erregungsmuster. Das am stärksten feuernde Neuron befindet sich dabei im Zentrum des Teilbereichs, siehe den dicken Punkt •.

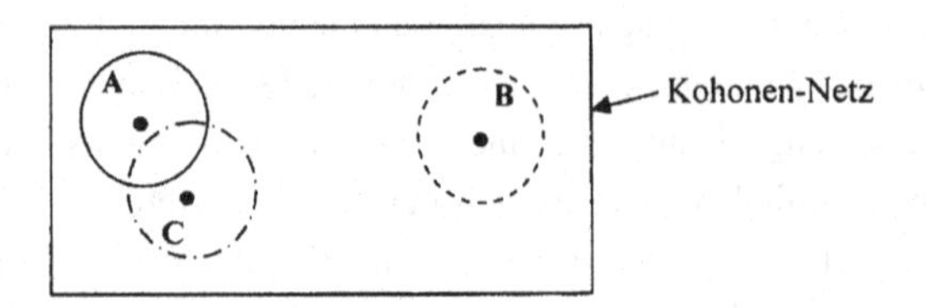

Abb. 6.1 Schematische Darstellung der Erregung von Neuronen in Teilbereichen eines Kohonen-Netzes bei Zuführung bestimmter Reizmuster **A**, **B** und **C**

Ein anderes Reizmuster **B**, das sehr unähnlich zu **A** ist, erzeugt im Kohonen-Netz ein Erregungsmuster, das einen großen Abstand zu dem von **A** hat. Je stärker ein anderes Reizmuster **C** dem Reizmuster **A** ähnelt, desto näher liegt sein Erregungsmuster zum Erregungsmuster von **A**, siehe Abb. 6.1.

6.4 Allgemeines über Abbildungen von Reizmustern in neuronalen Netzen

Bevor auf die Lernphase und das Zustandekommen eines Erregungsmusters in einem begrenzten Teilbereich des Kohonen-Netzes eingegangen wird, sei zunächst noch mal kurz wiederholt und eingehender diskutiert, wann in einem neuronalen Netz ein Neuron *nicht* feuert und wann es *wie stark* feuert. Ein einzelnes (künstliches) Neuron mit N Eingängen (Post-Synapsen), an denen die Signale x_1 bis x_N anliegen, und einem Ausgang (Prä-Synapse), an dem das resultierende Signal y erscheint, hat das in Abb. 6.2 gezeigte Blockschaltbild (vergl. hierzu auch Abb. 5.5). Die gleichzeitig anliegenden momentanen Werte der Signale x_1 bis x_N stellen die Komponenten eines Reizmusters $(x_1, x_2, \cdots, x_N)$ dar.

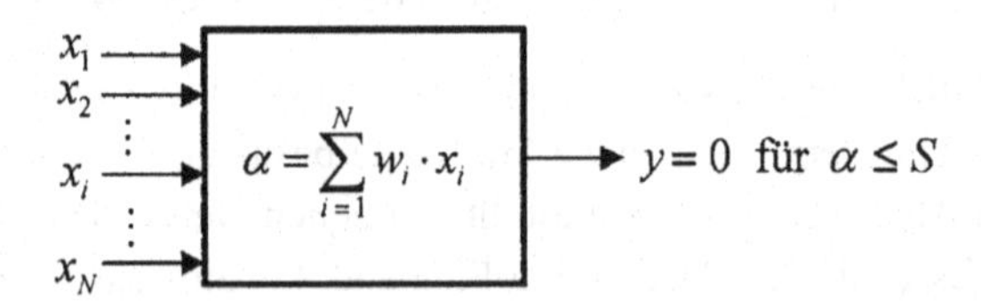

Abb. 6.2 Blockschaltbild eines Neurons (genauer eines einfachen Neuronmodells)

Die Post-Synapsen gewichten die (nichtnegativen) Eingangssignale x_i mit Gewichtsfaktoren w_i, die Werte im Intervall $-1 \leq w_i \leq +1$ haben. Im Neuron wird aus der Summe der Produkte $w_i \cdot x_i$ ein Aktivierungswert α gebildet. Das Neuron feuert nur dann, wenn der Aktivierungswert α eine Schwelle S überschreitet. Die Stärke des feuernden Ausgangssignals beträgt dann nach (5.5)

$$y = \alpha - S = \sum_{i=1}^{N} w_i \cdot x_i - S \quad \text{für} \quad \alpha > S \tag{6.22}$$

Die Aussage von (6.22) sei nun an Beispielen verdeutlicht. Betrachtet wird ein Neuron, das $N = 3$ Synapsen mit den Gewichtsfaktoren $w_1 = w_2 = w_3 = +\frac{1}{2}$ besitzt. Der Schwellenwert wird zu $S = 2$ vorgegeben.

Für das an den Eingängen (Synapsen) zugeführte Reizmuster (x_1, x_2, x_3) werden folgende Fälle betrachtet:

a) $(x_1, x_2, x_3) = (1,1,1)$. Hierfür ist $\alpha = 1{,}5 < S$. Das Neuron feuert nicht. Es ist $y = 0$.

b) $(x_1, x_2, x_3) = (2,2,2)$. Hierfür ist $\alpha = 3 > S$. Das Neuron feuert. Es ist $y = 1$.

c) $(x_1, x_2, x_3) = (3,2,1)$. Hierfür ist wieder $\alpha = 3 > S$. Das Neuron feuert. Es ist $y = 1$.

Die Fälle b. und c. liefern ein Beispiel dafür, dass verschiedene Reizmuster (x_1, x_2, x_3) ein *gleich starkes* Feuern y erzeugen. Es lassen sich leicht weitere Reizmuster finden, die bei den vorgegebenen Gewichtsfaktoren w_i ebenfalls ein Feuern der Stärke $y = 1$ erzeugen. Alle diese verschiedenen Reizmuster (x_1, x_2, x_3) bilden zusammen eine „Reizmusterklasse" vom Typ 0. Eine *Klasse* ist eine spezielle *Menge*, deren Elemente bestimmte gemeinsame Eigenschaften besitzen.

In der universalen Menge aller möglichen Reizmuster (x_1, x_2, x_3) aus (nichtnegativen) Eingangssignalen x_i gibt es ebenfalls viele Reizmuster, die bei $w_1 = w_2 = w_3 = +\frac{1}{2}$ kein Feuern des Neurons hervorrufen. An den Fällen a. und b. erkennt man, dass bei Verstärkung einzelner oder aller Komponenten x_i aus einem nicht feuernden Reizmuster ein feuerndes Reizmuster entstehen kann.

So viel zur Erläuterung der Funktion eines einzelnen Neurons und der aus dieser Funktion sich ergebenden Möglichkeit zur Unterscheidung von Reizmustern, die zu verschiedenen Reizmusterklassen vom Typ 0 gehören!

Mit der Zusammenschaltung mehrerer Neuronen zu einem Netz ergeben sich zahlreiche weitere Möglichkeiten zur Unterscheidung verschiedener Klassen von Reizmustern und zur Erkennung bestimmter Merkmale und Eigenschaften einzelner Reizmuster.

Eine dieser Möglichkeiten zur Unterscheidung verschiedener Reizmuster hinsichtlich ihrer Ähnlichkeit wurde oben mit Abb. 6.1 genannt. Der Nachweis dafür, dass mit unterschiedlichen Reizmustern Neurone erregt werden können, die an *unterschiedlichen* Orten eines neuronalen Netzes liegen, lässt sich bereits anhand sehr einfacher Beispiele liefern. Ein solches Beispiel ist das im nachfolgenden Abschnitt 6.4.1 vorgestellte „Perzeptron", das die Eingruppierung verschiedener Reizmuster in zwei Reizmusterklassen vom Typ1 durchführt. [Die Bezeichnung „Perzeptron" stammt von F. Rosenblatt (1958)].

Reizmusterklassen vom Typ 1 sind dadurch gekennzeichnet, dass alle Reizmuster einer Klasse immer nur dasselbe Neuron im Netz erregen und nicht zugleich auch ein anderes Neuron. Reizmusterklassen vom Typ 1 stellen stets scharfe Mengen dar. Darüber hinaus lässt sich anhand des gebrachten Beispiels zeigen, wie sich das in Abschn. 6.1 beschriebene Zugehörigkeitsmaß von Reizmustern bestimmen lässt, die Elemente von unscharfen Mengen sind.

6.4.1 Abbildung unterschiedlicher Reizmusterklassen an unterschiedlichen Orten

Der Einfachheit halber sei vorausgesetzt, dass ein Sensor oder Sinnesorgan nur vier verschiedene Reizmuster (x_1, x_2, x_3) liefern kann, die alle aus drei Komponenten zusammengesetzt sind. Zwei dieser Reizmuster bilden die Reizmusterklasse **{A}**. Die anderen beiden Reizmuster bilden die Reizmusterklasse **{B}**.

Die zur Reizmusterklasse **{A}** gehörenden Reizmuster seien

$$\mathbf{A}_1 = (x_1, x_2, x_3) = (\tfrac{1}{2}, \tfrac{1}{2}, 1) \quad \text{und} \quad \mathbf{A}_2 = (x_1, x_2, x_3) = (\tfrac{1}{3}, \tfrac{1}{2}, \tfrac{19}{18}) \tag{6.23}$$

d.h.

$$\{\mathbf{A}\} = \{\, \mathbf{A}_1 , \mathbf{A}_2 \,\} = \{\, (\tfrac{1}{2}, \tfrac{1}{2}, 1), (\tfrac{1}{3}, \tfrac{1}{2}, \tfrac{19}{18}) \,\} \tag{6.24}$$

Die zur Reizmusterklasse **{B}** gehörenden Reizmuster seien

$$\mathbf{B}_1 = (x_1, x_2, x_3) = (1, \tfrac{1}{2}, \tfrac{1}{2}) \quad \text{und} \quad \mathbf{B}_2 = (x_1, x_2, x_3) = (\tfrac{19}{18}, \tfrac{1}{2}, \tfrac{1}{3}) \tag{6.25}$$

d.h.

$$\{\mathbf{B}\} = \{\, \mathbf{B}_1 , \mathbf{B}_2 \,\} = \{\, (1, \tfrac{1}{2}, \tfrac{1}{2}), (\tfrac{19}{18}, \tfrac{1}{2}, \tfrac{1}{3}) \,\} \tag{6.26}$$

Beim Empfang eines der vier Reizmuster $(\tfrac{1}{2}, \tfrac{1}{2}, 1)$ $(\tfrac{1}{3}, \tfrac{1}{2}, \tfrac{19}{18})$ $(1, \tfrac{1}{2}, \tfrac{1}{2})$ $(\tfrac{19}{18}, \tfrac{1}{2}, \tfrac{1}{3})$ besteht das Problem darin, das empfangene Reizmuster eindeutig der zugehörigen Reizmusterklasse **{A}** oder **{B}** zuzuordnen. Diese Aufgabe leistet das aus zwei Neuronen (1) und (2) bestehende Perzeptron in Abb. 6.3, bei dem die Synapsen folgende Gewichtsfaktoren haben:

Neuron (1): $$w_1 = \tfrac{1}{4} \quad , \quad w_2 = \tfrac{1}{2} \quad , \quad w_3 = \tfrac{3}{4} \tag{6.27}$$

Neuron (2): $$w_1 = \tfrac{3}{4} \quad , \quad w_2 = \tfrac{1}{2} \quad , \quad w_3 = \tfrac{1}{4} \tag{6.28}$$

Beide Neuronen haben den gleichen Schwellwert

$$S = 1 \tag{6.29}$$

Zur besseren Übersicht wurden alle diese Werte in die Schaltung eingetragen.

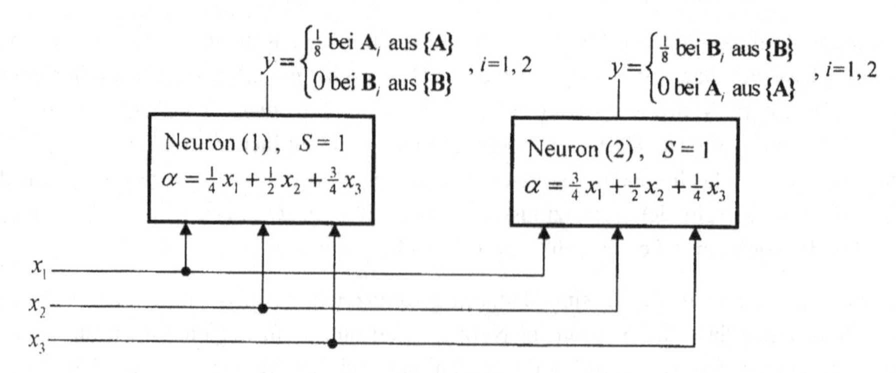

Abb. 6.3 Aus zwei Neuronen bestehendes Perzeptron, das die Klassenzugehörigkeit von Reizmustern $\mathbf{A}_i$ und $\mathbf{B}_i$ der Reizmusterklassen **{A}** gemäß (6.23) und **{B}** gemäß (6.24) erkennt. Die Feuerstärke y errechnet sich mit (6.22) und $S = 1$.

Anmerkung:
Während Rosenblatt beim Perzeptron nur zwischen „Feuern" und „Nichtfeuern" unterscheidet, wird hier auch die Stärke des Feuerns y berücksichtigt.

Zur Kontrolle werden nun die vier Reizmuster nacheinander der Schaltung in Abb. 6.3 zugeführt, um festzustellen, ob jedes Reizmuster der zugehörigen Reizmusterklasse richtig zugeordnet wird.

a) Zuführung des Musters $\mathbf{A}_1 = (\frac{1}{2}, \frac{1}{2}, 1)$

Für Neuron (1) ergibt sich mit (6.22) und $S = 1$

$$\alpha = \tfrac{1}{4} \cdot \tfrac{1}{2} + \tfrac{1}{2} \cdot \tfrac{1}{2} + \tfrac{3}{4} \cdot 1 = \tfrac{9}{8} \text{ und } y = \alpha - S = \tfrac{9}{8} - 1 = \tfrac{1}{8} \tag{6.30}$$

Für Neuron (2) ergibt sich mit (6.22) und $S = 1$ dagegen

$$\alpha = \tfrac{3}{4} \cdot \tfrac{1}{2} + \tfrac{1}{2} \cdot \tfrac{1}{2} + \tfrac{1}{4} \cdot 1 = \tfrac{7}{8} < 1 \quad \text{also} \quad \alpha < S \tag{6.31}$$

Bei diesem Muster feuert Neuron (1) mit der Stärke $y = \frac{1}{8}$ während Neuron (2) nicht feuert.

b) Zuführung des Musters $\mathbf{A}_2 = (\frac{1}{3}, \frac{1}{2}, \frac{19}{18})$

Für Neuron (1) ergibt sich mit (6.22) und $S = 1$

$$\alpha = \tfrac{1}{4} \cdot \tfrac{1}{3} + \tfrac{1}{2} \cdot \tfrac{1}{2} + \tfrac{3}{4} \cdot \tfrac{19}{18} = \tfrac{9}{8} \text{ und } y = \alpha - S = \tfrac{9}{8} - 1 = \tfrac{1}{8} \tag{6.32}$$

Für Neuron (2) ergibt sich mit (6.22) und $S = 1$ dagegen

$$\alpha = \tfrac{1}{4} \cdot \tfrac{19}{18} + \tfrac{1}{2} \cdot \tfrac{1}{2} + \tfrac{3}{4} \cdot \tfrac{1}{3} = \tfrac{55}{72} < 1 \quad \text{also} \quad \alpha < S \tag{6.33}$$

Auch bei diesem Muster feuert Neuron (1) mit der Stärke $y = \frac{1}{8}$ während Neuron (2) nicht feuert.

c) Zuführung des Musters $\mathbf{B}_1 = (1, \frac{1}{2}, \frac{1}{2})$

Für Neuron (1) ergibt sich mit (6.22) und $S = 1$

$$\alpha = \tfrac{1}{4} \cdot 1 + \tfrac{1}{2} \cdot \tfrac{1}{2} + \tfrac{3}{4} \cdot \tfrac{1}{2} = \tfrac{7}{8} < 1 \quad \text{also} \quad \alpha < S \tag{6.34}$$

Für Neuron (2) ergibt sich mit (6.22) und $S = 1$ dagegen

$$\alpha = \tfrac{3}{4} \cdot 1 + \tfrac{1}{2} \cdot \tfrac{1}{2} + \tfrac{1}{4} \cdot \tfrac{1}{2} = \tfrac{9}{8} \text{ und } y = \alpha - S = \tfrac{9}{8} - 1 = \tfrac{1}{8} \tag{6.35}$$

Bei diesem Muster feuert Neuron (2) mit der Stärke $y = \frac{1}{8}$ während Neuron (1) nicht feuert.

d) Zuführung des Musters $\mathbf{B}_2 = (\frac{19}{18}, \frac{1}{2}, \frac{1}{3})$

Für Neuron (1) ergibt sich mit (6.22) und $S = 1$

$$\alpha = \tfrac{1}{4} \cdot \tfrac{19}{18} + \tfrac{1}{2} \cdot \tfrac{1}{2} + \tfrac{3}{4} \cdot \tfrac{1}{3} = \tfrac{55}{72} < 1 \quad \text{also} \quad \alpha < S \tag{6.36}$$

Für Neuron (2) ergibt sich mit (6.22) und $S = 1$ dagegen

$$\alpha = \tfrac{3}{4} \cdot \tfrac{19}{18} + \tfrac{1}{2} \cdot \tfrac{1}{2} + \tfrac{1}{4} \cdot \tfrac{1}{3} = \tfrac{9}{8} \text{ und } y = \alpha - S = \tfrac{9}{8} - 1 = \tfrac{1}{8} \tag{6.37}$$

Bei diesem Muster feuert Neuron (2) mit der Stärke $y = \frac{1}{8}$ während Neuron (1) nicht feuert.

Die Kontrolle hat ergeben, dass die Reizmuster $\mathbf{A}_1 = (\frac{1}{2}, \frac{1}{2}, 1)$ und $\mathbf{A}_2 = (\frac{1}{3}, \frac{1}{2}, \frac{19}{18})$ nur das Neuron (1) erregen und nicht das Neuron (2), und dass die Reizmuster $\mathbf{B}_1 = (1, \frac{1}{2}, \frac{1}{2})$ und $\mathbf{B}_2 = (\frac{19}{18}, \frac{1}{2}, \frac{1}{3})$ nur das Neuron (2) erregen und nicht das Neuron (1). Bei keinem der vier zugeführten Reizmuster kommt es vor, dass beide Neuronen (1) und (2) gleichzeitig feuern. Das simple Netz in Abb. 6.3 ist somit in der Lage, die zugeführten Reizmuster (x_1, x_2, x_3) in zwei Klassen **{A}** und **{B}** einzuteilen.

Wenn also Neuron (1) feuert, dann liegt am Eingang der Schaltung ein Reizmuster $\mathbf{A}_i$ der Reizmusterklasse {**A**} an, und wenn Neuron (2) feuert, dann liegt am Eingang der Schaltung ein Reizmuster $\mathbf{B}_i$ der Reizmusterklasse {**B**} an. Bei den Reizmusterklassen {**A**} und {**B**} handelt es sich um Klassen vom Typ 1, weil die Reizmusterklasse {**A**} mit Neuron (1) verbunden ist und die Reizmusterklasse {**B**} mit Neuron (2) verbunden ist, und beide Neurone sich an verschiedenen Orten befinden. Betrachtet man von beiden Klassen je nur ein einzelnes Reizmuster **A** und **B**, dann entspricht das der Situation in Abb. 6.1.

Mit etwas Routine lassen sich für eine Zusammenschaltung von drei Neuronen (1), (2) und (3) jeweils zugehörige Gewichtsfaktoren und drei Reizmusterklassen {**A**}, {**B**} und {**C**} so finden, dass nur Neuron (1) feuert, wenn ein Reizmuster der Klasse {**A**} zugeführt wird, dass nur Neuron (2) feuert, wenn ein Reizmuster der Klasse {**B**} zugeführt wird, und dass nur Neuron (3) feuert, wenn ein Reizmuster der Klasse {**C**} zugeführt wird. Im Prinzip gilt diese Möglichkeit für die Zusammenschaltung von beliebig vielen Neuronen. Die Aufgabe wird einfacher, wenn jede Klasse nur ein einziges Element (Reizmuster) enthält.

Ein wie oben konstruiertes Netz für vorgegebene Reizmuster und Reizmusterklassen hat mit einem Kohonen-Netz die gemeinsame Eigenschaft, dass unterschiedliche Reizmuster Neuronen an unterschiedlichen Orten erregen. Bestimmt oder definiert man die Höhen der Ähnlichkeiten zwischen den vorgegebenen Reizmusterklassen, dann kann man die zugehörigen Neuronen im Netz so anordnen, dass die von sehr ähnlichen Reizmustern erregten Neurone nahe beieinanderliegen, und die von weniger ähnlichen Reizmustern erregten Neurone um so weiter auseinanderliegen, je unähnlicher die Reizmuster sind. Damit erhält das konstruierte Netz eine weitere gemeinsame Eigenschaft mit dem Kohonen-Netz (siehe Abb. 6.1). Die in Abb. 6.3 dargestellte Schaltung eines einfachen Perzeptrons kann deshalb als ein extrem degeneriertes Kohonen-Netz angesehen werden. Weil nur zwei Neuronen vorhanden sind, gibt es keine unterschiedlichen Abstände, sondern nur einen Abstand, und eine Lernphase ist dort auch nicht vorgesehen. Dennoch liefert Abb. 6.3 weitere nützliche Einsichten, die im nachfolgenden vermittelt werden.

6.4.2 Über Reizmusterklassen und Zugehörigkeitsmaße bei unscharfen Klassen

Bei den obigen Betrachtungen wurden die Reizmusterklassen und alle jeweils zugehörigen Reizmuster vorgegeben. Beim degenerierten Netz in Abb. 6.3 geschah das mit den Vorgaben (6.23) bis (6.26). Weitere Reizmuster wurden bei den obigen Betrachtungen nicht zugelassen.

Bei den nachfolgenden Betrachtungen wird die Zulassungsbeschränkung bei den zugeführten Reizmustern fallen gelassen. Es wird umgekehrt die Schaltung in Abb. 6.3 vorgegeben und gefragt, wie die Schaltung auf beliebige Reizmuster (x_1, x_2, x_3) reagiert. Bezüglich des

Feuerns und Nichtfeuerns lassen sich bei zwei Neuronen vier Situationen unterscheiden, nämlich

1. Zugeführte Reizmuster (x_1, x_2, x_3) bei denen weder Neuron (1) noch Neuron (2) feuert
2. Zugeführte Reizmuster (x_1, x_2, x_3) bei denen nur Neuron (1) feuert und Neuron (2) nicht feuert
3. Zugeführte Reizmuster (x_1, x_2, x_3) bei denen nur Neuron (2) feuert und Neuron (1) nicht feuert
4. Zugeführte Reizmuster (x_1, x_2, x_3) bei denen beide, Neuron (1) und Neuron (2), zugleich feuern

Zu 1:

Unter den beliebig vielen verschiedenen Reizmustern (x_1, x_2, x_3) gibt es natürlich auch viele, bei denen in Abb. 6.3 weder Neuron (1) noch Neuron (2) feuert, z.B. bei $(\frac{1}{5}, \frac{1}{4}, \frac{1}{3})$. Alle diese Reizmuster sind aus Sicht der Schaltung gleichbedeutend mit einem *nicht wahrgenommenen* Reizmuster und werden deshalb nicht weiter betrachtet.

Zu 2:

Neben den in (6.23) vorgegebenen Reizmustern gibt es noch viele andere Reizmuster, bei denen Neuron (1) feuert und Neuron (2) nicht feuert. Ein Beispiel dafür ist das Reizmuster

$$(x_1, x_2, x_3) = (\tfrac{2}{5}, \tfrac{3}{5}, \tfrac{5}{6}) \tag{6.38}$$

Dieses Reizmuster liefert bei Neuron (1) den Aktivierungswert $\alpha = \frac{41}{40}$ und bei Neuron (2) den Aktivierungswert $\alpha = \frac{97}{120} < 1$. Neuron (2) feuert also nicht, während Neuron (1) mit der Stärke $y = \frac{1}{40}$ feuert. Das ist 5 mal schwächer als beim Muster $(\frac{1}{2}, \frac{1}{2}, 1)$, das ein Feuern der Stärke $y = \frac{1}{8}$ verursacht, siehe (6.30). Ohne Frage existieren außer den beiden in (6.24) angegebenen Reizmustern, noch weitere, bei denen Neuron (1) mit der gleichen Stärke wie bei $(\frac{1}{2}, \frac{1}{2}, 1)$, feuert und Neuron (2) nicht feuert

Als *scharfe Reizmusterklasse* $\{\mathbf{A}\}$ des Perzeptrons in Abb. 6.3 sei nun die Menge aller derjenigen Reizmuster bezeichnet, bei denen Neuron (1) feuert und Neuron (2) nicht feuert. Das Perzeptron kann dazu benutzt werden, alle zu dieser scharfen Reizmusterklasse $\{\mathbf{A}\}$ gehörenden Reizmuster $\mathbf{A}_i$ zu finden.

Innerhalb der scharfen Reizmusterklasse $\{\mathbf{A}\}$ gibt es verschiedene Reizmuster $\mathbf{A}_i$, die ein *gleich* starkes Feuern des Neurons (1) hervorrufen. Dazu gehören die Reizmuster (6.24). Diese Reizmuster bilden eine *engere Teilklasse* der scharfen Reizmusterklasse $\{\mathbf{A}\}$. Welche Reizmuster zur scharfen Reizmusterklasse $\{\mathbf{A}\}$ gehören, hängt von den Werten der Gewichtsfaktoren beider Neuronen (1) und (2) ab. Bei der Nennung einer scharfen Reizmusterklasse sollte deshalb immer hinzugefügt werden, auf welches Neuron in welchem neuronalen Netz sich die Reizmusterklasse bezieht.

Zu 3:

Neben den in (6.25) vorgegebenen beiden Reizmustern gibt es noch viele andere Reizmuster, bei denen in Abb. 6.3 Neuron (2) feuert und Neuron (1) nicht feuert. Für diese Reizmuster gilt sinngemäß das Gleiche, was zu den Reizmustern der Situation 2 gesagt wurde. Alle Reizmuster, bei denen Neuron (2) egal mit welcher Stärke feuert und Neuron (1) nicht feuert, bilden entsprechend die *scharfe Reizmusterklasse* {**B**} des Perzeptrons in Abb. 6.3. Innerhalb dieser scharfen Reizmusterklasse {**B**} kann man wiederum *engere Teilklassen* mit denjenigen Reizmustern $\mathbf{B}_i$ bilden, die jeweils gleich starkes Feuern hervorrufen.

Zwischenresultat:
Bei den Reizmusterklassen {**A**} und {**B**} handelt es sich um *disjunkte Mengen*, da diese keine gemeinsamen Elemente (Reizmuster) haben.

Zu 4:
Unter den beliebig vielen verschiedenen Reizmustern (x_1, x_2, x_3) gibt es auch viele, bei denen Neuron (1) und Neuron (2) zugleich feuern. Ein Beispiel dafür ist

$$(\tfrac{1}{2}, 1, 1) \tag{6.39}$$

Dieses Reizmuster erzeugt in Neuron (1) den Aktivierungswert $\alpha = \frac{11}{8}$ und in Neuron (2) den Aktivierungswert $\alpha = \frac{9}{8}$. Daher feuert Neuron (1) mit der Stärke $y = \frac{3}{8}$ dreimal so stark wie das Neuron (2), das mit der Stärke $y = \frac{1}{8}$ feuert.

Das Reizmuster (6.39) ist weder ein Element der Reizmusterklasse {**A**} noch ein Element der Reizmusterklasse {**B**}, weil die Elemente von {**A**} und {**B**} dadurch definiert sind, dass immer nur entweder Neuron (1) oder Neuron (2) alleine feuert.

Wenn wie im Fall von Reizmuster (6.39) *beide* Neuronen *zugleich* feuern, dann kennzeichnet Neuron (1) eine neue Reizmusterklasse {**A***} und Neuron (2) eine neue Reizmusterklasse {**B***}. Beide Reizmusterklassen enthalten die gleichen Elemente, jedoch zu einem im Allgemeinen unterschiedlichen Maß. Weil beim Reizmuster (6.39) Neuron (1) dreimal stärker feuert als Neuron (2), ist das Reizmuster (6.39) in stärkerem Maß ein Element der Reizmusterklasse {**A***} als ein Element der Reizmusterklasse {**B***}. Diese Situation entspricht genau der in Abschn. 6.1 beschriebenen Theorie unscharfer Mengen. Bei den Reizmusterklassen {**A***} und {**B***} handelt es sich deshalb um *unscharfe Mengen*. Diese unscharfen Mengen {**A***} und {**B***} haben keine gemeinsamen Elemente mit {**A**} und {**B**}.

Jedes Element einer unscharfen Menge besitzt ein *Zugehörigkeitsmaß f*, dessen Wert zwischen 0 und 1 liegt und ausdrückt, in welchem Ausmaß es zur betreffenden Menge gehört, vergl. (6.1) und (6.2). Für die Elemente (Reizmuster) der unscharfen Mengen (Reizmusterklassen) {**A***} und {**B***} wird hier die Hypothese aufgestellt, dass die Zugehörigkeit $f_{\{\mathbf{A}^*\}}$ bzw. $f_{\{\mathbf{B}^*\}}$ eines Elements (Reizmusters) zur unscharfen Menge (Reizmusterklasse) {**A***} bzw. {**B***}von der *Feuerstärke* des zugehörigen Neurons bestimmt wird, welches die Menge {**A***} bzw. {**B***} kennzeichnet.

Normiert man die Summe der beiden unter (6.39) genannten Feuerstärken auf den Wert 1, dann erhält man die normierten Stärken $y_{(1)\mathrm{n}} = \frac{3}{4}$ für Neuron (1), welches die Reizmusterklasse {**A***} kennzeichnet, und $y_{(2)\mathrm{n}} = \frac{1}{4}$ für Neuron (2), das die Reizmusterklasse {**B***} kennzeichnet. Mit diesen Werten kommt zum Ausdruck, dass Neuron (1) dreimal so stark feuert wie Neuron (2). Deshalb repräsentieren diese Werte der normierten Feuerstärken in geeigneter Weise die Zugehörigkeitsmaße. Weil mit Neuron (1) die allgemeine Reizmusterklasse {**A***} gekennzeichnet wird, gilt also

$$f_{\{\mathbf{A}^*\}}(\tfrac{1}{2},1,1) = \tfrac{3}{4} \tag{6.40}$$

und weil mit Neuron (2) die allgemeinen Reizmusterklasse{**B***} gekennzeichnet wird, gilt

$$f_{\{\mathbf{B}\}}(\tfrac{1}{2},1,1) = \tfrac{1}{4} \tag{6.41}$$

So viel zu den *vier* verschiedenen Situationen des Feuerns und Nichtfeuerns *zweier* Neuronen, denen, wie in Abb. 6.3 gezeigt, gleichzeitig dasselbe Reizmuster zugeführt wird.

Die Erkenntnisse der obigen Betrachtungen lassen sich auf neuronale Netze mit beliebig vielen Neuronen, denen alle dasselbe Reizmuster gleichzeitig zugeführt wird, verallgemeinern. Immer dann, wenn nur ein einziges Neuron feuert, kennzeichnet dieses Neuron eine *scharfe Menge* (scharfe Reizmusterklasse), und immer dann, wenn zwei oder mehr Neuronen zugleich feuern, kennzeichnen die feuernden Neuronen *unscharfe Mengen* (unscharfe Reizmusterklassen). Die Zugehörigkeitsmaße eines Reizmusters zu den verschiedenen unscharfen Reizmusterklassen ergeben sich aus den normierten Feuerstärken der die jeweilige Klasse kennzeichnenden Neuronen. Ein weiteres Beispiel dazu folgt unten.

Bei drei Neuronen gibt es insgesamt $2^3 = 8$ verschiedene Situationen. Manche Reizmuster veranlassen z.B. Neuron (1) und Neuron (3) zum Feuern aber nicht Neuron (2), andere Reizmuster veranlassen z.B. Neuron (2) und Neuron (3) zum Feuern aber nicht Neuron (1), und wieder andere Reizmuster bringen Neuron (1), Neuron (2) und Neuron (3) zum Feuern, usw.

Allgemein gibt es bezüglich Feuern und Nichtfeuern

$$\text{bei } K \text{ Neuronen:} \qquad M = 2^K \text{ verschiedene Situationen} \tag{6.42}$$

Auf Einzelheiten, die keine anderen als die obigen Überlegungen erfordern, wird hier aus Umfangsgründen nicht detailliert eingegangen. Nur so viel sei gesagt, dass mit wachsender Anzahl der Neuronen die Anzahl der unterscheidbaren *unscharfen* Reizmusterklassen sehr *viel größer* wird als die Anzahl der unterscheidbaren scharfen Reizmusterklassen. Bei K Neuronen gibt es K scharfe und U unscharfe Reizmusterklassen, wobei

$$U = 2^K - K - 1 \tag{6.43}$$

Bei $K = 3$ gibt es 3 scharfe Reizmusterklassen und 4 unscharfe Reizmusterklassen, weil die eine Situation, bei der kein Neuron erregt wird, nicht weiter betrachtet wird. Die Beziehungen (6.42) und (6.43) setzen voraus, dass bei allen K Neuronen die Gewichtsfaktoren sich an wenigstens einer Stelle unterscheiden.

Wenn durch ein Reizmuster z.B. 3 Neuronen erregt werden, dann gehört das betreffende Reizmuster 3 verschiedenen unscharfen Reizmusterklassen an, weil jedes feuernde Neuron eine eigene Reizmusterklasse kennzeichnet. Die Zugehörigkeitsmaße zu den 3 Reizmusterklassen ergeben sich aus den Feuerstärken $y_{(i)}$ der drei Neurone, z.B. $y_{(1)} = \frac{1}{10}$, $y_{(2)} = \frac{2}{10}$, $y_{(3)} = \frac{3}{5}$. Aus der Summe dieser Feuerstärken $y_{(1)} + y_{(2)} + y_{(3)} = \frac{9}{10}$ ergeben sich durch Multiplikation mit dem Kehrwert $\frac{10}{9}$ die normierten Stärken zu $y_{(1)\mathrm{n}} = \frac{1}{9}$, $y_{(2)\mathrm{n}} = \frac{2}{9}$, $y_{(3)\mathrm{n}} = \frac{2}{3}$, deren Summe gleich 1 ist. Die normierte Feuerstärke eines Neurons gibt zugleich die Höhe des Zugehörigkeitsmaßes des Reizmusters zu der unscharfen Reizmusterklasse an, die zum feuernden Neuron gehört, vergl. den Text vor (6.40) und (6.41). Die wesentlichen Ergebnisse der soweit durchgeführten Überlegungen werden nun wie folgt zusammengefasst:

[6.3] Feuernde Neuronen und Reizmusterklassen

In einem neuronalen Netz, bei dem jedem Neuron dasselbe Reizmuster zugeführt wird, ist jedem feuernden Neuron eine bestimmte Menge von Reizmustern zugeordnet. Das heißt, dass jedes Element der zugeordneten Menge ein Feuern der gleichen Neurone erzeugt. Eine zugeordnete Menge wird auch als Reizmusterklasse bezeichnet.
Wenn von den Reizmustern einer Reizmusterklasse immer nur ein einziges gleiches Neuron erregt wird, dann handelt es sich bei der Reizmusterklasse um eine *scharfe* Reizmusterklasse.
Wenn ein Reizmuster zwei oder mehr Neuronen gleichzeitig erregt, dann ist das erregende Reizmuster ein Element von zwei oder mehr *unscharfen* Reizmusterklassen. Die Zugehörigkeitsmaße eines Reizmusters zu den verschiedenen unscharfen Reizmusterklassen ergeben sich aus den normierten Feuerstärken, die das Reizmuster in den verschiedenen Neuronen hervorruft, die je eine Reizmusterklasse kennzeichnen.

Die Beziehungen (6.42) und (6.43) lassen bereits ahnen, welch riesige Anzahl von scharfen und unscharfen Reizmusterklassen unterschieden werden können, wenn ein neuronales Netz eine große Zahl von Neuronen mit vielen Synapsen besitzt.

6.4.3 Über die Zuordnung von Bedeutungen zu Reizmusterantworten

Am Beginn dieses Abschnitts stand (in Abschn. 6.3.1) die Feststellung, dass das Gehirn der immensen Fülle von Daten, die von den Sinnesorganen (insbesondere von Augen und Ohren) geliefert werden, eine vergleichsweise nur geringe Anzahl an verschiedenen Bedeutungen zuordnet. Die Möglichkeiten, die das simple Netz in Abb. 6.3 bereits bietet, vermitteln einen ersten (vagen) Eindruck darüber, wie die Entstehung dieser vom Gehirn getätigten Zuordnung vieler unterschiedlicher Reizmuster zur selben Bedeutung ungefähr stattfinden könnte.

Ein winziges Gebiet der Hirnrinde, das „nur“ $K = 10^6$ Neuronen mit je 1000 Synapsen enthält, kann die aus 1000 Komponenten bestehenden Reizmuster $(x_1, x_2, x_3, \cdots, x_{1000})$ nach (6.42) maximal 10^6 scharfen Reizmusterklassen und nach (6.43) $M = 2^{1000000} - 1000001$ unscharfen Reizmusterklassen zuordnen (hierzu folgen noch Anmerkungen am Schluss dieses Abschnitts).

Bei Lebewesen wird jede Komponente x_i eines Reizmusters über eine eigene Nervenfaser zum neuronalen Netz der Hirnrinde geführt. Das sind bei 1000 Synapsen, die jedes Neuron der Hirnrinde besitzt, 1000 parallele Nervenfasern. Jede über eine Faser geführte Komponente x_i ist selber eine Reaktion einer erregten Sinneszelle. Die Werte der Komponenten sind deshalb einerseits nicht negativ und andererseits nach oben durch einen höchstmöglichen Maximalwert x_{max} beschränkt [vergl. Abb. 5.7 und die Beziehungen (5.7)]:

$$0 \le x_i \le x_{\text{max}} \quad \text{für alle } i \tag{6.44}$$

Geht man davon aus, dass auf jeder der 1000 zur Hirnrinde führenden Nervenfasern maximal 64 verschiedene Reizstärken[6.3] beim Signal x_i unterschieden werden können, dann lassen sich an den Synapsen jedes einzelnen Neurons der Hirnrinde maximal 64^{1000} verschiedene Reizmuster unterscheiden. Diese Anzahl ist einerseits sehr viel größer als die 10^6 scharfen Reizmusterklassen, die ein 10^6 Neuronen umfassendes neuronales Netz im Grenzfall separieren kann:

$$64^{1000} = (2^6)^{1000} = 2^{6000} >> 10^6 \approx 2^{20} \tag{6.45}$$

Diese Anzahl 64^{1000} ist andererseits sehr viel kleiner als die Anzahl m der unscharfen Reizmusterklassen, die ein 10^6 Neuronen umfassendes neuronales Netz im Grenzfall kennzeichnen kann:

$$64^{1000} = (2^6)^{1000} = 2^{6000} << m = 2^{1000000} - 1000001 \tag{6.46}$$

Ordnet man die $64^{1000} = 2^{6000}$ unterschiedlichen Reizmuster, die sich über ein aus 1000 parallelen Nervenfasern bestehendes Nervenfaserbündel transportieren lassen, den etwa 2^{20} verschiedenen scharfen Reizmusterklassen zu, dann umfasst jede dieser scharfen Reizmusterklassen im Mittel 2^{5980} verschiedene Reizmuster. Diese Reduzierung von

$$2^{5980} \text{ auf } 1 \tag{6.47}$$

verdeutlicht, wie das Gehirn die zu Beginn in Abschn. 6.3.1 festgestellte Zuordnung von riesigen Datenmengen auf relativ wenige Bedeutungen durchführen kann.

Wenn auf einer Nervenfaser nicht 64 verschiedene, sondern 32 verschiedene Reizstärken beim Signal x_i unterschieden werden können, dann ist mit $32^{1000} = 2^{5000}$ unterschiedlichen Reizmustern, die auf 2^{20} verschiedene scharfe Reizmusterklassen gleichmäßig verteilt werden, die Reduzierung von 2^{4980} auf 1 immer noch immens hoch. Und wenn auf jeder Nervenfaser nur zwischen „Feuern“ und „Nichtfeuern“ unterschieden wird, dann ist die Reduzierung immer noch mit

$$2^{980} \approx 10^{294} \text{ auf } 1 \tag{6.48}$$

extrem hoch.

Eine optimistische Annahme besteht nun darin, dass jedes feuernde Neuron für eine bestimmte Bedeutung steht. Diese Bedeutung ist scharf, wenn das Neuron allein feuert und unscharf, wenn mehrere Neuronen zugleich feuern.

[6.3] Der Wert 64 ergibt sich aus einer (angenommenen) Reizdauer von 100 ms und einem (angenommenen) Impulsabstand von etwa 1,5 ms (siehe Angabe zu Abb. 5.6 im 5. Kapitel). Bei der Reizweiterleitung auf einer Sehnerv-Faser gelten annähernd diese Werte. Es sei aber erwähnt, dass auf anderen Nervenfasern völlig andere Werte gelten können. Alle Betrachtungen dieses Abschnitts stellen nur Fall-Überlegungen dar, um allgemeine Zusammenhänge näherungsweise zu erklären.

Bei einer Reizdauer von 100 ms (Millisekunden), die man bei Sehnerven zugrunde legen kann, macht eine 100 ms (= eine zehntel Sekunde) dauernde Wahrnehmung kaum einen Sinn. In diesem Fall kommt einem allein feuernden Neuron nur eine Pro-Bedeutung (oder Teil-Bedeutung) zu. Eine volle Bedeutung ergibt sich dann erst durch eine Kombination mehrerer Pro-Bedeutungen.

Offen bleibt dabei aber, welchen Sinn die Bedeutung eines allein feuernden Neurons hat. Dieser Frage kommt man näher, wenn man den unüberwachten Lernprozess und dessen Resultate beim Kohonen-Netz betrachtet. Um die hoch komplizierten Vorgänge beim Lernen des Kohonen-Netzes zu verstehen, müssen aber zuvor noch grundlegende Zusammenhänge bei einfachen Lernprozessen in neuronalen Netzen behandelt werden.

Anmerkungen zu den Anzahlen von Reizmusterklassen und der Zuordnung von Reizmustern

1. Die genannten Zahlen zu den unterscheidbaren scharfen und unscharfen Reizmusterklassen sind obere Grenzwerte, die nur dann erreicht werden können, wenn hochpräzise (d.h. auf viele Dezimalstellen genaue) Zahlenwerte sowohl für die Höhen der Reizstärken x_i aller Signale als auch für die Gewichtsfaktoren w_j aller Synapsen als auch für die Höhe des Schwellwert S gegeben sind, und diese Zahlenwerte stabil sind und nicht zeitlich schwanken.
2. Bei Neuronen im Gehirn von Lebewesen ist die unter 1. genannte Präzision nicht sichergestellt. Wie in Abschn. 5.3.2 erläutert wurde, ist das Feuern eines Neurons mit einem Stoffwechsel im Innern des Neurons verbunden. Dieser Stoffwechsel wird vom Blutkreislauf gespeist, der wiederum u.a. von Emotionen abhängt, die die Pulsfrequenz des Herzens beeinflussen. Es ist nicht ausgeschlossen, dass dadurch ein erhöhter Stoffwechselschub und damit eine erhöhte Feuerstärke zustande kommen können.
3. Ein anderer Punkt betrifft die fehlende Synchronisation beim Eintreffen der verschiedenen Reizstärken der Komponenten x_i eines Reizmusters. Es kann vorkommen, dass das Neuron bereits feuert bevor alle Nervenimpulse einer Reizkomponente in der Synapse eingetroffen sind, d.h. dass der „Sieger alles bestimmt". Maßgebend könnten deshalb statistische Mittelwerte über mehrere Reizdauern sein. Alle diese Feinheiten werden hier vernachlässigt. Nichtsdestotrotz liefern die hier durchgeführten vereinfachten Betrachtungen wichtige Erkenntnisse über die Funktion des Gehirns.

6.5 Allgemeines über das Lernen eines neuronalen Netzes

Das oben betrachtete Beispiel eines winzigen Gebiets der Hirnrinde mit $K = 10^6$ Neuronen, die je 1000 Synapsen haben, passt zu einem quadratischen Kohonen-Netz. Bei diesem ist die Anzahl K der Neuronen gleich dem Quadrat der Anzahl N von Nervenfasern (und damit der Reizmusterkomponenten), die zum Kohonen-Netz führen, siehe Abb. 5.11.

$$K = N^2 \tag{6.49}$$

Dass unterschiedliche Reizmusterklassen wie beim Kohonen-Netz durch Neuronen an unterschiedlichen Orten gekennzeichnet werden können, wurde mit Abschn. 6.4.1 plausibel gemacht. Um auch plausibel zu machen, wie nach Ablauf einer Lernphase Erregungsmuster wie in Abb. 6.1 entstehen, muss zuerst allgemeiner auf Lernprozesse eingegangen werden. Weil dabei Begriffe der Vektor-Rechnung verwendet werden, wird den nachfolgenden Betrachtungen ein kurzer Exkurs zur Vektor-Rechnung vorangestellt.

6.5.1 Kurzer Exkurs zur Vektor-Rechnung

Die Bezeichnung „Vektor“ wurde im 5. Kapitel im Zusammenhang mit der Erzeugung von Farbbildern auf einem selbstleuchtenden Bildschirm verwendet, siehe Abb. 5.14. Ein Vektor ist gekennzeichnet durch seinen *Betrag* (das ist seine Länge) und durch seine *Richtung*. Alle Vektoren, die gleiche Beträge und gleiche Richtungen haben, sind gleich, egal wo ihre Anfangspunkte liegen.

Die Ursprünge der Vektor-Rechnung sind eng verbunden mit *Kräften* in Physik und Technik. Für die Auswirkung einer Kraft ist nicht nur die Höhe ihres Betrags wichtig, sondern auch die Richtung, in welche die Kraft wirkt. Bei der Beschreibung von mechanischer Arbeit im 3. Kapitel kann die in Abb. 3.1 senkrecht nach oben wirkende Kraft F durch zwei in einer Ebene liegende *gleich starke* Kräfte F_1 und F_2 ersetzt werden, wobei F_1 um den Winkel α schräg nach links oben gerichtet ist und F_2 um den gleichen Winkel α schräg nach rechts oben gerichtet ist, wie das Abb. 6.4 zeigt. Beide Kräfte F_1 und F_2 setzen sich aus je einer in horizontaler Richtung wirkenden Komponente und einer in vertikaler Richtung wirkenden Komponente zusammen. Die in horizontaler Richtung wirkenden Komponenten von F_1 und F_2 heben sich gegenseitig auf. Wirksam sind nur die in vertikaler Richtung wirkenden Komponenten von F_1 und F_2.

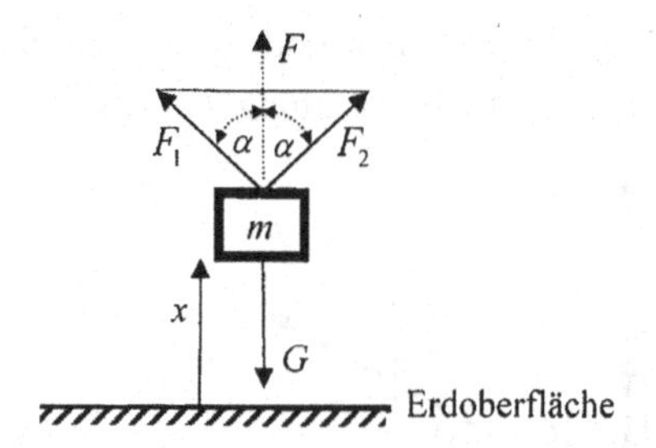

Abb. 6.4 Verrichtung von mechanischer Arbeit W_{mech} durch zwei nicht in gleicher Richtung wirkender gleich starker Kräfte F_1 und F_2 auf ein Objekt der Masse m

Die Werte der in vertikaler Richtung wirkenden Komponenten von F_1 und F_2 lassen sich anhand von Abb. 4.9a direkt zu $F_1 \cos\alpha$ und $F_2 \cos\alpha$ bestimmen. Ihre Summe ergibt die resultierende senkrecht nach oben wirkende Kraft

$$F = F_1 \cos\alpha + F_2 \cos\alpha \tag{6.50}$$

Wird durch die resultierende Kraft F das Objekt der Masse m um eine Wegstrecke x nach oben bewegt, dann wird damit nach (3.2) die Arbeit

$$W_{\text{mech}} = F \cdot x = [F_1 \cos\alpha + F_2 \cos\alpha] \cdot x \tag{6.51}$$

verrichtet. Diese Arbeit W_{mech} setzt sich aus zwei Anteilen zusammen, nämlich aus dem Anteil $W_{\text{mech}\,1}$, der von der Kraft F_1 verrichtet wird, und dem Anteil $W_{\text{mech}\,2}$, der von der Kraft F_2 verrichtet wird:

$$W_{\text{mech}\,1} = [F_1 \cos\alpha] \cdot x \quad \text{und} \quad W_{\text{mech}\,2} = [F_2 \cos\alpha] \cdot x \tag{6.52}$$

[Weil beide Kräfte F_1 und F_2 gleich stark sind, sind auch beide Anteile $W_{\text{mech 1}}$ und $W_{\text{mech 2}}$ gleich].

Wenn also Kraft und Weg *nicht* in die gleiche Richtung weisen, dann gilt:

> **[6.4]** Mechanische Arbeit bei verschiedenen Richtungen von Kraft und Weg
>
> Mechanische Arbeit ist das Produkt von Kraft mal zurückgelegte Wegstrecke mal dem Kosinus des Winkels zwischen der Richtung der Kraft und der Richtung der Wegstrecke.

Die Aussage **[6.4]** ist der Ausgangspunkt für die Definition des sogenannten „Arbeitsprodukts" oder „Skalarprodukts" zweier beliebiger Vektoren $\vec{a}$ und $\vec{b}$. Wird mit a der Betrag (Länge) des Vektors $\vec{a}$ und mit b der Betrag des Vektors $\vec{b}$ bezeichnet, dann lautet die Definition des Skalarprodukts beider Vektoren $\vec{a}$ und $\vec{b}$ allgemein

$$P = \vec{a} \cdot \vec{b} = a \cdot b \cdot \cos(\sphericalangle\, \vec{a}, \vec{b}) \qquad (6.53)$$

In (6.53) bezeichnet $(\sphericalangle\, \vec{a}, \vec{b})$ den Winkel, den die beiden Vektoren $\vec{a}$ und $\vec{b}$ miteinander bilden. Weitere Zusammenhänge beim Skalarprodukt $\vec{a} \cdot \vec{b}$ zweier in einer Ebene liegender Vektoren $\vec{a}$ und $\vec{b}$ ergeben sich aus der Betrachtung von Abb. 6.5.

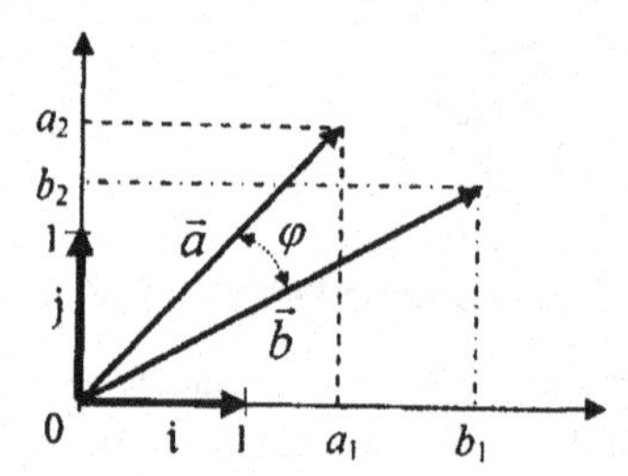

Abb. 6.5 Zur Berechnung des Skalarprodukts zweier Vektoren $\vec{a}$ und $\vec{b}$ ausgehend von Einheitsvektoren i und j in einem rechtwinkligen Koordinatensystem

In Abb. 6.5 wird der Winkel zwischen den beiden Vektoren $\vec{a}$ und $\vec{b}$ mit φ bezeichnet. Der Kosinus dieses Winkels φ wird nun mit dem Buchstaben ρ abgekürzt:

$$\cos(\sphericalangle\, \vec{a}, \vec{b}) = \cos\varphi = \rho \qquad (6.54)$$

Das rechtwinklige Koordinatensystem in Abb. 6.5 wird von den beiden senkrecht aufeinander stehenden Einheitsvektoren i und j gebildet, die je den Betrag (Länge) 1 haben. Das Skalarprodukt beider Einheitsvektoren ergibt mit (6.53)

$$\mathrm{i} \cdot \mathrm{j} = 1 \cdot 1 \cdot \cos(\tfrac{\pi}{2}) = 0 \qquad (6.55)$$

Die Skalarprodukte der Einheitsvektoren mit sich selbst liefern hingegen

$$\mathrm{i} \cdot \mathrm{i} = 1 \cdot 1 \cdot \cos(0) = 1 \quad \text{und} \quad \mathrm{j} \cdot \mathrm{j} = 1 \cdot 1 \cdot \cos(0) = 1 \qquad (6.56)$$

Mit Hilfe der Einheitsvektoren lassen sich die Vektoren $\vec{a}$ und $\vec{b}$ wie folgt ausdrücken

$$\vec{a} = a_1\mathrm{i} + a_2\mathrm{j} \qquad \text{und} \qquad \vec{b} = b_1\mathrm{i} + b_2\mathrm{j} \tag{6.57}$$

Für das Skalarprodukt P in (6.53) erhält man mit den Ausdrücken (6.57) sowie mit (6.55) und (6.56)

$$\begin{aligned} P = \vec{a}\cdot\vec{b} &= (a_1\mathrm{i} + a_2\mathrm{j})\cdot(b_1\mathrm{i} + b_2\mathrm{j}) = \\ &= a_1\mathrm{i}\cdot b_1\mathrm{i} + a_1\mathrm{i}\cdot b_2\mathrm{j} + a_2\mathrm{j}\cdot b_1\mathrm{i} + a_2\mathrm{j}\cdot b_2\mathrm{j} = a_1\cdot b_1 + a_2\cdot b_2 \end{aligned} \tag{6.58}$$

Die Beträge (Längen) a und b der Vektoren $\vec{a}$ und $\vec{b}$ errechnen sich aus Abb. 6.5 mit Hilfe des Satzes von Pythagoras für rechtwinklige Dreiecke zu

$$a = \sqrt{a_1^2 + a_2^2} \qquad \text{und} \qquad b = \sqrt{b_1^2 + b_2^2} \tag{6.59}$$

Mit (6.53) und (6.58) ergibt sich

$$P = \vec{a}\cdot\vec{b} = a\cdot b\cdot\cos(\sphericalangle\,\vec{a},\vec{b}) = a_1\cdot b_1 + a_2\cdot b_2 \tag{6.60}$$

Setzt man in (6.60) die Gleichheiten (6.54) und (6.59) ein, dann erhält man für ρ die Beziehung

$$\cos(\varphi) = \rho = \frac{a_1\cdot b_1 + a_2\cdot b_2}{\sqrt{a_1^2 + a_2^2}\cdot\sqrt{b_1^2 + b_2^2}} \tag{6.61}$$

Bevor die Beziehung (6.61), die sich als hochinteressant erweisen wird, näher diskutiert wird, sei zunächst erst eine Ergänzung hinsichtlich höherer Dimensionen eingeschoben.

Mit Abb. 6.5 wurden die beiden Vektoren $\vec{a}$ und $\vec{b}$ durch je zwei Koordinatenwerte in einem zweidimensionalen Koordinatensystem beschrieben:

$$\vec{a} = (a_1, a_2) \quad ; \quad \vec{b} = (b_1, b_2) \tag{6.62}$$

Zwei Vektoren $\vec{a}$ und $\vec{b}$ die wie z.B. der Farbvektor in Abb. 5.14b je drei Komponenten haben, lassen sich in einem dreidimensionalen Koordinatensystem darstellen:

$$\vec{a} = (a_1, a_2, a_3) \quad ; \quad \vec{b} = (b_1, b_2, b_3) \tag{6.63}$$

In dem dreidimensionalen (rechtwinkligen) Koordinatensystem gibt es jetzt drei senkrecht aufeinander stehende Einheitsvektoren i, j und $\mathfrak{k}$, deren Skalarprodukte entweder 0 sind, wenn die beiden Einheitsvektoren senkrecht aufeinander stehen wie bei (6.55), oder 1 sind, wenn ein Einheitsvektor mit sich selbst multipliziert wird wie bei (6.56). Mit einer gleichartigen Rechnung wie oben beim zweidimensionalen Koordinatensystem folgt [vergl. (6.61)]

$$\cos(\varphi) = \rho = \frac{a_1 \cdot b_1 + a_2 \cdot b_2 + a_3 \cdot b_3}{\sqrt{a_1^2 + a_2^2 + a_3^2} \cdot \sqrt{b_1^2 + b_2^2 + b_3^2}} \tag{6.64}$$

Zwei Vektoren $\vec{a}$ und $\vec{b}$, die je N Komponenten haben, lassen sich formal in einem N-dimensionalen Koordinatensystem (Vektorraum) darstellen

$$\vec{a} = (a_1, a_2, a_3, \cdots, a_N) \quad ; \quad \vec{b} = (b_1, b_2, b_3, \cdots, b_N) \tag{6.65}$$

Entsprechend ergibt sich für den Kosinus des Winkels φ zwischen den Vektoren $\vec{a}$ und $\vec{b}$

$$\cos(\varphi) = \rho = \frac{\sum_{\nu=1}^{N} a_\nu \cdot b_\nu}{\sqrt{\sum_{\nu=1}^{N} a_\nu^2 \cdot \sum_{\nu=1}^{N} b_\nu^2}} = \frac{\vec{a} \cdot \vec{b}}{\|\vec{a}\| \cdot \|\vec{b}\|} = \frac{\vec{a}}{\|\vec{a}\|} \cdot \frac{\vec{b}}{\|\vec{b}\|} = \bar{\vec{a}} \cdot \bar{\vec{b}} \tag{6.66}$$

Im Zähler von (6.66) steht entsprechend (6.58) das Skalarprodukt der Vektoren $\vec{a}$ und $\vec{b}$. Im Nenner von (6.66) wird von der folgenden im mathematischen Schrifttum viel benutzten Schreibweise Gebrauch gemacht:

$$\left.\begin{array}{ll} & \sum_{\nu=1}^{N} a_\nu^2 = \vec{a} \cdot \vec{a} = \|\vec{a}\|^2 \text{ d.h. } \|\vec{a}\| = \sqrt{\vec{a} \cdot \vec{a}} \\ \text{und} & \sum_{\nu=1}^{N} b_\nu^2 = \vec{b} \cdot \vec{b} = \|\vec{b}\|^2 \text{ d.h. } \|\vec{b}\| = \sqrt{\vec{b} \cdot \vec{b}} \end{array}\right\} \tag{6.67}$$

In (6.67) wird mit $\|\vec{a}\|$ bzw. $\|\vec{b}\|$ der Betrag (das ist die Länge) des Vektors $\vec{a}$ bzw. $\vec{b}$ ausgedrückt. Der Betrag eines Vektors ist gleich der (positiven) Wurzel des Skalarproduktes des Vektors mit sich selbst. $\bar{\vec{a}}$ und $\bar{\vec{b}}$ sind die auf die Länge 1 normierten Vektoren $\vec{a}$ und $\vec{b}$:

$$\bar{\vec{a}} = \frac{\vec{a}}{\|\vec{a}\|} \quad \text{und} \quad \bar{\vec{b}} = \frac{\vec{b}}{\|\vec{b}\|} \tag{6.68}$$

Die Beziehung (6.66) ist identisch mit dem im 4. Kapitel mit Formel (4.18) eingeführten Korrelationsfaktor ρ, wenn man a mit s_1 und b mit s_2 identifiziert:

$$\rho = \frac{\sum_{\nu=1}^{N} s_1(\nu) \cdot s_2(\nu)}{\sqrt{\sum_{\nu=1}^{N} s_1^2(\nu) \cdot \sum_{\nu=1}^{N} s_2^2(\nu)}} \tag{6.69}$$

Weil der Kosinus eines Winkels nur Werte zwischen -1 und $+1$ haben kann [vergl. (4.21)], folgt aus (6.66) für den Korrelationsfaktor ρ die bereits in (4.19) angegebene Beziehung

$$-1 \leq \rho \leq +1 \tag{6.70}$$

Ein endlich langes zeitdiskretes Signal $\{s(\nu)\}$ lässt sich als Vektor $\vec{s}$ auffassen, bei dem die Funktionswerte $s(\nu)$ die Komponenten dieses Vektors $\vec{s} = \{s(\nu)\}$ sind.

Entsprechend lässt sich jedes Reizmuster $\mathbf{A} = (x_1, x_2, x_3, \cdots, x_N)$, das von Sinnesorganen ans Gehirn geliefert wird, als ein Vektor $\vec{x} = (x_1, x_2, x_3, \cdots, x_N)$ auffassen, dessen Komponenten x_i die Reizstärken auf den einzelnen Nervenfasern eines Nervenfaserbündels sind.

Das Skalarprodukt $\vec{a} \cdot \vec{b}$ zweier Vektoren $\vec{a}$ und $\vec{b}$ ist wegen der Gleichartigkeit der Beziehungen (6.66) und (6.69) proportional zum Korrelationsfaktor ρ und stellt damit ein Maß für die *Ähnlichkeit* beider Vektoren dar. Maximal unähnlich sind zwei Vektoren, wenn ihr Korrelationsfaktor $\rho = \cos(\varphi) = 0$ ist. Das ist der Fall bei $\varphi = \frac{\pi}{2}$, wenn also beide Vektoren senkrecht aufeinander stehen. Aus dem Vergleich von (6.66) und (6.69) folgt mit (4.7), dass die Ausdrücke $\|\vec{a}\|^2$ und $\|\vec{b}\|^2$ auch die Energien der Vektoren $\vec{a}$ und $\vec{b}$ darstellen.

Ein anderes oft benutztes Ähnlichkeitsmaß zweier Vektoren $\vec{a}$ und $\vec{b}$ leitet sich von der Differenz beider Vektoren ab.

Summe und Differenz zweier Vektoren $\vec{a} = (a_1, a_2, a_3, \cdots, a_N)$ und $\vec{b} = (b_1, b_2, b_3, \cdots, b_N)$ sind wie folgt definiert:

$$\vec{a} + \vec{b} = (a_1 + b_1,\, a_2 + b_2,\, a_3 + b_3, \cdots,\, a_N + b_N) \tag{6.71}$$

$$\vec{a} - \vec{b} = (a_1 - b_1,\, a_2 - b_2,\, a_3 - b_3, \cdots,\, a_N - b_N) \tag{6.72}$$

In der Theorie künstlicher neuronaler Netze wird als Ähnlichkeitsmaß oft der Abstand $d(\vec{a}, \vec{b})$ zweier Vektoren betrachtet. Dieser ist definiert als positive Wurzel aus dem Skalarprodukt des Differenzvektors $\vec{a} - \vec{b}$ mit sich selbst

$$d(\vec{a}, \vec{b}) = \sqrt{(\vec{a} - \vec{b}) \cdot (\vec{a} - \vec{b})} = \|(\vec{a} - \vec{b})\| \tag{6.73}$$

Bemerkung:
Neben dem Skalarprodukt zweier Vektoren, das oft auch als „inneres Produkt" bezeichnet wird, gibt es in der Vektorrechnung noch weitere Arten, wie man Vektoren miteinander multiplizieren kann. Von diesen weiteren Arten wird in dieser Abhandlung aber kein Gebrauch gemacht.

6.5.2 Neuron als Ähnlichkeitsdetektor und neuronales Netz als Korrelationsempfänger

Nachdem im vorangegangenen Unterabschnitt 6.5.1 ausgeführt wurde, dass man Reizmuster durch Vektoren beschreiben kann und wie elementare Rechenoperationen mit Vektoren ausgeführt werden, wird bei den nun folgenden Überlegungen von der Vektorrechnung Gebrauch gemacht.

Entscheidend dafür, ob ein Neuron durch irgendein Reizmuster $\vec{x} = (x_1, x_2, x_3, \cdots, x_N)$ zum Feuern angeregt wird oder nicht angeregt wird, sind die Werte der Gewichtsfaktoren w_j mit $j = 1, 2, \ldots, N$ seiner Post-Synapsen. Die N Gewichtsfaktoren eines einzelnen Neurons bilden zusammen einen Gewichtsvektor $\vec{w} = (w_1, w_2, w_3, \cdots, w_N)$. Im Neuron erzeugt das Reizmuster $\vec{x} = (x_1, x_2, x_3, \cdots, x_N)$ gemäß Formel (6.22) und Formel (5.3) des 5. Kapitels den Aktivierungswert

$$\alpha = \sum_{i=1}^{N} x_i w_i = \vec{x} \cdot \vec{w} \tag{6.74}$$

Der Aktivierungswert α ist also gleich dem Skalarprodukt des Reizvektors $\vec{x}$ und des Gewichtsvektors $\vec{w}$. Verwendet man in (6.66) die Vektoren $\vec{x}$ statt $\vec{a}$ und $\vec{w}$ statt $\vec{b}$, dann erhält man weiter

$$\alpha = \vec{x} \cdot \vec{w} = \rho \cdot \|\vec{x}\| \cdot \|\vec{w}\| \tag{6.75}$$

Der Aktivierungswert α ist also proportional zur Höhe des Korrelationsfaktors ρ der Vektoren $\vec{x}$ und $\vec{w}$. Das Neuron feuert nach Formel (6.22) mit der Stärke y, sobald der Aktivierungswert α den Schwellwert S übersteigt:

$$y = \alpha - S = \vec{x} \cdot \vec{w} - S = \rho \cdot \|\vec{x}\| \cdot \|\vec{w}\| - S \quad \text{für } \alpha > S \tag{6.76}$$

Wenn die Vektoren $\vec{x}$ und $\vec{w}$ sehr unähnlich zueinander sind, dann ist ihr Korrelationsfaktor ρ sehr klein, sodass α den Schwellwert S nicht übersteigt. In diesem Fall feuert das Neuron nicht, es ignoriert also alle Reizmuster $\vec{x}$, die keine oder nur geringe Ähnlichkeit mit dem Gewichtsvektor $\vec{w}$ der Synapsen haben. Sobald aber der Aktivierungswert α den Schwellwert S übersteigt, dann feuert das Neuron umso stärker, je ähnlicher beide Vektoren $\vec{x}$ und $\vec{w}$ sind. So viel zum Feuern eines Neurons! Nun zum neuronalen Netz:

Ein quadratisches neuronales Netz besteht aus insgesamt $K = N^2$ Neuronen. Die Eigenschaft jedes einzelnen Neurons dieser K Neurone ist durch seinen (momentan vorhandenen) Gewichtsvektor gegeben. Für das k-te Neuron und für das r-te Neuron lauten diese

$$\vec{w}_k = (w_{k1}, w_{k2}, w_{k3}, \cdots, w_{kN}) \tag{6.77}$$

$$\vec{w}_r = (w_{r1}, w_{r2}, w_{r3}, \cdots, w_{rN}) \tag{6.78}$$

Allen Neuronen des Netzes werde nun das folgende spezielle Reizmuster zugeführt

$$\vec{x}_n = (x_{n1}, x_{n2}, x_{n3}, \cdots, x_{nN}) \tag{6.79}$$

Auf dieses Reizmuster reagiert das k-te Neuron gemäß (6.75) mit dem Aktivierungswert

$$\alpha_k = \vec{x}_n \cdot \vec{w}_k = \rho_{nk} \cdot \|\vec{x}_n\| \cdot \|\vec{w}_k\| \tag{6.80}$$

und das r-te Neuron mit dem Aktivierungswert

$$\alpha_r = \vec{x}_n \cdot \vec{w}_r = \rho_{nr} \cdot \|\vec{x}_n\| \cdot \|\vec{w}_r\| \tag{6.81}$$

Hierin ist ρ_{nk} der Korrelationsfaktor, den das Reizmuster $\vec{x}_n$ mit dem Gewichtsvektor $\vec{w}_k$ bildet, und ρ_{nr} der Korrelationsfaktor, den das Reizmuster $\vec{x}_n$ mit dem Gewichtsvektor $\vec{w}_r$ bildet. $\|\vec{x}_n\|$, $\|\vec{w}_k\|$ und $\|\vec{w}_r\|$ sind die Beträge des Reizmusters $\vec{x}_n$ und der Gewichtsvektoren $\vec{w}_k$ und $\vec{w}_r$.

Ist das Reizmuster $\vec{x}_n$ sehr ähnlich dem Gewichtsvektor $\vec{w}_r$ und sehr unähnlich dem Gewichtsvektor $\vec{w}_k$, dann wird das *r*-te Neuron stark feuern und das *n*-te schwach oder nicht feuern vorausgesetzt, dass die Beträge $\|\vec{w}_k\|$ und $\|\vec{w}_r\|$ sich nicht sehr unterscheiden.

Da das selbe Reizmuster $\vec{x}_n$ allen Neuronen des neuronalen Netzes zugeführt wird, wird das Reizmuster auf Ähnlichkeit mit den Gewichtsvektoren aller *K* Neuronen verglichen. Wenn große Ähnlichkeit mit nur einem einzigen der *K* Gewichtsvektoren vorhanden ist, dann gehört nach **[6.3]** das Reizmuster $\vec{x}_n$ einer scharfen Reizmusterklasse an. Bei *K* Neuronen gibt es maximal *K* unterscheidbare scharfe Reizmusterklassen.

Bemerkung:
Der zuletzt genannte Fall entspricht weitgehend dem viel verwendeten digitalen Korrelationsempfänger der Nachrichtentechnik, bei dem nur z.B. $K = 64$ verschiedene Signalvektoren (Symbolfolgen) unterschieden werden. Im Empfänger werden die Skalarprodukte des (meist gestört) empfangenen Signalvektors mit allen 64 möglichen Signalvektoren gebildet. Entschieden wird für denjenigen Signalvektor, bei dem das Skalarprodukt maximal wird. Wenn zwei oder mehr Skalarprodukte gleich sind, was nur selten vorkommt, ist keine scharfe Entscheidung möglich. – Der einzige Unterschied zum neuronalen Netz besteht darin, dass es sich beim Korrelationsempfänger der Nachrichtentechnik um scharf definierte *Signalvektoren* handelt, während es sich beim neuronalen Netz um scharfe *Klassen* von Reizmustervektoren handelt, wenn im Netz nur ein einziges Neuron feuert.

Festgehalten sei hier:

[6.5] Ähnlichkeitsdetektor Neuron und neuronales Netz als Korrelationsempfänger

Das Neuron überprüft Reizmustervektoren auf Ähnlichkeit mit dem Gewichtsvektor seiner Post-Synapsen. Es ignoriert alle Reizmuster, die keine oder nur geringe Ähnlichkeit mit dem Gewichtsvektor haben. Sowie aber eine genügend große Ähnlichkeit vorhanden ist, feuert es umso stärker, je größer die durch den Korrelationsfaktor ausgedrückte Ähnlichkeit ist.

Ein neuronales Netz aus Neuronen mit unterschiedlichen Gewichtsvektoren stellt einen Korrelationsempfänger dar, wenn jedes Reizmuster allen Neuronen zugleich zugeführt wird. Die feuernden Neuronen kennzeichnen die Reizmusterklassen, denen das Reizmuster angehört. Die Klassenzugehörigkeit wird dabei von Korrelationsfaktoren bestimmt. Im Übrigen gilt Aussage **[6.3]**.

In einer Lernphase werden Gewichtsvektoren $\vec{w}_k$ aller Neurone eines neuronalen Netzes festgelegt. Bei einem quadratischen Netz aus $K = N^2$ Neuronen haben die Gewichtsvektoren $\vec{w}_k$, $k = 1, 2, \dots, N^2$ je maximal *N* Komponenten w_{ki}, $i = 1, 2, \dots, N$, siehe (6.77).

6.5.3 Lernen eines einzelnen Musters gemäß der Hebb'schen Regel

Hier wird zunächst der einfache Fall betrachtet, dass nur ein einzelnes Reizmuster gelernt wird. Vor dem Start einer Lernphase haben die Komponenten w_{ki} ; $i = 1, 2, ..., N$ der Gewichtsvektoren $\vec{w}_k$ der $k = 1, 2, 3, \cdots, K$ Neuronen irgendwelche zufälligen Werte, die zudem noch relativ kleine Beträge haben, und von Neuron zu Neuron verschieden sind.

Bei erstmaliger Zuführung eines Reizmusters $\vec{x}_n = (x_{n1}, x_{n2}, x_{n3}, \cdots, x_{nN})$ wird in jedem Neuron ein Aktivierungswert $\alpha_k = \vec{x}_n \cdot \vec{w}_k$, $k = 1, 2, ..., K$ gebildet, der ebenfalls irgendeinen von Neuron zu Neuron verschiedenen zufälligen Wert hat. Bei den meisten Neuronen ist α_k aufgrund von Unähnlichkeit so klein, dass der Schwellwert S nicht überschritten wird und die betreffenden Neuronen gar nicht feuern.

Unter den vergleichsweise wenigen feuernden Neuronen sind bei der erstmaligen Zuführung eines Reizmusters die Feuerstärken y_k noch gering und darüber hinaus von Neuron zu Neuron verschieden. Bei dem am stärksten feuernden Neuron ist nach Abschn. 6.3.4 der Korrelationsfaktor zwischen seinem Gewichtsvektor $\vec{w}_k$ und dem zugeführten Reizmustervektor $\vec{x}_n$ am größten. Dieser Korrelationsfaktor ρ_{nk} wird durch wiederholtes Zuführen des zu lernenden Reizmusters $\vec{x}_n$ immer größer, wenn nach jeder neuen Zuführung der Gewichtsvektor $\vec{w}_k$ nach der Hebb'schen Regel verändert wird.

Nach der Regel (Hypothese) von D. Hebb ändert ein feuerndes k-tes Neuron den Gewichtsfaktor w_{ki} seiner i-ten Synapse proportional zur Feuerstärke y_k und zur Stärke der Reizkomponente x_{ni} an der i-ten Synapse. Für diese Änderung Δw_{ki} gilt

$$\Delta w_{ki} = \varepsilon \cdot y_k \cdot x_{ni} \tag{6.82}$$

Hierin ist ε ein kleiner, die Schrittweite bestimmender positiver Proportionalitätsfaktor.

Mit der Hebb'schen Regel lässt sich die Lernphase mit zeitlich aufeinander folgenden Schritten beschreiben, wobei in jedem dieser Schritte das selbe Reizmuster zugeführt wird.

Vor dem Start der Lernphase mögen beim k-ten Neuron die Gewichtsfaktoren der Synapsen die Werte $w_{ki}(0)$ haben, was den Gewichtsvektor $\vec{w}_k(0)$ ergibt. [Der Gewichtsvektor des r-ten Neurons lautet entsprechend $\vec{w}_r(0)$].

Die erstmalige Zuführung des Reizmusters $\vec{x}_n$ erzeugt im k-ten Neuron den Aktivierungswert $\alpha_k(1) = \vec{x}_n \cdot \vec{w}_k(0)$ und die Feuerstärke $y_k(1) = \alpha_k(1) - S$.

Mit $y_k(1)$ und (6.82) folgt für die Änderung des Gewichtsfaktors $\Delta w_{ki}(1) = \varepsilon \cdot y_k(1) \cdot x_{ni}$ und damit der neue Wert des Gewichtsfaktors zu

$$w_{ki}(1) = w_{ki}(0) + \Delta w_{ki}(1) = w_{ki}(0) + \varepsilon \cdot y_k(1) \cdot x_{ni} \tag{6.83}$$

Die zweite Zuführung des gleichen Reizmusters $\vec{x}_n$ erzeugt im k-ten Neuron den Aktivierungswert $\alpha_k(2) = \vec{x}_n \cdot \vec{w}_k(1)$ und die Feuerstärke $y_k(2) = \alpha_k(2) - S$.

Mit $y_k(2)$ und (6.82) folgt für die Änderung des Gewichtsfaktors $\Delta w_{ki}(2) = \varepsilon \cdot y_k(2) \cdot x_{ni}$. Damit ergibt sich der neue Wert des Gewichtsfaktors zu

$$w_{ki}(2) = w_{ki}(1) + \Delta w_{ki}(2) = w_{ki}(1) + \varepsilon \cdot y_k(2) \cdot x_{ni} \qquad (6.84)$$

Jede neue Zuführung stellt einen neuen Lernschritt dar, mit dem der Wert des Gewichtsfaktors w_{ki} der i-ten Synapse des k-ten Neurons erhöht wird. Gleiches geschieht bei den Gewichtsfaktoren w_{kj}, $j \neq i$, der anderen Synapsen des k-ten Neurons, wobei die Zuwächse Δw_{kj} abhängig von unterschiedlichen Stärken der Reizkomponenten x_{nj} im Allgemeinen unterschiedlich groß sind.

Man könnte nun meinen, dass mit beliebig vielen neuen Lernschritten die Gewichtsfaktoren beliebig groß werden. Das ist jedoch nicht der Fall, weil die Feuerstärke y eines Neurons nicht beliebig groß werden kann, sondern beschränkt bleibt und einen oberen Maximalwert $y_{\max}$ nicht überschreiten kann, wie das im 5. Kapitel mit Abb. 5.7 gezeigt und erläutert wurde. Bei jedem Lernschritt (ν) werden für alle Synapsen des k-ten Neurons die Zuwächse $\Delta w_{ki}(\nu)$ der Gewichtsfaktoren und deren neue Werte $w_{ki}(\nu)$ zugleich bestimmt. Damit erhöht sich zugleich der Aktivierungswert $\alpha_k(\nu)$ und mit ihm die Feuerstärke $y_k(\nu)$. Mit der Beziehung (5.5) gilt also

$$\alpha_k(\nu) - S = \sum_{i=1}^{N} w_{ki}(\nu - 1) \cdot x_{ni} - S = y_k(\nu) \leq y_{\max} \qquad (6.85)$$

Die schrittweise Erhöhung der Feuerstärke $y_k(\nu)$ geschieht so lange, bis sie den Maximalwert $y_{\max}$ erreicht. Sowie der Maximalwert $y_{\max}$ erreicht ist, gibt es bei allen Synapsen des k-ten Neurons keine weiteren Zuwächse $\Delta w_{ki}(\nu)$ mehr, und zwar auch dann nicht, wenn dasselbe Reizmuster $\vec{x}_n$ noch weiterhin zugeführt wird. Die Lernphase ist damit beim k-ten Neuron beendet. Mit den Gewichtsfaktoren, die am Ende dieser Lernphase erreicht wurden, ist im Neuron ein Muster gespeichert, das mit dem zugeführten Reizmuster $\vec{x}_n$ maximal stark korreliert ist.

Ergänzende Anmerkungen:

1. Der gleichzeitige Stopp der Zuwächse bei allen Synapsen ist plausibel, weil bei einem biotischen Neuron die Änderungen der Gewichtsfaktoren aller Synapsen vom selben chemischen Prozess im Neuron gesteuert werden.
2. Da zu Beginn die Beträge der $w_{ki}(0)$ sehr klein sind, werden beim ersten Schritt auch die Feuerstärke $y_k(1)$ und infolge davon auch die Zuwächse $\Delta w_{ki}(1)$ bei den i-ten Synapsen des k-ten Neurons gering sein. Weil aber mit zunehmender Lernschrittzahl (ν) die Feuerstärke $y_k(\nu)$ zunimmt, werden beim gleichen Reizmuster, d.h. bei gleichbleibenden Werten x_{ni}, nach (6.82) die Zuwächse $\Delta w_{ki}(\nu)$ immer größer. Erst kurz vor Erreichen des Maximalwerts $y_{\max}$ werden die Zuwächse wieder kleiner, weil gemäß Abb. 5.7 die Feuerstärke y_k nicht mehr linear ansteigt, sondern sich asymptotisch dem Maximalwert $y_{\max}$ nähert. Der im linearen Bereich proportional zur Lernschrittzahl (ν) zunehmenden Feuerstärke $y_k(\nu)$ wird bei Simulationsrechnungen auf

dem Computer oft dadurch entgegengewirkt, dass der Schrittweitenfaktor ε bei den ersten Lernschritten groß und bei späteren Lernschritten klein gewählt wird.

3. Die Vergrößerung der Feuerstärke $y_k(\nu)$ mit zunehmender Lernschrittzahl (ν) erfolgt hauptsächlich durch Vergrößerung des Betrags $\|\vec{w}_k\|$ des Gewichtsvektors, vergl. Formel (6.76). Das ist deshalb so, weil bei allen Lernschritten der Betrag $\|\vec{x}_n\|$ des Reizmusters gleich bleibt und der Korrelationsfaktor ρ bereits zu Beginn relativ groß sein muss, weil anderenfalls das Neuron wegen der anfangs kleinen Beträge der Gewichtsfaktoren $w_{ki}(0)$ gar nicht feuern würde. Mit den Lernschritten wird der Korrelationsfaktor ρ nur noch um kleine Beträge vergrößert.
4. Mit der Änderung des Gewichtsvektors $\vec{w}_k$ während der Lernphase ändern sich zugleich auch die Korrelationsfaktoren ρ_{mk} mit anderen möglichen Reizmustern $\vec{x}_m \neq \vec{x}_n$, was in der Regel unerwünscht ist. Auf diesen Punkt wird weiter unten in Abschn. 6.5.4B näher eingegangen.
5. Die Regel von Hebb (6.82) gilt nur für Lernprozesse. Sie ermöglicht kein „Vergessen". Eine von Kohonen eingeführte Modifikation dieser Regel wird später in Abschn. 6.5.5 eingeführt.

Hier wird jetzt noch gezeigt, dass die aus der Hebb'schen Regel (6.82) resultierenden Beziehungen für die Lernschritte (6.83) bis (6.85) auf einfache rekursive Formeln für die Feuerstärke $y_k(\nu)$ und die Gewichtsfaktoren $w_{ki}(\nu)$ führen:

Nach dem ($\nu+1$)-ten Lernschritt, d.h. nach der ($\nu+1$)-ten Zuführung des Reizmusters $\vec{x}_n$ zum *k*-ten Neuron, feuert Letzteres mit der Stärke [vergl. (6.85)]:

$$y_k(\nu+1) = \alpha_k(\nu+1) - S = \sum_{i=1}^{N} w_{ki}(\nu)x_{ni} - S \tag{6.86}$$

Ersetzt man hierin $w_{ki}(\nu)$ gemäß der Hebb'schen Regel (6.82) bzw. (6.83), (6.84), dann erhält man

$$y_k(\nu+1) = \sum_{i=1}^{N} w_{ki}(\nu-1)x_{ni} + \varepsilon y_k(\nu)\sum_{i=1}^{N} x_{ni}^2 - S = y_k(\nu) + \varepsilon y_k(\nu)\sum_{i=1}^{N} x_{ni}^2 \tag{6.87}$$

In (6.87) ist berücksichtigt, dass der erste Summenausdruck nach (6.86) gleich $y_k(\nu)+S$ ist. Somit erhält man aus (6.87) die folgende, vom Schwellenwert *S* (der sich heraushebt) und von den Gewichtsfaktoren w_{ki} unabhängige, sehr einfache Rekursionsformel für die Feuerstärke

$$y_k(\nu+1) = y_k(\nu)\left[1 + \varepsilon\sum_{i=1}^{N} x_{ni}^2\right] \tag{6.88}$$

Ausgehend von $y_k(1) = \alpha_k(1) - S$ lässt sich mit (6.88) für jeden weiteren Lernschritt der nächste Wert der Feuerstärke y_k leicht berechnen. Die Summe $\sum x_{ni}^2$ stellt entsprechend Formel (4.7) des 4. Kapitels die Energie des Reizmusters $\vec{x}_n$ dar.

Nach dem $(\nu+1)$ -ten Lernschritt ergibt sich der neue Gewichtsfaktor zu

$$w_{ki}(\nu+1) = w_{ki}(\nu) + \Delta w_{ki}(\nu+1) \tag{6.89}$$

Setzt man hierin (6.82) ein, dann ergibt sich

$$w_{ki}(\nu+1) = w_{ki}(\nu) + \varepsilon y_k(\nu+1)x_{ni} \tag{6.90}$$

Ausgehend von den anfänglichen Gewichtsfaktoren $w_{ki}(\nu = 0)$ lassen sich mit (6.90) für jeden aus (6.88) bestimmten neuen Wert von y_k die neuen Gewichtsfaktoren $w_{ki}(\nu)$ rekursiv berechnen. Ein Beispiel bringt der nachfolgende Unterabschnitt 6.3.4.

Die Rekursionsformeln (6.88) und (6.90) gelten für ein beliebiges k-tes Neuron und für sämtliche Gewichtsfaktoren dieses Neurons und für den Fall, dass in aufeinanderfolgenden Lernschritten immer das gleiche Reizmuster $\vec{x}_n$ zugeführt wird. Mit zunehmender Zahl ν an Lernschritten feuert das k-te Neuron immer stärker. Dabei wird das k-te Neuron zugleich aber auch empfindlicher auf andere Reizmuster $\vec{x}_m \neq \vec{x}_n$, d.h. es feuert ab einer bestimmten Lernschrittzahl ν auch z.B. beim Reizmuster $\vec{x}_m$, bei dem es vorher nicht gefeuert hat. Ein Feuern beim Reizmuster $\vec{x}_m$ ist dann ausgeschlossen, wenn $\vec{x}_m$ und $\vec{x}_n$ unkorreliert sind, d.h. den Korrelationsfaktor $\rho_{mn} = 0$ haben. Näheres hierzu folgt weiter unten im Abschn. 6.5.4.

A: *Über Details des Lernprozesses beim einzelnen einfachen Neuron*

Die Einzelheiten während der Lernphase lassen sich am Beispiel eines einfachen Neurons mit nur 2 Synapsen erläutern. Dieses einfache Neuron wurde bereits in Abschn. 5.3.2 des 5. Kapitels anhand von Abb. 5.9 untersucht.

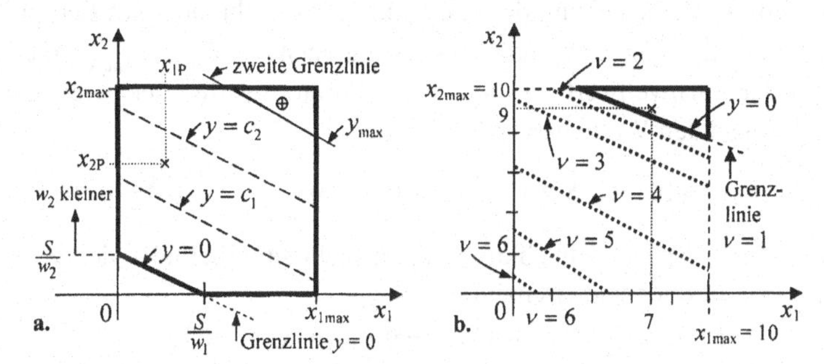

Abb. 6.6 Feuerstärke y und Grenzlinie $y = 0$ in Abhängigkeit von w_1 und w_2
a. Linien konstanter Feuerstärken $y = c$; $c_1 > 0$; $c_2 = 2c_1$
b. Zum Lernprozess (siehe Text)

Die in Abb. 5.9b dargestellten Zusammenhänge werden in den Abbildungen 6.6a wiederholt und mit zusätzlichen Ergänzungen versehen. Die Ergänzungen berücksichtigen, dass die Feuerstärke y und die Reizkomponenten x_1 und x_2, die ihrerseits von feuernden Sinneszellen oder von anderen Zellen herrühren, einerseits nicht negativ sein können und andererseits nicht beliebig groß werden können sondern auf Maximalwerte beschränkt sind:

$$0 \le y \le y_{\max} \quad ; \quad 0 \le x_1 \le x_{1\,\max} \quad ; \quad 0 \le x_2 \le x_{2\,\max} \tag{6.91}$$

Die möglichen Werte für x_1 und x_2 bilden in Abb. 6.6a ein Viereck mit den Seitenlängen $x_{1\max}$ und $x_{2\max}$. Darin kennzeichnen die fett gezeichneten Umrandungen den Wertebereich für die Reizkomponenten x_1 und x_2, bei dem das Neuron feuert [siehe z.B. das den speziellen Punkt × kennzeichnende spezielle Wertepaar $(x_1 = x_{1\mathrm{P}}, x_2 = x_{2\mathrm{P}})$]. Im dreieckigen Bereich unterhalb der Grenzlinie $y = 0$ feuert das Neuron nicht. Oberhalb der Grenzlinie feuert das Neuron umso stärker, je weiter der Punkt eines Wertepaars (x_1, x_2) von der Grenzlinie entfernt ist. Die gestrichelt gezeichneten Geraden zeigen Punkte gleicher Feuerstärke $y = c$. Bei doppelten Abstand von der Grenzlinie $y = 0$ feuert das Neuron doppelt so stark, in der Abbildung ist also $c_2 = 2c_1$. Eine zweite Grenzlinie ist durch maximale Feuerstärke y_{max} gegeben. Für alle Wertepaare (x_1, x_2), deren Punkte im schattierten Bereich von Abb. 6.6a liegen [wie z.B. der Punkt ⊕], feuert das Neuron mit der gleichen maximalen Feuerstärke y_{max}.

Wenn die Werte der Gewichtsfaktoren w_1 und w_2 verändert werden, dann verschiebt sich die Grenzlinie $y = 0$ zwischen Feuern und Nichtfeuern. Wird der Gewichtsfaktor w_2 kleiner, dann verschiebt sich der Schnittpunkt der Grenzlinie mit der x_2-Achse zu einem höheren x_2-Wert nach oben. Entsprechend verschiebt sich der Schnittpunkt mit der x_1-Achse zu einem höheren x_1-Wert nach rechts. Bei ungleich großen Verschiebungen ändern sich die Steigungen der Grenzlinie $y = 0$ und der dazu parallelen Geraden gleicher Feuerstärke $y = c$. Zugleich ändert sich auch der Abstand zwischen zwei Geraden $y = c$ und $y = 2c$, was man aus der Beziehung (5.8) im 5. Kapitel ersehen kann. Es ist auch möglich, dass bei bestimmten Werten von w_1 und w_2 die maximale Feuerstärke y_{max} mit den beschränkten Werten $0 \leq x_1 \leq x_{1\,max}$ und $0 \leq x_2 \leq x_{2\,max}$ gar nicht erreicht werden kann, es also kein schattiertes Dreieck in der oberen rechten Ecke [siehe Abb. 6.6a] gibt.

Mit Abb. 6.6b wird die Verschiebung der Grenzlinie $y = 0$ während eines Lernprozesses illustriert für den Fall, dass die maximalen Reizkomponenten x_{1max}, x_{2max}, die maximale Feuerstärke y_{max}, der Schwellwert S und die Anfangswerte der Gewichtsfaktoren $w_1(0), w_2(0)$ die folgenden Werte haben:

$$x_{1max} = x_{2max} = y_{max} = 10 \quad ; \quad S = 1 \quad ; \quad w_1(0) = 0{,}03 \quad ; \quad w_2(0) = 0{,}09 \qquad (6.92)$$

Weil die Anfangswerte der Gewichtsfaktoren recht klein sind, befindet sich zu Beginn die zugehörige mit $v = 1$ bezeichnete Grenzlinie

$$w_1(0)x_1 + w_2(0)x_2 - S = y = 0 = 0{,}03x_1 + 0{,}09x_2 - 1 \qquad (6.93)$$

in der oberen rechten Ecke von Abb. 6.6b. Das Neuron feuert jetzt nur dann, wenn die Komponenten x_1 und x_2 eines Reizmusters $\vec{x}$ so große Werte haben, dass der zugehörige Punkt × sich im oberen rechten Dreieck befindet. Wie zu sehen ist, trifft das beim Beispiel des folgenden Reizmusters zu:

$$\vec{x} = (x_1, x_2) = (7, 9) \qquad (6.94)$$

Für dieses Reizmuster (6.94) werden nachfolgend die einzelnen Schritte detailliert ausgeführt:

1. Bei erstmaliger Zuführung dieses Reizmusters feuert das Neuron mit der geringen Stärke

$$y(1) = w_1(0)x_1 + w_2(0)x_2 - S = 0{,}03 \cdot 7 + 0{,}09 \cdot 9 - 1 = 0{,}02 \qquad (6.95)$$

Im anschließenden ersten Lernschritt werden die Gewichtsfaktoren w_1 und w_2 gemäß (6.83) vergrößert. Das ergibt mit obigen Werten und der Wahl $\varepsilon = 0{,}02$

$$w_1(1) = w_1(0) + \Delta w_1(1) = w_1(0) + \varepsilon \cdot y(1) \cdot x_1 = 0,03 + 0,02 \cdot 0,02 \cdot 7 = 0,0328 \tag{6.96}$$

$$w_2(1) = w_2(0) + \Delta w_2(1) = w_2(0) + \varepsilon \cdot y(1) \cdot x_2 = 0,09 + 0,02 \cdot 0,02 \cdot 9 = 0,0936 \tag{6.97}$$

Mit diesen erhöhten Werten $w_1(1)$ und $w_2(1)$ rückt die Grenzlinie (6.93) nach unten und bildet die punktierte fette Linie $\nu = 2$, siehe in Abb. 6.6b

$$w_1(1)x_1 + w_2(1)x_2 - S = y = 0 = 0,0328x_1 + 0,0936x_2 - 1 \tag{6.98}$$

2. Die erneute Zuführung des gleichen Reizmusters (6.94) im zweiten Schritt liefert bei den neuen Werten $w_1(1)$ und $w_2(1)$ die neue Feuerstärke $y(2)$

$$y(2) = w_1(1)x_1 + w_2(1)x_2 - 1 = 0,0328 \cdot 7 + 0,0936 \cdot 9 - 1 = 0,072 \tag{6.99}$$

Im anschließenden zweiten Lernschritt werden erneut die Gewichtsfaktoren w_1 und w_2 gemäß (6.83) vergrößert. Das ergibt

$$w_1(2) = w_1(1) + \Delta w_1(2) = w_1(1) + \varepsilon \cdot y(2) \cdot x_1 = 0,0328 + 0,02 \cdot 0,072 \cdot 7 = 0,04288 \tag{6.100}$$

$$w_2(2) = w_2(1) + \Delta w_2(2) = w_2(1) + \varepsilon \cdot y(2) \cdot x_2 = 0,0936 + 0,02 \cdot 0,072 \cdot 9 = 0,10656 \tag{6.101}$$

Mit diesen erhöhten Werten $w_1(2)$ und $w_2(2)$ verschiebt sich die punktierte fette Grenzlinie $\nu = 2$ nach unten und bildet die punktierte fette Linie $\nu = 3$.

$$w_1(2)x_1 + w_2(2)x_2 - S = y = 0 = 0,04288x_1 + 0,10656x_2 - 1 \tag{6.102}$$

Die weiteren Lernschritte werden zweckmäßigerweise mit den Rekursionsformeln (6.88) und (6.90) durchgeführt. Da nur ein einziges Neuron betrachtet wird, kann bei y_k und w_{ki} der Index k weggelassen werden.

Für $\varepsilon = 0,02,\ x_{n1} = x_1 = 7,\ x_{n2} = x_2 = 9$ liefert (6.88)

$$y(\nu+1) = y(\nu)\left[1 + \varepsilon \sum_{i=1}^{N} x_{ni}^2\right] = y(\nu)\left[1 + 0,02(7^2 + 9^2)\right] = y(\nu) \cdot 3,6 \tag{6.103}$$

Ausgehend von $y(1) = 0,02$ in (6.95) erhält man mit (6.103) nacheinander $y(2) = 0,072$ in Übereinstimmung mit (6.99), und weiter $y(3) = 0,2592$, $y(4) = 0,93312$, $y(5) = 3,359232$, $y(6) = 12,0932352$. Die starke Zunahme der Feuerstärke illustriert die zu Beginn dieses Abschnitts 6.5.3 gemachte 2. ergänzende Anmerkung.

Für $\varepsilon = 0,02,\ x_{n1} = x_1 = 7,\ x_{n2} = x_2 = 9,\ w_{k1}(0) = w_1(0) = 0,03,\ w_{k2}(0) = w_2(0) = 0,09$ liefert (6.90) nacheinander für w_1

$$\left.\begin{array}{l} w_1(1) = w_1(0) + 0,02y(1)x_1 = 0,03 + 0,02 \cdot 0,02 \cdot 7 = 0,0328 \text{ [wie (6.96)]} \\ w_1(2) = w_1(1) + 0,02y(2)x_1 = 0,0328 + 0,02 \cdot 0,072 \cdot 7 = 0,04288 \text{ [wie (6.100)]} \\ w_1(3) = w_1(2) + 0,02y(3)x_1 = 0,04288 + 0,02 \cdot 0,2592 \cdot 7 = 0,079168 \\ \text{usw. } w_1(4) \approx 0,21,\ w_1(5) \approx 0,68 \end{array}\right\} \tag{6.104a}$$

und entsprechend für w_2

$$\left.\begin{array}{l} w_2(1) = w_2(0) + 0,02y(1)x_2 = 0,09 + 0,02 \cdot 0,02 \cdot 9 = 0,0936 \text{ [wie (6.97)]} \\ w_2(2) = w_2(1) + 0,02y(2)x_2 = 0,0936 + 0,02 \cdot 0,072 \cdot 9 = 0,10656 \text{ [wie (6.101)]} \\ w_2(3) = w_2(2) + 0,02y(3)x_2 = 0,10656 + 0,02 \cdot 0,2592 \cdot 9 = 0,153216 \\ \text{usw. } w_2(4) \approx 0,32,\ w_2(5) \approx 0,93 \end{array}\right\} \tag{6.104b}$$

In Abb. 6.6b verschiebt sich beim dritten Lernschritt die punktierte fette Grenzlinie $\nu = 3$ mit den neuen Werten $w_1(3)$ und $w_2(3)$ nach unten und bildet die punktierte fette Linie $\nu = 4$. Die Feuerstärke erhöht sich dabei auf $y(4) = 0,93312$.

Auf die gleiche Weise erhält man in Abb. 6.6b mit dem vierten und fünften Lernschritt nacheinander die punktierten fetten Grenzlinien $\nu = 5$ und $\nu = 6$. Die zugehörigen Feuerstärken erhöhen sich dabei auf $y(5) = 3,359232$ und $y(6) = 12,0932352$. Der errechnete Wert für $y(6)$ übersteigt den möglichen Maximalwert $y_{\max} = 10$. Deshalb stoppt der Lernprozess mit der fünften Zuführung des Reizmusters $\vec{x} = (x_1, x_2) = (7, 9)$ und gibt den Maximalwert $y_{\max} = 10$ aus.

Bei Wahl eines kleineren Schrittweitenfaktors $\varepsilon = 0,01$ erhält man von $y(1) = 0,02$ ausgehend alle weiteren Feuerstärken durch Multiplikation mit 2,3 statt mit 3,6. In diesem Fall wird erst bei der neunten Zuführung des Reizmusters die Feuerstärke $y_{\max} = 10$ formal überschritten.

B: *Einfluss hemmender Synapsen*

Im 5. Kapitel wurde bei der mathematischen Beschreibung der Funktion eines Neurons bemerkt, dass neurologische Untersuchungen gezeigt hätten, dass bereits mit einem einzigen Eingangssignal, das einer hemmenden Post-Synapse zugeführt wird, eine Zelle am Feuern gehindert werden kann [siehe Text vom 3. Absatz hinter Formel (5.5)]. Dieses Phänomen folgt direkt aus den oben betrachteten Beziehungen (6.92) bis (6.95):

Erweitert man den anfänglichen Gewichtsvektor $\vec{w}(0) = \{w_1(0), w_2(0)\} = \{0,03,\ 0,09\}$ mit einer dritten Komponente $w_3(0) = -0,01$, die eine hemmende Synapse beschreibt, und fügt man dem Reizmuster $\vec{x} = (x_1, x_2) = (7, 9)$ noch eine Komponente $x_3 = 3$ hinzu, dann erhält man statt der Beziehung (6.95) das negative Resultat, dass das Neuron nicht feuert:

$$w_1(0)x_1 + w_2(0)x_2 + w_3(0)x_3 - S = 0,03 \cdot 7 + 0,09 \cdot 9 - 0,01 \cdot 3 - 1 = -0,01 \qquad (6.105)$$

Trotz des Umstands, dass der Betrag 0,01 des hemmenden Gewichtsfaktors $w_3(0)$ deutlich kleiner ist als die Beträge 0,03 und 0,09 von $w_1(0)$ und $w_2(0)$, wird durch das hemmende Signal x_3 das Neuron am Feuern gehindert, obwohl $x_3 = 3$ vergleichsweise klein ist gegen $x_1 = 7$ und $x_2 = 9$. Ohne das hemmende kleine Signal x_3 feuert dagegen das Neuron, was an der Beziehung (6.95) zu sehen ist. Dass bereits ein kleines Signal genügt, um das Neuron am Feuern zu hindern, liegt an dem relativ hohen Schwellwert $S = 1$.

6.5.4 Lernen von Reizmustern der selben und anderer Reizmusterklassen

In den Abschnitten und Unterabschnitten 6.5.3 wurde der Lernprozess am simplen Beispiel eines einzigen Reizmusters im einzelnen Neuron betrachtet. Dieser Lernprozess geschah ohne Beachtung von anderen Reizmustern, die der selben Reizmusterklasse angehören, und er geschah erst recht ohne Rücksicht auf das Lernen von Reizmustern anderer Reizmusterklassen in anderen Neuronen.

Die Berücksichtigung verschiedener Reizmuster, die der selben Reizmusterklasse angehören, lassen sich leicht in die bisherigen Betrachtungen einfügen, wie mit Abb. 6.7 illustriert wird.

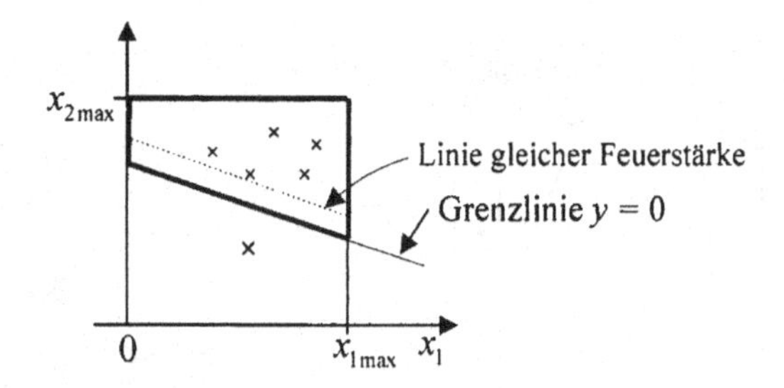

Abb. 6.7 Zum Lernprozess bei mehreren Reizmustern der selben Reizmusterklasse

Mit × werden in Abb. 6.7 mehrere Reizmuster $\vec{x} = (x_1, x_2)$ abgebildet, die alle zur selben Reizmusterklasse gehören und sich nur durch ihre Komponenten x_1 und x_2 unterscheiden.

Wird dem Neuron eines der oberhalb seiner Grenzlinie liegenden Reizmuster zugeführt, dann wird gemäß der Hebb'schen Regel die Grenzlinie wie in Abb. 6.6b nach unten verschoben. Die Größe der Verschiebung und die Änderung der Steigung der Grenzlinie hängt dabei von den Werten der Komponenten x_1 und x_2 des zugeführten Reizmusters ab. Für den Lernprozess ist es egal, in welcher Reihenfolge die verschiedenen Reizmuster dem Neuron zugeführt werden. Durch die Verschiebung der Grenzlinie nach unten kommen auch solche Reizmuster, die vorher unterhalb der Grenzlinie lagen, oberhalb der Grenzlinie zu liegen und vergrößern die Anzahl der Reizmuster, die bei Zuführung ein Feuern verursachen. Der Lernprozess stoppt, sobald die maximal mögliche Feuerstärke erreicht wird.

Deutlich komplizierter sind die Verhältnisse bei einem neuronalen Netz, das aus mehreren Neuronen besteht und bei dem die Reizmuster unterschiedlicher Reizmusterklassen von unterschiedlichen Neuronen des Netzes gelernt werden. Dazu wird nachfolgend der Fall des *überwachten* Lernens betrachtet, bei dem ein Lehrer vorschreibt, welches Reizmuster zu welcher Reizmusterklasse gehören soll und von welchem Neuron gelernt werden soll.

Gegenseitige Beeinflussung bei Lernprozessen verschiedener Reizmusterklassen

Betrachtet wird ein einfaches Netz aus zwei Neuronen mit je zwei Post-Synapsen, denen nacheinander zwei zweidimensionale Reizmuster $\vec{x} = (x_1, x_2)$ zugeführt werden. Neuron (1) soll das Reizmuster × lernen und Neuron (2) soll das Reizmuster ○ lernen. In Abb. 6.8a sind sowohl die Koordinaten beider Reizmuster × und ○ als auch die vor Lernbeginn geltenden Grenzlinien $y_1 = 0$ von Neuron (1) und $y_2 = 0$ von Neuron (2) eingetragen.

Wie ersichtlich, feuert bei der erstmaligen Zuführung von Reizmuster × nur Neuron (1), weil × in Abb. 6.8a oberhalb der Grenzlinie $y_1 = 0$ liegt, während Neuron (2) nicht feuert, weil ○ unterhalb der Grenzlinie $y_1 = 0$ liegt. Bei erstmaliger Zuführung von Reizmuster ○ feuert dagegen nur Neuron (2), weil ○ oberhalb der Grenzlinie $y_2 = 0$ liegt, während Neuron (1) nicht feuert, weil × unterhalb der Grenzlinie $y_2 = 0$ liegt. Die Feuerstärken sind wegen der kleinen Abstände von den Grenzlinien aber nur gering. Eine wesentliche Vergrößerung der Feuerstärken durch wiederholte Lernschritte ist jedoch nicht möglich.

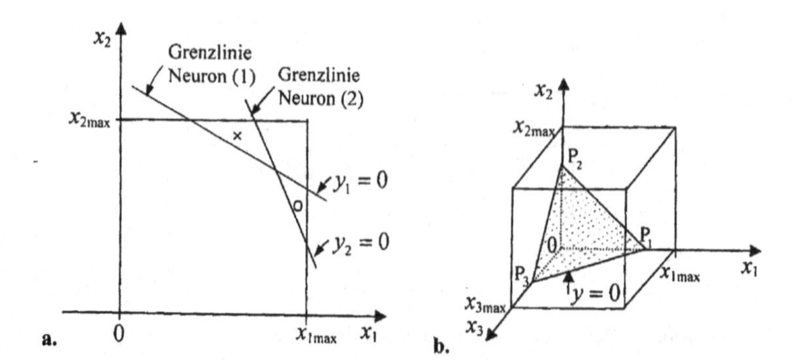

Abb. 6.8 Zum Lernvorgang von Reizmustern verschiedener Reizmusterklassen
a. Feuerbereiche der Neuronen (1) und (2) bei den Reizmustern × und ○
b. Mögliche Lage einer Grenzfläche $y = 0$ beim Neuron mit 3 Synapsen

Wenn nämlich die Grenzlinie $y_1 = 0$ von Neuron (1) beim [in Abb. 6.6b erläuterten] Lernprozess so weit nach unten verschoben wird, dass sie unterhalb der Koordinaten des Reizmusters ○ zu liegen kommt, dann feuert Neuron (1) sowohl beim Reizmuster × als auch beim Reizmuster ○. Dieser Fall ist nicht erlaubt, da beim Reizmuster ○ nach Vorschrift des Lehrers allein Neuron (2) feuern soll. Desgleichen feuert Neuron (2) sowohl beim Reizmuster ○ als auch beim Reizmuster ×, wenn die Grenzlinie $y_2 = 0$ von Neuron (2) beim Lernprozess so weit nach unten verschoben wird, dass sie unterhalb der Koordinaten des Reizmusters × zu liegen kommt. Das ist ebenfalls nicht erlaubt ist, weil beim Reizmusters × gemäß Vorschrift allein Neuron (1) feuern soll.

Die Lernprozesse beeinflussen sich also gegenseitig und erzeugen nach Aussage **[6.3]** eine unscharfe Reizmusterklasse statt der zu lernenden scharfen Reizmusterklassen. Dieser unerwünschte Effekt der gegenseitigen Beeinflussung beim Lernen von Reizmustern verschiedener Reizmusterklassen tritt auch bei Reizmustern $\vec{x} = (x_1, x_2, x_3, \ldots, x_N)$ höherer Dimension auf, was bereits in Abschn. 6.5.3 erwähnt wurde.

Eine Lösung dieses Problems bietet die Darstellung in einem höherdimensionalen Raum, d.h. dass z.B. Neuronen mit drei oder vier Synapsen zum Lernen zweidimensionaler Reizmuster verwendet werden.

A: *Vermeidung gegenseitiger Beeinflussungen bei höheren Dimensionen*

Sich gegenseitig nicht beeinflussende Lernvorgänge zweier zweidimensionaler Reizmuster × und ○ sind z.B. dann möglich, wenn zwei Neuronen mit je vier Synapsen verwendet werden. Diesen Neuronen werden vierdimensionale Reizmuster $\vec{x} = \{x_1, x_2, x_3, x_4\}$ zugeführt, bei denen das zu lernende zweidimensionale Muster × mit den Koordinaten x_1 und x_2 ausgedrückt wird und $x_3 = 0$ und $x_4 = 0$ gesetzt werden, und bei denen das zu lernende zweidimensionale Muster ○ mit den Koordinaten x_3 und x_4 ausgedrückt wird und $x_1 = 0$ und $x_2 = 0$ gesetzt werden.

Sich gegenseitig nicht beeinflussende Lernvorgänge zweier zweidimensionaler Reizmuster × und ○ können aber auch bereits durch Erweiterung mit nur einer Dimension erreicht werden. Abb. 6.8b zeigt den von dreidimensionalen Reizmustern $\vec{x} = \{x_1, x_2, x_3\}$ aufgespannten Vektorraum. Darin bildet die (schattierte) Ebene $y = 0$ die Grenze zwischen „Feuern" und „Nichtfeuern" eines mit 3 Synapsen ausgestatteten Neurons. Bei allen Reizmustern, deren Koordinatenwerte (x_1, x_2, x_3) unterhalb der Grenzfläche (d.h. auf der Seite des Ursprungs 0) liegen, feuert das Neuron nicht. Bei allen Reizmustern, deren Koordinatenwerte dagegen oberhalb der Grenzfläche liegen, feuert das Neuron, und zwar um so stärker, je größer der Abstand des Punktes × der Reizmusterkoordinaten von der Grenzfläche entfernt ist. Die Lage der Grenzfläche ist durch die Punkte P_1, P_2, P_3 gegeben, deren Positionen längs der Koordinatenachsen durch Änderung der Komponenten (w_1, w_2, w_3) des Gewichtsvektors $\vec{w}$ des Neurons verschoben werden können.

Nun werden wieder zwei verschiedene Neuronen (1) und (2) betrachtet. Neuron (1) soll beim Reizmuster × feuern und beim Reizmuster ○ nicht feuern. Umgekehrt soll Neuron (2) beim Reizmuster ○ feuern und beim Reizmuster × nicht feuern. Erreicht wird dies z.B. dadurch, dass Reizmuster × mit den Koordinaten x_1 und x_2 ausgedrückt wird und $x_3 = 0$ gesetzt wird [× also in der (x_1, x_2)-Ebene liegt], und Reizmuster ○ mit den Koordinaten x_1 und x_3 ausgedrückt wird und $x_2 = 0$ gesetzt wird [○ also in der (x_1, x_3)-Ebene liegt].

Bei Neuron (1) soll zu Beginn die Grenzfläche $y_1 = 0$ so liegen, dass Reizmuster × in der (x_1, x_2)-Ebene oberhalb der Linie P_1-P_2 liegt und Reizmuster ○ in der (x_1, x_3)-Ebene jenseits der Linie P_1-P_3 (d.h. auf der Seite des Ursprungs 0) liegt. Bei Neuron (2) soll zu Beginn die Grenzfläche $y_2 = 0$ so liegen, dass Reizmuster ○ in der (x_1, x_3)-Ebene diesseits der Linie P_1-P_3 liegt und Reizmuster × in der (x_1, x_2)-Ebene unterhalb der Linie P_1-P_2 liegt. Bei erstmaliger Zuführung von Reizmuster × feuert nur Neuron (1), weil × oberhalb der Grenzfläche $y_1 = 0$ liegt, während Neuron (2) nicht feuert, weil ○ unterhalb der Grenz-fläche $y_1 = 0$ liegt. Bei erstmaliger Zuführung von Reizmuster ○ feuert dagegen nur Neu-ron (2), weil ○ oberhalb der Grenzfläche $y_2 = 0$ liegt, während Neuron (1) nicht feuert, weil × unterhalb der Grenzfläche $y_2 = 0$ liegt.

Das Lernen von Reizmuster × kann jetzt durch Verschiebung der Grenzfläche $y_1 = 0$ in der Weise geschehen, dass der Punkt P_2 in Richtung auf den Ursprung 0 bewegt wird, ohne dass dabei die Linie P_1-P_3 geändert wird. Dadurch wird die Feuerstärke von Neuron (1) vergrößert, während Neuron (2) weiterhin nicht feuert. Entsprechend kann das Lernen von Reizmuster ○ durch Verschiebung der Grenzfläche $y_2 = 0$ in der Weise geschehen, dass der Punkt P_3 in Richtung auf den Ursprung 0 bewegt wird, ohne dass dabei die Linie P_1-P_2 geändert wird. Damit wird die Feuerstärke von Neuron (2) vergrößert, während Neuron (1) weiterhin nicht feuert. Auf diese Weise wird also verhindert, dass sich die Lernvorgänge von Neuron (1) und Neuron (2) gegenseitig beeinflussen.

Die Punkte P_1, P_2 und P_3 lassen sich längs der Koordinatenachsen durch Änderung der Gewichtsfaktoren w_1, w_2 und w_3 in einfacher Weise verschieben. Aus Formel (6.22) folgt für $x_2 = x_3 = 0$ und $y = 0$ für P_1

$$P_1 = x_1 = \frac{S}{w_1} \qquad (6.106)$$

Entsprechend gelten

$$P_2 = x_2 = \frac{S}{w_2}, \quad P_3 = x_3 = \frac{S}{w_3} \qquad (6.107)$$

Die Verschiebung allein des Punktes P_2 ohne gleichzeitige Verschiebung der Punkte P_1 und P_3 besteht in der alleinigen Veränderung des Gewichtsfaktors w_2, ohne dass beim gleichen Lernschritt zugleich auch w_1 und w_3 geändert werden. Das erfordert eine (einfache hier nicht weiter erläuterte) Modifizierung der Hebb'schen Regel (6.82), bei der bei jedem Lernschritt alle Gewichtsfaktoren w_i geändert werden. Die Lernschritte beim Kohonen-Netz erfolgen ebenfalls mit einer weiter unten erläuterten Modifizierung der Hebb'schen Regel .

Dieses soeben skizzierte Lernen funktioniert auch im Fall beliebig vieler Reizmuster ×, die ausschließlich in der (x_1, x_2)-Ebene liegen, und beliebig vieler Reizmuster ∘, die alle in der (x_1, x_3)-Ebene liegen. Dies folgt direkt aus den mit Abb. 6.7 angestellten Überlegungen. Das Lernen dreidimensionaler Reizmuster unterschiedlicher Reizmusterklassen mit Neuronen, die (nur) drei Synapsen besitzen, führt wieder auf die mit Abb. 6.8a beschriebene Situation.

B: *Einfluss der Dimensionserhöhung auf den Korrelationsfaktor*

Normalerweise ist es so, dass alle Reizmuster, die zur selben Reizmusterklasse gehören, untereinander sehr ähnlich sind, wohingegen Reizmuster, die zu unterschiedlichen Reizmusterklassen gehören, unähnlich zueinander sind. Ein Maß für die Ähnlichkeit ist der im 4. Kapitel mit Formel (4.18) und diesem Kapitel mit Formel (6.66) erläuterte Korrelationsfaktor ρ.

Beim oben betrachteten Lernprozess ging es darum, zwei zugeführte Reizmuster × und ∘ unterschiedlichen Reizmusterklassen zuzuordnen. Das Feuern von Neuron (1) kennzeichnet dabei eine erste (scharfe) Reizmusterklasse, das Feuern von Neuron (2) eine zweite (scharfe) Reizmusterklasse.

Dass diese Zuordnung mit zwei Dimensionen in Abb. 6.8a nur zu einem winzigen Grad gelingt, liegt am hohen Wert des Korrelationsfaktors, den beide Reizmuster × und ∘ bei zwei Dimensionen haben. Mit den Reizvektoren

$$\text{für } \times: \ \vec{x}_1 = (x_{1_1}, x_{2_1}) = (6,8) \quad \text{und} \quad \text{für } \circ: \ \vec{x}_2 = (x_{1_2}, x_{2_2}) = (9,6) \tag{6.108}$$

(welche die Lagen von × und ∘ in Abb. 6.8a grob wiedergeben) berechnet sich der Korrelationsfaktor $\rho_{1,2}$ nach Formel (6.66) zu

$$\rho_{1,2} = \frac{\vec{x}_1 \cdot \vec{x}_2}{\|\vec{x}_1\| \cdot \|\vec{x}_2\|} = \frac{6 \cdot 9 + 8 \cdot 6}{\sqrt{6^2 + 8^2} \cdot \sqrt{9^2 + 6^2}} \approx 0{,}94 \tag{6.109}$$

Dieser Wert 0,94 liegt ziemlich dicht am Maximalwert 1 und bedeutet große Ähnlichkeit.

Die Tatsache, dass die Zuordnung von × und ∘ bei drei Dimensionen in Abb. 6.8b dagegen sehr gut und problemlos gelingt, liegt am wesentlich geringeren Wert des Korrelationsfaktors, den beide Reizmuster × und ∘ bei den gewählten drei Dimensionen haben. Mit den Reizvektoren

$$\text{für } \times: \ \vec{x}_1 = (x_{1_1}, x_{2_1}, x_{3_1}) = (6,8,0) \quad \text{und für } \circ: \ \vec{x}_2 = (x_{1_2}, x_{2_2}, x_{3_2}) = (9,0,6) \tag{6.110}$$

berechnet sich der Korrelationsfaktor $\rho_{1,2}$ nun zu

$$\rho_{1,2} = \frac{\vec{x}_1 \cdot \vec{x}_2}{\|\vec{x}_1\| \cdot \|\vec{x}_2\|} = \frac{6 \cdot 9 + 8 \cdot 0 + 0 \cdot 6}{\sqrt{6^2 + 8^2 + 0^2} \cdot \sqrt{9^2 + 0^2 + 6^2}} \approx 0,50 \qquad (6.111)$$

Bemerkung:
Der Korrelationsfaktor beschreibt nach Formel (6.66) mit $\rho = \cos(\varphi)$ zugleich auch den Winkel φ_{12} zwischen den beiden Reizvektoren $\vec{x}_1$ und $\vec{x}_2$. Bei $\rho_{12} = 0,5$ ist $\varphi_{12} = 60°$. Der Winkel zwischen den Reizvektoren ist nicht gleich dem Winkel, den die (x_1, x_2)-Ebene und die (x_1, x_3)-Ebene in Abb. 6.7b miteinander bilden, weil die Reizvektoren $\vec{x}_1$ und $\vec{x}_2$ vom Ursprung 0 des Koordinatensystems ausgehen und miteinander eine ganz andere Ebene bilden.

Als Fazit dieses Abschnitts lässt sich festhalten:

[6.6] Erweiterung von Reizmusterklassen durch die Hebb'sche Regel

In einem neuronalen Netz kennzeichnet nach **[6.3]** ein alleine feuerndes Neuron eine scharfe Reizmusterklasse, deren Reizmuster anfangs sowohl untereinander als auch zum Gewichtsvektor des Neurons sehr ähnlich sind.
Beim Lernprozess wird durch die Hebb'sche Regel der Gewichtsvektor zunehmend dahingehend verändert, dass die Reizmusterklasse mit zunehmend weniger ähnlichen Reizmustern erweitert wird, was eine gegenseitige Beeinflussung von überwachten Lernprozessen unterschiedlicher Reizmusterklassen verschiedener Neuronen zur Folge hat. Auswege aus dieser unerwünschten Situation bieten höherdimensionale Gewichtsvektoren und Modifikationen der Hebb'schen Regel.

6.5.5 Zur Bildung von Semantik im Kohonen-Netz

Das Kohonen-Netz besteht, wie schon in Abschn. 5.3.3 grob beschrieben, aus vielen miteinander verkoppelten Neuronen, die nebeneinander auf einer Fläche angeordnet sind, siehe Abb. 5.11. Die Fläche muss nicht quadratisch sein, sie kann z.B. auch ein Rechteck sein. Wichtig ist lediglich, dass sich zwischen den verschiedenen Neuronen örtliche Abstände oder Nachbarschaftsnähen definieren lassen.

Die Besonderheit des Kohonen-Netzes liegt darin, dass es *unüberwacht*, d.h. ohne Mitwirkung eines Lehrers, während derselben Lernphase nicht nur ein einzelnes Reizmuster, sondern gleich mehrere unterschiedliche Reizmuster lernen kann. Für jedes gelernte Reizmuster werden allerdings mehrere eng benachbarte Neuronen des Netzes benötigt. Die Anzahl an unterschiedlichen Reizmustern, die das Netz lernen kann, ist also wesentlich geringer als die Anzahl der Neuronen des Netzes. Wie sich zeigen wird, können die entstehenden Lern-Resultate semantische Eigenschaften haben.

A: *Näheres zum unüberwachten Lernen des Kohonen-Netzes*

Während der Lernphase werden die zu lernenden Reizmuster wiederholt und in beliebiger Reihenfolge nacheinander allen Neuronen des Netzes zugeführt. Wird nach Beendigung der Lernphase z.B. das gelernte Reizmuster $\vec{x}_A$ erneut zugeführt, dann werden in einem zusammenhängenden Teilbereich **A** des Netzes liegende Neuronen erregt. Bei Zuführung eines anderen Reizmusters $\vec{x}_{\mathbf{B}}$, welches das Netz zuvor gelernt hat, werden Neuronen in einem anderen zusammenhängenden Teilbereich **B** erregt, der umso weiter vom Teilbereich **A** entfernt liegt, je unähnlicher die Reizmuster $\vec{x}_{\mathbf{A}}$ und $\vec{x}_{\mathbf{B}}$ sind, wie das bereits mit Abb. 6.1 erläutert wurde.

Realisiert wird diese Eigenschaft des Kohonen-Netzes durch

1. Neuronen mit Gewichtsvektoren, die mehr Dimensionen haben als die zu lernenden Reizmuster
2. Lernprozess mit einer modifizierten Hebb'schen Regel (sog. Kohonen-Regel)

Diese beiden Maßnahmen haben auch schon im vorigen Abschnitt beim überwachten Lernen geholfen, vergl. **[6.6]**.

Zu 1:

Das Kohonen-Netz besteht aus K Neuronen, die mit $k = 1, 2, \ldots, K$ durchnummeriert sind. Jedes Neuron hat $N + M$ Post-Synapsen. Den ersten N Synapsen werden die zu lernenden N-dimensionalen Reizmuster $\vec{x} = (x_1, x_2, \ldots, x_N)$ zugeführt. Die Gewichtsfaktoren dieser Synapsen werden beim r-ten Neuron mit $w_{r,1}, w_{r,2}, \ldots, w_{r,N}$ bezeichnet. Den zusätzlichen M Synapsen des r-ten Neurons werden die Ausgangssignale y_k mit $k \neq r$ von anderen Neuronen des selben Netzes zugeführt. Im Extremfall sind das alle übrigen Neuronen: $M = K - 1$.

Das für das r-te Neuron Gesagte gilt in gleicher Weise für jedes Neuron des Kohonen-Netzes. Den ersten N Synapsen des q-ten Neurons werden die zu lernenden N-dimensionalen Reizmuster und den restlichen M Synapsen die Ausgangssignale y_k mit $k \neq q$ von anderen Neuronen des selben Netzes zugeführt. Auf diese Weise entsteht ein kompliziertes Rückkopplungsgeflecht: Das r-te Neuron erhält ein Signal vom q-ten Neuron, und dieses q-te Neuron erhält wiederum ein Signal vom r-ten Neuron. Daneben gibt es noch viele weitere Rückkopplungspfade, die teils auch über Zwischenstationen anderer Neuronen führen.

Die Gewichtsfaktoren der zusätzlichen M Synapsen werden beim r-ten Neuron allgemein mit $g_{r,1}, g_{r,2}, \ldots, g_{r,M}$ bezeichnet. Mit $g_{r,n}$ wird dabei das vom n-ten Neuron kommende Signal y_n gewichtet. Weil das eigene Ausgangssignal y_r nicht wieder ins eigene Neuron eingespeist wird, ist $g_{r,r} = 0$.

Unter Berücksichtigung des zugeführten Reizmusters $\vec{x}_n$ mit den Komponenten $x_{n,i}$ und der Rückkopplungen von den anderen Neuronen erhält man für die Feuerstärke y_r des r-ten Neurons

$$y_r = \alpha - S = \sum_{i=1}^{N} w_{r,i} x_{n,i} + \sum_{k=1}^{M} g_{r,k}\, y_k - S \qquad \text{mit} \quad g_{r,r} = 0 \tag{6.112}$$

Die Beziehung (6.112) stimmt mit der in Abschn. 5.3.3 angegebenen Formel (5.11) überein, wenn man vereinfacht $\alpha - S$ statt $\theta(\alpha - S)$ setzt.

Für die Feuerstärken der anderen Neuronen des Kohonen-Netzes gilt (6.112) in gleicher Weise. So gilt z.B. für die Feuerstärke y_q des q-ten Neurons

$$y_q = \alpha - S = \sum_{i=1}^{N} w_{q,i} x_{n,i} + \sum_{k=1}^{M} g_{q,k}\, y_k - S \quad \text{mit} \quad g_{q,q} = 0 \tag{6.113}$$

Bei K Neuronen handelt es sich also hier um ein Gleichungssystem mit K Gleichungen. Dieses Gleichungssystem lässt sich analytisch kaum lösen, weshalb man auf Computersimulationen angewiesen ist.

Wie schon in Abschn. 5.3.3B erwähnt wurde, wird beim r-ten Neuron der Gewichtsfaktor $g_{r,k}$ positiv (d.h. erregend) gewählt, wenn der Abstand zum k-ten Neuron gering ist, und null oder negativ (d.h. hemmend) gewählt, wenn der Abstand zum k-ten Neuron groß ist. Für die Gewichtsfaktoren $g_{q,k}$ anderer Neuronen gilt entsprechend das Gleiche. Der Übergang von positiven Werten zu den Werten null wird oft auch glockenförmig geformt.

Zu 2:

Beim Lernprozess bleiben die zu Beginn festgelegten Werte der Gewichtsfaktoren $g_{r,k(r)}$ unverändert. Verändert werden durch den Lernprozess nur die Gewichtsfaktoren $w_{r,i}$. Das geschieht mit einer Modifikation der Hebb'schen Regel. Nach dem $(\nu+1)$-ten Lernschritt ergibt sich bei Zuführung des Reizmusters $\vec{x}_n$ beim r-ten Neuron der neue Wert des Gewichtsfaktors $w_{r,i}(\nu+1)$ nach der Hebb'schen Regel gemäß Formel (6.90) zu

$$w_{r,i}(\nu+1) = w_{r,i}(\nu) + \varepsilon y_r(\nu+1) x_{n,i}(\nu+1) \tag{6.114}$$

Von Kohonen stammt die folgende Modifikation von (6.114)

$$w_{r,i}(\nu+1) = w_{r,i}(\nu) + \varepsilon y_r(\nu+1)[x_{ni}(\nu+1) - w_{r,i}(\nu)] \tag{6.115}$$

Beim neuen Wert $w_{r,i}(\nu+1)$ entsteht nicht nur ein Zuwachs gemäß der Hebb'schen Regel, sondern zugleich auch ein Abzug proportional zum alten Wert $w_{r,i}(\nu)$, was von Kohonen als „Vergessen" bezeichnet wird. Wenn die aktuell zugeführte Reizkomponente $x_{n,i}(\nu+1)$ gleich dem alten Wert $w_{r,i}(\nu)$ ist, tritt keine Änderung des alten Werts ein.

Die Größen $w_{r,i}(\nu)$, $x_{ni}(\nu+1)$ und $w_{r,i}(\nu+1)$ stellen die i-ten Komponenten des alten Gewichtsvektors $\vec{w}_r(\nu)$, des aktuellen Reizmusters $\vec{x}_n(\nu+1)$ und des neuen Gewichtsvektors $\vec{w}_r(\nu+1)$ dar. Weil Formel (6.115) für jede Komponente gilt, ergibt sich für die kompletten Vektoren der Zusammenhang

$$\vec{w}_r(\nu+1) = \vec{w}_r(\nu) + \varepsilon y_r(\nu+1)[\vec{x}_n(\nu+1) - \vec{w}_r(\nu)] \tag{6.116}$$

Beim Kohonen-Netz erfolgt der Lernprozess nach dieser Kohonen-Regel (6.116)

Vorläufige Diskussion:

Wenn zu Beginn der Lernphase eines Kohonen-Netzes bei einer ersten Zuführung eines Reizmusters $\vec{x}_n$ ein m-tes Neuron mit y_m am stärksten feuert, dann gelangt dieses Signal y_m über die Rückkopplungspfade zu den Nachbarneuronen, wo es umso stärker gewichtet wird, je kürzer der Abstand des jeweiligen Nachbarneurons zum m-ten Neuron ist. Dicht benachbarte Neuronen werden dadurch bis zu einem gewissen Grad zum Mitfeuern angeregt. In Neuronen, deren Abstand zum m-ten Neuron groß ist, wirkt sich y_m dagegen hemmend oder gar nicht aus.

Der Gewichtsvektor $\vec{w}_r$ eines mitfeuernden benachbarten r-ten Neurons wird nach dem ersten Lernschritt gemäß der Kohonen-Regel (6.116) abhängig von der Differenz der Vektoren $\vec{x}_n(\nu+1)-\vec{w}_r(\nu)$ geändert. Wenn $\vec{x}_n$ und $\vec{w}_r$ in die gleiche Richtung weisen, dann sind beide maximal ähnlich. In diesem Fall wird nur die Länge (Betrag) des Vektors $\vec{w}_r$ proportional zu $\varepsilon y_r(\nu+1)$ vergrößert oder verkleinert. Wenn $\vec{x}_n$ und $\vec{w}_r$ unterschiedliche Richtungen haben, dann sind beide Vektoren umso unähnlicher, je größer der Winkel φ ist, den sie miteinander bilden [siehe Abb. 6.5 und Formel (6.66)]. In diesem Fall erhält der neue Gewichtsvektor $\vec{w}_r(\nu+1)$ eine andere Richtung dahin, dass der Winkel φ kleiner wird und damit $\vec{x}_n$ und $\vec{w}_r$ ähnlicher werden [was man sich bei zweidimensionalen Vektoren anhand einer Skizze leicht klar machen kann – kleiner Wert von ε vorausgesetzt]. Wenn in späteren Lernschritten das Reizmusters $\vec{x}_n$ erneut zugeführt wird, dann findet eine weitere Verkleinerung des Winkels φ statt.

Beide Effekte, der stärkere Einfluss von y_m auf nah benachbarte Neuronen durch die Wahl der $g_{r,k}$ und die Änderung der Richtung von $\vec{w}_r(\nu)$ gemäß der Kohonen-Regel, haben nach zahlreichen Lernschritten [Details dazu folgen weiter unten in Abschn. 6.5.5] letztlich das mit Abb. 6.1 dargestellte Resultat zur Folge. Nach Beendigung der unüberwachten Lernphase erzeugen vorher gelernte Reizmuster in zusammenhängenden Teilbereichen des Kohonen-Netzes Erregungsmuster, welche die zugeführten Reizmuster kennzeichnen. Die Erregungsmuster sehr unähnlicher Reizmuster haben einen großen Abstand voneinander. Die Erregungsmuster ähnlicher Reizmuster liegen umso näher beieinander, je ähnlicher die zugeführten Reizmuster sind.

Kohonen hat seine Netze als „Selbst-organisierende Karten“ [Self-Organizing Maps] bezeichnet, weil damit sowohl das unüberwachte Lernen als auch die Darstellung von Ähnlichkeiten durch geometrische Abstände auf einer Fläche zum Ausdruck kommen. In der Literatur werden Kohonen-Netze oft ebenfalls „Self-Organizing Maps“ genannt und mit SOM abgekürzt. Technische Anwendungen von Kohonen-Netzen gibt es u.a. bei der Trennung von akustischen Lauten (Phonemen) für die Erkennung von gesprochener Sprache durch Maschinen.

B: *Semantische Einordnung von Reizmustern im Kohonen-Netz*

Weil in diesem 6. Kapitel die Entstehung von Bedeutungen von besonderem Interesse ist, wird nachfolgend über eine Veröffentlichung von H. Richter und T. Kohonen (1989) berichtet, in der „selbst-organisierende semantische Karten“ vorgestellt werden. In dieser

Veröffentlichung wird gezeigt, dass die von verschiedenen Objekten ausgehenden Reizmuster Neuronen an solchen Stellen im Kohonen-Netz erregen, an denen die geometrischen Abstände, welche die feuernden Neuronen dann voneinander haben, den Grad (d.h. die Enge) der semantischen Beziehungen zwischen den Bezeichnungen (Namen) der betreffenden Objekte zum Ausdruck bringen. Es wird weiter gezeigt, dass sich der Grad der semantischen Beziehungen im Wesentlichen bereits aus den mit den Namen verbundenen Attributen (Kontexten) herauskristallisiert. Größere Teilbereiche des Kohonen-Netzes kennzeichnen dann Generalisierungen von Bezeichnungen und Abstraktionen.

In Tabelle 6.1 sind die Namen von 16 verschiedenen Tieren aufgelistet. In den Spalten unter den Tiernamen sind die Zugehörigkeiten von Attributen angegeben, die zum jeweiligen Tier gehören. Dabei bedeuten „1 = zugehörig" und „0 = nicht zugehörig". Insgesamt werden 13 Attribute genannt, die 3 verschiedenen Kategorien angehören. Kategorie A betrifft die Größe des Tieres, Kategorie B betrifft die Ausstattung des Tieres und Kategorie C die ausgeübte Tätigkeit des Tieres. So gilt z.B. für die Taube, dass sie klein ist, 2 Beine und Federn hat und fliegt, aber nicht schwimmt wie z.B. die Ente.

Tabelle 6.1

		Taube	Huhn	Ente	Gans	Eule	Habicht	Adler	Fuchs	Hund	Wolf	Katze	Tiger	Löwe	Pferd	Zebra	Kuh
	Tier-Nr.	1	2	3	4	5	6	7	8	9	10	11	12	13	14	15	16
A	klein	1	1	1	1	1	1	0	0	0	0	0	0	0	0	0	0
	mittel	0	0	0	0	0	0	1	1	1	1	0	0	0	0	0	0
	groß	0	0	0	0	0	0	0	0	0	0	0	1	1	1	1	1
B	2 Beine	1	1	1	1	1	1	1	0	0	0	0	0	0	0	0	0
	4 Beine	0	0	0	0	0	0	0	1	1	1	1	1	1	1	1	1
	Haare	0	0	0	0	0	0	0	1	1	1	1	1	1	1	1	1
	Hufe	0	0	0	0	0	0	0	0	0	0	0	0	0	1	1	1
	Mähne	0	0	0	0	0	0	0	0	0	1	0	0	1	1	1	0
	Federn	1	1	1	1	1	1	1	0	0	0	0	0	0	0	0	0
C	jagen	0	0	0	0	1	1	1	1	0	1	1	1	1	0	0	0
	rennen	0	0	0	0	0	0	0	0	1	1	0	1	1	1	1	0
	fliegen	1	0	1	1	1	1	0	0	0	0	0	0	0	0	0	0
	schwimmen	0	0	1	1	0	0	0	0	0	0	0	0	0	0	0	0

Jeder dem Kohonen-Netz zugeführte Reizmustervektor hat insgesamt 29 Komponenten, von denen die ersten 16 Komponenten den Tiernamen (Tier-Nr.) kennzeichnen und die restlichen 13 Komponenten die zum jeweiligen Tier gehörenden Attribute.

Mit den 16 ersten Komponenten wurden die Tiernahmen in der Weise codiert, dass beim Tier-Nr. 1 die erste Komponente den Wert a und alle übrigen 15 Komponenten den Wert 0 haben, beim Tier-Nr. 2 die zweite Komponente den Wert a und alle übrigen Komponenten den Wert 0 haben, usw., und dass beim Tier-Nr. 16 nur die sechzehnte Komponente den

Wert a hat und alle übrigen Komponenten den Wert 0 haben. Auf diese Weise wird erreicht, dass die von den ersten 16 Komponenten gebildeten Teilvektoren alle maximal unähnlich zueinander sind.

Die Werte der 13 Komponenten für die Attribute zu den einzelnen Tier-Nummern wurden, wie in Tabelle 6.1 angegeben, zu 0 und 1 gesetzt. Für a wurde der wesentlich kleinere Wert $a = 0{,}2$ gewählt. Der Energieanteil des Tiernamens ist damit sehr viel kleiner als der Energieanteil der Attribute [siehe hierzu den dritten Absatz nach Formel (6.70)]. Mit $a = 0{,}2$ sollte erreicht werden, dass beim Lernprozess die Tier-Namen (Tier-Nummern) nahezu keine Rolle spielen und der Lernprozess vollständig von den Attributen dominiert wird.

Die 16 aus je 29 Komponenten bestehenden Reizmustervektoren wurden während einer längeren Lernphase wiederholt und in zufälliger Reihenfolge einem aus 100 Neuronen bestehenden künstlichen Kohonen-Netz zugeführt. Als nach Abschluss einer 2000 Lernschritte dauernden Lernphase nur noch die aus 16 Komponenten bestehenden Tier-Namen (Tier-Nummern) zugeführt wurden, zeigte sich das in Abb. 6.9 dargestellte Ergebnis.

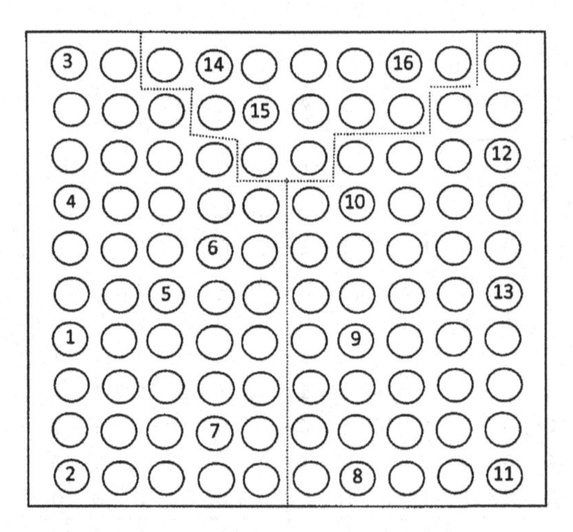

Abb. 6.9 Ergebnis nach 2000 Lernschritten einer Lernphase, während der 16 verschiedene aus Tier-Name (Tier-Nummer) und Attribute bestehende Reizmuster einem aus 100 Neuronen bestehenden künstlichen Kohonen-Netz zugeführt wurden. Nach Abschluss der Lernphase feuert das mit Tier-Nummer gekennzeichnete Neuron, wenn allein der zugehörige Tier-Name ohne Attribute zugeführt wird

Wird allein der Name des z.B. mit der Tier-Nr. 9 gekennzeichneten Tieres dem Kohonen-Netz zugeführt, dann feuert das in Abb. 6.9 mit der Zahl 9 gekennzeichnete Neuron sehr stark. Seine engeren Nachbarn feuern dann ebenfalls, allerdings nur schwach, und zwar um so schwächer, je größer ihr Abstand vom stark feuernden Neuron ist. Alle weiter entfernten Neuronen feuern nicht. Die Zuführung des Namens mit der Tier-Nr. 9 erzeugt im Kohonen-Netz also ein Erregungsmuster, dessen Zentrum das mit der Zahl 9 gekennzeichnete Neuron bildet.

Was für die Zuführung des Namens der Tier-Nr.9 gesagt wurde, gilt in gleicher Weise für die Zuführung der anderen Namen. Wenn allein der Name eines Tieres zugeführt wird, feuert in Abb. 6.9 das mit der selben Tier-Nummer gekennzeichnete Neuron sehr stark, während alle übrigen Neurone nicht oder vergleichsweise nur schwach feuern, wenn ihr Abstand zum stark feuernden Neuron klein ist. Der Abstand stark feuernder Neuronen ist groß, wenn die zugehörigen Tiere sehr unähnlich sind wie z.B. Taube und Katze, bei ähnlichen Tieren wie z.B. Pferd und Zebra ist der Abstand dagegen relativ gering. Die gesamte Situation ist genauso, wie sie mit Abb. 6.1 bereits vorgestellt wurde.

Überraschend am Ergebnis mögen auf den ersten Blick jedoch 2 Phänomene sein, nämlich

a. dass die alleinige Zuführung des Tier-Namens ohne die zugehörigen Attribute das betreffende Neuron zum Feuern bringt, obwohl beim Lernprozess der Tier-Name keine Rolle spielen sollte und deswegen einen nur kleinen Energieanteil besaß

b. dass größere zusammenhängende Teilgebiete in Abb. 6.9 Familien gleichartiger Tiere kennzeichnen (siehe die punktierten Trennlinien). Der linke Teil wird von Vögeln besetzt, der obere von pflanzenfressenden Tieren und rechte von fleischfressenden Jägern. Diese zusammenhängenden größeren Teilflächen repräsentieren also Oberbegriffe (Generalisierungen, Abstraktionen).

Eine plausible Erklärung des Phänomens a. ergibt sich daraus, dass beim Lernprozess die Zuführung des Tier-Namens über viele zusätzliche Dimensionen des Reizmustervektors geschah, die für die Attribute nicht gebraucht wurden. Wie schon mit Abb. 6.8b gezeigt und in Aussage **[6.6]** erwähnt wurde, bieten zusätzliche Dimensionen neuartige Möglichkeiten. Das gilt auch hinsichtlich des Energieaufwands. Über eine zusätzliche hemmende Synapse zugeführter Reiz kann selbst bei geringer Energie ein Feuern verhindern, wie in Abschn. 6.5.3B gezeigt wurde. Das Phänomen b. folgt aus der größeren Ähnlichkeit des Attributvektors z.B. eines Vogels mit Attributvektoren anderer Vögel als mit Attributvektoren pflanzenfressender Vierbeiner.

In Abb. 6.9 gibt es bei Zuführung von einem der aufgelisteten Tier-Namen immer nur ein einziges stark feuerndes Neuron. Dieses stark feuernde Neuron kennzeichnet eine scharfe Reizmusterklasse, die nur ein einziges Reizmuster enthält, wenn man die Menge der zulässigen Reizmuster auf die in Tabelle 6.1 angegebenen Reizmuster beschränkt. Wenn man diese Beschränkung fallen lässt und auch weitere Reizmuster zulässt, die in der vorausgegangenen Lernphase nicht gelernt wurden, dann wird auch dann ein einziges Neuron stark feuern, wenn das zugeführte und vorher nicht gelernte Reizmuster hinreichend große Ähnlichkeit mit einem zuvor gelernten Reizmuster hat. Ein allein stark feuerndes Neuron repräsentiert dann eine scharfe Reizmusterklasse, die mehrere Reizmuster enthält.

Diejenigen Neuronen in Abb. 6.9, die durch keine Zahl gekennzeichnet sind, können in den Bereichen zweier (oder auch mehrerer) Erregungsmuster liegen, wie das in Abb. 6.1 mit den Reizmustern **A** und **C** dargestellt ist. Diese Neuronen feuern sowohl dann schwach, wenn **A** zugeführt wird, als auch dann, wenn **C** zugeführt wird.

Neben dem obigen Beispiel mit den Tier-Namen und den zugehörigen Attributen beschreiben Richter und Kohonen in der eingangs erwähnten Veröffentlichung noch ein völlig andersartiges Beispiel, bei dem gleichartige Simulationsergebnisse auftraten wie beim Beispiel mit den Tier-Namen.

Bei diesem andersartigen Beispiel wurden als Reizmuster sinnvolle englischsprachige Sätze benutzt, die aus nur drei Wörtern bestehen. Als Wörter dienten Substantive (z.B. horse, beer, Mary, Jim, ...), Verben (z.B. drinks, runs, likes, ...) und Adverbien (z.B. much, fast, slowly, seldom, ...). Verwendet wurde ein Vokabular aus 30 Wörtern, mit denen sich 498 sinnvolle 3-Wort-Sätze bilden lassen (z.B. „Mary likes Jim“, „Jim runs fast“, ...)[6.4]. In einem 3-Wort-Satz erscheint jedes einzelne Wort in einem Kontext. Im Satz „Mary likes Jim“ besteht der Kontext zum Wort „Mary“ in den Wörtern „likes“ und „Jim“. Zum Wort „likes“ besteht der Kontext in den Wörtern „Mary“ und „Jim“, und der Kontext zum Wort „Jim“ in den Wörtern „Mary“ und „likes“.

Wie beim Beispiel mit den Tieren wurden auch bei den 3-Wort-Sätzen das jeweilige Wort und der dazu gehörende Kontext durch unterschiedliche Komponenten des Reizmusters codiert. Nach 10000 Lernschritten zeigte sich, dass bereits bei der jeweilig alleinigen Zuführung eines Wortes (ohne Kontext) im Kohonen-Netz jeweils ein einzelnes, an einer charakteristischen Stelle befindliches Neuron feuert. Ähnlich wie in Abb. 6.9 lassen sich dabei im Kohonen-Netz wieder drei größere zusammenhängende Teilgebiete unterscheiden. In einem Teilgebiet befinden sich alle Neuronen, die bei der Zuführung von Substantiven feuern, im zweiten Teilgebiet befinden sich alle Neuronen, die bei der Zuführung von Verben feuern und im dritten Teilgebiet befinden sich alle Neuronen, die bei Adverbien feuern. Innerhalb eines größeren Teilgebiets lassen sich wieder kleinere zusammenhängende Teilgebiete unterscheiden, z.B. beim Teilgebiet der Substantive drei sich nicht überlappende kleinere Teilgebiete, das eine für Namen von Personen, das andere für Tiere und das dritte für Nahrungsmittel.

C: *Eine plausible Erklärung für die Entstehung von Karten*

Vor Beginn der Lernphase des Kohonen-Netzes haben die Komponenten $w_{r,i}$ der Gewichtsvektoren $\vec{w}_r$, $r = 1, 2, ...$ irgendwelche zufälligen Werte, deren Beträge zudem noch klein und von Neuron r zu Neuron k verschieden sind. Bei erstmaliger Zuführung irgendeines Reizmusters $\vec{x}_n$ werden die meisten Neuronen nicht feuern, weil ihre Gewichtsvektoren $\vec{w}_r$ sehr verschieden von $\vec{x}_n$ sind, sodass die Aktivierungswerte α in (6.75) zu klein sind:

$$\alpha = \vec{x}_n \cdot \vec{w}_r = \rho \cdot \|\vec{x}_n\| \cdot \|\vec{w}_r\| \qquad (6.117)$$

Von den wenigen feuernden Neuronen wird zunächst nur das k-te Neuron betrachtet. Sein Gewichtsvektor $\vec{w}_k$ hat zu Beginn einen kleinen Betrag $\|\vec{w}_k\| << \|\vec{x}_n\|$ wie alle anderen Neuronen auch. Es feuert nur deshalb, weil $\vec{w}_k$ maximal korreliert zu $\vec{x}_n$ ist, d.h. $\rho \approx 1$.

[6.4] Übersetzungen in Deutsch: horse = Pferd, beer = Bier, drinks = trinkt, runs = rennt, likes = hat gern, much = viel, fast = schnell, slowly = langsam, seldom = selten, Mary und Jim sind Namen von Personen.

Eine Erklärung für die Entstehung einer Karte, wie sie Abb. 6.1 zeigt, erfolgt jetzt anhand einer Betrachtung von vier Fällen:

1. Fall:

Für die erste Betrachtung sei vorausgesetzt, dass bei Zuführung von $\vec{x}_n$ nur das k-te Neuron allein feuert und kein anderes Neuron zugleich feuert. Weiter sei vorausgesetzt, dass alle Neuronen, die bei Zuführung anderer Reizmuster feuern, einen so großen geometrischen Abstand vom k-ten Neuron haben, dass keine gegenseitige Beeinflussung stattfindet. Mit der Zuführung von $\vec{x}_n$ vergrößert das feuernde k-te Neuron gemäß der Kohonen-Regel (6.116) den Betrag $\|\vec{w}_k\|$ seines eigenen Gewichtsvektors, wonach es bei einer späteren erneuten Zuführung des gleichen Reizmusters $\vec{x}_n$ stärker feuert und bei einer abermaligen Zuführung von $\vec{x}_n$ noch stärker feuert usw. Ab einer genügend hohen Feuerstärke y_k beginnt das k-te Neuron den Gewichtsvektor $\vec{w}_r$ des nah benachbarten und bisher nichtfeuernden r-ten Neuron dem eigenen Gewichtsvektor $\vec{w}_k$ ähnlicher zu machen. Das geschieht dadurch, dass es mit seinem starken Ausgangssignal y_k über den Rückkoppelpfad das r-te Neuron zum Feuern bringt, wenn wiedermal das Reizmusters $\vec{x}_n$ zugeführt wird. Sowie aber das r-te Neuron beim Reizmuster $\vec{x}_n$ feuert, verändert es nach der Kohonen-Regel (6.116) seinen eigenen Gewichtsvektor $\vec{w}_r$ dahingehend, dass $\vec{w}_r$ ähnlicher zu $\vec{x}_n$ und damit auch ähnlicher zum Gewichtsvektor $\vec{w}_k$ wird. Durch Wiederholungen dieses Vorgangs aufgrund wiederholter Zuführungen von $\vec{x}_n$ macht das k-te Neuron sich das r-te Neuron allmählich zum Vasall.

Was das feuernde k-te Neuron mit dem r-ten Neuron macht, das macht es in gleicher Weise zugleich auch mit allen anderen nah gelegenen Nachbarn. Auf diese Weise produziert das zuerst in seiner engeren Umgebung allein feuernde k-te Neuron lauter zu sich ähnliche Vasallen um sich herum. Weil diese Vasallen über andere Rückkoppelpfade den Einflüssen anderer stark feuernder Neuronen stärker ausgesetzt sind als das k-te Neuron, können die Feuerstärken der Vasallen nicht die Feuerstärke des k-ten Neurons erreichen. Am Ende entsteht so bei Zuführung des Reizmusters $\vec{x}_n$ um k-te Neuron ein Erregungsmuster erregter Neuronen, wie das in Abb. 6.1 dargestellt ist.

2. Fall:

Die obige Betrachtung ging von der Voraussetzung aus, dass zu Beginn bei Zuführung von $\vec{x}_n$ außer dem k-ten Neuron kein anderes Neuron ebenfalls feuert. Wenn das aber nicht der Fall ist, und zwei Neuronen, das k-te Neuron und das i-te Neuron, bei Zuführung von $\vec{x}_n$ zugleich feuern, dann werden geometrisch zwischen dem k-ten Neuron und dem i-ten Neuron liegende und zunächst nicht feuernden Neuronen über zwei Rückkoppelpfade von zwei Seiten beeinflusst und dadurch früher und stärker zum Feuern gebracht, wenn sowohl die Feuerstärke y_k des k-ten Neurons als auch die Feuerstärke y_i des i-ten Neurons hinreichend hoch sind. Da sich auch das k-te Neuron das i-te Neuron gegenseitig mit starken Signalen y_i und y_k beeinflussen, können deren Gewichtsvektoren $\vec{w}_k$ und $\vec{w}_i$ so große Beträge bekommen, dass die Differenzen $\vec{x}_n(\nu+1)-\vec{w}_k(\nu)$ und $\vec{x}_n(\nu+1)-\vec{w}_i(\nu)$ in der Kohonen-Regel negativ werden, wodurch sich die Feuerstärken beider Neuronen plötzlich stark verkleinern, während sich die Feuerstärke y_j eines zwischen beiden Neuronen gelegenen j-ten Neurons stark erhöht und als einziges Neuron die Rolle des Zentrums eines verschobenen Erregungsmusters übernimmt. Weil die genauen Verhältnisse sehr komplex sind, kann dies nur eine plausible Erklärung sein.

3. Fall:

Ähnlich ist es, wenn zu Beginn der Lernphase das k-te Neuron bei Zufuhr von $\vec{x}_n$ und ein nah benachbartes i-tes Neuron bei Zufuhr von $\vec{x}_m$ feuert, wobei die Reizmuster $\vec{x}_n$ und $\vec{x}_m$ sehr unterschiedlich sind. In diesem Fall verändert das feuernde k-te Neuron den Gewichtsvektor $\vec{w}_i$ des i-ten Neurons zu $\vec{w}_i^*$, der seinem eigenen Gewichtsvektor $\vec{w}_k$ ähnlicher ist, wohingegen das feuernde i-te Neuron den Gewichtsvektor $\vec{w}_k$ des k-ten Neurons zu $\vec{w}_k^*$ ändert, der seinem Gewichtsvektor $\vec{w}_i$ ähnlicher ist, wie mit dem 1. Fall geschildert. Beide Neuronen feuern dann bei Zufuhr von jeweils etwas anderen Reizmustern $\vec{x}_n^*$ und $\vec{x}_m^*$. Mit Zufuhr dieser anderen Reizmuster $\vec{x}_n^*$ und $\vec{x}_m^*$. werden die Gewichtsvektoren $\vec{w}_i^*$, und $\vec{w}_k^*$ erneut so verändert, dass sie zueinander ähnlicher werden. Dieser Prozess setzt sich so lange fort, bis beide Gewichtsvektoren gleich sind und beide Neuronen beim selben Reizmuster zugleich feuern. Hiernach passiert wieder das beim 2. Fall Gesagte.

4. Fall:

Die gegenseitige Veränderung der Gewichtsvektoren benachbarter feuernder Neuronen ist umso geringer, je ähnlicher deren Gewichtsvektoren sind. Werden also während der Lernphase Reizmuster unterschiedlicher Ähnlichkeiten, von großer Ähnlichkeit bis geringer Ähnlichkeit, zugeführt, dann wird die gegenseitige Beeinflussung feuernder Neuronen am geringsten, wenn jeweils nah benachbarte Erregungsmuster zu jeweils sehr ähnlichen Reizmustern gehören, und Erregungsmuster sehr unähnlicher Reizmuster möglichst große Abstände voneinander haben.

Die geschilderten vier Fälle machen verständlich, dass viele Tausend Lernschritte nötig sind, um eine hinreichend stabile Situation im Netz zu erreichen.

6.5.6 Repräsentanten ähnlicher oder gleichartiger Reizmusterklassen

Bei dem im Abschn. 6.5.5B beschriebenen Simulationsbeispiel wurde dem Kohonen-Netz für dasselbe Tier (z.B. für das Huhn) bei jedem zugehörigen Lernschritt immer der gleiche (in Tab. 6.1 angegebene) Reizmustervektor zugeführt. Diese ideale Situation ist aber nicht gegeben, wenn z.B. ein neugeborenes Kind selbständig (unüberwacht) lernt, die Objekte seiner Umgebung zu erkennen. In natürlicher Umgebung hat man es mit sich ändernden Komponenten der Reizmustervektoren zu tun, sei es, dass der Blickwinkel sich ändert oder sich die Objekte bewegen.

Als Folge wechselnder Reizmustervektoren werden sich für dasselbe Objekt mehrere Erregungsmaxima im Kohonen-Netz ausbilden, die aber alle relativ nah beieinander liegen. Mehrere oder gar sehr viele ähnliche Reizmustervektoren $\mathbf{A}_i$ mit $i = 1, 2, 3, \ldots$, die vom selben Objekt herrühren, bilden zusammen eine Objektklasse $\{\mathbf{O}\}$. Abb. 6.10 zeigt die zu einer Objektklasse $\{\mathbf{O}_1\}$ gehörenden Erregungsmaxima $E_i\,(\mathbf{A}_i)$ der Reizmuster $\mathbf{A}_i$ und die zu einer ganz anderen Objektklasse $\{\mathbf{O}_2\}$ gehörenden Erregungsmaxima E_i $(\mathbf{B}_i)$ der Reizmuster $\mathbf{B}_i$.

Als Repräsentant der Objektklasse $\{\mathbf{O}_1\}$ kann der Schwerpunkt S_{O1} der Erregungsmaxima E_i $(\mathbf{A}_i)$ angesehen werden. Dieser Schwerpunkt drückt aus, dass alle Reizmuster $\mathbf{A}_i$, deren Erregungsmaxima in der näheren Umgebung des Schwerpunkts S_{O1} liegen, ähnliche oder gleiche Merkmale besitzen und deshalb zum selben Objekt gehören. Der Schwerpunkt wird in der Neuronenschicht gebildet, die unmittelbar über dem Kohonen-Netz liegt. [In Abschn. 5.3.3 wurde gesagt, dass die Großhirnrinde des Menschen aus sechs übereinander liegenden Schichten von Neuronen besteht. Das Kohonen-Netz wird von nur einer Schicht gebildet].

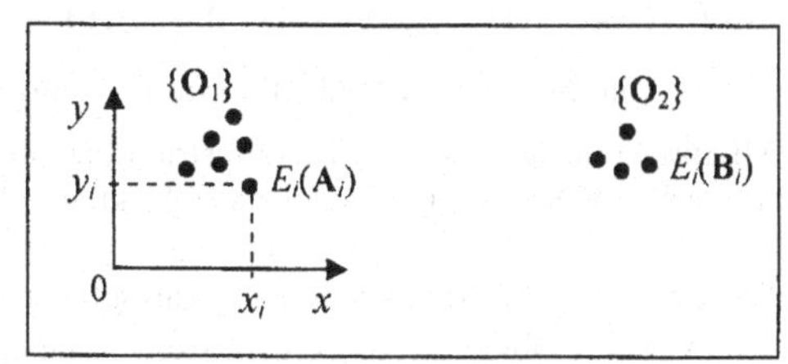

Abb. 6.10 Erregungsmaxima $E_i(\mathbf{A}_i)$ und E_i $(\mathbf{B}_i)$ von Objektklassen $\{\mathbf{O}_1\}$ und $\{\mathbf{O}_2\}$ im Kohonen-Netz

Die Lage des Schwerpunkts S_{O1} der Erregungsmaxima E_i $(\mathbf{A}_i)$ bezüglich eines willkürlich wählbaren Koordinatenursprungs 0 berechnet sich in gleicher Weise wie das bei der Berechnung des Schwerpunkts einer Ansammlung von (gleichschweren) Massepunkten in der Mechanik getan wird.

Bezeichnet man die Koordinaten des Erregungsmaximums $E_i(\mathbf{A}_i)$ mit x_i und y_i (siehe dazu Abb. 6.10) und betrachtet man den Fall, dass dem Kohonen-Netz k Reizmuster der Objektklasse $\{\mathbf{O}_1\}$ zugeführt wurden, also $i = 1, 2, 3, \ldots, k$ (und diese k Reizmuster mit ihren Erregungsmaxima für die Dauer der Schwerpunktbildung gespeichert bleiben), dann errechnen sich die Koordinaten x_S und y_S des Schwerpunkts S_{O1} der k Erregungsmaxima allgemein als arithmetischer Mittelwert zu

$$x_S(k) = \frac{x_1 + x_2 + x_3 + \cdots + x_k}{k} \tag{6.118}$$

$$y_S(k) = \frac{y_1 + y_2 + y_3 + \cdots + y_k}{k} \tag{6.119}$$

Die Formeln (6.118) und (6.119) lassen sich auf jede Objektklasse {.} anwenden, wobei aber immer der selbe Koordinatenursprung 0 gewählt werden muss. Wenn z.B. die Erregungsmaxima zweier Reizmuster der selben Objektklasse die gleichen Koordinaten haben, dann sind diese Koordinaten entsprechend zweimal in (6.118) und (6.119) einzusetzen.

So wie sich die Erregungsmaxima erst im Verlauf einer Lernphase herausbilden, so bildet sich auch die Lage des Schwerpunkts einer Objektklasse (d.h. ihres Repräsentanten) erst im Verlauf einer Lernphase heraus. Während dieser Lernphase werden zeitlich nacheinander ähnliche Reizmuster dem Kohonen-Netz zugeführt. Je mehr ähnliche Reizmuster der selben Objektklasse zur Schwerpunktbildung beigetragen haben, d.h. je größer die Zahl k der Erregungsmaxima wird, desto stabiler werden die Werte der Koordinaten $x_S(k)$ und $y_S(k)$ des Schwerpunkts S_O und umso weniger wird diese Position des Schwerpunkts von weiteren Reizmustern des selben Objekts verschoben, was mit der folgenden Erläuterung gezeigt wird.

Erläuterung:
Wenn die Koordinate $x_S(k)$ des Schwerpunkts von z.B. $k = 99$ benachbarten Erregungsmaxima den Wert $x_S(99) = 3$ hat und das Erregungsmaximum von weiteren Reizmustern des gleichen Objekts die Koordinate $x_{100} = 4$ hat, dann ist der neue arithmetische Mittelwert nicht etwa 3,5 sondern nach (6.118)

$$x_S(100) = x_S(99) \cdot 99 / 100 + 4 / 100 = (3 \cdot 99 + 4) / 100 = 3{,}01 \quad (6.120)$$

Obwohl die Koordinate $x_{100} = 4$ stark vom bisher erreichten Mittelwert $x_S(99) = 3$ abweicht, verändert sie den bisher erreichten Mittelwert nur geringfügig. Das illustriert die zunehmende Stabilität der Koordinaten des Schwerpunkts oder Repräsentanten von gleichen Objekten.

Eine gewisse Berechtigung für die Wahl des Schwerpunkts der Erregungsmaxima gleichartiger oder ähnlicher Reizmusterklassen, die vom selben Objekt hervorgerufen werden, liefert das Simulationsergebnis in Abb. 6.9, wenn man Vögel, pflanzenfressende Tiere und fleischfressende Jäger als jeweils eine Objektklasse betrachtet.

6.6 Über die Struktur des Gehirns und die Funktionen einiger Teilbereiche

Das Kohonen-Netz liefert wichtige Hinweise dazu, wie unüberwachtes Lernen in den Gehirnen von Menschen und Säugetieren geschehen kann. Unüberwachtes Lernen ist aber nur einer von vielen verschiedenartigen Vorgängen, die im menschlichen Gehirn stattfinden können. Dementsprechend ist die Struktur des Gehirns sehr viel komplexer als die des Kohonen-Netzes, das aus einer einzigen Schicht von rückgekoppelten Neuronen besteht und deshalb nur ein Bestandteil des Gehirns sein kann.

In Abschn. 5.3.3 wurde ausgeführt, dass die Großhirnrinde des Menschen aus einer etwa 0,2 Quadratmeter großen und etwa 3 Millimeter dicken Schicht von Neuronen besteht. Dabei wird die Schichtdicke von sechs übereinander liegenden dünneren Schichten von Neuronen gebildet.

Auf der großen Fläche der Hirnrinde lassen sich viele zusammenhängende einzelne Felder für unterschiedliche Funktionen des Gehirns unterscheiden, darunter sensorische Gebiete für visuelle Wahrnehmungen, für auditive Wahrnehmungen, für Tastwahrnehmungen, ferner motorische Gebiete für die Artikulation von Sprache, für die Bewegung verschiedener Gliedmaßen und Gebiete für die Initiierung weiterer bewusster Aktionen.

Die von den Sinnesorganen gelieferten Reizmuster werden den Synapsen der in Schicht 4 befindlichen Neuronen des für das jeweilige Sinnesorgan zuständigen Gebiets zugeführt. Diese Schicht 4 stellt vermutlich ein Kohonen-Netz dar. Die Ergebnisse des Kohonen-Netzes werden in den Schichten 5 und 6 weiterverarbeitet. Die Tatsache, dass allein das Kohonen-Netz bereits erstaunliche Ergebnisse liefert, macht plausibel, zu was die eigene Hirnrinde alles fähig ist: Man nimmt die Gestalten von anderen Menschen und Objekten als jeweiliges zusammenhängendes Ganzes wahr. Man kann zu späteren Zeiten die dreidimensionalen Bilder (Hologramme) dieser Gestalten samt ihrer Umgebung und samt ihren Bewegungen in momentane Vorstellungen und Denkvorgänge einbeziehen. Dasselbe gilt für gehörte Melodien und viele andere Wahrnehmungen. Das Erinnern an all diese Dinge ist erstaunlich, wenn man bedenkt, dass die in den Synapsen gespeicherten Gewichtsvektoren, mit denen gelernte Sinneseindrücke festgehalten werden, nicht so ohne weiteres wieder abgelesen werden können wie die Bits und Bytes auf der Festplatte eines Computers.

Die Art der Verarbeitung der vielen Reizmuster in den drei Schichten 4, 5 und 6 lässt sich möglicherweise nie restlos klären, weil Rückkopplungspfade nicht nur innerhalb der selben Schicht vorkommen, wie beim Kohonen-Netz, sondern auch über unterschiedliche Schichten hinweg vorhanden sind. Da bereits die Beziehungen (6.113) und (6.116) des aus einer einzigen Schicht bestehenden Kohonen-Netzes ein sehr komplexes Verhalten liefern, wie die vorläufige Diskussion in Abschn. 6.5.5A und die Ausführungen im Abschn. 6.5.5C gezeigt haben, kann man nur erahnen, wie kompliziert die Abläufe bei drei Schichten sind.

Über die genaue Funktion der einzelnen Hirnrinde-Schichten ist nur wenig bekannt. Neuronen der Schichten 1 bis 3 verbinden voneinander entfernte sensorische und motorische Gebiete und sind zuständig für Aufmerksamkeit, Assoziationen, Kreativität und weitere Funktionen.

Die Großhirnrinde (kurz Großhirn) ist sozusagen der Regierungssitz für alle bewussten Handlungen des Menschen einschließlich seines Denkens. Unterhalb der Großhirnrinde befinden sich das Kleinhirn und das Zwischenhirn. Beide sind für untergeordnete Funktionen zuständig, sie empfangen Befehle vom Großhirn und liefern Meldungen ans Großhirn zurück. Das Kleinhirn besorgt auf Befehl des Großhirns nach Art eines Unterprogramms [vergl. Zwischenbemerkung in Abschn. 5.2.2] die Steuerung der zahlreichen Muskeln für die Spracherzeugung [vergl. Abschn. 5.5.6A] und anderer Bewegungen und regelt selbständig das Gleichgewicht beim Stehen und Gehen. Das Zwischenhirn ist der Sitz von Emotionen und die Behörde für Empfindungen des Körpers, darunter Schmerz und Kälte, es regelt die Absonderung von Schweiß und sorgt für den Schlaf-Rhythmus. Unterhalb von Klein- und Zwischenhirn befindet sich das Stammhirn, von dem ein großer Nervenstrang in den Spinalkanal der Wirbelsäule führt und sich dann zu den Gliedmaßen und Organen des Körpers verzweigt. Das Stammhirn ist für elementare Lebensfunktionen wie Atmung, Herzschlag, Blutdruck u.a. zuständig.

Kleinhirn, Zwischenhirn und Stammhirn sind direkt oder indirekt mit dem Großhirn verbunden und bilden ein gigantisches Kommunikationsnetz mit zahlreichen Stationen, Zwischenstationen und Instanzen. Als künstliches, von Menschen geschaffenes Gegenstück kommt diesem gigantischen Kommunikationsnetz bestenfalls das weltweite Internet nahe [siehe Abschn. 4.5]. Beim Internet unterscheidet man zwischen Nutzkommunikation des Nutzers und Hilfskommunikation, die Teile des Netzes miteinander führen, um die Nutzkommunikation zu ermöglichen [siehe Abschn. 4.5.4A]. Der Nutzkommunikation entspricht beim menschlichen Gehirn die bewusste Kommunikation, die ein Mensch mit anderen Menschen führt oder beim Selbstgespräch und beim Nachdenken mit sich selber führt. Der Hilfskommunikation entspricht beim menschlichen Gehirn die Gesamtheit der unbewusst ablaufenden Kommunikationsvorgänge, die dazu dienen, die bewusste Kommunikation zu ermöglichen. Zu dieser unbewussten Kommunikation gehören neben vielen anderen Vorgängen die Kommunikation zwischen verschiedenen Gebieten der Großhirnrinde, ferner zwischen Sprachzentrum auf der Großhirnrinde und dem Kleinhirn zwecks

Erzeugung von Sprachlauten, zwischen dem Großhirnrindengebiet der visuellem Wahrnehmung und dem Kleinhirn zwecks Bewusstmachung von Emotion.

Vergleichsweise triviale Gegenstücke dazu aus dem technischen Bereich der Telekommunikation wurden mit Abb. 1.1.2 im Abschn. 1.5.2 des 1. Kapitels und mit Abb. 4.38 im Abschn. 5.4.4B des 4. Kapitels beschrieben. Im Internet läuft die komplette Hilfskommunikation zur Herstellung von Verbindungspfaden wie auch zur Sicherstellung der Übertragung von Nutzersignalen durch Kontrollen und wiederholte Übertragung von beschädigten Datenpaketen nach deterministischen Regeln ab. Zufälligkeiten enthält lediglich die Nutzerkommunikation, wenn die übermittelten Nachrichten für den empfangenden Kommunikationspartner Neuigkeiten, d.h. Information, enthalten [siehe 2. Kapitel].

Im Gehirn läuft die neuronale Signalverarbeitung, d.h. wann Neuronen bei welchen Signalen oder Reizmustern feuern oder nicht feuern, ebenfalls nach deterministischen Regeln ab. Das ist auch dann noch der Fall, wenn wie oben geschildert, viele Milliarden Neuronen über unzählige Rückkopplungspfade miteinander verbunden sind. Ein deterministischer Vorgang, der an einen anderen deterministischen Vorgang gekoppelt ist, kann keinen indeterministischen Vorgang erzeugen.

Wenn man aber davon ausgeht, dass *nicht* sämtliche Vorgänge im Gehirn und damit sämtliche Artikulationen, die der Mensch im Laufe seines Lebens von sich gibt, deterministisch sind wie die Reaktionen einer Maschine, dann muss man sich fragen, welche Instanz im menschlichen Organismus die von außen nicht vorhersehbaren Artikulationen ausgelöst hat. Ohne Zweifel haben die weitaus meisten Menschen das Gefühl, einen freien Willen zu besitzen und damit in der Lage zu sein, zu jeder Zeit Äußerungen zu machen, die ein Außenstehender nicht vorhersehen kann.

Die einfachste Antwort[6.5] auf diese Frage liefert die Hypothese, dass es im Menschen einen immateriellen Geist gibt, der nicht aus materiellen biotischen Zellen und Neuronen zusammengesetzt ist. Dieser immaterielle Geist benutzt das von Neuronen zusammengesetzte materielle Gehirn als Werkzeug, so wie der Internet-Benutzer das Internet als Werkzeug zum Zweck der Kommunikation (mit anderen Nutzern oder Datenbanken) benutzt.

Schwierigkeiten an dieser Hypothese macht weniger die Vorstellung von der Existenz eines immateriellen Geistes. Viele Geisteswissenschaftler bezeichnen sich als solche, weil sie sich mit geistigen Dingen beschäftigen, von deren Existenz sie überzeugt sind. Schwierigkeiten an dieser Hypothese macht weit mehr die Frage, wie etwas Nichtmaterielles eine Wirkung auf etwas Materielles ausüben kann.

In den naturwissenschaftlichen Lehrbüchern über Physik und Chemie kommt der Begriff „Geist" nicht vor und von einer eventuell möglichen Wirkung eines Geistes auf messbare Phänomene im Bereich von Materie und Energie kommt dort erst recht nichts vor. Im folgenden Abschn. 6.6.1 werden deshalb einige Vorstellungen über eine abstrakte Welt des Geistes beschrieben, und im Abschn. 6.6.2 werden dann einige Überlegungen präsentiert, wie man sich die geheimnisvolle Wechselwirkung zwischen Geist und materielle Gehirnzelle, die auch als „Leib-Seele-Problem" bezeichnet wird, vorstellen kann.

[6.5] Das in der Erkenntnistheorie übliche Prinzip, sich für die einfachste Antwort oder Hypothese zu entscheiden, geht auf den englischen Philosophen W. von Ockham zurück. Dieser lebte um das Jahr 1300 und gehörte dem Franziskanerorden an. Zum Prinzip der maximalen Einfachheit und zu Extremalprinzipien in der Natur gibt es noch weitere Theorien, u. a. von Aristoteles und G.W. Leibniz.

6.6.1 Einige Erläuterungen zur immateriellen Welt des Geistes

In dieser Abhandlung ist an verschiedenen Stellen schon darauf hingewiesen worden, dass sich zwei Welten unterscheiden lassen, nämlich auf die

- energetisch-materielle Welt, die mit den Sinnesorganen wahrgenommen wird, auf der einen Seite und die
- immateriell-geistige Welt der Ideen, die auch als Platonische Welt bezeichnet wird, auf der anderen Seite

Die Existenz einer immateriell geistigen Welt wurde damit begründet, dass es abstrakte Wahrheiten gibt, die immer gelten, egal, ob Menschen diese Wahrheiten kennen oder nicht kennen. Ein Beispiel für eine solche Wahrheit ist die Aussage des Satzes von Pythagoras für rechtwinklige Dreiecke der ebenen Geometrie. Der Satz des Pythagoras gilt unabhängig davon, ob ihn Menschen kennen oder nicht kennen. Genauso verhält es sich bei Zusammenhängen der Logik, der reinen Mathematik und bei weiteren abstrakten Wahrheiten. Solche Wahrheiten wie die Aussage des Satzes von Pythagoras und Aussagen über Zusammenhänge in der reinen Mathematik werden von Menschen nicht erfunden wie z.B. ein Elektromotor, sondern in der abstrakten Platonischen Welt entdeckt, wie auch Naturgesetze von Menschen nicht erfunden, sondern in der energetisch-materiellen Welt entdeckt werden. Die Wahrheiten der immateriell geistigen Welt (Kenntnisse der reinen Mathematik) bilden eine Grundlage und Voraussetzung bei der Entdeckung und bei der Deutung der Naturgesetze. Die immateriell geistige Welt hat deshalb einen höheren Rang als die energetisch-materielle Welt. Platon bezeichnete die energetisch-materielle Welt als einen bloßen Schatten der immateriell-geistigen Welt [vergl. die Ausführungen in Abschn. 3.4.3].

Dem Dualismus, energetisch-materielle Welt auf der einen Seite, und immateriell geistige Welt auf der anderen Seite, entspricht die Unterscheidung zwischen praktischer Vernunft und reiner Vernunft des Philosophen I. Kant [vergl. Anmerkung zur Innenwelt und Außenwelt weiter unten in Abschn. 6.7.1A].

Anmerkung:
Eine Gegenposition zum „Dualismus" bildet der „Monismus", der die Existenz von *nur einer* Welt kennt. Der Materialismus geht von der alleinigen Existenz der energetisch-materiellen Welt aus und betrachtet die Wahrheiten der immateriell-geistigen Welt als Produkte der energetisch-materiellen Welt [vergl. hierzu die Ausführungen in Abschn. 3.4.3 im 3. Kapitel]. Es gibt auch die umgekehrte Position, die von der alleinigen Existenz der immateriell-geistigen Welt ausgeht und die materiell-energetische Welt als ein Produkt des Geistes ansieht. Der Verfasser dieser Abhandlung glaubt an den Dualismus.

Die oben genannten Beispiele des Satzes von Pythagoras und der Zusammenhänge der Logik und reinen Mathematik sind „ewig gültige Wahrheiten".

Erweiterte Vorstellungen von der immateriell geistigen Welt umfassen aber noch sehr viel mehr als die genannten ewig gültigen Wahrheiten, nämlich das „lebendige" Geistige, das in der materiellen Welt wirkt und sie gestaltet. In den Vorstellungen über dieses „lebendige" Geistige gibt es unterschiedliche Grade oder Stufen, angefangen beim individuellen Geist des einzelnen Menschen, über den Zeitgeist, der die herrschenden Meinungen widerspiegelt, über einen Weltgeist, der die Geschichte lenkt[6.6] bis hin zum geistigen Urgrund

6.6 Siehe hierzu im 1. Kapitel in Fußnote 1.16 den Hinweis auf die Geschichtsphilosophie, die versucht, aus dem Verlauf der Geschichte ein Ziel herzuleiten. Streng beweisen lässt sich weder die Existenz noch die Nichtexistenz eines Weltgeistes oder eines Schöpfergottes. Dennoch (Fortsetzung der Fußnote auf der Rückseite)

aller Wahrheiten und allen Geschehens, der die Basis für Theologie und für den Glauben an einen Schöpfergott bildet .

In dieser Abhandlung interessiert in erster Linie der individuelle Geist (die Seele) des Menschen. Dieser immaterielle Geist, der das aus Neuronen zusammengesetzte materielle Gehirn als Werkzeug benutzt, lässt sich mit physikalisch-technischen Methoden nicht objektiv dingfest machen. Objektiv dingfest machen lassen sich nur Erregungsmuster auf der Hirnrinde und in anderen Teilen des Gehirns. Solche Erregungsmuster treten nicht nur dann auf, wenn Sinnesorgane gereizt werden, sondern auch dann, wenn der Mensch denkt und dabei das aus Neuronen zusammengesetzte materielle Gehirn als Werkzeug benutzt.

Der immaterielle Geist wird aber subjektiv durch seine Wirkung auf das eigene Bewusstsein erfahrbar. Das eigene „wache" Bewusstsein drückt sich darin aus, dass man sich selber im Klaren darüber ist, dass man (1.) denkt, (2.) subjektiv überzeugt ist, einen freien Willen zu haben, und (3.) Emotionen (z.B. Freude, Traurigkeit, Liebe, Abscheu und weitere) verspürt. Von diesen drei Erscheinungen werden lediglich die Emotionen in stärkerem Maß (z.B. durch Ekel) von außen beeinflusst. Die Gedanken und der Wille sind dagegen im Prinzip frei und unabhängig von äußeren Einflüssen, d.h. man ist nicht gezwungen, das zu denken und zu wollen, was von außen vorgeschrieben wird (wenn man beim Denken von Suggestion und Hypnose absieht und den Willen nicht mit der Durchsetzbarkeit des Willens gleichsetzt). In diesen Freiheiten des Denkens und des Wollens zeigt sich die Wirkung des Geistes und damit das eigentliche „Ich" des Menschen.

Die hier aufgestellte These lautet: Ein immaterieller Geist ist der Initiator allen Denkens und Wollens des Menschen. Sein Wirken geht dem Bewusstwerden zeitlich voraus. *Zuerst agiert der Geist, danach kommt das Bewusstsein.* So wie das Denken der Sprache vorausgeht (vergl. Abschn. 6.2.5), geht ein Wirken des Geistes dem bewussten Denken und Wollen voraus. Sinneswahrnehmungen werden zuerst vom Geist registriert und erst danach vom Bewusstsein. Gestützt wird die These durch die Tatsache, dass nicht immer alle Wirkungen des Geistes in das Bewusstsein gelangen, wie folgende Erfahrungen zeigen:

a.) Viele Menschen haben unabhängig voneinander erlebt, dass Probleme im Schlaf, d.h. bei abgeschaltetem Bewusstsein, gelöst wurden: Man hat Stunden über ein Problem erfolglos nachgedacht. Dann ging man schlafen, und als man morgens aufwachte, hatte man zur eigenen Überraschung die klare Lösung des Problems im Kopf. Der Geist hatte die Nacht über gewirkt und die neuronalen Schaltkreise, Prozessoren und Server im „Internet des Gehirns" arbeiten lassen, um diese Lösung zu finden.

b.) Vielen Menschen ist plötzlich und unvermittelt eine Idee gekommen, die eine Angelegenheit betrifft, von der sie irgendwann mal gehört haben, aber über die sie selbst nie bewusst nachgedacht haben. In diesem Fall hat der Geist im Unterbewusstsein gewirkt, ohne dass die Initiative des Geistes, die eine neuronale Signalverarbeitung zur Erzeugung der fertigen und konkreten Idee ausgelöst hat, ins Bewusstsein gelangt war.

Anmerkung:
Aus oft zitierten Experimenten des amerikanischen Neurophysiologen B. Libet (1999), wurde die Schlussfolgerung gezogen, dass der Mensch keinen freien Willen besitze. „Die Aktionen des Menschen lägen schon vorher fest, noch bevor er den bewussten Willen dazu habe". Diese Schlussfol-

ist es angesichts der vielen höchst unwahrscheinlichen (aber trotzdem vorhandenen) Fakten, angefangen bei der Feinabstimmung der Naturkonstanten bis zur Entstehung des Lebens [siehe z.B. Miller, J.B. (2001)] nicht unvernünftig, an einen Schöpfergott zu glauben, was vielen Menschen zudem Hoffnung und Zuversicht in jeder Lebenslage gibt. Dass alles nur Zufall sein soll, mochte auch der berühmte A. Einstein nicht glauben.

gerung beruht auf der Ansicht, dass das Bewusstsein *nicht das Ergebnis* einer neuronalen Signalverarbeitung ist, die ein Geist vorher ausgelöst hat, *sondern* als *Ursache* für eine beabsichtigte Aktion gilt. Bezogen auf die oben aufgestellte These besagen die Experimente von Libet nichts.

Das kreative Wirken des Geistes bei abgeschaltetem Bewusstsein ist in der Regel kein glatter Prozess, der geradlinig auf eine Problemlösung oder auf eine neue Idee zusteuert, sondern ein verwickelter Vorgang mit vielen einzelnen Suchschritten, die zudem noch mehrfache Schleifen durchlaufen, wie man das von Computerprogrammen her kennt. [Ein grobes Modell für fehlerbehaftete Kommunikation verschiedener Instanzen im Gehirn illustriert die Abb. 1.13 im 1. Kapitel]. Diese einzelnen Teilprobleme zeigen sich in vielen Denkvorgängen, die bei vollem Bewusstsein stattfinden, wie das auch beim folgenden Erlebnis der Fall ist:

Vermutlich hat schon jeder die Schwierigkeiten erlebt, einen zwar klaren aber doch komplizierten Sinngehalt, den der eigene Geist ins eigene Bewusstsein gebracht hat, in geeigneter Weise mittels Sprache auszudrücken, um ihn einem Kommunikationspartner KP_y mitzuteilen. Wenn man das schließlich mehr schlecht als recht geschafft hat und anschließend das Gesprochene nochmal überdenkt (und dabei sich auch in die Lage des Kommunikationspartners KP_y hineinversetzt), dann stellt man fest, dass nicht alles so ausgedrückt wurde, wie es eigentlich hätte sein sollen und wie es genau gemeint war. Einesteils wurde etwas nicht gesagt, was eigentlich hätte gesagt werden müssen, und anderenteils wurde durch unglückliche Wortwahl noch etwas gesagt, was den Sinngehalt nicht ganz trifft. In diesem Fall wurden die Möglichkeiten des Internet Gehirn mit den Servern des Sprachzentrums und der Motorik zur sprachlichen Artikulation während des Sprechens aus Zeitgründen und/oder mangelnder Nutzung von Überprüfungssoftware nicht voll ausgeschöpft.

Angemerkt sei, dass diese Denkprozesse sich informationstheoretisch beschreiben lassen, was beim letztgenannten Erlebnis der Sprachformulierung in Abschn. 4.6.5 des 4. Kapitels mit Bezug auf Abb. 4.22 ausgeführt wurde.

6.6.2 Überlegungen zum Leib-Seele-Problem

Die große Frage, wie die Seele (das ist hier der immaterielle Geist) sichtbare Veränderungen im Leib (das sind hier die energetisch-materiellen Gehirnzellen) hervorrufen kann, hat schon viele Wissenschaftler beschäftigt. Der Mathematiker R. Penrose (1991), der sich ebenfalls eingehend mit dem Leib-Seele-Problem beschäftigt hat, vermutet den Sitz von Geist und Bewusstsein am Rand der Hirnrinde. Die Erklärung der sichtbaren Wirkung des immateriellen Geistes auf materielle Gehirnzellen erfordert seiner Ansicht nach eine neue Physik.

Die hier in diesem Abschnitt vorgestellten Überlegungen zum Leib-Seele-Problem gehen von vermuteten Zusammenhängen aus, die dann in mehreren Schritten überprüft werden, ob sie in Konflikt mit sicheren Erkenntnissen der Naturwissenschaft geraten. Wie sich zeigen wird, sind nicht ausräumbare Konflikte mit Erkenntnissen der Naturwissenschaften bis jetzt nicht erkennbar. Nichtsdestoweniger sind die nachfolgend beschriebenen Zusammenhänge in noch stärkerem Maß hypothetisch als die im vorangegangenen Abschn. 6.6.1 beschriebene These eines Geistes als Initiator von Denken und Wollen.

Aus allgemeinerer Sicht handelt es sich beim Leib-Seele-Problem um einen Zusammenhang von Information (die hier für den Geist steht) und Energietransport (der hier für das Feuern eines Neuron steht).

Das gleichartige Problem wurde in verschiedenen Abschnitten des 3. Kapitels behandelt. Dort wurde ausgeführt, dass Energie nicht erzeugt sondern nur transportiert und in andere Erscheinungsformen umgewandelt werden kann. Im letzten Abschn. 3.5 wurde das gedankliche Modell des Maxwell'schen Dämons vorgestellt, das zeigt, wie Energieanteile, die in einem Gefäß gleichmäßig verteilt sind, vom Dämon mit Hilfe von Information so transportiert werden können, dass sich in einer Hälfte des Gefäßes die Energie erhöht, während sich der in der anderen Hälfte des Gefäßes die Energie in gleichem Maß erniedrigt. Real funktioniert das Modell deswegen nicht, weil der Dämon zu Beginn unwissend ist und sich die Information, die er benötigt, erst beschaffen muss. Der Aufwand für die Beschaffung der Information erfordert aber mindestens gleich viel Energie wie er Energie mit Hilfe der Information von einer Hälfte des Gefäßes in die andere transportieren kann, so dass letztlich nichts gewonnen wird. Wenn der Dämon hingegen ein wissender Geist wäre, der sich keine Information erst beschaffen muss, dann würde das Modell theoretisch funktionieren. (In diesem Zusammenhang sei an die im Anschluss an die Aussage **[3.13]** erwähnten Motorproteine der Biotechnologie und Nanotechnik erinnert).

Hier geht es jetzt um die Frage, inwieweit das Modell des Maxwell'schen Dämons auf die Vorgänge in einem Neuron übertragen werden können.

Ausgangspunkt bei den folgenden Überlegungen ist die Annahme, dass der immaterielle Geist des Menschen *wissend* sei und als solcher die Rolle des Maxwell'schen Dämons übernehmen kann, wenn das für eine neuronale Signalverarbeitung gebraucht wird. Der Aufenthaltsort des Geistes befinde sich in den Zellmembranen, d.h. in den Hüllen, welche die Gehirnzellen (das Neuron) umschließen.

Wie im 5. Kapitel in Abschn. 5.3.2A erläutert wurde, stammt die Energie der makroskopischen Nervenimpulse vom Stoffwechsel im Inneren der Zelle. Die durch äußere Reize in die Zelle gelangenden mikroskopischen elektrischen Ladungen bewirken kurzzeitige Erweiterungen von Kanälen in der Zellmembran. Durch die erweiterten Kanäle strömt daraufhin Glucose ins Zellinnere und löst dort kurzzeitige Stoffwechselschübe aus, bei denen Energie frei wird, die ausreicht, um makroskopische Nervenimpulse zu erzeugen. Das Auftreten dieser Nervenimpulse wird, wie schon mehrfach gesagt, als „Feuern" bezeichnet.

Das Feuern eines Neuronen kann aber auch allein von einem Denkprozess ausgelöst werden, ohne dass dabei von äußeren Reizen elektrische Ladungen ins Zellinnere gebracht werden. Das Erweitern der Kanäle und der damit bewirkten Erzeugung von Nervenimpulsen wird in diesem Fall allein von einem in der Zellmembran wirkenden Geist verursacht.

Die Zellmembran besteht im Wesentlichen aus einer sogenannten Lipidschicht, in die große Protein-Moleküle (Eiweiß-Moleküle) eingelagert sind. Diese Protein-Moleküle können ihre Form ändern und sorgen dadurch für das Erweitern und Verengen von Kanälen, über die Nährstoffe (u.a. Glucose) in die Zelle gelangen. Da im Fall eines Denkprozesses der immaterielle Geist über die Protein-Moleküle das Erweitern der Kanäle und damit die Erzeugung von Nervenimpulsen für die neuronale Signalverarbeitung veranlassen soll, stellt sich die Frage, ob das Protein-Molekül seine Form ändern kann, ohne dass es dazu eine Energiezufuhr von außen benötigt. Der immaterielle Geist kann ja nur Information liefern aber keine Energie, weil er selbst kein Wesen der energetisch-materiellen Welt ist.

Um die Frage zu beantworten, ob zur Formänderung eines Proteins eine von außen zugeführte Energie erforderlich ist, muss weiter ausgeholt werden. Ein Protein-Molekül besteht aus einer riesigen Anzahl von einzelnen Atomen, die eine chemische Verbindung miteinander eingegangen sind. Statt des Proteins wird zunächst ein einzelnes Atom betrachtet:

Der Zustand eines einzelnen Atoms wird vollständig und eindeutig durch die Werte von sogenannten Quantenzahlen beschrieben. Beim einfachsten Atom, dem Wasserstoff-Atom, gibt es genau vier verschiedene Typen von Quantenzahlen, wobei jeder Quantenzahltyp einen von mehreren möglichen Werten annehmen kann. Jeder Quantenzahltyp kennzeichnet eine bestimmte Erscheinungsform von Energie in der Atomhülle, und der Wert einer Quantenzahl gibt Auskunft über das Energieniveau der betreffenden Erscheinungsform. Mit den Werten aller Quantenzahlen lässt sich die gesamte Höhe der in der Atomhülle (d.h. nicht im Atomkern) enthaltenen Energie bestimmen. Umgekehrt lässt sich aber aus der Kenntnis der in der Atomhülle enthaltenen Gesamtenergie nicht immer auf die Werte aller Quantenzahlen schließen, weil es mehrere Möglichkeiten geben kann, wie sich die Gesamtenergie auf die verschiedenen Erscheinungsformen in der Atomhülle verteilt, was unterschiedliche Werte für die Quantenzahlen ergibt. Schon beim einfachen Wasserstoff-Atom gibt es verschiedene Zustände bei gleicher Gesamtenergie.

Ein Protein setzt sich aus vielen Tausend einzelnen Atomen zusammen. Die Struktur eines Proteins ist äußerst kompliziert und kann unterschiedliche Formen annehmen. Eine Form erinnert an ein Knäul von teilweise aufgewickelten Fäden, die miteinander verbunden sind. Eine andere Form erinnert an Fäden, die um ein Rohr gewickelt sind und in der Mitte ein Loch (Kanal) lassen, durch das kleinere Moleküle und Atome hindurch schlüpfen können.

Von der Gesamtenergie des Proteins (außerhalb seiner Atomkerne) ist ein Teil festgelegt durch die Art der chemischen Bindung der Atome. Der restliche Teil verteilt sich auf unterschiedlichste Erscheinungsformen, zu denen auch mechanische Schwingungen und Rotationen von Fadenteilen gehören, deren jeweilige Energieniveaus ebenfalls durch Quantenzahlen gekennzeichnet werden. Der gesamte Wertesatz vieler zum Protein gehörender Quantenzahlen ist kennzeichnend nicht nur für die Gesamtenergie sondern auch für die Struktur oder Form des Proteins. So wie oben beim einzelnen Atom bei gleicher Gesamtenergie verschiedene Zustände möglich sind, so darf man annehmen, dass auch beim Protein bei gleicher Gesamtenergie verschiedene Zustände und auch verschiedene Formen möglich sind.

Damit darf die oben gestellte Frage, ob zur Formänderung eines Proteins eine von *außen* zugeführte Energie erforderlich ist, mit *nein* beantwortet werden. Ein Geist hat also die theoretische Möglichkeit, ohne Energieaufwand, ein mit makroskopischen Nervenimpulsen arbeitendes neuronales Netzwerk in Gang zu setzen.

Bemerkungen:

1.) Eine plausible Erklärung dafür, dass Formänderungen nicht zwangsläufig eine von außen zugeführte Energie erfordern, liefert z.B. auch ein schwingender Stab, der sich in Längsrichtung periodisch zusammenzieht und ausdehnt. Im Innern des Stabes ändern sich dagegen die verschiedenen Erscheinungsformen von Energie.

2.) Der Tod eines Menschen ist heute durch den Hirntod definiert, der bei Beendigung aller Hirnaktivitäten eintritt. Es gibt Fälle, bei denen kurz nach Eintritt des Hirntods eine Reanimation möglich war. Manche Berichte über Nahtoderfahrungen von solchen Reanimierten beschreiben einen Vorgang des Loslösens eines Geistes vom Körper beim Sterben [siehe z.B. S. Parnia (2013)].

Die hier interessierenden Aspekte zum immateriellen Geist seien wie folgt zusammengefasst:

[6.7] Thesen über die Wirkung des Geistes im Bewusstsein und auf das neuronale Netz

Ein individueller Geist des Menschen ist der Initiator des Denkens und des Wollens. Bevor das Denken und Wollen im Bewusstsein erscheinen, hat der Geist bereits Signalverarbeitungsprozesse im neuronalen Netz des Gehirns in Gang gesetzt. Dazu gibt der Geist keine Energie ab, sondern nur Information.

6.7 Die Entwicklung von Kommunikation und Sprache bei Menschen

Evolutionsbiologen betrachten die verschiedenen Stadien bei der Entwicklung des menschlichen Embryos aus einer befruchteten Eizelle, um Erkenntnisse über die evolutionäre Entwicklung der Menschheit aus dem Tierreich zu gewinnen. Sie gehen davon aus, dass die Entwicklung des Embryos in Zeitrafferform die evolutionäre Entwicklung des Menschen nachvollzieht. Sie verweisen darauf, dass erste Lebewesen wie der Embryo im Wasser lebten. Dort hat sich ein Teil dieser ersten Lebewesen zu Amphibien weiterentwickelt, die an Land gingen, wo sich dann aus Flossen Arme und Hände entwickelten. Diese und alle anderen Entwicklungsschritte können auch bei der Entwicklung des Embryos beobachtet werden. Vom dritten Monat ab ist auf diese Weise aus dem Embryo ein Fetus entstanden, der bereits alle Glieder und Organe des fertigen Menschen besitzt.

Wenn es also erfolgversprechend ist, die Entwicklung der Menschheit an der frühesten Entwicklung eines neuen Menschen zu studieren, dann ist es naheliegend, auch die Entwicklung von menschlicher Kommunikation und natürlicher Sprache am Kommunikationsverhalten und am Spracherwerb von kleinen Kindern zu studieren.

Nach derzeit herrschender Meinung heißt es, dass der neugeborene Mensch über die meisten Gehirnzellen (Neurone) verfüge und dass im Laufe seines weiteren Lebens die Anzahl der Gehirnzellen abnehme. Es entstünden aus Stammzellen zwar auch neue Gehirnzellen, ihre Anzahl und Entstehungsrate sei aber geringer als die der absterbenden Zellen. Bei Geburt wären also die Aufnahmefähigkeit und das Lernpotenzial am höchsten. Was dem neugeborenen Menschen noch fehle, seien sinnvolle Verknüpfungen der im 5. Kapitel in Abschn. 5.3.2 beschriebenen Synapsen. Erst nachdem sich in langwierigen Lernprozessen, die im Abschn. 6.5 ausführlich dargestellt wurden, sinnvolle Verknüpfungen von Synapsen herausgebildet haben, ist der Mensch in der Lage, die von seinen Sinnesorganen wahrgenommenen Reize vernünftig zu interpretieren, und seine Bedürfnisse auch mittels Sprache deutlicher zu artikulieren. Der neugeborene Mensch sei also vergleichbar mit einem Großcomputer ohne nützliche Anwendungssoftware. Vorhanden sei lediglich eine Art Boot- oder Startprogramm (vergl. Abschn. 5.2.3).

Es heißt auch, dass bereits der Fetus mit seinen Ohren über den Körperschall Signale wahrnehme und in seinem Gehirn speichere und verarbeite. Wie sich der spätere Mensch charakterlich entwickele, hinge also nicht allein von den Genen und der frühkindlichen Erziehung ab, sondern auch von vorgeburtlich empfangenen Signalen.

6.7.1 Frühkindliche Kommunikation

Schon früh ist ein neugeborenes Kind zu einer einfachen nichtsprachlichen Kommunikation fähig. Es verfügt über innere Gefühle, ob es hungrig oder satt ist, ob es sich wohl oder unwohl fühlt, ob es Wärme und Zuwendung empfindet oder Schmerz. Diese Gefühle vermag es auch durch akustische Laute und durch mimische Gesichtsausdrücke zu artikulieren. Durch lautes und heftiges Schreien drückt ein Baby andere Gefühle und Stimmungen aus als durch leises Wimmern. Es lächelt, wenn es sich wohlfühlt und verzieht sein Gesicht, wenn ihm etwas nicht schmeckt oder nicht passt. Die Mutter erkennt in der Regel sofort die unterschiedlichen Bedeutungen dieser verschiedenen Signale des Kindes und weiß meistens auch, welche Art von Antworten das Kind erwartet.

Wie in Abschn. 6.2.5 erwähnt wurde, lernt das Kind das Sprechen erst relativ spät. Eine Ursache dafür dürfte darin liegen, dass zum Sprechen sehr viel mehr Muskeln benötigt werden als zum Gehen und zum Bewegen von Hand und Fingern. In den Abschnitten 5.5.6 und 5.5.7 wurde erläutert, dass klares Sprechen die koordinierte Aktivierung einer Vielzahl (vermutlich mehr als hundert) von Muskeln in Zunge, Kiefer, Gaumen, Rachen und Brustkorb erfordert. Diese koordinierte Aktivierung ist vergleichbar mit dem Spielen auf einer großen Kirchenorgel. Um klar sprechen zu lernen, braucht das Kind genügend Zeit. Den ersten noch unklar gesprochen Wörtern gehen Laut-Übungen und phonetische Artikulationen voraus, die sich wie Gurgeln und Gemurmel anhören. Dieses unverständliche Gebrabbel hat schon oft eine Sprachmelodie.

Bevor das Kind sprechen kann, versteht es bereits viel von dem, was es hört und reagiert darauf auch richtig. Schon nach kurzer Lernphase zeigt es im Bilderbuch mit dem Finger auf die richtigen Objekte, wenn man ihm die zugehörigen Namen nennt, z.B. Auto, Hund, Katze, Haus, usw., obwohl es noch keines dieser Wörter selbst aussprechen kann, und auf die Aufforderung „Bring Papa den Ball" holt es den Ball und bringt es dem Papa[6.7].

Die Artikulation unterschiedlicher Laute, Phoneme und Silben gelingt erst allmählich und unterschiedlich schnell, wobei die Reihenfolge von Silben manchmal verwechselt wird. Das kleine Kind sagt z.B. „Emi" statt „Omi" und „Apu" statt „Opa". Später sagt es z.B. „Ado" statt „Auto" und „Atzer" statt „Kratzer", „Tatte" statt „Tante" usw. Die Schwierigkeiten bei der richtigen „Bedienung" des eigenen „Sprechapparats" lässt auch daran erkennen, dass manche Kinder selbst dann noch Wörter falsch aussprechen, wenn sie die Sprache und ihre Grammatik schon weitgehend beherrschen und auch keinerlei organische Schäden haben. Die Behebung dieser Sprechfehler (z.B. lispeln) gelingt dann oft nur mit

[6.7] Ereignete sich in der eigenen Familie des Verfassers. Bei wiederholten Spielen lag der Ball jeweils in einer ganz anderen entfernten Ecke des Zimmers.

Hilfe eines Logopäden. Und auch viele erwachsene Menschen beherrschen ihren mit einer Orgel vergleichbaren Sprechapparat nur teilweise. Sie können bestimmte Register nicht ziehen, sodass sie ihren Akzent nicht los werden, wenn sie eine Fremdsprache lernen. Es gibt nur wenige Stimmkünstler, welche die Stimmen anderer Leute beliebig gut imitieren können.

Eine recht informative und nett illustrierte Beschreibung des Spracherwerbs findet man im Internet unter dem Titel „Die frühe Sprachentwicklung des Kindes" von Bernd Reimann (1998-2012). Die Darstellung beruht auf der Auswertung von umfangreicher Literatur und beginnt mit den universellen Fähigkeiten des gesunden Neugeboren. Es kann beim Hören alle Phoneme unterscheiden, Lautstrukturen und Ähnlichkeiten erkennen und das muttersprachliche Lautinventar im Gedächtnis behalten. Anschließend werden die verschiedenen Etappen des Spracherwerbs bis zum vierten Lebensjahr beschrieben. Der gesamte Text wird laufend ergänzt durch Berichte von Eltern über die Kommunikation mit ihren kleinen Kindern. Informativ ist ferner ein Interview von M. Springer (2010) mit A. Friderici.

Das relativ späte Erlernen der Sprache hängt aber nicht nur mit der komplizierten Lautbildung zusammen sondern auch damit, dass das Kind vorher überhaupt erst lernen muss, Objekte der Außenwelt zu erkennen, damit es später diese Objekte mit Wörtern benennen kann.

A: *Zur Erkennung von Objekten in der Außenwelt des Kindes*

Kurz nach seiner Geburt ist das Kind mit einer riesigen Fülle von Reizmustern konfrontiert, die von der Außenwelt über die Augen und weitere Sinnesorgane in sein Gehirn strömen. Im Mutterleib konnte es über die Wahrnehmung von Körperschall lediglich erste Bezüge zur Mutter herstellen, es wusste aber noch nichts von dem, was ihm nach der Geburt alles neu begegnet, was es dann sieht, riecht, fühlt und schmeckt. Die vielfältigen neuen Eindrücke nach der Geburt muss das Kind in seinem Inneren sortieren und zueinander in Beziehungen bringen. Es nimmt mit seinen Augen Reizmuster wahr, die sich zeitlich verändern, und muss erst allmählich dahinter kommen, dass diese Reizmuster mit einzelnen Gegenständen in seiner Umgebung zusammenhängen. Das wachsende Begreifen lässt sich auch am Blick seiner Augen erkennen, der an den ersten Tagen noch recht ausdruckslos ist und dann immer interessierter wird, je zielgerechter es seine Ärmchen bewegen und Gegenstände, die es sieht, berühren kann und je mehr es so über Zusammenhänge in seiner Außenwelt erfährt. Geradezu leuchtende Augen kann man beim Kind manchmal erst während der Phase des Spracherwerbs beobachten.

In den meisten Fällen sind an der Erkennung eines Objekts mehrere Sinnesorgane beteiligt. Von jedem Sinnesorgan führt ein Nervenfaserbündel zu einem zugehörigen Gebiet auf der Großhirnrinde [siehe Abschn. 5.3.3]. In unüberwachten Lernprozessen bilden sich auf jedem dieser Gebiete Erregungsmuster, die sich bei wiederholter Wahrnehmung allmählich verfestigen und dann gespeichert bleiben, wie das im Abschn. 6.5.5 beschrieben wurde. Da die Reizsignale verschiedener Sinnesorgane im selben Zeitintervall den entsprechend verschiedenen und teils weit voneinander entfernt liegenden Gebieten der Großhirnrinde zugeführt werden, entstehen mit den Lernschritten auch Verbindungen zwischen den erregten und voneinander entfernt liegenden Gebieten der Großhirnrinde, was später Assoziationen ermöglicht.

Beispielfall für Objekterkennung:
Ein vom Baby zu erkennender Gegenstand mag z.B. eine über seinem Bettchen baumelnde Kinderrassel sein, die auf der Netzhaut seines Auges wechselnde Reize verursacht. Durch wiederholtes Antippen der Rassel mit der Hand und durch Beobachtung der Reaktionen gelangt das Kind zu der Erkenntnis, dass die wechselnden Eindrücke, welche die baumelnde Kinderrassel verursacht, immer dasselbe Objekt betreffen und nicht von verschiedenen Objekten herrühren, die nacheinander auftauchen, und dass das rasselnde Geräusch ebenfalls vom selben Objekt herrührt. Bei diesem Beispiel entstehen also Reizmuster auf drei sensorischen Gebieten der Hirnrinde, auf dem visuellen, dem taktilen und dem auditiven Gebiet. Zugleich entstehen zusätzlich auch Verbindungen zwischen diesen drei sensorischen Gebieten.

Mit der Erkennung weiterer neuer Objekte bilden sich in der Innenwelt des Kindes immer umfangreichere und genauere Vorstellungen von der Außenwelt, die sich im neuronalen Netz der Hirnrinde verankern. An der Objekterkennung und der Entwicklung von inneren Vorstellungen über die Außenwelt sind zwei Einflussgrößen beteiligt, nämlich:

1. die von den Sinnesorganen wahrgenommenen Reizmuster, die auch durch eigene Aktionen beeinflusst werden können, und
2. die logisch sinnvolle Verarbeitung vieler Reizmuster

Die Benennung von Objekten, d.h. die Kennzeichnung bestimmter Reizmustermengen mit Namen oder Wörtern, ist ein sekundärer Vorgang und führt auf die Bildung neuer Mengen. Mehr dazu folgt unten in Abschn. 6.7.3. Der Einfachheit halber wird zunächst davon ausgegangen, dass diese Wörter mit Hilfe eines Lehrers in einem überwachten Lernprozess nacheinander gelernt werden.

Anmerkungen zur Innenwelt und Außenwelt eines Menschen:
Erwachsene Menschen unterscheiden zwischen ihrer Innenwelt, d.h. ihrem Bewusstsein und Denken auf der einen Seite, und der sie umgebenden Außenwelt, die sie mit ihren Sinnesorganen wahrnehmen, auf der anderen Seite. Mit diesem Dualismus haben sich viele berühmte Philosophen intensiv beschäftigt, dabei u.a. auch mit der Frage, ob eine Außenwelt tatsächlich real existiert oder alles eine Sinnestäuschung sei und nur in der eigenen Vorstellung vorhanden ist. [Die weitere Frage, ob die Außenwelt (falls sie existiert, was in dieser Abhandlung vorausgesetzt wird) mit den Sinnesorganen *vollständig* erkannt werden kann, hat schon der griechische Philosoph Platon in seinem berühmten „Höhlengleichnis“ behandelt. Diese Frage wurde in dieser Abhandlung u.a. bereits zu Beginn des 5. Kapitels angesprochen]. Die Frage nach dem Vorhandensein der Innenwelt wurde von dem französischen Philosoph Descartes mit dem Ausspruch „Cogito, ergo sum“ (ich denke, also bin ich) beantwortet. Mit Bezug auf den Unterschied von Innenwelt und Außenwelt unterschied der deutsche Philosoph Kant zwischen der „reinen Vernunft“ und der „praktischen Vernunft“. Die reine Vernunft bezieht sich auf Erkenntnisse, die durch Denken und ohne Inanspruchnahme von Wahrnehmungen der Außenwelt zustande kommen. (Dazu gehören z.B. Erkenntnisse der reinen Mathematik). Die praktische Vernunft bezieht sich hingegen auf Erkenntnisse, die unter Berücksichtigung von Wahrnehmungen der Außenwelt gewonnen werden.

6.7.2 Unschärfe und Generalisierung von Wörtern zur Objektbezeichnung

Wenn das Kind seine Blicke auf einen „Hund“ fixiert, dann entsteht im visuellen Gebiet der Großhirnrinde ein zugehöriges Erregungsmuster. Wenn die Mutter daraufhin sagt „Das ist ein Hund“ und das Wort „Hund“ mehrfach wiederholt, dann ordnet das Kind diesem Erregungsmuster das Wort „Hund“ zu und speichert es an einer bestimmten Stelle im auditiven Gebiet (Sprachzentrum) der Hirnrinde ab. Objektbenennungen betreffen also (wie auch schon oben beschrieben) zwei räumlich voneinander getrennte Gebiete der im 5. Kapitel in Abschn. 5.3.3 beschriebenen Großhirnrinde, nämlich das visuelle Gebiet und das auditive Gebiet. Weil sich der Hund beim Worterwerb des Kindes möglicherweise bewegt, handelt es sich beim Erregungsmuster im visuellen Gebiet um einen Komplex von sich verändernden Erregungsmustern, die aber schon vorher [vergl. den obigen Beispielfall] als zum selben Objekt gehörig erkannt wurden.

Jedes Mal, wenn das Kind einen Hund sieht oder ein ähnliches anderes Tier, sagt oder denkt das Kind, dass das ein Hund ist. Wenn das Kind die Mutter oder die Zimmertür oder den Tisch sieht, dann denkt es nicht, dass es sich bei diesen Objekten jeweils um einen Hund handelt. Das liegt daran, dass Mutter, Zimmertür und Tisch je ganz andersartige Erregungsmuster im visuellen Gebiet der Hirnrinde hervorrufen.

Die Zuordnung des selben Namens oder Wortes zu verschiedenen Objekten geschieht aber dann, wenn die verschiedenen Objekte gewisse Ähnlichkeiten haben, und das Kind nur wenige Wörter kennt. Wenn das Kind z.B. das Wort „Katze“ noch nicht kennt, dann bezeichnet es auch die Katze als Hund. Das ist eine Generalisierung insofern, dass Hund und Katze zur Klasse der Tiere gehören. Derartige Generalisierungen können sehr weit gehen. Wenn das Kind z.B. das Wort „Auto“ kennengelernt hat, und sieht dann einen anderen Gegenstand mit Rädern, z.B. einen Handkarren oder eine Spielzeugente auf Rädern, dann passiert es oft, dass das Kind alle diese Objekte als „Auto“ bezeichnet [B. Reimann (1998-2012)]. Das gleiche Phänomen trifft man auch bei Sprachen unterentwickelter Völker an.

A: *Wortschatz und Unschärfe von Wortbedeutungen*

Je geringer der Wortschatz eines Kindes oder einer Person ist, desto unschärfer ist in vielen Fällen die Bedeutung eines Wortes, welches das Kind bzw. die Person benutzt. Dies zeigt sich nicht nur beim oben geschilderten Fall des Wortes „Auto“ beim Kind, sondern auch bei den Sprachen von unterentwickelten Naturvölkern. Vergleicht man die deutsche Sprache, die einen Wortschatz von etwa hunderttausend Wörtern besitzt, mit der Sprache der Dani-Bevölkerung in Papua-Neuguinea, die kaum mehr als tausend Wörter kennt, dann zeigt sich, dass für viele verschiedene deutsche Wörter es häufig nur ein einziges Wort in der Sprache der Dani gibt. Den vielen verschiedenen deutschen Wörtern zur Bezeichnung z.B. unterschiedlicher Farben stehen in der unscharfen Sprache der Dani nur zwei verschiedene Wörter gegenüber [L. und F. Jochum (2011), siehe auch Wikipedia].

Die Ursachen für die Entstehung der eben beschriebenen Unschärfen von Wortbedeutungen natürlicher (d.h. von Menschen gesprochener) Sprachen lassen sich am „Modell“ des Kohonen-Netzes in Abb. 6.9 und Abb. 6.10 erklären, wie das folgende Beispiel zeigt:

Es sei beispielsweise angenommen, dass ein bestimmter Mensch M noch kein Zebra gesehen hat, wohl aber Pferde, und auch das zugeordnete Wort „Pferd“ kennt. Immer wenn dieser Mensch M ein Pferd sieht, entsteht an einer bestimmten Stelle des visuellen Gebiets der Hirnrinde (das durch ein Kohonen-Netz modelliert sei) ein Erregungsmuster. Je nachdem, aus welcher Position er das Pferd sieht, schwankt die Lage des Erregungsmaximums um einen Schwerpunkt (vergl. Abb. 6.10). Der Mensch M kennt die Lage dieses Schwerpunkts für Pferd und er kennt auch die Lagen einiger anderer Schwerpunkte von Erregungsmustern, darunter z.B. für „Ente“, „Kuh“ und „Habicht“ aber nicht für „Zebra“. Aus Gründen der Sprachökonomie liegt es nahe, dass er jedem Erregungsmaximum, das im visuellen Gebiet seiner Hirnrinde entsteht, immer das selbe Wort „Pferd“ zuordnet, solange das Erregungsmaximum näher am Schwerpunkt für Pferd liegt als an irgendeinem der anderen Schwerpunkte, die er sonst noch kennt. Deshalb wird er auch ein Zebra, wenn er es erstmals sieht, als Pferd bezeichnen, weil das Erregungsmaximum für Zebra dem Schwerpunkt für Pferd am nächsten gelegen ist. Das wird er auch immer wieder tun, wenn er erneut ein Zebra erblickt. Erst dann, wenn ihm ein Lehrer beigebracht hat, dass ein Zebra nicht ein Pferd, sondern ein Zebra ist, registriert er einen neuen Schwerpunkt von Erregungsmaxima für Zebra im visuellen Gebiet seiner Hirnrinde und verknüpft diesen neuen Schwerpunkt über eine neuronale Verbindung mit dem Wort „Zebra“, das er an einer bestimmten Stelle des auditiven Gebiets (Sprachzentrum) speichert, das in einem anderen, entfernt gelegenen Teil seiner Hirnrinde angesiedelt ist.

Auf die gleiche Weise wie beim soeben geschilderten Beispiel für Zebra und Pferd lässt sich erklären, warum es vorkommt, dass ein Kind z.B. einen Handkarren oder eine Spielzeugente auf Rädern als Auto bezeichnet und warum es in Papua-Neuguinea für viele verschiedene deutsche Wörter und Begriffe nur ein einziges Wort in der Sprache der Dani gibt. Da die Hirnrinde aller Menschen annähernd gleich entwickelt ist, ist die Größe eines Wortschatzes lediglich ein Lernresultat und ein Produkt der regionalen kulturellen Evolution. Dies würde auch eine Erklärung für die oft gehörte Behauptung liefern, dass es in der Sprache der Inuit (Eskimos) für die unterschiedlichen Erscheinungsformen von Schnee und Eis mehr verschiedene Wörter gebe als in der deutschen Sprache.

Was über die Zuordnung von Wörtern zu visuellen Wahrnehmungen gesagt wurde, gilt sinngemäß auch für die Zuordnung von Wörtern zu andersartiger Wahrnehmungen. Wenn das Kind z.B. für Temperaturen nur die Wörter „heiß“ und „kalt“ kennt, wird es „warm“ als „heiß“ und „lau“ als „kalt“ bezeichnen.

Neben den Wörtern, die Wahrnehmungen eines einzelnen Sinnesorgans zugeordnet sind, gibt es auch Wörter, die kombinierten Wahrnehmungen mehrerer Sinnesorgane zugeordnet sind wie z.B. das Wort „lecker“. Das Fazit all dieser Überlegungen lautet:

[6.8] Unschärfe von Wortbedeutungen zur Bezeichnung von Wahrnehmungen

Die Bedeutung eines im Sprachzentrum gespeicherten Wortes zur Bezeichnung einer Wahrnehmung eines Sinnesorgans deckt einen bestimmten Teil des zugehörigen sensorischen Gebiets auf der Hirnrinde ab. Die Unschärfe einer Wortbedeutung erklärt sich damit, dass unterschiedliche Wahrnehmungen, die Erregungen im selben Teil erzeugen, mit demselben Wort bezeichnet werden. Je schärfer die Bedeutung eines Wortes ist, desto kleiner (d.h. enger begrenzt) ist der durch das Wort gekennzeichnete Teil von Erregungen auf der Hirnrinde. Dies gilt für alle Arten von Wahrnehmungen (visuell, akustisch, taktil usw.). Je geringer der Wortschatz ist, desto größer ist in der Regel der vom selben Wort bezeichnete Teil verschiedener Wahrnehmungen. Bei einem Wort, das einer kombinierten Wahrnehmung mehrerer Sinnesorgane zugeordnet ist, gilt Entsprechendes für die erregten Teile aller betroffenen sensorischen Gebiete.

Zur Unschärfe von Wortbedeutungen kommt noch hinzu, dass dieselbe Erregung auf der Hirnrinde von vielen unterschiedlichen Reizmustern hervorgerufen werden kann, wie in Abschn. 6.4 gezeigt wurde. Man hat es also mit einer Hintereinanderschaltung (Kaskade) von zwei unscharfen Zuordnungen zu tun.

6.7.3 Ursprung von Wörtern und Begriffen und zu deren Benutzung

Ein Kind lernt Wörter zur Bezeichnung von Objekten, Eigenschaften, Aktionen und sonstigen Geschehnissen und Umständen in der Regel von seinen Eltern, die das wiederum in der Regel von ihren Eltern gelernt haben, usw.

Aber jedes Wort und jeder Begriff muss erstmals von irgendjemandem in die Welt gesetzt worden sein. Im Unterschied zu den Sinnesreizen kommen die Wörter, die diesen Reizen zugeordnet werden, nicht von außen, sondern sind das Ergebnis geistiger Aktionen des Menschen. Bei vielen Objekten, die in der Außenwelt vorgefunden werden, ist die Bezeichnung mit einem Namen ein kreativer geistiger Akt.

Die ersten Wörter der von Menschen gesprochenen Sprache entstanden vermutlich bei der Benennung solcher Objekte, die entweder mit einem Nutzen oder mit einer Gefahr verbunden sind. Nach M. Tomasello (2009) ging der Entstehung von gesprochener Sprache eine Kommunikation mittels Gestik zeitlich voraus. Zur Herstellung des für die Gestik-Kommunikation nötigen Sichtkontakts (Kommunikationseröffnung, vergl. Abschn. 1.1.1) diente ein Schrei. Hier liegt die Vermutung nahe, dass bald unterschiedliche Schreie verwendet wurden, wenn eine Chance zum Beute machen vorlag und wenn Gefahr drohte (Die ersten Menschen waren Jäger und Sammler). Aus diesen unterschiedlichen Schreien entwickelten sich zunächst Namen (Bezeichnungen) für Objekte und danach Namen für Personen.

1. Anmerkung:

Die Namensgebung war schon immer von einem gewissen Mythos umgeben und ist es immer noch. Im Buch Genesis der Bibel wird berichtet, dass Gott dem ersten Menschen alle Tiere vorführte, damit er ihnen Namen gab, und dass seit dieser Zeit die Menschen glauben, dass sie etwas beherrschen können, wenn sie den Namen kennen. Im alten (vorchristlichen) Judentum durfte deshalb der Name „Jahwe „ (= Gott) nicht ausgesprochen werden. Auch heute noch ist die Namensgebung bei der Taufe eines Kindes oder eines Schiffes ein feierlicher geistiger Akt. Und oft kommt es vor, dass der Mensch seinen Namen ändert, wenn ein Ereignis eintritt, das sein Leben stark verändert. So ändert ein Mann, der in ein Kloster eintritt, seinen Vornamen z.B. „Josef" in z.B. „Chrysostomus". Neuerdings ist es auch schon vorgekommen, dass ein Mann seinen Familiennamen „Schmitz" in „Dotcom" geändert hat, als er dank einer besonderen Geschäftsidee mit einem neuen Internetdienst sehr reich wurde.

Ein neues Wort wird in die Welt gesetzt (geprägt), um z.b. eine neue Wahrnehmung oder sinnliche Erfahrung oder/und ein Ergebnis des Denkens, wofür es noch kein Wort gab, auf knappe Weise auszudrücken. Dank seiner geistigen Fähigkeiten und dank seiner im 5. Kapitel (Abschn. 5.5) beschriebenen fünf oder sechs Sinne und seines Gedächtnisses ist der Mensch in der Lage, vielseitige neue Wahrnehmungen, die auf ihn einströmen, mit Gedächtnisinhalten zu verknüpfen und die Ergebnisse dieser Verknüpfungen in Hinblick auf mögliche Zusammenhänge und relevante Sinngehalte zu interpretieren, was dann den Anlass für eine neue Wortschöpfung liefert. Neue Wörter entstehen nicht selten aber auch auf rein spielerische Weise, indem vorhandene Wörter abgewandelt werden, sodass sie schöner klingen oder sich besser reimen oder eine größere Wirkung erzielen. Das menschliche Stimmorgan liefert nahezu unbegrenzte Möglichkeiten, neue Wörter zu kreieren und die natürliche Sprache ist (im Unterschied zu formalen Computersprachen) offen für fast jede neue Wortschöpfung.

2. Anmerkung:
Nicht jede neue Wortschöpfung gehört automatisch zum akkreditieren Wortschatz einer Sprache, obwohl ihre Bedeutung ohne Erläuterung allgemein verstanden wird (was z.B. beim akkreditierten Wort „Entropie" nicht der Fall ist). Akkreditierte Wörter der deutschen Sprache sind im „Duden" aufgelistet. Dieser enthält nicht z.B. das vom Philosophen M. Heidegger verwendete Wort „entbergen" (als Gegenstück zu „verbergen") und Wörter, die ein Kindermund geprägt hat, wie z.B. das Wort „dringelich" (für besonders dringend) und erst recht nicht manche zu „Unwörtern" erklärte Prägungen wie z.B. „Herdprämie" und „betriebratsverseucht".

A: *Wortarten und deren Veränderung durch Beugung*

Üblicherweise (vergl. u.a. www.udoklinger) werden folgende Wortarten in der deutschen Sprache unterschieden:

1. *Substantive* (auch Nomina, Dingwörter, Hauptwörter genannt). Diese bezeichnen konkrete Objekte (z.B. *Mann, Pferd, Haus,* ...) und abstrakte Objekte (z.B. *Menge, Geist, Liebe* ...)
2. *Verben* (auch Tätigkeitswörter, Zeitwörter genannt) z.B. *laufen, arbeiten, lachen,* ... . Verben werden oft von *Hilfsverben* (z.B. *haben, werden, ist,* ... d.h. z.B. *wird laufen*) und *Modalverben* (z.B. *sollen, wollen, dürfen,* ... d.h. z.B. *soll laufen*) ergänzt.
3. *Adjektive* (Eigenschaftswörter). Diese kennzeichnen Eigenschaften (z.B. *klein, rot, neu,* ...) von Substantiven (z.B. *kleiner* Mann)
4. *Adverbien* (Umstandswörter). Diese kennzeichnen Eigenschaften von Verben, wobei noch zwischen „Ort" (z.B. *hier, oben, dort,* ..., d.h. z.B. *hier* arbeiten), „Zeit" (z.B. *nie, bald, gestern,* ..., d.h. z.B. *nie* arbeiten) und „Art und Weise (modal)" (z.B. *vielleicht, möglich, nötig,* ..., d.h. z.B. *vielleicht* arbeiten) unterschieden wird.

5. *Präpositionen* (Verhältniswörter) z.B. *in, auf, jenseits*, ... Diese kennzeichnen von irgendetwas den Ort (z.B. *in* Belgien), die Zeit (z.B. *in* hundert Jahren) und die Art und Weise (z.B. *in* klaren Worten).
6. *Konjunktionen* (Bindewörter). Diese verbinden gleichgeordnete Aussagen z.B. *und, oder, zudem,* .... und nachgeordnete Aussagen z.B. *als, wenn, obwohl,* ...
7. *Artikel* (Geschlechtswörter). Diese kennzeichnen, ob ein Subjekt männlich, weiblich oder sächlich ist, wobei zwischen bestimmten Artikeln *der, die das* und unbestimmten Artikeln *einer, eine, eines* unterschieden wird
8. *Pronomina* (Fürwörter). Diese stehen „für“ ein Wort oder für mehrere andere Wörter (Namen). Unterschieden werden Personalpronomina (*ich, du, er,* ...), Relativpronomina (*welcher, welches,* ...), Possessivpronomina (*mein, dein, unser,* ...), Reflexivpronomina (*mich, dich,* ...), Interrogativpronomina (*wer, wohin, wieso,* ...) und Demonstrativpronomina (*dieser, jenes,* ...).
9. *Numeralien* (Zahlwörter) z.B. *ein, zwei, viel, alles, etwas* ...
10. *Interjektionen* (Ausrufewörter) z.B. *hallo, aua, ach,* ...

Von den aufgezählten Wortarten werden Substantive, Adjektive, Artikel, Pronomina und Numeralien bei Deklination (d.h. bei Bildung von Nominativ, Genitiv, Dativ und Akkusativ) *gebeugt* (man sagt dazu auch *flektiert*), wobei sich Aussprache und Schreibweise des Wortes verändern. Beispiel: der fleißige Mann, des fleißigen Mannes, dem fleißigen Mann, den fleißigen Mann.

Die Aussprache und Schreibweise eines Substantivs, Adjektivs, Artikels, Pronomens ändern sich ferner, wenn statt der Einzahl (Singular) die Mehrzahl (Plural) betrachtet wird, Beispiel: der fleißige Mann, die fleißigen Männer, ...

Verben werden durch Konjugation (d.h. bei Verwendung verschiedener Pronomina) gebeugt. Beispiel: ich arbeite, du arbeitest, er, sie, es arbeitet, wir arbeiten, ihr arbeitet, sie arbeiten.

Aussprache und Schreibweise von Verben hängen auch von der betrachteten Zeit ab (d.h. von Gegenwart, vollendete Gegenwart, Vergangenheit, vollendete Vergangenheit, Zukunft, vollendete Zukunft) und werden dabei oft von Hilfsverben ergänzt, Beispiele: (ich) arbeite, arbeitete, werde arbeiten, habe gearbeitet, ...

Darüber hinaus hängen Aussprache und Schreibweise von Verben auch sowohl vom Indikativ (Wirklichkeitsform) und Konjunktiv (Möglichkeitsform) ab wie auch von der Aktivform und der Passivform und werden dabei oft von Hilfsverben ergänzt, Beispiele: (ich) schlage, würde schlagen, hätte geschlagen, würde geschlagen worden sein, ...

Nicht gebeugt werden lediglich Adverbien, Präpositionen, Konjunktionen, Interjektionen.

Die Unterscheidung der oben aufgezählten Wortarten, welche die deutsche Sprache unterscheidet, und die Veränderungen der Wörter durch Beugungen beruhen zum Teil auf Willkür und Konvention.

Es gibt andere Sprachen, die mit weniger Wortarten und weniger Veränderungen von Wörtern durch Beugung auskommen und dennoch eine ausreichende Kommunikation ermöglichen. [Es gibt andererseits aber auch Sprachen, in denen noch mehr Unterscheidungen gemacht werden. So wird z.B. in der lateinischen Sprache (neben Nominativ, Genitiv, Dativ, Akkusativ) noch der sogenannte Ablativ viel benutzt].

B: *Über Wortfolgen und Sätze*

Beim (gepflegten und wohl formulierten) Sprechen werden Wörter der verschiedenen Wortarten unter Berücksichtigung grammatikalischer Regeln zu einem Satz hintereinander gereiht. Mit der Abfolge mehrerer so gestalteter Sätze lassen sich Erlebnisse, Begebenheiten und andere Geschichten mitteilen, sofern die einzelnen Sätze sinnvolle Bezüge zueinander haben.

Die klassische Grundform eines Satzes folgt der Regel:

„Subjekt" (z.B. *Der Mann*) – „Prädikat" (z.B. *liest*) – „Objekt" (z.B. *die Zeitung*)

Aber auch die umgekehrte Reihenfolge „*Die Zeitung liest der Mann*" kann richtig sein, wenn zuvor von einer Auswahl *Buch, Zeitung, Flugblatt, Speisekarte, ...* die Rede war und gefragt wurde, *was* der Mann liest. Die Bezüge zwischen einzelnen Sätzen sind von oft entscheidender Bedeutung und werden üblicherweise mit Hilfe der *Sprachmelodie* noch besonders betont. Aus dem Kontext gerissene Sätze können leicht missverstanden werden. [Nicht selten dient ein aus dem Kontext gerissener Satz dazu, den Autor des Satzes zu verunglimpfen oder lächerlich zu machen, vergl. Fußnote 6.1].

Die oben genannte Grundform eines Satzes lässt sich mit zusätzlichen Wörtern beliebig präzisieren und ausschmücken (z.B. Der *alte* Mann – liest *aufmerksam* – die *gestrige* Zeitung) und mit vielen weiteren Aussagen verbinden. Diese weiteren Aussagen können geschachtelt sein und separierbare Verben (wie z.B. *austrinken, einkaufen, herstellen ...*) enthalten. Auf diese Weise können im Ergebnis grammatikalisch richtige Satz-Ungetüme wie der folgende entstehen:

„Der alte Mann liest aufmerksam die gestrige Zeitung und *trinkt* dabei eine Tasse Kaffee, den seine Tochter, die, weil sie verheiratet ist, jetzt nicht mehr bei ihm wohnt, gekocht hat, als sie ihn vor einer Stunde besucht hatte, *aus*". [Man beachte auch das Verb *austrinken*].

In diesem Abschnitt kann nicht die gesamte deutsche Grammatik und Stilkunde abgehandelt werden. Hier geht es nur darum, die vielen Optionen und Varianten anzudeuten, welche die deutsche Sprache bietet, um etwas klar und eindeutig oder vage oder unscharf oder einfach oder kompliziert oder auf noch andere Weise auszudrücken.

Wie man gutes Deutsch spricht und schreibt, erläutert B. Sick (2011) in seinem Buch mit dem schönen Titel „Der Dativ ist dem Genitiv sein Tod" auf mehr als 700 Seiten anhand unzähliger Beispiele, netter Geschichten, vieler Tabellen über die richtige Verwendung von Genitiv und Dativ, von Präpositionen, von Wortzusammensetzungen usw. usw. Dennoch findet man selbst in diesem Buch auf viele Fragen noch keine Antwort. Nicht ohne Grund gilt die deutsche Sprache für Ausländer als schwierig, und Kinder haben es auch nicht leicht beim Erwerb ihrer deutschen Muttersprache.

C: *Über Kindersprache und Hirn-Areale für Wortbedeutungen und Wortfolgen*

Kinder benutzen zur Kommunikation zunächst nur einzelne Wörter, obwohl sie selbst bereits einfache Sätze verstehen. Diese Wörter sind nahezu ausschließlich Substantive (Namen). Ein Kind sagt z. B. „Kuh", wenn ihm das Bild einer Kuh gezeigt wird, oder „Oma", wenn es über das Telefon die Stimme der Oma erkennt. Nach einigen Fortschritten drückt es sich mit 2-Wort-Sätzen aus, z.B. „Mamma Pippi", wenn es aufs Töpfchen muss oder die Windel bereits nass ist. Die nächste Wortart, die das Kind benutzt, sind Verben. Es sagt z.B. „Gaten gehn", wenn es draußen im Garten spielen möchte, und „Hände waschet", wenn es danach seine Hände gewaschen hat.

Die ersten Wörter, die das Kind benutzt, sind nach B. Reimann sogenannte *Inhaltswörter*, mit denen das Kind konkrete Vorstellungsbilder assoziiert. Inhaltswörter sind Substantive, Verben, Adjektive und Adverbien. Wörter, mit denen sich dagegen keine unmittelbaren Vorstellungen assoziieren lassen, sind nach B. Reimann *Funktionswörter.* Zu diesen gehören Artikel, Präpositionen, Konjunktionen und weitere. Solche Wörter verwendet das Kind erst in einem weit fortgeschrittenem Stadium, nachdem es zuvor schon Adjektive (z.B. *kaputt*, *fein*), einfache Adverbien (z.B. *da*, *oben*, z.B. *da Ball*) und Wortbeugungen bei Mehrzahlbildungen (z.B. *Bälle weg*) und Vergangenheitsformen (z.B. *Gaten degangen* für „in den Garten gegangen") benutzt hat.

Die Kindersprache befolgt im frühen Stadium so gut wie keine Grammatik. Wenn das Kind die ersten längeren Sätze spricht, dann folgen die einzelnen Wörter mehr oder weniger zufällig aufeinander. Das hängt vermutlich damit zusammen, dass das Erlernen von grammatikalisch richtigen und sinnvollen Satzbildungen mit der Verknüpfung von Neuronen in einem anderen Gebiet der Hirnrinde stattfindet als das beim Lernen der einzelnen Wörter für unterschiedliche Bedeutungen der Fall war. Eine diesbezügliche Theorie besagt, dass die einzelnen Wörter, denen Bedeutungen gemäß **[6.8]** zugeordnet sind, im sogenannten „Wernicke"-Areal gespeichert sind, während die grammatikalischen Regeln für sinnvolle Wortfolgen im sogenannten „Broca"-Areal angesiedelt sind. Die grammatikalischen Regeln für Wortfolgen lernt ein Kind erst, nachdem es genügend viele Wortbedeutungen gelernt hat. In diesem Zusammenhang sei nochmal auf Abschn. 6.5.5B verwiesen, wo auch Simulationsergebnisse über das Lernen sinnvoller 3-Wort-Sätze im Kohonen-Netz beschrieben wurden. Es gibt da aber noch viele ungeklärte Fragen.

D: *Über Umgangssprache, Amtsdeutsch und Wissenschaftssprache*

Weil die natürliche Sprache offen ist für neue Wörter und in begrenztem Umfang auch offen ist für neuartige Wortfolgen, lassen sich keine sehr strengen (scharfen) Regeln für exakte Satzkonstruktionen aufstellen. Die wohlformulierte deutsche Hochsprache ist durch Ausdrucksformen und Wortfolge-Strukturen gekennzeichnet, die sich an den Vorbildern orientieren, die angesehene Schriftsteller geprägt haben. Einen ersten Maßstab dazu hatte die Bibelübersetzung von Martin Luther geliefert.

Die von Menschen im Alltag verwendete Umgangssprache ist meist meilenweit von der gepflegten und wohlformulierten Hochsprache entfernt und variiert sehr stark von Region zu Region. Sie ist im Ruhrgebiet ganz anders als in Bayern und dort wiederum ganz anders als in Berlin. Vielerorts kennt man in der Umgangssprache z.B. keinen Unterschied zwischen Dativ und Akkusativ. Die formulierten Sätze sind oft nur Halbsätze, manchmal ohne Subjekt und manchmal ohne Prädikat. Andererseits kann man von eloquenten Personen auch Bandwurmsätze hören, deren Längen sich bis zu einer Minute und mehr hinziehen und deren Teile mit *und, äh, weißt du* bzw. *wissen Sie, sozusagen* usw. verbunden sind. Die Art etwas auszudrücken benutzt oft Präpositionen und Wortfolgen, die in der Hochsprache absolut unüblich sind. Dennoch verstehen die Menschen gut, was in ihrer Umgangssprache ausgedrückt wird. Wenn auf Ruhrgebietsdeutsch z.B. gesagt wird „Ernst Kuzorra seine Frau ihr Stadion“[6.8], dann versteht wohl jeder, der Deutsch kann, was gemeint ist. Dasselbe gilt auch für die auf Ruhrgebietsdeutsch erzählten Geschichten von Jürgen von Manger[6.9].

Wesentlich schwerer als die Auswüchse der Umgangssprache ist fast immer das zu verstehen, was juristisch gebildete Leute auf Amtsdeutsch formulieren, wie folgendes Beispiel[6.10] zeigt:

„Hiermit möchten wir Ihnen mitteilen, dass unter Berücksichtigung Ihrer wirtschaftlichen und persönlichen Verhältnisse für Sie und gegebenenfalls für die in der Berechnung genannten Personen Grundsicherung im Alter und bei Erwerbsminderung aufgrund der Paragraphen 41ff. des SGB12 in der derzeit geltenden Fassung sowie den hierzu ergangenen Durchführungsverordnungen und Richtlinien ab dem 1.1.2013 bis zum 31.12.2013 in Höhe von monatlich 151 Euro bewilligt wird.“

Die Wissenschaftssprache steht in dem Ruf, logisch aufgebaut zu sein und präzise Begriffe zu verwenden. Das ist nur bedingt richtig, was auch der Philologe R. Kaehlbrandt (2012) festgestellt hat. Richtig ist lediglich, dass präzise Fachbegriffe verwendet werden, was in der gepflegten wohlformulierten Hochsprache oft nicht der Fall ist. Manche Autoren und Redner, die wegen ihrer gepflegten Hochsprache großes Ansehen genießen, benutzen Begriffe wie z.B. *Kraft*, *Energie*, *Leistung*, *Atom* nicht selten in einer Weise, dass sich bei Naturwissenschaftlern und Technikern geradezu die Haare sträuben.

In der Wissenschaftssprache lassen sich verschiedene Fachsprachen unterscheiden. Bei allen Fachsprachen gibt es große Unterschiede zwischen Schriftsprache und gesprochene Alltagssprache. Die gesprochene Alltagssprache weckt in vielen Fällen Assoziationen zur Devise „Zurück zur Natur und den Anfängen“ à la Tomasello, der die Ursprünge der menschlichen Kommunikation in der Gestikulation ortete. Die Gestikulation drückt sich bei Verteilkommunikation [siehe Abschn. 4.2] im Hörsaal einer Hochschule oft durch den Gebrauch von Tafel und Kreide aus, bei Dialogkommunikation durch den Gebrauch von Papier und Bleistift.

6.8 Kolportierter Vorschlag, die (Fußball) Arena in Gelsenkirchen-Schalke nach einer Frau zu benennen.

6.9 Die Geschichten können im Internet angehört werden. Der Verfasser dieser Abhandlung ist als gebürtiger Ruhrgebietler der Ansicht, dass der Charme von Ruhrgebietsdeutsch dem der bayerischen Bauerntheatersprache mindestens gleichwertig ist.

6.10 Zitiert in der Tageszeitung „Die Rheinpfalz“ vom 31.01.2013.

Der dazu gesprochene rudimentäre Text klingt bei Verteilkommunikation im Fach Mathematik z.B. wie folgt: „*Es sei*“ Daraufhin werden Zeichen auf die Tafel geschrieben. Das nächste gesprochene Wort lautet „*also*“ woraufhin wieder Zeichen auf die Tafel geschrieben werden, eventuell gefolgt von „*pardon, nein nicht so, sondern*“. Es wird nun ein Zeichen weggewischt und durch ein neues ersetzt. So geht das weiter bis zum Schluss endlich ein vollständiger kommt: „*Meine Damen und Herren, damit ist die Konvexität des Funktionals bewiesen*“!

Schließt man die Augen, dann klingt der gesprochene Text wie Kindersprache, allerdings mit dem Unterschied, dass der Text ohne Blick auf die Tafel völlig unverständlich ist.

Bei gesprochener Fachsprache des Ingenieurwesens ist das nicht viel anders. Bei der Dialogkommunikation mit Papier und Bleistift beginnt das z.B. mit „*Also hör mal zu*“. Dann wird etwas auf Papier gemalt, ein Blockschaltbild oder ein Diagramm oder eine Formel oder alles zusammen. Dazwischen kommen Satzfetzen von beiden Kommunikationspartnern wie z.B. „*Der Eingang hier*“, „*Da oben die Abwärme*“, „*Wieso?*“, „*Ist das nachgerechnet?*“ Auch hier liefert die gesprochene Sprache allein meist keinen Sinn.

In fast allen Fachsprachen der Wissenschaftssprache unterscheidet man noch zwischen der „Objektsprache“ und der „Metasprache“. Besonders deutlich ist diese Unterscheidung in der Informatik, wo es um Computersprachen geht. Die Computersprache, die zur Kommunikation mit dem Computer benutzt wird, ist eine Objektsprache. Da Computersprachen in der Regel nicht selbsterklärend sind, muss ihre Funktion einem neuen Benutzer erst in einer Metasprache erläutert werden. Als Metasprache dient normalerweise die Umgangssprache. Metasprache ist also eine Sprache *über* eine Objektsprache. Alle Beschreibungen von nichtsprachlichen Objekten (z.B. der Physik, der Historik, ...) erfolgen in Objektsprachen. Die Erklärung von Fachbegriffen einer Objektsprache geschieht mit einer Metasprache. In der Umgangssprache des Alltags vermischen sich Objektsprache und Metasprache.

Eine weitere Unterscheidung erfolgt mit der sogenannten „Parasprache“. Darunter verstehen Psychologen nonverbale Äußerungen wie Tonfall und Körpersprache [vergl. 5. Kapitel Abschn. 5.5.6B]. Der Sprachphilosoph P. Janich (2009) bezeichnet alles Gerede über Meinungen zu wissenschaftlichen Themen als Parasprache.

E: *Prägt die Sprache das Denken oder prägt das Denken die Sprache?*

Es gibt eine Hypothese von E. Sapir und B. Whorf [Sapir-Whorf-Hypothese], die besagt, dass die Sprache das Denken prägt. Anlass für diese These liefern einzelne Phänomene und Unterschiede, die man beim Vergleich des Wortschatzes und der Bildung von Wortfolgen bei verschiedenen Sprachen gefunden hat. So soll es z.B. eine Sprache geben, die keine Wörter für „links“ und „rechts“ besitzt. Die Menschen, die diese Sprache sprechen, benutzen statt der Wörter für links und rechts nur Wörter, die feststehende Himmelsrichtungen kennzeichnen. Die Bedeutung von „rechts“ wird abhängig von der momentanen eigenen Blickrichtung mit Wörtern für unterschiedliche Himmelsrichtungen ausgedrückt. Solche Unterschiede im Wortschatz sollen die Wahrnehmung beeinflussen und angeblich zur Folge haben, dass die betreffenden Menschen völlig andere Vorstellungen über die Welt entwickeln. Die These, dass die Sprache das Denken beeinflusst, findet sich auch in Schriften über die Semiologie.

Für die umgekehrte These, dass das Denken die Sprache prägt, gibt es aber gewichtigere Gründe. Wie in mehreren Abschnitten dieser Abhandlung ausgeführt wurde, sind die primären Denkvorgängen nonverbal. Die Entstehung von Sprache ist dagegen sekundär. Das spricht dafür, dass das Denken die Sprache prägt. Weil nicht alle Menschen in jeder Hinsicht gleich denken, konnte es natürlich passieren, dass sich unterschiedliche Sprachen entwickeln, unter denen sich auch eine befindet, die keine Wörter für links und rechts besitzt. Auch zeigt sich, dass neue Denkrichtungen die Sprache verändern. Ein Beispiel dafür liefert das englische Stichwort „Political Correctness“, das es um 1950 noch nicht gab und das jetzt sogar im Duden für die deutsche Rechtschreibung aufgeführt ist. Political Correctness besagt, dass z.B. das Wort „Neger“ abwertend ist und von dunkelhäutigen Menschen oft als beleidigend empfunden wird, weshalb man es tunlichst nicht verwenden sollte. Um 1950 war das noch anders. Damals verstand man unter dem Wort „Neger“ lediglich einen Menschen mit dunkler Hautfarbe ohne jegliche sonstige Wertung, und das Kinderlied „Zehn kleine Negerlein ...“ galt als völlig harmlos und nett. Der Wandel im Denken und in der Bewertung von Wörtern ergab sich mit der fortschreitenden Entwicklung von Emanzipation, Kommunikation über Medien und Mobilität und der dadurch entstehenden engeren Berührung mit anderen Volksgruppen und deren historische Erfahrung.

Genauer betrachtet hat man es bei der Frage „Was prägt was?“ wie bei einem Dialog mit einer Wechselwirkung zu tun. Das Denken prägt die Sprache und die Sprache beeinflusst zu einem gewissen Grad dann wiederum das Denken.

6.7.4 Sprachverständnis, Apobetik-Ebene und Spiegelneuronen

Nach der obigen Beschreibung der Regellosigkeit der natürlichen Umgangssprache muss man sich wundern, wieso die Umgangssprache weitgehend problemlos verstanden wird, trotz unvollständiger Sätze, trotz falscher Grammatik und trotz einer oft nicht sehr präzisen Wortbenutzung. Eine Erklärung dafür liegt in der Tatsache, dass der (normale) Mensch die Gabe der „Empathie“ besitzt, d.h. dass er sich (bis zu einem recht hohen Grad) in die Gefühle und Gedanken seines Gesprächspartners hineinversetzen kann. Dieses sich Hineinversetzen gelingt auch deshalb recht gut, weil die direkte Sprachkommunikation von Angesicht zu Angesicht von nonverbaler Körpersprache begleitet wird, die bisweilen mehr Information liefert als der gesprochene Text [vergl. Abschn. 1.1.2 im 1. Kapitel]. Die Interpretation dieser multimedialen Signale des Gesprächspartners bewegt sich daher weniger auf der Syntax-Ebene und der Semantik-Ebene als vielmehr auf der Pragmatik-Ebene und besonders auf der Apobetik-Ebene [zu den Interpretationsebenen siehe Abschn. 2.7.2].

Die Kommunikation mittels (gedruckter) Schrift wird nicht[6.11] von nonverbaler Körpersprache begleitet. Deshalb muss in diesem Fall der sendende Kommunikationspartner (Text-Autor) sehr auf seine Wortwahl, auf den Satzbau und auf richtige Grammatik achten, wenn er verstanden werden will, und der empfangende Kommunikationspartner (Leser) des gedruckten Textes muss eine sorgfältige Interpretation auch auf der Syntax-Ebene und auf der Semantik-Ebene vornehmen, um das zu verstehen, was der Autor des Textes gemeint hat. Diese Umstände erklären die oben im Zusammenhang von Fachsprachen erwähnten großen Unterschiede zwischen Schriftsprache und gesprochene Alltagssprache.

Das sich Hineinversetzen in die Gefühlswelt und in die Gedanken des Gesprächspartners, d.h. die Interpretation auf Apobetik-Ebene, wird von vielen Fachleuten auf die Wirkung von sogenannten *Spiegelneuronen* [siehe G. Rizzolati, C. Sinigaglia (2008)] zurückgeführt. Solche Spiegelneuronen wurden zuerst bei Affen entdeckt. Mit Hilfe von im Affengehirn eingepflanzter Sonden wurde festgestellt, dass bestimmte Neuronen nicht nur dann feuerten, wenn der Affe selber nach einer Nuss griff, sondern auch dann feuerten, wenn der Affe beobachtete, wie ein anderer Affe nach der Nuss griff. Diese Feststellung wird von manchen Fachleuten so interpretiert, dass in den betreffenden Neuronen des beobachtenden Affen sich die „Absicht" des nach der Nuss greifenden Affens spiegelt.

Die Nachahmung von beobachteten Verhaltensweisen anderer Lebewesen und die bei der Nachahmung gemachten eigenen Erfahrungen tragen mit Sicherheit maßgeblich dazu bei, das zu verstehen, was in anderen Lebewesen vor sich geht. Das gilt bei Menschen in hohem Maß, im Tierreich aber nur beschränkt, wie M. Tomasello und Mitarbeiter (C. Tennie) herausgefunden haben, vergl. Abschn. 2.7.2. Die gezielte Nachahmung von beobachteten Handlungen beginnt bei Menschen bereits im Kleinkindalter [Gascher, K. (2006)] und auch der Spracherwerb soll angeblich mit der Wirkung von Spiegelneuronen zusammenhängen.

Die Fähigkeit des sich Hineinversetzens in die Gefühle und Gedanken des Gesprächspartners ist nicht bei allen Menschen gleich groß. Der Mangel an dieser Fähigkeit, bei dem es unterschiedliche Grade gibt, wird als „Autismus" bezeichnet. Autismus hat aber nichts mit Mangel an Intelligenz zu tun. Autisten, die Schwierigkeiten bei der Kommunikation mit anderen Menschen haben, können sich oft viel stärker auf wissenschaftliche Probleme konzentrieren als normale Menschen. Große Software-Konzerne wie SAP beschäftigen deshalb nicht selten überdurchschnittlich viele Autisten.

[6.11] Besonders Jugendliche, die viel mittels SMS (Short Message Service) über Mobiltelefone und E-Mail über das Internet miteinander kommunizieren, benutzen neben Schriftzeichen auch Ikons (z.B. lachendes oder trauriges Gesicht), um ihre Gefühle auszudrücken. Diese Ikons können als Ersatz von Körpersprache angesehen werden. Entsprechend unpräzise darf bei dieser Kommunikationsart der mittels Buchstaben formulierte Text sein, um richtig verstanden zu werden.

6.8 Vergleich der Kommunikation bei Maschinen und bei Menschen

Um Gemeinsamkeiten und Unterschiede deutlich zu machen, sei zuerst nochmal an das einfache Grundprinzip von Kommunikation erinnert: Ein sendender Kommunikationspartner ordnet einem mitzuteilenden Sinngehalt ein Signal (oder ein multimediales Signalbündel) zu. Ein empfangender Kommunikationspartner nimmt das Signal (oder Signalbündel) wahr und ordnet ihm mittels Interpretation einen Sinngehalt (eine Bedeutung) zu.

Ziel und Zweck von Kommunikation bestehen darin, dass der empfangende Kommunikationspartner dem empfangenen Signal (das auf dem Transportweg eventuell verändert wird) den möglichst gleichen Sinngehalt zuordnet, den der sendende Kommunikationspartner mitteilen will oder (im Fall von Maschinen) soll.

6.8.1 Zur Zuordnung von Signal und Sinngehalt

Damit ein empfangender Kommunikationspartner dem empfangenen Signal den gleichen oder einen möglichst gleichen Sinngehalt zuordnen kann, den der sendende Kommunikationspartner mitteilen will oder (im Fall einer Maschine) soll, ist notwendig,

1. dass auf der Empfangsseite dieser Sinngehalt latent vorhanden ist, d.h. er ist entweder als Ganzes bereits vorhanden oder er kann aus Sinngehaltskomponenten (Bestandteilen), die auf der Empfangsseite vorhanden sind, zusammengesetzt werden. Einige Einzelheiten zu dazu wurden im 1. Kapitel in Abschn. 1.2 und im 2. Kapitel in Abschn. 2.1 behandelt.
2. dass auf der Empfangsseite das empfangene Signal so interpretiert wird, dass das Interpretationsergebnis tatsächlich den gleichen oder einen möglichst gleichen Sinngehalt liefert, den der sendende Kommunikationspartner mitteilen will oder soll. Abhängig von der Art des Sinngehalts sind dafür Interpretationen auf unterschiedlichen Interpretationsebenen nötig. Die von Maschinen und die von Menschen unterschiedenen Interpretationsebenen wurden im 2. Kapitel in Abschn. 2.1.3 und in Abschn. 2.7 vorgestellt und diskutiert.
3. dass auf der Sendeseite der sendende Kommunikationspartner dem mitzuteilenden Sinngehalt ein solches Signal zuordnet, das geeignet ist, den mitzuteilenden Sinngehalt vollständig und sicher über den (eventuell gestörten) Übertragungsweg zu transportieren. Umfangreiche Einzelheiten hierzu wurden im 4. Kapitel behandelt.
4. dass es zwischen der Sendeseite und der Empfangsseite eine Kommunikationsvereinbarung gibt, wie Signale zu interpretieren sind. Dazu wurde im 1. Kapitel in Abschn. 1.5 und im 5. Kapitel in Abschn. 5.2 erklärt, dass bei Maschinen diese Vereinbarung vom Konstrukteur oder vom Benutzer der Maschinen festgelegt wird. In diesem 6. Kapitel wurde die Kommunikationsvereinbarung bei Menschen in Abschn. 6.7 im Zusammenhang mit dem Spracherwerb von Kindern erläutert.

6.8.2 Signalelemente, Signalstruktur und Sprache

Für die Übertragung von viel Information (d.h. eines großen Signalumfangs und einer großen Informationshöhe) müssen Signale strukturierbar sein. Nur dann lässt sich nämlich auf der Sendeseite einem Signal, das einer mitzuteilenden Vorstellung zugeordnet wird, eine solche Form (Struktur) geben, die auf der Empfangsseite leicht interpretiert werden kann.

Die gesprochene natürliche Sprache besteht in einer zeitlichen Abfolge von veränderbaren akustischen Lauten, mit denen Wörter und Wortfolgen (Sätze) gebildet werden. Die einzelnen Laute (Phoneme) stellen die Signalelemente dar. Die zeitliche Abfolge dieser Signalelemente unterliegt bestimmten Bedingungen, in denen sich die Struktur des Sprachsignals ausdrückt.

Bei der Umsetzung von gesprochener Sprache in Schrift gibt es verschiedene Möglichkeiten. Mit der lateinischen Schrift wird jedem einzelnen Laut ein eigenes Schriftzeichen (Buchstabe) oder eine eigene Kombination mehrerer Schriftzeichen zugeordnet. Mit der chinesischen Schrift wird einem Wort (Gegenstand, Begriff) ein eigenes Schriftzeichen zugeordnet, wobei die Schriftzeichen ähnlicher Begriffe sich nur durch verschiedene Ausschmückungen unterscheiden. In allen Schriften wird die zeitliche Abfolge von Lauten und Wörtern der gesprochenen Sprache zeitlos durch eine geometrische Anordnung von Symbolen auf einer Fläche dargestellt.

Von den natürlichen Sprachen werden die *künstlichen* Sprachen unterschieden. Abgesehen von Esperanto und der Ido-Sprache, die von Menschen gesprochen werden, werden künstliche Sprachen fast nur für die Kommunikation von Maschinen und mit Maschinen verwendet. Bei diesen Sprachen handelt es sich oft[6.12] um sogenannte *formale Sprachen*, die mit mathematischen Methoden konstruiert werden. Die Maschinen, die über formale Sprachen kommunizieren, stellen beschränkte *formale Systeme* (auch *formal axiomatische Systeme* genannt, vergl. Abschn. 5.2.4) dar. [Genauer genommen handelt es sich bei den „formalen Systemen" um „abstrakte Gedankenmodelle", auf denen real existierende Maschinen (Computer) basieren, wie auch wichtige Programmiersprachen sich von abstrakten formalen Sprachen herleiten].

6.8.3 Kurzer Abriss über formale Sprachen

Formale Sprachen bestehen aus endlich langen Zeichenketten, die als „Wörter" bezeichnet werden. Eine Zeichenkette setzt sich aus einzelnen Zeichen (Symbolen) zusammen, die den Buchstaben und Satzzeichen der lateinischen Schrift entsprechen und die auch mathematische und logische Formelzeichen (z.B. $+, \vee, \wedge$) enthalten können. (In digitalen Computern werden die einzelnen Zeichen mit Kombinationen von Bits codiert, was aber hier nicht weiter interessiert).

[6.12] Nicht alle Maschinensprachen stellen mathematisch konstruierte formale Sprachen dar.

Abhängig vom Typ der formalen Sprache gibt es Bedingungen dafür, wie eine Zeichenkette gestaltet sein muss, damit sich ein zulässiges Wort ergibt. Dabei können manche Wörter aus nur einem einzigen Zeichen bestehen und andere aus sehr vielen. Es ist in bestimmten Fällen auch möglich, dass die Kettenschaltung zweier Wörter ein neues zulässiges Wort ergibt. Bei *endlichen* formalen Sprachen gibt es nur endlich viele unterschiedliche Wörter. Weitere Einzelheiten lassen sich am einfachsten anhand von Beispielen erläutern:

1. Beispiel:

Gegeben sei ein sogenanntes Alphabet, das aus den folgenden vierzehn Zeichen bestehe

$$1 \quad 2 \quad 3 \quad 4 \quad 5 \quad 6 \quad 7 \quad 8 \quad 9 \quad 0 \quad (\quad) \quad + \quad \times \tag{6.121}$$

[Das Zeichen $\times$ bedeutet „Multiplikation“]. Die Zeichen dieses Alphabets stellen die Elemente einer Menge dar, die oft mit Σ bezeichnet wird:

$$\Sigma = \{1, 2, 3, 4, 5, 6, 7, 8, 9, 0, (,), +, \times\} \tag{6.122}$$

Mit diesen Zeichen lassen sich beliebige Zeichenketten bilden wie z.B. die folgenden:

$$34+2\times(5+170)+(1+4)\times 8 \quad , \quad 3++60\times)\times\times(0 \quad , \quad 3\times(+12340 \tag{6.123}$$

Von diesen drei Ketten stellt nur die linke Kette einen sinnvollen Ausdruck in der *formalen Sprache* der elementaren Mathematik dar. Für die mittlere und die rechte Kette gilt das nicht, weil diese Ketten nicht der Grammatik genügen, die arithmetischen Ausdrücken zugrundeliegt, und die deshalb auch kein sinnvolles Interpretationsergebnis liefern.

Das Interpretationsergebnis der linken Kette $34+2\times(5+170)+(1+4)\times 8$ erhält man mit Hilfe von nacheinander durchgeführten Ersetzungen. Zuerst werden die Teilausdrücke in den Klammern durch 175 und 5 ersetzt, danach die Produkte durch 350 und 40 und schließlich die Summe durch 424. [Mit diesen Ersetzungen entstehen zuerst die neuen Teilketten 2×175 und 5×8, daraus danach die Teilketten 350 und 40 und schließlich die Kette 34+350+40, die durch die Kette 424 ersetzt wird].

Das letztlich gewonnene Interpretationsergebnis lautet „vierhundertvierundzwanzig“.

$$\underbrace{34+\underbrace{2\times\underbrace{(5+170)}_{175}}_{350}+\underbrace{\underbrace{(1+4)}_{5}\times 8}_{40}}_{424} \tag{6.124}$$

(Ende des 1. Beispiels)

Die Bildung von zulässigen Zeichenketten (Wörtern) einer formalen Sprache geht den umgekehrten Weg der mit (6.124) illustrierten Ersetzung von Teilausdrücken: Ausgangspunkt ist ein sogenanntes Startsymbol, das gemäß einer vorgegebenen Regel durch eine Zeichenkette ersetzt wird. In der dabei erhaltenen Zeichenkette kann wieder ein Zeichen gemäß einer vorgegebenen Regel durch eine Zeichenkette ersetzt werden usw. Bei den

Zeichen in diesen Zeichenketten unterscheidet man zwei Typen, nämlich sogenannte *Terminale* und *Nichtterminale*, die unten noch näher erklärt werden.

Da der umgekehrte Weg im obigen Fall der formalen Sprache der elementaren Mathematik des 1. Beispiels bereits relativ umfangreiche Erläuterungen erfordert, wird das Prinzip der sukzessiven Ersetzungen mit einem 2. Beispiel an einem einfacheren Fall erläutert.

2. Beispiel:
Gegeben sei das folgende Alphabet von Zeichen, aus denen sich die Wörter einer formalen Sprache zusammensetzen sollen

$$\mathbf{\Sigma} = \{a, b, c\} \tag{6.125}$$

Wie aus den Zeichen (oder Symbolen) des Alphabets Wörter gebildet werden, wird durch vorgegebene Regeln einer Grammatik festgelegt. Ausgangspunkt bei der Bildung eines Wortes sei ein Startsymbol S. Dieses Startsymbol kann gemäß vorgegebener Regeln durch verschiedene Symbolketten ersetzt werden. In diesen Symbolketten können neben den Zeichen des Alphabets $\{a, b, c\}$, die als (unveränderbare d.h. nicht ersetzbare) *Terminale* bezeichnet werden, noch weitere Zeichen, z.B. N und Z vorkommen, die ihrerseits gemäß vorgegebener Regeln durch verschiedene Symbolketten ersetzt werden können. Diese veränderbaren Zeichen werden als *Nichtterminale* bezeichnet.

Als Beispiel einer Grammatik **G** seien folgende sechs Regeln vorgegeben, mit denen ausgedrückt wird, dass der links vom Pfeil $\rightarrow$ stehende Ausdruck durch den rechts vom Pfeil stehenden Ausdruck ersetzt werden soll oder kann:

$$\left.\begin{array}{lll} \text{1. Regel: } S \rightarrow NaZ\,, & \text{2. Regel: } N \rightarrow aZ\,, & \text{3. Regel: } N \rightarrow b\,, \\ \text{4. Regel: } Z \rightarrow b\,, & \text{5. Regel: } Z \rightarrow c\,, & \text{6. Regel: } Z \rightarrow N \end{array}\right\} \tag{6.126}$$

Durch sukzessive Anwendung der Regeln 1, 2, 4 und 5 entsteht aus dem Startsymbol S das Wort *abac*

$$S \rightarrow NaZ \rightarrow aZaZ \rightarrow abaZ \rightarrow abac \tag{6.127}$$

Durch sukzessive Anwendung der Regeln 1, 3 und 5 entsteht hingegen das Wort *bac*

$$S \rightarrow NaZ \rightarrow baZ \rightarrow bac \tag{6.128}$$

Auf diese Weise lassen mit den sechs Regeln der Grammatik **G** eine Vielzahl verschiedener Wörter bilden, darunter auch beliebig lange Wörter aus sehr vielen Zeichen des Alphabets $\{a, b, c\}$. Die Wortbildung endet, wenn die Zeichenkette nur noch Terminale enthält.

Mit den obigen sechs Regeln lassen sich aber *nicht beliebige* Zeichenketten bilden. So ist es z.B. nicht möglich, die Zeichenketten *cba* , *cca* , *baa* herzustellen, wohl aber *baab*. Die Zeichenketten *cba* , *cca* , *baa* stellen keine zulässigen Wörter dar. Die Kette *baab* ist dagegen ein zulässiges Wort, weil es sich mit den oben vorgegebenen Regeln herstellen lässt. Die Regeln der Grammatik **G** werden auch als „Axiome" bezeichnet, weil alle weiteren Schlussfolgerungen darauf aufbauen [vergl. die Axiome von Kolmogorov im 2. Kapitel, Abschn. 2.3.3]. (Ende des 2. Beispiels)

Die Gesamtheit aller *endlich* langen Wörter, die sich über einem Alphabet Σ und den vom Prinzip her willkürlich festlegbaren Regeln (Axiomen) einer Grammatik **G** herstellen lassen, bilden eine „formale Sprache $\mathbf{L}(\Sigma,\mathbf{G})$". Eine formale Sprache für sinnvolle Anwendungen erfordert allerdings eine Grammatik mit sinnvollen Regeln. Bei der im 1. Beispiel vorgestellten formalen Sprache der elementaren Mathematik müssen die Regeln der Grammatik **G** sicherstellen, dass keine Zeichenketten wie z.B. die mittlere und die rechte Kette in (6.123) entstehen können. Regeln für eine solche Grammatik sollen hier nicht weiter interessieren. Man findet sie in der Fachliteratur der Informatik, u.a. bei Wendt (1989). Zusammenfassend kann festgehalten werden:

[6.9] Formale Sprachen

Formale Sprachen dienen der Kommunikation von Maschinen und mit Maschinen. Eine formale Sprache besteht aus endlich langen Zeichenketten, die als Wörter bezeichnet werden. Der Bildung zulässiger Wörter liegen zugrunde:

1. Ein Alphabet Σ aus endlich vielen verschiedenen Zeichen (sog. Terminale).
2. Eine Menge endlich vieler verschiedener Nichtterminale, zu denen ein Startsymbol S gehört.
3. Eine Grammatik **G** bestehend aus einer bestimmten Anzahl von Regeln (Axiomen), die festlegen, in welcher Weise jedes Nichtterminal durch eine Kette von Nichtterminalen oder/und von Terminalen ersetzt werden kann. Jede vom Startsymbol S ausgehende so gebildete endlich lange Kette von Terminalen stellt ein zulässiges Wort der formalen Sprache dar.

A: *Chomsky-Hierarchie formaler Sprachen*

Die Ausdrucksmächtigkeit einer formalen Sprache hängt vom zugrunde gelegten Alphabet und der Art der darauf angewendeten Grammatik ab. Die Anzahl der verschiedenen Wörter, die mit einem gegebenen Alphabet Σ erzeugt werden können, hängt davon ab, wie stark die Möglichkeiten durch Regeln der Grammatik **G** eingeschränkt werden.

Von N. Chomsky (1956) wurden bezüglich Einschränkungen vier Hierarchie-Stufen unterschieden, nämlich die Sprachen vom Typ 0, vom Typ 1, vom Typ 2 und vom Typ 3. Für alle diese auf der Basis einer Grammatik konstruierten formalen Sprachen gibt es eine dazu passende Turing-Maschine [vergl. hierzu Abschn. 2.6.2 des 2. Kapitels], welche die betreffende Sprache akzeptiert, d.h. mit welcher man mit Hilfe der betreffenden Sprache kommunizieren kann. Die Sprache vom Typ 0 hat die größte Ausdrucksmächtigkeit, weil die zugehörigen Grammatik-Regeln praktisch keine Einschränkungen zur Folge haben. Je höher die Typ-Nummer ist, desto geringer sind die Ausdrucksmöglichkeiten der betreffenden Sprache, weil die aus den jeweils zugehörigen Grammatik-Regeln sich ergebenden Einschränkungen mit höherer Typ-Nummer stärker werden. Die Grammatiken der verschiedenen Sprach-Typen lauten:

- Sprachen vom Typ 0: Allgemeine formale Grammatik
- Sprachen vom Typ 1: Kontextsensitive Grammatik
- Sprachen vom Typ 2: Kontextfreie Grammatik
- Sprachen vom Typ 3: Reguläre Grammatik

Die Menge der Sprachen vom Typ 3 bildet eine Teilmenge der Menge der Sprachen vom Typ 2. Die Menge der Sprachen vom Typ 2 bildet wiederum eine Teilmenge der Menge der Sprachen vom Typ 1 und die Menge dieser Sprachen vom Typ 1 bildet wiederum eine Teilmenge der Menge der Sprachen vom Typ 0.

Als „Kontext“ werden die Terminale bezeichnet, die in einer Grammatik-Regel links und rechts von einem Nichtterminal stehen. Wenn z.B. in der Kette *abZa* die Zeichen *a* und *b* Terminale und das Zeichen *Z* ein Nichtterminal bedeutet, dann stellt $ab|a$ den Kontext von *Z* dar, wobei der senkrechte Strich | dazu dient, den linksseitigen Kontext vom rechtsseitigen Kontext zu unterscheiden. Bei einer „kontextfreien“ Grammatik ist die Ersetzung des Nichtterminals Z unabhängig vom Kontext [die Regeln in (6.126) stellen ein Beispiel einer kontextfreien Grammatik dar]. Bei einer „kontextsensitiven“ Grammatik hängt die Ersetzung eines Nichtterminals dagegen auch von dessen Kontext ab. Ein Beispiel für eine kontext-sensitive Grammatik-Regel wäre $abZa \rightarrow cbNb$. [Hier sind wieder *Z* und *N* Nichtterminale und *a, b, c* Terminale]. Diese Regel $abZa \rightarrow cbNb$ zeigt, dass eine kontextsensitive Grammatik mehr Ausdrucksmöglichkeiten bietet als eine kontextfreie Grammatik.

Bei einer kontextfreien Grammatik kann es vorkommen, dass sich dasselbe vorgegebene Wort auf mehrfache Weise erzeugen lässt, d.h. dass es mehr als eine Abfolge von Ersetzungsregeln [siehe oben das 2. Beispiel] gibt, die das vorgegebene Wort erzeugt. Bei einer regulären Grammatik gibt es hingegen nur eine einzige Abfolge von Ersetzungsregeln, mit der ein (erzeugbares) Wort erzeugt wird.

Bei einer allgemeinen formalen Grammatik sind auch beliebige „Rekursionen“ zugelassen. Ein Beispiel einer Rekursionsformel lieferte im Zusammenhang mit einem mehrschrittigen Lernverfahren in Abschn. 6.5.3 die Formel (6.88). Diese Formel illustriert, wie man schrittweise aus einem vorherigen Ergebnis $y(\nu)$ ein neues Ergebnis $y(\nu+1)$ berechnet, wobei ν die Schrittnummer bezeichnet. Bei einer Grammatik ergeben sich Rekursionen dann, wenn in einer Regel rechts vom Pfeil dasselbe Nichtterminal auftritt wie links vom Pfeil, wenn also z.B. $abZa \rightarrow cbZb$. In diesem Fall lassen sich formal unendlich lange Wörter bilden.

Für praktische Anwendungen spielen die Sprachen vom Typ 2 und vom Typ 3 die größte Rolle. Die Theorie formaler Sprachen liefert Verfahren, mit denen sich feststellen lässt, ob ein vorgegebenes Wort (oder eine Zeichenkette) wie z.B. $34+2\times(5+170)+(1+4)\times 8$ [vergl. (6.123)] mit einer kontextfreien Grammatik erzeugt [was bei diesem Beispiel der Fall ist] oder nicht erzeugt werden kann.

Feststellung:
Für weiter unten folgende Betrachtungen ist die Feststellung wichtig, dass das Alphabet und die Grammatik-Regeln *scharf* sind. Es gibt kein Zeichen oder Symbol, das nur teilweise zum Alphabet oder zur Menge der Nichtterminale gehört, und jede zur Wort-Produktion dienende Grammatik-Regel wird entweder angewendet oder nicht angewendet aber nie teilweise angewendet.

6.8.4 Zur allgemeinen Theorie formaler Systeme

Formale Sprachen dienen zur Kommunikation mit formalen Systemen. Formale Systeme werden in der Literatur auch oft als „formal axiomatische Systeme" bezeichnet [siehe 5. Kapitel Abschn. 5.2.4]. Wie in Abschn. 6.8.2 bereits bemerkt wurde, sind formale Systeme abstrakte Gedankenmodelle, die vielen real vorhandenen Maschinen zugrunde liegen.

Formale Systeme sind dadurch gekennzeichnet, dass sie nicht nur eine formale Sprache der Chomsky-Hierarchie akzeptieren, sondern dass sie darüber hinaus auch noch logische Schlussfolgerungen aus dem ziehen können, was ihnen mittels einer formalen Sprache zugeführt wird. Bezüglich des Beispiels (6.124) heißt das, dass 1+4=5, 5+170=175 und der gesamte Ausdruck 424 ergibt, was die formale Sprache allein nicht leistet.

Formale Systeme bestehen deshalb und wegen weiterer Umstände aus folgenden Bestandteilen:

1. Ein Alphabet **Σ*** von endlich vielen Zeichen, mit denen sich Wörter und Formeln ausdrücken lassen.
2. Eine Grammatik **G***, die mit den Zeichen des Alphabets **Σ*** nur „sinnvolle" Wörter und Formelausdrücke (englisch: „well-formed formulas") erzeugt.
3. Eine Menge von Axiomen, die sich auf bestimmte Zeichen des Alphabets **Σ*** und auf bestimmte Wörter beziehen, die von der Grammatik **G*** erzeugt werden.
4. Eine Menge von Relationen (Beziehungen), die zwischen zwei oder mehreren sinnvollen Wörtern oder Formelausdrücken zu gelten haben.

Kommentar:
Das Alphabet **Σ*** enthält alle Zeichen, die das Alphabet **Σ** der formalen Sprache enthält, weil die Sprache, über die das System mit seiner Außenwelt kommuniziert, voll „verstehen" muss. Das Alphabet **Σ*** enthält in der Regel aber noch weitere Zeichen, die das System nur für interne Berechnungen benötigt und die für die Kommunikation mit der Außenwelt nicht gebraucht werden, darunter z.B. das Gleichheitszeichen = , das eine formale Sprache nicht enthalten muss. Weitere für interne Berechnungen benötigte Zeichen werden unten in Abschn. 6.8.4A genannt und erläutert.

Die Grammatik **G*** unterscheidet sich ebenfalls von der Grammatik **G** der formalen Sprache, über die das System mit seiner Außenwelt kommuniziert. Diese formale Sprache wird vom System nur interpretiert und benutzt; sie muss vom System aber nicht erzeugt werden. Mit der Grammatik **G*** müssen aber sinnvolle Formelausdrücke erzeugt werden können, soweit diese nicht in der formalen Sprache bereits enthalten sind. Ein Beispiel für einen Formelausdruck der Prädikatenlogik [vergl. Abschn. 6.2.5] folgt im nächsten Unterabschnitt 6.8.4A.

Die unter Punkt 3 genannten Axiome betreffen elementare Festlegungen, z.B. dass 1+1=2, $x+0 = x$ für jede beliebige Zahl x, ferner die Bestimmung der Elemente von Schnittmengen, Vereinigungsmengen und Komplementmengen sowie weitere elementare Festlegungen und Definitionen.

Zu den unter Punkt 4 erwähnten Relationen gehören insbesondere „wenn-dann-Beziehungen" wie z.B. „Unter der Prämisse, dass A und B und C vorliegen, muss auch D gegeben sein". Es gibt „wenn-dann-Beziehungen", die sich *nicht* als Konsequenz aus den unter Punkt 3 angegebenen Axiomen herleiten lassen und die deshalb unter Punkt 4 noch extra hinzugefügt werden müssen. Hierzu gehören Implikationen prädikatenlogischer Art, wie im nachfolgenden Abschnitt deutlich gemacht wird.

A: *Erläuterungen am Beispiel aus dem Bereich der Prädikatenlogik*

Mit dem Denkmodell eines formalen Systems lassen sich nicht nur elementare Rechenaufgaben lösen sondern auch völlig andersartige logische Schlussfolgerungen ziehen. Um das zu illustrieren, sei nochmal das Beispiel der in Abschn. 6.2.5 vorgestellten Prädikatenlogik betrachtet. Bei diesem Beispiel wurde aus den beiden Aussagen

„*Jede Insel ist von Wasser umgeben.*" und „*Helgoland ist eine Insel.*" (6.129)

die folgende logische Schlussfolgerung gezogen:

„*Helgoland ist von Wasser umgeben.*" (6.130)

Diese prädikatenlogische Schlussfolgerung lässt sich mit der folgenden Formel ausdrücken

$$\forall x : [\mathbf{A}(x) \mapsto b(x)] \cap \mathbf{A}(H) = [\mathbf{A}(H) \mapsto b(H)] \Rightarrow b(H) \tag{6.131}$$

Hier soll jetzt nicht erläutert werden, wie dieser Formelausdruck (6.129) mit Hilfe der Grammatik **G*** erzeugt werden kann. Hier geht es nur darum, wie diese Formel logisch zu interpretieren ist und dass dabei tatsächlich die Schlussfolgerung (6.130) herauskommt.

Zunächst müssen dazu die einzelnen Formelzeichen erklärt werden:

x bedeutet „irgendeine beliebige Insel",
H bedeutet „Helgoland" [Helgoland ist eine spezielle Insel, für diese ist $x = H$].
$\mathbf{A}(x)$ drückt aus, dass x als Menge angesehen wird, die aber nur ein einziges Element hat.
$b(x)$ soll ausdrücken, dass x die Eigenschaft hat, von Wasser umgeben zu sein.
Mit $\mathbf{A}(x) \mapsto b(x)$ wird ausgedrückt, dass $\mathbf{A}(x)$ die Eigenschaft $b(x)$ hat.
$\forall x :$ bedeutet, dass bei Betrachtung *aller* x das gilt, was auf der rechten Seite von : steht.
$\Rightarrow$ bedeutet „daraus folgt logisch", d.h. die Schlussfolgerung steht rechts von $\Rightarrow$.

Mit den Bedeutungen der Formelzeichen lässt sich nun die Schlussfolgerung $\forall x : [\mathbf{A}(x) \mapsto b(x)] \cap \mathbf{A}(H) = [\mathbf{A}(H) \mapsto b(H)] \Rightarrow b(H)$ formal wie folgt überprüfen:

Die Schnittmenge $\mathbf{A}(x) \cap \mathbf{A}(H)$ ist leer für jedes $x \neq H$. Allein für $x = H$ ergibt sich $\mathbf{A}(x) \cap \mathbf{A}(H) = \mathbf{A}(H) \cap \mathbf{A}(H) = \mathbf{A}(H)$. Das heißt wiederum $\mathbf{A}(H) \mapsto b(H)$, woraus logisch folgt, dass für H (d.h. Helgoland) die Eigenschaft $b(H)$ gilt (d.h. von Wasser umgeben ist).

Nach dieser Erläuterung des Formelausdrucks (6.131) zuerst noch einige ergänzende Hinweise zu den oben genannten vier Bestandteilen eines formalen Systems:

Zu 1: Für die Bildung (Erzeugung) von Formelausdrücken enthält das Alphabet **Σ*** oft noch die Zeichen $\forall$ $\exists$ $\cup$ $\cap$ $\neg$ $\vee$ $\wedge$ ( ) [ ] : = $\rightarrow$ $\mapsto$ $\Rightarrow$ Die Zeichen $\forall$ und $\exists$ stellen sogenannte *Quantoren* dar. Wenn x ein Element einer Menge ist, dann hat der Ausdruck $\forall x$: die Bedeutung „Für jedes x gilt:". Der Ausdruck $\exists x$: bedeutet „Es gibt mindestens ein x, für das gilt:". Die Zeichen $\cup$ bedeutet Vereinigung zweier Mengen, das Zeichen $\cap$ bedeutet Durchschnitt zweier Mengen und das Zeichen $\neg$ bedeutet Komplement einer Menge [siehe 2. Kapitel Abschnitte 2.3.2 und 2.3.4. Dort wurde $\overline{\mathbf{A}}$ statt $\neg\mathbf{A}$ geschrieben]. Das Zeichen $\vee$ bedeutet „logisch oder", das Zeichen $\wedge$ bedeutet „logisch und". Das Zeichen $\rightarrow$ drückt eine Ersetzung aus: $a \rightarrow b$ bedeutet a wird durch b ersetzt. Das Zeichen $\mapsto$ drückt eine Implikation aus: $a \mapsto b$ bedeutet „wenn a gilt, dann gilt auch b, d.h. a schließt b *faktisch* ein. Das Zeichen $\Rightarrow$ drückt eine *logische* Schlussfolgerung aus: $a \Rightarrow b$ bedeutet, „wenn a gilt, dann kann logisch auf b geschlossen werden".

Zu 2: In sinnvollen Formelausdrücken dürfen bestimmte Zeichen nicht aufeinander folgen. Nicht erlaubt ist z.B. die Zeichenkette $\vee \vee \Rightarrow$. Die Grammatik **G*** hat dafür zu sorgen, dass das nicht passiert vergl. Bemerkungen zu (6.123). Gleichartiges gilt für eine Vielzahl von Formeln, mit denen andere Verknüpfungen gebildet werden.

Zu 3: In der zweiwertigen Logik, die nur die Binärwerte 0 und L benutzt, lauten einige Axiome $0 \vee 0 = 0$, $0 \vee L = L$, $L \vee 0 = L$, $L \vee L = L$. Allen Rechenarten und logischen Operationen liegen Axiome zugrunde.

Zu 4: Die prädikatenlogische Implikation „Insel $\mapsto$ ist von Wasser umgeben" lässt sich nicht aus Axiomen der Logik herleiten und gehört deshalb nicht unter Punkt 3. Für eine Vielzahl von anderen Beziehungen der Art „wenn A gilt, dann gilt auch B" lässt sich Gleichartiges aussagen.

Maschinen, die über formale Sprachen kommunizieren, basieren auf formalen Systemen. Wenn in einer solchen Maschine ein Vorgang ausgeführt wird, der mit „$\forall x:$" beginnt, dann wird die Variable x durch einen Speicherplatz (Register) im Rechenwerk (eines Computers) dargestellt. In diesen Speicherplatz werden nacheinander die einzelnen Werte von x (z.B. die Namen von Inseln) eingelesen und verarbeitet (z.B. mit dem Namen Helgoland verglichen). Das Gedankenmodell des formalen Systems erlaubt die Betrachtung von Mengen, die *unendlich* viele Elemente haben können wie z.B. die *Menge aller natürlichen Zahlen.* Mit real existierenden Maschinen (die alle über nur endlich große Speicher verfügen) ist das (in endlicher Zeit) nicht möglich. Deshalb wurde oben im letzen Absatz von Abschn. 6.8.2 gesagt, dass Maschinen „beschränkte formale Systeme" sind. Ihre Leistungsfähigkeit ist also geringer als die von formalen Systemen. Aber auch formale Systeme besitzen bereits eine beschränkte Leistungsfähigkeit.

B: *Die Schwächen formaler Systeme und formaler Sprachen*

Ausgangspunkt der nachfolgenden Betrachtungen ist die obige Formel (6.131), die Anlass zu weitreichenden Vermutungen liefern kann.

$$\forall x : [\mathbf{A}(x) \mapsto b(x)] \cap \mathbf{A}(H) \Rightarrow b(H)$$

Die Aussage dieser Formel wurde anhand einer Interpretation [x für „Insel", $b(x)$ für „von Wasser umgeben", H für „Helgoland"] veranschaulicht. Die anschließende Überprüfung der Gültigkeit geschah aber rein formal unter Anwendung von mathematischen Mengenoperationen. Daraus folgt anscheinend, dass diese Formel (6.131) einen allgemeinen Zusammenhang ausdrückt, dessen Gültigkeit unabhängig davon ist, was das Subjekt x ist und welches Prädikat $b(x)$ dem Subjekt zugeordnet ist. In der Tat gilt die Formel gleichermaßen z.B. für:

1.) x bedeutet „irgendein Hund", H bezeichnet den speziellen Hund namens „Hasso", $b(x)$ soll ausdrücken, dass x die Eigenschaft hat, „bellen zu können". Die Schlussfolgerung $b(H)$ lautet dann: „Hasso kann bellen" [Beispiel von Wendt (2012)].

2.) x bedeutet „irgendein Mensch", H bezeichnet den speziellen Menschen „Sokrates", $b(x)$ soll ausdrücken, dass x die Eigenschaft hat, „sterblich zu sein". Die Schlussfolgerung $b(H)$ lautet dann: „Sokrates ist sterblich".

Es lassen sich beliebig viele Beispiele für semantische Zuordnungen zu x, $b(x)$ und H finden, für die Formel (6.131) ebenfalls gilt. Auf Grund derartiger Erfahrungen hoffte man zeitweilig, dass das abstrakte Gedankenmodell des formalen Systems in *allen* Fällen geeignet ist für eine Überprüfung, ob eine Schlussfolgerung (eine solche ist auch eine Aussage über die Lösung eines mathematischen oder sonstigen logischen Problems) *wahr* oder *falsch* ist. Diese Hoffnung hat sich zur großen Enttäuschung berühmter Mathematiker (D. Hilbert und H. Weyl) zerschlagen, als K. Gödel 1931 den Beweis dafür lieferte, dass formale Systeme *unvollständig* sind.

Zu den komplizierten Objekten, mit denen es formale Systeme zu tun haben, gehören die Mengen, und zwar auch bereits dann, wenn diese Mengen nur endlich viele Elemente umfassen. Ein berühmtes Beispiel dazu liefert das vom Mathematiker B. Russel formulierte Paradoxon:

R *ist die Menge aller Mengen, die sich nicht selbst als Elemente enthalten.* (6.132)

Dieses Paradoxon ist insofern kompliziert, weil *die Menge* als Elemente *Mengen* hat, die selbst wiederum Elemente haben. R. Penrose (1991) erläutert das Paradoxon so: „Man betrachte eine Bibliothek, in der es neben anderen Büchern zwei Kataloge gibt: Der eine listet genau die Bücher auf, die irgendwo sich selbst erwähnen; der andere listet exakt die Bücher auf, die sich nicht selbst erwähnen. In welchem Katalog soll der zweite Katalog gelistet werden?

Eine etwas einfachere Form des Paradoxons nennt G. J. Chaitin (1982):

R *ist die Menge aller Dinge, die nicht zu sich selbst gehören.* (6.133)

Chaitin liefert dazu die folgende nette Erläuterung: „Der Barbier einer kleinen Stadt, der sich nicht selbst rasieren kann, aber alle die und nur die rasiert, die sich nicht selbst rasieren können".

Eine noch einfachere Form hat der dem Philosophen Sokrates zugeschriebene Satz:

Ich weiß, dass ich nichts weiß. (6.134)

Wenn Sokrates weiß, dass er nichts weiß, dann kann er auch nicht wissen, dass er nichts weiß.

In (6.134) handelt sich um eine Menge, die nur ein einziges Element (*Ich* bzw. Sokrates) enthält, in (6.135) handelt sich um eine Menge, die viele Dinge als Elemente enthält, und in (6.136) handelt sich um eine Menge, die Mengen als Elemente enthält. In allen drei Fällen ist ein *Selbstbezug* die Ursache der Paradoxie.

Dass ein formales System (Computer) mit den Mengen (6.132) bis (6.134) nicht zurechtkommt, erläutert Chaitin (1982) anhand verschiedener Computerprogramme und liefert dabei auch einen eigenen Beweis für den oben und bereits in Abschn. 5.2.4 erwähnten „Nichtentscheidbarkeitssatz" von Gödel. Dieser Satz wird auch „Unvollständigkeitssatz" genannt.

Selbstbezug ist gedanklich verwandt mit *Rückkopplung* und *Rekursion*. Das Thema „Rückkopplung" wurde im 1. Kapitel in Abschn. 1.6.1 ausführlich behandelt. Dort wurde unterschieden zwischen der Rückkopplung analoger Prozesse (Signale, Signalfolgen) und binärer digitaler Prozesse. Es zeigte sich, dass Rückkopplung analoger Prozesse zur Stabilität oder Instabilität führt, siehe Aussage **[1.6]**, und dass Rückkopplung binärer digitaler Prozesse zur logischen Verträglichkeit oder zur logischen Unverträglichkeit führt, siehe Aussage **[1.7]**. Die logische Unverträglichkeit entspricht der Nichtentscheidbarkeit.

Formale Systeme und formale Sprachen sind *scharf.* Sie kennen nur binäre Aussagen wie

wahr oder *falsch*
zugehörig oder *nicht zugehörig*
verwendet oder *nicht verwendet*
entscheidbar oder *nicht entscheidbar*
usw.

Es gibt bei formalen Sprachen und formalen Systemen keine Zwischentöne zwischen diesen Extremen, siehe dazu auch die Feststellung am Ende von Abschn. 6.8.3. Formale Sprachen und formale Systeme bilden einen abgeschlossenen Kosmos. Mit formaler Sprache lässt sich nur das ausdrücken, was Alphabet und Grammatik zulassen, und formale Systeme können Schlussfolgerungen nur in Teilflächen bilden, die ein größeres Gebiet aus Sicht des Menschen nur unvollständig abdecken.

Scharfe Begriffe, eindeutige Sprache, scharfes Denken und scharfe Schlussfolgerungen haben viel zu den Erkenntnissen der Menschheit beigetragen, besonders in den empirischen Naturwissenschaften. Dort werden heute unter Bezug auf den Philosoph K. Popper nur solche Hypothesen zugelassen, die *falsifizierbar* sind, d.h. die (vermutlich) richtig oder falsch sein können. *Nicht falsifizierbare* Hypothesen sind in den empirischen Naturwissenschaften unzulässig. Von scharfen Unterscheidungen und scharfen Schlussfolgerungen wurde auch in der vorliegenden Abhandlung viel Gebrauch gemacht. Im wahren Leben gibt es dagegen gleitende Übergänge, sogar bei technischen Projekten, die zugleich richtig und falsch sein können.[6.13] Vielfach zeigt sich, dass ein Denken und Handeln, das einzig und ausschließlich auf scharfer zweiwertiger Logik und streng begrenzter Sicht beruht, nicht optimal ist; es begünstigt Rechthaberei, Intoleranz und Fundamentalismus.

6.8.5 Die Vorzüge der Unschärfe der natürlichen Sprache und des Denkens

Im großen Unterschied zu formalen Sprachen sind die von Menschen gesprochenen natürlichen Sprachen unscharf und nicht abgeschlossen sondern offen, wie im Abschn. 1.5.3 des 1. Kapitels ausgeführt wurde. Mit gesprochener Sprache werden zudem nicht nur reine Sachverhalte mitgeteilt, die eine semantische Bedeutung haben, sondern in der Regel zugleich auch emotionale Bewertungen der Sachverhalte mitgeliefert, was mittels Sprachmelodie und besondere Betonungen von bestimmten Wörtern geschieht. Dieses Lautgemisch hat teils (scharfe) binäre digitale Komponenten, für die Aussage **[1.7]** zutrifft, und teils analoge Komponenten, für die Aussage **[1.6]** zutrifft, wie das in Abschn. 1.6.2 bereits beschrieben wurde. Der Anteil der analogen Komponente stellt dabei den überwiegenden Anteil dar, weil emotionale Bewertungen fast nur analogen Charakter haben, und die Semantik ebenfalls analogartige Abstufungen kennt. Diese Eigenschaften kommen der Kommunikation mittels gesprochener Sprache sehr zugute.

Auch der menschliche Denkapparat, welcher der Sprache zugrundeliegt und ohne den es die Sprache überhaupt nicht gäbe, operiert also im Unterschied zu formalen Systemen weitgehend unscharf. Er kennt nicht nur *ja* oder *nein* und *wahr* oder *falsch*, sondern noch mehr Nuancen dazwischen. Deswegen haben die meisten Menschen keine Schwierigkeiten mit dem Sokrates zugeschiebenen Satz *„Ich weiß, dass ich nichts weiß"*. Für das menschliche Denken sind Extreme in der Regel *Grenzfälle*, denen es sich von der Mitte her nähert, wie unten noch näher begründet wird. Wenn der Mensch den Satz *„Ich weiß, dass ich nichts weiß"* zum ersten Mal hört, versteht er ihn meist in der Form *Ich weiß ziemlich gut, dass ich fast nichts weiß*. Diese Form enthält keine paradoxe oder widersprüchliche Aussage. Die paradoxe Aussage im Satz *„Ich weiß, dass ich nichts weiß"* entdeckt der Mensch (im Unterschied zum formalen System) oft erst dann, wenn er diesen Satz genauer unter die Lupe nimmt.

Besonders interessant ist die noch viel weitreichendere Tatsache, dass das unscharf/scharfe menschliche Denken auch scharfe wahre Zusammenhänge (Aussagen) entdeckt, die sich mit einem formalen System nicht beweisen lassen, wozu also ein formales System unfähig ist. Die Begründung dieser Tatsache erfordert allerdings eine längere Darlegung, die den Rahmen dieser Abhandlung sprengen würde. Man findet diese Begründung bei R. Penrose

---

[6.13] Eine humorvolle alte Techniker-Weisheit lautet: Wer nie bei Siemens tätig war, bei AEG und Borsig, der kennt das wahre Leben nicht, er hat es erst noch vor sich.

(1991) im 4. Kapitel, das die bedeutsame Überschrift „Wahrheit, Beweis und Erkenntnis“ trägt.

Umgekehrt hat der normale Mensch eher Schwierigkeiten, scharfe Aussagen, zu denen ein formales System ohne Schwierigkeiten gelangt, z.B. $\forall x : [\mathbf{A}(x) \mapsto b(x)] \cap \mathbf{A}(H) \Rightarrow b(H)$, nachzuvollziehen.

A: *Strukturbildung als treibende Kraft des schärferen Denkens und Sprechens*

Die Feststellung, dass die innere Vorstellungswelt, das daran gekoppelte Denken und die daraus resultierende natürliche Sprache des Menschen einerseits weitgehend unscharf sind, und dass der Mensch andererseits auch zu scharfem Denken fähig ist, lässt vermuten, dass das Denken von zwei verschiedenen Quellen gespeist wird.

Die erste Quelle liefert die Ursachen für unscharfe Vorstellungen und unscharfes Denken. Diese unscharfe Quelle bilden die Sinneswahrnehmungen, die ein Feuern von Neuronen in der Großhirnrinde auslösen. In den Abschnitten 6.4 und 6.5 wurde ausführlich dargelegt, dass die feuernden Neuronen in den sensorischen Gebieten der Großhirnrinde im Wesentlichen unscharfe Mengen von Reizmustern kennzeichnen und dass diese unscharfen Reizmustermengen wiederum unscharfe permanente Spuren hinterlassen, welche die inneren Vorstellungen vorprägen. Die Selbstorganisation nach Art des Kohonen-Netzes sorgt zwar für eine erste Gruppierung ähnlicher Reizmuster zu Reizmusterklassen, die sich auf der Großhirnrinde wie unterschiedlich große Flecken auf einer Landkarte abbilden, wie das am Beispiel visueller Wahrnehmungen in den Abschnitten 6.4 und 6.5 erläutert wurde und was in gleicher Weise auch für Geruchs- und andere Wahrnehmungen gilt.

Trotz dieser ersten Gruppierung verbleibt ein Bedarf, mehr und übersichtlichere Ordnungen in die riesige Fülle der verschiedenen Flecken in unterschiedlichen Gebieten der Großhirnrinde zu bringen. Die Befriedigung dieses Bedarfs erledigt die zweite Quelle des Denkens, die aus dem Inneren des Menschen kommt. Die Schaffung solcher Ordnungen basiert weniger auf Ähnlichkeiten als vielmehr auf „Zusammengehörigkeiten“, d.h. um Feststellungen, welche Reizmusterklassen sich wegen ihrer Koinzidenz oder wegen ihrer zeitlichen Aufeinanderfolge als Prädikate von bestimmten anderen Reizmusterklassen, die Subjekte darstellen, erweisen. Ein darauf aufbauender nächster Ordnungsvorgang prüft, ob sich aus Subjekten und Prädikaten wiederholt auftretende Schlussfolgerungen ergeben, die bei Zutreffen an anderer Stelle in Form fester neuronaler Verknüpfungen gespeichert werden.

Erläuternde Zwischenbemerkung:
Immer dann, wenn man es mit einer riesigen Fülle von Erscheinungen und Phänomenen zu tun hat, erweisen sich ordnende Strukturen als hilfreich, um einen Überblick zu gewinnen und zu bewahren. Das gilt für die Regierung eines Staates (z.B. Kanzler, Ministerien, Abteilungen, Referate), das gilt für Handels- und Industrieunternehmen (die je nach Art des Geschäfts oder Produkts gemäß unterschiedlichster Organigramme organisiert sind), das gilt ferner für die biologischen Einteilungen der Tier- und Pflanzenwelt und für viele weitere Dinge.

Die Qualität einer Organisationsform oder Struktur erweist sich einerseits daran, wie effizient eine Fülle unterschiedlicher Aufgaben damit bewältigt werden kann, ob Zuständigkeiten klar abgegrenzt sind usw. Andererseits erweist sich die Qualität einer Struktur daran, wie übersichtlich das zugehörige System (Regierung, Unternehmen, Einteilung) von außen wahrgenommen wird, ob zuständige Stellen leicht auffindbar sind usw. Strukturen werden umso verzweigter und ihre internen Beziehungen zueinander umso engmaschiger, je umfangreicher die an das System gestellten Anforderungen werden. - Ende der Zwischenbemerkung.

Weil bereits das Kleinkind nicht wenigen äußeren Reizen ausgesetzt ist, darf man vermuten, dass schon das frühe menschliche Denken bemüht ist, eine ordnende Struktur in die nicht wenigen und dauernd neu eintreffenden Reizmuster zu bringen. Zunächst wird die Struktur, gemäß der die Reizmuster geordnet werden, nur wenige Denkkategorien umfassen, die sich aus wenigen Verzweigungen ergeben, und die Beziehungen zwischen den wenigen Kategorien dürften nur grobmaschig sein. Je größer der Erfahrungs- und Wissensschatz des Kindes wird, desto mehr spalten sich die Verzweigungen auf. Es entstehen neue Kategorien, die durch ein immer engmaschiger werdendes Beziehungsgeflecht miteinander verbunden werden.

Dass eine solche Entwicklung tatsächlich stattfindet, ist bei kleinen Kindern auch an der in Abschn. 6.7.2 beschriebenen Generalisierung (d.h. Unschärfe) von Wörtern zur Objektbezeichnung zu beobachten, die in dem Maße abnimmt, wie das Kind neue Unterscheidungen und neue Wörter hinzulernt. Diese Entwicklung macht deutlich, dass Extreme und scharfe Unterscheidungen Grenzfälle des menschlichen Denkens darstellen, die sich erst im Laufe der Entwicklung herausbilden, und die erklären, warum der Mensch mit dem Satz „*Ich weiß, dass ich nichts weiß*“ anfangs keine Schwierigkeiten hat. Erst der prozessuale Übergang zu immer feineren Unterscheidungen führt beim Menschen zu scharfem Denken.

Scharfe Denkkategorien der Menschheit, die in verschiedenen Logiken und in der Mathematik ihren Ausdruck finden, haben sich erst allmählich im Verlauf vieler Jahrhunderte herausgebildet.

Das Fazit der oben durchgeführten Überlegungen lässt sich mit folgender These zusammenfassen:

[6.10] Entwicklung des scharfen Denkens aus anfänglich unscharfen Vorstellungen

Erste Denkvorgänge und erste sprachliche Artikulationen sind unscharf, weil die in sensorischen Gebieten der Hirnrinde feuernden Neuronen unscharfe Mengen von Reizmustern kennzeichnen, die unscharfe Vorstellungen hervorrufen. Scharfes Denken entwikkelt sich erst allmählich durch immer feineres Unterscheidungsvermögen infolge von Lernprozessen, die mit zunehmenden neuronalen Verknüpfungen verschiedener Hirnregionen einhergehen. Die unscharfen Ursprünge von Denkprozessen sind von Vorteil, weil sie in vielen Situationen eine größere Duldung von Unvollkommenheiten erlauben.

Erfolgreichere Kommunikation mittels natürlicher Sprache:

Am Ende des vorigen Abschnitts 6.8.4 wurde gesagt, dass Denken und daraus resultierendes Handeln, das ausschließlich auf scharfer zweiwertiger Logik beruht, nicht optimal ist, weil es Rechthaberei, Intoleranz und Fundamentalismus begünstigt. Kommunikation wird dadurch erheblich erschwert. Kommunikation wird nicht nur leichter sondern führt auch eher zu allerseits akzeptablen Ergebnissen, wenn sie von anfangs unscharfen und offenen Positionen ausgeht, bei denen man zunächst fünf gerade sein lässt. Das erlaubt den Kommunikationspartnern ein besseres sich Hineinversetzen in die Vorstellungswelt des jeweils anderen Kommunikationspartners und damit ein besseres gegenseitiges Verstehen. Diese Erkenntnis hat sich im Zuge der Globalisierung und der dadurch stärker werdenden Abhängigkeiten verschiedener Staaten voneinander auch in der Außenpolitik bestimmter Staaten mehr und mehr durchgesetzt [E. Sandschneider (2013)]. Eine Außenpolitik, die nur im Austausch von schriftlichen Noten besteht, die Positionen nach Art von Ergebnissen formaler Systeme enthalten, kann keine Gespräche von Angesicht zu Angesicht ersetzen.

Natürliche Sprache und Grammatik:

Von N. Chomsky stammt die Aussage, dass allen natürlichen Sprachen eine gleiche Universalgrammatik zugrunde liege und dass die Anwendung dieser Universalgrammatik genetisch vererbt wird und dem Kind den Ersterwerb von Sprache ermögliche. Vielleicht dachte Chomsky dabei an ein Alphabet, das aus sämtlichen Phonemen besteht, die ein menschliches Stimmorgan erzeugen kann, und an irgendeine Grammatik vom Typ 0, nach deren Regeln Phoneme zu Wörtern aneinander gefügt werden, so wie das in Abschn. 6.8.3 beschrieben wird. Die unterschiedlichen natürlichen Sprachen ergäben sich dann aus unterschiedlichen Grammatiken vom Typ 0.

Der Verfasser dieser Abhandlung glaubt nicht an die Richtigkeit der obigen Aussage von Chomsky. Er glaubt viel mehr daran, dass die Grammatiken von natürlichen Sprachen im Wesentlichen auf mehr oder weniger willkürlichen Konventionen beruhen, die sprachlich einflussreiche menschliche Vorbilder geprägt haben. Der Philosoph L. Wittgenstein, der sich nach seiner Ausbildung zum Ingenieur intensiv mit Logik und Sprachphilosophie befasst hat, brachte es auf die griffige Form „Sprache entsteht durch den Gebrauch." Bis dato haben sich die natürlichen Sprachen von Menschen jedenfalls nicht in das Korsett einer formalen mathematischen Beschreibung entsprechend Abschn. 6.8.3 pressen lassen.

Im Sprach- und Fremdsprachunterricht ist deshalb keine mathematische, sondern eine pragmatische Darstellung von Grammatiken üblich. Wie diese pragmatische Darstellung aussieht, davon wurde in Abschn. 6.7.3 ein kleiner Einblick geliefert. Im dort zitierten Buch über gutes Deutsch von B. Sick (2011) findet sich schon zu Beginn der bemerkenswerte Satz: „Wer nur die Kriterien richtig oder falsch kennt, stößt schnell an seine Grenzen, denn in vielen Fällen gilt sowohl das eine als auch das andere." Wie Recht er hat, und das ohne Betrachtung von Unschärfe und Nichtentscheidbarkeitssatz von Gödel!

B: *Tücken und Grenzen des Vorstellungsvermögens und des Denkens*

Vollständigere und präzisere Vorstellungen über seine Außenwelt gewinnt der Mensch nach und nach durch Beobachtung und durch Lernprozesse, die überwacht (d.h. unter Mitwirkung eines Lehrers) oder unüberwacht (d.h. ohne Lehrer) stattfinden. Jeder bewusste Lernprozess beruht auf einer mit Rückkopplung verbundenen Kommunikation. Beim überwachten Lernprozess ist der Kommunikationspartner ein real vorhandener Lehrer, beim (bewussten) unüberwachten Lernprozess ist der Kommunikationspartner ein virtueller Partner im eigenen Ich. [Unüberwachte Lernprozesse können auch unbewusst durch Selbstorganisation erfolgen, vergl. Abschn. 6.5].

Tücken durch Rückkopplungen:

Rückkopplungen sind problematische Vorgänge. Wie im 1. Kapitel in Abschn. 1.6 erläutert wurde, können Rückkopplungen einerseits gut sein, indem sie zur Stabilität und zur Verträglichkeit führen, und andererseits aber auch tückisch sein, indem sie Instabilität und Unverträglichkeit zur Folge haben. Dass Letzteres auch beim Selbstgespräch mit einem virtuellen Kommunikationspartner passieren kann, beschreibt P. Watzlawick (1998) mit seiner folgenden Hammer-Geschichte:

Ein Mann will ein Bild aufhängen. Den Nagel hat er, nicht aber den Hammer. Der Nachbar hat einen. Also beschließt unser Mann, hinüberzugehen und ihn auszuborgen. Doch da kommt ihm ein Zweifel: Was, wenn der Nachbar mir den Hammer nicht leihen will? Gestern schon grüßte er mich nur so flüchtig. Vielleicht war er in Eile. Vielleicht hat er die Eile nur vorgeschützt, und er hat was gegen mich. Und was? Ich habe ihm nichts getan; der bildet sich da etwas ein. Wenn jemand von *mir* ein Werkzeug borgen wollte, ich gäbe es ihm sofort. Und warum er nicht? Wie kann man einem Mitmenschen einen so einfachen Gefallen abschlagen? Leute wie dieser Kerl vergiften einem das Leben. Und dann bildet er sich noch ein, ich sei auf ihn angewiesen. Bloß weil er einen Hammer hat. Jetzt reicht´s mir wirklich. - Und so stürmt er hinüber, läutet, der Nachbar öffnet, doch bevor er „Guten Tag" sagen kann, schreit ihn unser Mann an: „Behalten Sie Ihren Hammer".

Grenzen des Vorstellungsvermögens und Möglichkeiten, darüber zu reden:

Klare Vorstellungen gewinnt man in erster Linie über das, was man mit den eigenen Sinnesorganen wahrnehmen kann. Ob das System der menschlichen Sinnesorgane in dem Maße „vollständig“ ist, dass man mit den Wahrnehmungen dieser Sinnesorgane klare Vorstellungen über die *gesamte* Außenwelt des Menschen gewinnen kann, wurde insbesondere zu Beginn des 5. Kapitels und an mehreren anderen Stellen dieser Abhandlung bezweifelt. In der Tat zeigt sich, dass man bereits mit Messgeräten, die aufgrund menschlicher Vorstellungen entwickelt wurden, Mess-Ergebnisse gewinnen kann, die in keinster Weise in die Vorstellungswelt passen, die man sich mit Hilfe der eigenen Sinneswahrnehmungen von der Außenwelt machen kann.

Ein erstes Phänomen dieser Art liefert die konstante Lichtgeschwindigkeit und die daraus entwickelte allgemeine Relativitätstheorie von A. Einstein. Nach dieser Theorie ist der uns umgebende Raum „gekrümmt", was das menschliche Vorstellungsvermögen übersteigt. Das klare menschliche Vorstellungsvermögen reicht nur bis zu gekrümmten Flächen wie z.B. die Oberfläche einer Kugel. So wie man gekrümmte Flächen sich in einem dreidimensionalen Raum vorstellen kann, müsste man sich einen gekrümmten (dreidimensionalen) Raum in einem vierdimensionalen Raum vorstellen, was uns aber bestenfalls nur vage gelingt.

Auf vier Raumdimensionen basiert auch eine von L. Randall und R. Sundrum aufgestellte Theorie der Elementarteilchen-Physik. Die menschlichen Vorstellungen, die wie das Denken auf Wahrnehmungen eigener Sinnesorgane aufbauen, liefern keinen geraden Weg zur Konstruktion von Messgeräten, mit denen man vier Raumdimensionen direkt ausmessen kann. Die menschliche Phantasie ist diesbezüglich auf indirekte Methoden angewiesen. In ihrem populärwissenschaftlichen Buch „Verborgene Universen" versucht L. Randall am Beispiel von Quasikristallen[6.14] die reale Existenz von vier Raumdimensionen mit einem dreidimensionalen „Schatten" zu erklären, ähnlich wie die energetisch-materielle Welt von Platon als bloßer Schatten der immateriell-geistigen Welt erklärt wurde, vergl. hierzu Abschn. 6.6.1.

Bemerkung:
Wie L. Randall schreibt, soll sich ihre Theorie mit Hilfe des LHC in Genf experimentell überprüfen lassen. Wenn das geschehen würde, ergäben sich konkretere Hinweise über das „Jenseits" oder den Himmel verschiedener Religionen [Nach christlichem Glauben ist Jesus in den Himmel aufgefahren und nach muslemischem Glauben ist Mohammed vom Tempelberg in Jerusalem direkt in den Himmel geritten]. Wenn es real und überprüfbar vier Raumdimensionen gibt, wäre der religiöse Himmel unmittelbar nah [und Mohammed musste nicht 13 Milliarden Lichtjahre durch das Weltall reiten, um in den Himmel zu kommen]. G. Lohfink (1986) drückte das schon vor Jahren aus, als er schrieb: „Deshalb ist der Himmel nicht irgendwo über uns, sondern überall – in uns und um uns herum. Wir können ihn nur noch nicht sehen, weil Gott uns zuerst andere Augen geben muss."

Auf weitere Phänomene, die in keinster Weise in eine klare menschliche Vorstellungswelt passen, trifft man in der Quantenphysik. Besonders krass zeigt sich das bei der sogenannten Quantenverschränkung zweier (oder mehrerer) Teilchen. Obwohl sich die verschränkten einzelnen Teilchen an sehr weit voneinander entfernten Orten befinden, verhalten sie sich stets wie ein einzelnes gemeinsames Teilchen. Wenn ein Teilchen sich ändert, dann ändert sich gleichzeitig (!) [d.h. nicht erst nach einer Zeit, die das Licht braucht, um die Entfernung zu überbrücken] auch das andere Teilchen in der gleichen Weise. Veranschaulichen lässt sich dieses Phänomen vielleicht mit einem gekrümmten Raum, der wie ein Blatt Papier so gefaltet ist, dass zwei auf dem Papier weit voneinander liegende Punkte übereinander zu liegen kommen und dadurch eins werden. Befremdend ist ferner die in Abschn. 5.5.1 beschriebene Theorie des Lichts, das gleichermaßen eine Welle und ein Teilchenstrom ist.

[6.14] Gewöhnliche Kristalle wie z.B. Kochsalz haben eine periodische Struktur in drei Raumdimensionen. Quasikristalle besitzen im Dreidimensionalen keine periodische Struktur, obwohl sie ansonsten gleichartige Eigenschaften wie gewöhnliche Kristalle haben. Eine formal mathematische Analyse von Quasikristallen liefert aber angeblich eine Periodizität im vierdimensionalen Raum.

Wie die Wirklichkeit, die uns Menschen umgibt, tatsächlich beschaffen ist, lässt sich bis jetzt nur in vagen Umrissen erahnen. Eine informative Darstellung bizarr anmutender aber nichtsdestoweniger real existierender physikalischer Phänomene und Zusammenhänge beschreibt B. Greene in seinem Buch „Der Stoff, aus dem der Kosmos ist" (2006). Alles dies lässt auf die oben genannte Vermutung einer Unvollständigkeit des Systems der menschlichen Sinnesorgane schließen, die unsere Vorstellungswelt maßgeblich prägen. Wenn der Mensch z.B. neben seinen Augen noch ein Sinnesorgan für die Fourier-Transformierte von dem, was er sieht, hätte, dann käme ihm der Welle-Teilchen-Dualismus nicht mehr fremd vor. Ob die Unvollständigkeit des Systems der menschlichen Sinnesorgane ein Mangel oder ein Vorteil ist, ist eine offene Frage.

Dass man über alle diese Phänomene und Grenzen des Vorstellungsvermögens annähernd verständlich reden, schreiben und miteinander kommunizieren kann, ohne dass man die exakten Theorien voll beherrschen und benutzen muss, liegt nicht zuletzt daran, dass die natürliche Sprache über einen großen Schatz unscharfer Methoden und Metaphern verfügt, dank derer es Zugänge in die Gedankenwelten anderer Menschen und deren Theorien gibt. Mit formalen Maschinensprachen wäre das kaum möglich. Der Gedanke, selber keine formal algorithmisch funktionierende Maschine zu sein, ist also durchaus erfreulich.

6.9 Zusammenfassung

In diesem 6. Kapitel wird an Ausführungen des 1. Kapitels angeknüpft, wobei Zusammenhänge, die im 5. Kapitel beschrieben wurden, weiter vertieft werden. Im 1. Kapitel wurde unter anderem die eigenartige Feststellung gemacht, dass im Unterschied zur Sprache von Maschinen die natürliche von Menschen gesprochene Sprache höchst unscharf ist und dennoch den alltäglichen Bedürfnissen völlig genügt. Für das Zustandekommen dieses eigenartigen Phänomens wird in diesem 6. Kapitel nicht nur eine Erklärung geliefert, sondern darüber hinaus gezeigt, dass die Unschärfe der natürlichen Sprache von großem Vorteil ist, weil dadurch die Kommunikation erleichtert und teils überhaupt erst ermöglicht wird.

Im 1. Kapitel wurde festgestellt, dass man es bei der sprachlichen Kommunikation mit Mengen von Signalen und Sinngehalten zu tun hat, die sich mit mathematischen Regeln logisch verknüpfen lassen. Dieses 6. Kapitel beginnt deshalb im Abschn. 6.1 mit einer Beschreibung der von L. A. Zadeh eingeführten Theorie unscharfer Mengen und unscharfer Logik. Im nachfolgenden Abschn. 6.2 wird dann auf menschliche Denkprozesse Bezug genommen. Es wird an früher im 2. Kapitel beschriebene Zusammenhänge erinnert, wonach die bei Denkprozessen typischen Mengenoperationen des Generalisierens, Spezifizierens und Ausschließens Verallgemeinerungen von Operationen der zweiwertigen Logik sind, mit denen digitale Computer ausschließlich operieren. Es wird ferner ausgeführt, wie beim Denken Kombinationen von Mengenoperationen und Logiken jeglicher Art (zweiwertige Logik, dreiwertige Logik, unscharfe Logik, Prädikatenlogik und Modallogik) angewendet wer-den, und dass diese Denkprozesse primär nonverbal sind, weil sie der Sprache vorausgehen. Die Einbindung von Sprache beim Denken ist erst sekundär.

Im relativ kurzen Abschn. 6.3 wird dann nochmal auf die unermessliche Fülle von Daten Bezug genommen, die von den vielen Millionen Sinneszellen der im 5. Kapitel beschriebenen Sinnesorgane ans Gehirn geliefert werden, und denen dann das Gehirn eine vergleichsweise geringe Anzahl verschiedener Bedeutungen oder Sinngehalte zuordnet. Diese Zuordnung, bei welcher die im 5. Kapitel beschriebene Signalverarbeitung im einzelnen Neuron und das als Modell der Hirnrinde dienende Kohonen-Netz eine wichtige Rolle spielen, wird dann im Abschn. 6.4 genauer betrachtet. Dort wird gezeigt, dass ein Neuron dann feuert, wenn ihm ein Reizmuster zugeführt wird, das ein Element einer bestimmten Menge ist, die als Reizmusterklasse bezeichnet wird. Es wird ferner gezeigt, wie ein neuronales Netz beschaffen sein muss, damit jedes allein feuernde Neuron eine jeweils eigene zugehörige scharfe Reizmusterklasse kennzeichnet, und wieso die relativen Feuerstärken zweier oder mehrerer gleichzeitig feuernder Neuronen die in Abschn. 6.1 beschriebenen Zugehörigkeitsmaße zu verschiedenen unscharfen Reizmusterklassen angeben.

Nachdem in Abschn. 6.4 die prinzipiellen Möglichkeiten beschrieben wurden, wie sich scharfe und unscharfe Reizmusterklassen durch neuronale Erregungsmuster an unterschiedlichen Orten eines neuronalen Netzes abbilden können, wird im Abschn. 6.5 auf die umfangreichen Einzelheiten der Selbstorganisation eines neuronalen Netzes und insbesondere des Kohonen-Netzes eingegangen. Dazu wird zunächst gezeigt, inwieweit ein Neuron den im 4. Kapitel eingeführten Korrelationsfaktor bildet und ein neuronales Netz einem Korrelationsempfänger der elektrischen Nachrichtentechnik entspricht. Sodann werden die bei der Selbstorganisation stattfindenden Lernschritte des unüberwachten Lernens detailliert erläutert, und zwar zuerst am primitiven Fall der sogenannten Hebb'schen Regel und danach an der hochkomplizierten Kohonen-Regel. Referiert wird über Computer-Simulationen von Ritter und Kohonen, die zeigen, wie sich semantische Ähnlichkeiten durch geometrische Abstände im Kohonen-Netz abbilden, und anhand mathematischer Formeln plausibel gemacht, warum das so ist.

Im anschließenden Abschn. 6.6 wird nach einer kurzen Erläuterung der Funktionen einiger weiterer Bestandteile des Gehirns, die mit der Hirnrinde verbunden sind, insbesondere das Leib-Seele-Problem diskutiert. Dieses Problem besteht in der Frage, wie eine immaterielle Welt des Geistes Einfluss nehmen kann auf energetisch-materielle Abläufe in Neuronen. Dazu wird basierend auf Quantenzahlen großer Protein-Moleküle, die sich in der Zellmembran eines Neurons befinden, und unter Bezug auf den im 3. Kapitel beschriebenen Maxwell'schen Dämon eine Möglichkeit aufgezeigt, wie Kanäle in der Zellmembran ohne Zufuhr von Energie geöffnet werden können, durch die dann Nährstoffe in die Zelle gelangen und dort über den Stoffwechsel Nervenimpulse erzeugen, wie sie bei Denkvorgängen auftreten und gemessen werden können.

Der nächste Abschn. 6.7 ist dann insbesondere der Entwicklung der natürlichen Sprache gewidmet. Diese lässt sich nach Ansicht des Verfassers am besten am Spracherwerb von kleinen Kindern studieren. Diese lernen ihre Muttersprache erst relativ spät, nachdem sie bereits viele Tätigkeiten beherrschen und logische Schlussfolgerungen ziehen können. Besonders auffällige Merkwürdigkeiten, die beim Spracherwerb auftreten, lassen sich gut anhand von Vorgängen auf Kohonen-Netzen erklären. Die fertige Umgangssprache ist dann gekennzeichnet durch Unschärfen, Unregelmäßigkeiten und wenig Systematik, was dann anhand verschiedener Fälle und Beispiele aufgezeigt wird. Dass man sich damit dennoch gut verständigen kann, liegt zum nicht geringen Teil an der Fähigkeit des Menschen, dass er sich in das Denken des Gesprächspartners hineinversetzen kann.

Im letzten Abschn. 6.8 werden der unscharfen natürlichen Sprache von Menschen die scharfen formalen Sprachen formaler Systeme (Maschinen) gegenübergestellt. Es wird anhand von Beispielen erläutert, wie die Wörter formaler Sprachen ausgehend von einem Alphabet von Zeichen und unter Zugrundelegung einer klar definierten Grammatik systematisch konstruiert werden, und welche Arten von Grammatiken mit welchen Konsequenzen in der sogenannten Chomsky-Hierarchie unterschieden werden. Dazu passend werden die Grundzüge der Theorie formaler Systeme beschrieben und aufgezeigt, wo diese Systeme wegen ihrer Schärfe an Grenzen stoßen. Es wird dargelegt, dass es diese Grenzen beim normalen Gebrauch der natürlichen Umgangssprache dank ihrer Unschärfe und dank des unscharfen Denkens beim Gebrauch der Umgangssprache nicht gibt. Es wird weiter dargelegt, warum scharfes menschliches Denken sich als Grenzwert eines primär unscharfen Denkens ergibt und dass das alles mit primär unscharfen Vorstellungen zusammenhängt, die vermutlich dadurch zustande kommen, dass das Feuern von Neuronen in sensorischen Gebieten der Hirnrinde von unscharfen Reizmusterklassen hervorgerufen wird. Man darf es als glückliche Fügung ansehen, dass sich im menschlichen Gehirn keine der im 1. Kapitel beschriebenen binären logischen Schaltungen befinden, die nur scharfe Operationen ausführen können, und keinen Zugang zu den Möglichkeiten vager Vorstellungen bieten.

Epilog und Danksagung

Die Entstehung dieser Abhandlung hat eine lange Vorgeschichte. Sie begann in den 1980er-Jahren, als die Digitalisierung des Fernsprechnetzes Fahrt aufnahm und die Entwicklung des Internet sich abzuzeichnen begann. Damals kam mir der Gedanke, dass eine kognitive Kommunikationstheorie nützlich sei, quasi als Ergänzung zur Informationstheorie von Shannon. Gedacht hatte ich primär an die Kommunikation von Maschinen, die auch heute bei den Planungen für ein künftiges „Internet der Dinge" eine zentrale Rolle spielt. Ich überlegte deshalb, wie andere Theorien und Entwicklungen zustande gekommen waren.

Viele klassische technische Entwicklungen orientierten sich an Vorbildern in der Natur und an Eigenschaften des Menschen. Beispiele dafür sind die Sprachübertragung über das Telefon, die den Frequenzgang des Ohres berücksichtigt, und das Farbfernsehen, das von der Zusammensetzung der Netzhaut im Auge ausgeht. Folglich lag es für mich nah, mir die Eigenarten der natürlichen sprachlichen Kommunikation zwischen Menschen näher anzuschauen. Dabei zeigte sich sofort der krasse Unterschied zwischen der unscharfen natürlichen Sprache und den schon existierenden primitiven, aber scharfen Sprachen von Maschinen. Das veranlasste mich, einschlägiges Material zu sammeln, auch über die Kommunikation von Tieren und Pflanzen, und auch über Bedeutungen und Sinngehalte von Zeichen und Signalen bis hin zu den Grenzen der Wahrnehmung von Realität.

Beim Sammeln erinnerte ich mich nach und nach auch an zahllose Begebenheiten, an meine Gymnasialzeit, während der ich von guten Lehrern einiges über klassische Philosophien erfahren hatte, an meine Studentenjahre mit dem Studium generale und an die wissenschaftlichen Sitzungen der studentischen Vereinigung Unitas, bei denen es hauptsächlich um geisteswissenschaftliche Themen ging. Ferner kamen mir ungezählte Veranstaltungen, Erlebnisse und Diskussionen während meines weiteren Lebens in Erinnerung, die auf verschiedenen Spielarten von Kommunikation beruhten.

Bei der Reflexion all dessen, was ich mal gehört oder gelesen hatte, ging mir allmählich auf, wie wichtig und vorteilhaft unscharfe Formulierungen und Darstellungen von Sachverhalten sein können und dass ohne die Möglichkeiten der Unschärfe das gegenseitige Verstehen und die Erkenntnisfähigkeit von Menschen stark eingeschränkt bleiben. Die zwischenmenschliche Kommunikation, bei der unterschiedliche Interpretationsebenen eine Rolle spielen, erschien mir als ein interessanteres Thema als die Maschinenkommunikation, bei der nur binäre digitale Datenstrukturen interpretiert werden. Diese Thematik der menschlichen Kommunikation lag aber zu weit entfernt von meinem Alltagsgeschäft, der Übertragung, Detektion und adaptiven Entzerrung digitaler Signale, und wurde deshalb ad acta gelegt, zusammen mit der Maschinenkommunikation. Das stille Sammeln ging aber weiter.

Mit der Erreichung der Altersgrenze und der damit verbundenen Entpflichtung von meinen beruflichen Aufgaben, die nicht nur mit fachbezogener Lehre und Forschung zu tun hatten, sondern auch mit Drittmittelprojekten, Kommissionen, Sitzungen und weiteren zeitfressenden Dingen, bot sich dann die gute und willkommene Gelegenheit, das Thema „Kognitive Kommunikation“ unter Verwendung einer auf allgemeinere Ereignisse angewandte Informationstheorie mal richtig anzugehen. Das tat ich dann auch zum großen Leidwesen meiner Ehefrau, die sich eine andere Lebensgestaltung erhofft hatte. Es stellte sich schnell heraus, dass die mathematische Mengentheorie mit ihren Operationen ein geeignetes Beschreibungsmittel ist. Zudem ergab sich, dass gewisse Phänomene, die auftreten, wenn jemand versucht, einen komplizierten Sachverhalt zu beschreiben, sich gut mit der Informationstheorie erklären lassen (Abschn. 4.6.5).

Maschinen haben keine prinzipiellen Probleme bei der Interpretation empfangener Signale in Maschinensprache. Menschen können dagegen große Probleme bei der Interpretation empfangener Signale in natürlicher Sprache bekommen, weil sie die Bedeutungen und Sinngehalte, die mit der natürlichen Sprache transportiert werden, erst gelernt haben müssen. Als dann also noch Lernprozesse und Vorgänge im neuronalen Netz der Hirnrinde in die Überlegungen mit einbezogen wurden, zeigte sich, dass mit der zusätzlichen Anwendung der Theorie unscharfer Mengen sich eine ganze Reihe von Phänomenen der menschlichen Kommunikation, angefangen beim kindlichen Spracherwerb bis hin zu Auswüchsen des investigativen Journalismus schlüssig erklären lassen. Wie passende Puzzle-Scheibchen fügen sich die Phänomene nahtlos in ein größeres Gesamtbild ein. Bemerkenswert ist, dass dazu bereits ein einfaches mathematisches Modell des Neurons ausreicht.

Die hier vorgestellte kognitive Kommunikationstheorie ist keineswegs abgeschlossen. Im Gegenteil, sie steckt noch in den Kinderschuhen, und mit der vorliegenden Abhandlung wird in erster Linie ein Rüstzeug für weitere Untersuchungen geliefert. Es gibt zahlreiche Baustellen, kleine und riesengroße. Eine relative „Kleinigkeit“ betrifft Lernprozesse. Zur einfachen Rekursionsformel (6.88) der Hebb'schen Regel (die ich noch nirgendwo anders gesehen habe[*1]), dürfte es meiner Vermutung nach ein Gegenstück bei der Kohonen-Regel (6.114) geben, wenn man alles umfassender mit dem Vektor- und Matrizen-Kalkül ausdrückt. Eine der ganz großen Baustellen betrifft die Frage, welche Institution im menschlichen Gehirn die Interpretation von feuernden Arealen der Hirnrinde vornimmt und die damit erzeugten Vorstellungen ins Bewusstsein transportiert. Mir fiel dazu nichts Besseres ein als auf die uralte Hypothese des Wirkens eines immateriellen Geistes zurückzugreifen.

In den Naturwissenschaften hat heute[*2] ein immaterieller Geist keinen Platz mehr. Deswegen versucht man, die Vorgänge des Denkens und Erkennens im Gehirn und die Kreativität ausschließlich mit „irdisch-materiellen“ Methoden zu erklären. Dabei wird man ohne Frage wichtige Etappenziele erreichen. Man wird das Verhalten geschichteter Kohonen-Netze (die Hirnrinde hat drei Schichten, mit denen sie Sinnesreize verarbeitet) genauer ermitteln, vielleicht dazu sogar neue mathematische Kalküle mit verallgemeinerten Matrizen ent-

---

*1 In der vorliegenden Abhandlung gibt es noch weitere Beschreibungen, die ich noch nirgendwo anders gesehen habe, nämlich die Anwendung der Informationstheorie auf allgemeine Ereignisse im 2. Kapitel und die Veranschaulichung der thermodynamischen Entropie mit Hilfe der Federkraft in Abschn. 3.2.5, um nur zwei Beispiele zu nennen.

*2 Im 17. Jahrhundert war das ganz anders. Leibnitz und Newton sahen hinter den Naturgesetzen das Wirken eines göttlichen Geistes, und noch um 1830 erfuhr G. S. Ohm von Physik-Kollegen harte Kritik, weil sie in seiner Darstellung des heute nach ihm benannten „Ohmschen Gesetzes“ nur ein „zweckloses Spiel mit mathematischen Symbolen“ sahen und eine dahinter stehende „Sinndeutung“ vermissten.

wickeln, und man wird die Auswirkungen der vielfältigen Rückkoppelpfade ganz oder teilweise klären können, was gut und begrüßenswert ist. Alle diese Fortschritte lassen sich teils analytisch mit detaillierteren mathematischen Modellen, teils durch Simulation auf Supercomputern[*3] unter Verwendung geeigneter Algorithmen und teils mit mikroelektronischen Schaltungen erzielen, welche die Funktionsweise neuronaler Netze nachbilden.

Kreativität wird derzeit manchmal als das Ergebnis komplexer und mehr oder weniger zufälliger Rückkoppelprozesse, die über viele Zwischenstationen laufen, erklärt, indem man diese Prozesse mit den Vorgängen in Regelkreisen vergleicht. Alle derzeitigen Erklärungen bestehen aber aus schwammiger Prosa. Wie die Zielgrößen aussehen, um welche Werte-Tupel es sich für welche Feuerstärken oder Synapsen oder für sonst was handelt, denen Regelkreisparameter zustreben, bleibt im Dunkeln, und erst recht bleibt unklar, wie solche Zielgrößen überhaupt erst entstehen. Durch reine Zufälle erzeugte Vorstellungen und das Überleben der besten Vorstellung, ähnlich wie das nach allgemeiner Überzeugung bei der biotischen Evolution geschieht, bilden keine vollständige Erklärung, weil offen bleibt, was oder wer darüber entscheidet, was überlebt. Eine Antwort hierauf, die zwar Materialisten enttäuscht aber dafür einfach ist, liefert auch hier der Hinweis auf das Wirken eines immateriellen Geistes.

Die vorliegende Abhandlung hätte nicht in dieser Form und in diesem Umfang entstehen können ohne die mitmenschliche Unterstützung, die ich von vielen Seiten erfahren durfte und für die ich zu großem Dank verpflichtet bin.

An erster Stelle möchte ich meiner Ehefrau Martha danken, und zwar nicht nur dafür, dass sie es geduldig ertrug, dass ich zu Hause über Jahre hinweg viele Stunden am Schreibtisch und PC verbrachte, sondern auch dafür, dass ich in mehr als 50 Ehejahren insbesondere durch sie viel über das Wesen von Kommunikation kennen lernen konnte. Sie ist eine eloquente Frau, die gern fremde Sprachen lernt und ein unstillbares Kommunikationsbedürfnis hat, auch und besonders mit Kindern und Enkeln. Nicht selten habe ich zu meiner Verwunderung festgestellt, wie sie mit meines Erachtens unscharfer Logik Situationen (d.h. multimediale Signalkomplexe) richtiger interpretiert hat als ich, wie sich im Nachhinein bestätigte. Es mag sein, dass die richtigeren Interpretationen auch auf ihre möglicherweise empfindlicheren Sinnesorgane zurückzuführen sind. Aber das ist für mich auch so ein Fall von Nichtentscheidbarkeit.

Ganz besonders danken möchte ich dann meinem hiesigen Physik-Kollegen A. Vancura und meinem ehemaligen Mitarbeiter W. Sauer-Greff. Beide haben erste Versionen sämtlicher Kapitel meines Manuskripts vollständig gelesen und mir wertvolle Hinweise geliefert, die ich in den endgültigen Text eingearbeitet habe. Andere Kollegen haben einzelne Kapitel teilweise oder ganz gelesen und mir ebenfalls nützliche Hinweise geliefert. Namentlich nenne ich hier J. Albrecht, G. Engel, W. Pollok, R. Urbansky, N. Wehn und S. Wendt. Für eventuelle Irrtümer und Fehler in dieser Abhandlung bin aber allein ich selber verantwortlich.

Meinem Kollegen und Freund S. Wendt habe ich darüber hinaus für die überaus fruchtbaren Diskussionen zu danken, die wir über Jahrzehnte hinweg miteinander geführt haben über fast alle Themen, die in dieser Abhandlung angesprochen werden, und über noch weitere Themen. Zudem möchte ich auch andere Diskussions- und Korrespondenzpartner

[*3] Riesige diesbezügliche Projekte, die einen Milliardenaufwand erfordern, werden derzeit in Europa, in den USA und in China geplant.

nicht unerwähnt lassen, denen ich wichtige Einsichten zur Thematik verdanke. Es sind dies D. Achilles, R. Diller, F. u. L. Jochum, M. Laveuve, H. Neunzert, A. Schwab, K. Weber, W. Wirth und N. Zink und eine ganze Reihe von ungenannten Gesprächspartnern, die ich auf Symposien getroffen habe. Eines dieser Symposien ist das jährlich stattfindende Regensburger Symposium, auf dem sich ein buntes Völkchen von Wissenschaftlern jeder Couleur trifft: Sprachwissenschaftler, Philosophen, Theologen, Physiker, Mathematiker, Mediziner, Hirnforscher, Neurobiologen und noch andere. Auf diesem Symposium, das ich mehrere Jahre besucht habe, konnte ich mir manch nützliche Anregung holen.

Ich hoffe, dass ich niemanden vergessen habe, dem ich wichtige Einsichten über Zusammenhänge verdanke, die in dieser Abhandlung dargestellt sind, und dass ich alle wichtigen Quellen zitiert habe. Es kann durchaus möglich sein, dass der eine oder andere in dieser Abhandlung dargestellte Gedanke aus einer nicht genannten fremden Quelle stammt, an die ich mich nicht mehr erinnere. Für eventuelle Unterlassungen bitte ich hier vorsorglich um Entschuldigung.

Zuletzt, aber deshalb nicht weniger, möchte ich auch dem Springer-Verlag für das Interesse an der Herausgabe dieses Buch danken und ganz besonders ebenso seiner freundlichen Lektorin A. Schulz für die sorgfältige Kontrolle des Manuskripts und für die wichtige Hilfe bei der Formatierung des Textes.

Kaiserslautern Werner Rupprecht

Schrifttum und sonstige Quellen

Die nachfolgende Aufzählung enthält alle Quellen, auf die im Text Bezug genommen wird: Bücher, Aufsätze in Zeitschriften und Zeitungen, ferner persönliche Mitteilungen und Angaben, die man im Internet nachlesen kann.

Aisermann, M.A., Gussew, L.A., Rosonoer, L.I., Smirnowa, I.M., Tal, A.A.: Logik, Automaten, Algorithmen. Akademie-Verlag, Berlin (1967).

Bauer, J.: Aus der Werkstatt der Evolution. Vortrag in SWR2 AULA am 23.11.2008, Manuskript abrufbar im Internet unter SWR2 Wissen.

Baumann, A.: Verbindung auf Probe. Spektrum der Wissenschaft 10/2008, Spektrum Verlag Heidelberg.

Bennett, C. H.: The Thermodynamics of Computation – a Review, Int. Journ. of Theoretical Physics, Vol. 21, No. 12, 1982.

Bennett, C. H.: Notes on Landauer's Principle, Reversible Computation, and Maxwell's Demon, IBM Research Division Yorktown Heights NY 10598 USA Jan. 12, 2011.

Bérut, A., Arakelyan, A., Petrosyan, A., Ciliberto, S., Dillenschneider, R., Lutz, E.: Experimental verification of Landauer's principle linking information and thermodynamics, NATURE, Vol. 481, March 2012.

Bocker, P.: Datenübertragung, Band 1. Springer, Berlin (1976).

Brillouin, L.: Maxwell's Demon Cannot Operate: Information and Entropy I, Journ. of Applied Physics 22 (1950), S.334 – 337.

Brillouin, L.: Physical Entropy and Information II, Journ. of Applied Physics 22 (1950), S.338 – 343.

Carmena,J.M.: Becoming Bionic. IEEE Spectrum, March 2012.

Chaitin, G. J.: Gödel's Theorem and Information. Int. Journ. of Theoretical Physics, Vol. 21, No 12, 1982.

Chaitin, G. J.: Algorithmic Information Theory. IBM Journ. of Research and Development. July 1977.

Demtröder, W.: Experimentalphysik 1, 5.Aufl. Springer, Berlin Heidelberg (2008).

Dingel, J.; Milenkovic, O.: A List-Decoding Approach for Interfering the Dynamics of Gene Regulatory Networks. Proc. Int. Symp. on Information Theory, Toronto 2008.

Falk, G., Ruppel, W.: Energie und Entropie. Eine Einführung in die Thermodynamik, Springer, Berlin (1976).

Feynman, R. P. , Leighton, R.B., Sands, M.: Feynman Vorlesungen über Physik Band I, R. Oldenbourg, München Wien (1987).

Fox, D.: Die Grenzen des Gehirns, Spektrum der Wissenschaften 5/2012, Spektrum Verlag Heidelberg.

Gabor, D.: Theory of Communication. Journ. IEE (London), 93 (III). Nov. 1946.

Gascher, K.: Spiegelneurone, Spektrum der Wissenschaft, Gehirn&Geist 10/2006, Spektrum Verlag Heidelberg.

Gerthsen, Ch.: Physik , 4.Aufl. Springer, Berlin (1956).

Geuter, U.: Denken und Fühlen mit dem Körper – Was ist Embodiment? Vortrag in SWR2 Wissen: Aula 26.2.2012 (kann aus dem Internet heruntergeladen werden).

Gitt, W.: Am Anfang war die Information, Hänssler Verlag, Holzgerlingen, 3. Aufl. (2002).

Gleich, C.: Mensch-Maschine-Duell. Künstliche Intelligenz in Spielen. c`t magazin für computertechnik, 9/2006.

Görke, W.: Die Null und der Computer – über historische Wurzeln der Technischen Informatik, http://itec.uni-karlsruhe.de/~goerke/abschvorl.pdf.

Greene, B.: Der Stoff aus dem der Kosmos ist, Siedler Verlag, München (2004).

Greene, H., Kober, H.: Der Stoff, aus dem der Kosmos ist: Raum, Zeit und die Beschaffenheit der Wirklichkeit. Goldmann Taschenbuch (2008).

Greiner, T.: Ich zeige, also spreche ich. Rheinpfalz vom 27. 01. 2009.

Groß, M.: Bakterielle Vereinsmeierei. Spektrum der Wissenschaften 01/2009, Spektrum Verlag Heidelberg.

Hagenauer, J.: Texte aus der Sicht der Informationstheorie. Bayerische Akademie der Wissenschaften, Akademie Aktuell 02/2007.

Hancock, J. C.: An Introduction to the Principles of Communication Theory, McGraw-Hill, New York (1961).

Hänggi, P., Marchesoni, F.: Artificial Brownian motors: Controlling tranport on the nanoscale. Rev. Mod. Phys. Vol 81, 2009.

Hawking, S.: Das Universum in der Nussschale, dtv – Deutscher Taschenbuch Verlag, (ohne Angabe von Erscheinungsjahr und -ort)

Hesse, H.: Das Glasperlenspiel. Fretz & Wasmuth, Zürich (1943).

http//magazine.web.de/de/themen/wissen/tiere/7445346-Hoehere-Tiere-stammen-nicht-von-niederen-Tieren-ab.html.

Janich, P.: Was ist Information?: Kritik einer Legende, Suhrkamp Verlag, Frankfurt a.M. (2006).

Janich, P.: Kein neues Menschenbild. Zur Sprache der Hirnforschung. edition unseld 21, Frankfurt (2009).

Jochum, L. und F. Persönliche Mitteilungen über Reisen nach Papua-Neuguinea 2011.

Joos, G.: Lehrbuch der theoretischen Physik, 10. Aufl., Akad. Verlagsgesellschaft, Frankfurt (1959).

Kaehlbrandt, R.: Ein angespanntes Verhältnis? Über Wissenschaftssprachen und Allgemeinsprache. Forschung und Lehre, Heft 10, 2012, Bonn.

Kahnemann, D.: Schnelles Denken, langsames Denken (aus dem Amerikanischen übersetzt von Th. Schmidt), Siedler Verlag München (2012).

Kauss, H.: Persönliche Mitteilung über Symbiose von Pflanzen und Pilzen (2012).

Kirchner, G.: Pendel und Wünschelrute, 5. Aufl., Ariston Verlag Genf, (1981).

König, H. L., Betz, H.-D. : Erdstrahlen? Wünschelruten-Report, Eigenverlag König, München (1989).

Kohonen, T.: Self-Organizing Maps, Third Edition, Springer, Berlin (2001).

Korn, G.A., Korn, T.M.: Mathematical Handbook, 2nd Ed., McGraw-Hill, New York, (1968).

Kracauer, S.: Geschichte – Vor den letzten Dingen. Suhrkamp Verlag, Frankfurt a. M. (2009).

Küpfmüller, K.: Die Entropie der deutschen Sprache. Fernmeldetechn. Z. 7 (1954), S. 265-272.

Landauer, R.: Irreveribility and heat generation in the computing process, IBM Journ. of Res. and Dev. 5:3, 183 (1961).

Libet, B.: Do we have a free will?, Journ. of Consciousness Studies, 5, (1999).

Lohfink, G.: Jetzt verstehe ich die Bibel, Ein Sachbuch zur Formkritik, 13. Aufl., Verlag Katholisches Bibelwerk GmbH, Stuttgart (1986).

Lüke, H.D.: Signalübertragung, 2. Aufl. Springer, Berlin (1979).

v. Mangoldt, H., Knopp, K.: Einführung in die höhere Mathematik, S. Hirzel Verlag, Stuttgart (1948).

Marko, H.: Die Theorie der bidirektionalen Kommunikation und ihre Anwendung auf die Nachrichtenübermittlung zwischen Menschen (Subjektive Information), Kybernetik Heft 3, 1966.

Marko, H., Neuburger, E.: Über gerichtete Größen in der Informationstheorie, A.E.Ü. Heft 2, 1967.

Margolus, N., Levitin, L. B.: The maximum speed of dynamical evolution, Physica D: Nonlinear Phenomina Vol. 120 Issues 1-2 (1998).

McLuhan, M.: Die magischen Kanäle: Understanding Media. Verlag der Kunst, Dresden, Basel (1995).

McLuhan, M., Quentin, F.: Das Medium ist die Massage, Klett-Cotta, Stuttgart (2011).

McCulloch, W. S., Pitts, W.: A logical calculus of the ideas immanent in nervous activity, Bulletin of Mathematical Biophysics, 5, (1943).

Mehrabian, A.: Silent Messages, Belmont, CA: Wadsworth (1971).

Metzinger, Th.: Der Ego-Tunnel: Eine neue Philosophie des Selbst, Berlin Verlag (2009).

Metzinger, T.: Das letzte Rätsel der Philosophie – Was ist Bewusstsein. 3-teilige Vortragsfolge in SWR2 AULA am 21. 10., 28. 10. und 01.11. 2007, Manuskript abrufbar im Internet unter SWR2 Wissen.

Miller, J.B. (Editor): Cosmic Questions, Annals of the New York Academy of Sciences, Vol. 950, Dec. 2001.

Nauck, D., Klawonn, F., Kruse, R.: Neuronale Netze und Fuzzy-Systeme, 2. Aufl. Vieweg, Braunschweig, Wiesbaden (1996).

Neunzert, H., Rosenberger, B.: Schlüssel zur Mathematik. ECON Verlag, Düsseldorf (1991).

Nissen, H.J., Damerow , P., Englund, R. K.: Frühe Schrift und Techniken der Wirtschaftsverwaltung im alten Orient, Verlag Franzbecker und Max-Plank-Institut für Bildungsforschung (1990).

Nöth, W.: Handbuch der Semiotik, Metzler, Stuttgart (2000).

Pagel, L.: Mikrosysteme, J. Schlembach Fachverlag, Weil der Stadt (2001).

Parkinson, C.N.: Parkinsons Gesetz und andere Studien über die Verwaltung. 2. erw. Auflage, Econ Taschenbücher, München (2001).

Parnia, S.: Interview-Antworten zum Thema „Der Tod ist umkehrbar“, Der Spiegel Nr. 30, 2013, Hamburg.

Penrose, R.: Computerdenken. (Übersetzung aus dem Englischen). Spektrum-Verlag, Heidelberg (1991).

Peirce, C. S.: On a New List of Categories. Proc. of the American Academy of Arts and Sciences 7 (1868), (nachlesbar unter www.peirce.org/writings/p32.html).

Pfeifer, F. , Scheier, C.: Understanding Intelligence. MIT-Press, Cambridge, MA, USA (2001).

Peters, J.: Einführung in die allgemeine Informationstheorie, Springer, Berlin (1967).

Randall, L.: Verborgene Universen, S. Fischer Verlag, Frankfurt (2006).

Reif, F.: Statistische Physik und Theorie der Wärme. Bearbeitung W. Muschik. Walter de Gruyter, Berlin, New York (1985).

Reinhardt, F., Soeder H.: dtv-Atlas zur Mathematik, Band 1. Deutscher Taschenbuch Verlag München (1974).

Reischer, J.: Zeichen Information Kommunikation, Version 1 vom 22.11.2006, juergen.reischer@sprachlit.uni-regensburg.de

Rey, G.D., Wender, K.T.: Neuronale Netze Huber-Fachverlag Bern (2008).

Reza, M. F.: An Introduction to Information Theory, McGraw-Hill, New York (1961).

Ritter, H., Martinetz, T., Schulten, K.: Neuronale Netze, Addison-Wesley Publ. Comp. 2. unveränderter Nachdruck , Bonn, New York (1994).

Rizzolatti, G., Sinigaglia, C.: Empathie und Spiegelneurone: Die biologische Basis des Mitgefühls. Frankfurt a.M.: Suhrkamp (2008).

Rojas, R.: Theorie der neuronalen Netze, Springer-Verlag, Berlin (1993).

Roth, G.: Mit Bauch und Hirn. Wochenzeitung DIE ZEIT Hamburg vom 18. 09. 2008.

Rupprecht, W.: Netzwerksynthese. Springer, Berlin (1972).

Rupprecht, W.: Signale und Übertragungssysteme. Springer, Berlin (1993).

Rupprecht, W.: Orthogonalfilter und adaptive Datensignalentzerrung. Oldenbourg (1987).

Rupprecht, W.: Digitalisierung als Grundlage der elektronischen Informationstechnik. In Leonhard, J. et al. (Hg): Medienwissenschaft, 2. Teilband S. 1514–1538. de Gruyter, Berlin, New York (2001).

Russel, M.: Der heiße Ursprung des Lebens, Spektr. der Wissenschaften 1/2007, Spektrum Verlag Heidelberg.

Sandschneider, E.: Raus aus der Moralecke. DIE ZEIT Hamburg, vom 28.02.2013.

Schierwater, B.: Das Erbe des Urviehs. Die ZEIT Hamburg vom 29.09. 2009.
Schneider, D.: A Droid for all Seasons, IEEE Spectrum Dec. 2011, New York.

Schweller, K.: Apes with Apps, Spectrum IEEE, July 2012, New York.

Shannon, C.E.: A Mathematical Theory of Communication. Bell System Techn. J. 27 (1948).

Shannon, C.E., Weaver, W.: The Mathematical Theory of Communication. Urbana: University Press (1949).

Sick, B.: Der Genitiv ist dem Dativ sein Tod, Folge 1-3, Kiepenheuer & Witsch, 11. Aufl. (2011).

Sick, B.: Hier ist Spaß gratiniert, Kiepenheuer & Witsch, Köln (2010).

Springer, M.: Wie das Gehirn zur Sprache kommt. Interview mit der Neuropsychologin A. Friderici. Spektrum der Wissenschaft 01/2010, Spektrum Verlag Heidelberg.

Steinbuch, K.: Automat und Mensch, Springer, Berlin (1971).

Steinbuch, K., Rupprecht, W.: Nachrichtentechnik, 2. Aufl. Springer, Berlin (1973).

Szilard, L.: Über die Entropieverminderung in einem thermodynamischen System bei Eingriffen intelligenter Wesen, Zeitschr. für Physik, 53 (1929).

Tanenbaum, A. S.: Computernetzwerke, 3. rev. Aufl. Prentice Hall, München (1998).

Tomasello, M.: Die Ursprünge der menschlichen Kommunikation (Aus dem Amerikanischen von J. Schröder), Suhrkamp Verlag, Frankfurt a. M. (2009).

Tomasello, M.: Die kulturelle Entwicklung des menschlichen Denkens, suhrkamp taschenburg wissenschaft, Frankfurt a.M. (2006).

Trick, U. Weber, F.: SIP, TCP/IP und Telekommunikationsnetze, 3. Aufl., Oldenbourg, München Wien (2007).

Tsao, P.: Von der Bilderschrift zur Lautschrift in der chinesischen Sprache. In: Sprache und Schrift im Zeitalter der Kybernetik. Verlag Schnelle, Quickborn bei Hamburg (1963).

Tsien, J. Z. : Der Gedächtniscode. Spektrum der Wissenschaft, 10/ 2007, Spektrum Verlag Heidelberg.

Walt, D.R., Stitzel, S.E., Aernecke, M.J.: Schnüffelnde Transistoren, Spektrum der Wissenschaft 7/2012, Spektrum Verlag Heidelberg.

Watzlawick, P., Beavin, J. H., Jackson, D. D.: Menschliche Kommunikation. Formen, Störungen, Paradoxien. 11. Aufl. H. Huber Verlag, Bern (2007).

Watzlawick, P.: Anleitung zum Unglücklichsein, 17. Aufl. Piper München Zürich (1998).

Wendt, S.: Entwurf komplexer Schaltwerke, Springer, Berlin (1973).

Wendt, S.: Nichtphysikalische Grundlagen der Informationstechnik, Springer, Berlin (1989).

Wendt, S.: Das Kommunikationsproblem der Informatiker und ihre Unfähigkeit, es wahrzunehmen. Grundlagen aus Kybernetik und Geisteswissenschaften, Bd. 12, Heft 12, 1998.

Wendt, S.: Logische Wahrheit und Beweisbarkeit. Kurt Gödels Unentscheidbarkeitssatz. evangelische aspekte 3/2012.

Werth, R.: Die vielen Fassetten der Aufmerksamkeit, Spektrum der Wissenschaft 2/2012.

Wiener, N.: Cybernetics, MIT Press, CA, Mass. (1948).

Wilson, D.S./Wilson, E.O.: Evolution – Gruppe oder Individuum? Spektrum der Wissenschaft 01/2009.

Zakharian, S., Ladewig-Riebler, P., Thoer, S.: Neuronale Netze für Ingenieure, Vieweg, Braunschweig/Wiesbaden (1998).

Zeilinger, A.: Die Wirklichkeit der Quanten. Spektrum der Wissenschaft, 11/2008, Spektrum Verlag Heidelberg.

Zuberbühler, K.: Grammatik bei Meerkatzen? Spektrum der Wissenschaft 10/2008, Spektrum Verlag Heidelberg.

[illegible] oder Spuk mit der [illegible] Spektrum Verlag [illegible]

[illegible]

[illegible] Verlag [illegible] (2012)

[illegible]

[illegible]

[illegible] (1986)

[illegible]

[illegible] (2012)

[illegible]

[illegible]

[illegible]

[illegible]

[illegible] Verlag Heidelberg

[illegible] Verlag Heidelberg

Sachwörter und Namen